Konstruktion verfahrenstechnischer Maschinen

Springer
Berlin
Heidelberg
New York
Barcelona
Hongkong
London
Mailand
Paris
Singapur
Tokio

P. Dietz (Hrsg.)

Konstruktion verfahrenstechnischer Maschinen

bei besonderen mechanischen, thermischen oder chemischen Belastungen

Springer

Prof. Dr.-Ing. Dr. h.c. Peter Dietz
Technische Universität Clausthal
38678 Clausthal-Zellerfeld

Ergebnisse des Sonderforschungsbereichs 180
an der Technischen Universität Clausthal

ISBN-13:978-3-642-64023-0   Springer-Verlag Berlin Heidelberg New York

Die Deutsche Bibliothek – CIP-Einheitsaufnahme

Konstruktion verfahrenstechnischer Maschinen / mit Beitr. von Kurt
Leschonski ... Hrsg.: Peter Dietz. – Berlin ; Heidelberg ; New York ;
Barcelona ; Hongkong ; London ; Mailand ; Paris ; Singapur ; Tokio :
Springer, 2000
    (VDI-Buch)
ISBN-13:978-3-642-64023-0   e-ISBN-13:978-3-642-59551-6
DOI: 10.1007/978-3-642-59551-6

Einbandgestaltung: Struve & Partner, Heidelberg
Satz: Autorendaten, Computer to plate
SPIN: 10772316   68/3020   Gedruckt auf säurefreiem Papier – 5 4 3 2 1 0

Vorwort des Herausgebers

Das vorliegende Buch beschreibt die Ergebnisse einer über zwölf Jahre dauernden interfakultativen Forschungsarbeit zur gleichzeitigen Entwicklung verfahrenstechnischer Prozesse und ihrer Maschinen. Der Deutschen Forschungsgemeinschaft sei an dieser Stelle für die großzügige Unterstützung des Sonderforschungsbereichs 180 „Konstruktion verfahrenstechnischer Maschinen bei besonderen mechanischen, thermischen oder chemischen Belastungen" gedankt.

Die Erkenntnisse aus diesen Forschungsarbeiten, ihre Diskussion in der Öffentlichkeit und das rege Interesse besonders der Industrie zeigen, dass hier wichtige Grundlagenfragen im Grenzbereich Maschinenbau und Verfahrenstechnik aufgegriffen wurden, die neue Prozesse und Anlagen zur Folge haben, dass aber auch neue Erkenntnisse zum allgemeinen Entwicklungsprozess technischer Produkte in der interfakultativen Zusammenarbeit entstanden. Es war immer faszinierend zu erfahren, wie unterschiedlich die Entwickler verschiedener Wissenschaftsdisziplinen an die Bewältigung einer technischen Aufgabe herangehen. Es hat sich gezeigt, dass das Erkennen und Bewältigen grundlagenorientierter Probleme die kooperative Forschungstätigkeit von Wissenschaftlern mehrerer Disziplinen über die eigenen Fachbereiche hinaus fordert, dass aus dieser Zusammenarbeit aber auch eigene Impulse und außergewöhnliche Ideen erwachsen können. Nicht zuletzt haben diese Forschungsarbeiten eine Auswirkung auf die universitäre Lehre im Sinne einer mindestens in der Technischen Universität Clausthal eingeführten Systemkompetenz als integralen Bestandteil des Ingenieurstudiums.

Das Buch stellt einen Teil der Forschungsergebnisse in einer Zusammenstellung dar, die den in der Praxis tätigen Prozess- und Anlagenentwickler zur Findung neuer Ideen anregen soll und ihm die dazu notwendigen methodischen und rechnerischen Grundlagen liefert. Neben objekt- und prozessbezogenen Abschnitten enthält es daher auch allgemeine Kapitel zur Methodik der Maschinen-, Prozess- und Werkstoffentwicklung.

Der Dank an dieser Stelle gilt natürlich allen Autoren, die an diesem Projekt mitgearbeitet haben, und darüber hinaus allen Mitarbeitern, die sich während der vergangenen zwölf Jahre um die Erarbeitung grundlagenbezogener Forschungsergebnisse bemüht haben. Besonderer Dank gilt dem Redaktionsteam und hier speziell den Herren Dipl.-Ing. Große und Dipl.-Ing. Birkholz, die in nimmermüder Kleinarbeit die Beiträge von den Kollegen eingefordert, eingesammelt, korrigiert und in die richtige Form gebracht haben. Nicht zuletzt gilt mein Dank dem Springer-Verlag für die wertvolle Unterstützung und Sorgfalt bei der Drucklegung dieses Buches.

Clausthal, im Mai 2000   Peter Dietz

Inhaltsverzeichnis

Autorenverzeichnis

Barth, H.-J., Prof. Dr.-Ing. habil.
Institut für Reibungstechnik und Maschinenkinetik,
Technische Universität Clausthal
Leibnizstr. 32, 38678 Clausthal-Zellerfeld

Beck, H.-P., Prof. Dr.-Ing.
Institut für Elektrische Energietechnik,
Technische Universität Clausthal
Leibnizstr. 28, 38678 Clausthal-Zellerfeld

Behr, D., Prof. Dr. rer. nat.
Institut für Technische Mechanik,
Technische Universität Clausthal
Graupenstr. 3, 38678 Clausthal-Zellerfeld

Borchardt, G., Prof. Dr.-Ing.
Institut für Metallurgie,
Technische Universität Clausthal
Robert-Koch-Str. 42, 38678 Clausthal-Zellerfeld

Dietz, P., Prof. Dr.-Ing. Dr.h.c.
Institut für Maschinenwesen,
Technische Universität Clausthal
Robert-Koch-Str. 32, 38678 Clausthal-Zellerfeld

Draugelates, U., Prof. Dr.-Ing.
Institut für Schweißtechnik und Trennende Fertigungsverfahren,
Technische Universität Clausthal
Agricolastr. 2, 38678 Clausthal-Zellerfeld

Hoffmann, U., Prof. Dr.-Ing.
Institut für Chemische Verfahrenstechnik,
Technische Universität Clausthal
Leibnizstr. 17, 38678 Clausthal-Zellerfeld

Jeschar, R., Prof. Dr.-Ing. Dr.-Ing. E.h.
Institut für Energieverfahrenstechnik und Brennstofftechnik,
Technische Universität Clausthal
Agricolastr. 4, 38678 Clausthal-Zellerfeld

Leschonski, K., Prof. Dr.-Ing. Dr.-Ing. E.h.
Institut für Mechanische Verfahrenstechnik,
Technische Universität Clausthal
Leibnizstr. 19, 38678 Clausthal-Zellerfeld

Reiter, R., Dr.-Ing.
Institut für Schweißtechnik und Trennende Fertigungsverfahren,
Technische Universität Clausthal
Agricolastr. 2, 38678 Clausthal-Zellerfeld

Schmidt, G., Prof. Dr. rer. nat.
Institut für Technische Chemie,
Technische Universität Clausthal
Erzstr. 18, 38678 Clausthal-Zellerfeld

Scholz, R., Prof. Dr.-Ing.
Institut für Energieverfahrenstechnik und Brennstofftechnik,
Technische Universität Clausthal
Agricolastr. 4, 38678 Clausthal-Zellerfeld

Schönert, K., Prof. Dr.-Ing.
Institut für Aufbereitung und Deponietechnik
Technische Universität Clausthal
Walter-Nernst-Str. 9, 38678 Clausthal-Zellerfeld

Schram, A., Dr.-Ing.
Institut für Schweißtechnik und Trennende Fertigungsverfahren,
Technische Universität Clausthal
Agricolastr. 2, 38678 Clausthal-Zellerfeld

Sourkounis, C., Dr.-Ing.
Institut für Elektrische Energietechnik,
Technische Universität Clausthal
Leibnizstr. 28, 38678 Clausthal-Zellerfeld

Strackeljan, J., Dr.-Ing.
Institut für Technische Mechanik,
Technische Universität Clausthal
Graupenstr. 3, 38678 Clausthal-Zellerfeld

Zenner, H., Prof. Dr.-Ing.
Institut für Maschinelle Anlagentechnik und Betriebsfestigkeit,
Technische Universität Clausthal
Leibnizstr. 32, 38678 Clausthal-Zellerfeld

Konstruktion verfahrenstechnischer Maschinen – eine Einführung in die Arbeitsgebiete des Sonderforschungsbereichs

P. Dietz

Alle verfahrenstechnischen Prozesse sind an die Nutzung von Maschinen, Geräten und Apparaten gebunden. Während die theoretische Vorausberechnung und die experimentelle Erforschung verfahrenstechnischer Prozesse der chemischen und physikalischen Stoffumwandlung seit vielen Jahren im Mittelpunkt wissenschaftlicher und betrieblicher Bemühungen stehen, erfolgte eine auf die Lösung konstruktiver Probleme ausgerichtete Forschung lediglich für spezielle Problemstellungen. Die Entwicklung und der Bau von Spezialmaschinen für die Verfahrenstechnik führte daher meist zu produktbezogenen Insellösungen, was zum Teil zur Folge hat, dass prozessorientierte verfahrenstechnische Forschungsergebnisse nur zögernd industriell umgesetzt werden können. Die „verfahrenstechnisch", d.h. meist stoffbezogen formulierten Aufgabenstellungen, der oft nur sehr unzureichend erkennbare Zusammenhang maschinenbaulicher Parameter der Auslegung auf das zu erfüllende verfahrenstechnische Ergebnis und nicht zuletzt das Fehlen von Grundlagenliteratur zur Dimensionierung und Gestaltung von Maschinen, wie dies z.B. im Bereich der Kraft- und Arbeitsmaschinen des Maschinenbaus oder der Werkzeugmaschinen angeboten wird, geben Anlass zu Unsicherheit bei den verantwortlichen Konstrukteuren und bilden dadurch oft ein Hindernis für Innovationen.

Diese Grundlagen offen zu legen und den Konstrukteur durch verlässliche Angaben und methodische Vorgehensweisen zu unterstützen ist eines der Hauptziele eines von der Deutschen Forschungsgemeinschaft geförderten Sonderforschungsbereichs mit dem Titel „Konstruktion verfahrenstechnischer Maschinen bei besonderen mechanischen, thermischen oder chemischen Belastungen", der in den Jahren 1988 bis 1999 an der Technischen Universität Clausthal durchgeführt wurde und sich besonders durch die interdisziplinäre Zusammenarbeit von Instituten der Verfahrenstechnik, des Maschinenbaus und der Werkstoffwissenschaften auszeichnet (Abb. 1). Das vorliegende Buch soll die aus den Arbeiten dieses Sonderforschungsbereichs erhaltenen Erkenntnisse darstellen und damit einen Beitrag leisten zur integrierten Auslegung von Prozessen und ihren Anlagen bzw. Maschinen. In diesem Sinne stellt das Buch keine Grundlagenbroschüre für Studierende dar, sondern richtet sich

– an in der Praxis tätige Prozess- und Anlagenentwickler (Konstrukteure) mit methodischen Unterstützungen und Beispielen aus den Entwicklungen des Sonderforschungsbereichs,

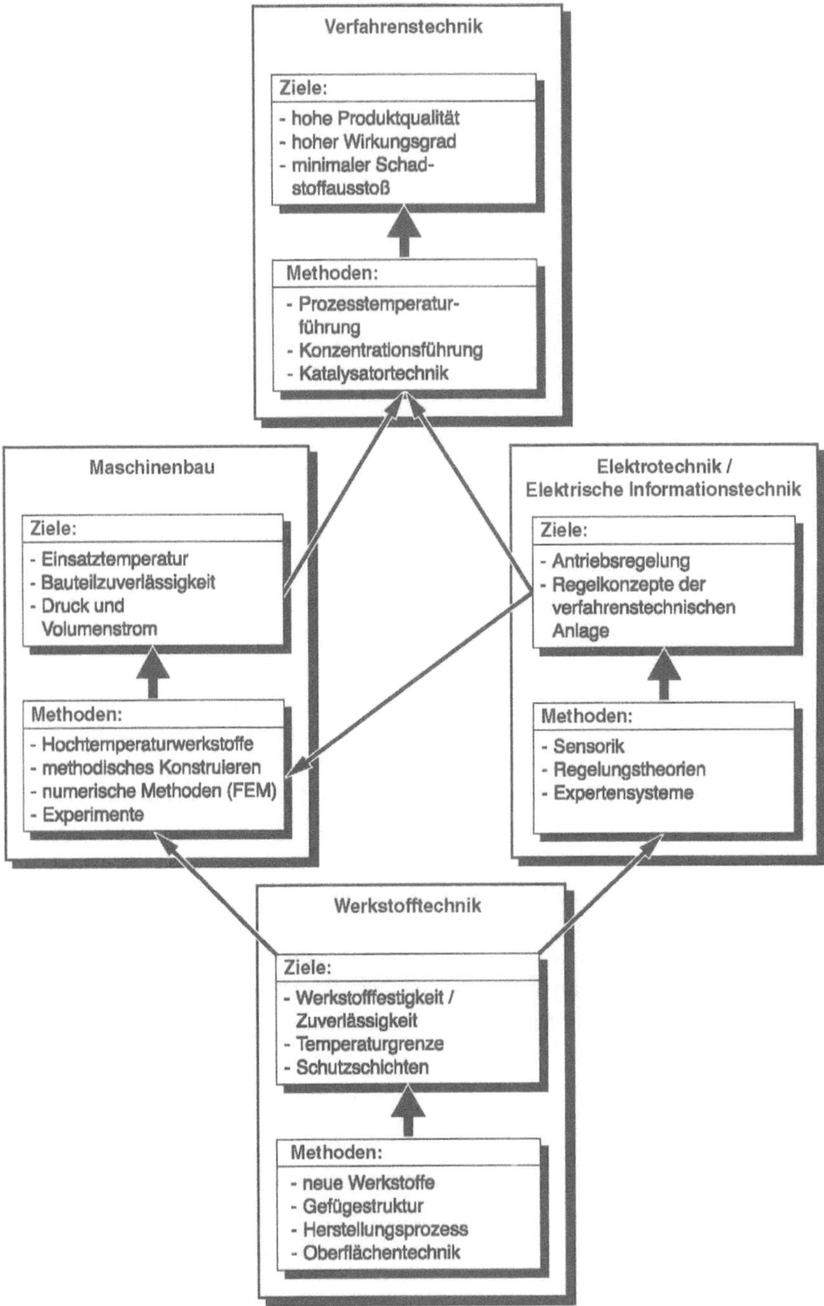

Abb. 1: Interdisziplinäre Zusammenarbeit bei der verfahrenstechnischen Entwicklung

- an den verfahrenstechnisch und maschinenbaulich orientierten Wissenschaftler zur Entwicklung integrierter Methoden und Werkzeuge für die Gestaltung verfahrenstechnischer Prozesse und
- an den Werkstoffwissenschaftler zur prozessorientierten Entwicklung geeigneter Konstruktionswerkstoffe.

Die Forderung nach einer unternehmensunabhängigen, veröffentlichten Darstellung der grundlegenden Erkenntnisse wird dadurch verstärkt, dass die zuliefernde Industrie des Maschinen- und Apparatebaus meist aus mittelständisch orientierten Firmen besteht, für die eine eigene grundlagenbezogene Forschung zur Weiterentwicklung verfahrenstechnischer Maschinen wirtschaftlich nicht zu vertreten ist. Andererseits ist gerade in solchen Unternehmen die Anwendung der aus der allgemeinen Konstruktionsforschung abzuleitetenden Erkenntnisse auf die speziellen Probleme der Gestaltung verfahrenstechnischer Maschinen wegen der hier speziell vorliegenden Aufgabenstellungen ebenfalls nicht möglich.

In diesem Sinn enthält der vorliegende Band Grundlagen der Auslegung und prozessgerechten Ausführung für Wandlung, Verarbeitung und Transport von Stoffgemischen unter Einbeziehung der Grundlagen zur festigkeits-, werkstoff- und fertigungsgerechten Gestaltung mit den folgenden Problemkreisen:

- Steigende Anforderungen an verfahrenstechnische Prozesse bezüglich Stoffumsatz und Energieleistung bedeuten den Einsatz von Maschinen mit hohen verfahrenstechnischen Wirkgeschwindigkeiten und höchster Belastbarkeit. Hier ist ein auf wissenschaftlichen Grundlagenforschungen basierender Innovationsschritt gelungen.
- Die Umsetzung neuester verfahrenstechnischer Kenntnisse in eine industrielle Verwirklichung scheitert oft daran, dass es bis heute keine Maschinen zur Realisierung der verfahrenstechnischen Prozessbedingungen gibt. Unter dieser Problemstellung wurden in den einzelnen Projekten z.B. Prozessgeschwindigkeiten über 200 m/s in Zerkleinerungs- und Klassiermaschinen, Gasumwälzanlagen bei Temperaturen über 1300 °C sowie der Eintrag mechanischer Energie in Reaktionsprozesse durch Beschleunigungen über 60 g verwirklicht.
- Durch die Anwendung moderner Werkstoff-, Fertigungs- und Konstruktionstechniken wurden in den letzten Jahren im Bereich des Maschinenbaus, z.B. Fahrzeugbau oder Flugzeugbau, erhebliche Fortschritte erzielt. Die Aufbereitung dieser grundsätzlichen Erkenntnisse für eine Anwendung bei der Entwicklung verfahrenstechnischer Maschinen stellt nach Ansicht der industriellen Anwender eine erhebliche Hilfe bei einer innovativen Maschinenentwicklung in diesem Bereich dar. Eines der immer wichtiger werdenden Themenstellungen ist dabei der Verschleißschutz, für den besonders im Hochtemperaturbereich und unter hoher chemischer Aggressivität bisher keine befriedigenden Lösungen existieren.
- Insbesondere im Bereich chemischer verfahrenstechnischer Prozesse existiert der Problemkreis der gegenseitigen Beeinflussung von Prozess- und Maschinenparametern. Die Verwirklichung von Prozessbedingungen durch leistungsfähige Maschinen hat eine innovative Auswirkung auf die verfahrenstechnische Prozessentwicklung. Ein ähnliches Problem stellt sich im Bereich der Grobzer-

kleinerung: Obwohl Shredder seit Jahrzehnten existieren und in immer größerem Maße beim Recycling von Industrieprodukten eingesetzt werden, ist der eigentliche verfahrenstechnische Prozess in diesen Maschinen relativ unbekannt. Die Folge ist, dass jeder die Ineffizienz, die Mängel in der Funktion und die Störanfälligkeit durch mangelnde Bauteilfestigkeiten beklagt, dass aber bisher keine grundlegenden Forschungsarbeiten zur Interaktivität zwischen Maschine und Prozess bei der Grobzerkleinerung durchgeführt wurden.

- Chemische und verfahrenstechnische Prozesse haben oft eine erhebliche Auswirkung auf die Umwelt. Dies hat zur Folge, dass Gesichtspunkte wie Sicherheit (z.B. Explosionsschutz) oder ergonomische Bedingungen (z.B. Lärmarmut) eine entscheidende Bedeutung für die Auslegung hochproduktiver verfahrenstechnischer Maschinen erhalten, andererseits erfordern nachgeschaltete Prozesse zur Erfüllung von Umweltschutzbedingungen (z.B. Rauchgasentschwefelung, Entstaubung) neue Prozessbedingungen mit neuen verfahrenstechnischen Maschinen.

Abbildung 2 zeigt symbolisch die Anlage dieser Aufgabenstellungen im Spannungsfeld zwischen Maschinenbau und Verfahrenstechnik. Für die rechts dargestellten verfahrenstechnischen Aufgabenstellungen sind Maschinen und Anlagen zu entwickeln, deren Funktion mit Beanspruchungen verbunden sind, die wiederum die Auslegung der Komponenten bestimmen und damit letztlich dem verfahrenstechnischen Prozess eine Grenze setzen. Die Analyse dieser Funktionen und Beanspruchungen führt auf grundlagenbezogene Konstruktionsforschung, wie sie in der Abbildung als verbindende Brücke zwischen den beiden „Ufern" des Maschinenbaus und der Verfahrenstechnik dargestellt ist. Die alle Arbeiten „erleuchtende" Methoden- und Hilfsmittelquelle ist die als CAE (Computer Aided Engineering) gekennzeichnete moderne Ingenieurarbeit unter Einbeziehung rechnergestützter Methoden.

Aus den vorgenannten Problemstellungen lassen sich in Abhängigkeit von den spezifischen Einsatzbedingungen verfahrenstechnischer Maschinen folgende Belastungen ableiten:

- Hohe statische und dynamische Beanspruchungen,
- hohe Anwendungstemperaturen,
- hohe Anwendungsdrücke,
- abrasiver und kavitativer Verschleiß sowie
- chemischer und korrosiver Angriff.

Auf die Besonderheiten dieser meist in Kombination auftretenden Beanspruchungen wird in Abschn. 2.1 kurz eingegangen, spezielle Aufgabenstellungen und ihre Lösungen werden in den anwendungsbezogenen Abschnitten dieses Buches beschrieben.

Aus den verfahrenstechnischen Problemstellungen und den Beanspruchungstypen lassen sich die Projektbereiche des Sonderforschungsbereichs ableiten:

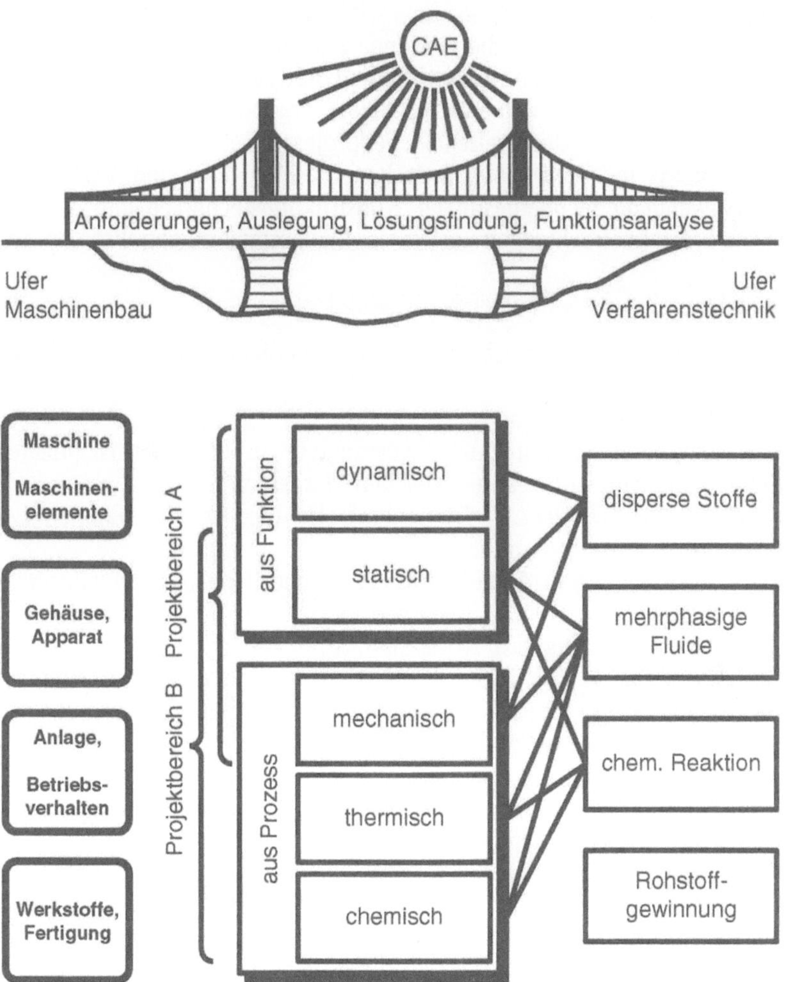

Abb. 2: Zuordnung von Anwendungsfeldern zu Objekten und Belastungsarten verfahrenstechnischer Prozesse

Projektbereich A: Verfahrenstechnische Maschinen unter vorwiegend mechanischen Beanspruchungen

Die hier zusammengefassten Teilprojekte beschäftigen sich im Sinne einer maschinenbaulichen und konstruktionsmethodischen Grundlagenforschung mit den Bauteilen verfahrenstechnischer Maschinen, die vorwiegend durch mechanische Beanspruchungen, durch Abrasion und durch Verschleiß beansprucht sind und deren Prozessbeanspruchung wesentlich von konstruktiven Parametern abhängt. Als Schwerpunkte wurden die Kernobjekte „Rotor in verfahrenstechnischen Maschinen" und „Prinzip der Zerkleinerung am Beispiel von Shreddern und

Schneidmühlen" gewählt. Neben diesen an verfahrenstechnischen Prozessen ausgerichteten Teilprojekten wurden übergreifende Aufgabenstellungen wie das dynamische Verhalten von Rotoren, werkstoff- und fertigungstechnische Problemstellungen einschließlich des Verschleißes sowie ergonomische Betrachtungen (Lärmarmut) aufgegriffen. Übergreifende Teilprojekte befassen sich mit dem Konstruktionsprozess im Grenzgebiet zwischen Maschinenbau und Verfahrenstechnik bei Anwendung rechnergestützter Konstruktionstechniken und der Anwendung von Störfallbetrachtungen im Entwicklungsstadium von Prozess und Anlage.

Der Projektbereich A enthält folgende Teilprojekte:

A1   Untersuchungen von Instabilitäten bei schnelllaufenden elastisch gelagerten Rotorsystemen
(Prof. Dr. rer. nat. D. Behr)

A2   Wissensbasierte Störfall- und Fehleranalyse in der interdisziplinären Entwicklung von verfahrenstechnischen Maschinen
(Prof. Dr.-Ing. Dr. h.c. P. Dietz, Prof. Dr.-Ing. Dr.-Ing. E.h. K. Leschonski)

A3   Die Feinsttrennung in Abweiseradsichtern und deren Anwendungsgrenzen
(Prof. Dr.-Ing. Dr.-Ing. E.h. K. Leschonski)

A4   Gestaltung von Durchbrüchen, Einsätzen und Verbindungen in Rotorsystemen und ihre Berücksichtigung bei der Tragfähigkeitsberechnung, vornehmlich in Windsichtern und Prallmühlen
(Prof. Dr.-Ing. Dr. h.c. P. Dietz)

A7   Beanspruchungsanalyse und Lebensdauerabschätzung für Komponenten von Zerkleinerungsmaschinen
(Prof. Dr.-Ing. H. Zenner)

A8   Werkstoffmechanische Untersuchungen von faserverstärkten Kunststoffen für den Aufbau von Verbundrotoren im Bereich der Verfahrenstechnik
(Prof. Dr.-Ing. W. Hufenbach)

A9   Verschleißschutz von Bauteilen bei Beanspruchung durch partikelhaltige Zweiphasenströmung durch Hartauftragschweißen mit definierter Gefügemorphologie
(Prof. Dr.-Ing. U. Draugelates)

A10   Verschleißmechanismen bei Ingenieurkeramiken unter Strahlverschleißbeanspruchung
(Prof. Dr.-Ing. U. Draugelates, Prof. Dr. rer. nat. Hennicke †)

A12   Die Feinstmahlung in einer Prallmühle und deren Anwendungsgrenzen
(Prof. Dr.-Ing. Dr.-Ing. E.h. K. Leschonski)

A15   Konstruktive Maßnahmen zur Schallminderung an Hochleistungs-Prallzerkleinerungsmühlen und -windsichtern
(Prof. Dr.-Ing. H.-J. Barth)

A18   Erhöhung der Verfügbarkeit und des Ausnutzungsgrades von Shredder-Anlagen
(Prof. Dr.-Ing. H. Zenner, Prof. Dr.-Ing. H.-P. Beck)

A19 Konstruktion und Betrieb von Schneidmühlen zur Zerkleinerung von Kunststoffmischungen, die aus Kompaktmaterial, Schaumstoffen und einem hohen Folienanteil bestehen
(Prof. Dr.-Ing. Dr.-Ing. E.h. K. Leschonski)

Projektbereich B: Verfahrenstechnische Maschinen unter vorwiegend thermischen und chemischen Beanspruchungen

Dieser Projektbereich behandelt Maschinen für Prozesse, die erheblichen Temperaturen unterliegen und meist zusammen mit chemischen Stoffumwandlungen auftreten. Dies setzt zum einen eine Konstruktionsgrenze für solche Maschinen durch die Anwendungsgrenze der darin verwendeten Werkstoffe, zum anderen ergeben sich durch den chemischen Prozess Anforderungen wie absolute Inertheit oder Widerstandsfähigkeit gegen Gase bei hohen Temperaturen. Aufgabe dieses Projektbereiches ist die Erforschung innovativer verfahrenstechnischer Prozesse, die auf die Entwicklung neuer Maschinen angewiesen sind. Die Projekte befassen sich unter anderem mit der Verdichtung und dem Transport von Gasen unter hohen Temperaturen oder Untersuchungen zum Verhalten von Maschinenelementen unter aggressiven Gasen in chemischen Reaktionsbehältern. Grundlagen zur Werkstofftechnik unter den genannten Anwendungsbedingungen sind integraler Bestandteil dieses Projektbereichs.

Der Projektbereich B enthält folgende Teilprojekte:

B1 Entwicklung einer Reaktionsmühle zur heterogenen Umsetzung aggressiver und sensitiver Chemikalien
(Prof. Dr.-Ing. U. Hoffmann, Prof. Dr.-Ing. K. Schönert, Prof. Dr.-Ing. Dr. h.c. P. Dietz)

B3 Konstruktionsstrukturen von Umwälzaggregaten unter vornehmlich thermischer Belastung
(Prof. Dr.-Ing. H.-J. Barth, Prof. Dr.-Ing. R. Scholz)

B4 Konstruktionsstrukturen von Kreislaufreaktoren für heterogenkatalytische Gas-Feststoffumsetzungen bei erhöhten Druck-, Temperatur- und Korrosionsbeanspruchungen
(Prof. Dr.-Ing. U. Hoffmann, Prof. Dr.-Ing. H.-J. Barth)

B6 Metall-Keramik-Verbindungen durch Diffusionsschweißen und Kleben für den Einsatz in verfahrenstechnischen Maschinen
(Prof. Dr.-Ing. U. Draugelates, Prof. Dr. rer. nat. Hennicke †, Dr.-Ing. A. Schram)

B7 Untersuchung der Temperaturwechselbeständigkeit insbesondere von keramischen Werkstoffen als Grundlage für den Hochtemperaturmaschinenbau
(Prof. Dr.-Ing. Dr.-Ing. E.h. R. Jeschar)

B9 Hochtemperaturkorrosionsschutz von Si- und C-Basiswerkstoffen sowie Metallen in verfahrenstechnischen Maschinen
(Prof. Dr.-Ing. G. Borchardt, Prof. Dr. rer. nat. V. Kempter)

B10   Bearbeitung komplexer keramischer Bauteile durch Ultraschwingläppen
       (Prof. Dr.-Ing. U. Draugelates)
B11   Ressourcensparende Entschwefelungsanlage auf der Basis eines Kreis-
       prozesses mit verfahrenstechnischen Maschinen
       (Prof. Dr.-Ing. Dr.-Ing. E.h. R. Jeschar, Prof. Dr.-Ing. Dr. h.c. P. Dietz,
       Prof. Dr.-Ing. Dr.-Ing. E.h. K. Leschonski)
B12   Chemischer und thermischer Abbau von Kunststoff-Gemischen durch
       den Einsatz von überkritischem Wasser in einem kontinuierlich betriebe-
       nen Reaktionsverdichter
       (Prof. Dr.-Ing. U. Hoffmann, Prof. Dr.-Ing. Dr. h.c. P. Dietz)
B13   Werkstofftechnik für einen Reaktionsverdichter zum Recycling von
       Kunststoffabfällen
       (Prof. Dr.-Ing. U. Draugelates, Dr.-Ing. A. Schram)
B14   Grundlagen für die Reaktionstechnik, die Auslegung und den Bau von
       Ultraschallreaktoren
       (Prof. Dr.-Ing. U. Hoffmann, Dr.-Ing. U. Kunz, Prof. Dr.-Ing. U. Drau-
       gelates, Dr.-Ing. R. Reiter)
B15   Polymermodifizierung in einer Schwingmühle
       (Prof. Dr. rer. nat. G. Schmidt)

In den vergangenen Jahren waren über 70 Wissenschaftler an den Forschungspro-
jekten des Sonderforschungsbereichs beteiligt, 17 Hochschullehrer übernahmen
die wissenschaftliche Leitung der Projekte. Der Deutschen Forschungsgemeinschaft sei an dieser Stelle für die finanzielle Unterstützung, für das Vertrauen und
für die stete Diskussionsbereitschaft in fachlichen wie organisatorischen Fragen
gedankt.

Der vorliegende Band enthält Auszüge aus den Ergebnissen der einzelnen Projekte, die zum Teil thematisch zusammengefasst sind. Dabei wird Wert auf eine
methodische Durchgängigkeit – evtl. zu Lasten von projektbezogenen Einzeler-
gebnissen – gelegt, damit dem Anliegen des Buches im Sinne einer integrierten
Vorgehensweise bei der Entwicklung von Prozessen und Maschinen Rechnung
getragen wird. Auf detaillierte Einzeldarstellungen wird in den einzelnen Abschnitten verwiesen.

1 Konstruktion verfahrenstechnischer Maschinen

P. Dietz

Die Konstruktion verfahrenstechnischer Maschinen stellt an die Entwicklungstätigkeit des Ingenieurs aufgrund der hier vorherrschenden – im Maschinenbau nicht üblichen – besonderen Funktionsweisen und Anforderungen sehr spezielle Ansprüche, da die Entwicklungsarbeit meist eine simultane Entwicklung in verschiedenen Fachgebieten bedeutet, die bereits in der fachspezifischen Ausbildung deutlich getrennt sind. Die speziellen Betriebsbedingungen erfordern aber auch angepasste methodische Vorgehensweisen der Entwicklung. Eines der großen Probleme bei den vorliegenden Aufgabenstellungen liegt in einer interdisziplinären Erfassung der Anforderungen und ihrer Interpretation in einer „gemeinsamen Sprache" innerhalb des aus Ingenieuren des Maschinenbaus und der Verfahrenstechnik bestehenden Entwicklungsteams. Einige Grundregeln der Produktgestaltung können sinngemäß der Standardliteratur des Maschinenbaus entnommen werden, wie z.B. „ausdehnungsgerecht konstruieren", für andere, wie z.B. „lärmarm konstruieren" müssen spezifische Untersuchungen zur Entstehung, Leitung und Abstrahlung des Maschinenlärms durchgeführt werden (z.B. bei Windsichtern und Mühlen). Schließlich erfordert der Bau und Betrieb verfahrenstechnischer Maschinenanlagen eine besondere Methodik in der Untersuchung von Stör- und Ausfällen oder der Entwicklung von Schutzsystemen, wobei man sich der Erfahrung beider Disziplinen bedienen kann. Eine Reihe der mit der Entwicklung verfahrenstechnischer Maschinen und in diesem Buch beschriebenen Forschungen befasst sich mit werkstoff- und verarbeitungstechnischen Untersuchungen sowie der hierbei anzuwendenden Prüftechniken, denn aufgrund der besonderen mechanischen, thermischen und chemischen Beanspruchungen ist auch die objektbezogene Werkstoffentwicklung integraler Bestandteil der Prozess- und Maschinenentwicklung.

Der folgende Abschnitt des Buches befasst sich mit konstruktionsmethodischen Grundlagenuntersuchungen mit dem Zweck einer Anwendung auf die integrierte Prozess- und Maschinenentwicklung. Dieser Abschnitt ist bewusst allgemein gehalten und greift auf Beispiele zurück, die in weiteren Abschnitten des Buches detaillierter beschrieben sind. Prozess- oder produktbezogene Auslegungsmethoden, Konstruktionsregeln oder Ausführungen sind Abschnitten vorbehalten, die diese Probleme verfahrensbezogen aufgreifen.

1.1
Konstruktionssystematik für die integrierte Prozess- und Maschinenentwicklung in der Verfahrenstechnik

P. Dietz

1.1.1
Entwicklungsprozesse in Maschinenbau und Verfahrenstechnik

Im folgenden Beitrag soll am Beispiel der Entwicklung verfahrenstechnischer Maschinen der Frage nachgegangen werden, ob und wie neue, fachübergreifende Methoden zu einer gezielteren und gleichzeitigen Entwicklung von Prozess und Anlage führen können (Pahl u. Beitz 1997; Dietz 1993; Dietz 1996). Im Folgenden werden hierzu aus der Forschungarbeit mehrerer Teilprojekte des Sonderforschungsbereichs einige systematische Ableitungen gemacht und dann anhand von Beispielen berichtet, ob mit einem solchen systematischen Vorgehen Erfolg im Sinne einer Verbesserung von Prozess und Anlage möglich ist.

Das Ziel ist klar: Das in einigen Disziplinen bereits durchgeführte Prinzip einer parallelen Entwicklung von Produkten und Prozessen, das auch unter dem Stichwort „Concurrent Engineering" gehandelt wird, soll auf die Verfahrenstechnik übertragen werden (Pahl u. Beitz 1997; Dietz 1993). Abb. 1 zeigt am traditionellen Ablauf einer verfahrenstechnischen Entwicklung, wie aus dem verfahrenstechnischen Grundfließbild ein detailliertes Fließbild und dann ein Installationsfließbild entsteht, aus dem die Konstruktionselemente der Anlage ausgesucht werden – der Entwickler oder Lieferant der Elemente weiß bis zur Veröffentlichung des Installationsschemas von dem Prozess überhaupt nichts. Eine maschinenbauliche wie verfahrenstechnische Weiterentwicklung im Wechselspiel von Prozess und Verfahrenselementen ist so nicht möglich, da nur bekannte Standardelemente in die Überlegungen einbezogen werden können. Dabei lässt sich gerade an der verfahrenstechnischen Entwicklung sehr deutlich zeigen, dass ein Concurrent Engineering erhebliche Entwicklungspotenziale enthält (Abb. 2), zumal Neuerungen bekanntlich in hohem Maße durch Entwicklungen aus anderen Fachgebieten gekennzeichnet sind.

Es gibt sogar Methoden der Verfahrenstechnik, die eine solche fachbereichsübergreifende Neuerung verhindern, beispielsweise DIN 30600 (vgl. auch Blaß 1989) zur Bildung von Baukastenstrukturen in verfahrenstechnischen Anlagen. In DIN 30600 (1985) ist die apparative Umsetzung einer Vielzahl existierender „Unit Operations" in Form schematisierter Bildzeichen zusammengefasst, dadurch wird die Umsetzung abstrakter Prozessschritte in Apparate- und Maschinenkonzepte durch das Angebot vorkonfektionierter Lösungselemente (z.B. Pumpen, Rührkessel, Brecher, etc.) vereinfacht. Im Zuge der Entwicklung einer verfahrenstechnischen Anlage oder Maschine ausgehend vom Grundfließbild bis hin zum R&I-Fließbild werden die Unit Operations durch die ihnen entsprechenden Bildzeichen ersetzt, sodass die anlagentechnische Realisierung eines neuen Pro-

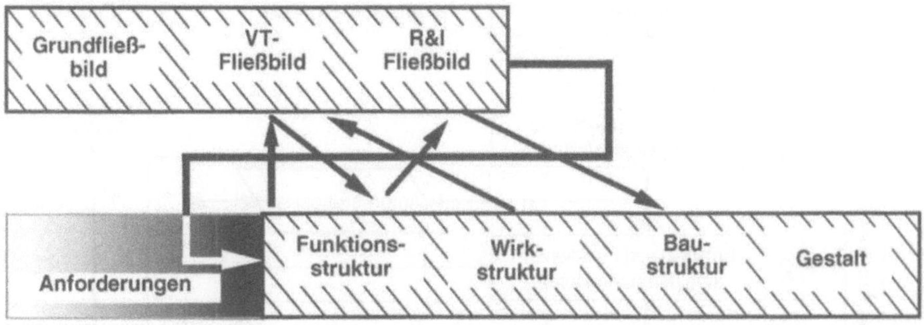

Abb. 1: Traditionelle Entwicklung eines verfahrenstechnischen Prozesses und seiner Anlagen (Dietz 1996)

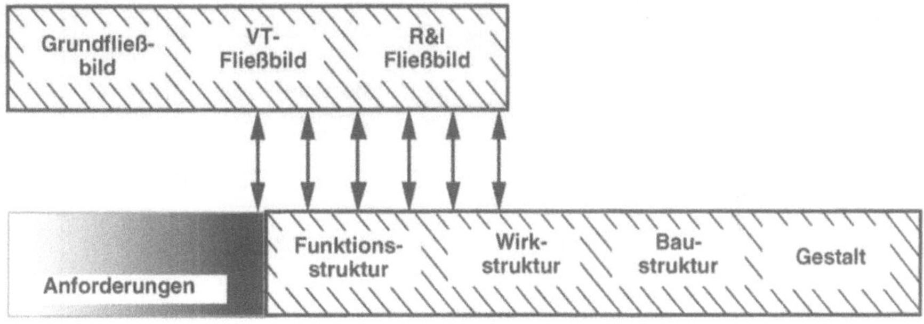

Abb. 2: Integrierte Entwicklung von Prozess und Anlage (Dietz 1996)

zesses nur zu einer Kombination bekannter und verfügbarer Apparate und Maschinen führt.

1.1.2
Vorgehensweise zum Entwickeln verfahrenstechnischer Maschinen

Das Bestreben, den Entwicklungsprozess als allgemeines Vorgehensmodell zu behandeln und ihn mit Hilfe systemtheoretischer Betrachtungen zu optimieren, ist nicht neu. In den bekannten konstruktionssystematischen Vorgehensweisen wie z.B. der Richtlinie VDI 2221 (1983) oder Pahl u. Beitz (1997), der Richtlinie VDI 2222 (1977), aber auch in der von Blaß (1989) beschriebenen Vorgehensweise zur Entwicklung verfahrenstechnischer Prozesse wiederholt sich der Arbeitsschritt des Umsetzens von abstrakten Modulen der Aufgabenstellung hin zu Apparate- und Maschinenkonzepten, die, bezogen auf die Verfahrenstechnik, zu einer kompletten verfahrenstechnischen Anlage oder Maschine kombiniert werden. Trotz der Darstellung in einer Richtlinie, die den Eindruck eines gemeinsamen systematischen Vorgehens vermittelt, werden die Unterschiede aber bei genauer Betrachtung der einzelnen Entwicklungsschritte und ihrer Ergebnisse deutlich (vgl. Abb. 3a u. 3b).

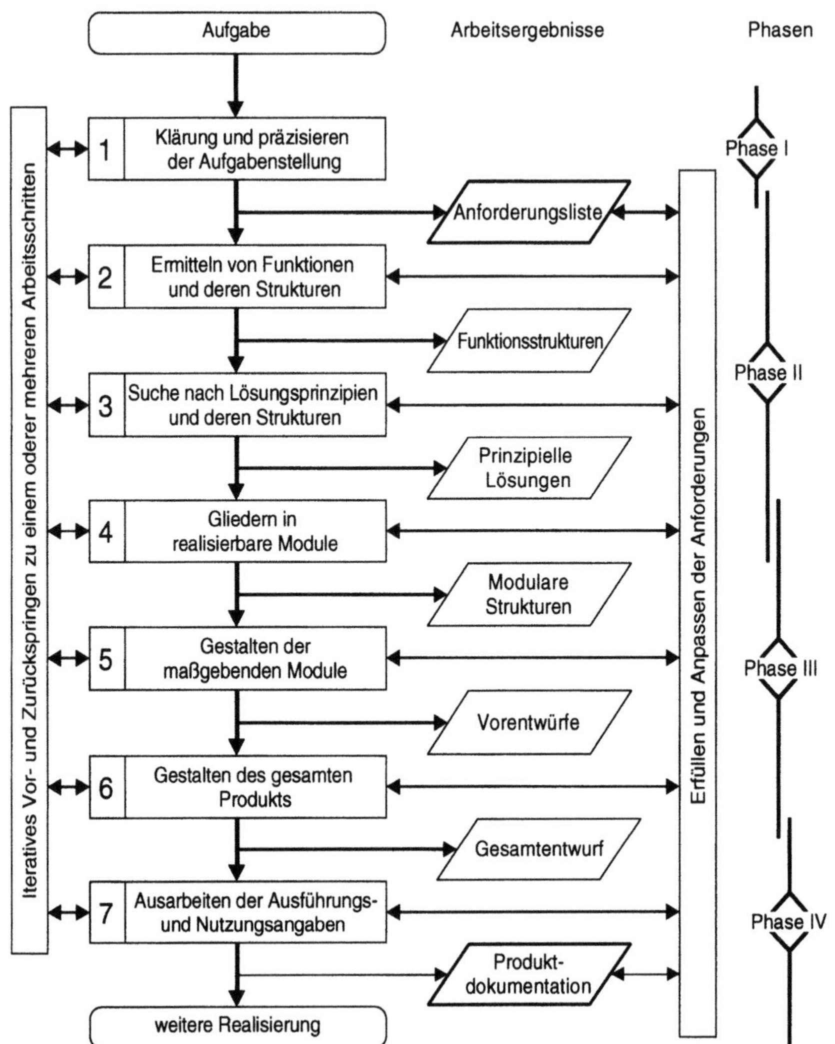

Abb. 3a: Vorgehensmodelle bei der Entwicklung nach VDI 2221. Vorgehen beim Entwickeln und Konstruieren im Maschinenbau (Pahl u. Beitz 1997; VDI 2221)

Während der erste Schritt, die Formulierung der Anforderungsliste, Grundlage jeder Entwicklungarbeit ist und von für die Entwicklung von Produkten wie von Prozessen gleichartigen Methoden unterstützt wird (VDI 2221; VDI 2222; Kruse 1996), wird im nächsten Schritt der maschinenbaulichen Entwicklung gemäß Pahl u. Beitz (1997) und VDI 2222 (1977) nach Funktionen und ihrer Realisierung mit Hilfe naturwissenschaftlicher Erkenntnisse gesucht. Hingegen wird nach Blaß (1989) in der verfahrenstechnischen Entwicklung ein erstes Grundfließbild erarbeitet, welches eine abstrakte Lösung zu der gestellten Aufgabe in Form einer Kombination unterschiedlicher, aber bereits festliegender Unit Operations ergibt, die nach vorgegebenen Regeln dargestellt werden (DIN 28004). Als Grundla-

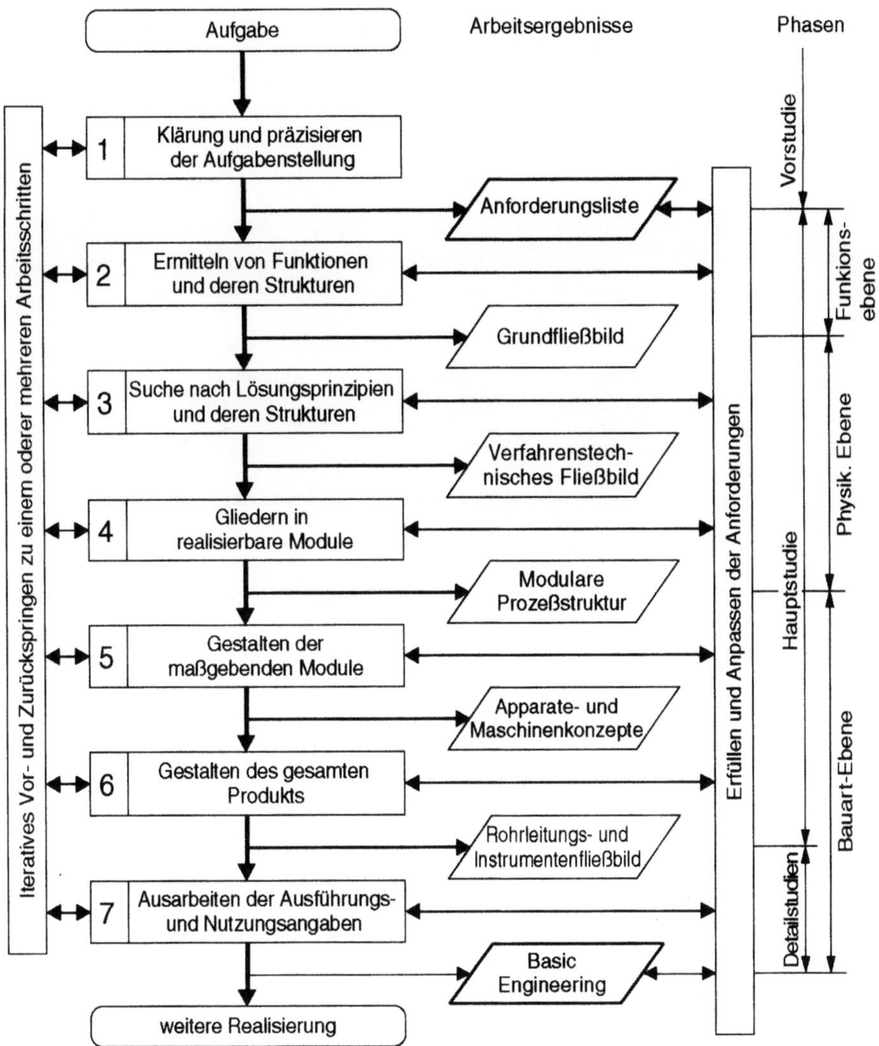

Abb. 3b: Vorgehensmodelle bei der Entwicklung nach VDI 2221. Vorgehen bei der Entwicklung verfahrenstechnischer Prozesse und Anlagen (Pahl u. Beitz 1997; VDI 2221)

ge hierzu dient die Vorstellung, dass der verfahrenstechnische Prozess (Prozess der Stoffumwandlung) immer in die drei Hauptabschnitte nach Abb. 4 zerlegt werden kann. Damit kann die in den Sequenzen „Funktionsanalyse" und „Suche nach Lösungsprinzipien" der maschinenbaulichen Entwicklung beschriebene Suche nach neuen Lösungen nicht mit der Erstellung der Fließbilder aus einem Katalog „aller für das Verfahren erforderlicher Apparate und Maschinen und die Hauptfließlinien" (DIN 28004) verglichen werden. Auch bei einem weiteren Vergleich der beiden Vorgehensweisen lassen sich formale und konzeptionelle Brüche nachweisen, die über neue Vorgehensweisen nachdenken lassen, mit denen in einer integrierten Entwicklung von Anlage und Prozess die „offene" und auf die

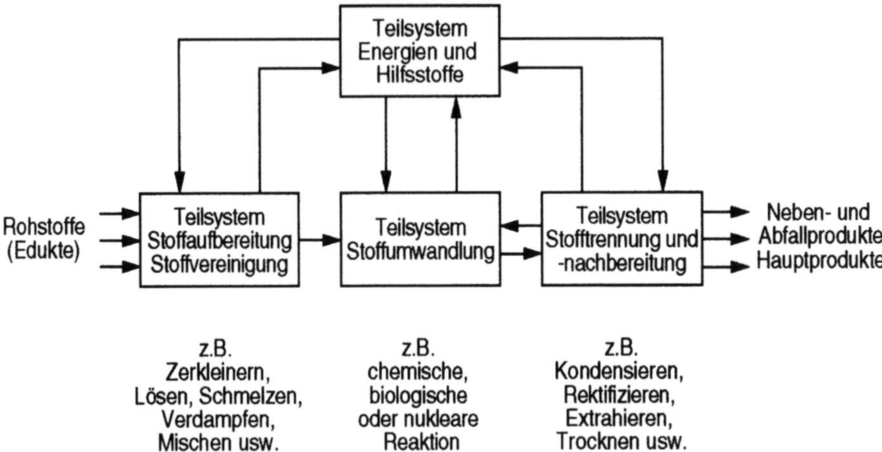

Abb. 4: Die drei Hauptschritte eines verfahrenstechnischen Prozesses (Blaß 1989)

Schaffung neuer Lösungen abgestimmte Methodik der Produktentwicklung für die Gestaltung und Optimierung des Prozesses ebenfalls genutzt werden.

Als Unterstützung zur Konkretisierung dieser Vorgehensweise bietet sich die Richtlinie VDI 2222 (1977) an, die im Folgenden um Elemente der verfahrenstechnischen Vorgehensweisen angereichert wird. Der in Abb. 5 dargestellte Vorgehensplan ist in drei Spalten unterteilt. Die linke Spalte beinhaltet die einbezogenen Hilfsmittel wie z.B. DIN 28004 (1977) oder Kreativitätstechniken, in der rechten Spalte sind die zu erreichenden Arbeitsergebnisse zusammengefasst.

Die mittlere Spalte basiert entsprechend der Richtlinie VDI 2222 (1977) auf einer Unterteilung in vier Phasen: der Planungsphase, der Konzeptionsphase, der Entwurfsphase und der Ausarbeitungsphase. Die am Rand gezeichneten Vorgehensweisen deuten darauf hin, dass entsprechend (Pahl u. Beitz 1997; Kruse 1996) ein ständiger Abgleich mit der Anforderungsliste erfolgen muss und dass die interaktive Optimierung von Prozess und Maschine eine „Schleifenbildung" nach VDI 2221 (1983) erfordert. Wesentlich an diesem Vorgehensmodell ist, dass zur Erreichung der verfahrenstechnischen Ergebnisse in jeder Phase die Chance einer methodischen Lösungssuche nach dem so genannten TOTE-Schema (Hartmann 1996) gegeben wird, in dem aufgrund von Analyse, Synthese und Bewertung nach neuen Lösungen gesucht wird, die dann in den Ablauf der ver-fahrenstechnischen Entwicklung eingestellt werden und so das Lösungsfeld wesentlich erweitern (Abb. 6).

1.1.2.1
Planungsphase

Die Forderung, die zur Problemstellung/Aufgabenstellung geführt hat, kann nach (Kruse 1996) in ihrer Herkunft auf zwei unterschiedliche Quellen zurückgeführt werden:

– Realer Kunde: Eine Person oder eine Organisation als Fordernde/r.

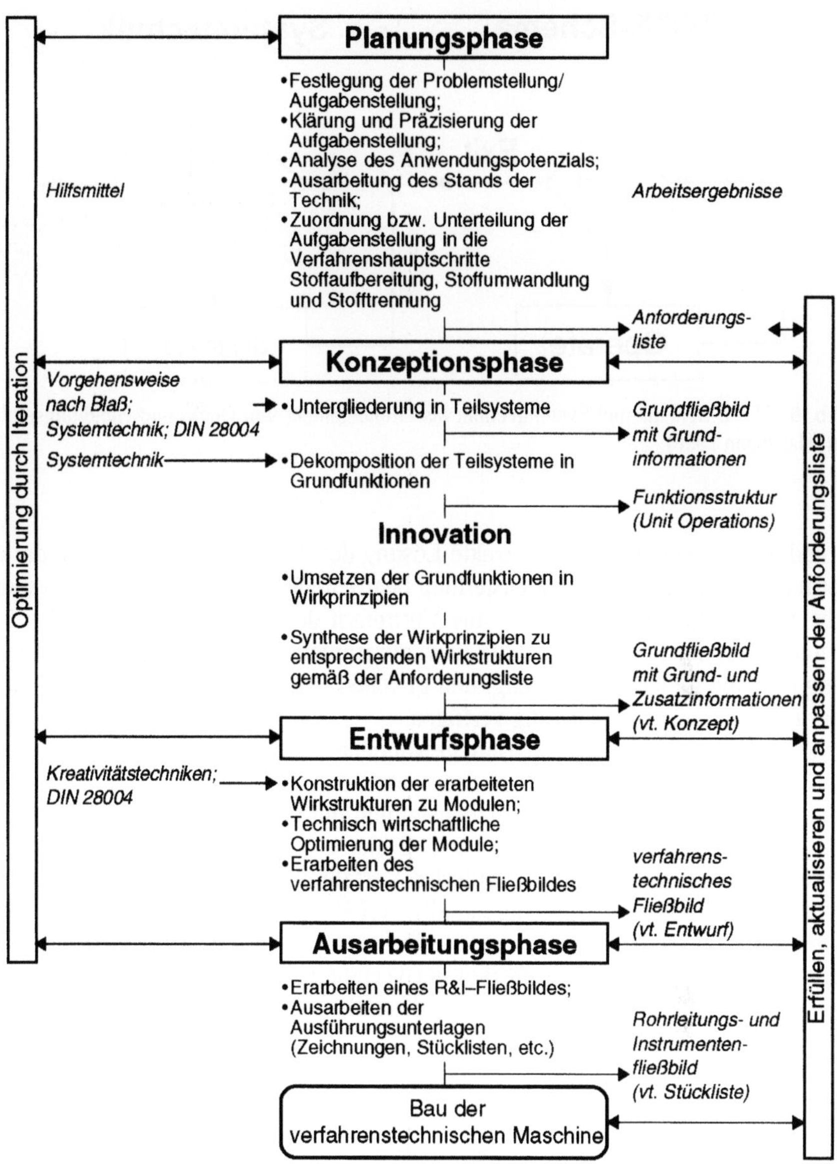

Abb. 5: Vorgehensweise zur Entwicklung und Konstruktion verfahrenstechnischer Maschinen nach VDI 2221 und VDI 2222 unter Zuhilfenahme der Systemtechnik und der Vorgehensweisen nach Blaß (1989) und DIN 28004

– Imaginärer Kunde: Ein durch Marktanalysen, Umfragen, Wartungsberichte oder andere Quellen erzeugter Forderungssatz für ein neues System oder eine Änderung an einem bestehenden System eigener Herstellung.

In beiden Fällen ist nach der Festlegung der Aufgabenstellung ihre Klärung und Präzisierung erforderlich, um zur Realisierung eines technischen Produktes eine einheitliche „Sprache" auch fachübergreifend zu finden (Kruse 1996). Dies ist die

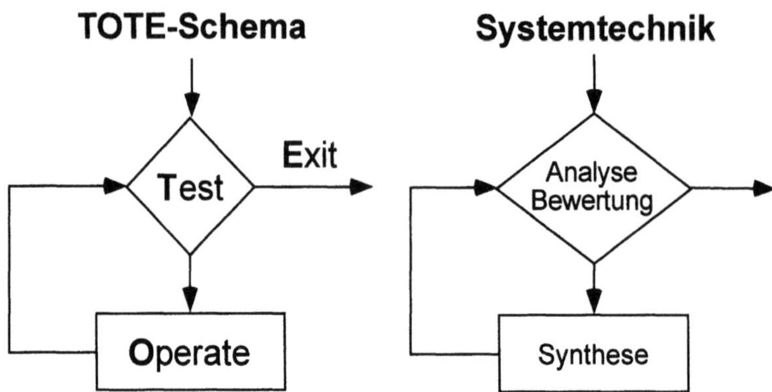

Abb. 6: TOTE-Schema und Systemtechnik als Grundelement von Denk- und Handlungseinheiten (Hartmann 1996)

Grundvoraussetzung für eine korrekte Lösung der Aufgabenstellung, da weder der Fordernde und das die Aufgabenstellung bearbeitende Projektteam eine physikalische Einheit darstellen noch das aus Vertretern der Verfahrenstechnik, des Maschinenbaus, der Regelungstechnik usw. zusammengesetzte Team zur Problemlösung über die gleiche Ausbildung, den gleichen Erfahrungshintergrund und damit über die gleiche Sprachregelung verfügen.

Mit den aus der Aufgabenklärung gewonnenen Informationen (Patentrecherche, Konkurrenzanalyse, Marktanalyse usw.) wird eine Detaillierung, d.h. eine Unterteilung bzw. Zuordnung der Aufgabenstellung durchgeführt, wobei die in Abb. 4 dargestellten Hauptschritte einen Einstieg bieten können. Es muss aber die Einschränkung gelten, dass ein detaillierter Verfahrensschritt oder eine verfahrenstechnische Maschine nicht zwingend alle drei Hauptschritte eines Prozesses beinhalten muss. Das Arbeitsergebnis „Anforderungsliste" der Planungsphase wird entwicklungsbegleitend bis zum Bau der verfahrenstechnischen Maschine permanent erweitert, aktualisiert, angepasst und erfüllt.

1.1.2.2
Konzeptionsphase

Die Konzeptionsphase beginnt mit dem „Untergliedern in Teilsysteme" unter Einbeziehung der Hilfestellungen, die die Systemtechnik, die DIN 28004 (1977), die Richtlinie VDI 2222 (1977) und auch die Vorgehensweise nach Blaß (1989) bieten. Im Sinne der Systemtechnik wird in diesem Arbeitsschritt das komplexe System der Aufgabenstellung zu Teilsystemen geringerer Komplexität zerlegt (VDI 2221). Jede Funktion lässt sich dabei in Form einer Black-Box darstellen (Pahl u. Beitz 1997; VDI 2222). Abb. 7 ist eine solche Darstellung für die Funktion „Stoff fördern" mit den In- und Outputs „Energie, Stoff, Signal". Wesentlich gegenüber der Fließbilddarstellung ist, dass diese Funktion noch keine konstruktive Entsprechung hat und daher noch offen ist für neue Lösungsprinzipien, Kombinationen von Prinzipien oder sogar die Infragestellung dieser Funktion über-

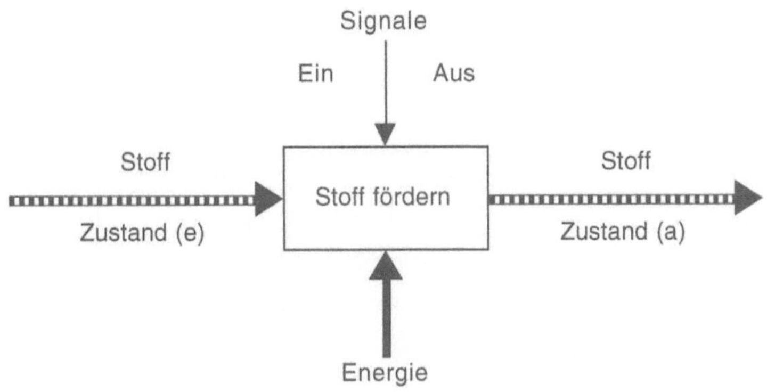

Abb. 7: Black-Box Darstellung einer Pumpe nach VDI 2222 (1977)

haupt. Gegenüber der üblichen Maschinenentwicklung bildet bei der Entwicklung einer verfahrenstechnischen Maschine meist der Stoffstrom die Hauptfunktion, während der Signal- und Energiefluss eine untergeordnete Bedeutung besitzen.

Die Darstellung eines Teilsystems durch eine funktionelle Struktur und die in VDI 2222 (1977) beschriebene Dekomposition in weitere Grundfunktionen ähnelt der Darstellung in Form des Grundfließbildes, im Gegensatz hierzu stellen die Funktionen aber keine Unit Operations mit einer Entsprechung durch Anlagenkomponenten dar, sondern erlauben eine Rückführung auf naturwissenschaftliche Grundoperationen, die z.T. noch keiner technischen Lösung zugeführt wurden. Dies ermöglicht die Findung innovativer Problemlösungen, welche auf den im Rahmen der Maschinen- und/oder Anlagenentwicklung umzusetzenden verfahrenstechnischen Prozess optimal abgestimmt sind, wie an dem nachfolgenden Beispiel verdeutlicht werden soll.

Für den Prozess der Hydrochlorierung von Ferrosilizium zu Trichlorsilan soll eine maschinelle Umsetzung gefunden werden. Diese muss eine Mahlzone beinhalten, in der das Ferrosilizium zum Erhalten reaktiver Oberflächen aufgemahlen wird und einen beheizten Reaktor, in dem die Umsetzung des Ferrosiliziums zu Trichlorsilan unter Zuführung von gasförmigem HCl erfolgt.

Die Aufbereitung des Problems in einem verfahrenstechnischen Fließbild (Abb. 8 oben) gemäß der Vorgehensweise nach DIN 28004 (1977) und des Bildzeichenkatalogs DIN 30600 (1985) führt zu einer Vorfixierung auf die Hintereinanderschaltung einer für die Anforderungen geeigneten Mühle und eines entsprechenden Reaktors. Das Aufstellen einer Funktionsstruktur (Abb. 8 unten) der Gesamtfunktion „FeSi aufmahlen und umsetzen" macht deutlich, dass die Teilfunktionen „FeSi aufmahlen", „Edukte mischen" und „Aktivierungsenergie zuführen" nach ihrer Umsetzung mit Hilfe der in VDI 2222 (1977) angebotenen Lösungsmethoden für die jeweiligen Wirkprinzipien zu einer gemeinsamen Wirkstruktur einer Reaktionsmühle mit integrierten Funktionen des Mahlens und der chemischen Umsetzung in einem Reaktionsraum (Dietz u. Bock 1992) zusammengeführt werden können, die Verfahrensweise dieser Mühle kann wiederum als Fließbild dargestellt werden.

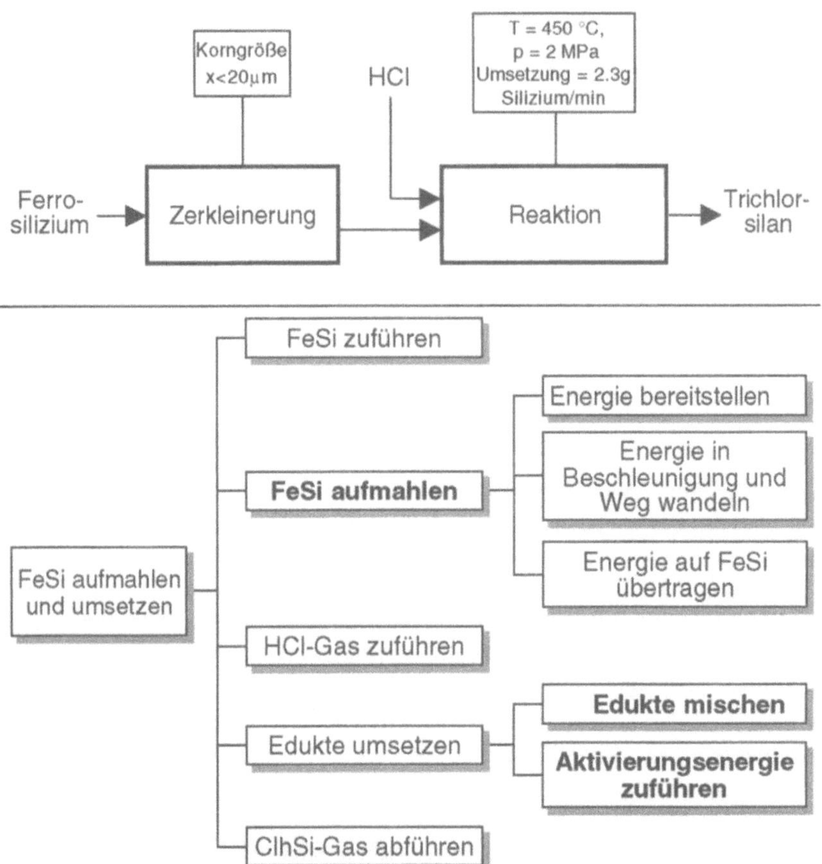

Abb. 8: Aufbereitung des Problems in der Funktionsanalyse am Beispiel der Hydrochlorierung von Ferrosilizium zu Trichlorsan nach Schönert et al. (1996). Oben: Grundfließbild mit Grund- und Zusatzinformationen. Unten: Funktionsgliederung für die Gesamtfunktion „FeSi aufmahlen und umsetzen"

1.1.2.3
Entwurfsphase

Innerhalb der im Maschinenbau durch die Dimensionierung der Kraftflüsse, die Auswahl der Werkstoffe und die Festlegung der Wirkbewegungen gekennzeichneten Entwurfsphase wird die Dimensionierung der Stoff- und Energieflüsse und damit die Festlegung der einzelnen Moduln der Anlage oder verfahrenstechnischen Maschine vorgenommen. Durch Berechnungen und Simulationen wird dieser Vorgang unterstützt, es können Kreativitätstechniken (Brainstorming, Synektik usw.) oder diskursive Lösungsmethoden (Ordnungsschemata, Konstruktionskataloge usw.) zur Anwendung kommen – auch die in DIN 28004 (1977) angebotenen Informationen sind im Sinne eines Lösungskatalogs zu werten. Wie im vorhergehenden Schritt liegt die Chance der Innovation in der Abkehr von vorfabrizierten Lösungen, im Falle der Entwicklung verfahrenstechnischer Maschinen wird hier wohl der intensivste Kontakt zwischen Verfahrenstechnikern und Maschinenbauern innerhalb des Projektteams herrschen.

Durch die technisch wirtschaftliche Optimierung und die konstruktive Umsetzung der erarbeiteten Wirkstrukturen im Sinne der Arbeitsinhalte der ersten Unterpunkte der Entwurfsphase (Abb. 4) existieren die für das Erarbeiten des verfahrenstechnischen Fließbildes notwendigen Informationen:

- Alle für das Verfahren erforderlichen Apparate und Maschinen und die Hauptfließlinien (Hauptrohrleitungen, Haupttransportwege).
- Benennung und Durchflüsse bzw. Mengen der Ein- und Ausgangsstoffe.
- Benennung von Energie und Energieträgern.
- Charakteristische Betriebsbedingungen.

Über diese Informationen hinaus existieren bei einer interaktiven Arbeit Darstellungen und Dimensionierungsgrundlagen zu neuen Konstruktionen, wie dies in Abb. 9 am Beispiel der oben behandelten Reaktionsmühle gezeigt ist.

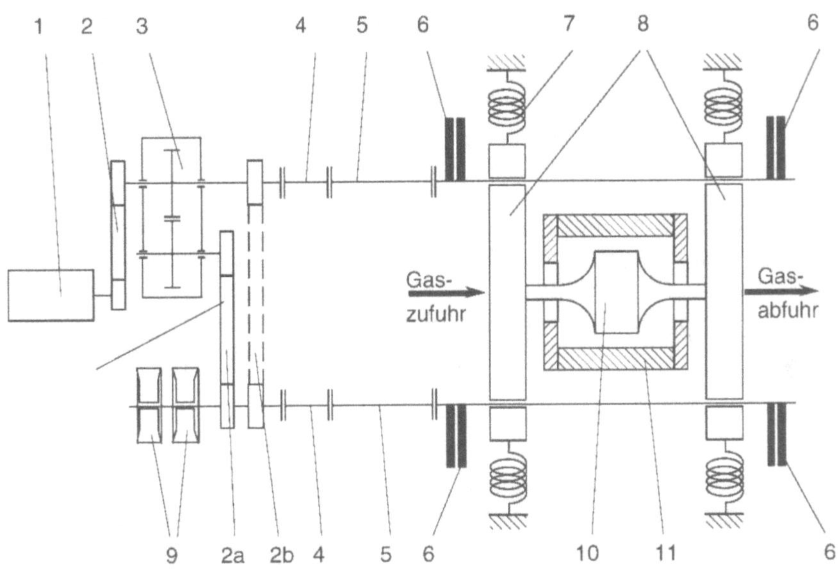

Abb. 9: Prinzipskizze der Reaktionsmühle zur Hydrochlorierung von Ferrosilizium zu Trichlorsilan (Dietz u. Bock 1992)

1.1.2.4
Ausarbeitungsphase

Mit der Ausarbeitung des verfahrenstechnischen Fließbildes im Rahmen der Entwurfsphase wird eine alle apparatebaulichen und maschinenbaulichen Komponenten umfassende Darstellung der zu entwickelnden verfahrenstechnischen Maschine realisiert. Dieses Arbeitsergebnis bildet nach nochmaliger Bewertung und Anpassung anhand der aktualisierten Anforderungsliste die Grundlage für die Ausführung der Maschine und Anlage. Im Fall der verfahrenstechnischen Maschine ist dies im Wesentlichen die maschinenbaulich-fertigungstechnische Entwicklung der einzelnen Komponenten, die z.B. in Abb. 3b unten nicht dargestellt ist. Die Darstellung einer solchen Entwicklung in einem R&I-Fließbild ist unter Umständen auch nicht angebracht.

1.1.3
Anwendung der Methodik bei der Entwicklung verfahrenstechnischer Maschinen

Die Erarbeitung einer interdisziplinären Methodik zur Produktentwicklung auf dem Gebiet der verfahrenstechnischen Maschinen ist der methodische Rahmen des Sonderforschungsbereichs, eine Reihe von Projekten befasst sich mit dem Entwicklungsprozess selbst und seiner Modellierung (Dietz 1993; Dietz 1996; Kruse 1996; Neumann 1996; Hartmann 1996; Schönert et al. 1993), seiner Unterstützung durch EDV-Systeme, der Qualitätssicherung und der Werkstofftechnik in verfahrenstechnischen Maschinen. In der überwiegenden Anzahl von Projekten wurden prozess- und maschinenorientierte Untersuchungen durchgeführt, die sich auf die Realisierung, Verbesserung oder Erweiterung verfahrenstechnischer Prozesse durch Anwendung von Maschinen beziehen. Anhand einiger Beispiele aus diesen Prozessen soll eine kritische Betrachtung zur Anwendung der oben dargestellten Entwicklungsmethodik durchgeführt werden.

1.1.3.1
Beispiel 1: Entwicklung eines Hochgeschwindigkeits-Windsichters

Bei diesem Beispiel wird die Konzeptions- und die Dimensionierungsphase besonders betrachtet. Die verfahrenstechnische Aufgabe ist die Entwicklung eines Klassierprozesses für Partikel mit einer Trenngrenze von 0,001 mm. Die Funktionsstruktur des Sichtvorgangs wird aus den Hauptschritten des Prozesses (Abb. 4) detailliert aufbereitet und als Flussbild für den Stoff- und Energiefluss im Klassierungsprozess in Abb. 10 dargestellt. Der Unterschied dieser funktionsbezogenen Struktur zum Grundfließbild ist offensichtlich, im vorliegenden Fall führt dies auf die physikalische Grundfunktion „Partikel in unterschiedliche Richtungen beschleunigen" mit der Aufgabe der Suche nach entsprechenden Kräften. Ein Funktionskatalog physikalischer Effekte zur Erzeugung von Kräften und seine Auswertung bezüglich ihrer Anwendung zur Beschleunigung von Partikeln führt zu dem in Abb. 11 dargestellten Zusammenhang der Kraftgrößen in Abhängigkeit von den Partikelgrößen – sich überschneidende Linien deuten auf Kraftkombina-

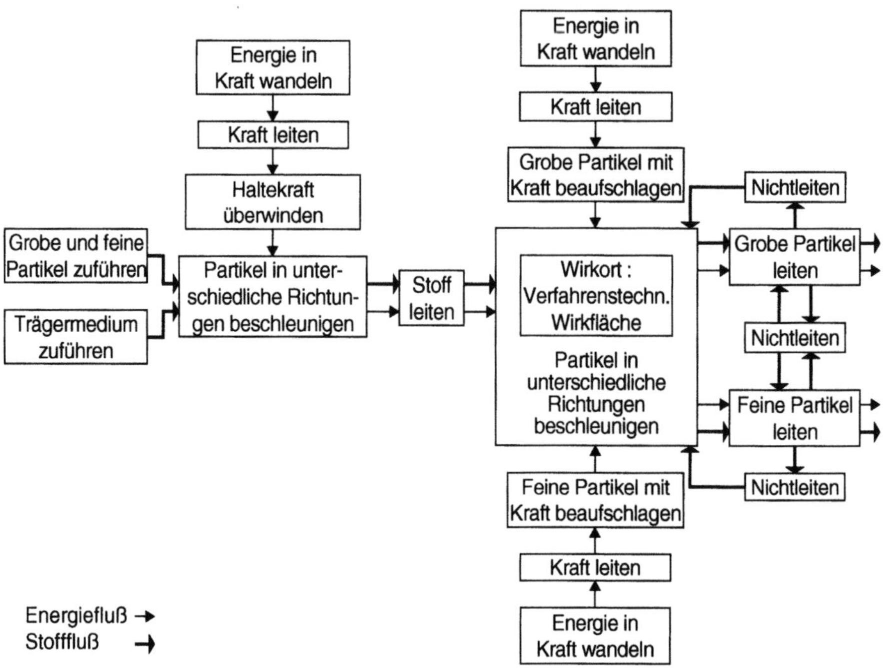

Abb. 10: Darstellung des Stoff- und Energieflusses im Klassierprozess (Ebert 1989)

tionen hin, die für eine Klassierung genutzt werden können. Beispielsweise bildet im Korndurchmesserbereich 0,001 bis 0,01 mm die Kombination der (volumenabhängigen) Zentrifugalkraft (3) mit der (flächenabhängigen) laminaren Strömungskraft (6) einen Klassiereffekt. Die Graphen für die Lorenzkraft (7) und die Zentrifugalkraft (3) schneiden sich im Bereich kleiner 0,00001 mm – beispielsweise ausgenutzt bei der Messung von Molekularmassen, der Schnittpunkt von Auftriebskraft (2) und Strömungskraft (6) wird bei größeren Partikeldurchmessern in der Flotation genutzt. Das Diagramm enthält auch Kraftkombinationen, die bis heute nicht zur Klassierung genutzt werden, obwohl sie geeignet erscheinen.

Auch in der Entwurfsphase gelangt die Gestaltung möglicher neuer Prinzipien für die Erzeugung von Wirkflächen und Wirkbewegungen nur durch eine Rückführung auf Grundfunktionen, wie sie in Abb. 12 am Beispiel der Kräftekombination (3) und (6) gemäß Abb. 11 dargestellt ist. Die Ausführung der darin mit „P" bezeichneten Funktionen mit Hilfe eines morphologischen Suchschemas führt zu einer vollständigen Übersicht aller Klassiermöglichkeiten nach diesem Prinzip und enthält alle Wirkprinzipien bekannter Windsichter (Abb. 13). Im vorliegenden Fall schließt sich eine systematische Auswahl der verschiedenen Lösungsprinzipien und eine Präzisierung der Anforderungsliste für das zu entwickelnde Maschinenelement, den Windsichterrotor, an. Die Ausführung des Rotors kann dann mit Hilfe konstruktionsmethodischer Prinzipien vorgenommen werden. Abb. 14 zeigt den Rotor in Werkstoff-Verbundbauweise, der Umfangsgeschwindigkeiten über 250 m/s bewältigt.

Obgleich es sich bei dem vorliegenden Beispiel nur um einen Ausschnitt eines verfahrenstechnischen Prozesses und von vornherein um die Entwicklung einer

Maschine handelt, wird doch in der Vorgehensweise deutlich, dass die im Bereich der Produktanwendung entwickelten Methoden ein Innovationspotenzial auch für die Entwicklung des Prozesses bilden. Man erkennt auch die notwendige Zusammenarbeit zwischen Maschinenbau und Verfahrenstechnik im Bereich der Aufgabendefinition, der Entwicklung der Funktionsstruktur und der (in Abschn. 2.3 dargestellten) Bewertung und Auswahl der Lösungen.

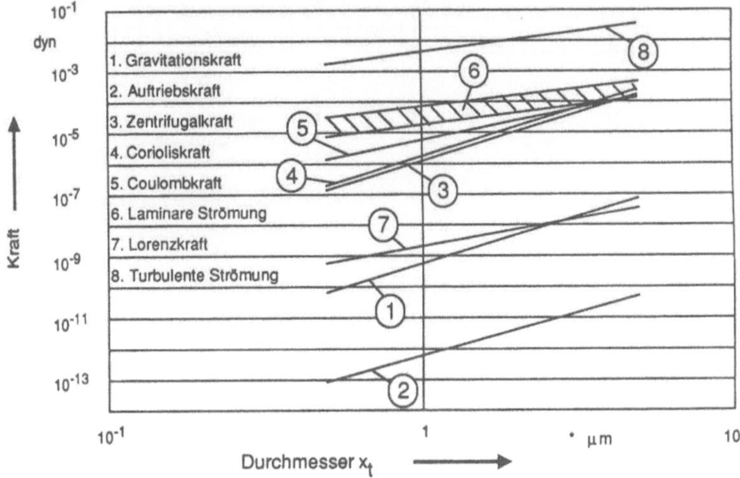

Abb. 11: Darstellung der Kraft auf ein Einzelpartikel in Abhängigkeit vom Partikeldurchmesser für verschiedene Potenzialkräfte aus dem Bewertungskatalog „Kraftwirkung auf Partikel" (Ebert 1989)

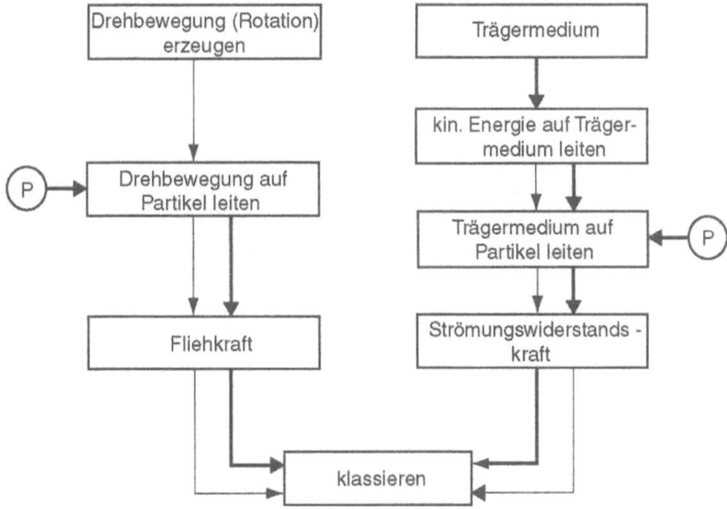

Abb. 12: Spezielle Funktionsstruktur für „Partikel durch Stömungswiderstandskraft und Fliehkraft klassieren" (Ebert 1989)

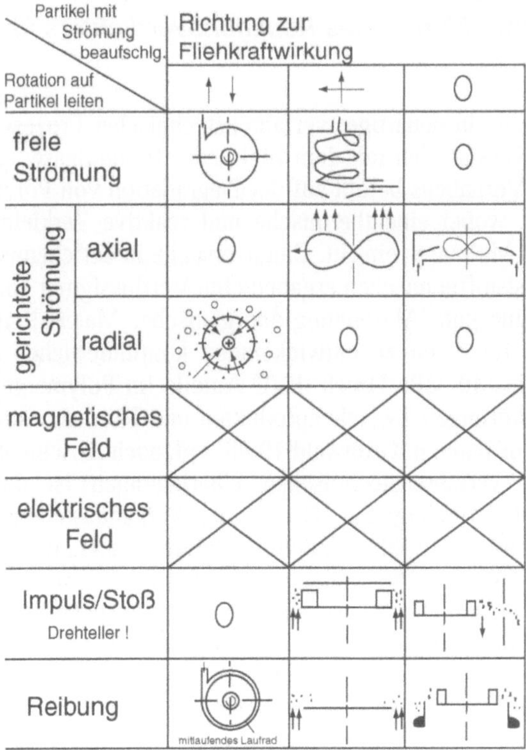

Abb. 13: Morphologisches Schema zur Suche nach Lösungskombinationationen für „Partikel mit Strömungsgeschwindigkeit beaufschlagen" und „Rotation auf Partikel leiten" (Ebert 1989)

Abb. 14: Hochgeschwindigkeits-Windsichterrotor

1.1.3.2
Beispiel 2: Entwicklung eines Reaktionsverdichters für das Recycling von Kunststoffen

Zu entwickeln war ein neuartiger verfahrenstechnischer Prozess zum chemischen Recycling von Kunststoffen mit dem Ziel neuer Produktgase, -öle oder -wachse. Die Idee dieses Vorhabens beruht auf der Degradation von Polymeren in überkritischem Wasser, wobei eine thermische und reaktive Zerkleinerung und damit Reduzierung der Molmasse eintritt. Batchversuche in der chemischen Verfahrenstechnik mit Kunststoffgemischen ergaben eine Verflüssigung von bis zu 75 % des Aufgabegutes, eine gute Abtrennung anorganischer Materialien und die Reaktionsbedingungen für einen zu entwickelnden kontinuierlichen Prozess: 450 bis 500 °C und 20 bis 40 MPa Druck. PVC-Anteile im Polymergemisch führen zur Bildung von gasförmigen Zwischenprodukten und Korrosionsangriff auf das Reaktormaterial (Hoffmann u. Gronwald 1998), vgl. auch Abschn. 4.7.

Ergebnis der verfahrenstechnischen Überlegungen ist das Grundfließbild (Abb. 15), das als Grundlage zur Klärung der Aufgabenstellung und zu einer ersten Funktionsbetrachtung führt. Ableitbar hieraus ist z.B., dass die Kunststoffe in einen Zustand versetzt werden müssen, in dem sie bei den o.a. Bedingungen gefördert werden können. Die Auswertung der Batchversuche führte zu einer detaillierteren Vorstellung des Prozesses als Grundfließbild für den eigentlichen Entwicklungsbereich der verfahrenstechnischen Maschine (Abb. 16) – hier erwies sich die Arbeit mit Fließbildern als vorteilhaft, weil der zu erarbeitende Prozess ganz eindeutig von den Stoffströmen her definiert ist und der Bereich des Reaktors (Reaktionsverdichters) mit den integrierten Funktionen des Druck- und Temperaturaufbaus einschließlich der Kreislaufförderung aus dem Prozess heraus definiert werden musste. Abb. 16 umreißt damit den eigentlichen Entwicklungsbereich der verfahrenstechnischen Maschine.

Mit diesen Angaben kann eine Funktionsanalyse einsetzen, wie sie in Abb. 17 dargestellt ist. Man beachte, dass das Fließbild in Abb. 15 Festlegungen von Unit

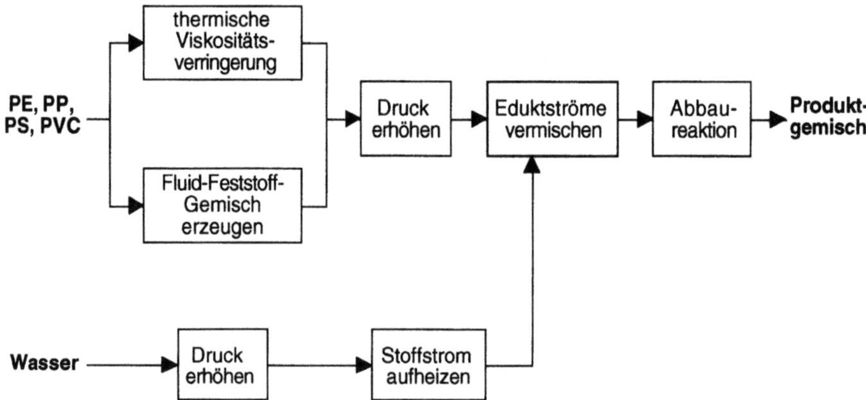

Abb. 15: Grundfließbild mit Grundinformationen zum Prozess „Polymerdegradation" (Neumann 1996)

Operations enthält, die in der Funktionsstruktur wieder verlassen werden, um den Weg zu Innovationen zu öffnen – dieser Schritt war von nicht unerheblichen Dis-

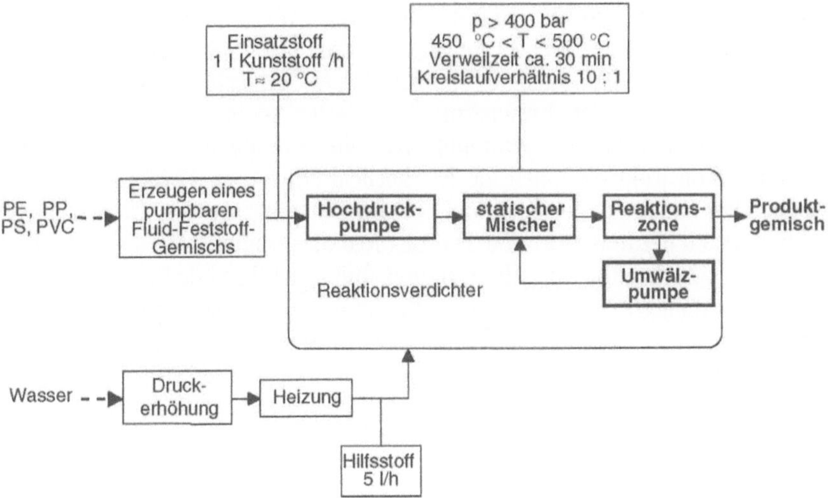

Abb. 16: Grundfließbild mit Zusatzinformationen, Entwicklung aus Abb. 15 zur Definition des Umfangs und der Anforderungen an einen Reaktionsverdichter (Neumann 1996)

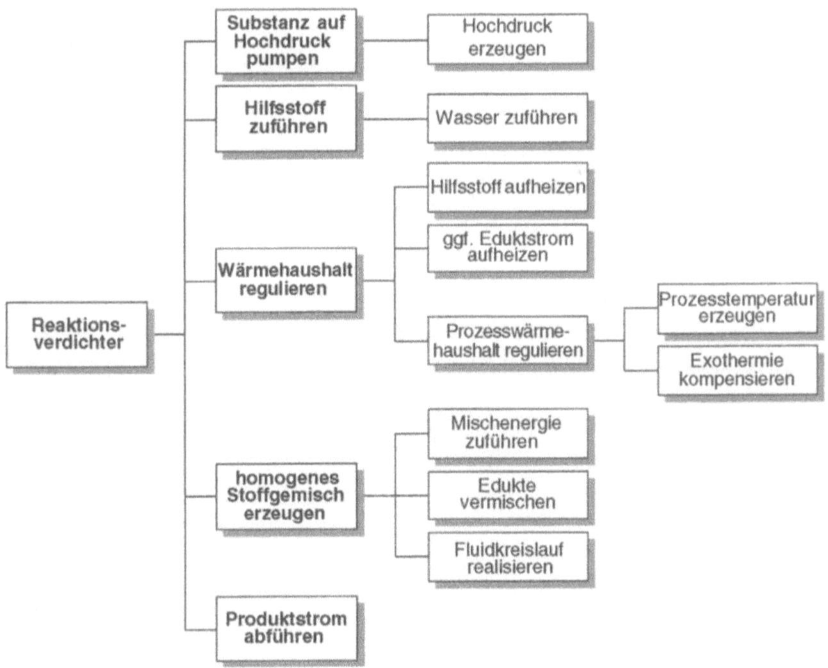

Abb. 17: Funktionsstruktur des Reaktorverdichters für das Recycling von Kunststoffen (Neumann 1996)

kussionen im Entwicklungsteam begleitet. Man erkennt so ganz deutlich, dass die funktionsbezogene Betrachtung die Chance einer weit über die bekannten Elemente, z.B. Pumpen, Ventile usw. gehenden Innovation erlaubt und dass sie vor allem die Chance einer Lösung mit der Erfüllung mehrerer Funktionen in einem Funktionsraum gibt. Die weitere Vorgehensweise führte zu dem in Abschn. 4.7, Abb. 15 gezeigten Reaktionsverdichter, der aus einer Schwingschieber-Kolbenpumpe besteht, die das erzeugte Fluid-Feststoff-Gemisch in die Reaktionszone fördert, ferner aus in den Eduktstrom integrierten statischen Mischern, aus der Reaktionszone und aus der Strömungsmaschine für die Erzeugung des inneren Kreislaufs. Konstruktiv können die Hochdruckpumpen zur Förderung des Gemisches und zur Erhaltung des Kreislaufs zusammengelegt werden. Im Kurbelgehäuse befindet sich der unterkritische Teil des Reaktionsraums, hier dient das Reaktionsgemisch gleichzeitig als Schmiermittel und Sperrflüssigkeit, die einen Leckvolumenstrom durch die konstruktiven Spalte der Pumpe unterbindet. Die Druckdifferenz zwischen Kurbelgehäuse und Reaktionsraum wird über die Strömungsverluste im beheizten Bypass, in dem das Wasser seine überkritische Prozesstemperatur erreicht, eingestellt. Das Prozesswasser wird über eine separate Kolbenpumpe in das Kurbelgehäuse eingebracht.

Die Darstellung der Funktionsweise ist als verfahrenstechnisches Fließbild in Abschn. 4.7, Abb. 16 dargestellt. Es ist nicht zu übersehen, dass es aus der Analyse der konstruktiven Lösung erstellt wurde und dass die hier gewählte Lösung zur Erhaltung des Kreislaufs einer besonderen Darstellungsart bedarf, weil der Lösungsvorrat nach DIN 30600 (1985) dies nicht hergibt. Auch hier ist durch Einbeziehung von methodischen Elementen aus dem Maschinenbau – vorwiegend zum Zeitpunkt der Entwurfsphase – eine Lösung für eine verfahrenstechnische Maschine entstanden. Besonders zu erwähnen ist der dritte Partner in diesem Projekt: Die Betriebsbedingungen und der verstärkte korrosive Angriff der Reaktionspartner erforderte die Einbeziehung einer speziellen Werkstoffentwicklung für den Reaktionsverdichter.

1.1.3.3
Beispiel 3: Entwicklung einer Reaktionsmühle

In diesem Beispiel werden die Angaben vervollständigt, die bereits im methodischen Teil des Berichtes angeführt wurde. Aus dem Gedanken der Vereinigung der Prozessschritte Zerkleinerung und chemische Reaktion bei der Herstellung von Chlorsilanen aus Ferrosilizium und Chlorwasserstoff entstand auf dem gleichen Weg der Anwendung konstruktionsmethodischer Vorgehensweisen (Abb. 8) eine Prototypmühle (Abb. 9), die eine verfahrenstechnische Optimierung des gleichzeitigen Mahl- und Reaktionsprozesses ermöglichte. Dabei erwies sich, dass der Mahlprozess zweckmäßigerweise so zu gestalten ist, dass möglichst kein permanenter Freiraum in Strömungsrichtung entsteht und gleichzeitig eine gute Durchmischung von Feststoff und Reaktionsgas anzustreben ist. Dies führte aus den Versuchsergebnissen heraus zu neuen Anforderungen an die Maschine: Beschleunigungen über 45 g und Amplituden über 5 mm führen zu deutlicher Verbesserung von Mahl- und Reaktionsergebnissen (vgl. auch Abschn. 4.2), verlangen aber nach einer Umkonstruktion der Mühle nach den Prinzipien von Leichtbau und extrem hohen Dauerfestigkeitswerten.

1.1.4
Zusammenfassung

Zur Entwicklung von konstruktiven Komponenten und Anlagen für die Verfahrenstechnik mit ihren komplexen Aufgabenstellungen wird am Beispiel der verfahrenstechnischen Maschinen eine systematisch-methodische Vorgehensweise vorgestellt, die eine fachübergreifende Entwicklungsarbeit unterstützt.

Dabei wurde anhand der in der Richtlinie VDI 2221 (1983) beschriebenen Methodik zum Entwickeln und Konstruieren technischer Systeme, der in Richtlinie VDI 2222 (1977) beschriebenen Konstruktionsmethodik, von Beispielen zu konstruktionssystematischen Vorgehensweisen in der Verfahrenstechnik, des Einsatzes der Systemtechnik als Problemlösungsmethodik in der Verfahrenstechnik und der DIN 28004 (1977) gezeigt, dass alle diese Vorgehensweisen interessante und innovative Elemente enthalten, dass sie aber durch ihre branchenspezifische Ausrichtung und die Belegung durch einseitige Beispiele eine Bearbeitung übergreifender Aufgaben nur schlecht unterstützen. Aus der Kombination der Vorgehensweisen wurde eine Empfehlung gegeben, die bei grundsätzlicher Führung der verfahrenstechnischen Entwicklung durch Fließbilder die Einbeziehung von Methoden innovativer Lösungsfindung aus dem Maschinenbau nutzt, um sowohl die Prozess- wie die Maschinenentwicklung flexibler zu gestalten.

Einige Beispiele zeigen die mit dieser Methodik erreichten Erfolge und machen unter anderem deutlich, dass die deutlichen Innovationspotenziale auch zu neuen Forderungen sowohl auf der Prozess- als auch auf der Maschinenseite führen können.

Literatur zu Kap. 1.1

Blaß E (1989) Entwicklung verfahrenstechnischer Prozesse. Otto Salle, Frankfurt am Main

Dietz P (1993) Konstruktionssystematische Überlegungen und beanspruchungsgerechtes Gestalten von Maschinen in der Verfahrenstechnik. Konstruktion 45:17-24

Dietz P (1996) Der SFB 180: Konstruktion verfahrenstechnischer Maschinen - eine Übersicht. Clausthal (Berichte und Ergebnisse aus dem Sonderforschungsbereich 180 der Technischen Universität Clausthal, Kolloquium am 15./16. Februar)

Dietz P, Bock U (1992) Bestimmung des Leistungseintrags in einer Schwingmühle. Mitteilungen aus dem Institut für Maschinenwesen der TU Clausthal Nr. 17, Clausthal

Dietz P, Neumann U (2000) Verfahrenstechnische Maschinen – Chancen der gleichzeitigen Prozess- und Maschinenentwicklung. Chemie Ingenieur Technik

DIN 28004 (1977) Fließbilder verfahrenstechnischer Anlagen, Fließbilderarten, Informationsgehalt. Deutsche Norm, Berlin

DIN 30600 (1985) Graphische Symbole, Registrierung, Bezeichnung. Deutsche Norm, Berlin

Ebert J (1989) Ein Beitrag zur systematischen Konstruktion verfahrenstechnischer Maschinen, dargestellt an der Konzeption und Gestaltung einer Feinstklassiermaschine. Dissertation, Technische Universität Clausthal

Hartmann D (1996) Modell zur qualitätsgerechten Konstruktion. Dissertation, Technische Universität Clausthal

Hoffmann U, Gronwald P (1998) Chemischer, thermischer und mechanischer Abbau von Polymeren in einem Hochdruckverdichter mit simultaner Reaktion für das Recycling von Kunststoffen (Reaktionsverdichter). Clausthal (Abschlussbericht zum Teilprojekt 12 des Sonderforschungsbereichs 180 der Technischen Universität Clausthal)

Kruse P (1996) Anforderungen in der interdisziplinären Systementwicklung: Erfassung, Aufbereitung, Bereitstellung. Dissertation, Technische Universität Clausthal

Neumann U (1996) Konstruktionsmethodische Vorgehensweise zur Entwicklung verfahrenstechnischer Maschinen und Anlagen am Beispiel eines „Reaktionsverdichters" für das Recycling von Kunststoffen durch den Einsatz von überkritischem Wasser. Dissertation, Technische Universität Clausthal

Pahl G, Beitz W (1997) Konstruktionslehre, Methoden und Anwendung. Springer, Berlin

Rübbelke L (1994) Konstruktive Lösungen und Auslegungsmethoden für Hochgeschwindigkeitsabweiseradsichter aus Leichtbauwerkstoffen in der Verfahrenstechnik. Dissertation, Technische Universität Clausthal

Schönert K, Hoffmann U, Dietz P (1993) Entwicklung und Erprobung einer Reaktionsmühle für nichtkatalytische Gas-Feststoffumsetzungen während der Mahlung („Reaktionsmühle"). Clausthal (Arbeitsbericht 1991-1992-1993 des Sonderforschungsbereichs 180 der Technischen Universität Clausthal)

VDI 2221 (1983) Methodik zum Entwickeln und Konstruieren technischer Systeme und Produkte. VDI, Düsseldorf (VDI Gesellschaft Entwicklung Konstruktion Vertrieb, Ausschuss Methodisches Konstruieren. VDI Handbuch Konstruktion)

VDI 2222 (1977) Konstruktionsmethodik; Konzipieren technischer Produkte. VDI, Düsseldorf (VDI Gesellschaft Konstruktion und Entwicklung, Ausschuss Konstruktionsmethodik. VDI Handbuch Konstruktion)

Anmerkung:

Der Beitrag gibt die Inhalte eines Vortrags zum 19. Konstruktionssymposium „Anlagenentwicklung – Trends in der Gestaltung von Systemkomponenten zur Prozessoptimierung" der DECHEMA am 4. und 5. Februar 1999 wieder und entspricht der unter (Dietz u. Neumann 2000) aufgeführten Veröffentlichung.

1.2
Behandlung von Anforderungen in der Entwicklung verfahrenstechnischer Prozesse, Maschinen und Anlagen

P. Dietz, P.J. Kruse

1.2.1
Die Bedeutung von Anforderungen in technischen Aufgabenstellungen

Eine Vielzahl der heute auf dem Markt verfügbaren technischen Produkte sind im Rahmen einer interdisziplinären Entwicklung aus verschiedenen Wissensgebieten entstanden. Die häufigste Vorgehensweise dabei ist die Bildung von aus Vertretern unterschiedlicher Wissensgebiete zusammengesetzter Projektteams, denen eine systematisch arbeitende Vorgehensweise als Arbeitsunterlage zur Verfügung gestellt wird und die – mindestens bei der Bearbeitung an Schnittstellen – in einer gemeinsamen Sprache bezüglich ihrer eigenen Kommunikation als auch bei der Präsentation aller erzeugten Ergebnisse und Arbeitsunterlagen zusammenarbeiten, damit Anforderungen und Ergebnisse in einer allen Beteiligten verständlichen Darstellung ausgedrückt werden.

Bekannt ist eine solche Zusammenarbeit auf dem Gebiet der Mechatronik. Da die Bausteine der Elektronik/Elektrotechnik als logische Elemente sehr einfach bezüglich Leistung und Schnittstellen beschreibbar sind, ist für mechatronische Systeme die Kommunikation und die Realisierung der Produkte verhältnismäßig einfach, da die Beteiligten meist von demselben Erfahrungshintergrund ausgehen und die Funktionsbeschreibungen nach logischen Abläufen aufgebaut sind. Für den hier besonders betrachteten Fall der integrierten Entwicklung verfahrenstechnischer Maschinen und Prozesse ist die Zusammenarbeit der Disziplinen Maschinenbau und Verfahrenstechnik weitaus komplexer gestaltet, sie basiert nicht nur in der Definition und Verknüpfung logischer Elemente in einem Baukasten, in vielen Fällen herrscht in den einzelnen Disziplinen ein völlig anderes Hierarchieverhältnis in der Produkt- bzw. Prozessstruktur mit erheblichen Problemen bei der Definition von Schnittstellen oder Systemgrenzen.

Die Forderung nach einer interdisziplinär verständlichen Darstellung innerhalb des Entwicklungsprozesses wird durch die Richtlinie VDI 2221 (1993) nicht erfüllt, da sie deutlich Trennungen in der maschinenbaulichen und verfahrenstechnischen Entwicklung vorsieht (vgl. auch Abschn. 1.1, Abb. 3a u. 3b). Tabelle 1a und 1b zeigen einen Vergleich der Ergebnisdarstellungen bei Entwicklungsaufgaben in der Verfahrenstechnik und im Maschinenbau, die neben einer Reihe von Gemeinsamkeiten auch verdeutlichen, dass die Auswertung und Dokumentation der einzelnen Entwicklungsschritte unterschiedlich ist und Fehlinterpretationen hervorrufen kann.

In Abschn. 1.1 wird ausführlich auf Methoden eingegangen, die die Planung des Erstellungsablaufs und die Lösung der technischen Problemstellungen für interdisziplinäre Projekte im Bereich der Verfahrenstechnik betreffen, Abschn. 1.3

Tabelle 1a: Ergebnisdarstellung bei Entwicklungsaufgaben in der Verfahrenstechnik unter Bezug auf die Vorgehensweise nach VDI 2221 (Kruse et al. 1997)

Aufgabe	Darstellung	Dokument(e)	Struktur	Freigabe
Problem-formulierung	textuell	Bedarfsermitt-lung, grundsätzliche Anforderungen, grundsätzliche, geprüfte Lösungsprinzipien mit Bewertung und Auswahl	---------------	verfahrens-technische Problemstellung vollständig beschrieben
Anforderungen	textuell	Anforderungs-liste (wenn nicht be-reits in Vorstudie erfolgt)	Grund-anforderungen	grundsätzliche Anforderungen an das System erfasst
Funktionen	symbolisch-textuell	Grundfließbild	Grundoperationen; Verfahrensstufen; Teilanlagen	grundsätzliche Prozessfunktio-nen erfasst
Konzept	symbolisch-textuell	verfahrenstechni-sches Fließbild (Funktionen)	Flussbedingungen Betriebsbedingung; Apparate/ Armaturentypen; Maschinentypen	verfahrens-technische Bedingungen und Kompo-nenten be-schrieben
Bewertung	graphisch-textuell	Präferenz technisch-wirtschaftl. Vergleich	Bewertungslisten	Lösung(en) zur Weiterent-wicklung identi-fiziert
Detaillierung	symbolisch, textuell	R + I Schema	Anlagenlayout; Prozessablauf	Informationen (Auslegungs-vorschriften) für maschinentech-nische Realisie-rung vollständig
maschinen-technische Realisierung	graphisch-textuell	Auslegungsvor-schrift	Geometrie-schema, Werkstoff, Anbauten	vollständige Fertigungs-/ Montage-unterlagen

befasst sich mit der interdisziplinären Störfallanalyse. Als Schlüssel für eine ziel-gerichtete Zusammenarbeit wird dabei eine eindeutige Aufgaben- und Funktions-beschreibung genannt, die für Verfahrens- wie für Maschinenbauingenieure glei-chermaßen auswertbar ist und die technischen Lösungen nicht vorwegnimmt (Problematik Fließbild/Funktionsanalyse). Verstärkt wird die Forderung nach klaren und interdisziplinären Funktionsbeschreibungen durch die Effektivierung und zeitliche Verkürzung des Entwicklungsprozesses bei der parallelen Bearbei-tung von Prozessen und Produkten (simultaneous engineering).

Tabelle 1b: Ergebnisdarstellung bei Entwicklungsaufgaben im Maschinenbau unter Bezug auf die Vorgehensweise nach VDI 2221 (Kruse et al. 1997)

Aufgabe	Darstellung	Dokument(e)	Struktur	Freigabe
Problem-formulierung	textuell	Konstruktions-auftrag	---------------	Problem voll-ständig be-schrieben
Anforderungen	textuell	Lastenheft Pflichtenheft Anforderungs-liste	Haupt-anforderungen Neben-anforderungen	Anforderungen für nächsten Schritt voll-ständig
Funktionen	symbolisch-textuell	Funktionsstruktur (allg., speziell,...)	hierarchisch Funktionsstruktur	Funktionen des Produktes beschrieben
Konzept	symbolisch, Gestalt (Schema)	Morpho-Kasten; Lösungs-elemente; Schema-zeichnungen	gleich Funktio-nen oder Detail-lierung	mehrere Lö-sungen zur Bewertung
Bewertung	graphisch textuell	Präferenz technisch-wirtschaftl. Vergleich	Bewertungslisten Graphen (QFD)	zwei bis drei Lösungen zur Weiterent-wicklung
Detaillierung	geometrisch, symbolisch, textuell	Zeichnungen; Stücklisten	Einzelteil, Baugruppe, Erzeugnis	vollständige Fertigungs-unterlagen
Fertigung	textuell	Arbeitspläne; Betriebsdaten	gleich Detaillie-rung	Qualitäts-/ Endkontrolle erfolgreich
Gebrauch/ Wartung	textuell	Wartungs-protokolle; Schadensberichte	gleich Detaillie-rung	------------------
Rückführung/ Verwertung	textuell	Rückführungs-protokolle; Verwertungs-berichte	gleich Detaillie-rung	Prozentsatz des zurückgeführ-ten/verwerteten Materials

Voraussetzung für eine umfassende Funktionsanalyse als Grundlage der Systementwicklung ist aber die Kenntnis und Analyse der Aufgabenstellung, aus der sie abgeleitet ist. Ohne die Definition eines Anforderungssatzes für eine technische Aufgabenstellung ist die erfolgreiche Lösung des Problems mehr als fraglich. Die sorgfältige Erfassung und Erfüllung der Anforderungen an ein Produkt ist entscheidend für die Produktqualität, dies gilt in diesem Fall für die Erzeugung eines verfahrenstechnischen Produktes ebenso wie für die Produktionsanlage.

Die Tätigkeit der Gewinnung von Anforderungen ist während der Projektbearbeitung nie abgeschlossen, sondern muss kontinuierlich, je nach Projektstadium mit mehr oder weniger Aufwand, ihre Fortsetzung finden, um für das bestehende Projekt als Referenz, Entscheidungshilfe und Dokumentation zu dienen. Der Satz ausgewerteter Anforderungen muss den gesamten Entwicklungsprozess begleiten, denn er dient in jeder Entwicklungsphase der Beurteilung von Lösungen und Entscheidungen für konstruktive Konzepte. Dies bedeutet für die innerbetriebliche Informationsverarbeitung eine Vervielfachung der Quellen und Verarbeiter und damit wesentlich stärkere Anforderungen an die Aktualität und Vollständigkeit der Daten (Kruse et al. 1997).

Aus der systematischen Konstruktionslehre sind Methoden zur Aufstellung und Behandlung von Anforderungslisten bekannt (Pahl u. Beitz 1993; VDI 2221; Roth 1994). Für den Abgleich konstruktiver Lösungen mit den Anforderungen werden Methoden des Qualitätsmanagements herangezogen (Normen EN ISO 9000 - 9004; Akao 1992). Abb. 1 zeigt Bereiche, aus denen Anforderungsdefinitionen für ein Produkt erwachsen können. Die Darstellung macht die Notwendigkeit einer den gesamten Produktlebenszyklus umfassenden Informationsbereitstellung deutlich. Es wird aber auch klar, dass eine Erfüllung der genannten Forderungen an die Informationen durch die heute weitgehend übliche Anforderungssammlung in unstrukturierten Listen (Pahl u. Beitz 1993; VDI 2221) nicht erwartet werden kann. Die Forderung nach strukturierten und dynamischen Anforderungsinformationen wird in der hier betrachteten interdisziplinären Zusammenarbeit besonders deutlich, da gerade in der frühzeitigen Abstimmung und Definition von Anforderungen ein hohes Innovationspotenzial liegt (Dietz 1993).

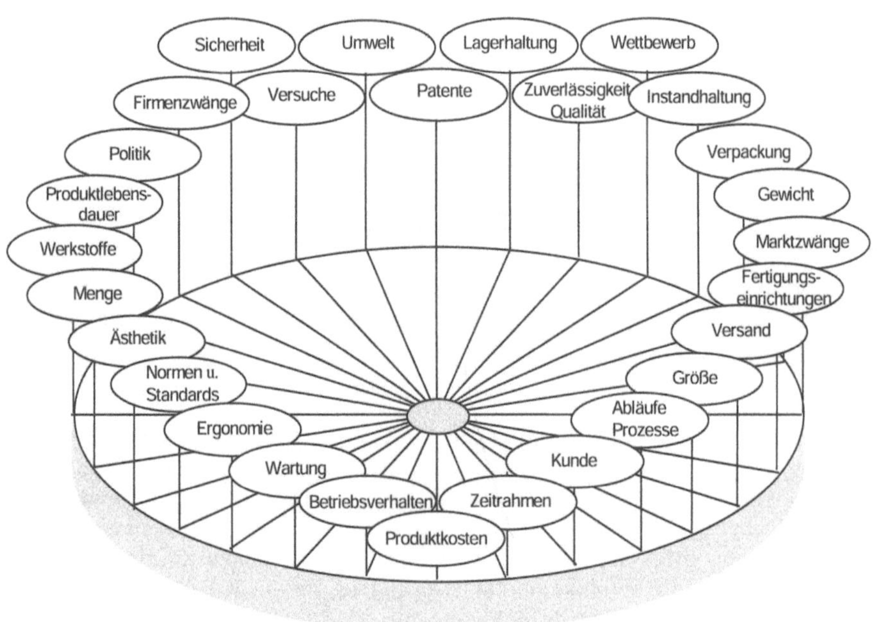

Abb. 1: Mögliche Bereiche der Anforderungsdefinitionen an ein Produkt (Dieter 1991)

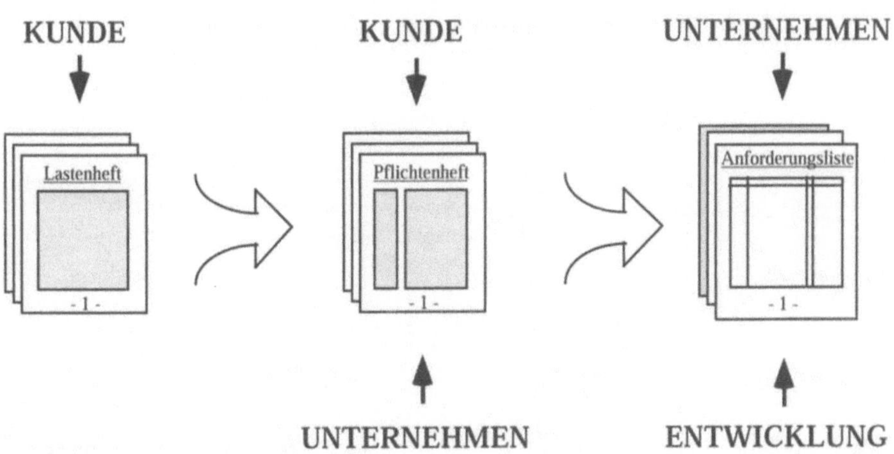

Abb. 2: Zusammenhang zwischen Lastenheft, Pflichtenheft und Anforderungsliste (Kruse 1996)

1.2.2
Bewertung der gegenwärtigen Anforderungsbehandlung

Das Standardhilfsmittel zur Behandlung von Produktforderungen ist die Anforderungsliste, wie sie z.B. in Pahl u. Beitz (1993) und VDI 2221 (1993) sowie weiteren Quellen beschrieben ist. Sie wurde sowohl für maschinen- wie für verfahrenstechnische Aufgabenstellungen konzipiert. Ihr Weg ins Unternehmen geht über den in Abb. 2 dargestellten Formularzyklus Lastenheft-Pflichtenheft-Anforderungsliste. Das Hauptaugenmerk liegt dabei auf der Erfassung der Forderungen vom Kunden, Forderungen aus den Bereichen Unternehmen und Umgebung werden nur am Rande mit erfasst. Forderungen werden im weiteren Verlauf der Entwicklung unter verschiedenen Gesichtspunkten diskutiert, ihre Anzahl nimmt dabei zu.

Zum Füllen der Liste wurden bereits Fragenkataloge und -listen entwickelt, die durch viele Assoziationshilfen alle erforderlichen Solleigenschaften des Systems ermitteln sollten, z.B. Pahl u. Beitz (1993), VDI 2221 (1993) oder Roth (1994). Damit wird die Anforderungssammlung einmal zu Beginn der verfahrenstechnischen Entwicklung und ein weiteres Mal bei Beginn der maschinentechnischen Realisierung definiert. Da das Konstruktionsteam im Allgemeinen nicht im Besitz der verfahrenstechnischen Anforderungsliste ist, hat es wichtige Anforderungen, die zum Verfahren führen, nicht zur Verfügung – Informationsverlust und Fehlinterpretationen sind die Folge. Hieraus leitet sich der Wunsch nach einer methodischen Unterstützung für die weitere Verarbeitung der Anforderungen in einer Systementwicklung ab, in der die verfahrenstechnische Entwicklung den Rahmen liefert, da sie den Kern des zu lösenden Problems stellt. Die Anforderungen an die maschinen- oder apparatetechnische Realisierung müssen in diesem Rahmen entwickelt werden. Die in der Richtlinie VDI 2221 (vgl. auch Pahl u. Beitz 1993)

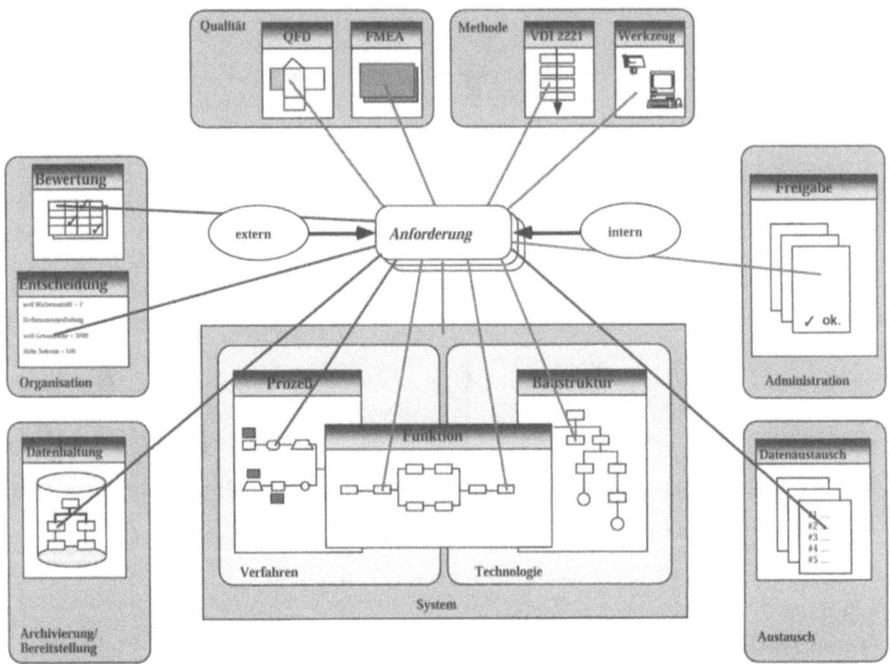

Abb. 3: Mögliche Ziele von Anforderungen im Produktentwicklungsprozess (Kruse 1996)

gezeigten Ablaufpläne gestatten eine solche Vorgehensweise, wenn man sich in der Verknüpfung auf die Ergebnisse der einzelnen Entwicklungsphasen bezieht und nicht auf den Entwicklungsvorgang als Ganzes. Die Pflege des Forderungssatzes sowie die Bereitstellung der richtigen Forderung zum richtigen Zeitpunkt an den richtigen Bearbeiter bleibt der Maßgabe des Unternehmens selbst überlassen, wird jedoch häufig vernachlässigt.

Durch zu wenige spezifizierte Anforderungen und dadurch fehlende Informationen kommt es von Phase zu Phase in der Prozesskette zu Fehlinterpretationen der bestehenden Forderungen und unzutreffende Erweiterungen aus Sicht der Bearbeiter. Das Ergebnis erfüllt in keiner Weise die Forderung des Kunden und ist deshalb auch qualitativ minderwertig.

Die Problematik ist lösbar, indem die starre Listenauftragung der Anforderungen einer flexiblen Anforderungsstruktur weicht. Die in Abb. 2 beschriebenen Listen sind dann nur noch Momentanansichten einer Anforderungsstruktur, die auf Basis des zu der entsprechenden Zeit herrschenden Entwicklungs- und Informationsstandes erzeugt werden können. Mit dieser Vorstellung ist es möglich rechnergestützte Arbeitsweisen einzuführen, die auf Basis eines objektorientierten Vorgehens das Gesamtproblem, seine Elemente, deren Verhalten und Relationen zu einem beliebigen – z.B. auch sehr abstrakten – Zeitpunkt der Entwicklung unterstützt (Kruse 1996).

1.2.3
Aufbau einer Anforderungsstruktur

Eines der Konzepte zur Beschreibung des Kontruktionsprozesses benutzt die Analogie eines mehrdimensionalen „Konstruktionsraumes", in dem das zu entwickelnde Objekt Positionen einnimmt, die den bisherigen Konstruktionsaktivitäten, z.B. Konkretisierungsgrad, Detaillierungsgrad, Variation usw. entsprechen (Hartmann 1996). Die Anforderungsstruktur muss nach den oben genannten Zielen eine dem jeweiligen Stand der Entwicklung angepasste Information über Anforderungen vermitteln, indem es diesen Konstruktionsraum und das darin befindliche Objekt in seinem augenblicklichen Entwicklungsstadium aus der Sicht der Anforderungen „betrachtet", wobei durch „Filter" in diesem Informationssystem nur die Anforderungen und Eigenschaften des Objekts angezeigt werden, die den augenblicklichen Nutzer interessieren. Beispielsweise gestatten diese „Filter" eine Auswertung aus maschinenbaulicher oder verfahrenstechnischer Sicht oder erleichtern eine Bewertung nach sicherheitstechnischen oder ökonomischen Gesichtspunkten. Solche Auswertungsbereiche können sein:

- Technische Merkmale: Merkmale der Produkt- oder Prozessstrukturierung wie Anzahl der Bauteile, Montagevorrangfolge, Durchflussmenge oder Viskosität.
- Administrative Merkmale: Festlegung z.B. von Terminen und Verantwortlichkeiten.
- Organisatorische Merkmale: Bestimmung von Arbeitsabläufen z.B. in Konstruktion oder Fertigung.
- Qualitative Merkmale: Zuweisung von Methoden zur präventiven und prüfenden Qualitätserzeugung und -sicherung.
- Datentechnische Merkmale: Festlegung des elektronischen Informationsaustausches zwischen den Teambereichen sowie externen Mitarbeitern (Zulieferern usw.); Festlegung der Archivierungsformate der anfallenden Daten.

Unter diesen Anforderungen an eine Struktur muss diese als wichtiges Hilfsmittel auch über eine Bereitstellung aller Beziehungen zwischen den einzelnen Anforderungen verfügen (Abb. 4). Zum Zeitpunkt der Anforderungsermittlung muss beispielsweise für die Entwicklung einer Walzenmühle festgehalten werden, dass die Anforderungen

- leichten Ausbau der Walze ermöglichen,
- erforderliche Hebekraft < 200 N und
- Walzendemontage durch eine Person ermöglichen

eine Beziehung zueinander haben. Die möglichen *Strukturbeziehungen* werden am Beispiel einer Walzenmühle für den Lebensmittelbereich im Folgenden erläutert.

Konkretisierung:
Übergang einer Anforderung von der Anforderungsdefinition in einen folgenden Schritt der Prozesskette (Abb. 5 zur Konkretisierung eines Antriebselements).

Spezialisierung:
Zuwachs von Eigenschaften für eine Anforderung innerhalb eines Entwicklungsprozesses. Die Anforderung der Walzenriffelung wird zunehmend detaillierter beschrieben (Abb. 6).

Dekomposition:
Zerlegung einer Anforderung in Teilanforderungen. Abb. 7 zeigt die Dekomposition der Lagerungsanforderung für die Walze.

Variation:
Definition von alternativen Anforderungen, z.B. zum Zweck der Lösungsfindung bei alternativen Lagerungselementen (Abb. 8).

Semantikbeziehungen im Anforderungssystem bezeichnen Beziehungen zwischen Anforderungen auf gleicher oder unterschiedlicher Strukturebene hinsichtlich ihrer Wirkung aufeinander im Kontext der Systementwicklung:

Ausschluss: Zwei Anforderungen sind miteinander nicht realisierbar.
Konkurrenz: Zwei Anforderungen wirken gegenläufig auf die gleiche Eigenschaft.
Unterstützung: Zwei Anforderungen wirken gleichsinnig auf eine Eigenschaft.

Abbildung 9 zeigt für diese Beziehungstypen einige Beispiele. Die Aufstellung einer solchen Struktur macht z.B. das Problem einer falschen Interpretation transparent, da jeder Interpretationsvorgang und jede Beziehung nachvollziehbar sind. Mit Hilfe einer festgelegten Vorgehensweise für die Erfassung, Aufbereitung und Bereitstellung von Anforderungen lassen sich Fehlinterpretationen nahezu vollständig vermeiden.

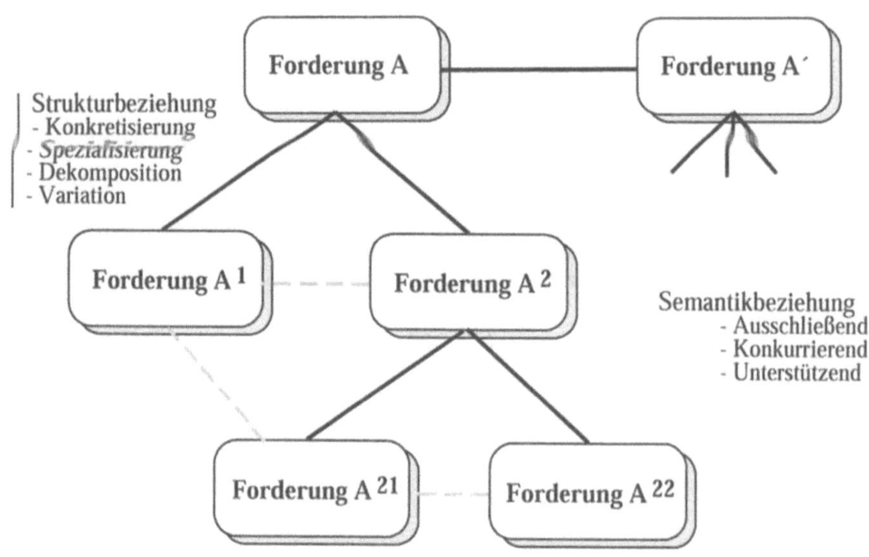

Abb. 4: Mögliche Beziehungsarten in einer Anforderungsstruktur (Kruse 1996)

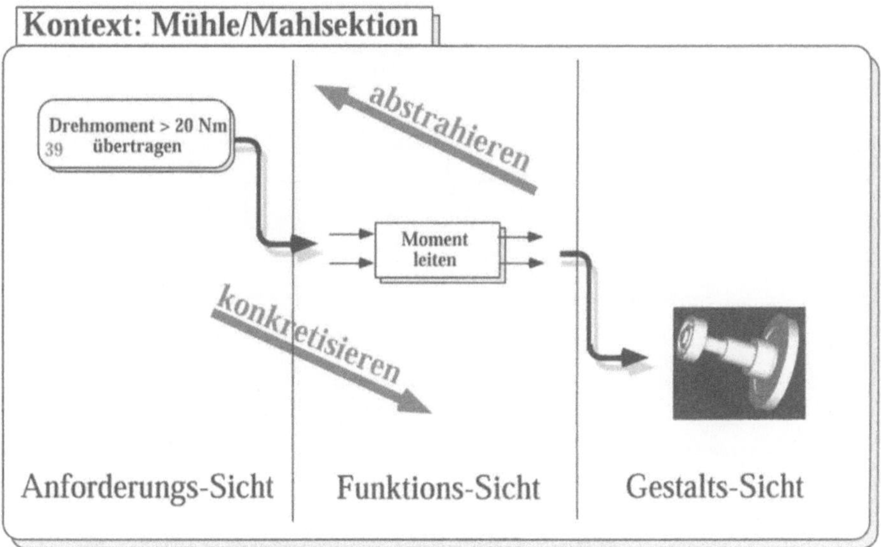

Abb. 5: Konkretisierungsbeziehung einer Anforderung (Kruse 1996)

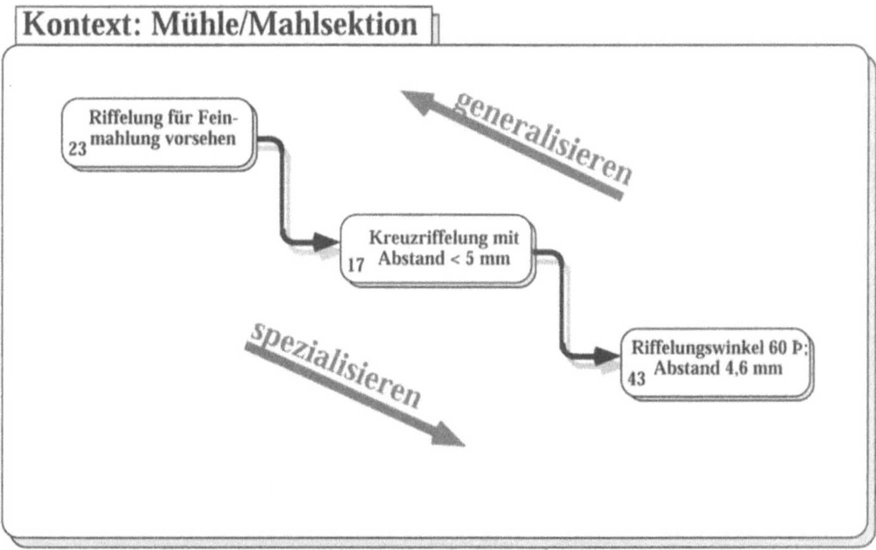

Abb. 6: Spezialisierungsbeziehung einer Anforderung (Kruse 1996)

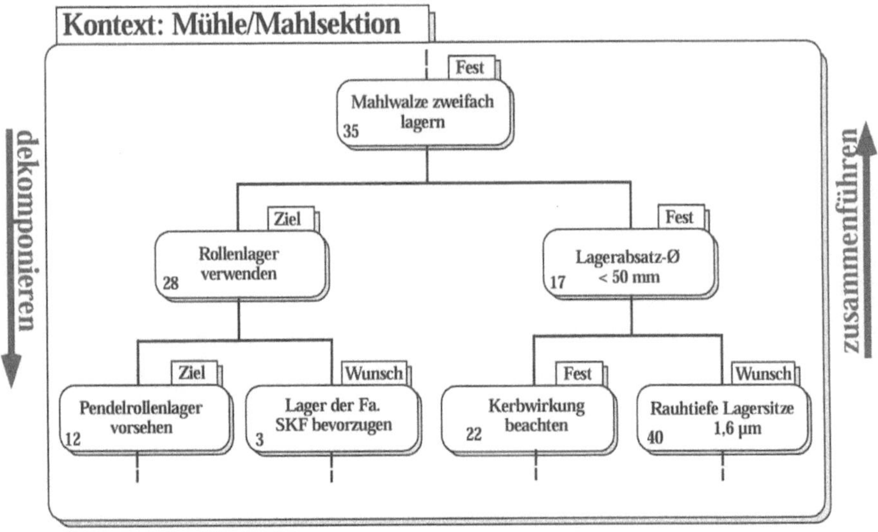

Abb. 7: Dekompositionsbeziehung von Anforderungen (Kruse 1996)

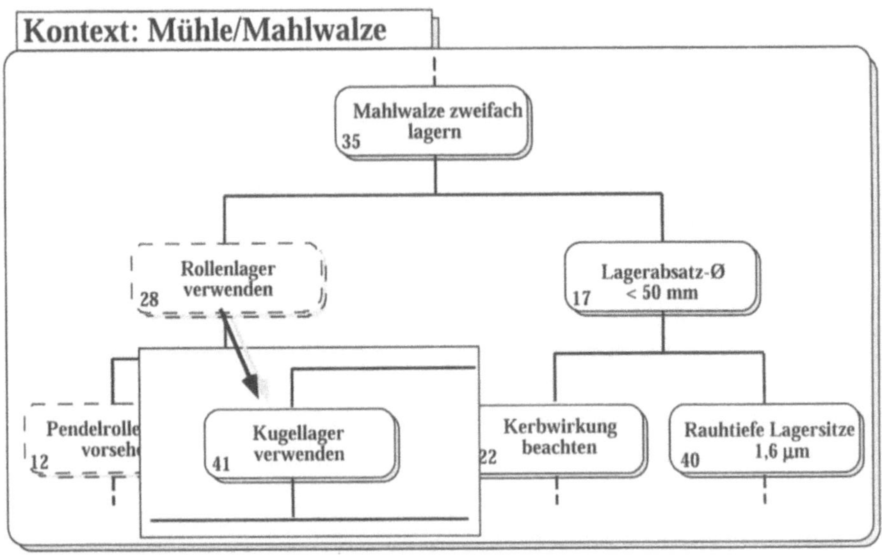

Abb. 8: Variationsbeziehung von Anforderungen (Kruse 1996)

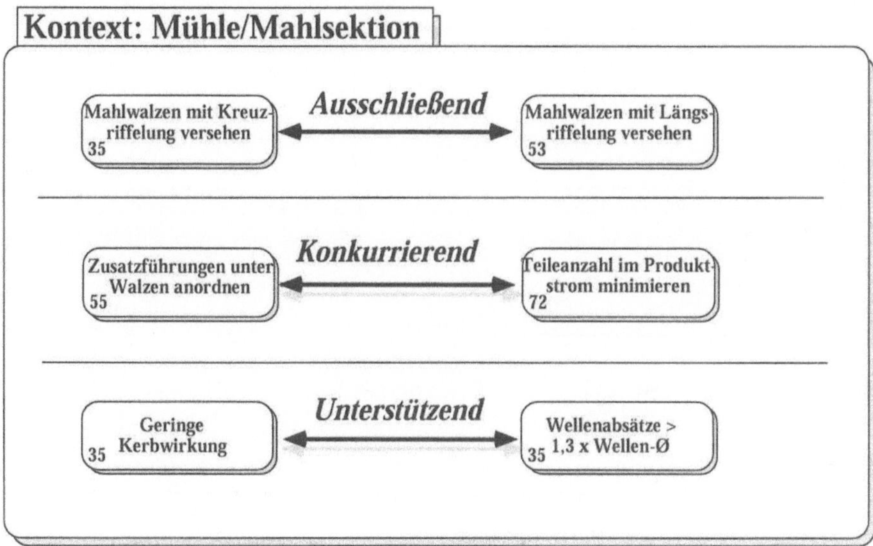

Abb. 9: Semantikbeziehungen von Anforderungen (Kruse 1996)

1.2.4
Die Erfassung von Anforderungen

Die Randbedingungen, Forderungen und Wünsche aller an einer Entwicklung beteiligten Partner zu kennen ist für den Erfolg der Projektbearbeitung von sehr großem Wert, weil daran das System spätestens in der Endabnahme gemessen wird. Es ist deshalb aus Sicht des Auftragnehmers wichtig, folgende aus verschiedenen Sichten erzeugte Fragestellungen abzuklären, die mit der Herkunft und der Bedeutung der einzelnen Anforderungsquellen zu tun haben.

1.2.4.1
Anforderungen durch den Auftraggeber

Der Kunde (Markt, Auftraggeber, ...) ist in der Systementwicklung der wichtigste Partner des Entwicklungsteams. Je nach Entwicklungsart aus Sicht des Kunden sind auch seine Anforderungen unterschiedlich formuliert, Abb. 10 stellt diesen Detaillierungs- und Konkretisierungsgrad und die Zielrichtung der Entwicklung schematisch dar. Aus der Sichtweise des Kunden sind dabei folgende Fragestellungen zur Erfassung der Anforderungen relevant:

- Welches sind die direkten Forderungen des Kunden an dieses System?
- Wie gewichtet er seine Forderungen (z.B. was ist unbedingt erforderlich, was ist wichtig, was ist Wunsch)?
- Aus welchem Erlebnishorizont stellt der Kunde seine Anforderungen? Was ist seine Sicht auf das System (Einkauf, Technische Leitung, Detailbearbeiter); Welche vergleichbaren Systeme der Konkurrenz kennt er, wie ist die Stellung des Fordernden im Kundenunternehmen usw.?

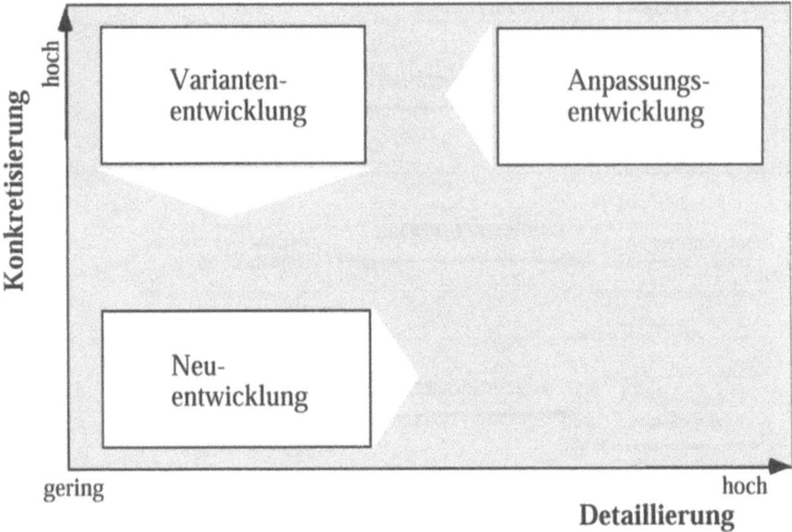

Abb. 10: Konkretisierungs-/Spezialisierungsgrad von Kundenanforderungen in Abhängigkeit von der Entwicklungsart (Kruse 1996)

– Welche Randbedingungen für das System muss der Kunde beachten und daher auf deren Einhaltung bestehen (z.B. Marktstellung, Produktpalette, Anwendungshorizont)?

– Welches sind weitere Marktanforderungen, die eine gute Positionierung des Systems am Markt sicherstellen können?

Der so bezeichnete Kunde kann dabei ein realer Kunde (Person oder Organisation als Fordernde) sein oder ein imaginärer Kunde (ein durch Marktanalysen, Umfragen, Wartungsberichte oder andere Quellen erzeugter Anforderungssatz für ein neues System oder eine Änderung an einem bestehenden System). Um Anforderungen eines realen Kunden zu erhalten, können folgende Hauptvorgehensweisen unterschieden werden:

1. Der Kunde definiert seine Anforderungen durch entsprechende Nachfragen des Auftragnehmers „in der Sprache des Unternehmens" so konkret, dass eine Systementwicklung von diesen Anforderungen gesteuert werden kann (Frageleistenansatz (Franke 1975)).

   Aus Sicht des Systementwicklers ist dies wegen der Vollständigkeit der Liste die bevorzugte Lösung, aus Kundensicht ist diese Möglichkeit zu aufwendig und höchstens für den Fall der Anpassungskonstruktion zu empfehlen.

2. Der Auftraggeber definiert die Anforderungen „in seiner Sprache"; der Auftragnehmer setzt später ohne Mitwirkung des Kunden die Kundenanforderungen in technische Anforderungen um (Lastenheft – Pflichtenheft – Anforderungsliste (Pahl 1990)).

   Hier übernimmt der Auftragnehmer die Verantwortung für die Umsetzung (Mapping) der Kundenanforderungen in Systemelemente. Hierdurch können

aber bei der Realisierung erhebliche „Übersetzungsprobleme" entstehen. Im Fall des imaginären Kunden ist diese Methode die einzige Vorgehensweise.
3. Der Kunde definiert die Anforderungen „in seiner Sprache", die Umsetzung in technische Anforderungen geschieht unter Beteiligung des Kunden (simultaneous engineering, QFD-Ansatz (Akao 1992; Dietz 1996)).

Dieser Kompromiss ist für Neuentwicklungen zu empfehlen, verlangt aber einen erheblichen Kommunikationsaufwand, weil die Umsetzung der Anforderungen in Systemelemente beiden Seiten immer verständlich sein muss.

1.2.4.2
Anforderungen des eigenen Unternehmens

Jeder Auftragnehmer hat bereits in der Vorphase der Entwicklung implizit Anforderungen definiert, die er mit den Anforderungen des Kunden vergleichen muss, um zu einem für beide Seiten befriedigenden Ergebnis zu gelangen. Die Anforderungen des auftragnehmenden Unternehmens sind bestimmend für die Inangriffnahme einer Systementwicklung, sehr selten sind sie explizit definiert. Im Allgemeinen lassen sie sich auf die Grundfrage reduzieren: *„Was können wir?"*

Sehr selten gibt es jedoch eine Dokumentation von Anforderungen, deren Vergleich mit den Kundenanforderungen die Entscheidung zur Aufnahme der Entwicklung erleichtert. Folgende Fragen helfen, die Sicht des eigenen Unternehmens (Unternehmensführung, Abteilungen, Mitarbeiter) klarzustellen:

– Passt das zu entwickelnde System in die mittel- und langfristige Zielplanung des Unternehmens?
– Welche Möglichkeiten zur Realisierung der Kundenforderungen sind vorhanden (was können wir technisch und organisatorisch)?
– Welche Randbedingungen sind immer zu beachten (z.B. kein CAD; kein Fertigungszentrum usw.)?
– Welche Bedingungen sind speziell oder temporär zu beachten (z.B. Urlaubszeit, keine Erfahrung mit Systemkomponenten, zurzeit hohe Auslastung, Arbeitsraum der Fräse xy begrenzt usw.)?
– Welche Erfahrungen hat das Unternehmen mit dem Kunden bereits gemacht (Wie wichtig ist dieser Kunde?)?
– Welche Parameter haben die Systeme der Wettbewerber? Wie sind diese Parameter im Vergleich mit der eigenen Entwicklung (oder der Zielrichtung einer solchen) zu bewerten?

Die aus solchen Fragen entwickelten Anforderungen sind in dieser Phase der Anforderungserfassung für ein zu entwickelndes System durchweg systemneutral. Sie lassen sich aus vielen Sichten definieren und wachsen aus der Erfahrung mit unternehmensspezifischen Randbedingungen. Für ihre Aufstellung ergeben sich zwei Möglichkeiten:

1. Basierend auf einem Fragenkatalog werden die Anforderungen definiert und strukturiert abgelegt.
2. Nach mehreren Entwicklungen werden aus den entstandenen Anforderungsstrukturen die Anforderungen des Unternehmens extrahiert, produktneutral aufbereitet und für nachfolgende Projekte zur Verfügung gestellt.

1.2.4.3
Anforderungen der Umgebung

Unter den Umgebungsanforderungen sind Normen, Richtlinien und andere sowohl aus Kunden- wie aus Unternehmenssicht externe Anforderungen zusammengefasst. Die Kernfrage zur Aufstellung der Anforderungen lautet somit:

– Welche Normen, Richtlinien und Gesetze finden bei diesem Auftrag Anwendung (z.B. Technische Regelwerke, Umweltrichtlinien, Rücknahmeverordnungen)?

Die Beachtung dieser Forderungen ist besonders kritisch, weil die rechtliche Gewährleistung für ein System auf Basis anerkannter Regeln der Technik und dem Stand der Technik definiert ist (Roth 1994). Diese, im Deutschen Zentrum Technischer Regelwerke (DITR) in Berlin online einsehbaren Dokumente werden jedoch erfahrungsgemäß von Systementwicklern nur in unzureichendem Maße beachtet. Quellen für solche Anforderungen sind nach (Roth 1994) beispielsweise:

– Allgemeine Rechtsnormen (BGB, HGB, ...),
– bereichsspezifische Gesetze (Gerätesicherheitsgesetz, Lebensmittelgesetz, ...),
– Ausführungsbestimmungen (UVV, TÜV-Regeln, ...),
– Richtlinien der EG,
– funktionelle Sonderanforderungen (Immissionsschutzgesetz, Umwelthaftungsgesetz, ...),
– technische Richtlinien (VDI, VDE, ...) usw.

Da solche Regelwerke bei der Definition von Anforderungen gern pauschal angezogen werden (z.B. Unfallverhütungsvorschriften beachten!), jedoch selten die Inhalte der Normen und Richtlinien im Detail bekannt sind, tut sich hier ein großes Problemfeld auf, das im Rahmen einer vollständigen Anforderungserfassung behandelt werden muss. Anforderungen aus Regelwerken sind systemneutral, sodass ihrer Aufbereitung in der Anforderungsstruktur im Allgemeinen keine Interpretationschwierigkeiten im Weg stehen.

1.2.4.4
Allgemeine Ansprüche an die Erfassung von Anforderungen

Unabhängig von der Herkunft haben alle Anforderungen folgenden Ansprüchen zu genügen:

Identifizierung:
Jede Forderung in einer Anforderungsstruktur muss eindeutig identifizierbar sein. Diese Identifizierung wird bei der Erstellung einer Anforderung festgelegt und darf sich während der Bearbeitung des Projektes nicht ändern, um dauerhafte Bezüge auf diese Forderung zu ermöglichen.

Terminologie:
Die Aufnahme der Anforderungen muss in der „Sprache des Fordernden" erfolgen können. Dies kann in günstigen Fällen die Fachterminologie der Systemumgebung sein, deren Umsetzung in Produktmerkmale einfach zu bewerkstelligen ist, in

anderen Fällen müssen jedoch auch unscharfe Forderungen wie „schön", „einfach" usw. erfassbar sein.

Beziehungen:
Es müssen bereits zum Zeitpunkt der Erfassung einer Forderung verschiedene Beziehungsarten definierbar sein. Diese Beziehungen werden jedoch zu diesem Zeitpunkt nur festgestellt und nicht erzeugt. Anforderungsbeziehungen sind in Abschn. 1.2.3 behandelt.

Bezug:
Sowohl die Kundenanforderungen als auch die Anforderungen aus dem Unternehmen oder der Umgebung können nicht „im leeren Raum" formuliert werden, sondern müssen direkt an eine abstrakte oder konkrete Eigenschaft des Gesamtsystems, einer Systemkomponente oder eines Systemaspektes in einer bestimmten Sicht gerichtet werden. Ist, wie bei einer Neukonstruktion üblich, das bezogene Forderungsobjekt, nämlich das Bauteil oder die Baugruppe, noch nicht konzipiert, so muss ein entsprechendes Entwicklungsobjekt definiert werden, das dann eine dieser Forderung entsprechende Eigenschaft erhält. Dieses Entwicklungsobjekt muss nicht zwingend eine fertigbare Einheit beschreiben, sondern kann auch z.B. einen logischen Raum definieren. Im angezogenen Beispiel wäre die Definition eines „Produktraums" für die Mühle, die alle mit dem Produkt in Berührung kommenden Elemente umfasst, ein Entwicklungsobjekt. Damit wird z.B. dem Kunden die Auswirkung seiner Forderung deutlich vor Augen geführt und eine mögliche Unsicherheit bei der Forderungsdefinition erkannt und hinterfragbar.

Es ist zu empfehlen, eine konkrete und spezielle Anforderung genau an das Teil zu adressieren, das diese Anforderung erfüllen muss. Abb. 11 zeigt eine Anforderung und die Auswirkung ihres Bezuges.

Sicht:
Für die Anforderung sollte festgehalten werden, aus welcher Sicht auf das Entwicklungsobjekt die Definition der Forderung erfolgte. Die Sichten können z.B. auf Funktionen, Lösungselemente oder Gestalteigenschaften gerichtet sein. Die Sichten fassen durch Anforderungen definierte Eigenschaften zusammen und erlauben dadurch eine Filterung der Forderungen z.B. nach Unternehmensbereichen. Ein Beispiel wäre die Funktionsansicht des Entwicklungsobjekts Gehäuse, die alle funktionsbezogenen Anforderungen des Gehäuses in einer Anforderungs- oder Funktionsstruktur darstellt. Auch die Assoziationslisten nach Pahl u. Beitz (1993) und Roth (1994) sind Beispiele für mögliche Sichten mit ihren Merkmalen.

Es ist zu erwarten, dass die unternehmensspezifischen und die umweltgetriebenen Anforderungen zusätzliche Sichten bringen, z.B. zur Organisation der Entwicklung oder zum Richtlinienbezug.

Wertigkeit:
Jede vom Kunden, dem Unternehmen sowie der Umwelt definierte Forderung muss möglichst vom Fordernden sogleich bewertet werden, um sehr wichtige und weniger wichtige Erfüllungskriterien zu identifizieren. Die Wertigkeit einer Regel ist abhängig von ihrem Gesetzes-, Norm- oder Richtliniencharakter.

Aufwand:
Der Aufwand zur Erfassung der Anforderungen muss aus Sicht des Kunden dem

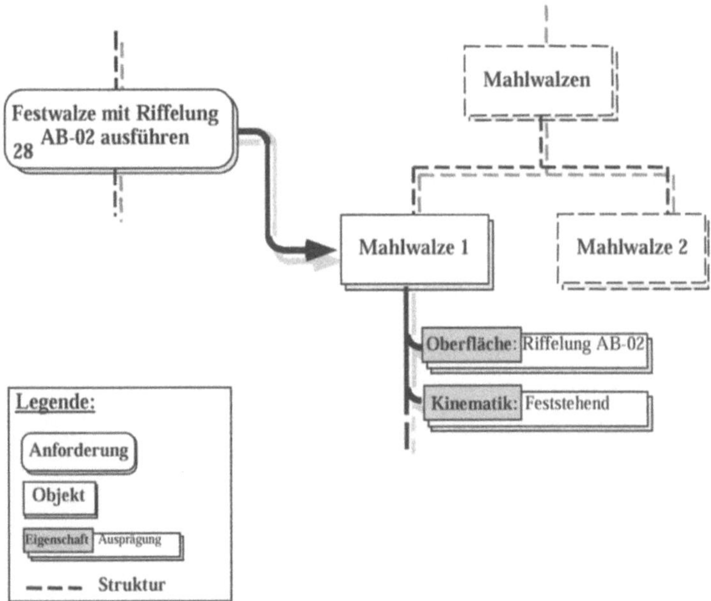

Abb. 11: Festlegung eines Bezuges und daraus entwickelte Eigenschaften (Kruse 1996)

System entsprechen. Zum Beispiel wäre für die Entwicklung und Produktion einer komplexen verfahrenstechnischen Anlage ein höherer Aufwand zur Anforderungsermittlung vertretbar und erforderlich als für die Anpassungskonstruktion einer Lagereinheit eines Getriebes.

Der Aufwand zur Ermittlung der Anforderungen aus Gesetzen stellt sich anders dar als bei Kundenanforderungen und muss der Bedeutung des Gesetzes angemessen sein.

1.2.5
Die Aufbereitung von Anforderungen

Ist eine Anforderung erfasst oder in der Entwicklung, Herstellung, dem Gebrauch oder der Rückführung erzeugt, so sollte sie vor ihrer Umsetzung aufbereitet werden. Eine detaillierte Aufbereitung der Anforderungen wird dabei folgenden Hauptzielen dienen:

- Der strukturierten Sammlung aller Anforderungen an ein System für eine möglichst vollständige und konsistente Arbeitsgrundlage sowie Vertrags- und Gewährleistungsdefinition (vgl. z.B. EN ISO 9000 - 9004),
- der Erzeugung von konsistenten und in die Gesamtaufgabe integrierten Teilbereiche der Forderungsstruktur als handhabbare Arbeitsmittel in den einzelnen Entwicklungsphasen,
- der Vermeidung von Über- oder Untererfüllung von Forderungen des Auftraggebers sowie zur Sicherstellung einer hohen Produktqualität (vgl. z.B. Akao (1992)),

- der Festlegung eines einheitlichen Kommunikationsmediums in und zwischen allen Produktlebensphasen (Kommunikation durch Anforderungen),
- der Änderung der Beziehungen von Anforderungen zur Erweiterung des Lösungsraumes und damit zur Definition neuer Lösungen,
- der Dokumentation von Anforderungen zur Verdeutlichung und Speicherung getroffener Entscheidungen (Grundlage zur Erstellung eines Entscheidungsbaumes),
- der Dokumentation von Anforderungen als Suchkriterium für einen Lösungsspeicher realisierter Entwicklungsobjekte nach Art der Lösungselemente (Konstruktionsfeatures (vgl. Schulte u. Stark 1993)).

Die Ansprüche an eine Aufbereitung sind analog zu den in Abschn. 1.2.4 festgehaltenen Forderungen definiert. Die aus der Sicht der Erfassung erstellte, noch sehr unvollständige Forderungsstruktur muss hier in eine konsistente Arbeitsgrundlage der Entwicklung umgesetzt werden.

Die Aufbereitung dient der effektiven Bereitstellung von Forderungen zur Optimierung des Entwicklungsablaufes und damit der Sicherstellung der Qualität eines Systems. Die Hauptaktivitäten bestehen dabei in der Präzisierung und Erweiterung der Strukturbeziehungen bzw. bei Anforderungen ohne Strukturbeziehungen in der Definition der zu dieser Anforderung führenden Randbedingungen und einer weiteren Überprüfung der Semantikbeziehungen. Zwei Beispiele für eine Anforderungsänderung aufgrund von Randbedingungen (Umgebungsparameter wie Energieversorgung, Deckenlast, Raum- oder Temperatureinschränkungen, bereits vorhandene Systeme usw.) gibt Tabelle 2, ein Beispiel für die Präzisierung unscharf formulierter Anforderungen ist in Tabelle 3 dargestellt.

1.2.6
Die Bereitstellung von Anforderungen

Alle in den beiden vorherigen Abschnitten beschriebenen Aktivitäten zur Erfassung und Aufbereitung von Anforderungen dienen nur dem Zweck, sie im Laufe einer Entwicklung und folgenden Herstellung, Nutzung und Rückführung „verarbeiten", also realisieren, modifizieren oder zurückweisen zu können. So wird für den Kunden ein System erstellt, das seinen geäußerten Vorstellungen entspricht und damit für diesen Kunden (und hoffentlich auch für weitere) qualitativ hochwertig ist.

In Abb. 3 sind die Bereiche dargestellt, an die Anforderungen gerichtet sein können und die deshalb auch bestimmte Sichten auf die Bereitstellung der Forderungen haben. Diese Sichten sind unterschiedlich motiviert und haben daher auch unterschiedliche Forderungen an die Bereitstellung.

Die Hauptnutzer für die aufbereiteten Forderungen sind in der *Systemerschaffungsphase*, also der Entwicklung und Herstellung, zu finden. Die in der Aufbereitung ergänzten/erzeugten Informationen und Methoden versetzen den Entwickler in die Lage, mehrere zurzeit sequenziell ausgeführte Arbeitsschritte der methodischen Entwicklung parallel auszuführen und zu dokumentieren, ohne den so wichtigen Überblick über das Gesamtsystem zu verlieren. Durch den Bezug zu einem Systemobjekt wird eine Systemstruktur erzeugt, die z.B. eine Festlegung erlaubt von:

Tabelle 2: Beispiele für Randbedingungen und Auswirkungen ihrer Änderung (Kruse 1996)

Objekt	Randbedingung	Grund	Variation	Auswirkung
Walzenverstellung (pneumatisch)	Druck maximal 6 bar	Vorhandene Druckluftanlage beim Kunden	Druck maximal 10 bar (auslegungsbedingt)	Druckluftanlage beim Kunden ändern - unmöglich Änderung des Prinzips der Walzenverstellung
Produktraum	Produktführung mittig	Anschluss der Systemkomponenten Vorbrecher und Austrag	Produktführung links	Änderung der Geometrie von Vorbrecher und Austrag Anpassung der Produktführung

Tabelle 3: Beispiel für die Aufbereitung einer unscharf formulierten Anforderung (Kruse 1996)

Kundenforderung	Aufbereitete Anforderungsstruktur
Walzen einfach zu demontieren	– Walze von zwei Monteuren ausbaubar – Walzen in der Mühle zu demontieren – Walze einzeln ausbaubar gestalten – Walze ohne besondere externe Vorrichtungen ausbaubar – Position der Walze vor und nach dem Ausbau gleich

- Den Beziehungen zwischen den Systemfunktionen. Damit ist bereits ein großer Teil der Systemfunktionsstruktur definiert,
- den realisierbaren Moduln eines Systems, wie z.B. Wirkelemente, Wirkräume in der Konzeptphase oder Bauteile und -gruppen in der Dimensionierungsphase.

Das *Projektmanagement* hat die Aufgabe, in enger Zusammenwirkung mit der Organisation des Projektes Leitungsvorgaben zu machen, die natürlich auch den „Geleiteten" schnell und aktuell mitgeteilt werden müssen. Die Anforderungsstruktur sollte eine Kommunikations- und Unterstützungsbasis für diese Aufgaben darstellen.

Die *Organisation* des Projektes muss neben der Planung des Arbeitsablaufes auch die Methoden und Methodenelemente zur Projektbearbeitung vorgeben. Um das zu realisieren, ist die Formulierung von Anforderungen, die allen Projektmitarbeitern aktuell zugänglich sind, notwendig.

Ein wichtiger Aspekt der Systementwicklung ist das Sicherstellen der *Qualität* des Systems. Da Qualität die Erfüllung der Anforderungen darstellt, ist der Bezug zur Forderungsstruktur und eine entspechende Bereitstellung sofort transparent.

Neben der Nutzung einer Forderungsstruktur für die Teams im Hause ist es unbedingt erforderlich, durch *Datenaustausch* einem Unterauftragnehmer den Teil der Forderungsstruktur, der seine Teilaufgabe betrifft, vollständig, konsistent und redundanzfrei zur Verfügung zu stellen.

Für mittel- und langfristig angelegte Systeme ist eine effiziente *Datenhaltung* von großer Bedeutung. Auch nach Jahren muss die Systemerstellung und deren Unterlagen noch nutzbar zur Verfügung stehen, auch wenn die Werkzeuge für ihre Erstellung geändert wurden.

1.2.7
Zusammenfassung

Die effiziente Nutzung von Anforderungen in der Erstellung eines Systems erfordert eine bestimmte Methode der Verwaltung dieser dynamischen Arbeitsgrundlage. Besonders vor dem Hintergrund präventiver Qualitätsmanagementtechniken ist ein Werkzeug erforderlich, das den Mitarbeitern alle für ihre jeweilige Aufgabe erforderlichen Vorgaben und Randbedingungen zur Verfügung stellt. Die vorgeschlagene Methode der Erfassung, Aufbereitung und Bereitstellung von Anforderungen im Produkterstellungszyklus ermöglicht die Umsetzung eines solchen Werkzeuges, sowohl mit konventionellen als auch mit rechnerunterstützten Hilfsmitteln.

Literatur zu Kap. 1.2

Akao Y (1992) Quality Function Deployment. Verlag Moderne Industrie, Landsberg

Dieter GE (1991) Engineering Design: A Materials and Processing Approach. McGraw-Hill, New York

Dietz P (1996) Concurrent Engineering – Folgen für die Ausbildung. Konstruktion 48:5-11

Dietz P (1993) Konstruktionssystematische Überlegungen und beanspruchungsgerechtes Gestalten von Maschinen der Verfahrenstechnik. Konstruktion 45:17-24

EN ISO 9000 - 9004 (1994) Normen zum Qualitätsmanagement und zur Qualitätssicherung. Beuth, Berlin

Franke HJ (1975) Methodische Schritte beim Klären konstruktiver Aufgabenstellungen. Konstruktion 27:395-402

Hartmann D (1995) Modell zur qualitätsgerechten Konstruktion. Dissertation, Technische Universität Clausthal

Kruse PJ (1996) Anforderungen in der Systementwicklung. Erfassung, Aufbereitung und Bereitstellung von Anforderungen in interdisziplinären Entwicklungsprojekten. Dissertation, Technische Universität Clausthal (erschienen in Fortschrittberichte des VDI. Reihe 20, Nr. 191. VDI, Düsseldorf)

Kruse PJ, Dietz P, Leschonski K (1997) Die Behandlung von Anforderungen in der Entwicklung verfahrenstechnischer Prozesse, Maschinen und Anlagen. Konstruktion

Pahl G (1990) Bedarf von wissensverarbeitenden Systemen in der Konstruktion. Werkstatt und Betrieb 123, 4:275–277

Pahl G, Beitz W (1993) Konstruktionslehre. Springer, Berlin

Roth KH (1994) Konstruieren mit Konstruktionskatalogen – Teil 1: Konstruktionsmethodik. Springer, Berlin

Schulte M, Stark R (1993) Definition und Anwendung höherwertiger Konstruktionselemente (Design Features) am Beispiel von Wellenkonstruktionen. Schriftenreihe Produktionstechnik, Universität des Saarlandes, Saarbrücken

VDI 2221 (1993) Methodik zum Entwickeln und Konstruieren technischer Systeme und Produkte. VDI, Düsseldorf

1.3
Sicherheitstechnik in der Verfahrenstechnik

P. Dietz, N. Beisheim, S. Bönig

1.3.1
Einleitung

Dieses Kapitel gibt einen Überblick über die Methoden der Sicherheitsanalyse im Bereich Verfahrenstechnik. Es werden die Eigenschaften der einzelnen Methoden aufgezeigt und ein System zur Minderung der ermittelten Schwachstellen und zur Zusammenfassung der Vorteile beschrieben. Die Einbindung dieses Systems in den Entwicklungsprozess der verfahrenstechnischen Maschinen wird anhand von Beispielen erläutert. Durch die Einbeziehung rechnergestützter Simulationstechniken wie neuronale Netze und Fuzzy-Systeme in das System der „Wissensbasierten Sicherheitsanalyse" werden neue Möglichkeiten zur präventiven Analyse von Anlagenstörungen aufgezeigt.

1.3.2
Notwendigkeit der Fehler- und Störfallprävention in der Verfahrenstechnik

Aufgrund der in verfahrenstechnischen Maschinen z.T. gleichzeitig auftretenden Belastungsarten wie äußere Kräfte (Überdruck, Unterdruck, Schwingungen), extreme Temperaturen, Korrosion und Verschleiß sowie dem chemischen Gefahrenpotenzial der Einsatzstoffe (z.B. explosiv, giftig, brennbar), handelt es sich bei den meisten Anlagenteilen zumeist um *sicherheitsrelevante* Komponenten, die eine sicherheitsgerechte Entwicklung und Konstruktion unter Einhaltung der einschlägigen Gesetze und technischen Regelwerke erforderlich macht, wie z.B.:

– Gerätesicherheitsgesetz,
– Maschinenrichtlinie,
– Druckbehälterverordnung,
– Dampfkesselverordnung,
– Störfallverordnung,
– Chemikaliengesetz,
– Gefahrstoffverordnung mit TRGS,
– Arbeitsstättenverordnung,
– ...

Laut EG-Maschinenrichtlinie (1989) sowie DIN EN 292 (1991), DIN EN 954-1 (1997) und DIN EN 1050 (1993) sind mit Hilfe einer Gefahrenanalyse die von (verfahrenstechnischen) Maschinen ausgehenden Gefahren zu identifizieren und durch entsprechende sicherheitstechnische Maßnahmen unter Beachtung von Sicherheitsgrundsätzen (Tabelle 1) auf ein Restrisiko zu reduzieren.

Wird die zu konstruierende Maschine in eine Anlage integriert, die die im Anhang II der Störfall-Verordnung (1991) aufgeführten Stoffe in entsprechenden Mengen beinhaltet, muss im Rahmen eines Genehmigungsverfahrens vom Anlagenbetreiber eine Sicherheitsanalyse nach §7 Störfall-VO durchgeführt werden.

Tabelle 1: Sicherheitsgrundsätze für Anlagen und Verfahren (vgl. auch TRGS 300)

1. allgemeine Sicherheitsgrundsätze	2. störungsbezogene Sicherheitsgrundsätze
1. Ersatz gefährlicher Stoffe und Zubereitungen 2. Verringerung der Menge der eingesetzten Gefahrstoffe 3. Wahl von Verfahren mit möglichst geringen betriebsmäßigen Freisetzungen von Gefahrstoffen 4. Sichere Umschließung 5. Sichere Beherrschung des Stoffflusses 6. Sicherstellen des sachgemäßen Umgangs mit Gefahrstoffen sowie Sichern gegen Fehlhandlungen 7. Vermeiden explosionsfähiger Atmosphäre innerhalb und außerhalb der Umschließung 8. Vermeiden von Zündquellen 9. Reduzierung der Exposition 10. Räumliche Trennung der Beschäftigten vom Gefahrenbereich	1. Vorbeugender Brandschutz 2. Abwehrender Brandschutz 3. Schutz vor den Auswirkungen von Explosionen 4. Schutz vor den Auswirkungen durchgehender Reaktionen 5. Gewährleistung der Funktion von Alarmierungs- und Überwachungseinrichtungen 6. Schutz vor den Auswirkungen bei der Freisetzung von Gefahrstoffen 7. Erhalt der Versorgung mit sicherheitstechnisch bedeutsamen Betriebsmitteln 8. Erhalt der Wirksamkeit sicherheitstechnisch bedeutsamer Funktionselemente 9. Überführung der Anlage in einen sicheren Zustand, einschließlich Sichern gegen Fehlhandlungen 10. Schutz vor mechanischen Beanspruchungen 11. Gewährleistung der Handlungsfähigkeit der Beschäftigten, einschließlich Hilfs- und Rettungsdienste 12. Gewährleistung der allgemeinen Sicherheitsorganisation

Es ist erforderlich, diese Sicherheitsrelevanz nicht nur für die Maschine selbst, sondern auch aufgrund möglicher Wechselwirkungen mit benachbarten Maschinen und Anlagenteilen oder Fehlbedienungen im Gesamtbetrieb der Anlage frühzeitig zu erkennen. Das Eintreten meldepflichtiger Störfälle wie unkontrollierte Schadstofffreisetzung, Brand oder (Staub-) Explosion muss zum Schutz der Beschäftigten und Anwohner sowie aus wirtschaftlichen und ökologischen Gründen (Produktionsausfall, Zerstörung von Maschinen und Anlagenteilen, Umweltschäden) auf ein akzeptiertes Restrisiko reduziert werden.

Bei innovativen Prozessen und Maschinen ist man zur Identifizierung der Gefahren sowie zur Ermittlung geeigneter Sicherheitsmaßnahmen aufgrund fehlender Betriebserfahrung (Negativerfahrung) zu einem erheblichen Teil auf eine prospektive (vorausschauende) Methodik angewiesen. Im Gegensatz zu Unfallanalysen, die anhand eines eingetretenen Schadens die Ursache(n) und die Unfallkette aufdecken sollen, um durch diese Kenntnis Wiederholungsfehler zu vermeiden, werden mit Hilfe von Sicherheitsanalysen mögliche Gefahrenquellen eines geplanten (oder bestehenden) Systems identifiziert und wirksame Gegenmaßnahmen erarbeitet. In Abhängigkeit von der Tiefe der Sicherheitsbetrachtung werden zu diesem Zweck ggf. auch Störungsursachen und Auswirkungen ermittelt. Eine quantitative Risikobewertung, z.B. die des Berstens eines Druckbehälters, ist auf

Grundlage von Sicherheitsanalysen grundsätzlich möglich, doch aufgrund fehlender abgesicherter Wahrscheinlichkeitswerte (Ausfallwahrscheinlichkeit) für verfahrenstechnische Maschinen nicht sinnvoll.

Neben der experimentellen Ermittlung und Bewertung von sicherheitstechnischen Kenngrößen (wie z.B. max. Explosionsdruck, Zündtemperatur, etc.), reaktionskalorischen und -kinetischen Größen, der Beachtung von Sicherheitsgrundsätzen (vgl. Tabelle 1), der Wahl von Schutzeinrichtungen (MSR-Einrichtungen, Entspannungseinrichtungen, Notkühlsysteme, Notversorgung, etc.), der Beachtung technischer Regelwerke sowie bisheriger Betriebs- und Versuchserfahrung bietet die Durchführung von Sicherheitsanalysen eine weitere Möglichkeit zur Fehler- und Störfallprävention bei verfahrenstechnischen Maschinen und Anlagen.

Wie effektiv und damit auch kostenintensiv letztendlich eine entwicklungsbegleitende Sicherheitsanalyse ist, hängt von verschiedenen Faktoren seitens der Anlage und der gewählten Analysenmethode(n) ab, wie z.B. von

- der Komplexität der Anlage,
- dem Zweck der Analyse,
- dem Einsatzzeitpunkt der Analyse,
- dem Informationsgrad zum Zeitpunkt der Analyse,
- dem „Handling" der Informationen innerhalb der Analyse,
- der Organisation des Betriebes,
- der Erfahrung der Analysten,
- der Art der Maßnahmen, (unmittelbare, mittelbare, hinweisende Sicherheitstechnik (vgl. auch DIN VDE 31000) und
- der Konsequenz der Maßnahmenverfolgung.

Trotz sorgfältig durchgeführter Sicherheitsanalysen können nicht alle Schwachstellen einer Anlage ermittelt werden, es verbleibt immer ein Restrisiko. Es können beispielsweise Fehler beim Voraussagen aller Ereignisse oder Ereignispfade u.a. aufgrund logischer Fehler, der Unterschätzung von bereits eingeplanten oder vorhandenen Sicherheitseinrichtungen, common-mode-Fehler, aber auch aufgrund inkorrekter Planungsannahmen und Daten auftreten (vgl. auch Kletz 1992).

1.3.3
Sicherheitsanalytische Methoden in der Verfahrenstechnik

Im Folgenden werden ausgewählte systematische sicherheitsanalytische Methoden beschrieben, die einzeln oder gemeinsam bereits während der Verfahrens- und Maschinenentwicklung zur Steigerung der Anlagensicherheit beitragen können. Neben den aufgeführten Methoden existieren weitere systematische Methoden, die der Gefahrenidentifikation und -bewertung dienen, wie z.B. Störungs-Auswirkungs-Analyse, What-if-Methode, Markow-Modelle und auch die sog. Versicherungsmethoden zur Risikoabschätzung, wie Fire+Explosion-Index oder ZHA Zürich Hazard Analysis.

1.3.3.1
Checklistenanalysen

Art, Inhalt und Umfang von Checklistenanalysen können dem jeweiligen Einsatzzweck individuell angepasst werden. Trotz inhaltlicher Unterschiede lassen sich vier Arbeitsschritte unterscheiden:

1. Erarbeiten und Systematisieren der Fragen,
2. Beantworten der Fragen,
3. Auswerten der Antworten,
4. Einleiten von Maßnahmen.

Um die verschiedenen Möglichkeiten bei der Identifizierung und Bewertung von Fehlern/Störungen in Systemen mit Checklistenanalysen zu verdeutlichen, werden diese unterteilt in Prüflisten, Fragebögen, sicherheitstechnische Checklisten und strukturierte Checklisten.

Prüflisten:
Es gibt Checklisten, mit denen das Einhalten bestimmter Arbeitsschritte oder auch Gesetze, Vorschriften, Richtlinien etc. innerhalb eines Systems überprüft werden. Diese eigentlichen Prüflisten sind meist durch Ja/Nein Antworten zu bearbeiten, fehlende Punkte (z.B. alle mit NEIN-Antwort) müssen anschließend entweder nachgeholt/vervollständigt oder aber ggf. im Detail überprüft werden.

Fragebögen:
Mit Hilfe von Fragebögen werden zu einem Themengebiet sicherheitsrelevante Fragen gestellt, wie z.B. das Abfragen von Sicherheitskenndaten oder vorhandenen/notwendigen Sicherheitseinrichtungen. Die Beantwortung der Fragen entspricht eher einer sicherheitstechnischen Datensammlung. Es wird aber auch z.T. versucht, durch geschickte und konkrete Fragestellung neue Gefahrenquellen in einem System zu identifizieren. Anhand der Kommentare bzw. textuellen Antworten werden im Anschluss systemspezifische Maßnahmen, wie z.B. Betriebsanweisungen, Löschmittel, etc., in Zusammenarbeit unterschiedlicher Fachdisziplinen erarbeitet.

Sicherheitstechnische Checkliste:
Bei der sicherheitstechnischen Checkliste findet die eigentliche Gefahrenidentifikation im Vorfeld statt, nämlich bei der Erarbeitung der Fragen, deren Grundlage Ergebnisse aus retrospektiven Analysen (Schadens- bzw. Unfallanalysen an bestehenden Systemen) sein können. Nur wenn im Voraus Informationen über Gefahrenquellen, deren Auswirkungen sowie geeignete/bewährte Gegenmaßnahmen eines Systems bekannt sind, können diese sinnvoll aufbereitet in diesen Checklisten integriert werden. Die Gefahrenquellen sind dabei an konkrete Komponenten, Stoffe und Zustände gekoppelt. Ob eine Gefahrenquelle in die Checkliste aufgenommen wird, erfolgt nach einer Bewertung derselben, z.B. anhand von Statistiken bezüglich der Eintrittsschwere und -häufigkeit. Die Antworten können sowohl binären als auch nicht binären, textuellen Charakter aufweisen. Für „unerwünschte" Antworten stehen bei der Auswertung bewährte Maßnahmen zur Auswahl.

Strukturierte Checklisten:
Eine Möglichkeit, bei der Checklistenanalyse neben der Gefahrenidentifikation logische Zusammenhänge wie bekannte Ursache-Wirkung-Beziehungen in Syste-

men aufzuzeigen, bietet eine Strukturierung der Fragestellungen mit Hilfe von Gefahrenbäumen. Die Fragen werden zuvor u.a. durch Auswertung von Unfallberichten an gleichen/ähnlichen Systemen zusammengestellt (vgl. auch Flothmann u. Mjaavatten 1985) und können unterschiedlichen Sachgebieten angehören (Sicherheit, Ergonomie, Wartung, Organisation, Konstruktion etc.). Beim Sicherheitskonzept MORT (The Management Oversight and Risk Tree) beispielsweise, vgl. Frei (1979), werden die aufgedeckten Wirkungspfade, die zu einem vorgegebenen unerwünschten Ereignis führen und demnach Maßnahmen erforderlich machen, direkt im Baum durch Symbole gekennzeichnet. Es lässt sich so erkennen, an welchen Stellen Maßnahmen einzuleiten sind, bzw. ausreichende Gegenmaßnahmen vorhanden sind oder aber auch Faktoren im betrachteten System nicht zutreffen.

In der Praxis finden zumeist Kombinationen der genannten Checklistenverfahren Anwendung. Ebenso wird der Grundgedanke von Checklistenanalysen, einzelne Sachverhalte oder Arbeitsschritte systematisch und themenbezogen kritisch zu hinterfragen und einen vorgegebenen Sicherheitsstand zu überprüfen sowie bezüglich des aktuellen Wissensstandes zu aktualisieren, in allen anderen Analysemethoden aufgegriffen.

1.3.3.2
HAZOP-Studie (PAAG-Verfahren)

Ende der siebziger Jahre wurde in Großbritannien eine Betriebsfähigkeitsstudie entwickelt, um das Risiko ausgehend vom Betrieb chemischer Anlagen zu reduzieren. Diese sog. HAZOP-Studie (Hazard and Operability Studies) ist in Deutschland auch bekannt unter dem Namen PAAG-Verfahren (Prognose, Auffinden der Ursachen, Abschätzen der Auswirkungen, Gegenmaßnahmen). Wichtigste Arbeitsgrundlage sind Rohrleitungs- und Instrumentenfließbilder (R&I-Fließbilder) der zu untersuchenden Anlage. Nach Auswahl der Teammitglieder (Schriftführer, Leiter, technische Mitglieder) und Festlegung der Zuständigkeiten lassen sich die wichtigsten Arbeitsschritte wie folgt zusammenfassen (vgl. auch Bartels et al. 1990):

1. Festlegung der Reihenfolge der Prüfschritte (insbesondere bei diskontinuierlichen Anlagen),
2. Definition einer oder mehrerer Sollfunktionen für jedes Teilsystem, durch die der erwünschte Betriebsablauf beschrieben wird,
3. Anwendung der 7 Leitworte auf Sollfunktionen zur Störungsermittlung,
4. für Störungen mit realistischen Ursachen, Ermittlung ob Störungen erkennbar sind, ansonsten Maßnahmen zur Erkennung vorsehen,
5. Abschätzen der Auswirkungen der realistischen Störungen,
6. Erarbeitung von Gegenmaßnahmen (vor oder nach Ermittlung sämtlicher Störungen),
7. Wiederholung der Studie mit Änderungen,
8. Dokumentation in Formblatt (Eintrag von relevanten Störungen, deren Ursachen, Auswirkungen und Maßnahmen).

Mit Hilfe der Leitworte (Standardausdrücke), die bei Anwendung auf die Sollfunktionen eine sowohl qualitative als auch quantitative Bedeutung erlangen, vgl.

Tabelle 2: Leitworte, ihre Bedeutung und Beispiele, verändert nach Bartels et al. (1990)

Leitworte	Bedeutung	Kommentar	Beispiele
NEIN /NICHT KEIN / KEINE	Völlige Verneinung der Sollfunktion	Kein Teil der Sollfunktion wird ausgeübt	Keine Förderung
MEHR	Quantitativer Zuwachs	Bezieht sich auf: -Quantitative Größen	Druck zu hoch, Druck > 3 bar
WENIGER	Quantitative Abnahme	-Eigenschaften, -Funktionen	Temperatur zu niedrig Weniger Durchfluss
SOWOHL ALS AUCH	Ein qualitativer Zuwachs	Sollfunktion wird erreicht, zusätzlich passiert etwas anderes: -Mehr Vorgänge, -mehr Komponenten	Förderung und statische Aufladung des Stoffes Förderung von Stoff mit Verunreinigung
TEILWEISE	Eine qualitative Abnahme	Sollfunktion wird nicht vollständig erfüllt: -Reaktionen, -Stoffe, -Komponenten	Förderung von Stoff A aber TI defekt
UMKEHRUNG	Eine logische Umkehrung der Sollfunktion	Bei Vorgängen, bei Stoffen	Entgegengesetzte Förderrichtung
ANDERS ALS	Es passiert etwas ganz anderes	Andere Betriebszustände, anderer Ort, andere Stoffe	Förderung von einem anderen Stoff

Tabelle 2, sollen vom Team systematisch Gefahrenquellen beim Betrieb einer Anlage identifiziert werden. Die Sollfunktion eines kontinuierlichen Teilsystems kann beispielsweise lauten:

Fördere Stoff A bei 20 °C bis 25 °C mit 3 m^3/h unter einem Druck von max. 3 bar aus dem Vorratsbehälter in den Reaktor!

1.3.3.3
Matrixdarstellung der Wechselwirkungen

Binäre Wechselwirkungen zwischen Stoffen, Zuständen, Komponenten aber auch zwischen Ursachen und Wirkungen von Störungen lassen sich mit Hilfe der Matrixdarstellung auf qualitative Weise sicherheitstechnisch untersuchen. Art und Anzahl der Untersuchungsobjekte können den jeweiligen Bedürfnissen des Systems angepasst, die Bewertungskriterien frei definiert werden. Zur Durchführung der Analyse, die auch unter dem Namen morphologische Felder bekannt ist, wird folgendermaßen vorgegangen (vgl. auch Ruppert 1990):

1. Spalten- und zeilenweise Eintragung sämtlicher Stoffe (chemische Reaktionsmatrix) oder anderer Untersuchungsobjekte eines Systems in ein Matrixfeld,
2. paarweiser Vergleich der Stoffwechselwirkungen anhand bekannter Reaktionen bzw. Ermittlung der logischen Wechselwirkungen der zu untersuchenden Sachverhalte,

3. Eintrag der qualitativen Bewertung der Wechselwirkungen anhand eines systemspezifischen Bewertungsschemas (z.B. unerwünschte Zielreaktion, heftige Zielreaktion, erwünschte Zielreaktion),
4. Ableitung der Maßnahmen zur Verhinderung unerwünschter Wechselwirkungen im System.

1.3.3.4
Ausfalleffektanalyse (FMEA)

Auf der Vorgehensweise der Ausfalleffektanalyse, die auch unter dem Namen Fehler-Möglichkeits- und Einfluss-Analyse (FMEA) bekannt ist, basieren eine Reihe von Analysen unterschiedlicher Bezeichnungen und Interessensschwerpunkte, vgl. Tabelle 3. Grundgedanke bei der Durchführung aller FMEA's ist laut Kühne (1984) ein frühzeitiges Erkennen und Bewerten von Fehlern, um die Gesamtkosten bei der *Entwicklung von Komponenten* zu reduzieren. Die Arbeitsschritte sind in DIN 25448 (1990) formalisiert, können sich aber auch inhaltlich nach dem individuell gestalteten Formblatt richten. Folgende *Arbeitsschritte* sind durchzuführen und im Formblatt zu dokumentieren:

1. Wahl des Systemzustandes (Anfahren, Betrieb, Abfahren, etc.),
2. Einteilung des Systems in Baueinheiten (z.B. Geräte, Komponenten),
3. Ermittlung der Ausfallarten (vgl. FMEA-Varianten) einer jeden Baueinheit anhand seiner Funktionen (evtl. auch Beispielliste),
4. Angabe der Ausfallhäufigkeit,
5. für jede Ausfallart: Angabe der Störung (hier Schadensbild oder Fehlerfolge genannt) und möglicher Ursachen,
6. Untersuchung der Möglichkeiten der Ausfallerkennung,
7. Angabe vorhandener Gegenmaßnahmen (z.B. Ersatzgeräte),
8. Ermittlung der Ausfallauswirkungen auf das System und die Umgebung,
9. Risikobewertung der Ausfallauswirkungen,
10. Ermittlung von Gegenmaßnahmen,
11. Risikobewertung der Auswirkungen nach durchgeführten Maßnahmen.

Je mehr Ausfallarten für die betrachteten Baueinheiten festgestellt und analysiert werden, desto größer ist der Aussagewert der Analyse. Hilfe beim Auffinden der Ausfallarten bietet eine in DIN 25448 (1990) aufgeführte Beispielliste. Exemplarisch werden für einen Rührer mögliche Ausfallarten in Tabelle 4 aufgezeigt, deren Auswirkungen (Effekte) im Verlauf der FMEA zu untersuchen sind.

Die Erarbeitung von Maßnahmen bei der FMEA erfolgt erst im Anschluss an eine Bewertung der Ausfallbedeutung eines jeden Baueinheitenausfalls (vgl. Arbeitsschritt 9). Die Bewertung kann auf die in DIN 25448 (1990) aufgezeigte Weise erfolgen in Form der

– Ausfallbedeutungsanalyse mit Hilfe eines Gitternetzes oder
– Risikobewertung mit Hilfe der Risikoprioritätszahl.

Tabelle 3: Untersuchungsschwerpunkte der verschiedenen FMEA-Varianten (vgl. auch Peters u. Meyna 1985; VDI 2244)

FMEA-Variante	Auswirkungen von:
Funktions-FMEA	Funktionsfehlern auf das System
Bauteil-FMEA:	
Konstruktions-FMEA	Ausfallarten eines Bauteils auf das System
Prozess-FMEA	Mängeln im Fertigungsprozess auf Bauteil
Vorläufige Gefahrenanalyse	Energiefreisetzungen auf das System
Ausfallgefahrenanalyse	Ausfallarten und deren Ursachen
Bedienungsgefahrenanalyse (Operationelle Gefahrenanalyse)	Gefährdungen durch Bedienung, Wartung und Reparatur (mittels Schlüsselwörter: zu früh, zu spät, nicht, falsch,..)
System-Gefahrenanalyse	Gefahren auf System und deren Klassifizierung
Analyse menschlicher Fehler (menschliche Fehlerart- und Effektanalyse)	Fehlern durch menschliches Fehlverhalten
Informationsfehler- und Effektanalyse	Bedienungs-, Wartungs- und Reparaturfehlern aufgrund falscher Anweisungen und Informationen

Tabelle 4: Beispiel für Ausfallarten eines Rührers

Komponente: Rührer	
Funktion	Ausfallarten
mischen	Stillstand des Rührers
	Fehlerhafte Platzierung
	Rührer dreht zu langsam
	Rührer dreht zu schnell
	Rührer bricht
	Zu später Beginn
	Zu früher Beginn
nicht mischen	Rührer in Betrieb
	Rührer hört nicht auf
	Zu später Rührerstop

1.3.3.5
Ereignisablaufanalyse

Mit der Ereignisablaufanalyse, in DIN 25419 (1985) auch Störfallablaufanalyse genannt, werden die logischen Zusammenhänge eines technischen Systems erarbeitet und dargestellt, die sich aus einem oder mehreren Anfangsereignissen ergeben können. Es werden somit die Auswirkungen ermittelt. Bei der Durchführung der Ereignisablaufanalyse wird wie folgt vorgegangen:

1. Definition eines Anfangsereignisses (beispielsweise Ausfall oder Fehlbedienung einer Komponente),
2. Ermittlung der Folgeereignisse und Folgeereigniskombinationen: Welche Komponenten (Betrachtungseinheit) sind durch Wirkung betroffen? Welche Funktionen/Zustände können Komponenten (Betrachtungseinheiten) grundsätzlich und bei bestimmter Wirkung einnehmen?
3. Ermittlung der unerwünschten Ereignisse,

4. Ermittlung der Wirkungen bis zu den Endzuständen der Betrachtungseinheit,
5. Darstellung des Ereignisablaufes (zeitliche Reihenfolge) im Ereignisablaufdiagramm (Graph mit einem Eingang und endlich vielen Ausgängen),
6. quantitative Auswertung (Berechnung der Eintrittswahrscheinlichkeit bzw. -häufigkeit verschiedener Zwischen- oder Endzustände),
7. qualitative Auswertung: Erarbeitung von Maßnahmen zur Unterbrechung des Ereignisablaufes bzw. Reduzierung der Eintrittswahrscheinlichkeit.

Vereinfacht kann die Analyse durchgeführt werden, indem eine binäre Charakteristik zugrunde gelegt wird, z.B. durch Funktionserfüllung: JA/NEIN.

1.3.3.6
Fehlerbaumanalyse

Bei der Fehlerbaumanalyse, die in DIN 25424 Teil 1 (1981) genormt ist, wird auf graphische Weise im sog. Fehlerbaum veranschaulicht, welche logischen Verknüpfungen von Komponentenausfällen oder Teilsystemausfällen zu einem vorgegebenen unerwünschten Ereignis (= TOP-Ereignis, z.B. die Explosion eines Rührkesselreaktors) führen. Bei der Ermittlung der möglichen Ursachen, die im Graphen mit UND- bzw. ODER-Symbolen zu verknüpfen sind, sowie dem zeitlichen Ablauf der Ursachenkette, ist man auch auf das Ergebnis anderer Analysen wie z.B. FMEA, HAZOP angewiesen.

Anhand des aufgestellten Fehlerbaumes kann die Sicherheit eines Systems beurteilt werden: Je mehr UND-Verknüpfungen sich in unmittelbarer Nähe des TOP-Ereignisses befinden, desto sicherer ist das System. Alle Komponenten, die in einer Kette von ODER-Verknüpfungen liegen, müssen einer weiteren kritischen Betrachtung unterzogen werden. Bei bekannten Ausfallraten ist eine quantitative Auswertung durch Berechnung der Eintrittswahrscheinlichkeit des unerwünschten Ereignisses möglich (vgl. auch DIN 25424 Teil 2; Meyna 1982).

1.3.3.7
Entscheidungstabellentechnik

Mit Hilfe der Entscheidungstabellentechnik lassen sich die Komponenten innerhalb einer Teilanlage identifizieren, die am Auftreten eines vorgegebenen unerwünschten Ereignisses (Störfall) beteiligt sind und als sicherheitsrelevante Komponenten einer besonderen Behandlung bedürfen. Hierfür wird wie folgt vorgegangen (vgl. auch Kuhlmann 1981; Jäger 1981):

1. Definition des unerwünschten Ereignisses,
2. Ermittlung aller Komponenten, die am Zustandekommen des unerwünschten Ereignisses beteiligt sind,
3. Definition des Betriebszustandes („0") und des Ausfallzustandes („1") der Komponenten,
4. Darstellung aller UND- und ODER-Verknüpfungen der Komponentenzustände in tabellarischer Form (Entscheidungstabelle) und Überprüfung, welche Verknüpfungen zum unerwünschten Ereignis führen. Für n Komponenten werden 2^n Spalten benötigt!
5. Verdichtung und Vereinfachung der Entscheidungstabelle,
6. Auswertung der Tabelle.

1.3.3.8
KOMB-Analyse

Im Rahmen des Sonderforschungsbereichs 180 wurde eine neue Sicherheitsanalyse entwickelt, die die positiven Aspekte der HAZOP-Studie und der klassischen Bauteil-FMEA (komponentenweise Dokumentation, aber ohne Risikobewertung) unter Verwendung von zweidimensionalen Matrizen kombiniert. Diese sog. KOMB-Analyse (Kombinierte Operabilitäts-Matrix- und Bewertungsanalyse) soll eine systematische Untersuchung von R&I-Fließbildern in der Anlagenentwicklung unterstützen (vgl. auch Bönig u. Heimannsfeld 1997). Eine exemplarische Anwendung der Analyse wird in Abschn. 4.5.4.5 und in Bönig u. Heimannsfeld (1998-1) vorgestellt.

Der festgelegte strenge Ablauf bei der Durchführung der ursprünglichen HAZOP-Studie ermöglicht neben der schnellen Erlernbarkeit der Analyse (Anwendung der Leitworte auf die Sollfunktion eines jeden Teilsystems) eine systematische Fehleridentifikation von hoher Vollständigkeit unter Berücksichtigung der geplanten Prozessparameter. Allerdings wird die HAZOP-Studie auch aufgrund des zeitlichen Aufwandes (Anzahl der Sitzungen im Team, Wiederholungen bei ähnlichen Teilsystemen) und der Art der Dokumentation häufig kritisiert. Um die Unterschiede der KOMB-Analyse zur HAZOP-Studie zu verdeutlichen, wird deshalb auf diese im Folgenden näher eingegangen.

Sowohl das Verfahren mit den Ein- und Ausgangsstoffen, den Prozessparametern, dem Verfahrensablauf als auch die den Prozess umsetzenden Komponenten sowie deren Anordnung und Hauptabmaße sind bekannt, wenn R&I-Fließbilder der zu entwickelnden Anlage zur Überprüfung vorliegen. Die KOMB-Analyse wird wie folgt durchgeführt:

1. Einteilung der Anlage in Teilsysteme,
2. Nummerierung der sicherheitstechnisch bedeutsamen Komponenten, (wie z.B. Anlagenteile mit besonderem Stoffinhalt, Schutzeinrichtungen, etc.), der Einsatzstoffe und der wichtigsten Prozessparameter (Druck, Temperatur, Massenstrom, Konzentration, etc.) im Teilsystem,
3. Angabe der Funktion der Komponenten K1,...Kn,
4. Ermittlung der realistisch möglichen Störungen S1;1 bis S1,m anhand der Funktion und der Leitworte der HAZOP-Studie,
5. Ermittlung der Ursachen Ux der Störungen,
6. Ermittlung der Auswirkungen Ax der Störungen (auf Komponente, Stoff, Gesamtsystem, Umgebung),
7. Erstellung der Ursachen-Auswirkungen-Matrix (Formblatt 2),
8. Erstellung der Ursachen-Komponenten-Matrix (Formblatt 3),
9. Erarbeitung und Bewertung von Maßnahmen zur Beseitigung der Störungsursachen (Formblatt 3),
10. Aktualisierung der Ursachen-Auswirkungen-Matrix (Formblatt 2),
11. Erstellung der Auswirkungen-Komponenten-Matrix (Formblatt 4),
12. Erarbeitung und Bewertung von Maßnahmen zur Beseitigung der Störungsauswirkungen (Formblatt 4),
13. Aktualisierung der Ursachen-Auswirkungen-Matrix (Formblatt 2) und
14. Bewertung der Störungen (Formblatt 1).

Tabelle 5: Formblatt 1 (KOMB-Analyse)

1 Komponente	2 Funktion	3 Störungen/ Fehler	4 Ursachen	5 Auswirkungen	6 Maßnahmen	7 Störung beseitigt Ja/Nein
K1		S1,1	U1	A1	M1	
				A2	...	
			U2	A3		
			U3	A4		
		S1,2	U3	A4		
K2		S2,1	...	...		
		...	...	...		
Kn		Sn,1	...	...		

Während die Schritte (1) bis (6) dem Vorgehen der HAZOP-Studie entsprechen und in Formblatt 1 (Tabelle 5) geordnet nach Komponenten dokumentiert werden (vgl. Spalte 1-5 in Tabelle 5), werden bei der KOMB-Analyse die bisher ermittelten Informationen zusätzlich in drei unterschiedlichen Matrizen miteinander verknüpft, um:

– Entwicklungsänderungen unter Berücksichtigung bereits identifizierter, möglicher Störungen leichter in die Analyse integrieren zu können,
– die Notwendigkeit von Gegenmaßnahmen auch im Gesamtzusammenhang zu erkennen (Ursachenbekämpfung vor Auswirkungsbeseitigung),
– die Wirksamkeit von Gegenmaßnahmen zu erkennen, zu bewerten und zu dokumentieren,
– Orte von Störungsschwerpunkten aufzuzeigen,
– Informationen zur Darstellung von Ereignisabläufen zu liefern,
– die Analyseunterlagen (nach Maßnahmendurchführung) einfacher aktualisieren zu können (Formblatt 1) sowie
– den Aufwand zur Bereitstellung der Information im Rahmen von Genehmigungsverfahren zu reduzieren.

Die Vorteile durch die Integration der drei Matrizen werden im Folgenden erläutert:

Ursachen-Auswirkungen-Matrix (Formblatt 2):
Ermittelte Ursachen und Auswirkungen werden gegeneinander aufgetragen, sodass im System nun ersichtlich wird, welche Auswirkungen aufgrund einer einzelnen Störungsursache hervorgerufen werden können (Tabelle 6). Besonders schwerwiegende Ursachen sind somit aufgrund der hohen Summe der horizontal angeordneten Kreuze in der Matrix sofort ersichtlich. Gerade für diese Fälle ist es sinnvoll, einen Ereignisablauf von der Störungsursache über die Art und den Ort (durch die Nummer ersichtlich) der Störung bis hin zu den zeitlich geordneten Auswirkungen ermitteln und darstellen zu können. Bei der Erarbeitung von Gegenmaßnahmen sind diese Ursachen primär zu *beseitigen*, und wenn dies nicht möglich ist, in ihrer Eintrittswahrscheinlichkeit zu *reduzieren*.

Tabelle 6: Auszug aus der Ursachen-Auswirkungen-Matrix (Formblatt 2)

	Auswirkungen						
Ursachen	A1	A2	A3	A4	A5	A6	Ax
U1	X	X					
U2			X				
U3				X			
Ux							

Tabelle 7: Auszug aus der Ursachen-Komponenten-Matrix (Formblatt 3)

	Komponenten					Erforderl. Maßnahmen	Bewertung		
Ursachen	K1	K2	K3	K4	K...		VB	TB	NB
U1	X					M1	X		
U2	X					M2		X	
U3	X					M3			X
Ux						M...			

Andererseits kann durch eine vertikale Betrachtungsweise gezeigt werden, welche Störungsursachen eine bestimmte Auswirkung zur Folge haben könnten. Bei einer hohen Anzahl vertikaler Kreuze sind Maßnahmen zur Auswirkungsbeseitigung/-beschränkung besonders notwendig.

Die Ursachen-Auswirkungen-Matrix wird im Laufe der KOMB-Analyse ständig aktualisiert. Alle Ursachen, die durch vorgeschlagene (und umgesetzte) Maßnahmen vollständig beseitigt werden können, werden in der überarbeiteten Matrix für weitere Betrachtungen nicht mehr berücksichtigt. Die betroffenen Zeilen werden gestrichen, sodass auch bestimmte Auswirkungen entfallen. Andererseits ist es erforderlich, die Auswirkungen erneut zu überprüfen, wenn die Störungsursachen sich nicht vollständig beseitigen lassen.

Ursachen-Komponenten-Matrix (Formblatt 3):
Im Formblatt 3 werden alle Ursachen gegen sämtliche Komponenten aufgetragen (Tabelle 7). Potenziell störungsanfällige Komponenten werden anhand der angekreuzten Felder ersichtlich. Außerdem kann das Aufzeigen der an einer Störungsursache beteiligten Komponenten Unterstützung beim Ausarbeiten der Maßnahmen bieten. Ist es möglich, Maßnahmen zur Ursachenbekämpfung zu finden, so werden diese dokumentiert und hinsichtlich ihrer Wirksamkeit bewertet. Die Bewertung erfolgt anhand dreier Kriterien:

– VB: durch die Maßnahme wird die Störungsursache Ux vollständig beseitigt,
– TB: durch die Maßnahme wird die Störungsursache Ux teilweise beseitigt,
– NB: es wird keine Maßnahme zur Beseitigung der Störungsursache Ux eingeleitet.

Tabelle 8: Auswirkungen-Komponenten-Matrix (Formblatt 4)

	Komponenten					Erforderl. Maßnahmen	Bewertung		
Auswirkungen	K1	K2	K3	K4	K...		VB	TB	NB
A1	X					M1	X		
A2	X					M1	X		
A3	X					M4		X	
Ax						M...			

Auswirkungen-Komponenten-Matrix (Formblatt 4):
Analog zu Formblatt 3 wird die Auswirkungen-Komponenten-Matrix (Formblatt 4) erstellt, indem die Auswirkungen gegenüber den Komponenten aufgetragen werden (Tabelle 8). Anhand der angekreuzten Felder pro Spalte wird erkennbar, welche und wie viele Auswirkungen aufgrund von Störungen von einer Komponente verursacht werden. Eine horizontale Betrachtung zeigt die Komponenten auf, die unabhängig voneinander bei Störungen die genannte Auswirkung verursachen. Bei der Maßnahmenerarbeitung ist dieses Wissen für das Gesamtsystemverhalten von großem Nutzen. Auch hier ist eine Maßnahmenbewertung vorzunehmen.

Eine automatische Erstellung der Formblätter 2, 3 und 4 aus den erarbeiteten Informationen des Formblattes 1 und die automatische Aktualisierung des Formblattes 1 ermöglichen auch bei einer hohen Anzahl an Komponenten eine einfache Handhabbarkeit der KOMB-Analyse.

Kann der Analyst während der Durchführung der KOMB-Analyse auf eine Datenbasis zurückgreifen, die komponentenspezifische Störungen, deren Ursachen sowie effektive Vorbeugemaßnahmen enthält und die ergänzbar ist, lässt sich der Aufwand effektiv reduzieren und die Kreativität bei der Fehleridentifikation fördern (vgl. hierzu Abschn. 1.3.5).

1.3.4
Einsatz der vorgestellten Sicherheitsanalysen in der Maschinen- und Anlagenentwicklung

1.3.4.1
Bewertung der Sicherheitsanalysen

Einen Überblick des Leistungsspektrums der vorgestellten Analysemethoden vermittelt Tabelle 9 für den entwicklungsbegleitenden Einsatz in der Verfahrenstechnik (vgl. auch Bönig u. Heimannsfeld 1998-1). Eine allgemein gültige Bewertung ist auch aufgrund von Modifikationen der einzelnen Methoden nicht immer möglich. So liefert die Tabelle z.B. folgende Erkenntnisse:

– Checklisten sind in ihrem Einsatz am vielseitigsten; es lassen sich allerdings keine Ausfallkombinationen berücksichtigen.
– Mit Hilfe von Matrixdarstellungen werden das Stoffverhalten, aber auch unterschiedliche Prozessparameter in der Analyse berücksichtigt.

Tabelle 9: Bewertung von Sicherheitsanalysen beim Einsatz in der Verfahrenstechnik

	Bewertung	Checkl.	HAZOP	Matrix	FMEA	FTA	ETA	ETT	KOMB
Handhabbarkeit:	Aufwand vertretbar	X		X	X	X	X		X
	Durchführung einfach	X	X	X	X				X
	Ergebnis übersichtlich	X		X	X	X	X	X	X
	Änderungen leicht integrierbar	X		X	X				X
	Definiertes Ende	X		X	X			X	X
Untersuchungsgrundlage:	Grundfließbild	X		X					
	Vt-Fließbild	X		X					(X)
	R&I-Fließbild	X	X	X	X	X	X	X	X
	Konstruktions-/ Fertigungszeichn.	X			X				
	Anlage	X	X	X		X	X		X
	Teilsystem	X	X	X		X	X	X	X
	Bauteil/Maschine	X			X				X
Berücksichtig. von:	Betriebs- und Prozessparameter	X	X	X					X
	Stoffeigenschaften	X		X					X
	Human-Factors	X	X		X				X
	Ausfallkombinationen					X		X	X
	Fehlererkennung	X	X		X		X		X
Erarbeitung von:	Fehlerursachen	X	X	X	X	X			X
	Fehlerauswirkungen	X	X	X	X		X		X
	Ereignisabläufen	(X)				X	X		(X)
	Gegenmaßnahmen	X	X		X				X
	(Risikobewertung)				X	X	X	X	
	Integration einer Datenbank	X	X		X				X
		Checkl.	HAZOP	Matrix	FMEA	FTA	ETA	ETT	KOMB

Checkl. Checklistenanalyse, *HAZOP* Hazard and Operability Studies (PAAG-Verfahren), *Matrix* Matrix-Darstellungen, *FMEA* Fehler- Möglichkeits- und Einfluss Analyse, *FTA*: Fehlerbaumanalyse; *ETA* Ereignisablaufanalyse, *ETT* Entscheidungstabellentechnik; *KOMB* Kombinierte Operabilitäts-Matrix- und Bewertungsanalyse

- Human factors – darunter fallen z.B. Fehlbedienungen oder Fehlhandlungen – werden bei der relativ einfach durchzuführenden HAZOP-Studie berücksichtigt.
- Aufgrund des komponentenweisen Vorgehens bei der FMEA ist diese bei der Erstellung übersichtlicher, sodass auch Änderungen besser integriert werden können als beispielsweise bei der HAZOP-Studie.
- Sollen Ereignisabläufe, die zu einem Störfall führen können, dargestellt werden, eignet sich die Durchführung von Ereignisablaufanalysen.

- Die Durchführung von Fehlerbaumanalysen und Ereignisablaufanalysen bedürfen aufgrund der Schwierigkeit beim Aufstellen der Graphen (fehlender fester Rahmen, Vorgehensweise und damit fehlendes definiertes Ende) einer großen Analyseerfahrung und umfassenden Kenntnis des Systems.
- Bis auf Checklisten und Matrixdarstellungen sind keine der Methoden in den frühen Phasen der Anlagenplanung anwendbar (Fähigkeit zur Untersuchung von Grundfließbildern und Verfahrenstechnik-Fließbildern).
- Zur Reduzierung des Aufwandes und der Erzielung eines hohen Vollständigkeitsgrades bei der Fehleridentifikation kann bei Checklistenanalysen, der HAZOP-Studie, der FMEA und der KOMB-Analyse eine sicherheitstechnische Datenbasis integriert werden.
- Die KOMB-Analyse, die zur Untersuchung von R&I-Fließbildern entwickelt wurde, integriert die erforderlichen Maßnahmen direkt in die Analyse und verhindert auf diese Weise die Gefahr von neuen Störungen hervorgerufen durch Entwicklungsänderungen.
- Neben der Überprüfung des Anlagen- und Teilsystemverhaltens bei Störungen ermöglicht der Einsatz der KOMB-Analyse die Berücksichtigung spezieller Eigenschaften einzelner Bauteile und Maschinen.

Durch einen sinnvoll aufeinander abgestimmten Einsatz unterschiedlicher Analysemethoden im Laufe der Anlagenentwicklung kann die Vollständigkeit beim Identifizieren der Gefahrenquellen aufgrund des zunehmenden Leistungsspektrums erhöht werden (vgl. Abschn. 1.3.5). Die erarbeiteten Maßnahmen können auf diese Weise frühzeitig in den entsprechenden Planungsunterlagen (z.B. Anforderungslisten, Betriebsanweisungen, Alarmpläne) umgesetzt werden.

1.3.4.2
Entwicklungsbegleitende Sicherheitskonzepte

Die Anlagenentwicklung umfasst nicht nur die Verfahrensentwicklung unter Auswahl und Anpassung geeigneter Apparate und Maschinen, sondern ggf. auch die Entwicklung und Konstruktion innovativer Maschinen. Die Ergebnisse der einzelnen Arbeitsschritte der Anlagenentwicklung können hinsichtlich Fehlerquellen/Störungsquellen z.B. mit den in Abb. 1 jeweils angegebenen sicherheitsanalytischen Methoden überprüft werden. Zusätzliche Grundlage zur Erstellung und Durchführung der Analysen, insbesondere von Checklistenanalysen (Prüflisten, Fragebögen), sind Informationen, die den in der rechten Spalte von Abb. 1 aufgeführten Quellen entstammen können. Ebenso ist es erforderlich, identifizierte Schwachstellen, die nicht vollständig beseitigt werden (können), in den nachfolgenden Entwicklungsschritten weiterzuverfolgen und zu dokumentieren (z.B. in Anforderungslisten, Fragebögen). Im Idealfall erfolgt nach jeder abgeschlossenen Überprüfung die Freigabe zur weiteren Bearbeitung und Konkretisierung der Aufgabenstellung. Anstelle der in Abb. 1 aufgeführten KOMB-Analyse ist auch der Einsatz der HAZOP-Studie möglich.

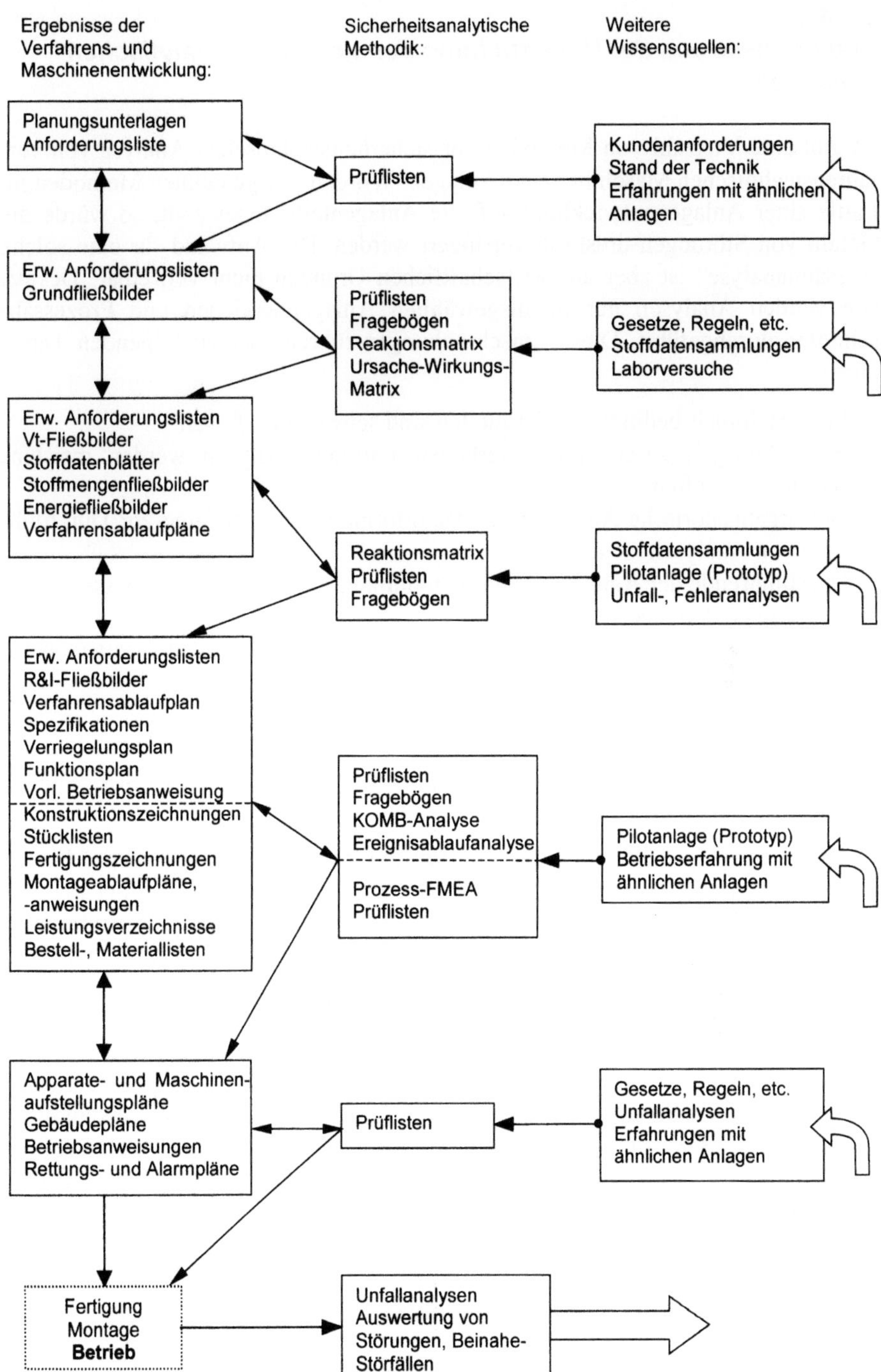

Abb. 1: Beispiel eines entwicklungsintegrierten Sicherheitskonzepts

1.3.4.3
Erkenntnisse aus der Untersuchung der sicherheitsanalytischen Methoden

Es gibt eine Vielzahl von Methoden zur sicherheitstechnischen Analyse von verfahrenstechnischen Maschinen und Anlagen. Würden alle genannten Methoden im Laufe einer Anlagenentwicklung auf alle Anlagenteile angewandt, so würde die Gefahr von Störungen drastisch verringert werden. Der Aufwand für eine solche „Gesamtanalyse" ist aber aus wirtschaftlichen Gründen nicht vertretbar. Deswegen werden Analysen nur in ausgewählten Anlagenbereichen und Prozessabschnitten durchgeführt. Diese Einschränkungen führen aber zu folgenden Tatsachen:

- Interdisziplinär bedingte Fehlerquellen sind schwer zu erfassen.
- Entwicklungsprozesse und sicherheitstechnische Analysen werden meistens seriell durchgeführt.
- Der organisatorische Aufwand bei der Informationsbeschaffung zur Durchführung von Analysen ist groß.
- Durchführende der Analysen benötigen umfangreiches Erfahrungswissen vieler technischer Bereiche.
- Ergebnisse von Analysen bei komplexen Anlagen sind von den zugehörigen Randbedingungen abhängig, Wiederverwendung der Ergebnisse ist nur unter den gleichen Bedingungen möglich.
- Fehlende Detaillierung der Anlagenobjekte bis hin zu einzelnen Bauteilen verhindert eine Übernahme einzelner Analyseergebnisse für neue Entwicklungsprojekte.

In einem rechnergestützten System müssen die Informationen über chem. Stoffe, Komponenten und Anlagen aus allen Phasen des Anlagenlebens, von der Planung über den Betrieb bis hin zur Stilllegung in den jeweils aktuellen Ausführungen erfasst, aufbereitet und gespeichert werden. Auf diese Weise entsteht eine Wissensbasis, mit der u.a. Daten für eine durchzuführende Sicherheitsanalyse in geeigneter Form zur Verfügung gestellt werden können, um sie dann in weiteren Unterlagen, z.B. Anforderungslisten, Betriebsanweisungen, Alarmpläne integrieren zu können. An die Methodik und Struktur werden besondere Anforderungen gestellt, z.B. Speicherung umfangreicher relationaler Datenmengen, verständliche übersichtliche Bereitstellung der Informationen, rechnergestützte Sichtung von Ergebnissen zur Begrenzung der Datenmenge, Integrationsmöglichkeit von Prozess- oder Konstruktionsänderungen etc.

1.3.5
Die wissensbasierte Sicherheitsanalyse (WISI)

Das vorzustellende Konzept der „Wissensbasierten Sicherheitsanalyse WISI" hat zum Ziel, die ermittelten Nachteile der bekannten Methoden von Sicherheitsanalysen zu verringern und die Vorteile der einzelnen Methoden in einem System zusammenzufassen. Es ist die Weiterentwicklung des von Große u. Heimannsfeld (1996) vorgestellten Konzepts einer wissensbasierten Fehler- und Störfallanalyse. Das jetzt vorliegende System muss den gesamten Entwicklungsprozess der verfahrenstechnischen Maschinen begleiten, um die hier entstehenden Informationen den parallel durchzuführenden sicherheitstechnischen Analysen bereitzustellen. Der Grad der Detaillierung der Anlagen von Gesamtsystemen bis zu einzelnen Bestandteilen ist vom Anwendungsfall abhängig. Eine hohe Detaillierung ermöglicht eine sehr genaue und umfassende Wiederverwendung der im System gespeicherten Daten bei der Durchführung neuer Projekte auch unter anderen Bedingungen. Mit den Daten bereits realisierter Anlagen können im System präventive Sicherheitsanalysen für geplante Anlagen durchgeführt werden, bevor diese realisiert werden. Die Durchführung solcher Analysen erfordert folgende Arbeitsschritte:

- Erfassung der Funktions-Anforderungs-Struktur,
- Zuordnung der Verfahren, Anlagen, Komponenten zu den Funktionen,
- Erfassung der Eigenschaften der Verfahren, Anlagen, Komponenten,
- Kontrolle der im System vorliegenden Störungen bereits verwendeter Verfahren, Anlagen, Komponenten,
- präventive Ermittlung möglicher Störungen von neuen Verfahren, Anlagen, Komponenten etc. basierend auf Anforderungen,
- Festlegung von Gewichtungsfaktoren für Störungen, deren Ursachen und Auswirkungen zur Reduzierung der Informationsmenge,
- Durchführung von interdisziplinären sicherheitstechnischen Analysen und
- Erfassung von Maßnahmen gegen Ursachen und Auswirkungen von Störungen.

Programmtechnisch gesehen handelt es sich bei dem System WISI um eine Datenbank zur Speicherung der Informationen und um ein Programm zur Dateneingabe und -ausgabe. Zusätzlich gibt es Schnittstellen zur Integration von Methoden der Computational Intelligence wie Künstliche Neuronale Netze (KNN) und Fuzzy-Logic. Die Verknüpfung der Informationen unterschiedlicher Fachdisziplinen bei der Entwicklung neuer verfahrenstechnischer Maschinen begünstigt das Risiko von Störfällen und Fehlern. Der Einsatz von wissensbasierten Systemen kann diese Gefahr schon vom Beginn der Planung einer Anlage an bis zu ihrem Abbau deutlich mindern. Eine Voraussetzung dafür ist die Bereitstellung von Erfahrungswissen für die Entwicklungsingenieure aus nachgelagerten Bereichen wie Arbeitsvorbereitung, Fertigung, Montage und Betrieb schon in frühen Phasen der Entwicklung von neuen Verfahren und Systemen.

1.3.5.1
Funktions-Anforderungs-Struktur

Das hier vorgestellte Konzept der Sicherheitsanalyse WISI beruht auf dem Ansatz:

> Störungen sind Zustände, bei denen die Eigenschaften einer Komponente oder Anlage die an sie gestellten Anforderungen nicht erfüllen.

Dazu ein Beispiel:

An einen E-Motor werden vom Konstrukteur die Anforderungen gestellt, dass er bei einer Drehzahl $n = 3000$ min^{-1} ein Drehmoment $M_{Soll} = 300$ Nm erzeugen soll. Aufgrund fortgeschrittenen Verschleißes kann er aber nur noch ein Drehmoment $M_{ist} = 220$ Nm bereitstellen. Die an ihn gestellte Anforderung ist somit nicht mehr erfüllt und damit liegt eine Störung vor. Es kommt zu einer Kette von Störungen, deren Ursache im Zusammenhang der Anforderungen zwischen den einzelnen Komponenten liegt, z.B. die Berechnung der Antriebsleistung für ein Getriebe, die vom E-Motor erzeugt werden soll oder der berechneten benötigten Drehzahl für einen Ventilator.

Bei der Konstruktion von verfahrenstechnischen Maschinen und Anlagen sind alle Anforderungen systematisch zu erfassen und zu dokumentieren. Eine Anforderung ist nach Kruse (1996) definiert als:

> Eine Anforderung ist ein definiertes Verhalten oder bestimmte Eigenschaft, anzunehmen von einem Objekt, einer Person oder einer Aktivität zur Sicherstellung einer Leistung in einem Wertschöpfungsprozess.

Je verständlicher und präziser die Forderungen formuliert, dokumentiert und gespeichert werden, desto höher ist ihr Nutzen für die weitere Produktentwicklung. Im Bereich der technischen Entwicklung sind die Anforderungen das zentrale Element, auf dem alle anderen Aktivitäten beruhen. Die Anforderungen sind in ihrer Art nach der Quelle ihres Entstehens in Kundenanforderungen, technische oder spezifizierte Anforderungen zu unterscheiden.

In der Entwicklung von verfahrenstechnischen Maschinen bilden die Anforderungen das Bindeglied zwischen den chemischen, biologischen, thermischen oder mechanischen Verfahren und den Komponenten oder Anlagen zu ihrer praktischen Anwendung. In ihnen werden die Informationen weitergegeben, die durch den gewählten Prozess entstehen, damit sie als Anforderungen für die Komponenten oder Anlagen berücksichtigt werden.

In dem hier vorgestellten System bilden die Anforderungen die Grundlage einer Sicherheitsanalysemethode und werden deshalb zusammen mit den Funktionen als Erstes in dem System WISI erfasst. In Abb. 2 ist eine solche Kombinationskette von Anforderungen für das Beispiel „Kühlung" dargestellt. Sie ist das Ergebnis der methodischen Entwicklung eines Reaktors, in dem eine exotherme Reaktion bei einer konstanten Temperatur T_{Soll} ablaufen soll. Der Reaktor hat aus diesem Grund einen Kühler, der wiederum von einem Ventilator luftgekühlt wird. Ein Elektromotor treibt diesen an.

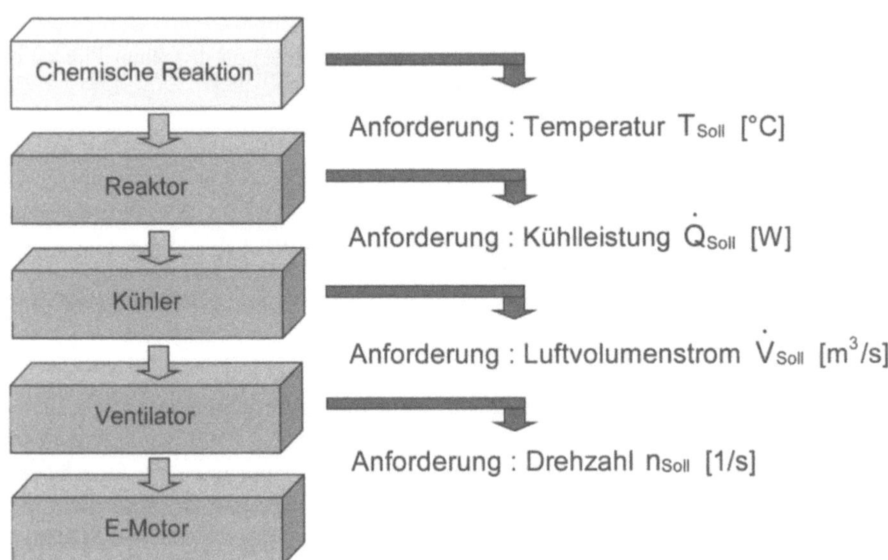

Abb. 2: Zusammenhang zwischen den Anforderungen an Komponenten untereinander und zum Verfahren

Die auf diese Weise definierten Anforderungen müssen bei der Realisierung einer Anlage in Eigenschaften der jeweiligen Komponenten und Anlagenteile umgesetzt werden. Deswegen ist es notwendig, sowohl die Anforderungen als auch die Eigenschaften von Komponenten und Anlagen zu erfassen und in der Wissensbasis abzulegen.

Um mit der dargestellten Anforderungkette eine Analyse möglicher Fehler und Störungen durchzuführen, sind die Auswirkungen eines Fehlers der einen Komponente als Ursache für mögliche Störungen anderer Komponenten zu untersuchen. Dazu ist in Abb. 3 eine mögliche Folge von Störungen dargestellt.

Die hier vorgestellte Methode der Sicherheitsanalyse soll am Reaktionsverdichter aus Abschn. 4.7 erläutert werden. Grundlage ist das R&I-Fließbild in Abschn. 4.7, Abb. 16. In der Anlage sollen Kunststoffe durch den Einsatz von überkritischem Wasser recycelt werden. Aufgrund der besonderen Bedingungen zur Erzeugung des überkritischen Wassers müssen viele Komponenten dieser Anlage hohen Anforderungen hinsichtlich Druck, Temperatur und Korrosionsschutz genügen. Eine Nichterfüllung der Anforderungen bereits einer einzelnen Komponente kann aufgrund der hohen Drücke und Temperaturen schnell zu einer Zerstörung der gesamten Anlage führen.

Mit dem System WISI werden die Arbeitsschritte bei der Entwicklung dieser Anlage erfasst und dokumentiert. In Abb. 4 ist die Struktur der Funktionen und ihrer Anforderungen bei der Entwicklung dieser verfahrenstechnischen Maschine dargestellt.

In der Konzeptphase wird das Verfahren „Recycling durch überkritisches Wasser" als bestes Verfahren ermittelt und als V1 bezeichnet. Der chemische Prozess

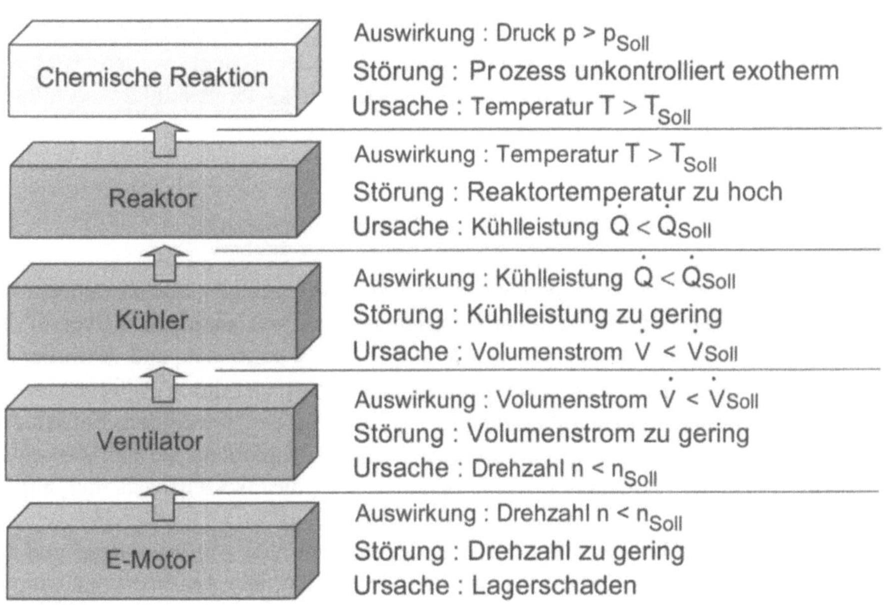

Abb. 3: Sicherheitsanalyse basierend auf Anforderungen

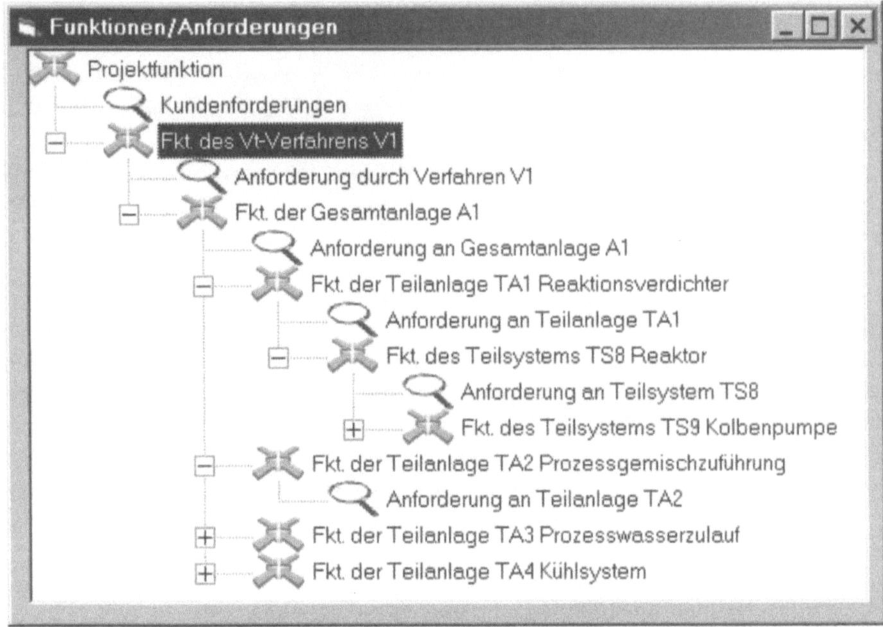

Abb. 4: System zur Erfassung der Funktions-Anforderungs-Struktur

dieses Verfahrens legt weitere Anforderungen, z.B. Temperatur und Druck fest. Dieser Prozess soll durch eine Anlage (Bezeichnung A1) realisiert werden. Für die Anlage werden weitere Anforderungen formuliert, z.B. Durchsatz des zu recycelnden Materials. Die Funktion dieser Gesamtanlage A1 wird nun in Teilfunktionen zerlegt, die später von Teilanlagen TA1-TA4 erfüllt werden. Diese Teilanlagen mit ihren Teilfunktionen können beliebig weiter zerlegt werden, wodurch neue Teilsysteme TS oder Komponenten K zu ihrer späteren Funktionserfüllung definiert werden.

1.3.5.2
Zuordnung der Verfahren, Anlagen und Komponenten

Im nächsten Arbeitsschritt sind die Verfahren, Anlagenteile und Komponenten durch den Anwender des Systems zuzuordnen bzw. neu anzulegen. Über die in vorherigen Projekten gemachten Zuordnungen von Funktionen und Anforderungen zu Verfahren, Komponenten und Anlagen können jetzt durch Anfragen an die Datenbasis geeignete Datenbestände zur Erfüllung der jeweiligen Funktionen ausgewählt werden. Abb. 5 zeigt die neue Struktur. Außerdem werden die realen Eigenschaften der Anlagen und Komponenten in die Wissensbasis mit aufgenommen.

Als Beispiel sollen hier die Unterschiede zwischen den Anforderungen und Eigenschaften der Gesamtanlage A1 beschrieben werden. Die Anforderungen an die Anlage A1 resultieren aus den Anforderungen aus dem gewählten Verfahren V1.

Durch das Verfahren wurde der Druck p_{Soll} = 500 bar und Temperatur T_{Soll} = 500 °C festgelegt, jetzt kommt der Materialdurchsatz $\dot{V}$ = 1 kg/h hinzu. Weil die

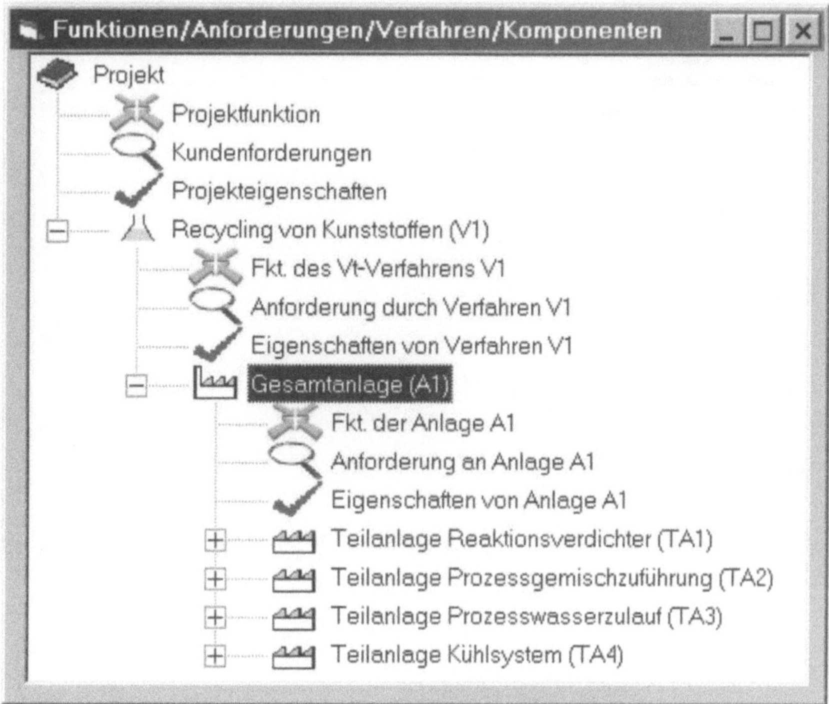

Abb. 5: Zuordnung von Verfahren, Anlagen und Komponenten zur Struktur

Parameter für einen optimalen Prozess schwanken können, müssen für die Anlage Maximalwerte vorgegeben werden.

Der Sicherheitsbeiwert $v = 1{,}2$ führt zu den Eigenschaften der Anlage A1 mit $p_{max} = 600$ bar und Temperatur $T_{max} = 600$ °C. Diese Werte sind als Eigenschaften der Anlage A1 relational zu den Anforderungen in der Wissensbasis zu speichern.

1.3.5.3
Kontrolle und präventive Ermittlung von Störungen

Durch die Auswahl der Verfahren, Anlagen und Komponenten aus der Wissensbasis und die anschließende Zuordnung zu den Funktionen und Anforderungen sind auch die bereits in der Datenbank vorliegenden Störungen und Fehler dieser Anlagen und Komponenten in das System WISI aufgenommen worden.

Sind die Datensätze für die Verfahren, Anlagen und Komponenten aber neu angelegt worden, so sind jetzt mögliche Fehler und Störungen anhand der im System erfassten Anforderungen und möglicher Abweichungen durch Nutzung der Leitworte aus dem PAAG-Verfahren zu ermitteln, die in Tabelle 2 aufgeführt sind. Auch die möglichen Auswirkungen und Ursachen dieser Störungen sind mit dem System zu erfassen. Der Status dieser theoretisch ermittelten Daten ist als „virtuell" zu kennzeichnen. Erst bei einem eventuellen realen Auftreten dieser Störung ist der Status des Datensatzes in „real" zu ändern.

Sowohl die Maßnahmen zur Beseitigung der Störung als auch die getroffenen

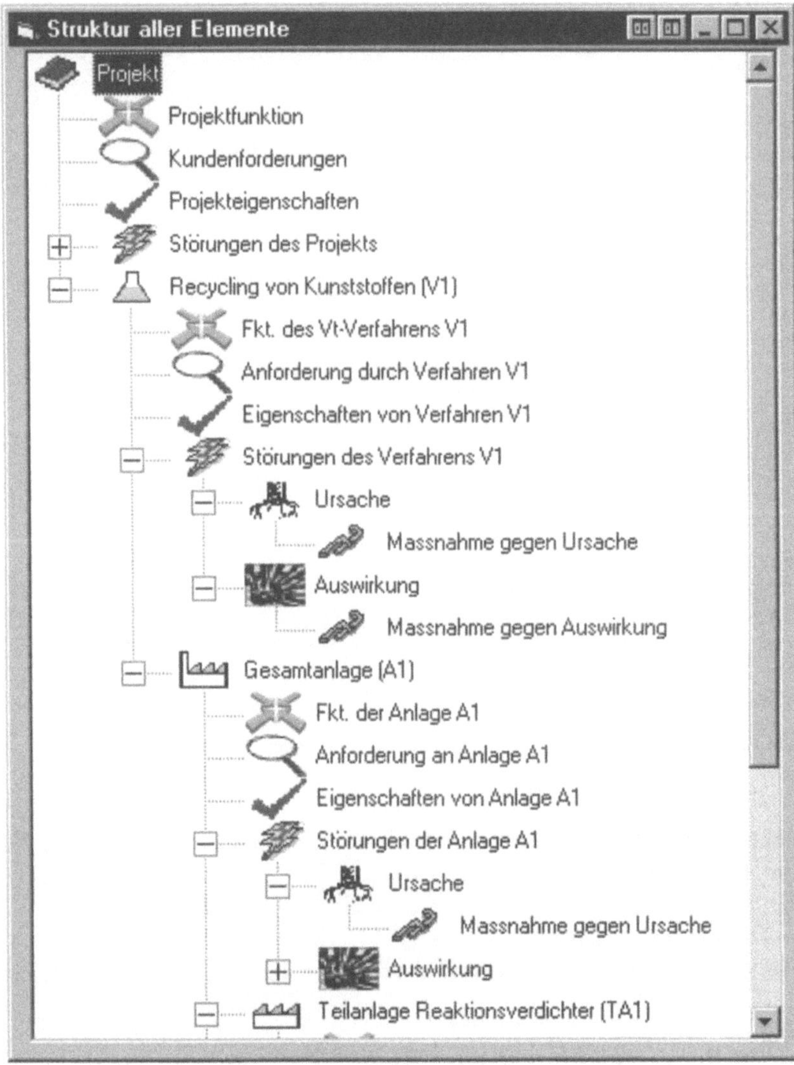

Abb. 6: Gesamtstruktur der wissensbasierten Sicherheitsanalyse mit Zuordnung von Störungen, Auswirkungen und Ursachen

Maßnahmen zur Beseitigung der Ursachen für die eingetretene Störung sind zu erfassen. In einem späteren Projekt stehen diese Daten dann als Erfahrungswissen im System zur Verfügung. Die sich im System ergebende Gesamtstruktur für das Beispiel des Reaktionsverdichters zeigt ausschnittsweise Abb. 6.

1.3.5.4
Gewichten von Störungen, Ursachen und Auswirkungen

Die Anwendung der Ausfalleffektanalyse nach DIN 25448 (1990), vgl. Abschn. 1.3.3.4, führt zur Ermittlung von Schwachstellen von Systemen und Systementwürfen und einer quantitativen Beurteilung mittels Risikoprioritätszahl. Sie bietet damit Möglichkeiten zur präventiven Verringerung des Risikos schon in der Planungsphase durch vergleichende Betrachtung unterschiedlicher Konzepte. Durch sie werden Entwurfsverbesserungen hinsichtlich Zuverlässigkeit, Instandhaltung und Sicherheit ermöglicht.

Ein Nachteil der FMEA ist die subjektive Vergabe oder Zuordnung der Werte. Auch hier mindert die Arbeit in interdisziplinären Teams die Gefahr von Unter- oder Überbewertungen von Schwachstellen und den angenommenen Auswirkungen, wobei andererseits der Einigungsprozess auf eine einheitliche Bewertung durch das Team verlängert wird.

Die Integration der FMEA in das System „Wissensbasierte Sicherheitsanalyse" ist aus mehreren Gründen von Vorteil:

– Das systematische Vorgehen und die komplette Dokumentation der Entwicklungsdaten ist die Basis für umfassende Analysen.
– Die Speicherung der Daten in der Wissensbasis bzw. Datenbank ermöglicht viele rechnergestützte Auswertungsvarianten im Rahmen der FMEA.
– Die Methode der FMEA ist durch Verknüpfung der Komponenten und Anlagen in dem wissensbasierten System auch über mehrere Komponenten hinweg einsetzbar.

Informationen zum Aufbau und der Funktion einzelner Systemkomponenten sind die Grundlage der FMEA, die im Allgemeinen verschiedenen Unterlagen wie

– Systemspezifikationen,
– Funktionsbeschreibungen, -blockdiagramme,
– Zeichnungen und
– Unterlagen über Einsatz- und Umgebungsbedingungen

entnommen werden. Für umfassende Analysen müssen außerdem Schnittstellendefinitionen vorliegen und Wechselwirkungen der Komponenten untereinander bekannt sein. Die Durchführung der Analyse wird für jeden Betriebszustand einzeln vorgenommen.

Durch die Nutzung der umfangreichen Informationen in der Wissensbasis, in der viele für die Analyse des zu entwickelnden Systems benötigten Informationen bereits gespeichert sind, wird der Analysevorgang sowohl zeitlich verkürzt als auch durch rechnergestützte Algorithmen zuverlässiger. Die Einbindung der Ausfalleffektanalyse ermöglicht somit eine umfassende und methodische Beurteilung von komponenten- und disziplinübergreifenden Störungen und ihren Auswirkungen.

1.3.5.5
Durchführung präventiver Sicherheitsanalysen

Der wirtschaftliche Nutzen präventiver Analysen liegt in der Verringerung der Kosten für die Behebung aufgetretener Störungen an realen Anlagen, denn diese kann einen erheblichen Aufwand hinsichtlich Kapital und Zeit erfordern oder bei Zerstörung einer Anlage deren Neuaufbau bedeuten.

Viele Fehler werden in der Entwicklungsphase gemacht und haben hauptsächlich folgende Gründe:

– Das Zusammenwirken und die Abhängigkeiten verschiedener Faktoren und Parameter werden erst später im Entwicklungsprozess sichtbar.

– Es fehlt eine vollständige Dokumentation der Relationen zwischen den Informationen.
– Die am Entwicklungsprozess Beteiligten sind über mögliche und bekannte Störungen der von ihnen verwendeten Komponenten und Anlagenteile nicht informiert.
– Die Konstrukteure und Verfahrenstechniker haben im Allgemeinen geringe Kenntnisse in anderen Fachdisziplinen.
– Die Entwicklungsdaten werden unvollständig archiviert.

In dem System WISI können durch Manipulation von Eigenschaften einzelner Elemente wie der Verfahren, Anlagen oder Komponenten als Ursache potenzieller Störungen die daraus resultierenden eintretenden Störungen bzw. deren Auswirkungen erkannt werden. Durch die bereits durchgeführte vollständige Anforderungserfassung und die sich daraus ergebenden Eigenschaften für die Anlagen oder Komponenten ist eine Ermittlung der eventuell vorhandenen Störungskette aufgrund der Anforderungskette zwischen den Anlagen oder Komponenten möglich.

Neben dieser Kette von Störungen analog zur Kette der Anforderungen haben aber die auftretenden Störungen einzelner Komponenten allgemein noch andere Auswirkungen. Das System muss deshalb untersuchen, ob diese Auswirkungen Ursachen für Störungen anderer Komponenten oder für weitere Störungen an der einen betrachteten Komponente sind.

In der hier dargestellten Ausführung des Systems sind die Anforderungen, Eigenschaften, Störungen, Auswirkungen und Ursachen nur textuell beschrieben. In dem System WISI handelt es sich bei den Soll- und Istwerten um einen quantitativen Bereich oder aber einen festen Wert. Die automatische Überprüfung in dem System wird anhand dieser Zahlenwerte numerisch durchgeführt. Es werden außerdem die Daten der Durchführung der Analyse gespeichert. Das sind Informationen über den Durchführenden selbst, das Datum der Durchführung sowie auch das Ziel und Objekt der Analyse. Der Zeitpunkt zur Durchführung einer Analyse ist dabei beliebig. Sie kann lange vor der Realisierung und Inbetriebnahme einer Anlage durchgeführt werden oder auch kurz vor der Veränderung von Betriebsparametern.

1.3.5.6
Maßnahmen gegen Ursachen und Auswirkungen von Störungen

Für die durch die sicherheitstechnische Analyse als relevant ermittelten Auswirkungen durch Störungen oder Fehler von Verfahren, Anlagen oder Komponenten sind nun Maßnahmen zu ermitteln. Die Maßnahmen können dabei für die Ursachen und/oder Auswirkungen der Störungen bestimmt werden. Die Beseitigung der Ursachen von Fehlern ist zu bevorzugen. Das System unterstützt den Anwender bei dieser Festlegung durch bereits gespeicherte Informationen und Daten. Die Zuordnung der jeweiligen Maßnahmen zu Anlagen oder Komponenten und deren Störungen ist relational, wodurch eine erneute Dateneingabe bei anderen Projekten mit den gleichen Störungen oder Anlagen vermieden wird. Eine sich aus der Relation ergebene Struktur zeigt Abb. 6. Im Falle einer realen Störung kann dann das System zum Auffinden möglicher Ursachen der Störung als auch von Maßnahmen zu deren Beseitigung eingesetzt werden.

1.3.6
Verbesserung der Analysegenauigkeit der Sicherheitsanalyse durch Einsatz von Methoden künstlicher Intelligenz

Um eine genauere Aussage über Fehlerwerte bei verfahrenstechnischen Anlagen zu erhalten, müssen die einzelnen Parameterwerte jeder einzelnen Komponente mit den jeweiligen Sollwerten verglichen werden. Wird dieser Vergleich an realen Anlagen durchgeführt, handelt es sich um eine Prozessüberwachung, die bei erkannter Abweichung eine Störungsmeldung oder Maßnahme auslöst. Für die Durchführung einer präventiven Sicherheitsanalyse ist es daher notwendig, dass der Vergleich zwischen den festgelegten Sollwerten, die in der Wissensbasis gespeichert sind, und simulierten Werten vorgenommen wird.

Zur Ermittlung dieser Werte sind Simulationsmodelle nötig, die das Verhalten der Anlage und ihrer Komponenten möglichst genau abbilden. Werden diese Methoden nun in den Regelkreis zwischen Operateuren und den realen Anlagen eingefügt, so können die aufgrund der eingestellten Stellgrößen zu erwartenden Prozessgrößen vorherbestimmt werden. Die Überprüfung der Prozessgrößen kann dann anhand der Werte der Wissensbasis vorgenommen werden, um Aussagen über ihre Zulässigkeit zu machen. Stellt das System Störungen fest, kann es den Operateur darauf hinweisen und ihn zum Korrigieren der Stellgrößen auffordern.

Gerade bei der Neuentwicklung von Prozessen und Anlagen ist das Risiko von Störungen besonders hoch, da nur wenig Erfahrungswissen über die Vorgänge einer solchen Anlage vorliegt. Die Möglichkeit der theoretischen Simulation des Anlagenverhaltens würde zusätzlich zur experimentellen Simulation das Risiko von Störungen durch präventive Sicherheitsanalysen deutlich verringern. Diese Analysen werden dabei an einem Modell der Anlage vorgenommen, wobei aber die mathematische Simulation des Prozesses nicht immer möglich ist. Eine auch in anderen Bereichen erprobte Möglichkeit der Simulation des Anlagenverhaltens ist die Anwendung der Computational Intelligence wie Künstliche Neuronale Netze (KNN) oder Fuzzy-Systeme (vgl. auch Beisheim 1999). Je nach realem Verhalten einer Komponente ist eine der Methoden

– numerischer Algorithmus,
– Neuronales Netz oder
– Fuzzy-System

besonders geeignet, das Verhalten der Komponente und deren Auswirkung auf den Prozess zu simulieren, wobei natürlich die Methode numerischer Algorithmus zu bevorzugen ist.

Die Einsatzbereiche für neuronale Netze und Fuzzy-Systeme unterscheiden sich in der Art ihrer Algorithmen voneinander. Künstliche Neuronale Netze sind für die Simulation von Komponenten geeignet, bei denen zwar Informationen und Werte über die Ein- und Ausgabegrößen vorliegen, das genaue Verhalten der Komponente aber mit numerischen Methoden nicht abgebildet werden kann. Gründe dafür können die Wechselwirkung der beteiligten Stoffe und physikalischen Eigenschaften untereinander sein (vgl. auch Zimmermann 1995).

Die KNN sind Algorithmen lernender Polynome nichtlinearer Übertragungsfunktionen, die durch Approximationsverfahren trainiert werden, Vektoren aufeinander abzubilden. Im Falle der präventiven Sicherheitsanalyse kann mit den KNN das Verhalten der Komponenten auf Stellgrößen vorherbestimmt werden.

Um die KNN in Simulationen einsetzen zu können, müssen Daten einer bereits realisierten Komponente gemessen und ausgewertet werden, mit denen dann das KNN trainiert wird. Die Parameter des KNN wie Gewichtungsfaktoren, Bias-Werte etc. sowie auch die Daten der abgebildeten Komponente wie Bezeichnung, Hersteller, Anlagenart etc. werden in einer Wissensbasis abgelegt.

Fuzzy-Systeme sind im Gegensatz zu Neuronalen Netzen in der Lage, „unscharfe" Wechselwirkungen zwischen Parametern zu erfassen und auszuwerten (Kahlert et al. 1994; Kruse et al. 1993). Diese Unschärfe tritt bei verfahrenstechnischen Maschinen häufig auf, z.B. bei der manuellen Steuerung von Stellventilen. Die Änderung der Stellung des Ventils lässt sich linguistisch beschreiben mit „auf", „null" und „zu". Der Operateur stellt an der Steuerung das Ventil nach seinen „Vorstellungen" ein und kontrolliert das Ergebnis – z.B. den Dampfdruck – anhand einer Anzeige. Diese „Vorstellungen" beruhen auf dem Erfahrungswissen des Operateurs aus früheren Einstellungen dieses Ventils. Um die Einstellung des Ventils mit einer computergestützten Regelung vorzunehmen, muss dieses Erfahrungswissen des Operateurs EDV-technisch erfasst werden. In vielen Fällen wird der numerische Zusammenhang zwischen dem Druck und der Ventilstellung nicht bekannt sein. Unter diesen Bedingungen eignen sich Fuzzy-Systeme zur Steuerung. Weitere Beispiele zur Anwendung von Fuzzy Logic finden sich in Altrock (1993).

Damit diese rechnerunterstützten Methoden in das System „Wissensbasierte Sicherheitsanalyse" integriert werden können, ist die datenbanktechnische Zuordnung der jeweiligen Methode zu der durch sie simulierten Komponente in der Wissensbasis nötig (vgl. auch Nauck et al. 1996). Außerdem sind die jeweils ermittelten Methodenparameter dort abzulegen. Denn erst diese Relation ermöglicht es, dass die Ergebnisse einer präventiven Sicherheitsanalyse für eine neuentwickelte Anlage an ihrem Modell, bestehend aus einem Netz von Methoden zur Simulation der einzelnen Komponenten, mit hoher Wahrscheinlichkeit mit dem zukünftigen Realverhalten der Anlage übereinstimmt. Die Zuordnung einzelner Methoden zur jeweiligen Komponente zeigt Abb. 7 in einem Ausschnitt des Gesamtsystems Reaktionsverdichter.

Durch die Integration der Methoden zur Simulation des einzelnen Komponentenverhaltens können jetzt die Auswirkungen eines angenommenen Fehlers an einer Komponente genauer ermittelt werden. Diese Werte werden mit den zulässigen Eigenschaften der Komponente, die in der Wissensbasis gespeichert sind, verglichen und im System angezeigt.

Um eine Sicherheitsanalyse an einer ganzen Anlage durchzuführen, muss das System die physikalischen Verbindungen der Komponenten innerhalb dieser Anlage kennen. Dazu kann die bereits im Entwicklungsprozess modellierte Objektstruktur benutzt werden. Anhand dieser Struktur weiß das System, welche Komponenten und Datenobjekte miteinander in Verbindung stehen. In Abb. 5 ist diese Struktur für das Beispiel Reaktionsverdichter ausschnittsweise erkennbar. Eine Störung auf der Ebene „Teilanlage Kühlsystem TA4" kann über die übergeordnete Ebene „Gesamtanlage A1" Auswirkungen auf die anderen Teilanlagen TA1-TA3 haben, die vom System untersucht werden müssen. Durch die Zuordnung der Methoden zu den Komponenten ist eine vollständige Simulation der Anlage A1 und ihrer Teilanlagen möglich.

Die sich während der Simulation ergebenden neuen Eigenschaften der Kompo-

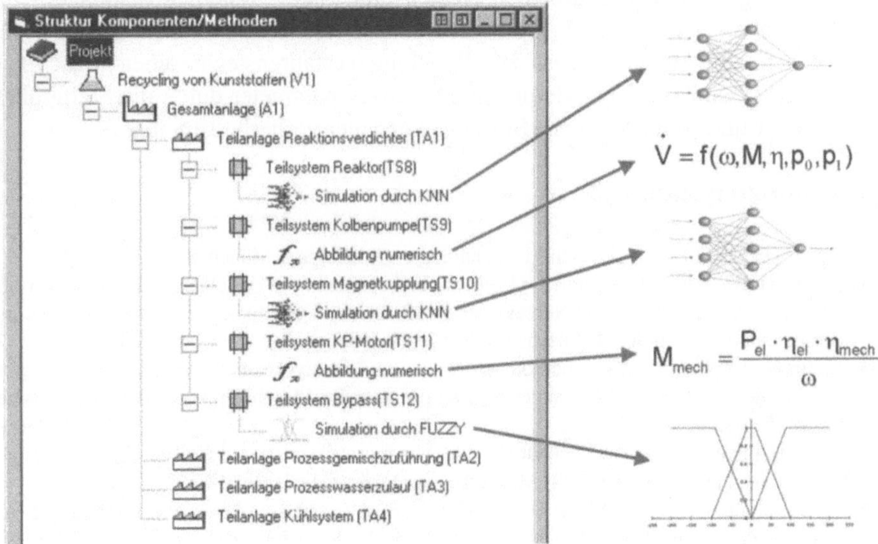

$$\dot{V} = f(\omega, M, \eta, p_0, p_1)$$

$$M_{mech} = \frac{P_{el} \cdot \eta_{el} \cdot \eta_{mech}}{\omega}$$

Abb. 7: Zuordnung der Simulationsmethoden zu einzelnen Komponenten, Teilanlagen oder Verfahren

nenten werden mit den in der Wissensbasis gespeicherten zulässigen Eigenschaften dieser Komponenten verglichen. Werden die zulässigen Werte über- bzw. unterschritten, so wird die Störung angezeigt. In Abhängigkeit von den in der Wissensbasis gespeicherten Auswirkungen dieser Störung kann dann der Anwender geeignete Maßnahmen ergreifen, die auch in dem System erfasst sind.

1.3.7
Zusammenfassung

Es wird ein Überblick über die Methoden im Bereich Sicherheitsanalysen gegeben und deren Einsatzgebiete, Vorteile und Schwachstellen aufgezeigt. Die sich daraus ergebenden Ansatzpunkte werden in dem dargestellten neuen Konzept einer wissensbasierten Sicherheitsanalyse aufgegriffen, das anhand von Auszügen dargestellt wird. Die Vorteile einer interdisziplinären präventiven Sicherheitsanalyse, integriert in den gesamten Entwicklungsprozess verfahrenstechnischer Maschinen, sind deutlich erkennbar. Das Bindeglied zwischen der Entwicklung und den potenziellen Störungen bilden hierbei die Anforderungen. Deswegen ist für diese Art der Sicherheitsanalyse eine systematische Erfassung der Anforderungen eine Voraussetzung.

Die Grundlage des Systems ist eine Wissensbasis mit den Informationen von der Entwicklungsphase bis zum Abbau einer Anlage. Diese Informationsbasis bildet das Erfahrungswissen, das bei neuen Entwicklungen den Beteiligten zur Verfügung steht, um das Störungspotenzial ihrer Planungen und Tätigkeiten zu verringern.

Durch die zusätzliche Integration rechnergestützter Simulationstechniken von Anlagen und Einzelkomponenten in das System werden die Möglichkeiten zur präventiven Analyse von Anlagenstörungen erhöht. Es werden dabei besonders die Einsatzgebiete von neuronalen Netzen und Fuzzy-Systemen betrachtet. Mit einem solchen „Gesamtsystem" bestehend aus Wissensbasis und Simulationstechnik, das in den Bedienprozess zur Regelung verfahrenstechnischen Maschinen integriert ist, sind die Veränderungen der Prozessparameter durch die Stellgrößen simulierbar und somit mögliche Störungen genauer vorherbestimmbar.

Literatur zu Kapitel 1.3

Altrock C (1993) Fuzzy Logic, Band 1 Technologie. Oldenbourg, München

Bartels K, Hoffmann H, Rossinelli L (1990) Risikobegrenzung in der Chemie, PAAG - Verfahren (HAZOP). Internationale Sektion der IVSS für die Verhütung von Arbeitsunfällen und Berufskrankheiten in der chemischen Industrie, Heidelberg

Beisheim N (1999) Einsatz von neuronalen Netzen und Fuzzy-Technologien in der vorbeugenden Störfallsimulation. Mitteilungen aus dem Institut für Maschinenwesen der TU Clausthal Nr. 24, Clausthal

Bönig S, Heimannsfeld K (1997) KOMB – A new approach to hazard analysis in plant design. Mitteilungen aus dem Institut für Maschinenwesen der TU Clausthal Nr. 22, Clausthal

Bönig S, Heimannsfeld K (1998-1) Die KOMB-Analyse am Beispiel einer Niedertemperaturentschwefelungsanlage. Mitteilungen aus dem Institut für Maschinenwesen der TU Clausthal Nr. 23, Clausthal

Bönig S, Heimannsfeld K (1998-2) A comparison of hazard analysis methods in plant design, 1st Internet Conference on Process Safety. http://www.prosicht.com/conference

DIN EN 292 Teil 1 (1991) Sicherheit von Maschinen – Grundbegriffe, allgemeine Gestaltungsleitsätze, Teil 1: Grundsätzliche Terminologie, Methodologie. Beuth, Berlin

DIN EN 292 Teil 2 (1991) Sicherheit von Maschinen – Grundbegriffe, allgemeine Gestaltungsleitsätze, Teil 2: Technische Leitsätze und Spezifikationen. Beuth, Berlin

DIN EN 954 Teil 1 (1997) Entwurf Sicherheit von Maschinen – sicherheitsbezogene Teile von Steuerungen, Teil 1: Allgemeine Gestaltungsleitsätze. Beuth, Berlin

DIN EN 1050 (1993) Entwurf Sicherheit von Maschinen – Risikobeurteilung. Beuth, Berlin

DIN EN 25419 (1985) Ereignisablaufanalyse – Verfahren, graphische Symbole und Auswertung. Beuth, Berlin

DIN EN 25424 Teil 1 (1981) Fehlerbaumanalyse - Methode und Bildzeichen. Normenausschuss Kerntechnik (NKe) im DIN Deutsches Institut für Normung e.V., Beuth, Berlin

DIN EN 25424 Teil 2 (1990) Fehlerbaumanalyse - Handrechenverfahren zur Auswertung eines Fehlerbaumes. Normenausschuss Kerntechnik (NKe) im DIN Deutsches Institut für Normung e. V., Beuth, Berlin

DIN EN 25448 (1990) Ausfalleffektanalyse – Fehler-Möglichkeits- und Einfluss-Analyse. Normenausschuss Kerntechnik (NKe) im DIN Deutsches Institut für Normung e.V., Beuth, Berlin

DIN VDE 31000 Teil 2 (1987) Sicherheitsgerechtes Gestalten technischer Erzeugnisse – Allgemeine Leitsätze. Beuth, Berlin

EG-Maschinenrichtlinie (1989) Richtlinie des Rates vom 14.6.1989 zur Angleichung der Rechtsvorschriften der Mitgliedsstaaten für Maschinen (89/392/EWG), geändert durch (91/368/EWG) und (93/44/EWG)

Flothmann D, Mjaavatten A (1985) Qualitative Methoden der Störfall – Identifikation. Praktische Erfahrungen aus der Anwendung auf Flüssiggas - Lagerung. Der Maschinenschaden 58 Heft 3

Frei R (1979) MORT - Ein Sicherheitskonzept. Frei (Selbstverlag), Winterthur

Große A, Heimannsfeld K (1996) Wissensbasierte Fehler- und Störfallanalyse bei der Entwicklung von verfahrenstechnischen Maschinen. Mitteilungen aus dem Institut für Maschinenwesen der TU Clausthal Nr. 21, Clausthal

Jäger P (1983) Anlagenabgrenzung und systematisches Identifizieren betrieblicher Gefahrenquellen. In: Sicherheitsanalyse nach der Störfall-Verordnung, TÜV Rheinland, Köln

Kahlert J, Frank H (1994) Fuzzy-Logik und Fuzzy-Control. Vieweg, Braunschweig Wiesbaden

Kletz T (1992) HAZOP and HAZAN, Identifying and Assessing Process Industry Hazards. Institution of Chemical Engineers, Hemisphere Publishing Coporation, USA

Kruse PJ (1996) Anforderungen in der Systementwicklung. Erfassung, Aufbereitung und Bereitstellung von Anforderungen in interdisziplinären Entwicklungsprojekten. Dissertation, Technische Universität Clausthal (erschienen in Fortschrittberichte des VDI. Reihe 20, Nr. 191. VDI, Düsseldorf)

Kruse R, Gebhardt J, Klawonn F (1993) Fuzzy-Systeme. Teubner, Stuttgart

Kühne G (1984) Anwendung von Methoden zur Erstellung von Sicherheitsanalysen – sind systematische Analysen notwendig? In: Sicherheitsanalyse nach der Störfall-Verordnung. TÜV Rheinland, Köln

Kuhlmann A (1995) Einführung in die Sicherheitswissenschaft. TÜV Rheinland, Köln

Meyna A (1982) Sicherheitstheorie, Einführung in sicherheitstechnische Analyseverfahren. Carl Hanser, München Wien

Nauck D, Klawonn F, Kruse R (1996) Neuronale Netze und Fuzzy-Systeme. Vieweg, Braunschweig Wiesbaden

Peters OH, Meyna A (1985) Handbuch der Sicherheitstechnik, Sicherheit technischer Anlagen, Komponenten und Systeme, Sicherheitsanalyseverfahren. Carl Hanser, München Wien

Ruppert KA (1990) Sicherheitsanalytische Vorgehensweise für Alt- und Neuanlagen. Chem.-Ing.-Techn. 62 Nr. 11:916-927

Störfall-VO (1991) Zwölfte Verordnung zur Durchführung des Bundes-Immissionsschutzgesetzes (Störfall-Verordnung – 12. BImSchV) vom 20.9.1991, geändert am 26.10.1993

TRGS 300 (1994) Neue TRGS 300 „Sicherheitstechnik". Bekanntmachung des BMA Bundesarbeitsblatt 1/1994

VDI 2244 (1988) Konstruieren sicherheitsgerechter Erzeugnisse. VDI, Düsseldorf

Zimmermann HJ (1995) Neuro + Fuzzy : Technologien – Anwendungen. VDI, Düsseldorf

2 Belastungen, Dynamik, Akustik

2.1
Besonderheiten in Belastung und Beanspruchung verfahrenstechnischer Maschinen

P. Dietz

Maschinen und Apparate in der stoffwandelnden Industrie werden besonders belastet durch Randbedingungen, die mit dem Transport und der Wandlung von mehrphasigen Fluiden verbunden sind. Neben den durch Umsatz und Leistung verursachten Beanspruchungen treten Belastungen durch folgende spezifische Einsatzbedingungen zusätzlich auf:

- hohe Anwendungstemperaturen,
- hohe Anwendungsdrücke,
- hohe Wirkgeschwindigkeiten mit dynamischen Kräften,
- abrasiver und kavitativer Verschleiß,
- chemischer und korrosiver Angriff.

Diese Belastungen treten stets kombiniert auf und sind in ihrer Höhe und Kombination von den jeweiligen Prozess- und Einsatzbedingungen abhängig. Die in dem vorliegenden Buch verarbeiteten Forschungsergebnisse decken dabei im Wesentlichen Grundlagen ab für die Auslegung und prozessgerechte Ausführung, für Wandlung, Verarbeitung und Transport von Stoffgemischen unter Einbeziehung der Grundlagen zur festigkeits-, werkstoff- und fertigungsgerechten Gestaltung.

Abbildung 1 stellt im Kontext dieses Buches die Zuordnung von Beanspruchungsart und Anwendungsfeld schematisch dar. Auf der rechten Seite sind die behandelten verfahrenstechnischen Prozesse aufgeführt, ihre Auswertung auf die dabei entstehenden Belastungen ergibt die im Mittelfeld benannten fünf Belastungsarten, wobei außer den in jeder Maschine wirkenden statischen und dynamischen Kraftgrößen (Funktionsbelastungen) die aus dem jeweiligen Prozess herzuleitenden Belastungen (Prozessbelastungen) eine besondere Rolle spielen. Die technische Verwirklichung der Prozesse geschieht mit Hilfe der konstruktiven Objekte (Maschine, Apparat, Anlage, ...) zum Aufbau einer konstruktiven Systemstruktur mit den jeweils spezifischen Problemen beim Betriebsverhalten komplexer Anlagen und den Restriktionen aus Werkstoff- und Fertigungstechnik. Aus der Verbindung von Konstruktionsobjekt und Belastungen ergeben sich die für die konstruktive Gestaltung maßgebenden Anwendungsfelder, die Größe und Bedeutung der Belastungen wird durch den jeweiligen Prozess bestimmt. An zwei charakteristischen Beispielen sei dieses Zusammenwirken erläutert:

Anwendungsfeld A: Maschinen und Aggregate unter hohen mechanischen und abrasiven Belastungen

Viele Maschinen und Apparate aus dem Gebiet der mechanischen Stoffwandlung besitzen schnell rotierende Elemente in Form von ebenen und profilierten Scheiben oder Rohren in konischer, zylindrischer, glatter oder perforierter Ausführung. Diese Elemente besitzen im Allgemeinen an ihren Wirkflächen Aussparungen oder Formelemente, die entweder von Gasen, Flüssigkeiten, Suspensionen, Aerodispersionen oder Emulsionen durchströmt werden oder zur Aufnahme von Funktionselementen wie Bolzen, Schlagelementen o.Ä. dienen.

Die Belastung dieser Elemente setzt sich dabei einerseits aus den infolge der Rotation auftretenden Zentrifugalkräften und den durch Unwuchten erzeugten dynamischen Kräften zusammen, andererseits erzeugt der Prozess selbst mechanische Beanspruchungen, z.B. durch den Aufprall von Partikeln bei Mühlen oder Windsichtern. Bei Zentrifugen tritt zusätzlich ein hydrostatischer Druck durch den rotierenden Flüssigkeitsring auf.

Auch die nicht bewegten Teile solcher Maschinen und Anlagen erleiden Beanspruchungen durch die Weiterleitung und Umlenkung des Guts und durch die Abdichtung bzw. Weiterführung von Wärme und Stoff. Auch sie sind konstruktiv geprägt durch die aus der Strömungsführung der mehrphasigen Fluide herrührenden Bedingungen und den Forderungen nach Betriebssicherheit (drucksicher, explosionssicher) und Umweltverträglichkeit (emissionsarm bzgl. Stoff, Wärme und Lärm).

Anwendungsbeispiele für dieses Anwendungsfeld sind Maschinen zur Zerkleinerung, Sortierung, Klassierung und zum Transport disperser Stoffe (Zentrifugen, Prallmühlen, Windsichter). Der Anwendungsbereich liegt meist unter 200 °C, thermische und chemische Beanspruchungen sind meist untergeordnet. Erhebliche Beanspruchungen mechanisch-dynamischer Art mit Prozessbelastungen durch örtliche Krafteinwirkungen und Abrasion erleiden auch langsam laufende Mühlen und Shredder, bei denen die Fliehwirkung untergeordnet ist.

Anwendungsfeld B: Maschinen und Aggregate unter hohen abrasiven, chemischen und thermischen Belastungen

Im Anlagenbau der Hochtemperaturtechnik ist der Umgang mit heißen Gasen und heißen Stoffgemischen üblich. Die Gase selbst sind teilweise sehr schmutzig und haben Temperaturen, die bis zu 1400 °C reichen, für einen Transport solcher Medien sind bis heute nur ansatzweise die strömungs- und werkstofftechnischen Voraussetzungen für die Konstruktion von Umwälzaggregaten gegeben. Daneben treten Prozessbelastungen auf, die in Maschinen und Anlagen verstärkt zu Verschleiß, Abrasion und Korrosion führen. Schließlich scheitern eine Reihe chemischer Reaktionsprozesse selbst bei Temperaturen unterhalb von 600 °C daran, dass die Umwälzung der Reaktanden Maschinen erfordert, die den chemischen Angriffen bei gleichzeitig hohen mechanischen Beanspruchungen nicht gewachsen sind. Als Beispiel seien Reaktionen mit überkritischem Wasser genannt, die außer den enormen chemischen Angriffen Prozessbedingungen von 500 bar und 450 °C für die Anlage bedeuten.

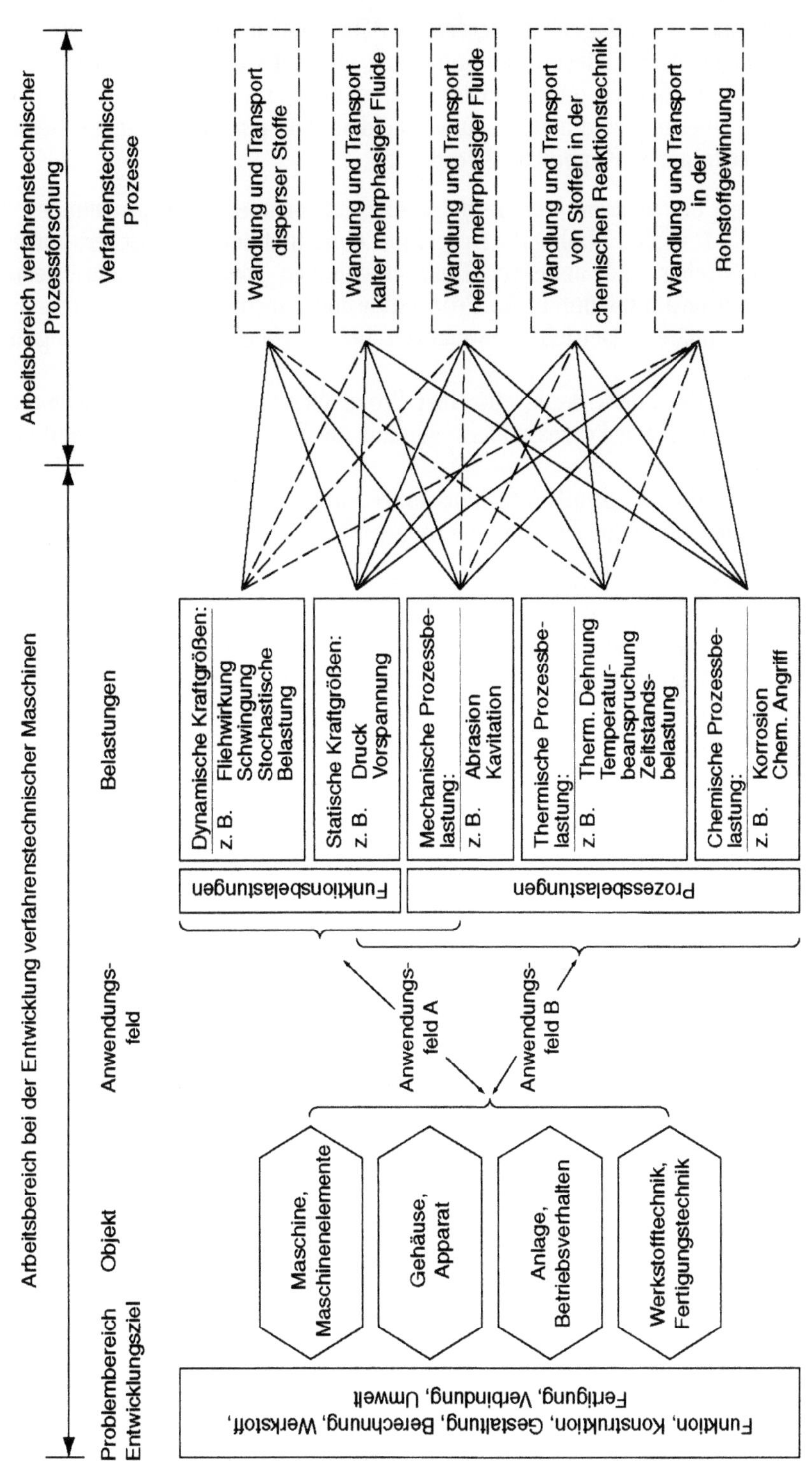

Abb. 1: Zuordnung von Anwendungsfeldern zu den Objekten und Belastungsarten verfahrenstechnischer Prozesse

Maschinen im Anlagenbau werden im Allgemeinen für eine begrenzte Lebensdauer ausgelegt. Für diesen Zeitraum muss einerseits aus Sicherheitsgründen ein ausfallsicherer Betrieb gewährleistet sein, andererseits ist schon aus Kostengründen eine Überdimensionierung zu vermeiden. Für eine zielgerechte Gestaltung sind daher folgende Kenntnisse erforderlich:

- Kenntnis der während der Betriebsdauer auftretenden Beanspruchungen durch Kräfte, Momente, Fliehkraft, Druckkraft einschließlich thermischer, korrosiver, tribologischer und abrasiver Beanspruchungen (deterministische Beanspruchungen bestimmt durch die Prozessführung, stochastische Beanspruchungen bei stationärem Betrieb, Resonanzen bei Vorliegen eines Schwingungssystems),
- Kenntnis der Auswirkung einzelner Prozessparameter auf die Beanspruchung (Auswirkung von Prozessänderungen auf die Beanspruchung, Beurteilung von Störfällen),
- Kenntnis des Werkstoffverhaltens unter komplexer Beanspruchung sowie der Methoden zur rechnerischen Lebensdauerabschätzung.

Im Hinblick auf die Zuverlässigkeit ist insbesondere die Streuung der Festigkeit infolge herstellungsbedingter Fehlstellen zu berücksichtigen. Eine konsequente betriebsfeste Bemessung auf eine begrenzte Lebensdauer stellt bei Maschinen des Anlagenbaus noch eine Ausnahme dar, Regeln zur Bemessung stehen erst am Anfang. Aus diesem Grund wird sich der folgende Abschnitt dieses Buches den speziellen Problemen der Beanspruchungsermittlung und beanspruchungsgerechten Dimensionierung widmen.

2.2
Beanspruchung von Komponenten verfahrenstechnischer Maschinen
und Möglichkeiten der Beeinflussung

H.-P. Beck, H. Zenner, C. Sourkounis, F. Peter

2.2.1
Einleitung

Verfahrenstechnische Maschinen unterliegen auf Grund des Prozesses wie auch sonstiger Einflüsse zeitabhängige Belastungen durch angreifende Kräfte und Momente, die zu Beanspruchungen in den einzelnen Bauteilen der Maschine führen. Besonders Maschinen, die zur Zerkleinerung von Materialien dienen, wie z. B. Mühlen und Shredder, sind hohen dynamischen Beanspruchungen unterworfen. Diesen dynamischen Belastungen, die aus dem Zerkleinerungsprozess herrühren, unterliegt das mechanische sowie elektrische Teilsystem.

Die hieraus resultierenden Ursachen für eine begrenzte Lebensdauer der Komponenten sind bei dem mechanischen Teilsystem in erster Linie Verschleiß, Ermüdung und Kriechen. Bei dem elektrischen Teilsystem liegen diese in der thermischen Überlastung.

Für Auslegung und Betrieb ergibt sich daraus die Notwendigkeit, die Anlagenverfügbarkeit durch Anpassung der Struktur des Energiewandlers und der Übertragung der Leistung („Kraftübertragung") in den Prozessraum zu erhöhen. In erster Linie sind Lastspitzen im Antriebsstrang durch „drehzahlelastischen Betrieb" zu vermindern und diese gleichzeitig vom speisenden elektrischen Netz fernzuhalten (vgl. Beck 1999). Zusätzlich soll eine aktive Torsionsschwingungsdämpfung über eine entsprechende Regelung einen nennenswerten Beitrag zur Reduzierung der Belastungen im Antriebsstrang leisten.

Neben den Gegenmaßnahmen, welche auf der Anpassung des dynamischen Betriebsverhaltens aufbauen, ist eine zuverlässige und wirtschaftliche Dimensionierung solcher Maschinen durch eine betriebsfeste Auslegung erforderlich. Für eine betriebsfeste Auslegung von Bauteilen nach dem Nennspannungskonzept müssen vorliegen:

- Das Bemessungskollektiv (Lastannahme),
- die Bauteilwöhlerlinie und
- eine geeignete Methode zur Lebensdauerabschätzung.

Die Festlegung von Bemessungslasten zur Auslegung von Bauteilen kann auf folgende Weisen erfolgen (vgl. Zenner u. Schöne 1989; Fischer et al. 1993):

- Verwendung von Regelwerken:
  Bisher liegen nur in wenigen Regelwerken Angaben über Lastannahmen in Form von Kollektiven vor, z. B. für Krananlagen, Stahltragwerke, Zahnräder.

- Rechnerische Simulation:
  Für ein vorhandenes, aber auch für ein noch nicht real existierendes Maschinensystem wird ein rechnerisches Modell erstellt, mit dem sowohl Optimierungen von Bauteilen bereits in der Konstruktionsphase als auch eine Beurteilung des Betriebsverhaltens einer Maschine möglich sind. Zudem können Beanspruchungen an Stellen, die messtechnisch nicht zugänglich sind, abgeschätzt sowie Sonderereignisse, wie Blockiervorgänge, Havarien etc., mit ihren Auswirkungen untersucht werden. Zur Verifizierung sind hierbei jedoch Messungen unumgänglich. Eine Ausnahme bilden die Sonderereignisse, die nicht verifiziert werden können. Für die rechnerische Simulation muss jedoch die Lasteingangsfunktion aus dem Prozess angenommen werden.
- Durchführung von Betriebsmessungen:
  Die Ermittlung zuverlässiger Bemessungslasten ist durch Messung der im Betrieb auftretenden Beanspruchungen möglich. Allerdings muss sichergestellt sein, dass die Ergebnisse der Betriebsmessungen repräsentativ sind, d. h., die in einem kurzen Messzeitraum ermittelten Beanspruchungen müssen mit denen der gesamten Nutzungsdauer vergleichbar sein. Dies bedeutet, dass alle relevanten Betriebszustände der Maschine berücksichtigt werden und dass ihre Anteile für die gesamte Nutzungsdauer bekannt sind oder abgeschätzt werden können.

Der zuverlässigste Weg zur Bestimmung von Betriebsbeanspruchungen und zur Festlegung von Bemessungskollektiven ist die Durchführung von Betriebsmessungen. Des Weiteren bilden die Betriebsmessungen die Grundlage zur Untersuchung des stationären und dynamischen Betriebsverhaltens des Antriebsstranges der Zerkleinerungsmaschinen. Die messtechnischen Untersuchungen werden durch analytische Untersuchungen und durch digitale Simulationen ergänzt. Die gewonnenen Erkenntnisse über das Betriebsverhalten großtechnisch ausgeführter Zerkleinerungsmaschinen stellen die Eckdaten zur Nachbildung des Betriebsverhaltens an Versuchsanlagen sowie Versuchsständen zur Verfügung. Zusätzlich sind davon ausgehend die Randbedingungen für den Entwurf neuer Antriebskonzepte zu formulieren.

An unterschiedlichen Zerkleinerungsmaschinen sind systematische Untersuchungen der auftretenden Beanspruchungen am Antriebsstrang durchgeführt worden. Am Beispiel der Gutbett-Walzenmühlen und der Shredder sollen hier Ergebnisse dargestellt werden. Beides sind verfahrenstechnische Maschinen zur Zerkleinerung von Materialien.

2.2.2
Untersuchte verfahrenstechnische Maschinen

2.2.2.1
Allgemeines

Unter den Prozessen der Aufbereitung von Rohstoffen und Reststoffen (Recycling) nimmt die Zerkleinerung eine Schlüsselposition ein. Mit ihr sollen im Wesentlichen erreicht werden:

- Eine Herstellung von Schrotterzen mit definierter Stückgrößenverteilung und

– ein mechanischer Aufschluss der Bestandskomponenten (z.B. bei Schrott in Stahl, Gusseisen, Nichteisen- und Eisenmetalle) als Voraussetzung für die sich der Zerkleinerung anschließenden Klassier- und Sortierprozesse (vgl. Sigwart u. Zenner 1991).

2.2.2.2
Gutbett-Walzenmühlen

Die Gutbett-Walzenmühle stellt eine relativ neue Bauart von Walzenmühlen dar. In ihrem Aufbau weist sie gewisse Ähnlichkeiten mit Walzenbrechern und Kompaktierern auf, unterscheidet sich aber in ihrer Konstruktion und Arbeitsweise von diesen (vgl. Schönert 1985).

Das Prinzip dieser Zerkleinerungsmaschine beruht darauf, dass von oben durch einen Aufgabeschacht kontinuierlich Mahlgut aufgegeben wird und von zwei mit gleicher Drehzahl gegenläufig rotierenden Walzen erfasst wird, sodass zwischen den Walzen ein Materialbett (Gutbett) entsteht. Das Mahlgut wird dabei kurzzeitig mit einem hohen Druck von 50 MPa bis 300 MPa beansprucht. Ein ideales Gutbett liegt vor, wenn das maximale Aufgabekorn kleiner als die Breite (Spaltweite) des Materialbetts ist, also kein Direktkontakt mit den Druckflächen besteht (vgl. Schönert 1985; Gehlken 1990).

Eine der beiden gleich großen Walzen der Gutbett-Walzenmühle ist mit ihrem Lagergehäuse fest mit dem Maschinenrahmen verbunden (Festwalze). Die Lagerung der zweiten Walze ist dagegen horizontal verschiebbar (Loswalze). Diese kann sich den wechselnden Aufgabeverhältnissen anpassen und überträgt gleichzeitig die über Hydraulikzylinder oder Federpakete aufgebrachten Mahlkräfte auf das Mahlgut (vgl. Schwechten 1987; Gehlken 1990; Abb. 1).

Die hohe Pressung führt im Spalt bei den meisten Maschinen zu einer Schülpenbildung (Agglomeration). Trotz der anschließend erforderlichen Desagglomeration der Schülpen beträgt die Energieersparnis gegenüber einer Kugelmühle mit gleichem Durchsatz 30 bis 50 %. Der Grund liegt in der unterschiedlichen Beanspruchung des Mahlgutes. In der Kugelmühle geschieht die Zerkleinerung durch die Mahlkörper zufällig, in der Gutbett-Walzenmühle erfolgt eine Beanspruchung des Materials unter Zwang, da es den Mahlwalzen nicht ausweichen kann (vgl. Gehlken 1990).

Das Haupteinsatzgebiet der Gutbett-Walzenmühle ist die Zementindustrie zur Mahlung von Kalkstein und Zementklinker sowie die Erzindustrie. Sie wird im Zerkleinerungsprozess in drei unterschiedlichen Varianten zur Vor-, Fertig- und Hybridmahlung eingesetzt (vgl. Patzelt 1987; Gehlken 1990).

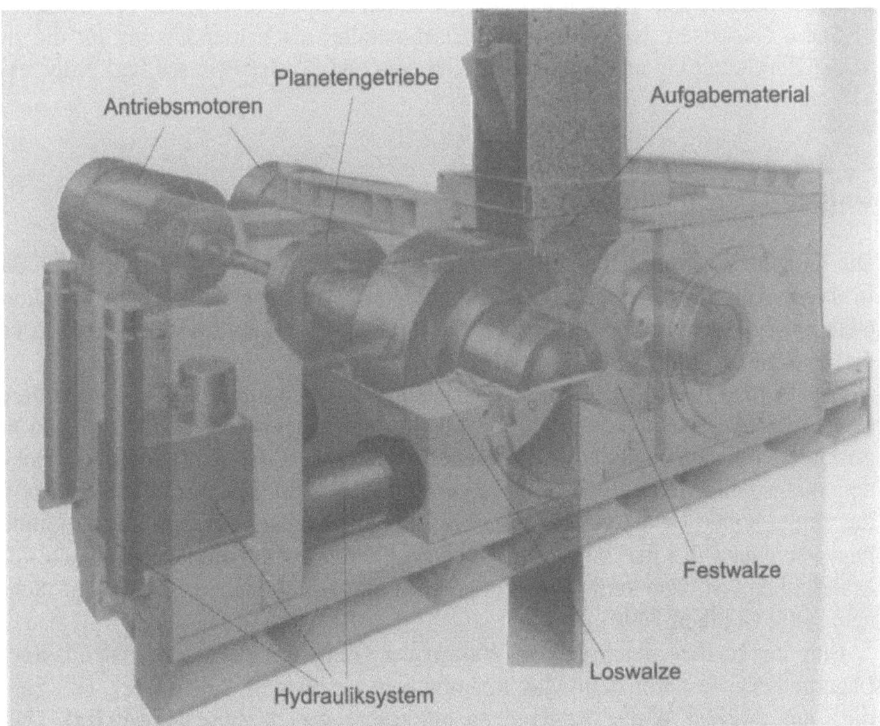

Abb. 1: Schematische Darstellung einer Gutbett-Walzenmühle (vgl. Patzelt 1987)

2.2.2.3
Shredder

Der Shredder ist eine Zerkleinerungsmaschine, die in ihrem Grundaufbau dem Hammerbrecher entspricht. Während die Zerkleinerung mineralischer (spröder) Stoffe durch Schlag und Druck erfolgt, wird die Zerkleinerung metallischer (duktiler) Stoffe durch kombinierte Kompaktier- und Reißvorgänge erreicht. So zeichnet sich der Shredder, wie andere aus der Aufbereitung mineralischer Rohstoffe bekannte Maschinen, durch eine besonders robuste Konstruktion aus, mit spezieller Gestaltung des Maschinengehäuses mit Amboss und Austragsrost. Im Gehäuse befindet sich ein mit hohen Drehzahlen, i. d. R. 600 min^{-1}, umlaufender Rotor.

Eine schematische Darstellung eines Shredders zeigt Abb. 2. Über die Aufgabenschnurre (1) und das Schrottzuführungssystem wird der Schrott dem Zerkleinerungsraum zugeführt. Die am Rotor (4) befestigten Schlagelemente (Hämmer) (5) werden beim Umlauf im Arbeitsraum durch hohe Fliehkräfte sowie durch Schlag- und Reibkräfte beansprucht. Über den Austragsrost (6) wird das zerkleinerte Material ausgebracht. Zur Optimierung der Zerkleinerung werden neben dem Amboss (3) noch eine weitere als Amboss dienende Kante (8) sowie eine Prallwand (7) verwendet. Eine schwenkbare Klappe (9) dient zum Austrag massiver Schrottstücke, die nicht zerkleinert werden können und zu einem Blockieren des

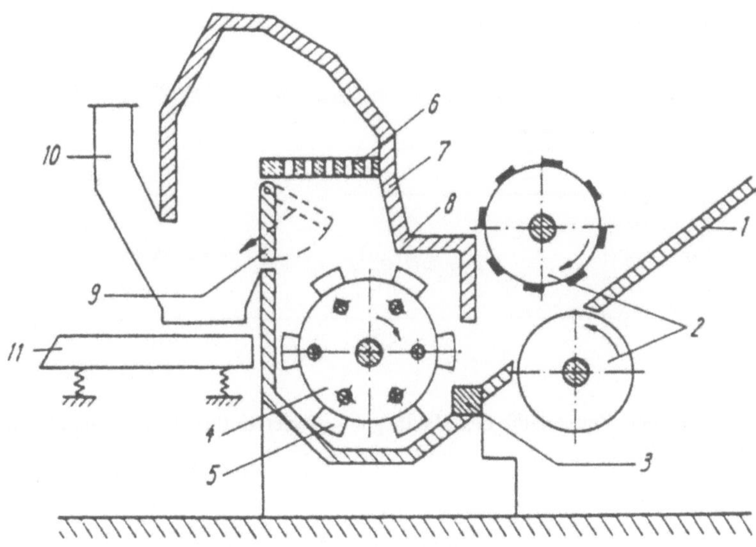

Abb. 2: Schematische Darstellung eines Shredders (vgl. Höffl u. Schäfer 1988)

Shredders führen können, wenn sie nicht aus dem Zerkleinerungsraum entnommen werden (vgl. Höffl u. Schäfer 1988). Im Detail werden unterschiedliche Varianten genutzt und betrieben.

2.2.3
Betriebsmessungen und Analyse der Beanspruchungen

2.2.3.1
Allgemeines

Zur statistischen Absicherung wurden Betriebsmessungen an insgesamt *neun* Gutbett-Walzenmühlen und *vier* Shreddern durchgeführt.

Von den untersuchten Gutbett-Walzenmühlen waren drei im Labor zur Durchführung von Versuchsmahlungen und sechs in der Zementproduktion eingesetzt. Dabei unterschieden sich diese Mühlen in ihren Antriebsleistungen sowie in den Antriebsvarianten.

Abgesehen von einem Versuchsshredder werden die untersuchten Shredder auf Schrottplätzen hauptsächlich zur Zerkleinerung von Autokarossen, die entweder kommpaktiert (gepresst oder paketiert) oder im „normalen" Zustand dem Shredder zugeführt werden. Des Weiteren werden zu einem großen Anteil unterschiedliche Mischschrotte bestehend aus Rohren, Haushaltsgeräten, Teilen von Industrieanlagen etc. zerkleinert. Die untersuchten Shredder unterscheiden sich hinsichtlich ihrer Bauform (z. B. Anordnung des Rostes), ihrer Leistungen und der Gestaltung der Antriebsstränge („offene" oder „geschlossene" Kupplung, Verwendung eines Getriebes).

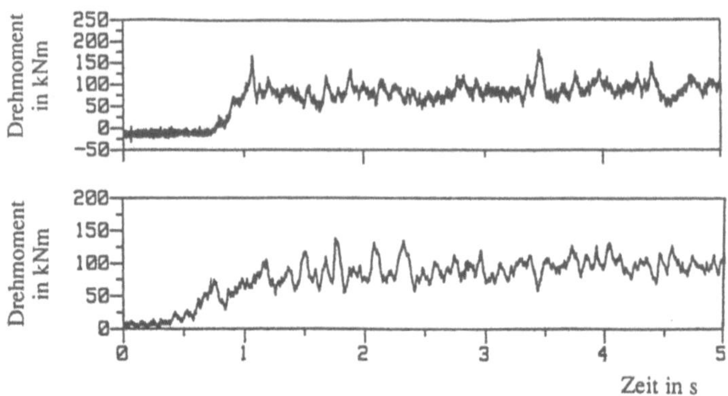

Abb. 3: Drehmoment-Zeitverläufe des Mahlbeginns zweier Gutbett-Walzenmühlen (vgl. Gudehus u. Zenner 1995)

Bei allen Anlagen haben die Materialaufgabe (Mahlgut bzw. Schrott) sowie die Fahrweise durch den Betreiber einen großen Einfluss auf die auftretenden Beanspruchungen.

2.2.3.2
Beanspruchungen im Antriebsstrang der Gutbett-Walzenmühle

Beanspruchungen beim Mahlbeginn. Neben dem stationären Mahlbetrieb wurden an den Gutbett-Walzenmühlen die Betriebszustände Mahlbeginn oder -ende sowie Sonderbeanspruchungen erfasst.

Der Mahlprozeß beginnt mit dem Start der Motoren. Die Walzen erreichen in wenigen Sekunden die Betriebsdrehzahl. Auf die dann rotierenden Walzen erfolgt die Materialaufgabe, wobei durch ungleichmäßige Materialaufgabe Drehmomentschwankungen auftreten (Abb. 3). Nachdem sich ein Füllstand im Aufgabeschacht gebildet hat, nehmen die Drehmomente den für einen stationären Mahlbetrieb typischen Verlauf an.

Sonderbeanspruchungen der Gutbett-Walzenmühle. Sonderbeanspruchungen sind im Allgemeinen in ihrer Höhe und Häufigkeit nicht bekannt und können deshalb bei der Auslegung von Maschinen nur abgeschätzt werden.

Abbildung 4 zeigt die während der Betriebsmessungen gemessenen Sonderbeanspruchungen „Knallen" und „Rattern" im Vergleich zum normalen Mahlbetrieb.

Das Knallen, dessen Ursache nur zum Teil geklärt ist, führt zu hohen Drehmomentspitzen mit Werten bis zum 2,5- bis 3-fachen des Drehmomentes im stationären Mahlbetrieb.

Derartige Vorgänge treten auch bei anderen, vergleichbaren Maschinen auf, z.B. bei Brikettierpressen; man interpretiert sie dort als Folge adiabater Verdichtungsstöße.

Das Rattern kann bei feinem Aufgabematerial und hohen Umfangsgeschwindigkeiten auftreten. Das mittlere Drehmoment der Gutbett-Walzenmühle ist beim

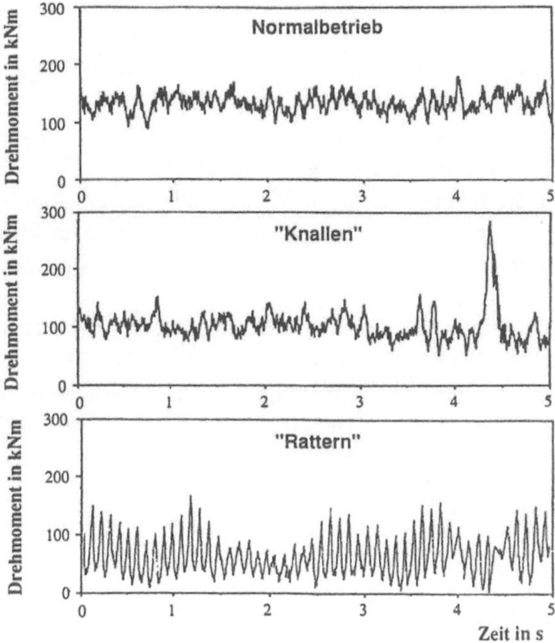

Abb. 4: Drehmoment-Zeitverläufe des stationären Mahlbetriebs sowie der Sonderbeanspruchungen „Knallen" und „Rattern" (vgl. Gehlken 1992; Gudehus u. Zenner 1995)

Rattervorgang erheblich kleiner als im stationären Mahlbetrieb. Allerdings nehmen die Schwingungsamplituden stark zu. Trotz eines geringen Durchsatzes wird der Antrieb dynamisch stark beansprucht. Dies führt zu einem Kollektiv mit größerer Fülligkeit als der normale Mahlbetrieb. Vermeiden lässt sich das Auftreten von Rattervorgängen durch eine Verringerung der Drehzahl oder des Feingutanteils.

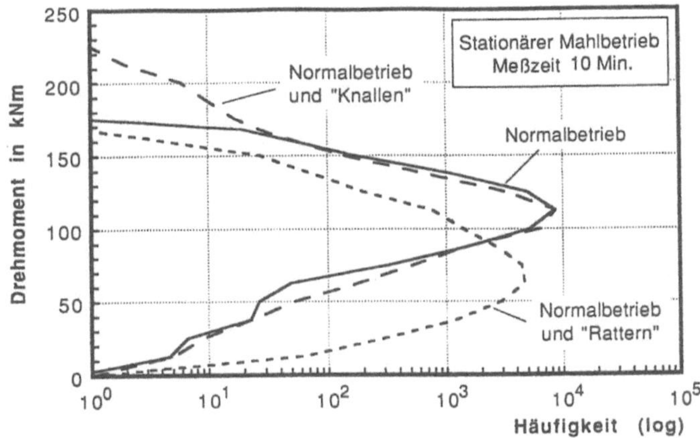

Abb. 5: Klassengrenzenüberschreitungs-Kollektive vom stationären Mahlbetrieb mit und ohne Sonderbeanspruchungen (vgl. Gehlken 1992; Gudehus u. Zenner 1995)

Langzeitkollektive des Walzendrehmomentes. Durch Messen und Klassieren der Zeitfunktionen vor Ort ist es möglich, die Beanspruchung einer Maschine über einen langen Zeitraum zu erfassen. Das Klassieren von Zeitfunktionen ist in diesem Zusammenhang eine statistische Methode zur Erstellung von Häufigkeitsverteilungen z.B. von Beanspruchungen. Für die Gutbett-Walzenmühle sind aus den Zeitverläufen der Walzendrehmomente durch eine Klassengrenzenüberschreitungs-Zählung (KGÜZ) und durch eine Bereichspaarzählung (BPZ) Kollektive erstellt worden (vgl. Westermann-Friedrich u. Zenner 1988). Für unterschiedliche Messdauern sind die entsprechenden Drehmoment-Kollektive in Abb. 6 dargestellt. Hierin wird der Einfluss der Messzeit auf Kollektivform, -mittelwert und -höchstwert deutlich.

Die Kollektive zeigen, dass sich die Kollektivform und das mittlere Drehmoment nach einem Monat nicht mehr ändern und der Höchstwert nur noch gering zunimmt. Eine Messdauer von mindestens einem Monat sollte deshalb für eine Extrapolation der Betriebsbeanspruchungen vorgesehen werden. Für Maschinen, deren Beanspruchungen von der Jahreszeit oder der Betriebsweise abhängig sind, muß dieser Meßzeitraum nicht ausreichend sein (vgl. Gudehus u. Zenner 1995).

Abbildung 7 zeigt das aus der Bereichspaarzählung ermittelte Amplituden-Kollektiv einer Langzeitmessung von drei Monaten. Darin wird deutlich, wie sich das Gesamtkollektiv aus Teilkollektiven unterschiedlicher Betriebszustände zusammensetzt: Der stationäre Mahlprozess führt zu geringen Beanspruchungen mit großer Häufigkeit, bei Mahlbeginn und -ende treten mittlere Beanspruchungen auf und die Sonderereignisse führen zu selten auftretenden hohen Beanspruchungen. Diese Sonderereignisse konnten häufig erst während der Langzeitmessung erfasst werden (vgl. Gehlken 1990). Die gezeigten Kollektiv- und Teilkollektivformen sind kennzeichnend für alle untersuchten Gutbett-Walzenmühlen.

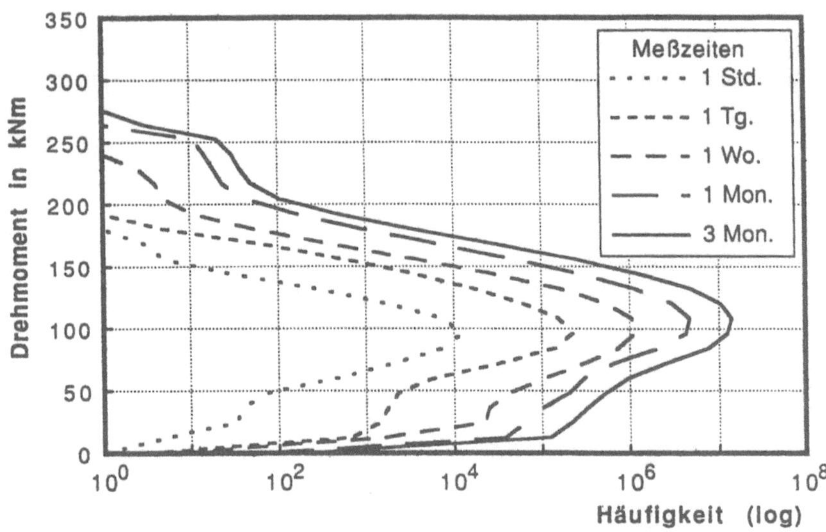

Abb. 6: Drehmoment-Kollektive (KGÜZ) unterschiedlicher Messdauern (vgl. Gehlken 1992; Gudehus u. Zenner 1995)

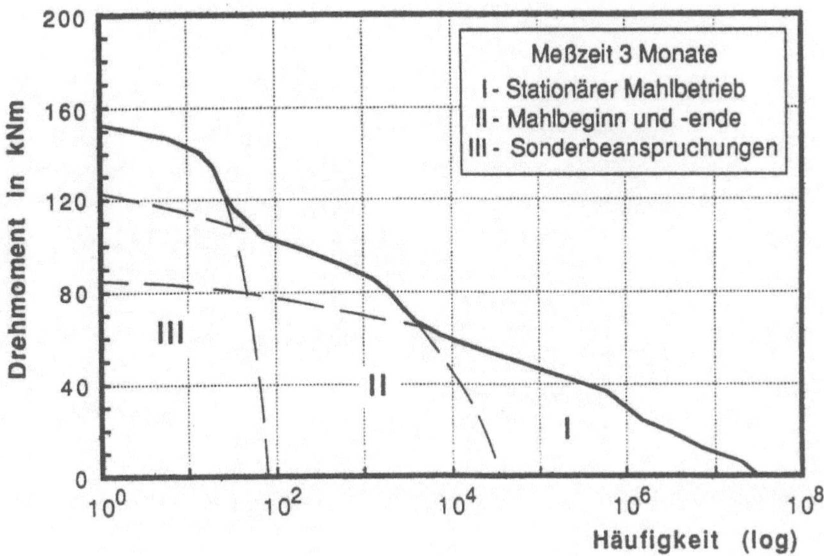

Abb. 7: Amplituden-Kollektiv des Drehmomentes einer Langzeitmessung an einer Gutbett-Walzenmühle (vgl. Gehlken 1992; Gudehus u. Zenner 1995)

2.2.3.3
Beanspruchungen im Antriebsstrang des Shredders

Allgemeines. In Zusammenarbeit des Instituts für Maschinelle Anlagentechnik und Betriebsfestigkeit und des Instituts für Elektrische Energietechnik wurden Betriebsmessungen an vier verschiedenen Shredderanlagen durchgeführt (Abb. 8). Dabei wurden das Drehmoment und die Drehzahl an der Motorwelle (Motormoment T_M, Motordrehzahl n_M), das Drehmoment und die Drehzahl an der Gelenkwelle (Rotormoment T_R, Rotordrehzahl n_R), der Effektivwert des Ständerstroms sowie der Effektivwert der Ständerspannung aufgezeichnet.

Der Shredder-Prozess an der untersuchten Anlage ist von unterschiedlichen Betriebszuständen gekennzeichnet, die Auswirkungen auf die örtlichen Beanspruchungen der Komponenten haben:

- Anlaufvorgang des Shredders,
- Shreddern von Misch-Schrott,
- Shreddern von „unbehandelten" Automobilkarossen,
- Shreddern von gepressten Automobilkarossen,
- Sonderereignisse sowie
- Auslaufen des Shredders.

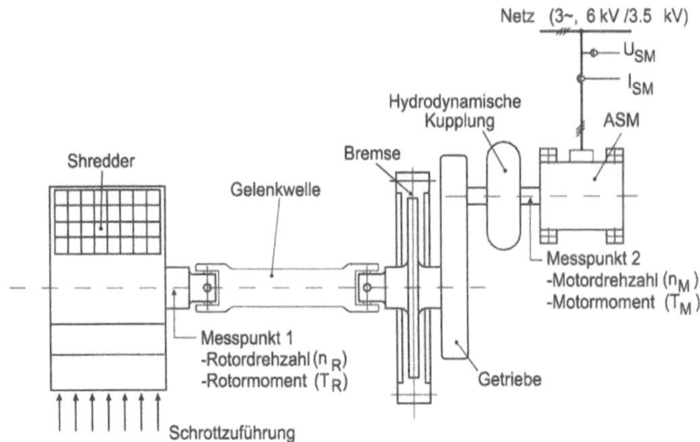

Abb. 8: Prinzipieller Aufbau einer untersuchten Shredder-Anlage (vgl. Beck et al. 1995)

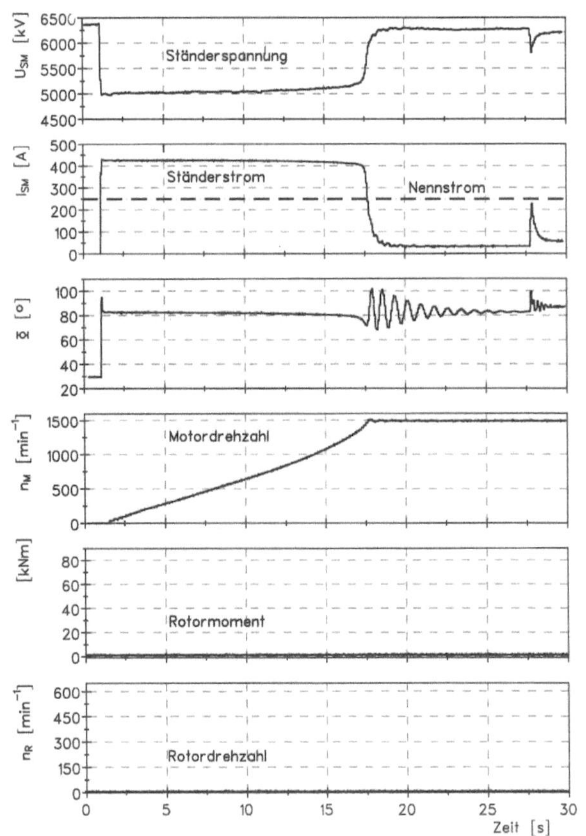

Abb. 9a: 1. Phase des Anlaufvorganges von Shredder-Anlage 3; Anlauf des Asynchronmotors

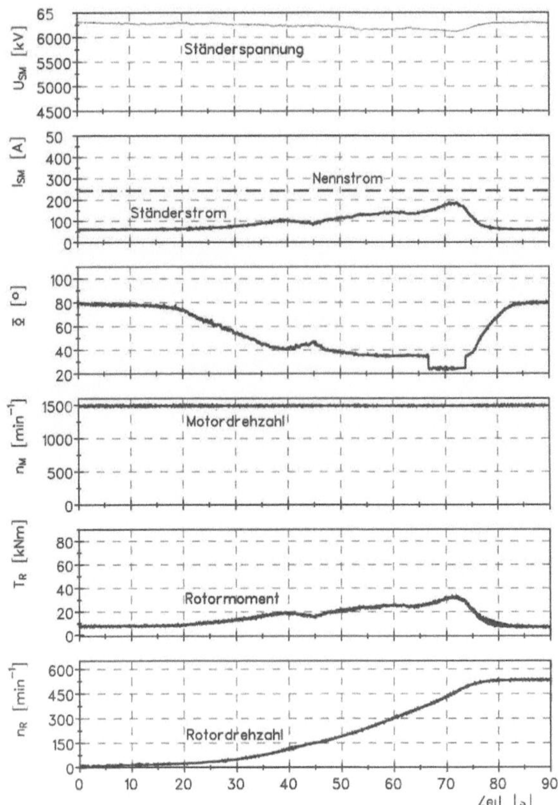

Abb. 9b: 2. Phase des Anlaufvorganges an Shredder-Anlage 3; Hochlauf des Rotors

An einer der untersuchten Anlagen „Shredder-Anlage 1" wurden auch Langzeitmessungen durchgeführt. Dabei wurden die Messgrößen online einer Klassierung unterzogen, aber auch die einzelnen Zeitverläufe aufgezeichnet. Die Langzeitmessungen haben als Ziel, eine Über- oder Unterbewertung von zeitbeschränkten Sonderereignissen bezüglich der Lastannahmen und des Betriebsverhaltens auszuschließen.

Anlaufvorgang des Shredders. Der Anlaufvorgang von Shredder-Anlagen zeigt eine Charakteristik, welche durch das Anlaufverhalten des Asynchronmotors und der hydrodynamischen Kupplung bestimmt wird (vgl. Abb. 9a und Abb. 18). Aus den Drehzahlsignalen sind zwei Phasen im Anlaufvorgang zu erkennen. In der ersten Phase ist die hydrodynamische Kupplung noch nicht befüllt und überträgt kein Drehmoment, so dass der Asynchronmotor ohne Last bzw. zusätzliche Masse hochlaufen kann. Mit Beginn der Befüllung der Kupplung wird von dieser ein Drehmoment übertragen, und damit beginnt die zweite Phase des Anlaufvorgangs, welche durch die Beschleunigung der Shredder-Rotormassen auf ca. 600 min^{-1} gekennzeichnet ist. Das von der Kupplung übertragbare Drehmoment ist vom Be-

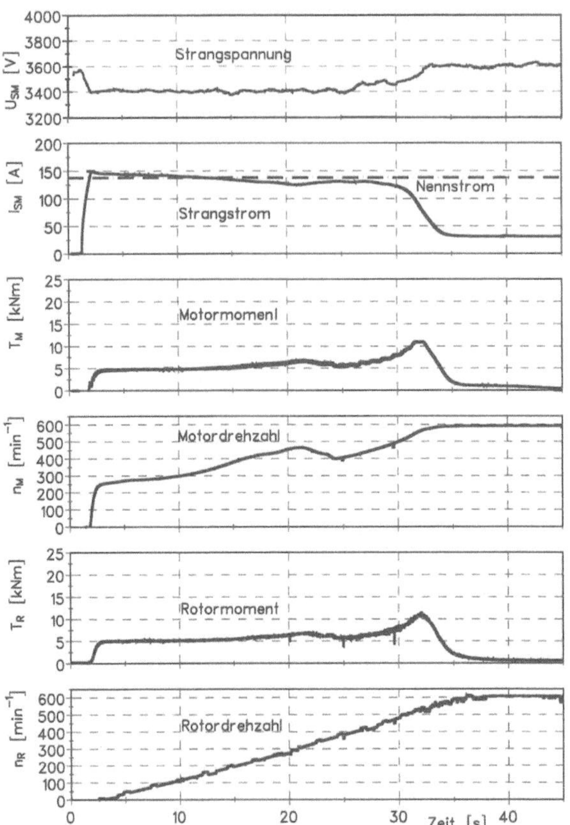

Abb. 9c: Zeitverläufe der Systemgrößen beim Hochlauf von Shredder-Anlage 2

füllungsgrad der Kupplung abhängig. Daher bestimmt die Geschwindigkeit, mit der die hydrodynamische Kupplung befüllt wird, maßgeblich die Dauer des Anlaufvorgangs und die Höhe der Belastung im elektrisch-mechanischen Antriebsstrang.

Es wird zwischen hydrodynamischen Kupplungen mit „geschlossenem Hydraulik-Kreis" und denen mit „offenem Hydraulik-Kreis" unterschieden. „Geschlossene Kupplungen" weisen einen konstanten Füllungsgrad und konstante Geschwindigkeit bei der Befüllung auf. Unter Umständen kommt es bei diesen Systemen zu einer Überlappung der beiden genannten Phasen des Anlaufvorganges und somit zu einer höheren Belastung des Antriebsstranges, vor allem des Asynchronmotors, welcher mit dem Mehrfachen des Nennstromes über die Dauer des Anlaufvorganges belastet wird. In diesem Fall sind meistens zusätzliche Maßnahmen erforderlich, wie z.B. Hochlauf des Asynchronmotors in Y – Schaltung (Abb. 9c). „Offene Kupplungen" bieten die Möglichkeit, durch Verzögerung des Befüllungsbeginns einerseits die Phasen des Anlaufvorganges zeitlich zu entkoppeln und andererseits durch Anpassung der Befüllungsgeschwindigkeit die Belastungen im elektrisch-mechanischen Antriebsstrang zu begrenzen (Abb. 9a und 9b).

Der Anlaufvorgang ist in der Regel rein deterministisch, und der zeitliche Verlauf wird durch die Parameter und Struktur des Antriebsstranges bestimmt. In Einzelfällen wurden „unerwartete Effekte" beobachtet, welche Anlass für weiterführende analytische sowie simulatorische Untersuchungen waren (vgl. Abb. 18).

Es zeigt sich, dass beim Anlauf des Shredders 1 Schwingungen im Antriebsstrang auftreten können, deren Amplituden z. T. höher sind als die der Beanspruchungen, die während des Betriebs gemessen werden konnten (Abb. 18). Die Auswirkungen dieses Aufschwingens sind auch im Motormoment, allerdings in abgeschwächter Form, wieder zu finden. Nach dem Abklingen fährt der Rotor zügig hoch auf seine Nenndrehzahl von etwa 600 min^{-1}. Die kritische Rotordrehzahl liegt bei rund 450 min^{-1}.

Der Hochlauf anderer Shredder erfolgt ohne das Aufschwingen wie es bei der Shredder-Anlage 1 beobachtet wurde. Dem hingegen ist z. B. für die Anlage 2 festzustellen, dass der Hochlauf doppelt solange dauert (vgl. Abb. 9c). Auffallend ist die Tatsache, dass eine Überlappung der beiden genannten Phasen des Anlaufvorganges keine Überlast im Antriebssystem verursacht. Der Strom des Asynchronmotors erreicht gerade seinen Nennwert.

Shreddern von Autokarossen. In den Abb. 10 bis 12 sind Zeitverläufe von Systemgrößen, wie Motor- und Rotordrehzahl, Motor- und Rotormoment sowie Ständerstrom und -spannung des Asynchronmotors während des Shredder-betriebes dargestellt. Die Zeitverläufe der Belastungen durch den Zerkleinerungsprozess weisen eine stochastische Charakteristik auf. Mehr oder weniger völlige Kollektive kennzeichnen daher die Beanspruchungen.

Bei eingehender Betrachtung sind in den Zeitverläufen wiederkehrende Belastungsformen, welche keiner zeitlichen Zuordnung unterliegen, sondern eine Abhängigkeit von der Materialzusammensetzung aufweisen, zu erkennen. In Abb. 10 und Abb. 12 ist der Zerkleinerungsprozess von Autokarossen durch 2 bis 3 hintereinanderfolgende Lastspitzen erkennbar. Die Lastspitzen im Zeitverlauf des Rotormomentes sind für den Belastungsfall charakteristisch und zeigen bei allen untersuchten Shredder-Anlagen ähnliche Dynamik.

Unterschiede bestehen bei den verschiedenen Shredder-Anlagen in den Drehzahländerungen im Antriebsstrang. Dies ist unter anderem auch auf die unterschiedliche Kennliniencharakteristik der hydrodynamischen Kupplung zurückzuführen. Man unterscheidet Systeme mit einer „weichen Kennlinie", welche Drehzahländerungen auf der Rotorseite und den Antriebsmotor dynamisch von der Lastseite abkoppeln (vgl. Abb. 11), und Systeme mit einer „harten Kennlinie", welche geringe Drehzahländerungen bei Lastspitzen aufweisen.
Die Drehzahlverläufe bei Mischschrott, welcher durch die Zusammensetzung eine „bessere Dosierung" erlaubt, zeigen einen relativ gleichmäßigen Verlauf. Aus allen Zeitverläufen der Messgrößen geht hervor, dass die hydrodynamische Kupplung eine hochfrequente Entkopplung (z.B. ab einigen Hz) der Antriebsseite von der Last bewirkt. Das bedeutet unterschiedliche Kollektivbeanspruchungen insbesondere unterschiedliche Kollektivumfänge in z.B. der Motor- und der Rotorwelle (Auslegung nach DIN 3990, Teil 6).

Analyse der Beanspruchungen. Die Beanspruchung eines Bauteils muss für die Betriebsfestigkeitsrechnung in Form einer Häufigkeitsverteilung als Kollektiv oder Häufigkeitsmatrix vorliegen.

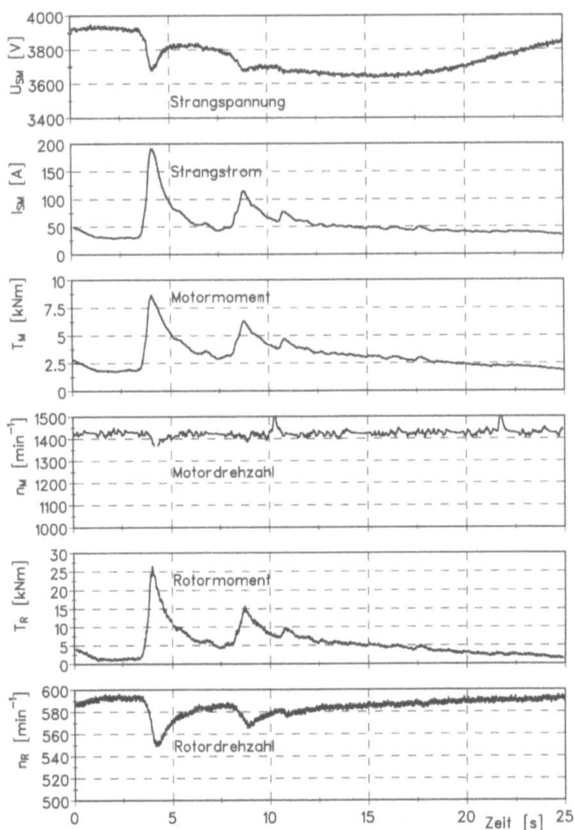

Abb. 10: Shreddern einer Autokarosse; Shredder-Anlage 1: $U_{S,nenn}$ = 3464 V, $I_{S,nenn}$ = 88 A, $P_{M,nenn}$ = 710 kW, $n_{M,nenn}$ = 1485 min^{-1}, $n_{R,nenn}$ = 582 min^{-1}

Die Beanspruchbarkeit eines Bauteils unter schwingender Beanspruchung wird durch Wöhlerlinien, d.h. ertragbare Schwingspielzahlen bei jeweils konstanter Amplitude, beschrieben. Diese Linie wird experimentell bestimmt oder kann rechnerisch abgeschätzt werden. Eine Wöhlerlinie lässt sich je nach Höhe der Beanspruchungsamplituden in zwei Bereiche einteilen (vgl. Gudehus u. Zenner 1992):

– Bereich der Zeitfestigkeit, in dem eine endliche Lebensdauer, ausgedrückt in ertragbaren Schwingspielen, vorliegt,
– Bereich der Dauerfestigkeit, in dem Schwingungen beliebig oft ertragen werden können.

Das Wesentliche einer betriebsfesten Auslegung ist, dass Beanspruchungen oberhalb der Dauerfestigkeit zugelassen werden können. Hierbei muss jedoch sichergestellt werden, dass die daraus resultierende endliche Lebensdauer eines Bauteils um einen Sicherheitsabstand größer ist als die vorgesehene Nutzungsdauer. Durch eine geeignete Schadensakkumulationshypothese werden die Kennfunktionen der auftretenden und der ertragbaren Beanspruchungen miteinander verglichen.

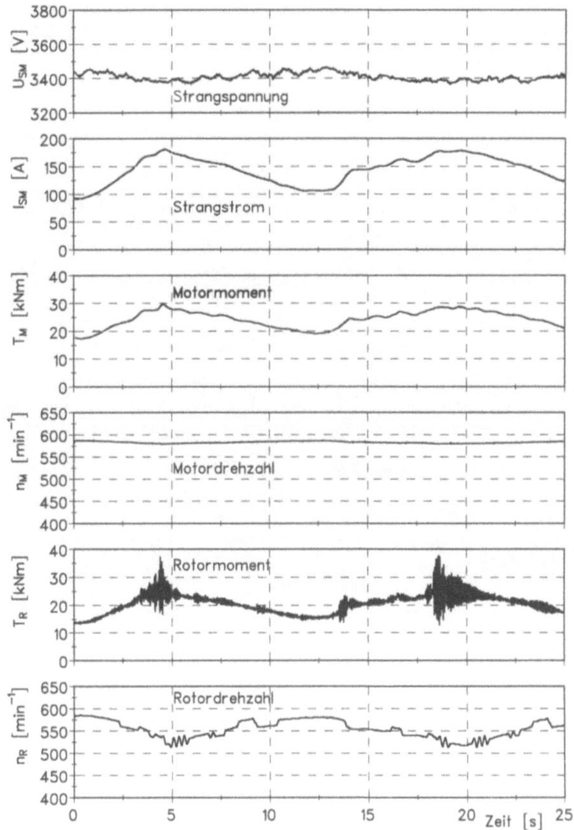

Abb. 11: Shreddern einer Autokarosse; Shredder-Anlage 2: $U_{S,nenn} = 3464$ V, $I_{S,nenn} = 138$ A, $P_{M,nenn} = 1030$ kW, $n_{M,nenn} = 592$ min^{-1}, $n_{R,nenn} = 570$ min^{-1}

Am Beispiel zweier Shredder-Anlagen können die unterschiedlichen Einflüsse aus der Antriebsstrangkonfiguration dargestellt werden (vgl. Abschn. 2.2.4.1). Abb. 13 und Abb. 14 zeigen die Tageskollektive für das Motor- und das Rotordrehmoment des Shredders 1, die sich aus der statistischen Verteilung der im Laufe eines Tages auftretenden Beanspruchungen ergeben. Die Kollektive wurden mit dem Verfahren der Bereichspaarzählung ermittelt.

Ein Vergleich der Bereichspaar-Kollektive der untersuchten Shredder verdeutlicht den Einfluss des Sonderereignisses „Aufschwingen" auf das Beanspruchungskollektiv für das Rotor-Drehmoment. Das durch dieses Sonderereignis hervorgerufene Teilkollektiv, wie es am Shredder 1 beobachtet wurde, fehlt bei den anderen Shreddern. Ein weiterer Einfluss ist bei Vergleich der beiden dargestellten Motor-Drehmomente festzustellen. Die „relativ hart" eingestellte Kupplung des Shredders 1 führt zu einem deutlich fülligeren Kollektiv als die vergleichsweise weich eingestellte Kupplung z. B. des Shredders 2. Eine weichere Kupplung führt aus Sicht der Betriebsfestigkeit zu einem weniger schädigenden Betriebsverhalten des Antriebsstrangs. Allerdings sinkt mit einer weicheren Kupplung durch das

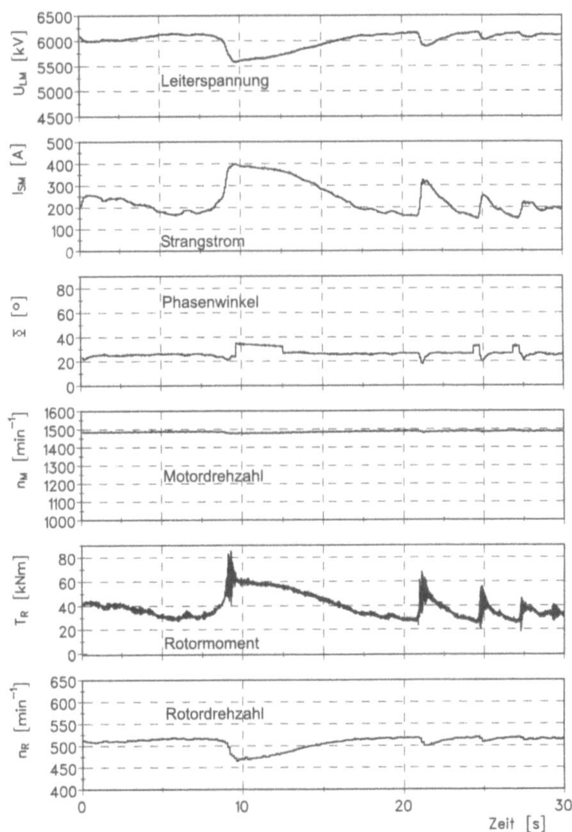

Abb. 12: Shreddern einer Autokarosse; Shredder-Anlage 3: $U_{S,nenn.}= 3464$ V, $I_{S,nenn} = 242$ A, $P_{M,nenn} = 2200$ kW, $n_{M,nenn} = 1492$ min⁻¹, $n_{R,nenn} = 540$ min⁻¹

stärkere Absinken der Rotordrehzahl der Durchsatz des Shredders und die Leistungsbilanz des Shredders verringert sich, da mehr Energie in der Kupplung als Wärme abgeführt wird.

Eine Abschätzung des Messkollektivs für die Langzeitmessung auf Grundlage des Wochenkollektivs oder gar nur des Tageskollektivs führt in der Regel zu größeren Abweichungen in der Vorhersage, auch dadurch, dass selbst die Form des Wochenkollektivs noch starke Abweichungen von der des Gesamtkollektivs aufweist (Abb. 15 und 16).

Die Kollektivform des Motormomentes zeichnet sich bereits nach einer Woche ab. Nach dieser Zeit hätte jedoch noch keine zuverlässige Vorhersage für Lasthöhe und -häufigkeit bei einer längeren Messzeit gemacht werden können. Die weniger starke Streuung der Kollektivform gegenüber der des Rotormoments liegt darin begründet, dass das Motormoment durch Schlupf und Dämpfung vom Arbeitsprozess getrennt ist. Das der Langzeitmessung des Rotormomentes zugehörige Amplituden-Kollektiv ist in Abb. 17 dargestellt. Hier liegt eine Überlagerung unterschiedlicher Teilkollektive zu einem Mischkollektiv vor. Das Gesamtkollektiv der Langzeitmessung lässt sich in drei Teil-Kollektive einteilen.

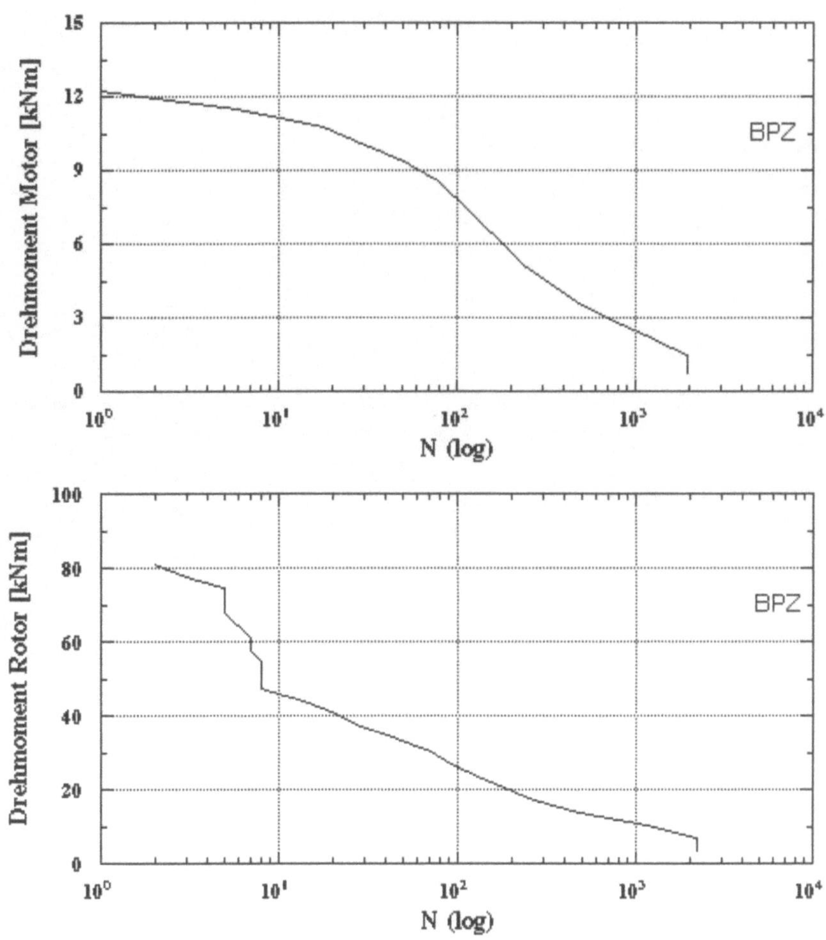

Abb. 13: Typische Kollektive für die Drehmomente am Antriebsstrang eines Shredders, Messdauer 1 Tag, *BPZ* Bereichspaarzählung

2.2.4
Antriebs- und regelungstechnische Maßnahmen zur Lastkollektivminimierung und Energieeinsparung

2.2.4.1
Elektrisch-mechanisches Antriebssystem / Stand der Technik

Die Erfassung und Auswertung des Technologiestandes ist eine unabdingbare Voraussetzung zur Durchführung der weiteren Forschungsaufgaben, welche aus der Zielsetzung der Arbeiten, Konzipierung und Erprobung neuer lastminimierender und energiesparender Antriebssysteme herrühren. Der Technologiestand ist in erster Linie mit Hilfe von Betriebsmessungen erfasst und mit Hilfe analytischer und simulatorischer Untersuchungen ausgewertet worden.

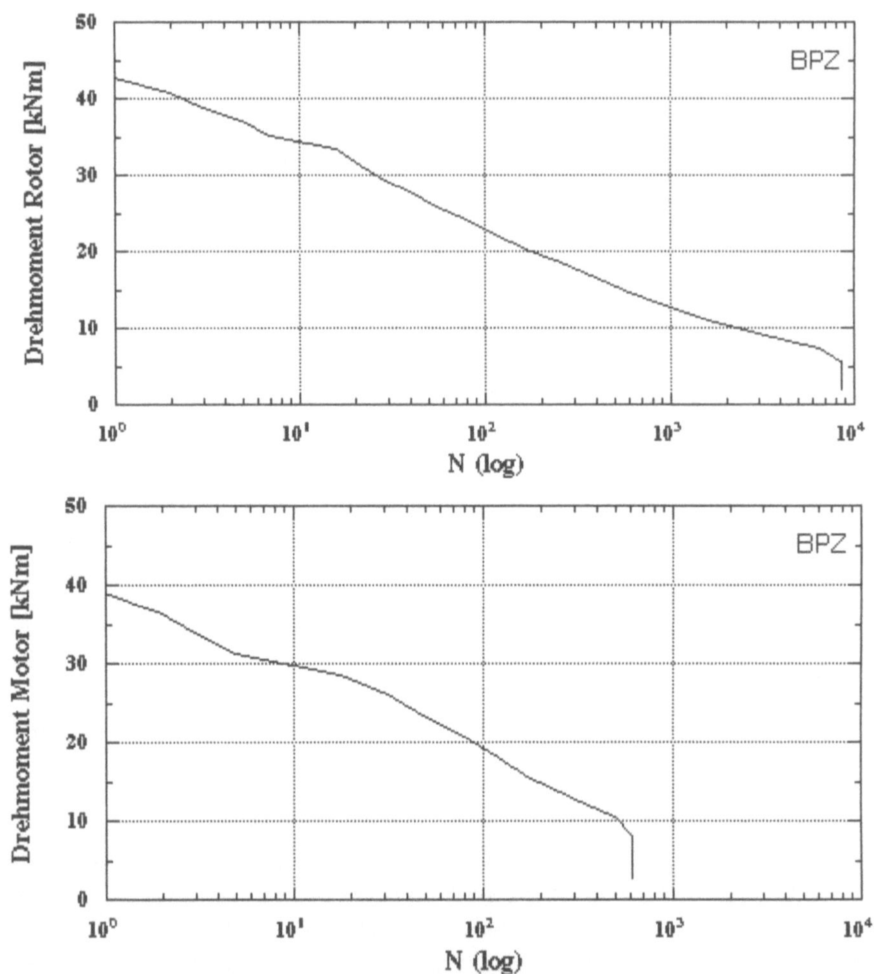

Abb. 14: Typische Kollektive für die Drehmomente am Antriebsstrang eines Shredders, Messdauer 1 Tag, *BPZ* Bereichspaarzählung

Struktur und Funktion der bestehenden Antriebssysteme. Das Antriebssystem großtechnisch ausgeführter Shredderanlagen weist in der Regel eine relativ einfache Struktur auf (vgl. Abb. 8). Hierbei dient eine direkt an das Netz angeschlossene Asynchronmaschine (ASM) mit einer hydrodynamischen Kupplung als Antrieb. Die von der ASM bereitgestellte mechanische Leistung wird über die hydrodynamische Kupplung, das Getriebe und die Gelenkwelle in den Prozessraum geleitet. Durch entsprechende Wahl der Polpaarzahl bei der ASM kann die für den Zerkleinerungsprozess erwünschte Drehzahl auch ohne Getriebe erreicht werden.

Gemäß der Struktur des Antriebssystems ist zu erwarten, dass das Betriebsverhalten außer des Einflusses der Massenverteilung im Antriebsstrang durch die

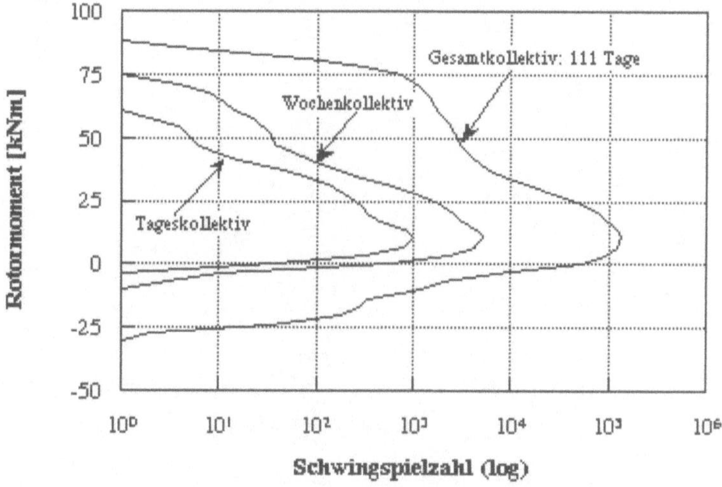

Abb. 15: Rotormoment-Kollektive (KGÜZ) unterschiedlicher Messdauern

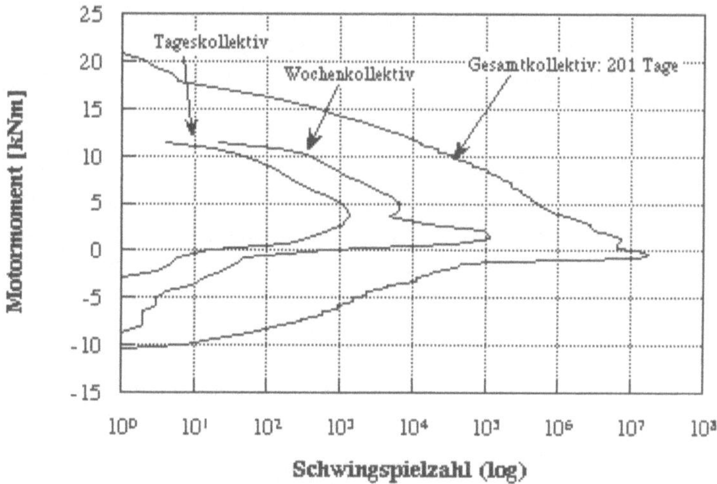

Abb. 16: Motormoment-Kollektive (KGÜZ) unterschiedlicher Messdauern

ASM sowie die hydrodynamische Kupplung wesentlich bestimmt wird. Die Drehmoment-Drehzahl-Charakteristik der ASM gewährleistet einen stabilen Betrieb, der keine nennenswerten Drehzahländerungen aufweist. Die ASM setzt jeder Lastspitze (bis zum Kippmoment) ein entsprechend hohes Drehmoment entgegen. Mit Hilfe der hydrodynamischen Kupplung kann die Höhe der Lastspitzen begrenzt werden. Gleichzeitig erlaubt die Kupplung Drehzahländerungen auf der Rotorseite. Das maximal übertragbare Moment ist in erster Näherung vom Schlupf abhängig.

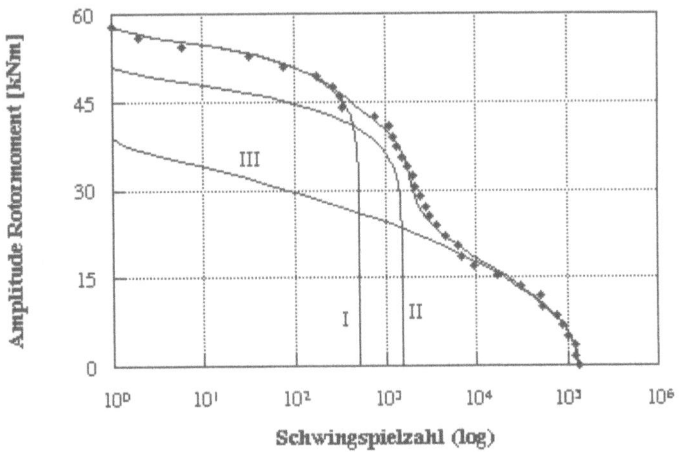

Abb. 17: Amplitudenkollektiv des Rotormomentes aus der Langzeitmessung und Einteilung in drei Teilkollektive

Außer den komponentenspezifischen Eigenschaften des Antriebssystems ergeben sich eine Reihe weiterer Eigenschaften, die auf die Wechselwirkungen der einzelnen Antriebskomponenten untereinander zurückzuführen sind. Deswegen mussten für genauere Erkenntnisse über das Betriebsverhalten Betriebsmessungen und Simulationsuntersuchungen durchgeführt werden.

Betriebsverhalten. Aus den Betriebsmessungen ist das stationäre sowie dynamische Betriebsverhalten des Antriebssystems ermittelt worden. Die messtechnischen Untersuchungen wurden durch analytische Untersuchungen ergänzt. Zur Klärung von Sonderereignissen in den Betriebsmessungen wurden digitale Simulationen herangezogen. Das für die digitale Simulation erforderliche mathematische Modell wurde aus den Ergebnissen der Betriebsmessungen und der analytischen Untersuchungen abgeleitet. Darüber hinaus stellen die gewonnenen Erkenntnisse über das Betriebsverhalten großtechnisch ausgeführter Shredderanlagen die Eckdaten zur Nachbildung des Betriebsverhaltens an einem Versuchsshredder sowie Versuchsstand zur Verfügung. Des Weiteren wurden davon ausgehend die Randbedingungen für den Entwurf neuer Antriebskonzepte formuliert.

Neben dem Shredderbetrieb ist der Hochlaufvorgang der Shredder-Anlage aufgenommen worden (Abb. 9 und 18), da dieser erfahrungsgemäss bei direkt am Netz betriebener ASM eine besondere Belastung für den gesamten Antriebsstrang darstellt. Der Hochlauf der Shredder ist, bis auf das Einwirken von vernachlässigbaren Störungen, ein rein deterministischer Belastungsprozess. Die Dauer beträgt zwischen 15 s und 40 s je nach Größe des Shredder-Rotors und Art der eingesetzten hydrodynamischen Kupplung. Bei Systemen mit hydrodynamischen Kupplungen, welche einen offenen Hydraulikkreis aufweisen, kann die Hochlaufzeit des Shredder-Rotors mit ca. 30-facher Massenträgheit gegenüber dem Elektromotor über die Geschwindigkeit der Kupplungsbefüllung beeinflusst und somit die Belastung während des Hochlaufs reduziert werden. Anlagen dieser Art sind so eingestellt, dass sie nur mit Nennbelastung im Antriebsstrang und speisendem elektrischen Netz hochlaufen.

Antriebssysteme mit einer „schnellen" Befüllung der hydrodynamischen Kupplungen zeigen durch die Überlappung der beiden Phasen des Anlaufvorgangs einen verkürzten Hochlaufvorgang. Der Hochlaufvorgang beträgt in diesem Fall 20 s. Während des Hochlaufvorganges unterliegen die elektrischen Komponenten allerdings einer Belastung mit ca. 4,5-fachem Nennstrom. Der Nennstrom beträgt hier 88 A, was eine hohe thermische Belastung für die Asynchronmaschine (Antriebsmotor) bedeutet. Dabei ist ein Spannungseinbruch um ca. 16 % zu beobachten (Abb. 18). Zulässig sind Spannungsänderungen bis 3 %.

Bei allen gemessenen Hochlaufvorgängen dieser Anlage (Anlage 1) wurden bei einer Rotordrehzahl zwischen 400 und 500 min^{-1} leichte bis sehr hohe Torsionsschwingungsamplituden festgestellt. Diese Sonderbelastungen des Antriebsstranges wurden vor allem im kupplungsabtriebsseitigen Antriebsstrang (Gelenkwelle) beobachtet.

In den in Abb. 18 dargestellten Messergebnissen der Shredder-Anlage 1 beträgt die Frequenz der Torsionsschwingungen ca. 13 Hz und entspricht der Eigenfrequenz des Teil-Antriebsstranges, in dem sie auftreten. Die Amplitude erreicht das 1,5-fache des Nennmomentes, welches in diesem Fall 11,19 kNm beträgt. Diese Überlasten reduzieren die Lebensdauer der mechanischen Komponenten (vgl. Beck et al. 1994).

Im Gegensatz zum Hochlaufvorgang besitzt die Belastung während des Zerkleinerungsprozesses einen rein stochastichen Charakter. Der grundsätzliche Belastungszeitverlauf ist bei allen Schrottarten ähnlich; er zeigt eine niederfrequente Grundbeanspruchung durch die Aufgabemenge und Oberschwingungen, welche aus der impulsförmigen Einwirkung der Schlagelemente während des Zerkleinerungsprozesses resultieren (vgl. Höffl u. Schäfer 1988). Dadurch können Torsionsschwingungen in der Gelenkwelle angeregt werden (vgl. Abb. 19). Diese weisen eine Frequenz auf, welche der Eigenfrequenz des kupplungsabtriebsseitigen Strangteils entspricht, und nehmen in Form einer e-Funktion zu, um nach kurzer Zeit auszuklingen. Diese Tatsache deutet auf eine kurzzeitige „Entdämpfung" im Antriebsstrang hin.

Bei extremen Belastungen begrenzt die Kupplung das zu übertragende Drehmoment und sorgt für eine Drehzahlentkopplung. Durch die Drehzahlentkopplung zwischen Asynchronmaschine und Rotor kann die Drehzahl des Rotors nachgeben und dadurch einen Teil der kinetischen Energie der Rotormassen in den Zerkleinerungsprozess führen, so dass Lastspitzen von Antriebsmotor und einspeisendem elektrischen Netz ferngehalten werden. Dabei steigt der Schlupf der Kupplung an. Werte bis 20 % sind in den Zeitverläufen der Messungen an Shredder-Anlage 2 zu beobachten (vgl. Abb. 20); n_R= 480 min^{-1}. Entsprechend hoch ist der Anteil der Antriebsleistung, die in der Kupplung in Wärme umgesetzt wird.

Das Gegenbeispiel zeigen diesbezüglich die Messungen an den Anlagen 1 und 4. Wie Abb. 20 zeigt, pflanzen sich die Lastspitzen aus dem Prozessraum in den Antriebsstrang bis zum speisenden Netz fort. Der steile Anstieg im Zeitverlauf des Rotormoments deutet auf eine Lastspitze aus dem Prozessraum hin. Diese ist auch im Verlauf des Motormoments zu beobachten. Dabei tritt ein Drehzahleinbruch (ca. 20 %) auf der Rotorseite sowie auf der Motorseite auf, was auf eine nicht aus-

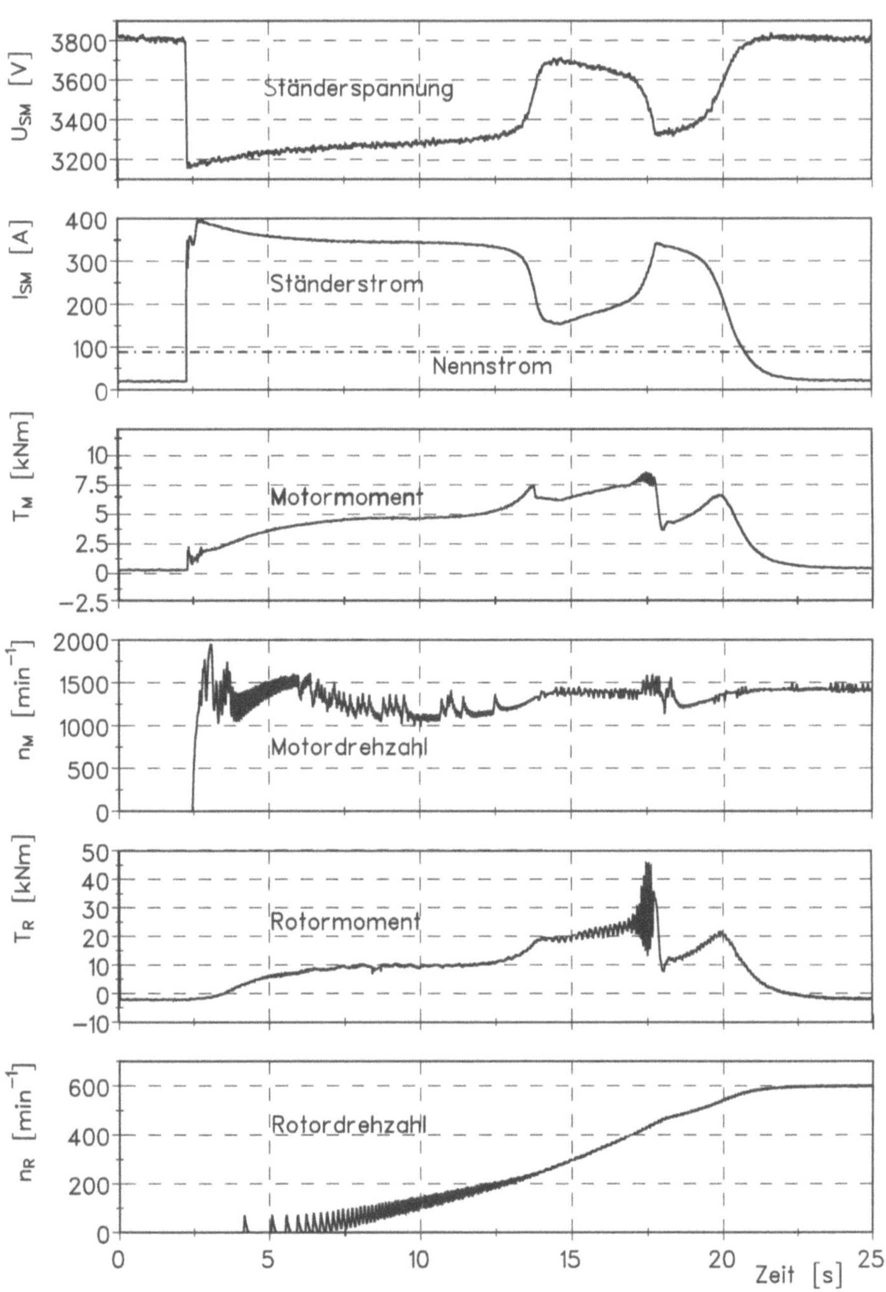

Abb. 18: Gemessene Zeitverläufe der relevanten Systemgrößen beim verkürzten Hochlauf der Shredder-Anlage 1 (vgl. Abb. 8)

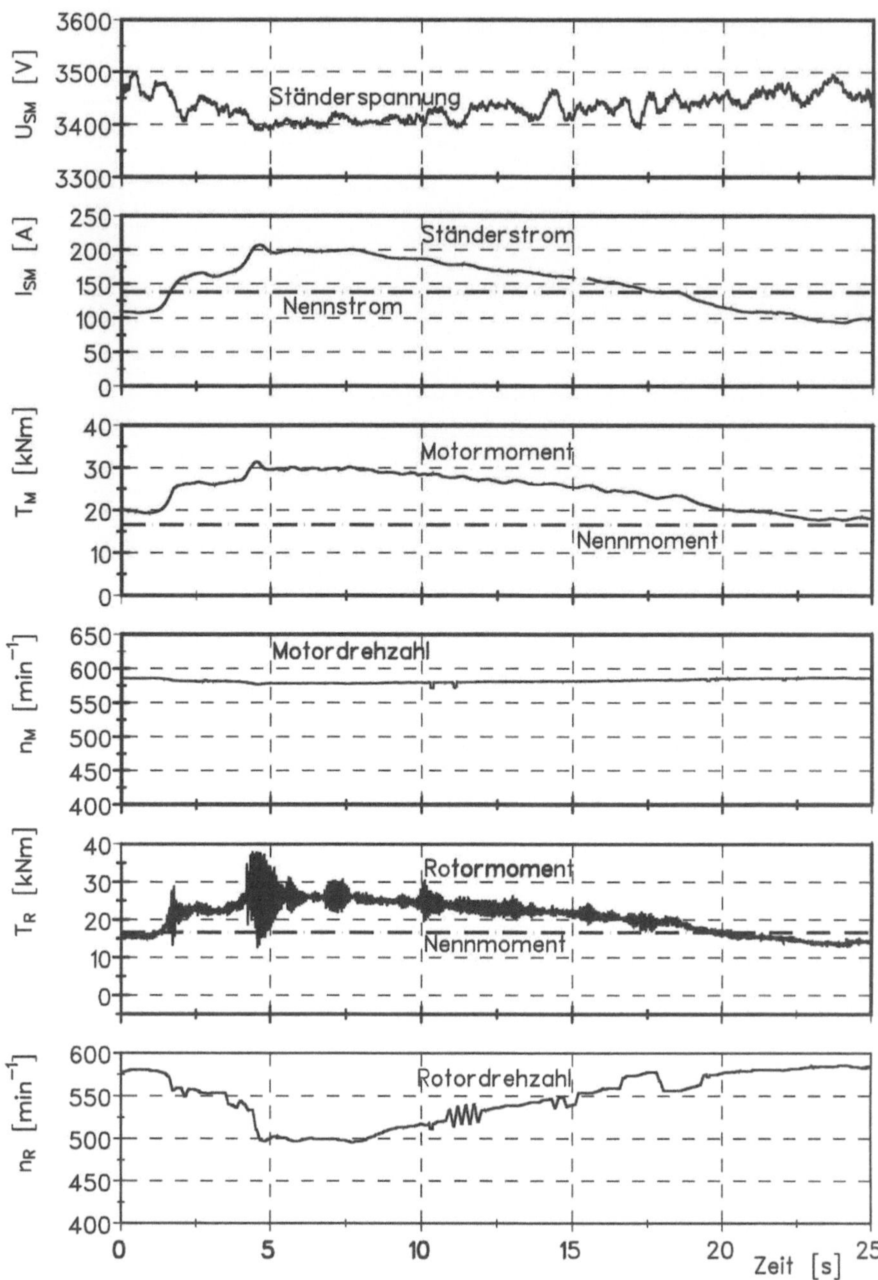

Abb. 19: Gemessene Systemgrößen: Schwingungen im Zeitverlauf des Rotormomentes T_R (Anlage 2)

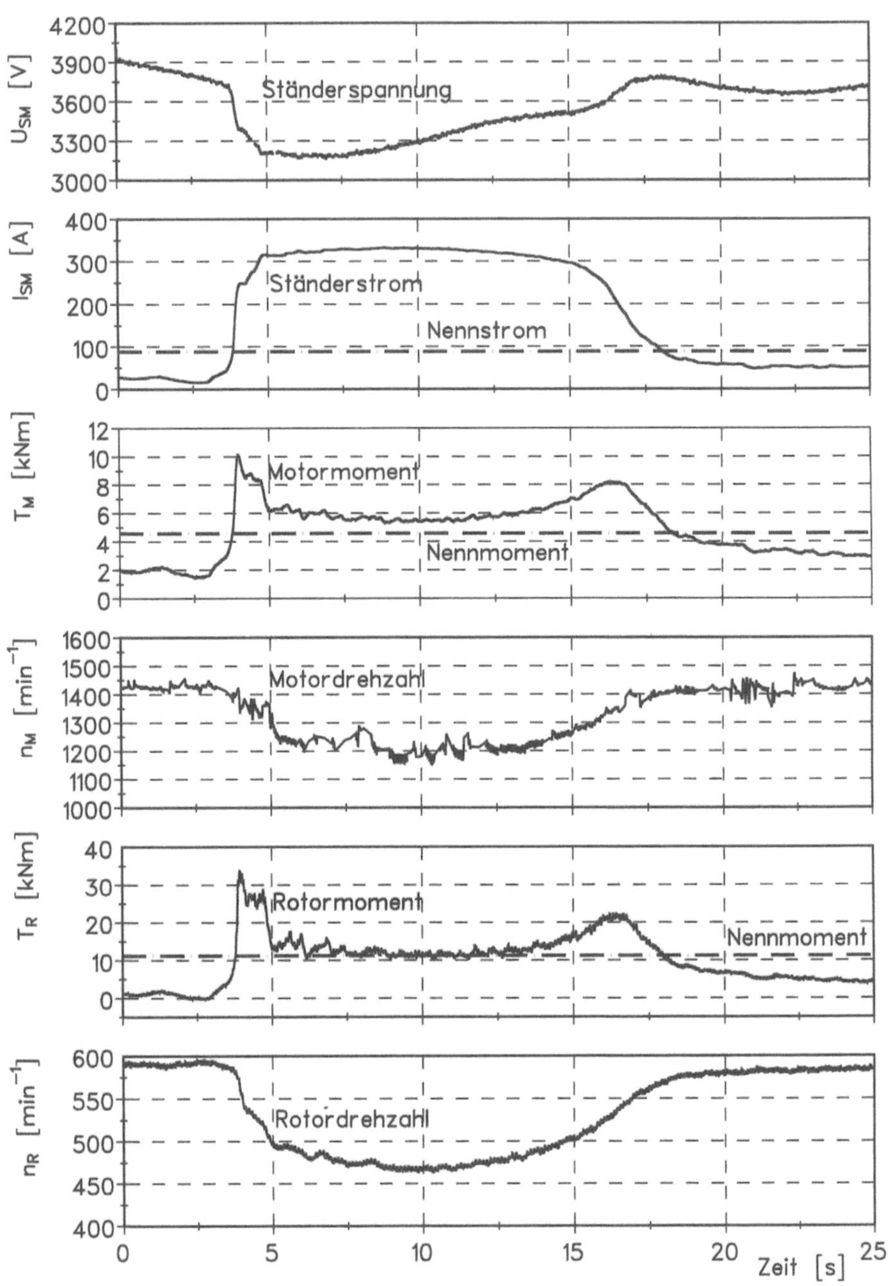

Abb. 20: Gemessene Systemgrößen beim Shredderbetrieb; Fortpflanzung von Lastspitzen im Antriebsstrang

reichende dynamische Entkopplung durch die hydrodynamische Kupplung zurückzuführen ist. Dies ist vor allem bei Antriebssystemen mit Kupplungen „harter"

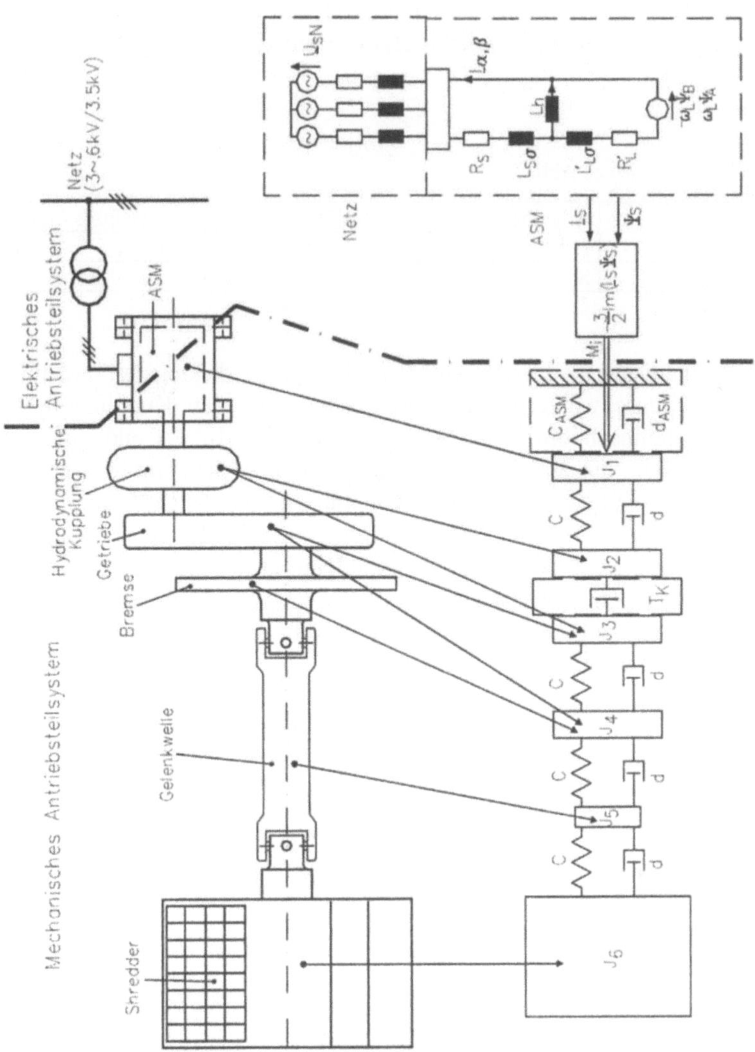

Abb. 21: Ersatzschaltbild des Shredder-Antriebsstranges

Kennlinien-Charakteristik zu beobachten (vgl. Beck et al. 1995). Mit Hilfe der digitalen Simulation wurden Erkenntnisse über die Ursachen der in den Messungen beobachteten Effekte (z. B. Torsionsschwingungen) gewonnen. Für die Simulation wurde das Ersatzschaltbild in Abb. 21 zugrunde gelegt. Das Antriebssystem der Shredderanlagen kann prinzipiell in ein elektrisches und ein mechanisches Teilsystem unterteilt werden. Das Betriebsverhalten des elektrischen Teilsystems lässt sich vereinfacht mit dem Ersatzschaltbild der Asynchronmaschine und den Ersatz-spannungsquellen beschreiben. Das dargestellte Ersatzschaltbild der ASM ergibt sich aus der Raumzeigerdarstellung der Maschinenspannungen und -ströme in einem ständerfesten Koordinatensystem. Die Läufergrößen sind auf die Ständer-seite umgerechnet. Die in Tabelle 1 gezeigte Indizierung gilt für das Ersatzschalt-bild.

Tabelle 1: Indizierung zu Abb. 21.

	Allgemein	Reelle Achse	Imaginäre Achse
Läufer	L	A	B
Ständer	S	∀	∃

Das mechanische Teilsystem wurde nach Abb. 21 diskretisiert und auf das dar-gestellte Kettenschwingermodell vereinfacht. Auf der Kupplungsantriebsseite ergibt sich demnach ein Zwei-Massen-Schwinger (J_1, J_2) und auf der Kupp-lungsabtriebsseite ein auf die Motordrehzahl reduzierter Vier-Massen-Schwinger (J_3, J_4, J_5, J_6). Die hydrodynamische Kupplung wird als nichtlineares Dämpfungs-glied vereinfacht nachgebildet. Betrachtet man die Kupplung bei fester Antriebs- oder Abtriebsdrehzahl, so besitzt sie für kleine erzwungene Schlupfpendelungen ()T_T oder)T_P) an einem Betriebspunkt (T_{P0}, T_{T0}) ein näherungsweise drehzahlpro-portionales Dämpfungsverhalten. Dabei ergeben sich unterschiedliche Dämpfungs-konstanten für Pendelungen der Antriebs- und Abtriebsseite (vgl. Beck et al. 1995).

$$d_{K,Abtrieb}(\omega_{P0},\omega_{T0}) = T_{K,nenn0}\,\frac{d\lambda(s_K)}{d\omega_T}\bigg|_{\omega_{P0}=konst.} \tag{1}$$

$$d_{K,Antrieb}(\omega_{P0},\omega_{T0}) = \frac{d(T_{K,nenn}\lambda(s_K))}{d\omega_P}\bigg|_{\omega_{T0}=konst.} \tag{2}$$

Das von der Kupplung übertragene Moment wird in der Simulation mit Hilfe folgender Gleichung berechnet:

$$T_K = \lambda(s_K)\rho D^5\omega_P^2 \tag{3}$$

Der als Leistungszahl 8(s_K) bezeichnete dimensionslose Proportionalitätsfaktor beschreibt nach Abb. 22 die Abhängigkeit des übertragenen Kupplungsmomentes T_K vom Schlupf s_K. Somit ergibt sich das zu einem bestimmten Zeitpunkt übertra-gene Drehmoment der Kupplung aus der veränderlichen Antriebs- (n_P bzw. T_P) und Abtriebsdrehzahl (n_T bzw. T_T).

Die Simulationsergebnisse mit dem genannten Modell weisen eine für die Un-tersuchungen ausreichende Übereinstimmung mit den Messergebnissen auf (vgl. Beck et al. 1995; Sourkounis et al. 1996a). Dadurch sind die Grundlagen geschaf-fen, um mit Hilfe der Simulation den Einfluss verschiedener Systemparameter, z.B. Kennlinienänderungen der Kupplung, zu untersuchen. Andererseits bildete das

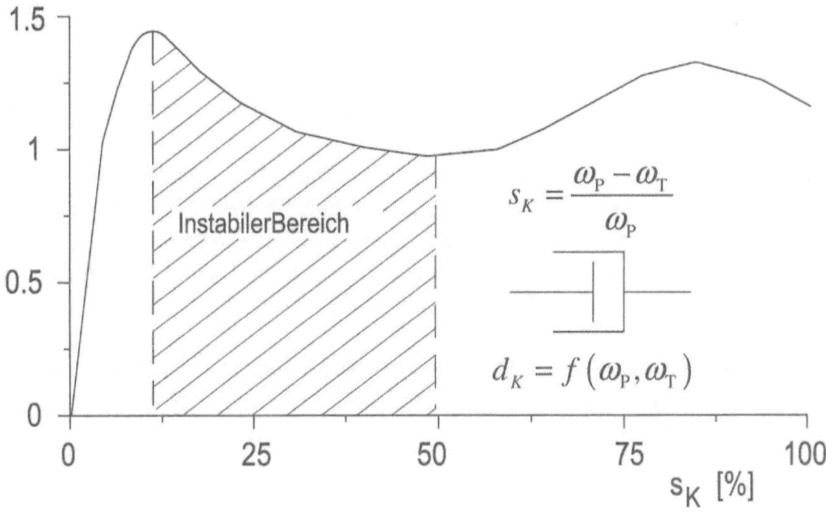

Abb. 22: Kennlinie 8(s_K) einer hydrodynamischen Kupplung[1]

erstellte Modell die Grundlagen für die Untersuchungen von neuen Antriebskonzepten mit Hilfe der Simulation (vgl. Abschn. 2.2.4.2). Aus der Parametervariation hat sich ergeben, dass die Torsionsschwingungen in der Gelenkwelle auf die Kupplungskennliniencharakteristik zurückzuführen sind. Beim Betrieb in Kennlinienabschnitten mit negativer Steigung dT_K/ds_K wirkt die Kupplung auf das abtriebsseitige Vier-Massensystem entdämpfend. Bei negativer Kupplungsdämpfungskonstante wandern die Pole des Vier-Massen-Schwingersystems in den instabilen Bereich der kartesischen Ebene (vgl. Beck et al. 1995). Erreicht der Betriebspunkt der Kupplung Kennlinienabschnitte mit positiver Steigung dT_K/ds_K, so wirkt umgekehrt die Kupplung auf die abtriebsseitigen Pendelungen stark dämpfend. Dadurch klingen zuvor selbsterregte Torsionsschwingungen schnell wieder ab.

Die Amplituden der selbsterregten Torsionsschwingungen ist von der Höhe der Steigung dT_K/ds_K und der Zeitdauer abhängig, in der der Betriebspunkt den Kennlinienabschnitt mit negativer Steigung dT_K/ds_K durchläuft. Durch Variation z.B. der Füllmenge kann man den Kennlinienverlauf beeinflussen und so auch die Amplitude der selbsterregten Torsionsschwingungen. Entsprechend kann bei Kupplungen mit Füllungsverzögerung durch Anpassung der Befüllungszeit ein schnelles oder langsames Hochlaufen der Anlage je nach Bedarf erreicht werden.

Ähnlich wie beim Hochlaufvorgang hängt die Schwingungsneigung des kupplungsabtriebsseitigen Antriebsstranges beim Shredderbetrieb auch von der Kennliniencharakteristik ab. Die Untersuchungen haben gezeigt, dass Kupplungen mit steilen Kennlinien im Betriebsbereich ohne nennenswerte hochdynamische Schlupfänderungen mit einer ausreichend hohen Dämpfung auf den Vier-Massen-Schwinger wirken. Weder in den Mess- noch in den Simulationsergebnissen

---

[1] Die Kennlinie hat keine allgemeine Gültigkeit.

konnten nennenswerte Torsionsschwingungen festgestellt werden. Dafür pflanzen sich durch das quasidrehzahlstarre Verhalten der Kupplung Lastspitzen im Antriebsstrang in voller Höhe bis zum Netz fort.

Kupplungen mit einer Charakteristik, die hochdynamische Schlupfänderungen erlaubt, wirken während der Wiederbeschleunigungsphase (abtriebsseitig) entdämpfend, was zu unerwünschten Torsionsschwingungen in der Gelenkwelle führt. Gleichzeitig weist diese Art von Kupplungen durch den relativ hohen mittleren Schlupf (beim Betrieb 8-10 %) entsprechend hohe Verluste auf, die unter Umständen zu Betriebsunterbrechungen durch unzulässige Erwärmung der Kupplung führen. Dafür weisen die Kupplungen dieser Charakteristik ein relativ gutes Dämpfungsvermögen bezüglich Lastspitzen aus dem Prozessraum.

Erkenntnisse und Eckdaten für neue Antriebskonzepte. Die Ergebnisse der messtechnischen sowie der Simulationsuntersuchungen können wie folgt zusammengefasst werden:

a) Wie die Abb. 20 zeigt, pflanzen sich die Lastspitzen aus dem Prozessraum in den Antriebsstrang bis zum speisenden Netz fort. Der steile Anstieg im Zeitverlauf des Rotormoments deutet auf eine Lastspitze aus dem Prozessraum hin. Diese ist auch im Verlauf des Motormoments zu beobachten. Dabei tritt ein Drehzahleinbruch (ca. 20 %) auf der Rotorseite sowie auf der Motorseite auf, was auf eine nicht ausreichende dynamische Entkopplung durch die hydrodynamische Kupplung zurückzuführen ist. Dies ist vor allem bei Antriebssystemen mit Kupplungen „harter" Kennlinien-Charakteristik zu beobachten (vgl. Beck et al. 1995). Neben einer vorzeitigen Materialermüdung der mechanischen Antriebskomponenten verursachen diese auf Dauer eine thermische Überlastung der Asynchronmaschine. Weiterhin entstehen dadurch Leistungsspitzen im speisenden Netz, was zur Erhöhung der Betriebskosten (Leistungspreis) führt.

b) Hydrodynamische Kupplungen mit einer „weichen" Kennlinien-Charakteristik zeigen ein zufriedenstellendes Verhalten bezüglich der Lastspitzen auf (vgl. Abb. 19). Dafür treten im kupplungsabtriebsseitigen Strang Torsionsschwingungen (Gelenkwelle) auf, die in Form einer e-Funktion aufklingen. Dies ist auf die Tatsache zurückzuführen, dass die Kupplung bei hochdynamischer Schlupfänderung mit sehr niedriger bzw. negativer Dämpfung auf den kupplungsabtriebsseitigen Strang wirkt (vgl. Beck et al. 1995). Darüber hinaus weisen „weiche" Kupplungen durch ihre Kennlinien-Charakteristik hohe Schlupfwerte und entsprechend hohe Verluste (bis 20%) auf. Diese führen unter Umständen zu Betriebsunterbrechungen durch unzulässige Erwärmung der Kupplung.

c) Durch die Struktur des Antriebssystems mit zwei schlupfbehafteten Komponenten (ASM und hydrodynamische Kupplung) entstehen im Antriebsstrang bei hohen Belastungen unverhältnismäßig hohe Verluste. Abb. 23 zeigt eine Leistungsbilanz im Antriebsstrang bei einer kurzzeitigen hohen Belastung. Die ASM bezieht aus dem Netz 1600 kW und gibt eine mechanische Leistung von 750 kW ab. In dem Prozessraum kommen nur ca. 500 kW an. 70 % der aus dem Netz bezogenen Wirkleistung gehen in diesem Betriebszustand im Antriebsstrang als Wärme verloren.

Die genannten Probleme zeigen die Notwendigkeit für neue Antriebskonzepte. Diese sollen die Möglichkeit bieten für (vgl. Sourkounis et al. 1996a; 1996b):

- eine aktive Dämpfung von Torsionsschwingungen im Antriebsstrang,
- einen drehzahlelastischen Betrieb, welcher die Lastspitzen im mechanischen Antriebsstrang, sowie Leistungsspitzen im speisenden Netz vermeiden soll,
- eine Reduzierung der Verluste im Antriebsstrang.

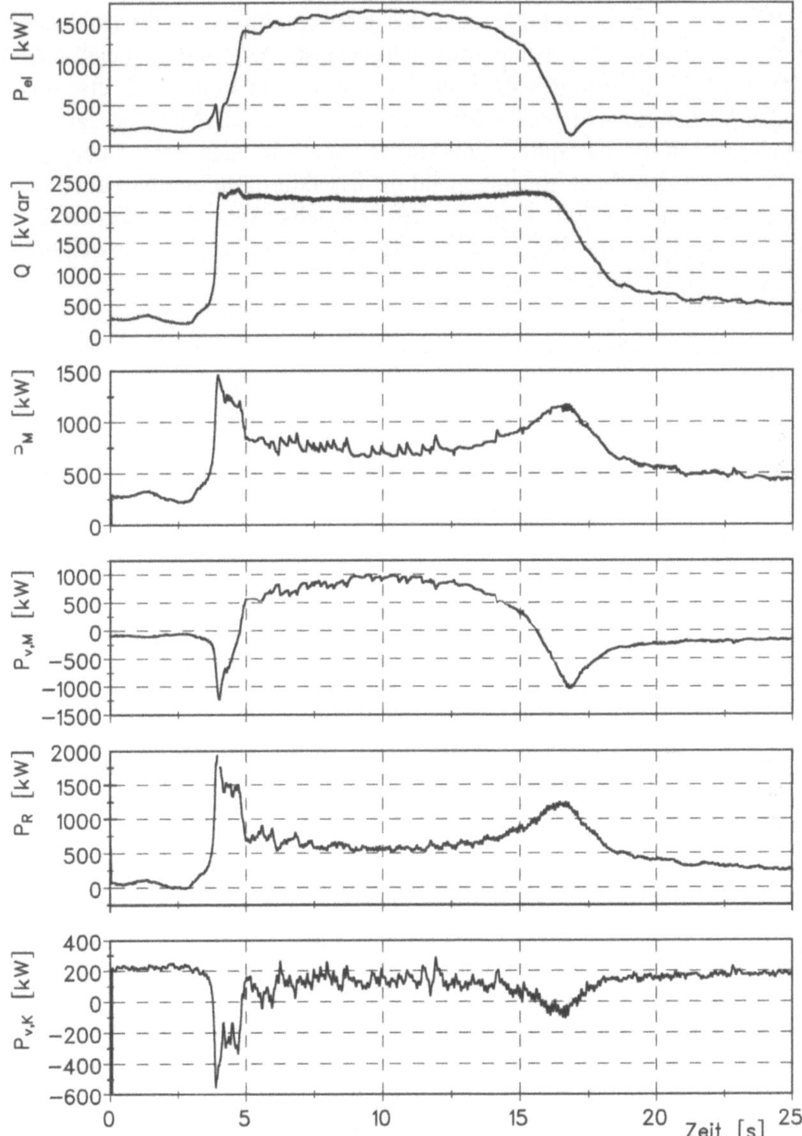

Abb. 23: Leistungsbilanz im Antriebsstrang der Shredder-Anlage 1 bei extrem hoher Last ($P_{nenn} = 710$ kW)

2.2.4.2
Drehzahlelastische Antriebe zur Lastkollektivminimierung

Antriebskonzepte. Die gestellten Anforderungen verlangen hochdynamische Stellglieder mit ausreichenden Leistungsstellreserven. Des Weiteren ist es erforderlich, die Leistung bedarfsgerecht bereitzustellen, um Verluste bei Übergangsvorgängen zu reduzieren.

Abbildung 24a zeigt detailgerecht das Konzept für einen drehzahlelastischen Antrieb. Es handelt sich um eine umrichtergespeiste ASM mit Wellenmomentregelung (WERA). Mit Hilfe des Zwischenkreisumrichters kann das Luftspaltmoment bzw. das Wellenmoment unabhängig von der Betriebsdrehzahl geregelt werden. Dadurch können die Lastspitzen im Antriebsstrang je nach Bedarf über den Sollwert T_W begrenzt werden. Entsprechend niedrig fällt in diesem Fall auch die Belastung der elektrischen Komponenten des Antriebssystems aus. Zusätzlich übernimmt der Wellenmomentregler die Aufgabe der aktiven Torsionsschwingungsdämpfung (vgl. Beck 1999).

Bei lange andauernden hohen Belastungen durch den Shredder und auf Nennwert geregeltem Wellenmoment besteht die Gefahr, dass die Drehzahl sehr stark absinkt. Dabei würden sich ungünstige Bedingungen für den Zerkleinerungsprozess ergeben. Erfahrungsgemäss darf sich die Drehzahl in einem Bereich von $0{,}9 - 1{,}1 \cdot n_{nenn}$ bewegen, ohne dass sich negative Einflüsse auf den Shredderprozess ergeben. Eine Sollwertvorsteuerung über die Drehzahl sorgt dafür, dass sich in Abhängigkeit der Abweichung der Drehzahl von der Nenndrehzahl der Wellenmomentsollwert bei zu niedriger Drehzahl erhöht, bzw. bei zu hoher Drehzahl vermindert. Der Sollwert des Wellenmoments kann zwischen dem 0- und 1,5-fachen Nennmoment selbständig angepasst werden.

Das Antriebskonzept bietet weiter die Möglichkeit, ungünstige Einflüsse von Parameteränderungen, wie z. B. die Vergrößerung des Luftspalts zwischen Schlagelement (Hammer) und Gehäuse oder die Änderung der Schrottzusammensetzung, durch Anpassung der Betriebsnenndrehzahl zu kompensieren. Dadurch können Durchsatzverminderungen ohne weiteren technischen Aufwand vermieden werden und somit bei beliebigen Betriebsbedingungen hohe Ausnutzungsgrade der Anlagen erreicht werden. Dazu sind Erkenntnisse aus verfahrenstechnischen Untersuchungen über den Zerkleinerungsmechanismus, sowie die Einflüsse der Betriebsparameter wie z.B. der Drehzahl erforderlich.

Die Betriebscharakteristik der drehmomentgeregelten ASM erfüllt auch die Aufgaben der hydrodynamischen Kupplung wie z.B. die Überlastsicherung, so dass diese dadurch überflüssig wird. Zusätzlich vereinfacht sich der mechanische Antriebsstrang durch die Tatsache, dass der Umrichter variable Ständerfrequenzen zur Verfügung stellt. Somit können auch kostengünstige zwei-polpaarige Maschinen ohne Getriebe den Shredder direkt antreiben.

Nachteilig ist dabei, dass die gesamte Leistung, die für den Shredderprozess benötigt wird, über den Zwischenkreisumrichter fließen muss. Da dieser nicht überlastbar ist, muss er so dimensioniert werden, dass er auch bei Überlast ausreichend Leistungsstellreserven besitzt. Dies kann je nach Leistungsklasse den Aufwand unverhältnismäßig hoch treiben. Abb. 24b zeigt ein weiteres Antriebskonzept, bei dem das Stellglied (Umrichter) nur für einen Teil der Anlagenleistung ausgelegt

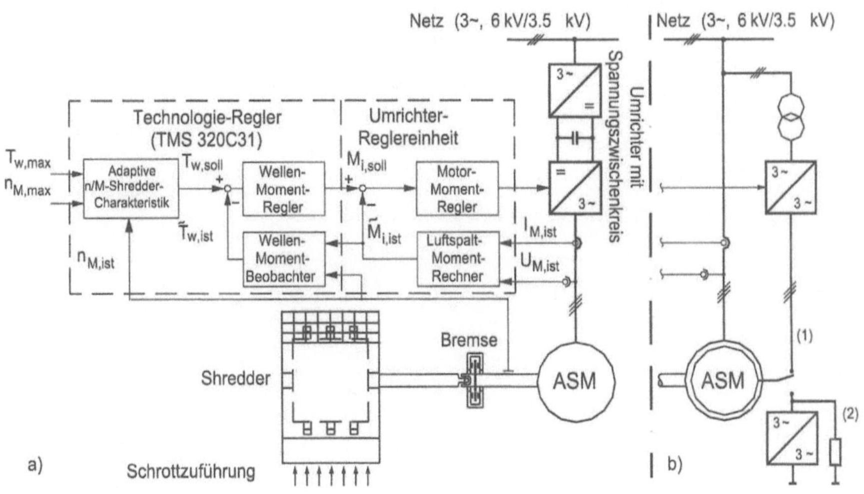

Abb. 24: Konzepte für drehzahlelastischen Betrieb (vgl. Sourkounis et al. 1996a)
a) mit Zwischenkreisumrichter
b) doppeltgespeiste Asynchronmaschine mit Pulsumrichter (1) oder „gepulstem Widerstand" (2)

werden muss. Die Kupplungscharakteristik wird bei diesem Antriebskonzept durch eine dynamische Anpassung der Drehmoment-Drehzahl-Kennlinie (DynAK) erreicht. Die ASM-Kennlinie kann über die dem Läufer entzogene Leistung verändert werden. Mit Hilfe einer Regelstruktur wie beim Konzept in Abb. 24a erreicht man mit einigen Einschränkungen ähnliche Eigenschaften. Eine nennenswerte Einschränkung besteht darin, dass der Drehzahlbereich relativ klein ist.

Weitere Antriebskonzepte, welche im Rahmen des Forschungsvorhabens in Betracht gezogen worden sind, basieren auf der gleichen Struktur des elektrisch-mechanischen Antriebsstranges, welche eine umrichtergespeiste ASM vorsieht. Dabei handelte es sich um die Systeme der „drehzahlgeregelten Asynchronmaschine" und der „luftspaltmomentgeregelten Asynchronmaschine" (vgl. Abb. 25).

Vergleichende Untersuchungen mit Hilfe der Simulation. Im ersten Schritt wurden die vorgestellten Konzepte mit Hilfe der Simulation vergleichend zum bestehenden Antriebssystem untersucht.

Die Simulationsergebnisse in Abb. 25a und 25b zeigen die Antworten der untersuchten Antriebskonzepte auf eine Lasteingangsfunktion. Diese wurde aus den Ergebnissen, welche bei den Betriebsmessungen und den Simulationsuntersuchungen gewonnen wurden, abgeleitet. Die Lasteingangsfunktion weist einen impulsförmigen Verlauf auf, der aus dem Einwirken der Schlagelemente herrührt. Die Frequenz kann theoretisch zwischen 0 Hz und ca. 120 Hz betragen. Hier wurde eine Frequenz von 15 Hz ausgewählt, was den „worst case"-Fall darstellt, da diese Frequenz der 1. Eigenfrequenz des mechanischen Antriebsstrangs entspricht.

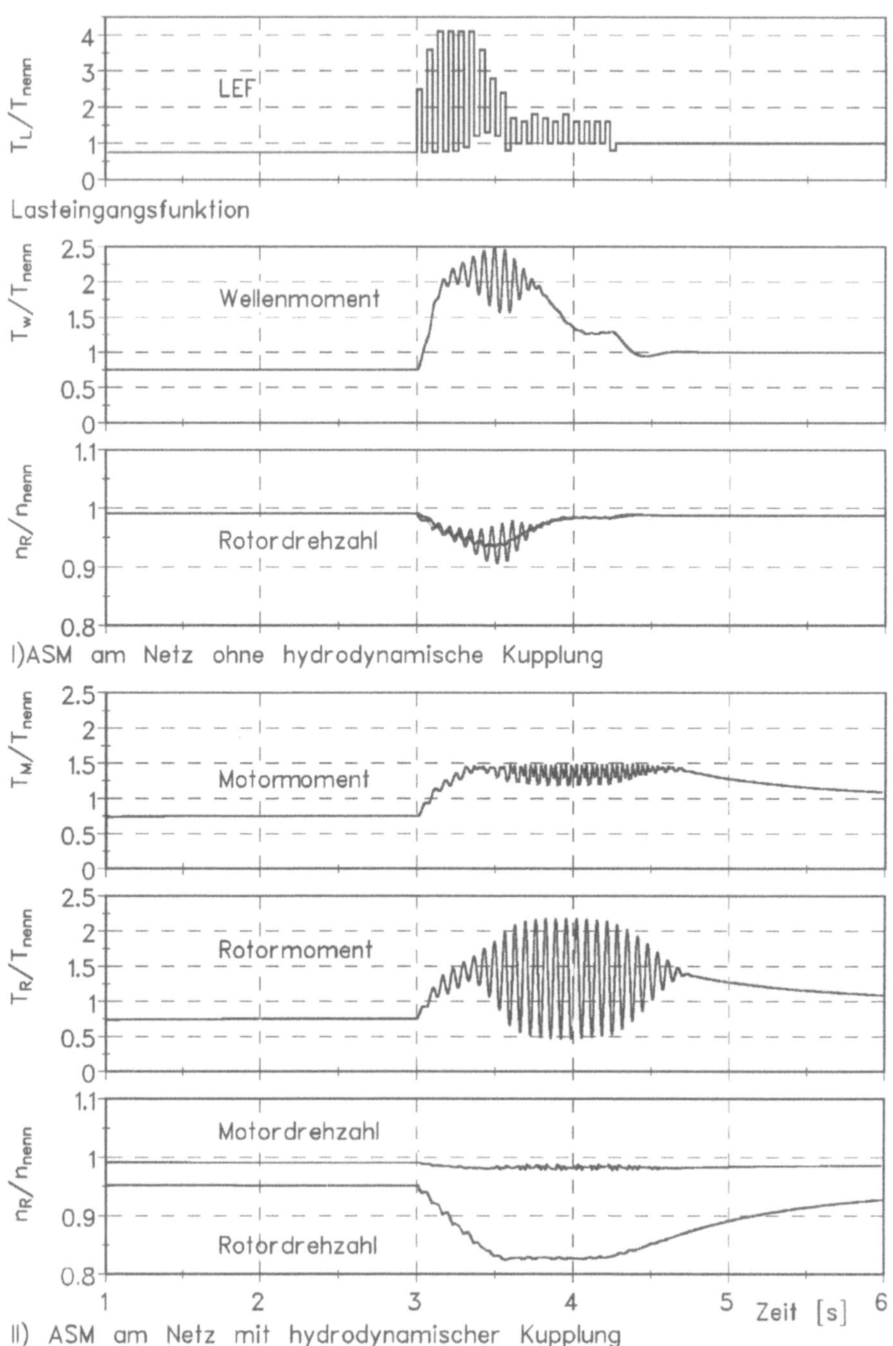

Abb. 25a: Simulationsergebnisse der vergleichenden Untersuchungen der Antriebskonzepte

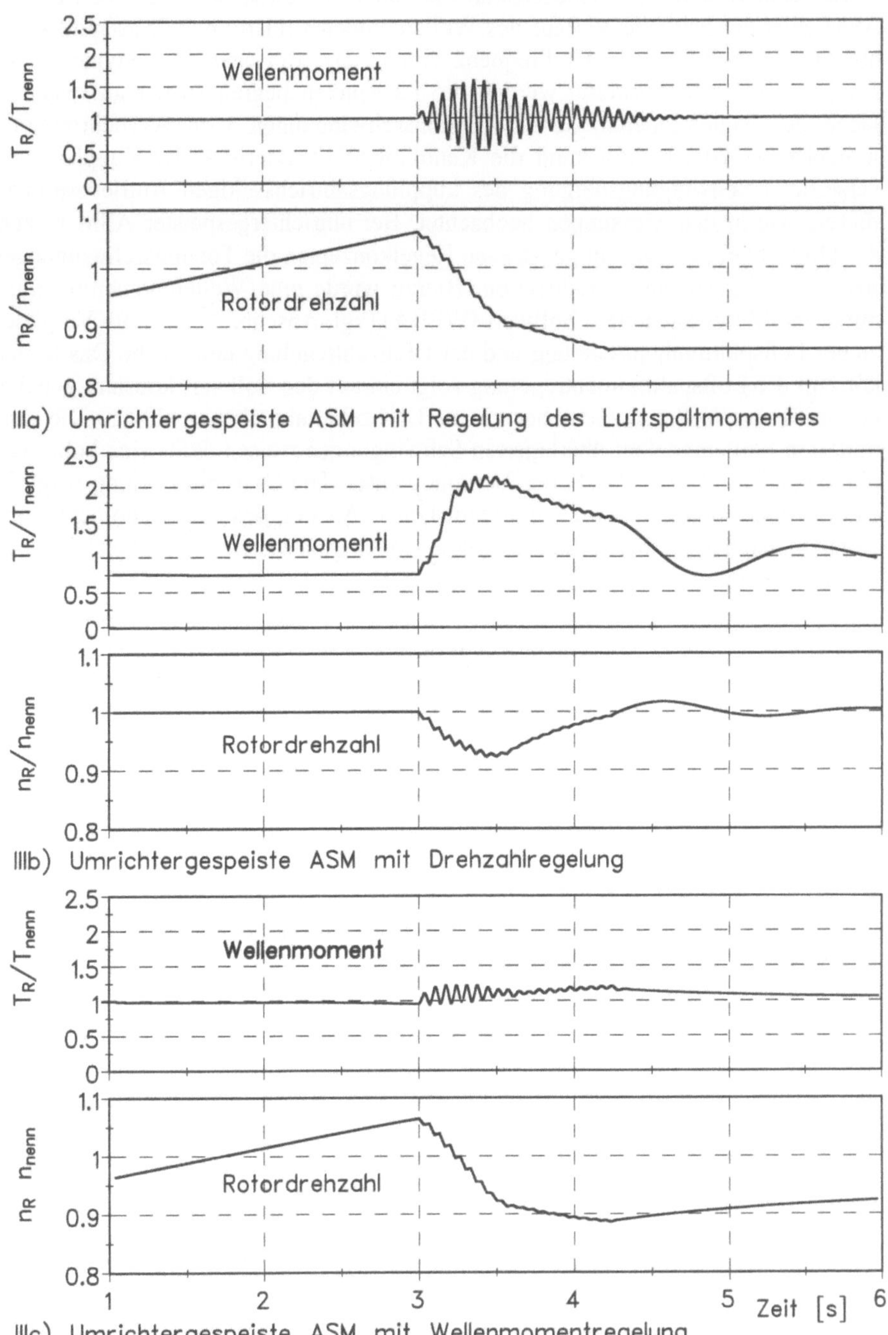

Abb. 25b: Simulationsergebnisse der vergleichenden Untersuchungen der Antriebskonzepte

Bei dem bestehenden Antriebskonzept mit einer direkt am Netz betriebenen ASM zeigt der zeitliche Verlauf des Wellenmoments relativ hohe Lastspitzen mit überlagerter Schwingung der Frequenz von 15 Hz. Bei einer hydrodynamischen Kupplung im Antriebsstrang werden die Lastspitzen begrenzt (hier auf das 1,5-fache des Nennmoments) sowie Torsionsschwingungen vom Asynchronmotor ferngehalten. Gleichzeitig kann die Kennlinien-Charakteristik der Kupplung zur verstärkten Schwingungsneigung des kupplungsabtriebsseitigen Antriebsstranges führen, wie in den Messungen beobachtet. Bei umrichtergespeister ASM besteht die Möglichkeit, gezielt mit geeigneten Regelkonzepten die Torsionsschwingungen sowie die Lastspitzen zu reduzieren. Hierzu wurde eine Wellenmomentregelung mit drehzahlvorgesteuertem Sollwert (WERA) (vgl. Abschn. 2.2.4.2), im Vergleich zu der Luftspaltmomentregelung und der Drehzahlregelung untersucht. Das Regelkonzept der Luftspaltmomentregelung zeigt ein auf den Sollwert konstant gehaltenes mittleres Wellenmoment bei einem Drehzahleinbruch von 20 %. Die dem mittleren Wellenmoment überlagerten Schwingungen weisen dafür eine hohe Amplitude auf. Sie beträgt 50 % des Nennmomentes. Die Drehzahlregelung sorgt für das Gegenbeispiel. Sie wird von einem hohen Anstieg des Wellenmomentes mit vernachlässigbar kleinen Oberschwingungen charakterisiert. Die Drehzahl sinkt nur um 8 % ab.

Gute Ergebnisse wurden mit der Wellenmomentregelung erreicht. Das Wellenmoment steigt nur um 15 % des Nennwertes an. Die Amplitude der Torsionsschwingungen konnte dabei auf 12 % des Nennmomentes reduziert werden. Die Drehzahl zeigt eine Änderung von 15 %, wobei die maximale Abweichung vom Nennwert nur 10 % beträgt. Die Simulationsergebnisse zeigen für das Antriebskonzept der umrichtergespeisten ASM in Zusammenhang mit einer Wellenmomentregelung ein für den Shredderantrieb besser geeignetes Verhalten (vgl. Sourkounis 2001).

Realisierung am Shredder-Prüfstand und Erprobung. Zur Erprobung der konzipierten Antriebssysteme wurde im Institut für Elektrische Energietechnik ein Prüfstand aufgebaut. Der Versuchsstand ist nach den Erkenntnissen über das Betriebsverhalten großtechnischer Shredderanlagen aufgebaut. Der mechanische Antriebsstrang wird hierbei auf einen Zwei-Massen-Schwinger reduziert. Dieser weist eine Massenverteilung wie das vereinfachte mathematische Modell von Shredderanlagen auf, und eine Eigenfrequenz, die der 1. Eigenfrequenz realer Anlagen entspricht.

Die als Antriebsmotor eingesetzte ASM kann direkt am Netz sowie über einen Zwischenkreisumrichter betrieben werden. Sie besitzt eine Charakteristik, welche der von realen Anlagen ähnlich ist. Diese werden durch eine steile Drehmoment-Drehzahl-Kennlinie im Nennbereich und ein Kippmoment beim 2,2-fachen Wert des Nennmomentes gekennzeichnet.

Für die Realisierung der Lasteingangsfunktion soll eine drehmomentgeregelte Gleichstrommaschine sorgen. Die Drehmomentregelung geschieht mit Hilfe eines Umkehrstromrichters. Die Massenträgheit der Gleichstrommaschine wird durch eine Schwungmasse erhöht, damit die gewünschte Massenverteilung eingestellt werden kann.

Im ersten Schritt sind die neuen Antriebskonzepte mit der gleichen theoretischen LEF wie bei den Simulationsuntersuchungen getestet worden. Diese hat in der Praxis nur bedingt Gültigkeit, bietet aber den Vorteil der Reproduzierbarkeit, so dass alle Antriebskonzepte mit exakt dem gleichen Zeitverlauf der LEF getestet werden können. Als Kriterium für den Vergleich der untersuchten Antriebskonzepte kann in diesem Fall der Zeitverlauf des Wellenmomentes (vgl. Abb. 25a und 25b) herangezogen werden.

Die Zeitverläufe des Wellenmomentes zeigen wie auch in der Simulation, dass das Konzept „Drehzahlelastisches Antriebssystem" (vgl. Abb. 24) eine nennenswerte Dämpfung der Lastspitzen sowie der Torsionsschwingungen aufweist. Im Falle der „Asynchronmaschine mit dynamischer Anpassung der Drehmoment-Drehzahl-Kennlinie" (DynAK) wird die Antwort auf die LEF auf 50 % des Nennmomentes gegenüber 100 % beim System der ASM mit Kurzschlussläufer, welche direkt am Netz betrieben wird, reduziert (vgl. Abb. 26a und 26b).

Die Amplitude der durch die LEF angeregten Torsionsschwingungen im mechanischen Antriebsstrang lässt sich in Kombination mit einer Drehmomentregelung auf 20 % des Nennmoments reduzieren; gegenüber 70 % bei dem System der „direkt am Netz betriebenen ASM mit Kurzschlussläufer".

Das Antriebssystem WERA zeigt ein höheres Dämpfungsvermögen bezüglich der Lastspitzen sowie Torsionsschwingungen an. Die Torsionsschwingungen (Amplituden) konnten auf 15 % des Nennmomentes reduziert werden und die Lastspitzen auf ca. 17 %. Alle diese Angaben beziehen sich auf eine Belastung mit der LEF wie in Abb. 26a zu sehen ist (vgl. Abb. 25a).

Wie die vergleichenden Untersuchungen mit Hilfe der Simulation sowie die analytische und experimentelle Untersuchung zeigen, hängt das Dämpfungsvermögen des Antriebssystems im allgemeinen von der Massenverteilung im mechanischen Antriebsstrang, der passiven Dämpfung (z.B. Materialdämpfung, Reibung u.a.) einerseits und von der Dynamik und den Stellreserven des eingesetzten Stellgliedes andererseits ab.

2.2.4.3
Ergebnisse

Die Antriebssysteme WERA und DynAK wurden abschließend an einem Modell-Shredder erprobt. Da nicht alle Details bzw. Nebeneffekte des Zerkleinerungsprozesses nachgebildet werden können, ist die Erprobung der neuen Antriebssysteme an dem Modell-Shredder als realitätsnah und notwendiger Schritt für die Übertragung der Ergebnisse auf großtechnisch ausgeführte Shredder-Anlagen zu sehen. Dabei sind Versuche mit beiden neuen Antriebssystemen bei verschiedenen Belastungen durchgeführt worden. Die Belastung ist, wie es vom Prozessverlauf herrührt, über die Materialzufuhr (Schrottzufuhr) eingestellt worden, wobei nur die mittlere Belastung zu beeinflussen war. Der zeitliche Verlauf unterliegt einer stochastischen Charakteristik.

Zum Vergleich der Ergebnisse einerseits und zur Überprüfung der Übertragbarkeit der Ergebnisse auf großtechnisch ausgeführte Shredder-Anlagen andererseits sind zusätzlich Versuche mit den heute eingesetzten Antriebssystemen der „direkt am Netz betriebenen ASM mit Kurzschlussläufer" durchgeführt worden.

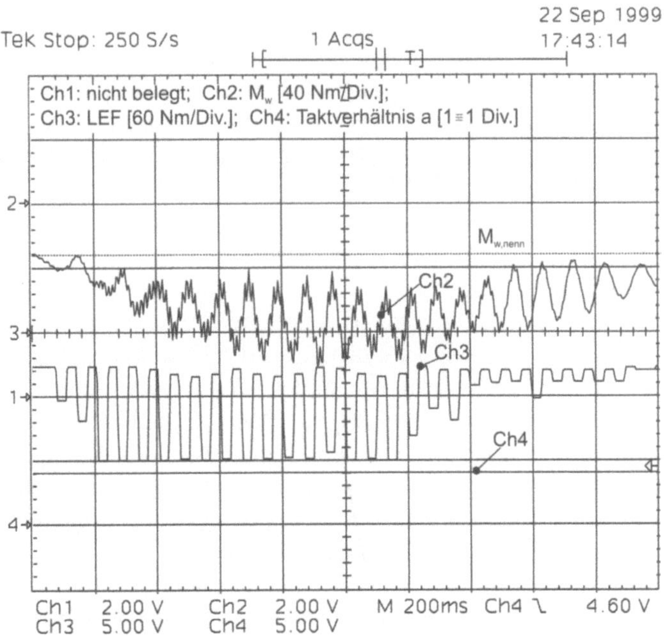

Abb. 26a: Gemessener Wellenmomentverlauf (Ch2) bei Asynchronmotor mit Kurzschlussläufer (Prüfstandergebnis)

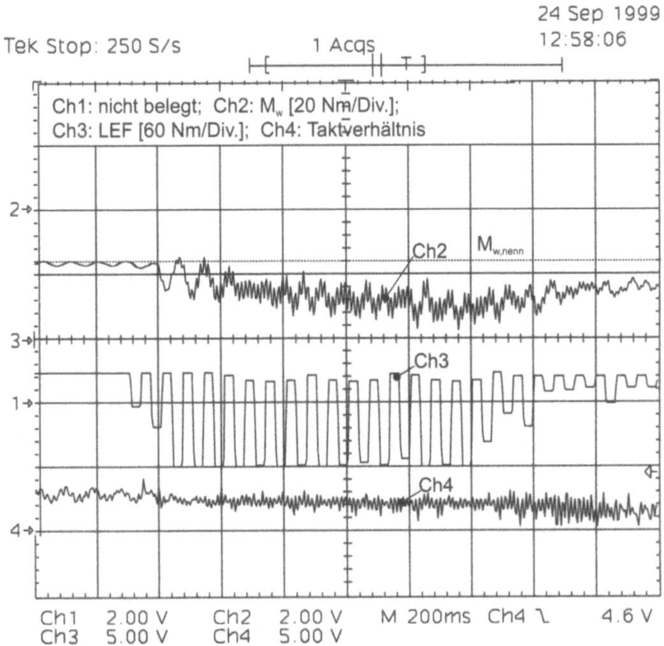

Abb. 26b: Wellenmomentverlauf beim Antriebssystem DynAK

Ausgehend vom Ziel des Forschungsvorhabens „Erhöhung der Verfügbarkeit und des Ausnutzungsgrades" hat es sich als zweckmäßig erwiesen, die Häufigkeitsverteilung des Lastkollektivs als Grundlage der Bewertung der Systeme zu verwenden. Zwischen der Häufigkeitsverteilung des Lastkollektivs und der Lebensdauer sowie der Verfügbarkeit besteht ein direkter Zusammenhang.

Abbildung 27 zeigt die Lastkollektivverteilung im mechanischen Antriebsstrang des WERA-Systems im Vergleich zum Standard-Antriebssystem. Durch die Wellenmomentregelung konnten die Lastspitzen auf das 1,5-fache des Nennmomentes begrenzt werden. Insgesamt ist eine deutliche Verschiebung der Verteilung des Lastkollektivs zu niedrigeren Amplituden zu erkennen. Die hier erreichte Lastkollektivminimierung besitzt jedoch nur qualitative Bedeutung bezüglich der Anwendung an großtechnisch ausgeführten Shredder-Anlagen. Dies ist auf die Tatsache zurückzuführen, dass ein direkter Zusammenhang mit den Parametern des Antriebsstranges und der Dynamik sowie den Stellreserven des Stellgliedes besteht. Mit den eingesetzten Umrichtern, welche mit einer Drehmoment-Anregelzeit von ca. 2 ms als hochdynamisch gelten, erreicht man eine aktive Dämpfung der Torsionsschwingungen bis auf eine Frequenz von maximal 25 Hz (vgl. Sourkounis 2001). Des Weiteren ist der Abbau der Lastspitzen im Antriebsstrang von der Drehzahlelastizität des Antriebssystems abhängig. Dies steht im Widerspruch zu der Tatsache, dass der Durchsatz mit sinkender Drehzahl abnimmt. Damit keine nennenswerte Durchsatzminderung auftritt, musste der Drehzahlbereich, in dem die Anlage eine hohe Drehzahlelastizität aufweist, begrenzt und auf die Größe der Massenträgheit des rotierenden Systems abgestimmt werden.

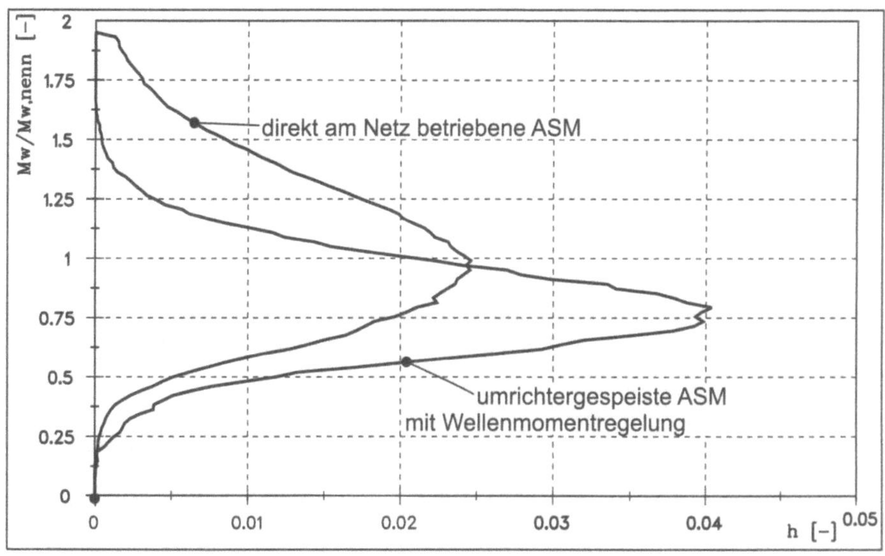

Abb. 27: Relative Häufigkeitsverteilung des Lastkollektivs im mechanischen Antriebsstrang des Modellshredders

Eine besondere Bedeutung ist der Art der Materialzufuhr einzuräumen. Die Anlagen mit drehzahlelastischem Antrieb müssen im Mittel bei der Nenndrehzahl n_{nenn} betrieben werden und nicht stets an der unteren Grenze des Betriebsdrehzahlbereiches. Dies darf nur dynamisch genutzt werden zum Abbau der Lastspitze, in dem die zusätzlich erforderliche Energie aus den rotierenden Massen in den Prozess eingespeist wird, sonst muss man mit Einbußen beim Durchsatz rechnen.

Die hier am Beispiel des Shredder-Betriebes gemachten Betrachtungen weisen auf derartige Vorteile, dass sie entsprechend auch bei anderen verfahrenstechnischen Anlagen mit ähnlicher Kollektivbelastung anzustellen sind.

2.2.5
Lastannahmen für Komponenten

Real gemessene Beanspruchungskollektive sind i. Allg. *Mischkollektive*, die sich aus mehreren *Teilkollektiven* zu einem *Gesamtkollektiv* zusammensetzen. Die Ursachen für die unterschiedlichen Teilkollektive sind unterschiedliche Betriebszustände sowie *Sonderereignisse*. Sonderereignisse sind nicht zum „normalen" Betrieb gehörende Betriebszustände relativ geringer Häufigkeit, bei denen in der Regel hohe Belastungen (*Überlasten*) auftreten.

Eine Extrapolation von Kollektiven auf Grundlage von Betriebsmessungen ist notwendig, um von der sich über einen kurzen Zeitraum erstreckenden Messdauer auf die gesamte Nutzungsdauer einer Anlage schließen zu können. Die einfachste Methode zur Extrapolation eines gemessenen Kollektivs von der Messzeit auf die Nutzungsdauer besteht in der zeichnerischen oder rechnerischen Verlängerung der Häufigkeitsverteilung. Wie in Gudehus u. Zenner (1995) dargelegt, ist diese Methode der Extrapolation i. Allg. mit hohen Fehlern besonders in Bezug auf die zu erwartenden Kollektivhöchstwerte verbunden. Die Methode der sog. *direkten Extrapolation* ist somit mit äußerster Vorsicht anzuwenden. Nach Buxbaum lässt sich eine Extrapolation sinnvoll mit Hilfe der Extremwerte von einzelnen Belastungsabschnitten durchführen (vgl. Buxbaum 1986). Am Beispiel der Auslegung von Antrieben für Gutbett-Walzenmühlen schlägt Gehlken folgendes Vorgehen vor (vgl. Gudehus u. Zenner 1995; Zenner u. Schöne 1989, vgl. auch Abb. 28):

- Zunächst wird die Gesamtnutzungsdauer der Bauteile festgelegt.
- Ermittlung der einzelnen Arbeitsprozesse bzw. Betriebszustände A_1 bis A_n; für diese wird gefordert, dass sie sich während der Nutzungsdauer nicht ändern und für diese repräsentativ sind.
- Anhand des Produktionsprogrammes bzw. der Häufigkeit wird eine Gewichtung vorgenommen. Die Summe der Gewichtungsfaktoren a_1 bis a_n muss gleich eins sein.
- Extrapolation der einzelnen Teilkollektive entsprechend ihrer zeitlichen Gewichtung auf ihren Anteil der Nutzungsdauer.
- Addition der einzelnen extrapolierten Teilkollektive zu einem Gesamtkollektiv (Bemessungskollektiv).

Dieses Verfahren der Erstellung eines Bemessungskollektivs durch die Superposition einzelner gewichteter Teilkollektive ist gut geeignet zur Durchführung einer

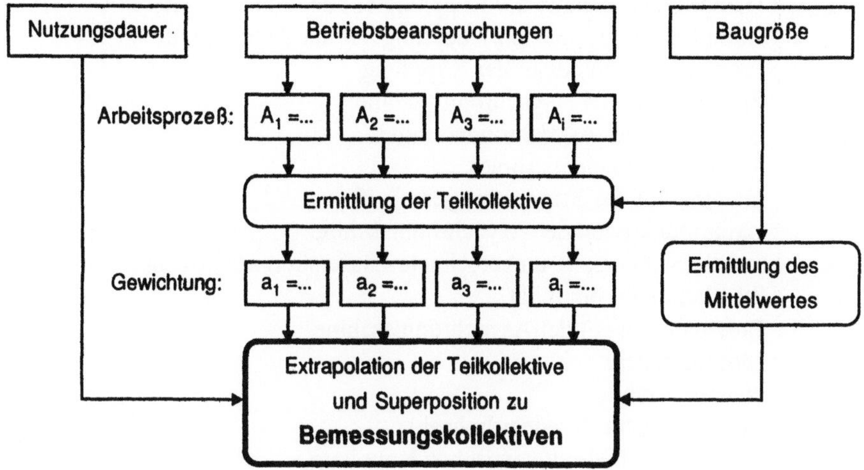

Abb. 28: Erstellung eines Bemessungskollektivs am Beispiel eines Antriebs für Gutbett-Walzen-mühlen (vgl. Gudehus u. Zenner 1995)

Extrapolation eines Mischkollektivs, das sich aus mehreren aus Betriebsmessungen her bekannten Teilkollektiven zusammensetzt und bei dem die Gewichtung der einzelnen Teilkollektive zumindest mit einer hohen Wahrscheinlichkeit abschätzbar ist.

Problematisch gestaltet sich die Extrapolation von Mischkollektiven, für die keine genaue Trennung der Teilkollektive oder keine sichere Gewichtung möglich ist, z.B. weil eine Nutzungsänderung der Anlage zu erwarten ist.

2.2.6
Danksagung

Für die Unterstützung der Forschungsarbeiten an Gutbettwalzenmühlen und Shreddern sei Dank gesagt an:

Firma Krupp Polysius AG, Beckum
Firma Thyssen Henschel GmbH, Kassel
Firma Svedala Lindemann GmbH, Düsseldorf
Herrn Dr. W. Fischer, Vellmar
Herrn Prof. Dr. K. Schönert
Herrn Prof. Dr. G. Schubert
Herrn Prof. Dr. G. Unland, TU Freiberg

Symbolverzeichnis

c : Federkonstante (Federsteifigkeit)
c_{ASM} : mechanische Ersatzfederkonstante der Asynchronmaschine
d_{ASM} : mechanische Ersatzdämpfungskonstante der Asynchronmaschine

$d_{K,Abtrieb}$: Dämpfungskonstante der Kupplung auf der Abtriebsseite
$d_{K,Antrieb}$: Dämpfungskonstante der Kupplung auf der Antriebsseite
D : Profilkreisdurchmesser der Kupplung
I_{SM} : Ständerstrom der Asynchronmaschine
$I_{SM,nenn}$: Nennstrom der Asynchronmaschine
$I_\forall$: Realteil des Ständerstromes
$I_\&$: Imaginärteil des Ständerstromes
L_h : Hauptinduktivität der Asynchronmaschine
$L'_{L\Phi}$: auf die Ständerseite umgerechnete Läuferstreuinduktivität
$L_{S\Phi}$: Ständerstreuinduktivität
M_i : Luftspaltmoment der Asynchronmaschine
n_M : Motordrehzahl
n_{nenn} : Nenndrehzahl
n_R : Rotordrehzahl; Shredderdrehzahl
P_{VK} : Verluste der hydrodynamischen Kupplung
P_R : Leistung des Rotors
P_M : Motorleistung
$P_{M,nenn}$: Motornennleistung
P_{VM} : Verluste des Motors
R'_L : auf die Ständerseite umgerechneter ohmscher Läuferwiderstand
R_S : Ohmscher Ständerwiderstand
s_K : Kupplungsschlupf
T_K : Kupplungsmoment
T_M : Motormoment
T_R : Rotormoment; Drehmoment in der Gelenkwelle
T_W : Wellenmoment
U_{SM} : Ständerspannung der Asynchronmaschine
$U_{SM,nenn}$: Nennstrangspannung der Asynchronmaschine
8 : Leistungszahl der Kupplung
Δ : Dichte der Kupplungsflüssigkeit
N : Phasenwinkel des Stromes gegenüber der Spannung
Θ_S : magnetischer Ständerfluss der Asynchronmaschine
Θ_A : Realteil des magnetischen Läuferflusses
Θ_B : Imaginärteil des magnetischen Läuferflusses
T_L : Winkelgeschwindigkeit des Läufers der Asynchronmaschine
T_P : Winkelgeschwindigkeit des Pumpenrades der Kupplung
T_T : Winkelgeschwindigkeit des Turbinenrades der Kupplung

Literatur zu Kapitel 2.2

Beck HP, Sourkounis C, Wenske J (1995) Torsionsschwingungen in Antriebssträngen mit hydrodynamischer Kupplung. Antriebstechnik 5:62-67
Beck HP, Zenner H (1992) Elektronische Einrichtung zur Minimierung der Überlasten in Antriebswellen von Walzgerüsten. Stahl u. Eisen 112 Nr. 3
Beck HP, Zenner H, Sourkounis, C, Harste D (1996) Life Time Extension of Grinding Mill Power Train Components by Applied Fuzzy Control. Third International Conference on Engineering Structured Integrity, Cambridge, UK,

Beck HP, Sourkounis C, Zenner H, Peter F Shredder-Belastungsmessungen und lastminimierte, energiesparende Shredderantriebe.

Beck HP, Zenner H, Liu J, Kayser H (1994) Lebensdauererhöhung von Antriebskomponenten mittels unterschiedlicher Antriebsregelungen. VDI - Berichte 1146, Fulda

Beck HP (1999) Aktive Schwingungsbedämpfung in Treibachsen mittels selbsteinstellender Zustandsregelung. Eb 12/99, Oldenbourg Verlag

Buxbaum O (1986) Betriebsfestigkeit – Sichere und wirtschaftliche Bemessung schwingbruchgefährdeter Bauteile. Verlag Stahleisen mbH, Düsseldorf

Fischer W, Gehlken C, Zenner, H (1993) Beanspruchungsmessungen an Antrieben verfahrenstechnischer Maschinen. Antriebstechnisches Kolloquium 1993, Verlag TÜV Rheinland, Köln

Gehlken C (1992) Analyse von Betriebsbeanspruchungen zur lebensdauerorientierten Auslegung verfahrenstechnischer Maschinen. Dissertation Technische Universität Clausthal

Gehlken C (1990) Erstellen von Bemessungskollektiven für die Auslegung von Antrieben für verfahrenstechnische Maschinen („Bemessungskollektive"). Arbeitsbericht des SFB 180 Clausthal

Gudehus H, Zenner H (1999) Leitfaden für eine Betriebsfestigkeitsrechnung. Verlag Stahleisen mbH, Düsseldorf, (4. Auflage)

Haibach E, (1992) Betriebsfestigkeit – Sichere und wirtschaftliche Bemessung schwingbruchgefährdeter Bauteile. Stahleisen, 2. Auflage, Düsseldorf

Höffl K, Schäfer S (1988) Grundlagen der Berechnung von Shreddern sowie Betriebsergebnisse. Freiberger Forschungshefte A752 Leipzig

Krupp Polysius AG (1987) Firmenprospekt

Patzelt H (1987) Entwicklungsstand und Einsatzmöglichkeiten der Gutbett-Walzenmühle. Zement-Kalk-Gips Nr. 6

Schönert K (1985) Zur Auslegung von Gutbett-Walzenmühlen. Zement-Kalk-Gips Nr. 12

Schwechten D (1987) Trocken- und Nassmahlung spröder Materialien in der Gutbett-Walzenmühle. Dissertation, Technische Universität Clausthal

Sigwart A, Zenner H (1991) Langzeitbeanspruchungsanalyse zur Zustandsüberwachung und Lebensdauerbeurteilung von Bauteilen im Antriebsstrang. Studie der FVA Nr. 203

Sourkounis C (vorauss. 2001) Drehzahlelastische Antriebssysteme zur Lastkollektivminimierung bei stochastischer Lasteingangsfunktion. Habilitationsschrift in Vorbereitung, Technische Universität Clausthal

Sourkounis C, Beck HP (1996a) Shredder – Lastminimierte energiesparende Shredderantriebe. Berichte zu den Ergebnissen aus dem Sonderforschungsbereich 180, Kolloquium

Sourkounis C, Beck HP, Zenner H, Peter F (1996b) Drehzahlelastische Antriebe zur Lastminimierung bei Shredderanlagen. VDI-Schwingungstagung '96, VDI-Bericht 1825

Westermann-Friedrich A, Zenner H (1988) Zählverfahren zur Bildung von Kollektiven aus Zeitfunktionen – Vergleich der verschiedenen Verfahren und Beispiele. Merkblatt Forschungsvereinigung Antriebstechnik, Frankfurt

Zenner H, Schöne G (1989) Lastannahmen: Systematische Erstellung. Materialprüfung Nr. 1-2

2.3
Konstruktive Gestaltung von Hochgeschwindigkeitsrotoren, Einsätzen und Verbindungen in verfahrenstechnischen Maschinen

P. Dietz

2.3.1
Einleitung

Mehrere Arbeiten im Sonderforschungsbereich befassen sich mit der konstruktiven Detailgestaltung von Maschinenelementen und Baugruppen in verfahrenstechnischen Rotoren, vorwiegend Windsichtern und Prallmühlen in einem Temperaturbereich unter 200 °C – in Abschn. 4.1 wird die Entwicklung eines Gebläserotors bei Anwendungstemperaturen über 1300 °C beschrieben.

Wichtiger Bestandteil einer integralen Entwicklung von Prozess und Maschine ist die Erarbeitung des Wirkungsprinzips der Maschine aus dem verfahrenstechnischen Prozess heraus, wie dies in Abschn. 1.1.3.1 auch exemplarisch am Beispiel eines Windsichters gezeigt wird. Der vorliegende Abschnitt geht im Wesentlichen auf die in der Dimensionierungs- und Gestaltungsphase des Konstruktionsprozesses auftretenden Fragestellungen ein, bei den beiden betrachteten Beispielen wird aber auch die durch den Prozess bedingte Konzeption der Maschine hinterfragt.

2.3.2
Gestaltung eines Hochgeschwindigkeits-Windsichters

2.3.2.1
Aufgabenstellung und Stand der Technik, Konzeptfindung

Die Forderung nach immer besseren Produkten im verfahrenstechnischen Bereich mit Kornfeinheiten unter 1 µm führten zu der in Abschn. 1.1.3.1 behandelten konstruktionsmethodischen Vorgehensweise zur Festlegung des Sichterkonzepts. Aus der generellen Betrachtung physikalisch im Trennprozess wirksamer Kräfte (Abschn. 1.1.3.1, Abb. 10) und ihrer Auswertung in der Kräfte-Gleichgewichtsbedingung wurde für den vorliegenden Trennbereich von < 1 µm das Prinzip des Windsichters ausgewählt (Kombination (3) und (6) in Abschn. 1.1.3.1, Abb. 11) (Berichte und Fachgespräche 1992; Ebert 1989).

Für die Feinstklassierung werden heute überwiegend Abweiserad- (Cleemann 1986; Kellet u. Rock 1986; Klumpar et al. 1986; Knoflicek 1986) und Spiralsichter eingesetzt. Rumpf und Kaiser (1952) konnten bereits 1952 in ihrer Pionierarbeit über den Spiralsichter mit einem kleinen Produktionssichter eine minimale Trenngröße von $x_t = 2$ µm realisieren. Bei diesen Versuchen betrug die Umfangsgeschwindigkeit $v_\varphi = 83$ m/s. Leschonski (1980) nennt für den modifizierten ACUCAT B18-Sichter bei einer Umfangsgeschwindigkeit von $v_\varphi = 80$ m/s eine Trennkorngröße von $x_t = 1$ µm. Trennkorngrößen bis hinab zu 1 µm werden auch von Suh et al. (1983), Jimbo et al. (1984) und in verschiedenen Firmenschriften angegeben. Von Yamada et al. (1984) werden für einen so genannten Turbosichter, der eine computergestützte Optimierung der Beschaufelung aufweisen soll, Kornfeinheiten von 1 μm bei Rotordrehzahlen von n = 10150 U/min genannt.

Kanalgegenstrom- (Höffl 1986; Leschonski u. Hahnheiser 1986; Maehrle 1967; Knobloch u. Müller 1967) und Zickzackkanalsichter im Zentrifugalfeld haben unter technisch-wirtschaftlichen Gesichtspunkten der Produktion noch keine große Bedeutung erlangt. Knobloch und Müller (1967) nennen für das Sichten eines Portlandzementes PZ 35 mit einem Kanalradsichter bei einem Durchsatz von 180 t/h Kornfeinheiten von $x_t < 10$ μm. Kaiser (1962) gelang es, mit einem Zickzackkanalsichter Kalkstaub bei etwa $x_t = 1$ μm zu trennen.

Großtechnisch ist eine Stromklassierung im Bereich von 1 μm Trennkorndurchmesser bisher nicht realisiert worden, sodass der Bedarf für die Entwicklung einer Klassiermaschine besteht, die in der Lage ist, Partikel mit einem Trennkorndurchmesser $x_{t50} < 1$ μm aus einem Haufwerk abzuscheiden.

Nach der Entscheidung für das Sichterprinzip für die gestellte verfahrenstechnische Aufgabe erfolgte die weitere Auswahl des Wirkprinzips anhand der Darstellung aller möglichen Wirkbewegungen in einem auf der Funktionsanalyse des Klassiervorgangs (Abschn. 1.1.3.1, Abb. 12) aufbauenden morphologischen Schema (Abschn. 1.1.3.1, Abb. 13), das auch alle vorgenannten Sichterprinzipien enthält. Eine Bewertung nach VDI 2225 (1977) mit den in Tabelle 1 aufgeführten Kriterien wird in Tabelle 2 gezeigt. Deutlich zeigt sich die Überlegenheit des Abweiseradsichters gegenüber dem Spiralwindsichter oder dem Fingersichter aufgrund der größeren verfahrenstechnischen Wirkfläche und der Freizügigkeit in der Einbaulage (Lauer 1965; Höffl 1986), was durch Veröffentlichungen über Hochleistungssichter bei hohem Durchsatz und Feinheitsgrad bestätigt wird (Cleemann 1986; Sichter in der Kalkindustrie 1970).

2.3.2.2
Aufbau eines Abweiseradsichterrotors

Ausgangspunkt der folgenden konstruktiven Betrachtungen ist der Abweiseradsichter in Fliehkraft-Gegenstrom-Bauart, wie er nach dem Prinzip Nr. 4 der Tabelle 2 vorliegt. Seine Wirkungsweise wird in Abschn. 3.2 näher beschrieben und seine Auslegung wird unter anderem von Glg. (2), Abschn. 3.2.2 beherrscht. Wichtigste Kenngröße ist dabei die Partikelumfangsgeschwindigkeit u_p, die der Rotorumfangsgeschwindigkeit v_φ gleich gesetzt werden kann. Diese Gleichung bedeutet, dass für die geforderte Feinsttrennung unter 1 μm Rotorumfangsgeschwindigkeiten von 250 m/s und mehr erforderlich sind.

Entsprechend seiner Funktionsstruktur lässt sich der Windsichterrotor in fünf Systemelemente gliedern:

- Systemelement 1: Drehbewegung leiten
- Systemelement 2: Wirkfläche bilden
- Systemelement 3: Verbindungen zwischen den Systemelementen schaffen
- Systemelement 4: Dichtheit gewährleisten
- Systemelement 5: System im raumfesten System halten und einen Rotationsfreiheitsgrad zulassen.

Zum Systemelement 5 (Lagerung) zeigt Abb. 1 eine Lösungssuche im morphologischen Schema. Liegt die Trennfuge der Lagerung auf kleinem Radius, können herkömmliche Lagerkonstruktionen Verwendung finden. Eine Lagerung an großen Radien erwartet Sonderkonstruktionen wie Magnet- oder Luftlager. Bekannte Lagerungen finden sich in der ersten Zeile, eine erfolgreiche Anwendung von Lösung 2.2 ist ausgeführt.

Ausgangspunkt der folgenden Betrachtung zur Konstruktion der weiteren Systemelemente ist die in Abb. 2 gezeigte Lösung des einseitig gelagerten, überkragenden Windsichterrotors: Die Lamellen (a) sind radial am Umfang angeordnet und werden von seitlich angeschraubten Scheiben (c) gehalten. Auf einem mittleren Radius sind 6 Haltestäbe (b) angeordnet, die den fliegenden Ring halten und die durch die Bewegung eingebrachten Drehmomente als Biegemomente aufnehmen.

Die Lamellen (a) und die Haltestäbe (b) stellen sich als die kritischen Bauteile mit den höchsten Spannungen heraus. Da die Beanspruchungen wesentlich von der Werkstoffdichte der rotierenden Teile abhängen, bietet sich als erster Optimierungsschritt die Verwendung leichter und fester Werkstoffe an. Weitere Überlegungen gelten der Aufnahme der Lamellenfliehkräfte in den Läuferscheiben (c und d) und der Welle-Nabe-Verbindung (e) zum Antriebsstrang. Betrachtet man die Beanspruchungsstruktur der Verbindungselemente des Windsichters in Abb. 3, so lässt sich sehr gut der starke Einfluss der Werkstoffdichte erkennen.

Tabelle 1: Bewertungskriterien zur Wahl des Sichterprinzips

Bewertungskriterium	Bewertung – Begründung	
1. kurze Energieleitwege	4	keine verlustbehaftete Energieleitung
	3	kurze Wege – Luft ist Transportmedium
	2	s.3 zusätzlich lange Wirkwege
	1	s.2 keine direkte äußere Energiezufuhr für Prozess
2. Zahl der Energiewandel- vorgänge	4	keine Energiewandlung
	0	4 Energiewandelvorgänge
3. Verfahrenstechnische Wirkfläche	4	Mantelfläche
	3	Mantelfläche (Radius begrenzt)
	2	Stirnfläche
	1	Stirnfläche (Radius begrenzt)
	0	Sonstige
4. Sichtung durch einen Prozess	4	Bauart lässt kein Spritzkorn zu
	3	mit Spritzkorn
	2	grosser Spritzkornanteil – geringer Trennweg
	1	unipolares Produkt
	0	unipolares Produkt mit Spritzkorn
5. kontinuierlicher Betrieb	4	ohne Einschränkung möglich
	0	nur Batch – Betrieb
6. bevorzugte Einbaulage	2	nicht notwendig
	0	Betrieb nur in bestimmter Einbaulage möglich

Tabelle 2: Bewertungsschema in Skizzenform

Bewertungskriterium nach Tabelle 1		1 Spiral	2 Zyklon	3 Finger	4 Korb	5 Streu	6 Streu	7 Spiral	8	9
		Prinzip (3) und (6) nach Abschn. 1.1.3.1, Abb. 11: Widerstandskraft in laminarer Strömung / Zentrifugalkraft								
1.		1 nur Strömung durch langen Wirkraum	1 nur Strömung durch langen Wirkraum	3 Luft als Trans-portmedium	3 Luft als Trans-portmedium	3 Luft als Trans-portmedium	3 Luft als Trans-portmedium	3 Luft als Trans-portmedium	4	4
2.		2 Luftströmung Reibung	2 Luftströmung Reibung	3 Luftströmung	2 Luftströmung Reibung	3 Luftströmung	3 Luftströmung Reibung	2 Luftströmung Reibung	4 (3) evakuieren wegen Flugweg	4 (3) evakuieren wegen Flugweg
3.		2	3 wegen Ablösung	2	4	2	2	2	2	2
4.		3	3	3	4	3	3	4	2	2
5.		4	4	4	4	4	4	4	4 (3) evakuieren erforderlich	4 (3) evakuieren erforderlich
6.		2	0	1 aufwendig	2	0	0	2	0	0

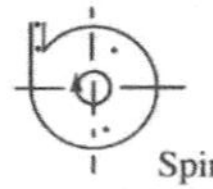

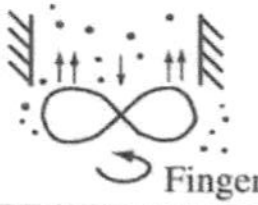

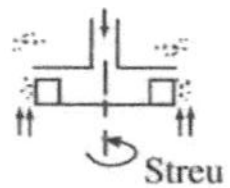

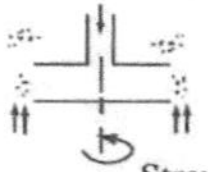

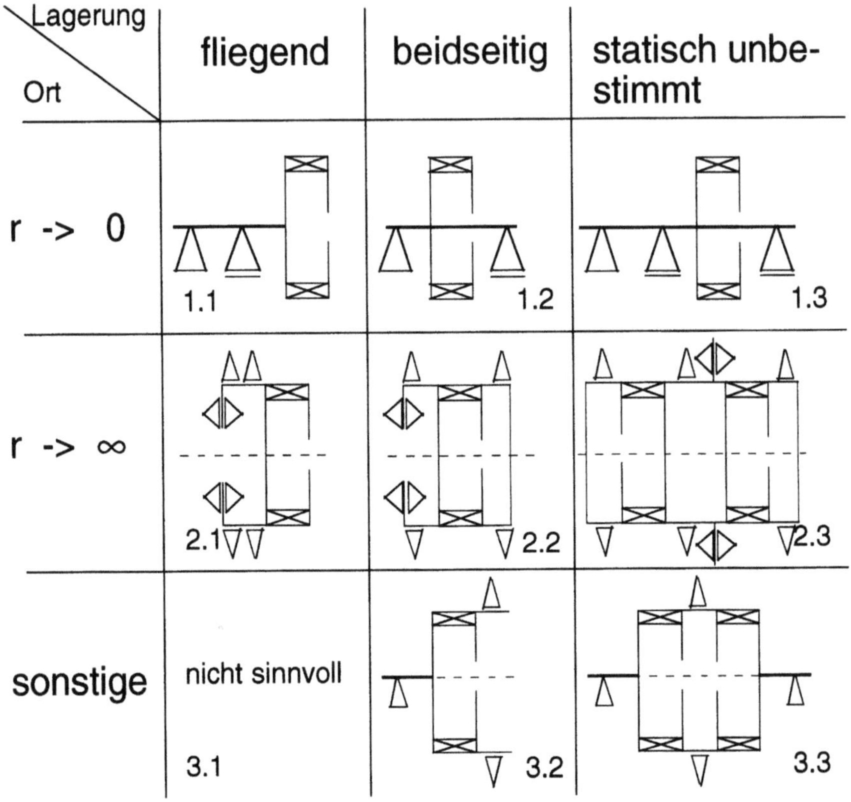

Ort \ Lagerung	fliegend	beidseitig	statisch unbestimmt
$r \to 0$	1.1	1.2	1.3
$r \to \infty$	2.1	2.2	2.3
sonstige	nicht sinnvoll 3.1	3.2	3.3

Abb. 1: Morphologisches Schema zur Darstellung möglicher Lageranordnungen und der Gestalt eines Windsichterrotors

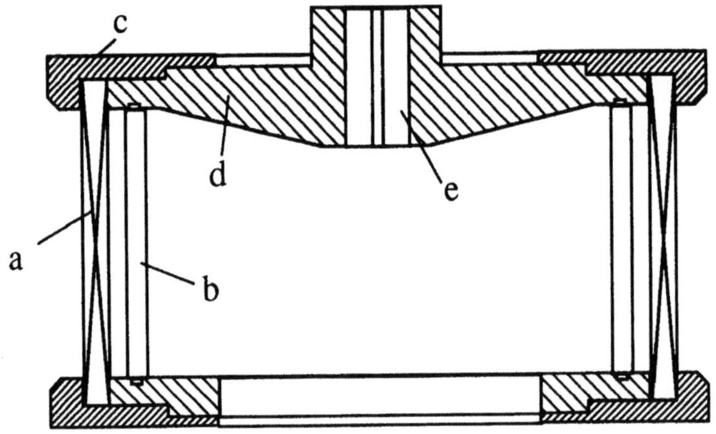

Abb. 2: Prinzipdarstellung eines einseitig gelagerten Abweiseradsichters in Stahlausführung (a Lamellen, b Haltestäbe, c Tragring, d Scheibe, e Welle-Nabe-Verbindung)

Eine Baustruktur aus konventionellen homogenen Werkstoffen – im Wesentlichen Stahl – führt bei den Systemelementen der Drehbewegung (Haltestäbe, Scheibe, Welle-Nabe-Verbindung) und bei den Elementen zur Bildung der Wirkfläche (Lamellen, Tragringe) zu einfachen Strukturelementen, wie fliehkraftbelastete Ringe, Scheiben, Zug- und Biegestäbe, für die in der Literatur (z.B. Biezeno u. Grammel (1953), Löffler (1961), Stodola (1922)) Berechnungsverfahren angegeben sind. Ebert (1989) enthält eine Zusammenstellung der Berechnungsgleichungen bezogen auf die Elemente von Windsichtern. Besondere Beachtung ist dabei der Kerbwirkung zu widmen, die für die maximalen Beanspruchungen insbesondere in der Welle-Nabe-Verbindung, den Anschlussstellen von Haltestäben und Lamellen und in Speichenrädern verantwortlich sind. Abb. 4 zeigt am Beispiel einiger FE-Berechnungen den Einfluss des Übergangsradius von Speiche zu Außenring und Nabe auf die Vergleichsspannung.

Systemelement 3, die Verbindungstechnik im Windsichter unter dem Einfluss hoher Fliehkräfte, unterliegt grundsätzlich einer hohen Gestaltungsfreiheit. Aus einem in (Ebert 1989) dargestellten morphologischen Schema mit ca. 100 Lösungsfeldern entfallen aufgrund der hohen Fliehbeanspruchungen alle Lösungen mit Vorspannungen (Kraftschluss). Formschlussverbindungen sind aufgrund ihrer hohen Kerbwirkung fraglich, es verbleiben ausschließlich Kontaktflächen mit umschließenden Ringen. Bei den Stoffschlussverbindungen sind Klebeverbindungen heutiger Technologie nicht geeignet, Schweiß- und Lötverbindungen sind unter Beachtung dehnungsangepasster Ausführung von Lamelle und Halterad angebracht. Abb. 5 zeigt skizzenhaft empfehlenswerte Lösungen für die Anbindung der Lamellen an die Halteräder, in mehreren Ausführungen wurde die einseitige Längsnaht wegen ihrer verformungsgerechten Ausbildung als besonders empfehlenswert getestet.

Die konsequente Anwendung von Leichtbauprinzipen zur Erreichung hoher Umfangsgeschwindigkeiten führt zur Anwendung von Hybridbauweisen unter Verwendung von Faserverbundwerkstoffen, um damit gezielt die Eigenschaften der Maschine bezüglich Tragfähigkeit, Verformung und dynamischem Verhalten einstellen zu können. Für Anwendungen mit Umfangsgeschwindigkeiten über 200 m/s wurde daher ein Versuchsrotor entwickelt, bei dem die verfahrenstechnischen Elemente aus Verbundwerkstoff, die Tragstruktur als Kombination von Aluminiumscheiben (wegen der Welle-Nabe-Verbindung) und Tragringen aus Faserverbundstoff gefertigt sind. Der in Abb. 6 und Abb. 22 dargestellte Hybridsichter (1) besteht aus der Antriebsscheibe (2), der getriebenen Scheibe mit dem Feingutauslass (3), vier Haltestäben (4) zur Drehmomentübertragung auf die getriebene Scheibe, den über Kegelpressverbindungen befestigten Faserverbundringen (5) zur Dehnungsbehinderung und Aufnahme der Fliehkräfte und den Lamellen als Strömungsleitelemente (6). Zur Gestaltung der Lamellen wird auf die in Abschn. 3.2 beschriebenen Erfahrungen zurückgegriffen (Legenhausen 1991), die dabei erzielten vergleichsweise großen Schaufelhöhen besitzen den Vorteil großer Flächenträgheitsmomente und damit höherer Tragfähigkeiten bei gleichzeitig verkleinertem Kipprisiko.

Der Hybridsichter wird über eine Kegelschrumpfverbindung (7) mit der Welle verbunden und über eine (hier nicht dargestellte) Zentralschraube befestigt. Wegen der erhöhten Anforderungen an Drehzahl und Wuchtung wird die Lagerung als Spindellagerung mit eingestellten Tandem-Schrägkugellagern (8) ausgeführt,

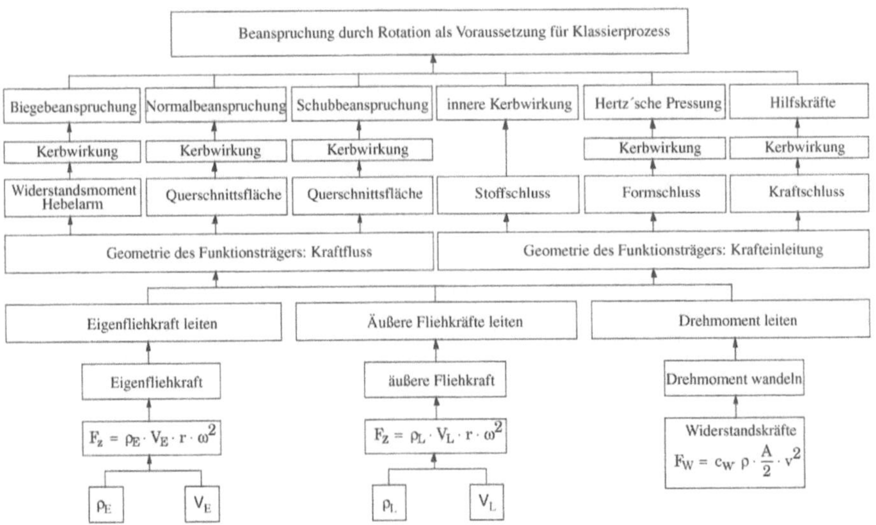

$$F_z = \rho_E \cdot V_E \cdot r \cdot \omega^2$$

$$F_z = \rho_L \cdot V_L \cdot r \cdot \omega^2$$

$$F_W = c_W \, \rho \cdot \frac{A}{2} \cdot v^2$$

Abb. 3: Beanspruchungen der Haltefunktionselemente durch den Klassierprozess im Windsichter

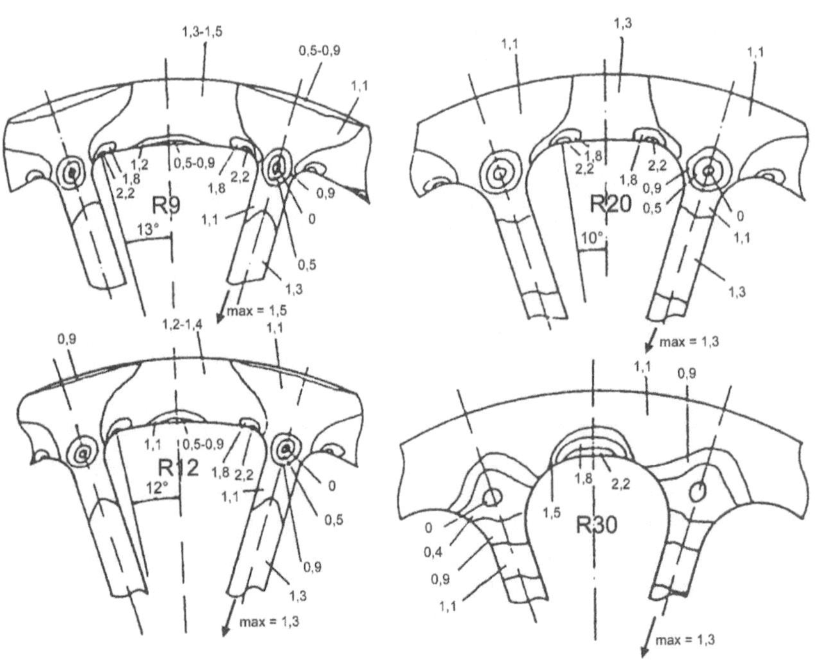

Abb. 4: Speichen-Modellrotor mit verschiedenen Ausrundungsradien. Darstellung der Isochromatenordnung

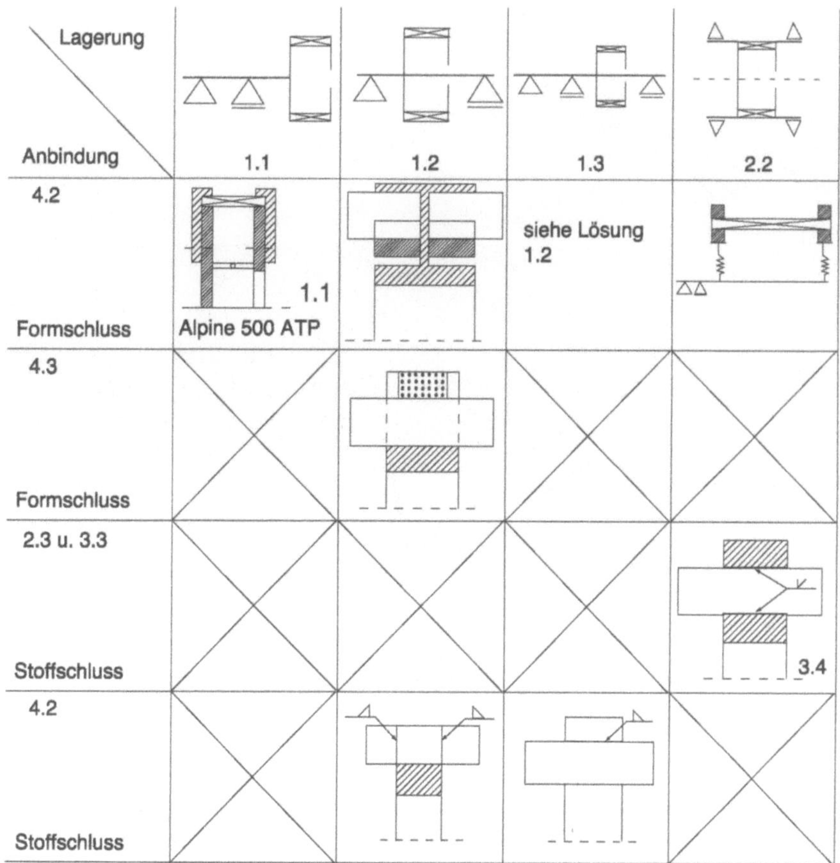

Abb. 5: Lösungsauswahl aus den geometrischen Nebenbedingungen Lagerung und der Verbindungstechnik zur Darstellung der Hauptfunktion

die zum Ausgleich thermischer Dehnungen über Federn (9) vorgespannt sind (mechanisch stellt die Lagerung die Drehzahlgrenze dar). Die Abdichtung der Lagerung erfolgt durch ein Spülluftsystem (10), der Antrieb über einen Poly-V-Riemen (11).

2.3.2.3
Grundlagen zur Berechnung und Gestaltung der Sichterelemente nach Abb. 6

Auslegung und Gestaltung der Lamellen. Die formschlüssig eingebundene Lamelle eines Windsichterrotors entspricht näherungsweise einem beidseitig fest eingespannten Balken unter Streckenlast (Abb. 7). Experimentelle Untersuchungen und analytische Vergleichsrechnungen (Dietz u. Rübbelke 1993) haben ergeben, dass eine Annahme als beidseitig gelenkig gelagerter Balken zu Überdimen-

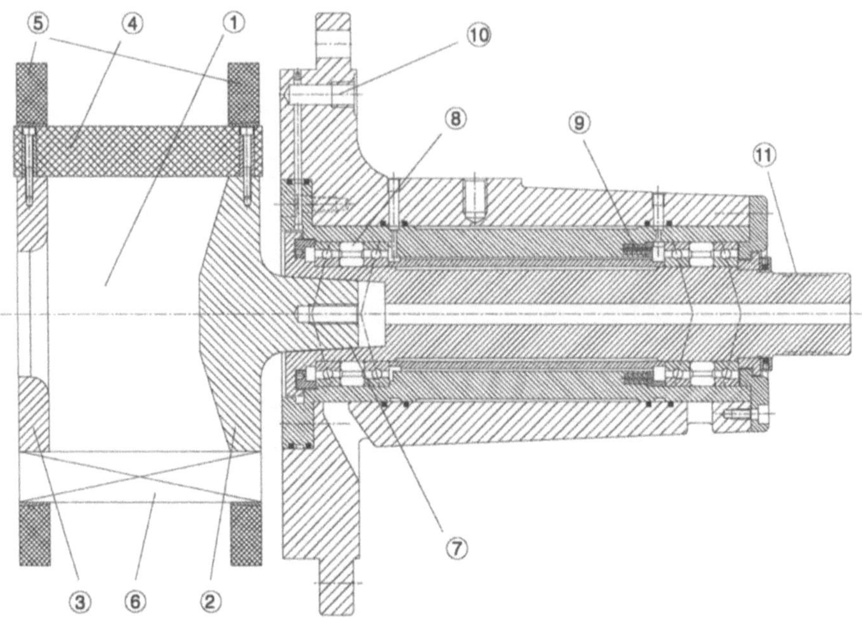

Abb. 6: Aufbau des einseitig gelagerten Abweiseradsichters in Hybridkonstruktion für Umfangsgeschwindigkeiten bis v_φ= 300 m/s.

sionierungen führt, nach Ebert (1989) dominiert die Belastung durch Fliehkraft stark und macht Strömungseinflüsse praktisch vernachlässigbar. Für die auf die Lamelle wirkende Streckenlast aus der Fliehkraftbelastung ergibt sich:

$$q = \rho_L \cdot b \cdot h \cdot r \cdot \omega^2 \tag{1}$$

mit ρ_L Dichte der Lamelle, b Dicke der Lamelle, h Höhe der Lamelle, r mittlerer Radius der Lamelle, ω Kreisfrequenz des Rotors und L Länge der Lamelle zwischen den Einspannungen. Das maximale Biegemoment ergibt sich aus der Standardliteratur zu

$$M_{b_{\max}} = M_b(0,L) = \frac{q \cdot L^2}{12} \,. \tag{2}$$

Hieraus lassen sich bei homogen-isotropen Werkstoffen die Beanspruchungen nach den üblichen Grundgleichungen der Maschinenelemente berechnen. Im vorliegenden Fall der Leichtbaukonstruktion mit Faserverbundwerkstoffen wird ein Aufbau von Prepregs im Tape-Lying-Verfahren vorgeschlagen. Da eine übliche unidirektionale Prepregschicht eine Dicke von etwa 0,25 mm aufweist, sind für den Aufbau einer Lamelle von 3 bis 4 mm Dicke 12 bis 16 Schichten realisierbar. Tabelle 3 zeigt einen Vergleich der wichtigsten mechanischen Eigenschaften üblicher Faserverbundwerkstoffe, für die folgenden Berechnungen und die Ausführung des Verbundrotors wurde Kohlenstofffaser HT zugrundegelegt.

Tabelle 3: Mechanische Eigenschaften (Anhaltswerte) von verschiedenen Fasertypen für Faserverbundstoffe nach LamTech (2000)

Fasertyp	Dichte	Zugmodul längs	Zugmodul	Bruchdehnung	Wärmedehnung längs	Wärmedehnung quer
	ρ [kg /dm^3]	$E_{\shortparallel}$ [KN /mm^2]	$E_{\perp}$ [KN /mm^2]	ε [%]	$\alpha_{\shortparallel}$ [10^{-6} /°C]	$\alpha_{\perp}$ [10^{-6} /°C]
E-Glas	2,6	73	73	3,3	5,3	5,3
R-Glas	2,53	86	86	4,2	4	4
Aramid	1,45	127	≈ 7	2,6	-6	17
C-Faser (HM)	1,8	500	5,7	0,6	-1,5	30
C-Faser (HT)	1,8	240	16	1,5	-0,5	5,5

Zur Durchführung strukturmechanischer Berechnungen von Bauteilen aus Verbundwerkstoffen, die im Allgemeinen als anisotrope Mehrschichtverbunde aufgebaut sind, wird hier die anisotrope Kontinuumstheorie mit verschmierten Versteifungen verwendet, bezüglich der Grundlagen hierzu wird auf die Originalliteratur (Luftfahrttechnisches Handbuch 1989; Tsai u. Wu 1971) oder auf die Zusammenstellung der Grundgleichung für den Bau des Sichters nach Abb. 6 (Rübbelke 1994) verwiesen. Hierbei werden die Eigenschaften von Matrix und Faser im Verbund berücksichtigt, um aus den Eigenschaften der unidirektionalen Einzelschichten (Prepregs) die Verbundeigenschaften vorherzuberechnen und damit Steifigkeitsverhalten und Festigkeit (Vinson u. Sierakovski 1986; Heißler 1986) der Struktur zu bestimmen. Zur Berechnung des Versagensverhaltens existieren eine Reihe von Kriterien, aus denen für den vorliegenden Fall das maximale Dehnungskriterium nach Norris (1955) ausgewählt wurde, da es bei ähnlich gelagerten Beanspruchungsfällen (im Gegensatz zu isotropen Werkstoffen) gute Übereinstimmung mit experimentellen Ergebnissen zeigt und gegenüber dem Tsai-Wu-Kriterium rechnerisch einfacher zu handhaben ist.

Die Steifigkeit einer unidirektionalen Schicht ist abhängig von dem Faserorientierungswinkel und besteht in ihrer mathematischen Formulierung aus den Dehnsteifigkeiten A^*_{ij}, den Biegesteifigkeiten D^*_{ij} und den Koppelsteifigkeiten B^*_{ij}. Abb. 8 und Abb. 9 (Rübbelke 1994) zeigen die für das Verhalten der Schicht wichtigsten Steifigkeitsverläufe für ein gerechnetes Beispiel, entsprechende Programme zur Ermittlung der Kenngrößen sind verfügbar (LamTech 2000; Herrmann et al. 1992). Damit ist grundsätzlich eine Optimierung der Struktur durch das Aufeinanderschichten von unidirektionalen Prepregs unter Ausrichtung der Fasern gemäß den Schnittgrößen der Bauteile möglich, wobei zu beachten ist, dass sowohl durch die Anzahl der Prepregschichten als auch durch die Anzahl der zu optimierenden Steifigkeitsgrößen eine Vielzahl von Parametern und deren Kombinationen die zu optimierenden Eigenschaften bestimmen. Die für Lamellen in

Windsichterrotoren wichtigsten Steifigkeiten sind in Tabelle 4 aufgezeigt, Abb. 10 vermittelt einen Eindruck über die für eine Optimierung durchzurechnende Zahl von Kombinationen, abhängig von der Zahl der Prepregs und der Schrittweite bei der Variation des Faserrichtungswinkels jeder einzelnen Schicht.

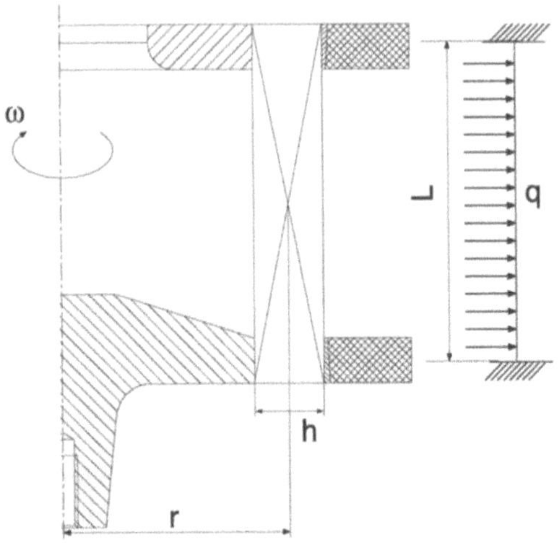

Abb. 7: Geometrie (links) und mechanisches Ersatzbild (rechts) einer formschlüssig eingebundenen Lamelle mit der Länge L und der Eigenfliehkraftbelastung q

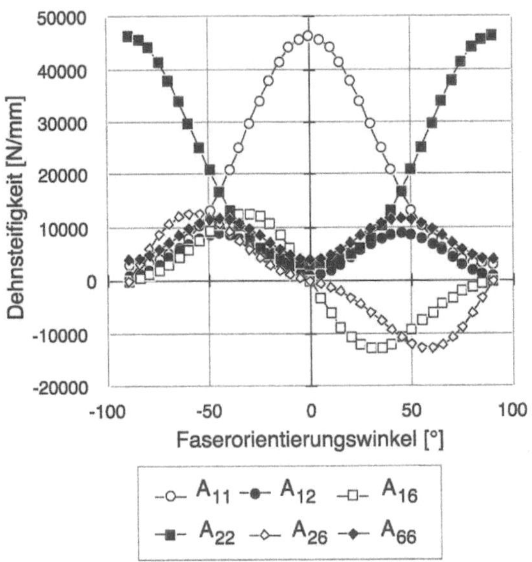

Abb. 8: Dehnsteifigkeiten über den Faserorientierungswinkel eines HT-Prepregs mit 0,25 mm Dicke und einem Faseranteil von ca. 60 %

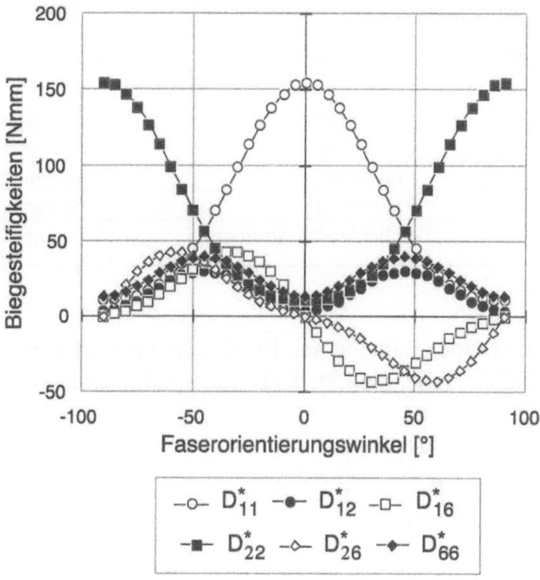

Abb. 9: Biegesteifigkeiten über den Faserorientierungswinkel eines HT-Prepregs mit 0,25 mm Dicke und einem Faseranteil von ca. 60 %

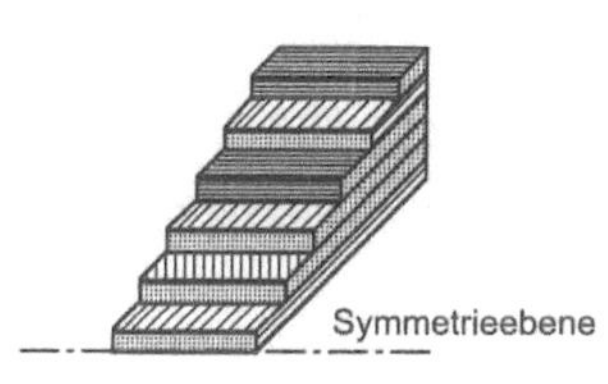

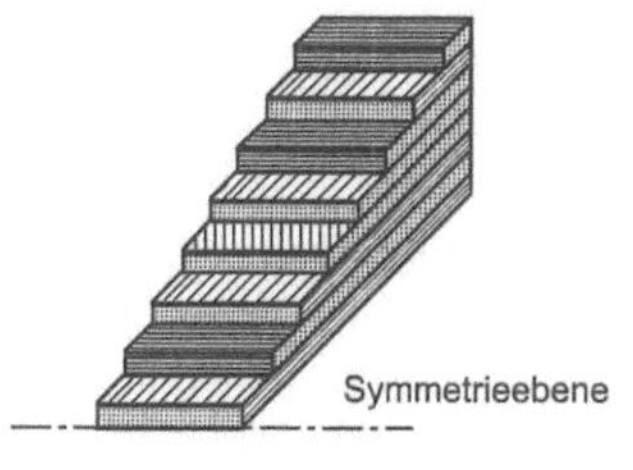

12 Lagen	Schrittweite	Kombination
ohne Symmetrie-betrachtung	15°	117649
	5°	47 Mio.
mit Symmetrie-betrachtung	15°	4096
	10°	46656
	5°	1 Mio.

16 Lagen	Schrittweite	Kombination
ohne Symmetrie-betrachtung	15°	5 Mio
	5°	1,6 Mrd.
mit Symmetrie-betrachtung	15°	65536
	5°	100 Mio.

Abb. 10: Kombinationsmöglichkeiten eines Lagenaufbaus für verschiedene Lagenanzahlen und Schrittweiten

Tabelle 4: Einflussnehmende Steifigkeiten und die jeweils ausschlaggebende Belastung

Biege-/ Dehnsteifigkeit	Belastung	Beanspruchung
D_{11}	Fliehkraft	Schichtspann., Durchbiegung
D_{22}	Strömung	Schichtspann., Durchbiegung
A_{11}	Fliehkraft	Zugspannungen
A_{22}	Strömung	Zugspannungen
A_{66}	Fliehkraft + Strömung	Kippung

Zur Optimierung einer Lamelle aus Einzelschichten wird eine gewichtete Mittelung der in Tabelle 3 genannten Steifigkeitskomponenten gewählt nach

$$A_M = \frac{\left\{ a_1 \cdot \left(\dfrac{A_{11}}{A_{11max}} + \dfrac{D_{11}}{D_{11max}} \right) + a_2 \cdot \left(\dfrac{A_{22}}{A_{22max}} + \dfrac{D_{22}}{D_{22max}} \right) + a_3 \cdot \dfrac{A_{66}}{A_{66max}} \right\}}{5}. \tag{3}$$

Die in der Gleichung aufgeführten Steifigkeitswerte D_{11}, A_{11}, D_{22}, A_{22}, A_{66} sind auf die gesamte Lamelle bezogen und berechnen sich nach der Laminattheorie (Luftfahrttechnisches Handbuch 1989; Tsai u. Wu. 1971; Rübbelke 1994; Vinson u. Sierakovski 1986; Heißler 1986; Norris u. Werren 1955) aus den Steifigkeitswerten der einzelnen unidirektionalen Lagen unter Beachtung des dreidimensionalen Spannungszustands. Die maximalen Werte entstehen, wenn alle Lagen die gleichen Vorzugsrichtungen haben. Die Gewichtungsfaktoren ergeben sich nach Erfahrungen und stellen hier eine Diskussionsgrundlage dar. In der folgenden Beispielrechnung wurden gewählt:

- $a_1 = 1{,}0$ wegen der Hauptbelastung der Lamelle durch Fliehkräfte und damit der Bedeutung der Biege- und Dehnsteifigkeiten D_{11} und A_{11} in Hauptachsenrichtung,
- $a_2 = 0{,}5$ wegen der durch die Strömungskräfte erforderlichen Dehn- und Biegesteifigkeiten D_{22} und A_{22} in Querrichtung der Lamelle,
- $a_3 = 1{,}0$ um eine hohe Torsionssteifigkeit zur Vermeidung des Kippens unter Fliekräften zu erreichen (Dehnsteifigkeit A_{66}).

Tabelle 5 zeigt die in der Parameterrechnung mit den am höchsten bewerteten Steifigkeiten ermittelten Schichtaufbauten für 3 und 4 mm starke Lamellen. Zu beachten ist, dass fertigungstechnische Randbedingungen die Wahl des Aufbaus weiterhin einschränken können.

Das hohe Potenzial der Faserverbundwerkstoffe hinsichtlich hoher Umfangsgeschwindigkeiten kommt in Abb. 11 zum Ausdruck, macht aber auch die hohe Abhängigkeit der Eigenschaften vom Lamellenaufbau deutlich. Die unter 2 gezeigte Lamelle besitzt zwar eine gegenüber der Stahllamelle (Nr. 1) fünffach höhere Kippsicherheit, die Werkstoffausnutzung wird jedoch in einigen Laminatschichten überschritten. Die unter 3 gezeigte Lamelle besitzt bei ausreichender Kippsicherheit noch deutliche Festigkeitsreserven und zeigt die geringste Durchbiegung.

Mit den aus der Laminattheorie erhaltenen Gesamtsteifigkeiten der Lamellen können alle Verformungsrechnungen durchgeführt werden, für die Kippsicherheit ergibt sich aus der Theorie von Szabo (1956) mit der Angleichung an orthotrope Systeme (Dietz u. Rübbelke 1990) die kritische Flächenlast zu

$$q_{krit} = \frac{143}{L^3} \cdot \sqrt{\frac{A_{66} \cdot I_t \cdot D_{11}}{(1 - v_{12} \cdot v_{21})}} \ . \tag{4}$$

Bei der Beanspruchungsberechnung ist zu beachten, dass wegen der unterschiedlichen Orientierung der einzelnen Schichten auch unterschiedliche Spannungen herrschen. Nach dem Kriterium der größten Dehnungen können aus der Verformungsberechnung mit den Gesamtsteifigkeiten der Lamellen die Krümmungen und aus den daraus erhaltenen Dehnungen die Spannung der am stärksten belasteten Schichten berechnet werden (Rübbelke 1994).

Auslegung und Gestaltung der Haltestäbe. Die in den Haltestäben auftretenden Spannungen aufgrund der Fliehkräfte können nach Glg. (1) und (2) ermittelt werden. Zusätzlich greift aber an den Einspannstellen die aus dem Antriebsmoment des Motors M_T herrührende Querkraft F an (Abb. 12)

$$F = \frac{M_T}{n \cdot r} \tag{5}$$

Das maximale Biegemoment des Haltestabs aus der Querkraft ergibt sich an den Einspannstellen und beträgt:

$$M_{b_{max}} = \frac{M_T \cdot L}{2 \cdot n \cdot r} \tag{6}$$

Tabelle 5: Ausgewählte Schichtaufbauten für 3 bzw. 4 mm starke Lamellen (Rübbelke 1994)

Lamellenstärke **Laminataufbau**	**AM** **[%]**	A_{11}/A_{11max} **[%]**	A_{22}/A_{22max} **[%]**	D_{11}/D_{11max} **[%]**	D_{22}/D_{22max} **[%]**	A_{66}/A_{66max} **[%]**
3 mm	99	84	11	94	8	56
Winkel	$[0°, 0°, 15°, 30°, -15°, -30°]_s$					
3 mm	98	84	11	93	9	56
Winkel	$[0°, 15°, 0°, 30°, -15°, -30°]_s$					
3 mm	94	92	5	94	5	26
Winkel	$[0°, -15°, 15°, 0°, 15°, -15°]_s$					
3 mm	91	95	3	97	3	18
Winkel	$[0°, -15°, 0°, 0°, 15°, 0°]_s$					
4 mm	99	88	10	98	8	50
Winkel	$[0°, 0°, 0°, 0°, -15°, 30°, 15°, -30°]_s$					
4 mm	99	88	10	97	8	50
Winkel	$[0°, 0°, 0°, 15°, 0°, 30°, -15°, -30°]_s$					
4 mm	94	93	5	94	5	18
Winkel	$[0°, 15°, 0°, -15°, 0°, 15°, 0°, -15°]_s$					

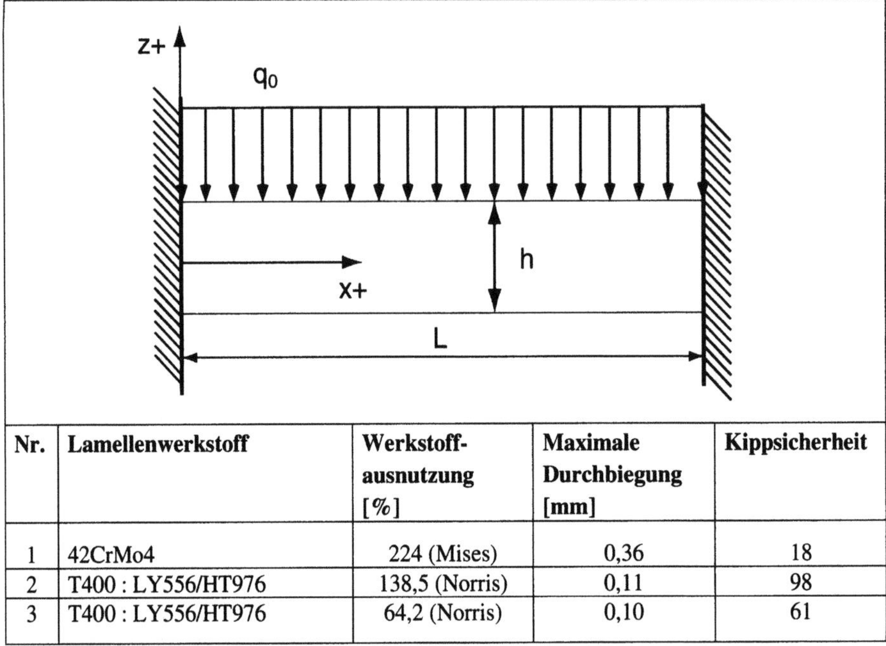

Nr.	Lamellenwerkstoff	Werkstoff-ausnutzung [%]	Maximale Durchbiegung [mm]	Kippsicherheit
1	42CrMo4	224 (Mises)	0,36	18
2	T400 : LY556/HT976	138,5 (Norris)	0,11	98
3	T400 : LY556/HT976	64,2 (Norris)	0,10	61

Abb. 11: Lamelle eines Windsichters bei Fliehkraftbelastung (v = 300 m/s) und verschiedenen Schichtaufbauten; oben: Stahllamelle aus Faserverbund mit optimalen Dämpfungseigenschaften; unten: Lamelle aus Faserverbund entsprechend den Anforderungen optimiert (Rübbelke 1994)

Bei isotropen Werkstoffen sind durch Überlagerung der Schnittgrößen die Beanspruchungen und Verformungen aus den Grundgleichungen der Festigkeitslehre bestimmbar, wobei die Verbindungsstelle (Schrauben, Schweißen) einer besonderen Betrachtung auch bezüglich der Kerbwirkung bedarf. Beim Aufbau der Haltestäbe aus Faserverbundwerkstoffen ist für den Aufbau und die Berechnung die gleiche Vorgehensweise wie bei den Lamellen zu wählen (Rübbelke 1994), es besteht aber das Problem der für Faserverbundwerkstoffe typischen Verbindungstechnik. Abb. 13 zeigt anhand zweier Lösungsmöglichkeiten, dass zwischen einem eingelagerten Anschlusselement (1) und dem eigentlich tragenden Element (3) durch angepasste Bewicklungstechniken oder spezielle Formgebungen während des Aushärtevorgangs (2) kraftflussgerechte Bauteilstrukturen geschaffen werden müssen, die sich erheblich von den Konstruktionen mit isotropen Werkstoffen unterscheiden. Für den Versuchsrotor wurde ein in den Lamellenbereich integrierter (vgl. Abb. 6) rechteckiger Haltestab gemäß Abb. 13b entwickelt, für den sich nach Glg. (3) Schichtaufbauten gemäß Tabelle 6 empfehlen, Abb. 14 zeigt den in einem Wickelwerkzeug um die Hülsen vorgefertigten und anschließend in einem Presswerkzeug auf Kontur gebrachten Rohling zur Herstellung der Haltestäbe; deutlich ist der Aufbau aus den eingelegten Prepregs und die Umwicklung zur kraftflussgerechten Übernahme der Schnittgrößen an den Stabenden zu erkennen. Zur Übertragung in die Scheiben wurde in diese ein formangepasstes Gegenstück eingebracht (Rübbelke 1994).

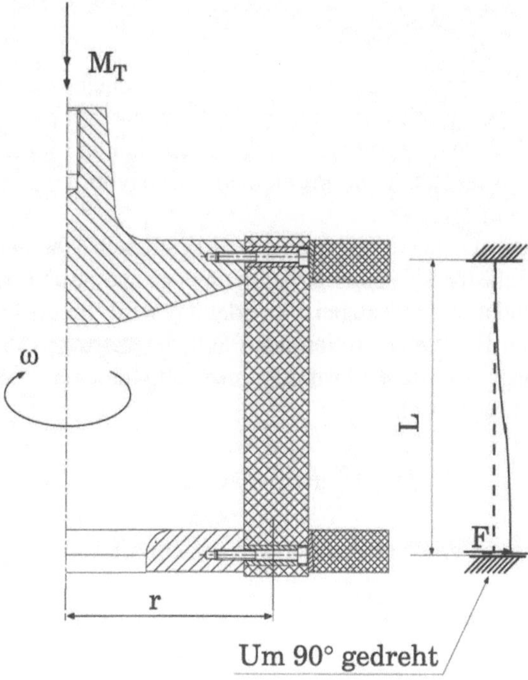

Abb. 12: Geometrie (links) und mechanisches Ersatzbild (rechts) des form- und kraftschlüssig eingebundenen Haltestabes mit der Länge L und der Querkraftbelastung F aus dem Antriebsmoment M_T

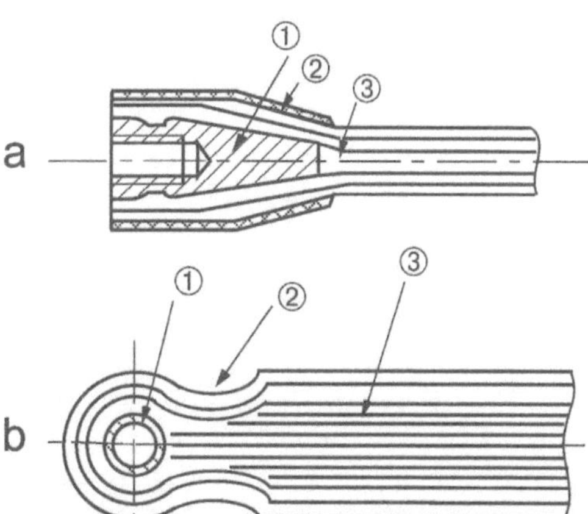

Abb. 13: Prinzipdarstellung für die konstruktive Ausführung des Haltestabes. Oben: Gewickelter Haltestab mit Gewindeanschlussstück. Unten: Prepreg- und Wickelkonstruktion im Lamellenbereich

Auslegung und Gestaltung der Rotorscheiben und -ringe. Die Rotorscheiben (Teile (2), (3) und (5) in Abb. 6) dienen der Fixierung der Lamellen in ihrer Position, der Aufnahme der Lamellen und Haltestäbe und der Übertragung des Drehmomentes vom Antrieb auf Lamellen und Gegenscheibe. Zur Idealform von Scheiben aus isotropen Werkstoffen unter Fliehwirkung gibt es Betrachtungen, die in Abschn. 2.3.3.3 bei der Gestaltung von Rotorscheiben in Mühlen näher erläutert werden, hier soll insbesondere die Problematik der Hybridkonstruktion behandelt werden.

Elastizitätsmodul, Dichte, Verformung und Festigkeit haben einen erheblichen Einfluss auf die Belastbarkeit einer Scheibe unter Rotation und äußeren Kraftgrößen, was an folgendem Grundsatzbeispiel erläutert wird. Eine Ausdehnungsbehinderung am äußeren Rand einer rotierenden Scheibe verringert die Fliehspannungen in der Scheibe. Aus dem Elastizitätsgesetz für den rotationssymmetrischen Spannungszustand ergibt sich

$$\varepsilon_r = \frac{1}{E}(\sigma_r - v \cdot \sigma_\varphi). \tag{7}$$

Bei gleichen Bauteilgrößen kann man vereinfacht setzen

$$\varepsilon_r \approx \frac{1}{E}\sigma \quad , \quad \text{wegen} \quad \sigma \approx F \quad \text{und} \quad F \approx \rho \quad , \text{wird} \quad \varepsilon \approx \frac{\rho}{E}. \tag{8, 9, 10}$$

Aus der Randbedingung, dass die Ausdehnung einer Scheibe und eines aufgesetzten Rings gleich ist, lässt sich bei unterschiedlichen Werkstoffen die Steifig-

Tabelle 6: Ausgewählte Schichtaufbauten für Haltestäbe (Rübbelke 1994)

Laminat-aufbau	AM [%]	A_{11}/A_{11max} [%]	A_{22}/A_{22max} [%]	D_{11}/D_{11max} [%]	D_{22}/D_{22max} [%]	A_{66}/A_{66max} [%]
Winkel	98,8	82,8	9,7	96,3	5,1	27,1
$[0°_{50}, 0°, 15°, 0°, -15°, 0°, 15°, 0°, -15°, 0°, 15°, 0°, -15°, 0°, 15°, 0°, -15°, 0°,$ $15°, 0°, -15°, 0°, 15°, 0°, -15°]_S$						
Winkel	98,3	90	5,4	97,8	4,2	47,3
$[0°_{50}, 0°, 30°, 0°, -30°, 0°, 30°, 0°, -30°, 0°, 30°, 0°, -30°, 0°, 30°, 0°, -30°, 0°,$ $30°, 0°, -30°, 0°, 30°, 0°, -30°]_S$						
Winkel	98,2	85	7,6	97	4,6	57,5
$[0°_{50}, 0°, 15°, 30°, 45°, 0°, -15°, -30°, -45°, 0°, 15°, 30°, 45°, 0°, -15°, -30°, -45°,$ $0°, 15°, 30°, 45°, 0°, -15°, -30°, -45°]_S$						
Winkel	98,1	82,8	9,7	96,3	5,1	57,5
$[0°_{50}, 0°, 45°, 0°, -45°, 0°, 45°, 0°, -45°, 0°, 45°, 0°, -45°, 0°, 45°, 0°, -45°, 0°,$ $45°, 0°, -45°, 0°, 45°, 0°, -45°]_S$						
Winkel	98	71,3	21,3	93,8	7,6	57,5
$[0°_{50}, 0°, 45°, 90°, -45°, 0°, -45°, 90°, 45°, 0°, 45°, 90°, -45°, 0°, -45°, 90°, 45°,$ $0°, 45°, 90°, -45°, 0°, -45°, 90°, 45°]_S$						

keit variieren. Als Kenngröße für die Ausdehnungsbehinderung dient die Dehnungsreduktionszahl:

$$R_D = \frac{\varepsilon_{Sch}}{\varepsilon_{Ri}} = \frac{E_{Ri} \cdot \rho_{Sch}}{E_{Sch} \cdot \rho_{Ri}} \tag{11}$$

E_{Ri} E-Modul des äußeren Rings, ρ_{Ri} Dichte des äußeren Rings, E_{Sch} E-Modul der inneren Scheibe, ρ_{Sch} Dichte der inneren Scheibe

Je größer die Dehnungsreduktionszahl, desto mehr wird die Dehnung an der Trennfuge durch den aufgesetzten Ring behindert, desto mehr Spannungen werden aber in den äußeren Ring verlagert. Der äußere Ring sollte daher aus einem Werkstoff mit geringer Dichte, hohem Elastizitätsmodul und hoher Festigkeit bestehen, der Faserverbundwerkstoff (CFK-HM) besitzt unter den untersuchten Werkstoffen hierfür die besten Eigenschaften. Tabelle 7 zeigt an einem zylindrischen Scheiben-Ring-Verbund diesen Effekt bei unterschiedlichen Werkstoffkombinationen. Aus ihr ist zu entnehmen, dass durch Titan als Scheibe und Faserverbund als Ring die höchste Ausdehnungsbehinderung auf die Scheibe erzielt wird. Nur unwesentlich schlechter, aber erheblich preisgünstiger ist Aluminium als Scheibenwerkstoff – Abb. 15 zeigt die enormen Beanspruchungsunterschiede gegenüber einer umlaufenden Stahlscheibe an einem Berechnungsbeispiel.

Für die praktische Dimensionierung von Hybridscheiben mit über dem Radius unterschiedlichen Wandstärken wird ein mechanisches Ersatzbild (Abb. 16) der mehrfach abgesetzten Kreisringscheibe unter Fliehwirkung nach Biezeno u. Grammel 1953, Löffler 1961 herangezogen (die durch die Lamellen und Haltestäbe eingeleiteten Biegemomente werden vernachlässigt). Für jeden Teilring aus isotropen Werkstoffen gilt (Löffler 1961; Stodola 1922):

$$\sigma_r = \frac{A}{2} + \frac{B}{r^2} - \frac{3 \cdot (1+v)}{8} \cdot \rho \cdot \omega^2 \cdot r^2$$

$$\sigma_\varphi = \frac{A}{2} - \frac{B}{r^2} - \frac{1 + 3 \cdot v}{8} \cdot \rho \cdot \omega^2 \cdot r^2 \tag{12}$$

Tabelle 7: Dehnungsreduktionszahlen für einige Werkstoffkombinationen

Scheibenwerkstoff	Ringwerkstoff	Dehnungsreduktionszahl R_D
Baustahl St 70-2	CFK-HM	6,29
Vergütungsstahl 30 CrNiMo 8	CFK-HM	5,93
Aluminiumknetlegierung AlZnMgCu 0,5	CFK-HM	6,5
Titanlegierung TiAl 7-Mo 4 wa	CFK-HM	6,97

Abb. 14: Haltestab für einseitig gelagerten Hybridsichter (1. Wickelversuch)

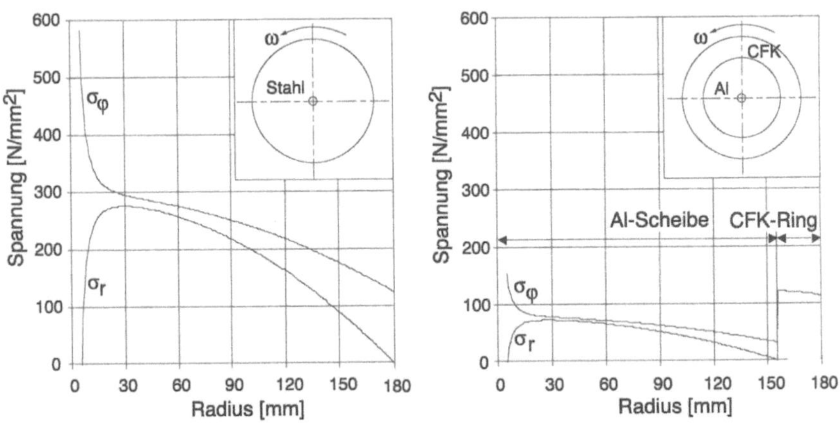

Abb. 15: Spannungsverlauf für eine Umfangsgeschwindigkeit von 300 m/s (links: Stahlscheibe; rechts: Aluminiumscheibe mit Faserverbundring)

Die Beanspruchungen im orthotropen Ring unter Fliehbelastung berechnen sich nach Lekhnitski (1963) zu:

$$\sigma_\varphi = C \cdot (1+k) \cdot k \cdot r^{k-1} - D \cdot (1-k) \cdot k \cdot r^{-k-1} - \frac{\rho \cdot \omega^2}{9-k^2} \cdot (k^2 + 3 \cdot v_{\varphi r}) \cdot r^2$$

$$\sigma_r = C \cdot (1+k) \cdot r^{k-1} + D \cdot (1-k) \cdot r^{-k-1} - \frac{\rho \cdot \omega^2}{9-k^2} \cdot (3 + v_{\varphi r}) \cdot r^2 \qquad (13)$$

$$\text{mit} \quad k = \sqrt{\frac{E_\varphi}{E_r}}$$

Die radialen Verschiebungen u_r an den Kontaktstellen von einem Teilring zum nächsten sind gleich

$$u_{r_j}(r_i) = u_{r_{j+1}}(r_i) \tag{14}$$

und das Kräftegleichgewicht an diesen Stellen bedingt

$$\sigma_{r_j}(r_i) \cdot b_j = \sigma_{r_{j+1}}(r_i) \cdot b_{j+1} \tag{15}$$

mit b_j Dicke des Teilringes j.

Bei Berücksichtigung der Randbedingungen

$$\sigma_r(r_1) = p_i$$
$$\sigma_r(r_a) = p_a \tag{16}$$

ergeben sich für N Teilkörper mit N-1 Schnittstellen 2 (N-1) Gleichungen für die 2 (N-1) Unbekannten der Glg. (12) und (13).

Der durch radiale Schlitze gekennzeichnete Bereich der Lamellen und Halteringe verlangt besondere Beachtung. Vergleichsrechnungen haben gezeigt, dass man die in diesem Bereich nicht vorhandene Umfangssteifigkeit nicht berücksichtigen kann, da Systemfehler im Gleichungsansatz die Folge wären. Bei einem Ansatz, der einer ungestörten Kreisringscheibe im Bereich der Lamellen entspricht, erhält man eine Unterbewertung der Beanspruchungen in den zentrumsnäheren Bereichen der Scheiben, im Extremfall ergab sich am Innenrad der Auslassseite (Abb. 6 Teil (3)) eine Abweichung der analytisch berechneten Beanspruchungen gegenüber Messwerten am Versuchsrotor von 33 %.

Die Berechnungsergebnisse für den Versuchsrotor zeigen die folgenden Darstellungen: Abb. 17 stellt die Beanspruchungen im Aluminiumkörper der Scheibe auf der Antriebsseite (Abb. 6 Teil (2)) dar, der Faserverbundring führt zu einer erheblichen Minderung der Beanspruchungen im Außenbereich der Scheibe. Abb. 18 enthält die Beanspruchungen im Faserverbundring. Für die Scheibe an der Feingutauslassseite (Abb. 6 Teil (3)) können unter Zugrundelegung der obigen Annahmen die in Abb. 19 dargestellten Spannungsverläufe ermittelt werden (kritischer Bereich des Rotors), die sich einstellenden Beanspruchungen im Faserverbundring stellt Abb. 20 dar.

Auch die Konstruktion der Welle-Nabe-Verbindung als Kegelschrumpf mit Außenkegel am Rotor (Abb. 6 Teil (7)) erfolgte unter dem Gesichtspunkt hoher Fliehbeanspruchungen. Aufgrund der Aufnahme in der Stahlspindel mit wesentlich höherem Elastizitätsmodul bewirken die Fliehwirkungen eine Verstärkung des Sitzes mit höherer Drehzahl und eine wesentliche Erniedrigung der Beanspruchung im achsnahen Bereich gegenüber anderen Konstruktionen (Abb. 21) (Dietz 1992).

Abbildung 22 zeigt den Versuchsrotor in Hybridbauweise, der Schleuderversuchen ohne verfahrenstechnischen Prozess unterzogen wurde. An insgesamt 12 Messstellen wurden DMS-Rosetten zur Messung der Dehnungen im Betrieb angebracht, das Prinzip des Schleuderprüfstands und des Messaufbaus ist in Abb. 23

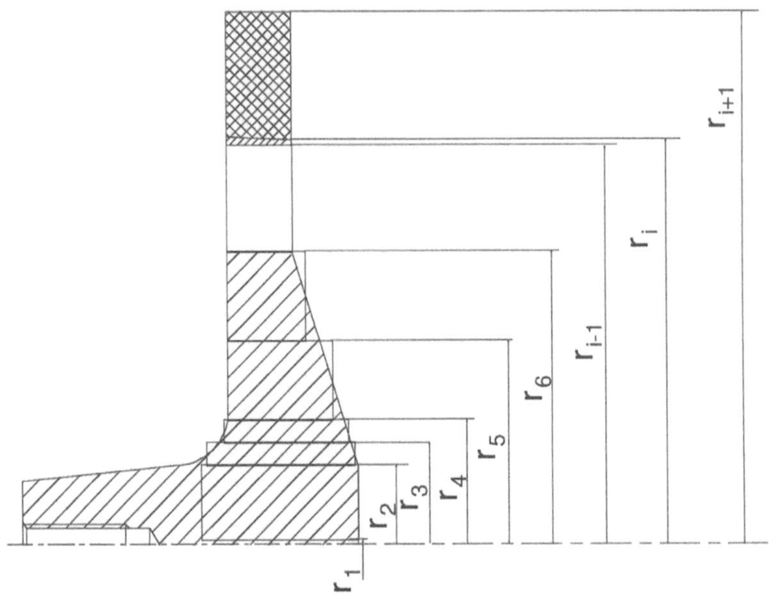

Abb. 16: Geometrie und überlagertes mechanisches Ersatzbild der Rotorscheibe

gezeigt. Als Beispiel für eine Messung ist der Verlauf der Radial- und Umfangsspannungen an der Auslassöffnung in Abb. 24 dargestellt. Es erwies sich, dass die Leistung des Prüfstandes nicht ausreichte, um die volle Drehzahl von 19100 U/min (entspricht 300 m/s Umfangsgeschwindigkeit an der Sichtkante) zu fahren, die Messungen mussten bei ca. 9000 U/min (entspricht 142 m/s Umfangsgeschwindigkeit) abgebrochen werden. Die Dehnungswerte zeigen eine eindeutige parabolische Tendenz bei ausgesprochen geringer Streuung, sodass in Abb. 24 die Messwerte extrapoliert wurden. Dies bedeutet bei einer Umfangsgeschwindigkeit von 300 m/s eine Vergleichsspannung von 470 N/mm^2, die Fließgrenze würde dabei leicht überschritten.

Zur Verifikation der analytischen Berechnung wurden FE-Rechnungen durchgeführt und beide mit den Messergebnissen des Schleuderprüfstandes verglichen. Dabei erwies sich, dass die analytischen Verfahren bei den Aluminiumscheiben aufgrund der Vereinfachungen insbesondere im Bereich der Lamellenbefestigungen allgemein gegenüber den Messungen zu niedrige Beanspruchungen im Bereich von 10 bis 33 % ergeben, im unmittelbaren Kerbbereich der Schlitze und Bohrungen sind die Abweichungen z.T. noch größer. Die Treffsicherheit von FE-Rechnungen liegt bei 5 bis 12 %, wobei die Beanspruchungen im Allgemeinen zu hoch berechnet werden. Die Messungen an den Faserverbundringen liegen ca. 25 % über den Berechnungen, hier sind aber noch die durch die Befestigungstechnik über Kegelringe aufgebrachten Vorspannungen zu berücksichtigen. Messwerte an den Lamellen ergeben kein auswertbares Bild, da sie im Wesentlichen das Verhalten der äußersten Lagen wiedergeben, hier sind auch FE-Rechnungen nicht sinnvoll.

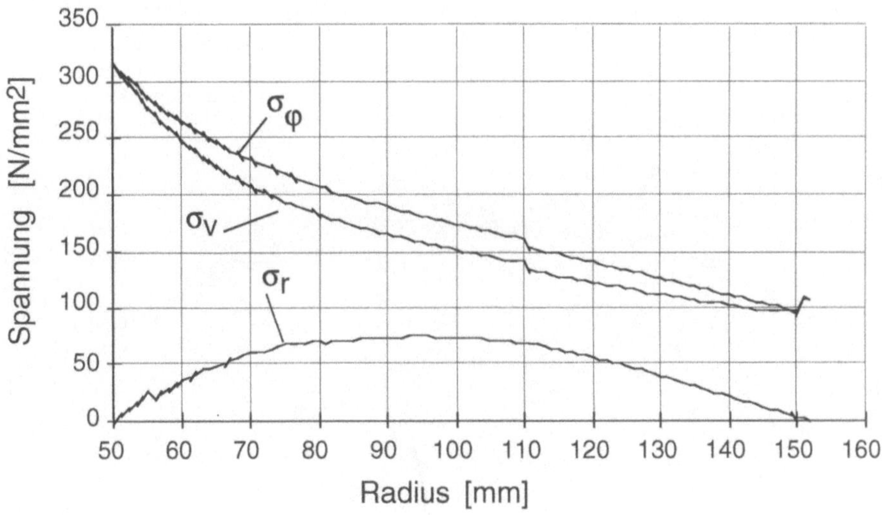

Abb. 17: Spannungen der Aluminiumscheibe an der Feingutaustrittsseite des einseitig gelagerten Hybridsichters, v_φ=300 m/s

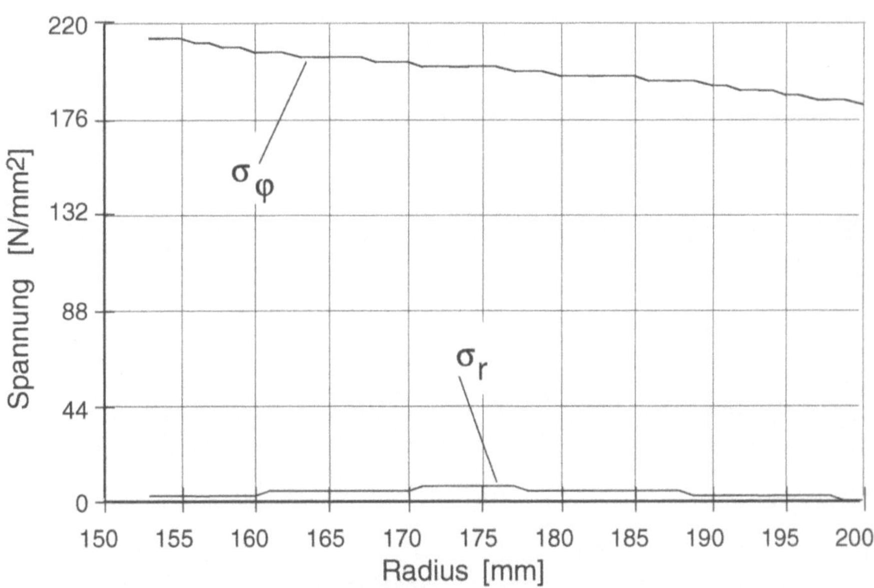

Abb. 18: Spannungen und Werkstoffanstrengungen nach dehnungsbezogener Hypothese im Faserverbundring an der Feingutaustrittsseite des Hybridrotors

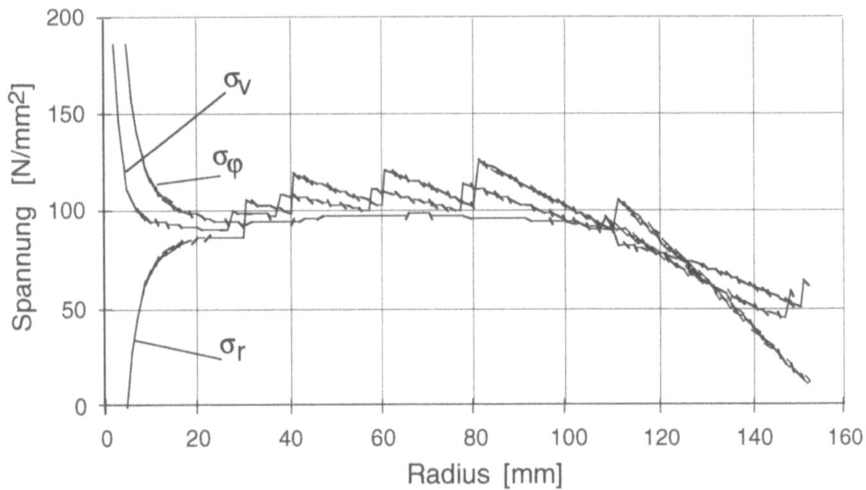

Abb. 19: Spannungen in der angetriebenen Aluminiumscheibe des einseitig gelagerten Hybridsichters, v_φ=300 m/s

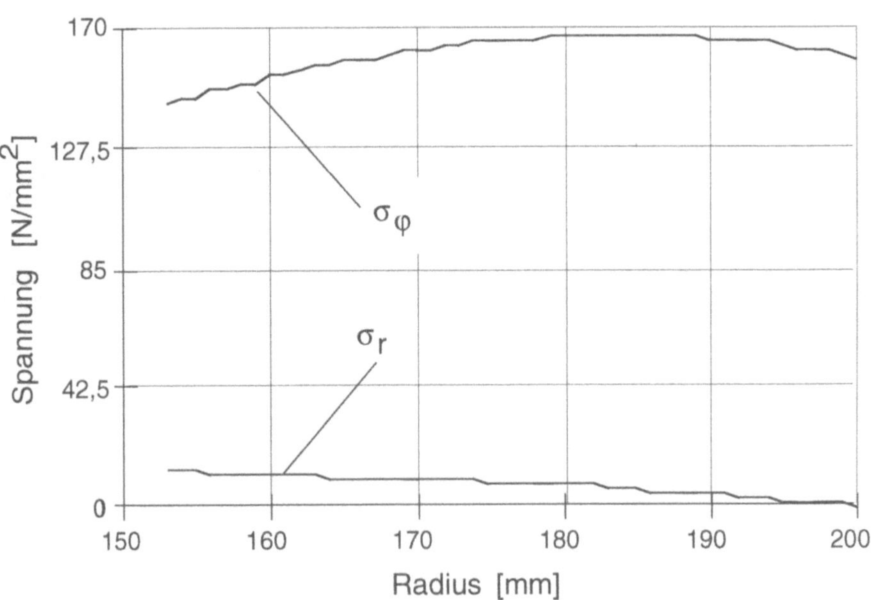

Abb. 20: Spannungen und Werkstoffanstrengungen nach dehnungsbezogener Hypothese im Faserverbundring der angetriebenen Scheibe des Hybridsichters

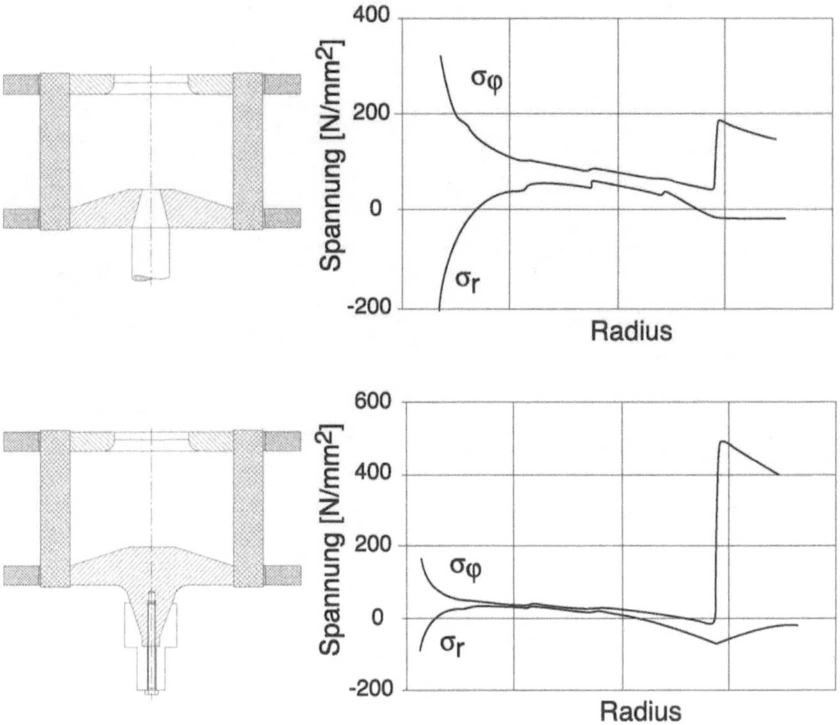

Abb. 21: Vergleichsspannungen aus Fliehkraftbelastung und Wärme in unterschiedlichen Rotorkonstruktionen, v_φ=300 m/s

Abb. 22: Einseitig gelagerter Hybridrotor in zwei Ansichten

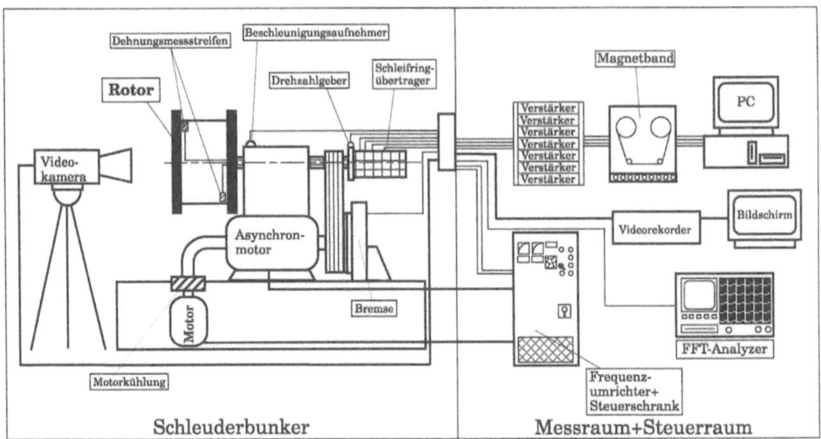

Abb. 23: Schaltbild des Schleuderprüfstandes

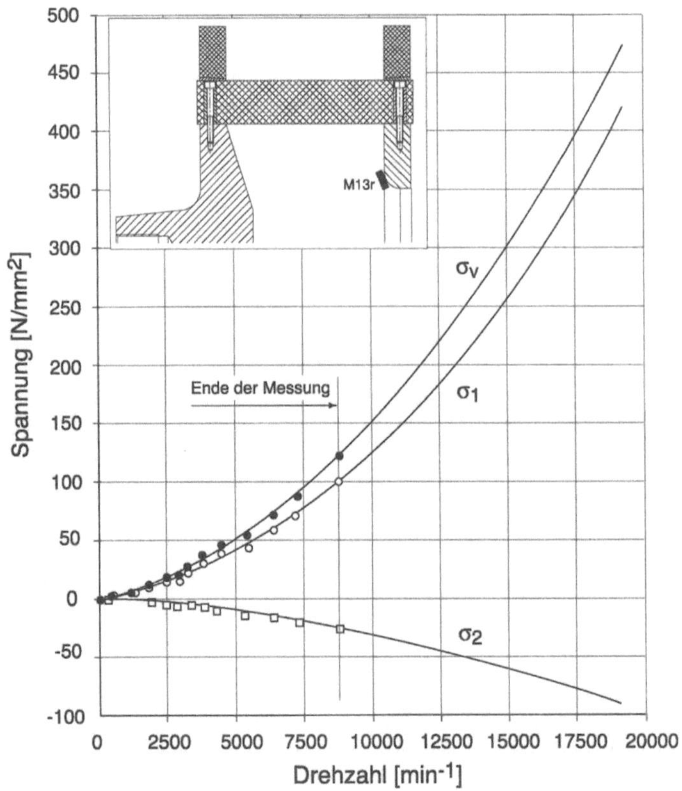

Abb. 24: Spannungsverlauf über die Drehzahl am Feingutauslass des einseitig gelagerten Hybridsichterrotors (Rübbelke 1994)

2.3.2.4
Dynamische Analyse

Für die Bestimmung von Eigenfrequenzen und Moden wurden neben einem analytischen Ansatz mit starrem Rotor numerische Untersuchungen mittels FE und Berechnungen mit dem Programmsystem MADYN (1982) durchgeführt. Bei allen Berechnungen wurde die Welle einschließlich der Lagersteifigkeiten mit modelliert (Abb. 25). Abb. 26 zeigt die Eigenmoden des Hybridrotors über den vorgesehenen Drehzahlbereich. Die aus der dynamischen Analyse gewonnenen Ergebnisse lassen sich wie folgt zusammenfassen:

– Bei der Erstellung des Modells können die Lamellen vernachlässigt werden, da sie zur Steifigkeit des Rotorkorbs praktisch nichts und zur Masse nur unwesentlich beitragen (bei Rotoren mit angeschweißten Stahllamellen sind sie zu berücksichtigen).
– Die Welle ist gegenüber dem Rotorkorb und den Lagern so weich, dass die Lagersteifigkeiten nur sehr geringe Auswirkungen auf die Eigenfrequenzen haben. Es kann im Allgemeinen mit starren Lagern gerechnet werden.
– Setzt man einen starren Rotor voraus, so ist eine Modellierung mit Masse-Feder-Modellen (z.B. Programmsystem MADYN 1982) möglich und gibt mit Messung und FE-Analyse übereinstimmende Ergebnisse.
– Das dynamische Verhalten ist bezüglich der im Antriebsstrang liegenden Elemente und Verbindungen außerordentlich empfindlich. Im vorliegenden Fall führten Ausführungsfehler zu einem schlechten Tragbild in der Welle-Nabe-Verbindung, die Folge war eine drastische Senkung der Eigenfrequenzen im Prüfstandsversuch (Rübbelke u. Schäfer 1994). Müssen Rotoren mit derartigen Mängeln überkritisch betrieben werden, so können aufgrund der im drehenden System auftretenden Reibkontakte selbsterregte Schwingungen entstehen, die zur Zerstörung des Systems führen können.

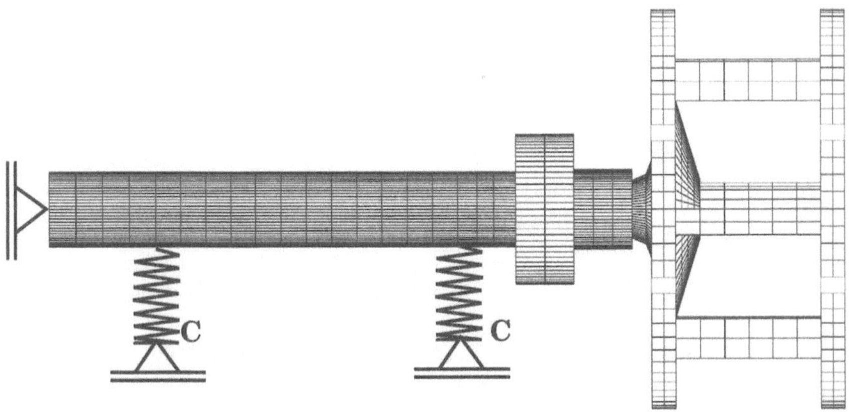

Abb. 25: Finite-Elemente-Netz des einseitig gelagerten Hybridsichters zur dynamischen Analyse mit federnder Aufhängung

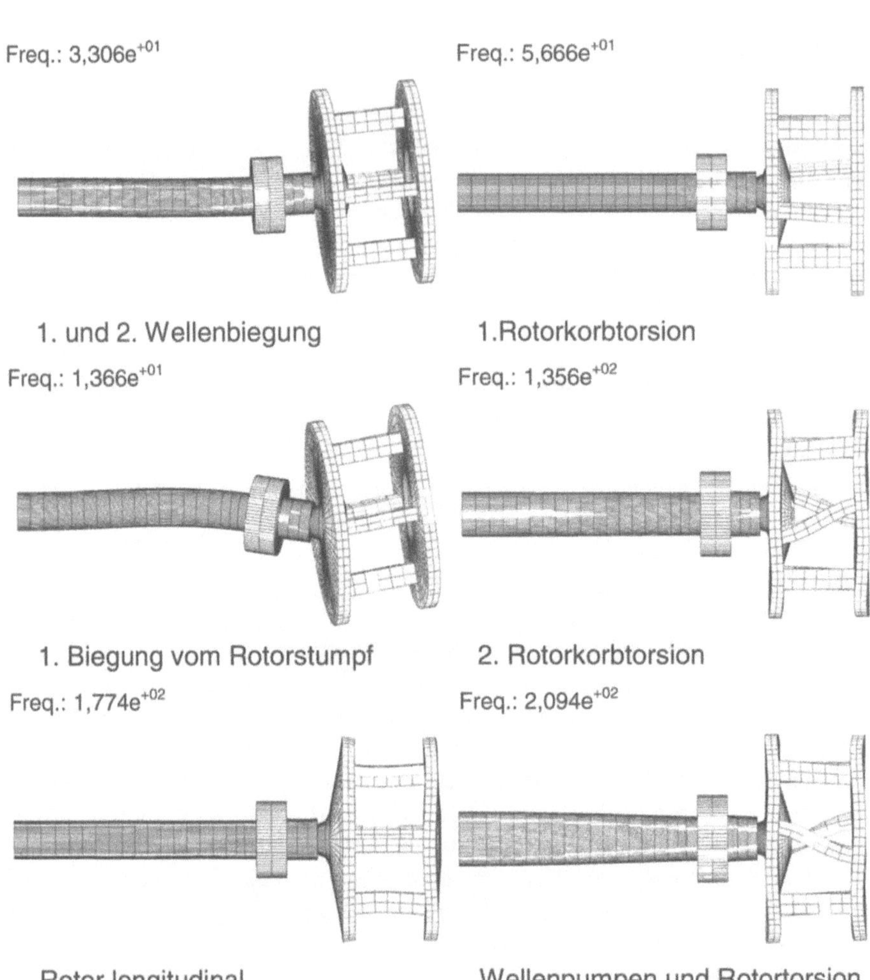

Abb. 26: Eigenmoden des Hybridrotors mit Antriebswelle und federnder Lagerung gemäß Abb. 25

2.3.2.5
Anmerkungen zum Verschleiß in Faserverbundwerkstoffen

In Abweiseradwindsichtern ist mit abrasivem Strahlverschleiß zu rechnen, aus diesem Grund sind Faserverbundwerkstoffe ohne Schutzschichten nur für die Sichtung von Partikeln mit sehr kleinen Mohs-Härten (< 4) geeignet. Je kleiner die Partikel sind, desto weniger ist mit Verschleiß zu rechnen. Nach Auffassung von Arbeitsbericht (1990) kann man im Feinsichtbereich annehmen, dass in ungestörten Bereichen die Partikel der Strömung ideal folgen und somit kein Verschleiß zu erwarten ist, sofern das Gut nur Partikel kleiner 10 μm enthält.

Erste Sichtversuche mit Lamellen aus Faserverbundwerkstoffen zeigten bereits nach wenigen Betriebsstunden Auswaschungen der Matrix bis zu erheblichen

Querschnittsverminderungen der Lamellen. Aufgabe künftiger Materialforschung wird es sein, Schutzschichten oder Verbundkonstruktionen zu erarbeiten, die die Lamellen vor Furchung und Oberflächenzerrüttung schützen. Erste Strahlversuche mit größeren Partikeln lassen erkennen, dass neben einer hohen Oberflächenhärte der Schicht insbesondere die Oberflächenhaftung eine wesentliche Rolle spielt (Rübbelke 1994).

2.3.3
Gestaltung von Rotoren für Prallmühlen

2.3.3.1
Aufgabenstellung und Stand der Technik

Das Zerkleinerungsprinzip der Prallmahlung beruht auf der Zertrümmerung von Teilchen durch starken Aufprall auf einen anderen Stoßpartner (Wand, Werkzeug, anderes Teilchen). Die Anwendungsgrenzen liegen neben den Problemen in Abrasion und Verschleiß insbesondere bei den Rotationsprallmühlen in der Festigkeit der hochtourig umlaufenden Arbeitswerkzeuge und Rotoren (Höffl 1986; Rumpf 1959). Aufgabe entsprechender Forschungsarbeiten ist es, durch geeignete Formgebung der bewegten Teile die Drehzahlgrenze nach oben zu verschieben, dabei sind wegen der technisch größeren Relevanz vordergründig die Rotationsmühlen zu betrachten.

Rotationsmühlen zeichnen sich bei grundsätzlich gleichartigem Aufbau (Abb. 27) durch eine hohe Variantenvielfalt der einzelnen verfahrenstechnischen Bauelemente aus, die in Abb. 28 dargestellt sind (Behrens 1962). Die gängigsten Ausführungen stellen die Universalmühlen mit auswechselbaren Werkzeugen, Rotoren und Siebeinsätzen dar, spezielle Ausführungen in Strömungsführung, Werkzeuggestaltung oder Gegenrotoren führen zu Mühlentypen, für die eine radiale Mahlgutströmung kennzeichnend ist. Luftstrommühlen in den verschiedenen

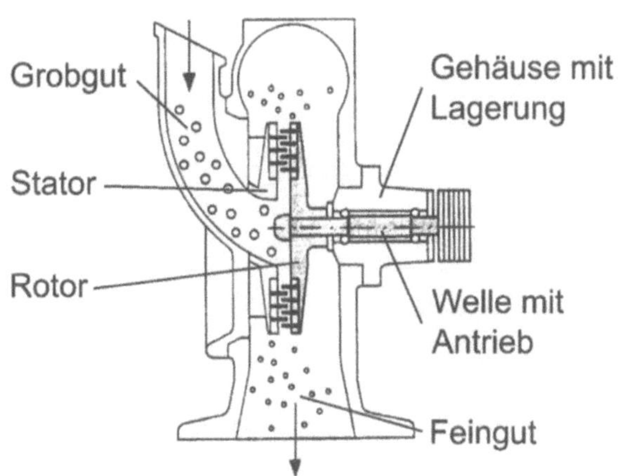

Abb. 27: Prallmühle (schematische Seitenansicht)

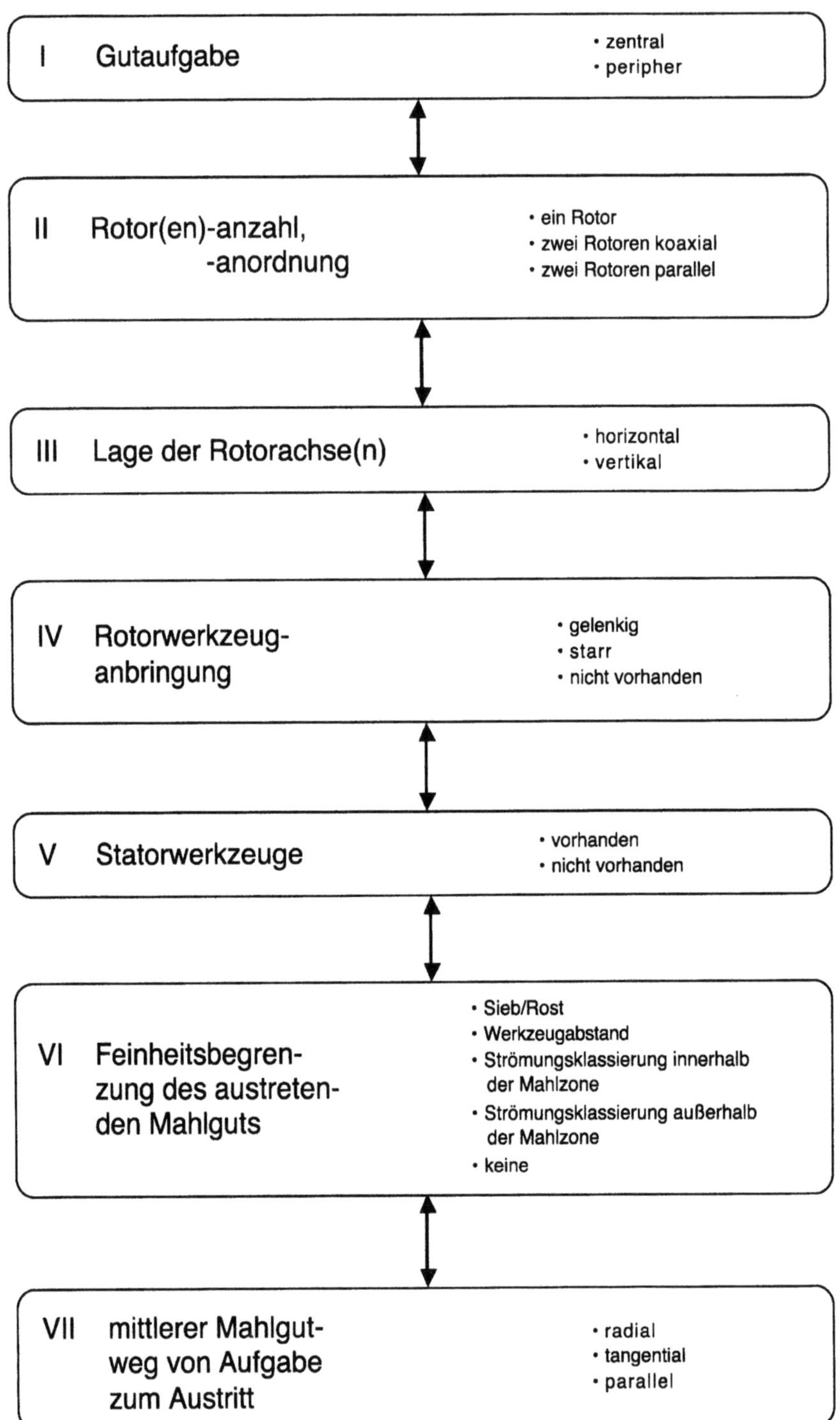

Abb. 28: Unterscheidungsmerkmale von Rotations-Feinprallmühlen

konstruktiven Ausführungen weisen eine axiale Mahlgutströmung auf. Die Umfangsgeschwindigkeiten der Rotoren liegen bei etwa 120 bis 165 m/s, die erzielbaren Kornfeinheiten reichen von 5 μm bis 150 μm bei unterschiedlichen Verteilungen je nach Art und Größe des Aufgabegutes. Sonderausführungen für Kaltmahlung, Inertmahlung oder druckstoßfeste Mahlung werden beherrscht.

Prallmühlen gegenwärtiger Anbieter weisen aus Sicht des Maschinenbaus folgende ungünstige, die Drehzahl begrenzende Merkmale auf:

– kerbintensive Welle-Nabe-Verbindungen,
– nicht der Fliehkraft angepasste Rotoren,
– kerbintensive Werkzeugbefestigungen an den Rotoren.

Insbesondere die beiden letzten Gesichtspunkte sind ein entscheidendes Hindernis für eine durchgreifende Verbesserung von Prallmühlen hinsichtlich Umfangsgeschwindigkeiten und damit Feinheitsgrad.

2.3.3.2
Festigkeitsbetrachtungen zum Istzustand von Feinprallmühlen

Es wurden analytische Berechungen, FE-Rechnungen und Messungen an Versuchsrotoren aus bezogenen Mühlen angestellt, um daraus Anhaltspunkte für festigkeitsmäßige Verbesserungen abzuleiten.

Stiftrotoren. Stiftrotoren bestehen im Wesentlichen aus einer Rückenscheibe (1) und einen mit ihr verbundenen Abdeckring (3), in den Stifte (2) eingedrückt sind (auch die geometrische Vertauschung von Rückenscheibe und Abdeckscheibe ist eine gängige Konstruktion) (Abb. 29). Die kritischen Beanspruchungen treten durch die aus der Fliehkraftwirkung herrührenden Biegebeanspruchungen in den Stiften an der Einspannstelle auf

$$M_{b_{\max}} = q \cdot \frac{l}{2} \qquad \text{mit} \qquad q = \frac{m \cdot r \cdot \omega^2}{l} . \qquad (17, 18)$$

Für runde Stifte ergibt sich hieraus die maximale Biegespannung

$$\sigma_{b_{\max}} = \frac{\rho_{St} \cdot r \cdot \omega^2 \cdot l^2 \cdot 4}{d_{St}} . \qquad (19)$$

Bei den relativ kurzen Stiften ist der Einfluss der Schubspannungen nicht vernachlässigbar:

$$\tau_m = \rho_{St} \cdot l \cdot r \cdot \omega^2 \qquad (20)$$

Die Vergleichsspannung ist nach v. Mises zu bilden.

Die Beanspruchungen in Rückenscheibe und Rotor können nach dem in Abschn. 2.2.3 beschriebenen Verfahren berechnet werden, wobei für den Einfluss der Bohrungen ein Formfaktor von $\alpha_k \approx 2{,}3$ einzusetzen ist (teilplastische Verformungen können aber akzeptiert werden (vgl. Tan Li 1993; Deppermann 1991).

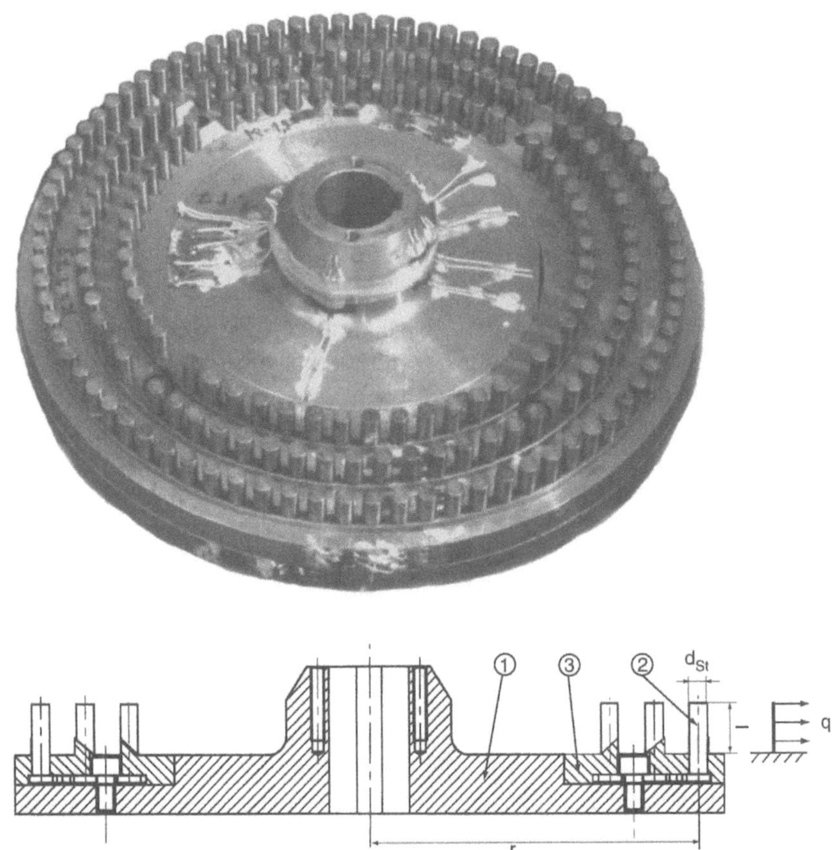

Abb. 29: Oben: Mit Dehnungsmessstreifen beklebter Stiftrotor. Unten: Radialschnitt des untersuchten Stiftrotors

Vergleichsrechnungen und Messungen ergaben, dass mit dieser überschlägigen Rechnung die Beanspruchungen des Stifts bis zu 18 % unterbewertet werden, bei den Scheiben im ungestörten Bereich stimmen Messung und analytische Berechnung im Bereich von ± 5 % überein. Abb. 30 und Abb. 31 zeigen Messergebnisse an einem Stiftrotor einer Universalmühle (Condux Typ GM 350 mit Spiralgehäuse).

Gebläserotor. Die formschlüssig eingebundene Schlagleiste eines Gebläserotors (Abb. 32) entspricht dem mechanischen Ersatzbild des beideitig gelagerten Balkens unter Streckenlast durch die Fliehwirkung (Deppermann 1991) mit der maximalen Biegespannung:

$$\sigma_{b_{\max}} = \frac{\rho_{Sl} \cdot r \cdot \omega^2 \cdot l^2 \cdot 3}{4 \cdot h_{Sl}} \tag{21}$$

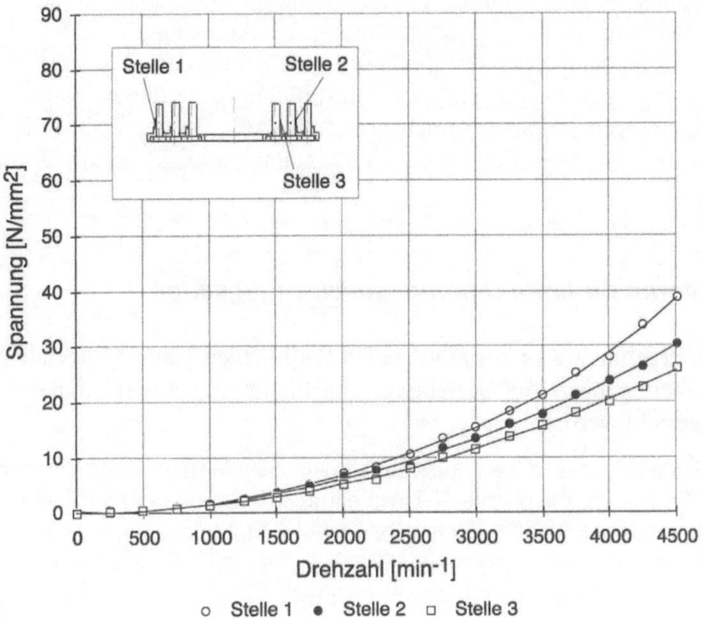

Abb. 30: Spannungen an Stiften verschiedener Reihen des Stiftrotors (Deppermann 1991)

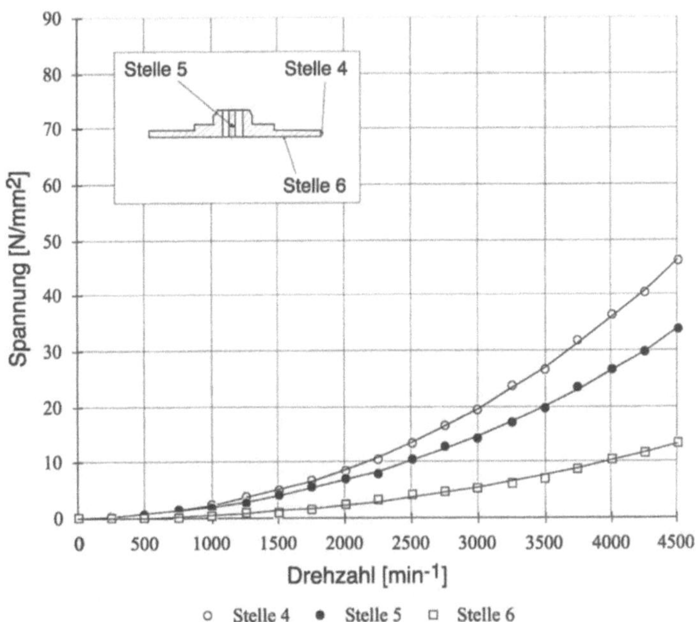

Abb. 31: Spannungen an verschiedenen Stellen der Rückenscheibe des Stiftrotors (Deppermann 1991)

Die Haltestäbe sind gemäß Glg. (2) als eingespannte Balken zu rechnen. Wegen der Kerbwirkung und der Detailgestaltung der Anbindung an den Rotor ist der jeweilige Verbindungsbereich gesondert nachzurechnen. Messungen und FE-Rechnungen ergaben eine gute Übereinstimmung mit diesen einfachen Auslegungsgleichungen im Streubereich von 3 %. Abb. 33 zeigt anhand von DMS-Messungen, dass dem Bereich der Verbindung besondere Aufmerksamkeit zu widmen ist.

2.3.3.3
Mahlrotoren für hohe Umfangsgeschwindigkeiten

Aus den Ergebnissen an konventionellen Prallmühlen können folgende grundsätzlichen Überlegungen zur Gestaltung schnelllaufender Rotoren für die Prallmahlung angestellt werden:

– Der Rotor muss in seinen äußeren Abmaßen im Wesentlichen der Scheibe gleicher Festigkeit entsprechen. Abweichungen hiervon sind in der Welle-Nabe-Verbindung und im Befestigungsbereich der Mahlwerkzeuge unerlässlich.

– Die Befestigung der Mahlwerkzeuge muss den Anforderungen nach kerbarmer Gestaltung genügen. Anzahl und Anordnung haben so zu erfolgen, dass keine Unwuchten auftreten und die Scheiben keine Biegung erfahren (bei Stiftmühlen z.B. durch beidseitige Bestiftung oder Ausgleichsmassen).

– Zur optimalen Ausnutzung der Werkstofffestigkeiten sind in den Rotoren und den Werkzeugen Biegebeanspruchungen zu vermeiden – die untersuchten Stift- und Gebläsemühlen stellen in dieser Hinsicht ungünstige Lösungen dar.

– Die für die Feinstzerkleinerung sich aus den Grundgleichungen der Verfahrenstechnik (Rumpf 1959; Behrens 1962; Sors 1963; Leschonski 1965) ergebenden kleinen Mahlspalte führen zu kleinen Werkzeugabmessungen und besonderen Anforderungen an die Genauigkeit des Spalts unter dem Einfluss von Fertigungs- und Montagefehlern, bzw. Dehnungen durch Fliehwirkung oder Erwärmung. Wenn man davon ausgeht, dass die Mahlwerkzeuge aufgrund von Verschleiß auswechselbar gestaltet werden müssen, ergeben sich hieraus besondere Anforderungen an die Verbindungstechnik zwischen Rotor und Mahlwerkzeug.

Unter diesen Gesichtspunkten weisen radial durchströmte Rotoren Prinzipmängel auf, mit der Voraussetzung ersetzbarer Mahlwerkzeuge zeigen nur Axialrotoren ein Potenzial zur Verwirklichung hoher Prallgeschwindigkeiten.

Gestaltung der Zerkleinerungswerkzeuge und ihrer Befestigung. Die verfahrenstechnische Forderung nach einer Gestaltung der Mahlwerkzeuge in „kleiner, scharfkantiger Ausführung mit möglichst schmaler plattenförmiger Aufprallfläche" (Rumpf 1959) deckt sich mit der durch die Bauteilfestigkeit gestellten Forderung nach möglichst kleinen Fliehkräften und kleinen Dehnungen. Nach Abb. 34 ist dabei zu unterscheiden zwischen

– dem Wirkbereich, der mit dem Mahlgut Kontakt hat, vorwiegend auf Verschleiß beansprucht wird und nach verfahrenstechnischen Gesichtspunkten auszulegen ist (Berichte und Fachgespräche 1992) und

– dem Befestigungsbereich zur Verankerung des Werkzeugs in der Scheibe und zur Übertragung der Fliehkraft.

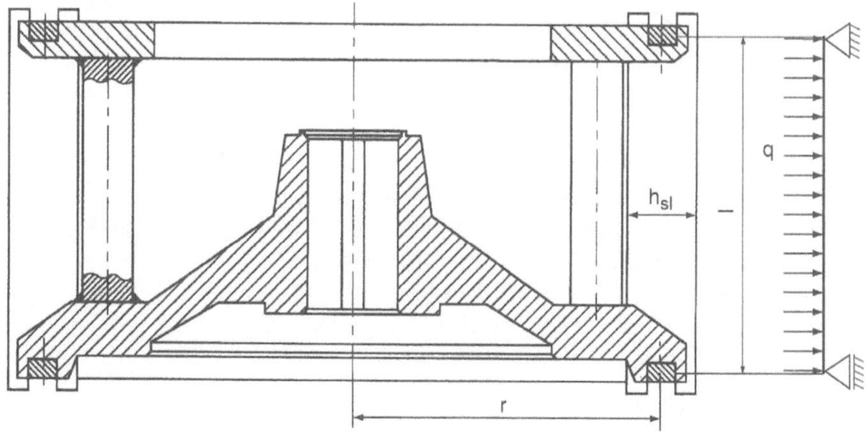

Abb. 32: Oben: Mit Dehnungsmessstreifen und Zuleitungen beklebter Gebläserotor. Unten: Radialschnitt des untersuchten Gebläserotors

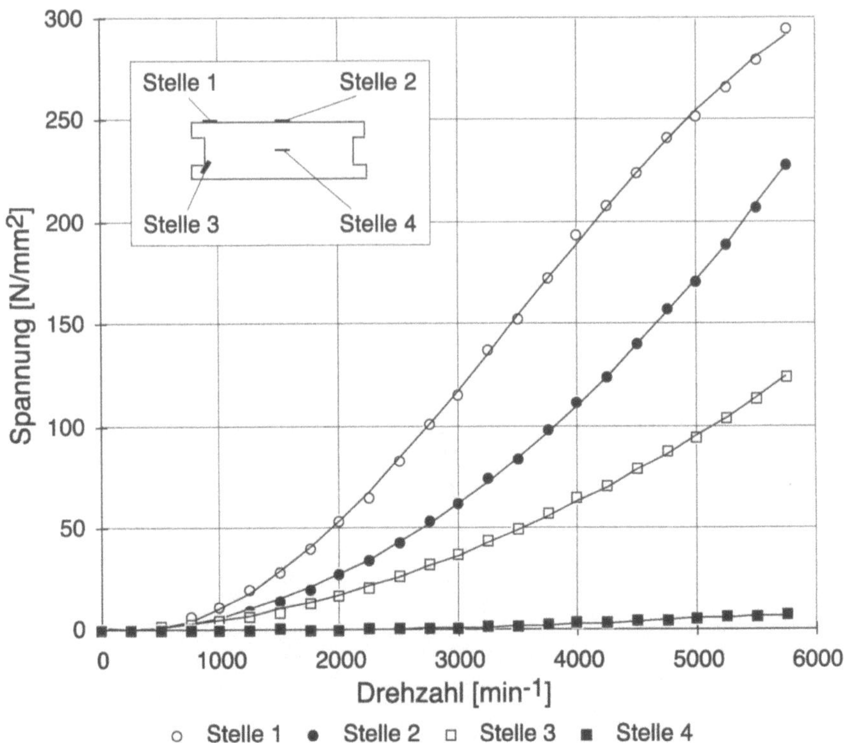

Abb. 33: Spannungen an verschiedenen Stellen einer Schlagleiste des Gebläserotors (Deppermann 1991)

Die geometrische Detailgestalt des Wirkbereichs wird von verfahrenstechnischen Gesichtspunkten bestimmt und unterliegt je nach Mahlgut den Anforderungen an Aufprallwinkel und Umströmungseigenschaften. Aus konstruktiven Gründen besteht die Forderung nach symmetrischem Aufbau zur Vermeidung von Biegung.

Zur Gestaltung des Befestigungsbereichs („Fuß") des Mahlwerkzeugs gibt es Erfahrungen aus dem Turbinenbau (Stodola 1922; Fachgespräche über Verschleiß 1992; Loschge 1967), wobei sich hinsichtlich der Ausfallwahrscheinlichkeit kerbarme, axial montierbare Befestigungen bewährt haben. Von erheblicher Bedeutung im Gegensatz zum Dampfturbinenbau ist hier die einfache Fertigung aus sehr harten Werkstoffen und die Auswechselbarkeit, Abb. 35 zeigt mögliche Ausführungen zur Gestaltung der Befestigung und der Sicherung durch Deckscheiben, Ringe oder Kugeln.

Zur Gestaltung des Befestigungsbereichs wurden Untersuchungen mittels Spannungsoptik und FE-Rechnungen an den Verbindungsstellen durchgeführt, da die aus der o.a. Literatur gewonnenen Ergebnisse nicht übertragbar waren. Abb. 36a und 36b zeigen die Hauptabmessungen und das Berechnungs- bzw. Versuchsmodell mit den bezüglich der Beanspruchungen ausgewerteten Stellen an Werkzeugfuß und Rotorscheibe. Die Ergebnisse der parametrischen Untersuchungen mit verschiedenen Werkzeugfußhöhen und Schrägungswinkeln des Schwalbenschwanzes zeigen Abb. 37 bis 39 als Spannungsüberhöhungsfaktoren gegenüber der Nennspannung im Hals des Werkzeugs (Querschnitt X-X).

$$Z_{\ddot{U}} = \frac{\sigma_{Ki}}{\sigma_{nenn}} \qquad \text{mit} \qquad \sigma_{nenn} = \frac{F}{b_w \cdot b} \qquad\qquad (22, 23)$$

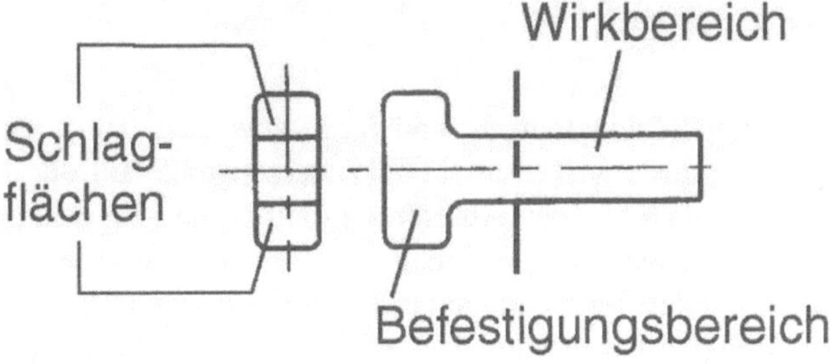

Abb. 34: Funktionsbereiche eines Schlagelements

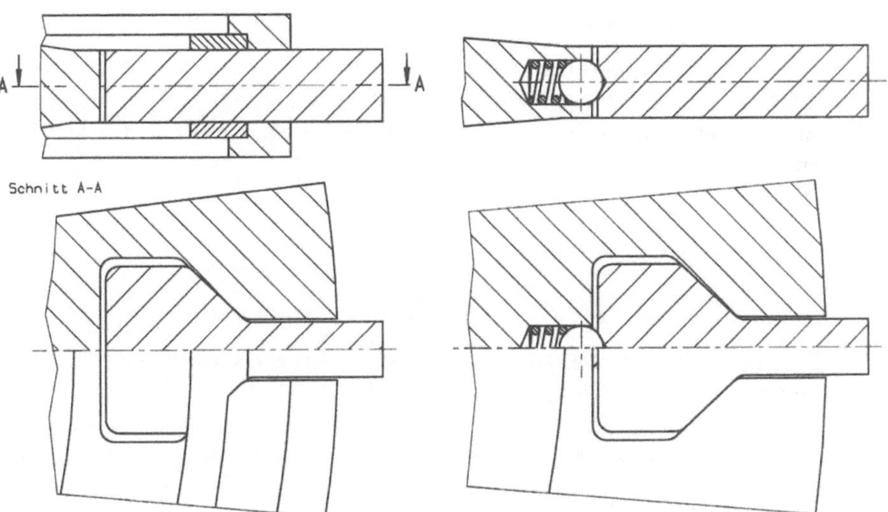

Abb. 35: Ringsicherung (links) und Kugelsicherung (rechts) der Schlagelemente

Erwartungsgemäß besitzt der Fuß mit der relativen Dicke $h_B/b_w = 0$ (Abb. 37) die geringste Biegesteifigkeit und damit die größten Spannungsüberhöhungen. Im Schrägungswinkelbereich $30° < \phi_B < 50°$ erreicht man die geringste Kerbwirkung auch bei relativ kleinem Werkzeugfuß (kleine Schlagelementmasse und kleinerer Rotorkranz), wobei die Empfehlung $h_B/b_W = 0{,}25$ bis $0{,}5$ abgegeben werden kann. Entsprechend den Ergebnissen aus Abb. 38 und 39 kann die Spannungsüberhöhung an der Stelle A_1 mit dem Wert $\alpha_k = 2$ bis $2{,}5$ angegeben werden. Hieraus ergeben sich auch die Gestaltungshinweise für den Rotorkranz: Die Stegbreite ist aus den Zentrifugalkräften aus Schlagelement und Stegmasse zu dimensionieren:

$$\sigma_{Steg} = \left[m_w \cdot r_{mw} + m_{St} \cdot r_{mSt} \right] \frac{\omega^2}{b \cdot b_{St}} . \tag{24}$$

Die Summe aller Schlagelemente und Stege sowie der Ring mit der radialen Restdicke h_k des Kranzes wirken als Fliehkrafterzeugende auf den Außenumfang der Rotorscheibe (vgl. folgenden Abschn. Gestaltung und Berechnung der Rotorgrundkörper). Die Kerbwirkung der Sicherheitselemente ist zu berücksichtigen.

Zur Verifizierung der Berechnungen des Rotorkranzes wurde ein Mahlrotor des beschriebenen Prinzips hergestellt, der aus einer konischen Scheibe mit Nabenwulst und 24 formschlüssig gehaltenen Werkzeugen mit Kugelsicherung besteht (Abb. 40). Die Rotorscheibe ist aus Aluminiumknetlegierung AlZnMgCu0,5 gefertigt, Schlagwerkzeuge und Gegennabe sind aus Vergütungsstahl C45. Die Ergebnisse der Messungen im Anbindungsbereich der Werkzeuge sind in Abb. 41 dargestellt. Die Ergebnisse von analytischer Berechnung, FEM und Spannungsoptik stimmen in einem Streubereich von weniger als 5 % überein.

Gestaltung und Berechnung der Rotorgrundkörper. Aus der Gestaltung von Turbinen sind die Grundlagen zur Berechnung und Gestaltung von umlaufenden Scheiben bekannt (Stodola 1922; Honegger 1927; Malkin 1935; Fischer 1922; Held 1939). Die konsequenteste Anwendung ist die „de Laval´sche Scheibe gleicher Festigkeit", die einen Profilverlauf hat (Abb. 42):

$$h(r) = h_a \cdot e^{+\frac{\rho \cdot \omega^2}{2 \cdot \sigma} \cdot \left(r_a^2 - r^2 \right)} \tag{25}$$

ρ Dichte des Scheibenwerkstoffs, $\sigma = \sigma_r = \sigma_\varphi =$ konstant, Vorgabe der auftretenden Beanspruchung, ω Winkelgeschwindigkeit.

Die Scheibendicke h_a am Radius r_a (vgl. Abb. 36) ergibt sich aus der Dimensionierung des Aufnahmebereichs der Schlagelemente gemäß Glg. (24), die mindestens erforderliche Nabenbreite (Scheibendicke h_0) in der Achse des Rotors beträgt:

$$h(r = 0) = h_a \cdot e^{+\frac{\rho \cdot \omega^2}{2 \cdot \sigma} \left(r_a^2 \right)} \tag{26}$$

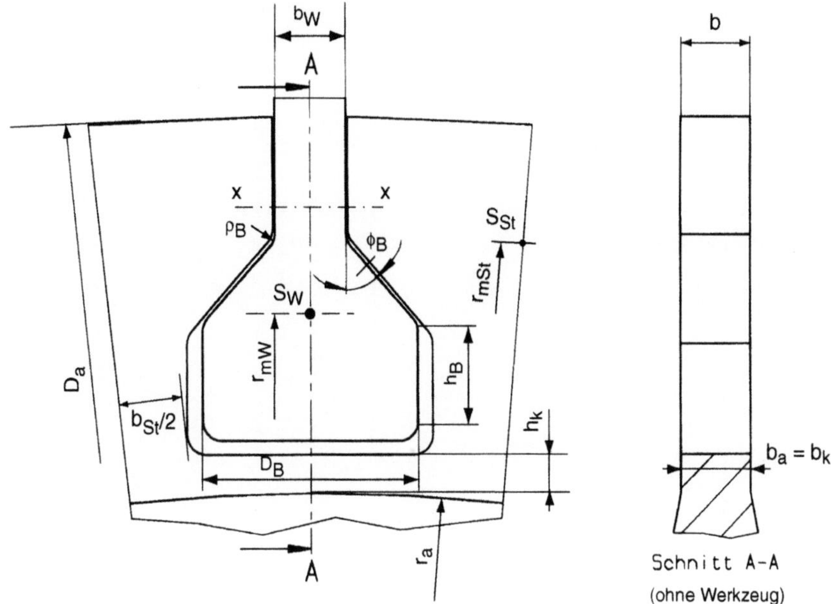

Abb. 36a: Radiale Restdicke des Rotorkranzes

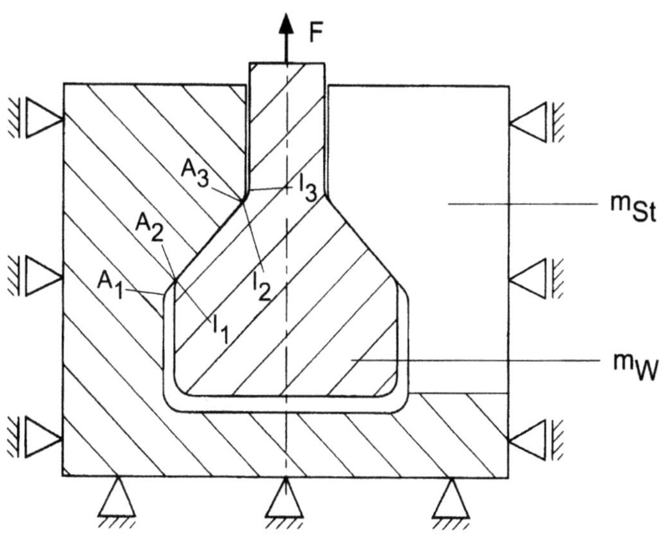

Abb. 36b: Mechanisches Ersatzschaltbild eines Befestigungspaars

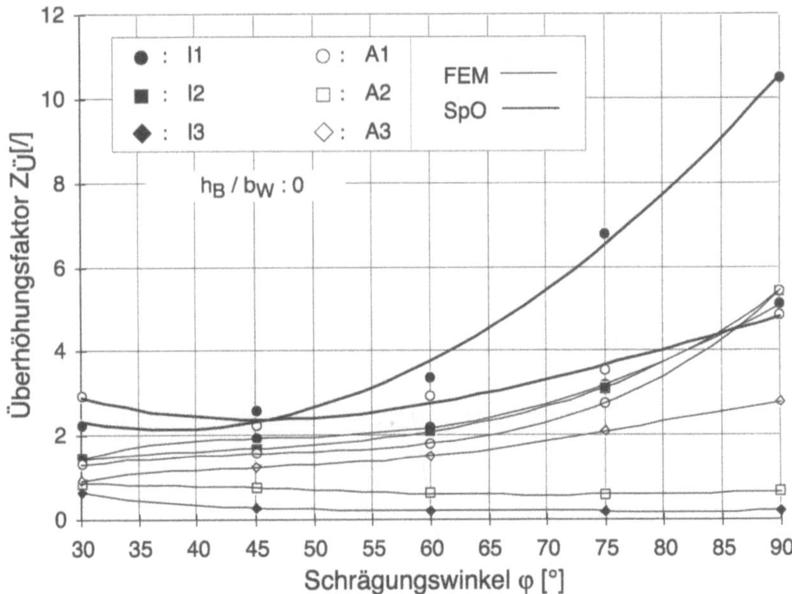

Abb. 37: Spannungsüberhöhungsfaktoren bei einer Fußdicke von 0 mm

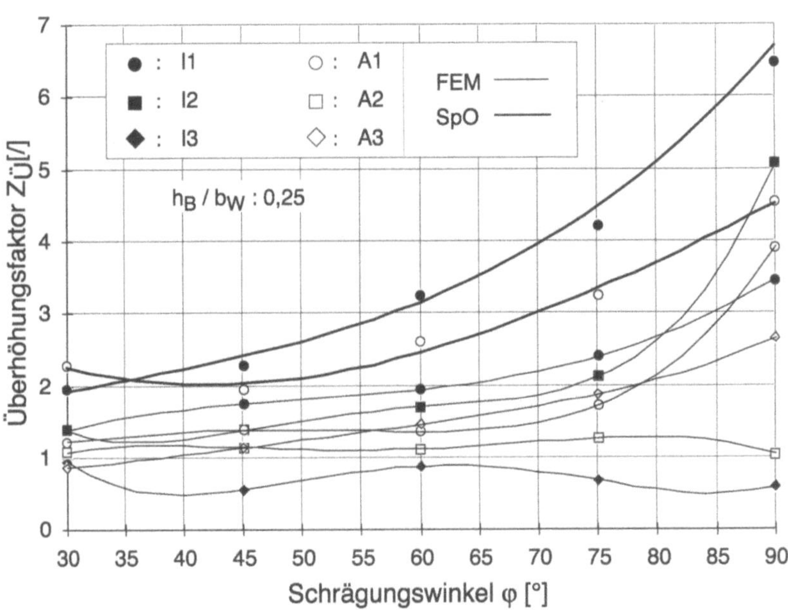

Abb. 38: Spannungsüberhöhungsfaktoren bei einer Fußdicke von 7,5 mm

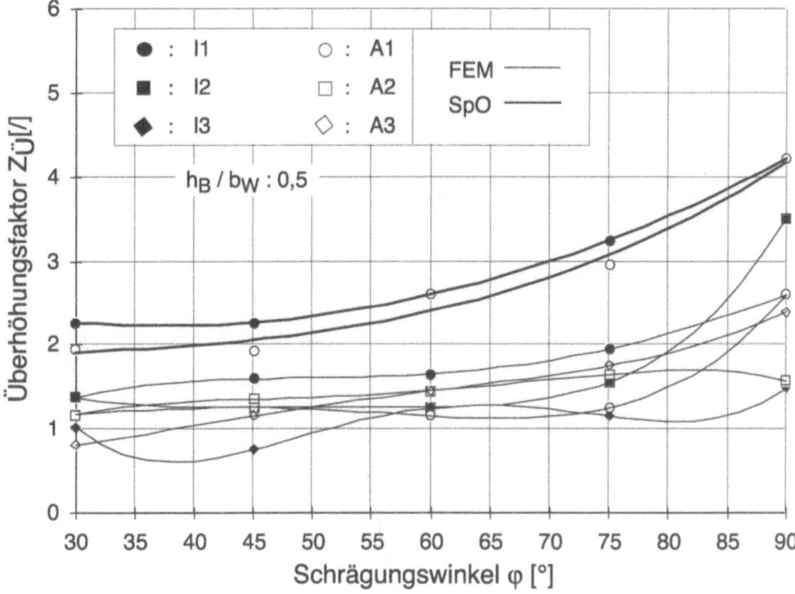

Abb. 39: Spannungsüberhöhungsfaktoren bei einer Fußdicke von 15 mm

Abb. 40: Mit Dehnungsmessstreifen und Zuleitungen beklebter Versuchsrotor mit Koppelnabe

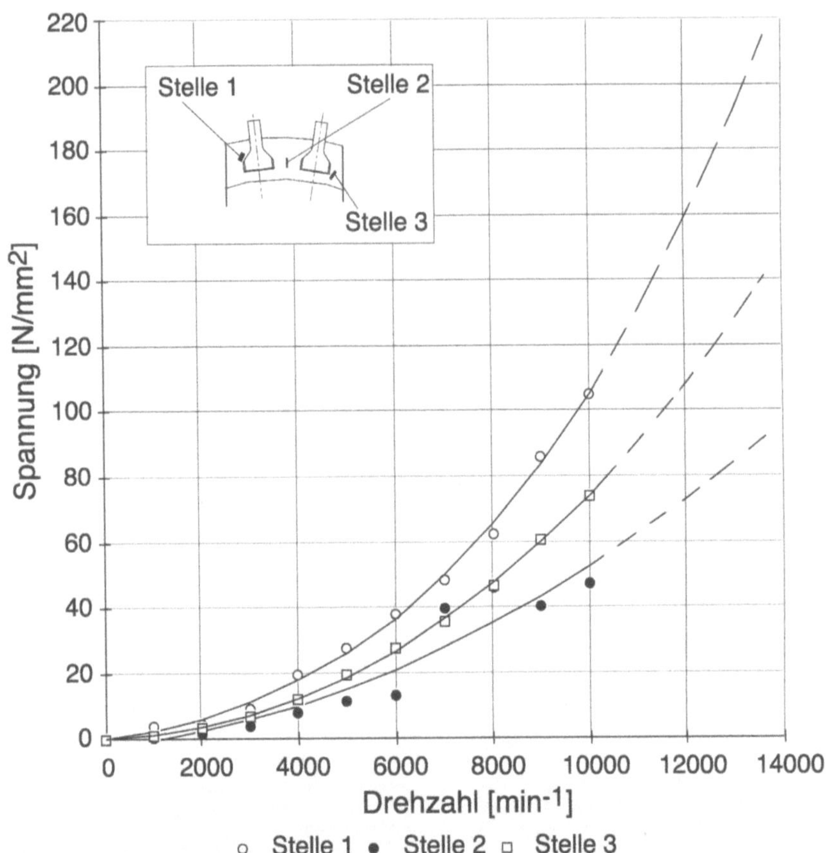

Abb. 41: Spannungen an verschiedenen Stellen des Versuchsrotors

Man beachte, dass hier für die Welle-Nabe-Verbindung kein Schrumpfverband genommen werden darf, es empfehlen sich axiale Aufnahmen wie z.B. Stirnverzahnungen. Die radiale Dehnung u_r der rotierenden Scheibe gleicher Festigkeit beträgt unter der Annahme gleichmäßiger Erwärmung $\Delta\vartheta$ über der gesamten Scheibe

$$u(r) = \left[\frac{\sigma}{E} \cdot (1-v) + \alpha \cdot \Delta\vartheta \right] \cdot r \tag{27}$$

und damit der Maximalwert am Außenrand r_a

$$u_a = \left[\frac{\sigma}{E} \cdot (1-v) + \alpha \cdot \Delta\vartheta \right] \cdot r_a \cdot \tag{28}$$

Die am Außenradius der Scheibe r_a mit der Breite h_a wirkende Belastung ergibt sich aus dem Gleichgewicht nach Abb. 43:

$$F_{ZW} + 2 \cdot \frac{F_{ZSt}}{2} \cdot \frac{\cos d\varphi}{2} + F_{ZK} - F_{HR} - 2 \cdot F_{\varphi K} \cdot \frac{\sin d\varphi}{2} = 0 \qquad (29)$$

Die Umfangskraft im Kranz $F_{\varphi K}$ sollte aus Sicherheitsgründen vernachlässigt werden, da dieser durch die Sicherungselemente geschwächt ist. Von den verbleibende Elementen ist die Wirkelementfliehkraft

$$F_{ZW} = m_W \cdot r_{mW} \cdot \omega^2. \qquad (30)$$

Die Fliehkraft der verbleibenden Haltestege

$$F_{ZSt} = m_{St} \cdot r_{mSt} \cdot \omega^2. \qquad (31)$$

Die Kranzfliehkraft

$$F_{ZK} = \rho \cdot b_K \cdot h_K \cdot \omega^2 \cdot \left(r_a + \frac{b_K}{2} \right) \cdot d\varphi. \qquad (32)$$

Die Haltekraft des Rotorgrundkörpers

$$F_{HR} = r_a \cdot h_a \cdot \sigma_a \cdot d\varphi. \qquad (33)$$

Einsetzen in Glg. (29) und Annahme von $\cos \varphi = 1$, $\sin d\varphi = d\varphi$ liefert die Gleichung für die Scheiben-Radialspannung am Außenrand:

$$\sigma_a = \frac{\omega^2}{r_a \cdot h_a \cdot d\varphi} \left[m_W \cdot r_{mw} + m_{St} \cdot r_{mSt} + \rho \cdot b_K \cdot h_K \cdot \left(r_a + \frac{h_k}{2} \right) \cdot d\varphi \right] \qquad (34)$$

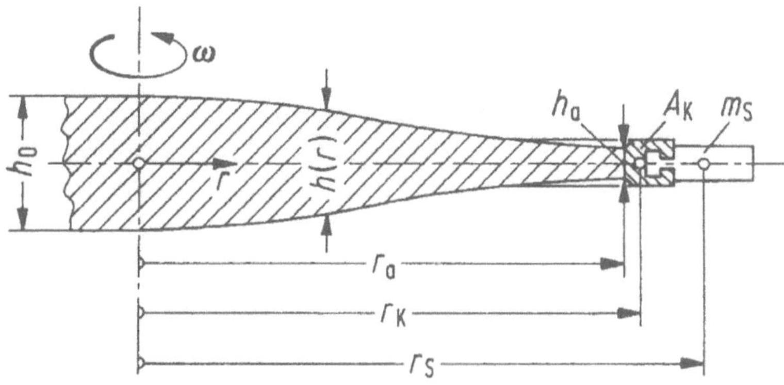

Abb. 42: Die Laval'sche Scheibe gleicher Festigkeit (Stodola 1922)

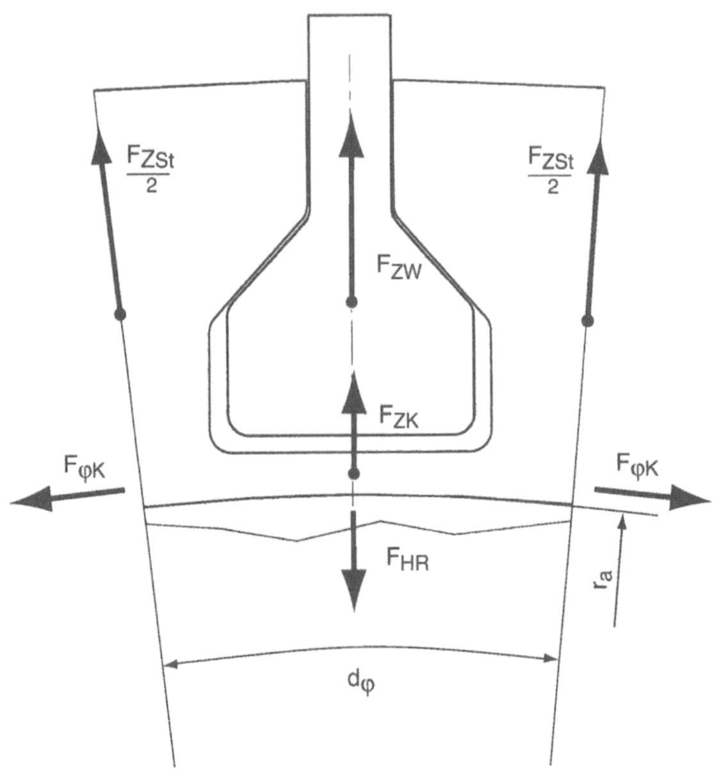

Abb. 43: Gleichgewichtsbedingungen am Mahlrotor

Gleichungen (24) und (34) gestatten die Dimensionierung der Kranzstegbreite $b_k = b_a$ bzw. des kleinsten Scheibenradius r_a unterhalb des Kranzes, falls dieser für die Aufnahme der Werkzeuge dicker gestaltet werden muss.

Die Gestaltung der Rotorscheiben nach der De Laval-Scheibe erfordert einen nicht unerheblichen Aufwand an numerischer Fertigung und beinhaltet Restriktionen insbesondere bei der Welle-Nabe-Verbindung als Schrumpfverband. Aus diesem Grund wird die Scheibe oft als abgestufte Kegelscheibe oder als Scheibe gleicher Dicke ausgeführt. Die Berechnung kann nach dem Prinzip der abgestuften Scheibe aus Kreisringscheiben konstanter Dicke mit genügender Genauigkeit erfolgen, die Gleichungen erlauben die Berücksichtigung von Bohrungen auf der Nabenseite und damit der Welle-Nabe-Verbindung. In Abschn. 2.2.2.3 ist die Berechnung abgestufter Ringe mit konstanter Wandstärke nach Biezeno u. Grammel (1953) und Löffler (1961) beschrieben einschließlich der Aufstellung des Gleichungssystems zur Bestimmung der Größen an dem Innen- und Außendurchmesser bei mehreren Ringen, Tabelle 8 enthält eine Zusammenfassung der relevanten Gleichungen unter Berücksichtigung thermischer Einflüsse, Abb. 44 gibt einen Eindruck über die sich einstellenden Beanspruchungen und Verformungen anhand eines Beispiels.

Konische Scheiben bieten in Herstellung und Berechnung den Vorteil einer kleineren Elementzahl zur Angleichung an die Scheiben gleicher Festigkeit, sie sind mathematisch aber aufwendiger. Die Lösungen bestehen aus Bestimmungsfunktionen, die sich aus hypergeometrischen Reihen zusamensetzen. In Deppermann (1991) konnte durch rechnergestützte Regressionsbetrachtungen eine Lösung auf der Basis von Ausgleichspolynomen geschaffen werden, die entgegen früheren Betrachtungen auch verschiedene Werkstoffe umfasst und Temperaturen berücksichtigt. Tabelle 9 enthält die Grundgleichungen und die Bestimmung der Regressionskonstanten, Abb. 45 zeigt am Beispiel des Versuchsrotors in Abb. 40 (der aus einer einstufigen konischen Scheibe besteht) die Beanspruchungs- und Verformungsverteilung. Vergleichsrechnungen zeigen, dass die Angleichung durch konische Scheiben nur unwesentlich andere Beanspruchungen ergibt als die Scheibe gleicher Festigkeit und dass die konische Scheibe der Scheibe konstanter Wanddicke bezüglich Belastungen und Steifigkeit weit überlegen ist.

Gedanken zur Werkstoffwahl der Rotorscheiben. Während die Wahl der Werkstoffe für die Werkzeuge im Wesentlichen den verfahrenstechnischen Bedingungen folgt, wird der Rotor ausschließlich nach Gesichtspunkten der Beanspruchungen und Dehnungen gestaltet, wobei Außendurchmesser und Drehzahl durch die Wirkbedingungen des Mahlprozesses vorgegeben sind. Damit ist die Gestaltung des Rotors aber auch von der Werkstoffwahl bzw. Eigenschaften wie Dichte, Elastizitätsmodul, Festigkeit, Querdehnungszahl und thermischer Ausdehnungskoeffizient abhängig. Die Auswertung eines Beispiels in Abb. 46 zeigt, dass nicht nur hochfeste Werkstoffe die Anforderungen an Hochgeschwindigkeitsrotoren erfüllen und dass bei entsprechender Geometrieangleichung auch Leichtbauwerkstoffe für ihre Herstellung verwendet werden können. Ein weiteres Kriterium neben der Festigkeit stellt die Dehnung dar, auch hier lassen sich Kompromisse schaffen, die den Eigenschaften der Werkstoffe gerecht werden (Deppermann 1991).

2.3.4 Zusammenfassung

Am Beispiel des Mahl- und Klassierprozesses wurde in diesem Abschnitt die Gestaltung verfahrenstechnischer Rotoren bei erhöhten Geschwindigkeiten betrachtet. Aus beiden verfahrenstechnischen Prozessen lässt sich bei Steigerung der Umfangsgeschwindigkeiten eine Steigerung von Feinheitsgraden und Massendurchsatz erreichen.

Grundlegende Betrachtungen und experimentelle Untersuchungen ergaben:
Bei Klassiermaschinen eignet sich der Fliehkraft-Windsichter mit Umfangsgeschwindigkeiten von über 200 m/s zur Klassierung von Partikeln im Bereich von 1 µm Trenngrenze. Die hohe Umfangsgeschwindigkeit und der durch das Wirkprinzip vorgegebene konstruktive Aufbau (Rotor mit radialen Sichterschaufeln) macht den Einsatz von Faserverbundstoffen für die Gestaltung der Schaufeln und besondere Maßnahmen zur Aufnahme der Fliehkräfte in den Rotorscheiben notwendig. Die Grundlagen zu Gestaltung, Fertigung und Berechnung von Hybridrotoren werden dargestellt.
Bei Mahlrotoren erweist sich das Prinzip der Radialdurchströmung als ungünstig, da sich aus der notwendigen konstruktiven Gestaltung Biegebeanspruchungen in

Tabelle 8: Gleichungen für die Spannungs- und Verschiebungsberechnung der gleichdicken Scheibe

<table>
<tr><td colspan="2" align="center">Scheibe gleicher Dicke</td></tr>
<tr><td colspan="2" align="center">(Skizze: Scheibe mit Innenradius r_0 und Außenradius r_a)</td></tr>
<tr><td>Tangential-
spannung</td><td>$\sigma_\varphi(r) = A_1 - \dfrac{A_2}{r^2} - b\cdot\omega^2\cdot r^2 - d\cdot r^n$</td></tr>
<tr><td>Radial-
spannung</td><td>$\sigma_r(r) = A_1 + \dfrac{A_2}{r^2} - a\cdot\omega^2\cdot r^2 - c\cdot r^n$</td></tr>
<tr><td rowspan="5">Koeffizienten</td><td>$A_1 = \dfrac{\sigma_a\cdot r_a^2 - \sigma_0\cdot r_0^2}{r_a^2 - r_0^2} + a\cdot\omega^2\cdot\left(r_0^2 + r_a^2\right) + c\cdot\left[\dfrac{\left(r_a^n - r_0^n\right)\cdot r_a^2}{r_a^2 - r_0^2} + r_0^n\right]$</td></tr>
<tr><td>$A_2 = r_a^2\cdot r_0^2\cdot\left[\dfrac{\left(\sigma_0 - \sigma_a\right) - c\cdot\left(r_a^n - r_0^n\right)}{r_a^2 - r_0^2} - a\cdot\omega^2\right]$</td></tr>
<tr><td>$a = \rho\cdot\dfrac{3+\nu}{8}$, $\qquad b = \rho\cdot\dfrac{1+3\nu}{8}$</td></tr>
<tr><td>$c = \dfrac{E\cdot\alpha\cdot\Delta\vartheta_a}{(n+2)\cdot r_a^n}$, $\qquad d = \dfrac{(n+1)\cdot E\cdot\alpha\cdot\Delta\vartheta_a}{(n+2)\cdot r_a^n}$</td></tr>
<tr><td>mit σ_0 : Radialspannung bei r_0 (durch Welle-Nabe-Verbindung)

σ_a : Radialspannung bei r_a (durch äußere Fliehkraft)</td></tr>
<tr><td>Verschiebung</td><td>$u(r) = \dfrac{r}{E}\cdot\left(\sigma_\varphi - \nu\cdot\sigma_r\right) + r\cdot\alpha\cdot\Delta\vartheta$</td></tr>
<tr><td>Bemerkung</td><td>Wegen konstanter Differenztemperatur (rel. zur Umgebung) des Rotors über dem Radius ist $n = 0$ und $\Delta\vartheta_a = \Delta\vartheta = $ konst.</td></tr>
</table>

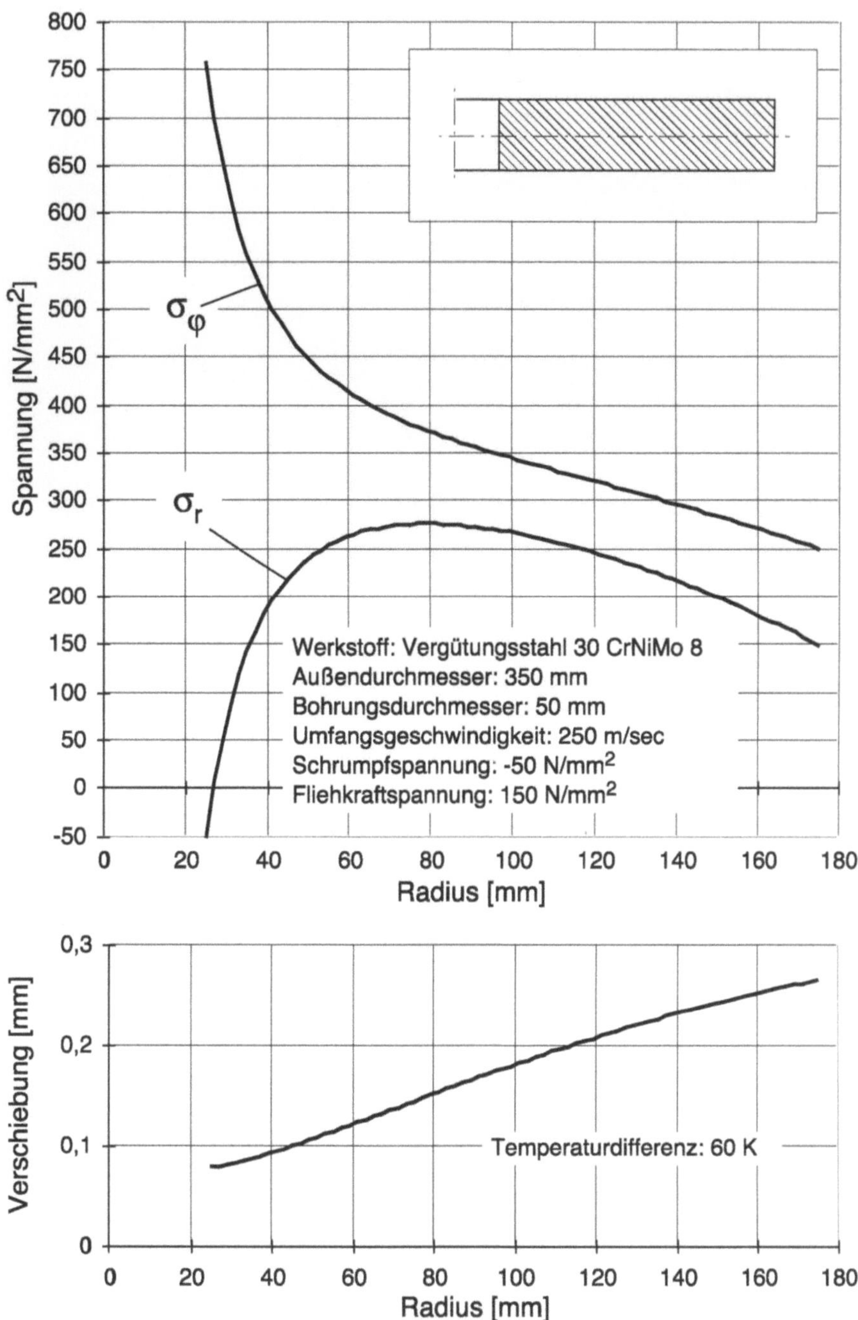

Abb. 44: Spannungen (oben) und Verschiebung (unten) für die Scheibe gleicher Dicke

Tabelle 9: Gleichungen für die Spannungs- und Verschiebungsberechnung der konischen Scheibe

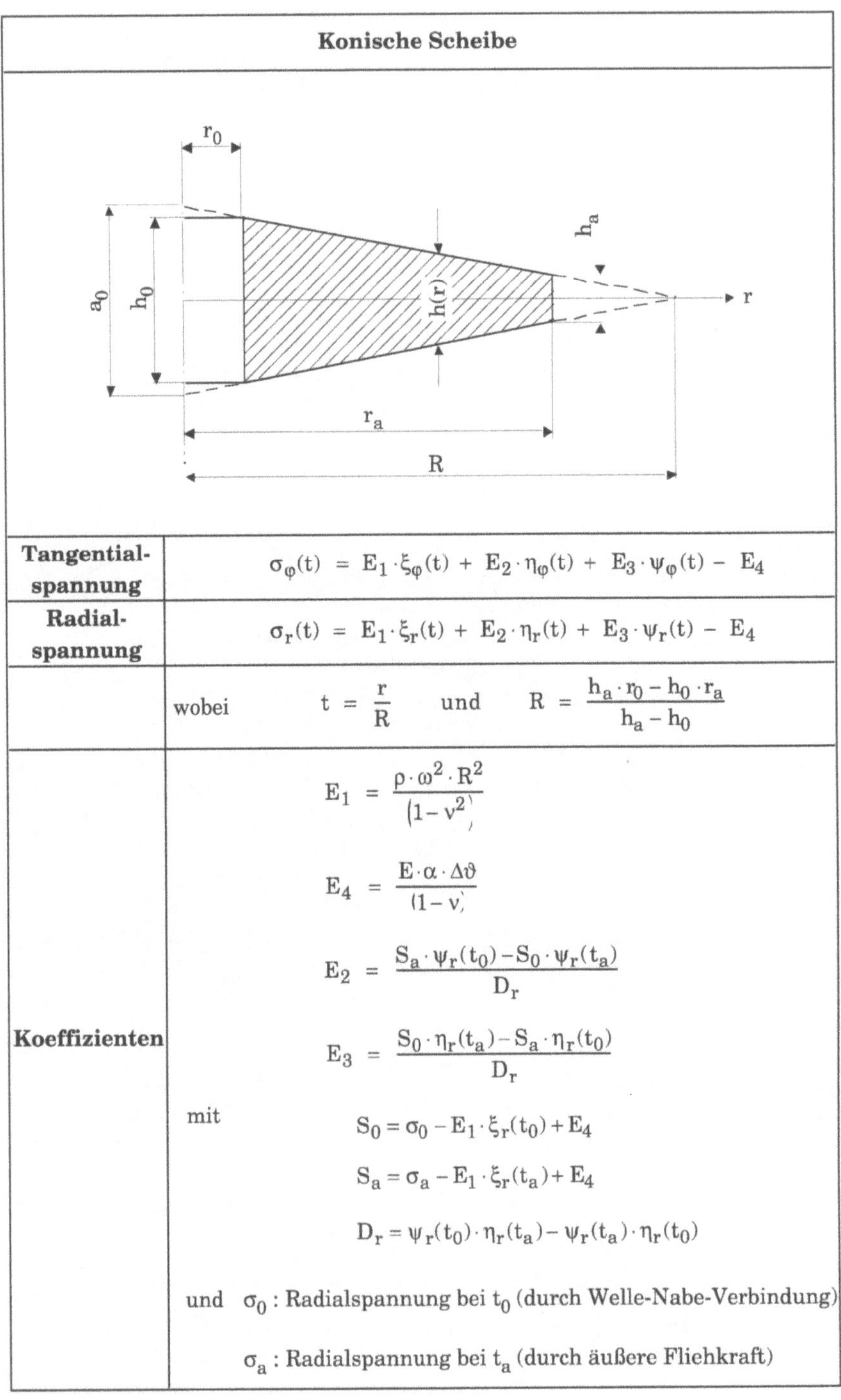

<table>
<tr><td colspan="2" align="center">Konische Scheibe</td></tr>
<tr><td>Tangential-
spannung</td><td>$\sigma_\varphi(t) = E_1 \cdot \xi_\varphi(t) + E_2 \cdot \eta_\varphi(t) + E_3 \cdot \psi_\varphi(t) - E_4$</td></tr>
<tr><td>Radial-
spannung</td><td>$\sigma_r(t) = E_1 \cdot \xi_r(t) + E_2 \cdot \eta_r(t) + E_3 \cdot \psi_r(t) - E_4$</td></tr>
<tr><td></td><td>wobei $\quad t = \dfrac{r}{R} \quad$ und $\quad R = \dfrac{h_a \cdot r_0 - h_0 \cdot r_a}{h_a - h_0}$</td></tr>
<tr><td rowspan="8">Koeffizienten</td><td>

$$E_1 = \frac{\rho \cdot \omega^2 \cdot R^2}{\left(1 - \nu^2\right)}$$

$$E_4 = \frac{E \cdot \alpha \cdot \Delta\vartheta}{(1 - \nu)}$$

$$E_2 = \frac{S_a \cdot \psi_r(t_0) - S_0 \cdot \psi_r(t_a)}{D_r}$$

$$E_3 = \frac{S_0 \cdot \eta_r(t_a) - S_a \cdot \eta_r(t_0)}{D_r}$$

mit

$$S_0 = \sigma_0 - E_1 \cdot \xi_r(t_0) + E_4$$

$$S_a = \sigma_a - E_1 \cdot \xi_r(t_a) + E_4$$

$$D_r = \psi_r(t_0) \cdot \eta_r(t_a) - \psi_r(t_a) \cdot \eta_r(t_0)$$

und $\quad \sigma_0$: Radialspannung bei t_0 (durch Welle-Nabe-Verbindung)

σ_a : Radialspannung bei t_a (durch äußere Fliehkraft)

</td></tr>
</table>

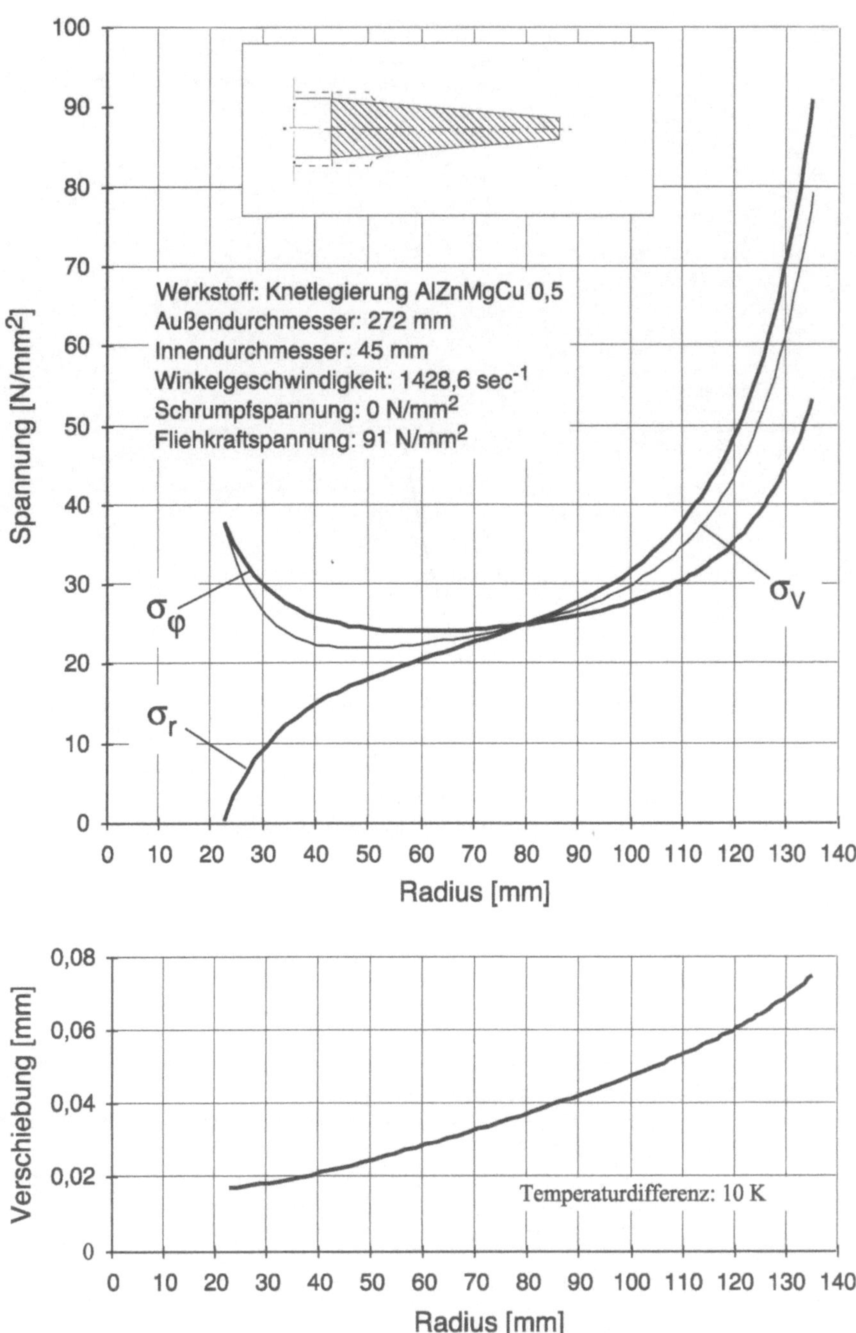

Abb. 45: Spannungen (oben) und Verschiebung (unten) für die konische Versuchsrotorscheibe

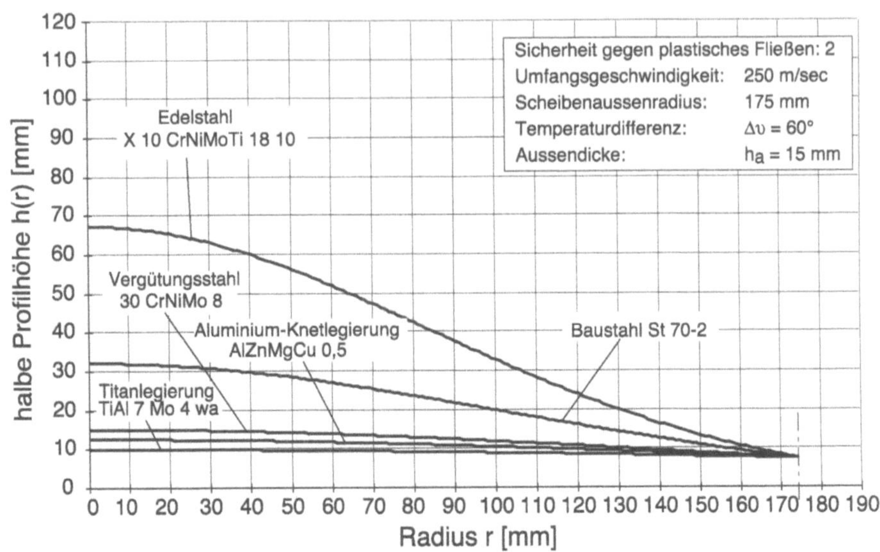

Abb. 46: Profilverläufe für Hochgeschwindigkeits-Motoren bei Zugrundelegung von fünf verschiedenen Werkstoffen

Rotoren, Mahlelementen und deren Verbindungen ergeben, die die Beanspruchungen und damit die Drehzahl begrenzen. Für eine Feinstprallmühle wird ein axial durchströmter Rotor vorgeschlagen, bei dem Mahlelemente am Außendurchmesser angebracht sind. Dimensionierung und Gestaltungsgrundlagen von Werkzeugen, ihrer Befestigungen und der Rotoren werden beschrieben.

Literatur zu Kapitel 2.3

Arbeitsbericht (1990) 1988 – 1989 – 1990 des Sonderforschungsbereiches 180, Konstruktion verfahrenstechnischer Maschinen bei besonderen mechanischen, thermischen oder chemischen Belastungen, Clausthal

Behrens D (1962) Einige Neuentwicklungen von Fein- und Feinstprallmaschinen. Symposium Zerkleinern, Verlag Chemie, Weinheim und VDI, Düsseldorf

Berichte und Fachgespräche (1992) zu Ergebnissen aus dem Sonderforschungsbereich 180 am 28./29. Oktober, Clausthal-Zellerfeld

Biezeno CB, Grammel R (1953) Technische Dynamik, 1. und 2. Band Dampfturbinen und Brennkraftmaschinen. Springer, Berlin Göttingen Heidelberg

Cleeman JO (1986) Evaluation of the new high efficient air separators. Zement Kalk Gips, 6:295-304

Deppermann (1991) Konstruktive Gestaltung von Hochgeschwindigkeitsrotoren in Feinprallmühlen. Dissertation, Technische Universität Clausthal

Dietz P (1992) Konstruktionssystematische Überlegungen und beanspruchungsgerechtes Gestalten von Maschinen der Verfahrenstechnik. Vortrag zum 18. Konstruktionssymposium der DECHEMA am 6. und 7. Februar

Dietz P, Rübbelke L (1993) Erfassung und Analyse des Spannungs- und Verformungsverhaltens eines einseitig gelagerten Rotors in Aluminium-Faserverbund. Interner Bericht IMW, Clausthal

Dietz P, Rübbelke L (1990) Konstruktive Gestaltung und festigkeitsmäßige Auslegung eines einseitig gelagerten Rotors in Aluminium-Faserverbund. Interner Bericht IMW, Clausthal

Ebert J (1989) Ein Beitrag zur systematischen Konstruktion verfahrenstechnischer Maschinen, dargestellt an der Konzeption und Gestaltung einer Feinstklassiermaschine. Dissertation, Technische Universität Clausthal

Fachgespräche über Verschleiß (1992) SFB-Kolloquium am 25. Juni, Clausthal

Firmenschrift (1989) Acucut Windsichter A 12/L+P

Firmenschrift (1990) Micron Super Separator. Hosokawa Micropul Ltd., Towerfield Industrial Estate, Shoeburyness, Essex SS3 9QU. England

Firmenschrift (1986) Mikro ACM Mahlanlagen. Mikro Pul Ducon, Köln

Fischer A (1922) Beitrag zur genauen Berechnung der Dampfturbinenscheibenräder mit veränderlicher Dicke. Zeitschrift des Österr. Ingenieur- und Architekten-Vereins, 9/10

Grammel R (1936) Neue Lösungen des Problems der rotierenden Scheibe. Ingenieur Archiv 7

Heißler H (1986) Verstärkte Kunststoffe in der Luft- und Raumfahrttechnik. W. Kohlhammer, München

Held A (1939) Lösungen des Problems der rotierenden Scheibe zu vorgegebenen Spannungsverteilungen. Dissertation, TH Stuttgart

Hennicke W, Draugelates U (1990) Ingenieurwerkstoffe unter Strahlverschleißbeanspruchung. Arbeitsbericht, 157-178

Herrmann AS, Hanselka H, Haben W (1992) Faserverbundwerkstoffe am Rechner komponieren. Sonderdruck aus der Zeitschrift Kunststoffe 6, Carl Hanser

Höffl K (1986) Zerkleinerungs- und Klassiermaschinen. Springer, Berlin Heidelberg New York

Hohn A (1972) Die Endschaufeln großer Dampfturbinen. Brown Boveri Mitteilungen 59

Hohn A (1973) Die Rotoren großer Dampfturbinen. Brown Boveri Mitteilungen 60

Honegger E (1927) Festigkeitsberechnung von rotierenden konischen Scheiben. Zeitschrift für angewandte Mathematik und Mechanik (ZAMM) 7/2

Hörning W (1992) Lagerung von Motorspindeln für Werkzeugmaschinen. Der Konstrukteur, 23. Jahrg. Sonderheft Antreiben – Steuern – Bewegen 82-85

Jimbo G, Yamazaki M, Tsubaki J, Suh TS (1984) Mechanism of Classification in a Sturevant-Type Air Classifier. Chem. Eng. Commun., 34:37-48

Kaiser F (1962) Der Zick-Zack-Sichter – ein Windsichter nach neuem Prinzip. Symposium Zerkleinern 587-605, Chemie GmbH, Weinheim

Kellett ChD, Rock HG (1986) Betriebserfahrungen mit dem O-Sepa-Windsichter. Zement Kalk Gips, 6:295-304

Klumpar IV, Saverse RR, Currier FN, Slavky ST (1986) Air classification with optimum design and operation. Zement Kalk Gips 6:305-311

Knobloch O, Müller M (1967) Feinstklassieren mit Kanalradsichtern. 858-872

Knoflicek MJ (1986) Betriebserfahrungen mit O-Sepa-Windsichtern in Nordamerika. Zement Kalk Gips 6:335-336

LamTech (2000) Ein Produkt vom Demonstrations- und Beratungszentrum für Faserverbundwerkstoffe. Deutsche Forschungsanstalt für Luft- und Raumfahrt e.V. (DLR), Institut für Strukturmechanik, Braunschweig

Lauer O (1965) Trenngrenze und Trennschärfe des Spiralwindsichters mit umlaufenden Sichtraumwänden, Aufbereitungstechnik 4:213-222

Legenhausen K (1991) Untersuchung der Strömungsverhältnisse in einem Abweiseradsichter. Dissertation, Technische Universität Clausthal, 1991

Lekhnitski SG (1963) Theory of Elasticity of an Anisotropic Body. Holdenay, San Francisco

Leschonski K, Bock Th (1980) Die Bedeutung des Dispergierens und Dosierens bei Feinsttrennungen in Windsichtern. Proceedings of the Eur. Symp. of Particle Technology, Dechema Vol. B:746-761

Leschonski K (1965) Die kollektive Prallzerkleinerung von Kalkstein in einem vertikalen, kreiszylindrischen Mahlspalt. Dissertation, TH Karlsruhe 1965

Leschonski K, Hahnheiser W (1986) 8. Clausthaler Kursus „Grundlagen und moderne Verfahren der Partikelmesstechnik. 5. bis 11. Oktober, TU Clausthal. 2.3.3 – 2.3.7 und 2.3.3.1 – 2.3.3.2

Löffler K (1961) Die Berechnung von rotierenden Scheiben und Schalen. Springer, Berlin Göttingen Heidelberg

Loschge A (1967) Konstruktionen aus dem Dampfturbinenbau. Zweite neu bearbeitete Auflage, Springer, Berlin Heidelberg New York

Luftfahrttechnisches Handbuch (1989) Band I, II, III. Faserverbund Leichtbau FVL. Arbeitskreis Faserverbund Leichtbau

Maehrle K (1967) Die Gegenstromumlenksichtung im Schwere- und Fliehkraftfeld unter besonderer Berücksichtigung des Kanalrad-Gegenstromsichters. Aufbereitungs-Technik, 3:117-124

Malkin I (1935) Festigkeitsberechnung rotierender Scheiben. Springer, Berlin

MADYN (1982) Beschreibung des Programmsystems MADYN. Ingenieurbüro Klement, Darmstadt

Norris CB, Werren F (1955) Directional Properties of Glass Fiber Base Plastic Laminate Panels of Size That do not Buckle. US-Forest Produce Laboratory (FPL), Rpt. Nr. 1816

Pahl G, Beitz W (1977) Konstruktionslehre. Springer, Berlin Heidelberg

Roth KH (1982) Konstruieren mit Konstruktionskatalogen. Springer, Berlin Heidelberg New York

Rübbelke (1994) Konstruktive Lösungen und Auslegemethoden für Hochgeschwindigkeitsabweiseradsichter aus Leichtbauwerkstoffen in der Verfahrenstechnik. Dissertation, Technische Universität Clausthal

Rübbelke L, Schäfer H (1994) Einfluss der Welle-Nabe-Verbindung auf das dynamische Verhalten von Hochgeschwindigkeitsrotoren. Konstruktion 46:235-236

Rumpf H (1959) Beanspruchungstheorie der Prallzerkleinerung. Chemie-Ing.-Techn., 31/5

Rumpf H, Kaiser F (1952) Weiterentwicklung des Spiralwindsichters (Wirbelsichter), CIT 24. Jahrg, 3:129-135

Sichter in der Kalkindustrie (1970) Teil II: Kennwerte und deren Bestimmung. Bundesverband der Deutschen Kalkindustrie. Technische Merkblätter, Merkblatt 6/II

Sors L (1963) Berechnung der Dauerfestigkeit von Maschinenteilen. Akademiai Krádo, Budapest

Stodola A (1922) Dampf- und Gasturbinen. Springer, Berlin Göttingen Heidelberg

Suh TS, Koike T, Tsubaki J, Yamazhaki M, Jimbo G (1983) Mechanism of Classification in a Sturtevant-Type Air Classifier. Fluid-Solid Interaction II:131-135, Proc.-Pac. Chem. Eng. Congr., 3rd Volume 1, Nagoya

Szabo I (1959) Höhere Technische Mechanik. Springer, Berlin Göttingen Heidelberg

Tan Li: (1993) Kraftschlüssige Welle-Nabe-Verbindungen, Pressverbindungen, Kegelpressverbände, Dissertation, Technische Universität Clausthal

Tsai SW, Wu EM (1971) A general Theory of Strenght for Anistropic Materials. Journal of Composites Materials 5:58-80

VDI 2225 (1977) Konstruktionsmethodik; Technisch wirtschaftliches Konstruieren, Anleitung und Beispiele. VDI, Düsseldorf

Vinson IR, Sierakovski RL (1986) The Behaviour of Structures Compose of Composite Materials. Martinus Nijhoff

Yamada Y, Yasuguchi M, Linoya K, Sochurek HH (1984) Neuartiger Windsichter für feine Partikel Chemie-Technik, 13/10:103-108

2.4
Aspekte zur dynamischen Auslegung und Optimierung von Laborzentrifugen

D. Behr, J. Dobras, X. Feng, J. Strackeljan

2.4.1
Einleitung

Im Bereich der verfahrenstechnischen Maschinen stellen vielfach solche, in denen Rotorsysteme wesentliche Bauelemente bilden, eine konstruktiv besonders anspruchsvolle Klasse dar. Dieser Sachverhalt ist bedingt durch die Möglichkeit hoher Energieeinträge, von Kreiseleffekten, Zentrifugalfeldern und Unwuchten sowie weiterer physikalischer Besonderheiten, wie z. B. der „inneren Reibung" und chaotischen Bewegungen. Es ist daher naheliegend, dass derartige Systeme, insbesondere Zentrifugen und schnelllaufende Lüfter, im Zusammenhang mit Projekten des Sonderforschungsbereiches (SFB) 180 genauer untersucht wurden. Da die in Rede stehende Problematik auch durch langjährige Arbeiten an Laborzentrifugen vor und nach Abschluss der SFB-Projekte eine Reihe von gefestigten Ergebnissen erbrachte, sollen im Folgenden diese verfahrenstechnischen Maschinen näher betrachtet werden.

2.4.2
Grundlegender Aufbau von Laborzentrifugen

Eine Laborzentrifuge ist aus der Sicht des Maschinendynamikers ein elastisch gelagertes Rotorsystem mit grundsätzlich unwuchtigen Rotoren. Dabei stützen sich die Auflagerungen gegen ein zunächst als starr anzunehmendes Gehäuse ab. Die Masse des Gehäuses ist mit allen notwendigen Einbauten deutlich größer als diejenige des Rotorsystems. Abb. 1 zeigt die in fast allen bekannten praktischen Ausführungen von Laborzentrifugen vorhandenen Details, bestehend aus (1) Motor, (2) elastischer Motorabstützung, (3) Welle, (4) eigentlichem Rotor mit statischer und dynamischer Unwucht, (5) Panzerkessel als Schutzvorrichtung bei einem evtl. Rotorbersten und (6) Gehäuse, in welchem auch Kühlaggregate etc. eingebaut sind. Je nach Anwendungsfeld können schwere Blutbankzentrifugen bis zu 400 kg Masse besitzen, während kleinere Tischgeräte schon mit Massen von nur ca. 30 kg zum Einsatz kommen.

Bei Hochleistungszentrifugen mit Drehzahlen zwischen 15000 U/min und 30000 U/min wird die Wellenverbindung zwischen Antriebsmotor und Rotor i.a. als dünne elastische Nadel ausgeführt und verhindert dadurch das Auftreten übermäßiger Biegebeanspruchungen. Damit kann die klassische Hochleistungszentrifuge als Prinzipskizze wie in Abb. 2 dargestellt werden.

Die konstruktive Ausführung dieses Modells erscheint relativ einfach und die zugehörigen Berechnungen der Eigenfrequenzverläufe, der Auslenkungsamplituden, Biegebeanspruchungen und Wälzlagerbelastungen können einigermaßen

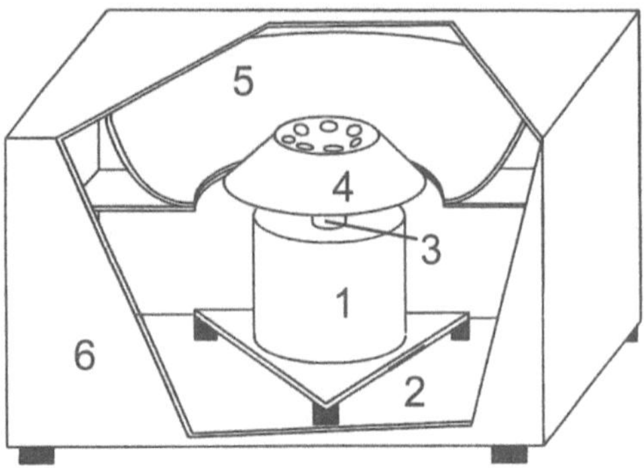

Abb. 1: Konstruktion einer klassischen Laborzentrifuge

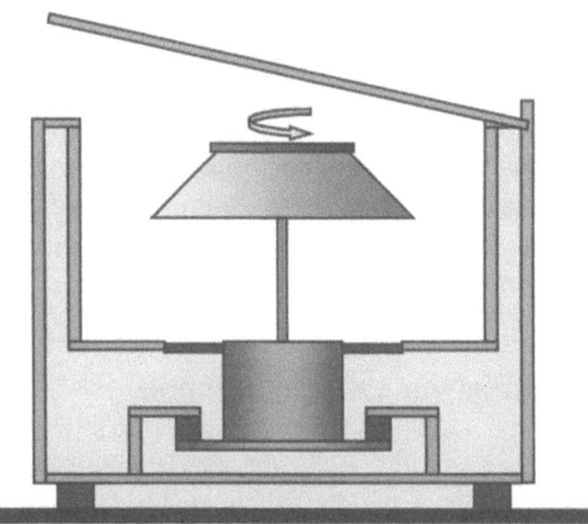

Abb. 2: Prinzipskizze einer Hochleistungszentrifuge. Der Motor ist am oberen und unteren Ende elastisch aufgehängt. Die Antriebswelle ist nicht bedämpft

unproblematisch mit geeigneten Programmsystemen (wie z.B. MADYN (Klement 1994), LUBEST (1991)) erledigt werden.

Im Gegensatz zu diesen überschaubaren Grundprinzipien der Auslegung solcher Laborzentrifugen steht jedoch der Tatbestand, dass die praktische Realisierung dieser Rotorsysteme häufig insofern sehr große Schwierigkeiten bereitet, als dass das dynamische Verhalten in vielen Fällen völlig unakzeptabel ist. Daher sollen in den folgenden Ausführungen einige immer wieder auftretende Schwierigkeiten im Laufverhalten von Laborzentrifugen skizziert und die Hintergründe in Umrissen andiskutiert werden.

Weiterhin gibt es im Bereich der Zentrifugensicherheit für den Fall des „größten anzunehmenden Unfalls" (GAU) einige Problemfelder, welche für den Fall von Hochleistungszentrifugen noch nicht restlos erforscht sind (Behr u. Kielsmeier 1998).

2.4.3
Das dynamische Verhalten des Rotorsystems

An ein Rotorsystem nach der Prinzipskizze in Abb. 2 müssen gewisse Anforderungen gestellt werden, deren Erfüllung am besten noch vor Aufbau eines Prototypen per Modellsimulation nachgewiesen werden sollte. Hierzu gehören in erster Linie:

1. Bei dem üblicherweise notwendigen Durchfahren von kritischen Drehfrequenzen im Bereich unterhalb von 50 Hz sollen die Schwingungsamplituden hinreichend klein bleiben.
2. Der Betriebsdrehzahlbereich oberhalb von etwa 3000 U/min muss frei von unzulässigen Eigenfrequenzen sein.
3. Die Eigenfrequenzen des Rotorsystems, welche unterhalb der jeweiligen Drehfrequenzen liegen, müssen hinreichend bedämpft sein. Das heißt konkret, dass die Dämpfungsmaße dieser Eigenfrequenzen möglichst höher als 1% sein sollen.
4. Die elastische Abstützung von Motor und gegebenenfalls des Rotors soll möglichst isotrop ausgeführt werden.
5. Die Lagerbelastungen sämtlicher Wälzlager sollen aufgrund des dynamischen Verhaltens eine Lebensdauer von über 5000 h zulassen.

In vielen Fällen von Neukonstruktionen oder solchen, bei denen „nur" die Maximaldrehzahl angehoben werden soll, wird gegen eine oder mehrere dieser Forderungen verstoßen mit der Folge, dass im schlimmsten Fall ein derartiges Gerät für den praktischen Einsatz nicht tauglich ist. Im Einzelnen sind die Begründungen in folgender Weise zu skizzieren:

Zu 1.: Abgesehen von der Gefahr des Berührens von Rotor und Sicherheitskessel während der Drehzahlerhöhung oder -erniedrigung zu Beginn bzw. bei Beendigung des Zentrifugierprozesses muss bei großen Resonanzamplituden – auch wenn die elastische Welle diese erträgt – mit nichtlinearen Effekten gerechnet werden, welche allein aus der grundsätzlich nichtlinearen Kinematik dreidimensionaler Starrkörperbewegungen stammen. Diese bewirken u. a., dass das Zentralkraftfeld, welches in einem mitbewegten rotorfesten Koordinatensystem auftritt, nicht mehr zeitlich konstant ist und damit eine mehr oder weniger starke Rückmischung des zu zentrifugierenden Gutes erzeugen kann. Diesbezügliche Systemuntersuchungen des zugehörigen verfahrenstechnischen Prozesses sind uns allerdings noch nicht bekannt geworden. Abhilfe kann durch geeignete Bedämpfung des Rotors – wie noch unter Zu 3. zu zeigen sein wird – erreicht werden.

Zu 2.: Möglicherweise aufgrund recht vieler und in ihren Auswirkungen schlecht abzuschätzender Systemparameter werden immer wieder Zentrifugen entworfen, die in ihrem dynamischen Verhalten einen sehr unruhigen Lauf auch in höheren Drehzahlbereichen (also weit oberhalb der klassisch durchlaufenen kritischen Drehfrequenzen) aufweisen. Ein solches Verhalten wird am Besten verdeutlicht, wenn man sich die Abhängigkeit der Eigenfrequenzen von der Drehfrequenz für eine solche Fehlkonstruktion vor Augen hält. Diese sehen dann alle ähnlich wie diejenige in Abb. 3 aus.

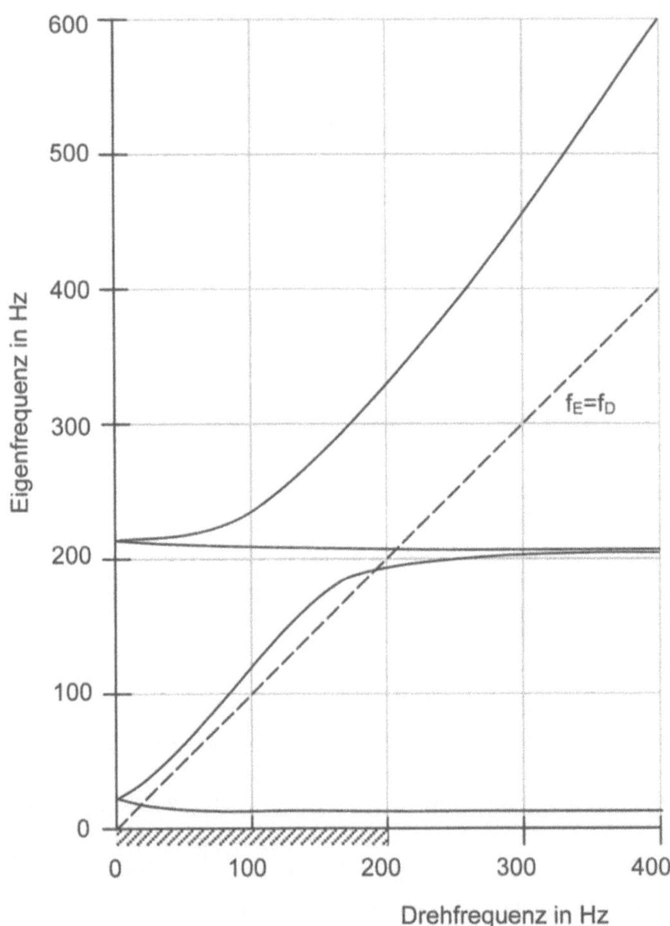

Abb. 3: Eigenfrequenz-Drehfrequenz-Verlauf einer Nadelzentrifuge mit Resonanznähe

Man erkennt bei dieser tatsächlich gebauten Zentrifuge im Bereich zwischen etwa 20 Hz und 190 Hz einen sog. „resonanznahen Lauf" („Anfahrgerade" nahe Eigenfrequenz-Drehfrequenz-Kurve) mit einer Resonanzstelle bei etwa 190 Hz, welche durchaus im Betriebsdrehzahlbereich liegt und ohne weitere Maßnahmen hochgefährlich wäre. Die hier gewählte „Problemlösung" bestand in einer extremen Bedämpfung des Antriebsmotors mit einer Vielzahl viskoser Dämpfer. Dabei würde bei dieser Problemklasse eine Veränderung der Schwerpunktslage und des Massenträgheitsmomentes des Motors zu einem gutmütigen Systemverhalten führen, wie Abb. 4 anschaulich darlegt.

Der mathematische Aufwand zum Auffinden dieser Optimallösung des Problems ist allerdings erheblich. Für den Fall von Hochleistungs-Nadelzentrifugen ist für dieses Problem eine analytisch formulierbare Lösung möglich. Aber auch

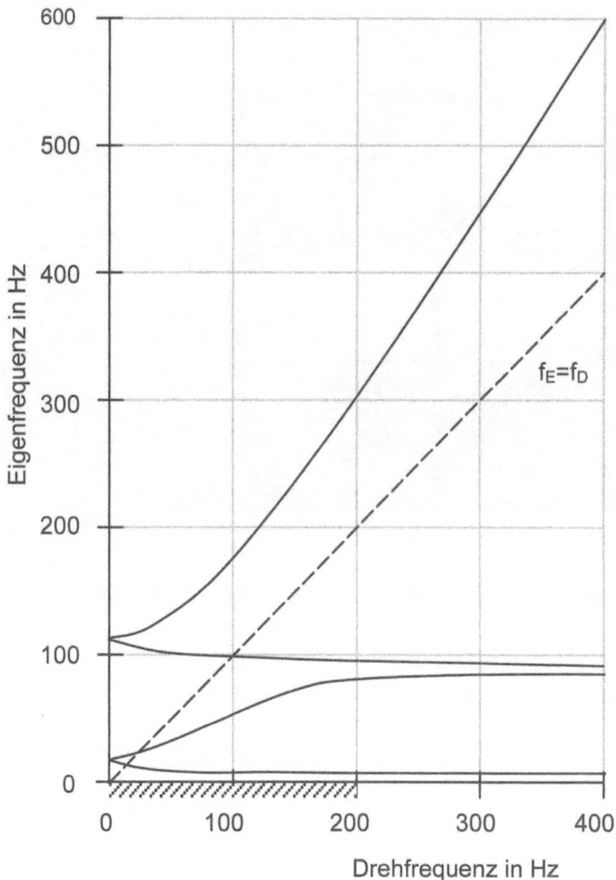

Abb. 4: Eigenfrequenz-Drehfrequenz-Verläufe der optimierten Zentrifugenversion

durch den Einsatz von z. B. Genetischen Algorithmen sollte man zu einer angemessenen Optimierung kommen (vgl. Abschn. 2.4.4).

Zu 3.: Theoretische Studien an schon relativ einfachen Rotorsystemen (Gasch
1975) zeigen, dass durch Reibungsvorgänge, welche in einem rotorfesten Koordinatensystem formuliert werden können, u. U. instabile Systemzustände mit expo-
nentiell wachsenden Amplituden auftreten, wenn einerseits die Rotordrehzahl
höher als eine der Gleichlaufeigenfrequenzen ist (also allemal im typischen Betriebsdrehzahlbereich) und wenn andererseits die äußere Bedämpfung, welche
gegenüber einem laborfesten Koordinatensystem angenommen wird, nicht genügend groß ist. Derartige Phänomene treten bei der Konstruktion von Laborzentrifugen relativ häufig auf und enden nicht nur bei ersten Probeläufen mit meist
erheblichen Zerstörungen von Zentrifuge und deren Umfeld. So ist bei wenig
bedämpften Nadelzentrifugen entsprechend Prinzipskizze Abb. 2 praktisch
zwangsläufig mit einem solchen dynamischen Verhalten zu rechnen. Dabei

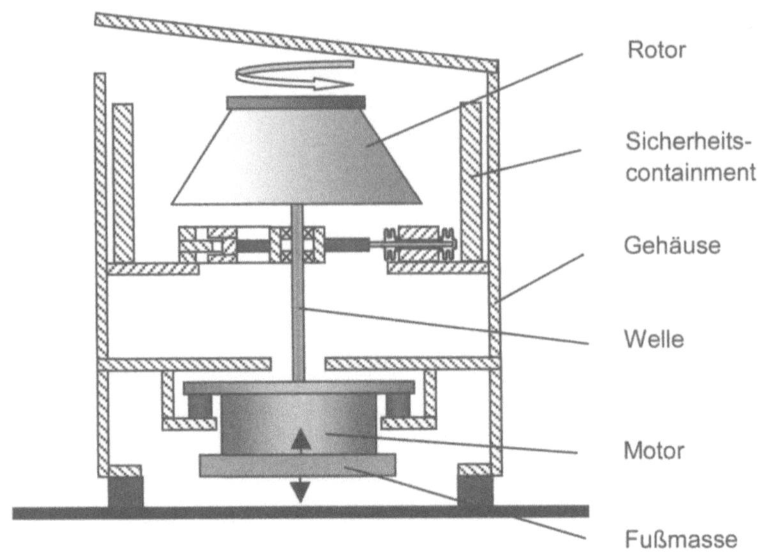

Abb. 5: Prinzipskizze einer Hochleistungszentrifuge mit bedämpftem Rotor

stammt die vorgenannte so genannte „mitbewegte Reibung" häufig aus möglichen Mikro-Gleitvorgängen zwischen Rotoraufnahme am oberen Nadelende und dem Rotor. Diesem sehr unangenehmen Effekt kann vermutlich nur durch eine Bedämpfung des Rotors nach Art der Abb. 5 begegnet werden. Eine Optimierung einer Dämpfungsvorrichtung nach diesem Muster ermöglicht einerseits die wirkungsvolle Dämpfung von Eigenschwingungen im Bereich etwa unter 50 Hz, während die meist deutlich höher liegenden Drehfrequenzen davon kaum noch beeinflusst werden und damit auch keine großen Reaktionskräfte des Dämpfers auf das Gehäuse ausgeübt werden.

Die Möglichkeiten der numerischen Simulation eines Rotorsystems zur Prüfung, ob es zu Instabilitätserscheinungen infolge innerer Reibung kommen wird, sind allerdings begrenzt, sodass kein Konstrukteur eine Maschine lediglich aufgrund von Testläufen auf dem Computer bis zur Serienreife entwickeln sollte. Es ist vielmehr erforderlich, anhand von begleitenden experimentellen Untersuchungen Aussagen zur Laufstabilität zu gewinnen. Hierzu genügt in der Regel die Vermessung der Schwingbewegung (z.B. Beschleunigung am Motor) als Reaktion auf ein leichtes Anschlagen des Gehäuses oder der nichtrotierenden Motorkomponenten.

Die kurze Darstellung einer durchgeführten experimentellen Stabilitätsuntersuchung einer Laborzentrifuge mit Festwinkelrotor verdeutlicht die mit der inneren Reibung verknüpfte Problematik recht eindrucksvoll. Die Wasserfalldarstellung in Abb. 6 zeigt die Fourierspektren der Motorfußbeschleunigung senkrecht zur Rotordrehachse über einen Zeitraum von 7 s. Nachdem bis zum Zeitpunkt der Stoßanregung bei ungefähr 5 s die Unwuchtschwingung mit $f_d = 196$ Hz deutlich das Gesamtschwingungverhalten dominiert, kommt es unmittelbar nach dem Stoß zu

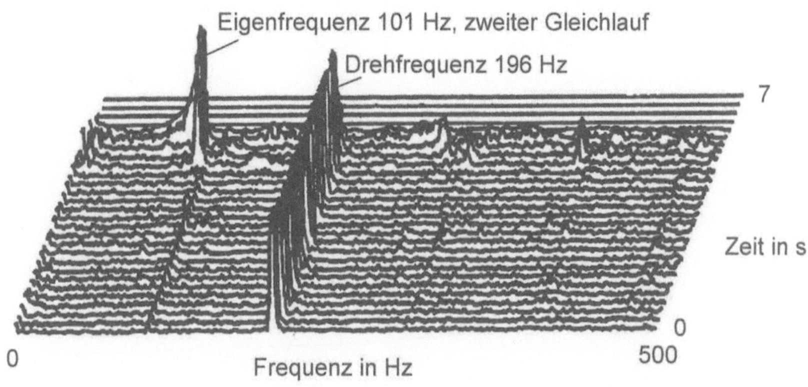

Abb. 6: Wasserfalldarstellung der Fourierspektren der Motorbeschleunigung einer Laborzentrifuge mit innerer Reibung. Nach 6 s kommt es zur Zerstörung des Gerätes

einem deutlichen Anstieg einer Schwingung mit der Eigenfrequenz $f_E = 101$ Hz, die dann innerhalb von ca. 1 s zur Zerstörung der Maschine führt. Der Zeitschrieb der Motorbeschleunigung in Abb. 7 macht deutlich, wie gering die Eingriffsmöglichkeiten im Falle des Auftretens einer solchen Instabilität sind, denn die Amplituden vergrößern sich praktisch innerhalb von nur 1 Sekunde um den Faktor 8. Die Darstellung der drehzahlabhängigen Eigenfrequenzen (Abb. 8) zeigt, dass es sich hierbei keineswegs um ein Resonanzproblem handelt, sondern lediglich die zuvor genannten Voraussetzungen für das Auftreten einer Instabilität in geradezu idealer Weise vorliegen (vgl. Schäfer 1994).

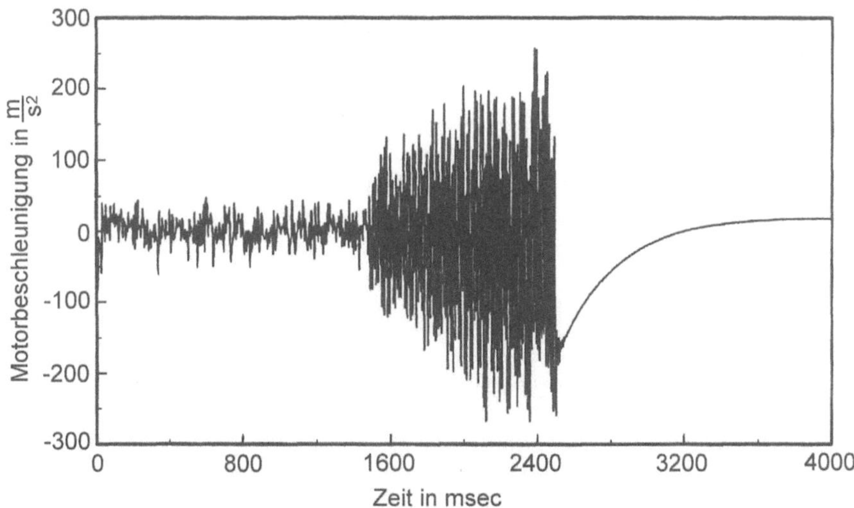

Abb. 7: Motorbeschleunigung einer Laborzentrifuge mit innerer Reibung nach der Stoßanregung des Motors bis zur Zerstörung der Maschine

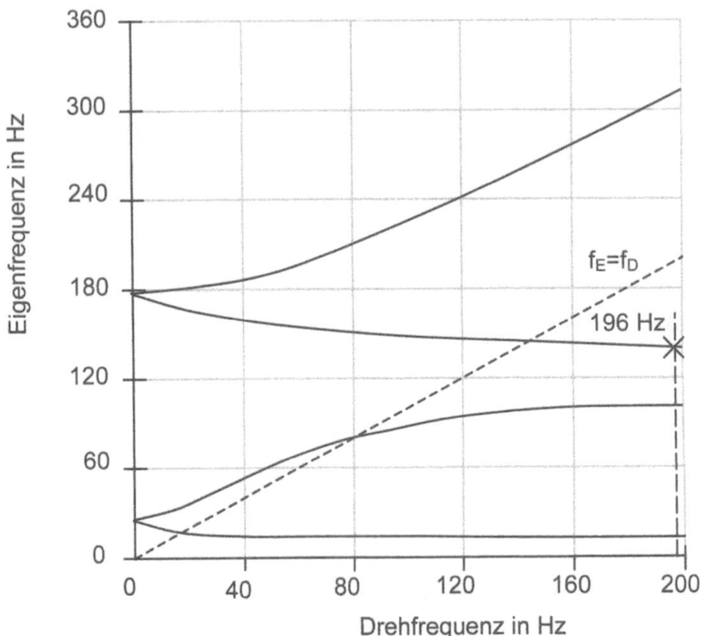

Abb. 8: Eigenfrequenz-Drehfrequenz-Verläufe der hinsichtlich innerer Reibung untersuchten Zentrifuge. Bei einer Drehfrequenz von 196 Hz hat die zweite Gleichlaufeigenfrequenz (unterste Gleichlaufeigenfrequenz ist nicht dargestellt) einen Wert von ca. 100 Hz

Kommt es bei der Erprobung eines Rotorsystems nach dem Anschlagen zum Auftreten von schwach oder gar nicht gedämpften Schwingungskomponenten unterhalb der Drehfrequenz, sollten in jedem Falle konstruktive Maßnahmen zur Dämpfungserhöhung vorgenommen oder aber es müssen die Ursachen für die Instabilitätsphänomene gefunden werden.

Zu 4.: Aufgrund der immer vorhandenen Nichtlinearitäten in den Kennlinien von elastischen Federabstützungen kann es zu Komplikationen im dynamischen Verhalten von Rotorsystemen kommen, wenn die Anordnung der Federungen z.B. um den Motor so gewählt wird, dass ein statischer Kraftangriff eine Auslenkung erzeugt, die nicht in Kraftrichtung verläuft (anisotrope Federung). Die dann zu beobachtenden Bewegungsabläufe können nach unseren Messungen und theoretischen Berechnungen komplizierte Schwingungsbahnen erzeugen. Sie reichen von den eher harmlosen harmonischen Bewegungen über periodische anharmonische Lösungen bis zu subharmonischen und chaotischen Bewegungsformen (Ludanek 1990; Strackeljan 1997). Bei solchen Schwingungsformen, die von den harmonischen abweichen, sind die Biegebeanspruchungen der Welle in einem rotorfesten Koordinatensystem nicht mehr zeitlich konstant. Die daraus resultierende Wechselbiegung zusammen mit dem dann auch möglichen Rückmischungseffekt macht die Zentrifuge für den praktischen Einsatz unbrauchbar.

Zu 5.: Bei der klassischen Auslegung von Nadelzentrifugen wird i. Allg. davon

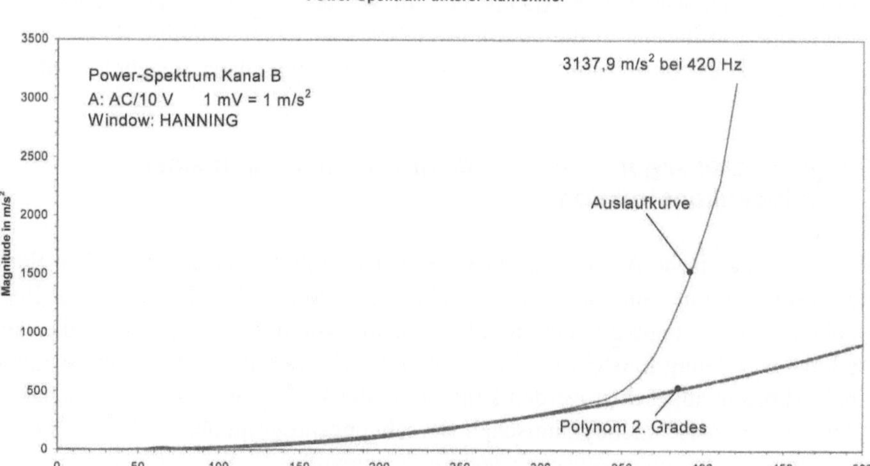

Abb. 9: Beschleunigungsverlauf einer Nadelzentrifuge mit Rotorbedämpfung

ausgegangen, dass nach Steigerung der Drehzahl das Motor-Nadel-Rotorsystem sich selbst zentriert und somit die Beschleunigungen aller Einzelteile nur noch quadratisch ansteigen. Unter dieser Voraussetzung bleiben die Trägheitskräfte, die z.B. wegen einer notwendigen Rotorbedämpfung nach Abb. 3 durch die Ankopplungsmassen an das Wälzlager entstehen, zumindest bis in Drehzahlbereiche um 30000 U/min beherrschbar. Trifft die Voraussetzung der Selbstzentrierung nicht zu, was z.B. schon durch die Lage von Eigenfrequenzen weit oberhalb des Betriebsdrehzahlbereiches bewirkt werden kann, dann steigen die genannten Lagerkräfte bei hohen Drehzahlen extrem an (Abb. 6) und eine einigermaßen erträgliche Lagerlebensdauer kann nicht erreicht werden.

Wie dieser messtechnisch (Abb. 9) und auch theoretisch nachgewiesene Effekt minimiert werden kann, ist noch unklar. Letzteres Problem zusammen mit den vorgenannten deuten darauf hin, dass eine systematische Auslegung von Hochleistungszentrifugen im mathematischen Sinne auf eine Mehrzieloptimierung hinauslaufen wird, für die geeignete Algorithmen gefunden werden müssen. Erste Ansätze dazu wurden noch während der Projektzeit A1 des SFB 180 entworfen und zunächst noch ohne Zugriff auf evolutionäre Algorithmen entwickelt. So konnte z.B. durch Formulierung von Extremalbedingungen und unter erheblichem analytisch-mathematischen Aufwand nachgewiesen werden, dass sich die Lage von kritischen Drehzahlen in Hochleistungszentrifugen durch Modellierung der Motormasse drastisch verändern lässt. Allerdings zeigte dieses Vorgehen auch gleichzeitig die Grenzen einer analytischen Optimierungsstrategie auf und erleichterte damit das Eingehen auf Methoden des Softcomputing zur Lösung konstruktiver Optimierungsaufgaben. Es wurde damit ebenso klar, dass diese Art der theoretischen Unterstützung konstruktiver Planungen nur mit hinreichend anpassungsfähigen Rotordynamik-Programmen angegangen werden kann, sodass ein derartiges einfaches Werkzeug – LUBEST – neben die großen, jedoch schwerfälligen Systeme, wie z.B. MADYN gestellt werden musste. Eine besonders anschauliche Einführung in dieses offensichtlich sehr leistungsfähige Konzept kann am Beispiel des Antriebsmotors auf kritische Zentrifugendaten gegeben werden.

2.4.4
Evolutionärer Algorithmus zur Mehrzieloptimierung einer Zentrifugenkonstruktion

Für die dynamische Auslegung einer Zentrifuge mittels eines numerischen Simulationsprogrammes sind schon für verhältnismäßig einfache Modelle in der Regel mehr als 20 Systemparameter möglichst exakt vorzugeben. Inwieweit die dann gefundene Lösung hinsichtlich bestimmter Ergebnisse als „gute" oder gar „optimale" Lösung angesehen werden kann, ist in der Praxis nur schwer abzuschätzen. Den meisten maschinendynamischen Berechnungsprogrammen fehlt ein Optimierungsmodul, das unter Vorgabe technisch sinnvoller Grenzen die Eingabeparameter so verändert, dass sich optimale Lösungen ergeben. Auf der anderen Seite sind derartige Programme auch nicht hinreichend „offen", um ein Optimierungsprogramm ohne Kenntnis des Quellcodes zu integrieren. Es ist daher vorteilhaft, wenn selbsterstellte Berechnungsprogramme vorliegen, die zwar hinsichtlich ihrer universellen Einsatzmöglichkeit beschränkt sind, aber den Vorteil bieten, dass sich Erweiterungen vornehmen lassen. Für die hier dargestellten Ergebnisse wurde das Berechnungsprogramm LUBEST eingesetzt, das am Institut für Technische Mechanik entwickelt wurde und seit ca. 10 Jahren von den meisten Zentrifugenherstellern in Deutschland als Berechnungsprogramm verwendet wird. Es verfügt in seiner jetzigen Form allerdings auch noch nicht über ein Modul zur Optimierung.

Moderne Laborzentrifugen zeichnen sich dadurch aus, dass sie als so genannte Universalmaschinen entworfen werden, auf denen eine Vielzahl von unterschiedlichen Rotoren zum Einsatz kommen sollen. Für kleinere Rotoren mit Massen bis 5 kg sind z.T. Drehzahlen bis 25.000 U/min gewünscht, während Rotoren, die z.B. für die Zentrifugation von Blutbeuteln verwendet werden, ein Gewicht von 20 bis 30 kg besitzen können und natürlich entsprechend langsamer betrieben werden müssen. Es ist offensichtlich, dass die für das Systemverhalten wesentlichen Größen, wie Massen und Trägheitsmomente in diesem Fall so unterschiedlich sind, dass hinsichtlich der konstruktiven Auslegung eigentlich von unterschiedlichen Maschinen gesprochen werden müsste. Auf der anderen Seite sind Federungselemente, der gesamte Antriebsteil und auch die Verbindungswelle zwischen Motor und Rotor in allen Fällen völlig identisch. Daraus ergibt sich unmittelbar, dass die zu wählenden Systemparameter, bei denen der Konstrukteur noch Freiheiten in der Gestaltung hat, nicht für alle Kombinationen aus Antrieb, Federung und Rotor eine optimale Lösung darstellen können, sondern dass gute Kompromisse gefunden werden müssen. Den Konstrukteur bei dieser Suche möglichst optimal zu unterstützen, muss das Ziel eines fortschrittlichen Simulationsprogrammes in der Zukunft sein.

Das in Abb. 5 sichtbare Element, das am unteren Ende des Motors angebracht ist, dient lediglich dazu, die Motormasse zu erhöhen, die eingezeichneten Pfeile sollen andeuten, dass durch die Veränderung des Anbringungsortes dieser Masse natürlich auch die Schwerpunktlage und das axiale Trägheitsmoment des Motors variiert werden kann. Wie stark alleine diese verhältnismäßig einfache Maßnahme das Systemverhalten beeinflussen kann, sollen die nächsten Abbildungen zeigen.

Eine wichtige Größe, die bei der Konstruktion berücksichtigt werden muss, ist das Biegemoment bzw. die daraus errechenbare Biegespannung in der Antriebswelle. Eine falsche Dimensionierung führt unweigerlich zum Wellenbruch und kann große Folgeschäden infolge des umherfliegenden Rotors nach sich ziehen. Abb. 10 zeigt die Auftragung der Spannung in der Antriebswelle in Abhängigkeit der Motorfußmasse und des Anbringungsortes der Masse. Innerhalb der vorgegebenen Systemgrößen gibt es für eine Masse von 3,1 kg und den Anbringungsort mit einer Entfernung von 0,24 m, gemessen von der unteren Motorkante, einen minimalen Spannungswert. Man erkennt auch, dass schon durch eine geringfügige Verschiebung der Masse nach oben bzw. unten eine deutlich schlechtere Zentrifuge mit wesentlich höheren Spannungswerten entworfen werden kann.

Stellt man dagegen die Winkelverdrehung des Rotors, die ebenfalls möglichst gering ausfallen sollte, um z.B. Anstreifvorgänge des Rotors zu verhindern, als weitere Berechnungsgröße gegen die beiden zuvor genannten Größen dar (Abb. 11), so ergibt sich ein Minimum für eine Masse von 0,61 kg und eine Position von 0,27 m. Für die Systemparameter der optimalen Konstruktion hinsichtlich der Biegespannung liegt der Winkel schon um den Faktor drei höher als beim minimal kleinsten Wert. Schon dieses Beispiel zeigt, dass es kaum möglich sein wird, auch nur für zwei Größen (Spannung und Winkelverdrehung des Rotors) gleichzeitig eine optimale Lösung zu finden. Wenn zusätzlich Größen wie Lagerkräfte, die Lage der Eigenfrequenzen, Querkräfte der Welle, die ebenfalls einen Beitrag zur Gesamtspannung in der Welle liefern optimiert werden sollen und die schon genannte Zahl von mehr als 20 Eingangsgrößen zu berücksichtigen ist, wird die Komplexität der vorliegenden Optimierungsaufgabe deutlich. Ein systematisches Durchrastern des Lösungsraumes ist völlig unmöglich, sodass Suchverfahren eingesetzt werden müssen.

Da sich Genetische und Evolutionäre Algorithmen in der Vergangenheit als wirkungsvolle Methode zur Optimierung erwiesen haben und die Autoren mit diesen Verfahren im Zusammenhang mit der Merkmalsauswahl bei Klassifikationsaufgaben (Strackeljan 1999) schon Erfahrungen sammeln konnten, fiel die Wahl auf einen Evolutionären Algorithmus. Dabei werden ausgehend von einer zufällig produzierten Elterngeneration durch Bildung von Nachkommen, die in unserem Fall durch eine gewichtete Mittelwertbildung zweier Elternteile erfolgt (Crossover) und eine anschließende zufällige Veränderung der Nachkommen (Mutation) über mehrere Generationen neue Lösungen gesucht. Um die produzierten Lösungen zu bewerten, erfolgt die Zusammenfassung der zu optimierenden Größen zu einer Zielfunktion in der so genannten Fitnessfunktion. Dabei wird aus den Einzelgrößen mittels Gewichtungsfaktoren ein skalarer Fitnesswert berechnet. Tabelle 1 zeigt die wesentlichen Systemparameter für die vorliegene Optimierungsaufgabe, wobei bis auf die Fußmasse und die Anbringungsposition alle Werte konstant gehalten wurden.

Tabelle 1: Wesentliche Systemparameter der Zentrifugenoptimierung

Wesentliche Systemparameter	Systemgrößen
Masse Motor	12 kg
Masse Rotor	20 kg
Axiales Trägheitsmoment Motor	0,05 kg m^2
Axiales Trägheitsmoment Rotor	0,3 kg m^2
Polares Trägheitsmoment Rotor	0,5 kg m^2
Fußmasse	0,0 bis 5 kg
Anbringungsposition der Fußmasse	0,0 bis 0,3 m

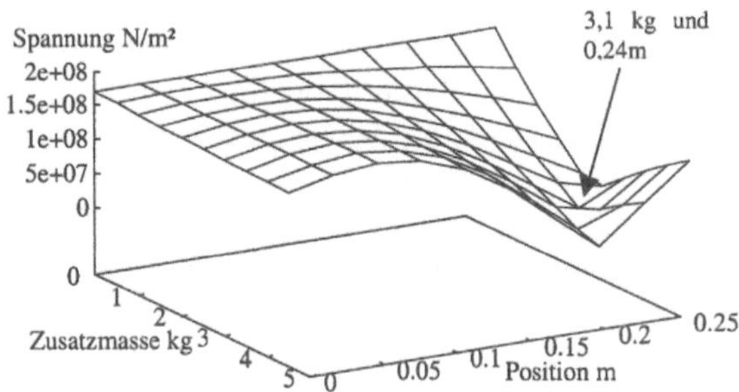

Abb. 10: Biegespannung in der Antriebswelle als Funktion der Zusatzmasse und der Anbringungsposition

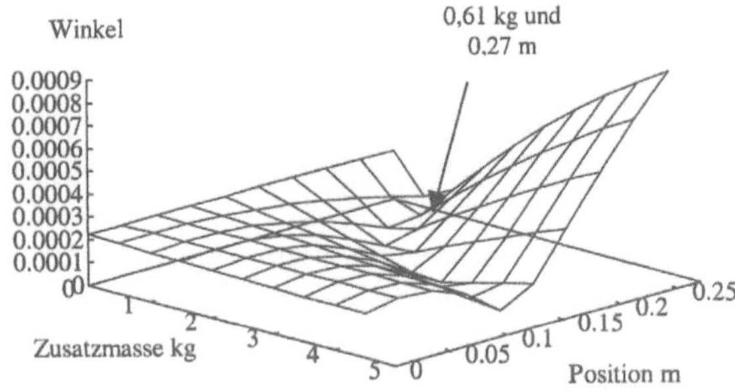

Abb. 11: Winkelverdrehung des Rotors als Funktion der Zusatzmasse und der Anbringungsposition

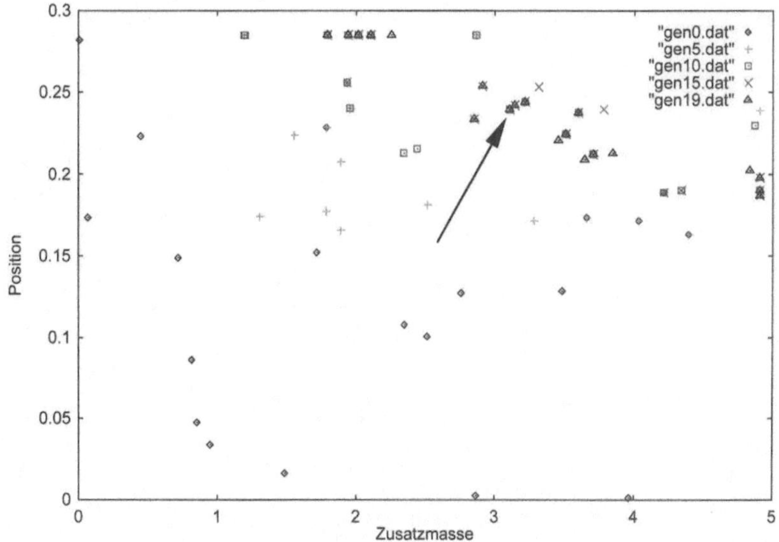

Abb. 12: Darstellung von 20 Individuen unterschiedlicher Generationen. Die mit einem Dreieck gekennzeichneten Lösungen der 19. Generation gruppieren sich schon eng um das gesuchte Minimum

Abbildung 12 zeigt, wie sich über 20 Generationen die 20 besten Lösungen einer Generation dem optimalen Spannungswert entsprechend Abb. 3 annähern. Dargestellt ist die Ausgangspopulation (gen0) mit 20 Individuen und weitere Generationen (5., 10., 15., 19.). Man sieht deutlich, dass es im Verlauf zu einer immer stärkeren Konzentration der Lösungen um die optimale Parameterkombination (3,1 kg, 0,24 m) kommt.

Dieser Tatbestand drückt sich auch in Abb. 13 aus, bei der die mittlere Fitness und die jeweils 20 besten Lösungen jeder Generation dargestellt sind. Während die beste Lösung im Laufe des Suchprozesses bei dem hier eingesetzten Algorithmus nie schlechter werden kann, ist dies für die mittlere Fitness kurzfristig sehr wohl möglich.

Schon diese einfachen Beispiele verdeutlichen, welches Potential mit der Methode verknüpft ist. Die Programme zur Durchführung der evolutionären Strategie wurden selbst erstellt, da nur so eine Kopplung an das Programmsystem LUBEST möglich ist.

2.4.5
Zusammenfassung

Die hier vorgestellten dynamischen Problemstellungen, die sich bei der konstruktiven Auslegung von Laborzentrifugen ergeben, sind zum größten Teil auch auf andere rotierende verfahrenstechnische Maschinen übertragbar. Eine Auslegung ohne oder mit nur ungenügender Berücksichtigung dynamischer Aspekte wird

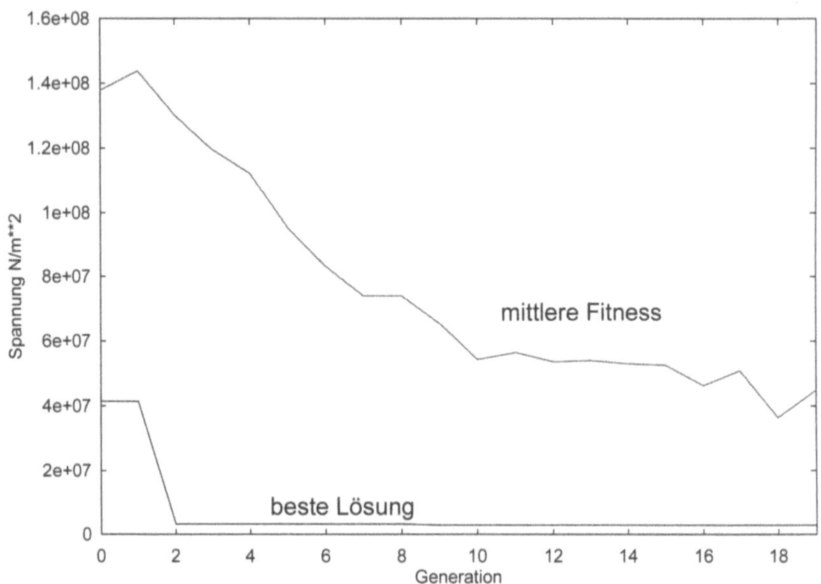

Abb. 13: Verlauf der mittleren Fitness und der jeweils besten Lösung über 20 Generationen

beim heutigen Entwicklungsstand der in Rede stehenden Maschinen in der Regel zu erheblichen Problemen im Betrieb führen, die entweder mit einer Beeinträchtigung der Funktionsfähigkeit des Gerätes, mit einer nicht optimalen Führung des verfahrentechnischen Prozesses oder gar mit der Zerstörung der Systeme verbunden sein können.

Der Versuch, eine optimale Lösung durch die systematische Erstellung von Konstruktionsvarianten mittels numerischer Simulationsprogramme zu erzielen, wird nur in Einzelfällen gelingen, sodass zukünftig auf den Einsatz leistungsfähiger Optimierungsmodule nicht mehr verzichtet werden kann. Der vorgestellte Weg mittels Evolutionären Strategien zu guten Lösungen zu gelangen ist sehr viel versprechend und dürfte in der Zukunft bei der simulationsgestützen Konstruktion noch größere Verbreitung finden.

Literatur zu Kap. 2.4

Behr D, Kielsmeier N (1998) Erarbeitung von Methoden und Anweisungen zur Sicherheitsüberprüfung von Laborzentrifugen nach der neuen Norm IEC 1010-2-2. (Abschlussbericht zum Forschungsvorhaben 11037 N/1/VIII), Clausthal

Gasch R, Pfützner H (1975) Rotordynamik. Springer Verlag

Klement H D (1994) MADYN 4.0, Programmsystem zur Maschinendynamik. Darmstadt

LUBEST (1991) Programmsystem zur Berechnung von Laborzentrifugen. Clausthal

Ludanek H (1990) Das dynamische Verhalten gekoppelter, elastisch gelagerter Rotoren mit je vier Freiheitsgraden unter Berücksichtigung von Wellenelastizität und nichtlinearen Auflagerungen. Dissertation Technische Universität Clausthal

Ludanek H, Behr D (1991) Stabiles Laufverhalten einer Laborzentrifuge bei nichtlinearen Auflagerungen. In: Schwingungen in rotierenden Maschinen, Irretier H, Nordmann R; Springer H, Vieweg Verlag

Nissen V (1994) Evolutionäre Algorithmen: Darstellung, Beispiele, Betriebswirtschaftliche Anwendungsmöglichkeiten. Deutscher Universitätsverlag GmbH, Wiesbaden

Rübbelke L, Schäfer H (1994) Einfluss der Welle-Nabe-Verbindung auf das dynamische Verhalten von Hochgeschwindigkeitsrotoren. Konstruktion

Schäfer H, Behr D (1993) Stabilität und Grenzzykel verschiedener Rotorsysteme. In: Schwingungen in rotierenden Maschinen, Irretier H; Nordmann R; Springer H, Vieweg Verlag

Schäfer H (1994) Erhöhung der Laufsicherheit schnelldrehender Laborzentrifugen. Dissertation, Technische Universität Clausthal

Strackeljan J, Behr D, Damm A (1997) Untersuchungen zur Struktur nichtperiodischer Lösungen von Rotoren mit anisotrop nichtlinearer Lagerung. In: Schwingungen in rotierenden Maschinen IV, Vieweg Verlag

Strackeljan J (Juni 1999) Feature Selection Methods for Soft Computing Classification. Proceedings of the ESIT 1999 (European Symposium on Intelligent Techniques), Kreta

Strackeljan J, Weber R (1999) Quality Control and Maintenance. Beitrag zum Fuzzy Handbook von Prade u. Dubois, Vol. 7 Practical Applications of Fuzzy Technologies, Kluwer Academic Publisher

2.5
Lärmminderungsmaßnahmen an schnelllaufenden Prallzerkleinerungsmaschinen

H.-J. Barth, P. Wiersch

2.5.1
Aufgabe und Schallsituation von Prallmühlen

Prallzerkleinerungsmühlen werden für die Mittel- und Feinzerkleinerung von mittelharten Stoffen bis zu einer Mohs-Härte von 3 bis 4 eingesetzt. Dabei werden Zerkleinerungen bis in den Bereich um 10 µm ermöglicht. Hauptbauarten sind Turbo- und Gebläsemühlen, Schlagkreuz- und Zahnkranzmühlen und Stiftmühlen.

Wie der Name sagt, erfolgt die Zerkleinerung durch Prallvorgänge, d.h. Stoßimpulse zwischen geeignet konstruierten Prallelementen und dem Mahlgut oder zwischen den Partikeln untereinander. Dies setzt eine turbulente Strömung und damit notwendige hohe Umfangsgeschwindigkeiten von bis zu 150 m/s voraus. Für bestimmte Produkte werden noch geringere Partikelgrößen verlangt, wofür Rotorumfangsgeschwindigkeiten von 200 m/s angestrebt werden. Durch die Arbeitsweise der Maschinen entsteht lebhafter Lärm mit Schallleistungspegeln zwischen 80 und 120 dB(A), der vor allem auf aerodynamische Geräusche am Rotor und die großen Förderluftströme zurückzuführen ist.

Nach Herstellerbefragung ist der Stand der Technik aber auch heute noch so, dass Lärmfragen kaum Beachtung finden. Sind benachbarte Arbeitsplätze betroffen, werden kostenaufwendige Einhausungen vorgenommen. Durch zunehmendes Umweltbewusstsein wächst allerdings die Bedeutung von Lärmminderungsmaßnahmen in der industriellen Praxis. Außerdem verpflichten gesetzliche Auflagen die Hersteller, die Lärmemissionen ihrer Produkte im Rahmen des gesetzlich Erlaubten, d.h. unter einem Beurteilungspegel von 85 dB(A) zu halten.

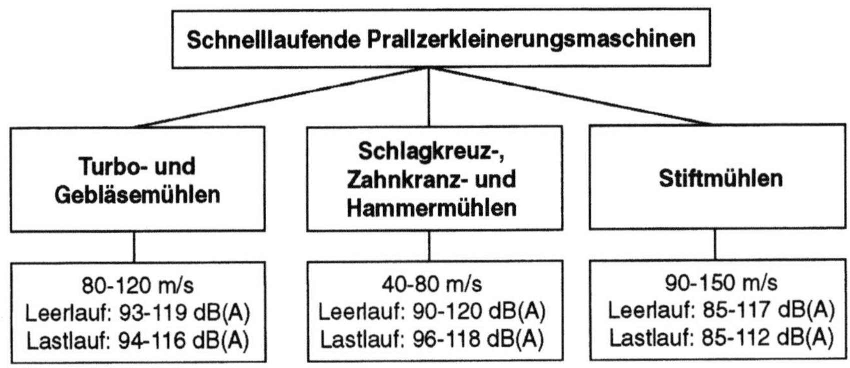

Abb. 1: Lärmsituation an schnelllaufenden Prallzerkleinerungsmaschinen nach VDI 3735 (1986)

2.5.2
Schallentstehung bei Prallzerkleinerungsmaschinen

Die Hauptschallquelle bei Prallzerkleinerungsmaschinen sind die Strömungsgeräusche, welche durch die Rotorbewegung entstehen. Bei strömungsmechanischen Geräuschen unterscheidet man je nach Anregungsmechanismus und Richtchararkteristik die fiktiven Elementarstrahler Monopol-, Dipol- und Quadrupol (Abb. 2). Je nach Art des vorherrschenden Strahlers ergeben sich bei Geschwindigkeitserhöhung unterschiedliche Pegelsteigerungen.

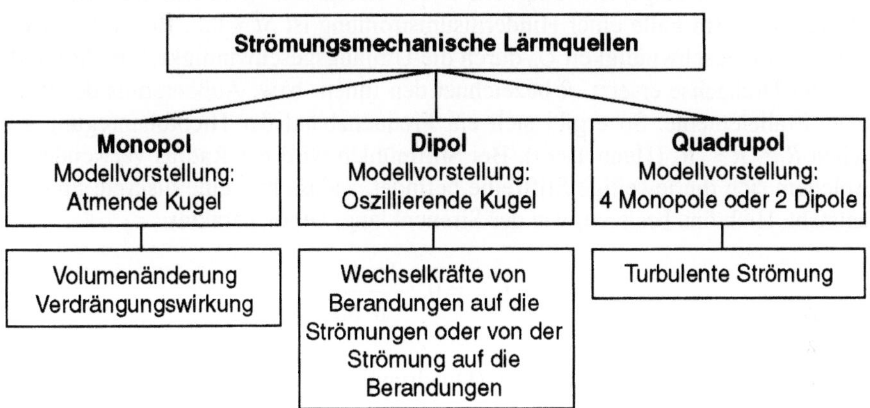

Abb. 2: Ordnungsprinzip der strömungsmechanischen Lärmquellen nach Költzsch (1974)

1. Aeropulsive Geräusche (Monopolstrahler)

Aeropulsive Geräusche beruhen auf der Erzeugung von Wechseldruck in der Luft durch Verdrängung und werden durch Monopolstrahler angenähert. Bei Rotoren wird diese Luftverdrängung durch die rotierenden Elemente (Blätter der Rotoren bzw. Stifte bei Stiftmühlen) verursacht. Der dabei in der umgebenden Luft enstehende periodische Wechseldruck ergibt sich dann aus der Drehzahl des Rotors n bzw. der Drehfrequenz f_0 und der Anzahl z der Rotorblätter bzw. Prallelemente auf dem Rotorumfang (Schirmer et al. 1996). Das zugehörige Geräusch wird Drehklang genannt.

$$f = z \cdot \frac{n}{60} = z \cdot f_0 \tag{1}$$

2. Wechselwirkungen zwischen Rotor- und Statorelementen (Dipolstrahler)

Rotieren die regelmäßig angeordneten Elemente des Rotors durch den Windschatten einer Schar regelmäßig angeordneter und angeströmter Elemente eines Stators, so entsteht der so genannte Sirenenklang. Dieser besitzt Dipolcharakter und ebenfalls ein Linienspektrum, welches sich aus der Drehzahl n und der Anzahl z der Statorelemente ergibt (Henn et al. 1999).

$$f = z \cdot \frac{n}{60} = z \cdot f_0 \tag{2}$$

3. Geräuschentstehung infolge Wirbelbildung (Dipolstrahler)

Bei der Umströmung von Hindernissen entstehen Wirbel mit der Ablösefrequenz:

$$f_{\text{Hieb}} = St \cdot \frac{U_0}{b} \tag{3}$$

U_0 ist die Anströmgeschwindigkeit, b die Breite des Hindernisses und St die Strouhalzahl. Im Falle einer Hindernisumströmung ist $St \approx 0{,}2$. Bei Rotoren wird die Anströmgeschwindigkeit U_0 durch die Umfangsgeschwindigkeit im Abstand R von der Drehachse ersetzt. R bezeichnet den Innen- bzw. Außenradius der Rotor- bzw. Prallelemente. So ergibt sich ein Frequenzband der Hiebtonanregung zwischen $R_i < R < R_a$ (Henn 1999). Bei Stiftmühlen wird der Radius verwendet, auf welchem sich die jeweilige Stiftreihe befindet, sodass hier eine diskrete Frequenz entsteht. Hiebtöne besitzen, wie der Sirenenklang, Dipolcharakter.

$$f_{\text{Hieb}} = 0{,}2 \frac{2\pi \cdot R \cdot n}{b \cdot 60} \tag{4}$$

4. Turbulente Zu- und Abströmung (Quadrupol)

Strömungsgeräusche in der turbulenten Zu- bzw. Abströmung entstehen durch zerfallende Wirbel. Das abgestrahlte Geräusch ist grundsätzlich breitbandig. Das Frequenzspektrum hat jedoch sein Maximum bei tiefen Frequenzen und fällt mit steigender Frequenz kontinuierlich ab.

2.5.3
Schallausbreitung

Systematische Untersuchungen zur Erfassung und gezielten Veränderung des akustischen Verhaltens von Maschinen und Anlagen müssen neben der Entstehung von Schall die Ein- und Weiterleitung von Schall in Maschinenstrukturen und Bauteilen betrachten. Wie bereits in Abschn. 2.5.2 beschrieben, sind die Hauptschallquellen bei Prallmühlen die durch den Rotor erzeugten Strömungsgeräusche. Abb. 3 zeigt die Wege der Schallausbreitung. Der vom Rotor erzeugte primäre Luftschall wird zunächst über die Öffnungen in Zu- und Ablauf an die Umgebung abgestrahlt. Weiterhin regt der Luftschall des Rotors das umgebende Mühlengehäuse zu Körperschall an. Über die Lagerung des Rotors wird ebenfalls Körperschall an das Gehäuse übertragen. Der Körperschall wird an der Gehäuseoberfläche als sekundärer Luftschall abgestrahlt. Da Mühlen meistens in ein Rohrleitungssystem eingebunden sind, durch das Zu- und Abführung des Mahlgutes erfolgt, dringt nur sekundärer Luftschall zum außenstehenden Beobachter. Das akustische Übertragungsverhalten von Gehäuse und Rohrleitungssystem hat demnach großen Einfluss auf die Luftschallabstrahlung an die Umwelt.

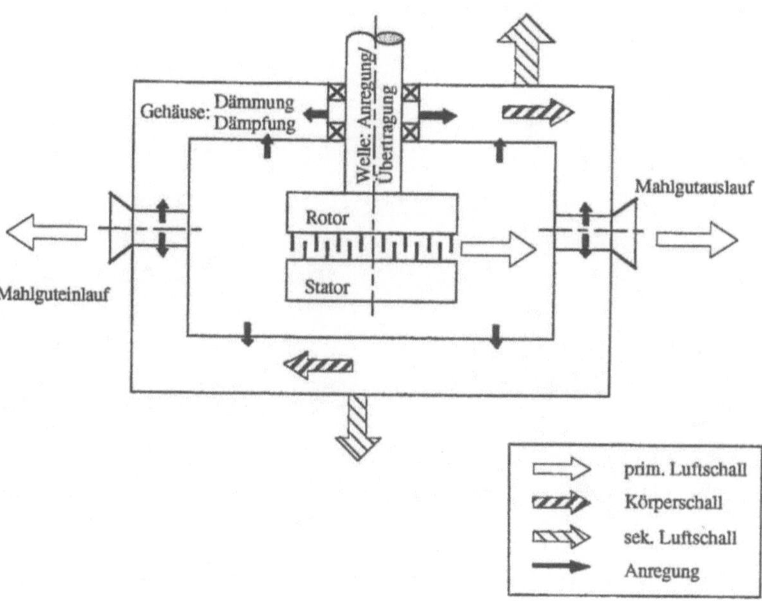

Abb. 3: Schallflussplan einer Prallmühle

2.5.4
Schallemission von Prallzerkleinerungsmaschinen

Unter dem Oberbegriff Prallzerkleinerungsmaschinen werden eine Reihe von Mühlen mit Rotoren verschiedener Bauart (Abb.1) und damit unterschiedlichen Anregungsmechanismen und Frequenzspektren zusammengefasst. Die hier durchgeführten Untersuchungen konzentrierten sich im Wesentlichen einerseits auf Turbo- und Gebläsemühlen und andererseits auf Stiftmühlen. Exemplarisch sind deshalb hier für diese Bauarten Frequenzspektren dargestellt. Gemessen wurde der Luftschall verschiedener Punkte in ca. 1 m Abstand um das Mühlengehäuse. Das Schallsignal wurde mit einem ½"-Mikrophon von B&K aufgenommen und durch den Verstärker 2636 von B&K verstärkt. Anschließend wurde das Zeitsignal an eine Messwerterfassungskarte vom Typ DAP 2400e/6 übergeben und mit dem Programm DasyLab der Firma Datalog weiterbearbeitet. Die Frequenzspektren zeigen die Messergebnisse für jeweils einen Messpunkt.

Abbildung 4 zeigt den Frequenzverlauf einer Mühle mit Gebläserotor bei Leerlauf mit 5000 U/min. Der Rotor besitzt 36 Blattschläger. Neben einem breitbandigen Grundgeräusch, welches durch die Eigenluftförderung des Rotors verursacht wird, sind eine Reihe diskreter Frequenzen zu erkennen, die dem Grundrauschen überlagert sind. Dominierend ist hierbei die Frequenz $36 \cdot f_0$, welche dem Drehklang des Rotors zugeordnet werden kann. Die Variable f_0 steht für die Drehfrequenz des Rotors. Weiterhin treten Frequenzen in regelmäßigen Abständen von $6 \cdot f_0$ auf. Hierbei handelt es sich vermutlich um Subharmonische und Harmonische des Drehklanges.

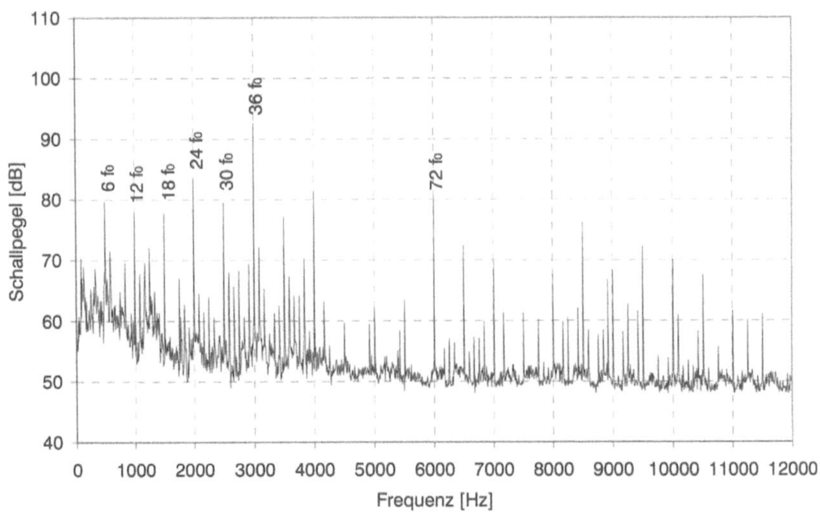

Abb. 4: Frequenzspektrum einer Gebläsemühle mit Sieb bei 5000 U/min

In Abb. 5 sind die Terzspektren für den gleichen Rotor bei 3000, 4000 und 5000 U/min dargestellt. Alle drei Spektren haben einen maximalen Schallpegel bei $36 \cdot f_0$, d.h. bei einer Terzmittenfrequenz von 2000, 2500 bzw 3150 Hz, welcher nach Abb. 4 dem Drehklang zugeordnet werden kann. Deutlich sind auch bei 4000 und 5000 U/min die Maxima bei Vielfachen von $6 \cdot f_0$ zu erkennen, während diese bei 3000 U/min größtenteils im Strömungsrauschen untergehen.

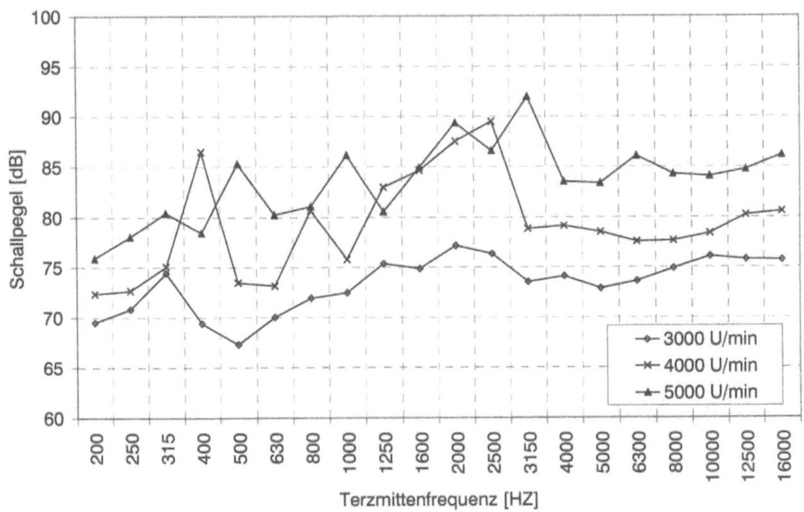

Abb. 5: Terzspektren einer Gebläsemühle mit Sieb bei verschiedenen Drehzahlen

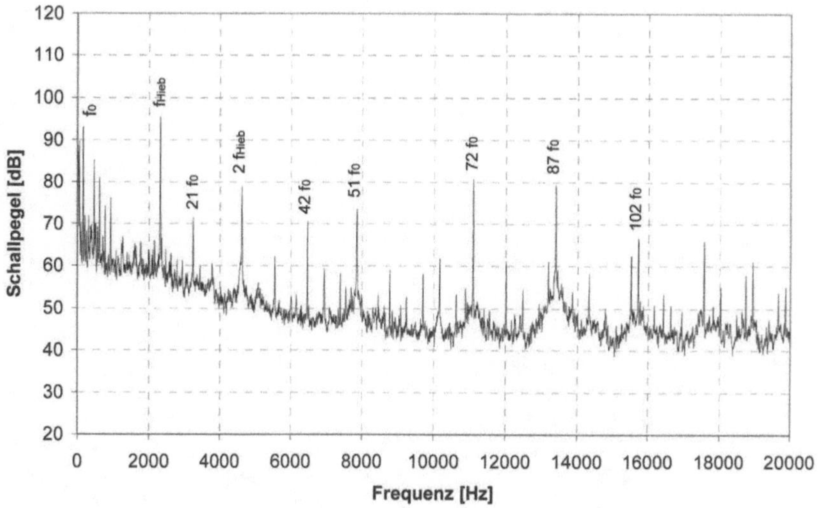

Abb. 6: Typisches Frequenzspektrum einer Stiftmühle bei 9000 U/min

Abbildung 6 zeigt das Frequenzspektrum einer Mühle mit Stiftrotor im Leerlauf bei 9000 U/min. Der Rotor besitzt 4 Stiftreihen mit 21, 51, 72 und 87 Stiften,
der Stator besitzt ebenfalls 4 Stiftreihen mit 32, 58, 69 und 78 Stiften. Wie bei der
Gebläsemühle ist ein breitbandiges Grundgeräusch zu erkennen, welches durch
eine Reihe diskreter Frequenzen überlagert wird. Dominierend ist hierbei die Frequenz bei 2314 Hz, die in Abb. 6 mit f_{Hieb} bezeichnet ist, da sie einer Hiebtonanregung zugeordnet werden kann. Diese ensteht durch Wirbelablösungen hinter den
Stiften. Weiterhin sind diskrete Frequenzen bei 21, 51, 72 und 87·f_0 zu erkennen,
welche durch den Drehklang der vier Stiftreihen hervorgerufen werden. Außerdem
sind die ersten Harmonischen des Drehklanges bei 42 und 102·f_0 vorhanden. Die
nicht in Abb. 6 bezeichneten diskreten Frequenzen lassen sich Wechselwirkungen
zwischen Rotor- und Statorstiftreihen bzw. zwischen Rotorstiftreihen zuordnen.
Allerdings spielen sie eine untergeordnete Rolle, da ihre Amplituden wesentlich
niedriger als die der Hiebtonanregung und des Drehklanges liegen. Die Wechselwirkungen zwischen Rotorstiftreihen können nach Tyler u. Sofrin (1962) berechnet werden, z_1 und z_2 sind die Anzahl der Stifte je Stiftreihe:

$$f = \left| h_1 \cdot z_1 \pm h_2 \cdot z_2 \right| \frac{n}{60} \qquad h_1, h_2 = 1,2,\ldots \tag{5}$$

Immer im Frequenzspektrum vorhanden ist auch die Drehfrequenz und Vielfa-
che im Bereich 2 bis 6·f_0. Diese Anregungen können, wie auch in diesem Beispiel,
größere Amplituden aufweisen als der Drehklang. Unter Lastlauf werden die
Hiebtöne und der Drehklang allerdings nahezu vollständig gedämpft. Im Frequenzspektrum von Abb. 6 bleiben nur die Peaks im Bereich f_0 bis 6·f_0 sichtbar.
Dieser Zusammenhang wird durch Abb. 7 verdeutlicht. Es zeigt die Terzspektren
für die gleiche Stiftmühle für 7000 und 9000 U/min im Leer- und Lastlauf.

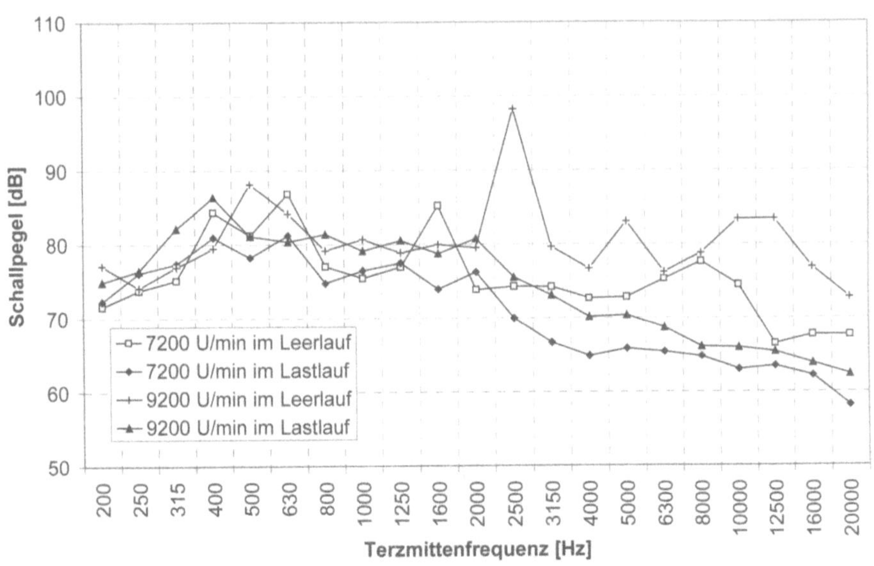

Abb. 7: Terzspektren einer Stiftmühle bei Leerlauf und Lastlauf

Der Kurvenverlauf für Leerlauf bei 9000 U/min hat ein absolutes Maximum bei einer Mittenfrequenz von 2500 Hz. In diesen Bereichen fällt die Hiebtonanregung. Weitere Maxima liegen im Bereich der Drehklänge der drei äußeren Stiftreihen bei 5000, 10000 und 12500 Hz und bei 3 und $4 \cdot f_0$ bei 400 und 600 Hz. Der Verlauf für Lastlauf und 9000 U/min ist bis zu einer Mittenfrequenz von 2000 Hz etwa gleich dem für Leerlauf. Ab 2500 Hz fällt er jedoch deutlich ab. Das liegt daran, dass, wie oben bereits dargestellt, die diskreten Frequenzen in diesem Bereich deutlich gedämpft werden. Für 7000 U/min ergibt sich ein ganz ähnliches Verhalten (Abb. 7), nur ist hier die Hiebtonanregung im Leerlauf bei 1600 Hz nicht so dominant. Nach Untersuchungen von Kaiser (1975) treten die Hiebtöne nur bei bestimmten Drehzahlen auf, nämlich dann, wenn die durch die Drehzahl bedingte Frequenz der Wirbelablösung etwa in Resonanz steht zur Frequenz einer zwischen zwei reflektierenen Flächen (Gehäusewände) möglichen Schwingungsform.

In Abb. 8 ist die Abhängigkeit des Gesamtpegels der beiden Mühlen von der Umfangsgeschwindigkeit dargestellt. Zum Vergleich ist das theoretische Steigerungsverhalten von Monopol- und Dipolstrahler aufgetragen. Bei Gebläsemühlen im Leerlauf wurde bei Drehzahlverdopplung eine Pegelsteigerung von ca. 12 dB ermittelt. Der Schallpegel eines Monopolstrahlers wächst nach Heckl u. Müller (1994) mit der 4. Potenz der Strömungsgeschwindigkeit, also um 12 dB je Verdopplung der Umfangsgeschwindigkeit. Dies deckt sich mit der Beobachtung, dass der Hauptmechanismus der Schallerzeugung bei Gebläsemühlen die Luftverdrängung durch die Rotorblätter ist, die einen Monopolcharakter besitzt. Dabei entstehen je nach Drehzahl und Anzahl der Blätter maximale Anregungen im Frequenzbereich zwischen 2 und 3 kHz.

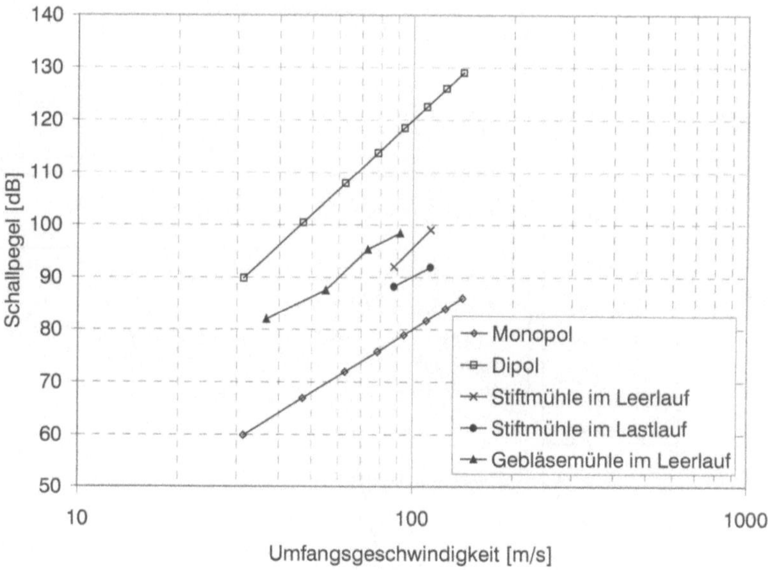

Abb. 8: Gesamtpegel in Abhängigkeit von der Umfangsgeschwindigkeit

Bei Stiftmühlen im Leerlauf wurde bei Drehzahlverdopplung eine Pegelsteigerung von ca. 18 dB ermittelt. Dies ist charakteristisch für einen Dipolstrahler, bei dem der Schallpegel nach Heckl u. Müller (1994) mit der 6. Potenz der Strömungsgeschwindigkeit wächst, was einer Steigerung von 18 dB je Verdopplung der Umfangsgeschwindigkeit entspricht. Dies ist zu erwarten, wenn bei Stiftmühlen der Gesamtpegel durch die Hiebtonanregung bestimmt wird, welche einen Dipolcharakter hat. Im Lastlauf weist die Stiftmühle allerdings erheblich kleinere Steigerungsraten auf. Dies wird durch die dämpfende Wirkung des Mahlgutes verursacht, wodurch, wie für Abb. 7 erläutert, die Entstehung der Hiebtöne verhindert wird. Sie ist im Leerlauf viel lauter als unter Last, sodass man vor allem das Leerlaufgeräusch mindern muss. Die Hauptanregung bei Stiftmühlen liegt im Falle einer Hiebtonanregung bei Frequenzen zwischen 1 bis 3 kHz. Tritt diese aber nicht auf, dann kann die Hauptanregung, verursacht durch den Drehklang, bei viel höheren Frequenzen von bis zu 10 kHz liegen.

2.5.5
Lärmminderungsmaßnahmen

Für eine konstruktive Schallminderung bei Prallzerkleinerungsmaschinen gibt es eine Reihe von Maßnahmen. Durch Änderung der Mahlwerkzeuge kann zunächst die Schallanregung beeinflusst werden. Andere Elemente, wie Lagerung, Gehäuse, Einbauten und Mahlgutführung, sind weitere wichtige Ansatzpunkte für eine konstruktive Lärmminderung. Hierdurch soll die Ausbreitung von Schall vermindert werden. In Abb. 9 sind die oben genannten Ansatzpunkte zusammengestellt.

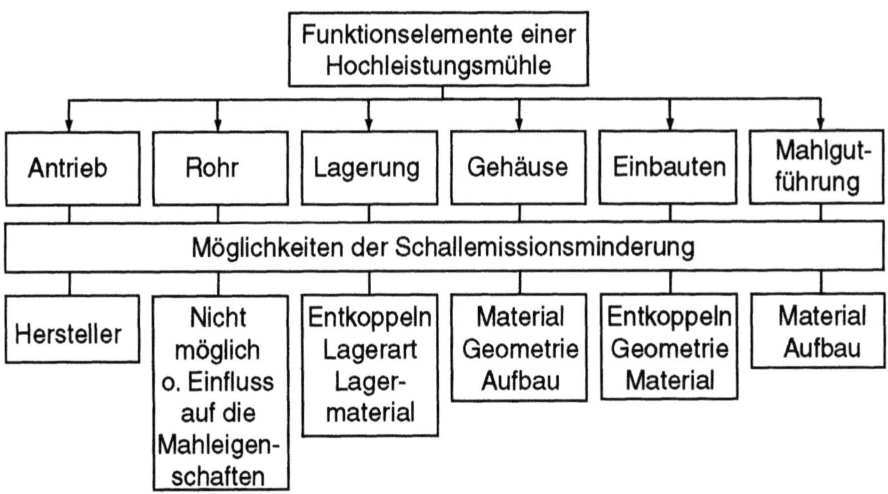

Abb. 9: Ansatzpunkte für eine konstruktive Lärmminderung

Der Mühlenantrieb soll nicht Gegenstand der Untersuchungen sein, da hier bereits auf Standardlösungen zurückgegriffen werden kann. Die Hersteller von Elektromotoren haben auf die Forderung des Marktes reagiert und bieten ein entsprechendes Programm an.

Ansatzpunkt für primäre Schallminderungsmaßnahmen ist die Reduzierung der anregenden Kräfte. Dies ist nur durch eine konstruktive Änderung des Rotors und damit nicht ohne Einflussnahme auf die Mahleigenschaften möglich.

Im Rahmen des Sonderforschungsbereiches 180 ist eine Feinstprallmühle entwickelt worden (vgl. auch Abschn. 3.3), die bei einer Korngröße von 1 µm bei Drehzahlverdopplung nur noch eine Pegelsteigerung von 8 dB hat (Barth u. Jeschke 1996). Wesentliches Merkmal dieser Mühle ist das Mahlwerkzeug, welches eine große Anzahl an Prallelementen mit kleiner radialer Ausdehnung und einen engen Mahlspalt besitzt (Drögemeier 1998). Dadurch ist die Eigenluftförderung so gering, dass die Mahlgutförderung durch ein externes Gebläse erfolgt. Dieses kann mit konstanter Drehzahl betrieben werden, sodass die Pegelsteigerungsrate hier wesentlich geringer ausfällt.

Speziell bei Stiftmühlen kann eine primäre Lärmminderung erzielt werden, wenn die Entstehung der Hiebtöne behindert wird. Dies erreicht man nach Kaiser (1975) durch größere Spalte zwischen Stiftkopf und Gegenscheibe, was aber auch die Feinheit der Mahlung vermindert. Eine weitere Möglichkeit besteht darin, den Rotor exzentrisch im Gehäuse anzuordnen.

Eine konstruktive Änderung des Rotors bedeutet also immer eine Einzellösung für einen speziellen Mühlentyp bzw. Rotor und erlaubt keine allgemeine Aussage über wirksame Lärmminderungsmaßnahmen bei Prallzerkleinerungsmaschinen. Außerdem ist zu beachten, dass sich der Eingriff in das Arbeitsprinzip, wie oben beschrieben, negativ auf das Mahlergebnis auswirken kann.

Aus diesen Gründen sind sekundäre Lärmminderungsmaßnahmen, die durch eine Änderung der Schallausbreitungskette realisiert werden, wirkungsvoller. Hierbei wird die Einleitung, Weiterleitung und Abstrahlung von Schall behindert.

Das Arbeitsprinzip und damit das Zerkleinerungsergebnis werden nicht verändert. Basierend auf der Konstruktionsweise von Prallmühlen bilden die unten aufgeführten Teilfunktionen Ansatzpunkte für sekundäre Schallminderungsmaßnahmen, ohne die Funktion des Mahlens zu beeinträchtigen:

- Lagerung,
- Gehäuse,
- Mahlgutführung,
- Einbauten zur Strömungsführung oder zur Mahlgutklassierung (Siebe).

Der Schalldämmung und Dämpfung fällt eine bedeutende Rolle bei der Schallminderung zu. Diese Aufgabe wird vom Gehäuse übernommen. Allerdings ist eine Dämpfung durch das Gehäuse nur bei ebenfalls sorgfältiger Dämmung und Dämpfung der Mahlgutzu- und -abfuhr sinnvoll. Diese erzeugt erheblichen Lärm, welcher bei schlechter Dämpfung die Schallabstrahlung des Gehäuses übersteigt. Weiterhin sind Lagerböcke notwendig, welche die von den Lagern ausgehenden Kräfte möglichst nicht auf das Gehäuse übertragen.

2.5.6
Ansatzpunkte für eine lärmarme Mühlenkonstruktion

Im Folgenden werden zu den in Abschn. 2.5.5 vorgestellten Möglichkeiten für sekundäre Lärmminderungsmaßnahmen Anforderungen und Teillösungen nach Jeschke (1998) dargelegt. Die Anforderungen richten sich bezüglich der geforderten Mahleigenschaften nach Vorgaben aus der Verfahrenstechnik. Die Mühle soll alltäglichen Anforderungen genügen. In den Anforderungslisten werden nur die akustisch wichtigen Gesichtspunkte angesprochen.

2.5.6.1
Die Lagerung

Die Rotorlagerung muss ein leichtes Wechseln des Rotors zulassen und trotzdem genügend Steifigkeit bieten, um hohe Drehzahlen sicher zu führen. Bei der Lagerung werden fliegende und beidseitige Lagerungen unterschieden. Von der Art der Lagerung hängt dabei entscheidend das maschinendynamische Verhalten ab, welches insbesondere für hohe Drehzahlen von Bedeutung ist. Prinzipiell sollten alle Betriebsdrehzahlen noch unterhalb der ersten Eigenfrequenz des Systems Rotor-Welle liegen.

Um keine Schallanregung anderer Bauelemente zu verursachen, ist die Lagerung schalltechnisch zu isolieren. Bei einer Lagerbefestigung in der Gehäusewand muss mit dem Problem einer Körperschallanregung des Gehäuses durch die Lagerung gerechnet werden. Um die Lager vom Gehäuse zu entkoppeln, müssen diese also auf separaten Lagerböcken entweder innerhalb oder außerhalb des Gehäuses angeordnet werden. Bei einer Lagerung innerhalb des Gehäuses muss mit Raumverlust gerechnet werden. Außerdem müssen die Lager gegenüber dem Mahlgut sorgfältig abgedichtet werden. Wartungsfreundlicher ist deshalb die Lagerung außerhalb des Gehäuses. Problematisch ist dann allerdings die dadurch entstehende lange Baulänge der Welle.

Tabelle 1: Akustische Anforderungen und Bewertungsgrundlagen für die Lagerung

Bewertungskriterien	Bemerkungen
Laufgenauigkeit	Auffangen der Unwuchten durch die Lager
geringe Durchbiegung	geringe Verschiebung des Rotormittelpunktes von der Wellenachse, um Berührungen der Stifte von Rotor und Stator zu vermeiden
geringe Schallleitung	Lagerung schalltechnisch isolieren
geringe Laufgeräusche	geringes Spiel in den Lagern einfaches Nachstellen des Lagerspiels

Die fliegende Lagerung, wie sie heutzutage fast überall bei Prallmühlen eingesetzt wird, ermöglicht ein problemloses Wechseln des Rotors. Aus maschinendynamischer und damit maschinenakustischer Sicht ist eine beidseitige Lagerung des Rotors jedoch günstiger, da durch die steife Lagerung von Rotor und Welle die Eigenfrequenzen höhere Werte aufweisen als bei einer fliegenden Lagerung. Die Entscheidung, welche Art der Lagerung Verwendung findet, hängt dabei vom jeweiligen Anwendungsfall ab. Bei Mühlen, bei denen mehrmals täglich der Rotor gewechselt werden muss, ist die leichte Austauschbarkeit des Rotors das entscheidende Kriterium, sodass man hier eine fliegende Lagerung bevorzugen wird.

2.5.6.2
Die Mahlgutführung

Die Aufgabe der Mahlgutführung besteht darin, das Mahlgut in einer bestimmten Menge, Zeit und Geschwindigkeit zu transportieren. Dabei wird Luftschall aus dem Inneren der Mühle in die Rohrleitungen der Mahlgutführung weitergeleitet. Die Strömung des Mahlgut-Luft-Gemisches regen die Rohrleitungen zu Körperschallschwingungen an. Da der Transport möglichst geräuscharm erfolgen soll, ist auf sorgfältige Dämmung und Dämpfung zu achten.

Tabelle 2: Akustische Anforderungen und Bewertungsgrundlagen für die Mahlgutführung

Bewertungskriterien	Bemerkungen
Eintrittsgeschwindigkeit konstant	gleichmäßige Beaufschlagung der Mühle mit Mahlgut
Verhinderung des Schallaustritts	wenig Öffnungen, durch die der Schall nach außen gelangen kann
Schallleitung	geringe Fördergeschwindigkeit Einsatz dämpfender Materialien

Zur Schallminderung an der Mahlgutführung sind nach Möglichkeit sämtliche Rohrleitungen mit Schalldämpfern zu versehen. Bei Rohrleitungen, die nur einen

Luftstrom führen, können problemlos Absorptionsschalldämpfer verwendet werden. In der Regel sind an den Produktaustritt der Mühle Filterschläuche angeschlossen. So kann am Reinluftauslass der Filter der Schallaustritt durch Anbau von Absorptionsschalldämpfern vermindert werden. Die Filterschläuche selbst können von einem mit schalldämpfendem Material ausgekleideten Gehäuse umgeben werden.

Bei Rohrleitungen, die jedoch das Mahlgut-Luft-Gemisch führen, sind Absorptionschalldämpfer nicht einfach einsetzbar. Es sind aber Sonderausführungen erhältlich, bei denen das Absorptionsmaterial mit einer Schutzschicht abgedeckt ist, welche dieses vor den Mahlgutpartikeln schützt. Einfacher und billiger ist eine Ummantelung der Rohrleitungen mit schalldämpfenden Materialien, wie z.B. Mineralwolle. Dies vermindert zwar nicht wie bei Absorptionsschalldämpfern den Schallpegel in der Rohrleitung, aber dennoch die Abstrahlung von Körperschall. Wichtig ist dabei die Vermeidung von Ablagerungen, um Verstopfungen vorzubeugen. Außerdem ist bei der Auswahl schallabsorbierender Materialien auf Verschleißfestigkeit zu achten.

Biller (1974) schlägt bei der Mahlgutzuführung eine Trennung von Mahlgut und Luftzufuhr vor. Dabei wird das Mahlgut von oben ohne Luftzufuhr in den Mühleneinlauf gespeist. Die Luft tritt getrennt davon von beiden Seiten über Schalldämpfer in den Einlauf.

2.5.6.3
Die Einbauten

Bei den Einbauten handelt es sich um Stiftstatoren und Siebe. Während die Stiftstatoren am Mahlprozess beteiligt sind, dienen Siebe zur Abtrennung des Feingutes innerhalb der Mühle. Sie sind deshalb nicht immer erforderlich, da die Klassierung des Mahlgutes auch durch die Luftströmung in der Mühle erfolgen kann. Da an den Einbauten Strömungskräfte angreifen, werden diese zu Körperschallschwingungen angeregt. Um diese nicht auf das umgebende Gehäuse zu übertragen, ist eine Entkopplung vom Gehäuse nötig. Weiterhin ist eine schnelle und einfache Auswechselbarkeit der Einbauten wichtig, um Stillstandszeiten zu vermeiden.

Tabelle 3: Akustische Anforderungen und Bewertungsgrundlagen für Einbauten

Bewertungskriterien	Bemerkungen
geringes Spiel bei Befestigung	kein Schwingen der Siebe im Gehäuse
keine starre Verbindung mit Gehäuse	Vermeiden von Schallbrücken
optimale Spaltweite zwischen Rotor und Stator/Sieb	möglichst geringe Schallentstehung
Gestaltung der Einbauten	Schallübertragung minimieren

Zunächst ist festzuhalten, dass die Einbauten Einfluss auf die Strömung haben und damit grundsätzlich auch auf die Schallentstehung. Wie in Abschn. 2.5.5 schon beschrieben, hat die Spaltweite zwischen Rotor und Stator bei der Stiftmühle Auswirkungen auf die Geräuschentstehung. Aber auch die Siebe nehmen Einfluss. Bei Messungen an einer Gebläsemühle konnten beim Betrieb ohne Sieb zwar keine diskreten Frequenzen festgestellt werden, dafür war aber das Strömungsrauschen lauter und deshalb der Gesamtpegel größer als bei Betrieb mit Sieb. Ursache hierfür ist der größere Strömungskanal in der Mühle bei ausgebautem Sieb. Durch eine akustische Optimierung der Spaltweiten kann also der Schallpegel vermindert werden.

Einflussnahmen auf die Mechanismen der Schallentstehung durch Einbauten können aber nur Einzellösungen sein, da diese eng mit der Schallentstehung durch den Rotor verknüpft sind. Außerdem darf auch ihre Funktion nicht beeinträchtigt werden. Deshalb ist es günstiger, auch hier Schallminderungsmaßnahmen durch Behinderung der Schallausbreitung zu realisieren. Siebe werden normalerweise durch Pressung zwischen Gehäuserückwand und Deckel befestigt. Um diese akustisch vom Gehäuse zu entkoppeln, kann am Sieb eine dämpfende Schicht aus Hartgummi angebracht werden, die sich im eingebauten Zustand zwischen Sieb und Gehäusewand befindet. Statoren von Stiftmühlen sind in der Regel fest mit dem Gehäusedeckel verschraubt. Zur Vermeidung von Schallbrücken kann der Stator ähnlich wie die Lagerung innerhalb des Gehäuses auf einer eigenen Grundplatte befestigt werden. Diese kann dann durch dämpfende Zwischenschichten vom Gehäuse entkoppelt werden.

Außerdem können die Einbauten so gestaltet werden, dass die Einleitung und Übertragung von Schall innerhalb der Einbauten selbst behindert wird. So ist z.B. ein Sieb denkbar, das aus mehreren voneinander isolierten Teilstücken besteht, wodurch die Schallübertragung behindert wird. Anstelle des üblichen kreisförmigen Querschnitts können die Teilstücke einen vieleckigen asymmetrischen Querschnitt bilden, um die Ausbildung stehender Wellen zu vermeiden.

2.5.6.4
Das Gehäuse

Das Gehäuse hat bei konventionellen Mühlenkonstruktionen die Aufgabe, die Lagerkräfte aufzunehmen, die Führung des Mahlgutes durch den Mahlraum zu gewährleisten und bei einer eventuellen Havarie der Mühle vor umherfliegenden Rotorteilen zu schützen. Durch eine Trennung der Lagerung und der Einbauten vom Gehäuse kann dieses aus dem Kraftfluss genommen werden. Die Gehäusekonstruktion sollte so gestaltet werden, dass die Einleitungs- und Übertragungsadmittanz möglichst gering ist. Dabei ist darauf zu achten, dass die Innenseite des Gehäuses genügend Verschleißschutz bietet und leicht zu reinigen ist. Die Größe des Gehäuses muss aus Kosten und Platzgründen gering gehalten werden. Außerdem steht die Oberfläche in direktem Zusammenhang mit der abgestrahlten Schallleistung.

Die Gehäusegestaltung ist das entscheidende Konstruktionselement bei der Verringerung der Schallemission. Die oben bereits erwähnte Entkopplung der Lagerung und der Einbauten verhindert eine Anregung durch diese Bauteile.

Tabelle 4: Akustische Anforderungen und Bewertungsgrundlagen für die Gehäusekonstruktion

Bewertungskriterien	Bemerkungen
kleines Bauvolumen	geringe abstrahlende Oberfläche
Aufgabentrennung von Kraftleitung und Stoffführung	mehr Freiheiten bei der Materialauswahl Entkoppeln vom übrigen System
Akustisch optimiert	Einleitungs- und Übertragungsadmittanz klein

Das Gehäuse wird dann nur durch die Strömung im Gehäuseinneren zu Körperschallschwingungen angeregt. Diese Anregung kann durch die Eingangs- und Übertragungsadmittanz des Gehäuses bzw. die folgenden Parameter beeinflusst werden:

– Material,
– Wandaufbau und
– Formgebung

Die flächengewichtete Übertragungsadmittanz lässt sich dabei nach Kassing (1975) für Plattenstrukturen abschätzen. Oberhalb der ersten Eigenfrequenz gilt:

$$Sh_{\ddot{U}}^2 = \frac{1}{16\pi \cdot \eta \cdot f \cdot M \cdot \sqrt{M \cdot B}} \, . \qquad (6)$$

Hierbei ist η der Verlustfaktor, f die Terzmittenfrequenz, M die Massenbelegung und B die Biegesteifigkeit. Mit der Dichte ρ, dem E-Modul E, der Querkontraktionszahl μ und der Plattendicke h lassen sich Massenbelegung und Biegesteifigkeit einer Platte berechnen:

$$M = \rho \cdot h \qquad (7)$$

$$B = \frac{E}{(1 - \mu^2)} \cdot \frac{h^3}{12} \qquad (8)$$

Tabelle 5 gibt einen Überblick über den Verlustfaktor, den E-Modul und die Dichte verschiedener Materialien. Der Verlustfaktor charakterisiert die innere Dämpfung des Werkstoffs. Je größer der Verlustfaktor, desto kleiner ist nach Glg. (6) die flächengewichtete Übertragungsadmittanz. Wenn das Gehäuse aus dem Kraftfluss genommen wird, können die Festigkeitseigenschaften den akustischen Eigenschaften untergeordnet werden. Tabelle 5 kann entnommen werden, dass die Materialdämpfung eines Gussgehäuses besser als die eines Stahlgehäuses ist. Noch günstiger wäre nach akustischen Gesichtspunkten ein Gehäuse aus Blei. Da Blei allerdings sehr teuer und gesundheitlich nicht unbedenklich ist, sollte auf einen Einsatz von Blei besser verzichtet werden.

Da bei der Gestaltung der Gehäuseinnenseite aber auch verfahrenstechnische Anforderungen berücksichtigt werden müssen, bietet sich die Möglichkeit eines mehrschichtigen Wandaufbaus. Eine innere Schicht besteht aus einem verschleiß-

Tabelle 5: Werkstoffkennwerte

Material	E-Modul [M/m^2]	Dichte [kg/m^3]	Verlustfaktor
Aluminium	72000	2700	0,00007
Stahl	210000	7800	0,0001
GGG	120000	7250	0,01
Blei	18000	114000	0,02
Polyvinylchlorid (PVC)	2700	1300	0,04
Polyethylen, weich (PE)	400	920	0,1
Holzspanplatten	2000 - 5000	600 - 1000	0,03
Holzwolleleichtbauplatten	100 - 200	600 - 700	0,08
Mineralfaserplatten	0,15 - 0,4	80 - 130	0,1

festen Material mit einer nach Möglichkeit sehr glatten Oberfläche, um das Mühleninnere leicht reinigen zu können. Die äußere Schicht besteht aus einem Material, das gute Dämpfungseigenschaften aufweist, z.B. ein Kunststoff, aber auch einfache Materialien wie Holz oder Pappe sind denkbar. Da das Gehäuse im Falle einer Entkopplung hauptsächlich von Strömungskräften angeregt wird, sind auch spezielle Schalldämmstoffe wie Holz-, Glas- oder Mineralwolle wirkungsvoll.

Weiterhin besteht die Möglichkeit, Verbundbleche zu verwenden. Diese bestehen in der Regel aus zwei Stahldeckblechen und einer Zwischenschicht aus viskoelastischem Kunststoff. Dadurch können die Deckbleche aufeinander gleiten, wobei die Kunststoffschicht große Schubverformungen erleidet und dabei durch innere Reibung und Umwandlung in Wärmeenergie den schwingungs- und körperschalldämpfenden Effekt hervorruft (Stamm 1991). Mit Verbundblechen können Verlustfaktoren von 0,05 bis zu 0,5 erreicht werden.

Schließlich kann das akustische Übertragungsverhalten des Gehäuses noch von der Formgebung beeinflusst werden. Generell gilt, je kompakter das Gehäuse, desto kleiner die abstrahlende Oberfläche und damit die Schallemission. Außerdem haben Versuche von Jeschke (1998) ergeben, dass auch durch die Gehäusegeometrie Einfluss genommen werden kann. So kann z.B. durch Vermeidung von Symmetrien im Gehäuse der Luftschallpegel um bis zu 10 dB gesenkt werden.

2.5.7
Abschätzung der Schallemission des Mühlengehäuses

Die Auslegung einer akustisch optimierten Gehäusekonstruktion erfolgt entlang der Grundgleichung der Maschinenakustik nach Kollmann (1999):

$$L_P(f) = L_F(f) + 10\lg \frac{Sh_{\ddot{U}}^2}{S_0 h_{\ddot{U}o}^2} + 10\lg \sigma(f) \ \ \text{dB}. \tag{9}$$

Dabei bezeichnet L_P den Schallleistungspegel, L_F den Pegel der anregenden Kraft, $10 \ lg \ Sh^2$ das Körperschallmaß und $10 \ lg \ \sigma$ das Abstrahlmaß. Die Summe von Körperschallmaß und Abstrahlmaß heißt Übertragungsmaß. Sekundäre Schallminderungsmaßnahmen nehmen Einfluss auf Körperschallmaß und Abstrahlmaß. Diese lassen sich nach Kollman et al. (1999) abschätzen. Die Abschätzverfahren gelten allerdings nur für Kreis- und Rechteckplatten. Sie können angewandt werden, da sich das Mühlengehäuse durch eine Zylinderschale und zwei Kreisplatten beschreiben lässt und nach Untersuchungen von Kassing (1975) die Zylinderschale keinen Einfluss auf das Verhalten der Gesamtstruktur hat. Die abschätzenden Verfahren bieten die Möglichkeit, einen Vergleich des akustischen Verhaltens unterschiedlicher Gehäuseausführungen anzustellen. Die anregenden Kräfte lassen sich in der Regel nur sehr schwer bestimmen. Für Prallzerkleinerungsmaschinen können zwar keine Angaben über die absolute Größe der anregenden Kräfte gemacht werden, aber nach Abschn. 2.5.4 ist eine Anregung über den gesamten hörbaren Frequenzbereich zu erwarten, so dass das Übertragungsmaß auch möglichst über den gesamten Frequenzbereich so klein wie möglich sein sollte.

Zum Einfluss von Material, Plattendicke und Plattenabmessungen hat Storm (1980) zahlreiche Untersuchungen durchgeführt. Abb. 10 zeigt Abschätzungen für Kreisplatten aus Stahl mit Abmessungen im Bereich durchschnittlicher Mühlengehäuse ($D = 0{,}6$ m), die den Einfluss der Plattendicke verdeutlichen. Das Körperschallmaß kann nach Glg. (6) mit

$$S_0 h_{\ddot{U}0}^2 = 25 \cdot 10^{-16} \; \frac{\text{m}^4}{\text{N}^2 \text{s}^2}$$

berechnet werden. Generell gilt, je dicker eine Platte ist, desto größer sind die Biegesteifigkeit B und die Massenbelegung M der Platte und desto kleiner ist nach Glg. (6) das Körperschallmaß. Das Abstrahlmaß wird von der Lage der Grenzfrequenz bestimmt.

$$f_g = \frac{c^2}{2\pi} \sqrt{\frac{M}{B}} \tag{10}$$

c bezeichnet die Schallgeschwindigkeit. Unterhalb der Grenzfrequenz wird nicht die komplette Schallleistung abgestrahlt, was sich natürlich günstig auf das Abstrahlmaß auswirkt. Der Abstrahlgrad kann am einfachsten nach folgenden Formeln abgeschätzt werden:

$$\sigma = \frac{c}{\pi^2} \frac{U}{S} \frac{1}{f_g} \sqrt{\frac{f}{f_g}} \quad \text{für } f \leq 0{,}5 \cdot f_g \tag{11}$$

$$\sigma = 0{,}45 \sqrt{\frac{U}{\lambda_g}} \quad \text{für } f = f_g \tag{12}$$

$$\sigma \approx 1 \quad \text{für } f > f_g. \tag{13}$$

U ist der Umfang der Platte, S die Plattenfläche, f die Terzmittenfrequenz und λ_g die Wellenlänge bei der Grenzfrequenz. Die Grenzfrequenz ist umso größer, je dünner die Platte ist. Im Bereich der Grenzfrequenz ist immer eine leichte Überhöhung des Übetragungsmaßes zu beobachten. Diese ist umso ausgeprägter, je dünner die Platte ist. In der Regel ist der Einfluss des Körperschallmaßes auf das Übertragungsmaß größer als der des Abstrahlmaßes. Daher ist das Übertragungsmaß der 9 mm Platte am geringsten, das akustische Verhalten hier also am günstigsten.

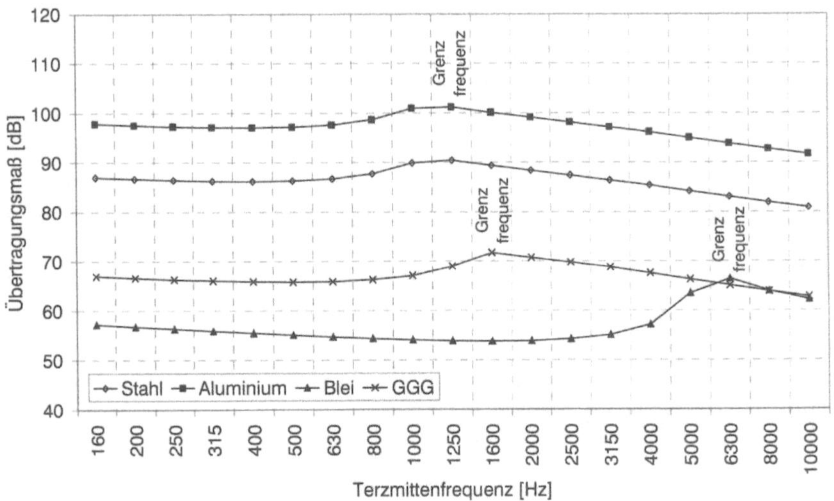

Abb. 10: Einfluss der Plattendicke auf das Übertragungsmaß einer Stahlplatte mit D = 0,6 m, Berechnung nach Glg. (6) und (11) bis (13)

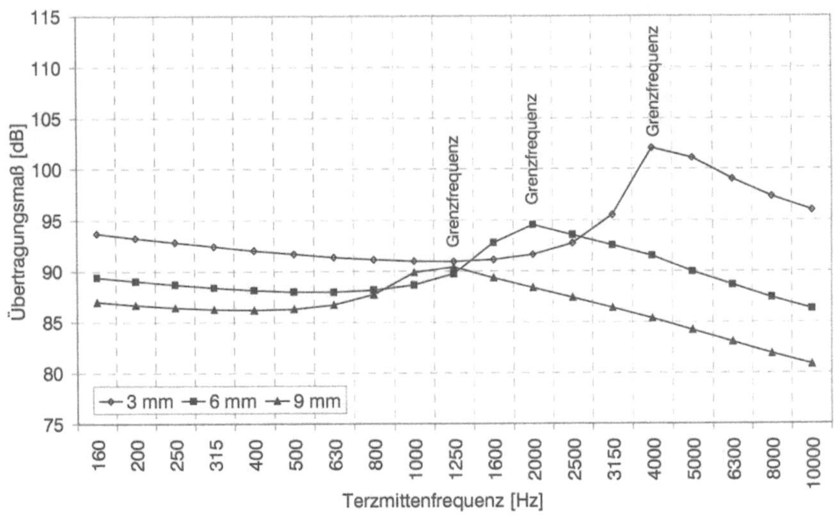

Abb. 11: Einfluss des Materials auf das Übertragungsmaß von Kreisplatten mit D·h = (0,6·0,009) m, Berechnung nach Glg. (6) und (11) bis (13)

Abbildung 11 verdeutlicht den Einfluss des Materials auf das Übertragungsmaß von Kreisplatten. Alle Platten haben einen Durchmesser von $D = 0{,}6$ m und eine Plattendicke von 9 mm. Das Körperschallmaß wird neben Biegesteifigkeit B und Massenbelegung M entscheidend auch vom Verlustfaktor η beeinflusst. Je größer dieser ist, desto kleiner ist das Körperschallmaß. Dies wirkt sich hier nach Tabelle 5 positiv auf das Übertragungsmaß der Platten aus Blei und Grauguss aus. Für Bleiplatten nimmt außerdem die Grenzfrequenz sehr hohe Werte an, da die Massenbelegung sehr groß und die Biegesteifigkeit im Gegensatz zu Stahl gering ist.

2.5.8
Lösungsvorschläge

In Abschn. 2.5.6 konnte gezeigt werden, welche konstruktiven Maßnahmen hinsichtlich der Gestaltung der Lagerung, der Mahlgutführung, der Einbauten und schließlich des Gehäuses möglich sind, um Lärmminderungsmaßnahmen zu verwirklichen. Im Folgenden sollen zwei Gesamtlösungkonzepte vorgestellt werden. Abb. 12 zeigt eine Mühlenkonstruktion mit Stiftrotor. Der Rotor ist fliegend gelagert, um einen einfachen Ein- und Ausbau zu gewährleisten. Das Gehäuse ist aus dem Kraftfluss genommen worden, indem die Lagerböcke und die Halterung für den Stator auf einer Grundplatte, selbstverständlich gedämpft, befestigt sind.

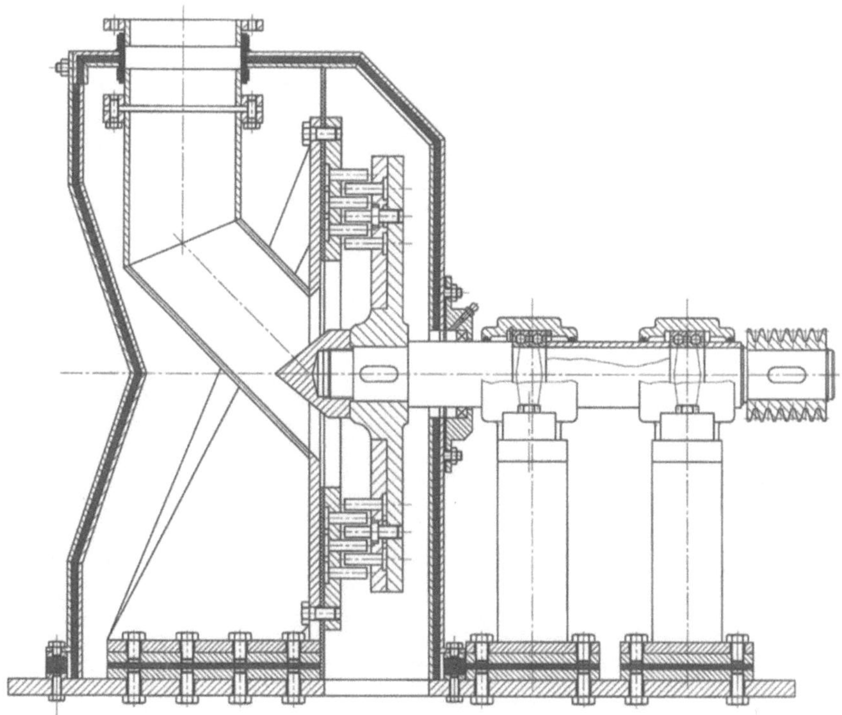

Abb. 12: Lösungsvorschlag für eine Konstruktion mit fliegender Lagerung

In Abb. 13 ist eine Mühlenkonstruktion mit Gebläserotor und Sieb dargestellt. Der Rotor ist beidseitig gelagert, wobei sich das Festlager außerhalb und das Loslager innerhalb des Gehäuses befinden. Der Vorteil dieser Konstruktion liegt in der sehr steifen Lagerung von Rotor und Welle, die Eigenfrequenzen jenseits von 20.000 min^{-1} aufweisen. Auch hier ist das Gehäuse aus dem Kraftfluss genommen. Die Halterungen für die Lager und das Sieb sind gedämpft auf der Grundplatte befestigt. Ein Nachteil ist, dass zum Ausbau des Rotors erst die Halterung mit Loslager und Sieb ausgebaut werden muss. In beide Mühlen kann natürlich, wie bei Universalmühlen üblich, auch der jeweils andere Rotor eingebaut werden.

Eine Besonderheit beider Konstruktionen ist die in das Gehäuse integrierte Mahlgutzuführung, wodurch die von dieser emittierte Schallleistung durch die Gehäusewand gedämpft wird. Die Gestaltung des Gehäuses hat viele Variationsmöglichkeiten. Die Geometrie soll, wie in Abb. 12 und Abb. 13 angedeutet, keine Symmetrien aufweisen, um so stehende Wellen zu vermeiden. Die größten Möglichkeiten liegen jedoch in der Wahl des Materials. Die angestellten Berechnungen verdeutlichen, dass normales Stahlblech nicht die optimale Lösung darstellt. Nach den Überlegungen aus Abschn. 2.5.6 und 2.5.7 ist ein mehrschichtiger Wandaufbau am günstigsten. Bei der Gestaltung der Gehäuseinnenseite kann so darauf geachtet werden, dass diese den verfahrenstechnischen Anforderungen genügt.

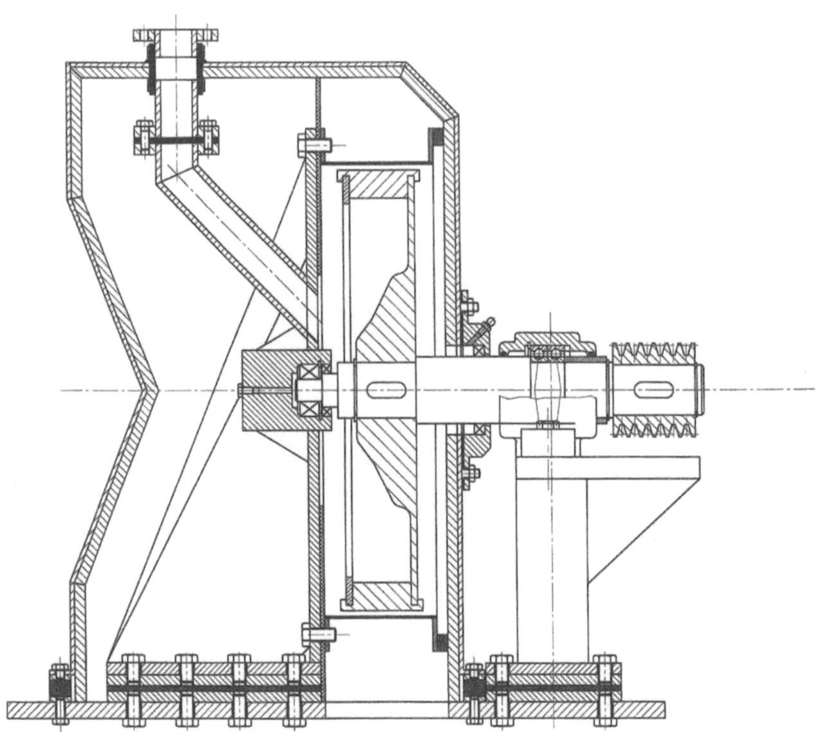

Abb. 13: Lösungsvorschlag für eine Konstruktion mit beidseitiger Lagerung

2.5.9
Zusammenfassung

In der Konstruktion von Prallzerkleinerungsmaschinenen haben akustische Anforderungen bislang kaum Einzug gehalten. Im Rahmen immer strenger werdender Richtlinien bezüglich der Schallemission wird es notwendig werden, auch für Prallmühlen von Anfang an die zu erwartende Schallabstrahlung mit in die Konstruktion einfließen zu lassen.

Bei einer systematischen Untersuchung der Möglichkeiten zur Lärmminderung von Prallmühlen ergeben sich für den Konstrukteur eine Reihe von Möglichkeiten, die Schallemission der Mühle herabzusetzen. Primäre Schallminderungsmaßnahmen, d.h. eine Änderung des Mahlwerkzeugs sind zwar oft sehr effektiv, stellen aber immer nur Einzellösungen für eine konkrete Mühle dar. Außerdem greift eine Änderung der Mahlwerkzeuge immer in den Arbeitsprozess der Mühle ein. Dabei besteht die Gefahr, dass die verfahrenstechnischen Anforderungen an die Mühle nicht mehr eingehalten werden können.

Die Lösung des akustischen Problems Prallmühle liegt daher bei sekundären Schallminderungsmaßnahmen. Damit Lärmminderungsmaßnahmen an der Mühle Erfolg haben, muss zunächst die Mahlgutführung sorgfältig gedämmt und gedämpft werden. Eine wichtige konstruktive Maßnahme ist dann die Entfernung des Gehäuses aus dem Kraftfluss. Durch die Trennung der Lagerung und der Einbauten vom Gehäuse wird die Schallausbreitung vermindert. Zusätzlich werden große konstruktive Freiheiten für die Gehäuseauslegung hinsichtlich Geometrie, Material und Wandaufbau gewonnen. Dies erlaubt den Einsatz einer Vielzahl von Materialien, die den akustischen Vorgaben entsprechend ausgewählt werden können. Besonders vorteilhaft ist dabei die Möglichkeit eines mehrschichtigen Wandaufbaus, da hierdurch sowohl verfahrenstechnische als auch akustische Anforderungen optimal erfüllt werden können.

Literatur zu Kap. 2.5

Barth HJ, Jeschke D (1996) Konstruktive Maßnahmen zur Schallminderung an Hochleistungs-Prallzerleinerungsmühlen und Windsichtern. DFG-Sonderforschungsbereich 180, 1. Zwischenbericht

Biller E (1974) Lärmbekämpfung an schnelllaufenden Prallzerkleinerungsmaschinen. Maschinenmarkt 80:1674-1674

Drögemeier R (1998) Feinstzerkleinerung von Kalkstein in einer neuartigen Rotorprallmühle für hohe Umfangsgeschwindigkeiten. Dissertation, Technische Universität Clausthal

Heckl M, Müller HA (1994) Taschenbuch der Technischen Akustik. Springer, Berlin Heidelberg New York Tokio

Henn H, Sinambari GR, Fallen M (1999) Ingenieurakustik, Grundlagen, Anwendungen, Verfahren. Vieweg & Sohn, Braunschweig Wiesbaden

Jeschke D (1998) Integrierte Lärmminderungsmaßnahmen an Prallmühlen. Dissertration, Technische Universität Clausthal Clausthal

Kaiser F (1975) Das Heulen der Stiftmühle. VDI Berichte Nr. 239, Düsseldorf

Kassing (1975) Untersuchungen zum Schwingungs- und Körperschallverhalten rotationssymmetrischer Maschinenstrukturen, Dissertation, TH Darmstadt

Költzsch, P (1974) Strömungsmechanisch erzeugter Lärm. Habil.-Schr., TU Dresden

Kollmann FG (1999) Maschinenakustik, Grundlagen, Messtechnik, Berechnung, Beeinflussung. Springer, Berlin Heidelberg New York Tokio

Schirmer et al. (1996) Technischer Lärmschutz. VDI Verlag, Düsseldorf

Stamm K (1991) Verbundbleche zur Körperschalldämpfung. Ingenieur-Werkstoffe 3/11:44-47

Storm R (1980) Untersuchung der Einflussgrößen auf das akustische Übertragungsverhalten von Maschinenstrukturen. Dissertation, TH Darmstadt

Tyler JM, Sofrin TG (1962) Axial Flow Compressor Noise. SAE Transaction 70

VDI 3735 (1986) Emissionskennwerte technischer Schallquellen, Zerkleinerungsmaschinen. Beuth Verlag, Berlin und Köln

3 Verfahrenstechnische Maschinen unter vorwiegend mechanischen Beanspruchungen

K. Leschonski

3.1
Einleitung

Norman Swindin, ein Mitarbeiter und Schüler des Begründers des Chemical Engineering, George Edward Davis, hat das angelsächsische Chemie-Ingenieurwesen in einem 1962 veröffentlichten Buch treffend mit „Engineering without Wheels" bezeichnet. Rotoren, d.h. rotierende Scheiben, Trommeln, usw. sind die Domäne des Maschinenbaus und das kennzeichnende Element jeder Maschine.

Rotoren stellen aber auch die wesentlichsten Bauelemente von Maschinen der Mechanischen Verfahrenstechnik dar. So besitzen Maschinen, die zur Zerkleinerung, Klassierung und Abscheidung von dispersen Feststoffen verwendet werden, mehr oder weniger kompliziert gestaltete Rotoren, deren prozessgebundene Auslegung Voraussetzung für den bestimmungsgemäßen Betrieb ist.

Extreme mechanische Anforderungen an derartigen Rotoren treten beispielsweise dann auf, wenn prozessbedingt sehr hohe Rotor-Drehzahlen angewendet werden müssen.

Aus verfahrenstechnischer Sicht muss man bei einer großen Zahl von Grundverfahren der Mechanischen Verfahrenstechnik auf die Durchführung eines Prozesses im Schwerefeld zu Gunsten der Anwendung im Fliehkraftfeld verzichten.

Dieses ist z.B. immer dann der Fall, wenn entweder feinere partikelförmige Endprodukte oder kleinere Trenngrenzen in Klassierern und Abscheidern erzielt werden sollen.

Feinere Endprodukte und kleinere Trenngrenzen erfordern in den meisten Maschinen Rotoren, die mit höheren Umfangsgeschwindigkeiten als bisher betrieben werden.

In diesem Abschnitt wird über folgende Entwicklungen und Untersuchungen berichtet:

– ein neuer Fliehkraft-Gegenstromsichter (Abweiseradsichter) für Trenngrenzen unterhalb von 1 µm,
– eine neue Prallzerkleinerungsmaschine für die Erzeugung von Mahlprodukten mit sehr hohen Produktanteilen unter 10 µm,
– die Untersuchung einer Schneidmühle und eines Pendelschlagwerks für die Zerkleinerung von Kunststoffen und Kunststoffgemischen.

Für die beiden erstgenannten Neuentwicklungen wurden Hochgeschwindigkeitsrotoren entwickelt. Der für die Sichtung verwendete Rotor lässt Umfangsgeschwindigkeiten bis 250 m/s zu.

Literatur zu Kap. 3.1

Swindin N (1962) Engineering without Wheels, a personal history. Verlag Weidenfeld & Nicolson

3.2
Die Feinsttrennung in Fliehkraft-Gegenstromsichtern bzw. Abweiseradsichtern

3.2.1
Einleitung

Bei den heute weit verbreiteten Fliehkraft-Gegenstromsichtern, mit oder ohne rotierende Einbauten, wird vielfach angenommen, dass es nicht möglich ist, bei mineralischen Rohstoffen Sichtungen bei Trenngrenzen unterhalb von ca. 1 µm bis 2 µm durchzuführen.

Will man die Trenngrenze von Fliehkraft-Gegenstromsichtern bei mineralischen Rohstoffen auf Werte unterhalb von 1 µm verringern, so muss man einerseits die Umfangsgeschwindigkeit der Sichtluft, v_φ, in der Trennzone gegenüber derzeit angewendeten Werten erhöhen und andererseits die radiale Luftgeschwindigkeit, v_r, verringern.

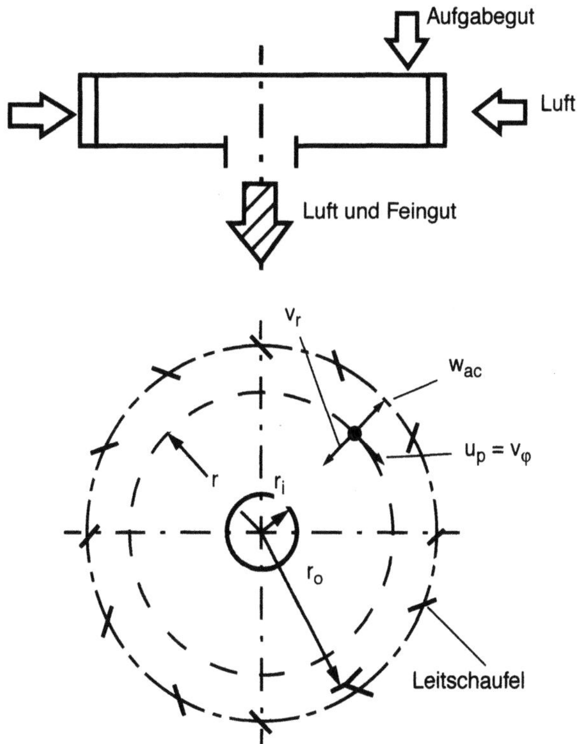

Abb. 1: Prinzip des Spiralwindsichters

Dies hat folgende Konsequenzen:

- der Druckverlust steigt und damit auch der Energiebedarf der Sichtung (v_φ),
- der Feingutmassendurchsatz wird reduziert (v_r),
- die Schwierigkeiten bei der Dispergierung des feinkörnigen Aufgabegutes wachsen, und
- es ist anzunehmen, dass die für die Klassierung erforderliche determinierte Partikelbewegung durch stochastische Einflüsse beeinträchtigt wird und die Trennschärfe der Sichtung abnimmt.

Das Prinzip eines Fliehkraft-Gegenstromsichters ist schematisch in Abb. 1 dargestellt. Der Sichter besteht aus einer flachen zylindrischen Sichtzone. Die Sichtluft und das Aufgabegut werden am äußeren Umfang zugeführt. Das Feingut folgt der Luft auf spiralförmigen Bahnen nach innen und wird dort durch eine zentrale Öffnung axial abgeführt. Das Grobgut wandert zum äußeren Umfang der Trennzone und wird von dort abgezogen.

3.2.2
Die Trenngrenze der Fliehkraft-Gegenstromsichter

Die Trenngrenze, x_c, der Fliehkraft-Gegenstromsichtung wird für ein am Radius, r, mit der Umfangsgeschwindigkeit der Sichtluft kreisendes Partikel aus dem dort herrschenden radialen Kräftegleichgewicht berechnet, Rumpf (1939) (vgl. Abb. 1). Aus dem Kräftegleichgewicht errechnet man für die Trenngrenze, x_c:

$$v_r = w_{ac}.$$ (1)

Für die laminare Partikelumströmung erhält man schließlich:

$$x_c v_\varphi = \sqrt{\frac{18\eta}{\rho_p} v_r r \frac{1}{\sqrt{Cu}}} \quad \text{für Re} < 1.$$ (2)

Dabei entspricht Cu der sogenannten Cunningham-Korrektur, die in dieser Form von Davies (1945) vorgeschlagen wurde. Sie beschreibt den bei kleinen Partikeln auftretenden Schlupf zwischen den Phasen und führt zu höheren Sinkgeschwindigkeiten:

$$Cu = \frac{w}{w_g} = 1 + 2\frac{\bar{\lambda}}{x}\left(1{,}257 + 0{,}4\,exp\left(-\frac{0{,}55x}{\bar{\lambda}}\right)\right)$$ (3)

mit

$$\bar{\lambda} = \frac{kT}{4\pi\sqrt{2}r^2 p}.$$ (4)

Man erkennt, dass sich die Trenngrenze in Glg. (2) umgekehrt proportional zur Umfangsgeschwindigkeit der Sichtluft und proportional zur Wurzel aus der Radialkomponente ändert. Will man die Trenngrenze erniedrigen, muss man v_φ erhöhen und/oder v_r erniedrigen. Auch dürfen die Abmessungen des Sichters nicht zu groß sein (r).

Aus der Gutbeladung, μ, lässt sich der Massenstrom des Feingutes abschätzen:

$$\dot{m}_{s,\,1} = \mu(2\pi r - zs)\rho_a v_r H. \tag{5}$$

Man erkennt, dass der Massenstrom des Feingutes für eine vorgegebene Gutbeladung und einen bestimmten Sichter direkt proportional zur radialen Luftgeschwindigkeit ist. Der Massendurchsatz sinkt also bei Verringerung der Radialgeschwindigkeit. Mit $v_r = 1\,\text{m/s}$ lässt sich pro cm Sichtraumhöhe und einer angenommenen Gutbeladung von $\mu = 0{,}1$ bei einem Rotordurchmesser von $D = 0{,}3\,\text{m}$ ein Feingut-Massendurchsatz von: $\dot{m}_{s,\,1} = 3{,}66\,\text{kg/h/cm}$ Sichtraumhöhe verwirklichen. Bei 3 cm Sichtraumhöhe errechnet man 11 kg/h.

In Abb. 2 ist der Zusammenhang zwischen x_c und v_φ für unterschiedliche radiale Luftgeschwindigkeiten und unterschiedliche Stoffe, hier Kalkstein und Spinell, dargestellt. Spinell ist ein anorganisches Pigment mit einer Dichte von ca. $5000\,\text{kg/m}^3$. Kalkstein hat eine Dichte von $2710\,\text{kg/m}^3$. Als obere Grenze der Umfangsgeschwindigkeit wurde die mit dem neuen Clausthaler Sichter erreichbare maximale Umfangsgeschwindigkeit von 250 m/s gewählt.

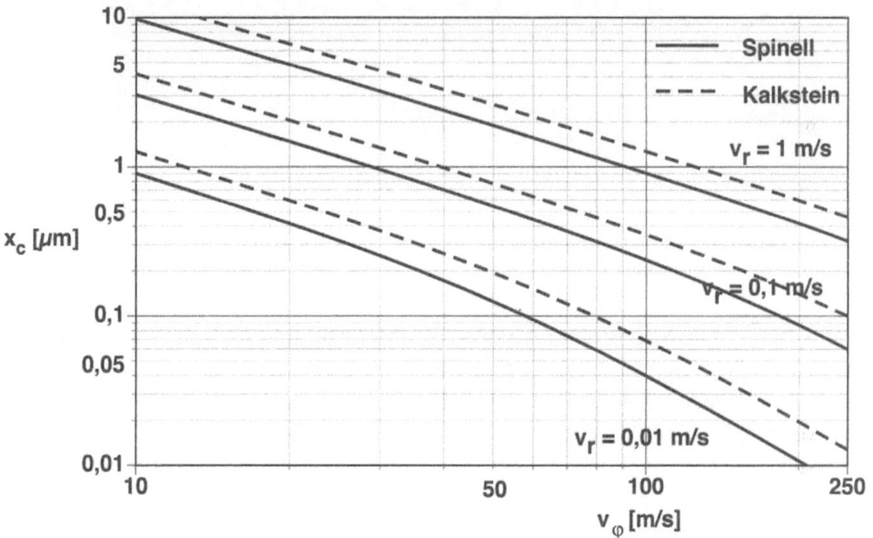

Abb. 2: Theoretische Trenngrenze als Funktion der Umfangsgeschwindigkeit

Technische Sichter bleiben im allgemeinen unterhalb von 100 m/s Umfangsgeschwindigkeit und besitzen Radialgeschwindigkeiten um 1 m/s. Man erkennt aus diesem Diagramm, dass mit diesen Randbedingungen nur Trenngrenzen oberhalb von 1 µm möglich sind.

Trenngrenzen unterhalb von 1 µm lassen sich bei $v_r = 1\,\text{m/s}$ nur durch Erhöhen der Umfangsgeschwindigkeit der Sichtluft auf Werte oberhalb von 100 m/s erreichen.

Ist man bereit, bei gleicher Gutbeladung den Massendurchsatz durch Verringerung von v_r zu verkleinern, so kann man auch die Umfangsgeschwindigkeiten reduzieren. Die Kurven für $v_r = 0{,}1\,\text{m/s}$ und $0{,}01\,\text{m/s}$ zeigen die entsprechenden Werte.

Bei dem in Abb. 1 schematisch dargestellten Spiralwindsichter verringert sich die Umfangsgeschwindigkeit der Sichtluft, wenn bei sonst konstanten Einstellungen der Feststoffmassendurchsatz erhöht wird. Dies führt zu einer Steigerung der Trenngrenze.

Um die für eine bestimmte Trenngrenze erforderliche Umfangsgeschwindigkeit der Luft aufrecht zu erhalten, setzt man, wie in Abb. 3 dargestellt, im Zentrum des Spiralwindsichters einen beschaufelten Rotor ein.

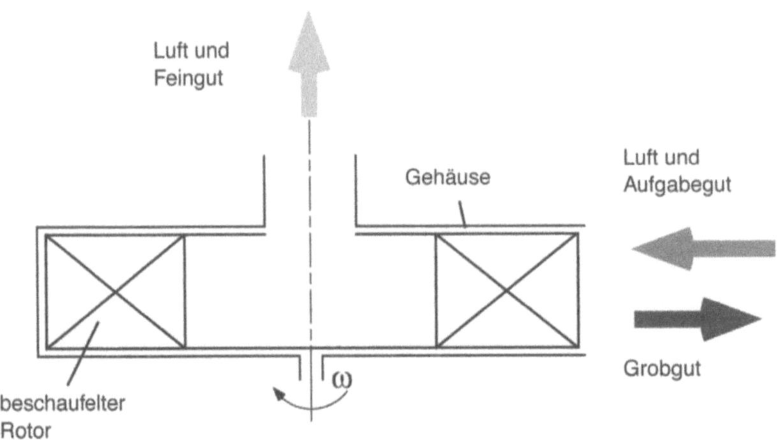

Abb. 3: Prinzip des Abweiseradsichters

Wie beim Spiralwindsichter werden auch hier Luft und Aufgabegut der Klassierzone von außen zugeführt. Die groben Partikel werden vom Rotor abgewiesen, verbleiben aufgrund der hohen Zentrifugalkräfte am Außenumfang und können von dort kontinuierlich abgezogen werden. Die feinen Partikel werden aufgrund der überwiegenden Widerstandskraft mit der Luft nach innen transportiert und zentral mit der Luft ausgetragen. Die Trenngrenze rotiert auf einem Kreis vom Außendurchmesser des Rotors.

Legenhausen (1991) zeigte, dass im Sichter eine erzwungene Wirbelsenkenströmung mit einer konstanten Winkelgeschwindigkeit erzeugt werden sollte. Er zeigte, dass dies nicht nur zu einem geringeren Druckverlust gegenüber der Wirbelströmung in einem Spiralsichter führt, sondern auch einen vorteilhaften radialen Trenngrenzenverlauf erzeugt.

Wie man in Abb. 4 erkennt, nimmt die Trenngrenze mit abnehmendem Radius zu. Da gröbere Partikel den Rotoraußenradius nicht durchdringen können, werden nur Partikel mit $x \leq x_c$ nach innen hin immer schneller aus der Trennzone entfernt und dem Feingut zugeführt.

Um einen Starrkörperwirbel vom Außenradius bis zum Zentrum des Rotors aufrecht erhalten zu können, sind Rotorschaufeln erforderlich, die sich von außen bis zum zentralen Auslass des Feingutes erstrecken.

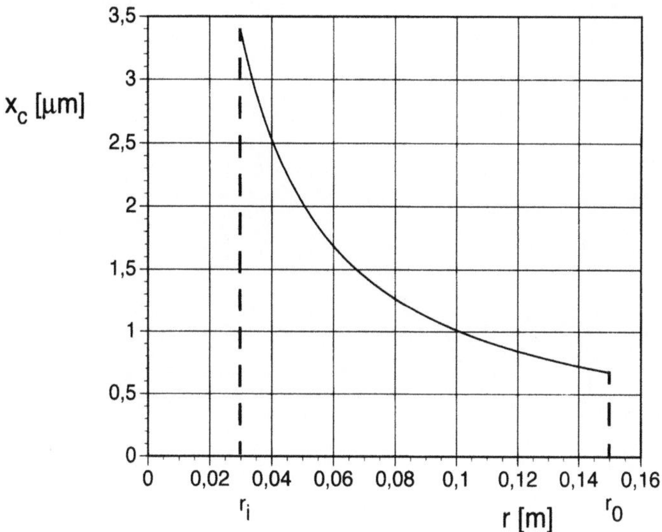

Abb. 4: Radialer Trenngrenzenverlauf in einer erzwungenen Wirbelsenkenströmung

Schließlich sollte die Sichtluft beim Eintritt in den Klassierer die gleiche Umfangsgeschwindigkeit wie der Rotor aufweisen. Nur dann können, wie Legenhausen (1991) in Strömungsuntersuchungen gezeigt hat, Wirbel zwischen den radialen Schaufeln vermieden werden und das Feingut stoßfrei zwischen die Schaufeln eintreten.

3.2.3
Der Abweiseradsichter

Aufbauend auf diesen Überlegungen (vgl. auch Leschonski u. Legenhausen 1990) wurde ein Hochgeschwindigkeitsrotor konstruiert und gefertigt, der von Galk (1995) untersucht wurde.

Der Rotor besitzt eine maximale Umfangsgeschwindigkeit von 250 m/s. Wie oben erläutert ist ein Starrkörperwirbel für den radienabhängigen Verlauf der Umfangsgeschwindigkeit der Sichtluft allen anderen Wirbelformen überlegen. Ein wesentliches Konstruktionsprinzip des Rotors sind deshalb lange, radiale Schaufeln, die sich bis in die Nähe des Rotorzentrums erstrecken.

Der in Abb. 5 und Abb. 6 dargestellte Sichterrotor besitzt 96 Schaufeln, 16 davon sind bis ins Zentrum geführt. 80 kurze Schaufeln besetzen die Zwischenräume an der äußeren Rotorperipherie. Der Rotor selbst besitzt Seitenwände aus hochfestem Aluminium. Am Außenumfang ist jeweils ein CFK-Ring aufgeschrumpft.

Die Zuführung des in einem Luftteilstrom dispergierten Aufgabegutes erfolgt über einen schmalen, sich über die Rotorhöhe erstreckenden, tangential angeordneten Spalt. Das Aufgabegut-Aerosol wird mit der Umfangsgeschwindigkeit des Rotors in die Sichtzone eingeblasen, um die Strömung stoßfrei dem Rotor zuführen zu können. Durch weitere, ebenfalls tangential angeordnete Spalte kann Sichtluft oder, verteilt über dem Umfang, auch weiteres Aufgabegut der Sichtzone zugeführt werden. Das Grobgut verlässt den Sichter durch drei Umfangsschlitze.

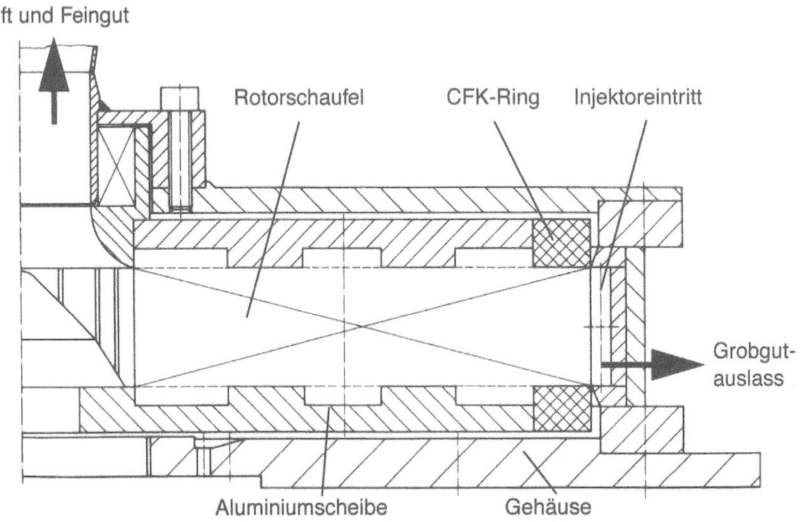

Abb. 5: Schnitt durch den Abweiseradsichter

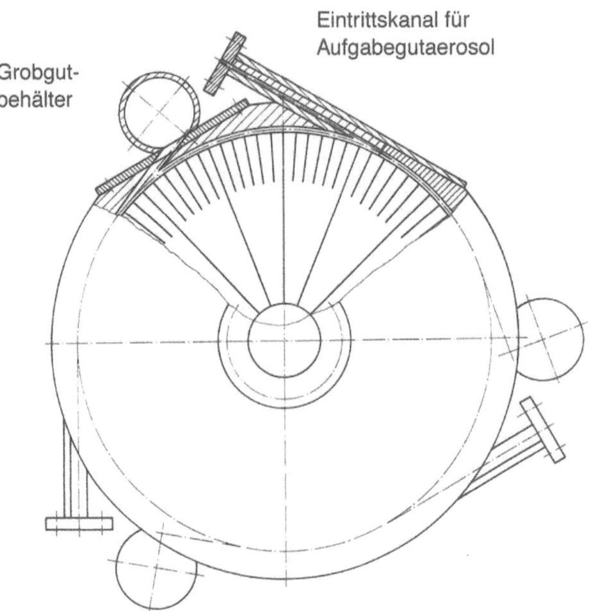

Abb. 6: Draufsicht des Abweiseradsichter (Galk 1995)

3.2.4
Die Dosier- und Dispergiereinheit

Trennungen mit hoher Trennschärfe lassen sich nur dann erreichen, wenn das dem Sichter zugeführte Aufgabegut ausreichend gut dispergiert ist und mit konstantem Massenstrom zudosiert wird. Die Dosier- und Dispergiereinheit muss deshalb unter anderem ein Aerosol erzeugen, dessen größte Agglomerate kleiner als die angestrebte Trenngrenze sind. Die entwickelte Einheit ist in Abb. 7 gezeigt.

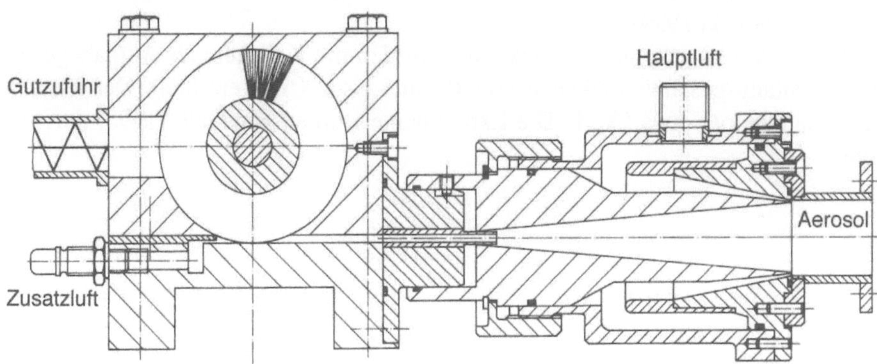

Abb. 7: Dosier- und Dispergiereinheit

Das Aufgabegut wird einer schnell rotierenden Bürste mit einem Schneckendosierer zugeführt. Die Borsten nehmen Partikel oder kleine Agglomerate auf und transportieren diese entlang der Gehäusewand. Anschließend werden sie in die über eine Düse zugeführte Zusatzluft von der Bürste abgegeben. Der Massenstrom kann über die Bürstenrotation wie bei einer Zellenradschleuse kontrolliert werden. Es konnte gezeigt werden, dass der Bürstendosierer bereits als sehr guter Dispergierer arbeitet (Leschonski et al. 1995).

Danach erreicht das Aerosol die Dispergier- und Beschleunigungszone eines Injektors. Noch vorhandene Agglomerate werden in der turbulenten Durchmischungszone des Injektors hohen Scherkräften sowie Partikel- und Wandstößen ausgesetzt und dispergiert. Im rechteckigen Beschleunigungskanal des Injektors wird schließlich das Aufgabegut-Aerosol auf die Rotorumfangsgeschwindigkeit beschleunigt.

3.2.5
Ergebnisse

Für die hier präsentierten Experimente wurden als Aufgabegüter Kalkstein und Spinell verwendet. Beide Aufgabegüter haben Medianwerte der Volumen-Summenverteilung von $x_{50,3} = 1{,}2\,\mu m$ und maximale Partikelgrößen unterhalb von $5\,\mu m$.

Die hier dargestellten Versuche wurden bei Rotorumfangsgeschwindigkeiten bis zu $200\,m/s$ durchgeführt. Die radiale Luftgeschwindigkeit betrug angenähert $1\,m/s$.

Die im folgenden gezeigten Trennkurven, die den Zusammenhang zwischen dem Trenngrad, T, und der Partikelgröße, x, beschreiben, wurden aus den Partikelgrößenverteilungen des Aufgabegutes sowie des Fein- und Grobgutes nach einer von Herrmann u. Leschonski (1979) vorgeschlagenen Methode berechnet. Der Trenngrad gibt an, welcher Massenanteil einer bestimmten Partikelgröße, x, bei der Klassierung ins Grobgut verwiesen wurde. Die Partikelgrößenverteilungen wurden entweder mit dem Laserbeugungsspektrometer HELOS der Firma Sympatec GmbH oder mit der Röntgen-Sedimentationszentrifuge der Fa. Brookhaven Instruments gemessen. Die Trenngrade, T, sind deshalb entweder in Abhängigkeit vom Äquivalentdurchmesser der beugungsgleichen Kugel (x_B) oder in Abhängigkeit vom Äquivalentdurchmesser der sinkgeschwindigkeitsgleichen Kugel (x_w) aufgetragen (vgl. Leschonski 1999).

Die in Abb. 8 gezeigten Trennkurven wurden mit Kalkstein als Aufgabegut bei Rotorumfangsgeschwindigkeiten von 100 m/s bis 200 m/s ermittelt. Der Massendurchsatz betrug etwa 5 kg/h. Die Experimente wurden von Galk (1995) durchgeführt.

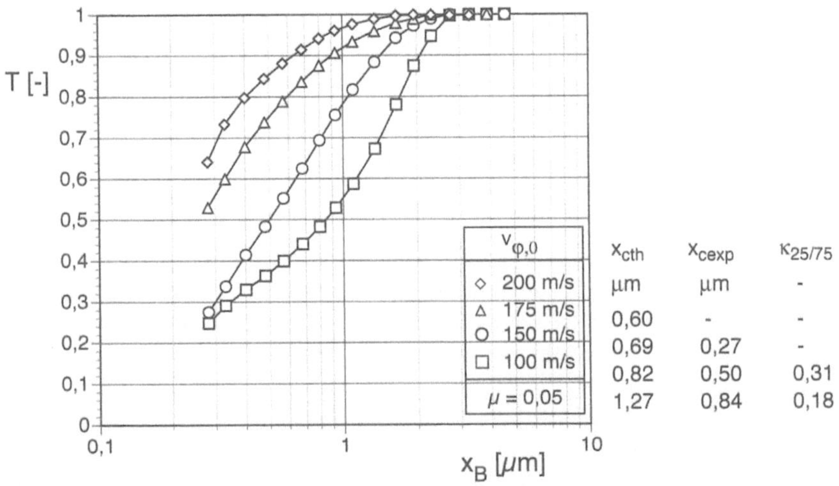

Abb. 8: Trennkurven für Kalkstein in Abhängigkeit von der Rotorumfangsgeschwindigkeit

Die Versuche zeigen, dass es mit dem beschriebenen Sichter möglich ist, Trenngrenzen unterhalb von 1 µm einzustellen. Die Trenngrenze, x_c, ist als Medianwert, x_{50}, der Trennkurve definiert. Mit steigenden Umfangsgeschwindigkeiten sind die Kurven, gemäß Glg. (2), zu kleineren Trenngrenzen verschoben. Die experimentell ermittelten Trenngrenzen x_{cexp}, stimmen allerdings nur angenähert mit den theoretischen Trenngrenzen, x_{cth}, überein. Dies ist, wie in den folgenden Abbildungen erläutert, einerseits auf die angewandte Messtechnik und auf eine unvollständige Aussichtung des Grobgutes zurückzuführen.

Die Trenngrenze liegt bei 0,85 µm für 100 m/s und unter 0,3 µm, wenn man die Kurven für 175 m/s und 200 m/s zu kleineren Trenngraden extrapoliert. Die aus den

Abszissenwerten, x_{25} und x_{75}, der sogenannten Quartalen, T_{25} und T_{75}, berechneten Trennschärfen $\kappa_{25/75} = x_{25}/x_{75}$ lassen sich nur für $v_\varphi = 100\,\text{m/s}$ und $150\,\text{m/s}$ angeben. Für $v_\varphi = 100\,\text{m/s}$ ist $\kappa_{25/75} = 0{,}18$, für $v_\varphi = 150\,\text{m/s}$ ist $\kappa_{25/75} = 0{,}31$. Die Trennschärfe ist nicht sehr hoch.

In Abb. 9 sind bei denselben Sichtereinstellungen Trennkurven für Spinell dargestellt. Die Ergebnisse sind denen für Kalkstein ähnlich: Die Trennkurven weisen wegen der besseren Dispergierbarkeit des Spinells bessere Trennschärfen auf. Die Trenngrenzen bewegen sich zwischen $x_c = 1\,\mu\text{m}$ für $v_\varphi = 100\,\text{m/s}$ und $x_c = 0{,}46\,\mu\text{m}$ für $200\,\text{m/s}$. Die theoretische Trenngrenze und die experimentell ermittelten stimmen bei diesen Versuchsserie überein. Die Trennschärfen liegen für Umfangsgeschwindigkeiten von $100\,\text{m/s}$ bis $175\,\text{m/s}$ im Bereich von $\kappa_{25/75} = 0{,}44$ bis $\kappa_{25/75} = 0{,}53$. Für $v_\varphi = 200\,\text{m/s}$ ist die Bestimmung von $\kappa_{25/75}$ aufgrund des Teilungsanteiles von 30% nicht möglich.

Die Trennkurven weisen den üblichen Verlauf auf. Man erkennt, dass die Trennkurven nicht die Abszisse, d.h. den Trenngrad Null erreichen.

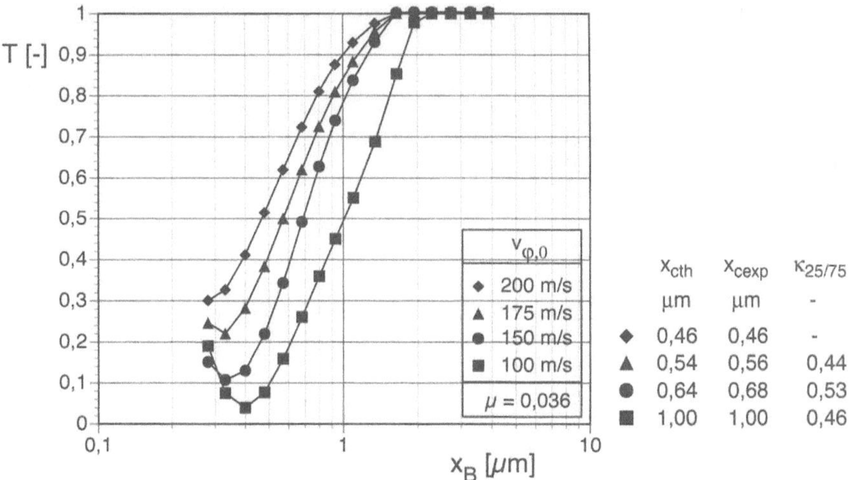

Abb. 9: Trennkurven für Spinell in Abhängigkeit von der Rotorumfangsgeschwindigkeit

In Abb. 10 sind Trennkurven dargestellt, die mit Spinell bei einer Rotorumfangsgeschwindigkeit von $150\,\text{m/s}$ und einer radialen Luftgeschwindigkeit von $1\,\text{m/s}$ für verschiedene Massendurchsätze ermittelt wurden (vgl. Leschonski et al. 1997). Der Massendurchsatz wurde dabei angenähert im Verhältnis $1{:}2{:}3$ verändert. Hier weisen die Trennkurven ausgeprägte Verschiebungen zu höheren Trenngraden auf.

Trennkurven der dargestellten Art lassen sich als Überlagerung einer Klassierung und einer Teilung interpretieren.

Ein dem Ordinatenwert des Minimums der Trennkurven entsprechender Anteil des Aufgabegutes, hier mit τ bezeichnet, passiert dabei die Trennzone ohne an der Klassierung selbst teilzunehmen. Im vorliegenden Fall verbleibt dieser Anteil im auf der inneren Gehäusewand rotierenden Gutring.

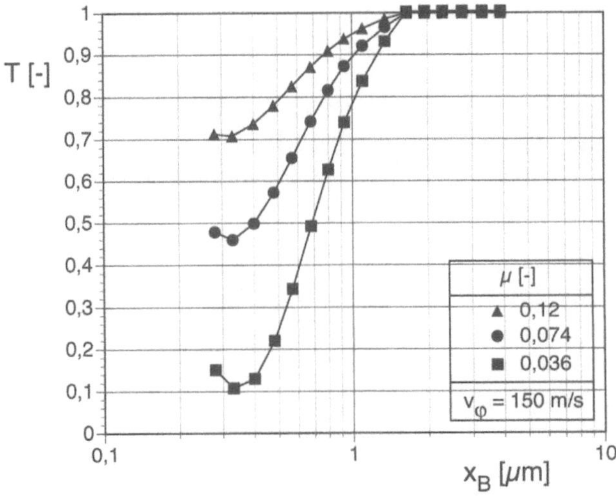

Abb. 10: Trennkurven für Spinell in Abhängigkeit von der Gutbeladung

Eine Trennkurve T(x) mit überlagertem Teilungsprozess, bei dem jede Partikelgröße des Aufgabegutes mit dem gleichen Mengenanteil, τ, ins Grobgut verwiesen
wurde, ist in Abb. 11 dargestellt.

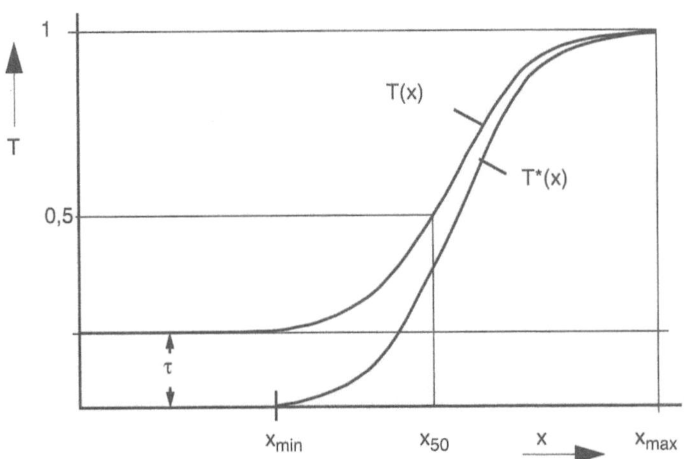

Abb. 11: Einfluss der Teilung auf den Trennkurvenverlauf

Aus der gemessenen Trennkurve, T(x), lässt sich die reduzierte Trennkurve,
T*(x), der Klassierung nach Glg. (6) berechnen

$$T^*(\mathrm{x}) = \frac{T(x) - \tau}{1 - \tau}. \tag{6}$$

Die aus den in Abb. 10 dargestellten Trennkurven berechneten reduzierten Trennkurven T*(x) sind in Abb. 12 dargestellt.

Man erkennt, dass diese für alle Massendurchsätze angenähert gleich sind, was die Annahme der überlagerten Teilung bestätigt. Ein geringer Einfluss des Massendurchsatzes ist noch zu erkennen.

Ein Anstieg der Kurven bei sehr kleinen Partikelgrößen ist auf eine ungenügende Dispergierung des Aufgabegutes und erneute Agglomeration bereits dispergierten Gutes zurückzuführen. Agglomerate aus kleinen Partikeln verhalten sich wie grobe Partikel und werden mit dem Grobgut ausgetragen.

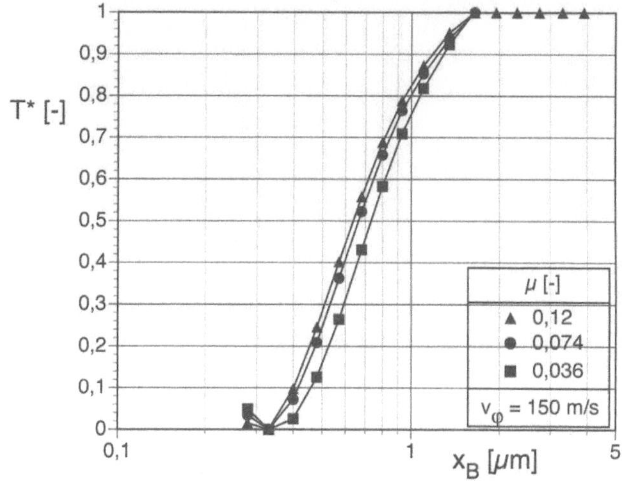

Abb. 12: Reduzierte Trennkurven T*(x)

Aus den bisherigen Versuchen wurde festgestellt, dass zwischen den theoretischen und den experimentellen Trenngrenzen Unterschiede bestehen können, desgleichen verändern sich die Trenngrenzenverläufe mit dem Massendurchsatz.

Vom Rotor abgewiesene Partikel bewegen sich in einem rotierenden Gutring entlang der inneren Gehäusewand, bis sie eine Austrittsöffnung finden (Abb. 6).

Feine Partikel, die die Sichtzone noch nicht passiert haben und sich in diesem rotierenden Gutring befinden, werden zurückgehalten und mit dem Grobgut abgeschieden.

Die Versuchsergebnisse deuten darauf hin, dass die an drei gleichmäßig über den Umfang verteilten Stellen mittels Injektoren zugeführte Sichtluft nicht ausreicht, um das Feingut aus dem Gutring zu entfernen. Die Strömung im Spalt zwischen Rotoraußenumfang und Gehäuseinnenwand wurde deshalb so verändert, dass der rotierende Gutring besser durchmischt wird und alle Partikel erneut am Klassierprozess teilnehmen können.

Eine radiale Rückvermischung des rotierenden Gutringes wird wie in Abb. 13 dargestellt durch den Querschnitt verengende dreieckförmige Erhebungen erreicht. Die Partikel lösen sich von der inneren Gehäusewand. Sie werden dem Rotoraußenumfang erneut zur Klassierung angeboten. Weiteres Feingut kann aus dem rotierenden Gutring entfernt werden.

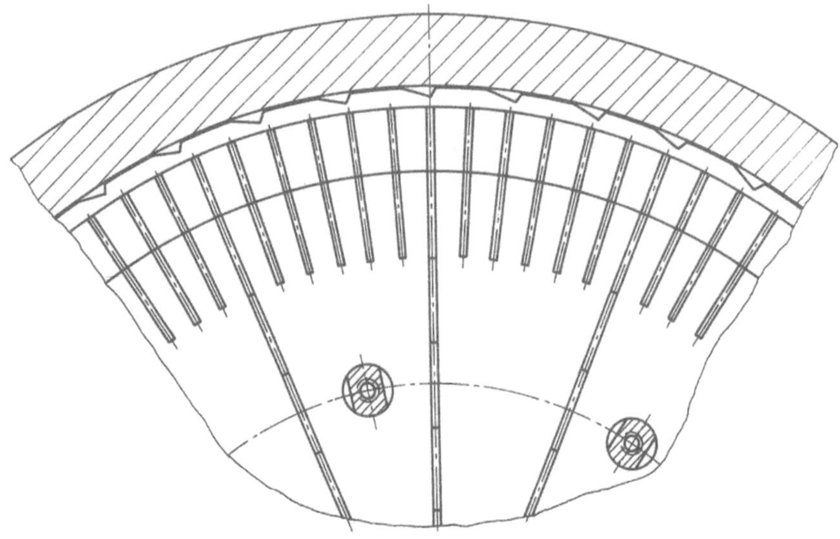

Abb. 13: Ausschnitt des Ringkanales zwischen Gehäuse und Rotor

Abbildung 14 zeigt Trennkurven, die für Spinell mit der ursprünglichen und der veränderten Gehäusegeometrie bei Rotorumfangsgeschwindigkeiten von 100 m/s und 175 m/s erzielt wurden.

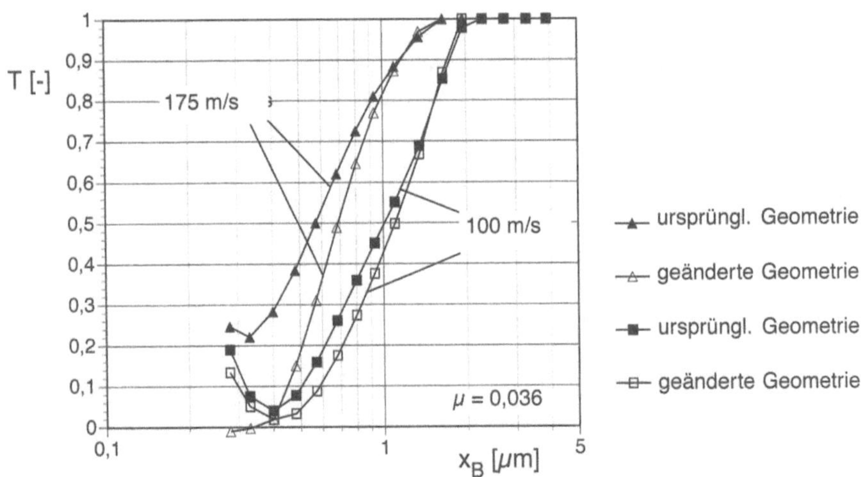

Abb. 14: Vergleich von Trennkurven mit und ohne Geometrieänderung (Laserbeugungsspektrometer)

Die Trennkurven erreichen mit der geänderten Geometrie die Abszisse, wie die Kurven mit den offenen Symbolen zeigen. Ein Teilungsprozess ist fast nicht mehr erkennbar. Die Trennschärfe steigt von $\kappa_{25/75} = 0,46$ auf $0,52$ für $v_\varphi = 100\,\text{m/s}$ und von $\kappa_{25/75} = 0,44$ auf $0,60$ für $v_\varphi = 175\,\text{m/s}$ an. Das Aussichten des Feinguts verschiebt die Trennkurven zu gröberen Trenngrenzen. Dennoch lassen sich Trenngrenzen im Submikronbereich einstellen, z.B. $0,69\,\mu\text{m}$ bei $v_\varphi = 175\,\text{m/s}$.

Um die Ergebnisse, die mit dem Laserbeugungsspektrometer erhalten wurden, zu bestätigen, wurden in Abb. 15 die Partikelgrößenverteilungen der gleichen Proben zusätzlich mit einer Röntgen-Sedimentationszentrifuge bestimmt. Die Trennkurven werden über den Äquivalentdurchmesser der sinkgeschwindigkeitsgleichen Kugel aufgetragen. Die Trennkurven verlaufen steiler und die Trenngrenzen sind zu kleineren Äquivalentdurchmessern verschoben.

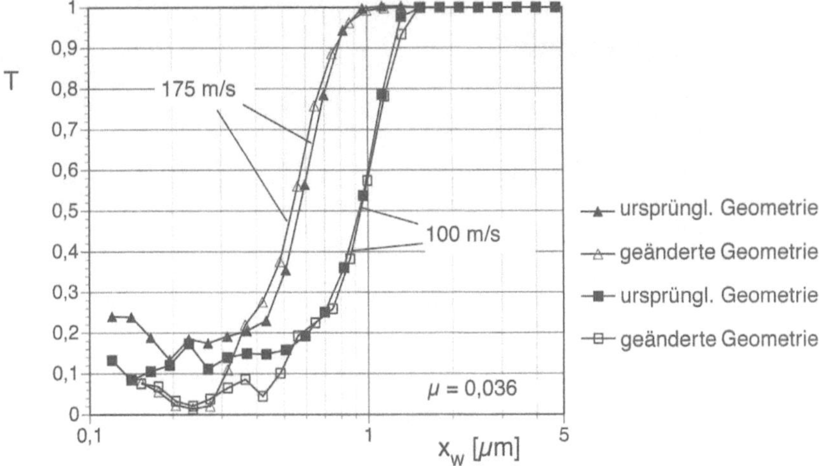

Abb. 15: Vergleich von Trennkurven mit und ohne Geometrieänderung (Röntgen-Sedimentationszentrifuge)

Wie zuvor erreichen die Trennkurven für die veränderte Geometrie die Abszisse, und die Trenngrenzen liegen im Submikronbereich, $0,52\,\mu\text{m}$ bzw. $0,56\,\mu\text{m}$ für $v_\varphi = 175\,\text{m/s}$ und $0,92\,\mu\text{m}$ für $v_\varphi = 100\,\text{m/s}$. Die Trennschärfe beträgt für alle Kurven ca. $\kappa_{25/75} = 0,63$. Sie erreicht damit außerordentlich hohe Werte, die bisher im Submikronbereich nicht erzielt wurden.

3.2.6
Zusammenfassung

Im Rahmen dieses Forschungsvorhabens wurden Abweiseradsichter entwickelt und untersucht, mit denen Trenngrenzen im Bereich um und unterhalb von $1\,\mu\text{m}$ erzielt werden können.

Für die Dispergierung des Aufgabegutes wurde eine speziell Dispergiervorrichtung entwickelt, die der Trennzone ein Aerosol zuführen kann, dessen größte Agglomerate kleiner sind als die angestrebten Trenngrenzen. Zur nachträglichen Aussichtung von Feingut aus dem an der Gehäuseinnenwand umlaufenden Gutring würde die Strömung im Spalt zwischen Rotor und Gehäuse durch Aufrauen der Wand gut durchmischt.

Die Sichtluft und das Aufgabe-Aerosol wurden dem Außenumfang des Rotors mit dessen Umfangsgeschwindigkeit und über der Rotorhöhe gleichmäßig verteilt zugeführt. Es wurden Rotorumfangsgeschwindigkeiten bis 200 m/s für die Sichtung verwendet.

Der verwendete Rotor besteht aus zwei parallel zueinander angeordneten Scheiben und dazwischen 96 teilweise bis zum Zentrum des Rotors eingepassten Schaufeln.

Es wurden Trennschärfen von $\kappa_{25/75} = 0{,}63$ bei nicht vernachlässigbaren Feststoffmassenströmen erzielt.

Literatur zu Kap. 3.2

Davies CN (1945) Proc. Phys. Soc., London 57: pp 259-270

Galk J (1995) Feinsttrennung in Abweiseradsichtern. Dissertation TU Clausthal

Herrmann H, Leschonski K (1979) Einfluß und Berücksichtigung von Fehlern der Partikelgrößenanalyse bei der Ermittlung von Trennkurven. 2. Europäisches Symposium „Partikelmeßtechnik", Nürnberg, S 41-58

Legenhausen K (1991) Untersuchung der Strömungsverhältnisse in einem Abweiseradsichter. Dissertation TU Clausthal

Leschonski K (1999) Grundlagen und moderne Verfahren der Partikelmeßtechnik. Skriptum zum gleichnamigen Kursus, Clausthal

Leschonski K, Bauer U, Legenhausen K (1997) Air Classification in the Submicron Range with a Deflector Wheel Classifier. First European Congress on Chemical Process Engineering, Florence, Italy, Conference Series 2: pp 151-158

Leschonski K, Benker B, Bauer U (1995) Dry Mechanical Dispersion of Submicron Particles. Proc. Partec 95, 6th European Symposium Particle Characterisation, 21.-23.03.1995, Nürnberg, pp 247-256

Leschonski K, Legenhausen K. (1990) Flow Patterns in an Deflector Wheel Classifier. Proc. 2nd. World Congress Particle Technology, Part III, Kyoto, Japan, pp 198-205

Rumpf H (1939) Über die Sichtwirkung von ebenen spiraligen Luftströmungen. Dissertation, TH Karlsruhe

3.3

Die Feinstzerkleinerung in einer zweistufigen Rotorprallmühle

3.3.1
Einleitung

Rotorprallmühlen werden für die Feinstzerkleinerung mittelharter Stoffe, wie Kalkstein, eingesetzt. Die Partikelgrößenverteilung des Mahlgutes ist in diesen Mühlen im wesentlichen abhängig von:

– der Gestaltung der Mahlzone und der der stationären und bewegten Mahlelemente,
– der Beanspruchungsgeschwindigkeit und deren Verteilung, sowie
– der Optimierung der Strömungsführung im Mahlraum.

Es ist bekannt, dass die Wirkungsgrade jeglicher Zerkleinerung nicht sehr hoch sind. Sie werden durch teilweise vermeidbare Verluste in Zerkleinerungsmaschinen noch weiter reduziert. Dies sind beispielsweise:

– breite Beanspruchungsspektren bei der Zerkleinerung und
– geringe Aufprallwahrscheinlichkeiten auf den stationären und bewegten Prallflächen,
– hohe Leerlaufleistungen der Rotoren und
– hohe Gebläseleistungen für den Lufttransport durch die Mühle.

Die wesentlichsten Aussagen zu den Prinzipien der Prallzerkleinerung und damit auch zu deren Grenzen hat Rumpf (1959, 1960) bereits formuliert. Sehr verkürzt dargestellt, hat Rumpf seinerzeit gezeigt, dass

– die wesentlichste Einflussgröße der Prallzerkleinerung die Relativgeschwindigkeit zwischen Partikel und Mahlfläche ist, und
– die Aufprallbedingungen so gewählt werden sollten, dass die Partikel einerseits auf den Mahlflächen auftreffen und andererseits möglichst einen zentralen Stoß erfahren sollen, bei dem die beste Energieausnutzung zu erwarten ist.

Daraus lassen sich beispielhaft folgende Kriterien ableiten, die bei der Konstruktion und der Auslegung einer Prallzerkleinerungsmaschine Beachtung finden sollten. Die Partikel sollten:

– eine möglichst enge Verteilung der Relativ- bzw. Prallgeschwindigkeiten und
– eine hohe Relativgeschwindigkeit beim Aufprall auf den Mahlflächen oder beim gegenseitigen Partikelstoß aufweisen.
– Die Flugwege zwischen zwei Beanspruchungen sollten möglichst kurz sein und

– die Partikel sollten eine hohe Aufprallwahrscheinlichkeit auf den stationären oder bewegten Mahlflächen besitzen.

Kommerzielle Rotorprallmühlen arbeiten mit Rotorumfangsgeschwindigkeiten bis zu 120 m/s und verwenden zur Herstellung hoher Produktfeinheiten Einbauten wie Siebe oder speziell für Produkte kleiner als 10-15 µm integrierte Windsichter. Die hier vorgestellte Rotorprallmühle arbeitet ohne diese zusätzlichen partikelgrößenbegrenzenden Elemente und erzielt Produktqualitäten, die im Arbeitsbereich von Sichtermühlen liegen. Mit einem Hochgeschwindigkeitsrotor wurden Umfangsgeschwindigkeiten bis etwa 170 m/s genutzt.

3.3.2
Der Aufbau der zweistufigen Rotorprallmühle

Basierend auf der von Leschonski (1965) entwickelten Prallmühle und den eingangs genannten Voraussetzungen für die Feinstzerkleinerung, wurde von Leschonski u. Drögemeier (1996) eine Prallmühle mit zwei Zerkleinerungsstufen entwickelt (Abb. 1). Die am unteren Ende des Rotors (1) angebrachte 1. Zerkleinerungsstufe besteht aus einem zentralen Schacht (8) für die Zuführung des Aufgabegutes und acht radialen Kanälen (5) zur Beschleunigung des Mahlgutes. Nach einem ersten Aufprall auf dem profilierten Stator (3) werden die Bruchstücke der 1. Zerkleinerungsstufe in den sich anschließenden zylindrischen Mahlraum (2) eingebracht und dort weiter zerkleinert. Mit einem der Prallmühle nachgeschalteten Gebläse wird Luft durch die beiden Zerkleinerungsstufen gesaugt, die zusammen mit dem erzeugten Mahlgut die Mühle durch den Spiralkanal (9) verläßt.

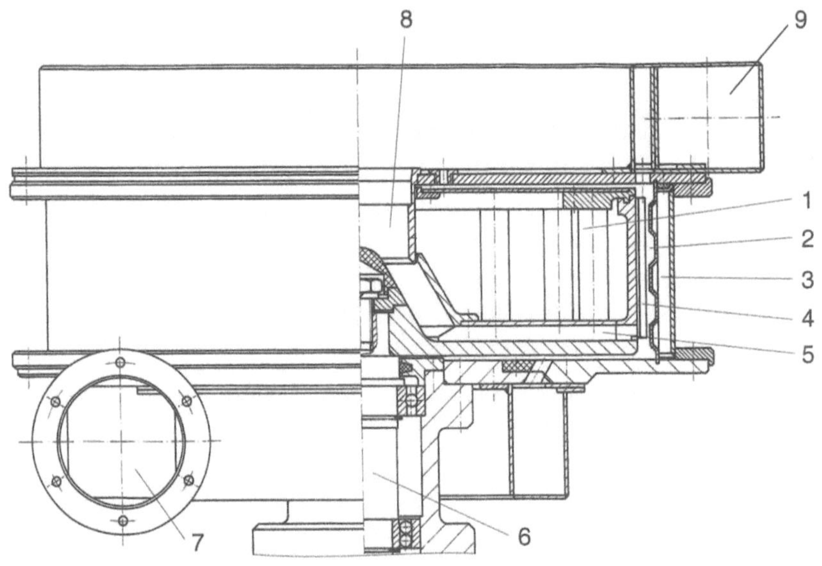

Abb. 1: Rotorprallmühle

Das Mahlgut wird in einem nachgeschalteten Schlauchfilter vom Luftstrom getrennt.

Abbildung 2 zeigt einen Schnitt durch die Mahlzone der 2. Zerkleinerungsstufe. Man erkennt die am Rotor befestigten Prallelemente (4), die in diesem Fall eine radiale Erstreckung von 7,5 mm aufweisen. Der Stator (3) besitzt eine sägezahnartige Profilierung.

Es wurden zwei Rotoren mit Umfangsgeschwindigkeiten bis 100 m/s und 170 m/s mit in Anzahl und Form unterschiedlichen Prallelementen entwickelt. Die Innenwand des den Rotor außen umgebenden Gehäuses wurde ebenfalls mit unterschiedlichen Prallelementen ausgeführt.

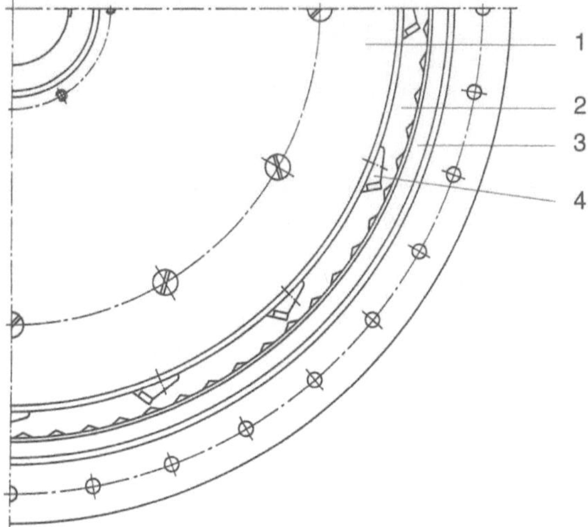

Abb. 2: Draufsicht der Prallmühle

3.3.3
Enge Verteilung der Prallgeschwindigkeiten

Die erste Zerkleinerungsstufe befindet sich am unteren Rotorende. Das Aufgabegut wird dem Rotor zentral (8) zugeführt und durch einen Kegel (1) gleichmäßig auf die radialen Kanäle am Boden des Rotors verteilt (vgl. Abb. 3). In den Kanälen legen sich die Partikel an die rückwärtige Kanalwand an und werden zwangsweise in Umfangsrichtung beschleunigt. Sie bewegen sich demzufolge mit der lokalen Umfangsgeschwindigkeit des Rotors. Die dadurch an den Partikeln angreifende Zentrifugalkraft beschleunigt die Partikel in radialer Richtung. Vernachlässigt man die Reibung zwischen Partikel und Kanalwand, so ist die radiale Geschwindigkeitskomponente gleich der tangentialen Geschwindigkeitskomponente, und die resultierende Partikelgeschwindigkeit ist um den Faktor $\sqrt{2}$, d.h. um ca. 41 % größer als die Rotorumfangsgeschwindigkeit. Für die Zerkleinerung steht deshalb die doppelte kinetische Energie der Partikel zur Verfügung (Leschonski 1965).

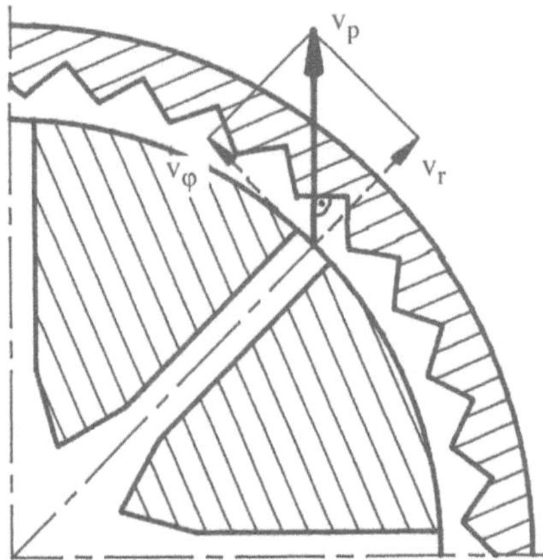

Abb. 3: Querschnitt durch die erste Zerkleinerungsstufe

Um die Kanalöffnungen ist ein entsprechend ausgeführter, gezahnter Stator gelegt. Richtet man die Prallflächen dieses Statorringes angenähert senkrecht zur Flugrichtung der Partikel aus, so lassen sich neben den unvermeidbaren Kantenstößen auch zentrale Stöße verwirklichen.

Untersuchungen von Drögemeier (1998) zeigten, dass in dieser ersten Stufe, mit einer Kalksteinfraktion von 300 - 500 µm und einer Rotorumfangsgeschwindigkeit von 94 m/s, bereits ein Mahlgut mit etwa 35 % kleiner als 10 µm erreicht werden konnte.

3.3.4
Hohe Relativ-/Prallgeschwindigkeiten und kurze Flugwege

Die wichtigste Einflussgröße der maschinellen Prallzerkleinerung ist die Prallgeschwindigkeit. Sie sollte oberhalb von 100 m/s liegen, wenn ein feines Mahlgut mit einem hohen Anteil von Bruchstückgrößen kleiner als 10 µm angestrebt wird. Sieht man von der Strahlmahlung ab, so bedeutet dies, dass in Prallzerkleinerungsmaschinen für die Feinstmahlung Rotoren verwendet werden müssen, die Umfangsgeschwindigkeiten oberhalb von 100 m/s aufweisen sollten.

Bleibt man unterhalb von etwa 150 m/s so halten sich der konstruktive Aufwand und die Auswahl der Werkstoffe in Grenzen. Am Markt verfügbare Mühlen erreichen diese Umfangsgeschwindigkeiten nicht. Durch Verwendung gegenläufiger Rotoren, wie bei den bekannten Stiftmühlen, erhält man jedoch Relativgeschwindigkeiten bis zu etwa 220 m/s.

Die sich tatsächlich im Mahlraum einer Prallzerkleinerungsmaschine einstellenden Prallgeschwindigkeiten erreichen jedoch nur maximal die Rotorumfangsgeschwindigkeit. Im allgemeinen sind die Prallgeschwindigkeiten kleiner und sie besitzen eine breite Verteilung.

Will man die Prallgeschwindigkeiten in der Nähe der Rotorumfangsgeschwindigkeit ansiedeln, so sollte man den Mahlraum auf einen in radialer Richtung schmalen Ringraum am Rotoraußenumfang konzentrieren, um den zu beanspruchenden Partikeln keine Gelegenheit zu geben, auf kleinere Radien, d.h. geringere Rotorumfangsgeschwindigkeiten, ausweichen zu können.

Die von Leschonski (1965) untersuchte Mühle wies deshalb bereits einen Mahlspalt von nur etwa 6 mm radialer Breite am Außenumfang des Rotors auf, der einen Durchmesser von 313 mm aufwies. Die von Drögemeier (1998) untersuchte Mühle besitzt einen Durchmesser von 390 mm und eine radiale Mahlraumbreite von ca. 9 bzw. 4,5 mm. Die Mahlelemente am Außenumfang des Rotors und auf der Innenseite des Stators sind entsprechend klein ausgeführt, sie besitzen Abmessungen im Millimeterbereich.

Möglichst kleine Flugwege zwischen zwei Stößen lassen sich erreichen, wenn man den Radialspalt zwischen dem Rotoraußendurchmesser und dem Statorinnendurchmesser möglichst klein macht und die Zahl der Prallelemente auf Stator und Rotor erhöht. Dabei ist zu beachten, dass der Rotor bei hohen Umfangsgeschwindigkeiten unter den auftretenden Eigenspannungen eine Durchmesservergrößerung erfährt, die bei den beschriebenen Rotoren einige Zehntel Millimeter betrug. Die beispielsweise in der Drögemeier-Mühle angewandten radialen Spaltweiten lagen im Ruhezustand zwischen 1 mm und 0,5 mm. Sie liegen deutlich unter den in kommerziellen Mühlen verwendeten Spaltweiten. Ähnliche Verhältnisse wurden bereits von Leschonski (1965) verwendet.

In einem derartigen Mahlspalt werden die luftgetragenen Partikel mehrfach beansprucht und ständig weiter zerkleinert. Die erzielbare Endfeinheit wächst mit der Länge des axialen Mahlspaltes, d.h. der Höhe des Rotors.

Die in der 1. Zerkleinerungsstufe erzielten Bruchstücke werden durch die durch die Mahlzone gesaugte Luft in die zweite Zerkleinerungsstufe transportiert. Die Partikel werden bei ihrem Transport durch diese Mahlzone mehrfach durch:

– Aufprall auf die Prallelemente des Rotors,
– gegenseitige Partikelstöße im Mahlspalt sowie
– Aufprall auf die Prallelemente des Stators

beansprucht. Die Aufprallwahrscheinlichkeit und die Beanspruchungsintensität hängen von der Rotorumfangsgeschwindigkeit sowie der Zahl, der Form und dem Material (Härte, Oberflächenrauigkeit) der Prallleisten ab.

Beim Flug der Partikel durch die mit Feststoff angereicherte Zone zwischen Rotor und Stator treten aufgrund der Turbulenzen in der Strömung und der unterschiedlichen Bewegungsrichtungen der Partikel verstärkt gegenseitige Partikelstöße auf. Die Anzahl, die Art (zentral, exzentrisch) und die Intensität der Partikelstöße ergeben sich aus der Feststoffkonzentration bzw. der daraus berechneten mittleren freien Weglänge.

Die erzielten Ergebnisse zeigen, dass sich die Zerkleinerung mit steigendem Massenstrom geringfügig verschlechtert. Die Prallflächen aller Prallelemente des Rotors für Umfangsgeschwindigkeiten bis 100 m/s wurden in einem Winkel von 45° zur Tangente angestellt.

Am Rotoraußenumfang wurden 16 bzw. 48 Prallelemente mit einer radialen Ausdehnung von 7,75 mm befestigt.

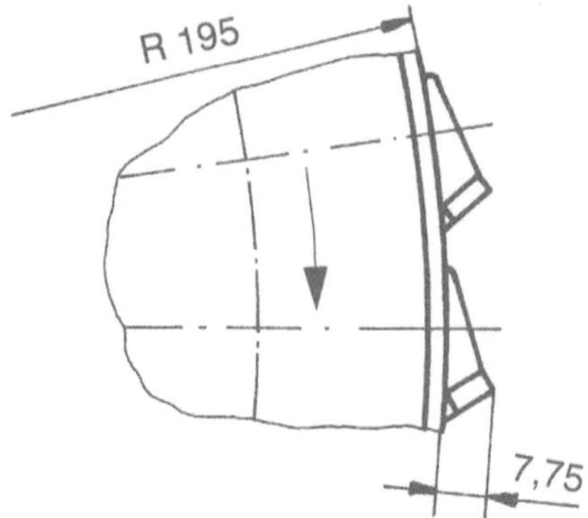

Abb. 4: Geometrie der Prallelemente des Rotors für Umfangsgeschwindigkeiten bis 100 m/s

Die Prallflächen bestehen aus Wolframkarbid. Der Stator besteht aus fünf auswechselbaren Ringen, die eine Variation der Mahlspaltbreite über der Mahlzonenhöhe erlauben. Zusätzlich wurden dünne Distanzscheiben mit geringerem Innendurchmesser zwischen den Ringen angeordnet. Diese Scheiben verhindern die Bewegung der Partikel in den Totzonen der Statorprofilierung und führen sie erneut dem Wirkungsbereich des Rotors zu.

Abb. 5: Ringförmig aufgebauter Stator

Ein weiterer Hochgeschwindigkeitsrotor (Abb. 6) wurde von Drögemeier (1998) aus Ringen und Scheiben aufgebaut, wobei auf eine möglichst geringe zusätzliche Belastung durch Absätze, Bohrungen, Prallelemente usw. geachtet wurde. Die erste Zerkleinerungsstufe besteht aus zwei Scheiben, der Grundscheibe (5) mit eingefrästen Nuten für die Partikelbeschleunigung und der Abdeckscheibe (4). Darüber angeordnet sind 6 Prallelementringe (2), die zusammen mit dem Stator (3) die zweite Zerkleinerungsstufe bilden. Die Deckscheibe (1) in Verbindung mit einer Ringmutter sichert das Ringpaket axial. Der Rotor besitzt einen Durchmesser von 405 mm und ist für Umfangsgeschwindigkeiten bis zu 200 m/s ausgelegt.

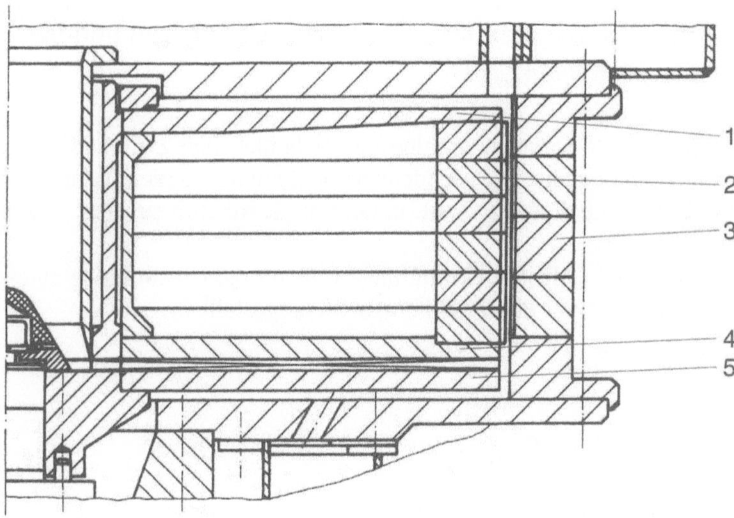

Abb. 6: Hochgeschwindigkeits-Rotorprallmühle

Auf jedem Ring befinden sich 100 trapezförmige, 2,5 mm hohe Prallelemente (Abb. 7). Damit besitzt dieser Rotor mehr als doppelt so viele Prallelemente im Vergleich zum vorher beschriebenen Rotor. Durch den ringförmigen Aufbau des Rotors können die Prallelemente direkt übereinander in einer Linie oder versetzt zueinander durch Verschieben der Ringe in Umfangsrichtung angeordnet werden.

Der Hochgeschwindigkeitsrotor wurde mit zwei Rotorhöhen von 96 mm und 48 mm betrieben.

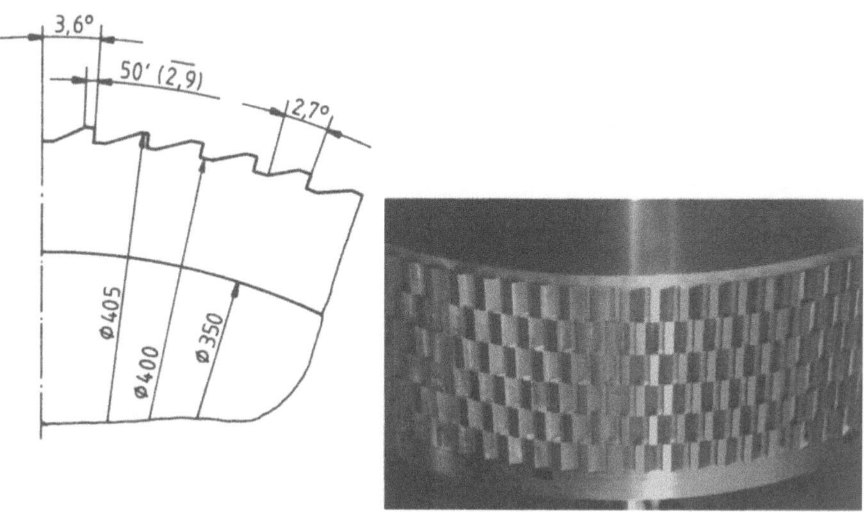

Abb. 7: Geometrie der Prallelemente und axiale Anordnung

3.3.5

Hohe Aufprallwahrscheinlichkeit auf den stationären und bewegten umströmten Prallelementen

In einer Prallzerkleinerungsmaschine unterscheidet man zwischen bewegten und stationären Prallelementen, je nachdem ob diese am Rotor oder Stator befestigt sind. Die im Mahlraum befindliche Luft, in dem die Partikel dispergiert sind, umströmt die Prallelemente.

Zu erwartende idealisierte Stromlinienbilder für die Umströmung eines zylindrischen Stabes oder einer Platte sind in Abb. 8 dargestellt.

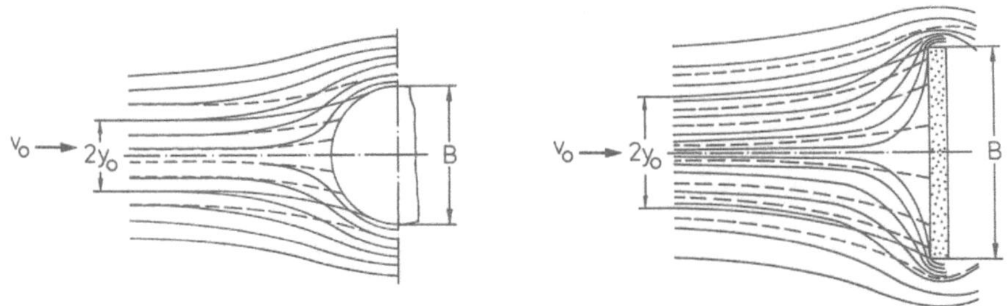

Abb. 8: Umströmung eines zylindrischen Stabes bzw. einer Platte (Rumpf 1959)

Gröbere Partikel, die sich in dieser Strömung dem Mahlelement nähern, folgen nicht den gekrümmten Stromlinien, sondern bewegen sich infolge ihrer Massenträgheit auf den gestrichelten Bahnkurven. Je kleiner die Partikel sind, desto geringer ist die Abweichung zwischen Stromlinie und Partikelbahnkurve und desto geringer ist der Anteil der aufprallenden Partikel.

Dieses z.B. aus der Abscheidung von Partikeln an Filterfasern bekannte Problem lässt auch Rückschlüsse auf den Aufprall von Partikeln auf Mahlwerkzeuge zu. Trägt man die Aufprallwahrscheinlichkeit, T, über der Stokesschen Kennzahl, St, auf, die das Verhältnis von Bremsstrecke, s_0, zur Breite, B, (St = s_0/B) des Mahlelementes darstellt, so erhält man den von Löffler u. Muhr (1972) in Abb. 9 dargestellten bei der Umströmung von Filterfasern bekannten Zusammenhang.

Überträgt man dieses Bild auf die Umströmung kreiszylindrischer oder rechteckiger Prallelemente, so erkennt man, dass ein vollständiger Aufprall, d.h. eine Aufprallwahrscheinlichkeit von T = 1, für Stokes-Zahlen von St > 10 erreicht wird. Die Breite B der Prallelemente sollte deshalb etwa gleich s_0/10 oder kleiner, gewählt werden.

Da die Bremsstrecke z.B. von 5 μm Partikeln bei einer Anfangsgeschwindigkeit von 100 m/s etwa 10 mm beträgt, sollten die Abmessungen der Prallelemente für die Feinstzerkleinerung bei wenigen Millimetern liegen, wenn hohe Aufprallwahrscheinlichkeiten verwirklicht werden sollen.

Dies wird insbesondere bei der Dimensionierung der Mahlwerkzeuge in Prallmühlen für die Feinstzerkleinerung oft nicht beachtet.

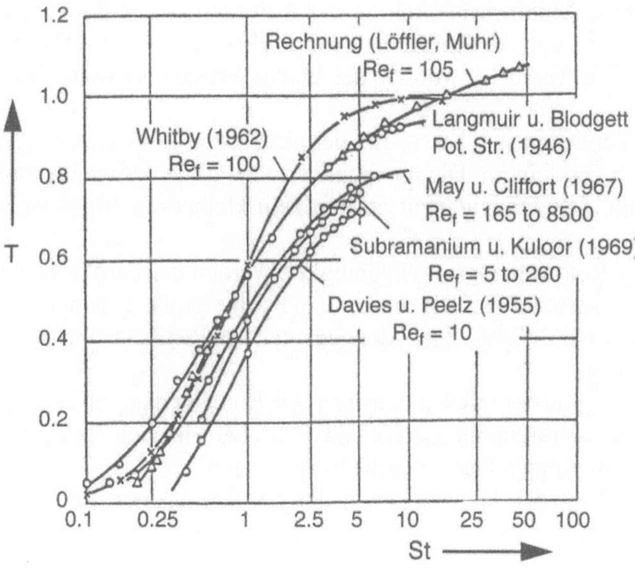

Abb. 9: Aufprallwahrscheinlichkeit, T, als Funktion der Stokesschen Kennzahl, St

Drögemeier (1998) verwendete in der von ihm untersuchten Prallmühle die in Abb. 4 bzw. Abb. 7 dargestellten Rotor-Prallelemente.

3.3.6
Ergebnisse

Die dargestellten Ergebnisse wurden von Drögemeier (1998) mitgeteilt. Bei den Zerkleinerungsversuchen erwies sich, wie erwartet, die Rotorumfangsgeschwindigkeit als Haupteinflussgröße.

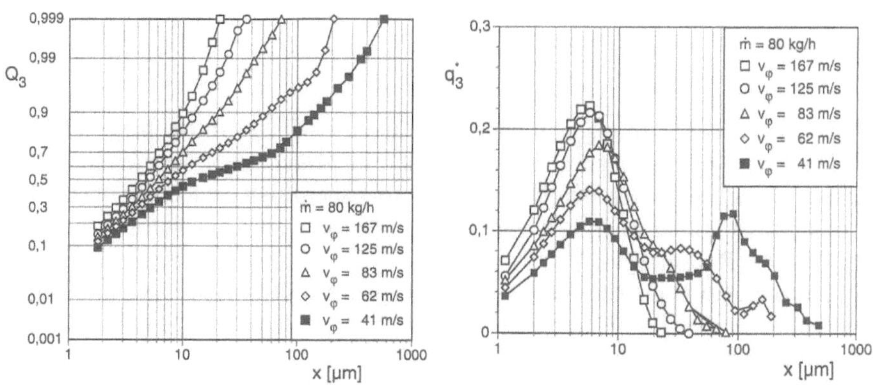

Abb. 10: Rotorumfangsgeschwindigkeit

Die in Abb. 10 dargestellten Partikelgrößenverteilungen wurden mit der in Abb. 7 dargestellten Mühle bei Variation der Rotorumfangsgeschwindigkeit von 41 m/s bis 167 m/s erzeugt. Als Aufgabegut wurde eine 500-1000 µm Kalksteinfraktion verwendet. Die Versuche wurden bei einem Massendurchsatz von 80 kg/h durchgeführt.

Fast alle Partikel ließen sich bereits mit der niedrigsten Rotorumfangsgeschwindigkeit von 41 m/s zerkleinern. Die maximale Partikelgröße des erzeugten Produktes betrug 560 µm. Der Feingutanteil an Partikeln kleiner als 10 µm ist mit 45% bereits sehr hoch.

Mit steigender Rotorumfangsgeschwindigkeit werden die Partikelgrößenverteilungen ins Feine verschoben. Die maximale Partikelgröße verringert sich von 560 µm auf 25 µm bei 167 m/s. Der Mengenanteil an Partikeln unterhalb 10 µm steigt bis auf 90% an.

Die Verwendung von 6 Prallelementringen im Rotor verlängert die Verweilzeit der Partikel in der Zerkleinerungszone und führt bei gleichen Rotorumfangsgeschwindigkeiten zu feineren Partikelgrößenverteilungen.

Abbildung 11 zeigt die Mengenanteile der Partikel kleiner als 5 µm, 10 µm, 15 µm und 18 µm.

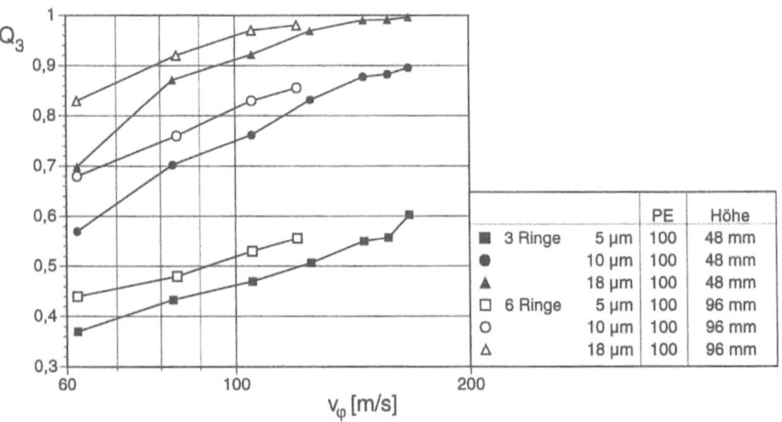

Abb. 11: Q_3 (x = 5, 10, 18 µm) = f (v_φ)

Die Kurvenverläufe zeigen im mittleren Geschwindigkeitsbereich gleichbleibende Unterschiede. Die längere Verweilzeit führt im Mittel zu 5% höheren Mengenanteilen. Für die Partikelgrößen 10 µm und 18 µm nähern sich die Kurven oberhalb der Rotorumfangsgeschwindigkeit von 100 m/s einander an. Hier verringert sich der Einfluss der Rotorhöhe.

Betrachtet man gleiche Mengenanteile beider Mühlen, lassen sich die kürzeren Verweilzeiten der Partikel in der kürzeren Bauform durch eine um 20 m/s höhere Rotorumfangsgeschwindigkeit kompensieren.

Abbildung 12 zeigt den massenspezifischen Energiebedarf für die Zerkleinerung.

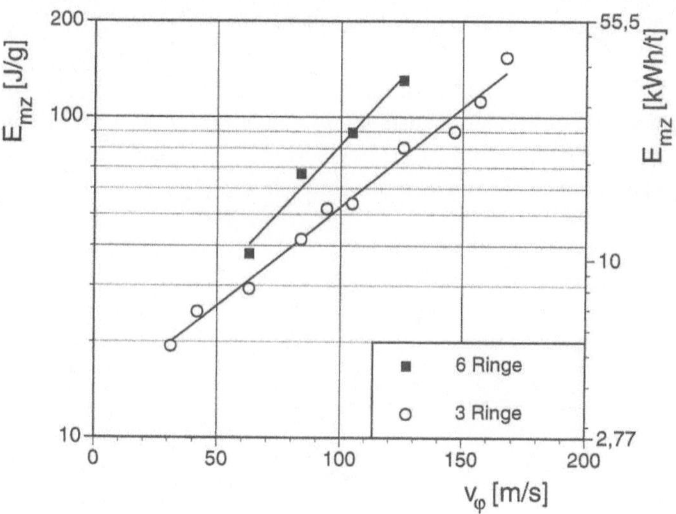

Abb. 12: Spezifische Zerkleinerungsenergie, Parameter Rotorhöhe

Er ist für die mit sechs Ringen bestückte Mühle im Vergleich zur kürzeren Bauform oberhalb von 100 m/s ungefähr doppelt so groß.

In der vorigen Abbildung wurde deutlich, dass vergleichbare Zerkleinerungsprodukte durch Erhöhung der Rotorumfangsgeschwindigkeit um ca. 20 m/s erzielbar sind.

Die Mühle mit 3 Prallelementringen benötigt trotz dieser Geschwindigkeitserhöhung kleinere massenspezifische Energien. Offenbar sind kürzere axiale Mahlzonen unter den gegebenen Bedingungen energetisch günstiger (vgl. Abb. 13).

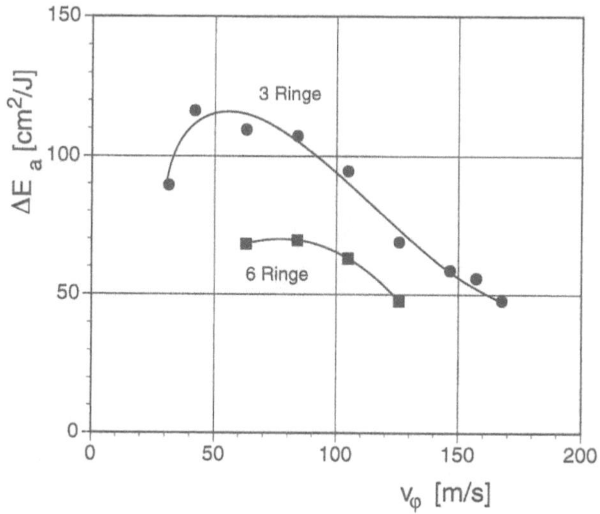

Abb. 13: Energieausnutzung, Parameter Rotorhöhe

Die Energieausnutzung ist das Verhältnis von neuerzeugter Partikeloberfläche zu aufgewandter Energie. Die Partikeloberfläche wurde mittels BET-Analysen bestimmt. Nach Abb. 13 beträgt die Energieausnutzung für die Mühle mit sechs Ringen je nach Rotorumfangsgeschwindigkeit $50\,cm^2/J$ bis $70\,cm^2/J$, für die Mühle mit drei Ringen wurde eine Energieausnutzung von $50\,cm^2/J$ bis $120\,cm^2/J$ festgestellt.

Das energetische Optimum ist für beide Mühlen bei niedrigen Rotorumfangsgeschwindigkeiten bei ca. $75\,m/s$ bzw. im Bereich von $40\,m/s$ bis $50\,m/s$ zu erkennen.

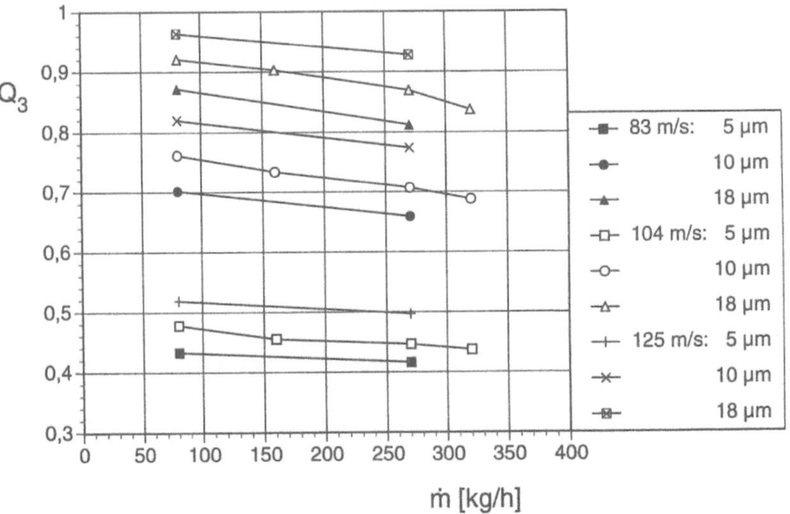

Abb. 14: Q_3 ($\dot m$) für x = 5, 10 und 18 µm), kurze Bauform

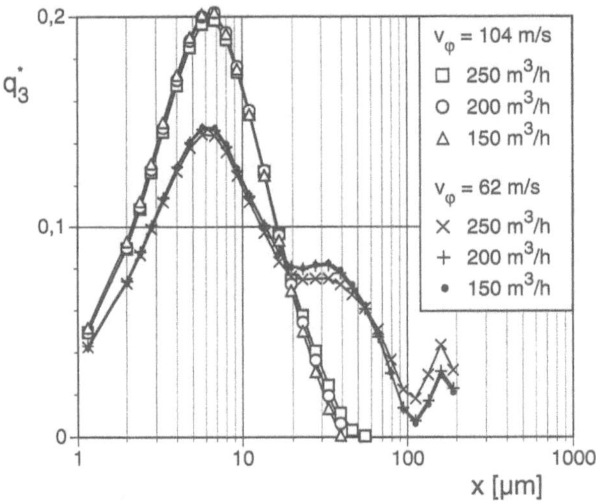

Abb. 15: Luftvolumenstromabhängigkeit

In Abb. 14 ist die Abhängigkeit der Mengenanteile kleiner als eine bestimmte Partikelgröße in Abhängigkeit vom Massendurchsatz dargestellt. Der Mengenanteil kleiner als $10\,\mu m$ ändert sich bei Variation des Massenstromes von 80, 160, 270 auf $320\,kg/h$ um jeweils 2%. Im untersuchten Bereich besteht nur ein geringer Einfluss des Massendurchsatzes auf die Feinheit des Mahlgutes.

Auch bezüglich des Luftvolumenstromes zeigt sich kaum ein Einfluss auf das Zerkleinerungsergebnis. Die in Abb. 15 dargestellten Dichteverteilungen sind angenähert gleich.

3.3.7
Zusammenfassung

Bei der Konstruktion der Hochgeschwindigkeits-Prallmühle wurde auf:

- eine möglichst enge Verteilung der Relativ-/Prallgeschwindigkeiten,
- hohe Relativ-/Prallgeschwindigkeiten,
- kurze Flugwege,
- hohe Aufprallgeschwindigkeiten auf den umströmten stationären und bewegten Prallelementen

geachtet. Die Mühle zeichnet sich durch eine sehr effektive erste Beanspruchung der Partikel aus.

Zerkleinerungsversuche wurden bis zu Rotorumfangsgeschwindigkeiten von $167\,m/s$ durchgeführt. Dabei gelang es, eine Kalksteinfraktion von $500\,\mu m$ bis $1000\,\mu m$ auf Partikelgrößen kleiner als $25\,\mu m$ zu zerkleinern. 90%. des aufgegebenen Materials besitzen Partikelgrößen kleiner als $10\,\mu m$.

Beim Vergleich der Zerkleinerungsergebnisse der beiden Mahlzonenhöhen erwies sich der Rotor mit geringerer Höhe als energetisch günstiger. Die geringere Beanspruchungshäufigkeit konnte durch eine Erhöhung der Rotorumfangsgeschwindigkeit ausgeglichen werden. Die kürzere Bauform weist einen geringeren massenspezifischen Energiebedarf auf.

Literatur zu Kap. 3.3

Drögemeier R (1998) Feinstzerkleinerung von Kalkstein in einer neuartigen Rotorprallmühle für hohe Umfangsgeschwindigkeiten. Dissertation, TU Clausthal

Landwehr D (1987) Kaltzerkleinerung in Turbomühlen am Beispiel von Gewürzen. VDI Fortschr.-Ber., Reihe 3, Nr. 141,VDI-Verlag GmbH, Düsseldorf

Leschonski K (1965) Die kollektive Prallzerkleinerung in einem vertikalen, kreiszylindrischen Mahlspalt. Dissertation, TH Karlsruhe

Leschonski K, Drögemeier R (1996) Ultra Fine Grinding in a Two Stage Rotor. Impact Mill, Int. J. Miner. Process 44-45: pp 485-495

Löffler F, Muhr W (1972) Die Abscheidung von Feststoffteilchen und Tropfen an Kreiszylindern infolge von Trägheitskräften. Chemie-Ingenieur-Technik 44: 510-514

Menzel U (1987) Theoretische und experimentelle Untersuchungen an einer Prallplatten-Strahlmühle. Dissertation, TU Clausthal

Rumpf H (1959) Beanspruchungstheorie der Prallzerkleinerung. Chemie-Ingenieur-Technik 31: 323-337

Rumpf H (1960) Prinzipien der Prallzerkleinerung und ihre Anwendung bei der Strahlmahlung. Chemie-Ingenieur-Technik 32: 129-135.

3.4

Untersuchungen zur Zerkleinerung von Kunststoffen in einer Schneidmühle und einem Pendelschlagwerk

3.4.1
Einleitung

Kunststoffe mit ihren Problemen beim Recycling bzw. bei der Entsorgung stehen nachwievor im Mittelpunkt der öffentlichen Diskussion. Kunststoffabfallgemische, wie sie z.B. im Rahmen des DSD im Gelben Sack gesammelt werden, bestehen aus den unterschiedlichsten Kunststoffsorten mit verschiedenen Materialeigenschaften und unterschiedlicher Form und Größe. Um die Kunststoffabfallgemische in ihre Materialkomponenten sortieren zu können, ist es erforderlich, vorhandene Verwachsungen aufzubrechen und die Partikelgröße und nach Möglichkeit auch die Partikelform zu vergleichmäßigen.

Auch bei sortenreinen Kunststoffabfällen ist zur Gewinnung eines technisch wiederverwertbaren Produktes die Herstellung eines Regranulats bzw. Mahlgutes mit ausreichendem Schüttgewicht notwendig (vgl. Leschonski et al. 1981). Die verfahrenstechnische Weiterverwendung erfordert eine maximale Partikelgröße $x < 6\,mm$, um Verfahrensschritte wie Dosieren, Dispergieren, homogenes Schmelzen, Extrudieren, Sichten, etc. zu ermöglichen.

Wesentlich für eine wirtschaftliche Zerkleinerung ist jedoch nicht nur eine technisch hochwertige und dem zu zerkleinernden Aufgabegut optimal angepasste Schneidmühle sondern ebenso die Materialzuführung in die Schneidmühle (kontinuierlich oder diskontinuierlich) und der Abtransport des zerkleinerten Kunststoffs. Dies wird durch zahlreiche Berichte und Untersuchungen untermauert (vgl. Gottberg 1969; Klemm 1957).

Den angestrebten Erscheinungsformen der zu zerkleinernden Kunststoffe wird bislang durch verschiedene Ausführungen der Rotorgeometrie Rechnung getragen. Dem Stand der Technik entsprechend kann man dabei zwischen geschlossenen Rotoren zur Zerkleinerung von Kompaktkörpern und offenen Rotoren zur Zerkleinerung von Folien, Hohlkörpern und Schaumstoffen unterscheiden. Der kontinuierliche Betrieb einer konventionellen Schneidmühle, insbesondere bei der Zerkleinerung von Kunststoffmischungen, ist jedoch noch immer mit spezifischen Problemen wie Verstopfen des Mühleneinlaufs und des den Mahlraum begrenzenden Siebes, Anreicherung und Aufwickeln von Folien im und am Rotor oder Anschmelzungen des Materials zwischen Rotor und Gehäuse verbunden.

Im Rahmen dieses Vorhabens sollen aufgrund

- einer Untersuchung der bei der Schneidzerkleinerung auftretenden Zerkleinerungsmechanismen und insbesondere

– einer Analyse des Schneidvorganges bei der Zerkleinerung unterschiedlicher Kunststoffarten und Erscheinungsformen

Aussagen über mögliche Verbesserungen einer Schneidmühle gemacht werden.

Der Schneidvorgang soll mit in Form und Material unterschiedlichsten Aufgabegütern und einer breitgefächerten Variation von Schneidengeometrien an einem Pendelschlagwerk untersucht werden.

3.4.2
Grundlagen des Schneidvorganges

Bei Umgebungstemperatur weiche, homogene Stoffe mit geringem Elastizitätsmodul und unterschiedlichem plastisch-elastischem Verhalten, wie sie vorwiegend in der Kunststoff- und Gummiindustrie vorkommen, lassen sich bei den heute möglichen Beanspruchungsgeschwindigkeiten und -temperaturen nur nach entsprechender Vorbehandlung, z.B. Verspröden, durch Prall- bzw. Druckbeanspruchungen zerkleinern.

Druckbeanspruchung führt am Werkstoff bei Raumtemperatur lediglich zu hohen plastisch-elastischen Deformationen, ohne dass sich zum Bruch ausreichende Spannungsmaxima an Fehlstellen ausbilden können. Die aufgewendete Energie dient demnach in der Regel nur zur Deformation des Partikels und wird durch äußere und innere Reibung in Wärme umgesetzt.

Derartige Stoffe lassen sich nur dadurch zerkleinern, dass mit Hilfe eines geeigneten Werkzeugs und demzufolge gezielter Krafteinleitung hohe Spannungen an einer definierten Werkstoffstelle erzeugt werden, die unter gleichzeitigem Eindringen des Werkzeugs und starker örtlicher Werkstoffverformung zur Trennung an der Werkzeugschneide führen. Die Trennfläche ist hierbei durch die Bewegungsrichtung des Messers vorgegeben. Man bezeichnet diese Art der Zerkleinerung als Schneidzerkleinerung.

Das Schneiden wird von der DIN 8588 „Fertigungsverfahren Zerteilen" in die Untergruppe des Zerteilens eingeordnet.

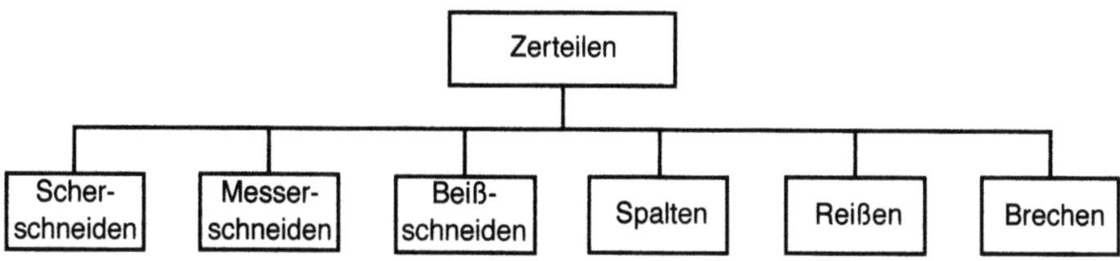

Abb. 1: Untergruppen des Zerteilens nach DIN 8588

Der Begriff des Zerteilens ist als mechanisches Trennen von Werkstücken ohne Entstehen von formlosem Stoff, also auch ohne Späne definiert.

Der Schneidvorgang selbst wird nach unterschiedlichen Kriterien eingeordnet. Wie in Abb. 1 dargestellt, unterscheidet man drei Schneidarten: Scher- und Messer-

und Beißschnitt. Während beim reinen Scherschnitt die Trennung durch Überschreiten des Formänderungsvermögens entlang der gesamten Schnittlinie in einem Hub erfolgt, schreitet beim Messerschnitt die Trennzone in unmittelbarer Nähe der Schneide linienförmig durch das Schnittgut fort. Beim Beißschneiden wird das Werkstück von zwei aufeinander zubewegenden Keilmessern zerkleinert.

Die mögliche Anordnung der Schneiden zueinander ist in Abb. 2 dargestellt. Man unterscheidet: das Schneiden mit und ohne Gegenschneide.

- Beim Schneiden mit Gegenschneide dient diese entweder nur zur Abstützung der Schnittkraft, oder sie übernimmt gleichzeitig eine aktive Schneidaufgabe.
- Beim Schneiden ohne Gegenschneide wird die Schnittkraft durch Massenkräfte des Zerkleinerungsgutes abgestützt.

Zudem unterscheidet man zwischen dem ziehenden und dem drückenden Schnitt bzw. dem Schaben.

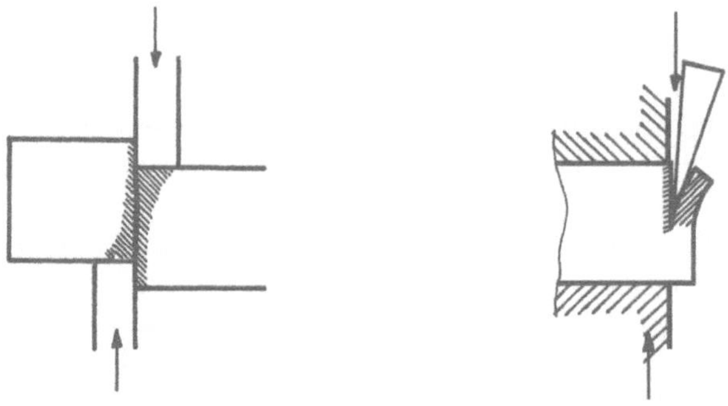

Abb. 2: Scher- und Messerschnitt

Die Definition des ziehenden Schnittes besagt, dass die Schneidkante des Werkstückes mit der Bewegungsrichtung der Schneidwerkzeuges in der Schneidebene schräg zur Schneide verläuft, im Gegensatz zum drückenden Schnitt, bei dem die Bewegung zwischen Schneidwerkzeug und Werkstück unter einem Winkel von 90° erfolgt.

Tangentialer Verschleiß tritt vor allem beim ziehenden Schnitt infolge der Zug- und Druckbeanspruchung auf. Welcher Schnitt eingesetzt wird, hängt auch vom zu zerkleinernden Werkstück ab. Eine Folie wird eher durch einen ziehenden Schnitt zu zerkleinern sein, eine dickere Probe durch den drückenden Schnitt.

Der Schnitt in einer Schneidmühle ist normalerweise ein drückender Schnitt mit Gegenschneide.

Die Aufgabe der Schneidzerkleinerung ist es, einen Festkörper in mehrere Einzelstücke zu teilen. Hierzu ist es notwendig, den Molekülverband im Zerkleinerungsgut mit Hilfe der Schneide aufzutrennen.

Bei der Schneidzerkleinerung stellt sich laut Gottberg (1969) die Schneidspannung in unmittelbarer Nähe der Schneide ein und wird von der Spandeformation und der Trennkraft, die direkt an der Schneide, d.h. an der Druckfläche des Schneidenradius wirkt, erzeugt. Die geringe Kerbstellenzahl bei nicht kristallinen Körpern, der kleine Schneidenradius des Messers und die Beobachtung, dass die Trennzone der Messerschneide nicht vorauseilt, deuten darauf hin, dass es sich bei der Stofftrennung von weichen Hochpolymeren an der Messerschneide nicht um Bruchvorgänge wie bei spröden Stoffen handelt. Die Molekülverbindungen gleiten unter der Beanspruchung aneinander ab und werden unter starker plastischer Formänderung in unmittelbarer Umgebung der Werkzeugschneide getrennt (vgl. Rumpf 1954). Schneiden kann deshalb auch als „Fließen um die Messerschneide" bezeichnet werden.

Beim Keilschneiden (Messerschneiden) wandert die Trennzone vor der Schneidkante linienförmig durch das Schnittgut. Der Ablauf des Messerschneidens wird in die Eindringphase, die Schneid- und die Abtrennphase unterteilt.

3.4.3
Schneidmühlen

Bei Schneidmühlen tritt drückender, periodisch unterbrochener Schnitt mit Gegenschneide auf.

Die Entwicklung von Schneidmühlen erfolgte wie die der meisten Zerkleinerungsmaschinen rein empirisch. Zur Zerkleinerung in dieser Mühle sind nach Kaiser (1957) die folgenden drei Teilschritte nötig:

- die Annahme des Gutes durch den Rotor, was eng damit gekoppelt ist, dass das Gut auf dem Rotor schwebt,
- der eigentliche Schneidvorgang zwischen den Messern,
- das Durchtreiben des Feingutes durch ein Sieb.

Aus der empirischen Entwicklung der Schneidmühlen haben sich zwei unterschiedliche Maschinentypen herausgebildet. Man unterscheidet bei Schneidmühlen zwischen Mühlen für die Granulierung eines kontinuierlich zugeführten Strangmaterials gleicher Abmessungen, den sogenannten Strangschneidmühlen und den Mühlen zur Zerkleinerung eines Gemischs von Einzelstücken unterschiedlicher Form, Größe und Material, den sogenannten Haufwerkschneidmühlen. Im ersten Fall entsteht ein Produkt annähernd gleicher Größe, im zweiten eine mehr oder weniger breite Partikelgrößenverteilung. Die Zerkleinerung von heterogenen Kunststoffmischungen kann nur mit Haufwerkschneidmühlen erfolgen.

Der prinzipielle Aufbau einer Haufwerkschneidmühle ist in Abb. 3 dargestellt. Durch einen Aufgabeschacht (1) wird das zu zerkleinernde Gut (2) dem Mahlraum (4) zugeführt. Es wird vom Rotor (5) erfasst und zwischen den Stator- (3) und Rotormessern (6) zerschnitten. Das eingebaute Sieb (7) ermöglicht nur einem Granulat kleiner der Siebmaschenweite den Austritt in den Produktauslauf (9).

Da jedes Korn beim Umlauf in der Mühle nur selten so zwischen die Messer gerät, dass es geschnitten wird, muss laut Kaiser (1967) eine ziemlich große Gutmenge in den verschiedenen Stadien der Zerkleinerung im Mahlraum bzw. in der über dem Läufer schwebenden Gutschicht umgewälzt werden, um einen entsprechend hohen Durchsatz zu erreichen.

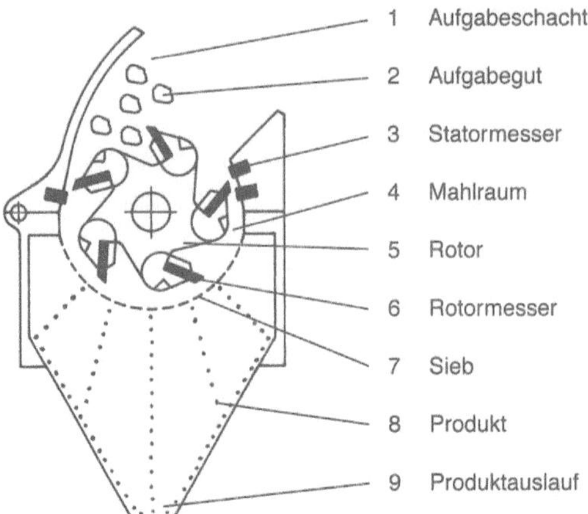

Abb. 3: Schematischer Aufbau einer Schneidmühle

Den unterschiedlichen Erscheinungsformen der zu zerkleinernden Kunststoffe angepasst ändert sich vor allem die Art, Form und Größe des Schneidmühlenrotors. Prinzipiell unterscheidet man zwischen stärker geschlossenen Rotoren zur Zerkleinerung von Kompaktkörpern und offenen Rotoren zur Zerkleinerung von Folien, Hohlkörpern und Schaumstoffen.

Die Schneidmühlen unterscheiden sich aber auch in weiteren Konstruktionselementen. Es gibt dabei folgende Unterscheidungsmerkmale:

- Messer (Anzahl, Länge, Anordnung, Verhältnis von Stator- zu Rotormesseranzahl, geometrische Form bzw. Schneidwinkel, Werkstoff, Härte),
- Größe des Schneidspalts zwischen Stator- und Rotormessern,
- Art des Schnitts (Scherschnitt, Messerschnitt u.a.)
- Rotordrehzahl bzw. Schnittgeschwindigkeit, Kinematik der Schnitt- und Transportbewegungen,
- Rotorart (offener Rotor, geschlossener Rotor, u.a.),
- Mahlraumgestaltung (Messer im Einzugsbereich, Optimierung der Annahmefähigkeit, Verhinderung des Blockierens des Schneidrotors),
- eingebautes Sieb (Lochform und -größe, freie Siebfläche, Siebabstand zum Rotormesserkreis, Gesamtsiebfläche),
- Leistung des Antriebsmotors.

Mit vier unterschiedlichen Schneidmühlen der Firmen Alpine, Condux und Pallmann wurden Polyvinylchlorid (PVC), Polyethylen (PE) und Polystyrol (PS) zerkleinert, die als Vollkörper, Folien, Schäume und Hohlkörper vorlagen. Darüberhinaus wurden Versuche mit Kunststofffraktionen durchgeführt, die aus Hausmüll aussortiert wurden. Ein wesentliches Ziel der Untersuchungen war die Ermittlung des massenbezogenen Energiebedarfs bei der Zerkleinerung. Es ergab sich ein angenähert linearer Zusammenhang zwischen der Leistungsaufnahme und dem Massendurchsatz, d.h., der massenbezogene Energiebedarf war für die jeweiligen Materialien angenähert konstant. So wurde für PE-Rohre im dargestellten Massendurchsatzbereich ein mittlerer massenbezogener Energiebedarf von 40,4 kWh/t, für PE-Brocken von 32,8 kWh/t, für PVC-Profile von 25,0 kWh/t, für PS-Bänder von 16,5 kWh/t und für PS-Platten von 7,6 kWh/t ermittelt.

Darüberhinaus wurden PE- und PVC-Folien unterschiedlicher Dicke, PS-Schaumplatten und CA-Hohlkörper zerkleinert. Während die Zerkleinerung der Schaumplatten und Hohlkörper relativ problemlos war, traten bei der Zerkleinerung von Folien zum Teil erhebliche Schwankungen der Leistungsaufnahme auf (siehe Abb. 4 und Abb. 5).

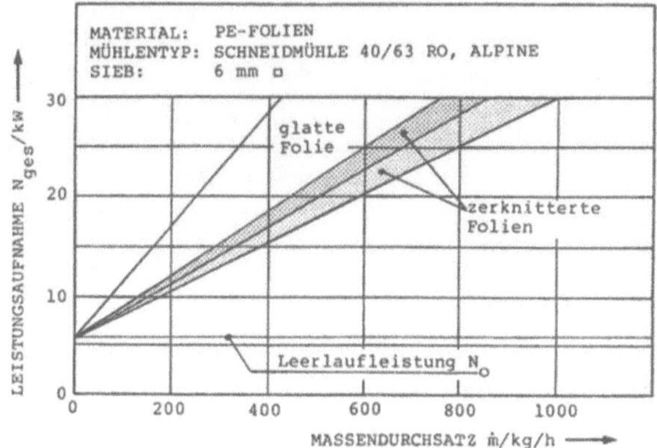

Abb. 4: Leistungsaufnahme des Zerkleinerungsaggregates bei der Zerkleinerung von PE-Folien

Sie betrugen bis zu angenähert 60%, im Gegensatz zu 10%igen Schwankungen bei Kompaktmaterial. Dabei wurde außerdem festgestellt, dass starke Unterschiede auftraten, je nachdem ob die Folien glatt oder zerknittert waren. Letztere wiesen immer kleinere Energieaufwände auf.

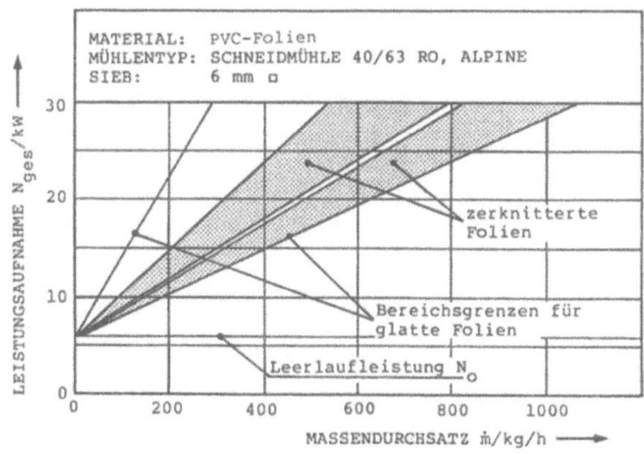

Abb. 5: Leistungsaufnahme des Zerkleinerungsaggregates bei der Zerkleinerung von PVC-Folien

Die Versuche zeigten ferner den in Abb. 6 dargestellten Einfluss der Öffnungsweite der Siebeinlage auf den massenbezogenen Energiebedarf. Dieser verdoppelte sich bei einer Reduzierung der Öffnungsweite von 6 mm auf 4 mm. Bei größeren Öffnungsweiten ist der Einfluss weniger ausgeprägt.

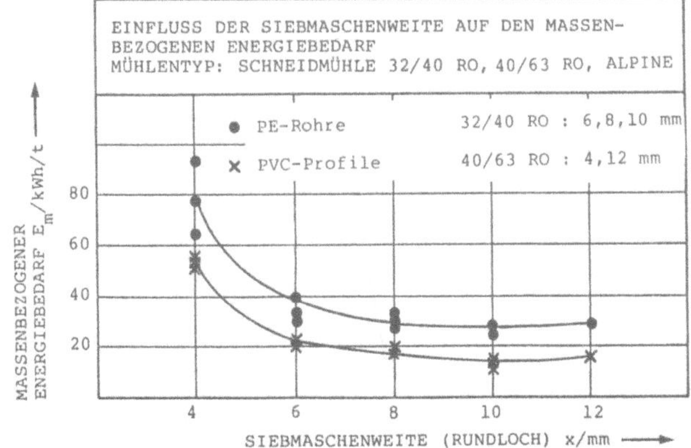

Abb. 6: Einfluss der Siebmaschenweite auf den massenbezogenen Energiebedarf

Die erzeugte Partikelgrößenverteilung verschiebt sich mit abnehmender Maschenweite zu kleineren Partikelgrößen. Die Versuche zeigen, dass es durchaus sinnvoll sein kann, zur Erzeugung einer bestimmten Partikelgrößenverteilung z.B. < 6 mm ein gröberes Sieb zu verwenden und nach einer zusätzlichen Absiebung die Partikel > 6 mm der Zerkleinerungsmaschine wieder zuzuführen. Dies vermindert einerseits den Energiebedarf, andererseits den Anteil feiner Partikel.

- Es wurde nachgewiesen, dass sich der Energiebedarf für die Zerkleinerung von Zwei- und Dreikomponentenmischungen bei bekanntem Mischungsverhältnis aus den gewichteten Energieaufwänden für die Zerkleinerung der Einzelkomponenten berechnen lässt.
- Bei der Zerkleinerung von Folien, Schaummaterialien und Hohlkörpern musste ein starker Luftstrom durch den Mahlraum gesaugt werden, um einen Aufstau des Materials und einen sehr viel höheren Energiebedarf zu verhindern.
- Verschmutzungen des Aufgabegutes und Restfeuchte führten bei der Zerkleinerung von Hausmüll bei einer Siebmaschenweite von 6 mm nach kurzer Zeit zu Verstopfungen. Bei nicht vorsortiertem Hausmüll wurden die Schneidmesser durch Metallteile beschädigt. Eine Abtrennung derartiger Verunreinigungen ist daher unerlässlich.

Ein Hauptproblem bei der Zerkleinerung von Kunststoffgemischen liegt in einer geeigneten Zuführung des Aufgabegutes. Dieses sollte nach einer Vorzerkleinerung den Messern möglichst als homogener Block zugeführt werden. Gleichzeitig muss neben der Zuführung eine Kompaktierung des Aufgabegutes erfolgen. Diese Vorverdichtung wurde mittels einer Kolbenpresse realisiert, die in Abb. 7 dargestellt ist.

Ein zusätzlicher Vorteil der Zuführung mittels Kolbenpresse ist eine Minderung der Geräuschemissionen. Die in Zusammenarbeit mit dem Institut für Maschinenwesen der TU Clausthal entwickelten Kolbenpresse wurde auf die Kleinschneidmühle 20/12 RoL der Fa. Hosokawa Alpine aufgesetzt.

Die Presse besteht aus zwei senkrecht zueinander angeordneten Hydraulikkolben, die mit ihren Stempeln das Füllvolumen der Presse begrenzen. Ein manuell zu bedienendes Schiebersystem bildet den Übergang zwischen der Presse und der Schneidmühle.

Zu Beginn des Befüllens des Behälters (1) steht der horizontale Stempel auf Position A. Es wird mit den Schieber (2) die Zufuhröffnung verschlossen.

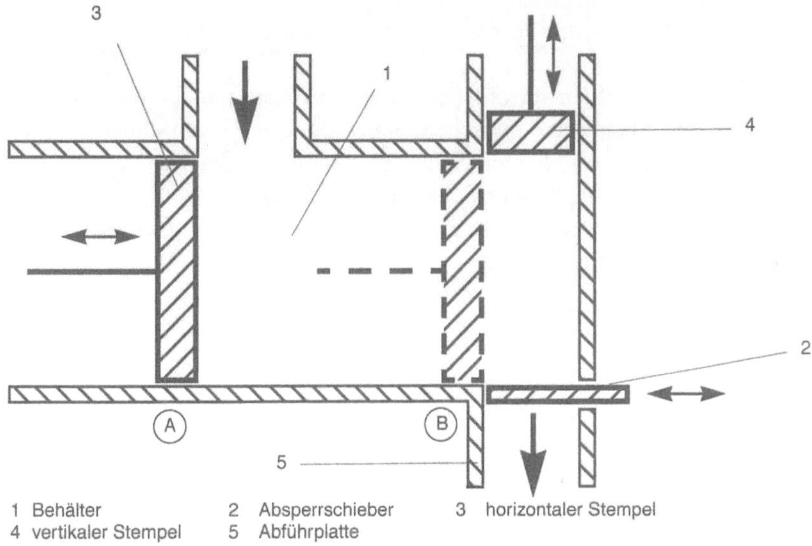

Abb. 7: Prinzipskizze der Kolbenpresse

Nach Befüllen des Behälters mit dem Aufgabegut, wird zunächst der horizontale Stempel (3) bis zum Endanschlag (Position B) verfahren. Anschließend presst der Vertikalstempel (4) die Kunststoffe nochmals zusammen.

Nach Öffnen des Absperrschiebers (2) wird der Vertikalstempel weiter als Vorschubkolben eingesetzt. Hierbei wird das Material an der Abführplatte (5) vorbei geschoben und verdichtet und über die offene Querschnittsfläche bis zum Schneidmühlenrotor geführt. Bei einem Kolbendruck von $15 \cdot 10^5$ bis $50 \cdot 10^5$ Pa ergeben sich Vorschubgeschwindigkeiten zwischen 0,006 und 0,13 m/s bei einer Querschnittsfläche von 120 x 110 mm.

Mit diesen Versuchen konnten hauptsächlich Kunststoffgemische mit definierten Einzelschnitten zerkleinert werden. Da die Interpretation dieses Schneidvorganges in der Mühle auf Schwierigkeiten stieß, wurden weitere Mühlenversuche zurückgestellt und ein Pendelschlagwerk zur Untersuchung dieses Einzelschnitts konstruiert und gefertigt.

3.4.4

Pendelschlagwerk

Zur Untersuchung des eigentlichen Schneidvorganges wurde ein Pendelschlagwerk für einen definierten Einfachschnitt gebaut. Die maximale Schlaggeschwindigkeiten beträgt 10 m/s. Kommerzielle Kerbschlagbiegeprüfstände besitzen Schlaggeschwindigkeiten < 5 m/s, die für eine Schneidmühlensimulation nicht ausreichen.

Das in Abb. 8 dargestellte Pendel besteht aus zwei parallel zueinander biegesteif angeordneten Aluminiumprofilen (1), die eine Länge von 4 m besitzen. Die Drehachse (2) teilt das Pendel in einem Verhältnis von 1:3. Durch die zusätzlich angebrachte Masse (3) am oberen Ende der Pendelstange, ist das Pendel physikalisch, d.h. drehmomentfrei, aufgehängt, sodass die Pendelmasse nicht in die Versuche eingeht. Am unteren Ende der Profile ist eine Schneidenaufnahme (4) für die Pendelschneide befestigt.

Es lassen sich Scheiden verschiedener Keilwinkel einspannen. Außerdem ist eine Verstellung der Spaltbreite zwischen Schneide und Gegenschneide sowie des Schneidwinkels möglich. In der Nähe des unteren Endes des Pendels kann die Schlagkraft bzw. der Impuls der Schneide durch Auflegen von Gewichten (5) der Masse, m, eingestellt werden. Die Kunststoffprobe wird bei (6) mit einer entsprechenden Vorrichtung eingespannt.

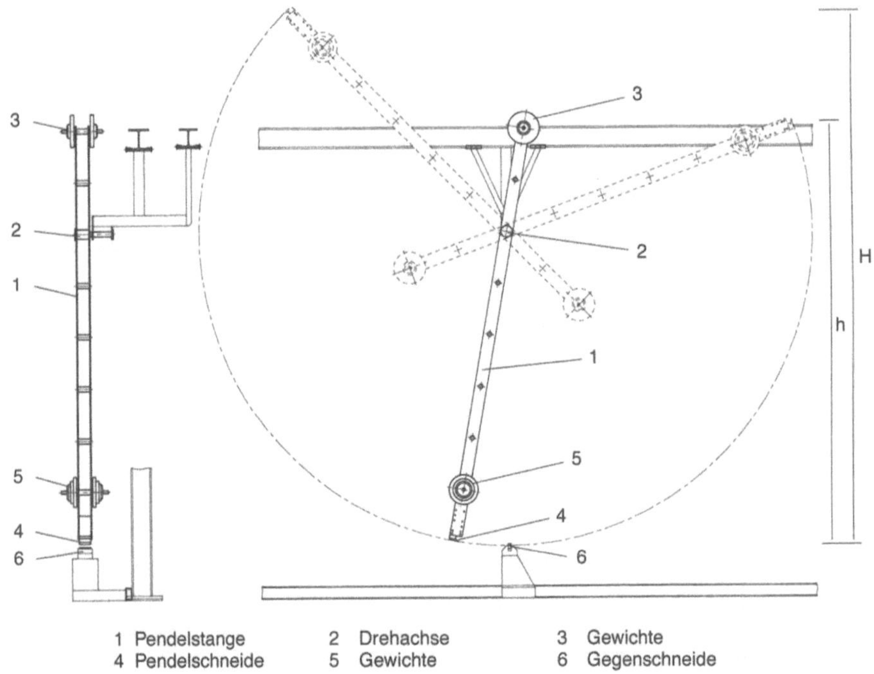

| 1 Pendelstange | 2 Drehachse | 3 Gewichte |
| 4 Pendelschneide | 5 Gewichte | 6 Gegenschneide |

Abb. 8: Pendelschlagwerk

Das Pendel wird an einem Seil nach oben geführt und mittels einer höhenverstellbaren Ausklinkvorrichtung freigegeben. Die Schlaggeschwindigkeit, v, lässt sich aus der Höhe, H, bzw. dem eingestellten Auslenkwinkel, α, und der Pendellänge, L, nach Glg. (1) berechnen:

$$v = \sqrt{2gH} = \sqrt{2gL(1 - \cos\alpha)}. \tag{1}$$

Die für den Schnitt zur Verfügung stehende potenzielle Schlagenergie, E_{pot1}, erhält man aus:

$$E_{pot1} = mgH = mgL(1 - \cos\alpha). \tag{2}$$

Nach dem Schnitt verbleibt die potenzielle Energie, E_{pot2}, die der Höhe, h, proportional ist:

$$E_{pot2} = mgh = mgL(1 - \cos\beta). \tag{3}$$

Aus der Differenz der beiden potenziellen Energien errechnet man die beim Schnitt verbrauchte Arbeit, A_v:

$$A_v = E_{pot1} - E_{pot2} = mgL(\cos\beta - \cos\alpha) = F_s L(\cos\beta - \cos\alpha). \tag{4}$$

Dabei entspricht F_s dem Gewicht der bei (2) aufgelegten Masse, m. Für die Bewertung der Güte der eingestellten Parameter wird die sogenannte Schlagzähigkeit, a_N:

$$a_N = \frac{A_v}{bh} \tag{5}$$

herangezogen. Die Schlagzähigkeit ist nach Glg. (5) die auf den Querschnitt b·h des Probekörpers bezogene Schlagarbeit. Diese charakterisiert zum einen den Energiebedarf der Schneidmühle beim Schlag, kann aber auch zum anderen als Randbedingung zur definierten Schlagbeanspruchung eines Kunststoffs in einem Kunststoffgemisch eingesetzt werden.

Die Anzeige der benötigten Winkelangabe für die verbrauchte Schlagarbeit erfolgt mechanisch mittels Schleppzeiger.

Der Schnitt wird von einer Hochgeschwindigkeitskamera aufgezeichnet, die eine maximale Auflösung von 6000 Bilder pro Sekunde erzielen kann.

3.4.5
Ergebnisse

Die Versuche sind noch nicht abgeschlossen. Der Schneidvorgang wurde bei Geschwindigkeiten untersucht, wie sie auch in Schneidmühlen vorkommen. Dabei werden der zeitlichen Ablauf und der Energiebedarf des Schneidvorgangs als Funktion der Kunststoffart, Probengeometrie oder Schlaggeschwindigkeit gemessen. Das Pendelschlagwerk ermöglicht die Einstellung der in Tabelle 1 dargestellten Einflussgrößen.

Sie lassen sich nach geometrischen sowie prozess- und werkstoffbedingten Einflussgrößen unterteilen.

Tabelle 1. Einflussgrößen der Einzelschnittuntersuchung

Einflussgröße	Untersuchungsmerkmal
geometrisch	
– Schneide	
Keilwinkel (30°, 85°, 90°)	Eintritt von Brüchen
Schneidenradius	Stumpf werden; Materialermüdung, Verschleiß
– eingebaute Schneide	
Schneidwinkel (0° oder 3°)	Einfluss auf den Energieverlust (Punktschnitt/Flächenschnitt)
Freiwinkel	Einfluss auf den Energieverlust
Schneidspalt ($> 0{,}4\,$mm)	Übergang Schneiden/Knicken
prozessbedingt	
Geschwindigkeit (8,5 m/s bis 10 m/s)	Kinematik; minimale Geschwindigkeit für den Schnitt; Einfluss auf die kinetische Energie bzw. den Impuls
Masse (1 kg bis 25 kg)	Kinematik; minimale Geschwindigkeit für den Schnitt; Einfluss auf die kinetische Energie bzw. den Impuls
Temperatur (> 20°C)	Anhaften/Kleben an Schneide/Gegenschneide; Einfluss auf den Energieverlust
werkstoffbedingt	
– Schneide	
Werkstoffart	Materialkennwerte
– Probekörper	
Werkstoffart	Materialkennwerte (Dichte; Härte); Materialstruktur (homogen/inhomogen; Thermoplast/Elastomer)
Breite (10 mm bis 98 mm)	Abmessung; Einfluss auf den Energieverlust
Dicke (5 mm bis 20 mm)	Abmessung; Einfluss auf den Energieverlust
Überstand (> 1 mm)	Spanen/Schneiden

Im Folgenden werden beispielhaft der Einfluss

– des Schneidenradius und
– des Schneidwinkels

in Abhängigkeit von der potenziellen Energie bei unterschiedlichen Werkstoffen untersucht. Als den Schneidvorgang charakterisierende Größe wird die Schlagzähigkeit verwendet.

In Abb. 9 ist der Verlauf der Schlagzähigkeit einer Versuchsserie für eine einseitige Schneide aus gehärtetem Stahl (90MnCrV8) mit einem Keilwinkel von 30° dargestellt.

Die beim ersten Schnitt ermittelte Schlagzähigkeit von 43 kJ/m^2 wächst nach wenigen Schnitten auf ca. 64 kJ/m^2 an und verbleibt dort. Dieser Anstieg wird durch ein stumpfwerden der Schneide, d.h. ein Vergrößern des Schneidenradius verursacht.

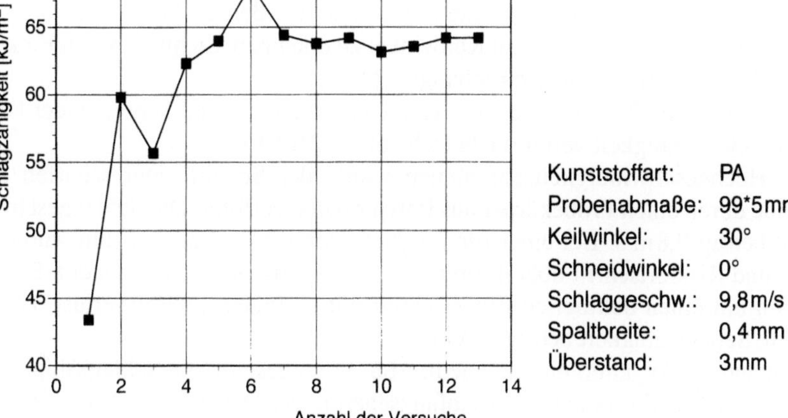

Abb. 9: Schlagzähigkeit als Funktion der Schlaganzahl für Polyamid

Das stumpfwerden der Schneidenspitze wird durch rasterelektronenmikroskopische Aufnahmen (REM), die in Abb. 10 dargestellt sind, bestätigt. Die Aufnahmen zeigen die Draufsicht auf die Spitze der einseitigen 30°-Schneide, die aus gehärtetem Stahl gefertigt wurde. Sie ist in der Mitte der jeweiligen Aufnahmen zu erkennen und wurde mit 200-facher Vergrößerung fotografiert. Die Schneide steht auf der Kante, sodass der Winkel zwischen Ober- und Unterseite zur Senkrechten identisch ist.

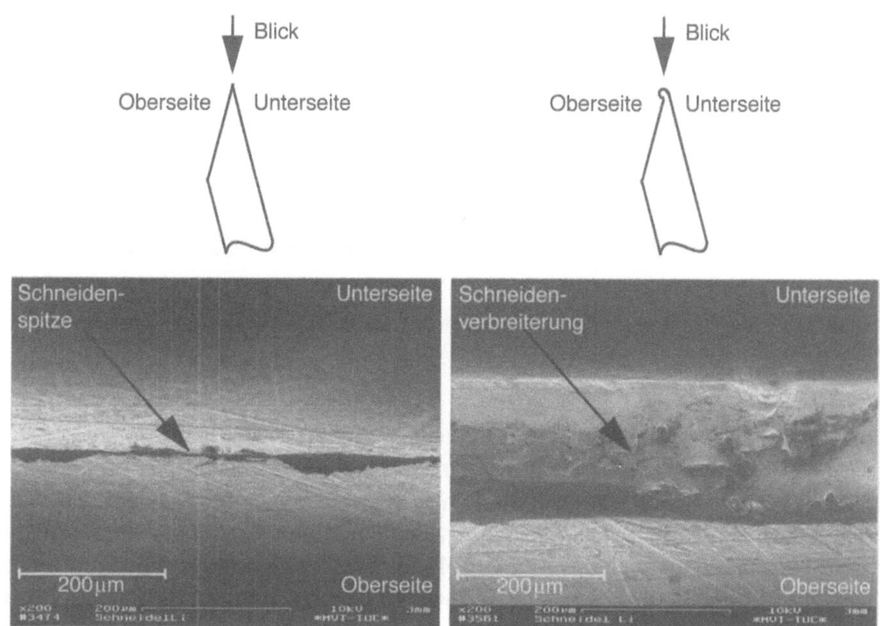

Abb. 10: REM-Aufnahmen der Schneidenspitze vor dem ersten und nach 10 Pendelschlägen

Die Riefen auf den Bildern entstehen beim manuellen Abziehen der Schneide. Nach 10 Pendelschlägen tritt ein stumpfwerden der Schneidenspitze von etwa 5 µm auf knapp 200 µm ein. Auf dem rechten Bild ist ein Fließen der Schneidenspitze von der Schneidenunterseite weg zum Keilwinkel zu erkennen. Sichtbar ist ein Einklappen des Materials in der Beanspruchungsrichtung.

Setzt man eine 90°-Schneide ein, treten Deformationen und Scherung der Probe ein, die Schlagzähigkeit verdreifacht sich auf ca. 210 kJ/m^2.

Mit Hochgeschwindigkeitsaufnahmen wurde der Schnitt einer scharfen 30°-Schneide durch einen Probekörper aus Polypropylen verfolgt. Die Schlaggeschwindigkeit betrug 9,8 m/s. Bei einer Eindringtiefe von weniger als 0,1 mm wurde ein Anriss und Rissfortschritt über 4,0 mm hin zur Gegenschneide festgestellt. Es handelt sich um einen definierten Einzelschnitt mit geringem Energieverlust. Die errechnete Schlagzähigkeit betrug 25 kJ/m^2.

Beim harten Polyamid nimmt, wie in Abb. 11 dargestellt, die Schlagzähigkeit linear mit wachsender potenzieller Anfangsenergie ab. Dabei bewirkt die Verdopplung der potenziellen Energie von 500 J auf 1000 J fast eine Halbierung der Schlagzähigkeit. Die für hartes Polyamid getroffenen Aussagen gelten ebenso für das weiche Polyamid, mit der Ausnahme, dass für diesen Werkstoff die Schlagzähigkeiten für verschiedene Energien überall um 40 kJ/m^2 geringer.

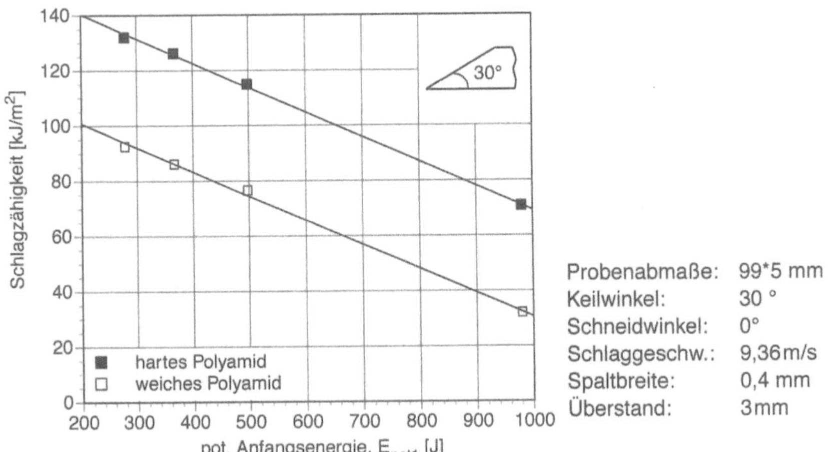

Abb. 11: Schlagzähigkeit als Funktion von potenzieller Anfangsenergie für hartes und weiches Polyamid

Aufgrund der Erfahrungen mit Schneiden aus 90MnCrV8 wurde bei weiteren Versuchen eine 85°-Schneide aus Hartmetall-K30 (Wolframkarbid) verwendet. In Abb. 12 ist die Schlagzähigkeit als Funktion von potenzieller Anfangsenergie und Schneidwinkel aufgetragen. Die Schlagzähigkeit nimmt sowohl bei einer Erhöhung der Schlagarbeit als auch des Keilwinkels ab. Eine Veränderung des Schneidwinkels um nur 3° bewirkt für beide Anfangsenergien eine Halbierung der Schlagzähigkeit auf ca. 70 kJ/m^2 für E_{pot1} = 191 J sowie ca. 60 kJ/m^2 für E_{pot1} = 209 J. Ein Stumpfwerden der Schneide wurde nicht beobachtet.

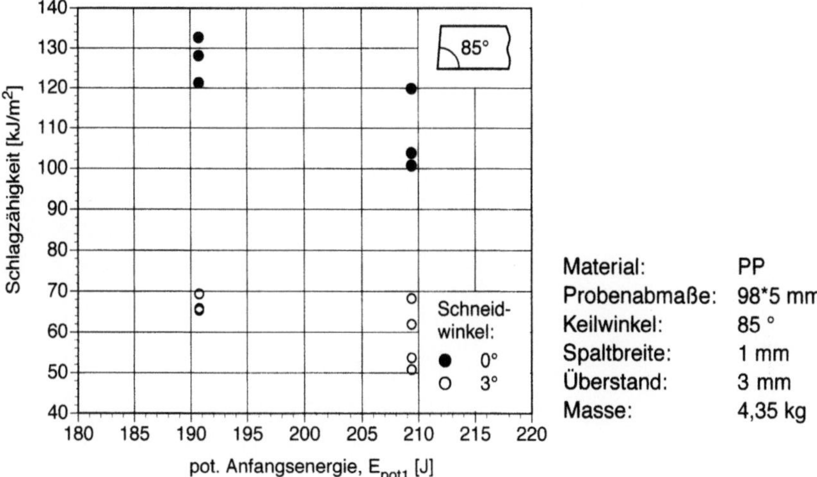

Abb. 12: Schlagzähigkeit als Funktion von potenzieller Anfangsenergie und Schneidwinkel für Polypropylen

3.4.6
Zusammenfassung

Bisherige Schneidmühlen erzeugen trotz Feinheitsbegrenzung durch ein Sieb als Mahlprodukt eine breite Partikelgrößenverteilung mit beliebiger Partikelform.

Mit einer absatzweise arbeitenden Kolbenpresse zur Vorverdichtung des Aufgabegutkunststoffgemisches wurde ein gleichmäßiger Strang erzeugt und den Messern der Schneidmühle zugeführt. Dieser Strang wird durch einen Schnitt beansprucht. Da Rückschlüsse auf das Materialverhalten in der Mühle nicht möglichen waren wurde ein Pendelschlagwerk für die Untersuchungen dieses Schneidvorgangs entwickelt. An diesem Pendelschlagwerk konnten nicht nur die Geometrie sondern auch die Scheidbedingungen und die Schlagarbeit unabhängig von einander verändert und Rückschlüsse auf den Ablauf der Schneidvorgangs gezogen werden. Dabei wurden unterschiedliche Kunststoffmaterialien mit Schlaggeschwindigkeiten von ca. 10 m/s beansprucht und die Schlagzähigkeiten ermittelt.

Literatur zu Kap. 3.4

DIN 8588 (1985) Fertigungsverfahren Zerteilen. Deutsche Normen
Gottberg JP (1969) Untersuchung des Schneidvorganges bei der Zerkleinerung von homogenen Weichstoffen am Beispiel hochpolymerer Werstoffe. Dissertation, TU Braunschweig
Kaiser F (1967) Berechnungen an der Schneidmühle. Dechema Monographien Bd. 57; Nr. 993 - 1026; S 741 - 775
Klemm H (1958) Die Vorgänge beim Schneiden mit Messern. Freiberger Forschungshefte B12, Akademie Verlag, Berlin
Leschonski K, Gorzitzke W, Röthele S (1981) Forschungsprogramm Wiederverwertung von Kunststoffabfällen. Schlußbericht zu Teilprojekt 3: Aufbereitung von Kunststoffabfällen zum Zwecke der Wiederverwertung (Zerkleinerung, Klassieren) Institut für Mechanische Verfahrenstechnik, TU Clausthal
Rumpf H (1954) Zerkleinerung von Kunststoffen. Kunststoffe 44: 43-48 u. 93-103

4 Verfahrenstechnische Maschinen unter vorwiegend thermischen, chemischen und abrasiven Beanspruchungen

4.1
Entwicklung keramischer Ventilatoren für die Umwälzung heißer Gase bis 1350 °C

H.-J. Barth, R. Scholz

4.1.1.
Heißgasförderung in der Verfahrenstechnik

Hochtemperaturprozesse mit Prozesstemperaturen über 1000 °C spielen in der Verfahrenstechnik im Hinblick auf den Energieaufwand eine wichtige Rolle. Dabei dienen Einrichtungen zur Gasförderung dazu, heiße Gase an den gewünschten Ort zu bringen bzw. umzuwälzen. Das Ziel ist dabei nicht die Kompression der Gase. Für die Heißgasförderung stehen Stahlventilatoren für Gastemperaturen bis 800 °C, in Ausnahmefällen bis 1000 °C zur Verfügung. Bei höheren Temperaturen werden Injektoren eingesetzt, die aber den Nachteil haben, dass kalte Treibluft die Bilanztemperatur senkt, bzw. bei Forderung nach gleich bleibender Temperatur erheblicher Mehrenergieaufwand für eine höhere Vorheizung benötigt wird.

Geräte zur Heißgasförderung sind deshalb wünschenswert, weil sich mit ihnen die Prozessführung gezielt verbessern lässt, d.h. dass sich Temperaturfelder vergleichmäßigen, Schadstoffemissionen reduzieren und der Energieeinsatz optimieren lassen usw.. Es sollte deshalb ein Ventilator entwickelt und erprobt werden, der für Gastemperaturen bis 1350 °C einsetzbar ist. Dieses Ziel ist durch einfache Weiterentwicklung der bekannten Stahlventilatoren nicht zu erreichen. Vielmehr sollte eine Keramikkonstruktion angestrebt werden, also ein Technologiesprung verwirklicht werden. Bemühungen um eine Konstruktion aus hochtemperaturbeständigen Nickel-Legierungen, die als Werkstoff für (gekühlte) Schaufeln von Gasturbinen Verwendung finden, mussten wegen der enormen Werkstoff- und Fertigungskosten aufgegeben werden. Die zwischenzeitlich entwickelten ODS-Legierungen (Oxid-Dispersionsverfestigte Superlegierungen) könnten eventuell in der Zukunft als Alternative zu keramischen Werkstoffen neue Lösungsansätze bieten, wenn in ihrer Entwicklung ausreichende Korrosionsbeständigkeit erreicht wird.

4.1.2.
Konstruktive Probleme bei der Entwicklung eines Heißgasventilators

4.1.2.1
Keramische Werkstoffe: fertigungsgerechte Gestaltung

Keramische Werkstoffe sind im Maschinenbau bisher unüblich und den meisten Konstrukteuren deshalb wenig vertraut. Dies gilt gleichermaßen für die Werkstoffauswahl als auch für die fertigungsgerechte, beanspruchungsgerechte und betriebsgerechte Gestaltung. Zwei weitere wesentliche Schwierigkeiten ergeben sich: „Ingenieurkeramik"-Werkstoffe erfahren eine ständige Weiterentwicklung. Die Qualität keramischer Bauteile hängt stark ab von der herstellerspezifischen Beherrschung der Fertigungsprozesse. Ein wesentliches Problem für die Entwicklung eines Heißgasventilators war die Suche nach Herstellern, die bereit waren, Versuchsbauteile herzustellen.

Fertigungsgerechte Gestaltung heißt Anpassung an den Herstellungsprozess. Für die hier benötigten Bauteilgeometrien kommt praktisch nur der Schlickerguss infrage, der zu einer Gestaltung ähnlich Graugussteilen führt, also Konstruktionen mit angemessenen Aushebeschrägen und ohne Hinterschneidungen. Der anschließende Brennprozess bedingt eine Gestaltung ohne merkliche Querschnittsänderungen und mit begrenzten Wandstärken. Wie sich im Laufe der Entwicklung zeigte, besteht bei flächigen Strukturen, z.B. Scheiben, die Gefahr eines Verziehens beim Brennen. Es zeigte sich, dass SiSiC (Silizium-infiltriertes Silizium-Carbid) erste Wahl für die geplante Anwendung ist, weil dieser Werkstoff eine hohe Wärmeleitfähigkeit aufweist und die Herstellung großer Bauteile gestattet. Silizium-Nitrid, mit dem Tests durchgeführt wurden, hat deutlich geringere Wärmeleitung und erlaubt nur erheblich kleinere Bauteile.

Eine Technik, mit der auch komplizierte Bauformen verwirklicht werden können, ist das so genannte „Garnieren": nach dem Ausformen des Grünlings aus der Schlickergussform werden ein oder mehrere getrennt gegossene Bauteile mit Hilfe einer Aufschlämmung des Keramikpulvers an das Kernbauteil angefügt. Nach dem Brennen sind die Garnierstellen in Schliffen praktisch nicht zu erkennen.

Es wurden eine Reihe von konstruktiven Lösungen erarbeitet, gebaut und in einer halbindustriellen Versuchsanlage, die Temperaturen bis zu 1400 °C erlaubt, getestet und die dort gewonnenen Ergebnisse und Erfahrungen zur Weiterentwicklung genutzt.

4.1.2.2
Modulare Lösungsansätze

Zum Test einzelner Schaufeln unterschiedlicher Geometrie und aus unterschiedlichen Werkstoffen wurde ein Versuchsrad aus Stahl konstruiert und gebaut (Abb. 1a), in das die einzelnen Keramik-Schaufeln, bestehend aus tortenstückartiger Fußplatte und Schaufelblatt (Abb. 1b) eingehängt wurden. Durch Aneinanderfügen mehrerer Schaufeln entstand ein vollständiger Schaufelkranz. Ein solcher modularer Aufbau erschien deshalb besonders günstig, weil das Versagensrisiko beim Einsatz von Einzelschaufeln mit begrenzten Abmessungen deutlich geringer als mit monolithischen Rädern eingeschätzt wurde.

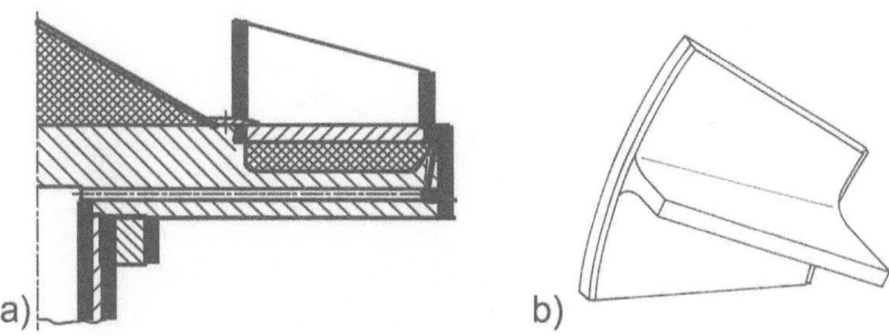

Abb. 1: a) Versuchsrad aus Stahl; b) Keramik-Schaufel

Versuche in der erwähnten Ofenanlage zeigten rasch die Grenzen des Konzepts:

- Die Stahlrückenscheibe war mit Kühlluftkanälen versehen. Der zum Schutz des Rades notwendige Kühlluftstrom betrug bis 10 % des Förderstroms und führte zu einer starken Abkühlung der Prozessgase, wie dies auch bei den eingangs erwähnten Injektoren der Fall ist.
- Eine Temperatur über 1000 °C war nicht zu verwirklichen, weil die Temperatur der Stahlrückenscheibe um nicht mehr als 200 K gegenüber der Prozesstemperatur abgesenkt werden konnte (Grenztemperatur 800 °C).
- Unter der Wirkung der Fliehkraft und der Erwärmung waren Gleitbewegungen zwischen den Schaufelfußteilen unvermeidlich. Dazu mussten alle Gleitflächen geschliffen werden. Dennoch entstanden durch örtliche Gleitbehinderung Unwuchten.

Ferner zeigte sich, dass Schaufeln aus reaktionsgebundenem Silcium-Nitrid (RBSN) infolge der geringen Wärmeleitung eine starke Isolierung gegen die Stahlscheibe bewirken. Die daraus resultierenden starken Temperaturgradienten verursachten aber kritische Wärmespannungen. Das Konzept einer gekühlten Stahl-Tragekonstruktion mit einem keramischen Wärmeschutz wurde danach aufgegeben.

Abbildung 2 zeigt eine weitere modulare Lösung mit einzelnen SiSiC-Schaufelelementen (Fußplatte, Schaufel und Deckscheibenabschnitt), die in zwei SiC-armierte CFC-Ringe (Carbon fibre reinforced carbon) als die Fliehkraftbeanspruchung aufnehmende Elemente eingehängt wurden. Unwuchtprobleme und die geringe Beständigkeit der Schutzschicht für die CFC-Ringe zwangen dazu, dieses Konzept nicht weiter zu verfolgen.

4.1.2.3
Monolithische Konstruktion für Ventilatorrad und Antrieb

Nicht akzeptabel sind im allgemeinen Lösungen, bei denen eine ursprünglich metallische Konstruktion einfach aus einem keramischen Werkstoff hergestellt werden soll. Ein wesentliches Problem von Stahl-Heißgaslüftern ist der Wärmefluss über die Welle aus dem Heißgasraum in die Umgebung. Zum Schutz der

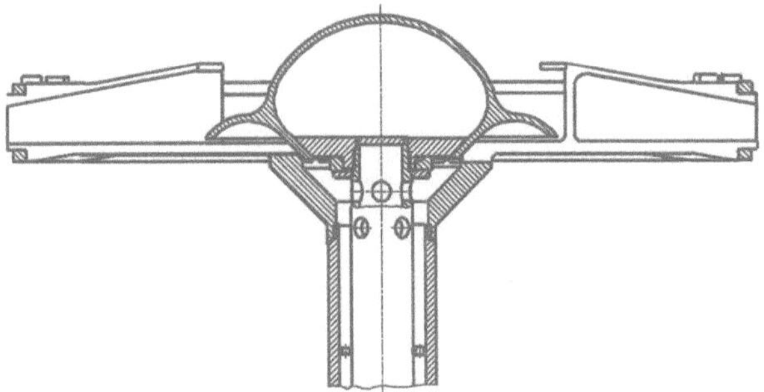

Abb. 2: Modulare Lösung mit einzelnen SiSiC-Schaufelelementen

Lager, der Welle und des Motors wird mit beträchtlichen Druckluftmengen durch die Hohlwelle hindurch gekühlt. Ferner dienen große auf die Welle nahe der Wellendurchführung durch die Gehäusewand aufgesetzte Scheiben als Kühler. Der doppelte Nachteil dieser Konstruktion, nämlich Senkung der Prozesstemperatur durch Wärmeabfuhr und Zusatzkosten durch den Druckluftbedarf der äußeren Kühlung, kann erheblich reduziert werden, wenn es gelingt, den Wärmefluss aus dem Ofenraum zu begrenzen. Damit ergibt sich als konstruktives Kernproblem die Gestaltung des Übergangs warm - kalt und des Übergangs Stahl - Keramik, also einmal die Schaffung einer Wärmesperre und zum anderen eine geeignete Welle-Nabe-Verbindung zwischen Stahlwelle und Keramikrad. Eine konstruktionssystematische Untersuchung zu den Welle-Nabe-Verbindungen ergab, dass wegen der Kerbempfindlichkeit keramischer Werkstoffe und wegen der höheren Wärmeausdehnungskoeffizienten von Stahl im Vergleich mit Keramik formschlüssige Verbindungen nicht infrage kamen. So wurde eine Konstruktion angestrebt, bei der das Rad ungekühlt der Gastemperatur ausgesetzt werden und der zu kühlende Bereich möglichst aus dem Ofenraum verlagert werden sollte.

Abbildung 3 zeigt eine erste Lösung in dieser Richtung mit einem SiSiC-Scheibenring mit aufgarnierten rein radial verlaufenden Schaufeln. Auch hier gab es Unwuchten durch Verzug der Keramikstruktur beim Brennen und durch Probleme der kegelförmigen Welle-Nabe-Verbindung. Untersuchungen zum Reibbeiwert einer Gleitpaarung SiSiC-SiSiC bei erhöhten Temperaturen ergab Reibwerte $\mu > 0{,}6$, so dass auch bei einem Kegelwinkel von 45° mit Selbsthemmung zu rechnen ist. Daraus resultierten Montage- und zusammen mit dem Verzug Unwuchtprobleme. Ferner zeigte sich, dass in der Kontaktzone SiSiC-Stahl Diffusion eintritt, was eine Demontage nur noch mit dem Hammer ermöglicht.

Nachdem die Strömungsversuche (vgl. Abschn. 4.1.3) gezeigt hatten, dass mit rein radial verlaufenden Schaufeln konstanter Breite auch bei Verzicht auf Deck- und Rückenscheibe ein befriedigendes Förderverhalten zu erreichen ist, wurde ein so genanntes „Paddelrad" (Abb. 4) entworfen. Auch hier dienten hochwärmebeständige ODS-Elemente zur Zugkraftübertragung. Zur Abstützung des Rades diente ein an den Radkörper angarnierter großer Flansch, zur Zentrierung ein ZrO_2-Ring, dessen Wärmeausdehnungskoeffizient zwischen dem von SiSiC und Stahl liegt. Der Verzicht auf Deck- und Rückenscheibe und der Spalt zwischen

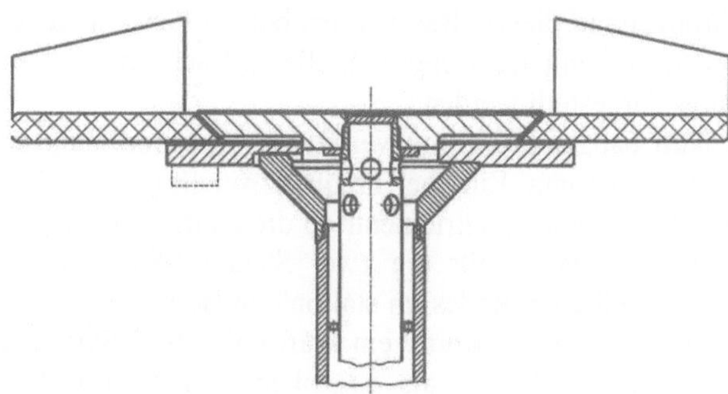

Abb. 3: Lösung mit rein radial verlaufenden Schaufeln

angarniertem Flansch und Rad bringt eine Steigerung der Temperaturwechselbeständigkeit, da sich die langen schlanken Flügel ungehindert ausdehen können.
Durch Verzicht auf eine Schaufelkrümmung treten nur geringe „Fliehkraftnormal-
spannungen" und wegen der geringen Dichte des Fluids keine Biegebeanspruchungen auf. Auch dieses Rad wies wie folgt immer noch einige Mängel auf,
obwohl ein mehrstündiger Betrieb bei 1300 °C durchgeführt werden konnte:

– Die Wärmeabfuhr durch den angarnierten Rückenflansch war zu hoch. Dadurch
  entstanden unzulässig hohe Wärmespannungen im Bereich der Garnierung.
– Der Radkörper war scharfkantig, was besonders an den Schaufelkanten beim
  An- und Abfahren zu kritischen Wärmespannungen führt.
– Das eingesetzte keramische Isolierpapier setzte sich im Verlauf des Betriebs
  und büßte dabei einen Teil seiner Wärmesperrfunktion ein. Die Elastizität des
  faserigen Materials bewirkte einen dynamisch unbefriedigenden Lauf.
– Kriechen der Metallteile der Nabe als Folge unzureichender Kühlung führte
  zum Klemmen nach der Abkühlung und behinderte die Demontage.
– Um hohe Grünfestigkeit zu erzielen, wurde ein selbstaushärtender Schlicker
  verwendet, dessen Festigkeitsstreuung zu groß war (Weibull-Modul < 6), um
  eine ausreichend geringe Ausfallwahrscheinlichkeit zu sichern.

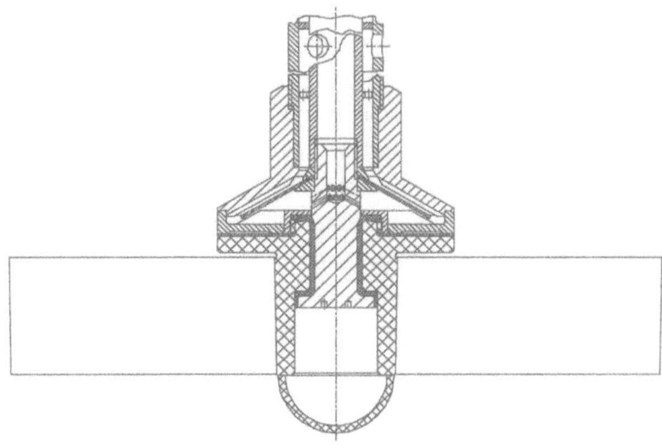

Abb. 4: Paddelrad

Die Erfahrungen mit diesem Rad wurden bei der Gestaltung der abschließenden Konstruktionsform genutzt. An dieser Stelle soll auch die letzte Ausführung des Antriebsstrangs dargestellt werden:

Das Rad läuft hängend, d.h. mit vertikaler Achsanordnung in einem Gehäuse mit Feuerfestausmauerung. Ein über Frequenzwandler in der Drehzahl verstellbarer Motor treibt über einen Keilriementrieb die Antriebswelle an. Dadurch entstehen eindeutige Lagerlasten für die zwei Standard-Stehlager, die mechanische Belastung des eigentlichen Rades im stationären Betrieb ist rein ruhend. Zur Verbindung von Rad und Welle wurde ein kraftschlüssiges System entwickelt (Abb. 5), bei dem die Hohlwelle (11) als Zuganker benutzt wird. Am antriebsseitigen kalten Wellenende befindet sich ein Tellerfederpaket, das eine Vorspannkraft auch bei unterschiedlichen wärmebedingten Dehnungen sicherstellt. Eine Anordnung im Heißbereich scheidet aus, weil dort die Federn durch Kriechen rasch ihre Vorspannkraft verlieren würden. Im Heißgasbereich wird als Zuganker ein Zylinder aus ODS (9) verwendet. Das Laufrad (1) wird über die Flächen (2) und (3) ausgerichtet. Diese Kippabstützung bleibt auch bei unterschiedlichen Dehnungen der Stützelemente erhalten, weil die Teile aufeinander gleiten können. Die Flächen am Lüfterrad sind wegen der recht hohen Druckvorspannung für die Radbefestigung geschliffen, um örtliche Spannungsüberhöhungen so klein wie möglich zu halten. In früheren Versuchen war wie erwähnt festgestellt worden, dass bei einem direkten Kontakt zwischen SiSiC-Keramik- und Metallbauteilen durch Diffusion Verschweißungen auftraten. Um dies zu verhindern und damit eine einfache Demontage zu ermöglichen, werden Aluminiumoxid-Ringe eingelegt (4 und 8). Sie sorgen für einen Ausgleich radialer Dehnungsunterschiede. Es zeigte sich, dass die Ringe im Betrieb in Segmente zerbrechen. Ihre Funktion wird dadurch nicht beeinträchtigt, weil sie unverlierbar in Führungsnuten liegen.

Das Drehmoment wird über die ODS-Hülse (6) und Ring (4) sowie Zuganker (9), Scheibe (10) und Ring (5) in das Rad übertragen. Die Zentrierung erfolgt keramikseitig über den am Zentrierabsatz des Rades angeschliffenen Absatz (7) mit kleinem Durchmesser, so dass bei Erwärmung nur kleine Durchmesserdifferenzen erzeugt werden. Der Zentrierabsatz wird durch 4 Zirkonoxidsegmente umschlossen, die zum einen als Wärmesperre wirken, zum anderen wegen ihres Wärmeausdehnungskoeffizienten zwischen dem von SiSiC und Stahl die Dehnungsunterschiede bei Erwärmung aufteilen. Die Segmentierung dient dazu, Zugspannungen im Ring (8) zu vermeiden. Dieser Gestaltung lag die Beobachtung zugrunde, dass bei thermisch beanspruchten ringförmigen Bauteilen wie z.B. Brennersteinen nach einer Entlastung durch rein radial verlaufende Durchrisse über lange Betriebsdauern keine weiteren Risse auftreten. Durch das Innenrohr (11) wird Druckluft zur Kühlung gegen die Metallplatte (12) und das Rohrstück (13) geblasen. Dadurch wird die radiale Dehnung des Rohrstücks (13) reduziert und die Zentrierwirkung verbessert. Die Zentrierung war trotz wärmebedingter Spielzunahme so wirkungsvoll, dass keine merklichen Unwuchten auftraten. Die erwärmte Kühlluft wird durch das Außenrohr abgeführt. Die Hohlräume (14,15,16) sind zur Wärmeisolation mit einem keramischen Fasermaterial ausgelegt. Es wurde eine Kühlluftmenge von 10 m^3(i.N.)/h (Ansaugzustand) verwendet, was im Vergleich zum Fördervolumenstrom um 500 m^3(i.N.)/h vernachlässigbar ist. Es zeigte sich, dass wahrscheinlich vollständig auf die Kühlluft verzichtet werden kann, was wegen der Druckluftkosten und wegen der Möglichkeiten zu konstruktiven Vereinfachungen wünschenswert ist. Doch konnte diese Frage im durchgeführten Versuchsprogramm nicht mehr vollständig geklärt werden.

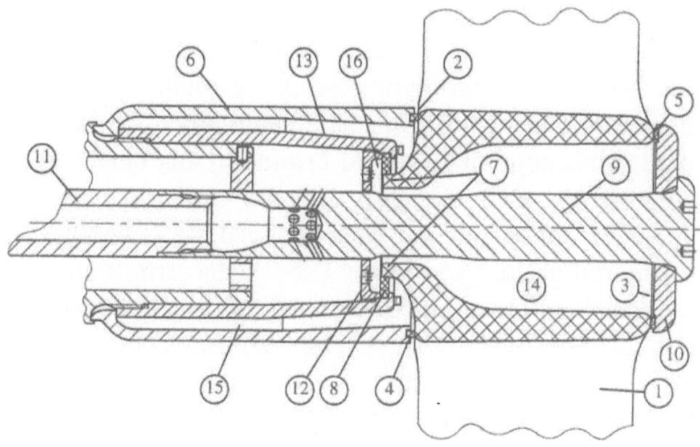

Abb. 5: Abschließende Konstruktion des Paddelrades

4.1.2.4
Belastung und Lebensdauer

Keramikwerkstoffe haben keine Dauerfestigkeit. Es muss deshalb ausreichende Überlebenswahrscheinlichkeit (oder eine entsprechend niedrige Ausfallwahrscheinlichkeit) vorliegen, damit ein Bauteil ausreichend sicher betrieben werden kann. Dies ist ein Gedanke, der im Maschinenbau nicht neu ist und z.B. bei der Auslegung von Wälzlagern genutzt wird, die bekanntlich auch keine Dauerfestigkeit aufweisen. Die Schwierigkeit im Umgang mit keramischen Werkstoffen ist aber darin begründet, dass die Werkstoffkennwerte z.T. extrem streuen und zum anderen auch chargenabhängig sein können. Keramikwerkstoffe sind nicht plastisch verformbar sondern weisen typisches Sprödbruchverhalten auf. Ein Bruch ist deshalb nicht vorhersehbar. Eine andere Konsequenz ist, dass in kraftübertragenden Kontaktflächen Druckspannungen durch örtliche Spannungsüberhöhungen leicht ein Versagen verursachen können, weil das von metallischen Kontakten bekannte Fließen zum Ausgleich solcher Spannungsspitzen fehlt. Ebenso gibt es kein entlastendes Fließen im Grund hochbelasteter Kerben.Bei der Beurteilung mehrachsiger Beanspruchungen ist schließlich zu berücksichtigen, dass die Festigkeitshypothesen für metallische Werkstoffe nicht anwendbar sind. Krüger (1999) hat umfangreiche theoretische und experimentelle Untersuchungen zum Mehrachsigkeitseinfluss auf das Festigkeitsverhalten keramischer Werkstoffe durchgeführt und einen Vorschlag für eine einfach handhabbare Mehrachsigkeitshypothese und für ein Auslegungsverfahren für keramische Bauteile vorgeschlagen.

Die Ausfallwahrscheinlichkeit keramischer Bauteile hängt ab von der vollständigen Belastung über das gesamte Bauteil und über seine Lebensgeschichte hinweg. Jede Beanspruchung eines Bauteils trägt abhängig von der Höhe und Dauer zur Schädigung und damit zum Versagen bei (der Einfluss der Belastungsfrequenz bei schwingender Beanspruchung ist noch nicht abschließend geklärt). Die Ausfallwahrscheinlichkeit muss demnach ermittelt werden aus den örtlichen Ausfallwahrscheinlichkeiten, die wiederum aus den dort herrschenden örtlichen Beanspruchungen zu ermitteln sind. Dazu muss die Spannungsverteilung im ganzen Bauteil bekannt sein. Ohne Rechnerunterstützung gelingt das nur für einfache Bauteilgeometrien und Lastfälle. Im allg. wird man auf FEM-Verfahren zurückgreifen müssen. Das FEM-Programmpaket „Marc-Mentat" erlaubt, zeitgleich mit der Spannungsberechnung für die Einzelelemente einer Struktur die zugehörigen örtlichen Ausfallwahrscheinlichkeiten zu ermitteln, aus denen dann die Gesamtausfallwahrscheinlichkeit ermittelt wird. Hierfür wurde von Jakel (1996) ein Unterprogramm „KerB" entwickelt und anschließend weiterentwickelt (Barth et al. 1999). Dieses Unterprogramm wurde zur Lebensdauerermittlung für das Heißgas-Keramiklaufrad in seiner letzten in Abschn. 4.1.2.3 beschriebenen Bauform eingesetzt. Allgemein gilt: die Ausfallwahrscheinlichkeit ist bei einer bestimmten Belastung umso geringer, je gleichmäßiger die Spannungsverteilung ist. Kerbwirkung ist deshalb zu vermeiden. Nach Krüger (1999) gilt ferner: der Beitrag niedrig belasteter Bauteilpartien zur Ausfallwahrscheinlichkeit ist umso geringer, je höher der Weibull-Modul m des verwendeten Werkstoffs ist (der Weibull-Modul ist ein Maß für die Streuung der Festigkeitswerte). Bei Weibull-Moduln größer 20 wird die Ausfallwahrscheinlichkeit praktisch vollständig von den höchsten Spannungswerten bestimmt.

Ein Ventilatorrad muss folgenden Beanspruchungen standhalten:

- *Spannungen durch mechanische Beanspruchungen (Fliehkraft).* Durch die Wahl einer rein radial verlaufenden Schaufelform wurde im Schaufelblatt ein nahezu perfekter einachsiger Spannungszustand erzeugt. Kerbwirkung entsteht unvermeidlich im Übergang Schaufel-Nabe, die durch stetige Kerbausrundung soweit wie möglich reduziert wurde. Die Torsionsbelastung durch das zu übertragende Drehmoment ist vergleichsweise gering.

  Eine Biegebeanspruchung des Schaufelblatts durch das zu fördernde Fluid entsteht wegen der geringen Gasdichte nicht. Eine fliehkraftbedingte Biegung würde nur bei einem gekrümmten Schaufelblatt entstehen.

- *Wärmespannungen.* Wärmespannungen entstehen dann, wenn Wärmedehnungen behindert werden. Wärmespannungen sind bei komplexen Bauteilgeometrien ohne ausreichende Erfahrung schwer abzuschätzen. Hilfreich sind auch hier FEM-Programme, die allerdings nur dann vernünftige Ergebnisse liefern, wenn für die Umgebung einigermaßen realistische Temperaturfelder als Randbedingungen eingeführt werden. Hierfür müssen im Allgemeinen vereinfachende Annahmen vereinbart werden.

Kritische Wärmespannungen treten nach derartigen Berechnungen

- an den Schaufelvorder- und Hinterkanten während des Anfahrens und Abfahrens der Anlage auf. Das Abfahren ist dabei deutlich kritischer, weil sich bei der Abkühlung zuerst die Kantenbereiche zusammenziehen, wodurch Zugspannungen gegenüber dem heißeren Schaufelkörper entstehen.
- auf der Antriebsseite des Schaufelrades durch Wärmefluss vom Radkörper über die Welle-Nabe-Verbindung in die Wellenkonstruktion und die kalte Umgebung auf. Diese Wärmespannungen sind am größten im stationären Betrieb bei der höchsten Gastemperatur.

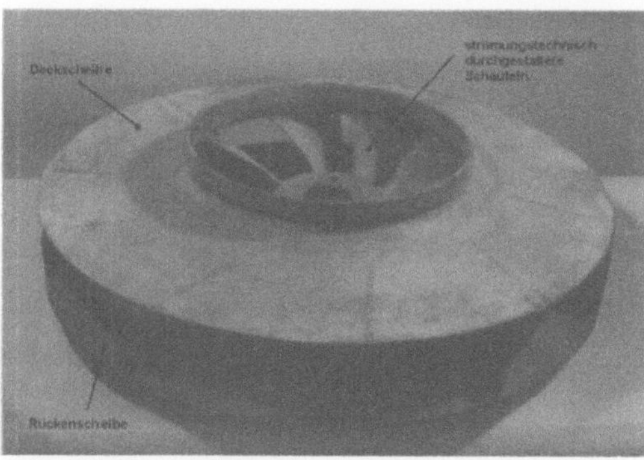

Abb. 6: Foto eines herkömmlichen metallischen Radialventilators (Schaufelform A)

Mechanisch bedingte Spannungen und Wärmespannungen treten in unterschiedlichen Bereichen des Rades auf. Als problematischer erwiesen sich die Wärmespannungen. So musste die Radgeometrie während der Erprobungsphase optimiert werden, um eine ausreichend geringe Ausfallwahrscheinlichkeit zu erzielen. Maßnahmen zu ihrer Minderung sind:

- Runden der Schaufelkanten
- Reduktion der Kerbwirkung im Übergangsbereich Radkörper-Zentrierabsatz: nach Wahl einer Kerbform ähnlich der Wasserstrahlkurve wurde durch Probieren ein „Optimum" gefunden.

Es sei noch einmal darauf hingewiesen, dass die Wahl eines Werkstoffs mit hoher Wärmeleitfähigkeit und die kleinräumige Gestaltung des Übergangs heiß-kalt helfen, Wärmespannungen zu vermindern.

4.1.3
Förderverhalten (strömungstechnische Untersuchungen)

Die Herstellung eines keramischen Laufrades mit gleicher geometrischer Gestalt wie die des Vergleichsventilators aus Stahl (Typ A, Abb. 6) wäre aus Fertigungs- und Festigkeitsgründen wenig erfolgreich. Ein Radialventilator aus Keramik bedarf daher insbesondere für den Hochtemperatureinsatz bestimmter strömungstechnischer Vereinfachungen, wie z.B.

- das Weglassen der Deckscheibe bzw. auch der Rückenscheibe sowie zusätzlich
- die Verwendung von rein radialen Schaufeln.

Die Vorteile dieser Veränderungen aus konstruktiver Sicht wurden in Abschn. 4.1.2.3 näher erläutert. Hier sollen ihre Auswirkungen aus strömungstechnischer Sicht vorgestellt werden.

Durch das Weglassen der Deckscheibe entsteht ein einseitig offenes Laufrad (Abb. 7). Verzichtet man weiter auf die Rückenscheibe, so erhält man ein beidseitig offenes Laufrad. Bei solchen offenen Radiallaufrädern ist besonders auf die Spaltweite (x) und die daraus resultierenden Spaltverluste zu achten. Bei geschlossenen Laufrädern entstehen diese Verluste infolge der Strömung von der Druck-

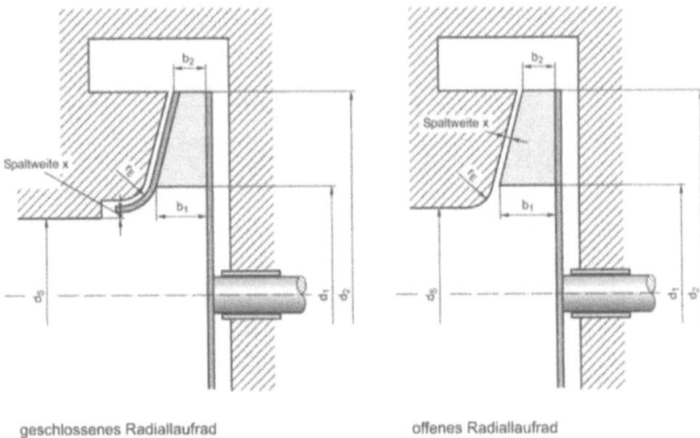

Abb. 7: Prinzipieller Aufbau von Ventilatoren mit offenem und geschlossenem Laufrad

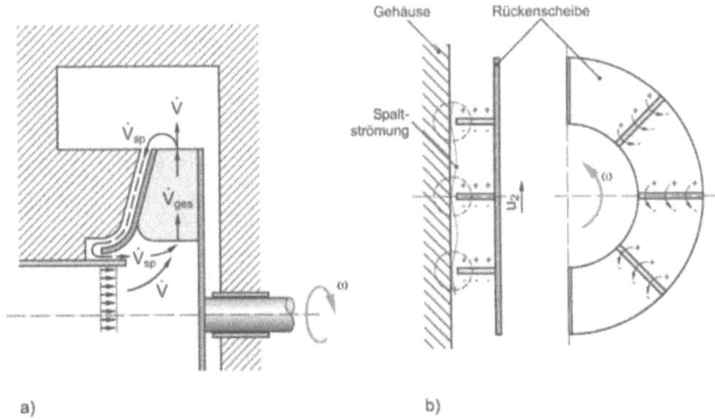

Abb. 8: Qualitative Darstellung der Spaltströmung a) an einem geschlossenen Rad und b) an einem offenen Rad

auf die Saugseite des Laufrades wegen des Spaltes zwischen der rotierenden Deckscheibe und der saugseitigen Zuleitung (Abb. 8a). Im Gegensatz dazu entstehen bei offenen Laufrädern die Spaltverluste zwischen der feststehenden Gehäusewand und den sich drehenden Schaufeln (Abb. 8b). Die Spaltverluste werden mit Zunehmen der Spaltweite größer. Die Spaltweiten müssen jedoch beim Hochtemperatureinsatz aus Sicherheitsgründen wegen der Wärmeausdehnung der Materialien und der dadurch möglichen Gefahr des Anlaufes des keramischen Laufrades sowie wegen der im Feuerfestbau üblichen großen Toleranzen recht groß sein.

Die zweite Vereinfachung, der Einsatz von rein radialen Schaufeln, hat neben der einfacheren Herstellung den Vorteil, dass so durch die Zentrifugalkräfte keine Biegespannungen erzeugt werden. Übliche strömungstechnische, d.h. gekrümmte Schaufelformen, rufen Biegespannungen und damit hohe Zugspannungen hervor, die eine größere Ausfallwahrscheinlichkeit des Rades zur Folge hätten.

	Maß	Einheit	Schaufeltyp									
			A	B	C	D	E	F	G	H	I	J
Rückenscheibe			ja	ja	ja	ja	ja	ja	ja	nein	nein	nein
Deckscheibe			ja	nein	nein	nein	nein	nein	nein	nein	nein	nein
Schaufelform	β_1	°		34	34	90	90	90	90	90	90	90
	β_2	°	90	54	90	90	90	90	90	90	90	90
Durchmesser	d_1	mm	315	275	275	275	137,5	137,5	137,5	–	–	–
	d_2	mm	630	550	550	550	275	275	275	275	275	550
Nabendurchmesser	d_N	mm	–	–	–	–	–	–	–	50	50	100
Durchmesser des Ansaugrohres	d_S	mm	250	250	250	250	125	125	125	125	125	250
Ringspalt (Nabe/Ansaugrohr)	$(d_N+d_S)/2$	mm	–	–	–	–	–	–	–	87,5	87,5	87,5
Durchmesserverhältnis	(d_2/d_1) bzw. (d_2/d_N)	–	2	2	2	2	2	2	2	5,5	5,5	5,5
Schaufelbreite	b_1	mm	100	71	71	71	35,5	35,5	46,2	–	–	–
	b_2	mm	100	41,5	41,5	41,5	20,75	35,5	46,2	20,75	46,2	100
	b_N	mm	–	–	–	–	–	–	–	70	46,2	100
Verhältnis der Schaufelbreiten	(b_2/b_1) bzw. (b_2/b_N)	–	1	0,6	0,6	0,6	0,6	1	1	0,3	1	1
Breitenverhältnis	m	–	1,3	1	1	1	1	1	1,3	–	–	–
Schaufelzahl	z	–	10	11	12	11	11	11	11	11	11	11
Schaufelwerkstoff		–	Stahl	SiSiC	SiSiC	RBSN	Plexiglas	Plexiglas	Plexiglas	Plexiglas	Plexiglas	SiSiC
untersuchter Temperaturbereich	ϑ	°C	20 – 800	20 – 1300	20 – 1300	20 – 1300	20	20	20	20	20	20 – 1300

Abb. 9: Übersicht über die charakteristischen Größen der untersuchten Schaufelformen (Erklärung der Schaufelformen vgl. Abb. 10)

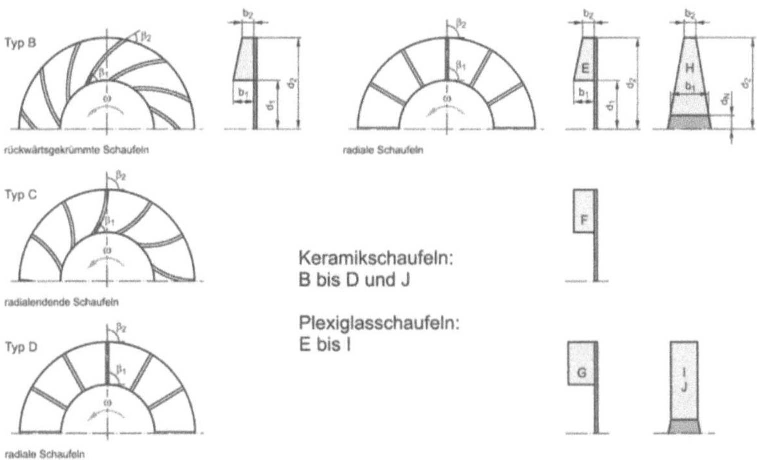

Abb. 10: Übersicht über die untersuchten Schaufelformen B bis J (Typ A vgl. Abb. 6)

Einen Überblick über die untersuchten Laufradformen bieten Abb. 9 und 10. Besonderes Interesse galt dabei dem Förderverhalten bei hohen Temperaturen. Es ergab sich folglich die Untersuchung von

- einseitig (Typen BCDEFG) und beidseitig offenen (Typen HIJ) Rädern mit
- rückwärts gekrümmten (Typ B) radial endenden (Typ C) und radialen Schaufeln (Typen D bis J),
- Temperaturen 20 °C, 800 °C, 1000 °C, 1300 °C
- Spaltweiten ($\approx$10 bis 50 %)
- Drehzahlen bzw. Umfangsgeschwindigkeiten 50 bis 64 m/sec.

Um eine Untersuchungsmöglichkeit für diese unterschiedlichen Parameter zu schaffen, wurden zwei Versuchsanlagen entwickelt.

Abb. 11: Anlage für Heißgasversuche

4.1.3.1
Versuchsanlagen

Bei der Untersuchung des Förderverhaltens der verschiedenen für den Werkstoff Keramik geeigneten Schaufelformen konnte für eine Reihe von Untersuchungen auf eine Heißgasanlage verzichtet werden und mit einem kleineren Plexiglas-Modellventilator gearbeitet werden. Die größere Anlage (Abb. 11 und Abb. 12) ermöglicht Versuche mit Ventilatoreintrittstemperaturen von bis zu 1350 °C. Sie besteht aus den Baugruppen

- Ventilator mit Laufrad, Spiralgehäuse aus Feuerfestmaterial, unterschiedlichen Einlaufgeometrien und Antriebseinheit;
- Messstrecke, mit Feuerfestisolierung ausgekleidete Rohrleitung mit einem Innendurchmesser von 315 mm, Ringdruckmessstellen vor und hinter dem Ventilator. Hochtemperaturvolumenstrommesseinrichtung, Temperaturmessstellen sowie Drosselklappe und
- Verbrennungsanlage, bestehend aus einer Drallbrennkammer, in der durch Verbrennung von Erdgas und Öl das Fördermedium mit der entsprechenden Temperatur erzeugt wird. Zur Überwachung der Verbrennung werden die Verbrennungsgaskomponenten O_2, CO_2, CO, SO_2, NO_x kontinuierlich überwacht.

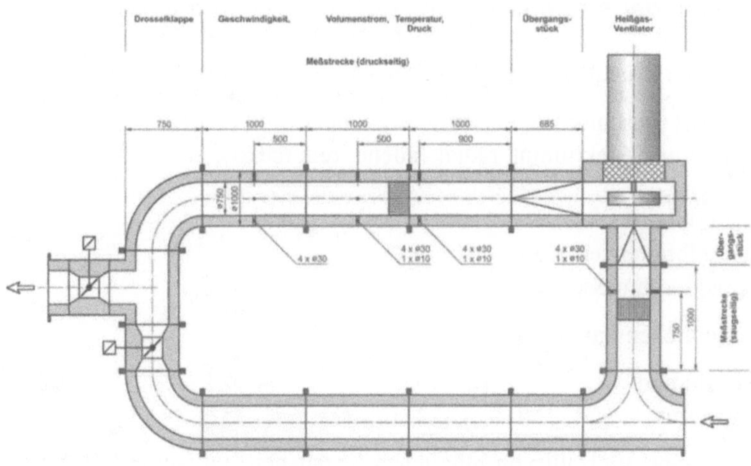

Abb. 12: Anordnung und Hauptabmessungen der Ventilatorprüfstrecke für Heißversuche

Sowohl die Verbrennungsdaten als auch die für die Bestimmung der Fördereigenschaften des Ventilators notwendigen Daten werden mit einem Rechner erfasst.

Die zweite Anlage, die Modellanlage, besteht aus Plexiglas und ist im Maßstab 1 : 2 verkleinert. Sie entspricht der DIN 24163 und besteht aus Ventilator (Abb. 13), Antriebseinheit und Messstrecke. Die Messstrecke hat eine Nennweite DN 150 und ist mit einer Beruhigungsstrecke, einem Gleichrichter, Vorrichtungen zur Messung von Druckdifferenzen, Geschwindigkeiten und Temperaturen sowie einer verstellbaren Drosselklappe versehen. Sie wird genutzt, um preisgünstiger, schneller und flexibler Versuche durchführen zu können, die unter Umständen in der Heißgasanlage nur sehr schwierig und mit erheblichem Aufwand möglich wären.

Abb. 13: Foto des Kaltgasventilators

4.1.3.2
Ergebnisse der strömungstechnischen Untersuchungen

Aus den unterschiedlichen geometrischen Versuchsparametern wie

- Radbauart (geschlossen, einseitig offen, beidseitig offen),
- Schaufelform (gekrümmt, radial endend, rein radial),
- Spaltweite,
- Schaufelbreite,
- Schaufelbreitenverhältnis,
- Laufraddurchmesser

und betrieblichen Parametern wie

- Drehzahl und
- Temperatur

ergab sich eine Vielzahl von möglichen Versuchen. Es wurden Versuche ausge-wählt und entsprechend ihrer technischen Machbarkeit an einer der beiden Ver-suchsanlagen durchgeführt.

Die Entwicklung von geeigneten Laufradgeometrien, bei denen die Gestal-tungsregeln für keramische Werkstoffe Berücksichtigung finden und mit denen sich vergleichbare Fördereigenschaften wie mit einem konventionellen Ventilator auch bei 1300 °C erreichen lassen, war das Ziel der strömungstechnischen Unter-suchungen. Im Folgenden wird daher auf die Ergebnisse der Untersuchungen zu den Einflüssen der o.g. Parameter eingegangen. Bei der Radbauart unterscheidet man zwischen

- der geschlossenen Bauart, die durch den Vergleichsventilator (Typ A) reprä-sentiert wird,
- der einseitig offenen Bauart, bei denen die Deckscheibe fehlt und die Schaufeln über die Rückenscheibe gehalten werden (Typen B - G) und
- den beidseitig offenen Laufrädern, die weder Deck- noch Rückenscheibe auf-weisen. Die Schaufeln werden hier direkt mit der Nabe verbunden, es entsteht ein umgangssprachlich als „Paddelrad" bezeichnetes Laufrad (Typen H - J).

Bei den offenen Bauarten wird der Strömungskanal nicht durch die sich mitdre-hende Deck- bzw. Rückenscheibe begrenzt, sondern seitlich durch die stehenden (sich nicht mitdrehenden) Gehäusewände. Nachteilig ist hier, dass sich ein Teil des Druckes, der sich auf der Vorderseite der Schaufel aufbaut, über die gesamte Höhe der Schaufel durch den Spalt zur Gehäusewand hin wieder abbaut. Diese Verluste sind insbesondere bei beidseitig offenen Rädern durch geeignete Wahl der geometrischen und betrieblichen Parameter zu minimieren. In Abb. 14 sind die Kennlinien der unterschiedlichen Radbauarten beispielhaft miteinander vergli-chen. Parameter ist der Schaufeltyp, wobei Typ A der herkömmliche Heißgasven-tilator geschlossener Bauart ist und die Typen B, C und D einseitig offene Laufrä-der sind. Es zeigt sich, dass die geschlossene Bauart (Typ A) wie erwartet besser fördert als die einseitig offene (Typen B, C und D).

Neben der Bauart unterscheiden sich die Laufräder auch in ihrer Schaufelform. Das Vergleichsrad (Typ A) ist mit strömungstechnisch optimierten radialendenden Schaufeln versehen. Das Rad mit der Schaufelform Typ C (radial endende Schaufeln, Eintrittswinkel = 90° und Austrittswinkel = 90°) hat von den einseitig offenen Rädern das beste Förderverhalten. Mit der Schaufelform Typ D (rein radiale Schaufeln, Ein- und Austrittswinkel = 90°) ergibt sich im Vergleich zur radialenden Schaufel ein nur unwesentlich schlechteres Förderverhalten. Die rückwärts gekrümmte Schaufelform, Typ B (Ein- und Austrittswinkel < 90° C) ergibt das deutlich schlechteste Förderverhalten, weil rückwärts gekrümmte Schaufeln einen hohen Reaktionsgrad haben, d.h. dass hier der Druckaufbau zu einem großen Teil im Laufrad erfolgt, und im Falle einer offenen Bauart durch die Spaltweite sich über der Schaufelhöhe der Druck auch laufend sich teilweise wieder abbauen kann. In Abb. 15 ist Abb. 14 noch einmal in dimensionsbehafteter Form wiedergegeben, um einen Eindruck von absoluten Werten für den Heißversuchsstand zu geben.

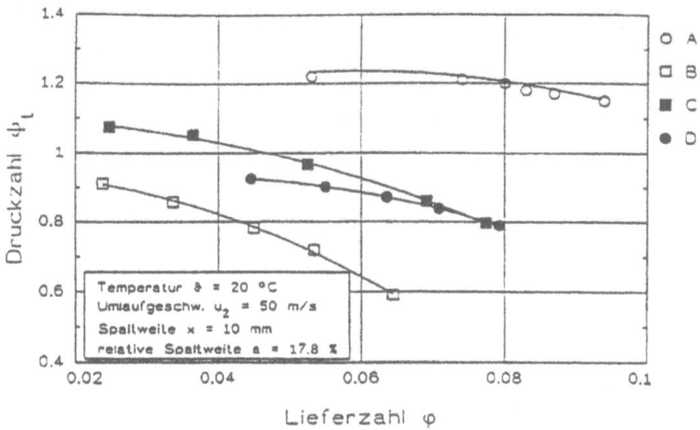

Abb. 14: Einfluss der Schaufelform und der Radbauart auf die Druckzahl ψ_t in Abhängigkeit von der Lieferzahl φ

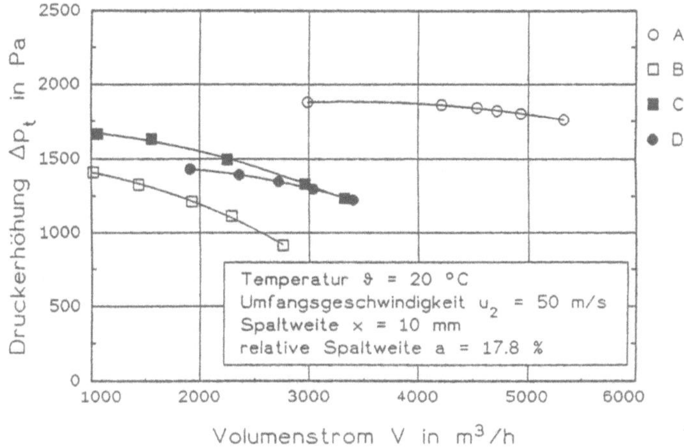

Abb. 15: Darstellung der Abb. 14 mit dimensionsbehafteten Größen.

Der geringe Unterschied zwischen den Kennlinien der beiden Schaufeltypen (C und D in Abb. 14) lässt die Schlussfolgerung zu, dass die Stoßverluste bei diesen Spaltverhältnissen eine untergeordnete Rolle spielen, da sich Typ C und D nur im Schaufeleintrittswinkel unterscheiden. Wegen des Vorteils der geringeren Bauteilbeanspruchung beim Typ D sind schließlich die rein radialen Schaufeln weiter untersucht worden.

Da sich, wie oben bereits erwähnt, bei offenen Rädern ein Teil des auf der Vorderseite der Schaufeln aufgebauten Druckes durch die Spalte wieder abbaut, kommt der Spaltweite eine besondere Aufmerksamkeit zu. Sie wirkt bei offenen Laufrädern grundsätzlich anders als bei geschlossenen. Bei der Spaltweite eines geschlossenen Rades handelt es sich um den Abstand zwischen Ansaugrohr und Deckscheibe (Abb. 8). Bei offenen Laufrädern versteht man unter der Spaltweite den Abstand zwischen der Gehäusewand und der Außenkante der Schaufeln. Insbesondere bei offenen Hochtemperaturventilatoren sind, wenn die Gehäuse aus Feuerfestmaterial bestehen, große Spaltweiten notwendig. Eine Spaltweite von weniger als $x = 10$ mm bei dem Raddurchmesser von $d_u = 560$ mm scheint z. Zt. wegen der Wärmedehnungen nicht sinnvoll. Das Förderverhalten der offenen Laufräder wurde daher bei verschiedenen Spaltweiten von bis zu $x = 30$ mm untersucht: das entspricht relativen Spaltweiten $a = 2 \cdot x \cdot (b_1 + b_2)$ von über 50 %.

Im Allgemeinen ergibt sich durch eine Vergrößerung der Spaltweite eine Verschlechterung des Förderverhaltens. Die Spalteinflüsse wirken sich auf die gesamte Kennlinie jedoch mit unterschiedlicher Intensität aus. So zeigt Abb. 16, dass wie erwartet rückwärts gekrümmte Schaufeln (Typ B) eine hohe Empfindlichkeit mit wachsender Spaltweite haben. Bei den Typen C und D ist der Spalteinfluss in dem untersuchten Bereich hingegen gering.

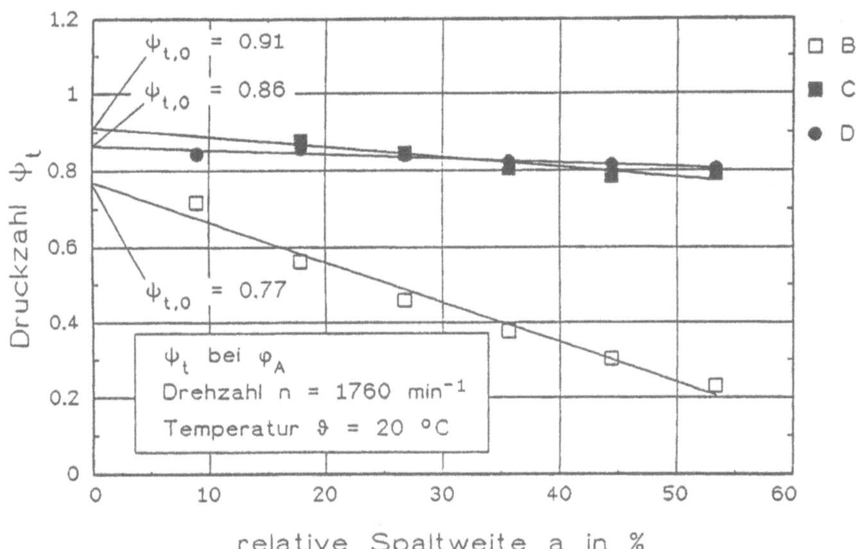

Abb. 16: Einfluss der relativen Spaltweite a auf die Druckzahl φ_t, Parameter sind die Breiten der Schaufeltypen B, C und D

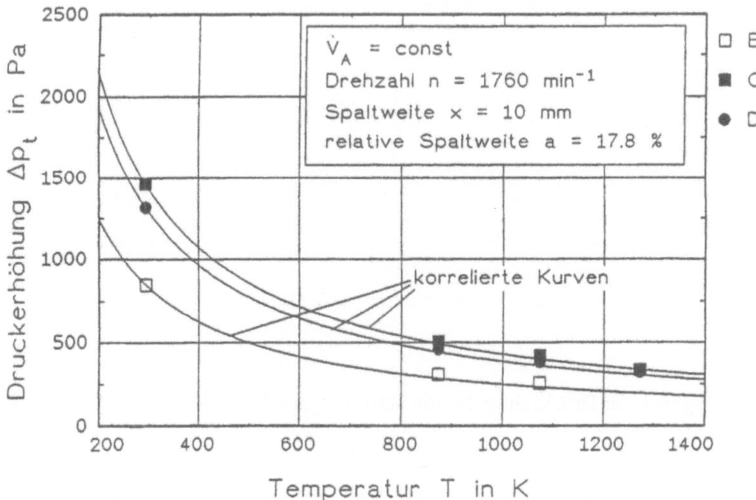

Abb. 17: Vergleich von gemessenen und korrelierten Dreherhöhungen Δp_t für verschiedene Temperaturen T

Abbildung 17 zeigt, dass man die Messergebnisse bis zu dem hier angestrebten Temperaturniveau um 1300 °C mit dem bekannten Zusammenhang $\Delta p_t \sim (1/T)$ korrelieren kann. Mit der weiteren Korrelation $\Delta p_t \sim n^2$ (Abb. 18) war es daher möglich, weitere Untersuchungen bei Umgebungstemperatur und gleichzeitig verkleinertem Versuchsrad durchzuführen (Typen EFGHI), ehe abschließend mit einem Keramikrad (Typ J) wieder Versuche bis 1300 °C durchgeführt wurden (vgl. Abb. 9).

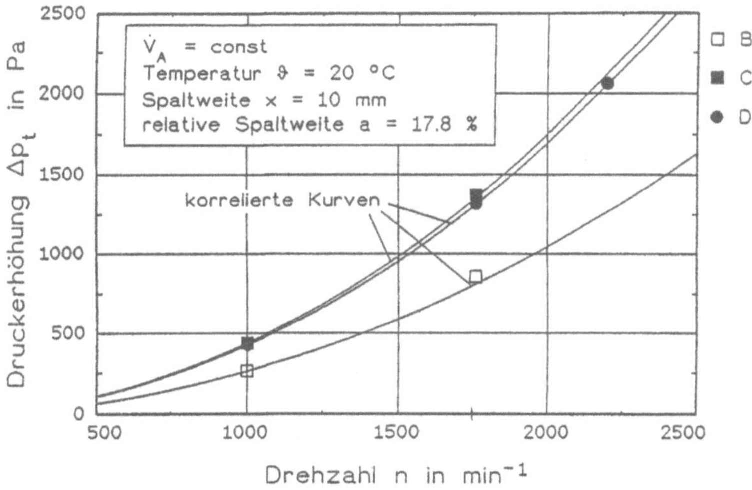

Abb. 18: Vergleich gemessener und korrelierte Druckerhöhungen Δp_t für verschiedene Drehzahlen n

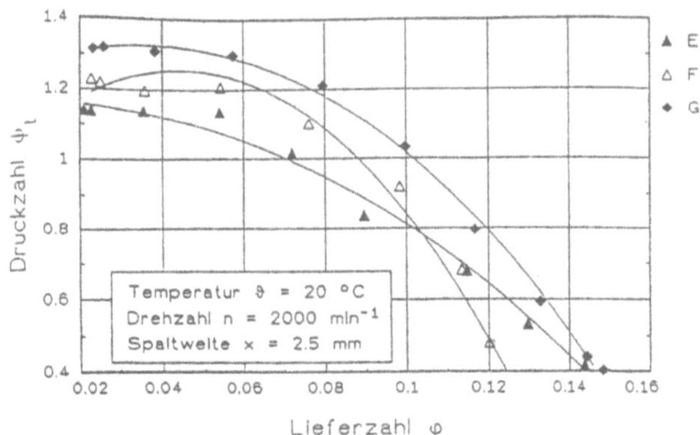

Abb. 19: Vergleich der Druckzahl φ_t für die Schaufeltypen E, F und G

Da bei offenen Laufrädern in Randnähe der Schaufeln, d.h. zur Gehäusewand hin, ein Druckabbau stattfindet, ist die Schaufelbreite, insbesondere die Schaufelbreite b eine wichtige Größe. Der Einfluss der Schaufelbreite wurde in Kaltversuchen am Modell getestet. Der Schaufeltyp D wurde zunächst geometrisch ähnlich mit einem Maßstabverhältnis von 1:2 verkleinert, sodass der Schaufeltyp E (Abb. 4 und Abb. 5) entstand. Das Laufrad vom Typ F mit über dem Radius konstanter Schaufelbreite ergibt, wie Abb. 19 zeigt, im Gegensatz zu Typ E ein deutlich besseres Förderverhalten. Eine weitere Verbesserung des Förderverhaltens erbrachte der Schaufeltyp G, dessen Schaufelbreite ausgehend von der Form Typ F weiter vergrößert wurde.

In Abb. 20 sind die einseitig offenen Typen E, G und die beidseitig offenen Typen H, I gegenübergestellt. Bei beidseitig offenen Radiallaufrädern fallen die Kennlinien wie erwartet steiler ab, das heißt, die Druckerhöhung ist geringer. Der Einfluss der Schaufelbreite ist analog der an einseitig offenen Laufrädern.Der Vorteil der breiteren Schaufel geht auch hier beim Übergang vom Schaufeltyp H zu I unmittelbar hervor. Im Gegensatz zu der bisherigen Annahme treten die befürchteten hohen Druckverluste infolge einer Strömungsablösung nicht auf, so dass der Einsatz breiterer Schaufeln vorteilhaft ist. Diese Ergebnisse bestätigen die anfängliche Vermutung, dass die Spaltströmungen sich nur auf einen Teilbereich, nämlich den Randbereich der Schaufelbreite auswirken und dies besonders stark im Bereich des Außenradius.

Das Verhältnis b_1/b_2 wird als Schaufelbreitenverhältnis bezeichnet. Aus der Kontinuitätsgleichung ergibt sich, dass die Strömungskanalbreite mit wachsendem Radius abnehmen sollte. Wie bereits angedeutet, wird der Druck, der sich im Laufrad aufbaut, verstärkt im Außenbereich der Schaufel (Kopfende) über den Spalt wieder abgebaut. Ein Vergleich der Kennlinien der Typen E (Verkleinerung der Schaufelbreite zum Außenradius hin) und F (konstante Schaufelbreite über der Höhe) zeigte, dass eine Verkleinerung der Schaufelbreite, obwohl die sich aus der Kontinuitätsgleichung errechnet, ungünstig für das Förderverhalten ist. Hier aus ergibt sich, dass man durch eine Verbreiterung eine relative Verminderung der Spaltströmung erhält. Der Druckabbau zum Rand hin bekommt dadurch eine

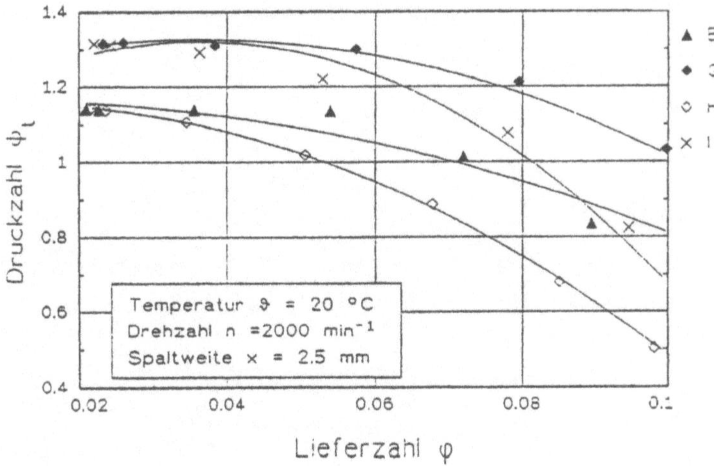

Abb. 20: Einfluss der Schaufelbreiten auf die Druckzahl φ_t; Parameter sind die Breiten der Schaufeltypen E, G und I

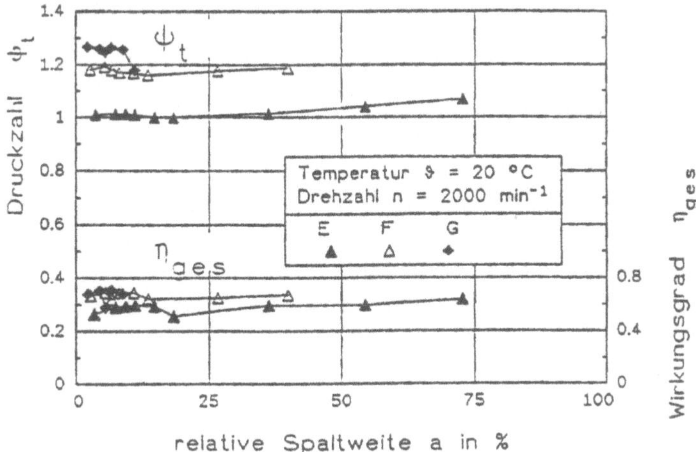

Abb. 21: Einfluss der relativen Spaltweite a auf die Druckzahl φ_t und dem Wirkungsgrad η_{ges} für die Schaufeltypen E, F und G

geringere Bedeutung, d.h. zur Druckerhöhung bzw. zum Fördern bleibt „mehr Schaufelbreite" übrig.

In Abb. 21 ist dies für die am Kaltversuchsstand untersuchten einseitig offenen Typen E, F und G, in Abb. 22 für die beidseitig offenen Typen H und J gezeigt. Bei sehr kleinen Spaltweiten ergeben sich bei der Extrapolation zur Spaltweite Null niedrigere Werte als die, die man bei der Auslegung entsprechender geschlossener Räder erhält. Offensichtlich besteht ein Unterschied im Förderverhalten geschlossener Räder im Vergleich zu offenen Rädern mit der gedachten

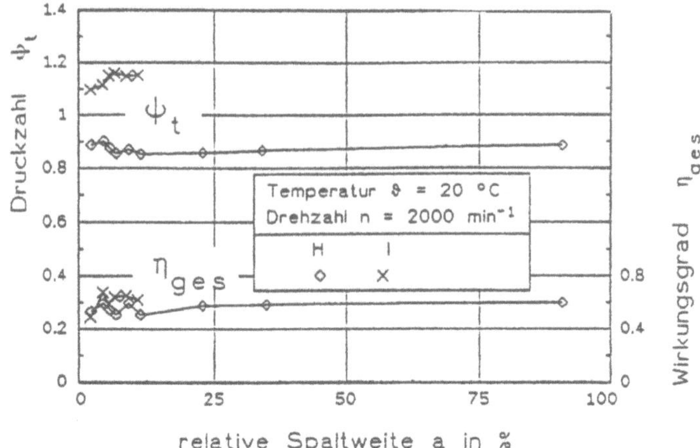

Abb. 22: Einfluss der relativen Spaltweite a auf die Druckzahl φ_t und den Wirkungsgrad η_{ges} für die Schaufeltypen H und I

Spaltweite Null (geschlossenes Rad: mitlaufende Deckscheibe; offenes Rad: Wand entspricht „stehender Deckscheibe").

Zur Untersuchung dieses Einflusses wurde der Modellventilator dahingehend umkonstruiert und umgebaut, dass die Deckscheibe bzw. Gehäusewand sich bei Bedarf mitdrehen kann. Abb. 23 zeigt exemplarisch zwei Kennlinien für ein einseitig offenes Modellrad mit rein radialen Schaufeln konstanter Breite. Dargestellt ist neben der Kennlinie für das geschlossene Rad („mitdrehende Deckscheibe") diejenige für das einseitig offene Laufrad mit einer Spaltweite von nahezu Null („stehende Gehäusewand"). Es ergeben sich nur minimale Änderungen im Förderverhalten. Der Einfluss von stehender bzw. sich mitdrehender Deckscheibe kann damit entgegen den Erwartungen als vernachlässigbar klein angesehen werden.

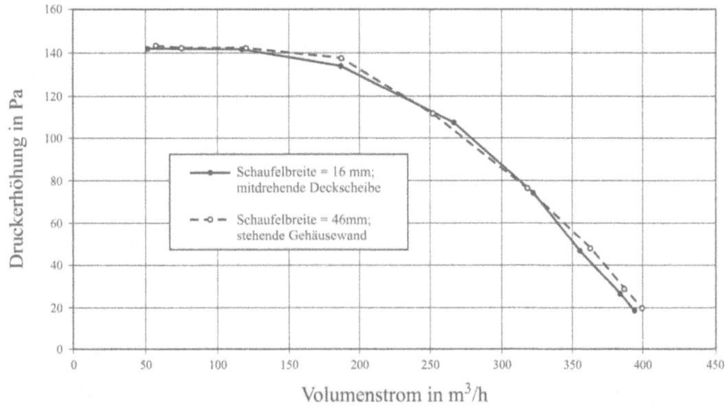

Abb. 23: Kennlinienvergleich des Modellventilators mit geschlossenem Rad (mit drehender Deckscheibe) und einseitig offenem Rad (stehende Gehäusewand); Spaltweite < 0,3 mm; Schaufelbreite 46 mm; d_1 = 137,5 mm; d_2 = 275 mm; n = 1000 min⁻¹; ϑ = 20 °C

Die Kennlinien des neuentwickelten Paddelrades neben denen des Vergleichsventilators stellt Abb. 24 dar. Die Kurvenverläufe für Temperaturen von 20° C zeigen, dass durch eine mäßige Drehzahlsteigerung des beidseitig offenen Rades die Förderleistung über die des Vergleichsventilators (Typ A) steigt, da die Druckerhöhung dem Quadrat der Drehzahl proportional ist.

Bei höheren Temperaturen sinkt die Druckerhöhung mit sinkender Dichte des Fördermediums ($\Delta \approx p \cdot u_2 \cdot c_{2u}$), d. h. nach dem idealen Gasgesetz ($p = p/RT$) umgekehrt proportional zur absoluten Temperatur. Man sieht jedoch, dass trotz erheblich höherer Temperatur (1300 °C) bei niedrigen Volumenströmen annähernd die gleiche Druckerhöhung erzielt werden kann wie beim Stahlventilator bei einer Gastemperatur von 800 °C. Zwar hat das Paddelrad einen niedrigeren Wirkungs-grad als das strömungstechnisch optimierte Stahllaufrad, die damit verbundene Motormehrleistung ist aber unerheblich im Vergleich zu den im thermischen Prozess umgesetzten Leistungen im Megawattbereich, wenn man bedenkt, dass die Antriebsleistung eines solchen Ventilators bei einer Gastemperatur 1300 °C nur etwa 2 kW beträgt.

4.1.4.
Dauerversuche (Versuche mit Paddelrädern)

Bislang wurden drei Laufräder des neuen Typs im Heißversuch getestet. Bei den Versuchen zeigte sich, dass die Welle-Nabe-Verbindung über den gesamten Temperaturbereich (Raumtemperatur bis 1300 °C im Ventilatorgehäuseeintritt) ihre Funktion erfüllte. Ein Wuchten der Lüfterräder, obwohl durch Schleifen der Flügelspitzen theoretisch problemlos möglich, erwies sich als überflüssig. Die Toleranzen der gelieferten Laufräder und die Zentrierwirkung der Verbindung waren zufrieden stellend.

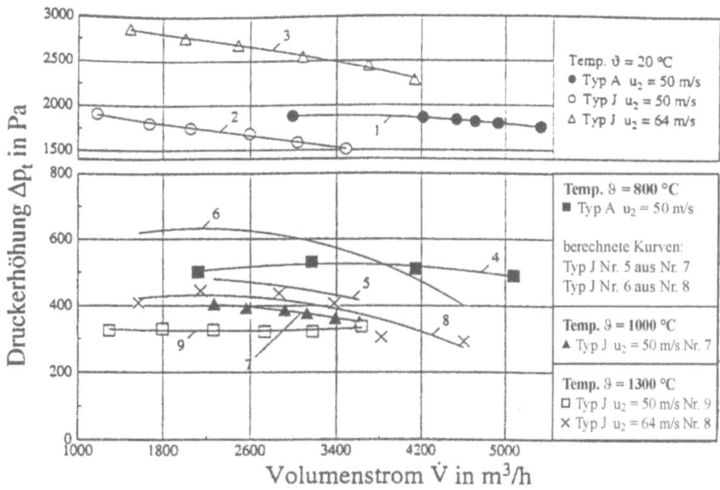

Abb. 24: Einfluss der Temperatur auf die Druckerhöhung des Radtyps J (Paddelrad nach Abb. 5) im Vergleich zum herkömmlichen stählernen Vergleichsventilator (Typ A)

Das erste nach dem Niederdruckgussverfahren hergestellte Rad wurde bei einem über 33-stündigen Test unbeabsichtigt zerstört. Ein Erlöschen der Brennerflamme führte zu einer unzulässig starken Abkühlung des Laufrades. Die kalte Verbrennungsluft (65 °C) konnte sich auf dem kurzen Rohrleitungssystem zum Ventilator, der gerade eine Betriebstemperatur von weit über 1300°C hatte, nicht mehr ausreichend erwärmen. Der Ausfall fand etwa eine Minute nach Beginn der Abkühlung statt. Bis zum Versagen jedoch lief das Rad völlig zufrieden stellend. Auch ein fünfstündiger Test bei 1380 °C im Gehäuseeintritt und einer Überdrehzahl von 2330 min^{-1} ($u = 68$ m/sec) verlief problemlos.

Das zweite in einem 55-stündigen Test eingesetzte Rad war ein nach dem konventionellen Schlickergussverfahren hergestelltes. Dieser Test verlief ohne katastrophalen Ausfall des Lüfters. Das gefahrene Testprogramm mit Drehzahlen, Abkühlraten etc. kann Abb. 25 entnommen werden. Es zeigte sich, dass die mäßigen Abkühlraten im Testbetrieb im Gegensatz zur harten Schockabkühlung des ersten Versuchs problemlos vom Keramiklaufrad ertragen wurden. Zur Verdeutlichung der gefahrenen Abkühlraten zeigt Abb. 26 einen vergrößerten Ausschnitt aus Abb. 25. Dabei ist kurzzeitig eine Abkühlrate von über 60 K/min erreicht worden.

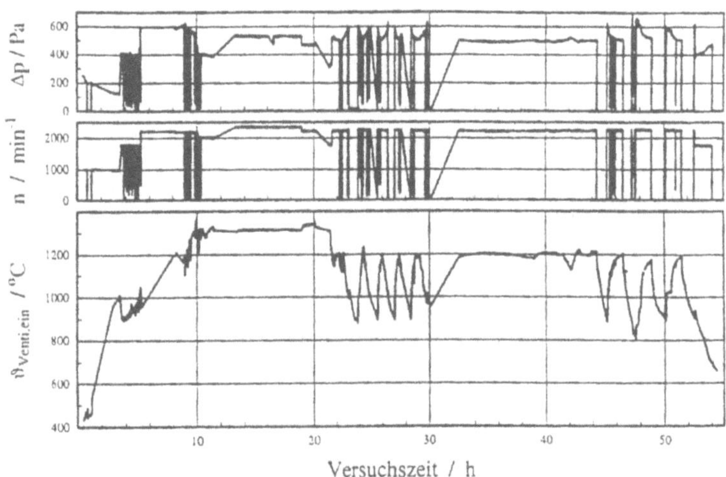

Abb. 25: Protokoll eines 55-stündigen Betriebsversuches mit dem Paddelrad nach Abb. 5

Nach der Demontage des Lüfterrades von der Verbindung stellte sich heraus, dass ein Teil des Zentrierabsatzes abgerissen war, was jedoch seine Funktion nicht beeinträchtigte. Die Ursache für diesen Schadensfall konnte man leider nicht eindeutig klären. Als relativ sicher kann jedoch gelten, dass der Bruch beim Abkühlen oder ggf. bei der Demontage des Laufrades aufgetreten ist, da die Bruchflächen nicht oxidiert waren. Ein Bruch bei hoher Temperatur wäre mit dunkel angelaufenen Bruchflächen verbunden gewesen. Es wurde vermutet, dass das Spiel im Zentriersitz zu klein gewesen sein könnte und daher hohe Spannungen durch ein „Kneifen" auftraten.

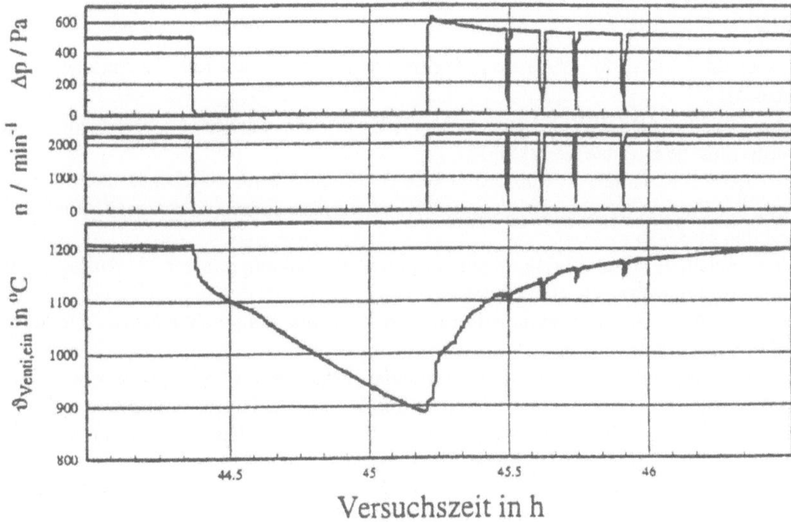

Abb. 26: Ausschnitt aus Abb. 25

Ein drittes ebenfalls nach dem normalen Schlickergussverfahren hergestelltes Laufrad wurde mit einem vergrößerten Spiel von 0,04 mm am Zentriersitz montiert, um ein evtl. auftretendes „Kneifen" der Passung zu vermeiden. Ein über 15-stündiger Test mit diesem Rad, in dem ebenfalls volle Drehzahl und Temperatur sowie zwei Abkühlzyklen gefahren wurden, verlief erfolgreich und ohne Versagen des Zentriersitzes. Das Rad kann für weitere Tests wieder verwendet werden.

4.1.5
Zusammenfassung

Mit den Betriebsversuchen des verbesserten Paddelrades konnte nachgewiesen werden, dass Keramiklaufrad und Welle-Nabe-Verbindung funktionsfähig sind. Die gefundene keramikgerechte Schaufelform weist ein befriedigendes Förderverhalten auf. Damit ist das Projektziel, einen gegenüber dem bisherigen Stand der Technik deutlich fortgeschrittenen keramischen Hochtemperaturventilator für Temperaturen bis 1350 °C zur Verfügung zu stellen, erreicht worden.

Es konnte bei der Projektarbeit für zahlreiche verschiedene Schaufelformen das Förderverhalten ermittelt werden, was für die Auslegung von Hochtempraturventilatoren nützlich ist. Die Entwicklung des Statistikprozessors „KerB", der eine optimale Gestaltung des Keramiklaufrades gestattete, erwies sich als besonders hilfreich.

Da längere Tests auf der beschriebenen Versuchsanlage wegen der hohen Betriebskosten leider nicht durchführbar sind, wird nach industriellen Anwendern gesucht, die ein solches Laufrad in eigenen Ofenanlagen über größere Zeiträume hinweg einsetzen können.

Mit dem Abschluss des Projektes wird nun das Feld der Grundlagenforschung verlassen.

Literatur zu Kapitel 4.1

Arbeitsbericht (1988-1989-1990) des Sonderforschungsbereiches 180. Technische Universität Clausthal

Barklage-Hilgefort HJ (1989) Primary measures for the NO reduction on glass melting furnaces. Glastechnische Berichte 62-5:151-157.

Barth H-J, Jakel R, Krüger S, Rubio D (1999) Berechnung kermamischer Bauteile mit der Methode der finiten Elemente und dem neuen statistischen Software-Prozessor „Weibull". Konstruktion 51:33-36

Eckert B, Schell E (1980) Axialkompressoren und Radialkompressoren. 2. Auflage, Springer-Verlag Berlin, Göttingen, Heidelberg

Ebner PH (1984) Hochkonvektions-Haubenofen für die Stahldrahtindustrie. Drahtwelt 2 - 1984:33-36

Engeda A (1987) Untersuchungen an Kreiselpumpen mit offenen und geschlossenen Laufrädern im Pumpen- und Turbinenbetrieb. Dissertation, Technische Universität Hannover

Ganther M (1984) Einfluss der Spaltweite auf die Kennlinien offener, radialer Pumpenlaufräder. Pumpentagung Karlsruhe 84, Sektion B1, Karlsruhe

Ganther M (1985) Experimentelle Untersuchungen des Spaltverlustes radialer Kreiselpumpen mit offenem Laufrad. Dissertation, Technische Universität Braunschweig

Gür M (1992) Untersuchungen zum Förderverhalten von Radialventilatoren für Temperaturen oberhalb 900 °C. Dissertation, Technische Universität Clausthal

Hennicke WH, Kersting R (1970) Über die Temperaturwechselbeständigkeit keramischer Werkstoffe. Handbuch der Keramik, Schmid GmbH Verlag, Freiburg Germany

Honcamp S, Jeschar R (1990) Investigations to determine the maximum permissible cooling velocity for ceramic components made of alumina, Steel research 61(1990)11: 576-584

Jakel R (1996) Ein Beitrag zur Berechnung und konstruktiven Gestaltung keramischer Bauteile, dargestellt am Beispiel eines keramischen Heißgasventilators. Dissertation, Technische Universität Clausthal

Kolloquiumsband (1989) „Konstruktion verfahrenstechnischer Maschinen" Berichte und Fachgespräche zu Ergebnissen aus dem Sonderforschungsbereich 180. 24./25. Oktober 1989, Technische Universität Clausthal

Kolloquiumsband (1992) „Konstruktion verfahrenstechnischer Maschinen" Berichte und Fachgespräche zu Ergebnissen aus dem Sonderforschungsbereich 180. 28./29. Oktober 1992, Technische Universität Clausthal

Krüger S (1999) Ein Beitrag zur praxisgerechten Dimensionierung keramischer Bauteile bei mehrachsigen Beanspruchungen. Dissertation, Technische Universität Clausthal

Leist H, Roth H-W, Schilling R, Zierep J (1979) Neuere Entwicklungen auf dem Gebiet der Radialventilatoren hoher Leistungsdichte. HLH 30, (1979) 11:443-447

MTU Motoren- und Turbinen-Union München GmbH (1983) Forschungsbericht Keramiktechnologie. Entwicklung von hochwarmfesten Keramikbauteilen für Gasturbinen. Bundesministerium für Forschung und Technologie

Pfleiderer C, Petermann P (1980) Strömungsmaschinen. 5. Auflage, Springer-Verlag Berlin, Göttingen, Heidelberg

Petsow G (1986) Hochleistungskeramiken – eine neue Werkstoffgeneration. Max-Planck-Gesellschaft, Van der Hoeck und Ruprecht Verlag, Göttingen

Rütschi K (1968) Arbeitsweise von Freistrompumpen. Schweizerische Bauzeitung 32:575-582

Thümmler F, Grathwohl G (1988) Fortschritte mit neuen Werkstoffen: Keramik für den Maschinenbau. Keramische Zeitschrift 3:157-164

4.2
Reaktionsmühle

P. Dietz, U. Hoffmann, K. Schönert, U. Bock, U. Kunz

4.2.1
Bedeutung und Besonderheiten von Feststoffreaktionen

Die Umsetzung fester Stoffe ist von großer technischer Bedeutung. Neben den klassischen Feldern wie die Gewinnung und Aufbereitung von mineralischen Rohstoffen, die Metallurgie, die Steine- und Erdenindustrie und die Kohleverarbeitung kommen neue industriell interessante Produktbereiche hinzu, die zum Teil beträchtliche Wertschöpfungen erlauben. Hierzu zählen die Erzeugung neuartiger Katalysator- und Membranmaterialien, die Herstellung magnetischer Materialien, die Produktion verschleißfester Hartkeramiken (Cartide und Nitride), die Synthese metallischer Gläser (z. B. Nb-Y, Nb-Ni) und die Präparation von Wirkstoffen mit maßgeschneiderter Löslichkeit.

4.2.2
Aktivierung von Feststoffen

Dieser Fülle viel versprechender Einsatzfelder steht gegenüber ein bislang noch unvollständiges Verständnis vieler relevanter Wechselwirkungen bei der Verarbeitung von Feststoffen unter technischen Bedingungen. Im Gegensatz zu Fluiden weisen Feststoffe eine größere Anzahl charakterisierender Parameter auf, wie z.B. Kristallstruktur, Spannungen und Dehnungen, Korngrenzen, Defekte unterschiedlicher Art, Größe und Gestalt der Kristallite usw. All diese Feststoffeigenschaften beeinflussen deren Reaktivität in chemischen Umsetzungen (Schmalzried 1995). Aus technischer Sicht ist die Steuerung der Reaktivität eine Frage von zentraler Bedeutung. Häufig gilt es, die Reaktivität zu steigern, um technisch interessante Raum-Zeit-Ausbeuten zu realisieren.

In Abb. 1 sind die wichtigsten Angriffsmöglichkeiten zur Steigerung der Reaktionsgeschwindigkeit zusammengestellt. Hierbei wird unterschieden zwischen Maßnahmen, die vor chemischen Umsetzungen und solchen, die während der Reaktion ergriffen werden. Hier steht die mechanische Behandlung bzw. die simultane Zerkleinerung im Vordergrund (Boldyrev 1998).

Die Aktivierung und Beschleunigung von Feststoffreaktionen durch mechanische Einwirkungen bezeichnet man als Tribochemie bzw. als Mechanochemie (Heinicke 1984). Die mechanische Einwirkung führt zu den in Abb. 2 dargestellten Änderungen der Feststoffphase.

Neben der Vergrößerung der Oberfläche und einer verbesserten Mischung sind die im Gefüge hervorgerufenen Veränderungen von ausschlaggebender Bedeutung. Hier sind vor allem die Ausbildung von Defekten und Versetzungen sowie die Ausbildung nichtstöchiometrischer Phasen verantwortlich. Hinzu kommt eine

Abb. 1: Steigerung der Reaktivität eines Feststoffes

Abb. 2: Phänomene bei der mechanischen Aktivierung

Veränderung der Eigenschaften der Kontaktstellen, was Zahl und Art anbelangt (Rao u. Gopalakrishnan 1989).

Obwohl an und in Feststoffen eine Vielzahl von Phänomenen beobachtbar und wirksam sind (vgl. z.B. Eliott 1998), lässt sich der Reaktionslauf entsprechend Abb. 3 vereinfachend darstellen (Heinicke 1984).

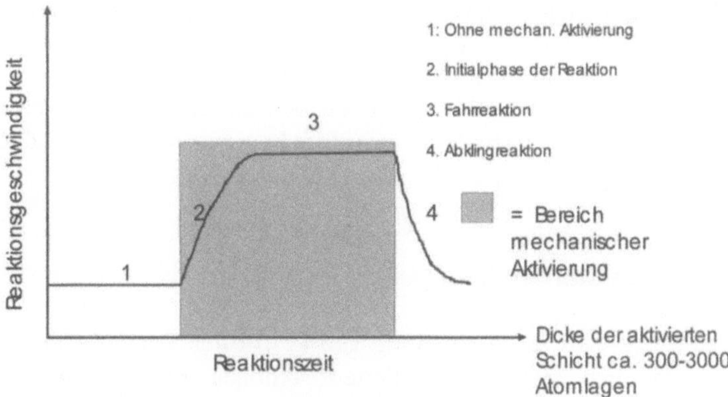

Abb. 3: Prinzipieller Verlauf einer tribochemischen Reaktion

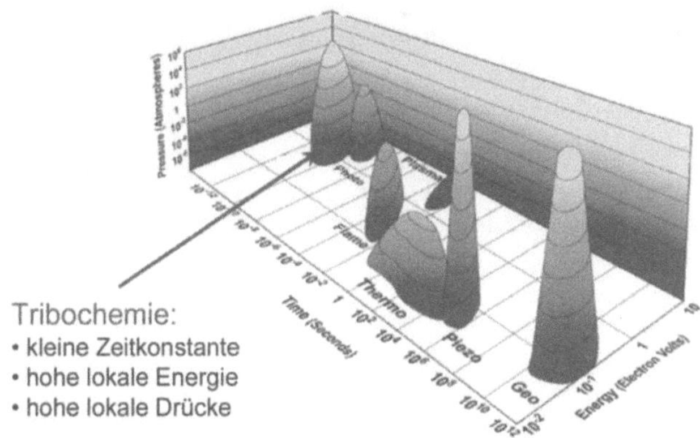

Abb. 4: Tribochemie im Vergleich mit anderen Energieeintragsmethoden

Man erkennt, dass eine mechanische Aktivierung erst mit Verzögerung entsteht und nach Abschalten der mechanischen Einwirkung noch einwirkt. Die beobachteten Zeitkonstanten können von Bruchteilen einer Sekunde bis zu Tagen reichen.

Betrachtet man die Energieeinträge, die mit unterschiedlichen Methoden zu realisieren sind (Abb. 4), so stellt man fest, dass bei tribochemischen Reaktionen sich zwar hohe lokale Energiedichten verwirklichen lassen, diese aber nur recht kurz wirksam sind (Suslick 1996).

4.2.3
Entwicklungsstand und Perspektiven

Zum gegenwärtigen Zeitpunkt steckt die technische Nutzanwendung der Tribochemie noch in den Anfängen. So wird z.B. in der Kautschukindustrie der mechanische Abbau der Kautschukmoleküle als Vorbereitungsschritt für nachfolgende Arbeitsschritte benutzt (Mastikation). Auch Perkussionszünder der Sprengmittelindustrie basieren auf einer mechanisch induzierten Reaktion. Dagegen sind zahlreiche Stoffsysteme nur im Labormaßstab untersucht worden. Diese Untersuchungen versprechen aber wirtschaftlich interessante Anwendungsmöglichkeiten. Hierzu zählen die Synthesen von feinsten Metallhydriden, Organometallreaktionen an hochdispersen Metallpartikeln, Phasentransferreaktionen, die Erzeugung von Katalysatoren, die Herstellung neuartiger Legierungen für die Pulvermetallurgie und die Entsorgung schwer abbaubarer toxischer Stoffe.

4.2.4
Simultane Reaktion und Mahlung

Häufig benutzte man zur Aktivierung von Feststoffen Zerkleinerungsmaschinen, in denen anfänglich mechanisch initiierte Reaktionen ungewollt ausgelöst wurden. Dies ist ein Ausgangspunkt gewesen für die gezielte Entwicklung von Reaktoren mit mechanischer Aktivierung. Hier sind vor allem Reaktionsmühlen und Ultraschallreaktoren zu nennen. Heute diskutierte Einsatzfelder von Reaktionsmühlen sind (McCormick u. Froes 1998):

- Aufbereitung mineralischer Rohstoffe und Abfallbehandlung,
- Erzeugung hochreiner Metalle,
- Redoxreaktionen disperser Metalle,
- Erzeugung von Nanopartikeln,
- Mikromischung ultrafeiner Teilchen,
- Herstellung von Feststoffen mit stark verbesserten Lösungseigenschaften,
- Produktion von Pulvern mit verbesserter Mikrostruktur,
- Synthese neuer kristalliner Phasen,
- Amorphisierung von kristallinen Stoffen und
- Bildung neuartiger Legierungen.

Für den Einsatz in Reaktionsmühlen eignen sich Fest-Fest-, Fest-Gas- und Fest-Flüssig-Umsetzungen. Eine kleine Auswahl technisch interessanter Reaktionen zeigt die Tabelle 1 (Takacs 1993; Hlavacek 1999).

4.2.5
Technisch interessante Modellreaktionen

Der Einsatz von Reaktionsmühlen in der Technik verlangt eine verfahrenstechnische und maschinentaugliche Auslegung. Bislang existieren in der Fachliteratur kaum Angaben zum Entwurf von Reaktionsmühlen. Zur Überprüfung vorhandener Richtlinien und zur Entwicklung verbesserter Auslegungsvorschriften müssen grundlegende Untersuchungen durchgeführt werden. Dies verlangt, dass die ausgewählten Modellreaktionen ein möglichst weites Feld abstecken. Hinzu kommt, dass die ausgewählten Umsetzungen von technischem Interesse sein sollten. Im Zuge einer systematischen Vorgehensweise wurde eine Gas-Feststoff- und eine Flüssigkeits-Feststsoff-Umsetzung ausgewählt. Darüber hinaus sollten diese Reaktionen zusätzliche Anforderungen an die konstruktive Gestaltung stellen. Ausgewählt wurden die Synthese von Chlorsilanen und die Erzeugung von Grignardverbindungen.

Tabelle 1: Technisch interessante Reaktionen für den Einsatz von Reaktionsmühlen

Fest-Fest	$Ta\,(s)$	$+$	$C\,(s)$	$\longrightarrow$	$TaC\,(s)$		
	$Al\,(s)$	$+$	$WO_3\,(s)$	$\longrightarrow$	$Al_2O_3\,(s)$	$+$	$W\,(s)$
	$Mg\,(s)$	$+$	$S\,(s)$	$\longrightarrow$	$Mg\,(g)$	$+$	$MgS\,(s)$
Fest-Gas	$Ti\,(s)$	$+$	$N_2\,(g)$	$\longrightarrow$	$TiN\,(s)$		
	$B\,(s)$	$+$	$Cl_2\,(g)$	$\longrightarrow$	$BCl_3\,(g)$		
	$SiC\,(s)$	$+$	$Cl_2\,(g)$	$\longrightarrow$	$C\,(s)$	$+$	$SiCl_4\,(g)$
Fest-Flüssig	$Li\,(s)$	$+$	$RCl\,(l)$	$\longrightarrow$	$RLi\,(l)$	$+$	$LiCl\,(s)$
	$Mg\,(s)$	$+$	$RCl\,(l)$	$\longrightarrow$	$RMgCl\,(l)$		
	$Ti\,(s)$	$+$	$ROH\,(l)$	$\longrightarrow$	$Ti[OR]_4\,(s)$	$+$	$H_2\,(g)$

4.2.6
Methodische Vorgehensweise

Für die Erstellung einer Anforderungsliste und die letztlich angestrebte reaktionstechnische Auslegung einer Reaktionsmühle erscheint es zweckmäßig, den komplexen Gesamtvorgang in Einzelphänomene zu zerlegen. Die wesentlichen Phänomene sind die chemische Reaktion, die mechanische Zerkleinerung und Stofftransport durch den Reaktionsraum. Die getrennte Untersuchung dieser Einzelphänomene ist zwar experimentell aufwendiger, führt aber in der Regel zu einem besseren Verständnis der Vorgänge. Hinzu kommt, dass der chemische Reaktionsablauf zum gegenwärtigen Zeitpunkt nicht rein theoretisch vorhersagbar ist, sondern immer experimentelle Untersuchungen erfordert. Entsprechendes gilt für die reine Zerkleinerung, ganz zu schweigen von der mechanischen Aktivierung während der Mahlung. Zur Erfassung des makroskopischen Stofftransportes reichen Verweilzeitbetrachtungen aus. Aus den Ergebnissen der genannten Einzeluntersuchungen lässt sich eine Abschätzung des Gesamtvorgangs während des reaktiven Mahlens vornehmen.

4.2.6.1
Synthese von Chlorsilanen

Die Herstellung von Chlorsilanen ist eine bedeutende Prozessstufe für die technische Herstellung von Reinstsilizium. Die Möglichkeit, die erzeugten Chlorsilane destillativ zu reinigen, ist Hauptursache für die Entwicklung des heute üblichen Gesamtverfahrens, bei dem der Destillation eine Epitaxiestufe und ein Zonenschmelzverfahren nachgeschaltet sind. Abb. 5 zeigt die ersten Prozessstufen vom Quarzsand zu den Chlorsilanen.

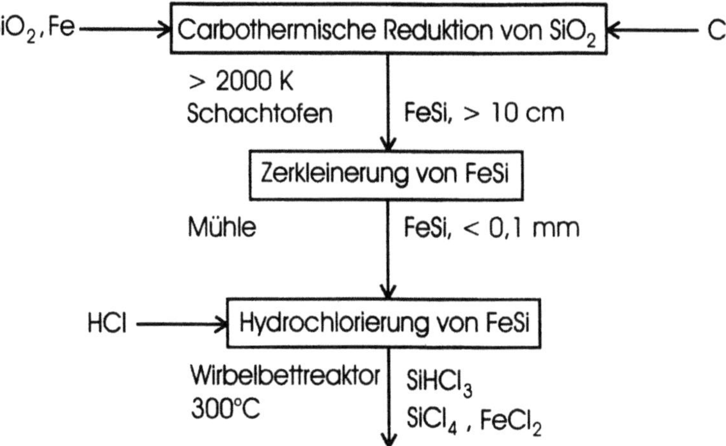

Abb. 5: Klassische Prozessstufen der Chlorsilanerzeugung

In den ersten beiden Prozessstufen wird als Ausgangsstoff für die Hydrochlorierung Ferrosilizium (FeSi 90-98% Si, Rest vorwiegend Fe) erzeugt. Dieser Feststoff wird mit gasförmigem Chlorwasserstoff umgesetzt. Die wesentlichen Reaktionen dieser Umsetzung sind stark exotherm und liefern als Reaktionsprodukte Gase und den Feststoff Eisenchlorid:

$$Si(s) + 3\,HCl\,(g) \rightarrow SiHCl_3\,(g) + H_2\,(g) \qquad \Delta_R H = -223\ kJ/mol$$
$$SiHCl_3(g) + HCl\,(g) \rightarrow SiCl_4\,(g) + H_2\,(g) \qquad \Delta_R H = -71\ kJ/mol$$
$$Fe(s) + 2\,HCl\,(g) \rightarrow FeCl_2\,(s) + H_2\,(g) \qquad \Delta_R H = -158\ kJ/mol$$

Vor der chemischen Umsetzung wird der feste Reaktand FeSi zerkleinert, um dessen Oberfläche zu vergrößern und damit die effektive Reaktionsgeschwindigkeit zu steigern. Diese Zerkleinerung erfolgt in klassischen Mühlen, daran schließt sich eine Zwischenlagerung an, bevor die Hydrochlorierung in einer Wirbelschicht erfolgt. Nachteilig bei diesem Herstellungsprozess wirken sich aus, dass

- durch Zwischenlagerung passivierende Deckschichten gebildet werden.
- die gebildeten Deckschichten zu unterschiedlich langen Induktionszeiten führen.
- von der eingebrachten Energie nur ein geringer Anteil für die Zerkleinerung genutzt wird, bereits eingebrachte Energie, die zu einer Feststoffaktivierung geführt hat, geht durch die zu lange Zwischenlagerung verloren (vgl. Abb. 3).
- während der Reaktion keine neuen Oberflächen gebildet werden.
- zur Erzielung akzeptabler Raum-Zeit-Ausbeuten die Reaktionstemperatur angehoben wird, und dass aber aus thermodynamischen Gründen die Bildung von Siliziumtetrachlorid bevorzugt wird, obwohl das Trichlorsilan das technisch gewünschte Produkt darstellt.

Zur Vermeidung dieser Nachteile erscheint der Einsatz einer Reaktionsmühle als aussichtsreich. Dies verlangt die Entwicklung einer Reaktionsmühle, die den besonderen mechanischen, thermischen und chemischen Belastungen gerecht werden muss. Diese ausgewählte Modellreaktion stellt hohe Ansprüche an die Werkstoffauswahl, die Konstruktion und die Ausführung. Gegen den schnellen industriellen Einsatz einer Reaktionsmühle für die Chlorsilansynthese sprechen bislang die üblichen Produktionshöhen.

4.2.6.2
Erzeugung von Grignardverbindungen

Grignardverbindungen sind Metallorganika, die als Zwischenprodukte für die Herstellung einer Reihe technisch interessanter Feinchemikalien eine große wirtschaftliche Bedeutung besitzen. Ihre Herstellung ist nicht unproblematisch, da üblicherweise große Mengen leicht entzündlicher Lösemittel eingesetzt werden müssen und diese im Zusammenhang mit der Exothermie dieser Grignardreaktionen ein erhebliches Gefahrenpotential darstellen. Hinzu kommt, dass bei diesen Fest-Flüssig-Reaktionen in der Regel zu Beginn der Umsetzung erhebliche Reaktionshemmungen vorliegen. Aus der Vielzahl der bekannten Grignardverbindungen wurde die Umsetzung von Magnesium mit Chlorbutan

$$Mg\ (s) + CH_3\text{-}(CH_2)_3\text{-}Cl \xrightarrow{\ THF\ (l)\ } CH_3\text{-}(CH_2)_3\text{-}Mg\text{-}Cl\ (l)$$

bzw. Chlorbenzol ausgewählt.

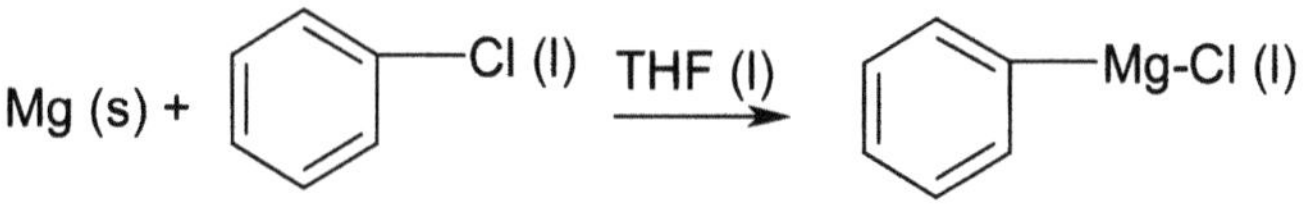

$$Mg\ (s) + \bigcirc\!\!-\!Cl\ (l) \xrightarrow{\ THF\ (l)\ } \bigcirc\!\!-\!Mg\text{-}Cl\ (l)$$

Beide Reaktionen sind stark exotherm, wobei die Erste mit wesentlich größerer Geschwindigkeit abläuft. Bei beiden Reaktionen wurde Tetrahydrofuran (THF) als Lösemittel eingesetzt. Neben diesen aufgeführten Hauptreaktionen laufen einige nicht zu vernachlässigende, unerwünschte Nebenreaktionen ab. Diese sind zusammen mit der Hauptreaktion in der Abb. 6 dargestellt.

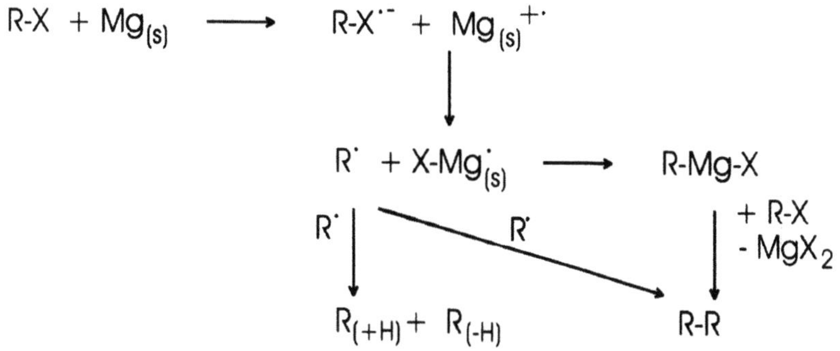

$$R\text{-}X + Mg_{(s)} \longrightarrow R\text{-}X^{\cdot-} + Mg_{(s)}^{+\cdot}$$

$$R^{\cdot} + X\text{-}Mg_{(s)}^{\cdot} \longrightarrow R\text{-}Mg\text{-}X$$

$$R_{(+H)} + R_{(-H)} \qquad\qquad R\text{-}R \qquad (+R\text{-}X,\ -MgX_2)$$

Abb. 6: Haupt- und Nebenreaktionen der Grignardsynthese (Hasler u. Richarz 1989)

In der chemischen Industrie erfolgt die Herstellung dieser Spezialprodukte in Rührkesselreaktoren, die halbkontinuierlich betrieben werden. Hierbei legt man das im Lösemittel suspendierte metallische Magnesium als Späne vor und dosiert das organische Halogenid langsam zu. Schon Spuren von Wasser im Lösemittel oder auf dem Metall führen zur Passivierung und damit verbundenen Induktionszeiten. Als Abhilfe wird ein zur Wasserbindung bereits hergestelltes Produkt in geringen Mengen zugesetzt oder durch Jodzugabe das Metall angeätzt. Setzt die Reaktion ein, wird die erhebliche Reaktionswärme durch Siedekühlung abgeführt.

Auch für diese Reaktion bietet sich der Einsatz einer Reaktionsmühle an. Die Grignardsynthese stellt im Vergleich zur Chlorsilansynthese andere Anforderungen an die Konstruktion. Hier ist der Fluidreaktand eine Flüssigkeit, während er bei der Chlorsilansynthese gasförmig ist. Auch die Feststoffreaktanden unterscheiden sich erheblich: Das Ferrosilizium ist spröde, wohingegen Magnesium duktil ist.

Gemeinsam ist beiden Modellreaktionen die hohe chemische Reaktivität und damit verbunden das innewohnende Sicherheitsrisiko. Ebenfalls gemeinsam ist beiden Modellsystemen ihre hohe Sensitivität gegenüber Feuchtigkeit und Luftsauerstoff. Beide Modellreaktionen sind Basisreaktionen für Schlüsseltechnologien (Halbleiterproduktion, Pharmasynthese).

4.2.7
Anforderungen an Werkstoffe, Konstruktion und Betrieb

Die ausgewählten Modellreaktionen sind anspruchsvoll hinsichtlich der Werkstoffauswahl, der konstruktiven Gestaltung und des sicheren Betriebes. Mögliche alternative Lösungen müssen in systematischer Weise entwickelt und bewertet werden. Die folgende Anforderungsliste (Tabelle 2) ist aus der Sicht eines Betreibers erstellt worden und berücksichtigt die Eigenheiten der oben genannten Synthesen.

4.2.8
Reaktionstechnische Voruntersuchungen

Für die notwendigen reaktionstechnischen Untersuchungen der beiden Modellreaktionen wurden verschiedene Laborreaktoren eingesetzt. Für beide Modellreaktionssysteme konnte eine klassische gaschromatographische Analysentechnik benutzt werden. Als Testreaktoren für die Ermittlungen effektiver Reaktionsgeschwindigkeiten werden verwendet

- ein Festbett-Rohrreaktor (Chlorsilansynthese)
- ein Rührkesselreaktor (Grignardsynthese)
- ein Magnetschwebewaagen-Reaktor (Chlorsilansynthese).

Mit den beiden ersten Reaktoren wurden Untersuchungen mit ausgewählten Korngrößenfraktionen durchgeführt. Der letzte dieser Laborreaktoren wurde eigens entwickelt, um Untersuchungen am Einzelkorn zu ermöglichen (vgl. Abb. 7). Die Neuentwicklung war notwendig, um sowohl die Gastemperatur als auch die Feststofftemperatur erfassen zu können. Diese weicht entgegen den üblichen Annahmen erheblich von der Temperatur des Gases ab (vgl. Abb. 8).

Tabelle 2: Anforderungsliste (a: Chlorsilansynthese; b: Grignardsynthese)

Forderung	Begründung
eingesetzte Werkstoffe müssen resistent sein gegenüber den vorhandenen Reaktionskomponenten	Vermeidung von Korrosion, Verunreinigung der Produkte
hohe mechanische Belastbarkeit	Aufnahme hoher Kräfte während der Zerkleinerung
gewisse Druckfestigkeit (kurzzeitig maximal 10 bar)	Beschleunigung der Reaktionsgeschwindigkeit, Vermeidung von Sauerstoffeinbruch
eventuell hohe Druckfestigkeit (maximal 25 bar) (nur für Fall a)	Realisierung einer eventuellen Flüssigkeitsmahlung
Temperaturbeständigkeit bis 450° C (kurzzeitig) (für Fall a) bis 200° C (kurzzeitig) (für Fall b)	Exothermie und erforderliche Reaktionsgeschwindigkeit
Betriebstemperatur im Bereich von 150 bis 400° C (für Fall a) –20 bis 120° C (für Fall b)	Anhebung der Reaktionsgeschwindigkeit
Betriebsdruck im Bereich von 1 bis 5 bar	
Feststoffdurchsatz 25g/h	Übertragbarkeit, Analytik
Volumen des Mahlraums 0,5 L	Realisierung der Verweilzeit
hohe mechanische Beanspruchung des Feststoffes	Zerkleinerung, mechanische Aktivierung
kontinuierliche Zufuhr und Abfuhr von Reaktanden und Produkten	kontinuierlicher Betrieb
Vermeidung von Austrag des festen Reaktanden	Ausnutzung des festen Reaktanden, Schutz nachgeschalteter Anlagen, Vermeidung von Transport und Rückführungen, Umweltgefährdung, Sicherheit
gezielter Austrag von festem Eisenchlorid (nur für Fall a)	Vermeidung der Akkumulation im Mahlraum
robuste Ausführung und einfache Handhabbarkeit	sichere Betriebsweise
unproblematisches An- und Abfahren	Vermeidung kritischer Übergangsstände
Installation von Sensoren, Sichtfenstern und Probenahmestellen zur Erfassung wichtiger Prozessparameter	experimentelle Forschung
Vermeidung von Schwungübertragung auf Gebäudelagerung	Sicherheit
möglichst geringe Lärmentwicklung	Arbeitsdruck, Umweltschutz
Vermeidung von Toträumen	Vermeidung von Ablagerungen, Vermeidung von Unfällen, Ausnutzung des Reaktionsraumes
Einsatz eines bewährten Antriebskonzeptes	Vermeidung zusätzlicher Problemstellungen
Erfüllung aller gesetzlichen Vorschriften und Auflagen	Betriebsschutz, Arbeitsschutz, Umweltschutz

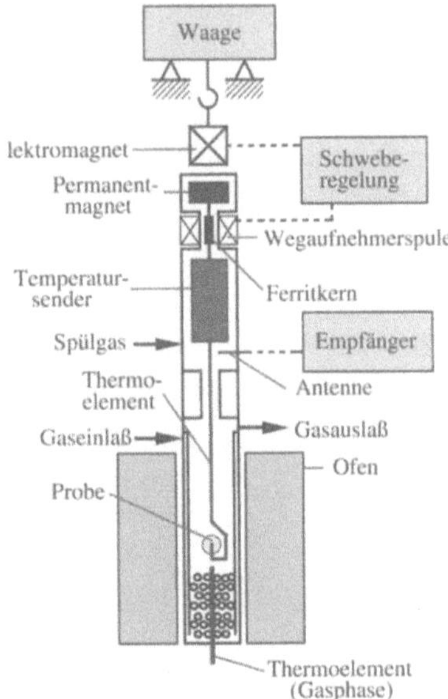

Abb. 7: Magnetschwebewaagen-Reaktor für die Chlorsilansynthese

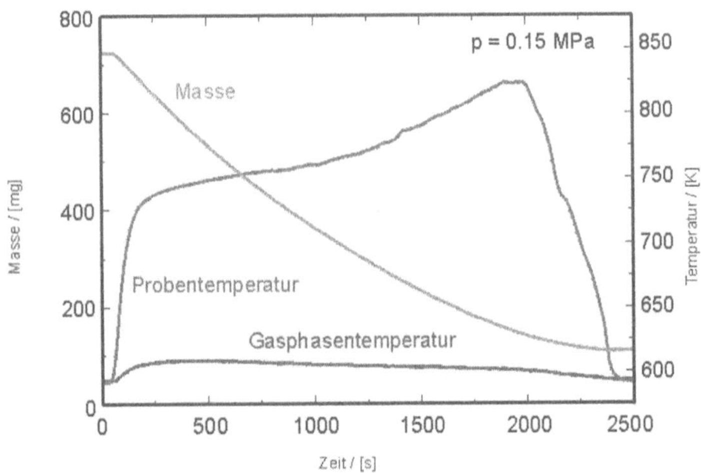

Abb. 8: Verlauf von Gas- und Feststofftemperatur

Die Übertragung der Temperatur des Feststoffs T_s nach außen erfolgt bei diesem neuartigen Reaktor durch Funksignale (vgl. Uhde 1996) Als Ergebnis aus den Untersuchungen in diesem Magnetschwebewaagen-Reaktor ergibt sich für die eigentliche Reaktionsgeschwindigkeit als Funktion der Temperatur T_s in Kelvin und des Partialdrucks des Chlorwasserstoffes p_{HCl} in bar.

$$r_S = \frac{1}{R \cdot T} \cdot \frac{k \cdot p_{HCl}}{1 + K \cdot p_{HCl}} \approx k' \cdot c_{HCl}^n \quad \left[\frac{mol}{m^2 \cdot s} \right] \tag{1}$$

Hierbei gelten für die beiden kinetischen Konstanten die folgende Temperaturabhängigkeiten

$$k = k_0 \cdot \exp\left(-\frac{E_A}{R \cdot T}\right) \qquad \left[\frac{mol}{m^2 \cdot s}\right] \tag{2}$$

mit E_A= 210 kJ/mol
  $k_0 = 2{,}64 \cdot 10^{12}$ m/s
  R = 8,314 J·mol^{-1}·K^{-1} (universelle Gaskonstante)

bzw. für die Sorptionskonstanten

$$K = 8{,}2 \cdot 10^3 - 26{,}6 \cdot T_S + 2{,}16 \cdot 10^{-2} \cdot T_S^2 \tag{3}$$

Formuliert man die Reaktionsgeschwindigkeit volumenbezogen, d.h. geht man von

$$r_V = k_V \cdot c_{HCl}^n \qquad \left[\frac{mol}{m^3 \cdot s}\right] \tag{4}$$

aus, so besteht zwischen den Geschwindigkeitskonstanten folgender Zusammenhang:

$$k_V = k' \cdot \frac{A_{FeSi}}{V_{FeSi}} \cdot \frac{V_{FeSi}}{V_{FeSi} + V_{HCl}} = k'' \cdot \frac{A_{FeSi}}{A_{FeSi,0}} \tag{5}$$

Hier steht A für die Oberfläche und V für die Volumina der betreffenden Stoffe.

Die letztlich interessierende effektive Reaktionsgeschwindigkeit muss zusätzlich zu der intrinsischen Reaktionsgeschwindigkeit die Einflüsse vom Stoff- und Wärmetransportvorgängen berücksichtigen. Hierbei ist zu unterscheiden zwischen Transportvorgängen vom Fluid an das Feststoffkorn und denen innerhalb desselben. Zur Beschreibung der Vorgänge wurde das Shrinking Core-Modell (SCM), das Grainy Pellet-Modell (GPM) und das Crackling Core-Modell (CCM) diskutiert (Levenspiel 1999). Die Abb. 9 zeigt, dass die drei genannten Modelle ineinander überführt werden können, wobei das CCM die beiden anderen Modelle als Grenzfälle beinhaltet.

Im isothermen Fall sind das GPM und das CCM in der Lage, die interessanten Knicke der Umsatz-Zeit-Kurve wiederzugeben, welche in den Experimenten gefunden wurden (vgl. Abb. 10).

Berücksichtigt man bei der Auswertung die Temperaturdifferenzen zwischen Gas und Feststoff, dann kann auch das SCM Knicke in den Umsatz-Zeit-Kurven wiedergeben, nach wie vor ist jedoch das CCM das flexibelste Modell. Diese Flexibilität zeigt sich in dargestellen Modellrechnungen der Abb. 11a-d.

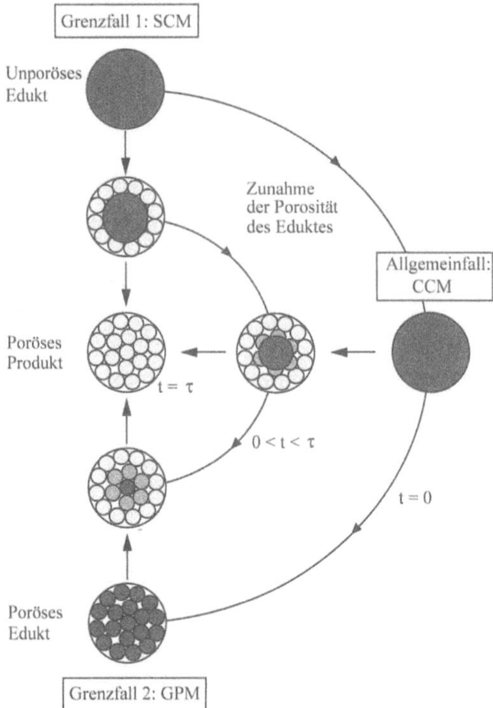

Abb. 9: Zusammenhang zwischen SCM, GPM und CCM (Uhde 1996)

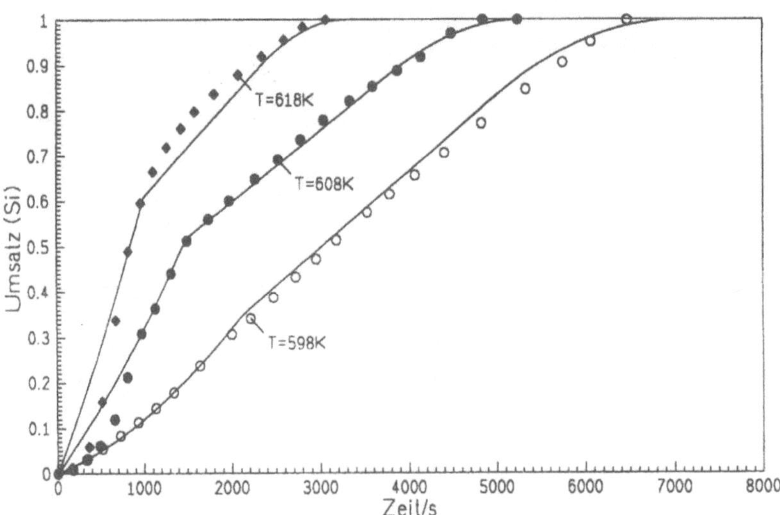

Abb. 10: Gemessene und berechnete Umsatz-Zeit-Kurven für drei unterschiedliche Gastemperaturen (Crackling Core-Modell: Platte-Platte-Geometrie, isotherm; vgl. Bade (1995))

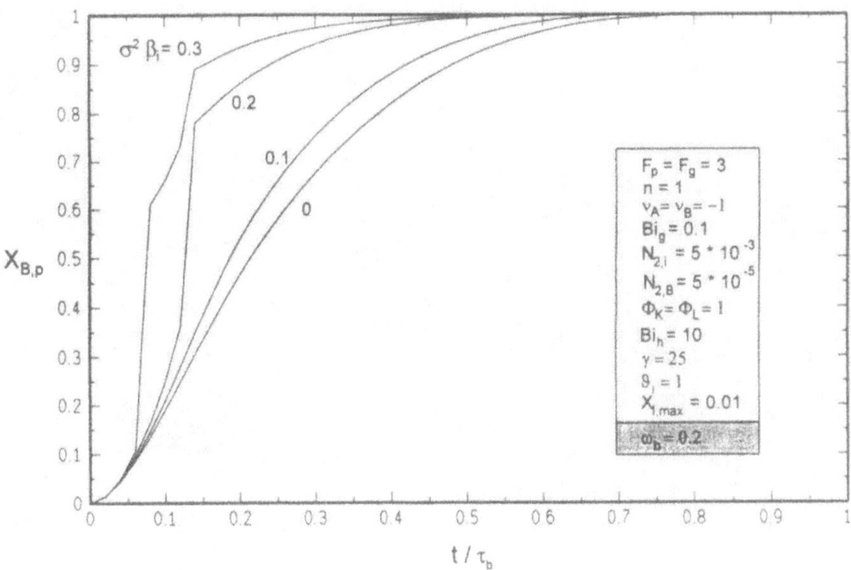

Abb. 11a: Theoretische Umsatz-Zeit-Verläufe des nichtisothermen CCM für schnelles Aufbrechen der Pellets (Uhde 1996)

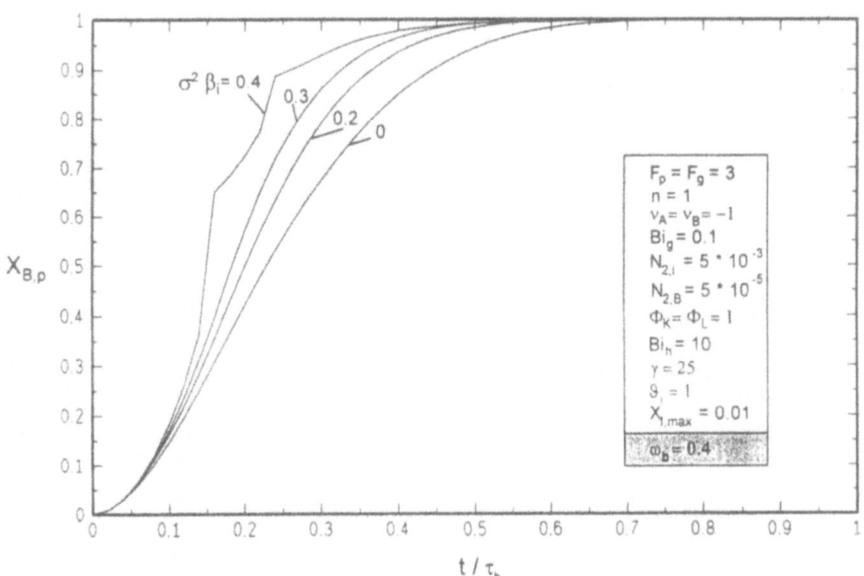

Abb. 11b: Theoretische Umsatz-Zeit-Verläufe des nichtisothermen CCM für mittelschnelles Aufbrechen der Pellets (Uhde 1996)

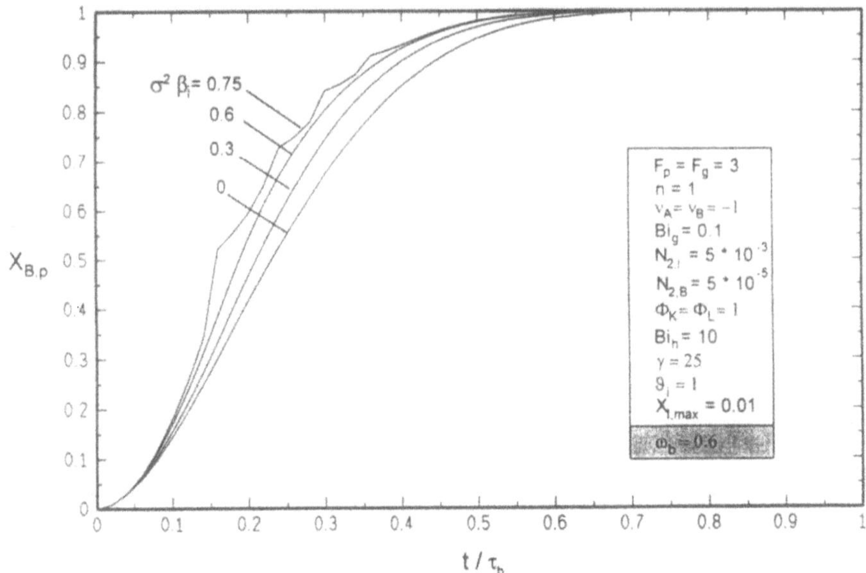

Abb. 11c: Theoretische Umsatz-Zeit-Verläufe des nichtisothermen CCM für langsames Aufbrechen der Pellets (Uhde 1996)

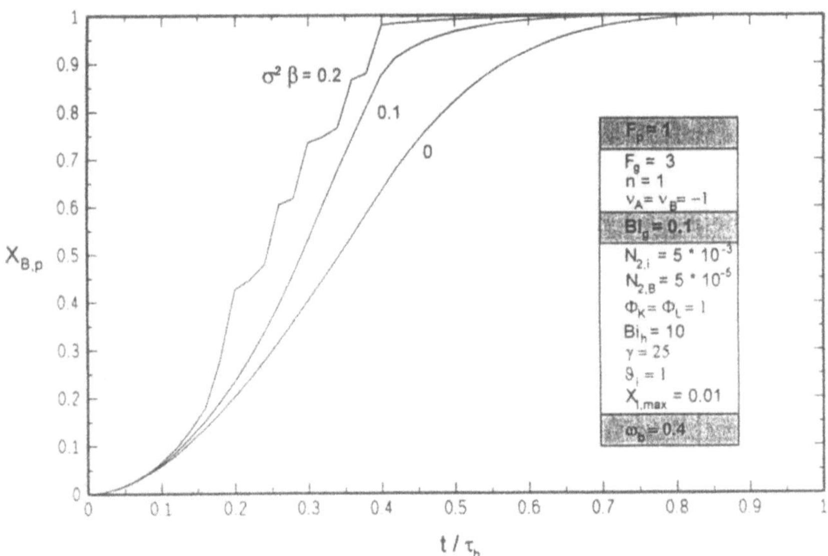

Abb. 11d: Theoretische Umsatz-Zeit-Verläufe des nichtisothermen CCM bei einem plattenförmigen Pellet und einem kugelförmigen Grain (Uhde 1996)

4.2.8.1
Grignardsynthese

Die reaktionstechnischen Untersuchungen zur Grignardsynthese erfolgte in einem thermostatischen Laborrührkesselreaktor im Satzbetrieb. Zum Einsatz kamen sowohl Magnesiumspäne (1400 bis 2000 μm) sowie kleine Magnesiumscheiben (Durchmesser ca. 25 mm, Höhe ca. 3 mm), die am Rührerschaft befestigt wurden. Das Volumen des Lösemittels THF betrug in allen Fällen 100 ml.

Die Reaktionsgeschwindigkeit konnte in allen Experimenten durch den Ansatz

$$r_S = k_S \cdot S_{Mg} \cdot c_{RX} = k_m \cdot m_{Mg} \cdot c_{RX} \quad \left[\frac{mol}{m^2 \cdot s} \right] \tag{6}$$

adäquat beschrieben werden (Veit 1997). S_{MG} steht für die Oberfläche des festen Reaktanden, m_{MG} bedeutet dessen Masse; c_{RX} ist die Konzentration des flüssigen Halogenids. Für unterschiedliche Temperaturen wurden die in Tabelle 3 und Tabelle 4 aufgeführten Geschwindigkeitskonstanten ermittelt.

Tabelle 3: Geschwindigkeitskonstante k_m als Funktion der Temperatur für 1-Chlorbutan (Veit 1997)

Partikelfraktion [μm]	Temperatur [K]	Geschwindigkeitskonstante k_m [10^5 s^{-1} g^{-1}]
800 – 1000	294	4.00
	299	5.23
	305	8.36
1400 – 2000	294	3.26
	300	5.10
	306	7.64
1600 – 1800	292	2.52
	298	4.36
	304	6.67

Tabelle 4: Geschwindigkeitskonstante k_S als Funktion der Temperatur für 1-Chlorbutan (Veit 1997)

Temperatur [K]	Geschwindigkeitskonstante k_S [10^3 s^{-1} m^{-2}]
296	7.07
301	9.08
307	12.94

Untersuchungen ergeben eine Aktivierungsenergie von ca. 50 kJ/mol. Die Umsetzungen von Magnesium mit Chlorbenzol verlaufen entsprechend, allerdings nur mit einem Zehntel der Geschwindigkeit. Ergänzt wurden diese Untersuchungen durch Experimente zur Vorbehandlung des Magnesiums zur Beseitigung störender Passivschichten (Ansätzen mit Jod, Wasserentfernung durch Grignardansatz, Anschleifen der Proben).

4.2.9
Entwicklung von Schwingmühlen

4.2.9.1
Stand der Technik, Aufgabenstellung

Einen umfassenden Überblick über die Geschichte der Schwingmahltechnik findet man in der von Kurrer, Jeng und Gock verfassten Monographie (1992), die auch die Grundlagen der von Bachmann (1940) gelegten wissenschaftlichen Betrachtungen zum Mahlprozess enthält. Die Form der kontinuierlichen Zweirohrschwingmühle mit Unwuchtantrieb und Lagerung des schwingenden Gestells auf Gummipuffern (Abb. 12) stellt den in der Industrie gebräuchlichsten Typ dar. Der Zerkleinerungserfolg ist dabei von folgenden Einflussgrößen abhängig:

- relative, auf den Mahlraumdurchmesser bezogene Amplitude $\alpha = 2r/D$
- Kreisfrequenz ω der Schwingung
- aus Amplitude und Frequenz resultierende Beschleunigung, angegeben durch die Beschleunigungsziffer z
- Mahlkörper- und Mahlgutfüllgrad φ_K und φ_G
- Größe, Dichte und Form der Mahlkörper (Kugeln, Stäbe, Cylpebs).

Übliche Rohrschwingmühlen arbeiten in einem Drehzahlbereich von 1000 bis maximal 2000 min^{-1}. Die relative Amplitude beträgt maximal 3 %, die Beschleunigungen bleiben im Allgemeinen unter 10 g. Bei diesen Betriebsparametern vollführt die Füllung eine Umlaufbewegung, die nach Kurrer (1986) den Mahlraum in eine Totzone, eine Kaskadenzone und eine stationäre Zone aufteilt (Abb. 13). Der Mahlvorgang findet vorwiegend in der stationären Zone im Quadranten IV statt, wobei sich die Kugeln in geordneten Bahnen in einer Umlaufbewegung entgegen der Schwingungsrichtung des Mahlrohres bewegen.

Auch bei der Zentrifugalmühle der Firma Lurgi mit relativer Amplitude zwischen 10 und 100 % und einer Beschleunigung bis 12 g ist diese kaskadenförmige Umlaufbewegung zu beobachten, sie zieht sich allerdings über den gesamten Trommelumfang hinweg. Aus Untersuchungen von mit Stäben gefüllten Schwingmühlen bei einer relativen Amplitude von 17 % und Kugelfüllungsgraden über 50 % konnte festgestellt werden, dass sich die Füllung in Form einer fast zylindrischen Walze an der Mahlbehälterwand abrollt (Bernotat u. Shu-Lin 1986).

Eine Reihe von Entwicklungen an Schwingmühlen streben eine Vergleichmäßigung und Intensivierung des Energieeintrags an durch Erhöhung der Amplitude (Bernotat u. Shu-Lin 1986), den Einsatz bewegter Längskörper im Zentrum (Gock et al. 1989; Kießling 1989) zur homogeneren Verteilung der eingeleiteten Stoßdauer oder die Auskleidung des Mahlraumes mit speziellen Nocken, der die Mahlkugeln zu einer höheren Flugbahn veranlasst (Höffl 1991).

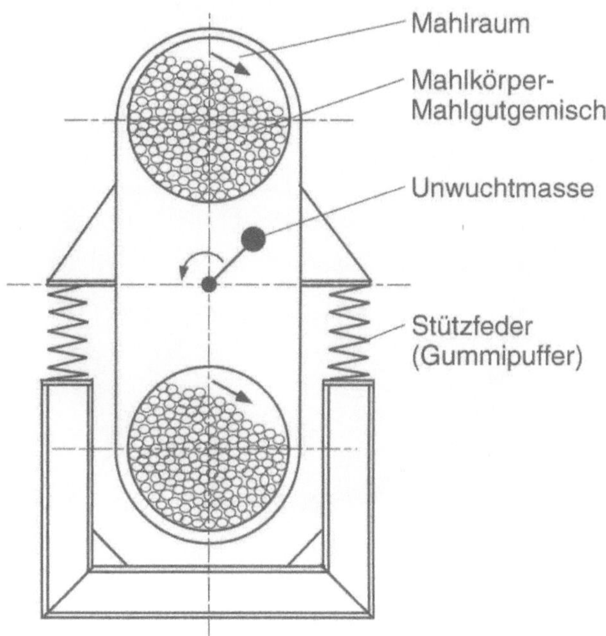

Abb. 12: Prinzipdarstellung einer Zweirohr-Schwingmühle (Bayer et al. 1988)

Die in Abschn. 4.2.7 beschriebenen Anforderungen an einen möglichst hohen Eintrag mechanischer Energie zur Verwirklichung des integrierten Mahl- und Reaktionsprozesses und die Forderung nach einer erheblich gesteigerten Mahlleistung zur Erzeugung frischer Oberflächen kann mit den bisher beschriebenen Mühlen nicht geleistet werden, da die Mahlprinzipien Toträume und Kaskadenräume mit sehr geringem Energieeintrag durch die Kaskadenbewegung beinhalten. Bei der vorliegenden Aufgabe einer Beschleunigung einer Gas-Feststoffreaktion muss zudem dafür gesorgt werden, dass kein permanenter Freiraum in Strömungsrichtung vorherrscht und ferner eine gute Durchmischung von Reaktionsgas und Feststoff erfolgt. Hieraus folgt, dass die Füllung stärker bewegt werden muss und möglichst kleine Mahlkugeln Verwendung finden. Es sind weite Variationen der Betriebsparameter über die Grenzen der üblichen Einstellung hinaus vorzunehmen, sodass ein breites Spektrum von Parameterkombinationen die Ermittlung günstiger Betriebszustände ermöglicht. Hieraus ergeben sich die wichtigsten Daten zur konstruktiven Ausführung eines Schwingmühlenprüfstandes, in dem die vorgegebene Reaktion erprobt und optimiert werden soll:

– Mahlkammer   Durchmesser 100 x 50 mm
– Mahlraumtemperatur maximal   450 °C
– Schwingform   kreisförmig, linear, vertikal u.a.
– Drehzahl   bis 4000 min^{-1}
– Amplitude   1 bis 6,5 mm
– Relative Amplitude   2 bis 13 %
– Maximale Beschleunigung   65 g

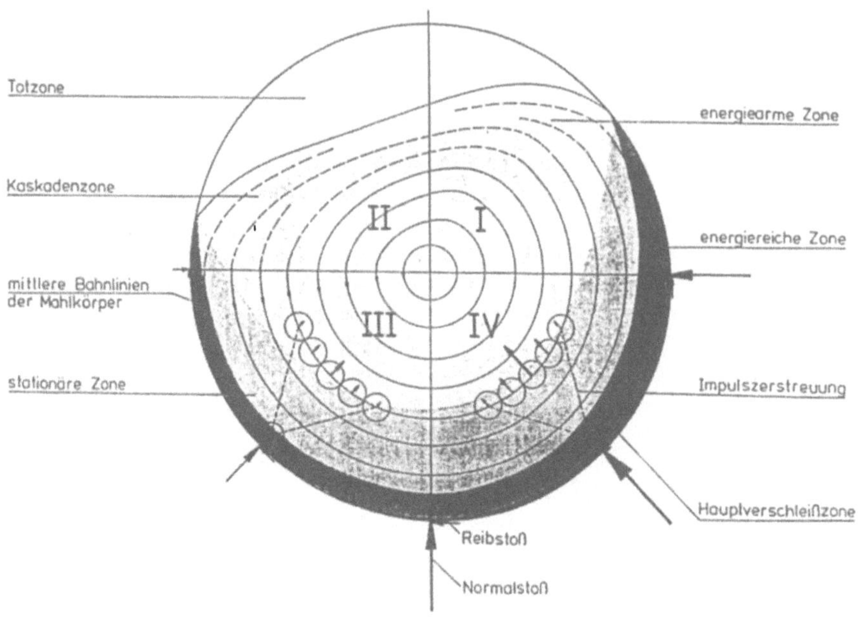

Abb. 13: Schematische Darstellung der Bewegungs- und Stoßvorgänge im Mahlraum von Rohrschwingmühlen (Kurrer 1986)

4.2.9.2
Entwicklung eines diskontinuierlichen Schwingmühlenprüfstandes

Die grundsätzliche Vorgehensweise zur Entwicklung dieses Prüfstandes wurde als Beispiel in Abschn. 4.2.9.1 aufgeführt, im Folgenden soll daher nur auf die Konzepteigenschaften im Hinblick auf die durchzuführenden verfahrenstechnischen Versuche eingegangen werden (Bock u. Schönert 1999). Das Funktionsprinzip ist aus Abb. 12 ersichtlich. Abb. 14 stellt den Mühlenprüfstand dar, der aus 4 U-förmigen, auf einer Grundplatte verschraubten Trägern besteht, zwischen denen ein Rahmen aus Vierkantprofilen in Spiralfedern freischwingend aufgehängt ist. In diesen Rahmen können über Adapterflansche verschiedene Mahlbehälter eingespannt werden. Der Antrieb der in dem Schwingrahmen gelagerten Unwuchtwellen erfolgt über einen drehzahlgeregelten Asynchronmotor und ein Verteilergetriebe.

Die Einstellung der Drehzahlen und Drehrichtungen wird stufenweise durch die Veränderung der Übersetzung der Zahnriemen durch Motor und Getriebe vorgenommen. Zur Abdeckung eines großen Parameterbereichs an Bewegungen, Beschleunigungen und Amplituden wird der Antrieb über 2 Unwuchtwellen erzeugt, an deren Enden jeweils 2 Unwuchtscheiben befestigt sind. Durch die Verdrehung der in Stufen verstellbaren Unwuchtscheiben gegeneinander können verschiedene Unwuchtradien und damit verschiedene Amplituden des Mahlraumes verwirklicht werden. Abb. 15 zeigt die Möglichkeiten, mit verschiedenen Stellungen der Unwuchtwellen zueinander, weitere Schwingformen zu erzeugen.

Abb. 14: Prüfstandsaufbau der diskontinuierlichen Versuchsschwingmühle (Bock 2001)

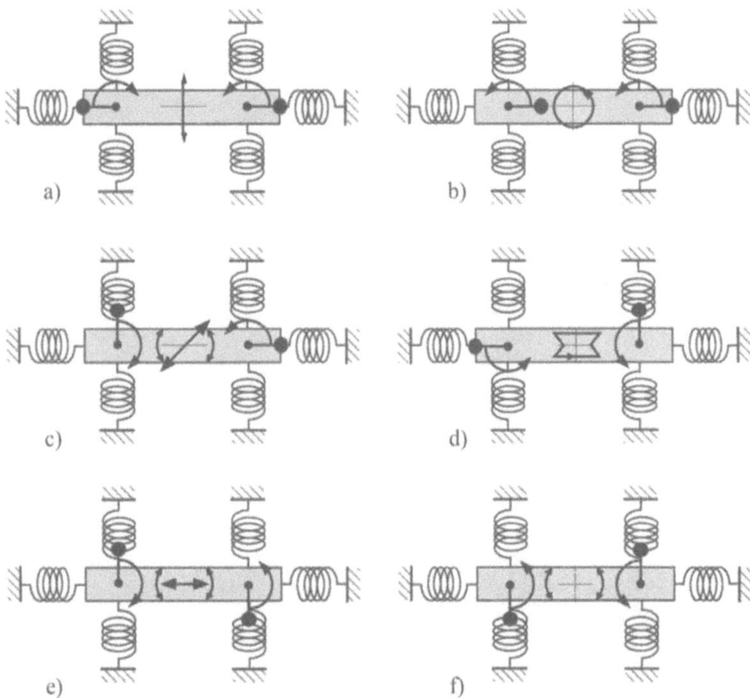

Abb. 15: Erzeugung verschiedener Schwingformen durch Gegenlauf (linke Spalte) und Gleichlauf (rechte Spalte) und Variation der Stellungen der Unwuchtwellen zueinander. a) vertikal, b) kreisförmig, c) schräglinear, d) rechteckförmig, e) horizontal, f) drehförmig; c) und e) mit überlagerten Drehschwingungen (Bock 2001)

Der Mahl- und Reaktionsraum (Abb. 16) besteht aus einem Zylinder aus dem Werkstoff 1.4571 mit einem Innendurchmesser von 100 mm und einer Länge von 50 mm. Der Werkstoff besitzt eine hohe Beständigkeit gegen Chlorwasserstoff und Chlorsilane. Über eine Bohrung im Boden des Zylinders kann dieser mit Reaktionsgas gefüllt werden, außerdem dient diese zur Entnahme von Gasproben durch ein Ventil mit vorgeschaltetem Feststofffilter während der Versuche. Die Beheizung des Behälters geschieht durch am Außenumfang angebrachte Heizpatronen, zur Sicherheit gegen ein „Durchgehen" der exothermen Reaktion ist die Mahlkammer mit einem wendelförmigen Kühlkanal und entsprechenden Anschlüssen umgeben.

Abbildung 17 zeigt einen für die Durchführung der verfahrenstechnischen Grundlagenuntersuchungen zum Mahlvorgang abgeänderten Behälter, der an Stelle der Heiz- und Kühlvorrichtungen mit einer PTFE-Isolierung ausgestattet ist. Die Versuchsbehälter sind mit Thermoelementen, Beschleunigungsgebern und Tachogenerator zur Messung der Drehzahl ausgestattet. Zur Untersuchung des Bewegungsverhaltens der Füllung wurde der Versuchsstand mit einer Satelliten-Mahlkammer mit 100 mm Durchmesser ausgerüstet. Die Beobachtung der Füllung erfolgte mit einem Hochgeschwindigkeits-Video-System mit 1000 Bildern pro Sekunde.

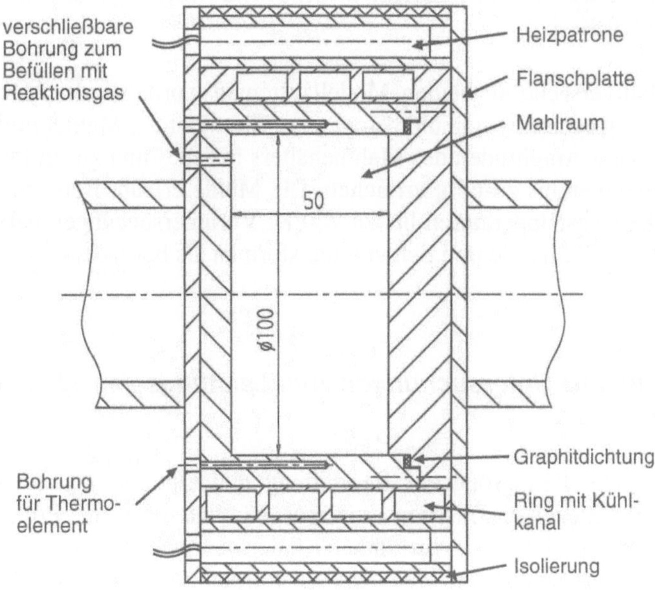

Abb. 16: Prinzipskizze des Behälters für diskontinuierlichen Betrieb (Bock 2001)

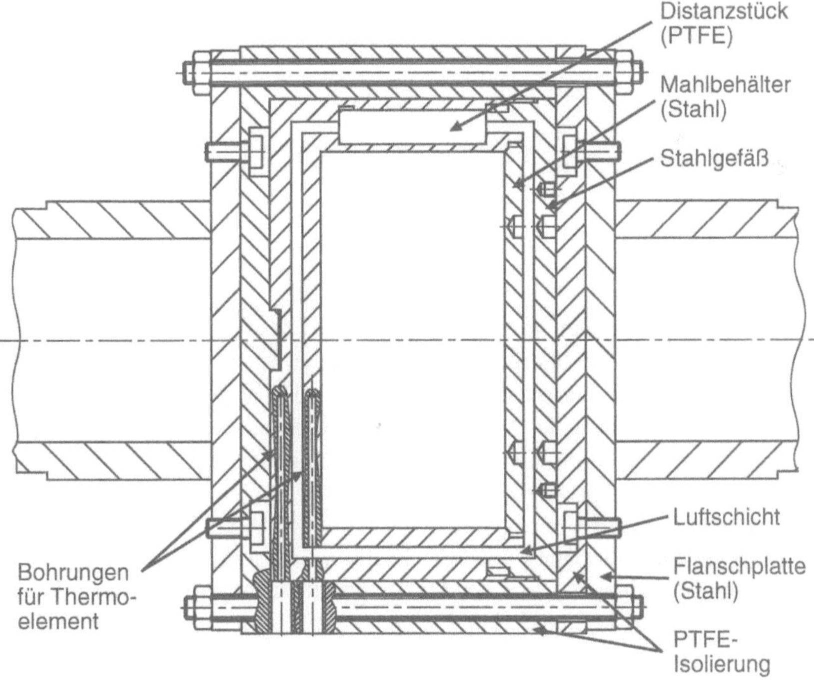

Abb. 17: Behälter zur kalorimetrischen Bestimmung des Leistungseintrags (Bock 2001)

4.2.10
Untersuchungen zu den verfahrenstechnischen Eigenschaften der Schwingmühle

Für die Mahlversuche an beiden Modellsystemen wurde die in Abschn. 4.2.9.1 beschriebene Kugelschwingmühle eingesetzt. Sie weist ein Mahlvolumen von 400 ml auf und lässt Amplituden des Mahlbehälters bis zu 7 mm zu. In ihr lassen sich Beschleunigungen bis zu 65 g erreichen. Die Mühle erlaubt Betriebsdrücke bis 2 MPa und Betriebstemperaturen bis zu 720 K. Voruntersuchungen haben ergeben, dass bestimmte Füllgrade und Schwingungsformen als besonders vorteilhaft anzusehen sind.

4.2.10.1
Kalorimetrische Untersuchungen zum Leistungseintrag bei der Mahlung

Die wesentliche Kenngröße zur Beurteilung und Optimierung des in Abschn. 4.2.6.1 beschriebenen chemischen Prozesses, nämlich die in den Prozess eingetragene mechanische Energie, wird anhand kalorimetrischer Messungen in dem in Abb. 17 gezeigten isolierten Mahlbehälter ermittelt. Die einzelnen Parametervariationen lassen sich aus den folgenden Ergebnisdarstellungen entnehmen. Im Wesentlichen wurde dabei die Mühle ohne Mahlgut mit Kugeln (3 mm Kugellagerkugeln) befüllt und über einen festgelegten Zeitabschnitt bzw. bis zum Erreichen einer konstanten Temperatur in Mahlbehälter und Isoliergefäß betrieben. Aus den Temperaturdifferenzen von Mahlkammer und Isoliergefäß für den Zeitraum des Betriebs wird die Leistung nach folgender Beziehung berechnet:

$$P_F = \frac{1}{t}(m_1 \cdot c_1 \cdot \Delta T_1 + m_K \cdot c_K \cdot \Delta T_1 + m_G \cdot c_G \cdot \Delta T_1 + m_2 \cdot c_2 \cdot \Delta T_2) \qquad (7)$$

mit $c_1 = c_K = c_2 = c_{st}$ gilt:

$$P_F = \frac{c_{St}}{t}\left[\left(m_1 + m_K + \frac{c_G}{c_{St}} \cdot m_G\right) \cdot \Delta T_1 + m_2 \cdot \Delta T_2\right]. \qquad (8)$$

P_F Leistung, t Mahldauer, c_1 spezifische Wärme des Mahlbehälterwerkstoffs, c_2 spezifische Wärme des Isolierbehälterwerkstoffs, c_K spezifische Wärme der Mahlkörper, c_G spezifische Wärme des Mahlguts, c_{St} spezifische Wärme von Stahl, m_1 Masse des Mahlbehälters, m_2 Masse des Isolierbehälters, m_K Masse der Mahlkörper, m_G Masse des Mahlguts, ΔT_1 Temperaturanstieg des Mahlbehälters, ΔT_2 Temperaturanstieg des Isolierbehälters.

In Vorversuchen zur Übertragung der Wärme von ihrem Entstehungsort an den Kugeln auf die Behälterwand und zum Einfluss der Isolierungen wurde eine ausgezeichnete Reproduzierbarkeit der Messungen im Bereich von 3 bis 5 % festgestellt (Bock 2001). Lediglich bei kleinen Amplituden und großen Drehzahlen ergaben sich größere Abweichungen.

Einfluss der Schwingform. Einen gewissen übergeordneten Einfluss zur Gestaltung des Mahlprozesses hat die Schwingform der Mühle. In einer Versuchsreihe wurden daher bei einem Kugelfüllgrad von 70 %, einer relativen Amplitude von 2 bis 13 % (Amplitude 1 bis 6,5 mm) und bei einer Drehzahl von 1667 min^{-1} Leistungsmessungen vorgenommen, deren Ergebnisse in Abhängigkeit von der Beschleunigung Abb. 18 zeigt. Im unteren Beschleunigungsreich bis 8 g liegen die Werte von Kreis- und Vertikalschwingung wie auch der anderen Schwingformen dicht beieinander. Bei etwa 12 g beginnen sich die Werte der Kreisschwingung deutlich von den anderen Werten abzusetzen. Für die Kreisschwingung ist damit eindeutig der höchste Leistungseintrag zu verzeichnen. Gegenüber diesem deutlichen Unterschied erreichen alle anderen Schwingungsformen Größenordnungen der Leistungseinträge, wie sie auch bei der reinen Vertikalschwingung gemessen wird. Erwartungsgemäß liefern die Schwingungsformen „horizontal" (e) und „drehförmig" (f) die niedrigsten Leistungseinträge. Diese Ergebnisse decken sich mit früheren Untersuchungen (Rose u. Sullivan 1961) und führten zur Entscheidung, weitere Parameteruntersuchungen nur mit der Kreisschwingung vorzunehmen.

Leistungseintrag bei Kreisschwingung. Bei diesen Untersuchungen soll unter anderem die Abhängigkeit des Leistungseintrags von den Parametern Füllmasse, Amplitude und Drehzahl geklärt werden. Dabei sollen in den folgenden Darstellungen nach (Bachmann 1940; Rose u. Sullivan 1961) dimensionslose Kennzahlen gewählt werden:

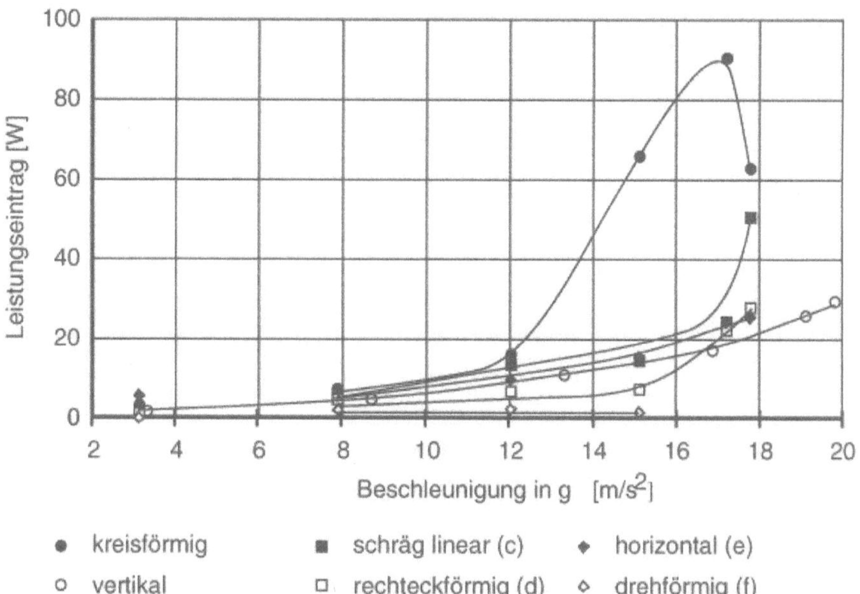

Abb. 18: Einfluss der Schwingform auf den Leistungseintrag. Kreis-, Vertikal- und Nickschwingungen. n = 1667 min^{-1}, φ_K = 70 %, φ_G = 0 % (Bock 2001)

Beschleunigungsziffer:

$$z = \frac{r \cdot \omega^2}{g} \tag{9}$$

Relative Amplitude:

$$\alpha = \frac{2 \cdot r}{D} \tag{10}$$

mit r Amplitude, D Durchmesser des Behälters, ω Drehfrequenz, g Erdbeschleunigung, z Beschleunigungsziffer, α relative, auf den Mahlraumdurchmesser bezogene Amplitude.

Abbildung 19 und 20 zeigen den Leistungseintrag ohne Mahlgut für 2 Drehzahlen und unterschiedliche Kugelfüllgrade. In Abb. 21 sind die Ergebnisse als massebezogener Leistungseintrag P_F/m_K über der Beschleunigungsziffer z aufgetragen. Deutlich ist zu sehen, dass der (P_F/m_K)-Wert mit zunehmendem φ_K ansteigt, d.h. bei größeren Beschleunigungen (z.B. größere Amplitude bei gleicher Drehzahl) wächst der Leistungseintrag überproportional zur Kugelfüllung, was insbesondere in Abb. 21 im Bereich z > 10 deutlich zu sehen ist (vgl. z.B. Versuchsgruppen G, D und E bei nahezu gleichen Beschleunigungsziffern, aber unterschiedlichen Füllgraden und Drehzahlen). Bei der Auftragung des Quotienten (P_F/n^3) für drei Drehzahlen bei konstanter Füllung $\varphi_K = 70$ % in Abhängigkeit von der Amplitude r lässt sich erkennen, inwieweit die Proportionalitäten $P_F \sim n^3$ bzw. $P_F \sim n^2$ erfüllt sind (Abb. 22). Offensichtlich verhält sich der Leistungseintrag im ganzen Bereich über z = 10 proportional der dritten Potenz der Drehzahl.

Der Leistungsumsatz in der Füllung ist eine Folge nichtelastischer Effekte. Diese werden sich durch das Mahlgut verstärken, sodass ein größerer Leistungseintrag zu erwarten ist als es dem Masseneffekt entspricht. Daneben existieren Effekte, die die Bewegung der Füllung behindern und eine Reihe von Einflüssen wie z.B. weiches oder hartes Mahlgut, Partikelgrößenverteilung, Feuchtigkeit oder Haftschichten abhängen. Zur Abrundung der kalorimetrischen Messungen wurden daher Mahlversuche mit Mahlgut $\varphi_G = 100$ % gefahren. Abb. 23 zeigt Ergebnisse für drei Drehzahlen im Vergleich mit und ohne Füllgut. Es ist ein deutlich größerer Leistungseintrag von im Mittel 65 % im Vergleich zur Füllung ohne Mahlgut erkennbar. Dabei bleibt offensichtlich die Abhängigkeit von der Amplitude durch das Mahlgut ohne Einfluss.

Diese Ergebnisse bei höheren Beschleunigungen und Amplituden widersprechen den Ergebnissen des Mahlvorganges, wie er an dem Modell nach Abb. 13 aufgestellt wurde (Bachmann 1940). Es ist also zu vermuten, dass sich in diesem Bereich die Kinematik des Mahlvorganges ändert und hierfür auch eine neue Bestimmung von Leistungskennzahlen erforderlich ist.

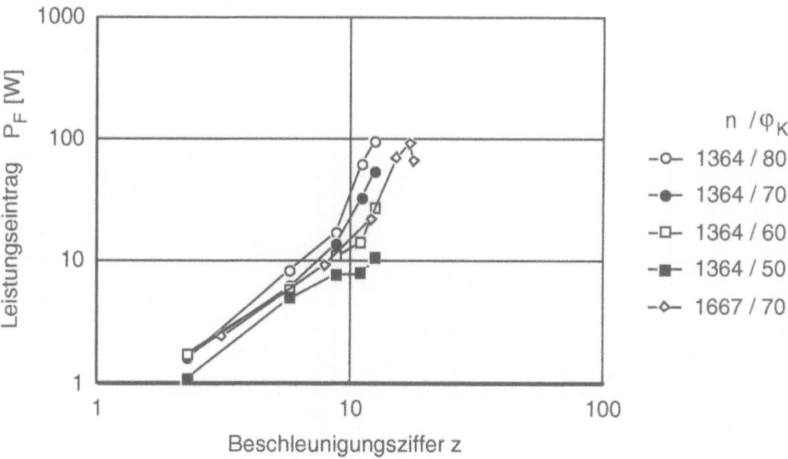

Abb. 19: Leistungseintrag bei Kreisschwingung, n = 1364 und 1667 min^{-1} und verschiedenen Füllgraden φ_K (Bock 2001).

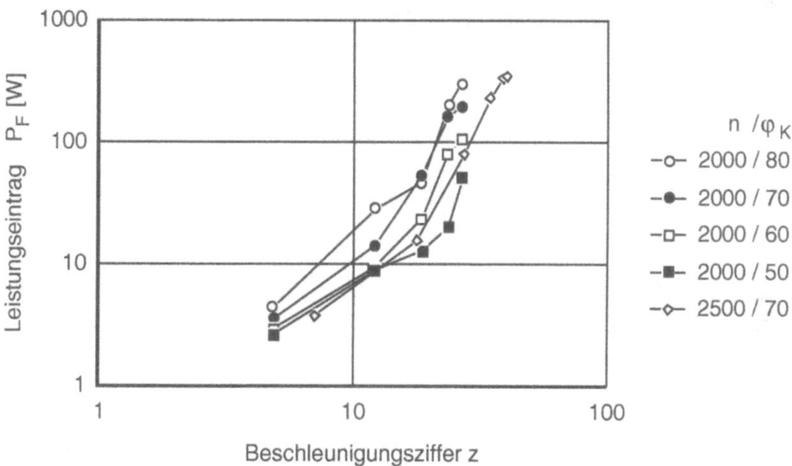

Abb. 20: Leistungseintrag bei Kreisschwingung, n = 2000 und 2500 min^{-1} und verschiedenen Füllgraden φ_K (Bock 2001)

4.2.10.2
Bewegungsformen der Füllung

Der Vermutung, dass sich ab einer bestimmten Größe von Amplitude und Beschleunigung der Mahlprozess in seiner Kinematik grundlegend ändert, wurde in einer Reihe von Hochgeschwindigkeits-Filmaufnahmen nachgegangen. Die Effekte werden im Folgenden an der Kreisschwingung erläutert, beispielhaft sind in

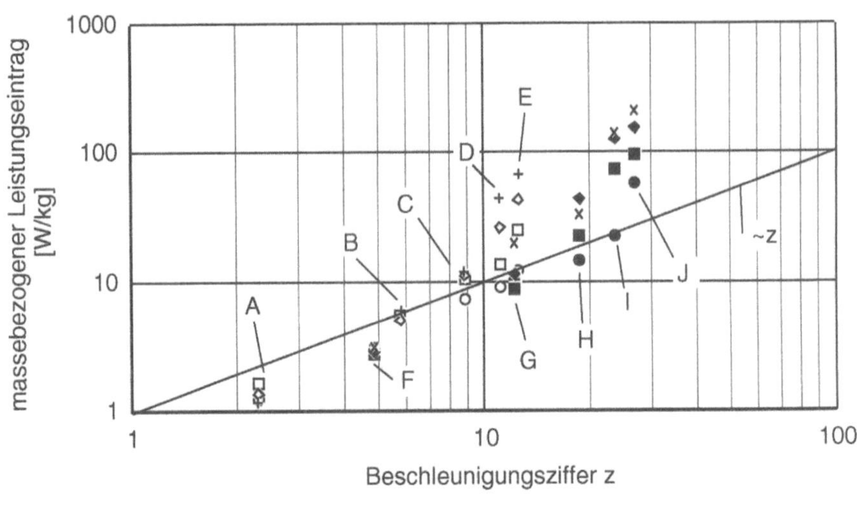

Abb. 21: Massebezogener Leistungseintrag in Abhängigkeit vom Füllgrad bei den Drehzahlen n = 1364 und 2000 min⁻¹. Kugeldurchmesser 3 Millimeter, φ_K = 50, 60, 70 und 80 %, φ_G = 0% (Bock 2001)

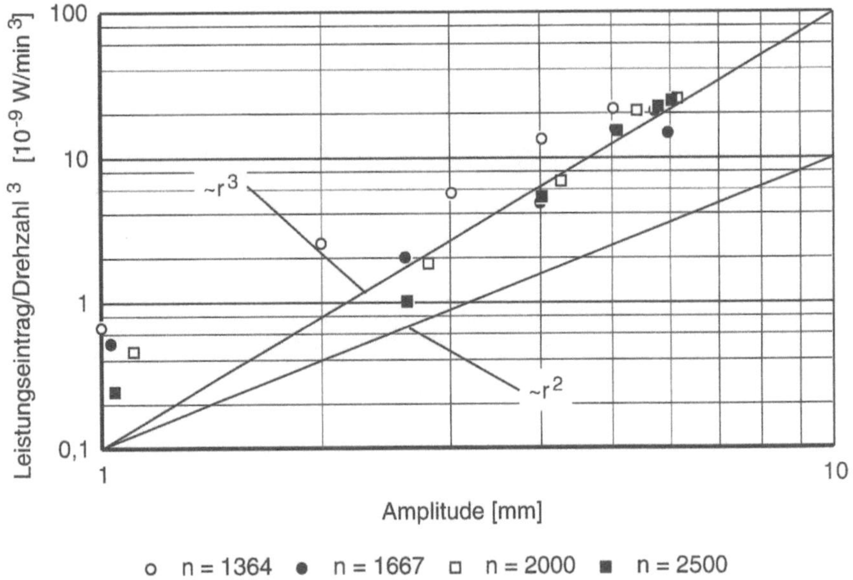

Abb. 22: Einfluss der Drehzahl auf den Leistungseintrag φ_K = 70 %, φ_G = 0 % (Bock 2001)

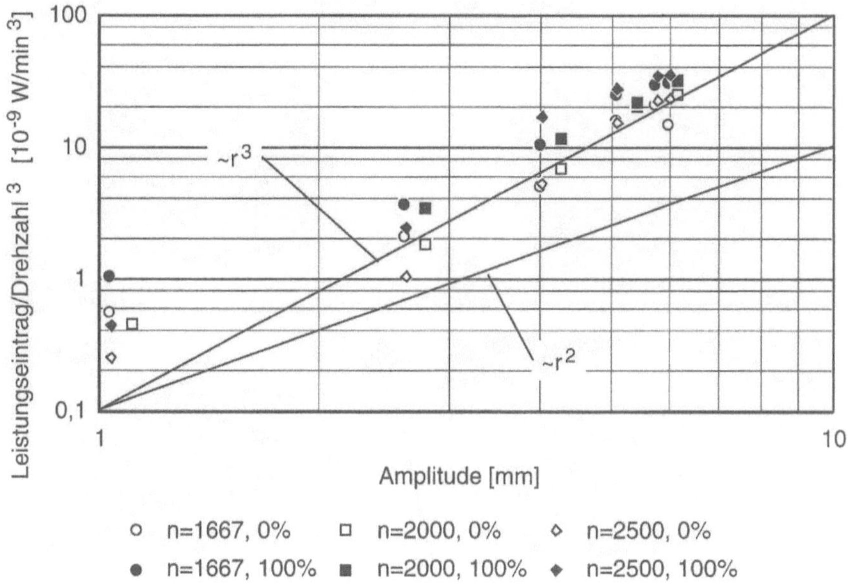

Abb. 23: Leistungseintrag mit und ohne Mahlgut. n = 1667, 2000 und 2500 min^{-1}, φ_K = 70 %, φ_G = 0 bzw. 100 %

den folgenden Bildserien Ausschnitte aus den Filmen bei der Drehzahl 1667 min^{-1} und dem Füllgrad 70 % dargestellt. In Abb. 24 ist die übliche bekannte Bewegung in Schwingmühlen zu sehen. Der Behälter schwingt gegen den Uhrzeigersinn, die Amplitude beträgt 1,0 mm. Die Füllung bewegt sich in der Weise, wie sie von Kurrer (1986) mit der Einteilung in eine stationäre und eine Kaskadenzone beschrieben wird (vgl. Abb. 13).

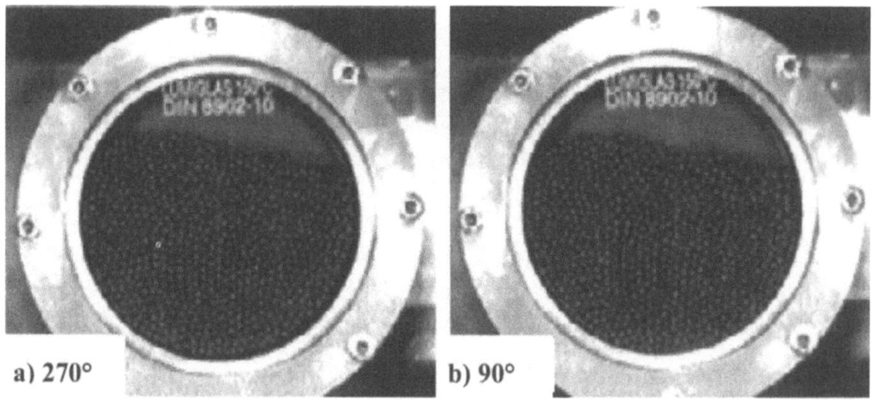

Abb. 24: Bewegung der Füllungen bei Kreisschwingung und der Amplitude r = 1,0 mm, n = 1667 min^{-1}, z = 3,1, φ_K = 70 %

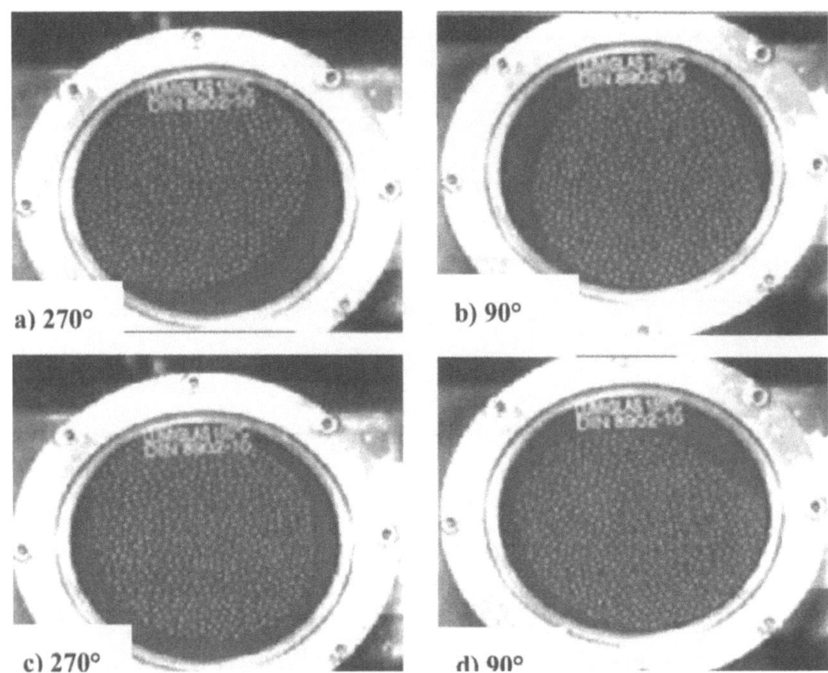

Abb. 25: Bewegung der Füllungen bei Kreisschwingung und der Amplitude r = 5,9 mm, n = 1667 min^{-1}, z = 17,8, φ_K = 70 %

Bei wesentlich gesteigerter Amplitude auf 5,9 mm (z = 17,8, Abb 25) bewegt sich die Füllung durch den gesamten Mahlraum, Stöße finden überall auf der Oberfläche statt. Die Auflockerung ist dadurch deutlich geringer als bei den kleinen Amplituden, da die Füllung bei jedem Stoß kompaktiert wird. Für den Mahlvorgang ist dies von Vorteil, weil bei kompaktem Mahlgut die Stöße durchgeleitet werden.

Diese Bewegungsform ist in Abb. 26 als Ausschnitt aus der Filmsequenz bei 2000 min^{-1}, φ_K = 70 % und r = 6,1 mm zu sehen, die Beschleunigungsziffer dabei ist z = 26,8. Die Sequenz umfasst drei Kreisschwingungen. Ausgehend von einer jeweils vollen Umdrehung ist die Lage des Behälters in der linken Bildspalte bei 120° dargestellt; die mittlere Spalte zeigt den Zustand bei 240° und die rechte den Status bei 360°. Zwischen den Einzelbildern liegt ein Zeitraum von 0,01 Sekunden.

Abbildung 26a zeigt die Füllung, die an der Behälterwand über einem Winkel von ca. 180° anliegt (1). Durch die Abwärtsbewegung des Behälters beginnt sie sich zu lösen; bei (2) bildet sich ein Wurfspalt. Die Füllung bewegt sich, angeregt durch den Behälter, entsprechend seiner momentanen Bewegungsrichtung nach links. In Abb. 26b hat sich die Füllung von der rechten Seite des Behälters gelöst. Abb.26c zeigt den Behälter im Nulldurchgang, nachdem die erste Schwingung beendet ist. Die Füllung liegt auf dem Behälterbogen, nachdem ein Stoß stattgefunden hat. Das Abheben nach dem Nulldurchgang zeigt Abb. 26d. Der Wurfspalt

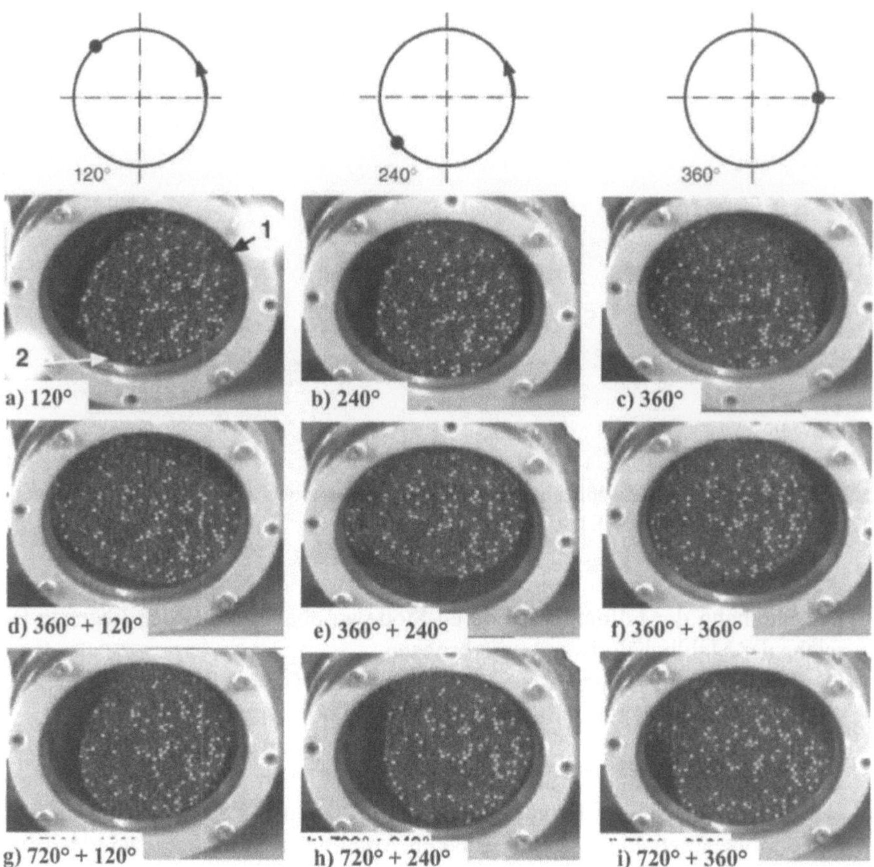

Abb. 26: Bewegung der Füllung bei großer relativer Amplitude während zwei Kreisschwingungen des Mahlraumes. Zeitabstand zwischen den Aufnahmen 0,01 s bzw. 120°, n = 2000 min⁻¹; φ_K = 70 %, r = 6,1 mm, z = 26,8

bildet sich unter der Füllung, die sich nach oben bewegt. In Abb. e) stößt die Füllung an die obere Mahlraumwand. Bei weiter nach oben schwingendem Behälter verbleibt die Füllung etwa in diesem Bereich der Wandung. Die Frequenz der Abb. g), h) und i) lässt vermuten, dass sich dieser Vorgang nach 2 Schwingungen wiederholt.

Durch unterschiedliche Einfärbung von Kugeln konnte man erkennen, dass die Durchmischung besser als bei der üblichen Umlaufbewegung ist, da es keine geordneten Kugelbahnen mehr gibt. Der gesamte Mahlraum wird durchflogen, sodass sich bei einer Gas-Feststoff-Reaktion keine Freiräume ergeben, durch die nicht zur Reaktion beitragendes Gas strömen könnte. Zur Verdeutlichung der Kinematik dient Abb. 27, das die Bahnen einzelner, ausgewählter Kugeln bei kleiner und großer Amplitude zeigt.

Für die Kreisschwingung liegt also bei bestimmten Werten für Amplitude, Drehzahl und Füllgrad eine Bewegungsform vor, die sich von der üblichen Umlaufbewegung unterscheidet:

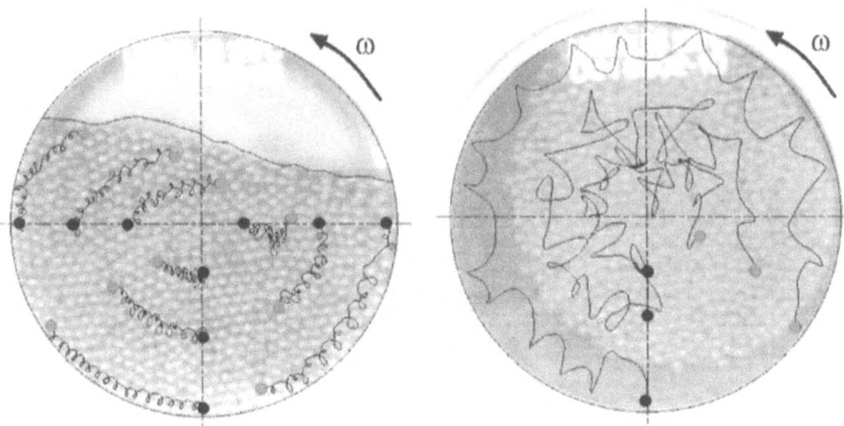

Abb. 27: Bewegung ausgewählter Kugeln bei kleiner und großer Amplitude. n = 1667 min^{-1}, φ_K = 70 %, r = 1,0 mm (links), r = 5,7 mm (rechts)

- Die Flugbahn der Füllung wird durch Stöße an oben und seitlich liegende Bereiche der Mahlbehälterwand unterbrochen.
- Die Füllung kann als plastische Masse betrachtet werden, die Flüge durch den gesamten Mahlbehälter vollführt.
- Es finden pro Umdrehung des Mahlbehälters bis zu zwei Stöße statt.
- Diese Bewegungsform wurde bei unterschiedlichen Füllgraden festgestellt, wobei der Wechsel der Flugbewegung bei größeren Füllgraden schon bei kleineren Drehzahlen einsetzt. Bei größeren Amplituden verschiebt sich der Übergang ebenfalls zu niedrigeren Drehzahlen hin.

4.2.10.3
Modellierung der Bewegungsformen

Mit Hilfe einer Excel-Tabellenkalkulation können die gezeigten Bewegungsformen simuliert werden. Zu diesem Zweck wurden die Hochgeschwindigkeits-Videoaufnahmen zunächst bezüglich des Zeitpunktes, zu dem die auf dem Behälterboden liegende Füllung abhebt, empirisch ausgewertet.

Nach Bachmann (1940) verlässt die Füllung dann den Behälterboden, wenn die vertikale Komponente der Beschleunigung gleich der Erdbeschleunigung ist. Der Abwurfwinkel ψ^*_{th}, bei dem die Füllung abhebt, ist von der Beschleunigungsziffer z wie folgt abhängig:

$$\psi^*_{th} = \arcsin (1/z). \tag{11}$$

Der tatsächliche Abwurfwinkel ψ^* wurde aus den Filmaufnahmen bestimmt. Die gefundenen Werte sind in Abb. 28 zu sehen. Sie unterscheiden sich erheblich von den theoretischen Werten nach Bachmann (1940), die als Kurve ebenfalls eingetragen sind. Nach der Theorie müsste sich ein starker Abfall bei steigender Beschleunigungsziffer ergeben, was in der Praxis nicht gefunden wird.

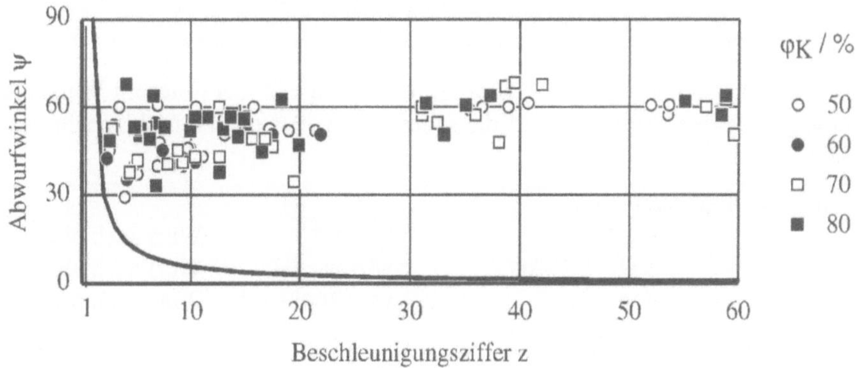

Abb. 28: Gemessener Abwurfwinkel über der Beschleunigungsziffer und theoretische Kurve nach Bachmann (1940)

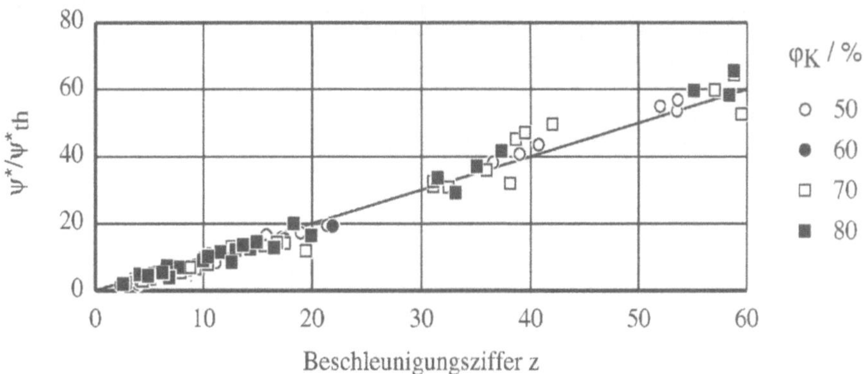

Abb. 29: Verhältnis (ψ^*/ ψ^*_{th}) über der Beschleunigungsziffer (Bock u. Schönert 1999)

Trägt man das Verhältnis (ψ^*/ψ^*_{th}) der tatsächlichen zu den theoretischen Werten über der Beschleunigungsziffer z auf, ergibt sich Abb. 29. Die Wertepaare liegen nahe der eingezeichneten Ausgleichsgeraden.

Die von Bachmann (1940) gefundene Gleichung für den Abwurfwinkel kann mit diesen Ergebnissen für Beschleunigungen größer Null wie folgt modifiziert werden:

$$\psi^* = z \cdot \arcsin(1/z). \tag{12}$$

Für diesen Effekt gibt es zwei Erklärungen:

1. Die Füllung ist kein starrer Körper, sondern lockert sich während des Fluges auf. Nach jedem Auftreffen auf die Wand konsolidiert die Füllung, bevor sie wieder abheben kann. Dieser mit "Atmen" bezeichnete Vorgang ist für einen wirkungsvollen Betrieb einer Schwingmühle erforderlich. Die Filmaufnahmen zeigen diesen Effekt bei jedem Stoß. Der Konsolidierungswinkel $\Delta\psi_c$ ist

$$\Delta\psi_c = \psi_c{}^* - \psi^*{}_{th} = (z - 1) \cdot \arcsin(1/z). \tag{13}$$

2. Der kreisförmige Querschnitt des Mahlraums behindert den Abwurf.

Mit diesen Ergebnissen folgt ein Schema, das beschreibt, bei welchem Winkel die Füllung nach dem Auftreffen auf der unteren bzw. der oberen Mahlbehälterwand wieder abhebt:

– untere Mahlbehälterwand

0	$\leq \psi < \psi^*{}_{th}$	$\psi' = \psi^*$	Wurf nach oben
$\psi^*{}_{th}$	$\leq \psi < 90°\text{-}\Delta\psi_c$	$\psi' = \psi + \Delta\psi_c$	Wurf nach oben
$90°\text{-}\Delta\psi_c$	$\leq \psi < 360°$	$\psi' = 360° + \psi^*$	Wurf nach oben

– obere Mahlbehälterwand

0	$\leq \psi < 180°\text{-}\psi^*\text{-}\Delta\psi_c$	$\psi' = 180°\text{-}\psi^*{}_{th}$	Wurf nach unten
$180°\text{-}\psi^*\text{-}\Delta\psi_c$	$\leq \psi < 270°\text{-}\Delta\psi_c$	$\psi' = \psi + \Delta\psi_c$	Wurf nach unten
$270°\text{-}\Delta\psi_c$	$\leq \psi < 360° + \psi^*{}_{th}\text{-}\Delta\psi_c$	$\psi' = \psi + \Delta\psi_c$	Fall
$360° + \psi^*{}_{th}\text{-}\Delta\psi_c$	$\leq \psi < 360°$	$\psi' = 540°\text{-}\psi^*{}_{th}$	Wurf nach unten

Auf der Grundlage dieses Schemas wurde mit folgenden Vereinfachungen und Voraussetzungen ein Modell erstellt, mit dem die Bewegung der Füllung im Mahlraum nachvollzogen und mit den Videoaufnahmen verglichen werden kann:

1. Der Querschnitt des Mahlraums ist kreisförmig.
2. Der Querschnitt der Füllung ist kreisförmig.
3. Zwischen Füllung und Mahlbehälter gibt es keine Relativbewegung, solange sie miteinander in Kontakt sind.
4. Die Schwingung des Mahlbehälters ist harmonisch und kreisförmig.
5. Es wird nur eine zweidimensionale Ebene betrachtet.
6. Das Abheben der Füllung erfolgt gemäß oben stehendem Schema.
7. Die Fläche des Füllungsquerschnitts bleibt konstant.
8. Die Bewegungsgleichungen basieren auf der Grundlage der Newton'schen Mechanik
9. Stöße verlaufen vollplastisch.

Die Bewegung der Füllung wurde mit dem Modell für 40 verschiedene Einstellungen nachvollzogen. Die Parameter variierten in folgenden Bereichen:

– Füllgrad φ_K: 50 bis 90 %
– Amplitude r: 1,1 bis 6,2 mm
– relative Amplitude α: 2,2 bis 12,4 %
– Drehzahl n: 1364 bis 2500 min-1
– Beschleunigungsziffer z: 2,3 bis 43

Abbildung 30 bis 33 zeigen beispielhaft einen Vergleich der simulierten Bewegung mit den Filmaufnahmen für die Einstellungen:

Abb. 30:	$\varphi_K = 50\,\%$	$r = 6{,}1$ mm	$\alpha = 12{,}2\,\%$	$n = 1980$ min^{-1} $\quad z = 27$
Abb. 31:	$\varphi_K = 70\,\%$	$r = 2{,}8$ mm	$\alpha = 12{,}2\,\%$	$n = 1980$ min^{-1} $\quad z = 12$
Abb. 32:	$\varphi_K = 70\,\%$	$r = 6{,}1$ mm	$\alpha = 12{,}2\,\%$	$n = 1980$ min^{-1} $\quad z = 27$
Abb. 33:	$\varphi_K = 80\,\%$	$r = 6{,}1$ mm	$\alpha = 12{,}2\,\%$	$n = 1980$ min^{-1} $\quad z = 27$

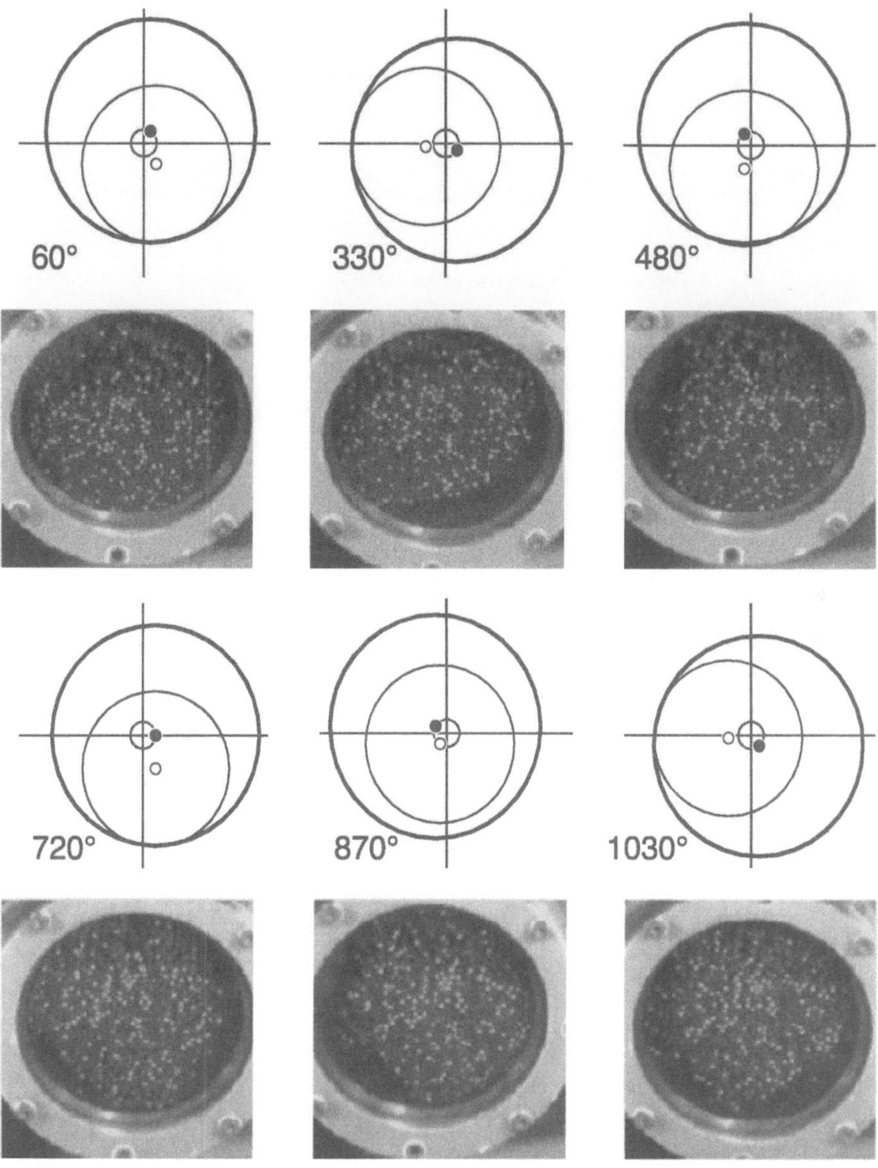

Abb. 30: Vergleich der simulierten Bewegung der Füllung mit den Filmaufnahmen. $\varphi_K = 50\,\%$, $n = 1980\ \text{min}^{-1}$, $r = 6{,}1$ mm, $z = 27$

Die Videoaufnahmen zeigen, dass die genannten Voraussetzungen für das Modell die Realität teilweise stark vereinfachen. Beispielsweise ist die Oberfläche vor allem bei kleinem Füllungsgrad φ_K nicht kreisförmig, sondern verändert sich ständig. Die größte Abweichung von der Kreisform liegt bei dem Füllgrad von 50 % vor.

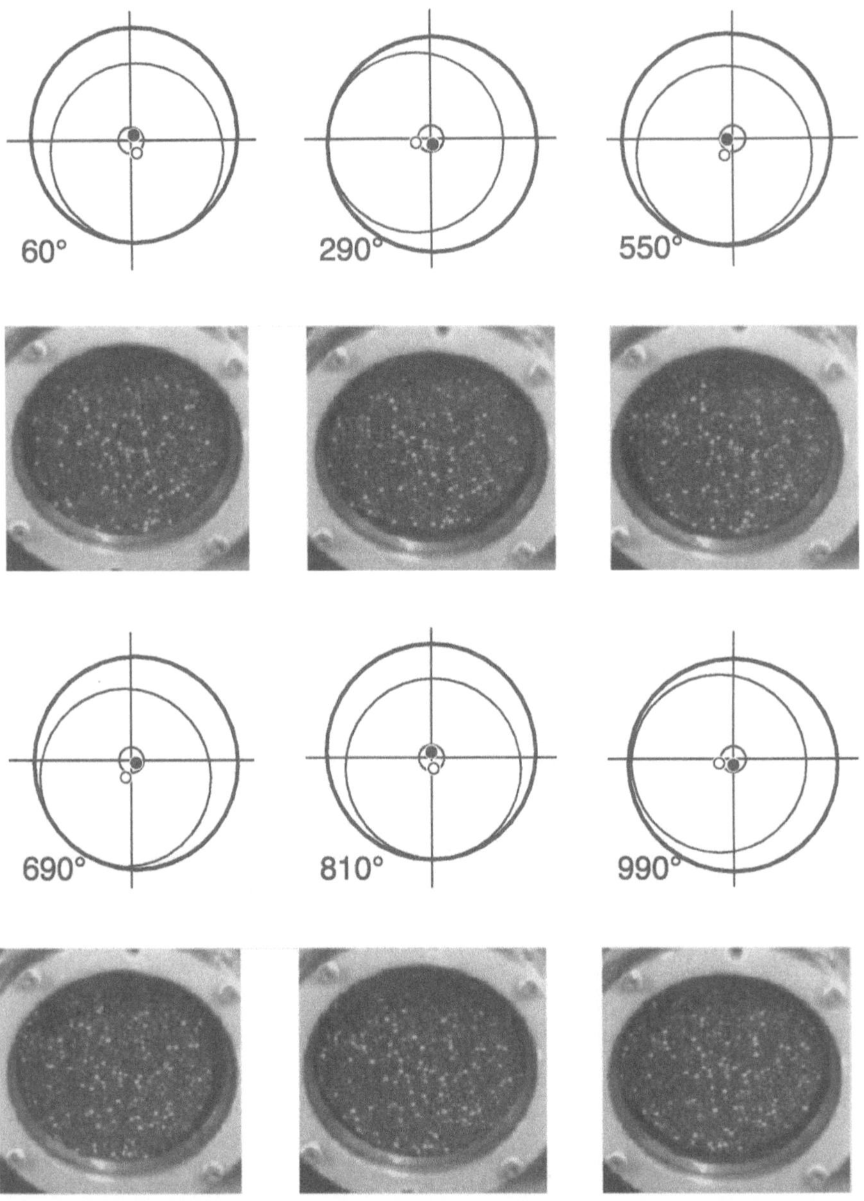

Abb. 31: Vergleich der simulierten Bewegung der Füllung mit den Filmaufnahmen. $\varphi_K = 70\,\%$, $n = 1980\ \text{min}^{-1}$, $r = 2,8$ mm, $z = 12$

Trotzdem findet man über mehrere Perioden der Schwingung eine gute Übereinstimmung der Simulation mit den Videoaufnahmen. Somit erscheint die Einführung der Konsolidierung als geeignet, die Vereinfachungen des Modells zu rechtfertigen.

Mit Hilfe des Bewegungsmodells ist es außerdem möglich, aus der bekannten Masse der Füllung und der berechneten Relativgeschwindigkeit beim Stoß die

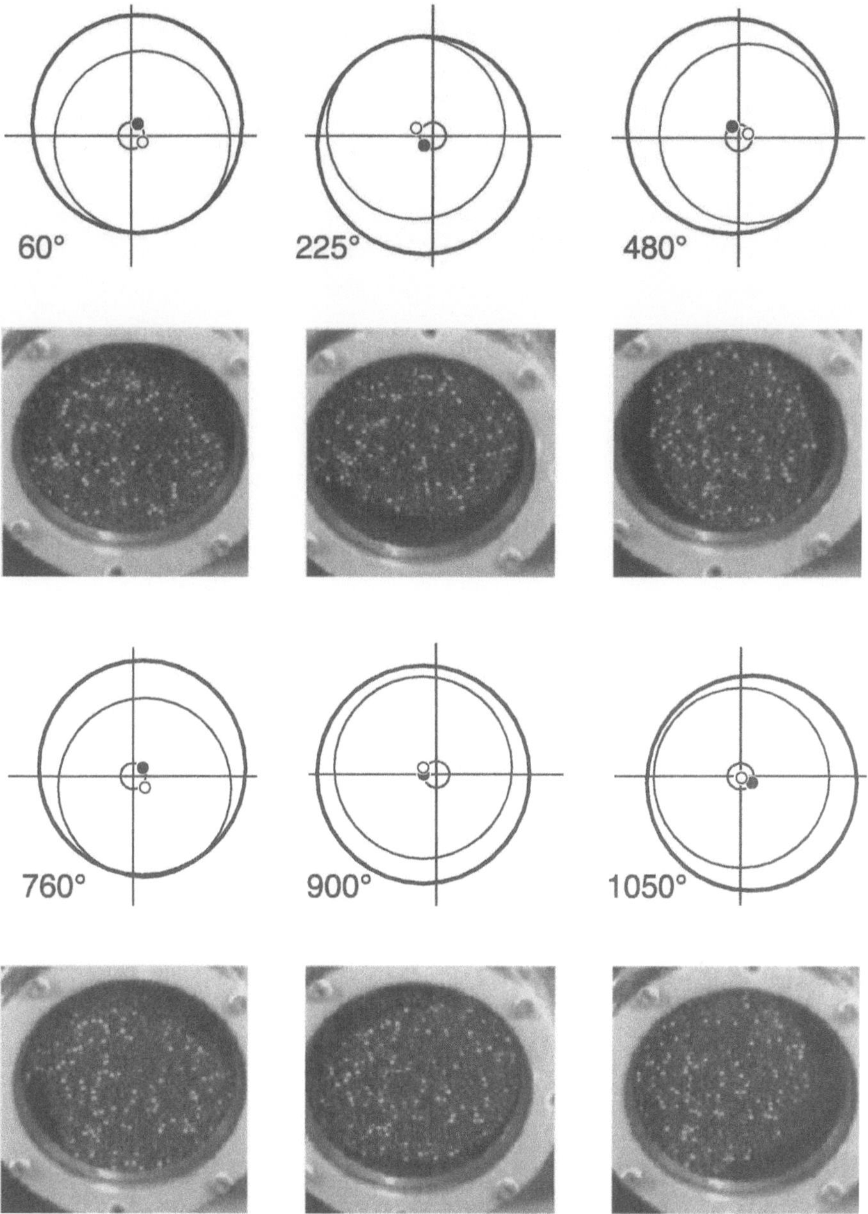

Abb. 32: Vergleich der simulierten Bewegung der Füllung mit den Filmaufnahmen. $\varphi_K = 70\ \%$, $n = 1980\ \text{min}^{-1}$, $r = 6{,}1\ \text{mm}$, $z = 27$

umgesetzte kinetische Energie zu bestimmen. Wie auch in anderen Modellen (z.B. Kurrer 1992) wird der Stoß als vollplastisch betrachtet.

Die bei jedem Stoß umgesetzte Energie ergibt sich aus der Gleichung:

$$E = 1/2 \cdot m_F \cdot v^2_{rel} \tag{14}$$

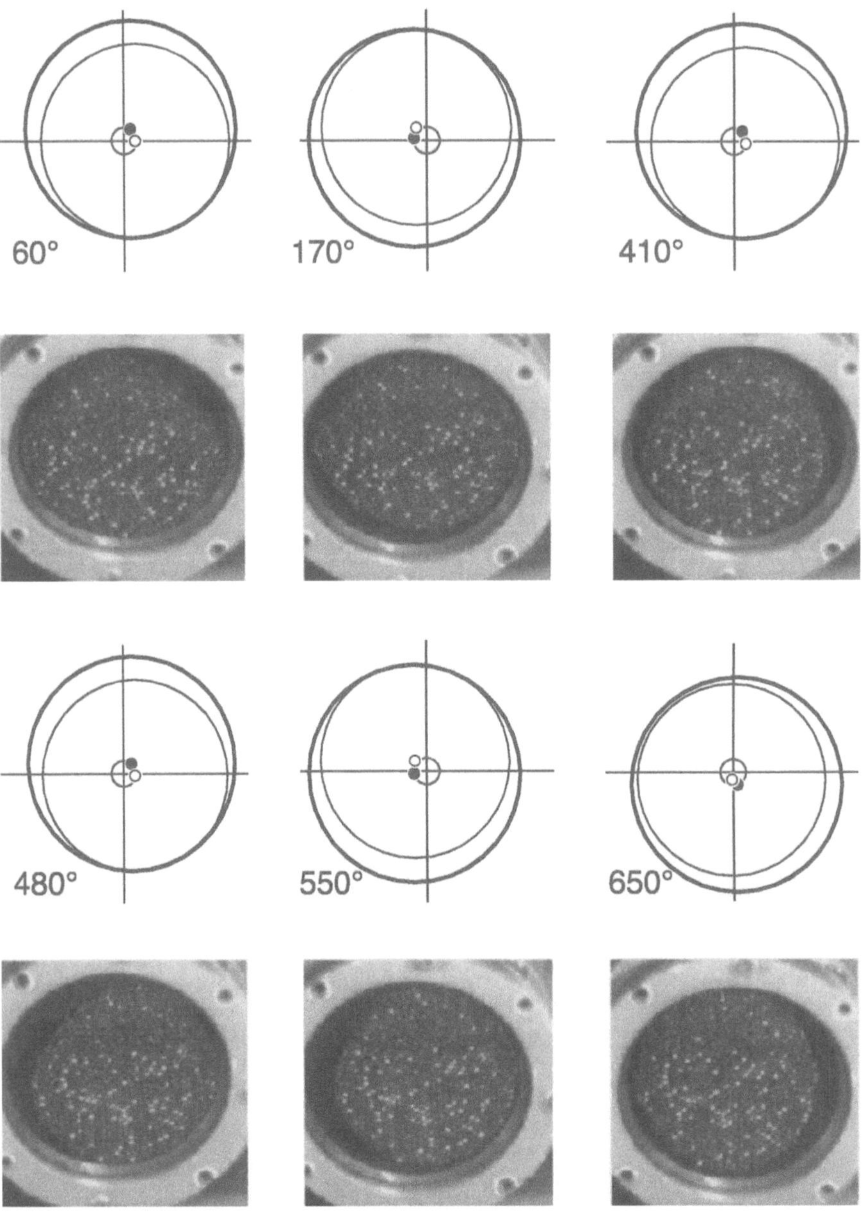

Abb. 33: Vergleich der simulierten Bewegung der Füllung mit den Filmaufnahmen. φ_K = 80 %, n = 1980 min^{-1}, r = 6,1 mm, z = 27

m_F Masse der Füllung, v_{rel} Relativgeschwindigkeit als Differenz der Geschwindigkeiten von Behälter und Füllung im Zeitpunkt des Auftreffens.

Die Leistung ergibt sich aus der Division der Energieumsätze durch den entsprechenden Berechnungszeitraum. Mit dem in Abb. 17 gezeigten Behälter wurden für 80 Einstellungen der Mühle die Leistungseinträge in die Füllung bestimmt.

In Abb. 34 werden die errechneten und die gemessenen Leistungseinträge für den Kugelfüllgrad von 70 % verglichen. 80 % der errechneten Werte weichen nicht mehr als ± 20 % von den gemessenen Werten ab. Das Gleiche ergibt sich für die Füllgrade von 60 und 80 %. Bei dem Füllgrad von 50 % gilt dies für 60 % der errechneten Werte.

4.2.10.4
Untersuchungen zur Zerkleinerung

In klassischen Mühlen gelingt für spröde Stoffe (z.B. Quarz) eine mechanische Zerkleinerung bis zu Grenzkorngrößen von ca. 4 bis 7 µm. Darunter steigt der Energieaufwand steil an und bei reaktionsfähigen Systemen setzt eine verstärkte mechanische Aktivierung ein. Der Grund hierfür ist die vorherrschende plastische Verformung (Schönert 1983).

Zerkleinerungsverhalten der Versuchsmühle. In verfahrenstechnischen Untersuchungen ohne chemische Reaktionen wurde das Zerkleinerungsverhalten untersucht. Das Mahlgut war Quarz mit einer Korngröße zwischen 80 und 400 µm, bei allen Versuchen wurden 3 Millimeter-Kugeln als Mahlkörper bei einem Füllgrad φ_K = 70 % eingesetzt. Der Mahlgutfüllgrad betrug φ_G = 100 %. Die Partikelgrößenanalyse wurde oberhalb 63 µm durch Nasssiebung und darunter im Sedigraph 5000 D durchgeführt. Abb. 35 und Abb. 36 sind als typische Beispiele die Partikelgrößenverteilung nach einer Mahldauer von 5 Minuten für die Drehzahlen 1667 und 2500 min^{-1} bei unterschiedlichen Amplituden dargestellt. Die Leistungsein-

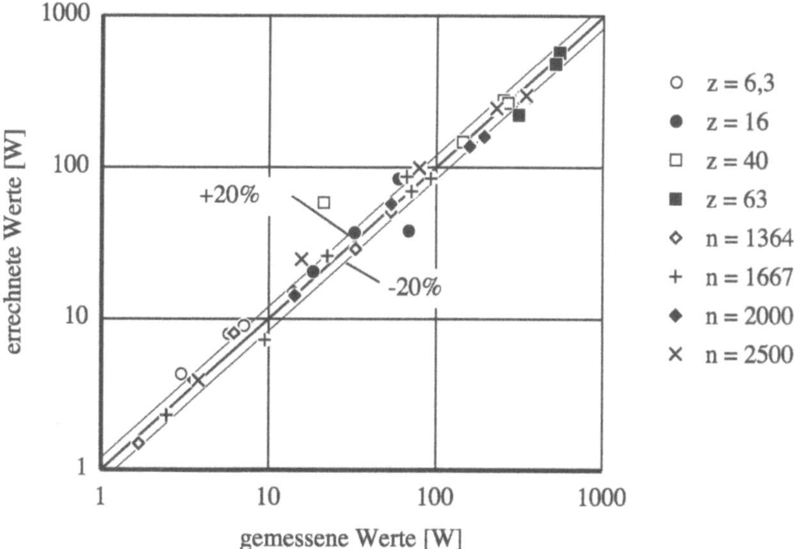

Abb. 34: Gemessene und mit dem Bewegungsmodell ermittelte Leistungseinträge. φ_K = 70 %, z = 6,3 bis 63, n = 1364 bis 2500 min^{-1}

träge sind als Parameter angegeben, bei unterbrochener Flugbewegung sind sie mit (1) markiert. In Abb. 35 ist zu erkennen, dass mit steigender Amplitude durch den zunehmenden Leistungseintrag eine höhere Kornfeinheit erzielt wird und dass der Effekt der Bewegungsänderung auch für das Mahlergebnis deutlich sichtbar wird, bei allen Leistungseinträgen ist jedoch noch unzerkleinertes Gut zu finden. Dies ist in Abb. 36 bei einem Leistungseintrag ab 255 W nicht mehr der Fall. Unzerkleinertes Gut tritt nach 5 Minuten Mahldauer nur bei den beiden kleinsten Amplituden auf, bei denen die Füllung die übliche Umlaufbewegung vollführt.

Zur Klärung der Zusammenhänge zwischen der eingeleiteten Energie und der Partikelgrößenverteilung wird die spezifische Energie als auf die Füllgutmasse bezogene eingeleitete Energie definiert:

$$E_M = \frac{E}{m_G} = \frac{P_F \cdot t}{m_G} \tag{15}$$

E_M spezifische Energie, E Energie, P_F Leistungsaufnahme, t Zeit, m_G Masse Mahlgut.

Trägt man die Feinheitszunahme (hier charakterisiert durch den Wert x_{80}) über der spezifischen Energie auf, so erhält man nach Abb. 37 die Erkenntnis, dass der Zerkleinerungseffekt nicht nur von der spezifischen Energie bestimmt wird, sondern auch von der Drehzahl.

Die Untersuchungen zeigen deutlich, dass sich das Zerkleinerungsverhalten bei der unterbrochenen Flugbewegung gegenüber der üblichen Umlaufbewegung verbessert. Es wird ein höherer Feingutanteil bei derselben spezifischen Energie erzeugt, zum Teil wird bei bestimmten Parametern in einem ungünstigen Verhältnis von Aufgabegutgröße zu Mahlkugelgröße eine Zerkleinerung erst möglich. Bei

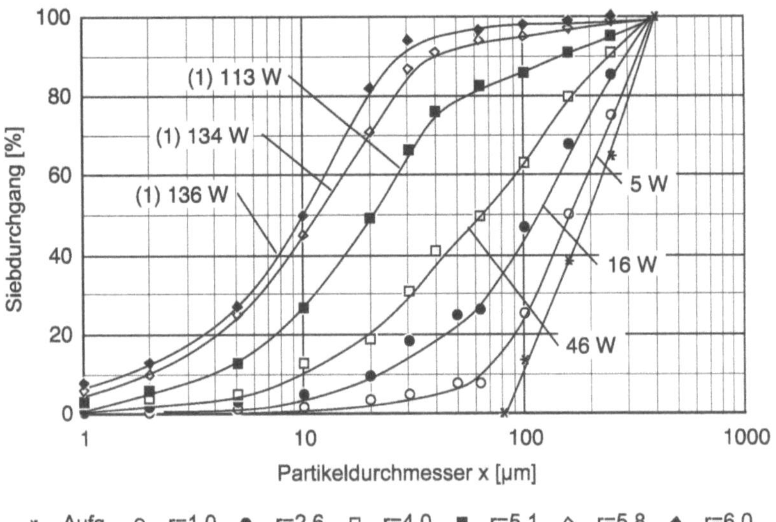

Abb. 35: Partikelgröße bei konstanter Mahldauer von 5 Minuten mit den Werten für den Leistungseintrag. Quarz F80/400 µm, n = 1667 min⁻¹, φ_K = 70 %, φ_G = 100 %

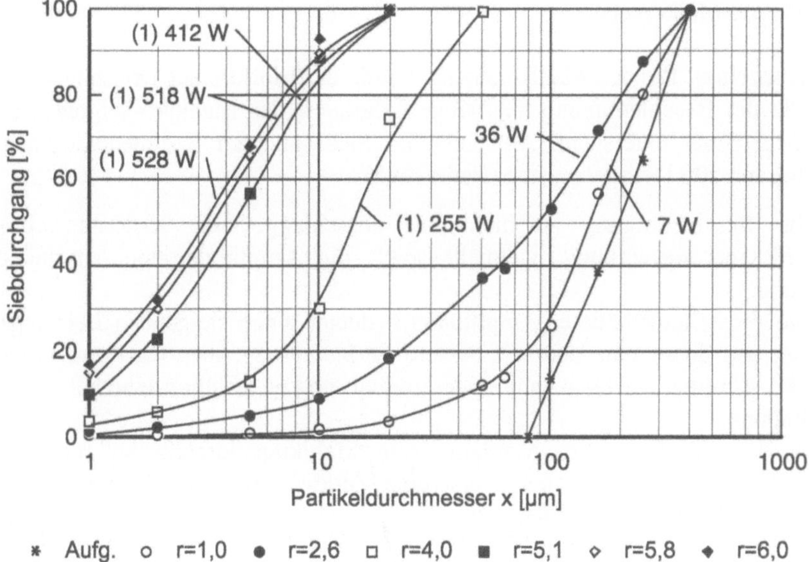

Abb. 36: Partikelgröße bei konstanter Mahldauer von 5 Minuten mit den Werten für den Leistungseintrag. Quarz F 80/400 μm, n = 2500 min^{-1}, φ_K = 70 %, φ_G = 100 %

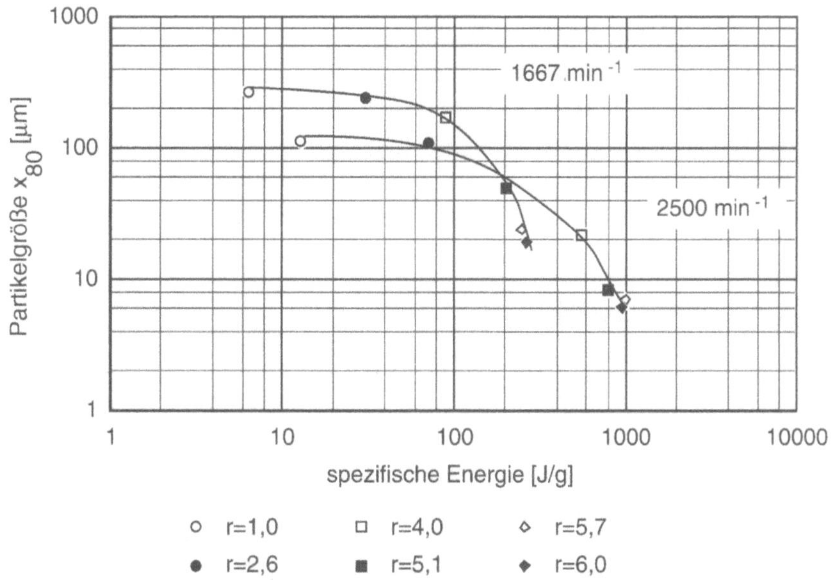

Abb. 37: x_{80}-Werte nach 5 Minuten Mahldauer bei n = 1667 bzw. 2500 min^{-1}. Aufgabe Quarz F 80/400 μm, φ_K = 70 %, φ_G = 100 %

gleichem Energieeintrag verbessern eine Erhöhung von Drehzahl und/oder Amplitude das Mahlergebnis.

Ferrosilicium. Bei den Mahlversuchen wurde der Einfluss der Drehzahl, der Amplitude der Beschleunigung, des Kugelfüllgrades, des Mahlpartikelgrades sowie der Mahldauer untersucht. Aufgrund der Sieb- und der Sedimentationsanalyse (Sedigraph 500 D) ergaben sich (Bade 1995):

- Die Beschleunigung ist nicht das ausschlaggebende Kriterium für die Zerkleinerungswirkung, vielmehr spielt die Amplitude eine entscheidende Rolle.
- Die Einstellung höherer Amplituden bedeutet einen steigenden Leistungseintrag und damit eine deutlich bessere Zerkleinerung; dies wird vor allem bei Überschreiten der Grenzamplitude erreicht, und es resultiert eine höhere Kornfeinheit.
- Ist das Verhältnis des Mahlgut- zum Mahlkugeldurchmesser relativ groß (> 0,1), so findet überhaupt erst eine Zerkleinerung statt, wenn eine Mindestamplitude überschritten wird.
- Wir bei einer konstanten Amplitude die Drehzahl erhöht, verbessert sich der Zerkleinerungseffekt; es wird ein feineres Gut erzeugt.
- Allgemein wird bei gleicher Drehzahl und steigender Amplitude ein feineres Gut erzeugt.
- Die Partikel im Partikelgrößenbereich kleiner als 10 µm lassen sich weitaus schwieriger zerkleinern, und das Zerkleinerungsergebnis zeigt, dass das Maximum der Partikelgrößenverteilung umso höher ist, je geringer die zugeführte spezifische Energie ist. Diese Beobachtung wird mit dem zunehmend inelastischen Verhalten mit abnehmender Partikelgröße gedeutet.
- Die Zerkleinerungsergebnisse, die mit dem Aufgabegut Quarz erhalten wurden, sind mit denjenigen vergleichbar, bei denen das Aufgabegut Ferrosilizium war.

Die Abb. 38 zeigt exemplarisch Partikelgrößenverteilungen für unterschiedliche Mahldauer bei einer Drehzahl von 1867 min^{-1}, einer Amplitude von 6,6 mm, einem Mahlgutgrad, und einem Kugelfüllgrad von jeweils 50% die Summenverteilungen $Q_3(x)$.

Der Restanteil R des Aufgabegutes kann als Funktion der Mahldauer t und des Mahlgutfüllgrades φ_G mit der Formel

$$R = \varsigma_1 \cdot \exp(-k_1 \cdot t) + \varsigma_2 \cdot \exp(-k_2 \cdot t) \tag{16}$$

wiedergegeben werden, wobei $\xi_1 + \xi_2 = 1$ ist (Schröter 1992).

Magnesium. Das Zerkleinerungsverhalten des Magnesiums im flüssigen Lösemittel THF wird stark durch seine duktilen Eigenschaften geprägt. Anders als beim Ferrosilizium wird das Magnesium zunächst plastisch deformiert und verfestigt und erst im Anschluss daran zerkleinert. Hierzu ist ein Mindestleistungseintrag notwendig, ansonsten erfolgt kleine Zerkleinerung (vgl. Abb. 39).

Die Änderung der Verteilungssummenkurve $Q_3(x)$ führt zu einer Zunahme der spezifischen Oberfläche (vgl. Abb. 40).

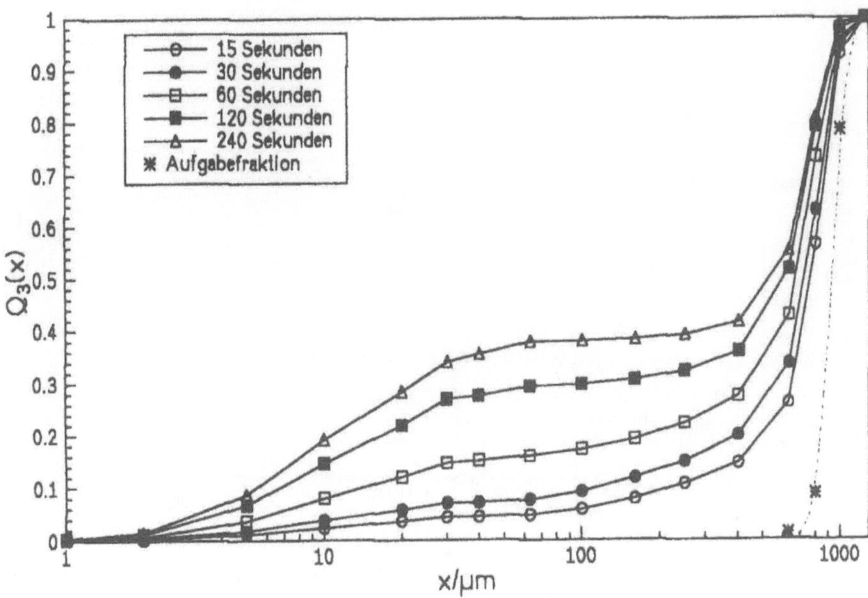

Abb. 38: Zerkleinerung von Ferrosilizium (FeSi 90, Fraktion 80 bis 1000 µm)

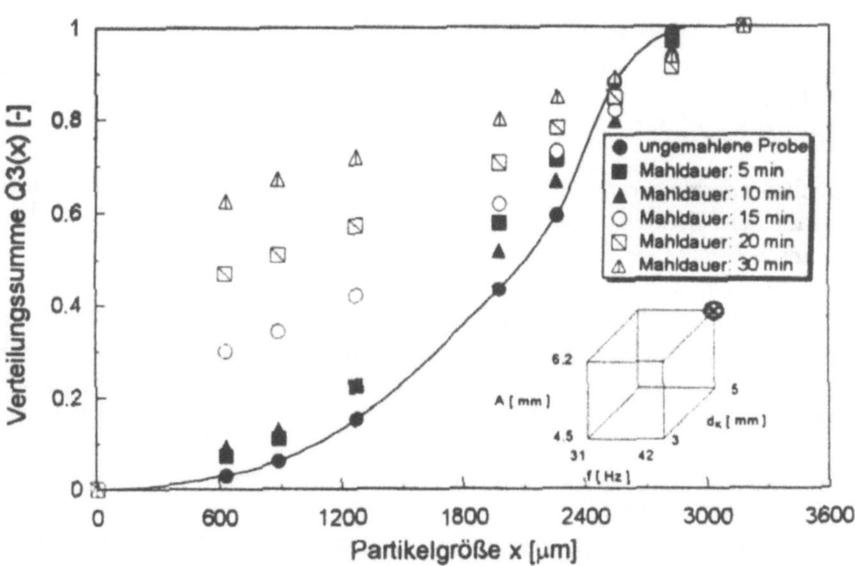

Abb. 39: Änderung der Verteilungssummenkurven für die Magnesiumpartikel bei Naßmahlung in Tetrahydrofuran bei einer Beschleunigung von 42 g (f = 42 Hz, A = 6,2 mm)

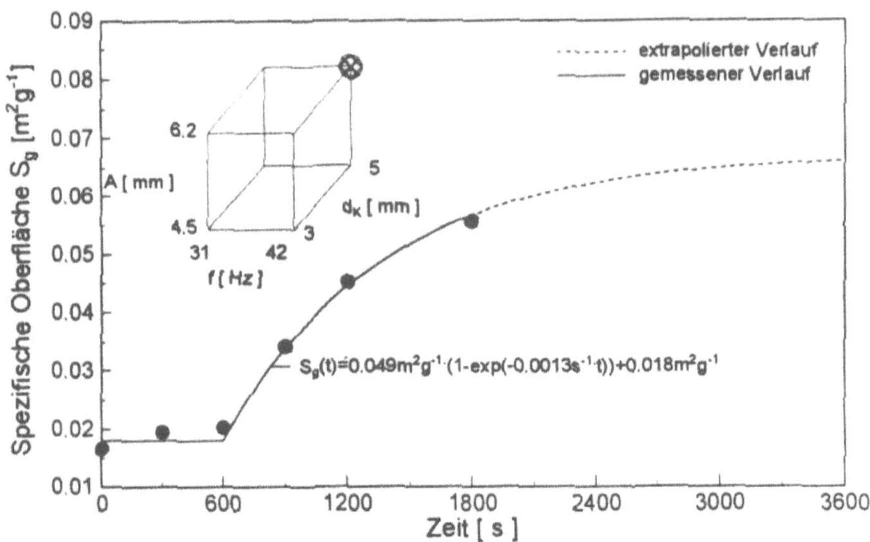

Abb. 40: Zeitliche Entwicklung der spezifischen Oberfläche der Magnesiumspäne bei Zerkleinerung bei einer Frequenz von f = 42 Hz und einer Amplitude von A = 6,25 mm

Man erkennt, dass erst nach einer Induktionszeit von ca. 600 s die Zerkleinerung einsetzt. Die beobachtete Oberflächenzunahme wird durch die in der Abbildung angegebene Gleichung beschrieben.

4.2.11
Reaktives Mahlen

Simultane Zerkleinerung und chemische Reaktion kann zu Synergieeffekten führen, d.h. die Zerkleinerung beschleunigt die Reaktion bzw. umgekehrt. Hinzu kommt, dass die Grenzkorngröße, die in klassischen Mühlen erreicht wird, durch gezieltes chemisches Abreagieren unterschritten werden kann.

Zum reaktiven Mahlen wurden sowohl experimentelle als auch theoretische Untersuchungen durchgeführt. Die Experimente dienten vornehmlich dem Funktionsnachweis der gebauten Mühle und sollten Hinweise für Verbesserungen der Konstruktion geben. Die Reaktionsmühle wurde aus Sicherheitsgründen zunächst diskontinuierlich und später halbkontinuierlich betrieben. Letztlich angestrebtes Ziel bleibt ein kontinuierlicher Betrieb, hierzu liegen zurzeit nur theoretische Ergebnisse vor.

Die reaktionstechnische Modellierung von überlagerter Zerkleinerung und Reaktion kann durch verschiedenartige Ansätze erfolgen:

– rein empirische Modellansätze (nichtlineare Regression)
– halbempirische Modellansätze (Dynamisierung von Modellparametern)
– physikalisch-chemisch begründete Modelle

Alle drei Varianten wurden zur Beschreibung der experimentellen Befunde eingesetzt. Die Überprüfung der Zuverlässigkeit von Modellvorhersagen steht noch aus, hierzu existiert weiterhin Forschungsbedarf.

4.2.11.1
Hydrochlorierung von Ferrosilizium

Die im Abschnitt 4.2.10.4 beschriebenen Untersuchungen zur Zerkleinerung wurden durch Experimente mit überlagerter Reaktion ergänzt (Bade et al. 1994). Ein ausgewähltes Versuchsergebnis hierzu zeigt die Abb. 41.

> Man erkennt den deutlichen Unterschied in den Induktionsperioden i der Startphase der Reaktion: Ohne simultane Zerkleinerung beträgt die Induktionsperiode 23 Minuten, während mit simultaner Zerkleinerung nur etwa 3,5 beobachtet werden. Weiterhin ist die Umsatzgeschwindigkeit mit simultaner Zerkleinerung deutlich höher, und der Umsatz erreicht viel schneller den Wert 1 (Bade u. Hoffmann 1994, S. 39).

Der beschleunigte Reaktionsablauf in der Reaktionsmühle ist nicht nur auf die Oberflächenvergrößerung durch Zerkleinerung zurückzuführen, sonder auch auf die zusätzlich eingetretene mechanische Aktivierung (vgl. Abb. 38). Dies zeigt sich deutlich in Abb. 42.

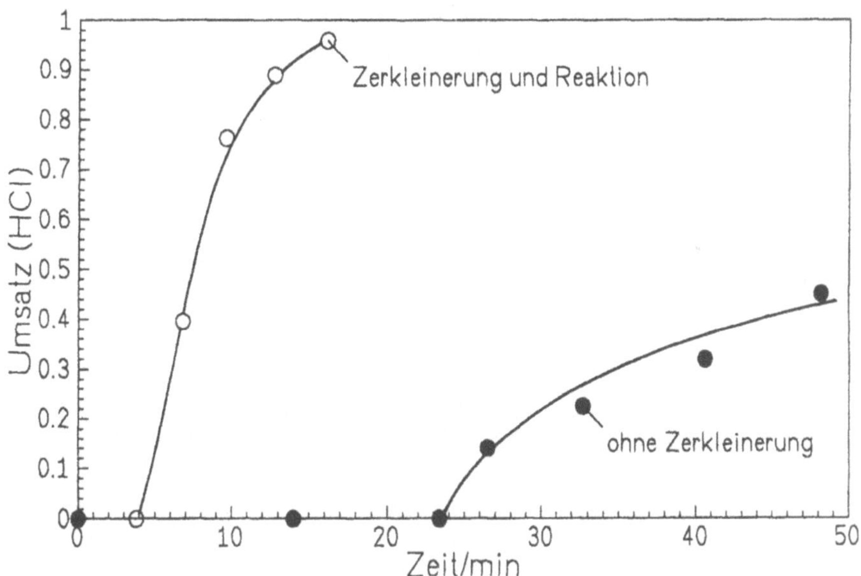

Abb. 41: Vergleich der Umsatzverläufe von HCl in der Reaktionsmühle mit und ohne Zerkleinerung bei 320° C bei Satzbetrieb (Beschleunigung 25,7 g, Mahlgutfüllgrad und Mahlkugelfüllgrad je 50 %, Mahlkugeldurchmesser 3 mm, Ausgangskorngröße 800-1000 μm, Temperatur 300° C) (Bade u. Hoffmann 1994)

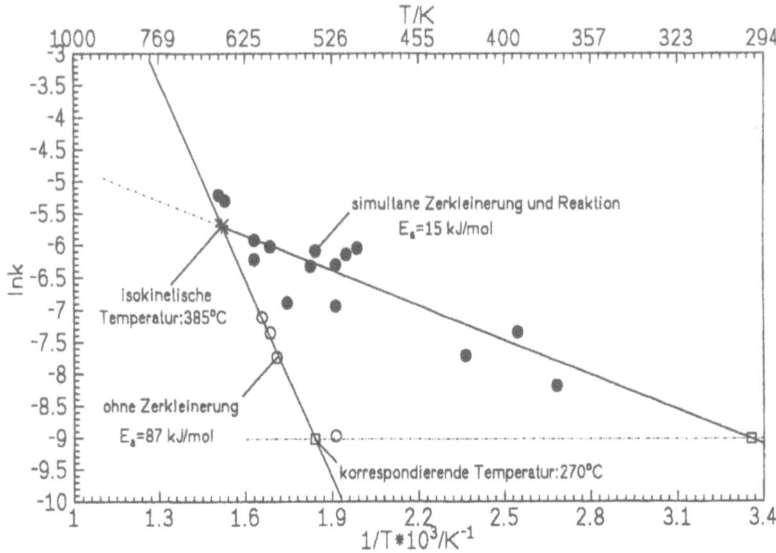

Abb. 42: Scheinbare Aktivierungsenergien für die Hydrochlorierung von FeSi in der Mühle (Bade u. Hoffmann 1994)

Man erkennt, dass die effektive Aktivierungsenergien durch Mahlung erniedrigt wird. Diese kinetischen Daten wurden durch Experimente im Mahlraum gewonnen. Die Abweichungen der hier beobachteten Aktivierungsenergie von der aus dem Waagenreaktor ermittelten sind verursacht durch ungenaue Temperaturmessung, Transportlimitierungen und Schwächen des Reaktions- und Reaktormodells. Hierzu kommt der Einfluss der Reinheit des Ferrosiliziums.

Ein weiterer Vorteil beim Einsatz der Reaktionsmühle zeigt sich in einer verbesserten Selektivität, d.h. es wird vermehrt Trichlorsilan und weniger Siliziumtetrachlorid gebildet (vgl. Abb. 43).

Zusammenfassend kann festgestellt werden, dass der Prototyp der entwickelten Reaktionsmühle eine verbesserte Reaktionsführung ermöglicht.

Ein einfaches Modell für die Reaktivmahlung besteht in der Kombination der bei der reinen Zerkleinerung beobachteten Oberflächengrößen mit einem Geschwindigkeitsansatz für die chemische Kinetik

$$-\frac{dc_{HCl}}{dt} = k'' \cdot c_{HCl}^{n} \cdot \frac{A_{FeSi}}{A_{FeSi,0}} \tag{17}$$

Die Integration dieser Gleichung liefert die Umsatz-Zeit-Kurve für den Satzbetrieb der Reaktionsmühle, wenn man für diese ideales Mischungsverhalten unterstellt. Die Oberflächenvergrößerung $A_{FeSi}/A_{FeSi,0}$ wurde in separaten Experimenten (ohne Reaktion) bestimmt. Für die Aufgabefraktion 800 bis 1000 µm ergab sich:

$$\frac{A_{FeSi}}{A_{FeSi,0}} = 20 \cdot (1 - \exp(-k_z \cdot t) + 1) \tag{18}$$

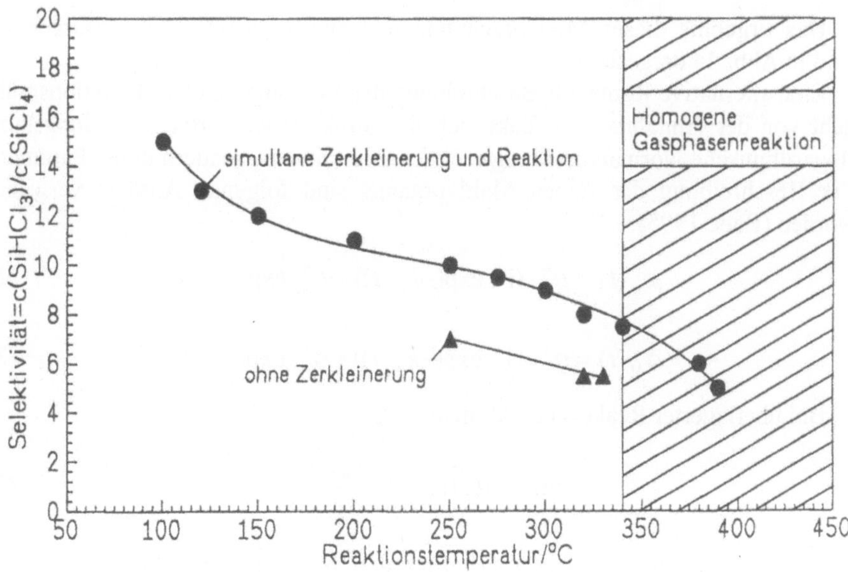

Abb. 43: Selektivitätsverbesserung durch mechanische Aktivierung (Bade u. Hoffmann 1994)

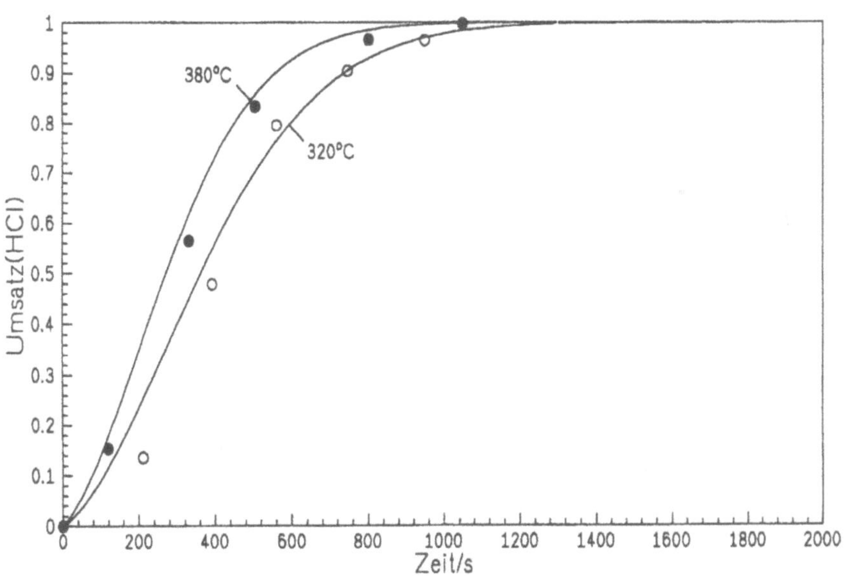

Abb. 44: Umsatzverläufe von HCl für die Temperaturen 320 und 380° C; Modellierung mit dem quasihomogenen Ansatz 1. Ordnung bezüglich HCl; $k_Z = 0,0008 s^{-1}$; $k(320°C) = 5,3 \cdot 10^{-4} s^{-1}$; $k(380°C) = 8.5 \cdot 10^{-4} s^{-1}$

mit $k_z = 8 \cdot 10^{-3} \, s^{-1}$.

Das Ergebnis dieser Modellrechnung und entsprechende Versuchsergebnisse sind in Abb. 44 dargestellt.

Eine alternative Route zur Beschreibung der Vorgänge in einer Reaktionsmühle geht von der Annahme aus, dass sich die Struktur der Partikelverteilungskurve (logarithmische Normalverteilung) zeitlich nicht ändert, sondern deren Parameter. Zur Beschreibung des reinen Mahlvorgangs sind folgende Ansätze verwendet worden (Bade 1995).

$$\mu_M(t) = \mu^\infty \cdot (1 - \exp(-k_\mu \cdot t)) + \mu^0 \cdot \exp(-k_\mu \cdot t) \tag{19}$$

$$\sigma_M(t) = \sigma^\infty \cdot (1 - \exp(-k_\sigma \cdot t)) + \sigma^0 \cdot \exp(-k_\sigma \cdot t) \tag{20}$$

Bei überlagerter Reaktion erhält man

$$\mu(t) = \mu_M(t) - \frac{k'' \cdot c_{HCl} \cdot t}{3 \cdot \rho_{FeSi}} \tag{21}$$

In dieser Gleichung wurde der Einfluss der chemischen Reaktion mit Hilfe des Shrinking-Core-Modells (Uhde 1996) beschrieben. $\rho_{FeSi} = 2,34 \, g/cm^3$ steht für die Dichte des festen Reaktanden. Eine Modellrechnung für den halbkontinuierlichen Betrieb und entsprechende Versuchsergebnisse sind in Abb. 45 gegenübergestellt.

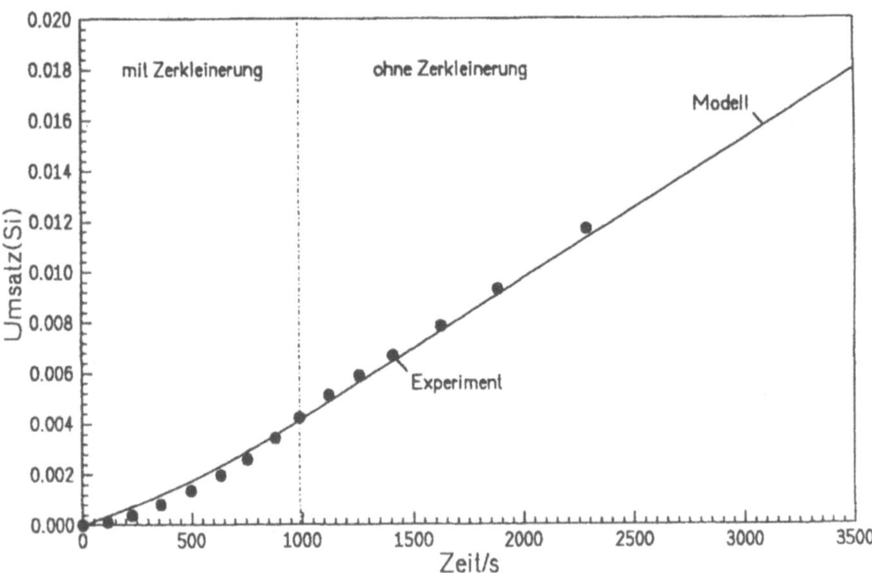

Abb. 45: Feststoffumsatz in der Reaktionsmühle bei 280°C; Modellierung mit dem Shrinking-Core Modell; $k_\mu = 0,00035 \, s^{-1}$; $k_\sigma = 0,0003 \, s^{-1}$; $k = 5,4 \cdot 10^{-6} \, m \cdot s^{-1}$; $c(HCl) = 22,6 \, mol \cdot m^{-3}$

4.2.11.2
Umsetzung von Magnesium zu Grignardverbindungen

Anschließend an die im Abschnitt 4.2.10.4 durchgeführten Experimente zur Zerkleinerung wurden Versuche mit überlagerter Reaktion angestellt. Ein Fließbild des Versuchsaufbaus für diskontinuierlichen und halbkontinuierlichen Betrieb zeigt die Abb. 46.

Für den halbkontinuierlichen Betrieb der Mühle mit simultaner chemischer Reaktion wurde die chemische und die mechanische Aktivierung a durch die folgenden Ansätze beschrieben.

$$\frac{da}{dt} = k_{2S} \cdot c_{RMgX} \cdot S_{Mg} \cdot (a_0 - a) \qquad a(t=0) = 0 \qquad (22)$$

$$\frac{da}{dt} = w_1 - w_2 \cdot a \qquad a(t=t_{Ind}) = a_0 \qquad (23)$$

Bis zur Induktionszeit $t_{Ind.}$ gilt die erste Gleichung, danach die Zweite. Nach der Induktionszeit erfolgt durch die mechanische Aktivierung eine erhebliche Reaktionsbeschleunigung, die dazu führt, dass sich die Ablaufkonzentration des organischen Halogenids mit der Zeit deutlich ändert. Für diese Änderung gilt

$$\frac{dc_{RX}}{dt} = \frac{1}{\tau} \cdot (c_{RX,0} - c_{RX}) - r \qquad c_{RX}(t=0) = c_{RX,0} \qquad (24)$$

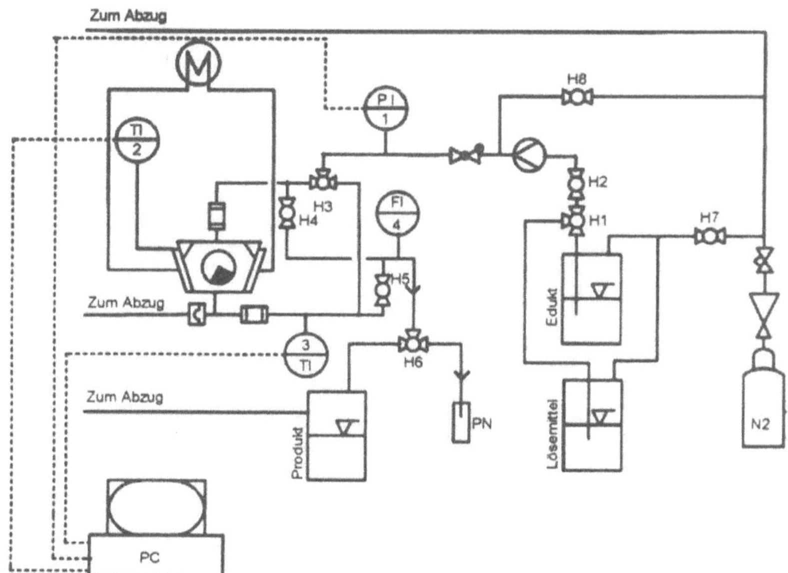

Abb. 46: Verfahrensfließbild der Reaktionsmühle für Flüssig-Fest-Umsetzung

mit der Reaktionsgeschwindigkeit

$$r = k_{1S} \cdot c_{RX} \cdot S_{Mg} \cdot \frac{a}{a_0} .$$ (25)

Die Parameter a_0, w_1 und w_2 wurden zur Anpassung der Modellgleichungen an die Messwerte benutzt. Die Abb. 47 zeigt eine derartige Situation. Man erkennt den erheblichen Einfluss der mechanischen Aktivierung, der den der Oberflächenvergrößerung durch reine Mahlung übersteigt (vgl. hierzu Abschn. 4.2.10.4 bezüglich der spezifischen Oberfläche S_{Mg}).

Auch mit der anderen Flüssigkeitskomponente wurden entsprechende Untersuchungen zum reaktiven Mahlen durchgeführt. Chlorbenzol ist wesentlich reaktionsträger als das gerade diskutierte Chlorbutan. Aber auch dieser Reaktand lässt sich bei ausreichender Aktivierung des Magnesiums zügig umsetzen. Allerdings sind hierzu extreme Mühleneinstellungen notwendig, die neben der mechanischen Aktivierung auch eine gesteigerte Zerkleinerung zur Folge haben.

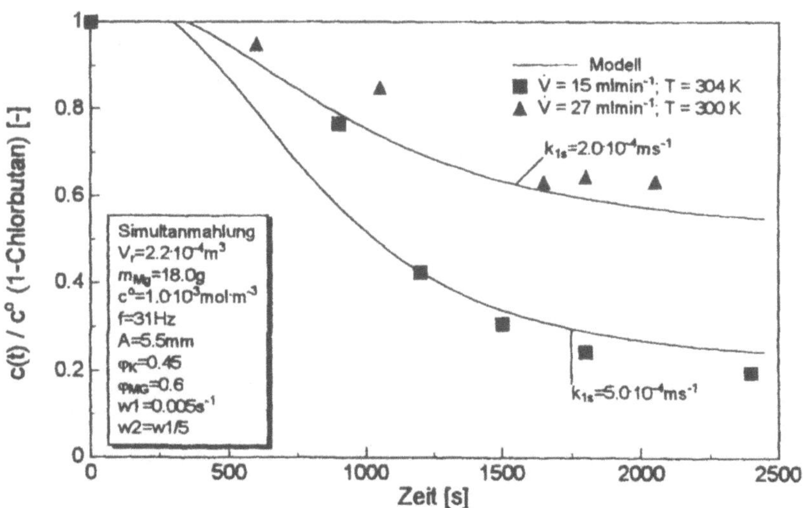

Abb. 47: Vergleich zwischen Modell und experimentellen Werten für die halbkontinuierliche Grignardreaktion von 1-Chlorbutan bei Reaktionstemperaturen von 300 und 304 K bei einer Beschleunigung von 22 g

In der Abb. 48 ist der Restanteil des kontinuierlich zu dosierenden Chlorbenzols gegen die Zeit aufgetragen. Man erkennt, dass erst nach einer beachtlichen Induktionsperiode eine rasche Abreicherung erfolgt bis zum totalen Verbrauch des Magnesiums. Danach steigt die Ablaufkonzentration des Chlorbenzols wieder auf den Wert des Zulaufes an.

Abschließend kann festgestellt werden, dass bei klassischer Reaktionsführung langsame Grignardreaktionen durch mechanische Aktivierung stärker beschleunigt werden als schnelle.

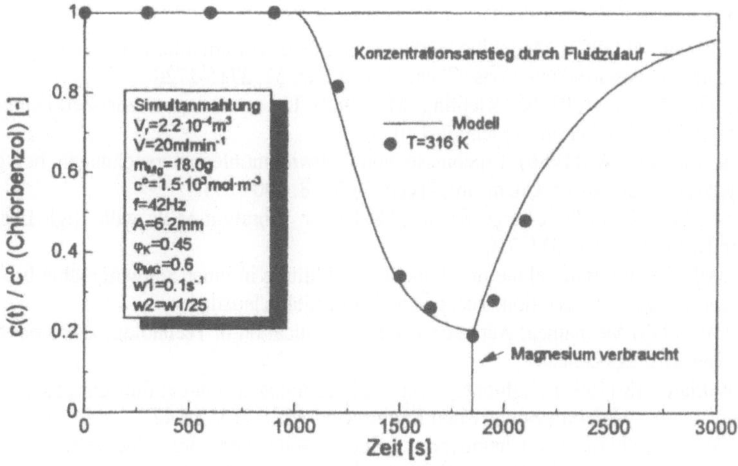

Abb. 48: Konzentrationsverlauf der Chlorbenzolkonzentration für eine Beschleunigung von 42 g und einer Temperatur von 316 K

4.2.12
Schlussfolgerung und Ausblick

Es ist davon auszugehen, dass sich die Feststoffverfahrenstechnik, basierend auf den klassischen Gebieten der mechanischen Verfahrenstechnik, der Aufbereitungstechnik, der chemischen Verfahrenstechnik und der Physik und Chemie von Feststoffen, rasch weiterentwickeln wird. Ein wirtschaftlich bedeutsames Feld dieses neuen Gebietes ist der Entwurf und Betrieb von Reaktionsmühlen. Dies zeigt sich auch in der Zunahme von Aufsätzen in Fachzeitschriften zu diesem Thema (Heegn 1996; Chen und Williams 1997; Kosova et al. 1997; Boldyrev 1998; Yang u. Mc.Cormick 1998; Urakaev u. Boldyrev 1999).

Es ist zu erwarten, dass Reaktionsmühlen stärker als bisher zur Herstellung von Katalysatoren, Werkstoffen für selektive Membranen, reaktiven Metallen und Hydriden, pulvermetallurgischen Legierungen sowie von Hartwerkstoffen und Spezialkeramiken eingesetzt werden.

Abschließend sei angemerkt, dass die mechanische Aktivierung von Feststoffen nicht nur in Reaktionsmühlen, sondern auch in Ultraschallreaktoren erfolgen kann.

Literatur zu Kapitel 4.2

Bachmann D (1940) Bewegungsvorgänge in Schwingmühlen mit trockener Mahlkörperfüllung. Z.VDI-Beiheft Verfahrenstechnik 2: 43–55

Bade S, Hoffmann U (1994) Umsetzung von Rohsilizium mit Chlorwasserstoff in einer Reaktionsmühle. Chem.-Ing.Tech. 66: 66-69

Bade S, Hoffmann U, Schönert K (1994a) Mechano-chemical reaction of metallurgical grade silicon with gaseous hydrogenchloride in a vibration mill. (Vortrag im Rahmen des 8th European Symposium on Comminution vom 17.-19 Mai 1994 in Stockholm, Schweden)

Bade S (1995) Einsatz einer Reaktionsschwingmühle zur simultanen Zerkleinerung und chemischen Reaktion von Ferrosilizium mit Chlorwasserstoff. Dissertation, Technische Universität Clausthal

Bade S, Hoffmann U (1997) Modelling of the simultaneous comminution and chemical reaction in non-catalytic gas-solid reactions. Chem. Engng. Sci. 62: 2715-2728

Bayer M, Davids A, Höffl K, Kießling M (1988) Untersuchungen zur Zerkleinerung in Schwingmühlen. Freiberger Forschungsheft A750

Bernotat S, Shu-Lin W (1986) Ergebnisse von Schwingmühlenuntersuchungen bei großem Schwingkreisdurchmesser. Chem.-Ing.-Tech. 58 Nr. 8: 690– 691

Bock U, Schönert K (1999) Charge Motion Model for Vibration Mills with High Excitation. Powder Technology 105:311-320

Bock U (2001) Leistungsaufnahme und Kinetik der Füllung in einer Schwingmühle bei großen Beschleunigungen. Dissertation, Technische Universität Clausthal

Boldyrev VV (1998) Mechanical Activation and its Application in Technology. Material Science Forum 269-272: 227-234

Chen Y, Williams JS (1997) High-energy ball-milling-induced non-equilibrium phase transformations.   Materials Science and Engineering A226-228: 38-42

Eliott S (1998) The Physics and Chemistry of Solids. J. Wiley and Sons, Chichester

Gock E, Kurrer KE, Michaelis S u.a. (1989) Entwicklung der Drehkammer-Schwingmühle für den Industrieeinsatz. (Schlussbericht zum Forschungsvorhaben 03E8523C3, Bundesministerium für Forschung und Technologie)

Gütman EM (1998) Mechanochemistry of Materials. Cambridge International Science Publishing, Cambridge

Hasler Ph, Richarz W (1989) Formation of Grignard Reagents from the Reaction of Cyclopentyl Bromide at a Rotating Disk of Magnesium in Diethylether. Ind. Eng. Chem. Res. 28: 38-43

Heegn H (1989) Über den Zusammenhang von Feinstzerkleinerung und mechanischer Aktivierung. Aufbereitungstechnik 30 Nr. 10: 635-642

Heegn H (1996) Technologische Probleme des mechanischen Legierens von Titan-Aluminium in Zerkleinerungsmaschinen. (Vortrag Werkstoffwoche ′96 in Stuttgart, 28.-31. Mai 1996)

Heinicke G (1984) Tribochemistry. Carl Hanser, München

Hlavacek V (1999) Deflagration and Detonation in solid/solid and solid/gas systems. (Vortrag im Juli 1999 an der Technischen Universität Clausthal)

Höffl K (1991): Hochleistungsschwingmühle mit neuem Mahlraumquerschnitt. Institut für Maschinenbau, BA Freiberg (Faltblatt zur ACHEMA)

Johlic J, Bazant V (1964) Über den Mechanismus der direkten Synthese von Trichlorsilan. Coll. Czech. Chem. Comm. 29: 603-608

Kießling M (1989) Erste Ergebnisse experimenteller Untersuchungen an Rohrschwingmühlen mit rotierenden Einbauten bei der Zerkleinerung von Ferritwerkstoffen. Freiberger Forschungsheft A 798: 62–66

Kosova NV et al. (1997) Hydrothermal reactions under mechanochemical treating. Solid State Ionics 101-103: 53-58

Kunz U (1998) Prozessintensivierung durch simultane Mahlung und Reaktion an ausgewählten Beispielen. (Habilitationsvortrag am 17.07.1998 an der Technischen Universität Clausthal)

Kurrer KE, Jeng JJ, Gock E (1992) Analyse von Rohrschwingmühlen. Fortschrittsberichte Reihe 3: Verfahrenstechnik, Nr. 282. VDI, Düsseldorf

Kurrer KE (1986) Zur inneren Kinematik und Kinetik von Rohrschwingmühlen. Dissertation, TU Berlin

Leschonski K (1999) Grundlagen der mechanischen Verfahrenstechnik. Skriptum zur Vorlesung, Technische Universität Clausthal

Levenspiel O (1999) Chemical Reaction Engineering. John Wiley & Sons, New York

Lidiard AB (1997) Atomic Transport in Solids: models and their parameterization. Solide State Ionics 101-103: 299-309

McGormick PG, Froes FH (1998) The Fundamentals of Mechanochemical Processing. JOM November: 61-65

Onken U, Behr A (1996) Chemische Prozesskunde Lehrbuch der Technischen Chemie Band 3. Georg Thieme Verlag, Stuttgart

Rao CNR, Gopalakrishnan J (1989) New directions in solid state chemistry. Cambridge University Press, Cambridge

Rose HE, Sullivan RME (1961) Vibration Mills and Vibration Milling. Constable & Co., London

Schmalzried H (1995) Chemical Kinetics of Solids. Verlag Chemie, Weinheim

Schönert K (1983) Zerkleinern, Skriptum zur Vorlesung. Papierflieger, Clausthal-Zellerfeld

Schröter M (1992) Reaktions- und zerkleinerungstechnische Untersuchungen zur Trichlorsilansynthese für die Entwicklung einer Reaktionsmühle. Dissertation, Technische Universität Clausthal

Suslick KS (1996) Die chemische Wirkung von Ultraschall. Spektrum der Wissenschaft, Digest: Moderne Chemie:116-122

Takacs L (1993) Nanocomposite Formation and Combustion induced by Reaction Milling. Mat. Res. Soc. Symp. Proc. 286: 413-418

Uhde G (1996) Modellierung nicht isothermer Gas-Feststoffreaktionen sowie experimentelle und theoretische Untersuchungen zur Hydrochlorierung von Ferrosilizium. Dissertation, Technische Universität Clausthal

Uhde G (1996a) Simultaneous Gas-Solid Reaction and Comminution: A Novel Multifunctional Reactor. (Vortrag im Rahmen des 5th World Congress of Chemical Engineering vom 14.-18. Juli 1996 in San Diego, USA)

Urakaev FKh, Boldyrev VV (1999) Mechanism and kinetics of mechanochemical processes in comminuting devices 1. Theory. Powder Technology 3899

Veit M (1997) Einsatz einer Reaktionsmühle zur Verbesserung der Verfahrensführung nichtkatalytischer heterogener Flüssig-Fest-Umsetzungen. Dissertation, Technische Universität Clausthal

Yang H, McCormick PG (1998) Mechanically Activated Reduction of Nickel Oxide with Graphite. Metallurgical and Materials Transactions B 29B: 449-455

4.3
Kreislaufreaktor

U. Hoffmann, U. Kunz, H.-J. Barth

4.3.1
Bedeutung von Kreislaufreaktoren

In der chemischen Industrie sind Rückführungen von Stoff- und Wärmemengen ein gängiges Konzept zur Gestaltung von Produktionsprozessen. Dies führt zu Energieeinsparungen bzw. zur verbesserten Ausnutzung von Reaktanden. Diese Rückführungen können über eine einzige oder mehrere Prozessstufen erfolgen. Bei chemischen Reaktoren kann eine direkte Rückführung durch einen äußeren oder inneren Kreislauf erfolgen. In der Regel dient die Kreislaufführung der Vermischung der Edukte bzw. der Reaktionsmischung und/oder einer Vereinheitlichung der Temperatur.

Bei einigen Laborreaktoren wird die Rückvermischung so weit gesteigert, dass der Reaktorinhalt frei von Gradienten bezüglich der Konzentrationen und der Temperatur wird. Für die Untersuchung von Reaktionsgeschwindigkeiten haben sich gradientenlose Kreislaufreaktoren bewährt, da sie eine relativ einfache Bestimmung kinetischer Daten gestalten. Bei heterogen-katalytischen Gas-Feststoffreaktoren bevorzugt man Reaktoren mit innerem Kreislauf, um den Einfluss homogener Reaktion zu reduzieren (Berty 1974; Mahoney 1974).

Ein weiterer Vorteil einer Kreislaufführung zeigt sich bei bestimmten komplexen Reaktionen. So wird z.B. für den Fall von konkurrierenden Parallelreaktionen mit unterschiedlichen Reaktionsordnungen die Reaktion mit der geringen Ordnung durch eine Kreislaufführung begünstigt. Die Abb. 2 zeigt den Einfluss des Kreislaufverhältnisses

$$\dot{V}_{Kreislauf} / \dot{V}_{Durchsatz} = R$$

auf die Ausbeute des gewünschten Produktes B bzw. C (Carberry 1976).

4.3.2
Entwicklungsstand

Für die Gestaltung von Kreislaufreaktoren für heterogenkatalytische Gas-Feststoffreaktoren sind zahlreiche Konzepte entwickelt worden. Eine Auswahl dieser Konzepte zeigt die Abb. 3.

Die üblichen Ausführungen haben Reaktionsvolumina bis zu ca. 1 Liter. Für die industrielle Produktion von Spezialitäten fehlen größere Kreislaufreaktoren.

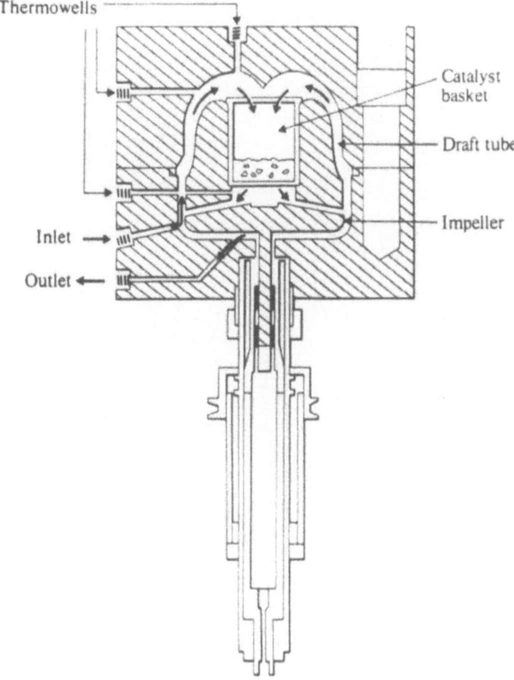

Abb. 1: Modifizierter Berty-Kreislaufreaktor für heterogen-katalytische Gas-Feststoffumsetzungen

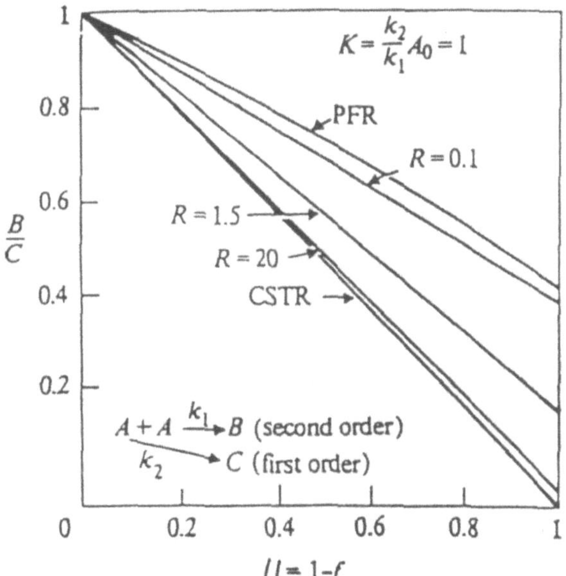

Abb. 2: Umsatzgrad U und Selektivität B/C bei Parallelreaktionen (PFR Idealer Rohrreaktor, CSTR Idealer Rührkessel)

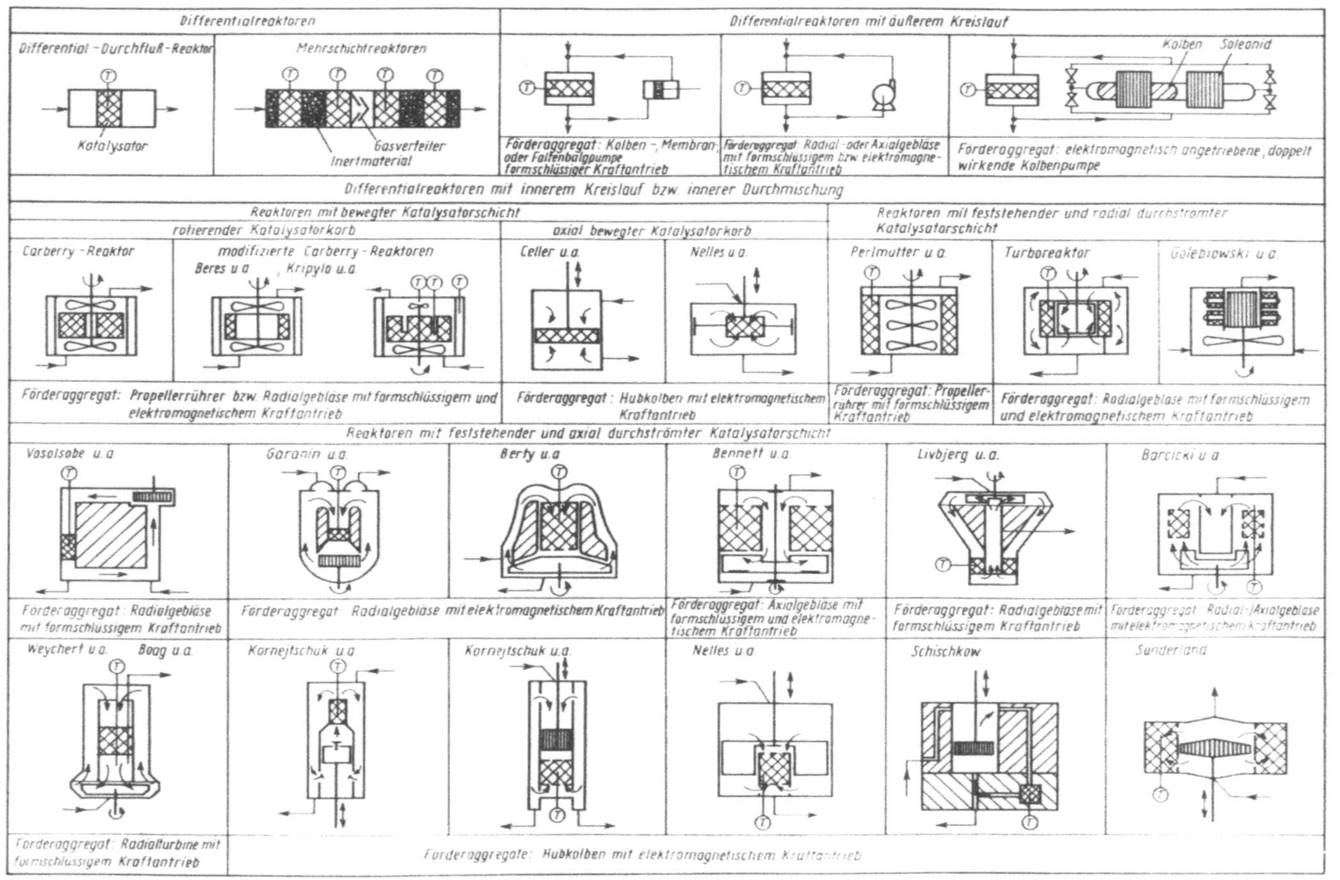

Abb. 3: Mögliche Gestaltungsformen von Kreislaufreaktoren für heterogen-katalytische Gas-Feststoffreaktionen (Hertwig 1987)

4.3.3
Modellreaktionen

Für die Entwicklung größerer Kreislaufreaktoren ist es sinnvoll, eine Modellreaktion auszuwählen, die technisch interessant ist und Nebenreaktionen aufweist. Als Beispiel wurde die Umsetzung von Synthesegas (Mischung aus Kohlenmonoxid und Wasserstoff) ausgewählt. Dieses lässt sich an unterschiedlichen metallhaltigen Feststoffkatalysatoren zu einer Vielzahl von Produkten umsetzen (vgl. Abb. 4).

Wegen der Vielzahl der möglichen Reaktionsprodukte in diesem Reaktionsnetzwerk stellt die Umsetzung von Synthesegas für die Entwicklung eines Kreislaufreaktors eine große Herausforderung bezüglich der Werkstoffstoffwahl und der damit verbundenen Konstruktion dar. Hinzu kommt, dass die aufgezeigten Reaktionspfade in der Regel unter erhöhtem Druck und erhöhter Temperatur durchgeführt werden müssen. Die experimentellen Untersuchungen haben sich auf eine Umsetzung von Synthesegas zu Methanol beschränkt. Die hierbei wesentlichen chemischen Reaktionen sind (Asinger 1986; Lee 1990):

$$CO + H_2 \leftrightarrow CH_3OH$$

$$CO_2 + 3H_2 \leftrightarrow CH_3OH + H_2O$$

$$CO + H_2O \leftrightarrow CO_2 + H_2$$

$$2CH_3OH \leftrightarrow CH_3OCH_3 + H_2O$$

$$CH_3OH + nCO + 2nH_2 \leftrightarrow C_nH_{2n+1}CH_2OH + nH_2O$$

$$CO + 3H_2 \leftrightarrow CH_4 + H_2O$$

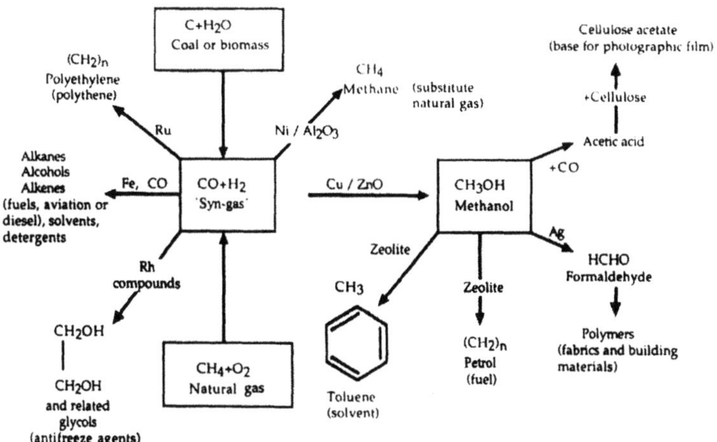

Abb. 4: Technisch interessante Produkte aus Synthesegas (Thomas u. Thomas 1997). Nebenreaktionen sind der Einfachheit halber nicht dargestellt

4.3.4
Versuchsstand

Die verfügbaren Katalysatoren zur Umsetzung von Synthesegas zu Methanol ermöglichen die Realisierung von unterschiedlichen Betriebsbedingungen. Für die Auswahl bzw. die Entwicklung eines geeigneten Gebläses zur Umwälzung des Reaktionsgemisches stellt ein Niederdruckverfahren wegen der geringen Dichte der Gasphase die größte Herausforderung dar. Aus diesem Grunde wurde ein Versuchsstand für die Niederdruck-Methanolsynthese (p = 50 - 100 bar, T = 200 - 300 °C) konzipiert und aufgebaut. Die Abb. 5 zeigt das Verfahrensfließbild dieser Versuchsanlage.

Zur Bestimmung aller wesentlichen Reaktionsprodukte (s.o.) ist eine aufwendige Analytik installiert worden. Grund hierfür ist die Ermittlung des Einflusses unterschiedlicher Konstruktionswerkstoffe auf die Produktzusammensetzung. Installiert wurden insgesamt drei Gaschromatographen mit jeweils unterschiedlichen Trennsäulen, zwei mit Wärmeleitfähigkeitsdetektor und einer mit Flammenionisationsdetektor.

Als zusätzliches kontinuierlich arbeitendes Messgerät wurde ein Infrarotspektrometer zur Erfassung von CO und CO_2 verwendet. Ergänzt wurde diese Analytik durch ein Gaswarngerät für CO und eine Abgasfackel für nicht umgesetztes Synthesegas.

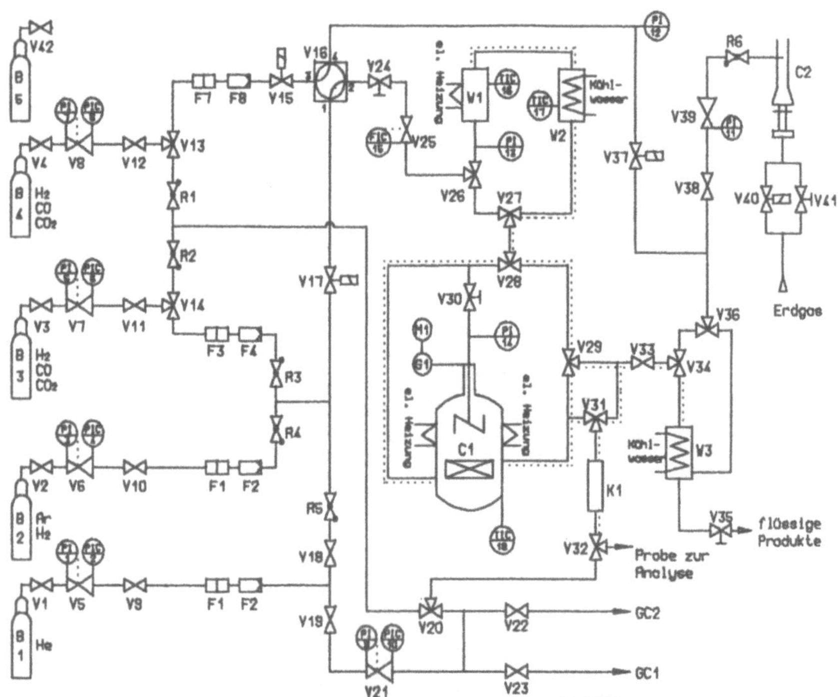

Abb. 5: Verfahrensfließbild der Versuchsanlage für die Kreislaufreaktoren

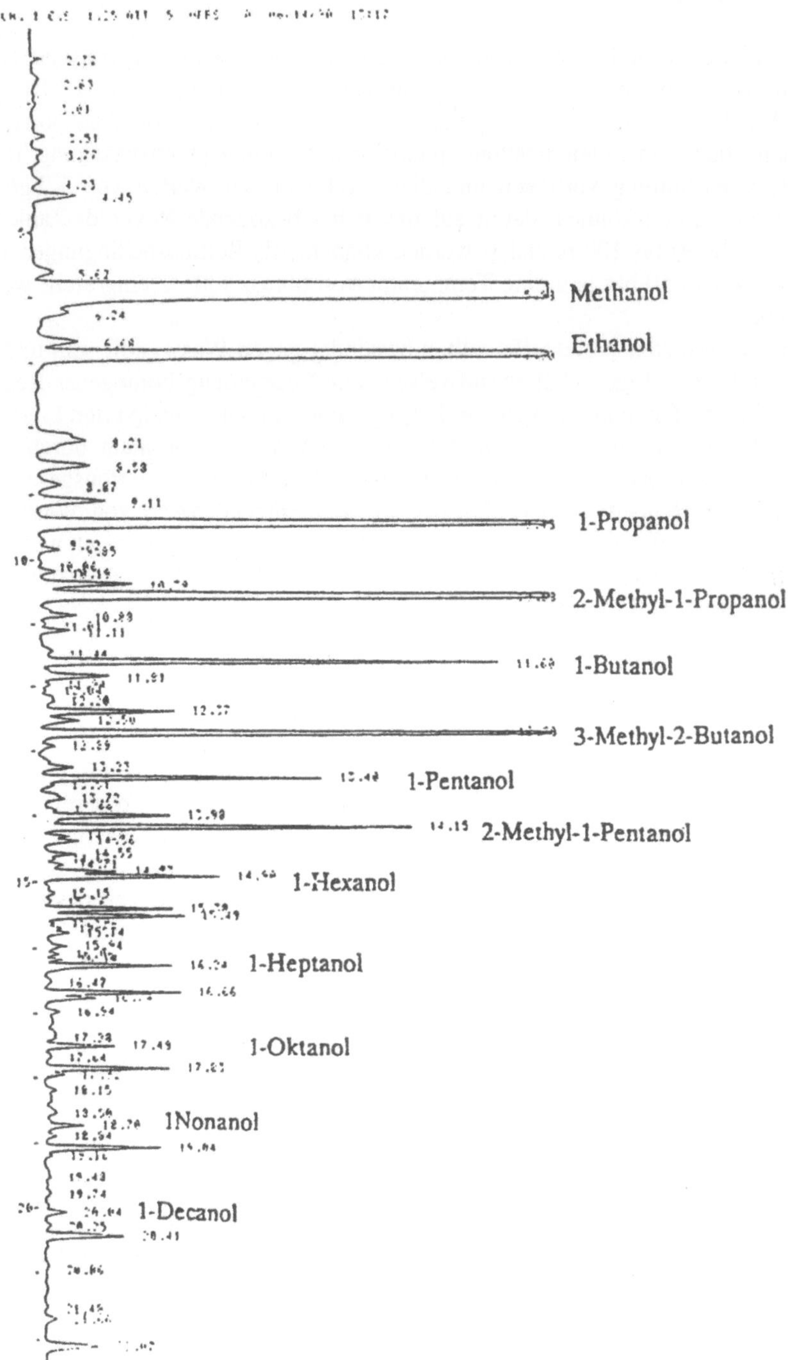

Abb. 6. Gaschromatogramm der Produkte der Methanolsynthese im Kreislaufreaktor

4.3.5
Anforderungsliste

Als Vorgabe für die Konstruktion von möglichst gradientenfreien Kreislaufreaktoren für die chemische Produkterzeugung wurde eine Baureihe von 1 L, 10 L und 1 m^3 Katalysatorvolumen ins Auge gefasst. Zur Vermeidung von Transportwiderständen sollte eine gleichmäßige, pulsationsfreie Querschnittsbelastung in der Katalysatorschüttung vorliegen und diese sollte bis zu Werten von 1 kg/(m^{2}s) gesteigert werden können, damit auf das Pellet bezogende Reynolds-Zahlen im Bereich von 30 bis 100 realisiert werden können. Als Betriebsbedingungen sollte ein Druck von 50 bar und eine Temperatur von bis zu 300° C eingestellt werden können.

Die eingesetzten Werkstoffe sollten beständig gegen Wasserstoff sein und keine katalytischen Eigenschaften aufweisen. Zur Vermeidung homogener Reaktionen sollte das Totraumvolumen möglichst gering sein. Die konzipierten Lager und die dafür eingesetzten Schmiermittel sollen den Katalysator nicht durch Staub oder chemische Angriffe schädigen. Ein Austritt toxischer Reaktionsgase (z. B. CO) muss verhindert werden, und der leichten Entzündbarkeit von Wasserstoff muss durch entsprechende Sicherheitsvorkehrungen Rechnung getragen werden.

Der Reaktor sollte über eine zuverlässige Temperaturregelung verfügen und problemlos an- und abzufahren sein.

4.3.6
Konstruktionssystematische Untersuchungen

Kreislaufreaktoren setzen sich konstruktiv aus einem äußeren Mantel, einem Katalysatorträger und einer Gasfördereinrichtung zusammen. Die Fördereinrichtung mischt die zugeführten Reaktionsgase mit dem Kreislaufgas und bringt das Gas mit dem Katalysator in Kontakt (Abb. 7). Der Reaktionsraum wird von außen temperiert. Bei einem Kreislaufreaktor verlässt nur ein kleiner Teil des Produktstroms den Reaktor, während der Hauptteil zum Reaktoreingang zurückgeführt wird. Bei zunehmendem Verhältnis von Kreislauf- zu Eduktstrom nehmen Temperatur- und Konzentrationsdifferenzen so ab, dass schließlich gradientenfreie Verhältnisse erreicht werden.

4.3.6.1
Funktionstruktur

Mit Hilfe konstruktionssystematischer Methoden wurden für die Konstruktion Lösungssammlungen in Form von Morphologischen Kästen, Konstruktionskatalogen, Matrizen für Teilfunktions-Lösungen und Kombinationen erstellt. Ausgangspunkt ist aufgrund der in Abschn. 4.3.5 skizzierten Anforderungen die allgemeine Funktionsstruktur in Abb. 8 für den Energie-, Stoff- und Signalumsatz in Form einer Blockdarstellung. Sie abstrahiert das System „Kreislaufreaktor" durch Zerlegen in die Grundoperationen „Speichern" (Symbol: Kreis), Übertragen, Leiten (Rechteck), Wandeln (Kreissegment mit schwarzer Spitze), Verknüpfen (Dreiecke), die in einen logischen Zusammenhang gebracht werden. Erkennbar sind die drei Teilsysteme Reaktionsraum, Temperierung und Gasumwälzung.

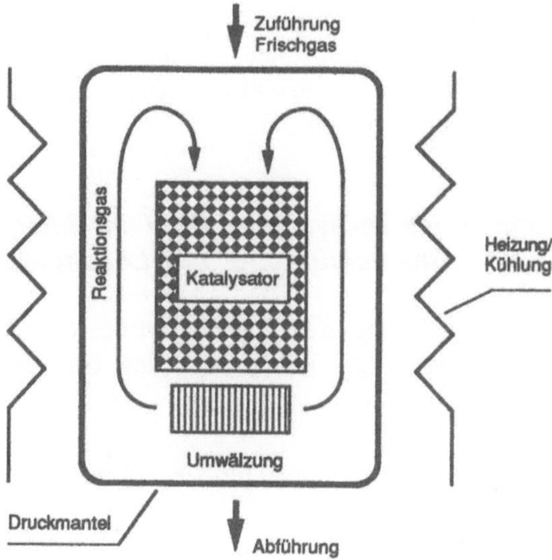

Abb. 7: Schema eines Kreislaufreaktors

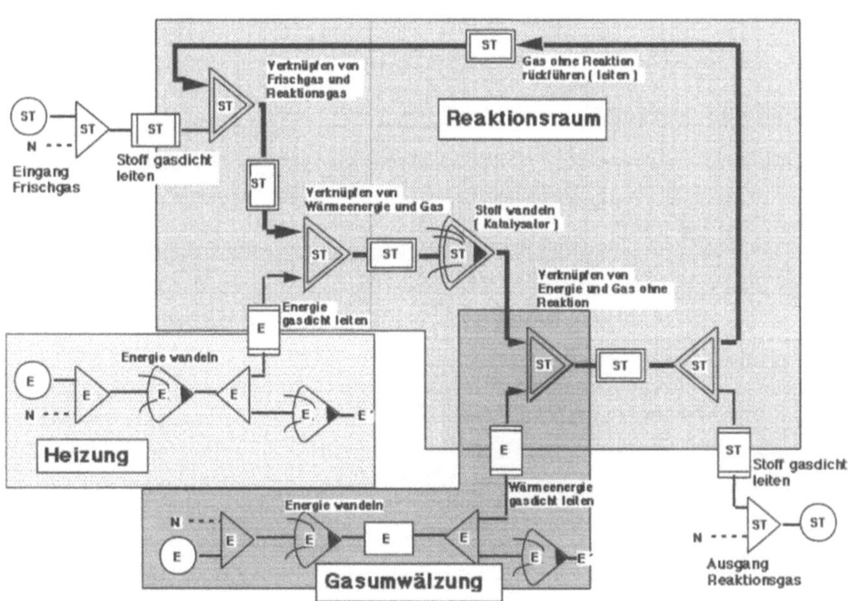

Abb. 8: Allgemeine Funktionstruktur eines Kreislaufreaktors

Die hier vorgenommene Festlegung der Systemgrenzen und der Ablauf der Grundoperationen bewirkt bereits im Vorfeld der Lösungsfindung eine Festlegung bestimmter Lösungsvarianten, sodass im Lösungsprozess ein Rücksprung zur

Funktionsstruktur sinnvoll sein kann. Sinn der Funktionsstruktur ist, den Konstrukteur von Vorfixierungen zu lösen: alle dargestellten Operationen stellen Teilfunktionen dar, für die Lösungsprinzipien gesucht, zu Gesamtlösungen kombiniert und bewertet werden müssen. Aus den umfangreichen Ergebnissen sollen im folgenden Beispiele dargestellt werden.

4.3.6.2
Lösungsfindung für die Teilsysteme „Stoff mit Energie verknüpfen", „Gasumwälzung", „Gasrückführung" und Lösungskombinationen

Eine entscheidende Auslegungsgröße ist der erforderliche Volumenstrom, der bestimmt wird durch die auf die Katalysatorpellets bezogene Reynoldszahl bestimmt wird

$$Re_P = \frac{G \cdot d_P}{\eta} = \frac{\rho \cdot v_L \cdot d_P}{\eta} \quad > 30 \text{ für Niederdruck-Methanolsynthese.} \quad (1)$$

G - Querschnittsbelastung
d_P - Partikeldurchmesser
ρ - Dichte des Gasgemischs
η - dynamische Viskosität des Gasgemischs
v_L - Leerraumgeschwindigkeit

Mit

$$V_{kerf} = v_L \cdot A_S \quad (2)$$

A_S - Schüttungsquerschnitt

kann daraus der Auslegungsvolumenstrom abhängig vom Katalysatorvolumen errechnet werden (Abb. 9). So ergibt sich für einen 10-L-Reaktor ein Mindestvolumenstrom von 20 m³/h.

Kratzsch (1991) hat sehr ausführliche Überlegungen für das Teilsystem „Umwälzung" und für die Teilfunktion „Verknüpfen von Energie und Stoff" angestellt. Er geht dabei aus von den physikalischen Effekten, die er in einem morphologischen Kasten zusammenstellt, erstellt eine Auswahlmatrix und nimmt eine Bewertung vor. Es zeigt sich, dass ein vollständiger Neuentwurf eines geeigneten Gebläses für den Kreislaufreaktor zwar denkbar ist, als Teilaufgabe im Gesamtprojekt aber zu umfangreich ist. Deshalb wurde ein Katalog bekannter Gasumwälzeinrichtungen erstellt und daraus ein Benutzerkatalog zur Auswahl für die Gasumwälzung in Kreislaufreaktoren abgeleitet. Ein Beispiel zeigen Abb. 10 und Abb. 11.

Im Zugriffsteil wurde unter dem Zielkriterium „Ausführung/Bauform" eine Bewertung der wesentlichen konstruktiven Kriterien für den Einsatz in Kreislaufreaktoren vorgenommen: Einfügen in den Gesamtaufbau (Totraum, mögliche Gasanschlüsse, notwendiges Einbauvolumen), Steuerungsmöglichkeit, Zahl der kraftübertragenden Flächen mit Relativbewegung, Anzahl bewegter Dichtflächen, Eignung für Beschichtungen, ferner Angaben zum Betriebsverhalten und zu bekannten Einsatzbedingungen. Folgende Kernfragen erwiesen sich als entscheidend:

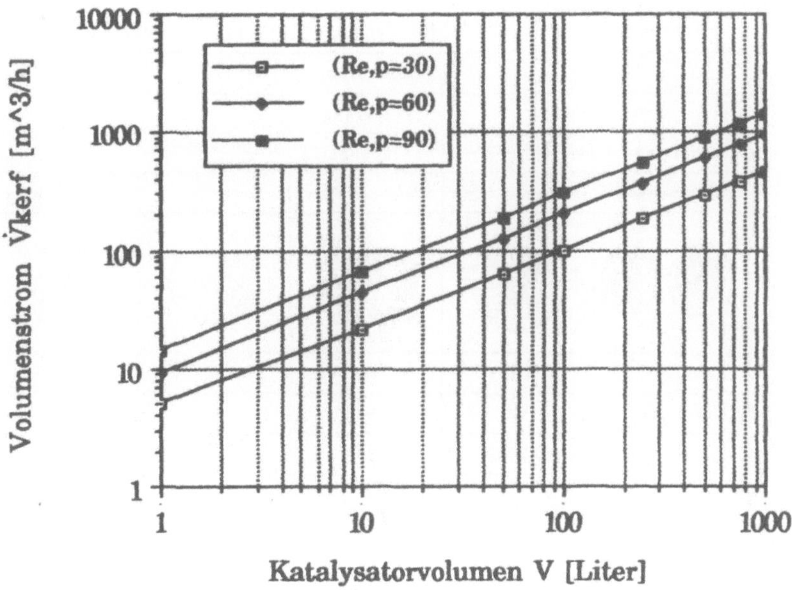

Abb. 9: Erforderlicher Volumenstrom für verschiedene Reynoldszahlen (Partikeldurchm. 1 mm, H_2/CO-Gemisch 10:1, 300 °C, 50 bar, L/D =1)

- Ist ölfreie Förderung möglich?
- Können die gasberührten Flächen beschichtet oder inert ausgeführt werden?
- Verhindern Wärmedehnungen einen Einsatz bei hohen Temperaturen?
- Treten Förderstrompulsationen auf? Sind sie vertretbar?

Schließlich wurde eine Nutzwertstruktur (Abb. 12) und eine (hier nicht darge-stellte) Bewertungsmatrix erarbeitet, mit der für beliebige Reaktorgrößen Bewer-tungen vorgenommen werden können

Weitere Lösungsprinzipien wurden für die Teilfunktionen „Energie wandeln", „Energie gasdicht leiten" und „Gas durch Katalysator leiten" (Abb. 13) erarbeitet. Derartige morphologische Kästen dienen zum einen zur Erarbeitung eines breiten Lösungsfeldes, zum anderen wurde die Vollständigkeit des Lösungsfeldes dadurch überprüft, dass die bekannten Laborkreislaufreaktor-Typen eingeordnet wurden.

Zur Kombination der Lösungsprinzipien wurden wiederum Ordnungsschemata in Form von morphologischen Kästen benutzt, bei denen in den Zeilen die Teil-funktionen der Funktionsstruktur und die dazu ausgewählten Teillösungen einge-tragen werden. Bekanntlich sind nicht alle Verknüpfungen verträglich. Unverträg-lichkeiten müssen mit Intuition und Erfahrung erkannt werden, ein streng syste-matischer Lösungsweg existiert nicht mehr. Ein Beispiel für eine Kombination von Teillösungen, für die anschließend ein Vorentwurf ausgearbeitet wurde, zeigt Abb. 14.

	KONSTRUKTIONSKATALOG: GASUMWÄLZVERDICHTER für KREISLAUFREAKTOREN				Blatt 2
1	statisch				
2	rotierend				
3	schleifend	schleifend berührungslos	berührungslos	berührungslos wälzend	wälzend schleifend
1	Kreiskolbenverdichter	Flügelzellenverdichter	Schraubenverdichter	Rootsgebläse	Rollkolbenverdichter
2	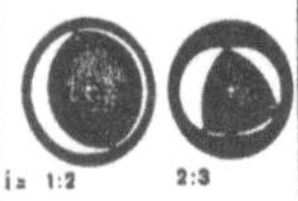 i = 1:2 2:3		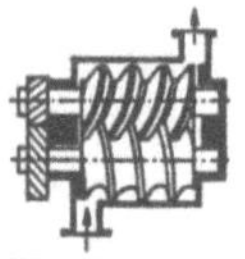		
1	schlecht	schlecht	schlecht	schlecht	schlecht
2	D (1 Ventil)	W	W	W	W
3	3	$\geq 2 \cdot$ Flügelzahl	0 bzw. 4	0 bzw. 4	≥ 1
4	2	5	4	4	5
5	äußerst schwierig	fraglich	fraglich	schwierig	
6	fraglich	fraglich	äußerst schwierig	schwierig	
7	mittel		hoch	mittel	
8	nein	nein	denkbar	denkbar	
9					
10	pulsierend	annähernd gleichmäßig	annähernd gleichmäßig	pulsierend	intermittierend
11	$n,\ V_s$	$n,\ e$	n	n	n
12	mittel,	mittel,	mittel	mittel	mittel
13					
14					
15		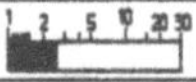		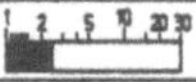	
16					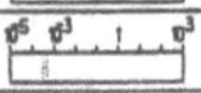
17	0,15 – 1	0,15 – 0,6	1,5 – 15	0,2 – 5	
18	$\dot{V} = R \cdot e \cdot B \cdot Z \cdot 4 \cdot \sin\dfrac{180°}{Z}$	$\dot{V} = n\,\lambda_L\left((D-d)(\pi D - z\delta)\right)L$	$\dot{V} = \lambda_L \cdot (A_{iS} + A_{2S}) \cdot L \cdot n$	$\dot{V} = 2 \cdot \left(\dfrac{\pi D^2}{4} - A_K\right) \cdot L \cdot n \cdot \lambda_L$	
19					
1	R = erzeugender Radius e = Exzentrizität B = Breite des Kolbens Z = Zahl d. Kolbenecken	D = Innendurchmesser des Gehäuses d = Läuferdurchmesser z = Zahl der Schieber δ = Dicke der Schieber L = Länge der Läufer	A_{iS} = Querschnittsfläche d. Schraubengänge L = Länge der Läufer	D = Durchmesser der Läufer A_K = Querschnittsfläche der Läufer L = Länge der Läufer	
2	9	7, 8	7	6, 8	

Abb. 10: Konstruktionskatalog, Gasumwälzverdichter (Ausschnitt)

KONSTRUKTIONSKATALOG: GASUMWÄLZVERDICHTER für KREISLAUFREAKTOREN | Index

Gliederungsteil

	Hauptteil	
1	Wirkprinzip	
2	Art der Wirkbewegung	
3	Art der Arbeitskörperabdichtung	
1	Bezeichnung	
2	Darstellung	

Ausführung / Bauform

1	Einfügung in den Gesamtaufbau
2	Druck-/Wegesteuerung
3	Anzahl der Gelenke
4	Anzahl Arten bewegter Dichtflächen
5	Beschichtung
6	Keramikausführung möglich
7	notwendige Fertigungspräzision
8	berührungsfreie Lager möglich
9	

Betriebsverhalten

10	Eigenschaft des Förderstromes
11	Steuerung von $\dot{V}$ durch
12	Aufwand für Steuerbarkeit
13	Empfindlichkeit gegen Wärmeverzug
14	

Einsatzbereich

15	Einsatzbereich Druck $\frac{p_2}{p_1}$
16	Einsatzbereich Volumenstrom $\dot{V}$
17	spez. Drehzahl n_q
18	Auslegungsgleichung für $\dot{V}$
19	

Anhang

| 1 | Bemerkungen |
| 2 | Literatur |

Zugriffsteil

zum *Gliederungsteil:*

3 Abdichtung der bewegten Teile des Arbeitsraumes

zum *Zugriffsteil:*

1 'gut'   : ergibt kompakten Apparat mit wenig Totraum
   'schlecht' : ergibt sperrigen Apparat, umständliche
                Gasführung, viel Totraum

2 'D': Drucksteuerung, d. h., Ventile sind nötig
   'W': Wegesteuerung, Ventile nicht nötig

3 Anzahl der mechanischen Gelenke und der relativ zueinander
   bewegten und kräfteübertragenden Flächen, die dem zu
   fördernden Medium ausgesetzt sind

4 Anzahl verschiedener Arten relativ zueinander bewegter
   Flächen- oder Flächen/Kantenpaarungen, die eine
   Dichtfunktion erfüllen

8 Möglichkeit, für die im mediumgefüllten Raum sich befinden-
   den beweglichen und kräfteübertragenden Flächenpaarungen
   hydrostatische, hydrodynamische oder magnetische Lagerung
   anzuwenden

16 Skala in $[m^3 \cdot s^{-1}]$

17 $n_q = 333 \cdot n \cdot \sqrt[4]{\dot{V}^2 \cdot Y^{-3}}$; Y = spezifische Stutzenarbeit
    (wenn im speziellen Fall $n_q < 10$: statisch arbeitende
    Maschine, Seitenkanalverdichter oder Mehrstufigkeit anwenden)

Die Werte in den Zeilen 15 - 17 kennzeichnen handelsübliche Ver-
sionen der aufgeführten Maschinen.
In diesem Katalog werden nur einstufige Maschinen berücksichtigt.

Literatur:

/ 6 / Beltz,W.; Küttner,K.-H.; (Hrsg.):
      Dubbel.Taschenbuch f.d. Maschinenbau
      Berlin: Springer 1974 13.Aufl.
/ 7 / Beltz,W.; Küttner,K.-H.; (Hrsg.):
      Dubbel.Taschenbuch f.d. Maschinenbau
      Berlin: Springer 1986 15.Aufl.
/ 8 / Häußler,W.;(Hrsg.):
      Taschenbuch Maschinenbau, Band 2
      Berlin: VEB Technik 1976
/ 9 / Heinz,A.; u.a.:
      Handbuch Energie, Band 1 Verdränger
      Köln: TÜV Rheinland 1985
/10/ Pohlen,W.: Pumpen für Gase.
      Berlin: VEB Technik 1974
/11/ Pfleiderer,C.;Petermann,H.:
      Strömungsmaschinen.
      Berlin: Springer 1986 5. Aufl.
/12/ Bendler,H.;Sprengler,H.:
      Technisches Handbuch Verdichter.
      Berlin: VEB Technik 1963

Abkürzungen:

n ≙ Drehzahl bzw. Hubfrequenz
λ_L ≙ Liefergrad

Abb. 11: Konstruktionskatalog Gasumwälzverdichter (Ausschnitt)

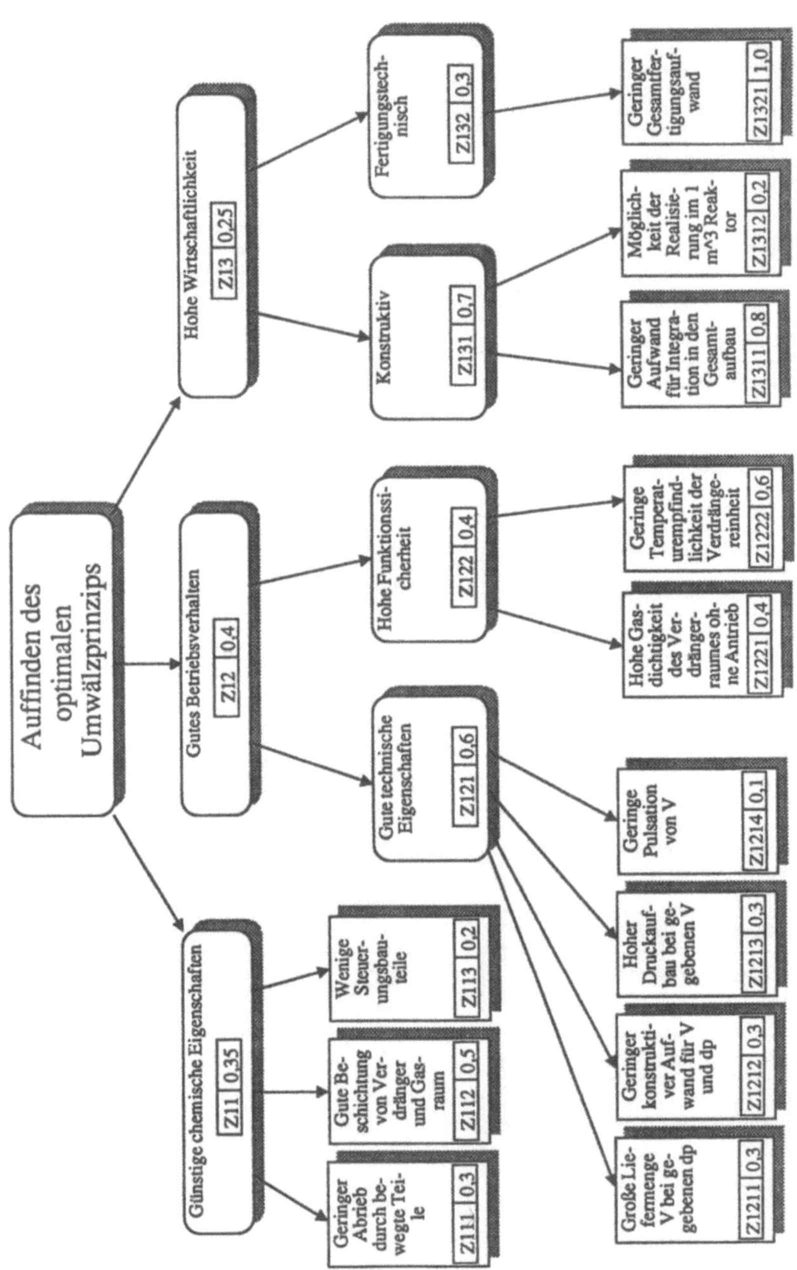

Abb. 12: Nutzwertstruktur zum Auffinden des optimalen Umwälzprinzips (Z_{in} – Unterziel, X – Wertigkeit)

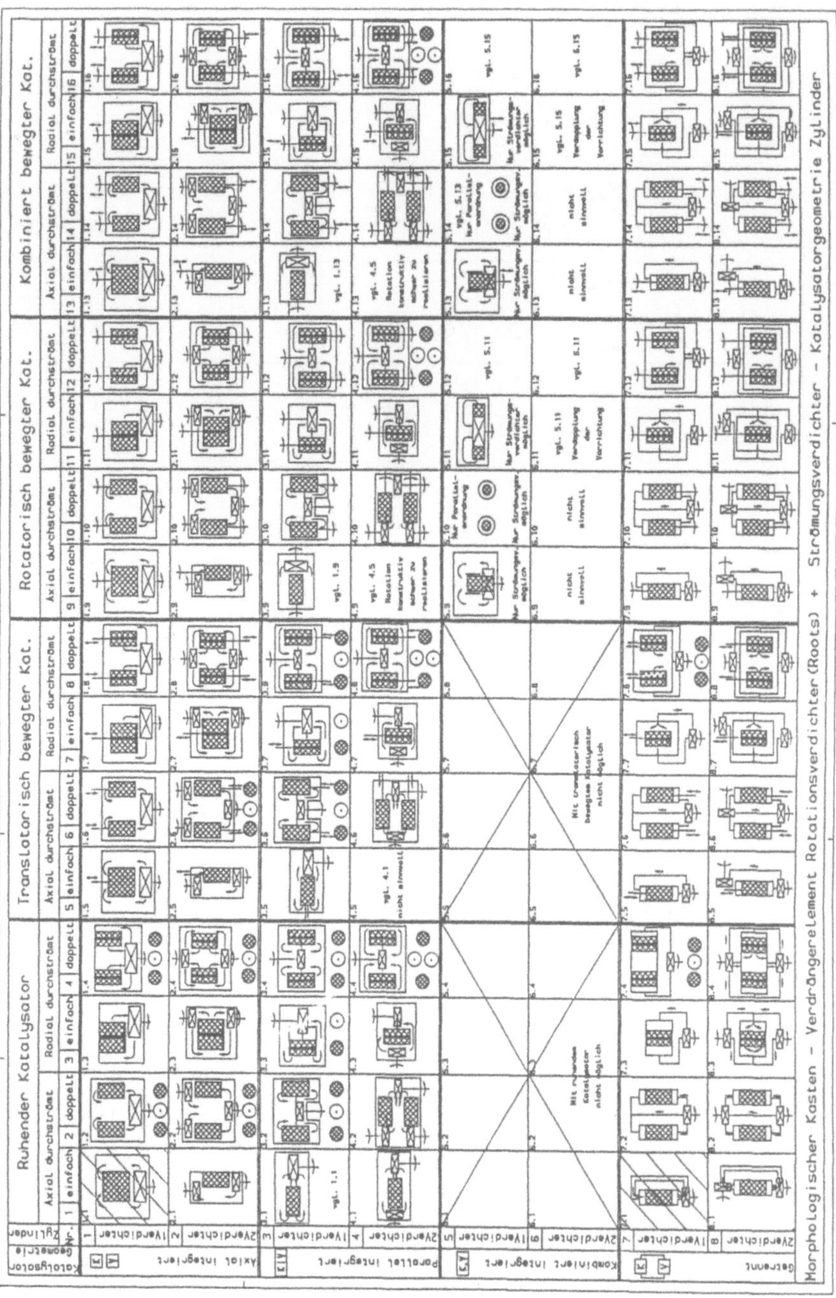

Abb. 13 Morphologischer Kasten zur Teilfunktion „Gas durch Katalysator leiten" (für Ventilatoren und zylindrische Katalysatorgeometrie, Konzepte der ausgestrichenen Felder ungeeignet)

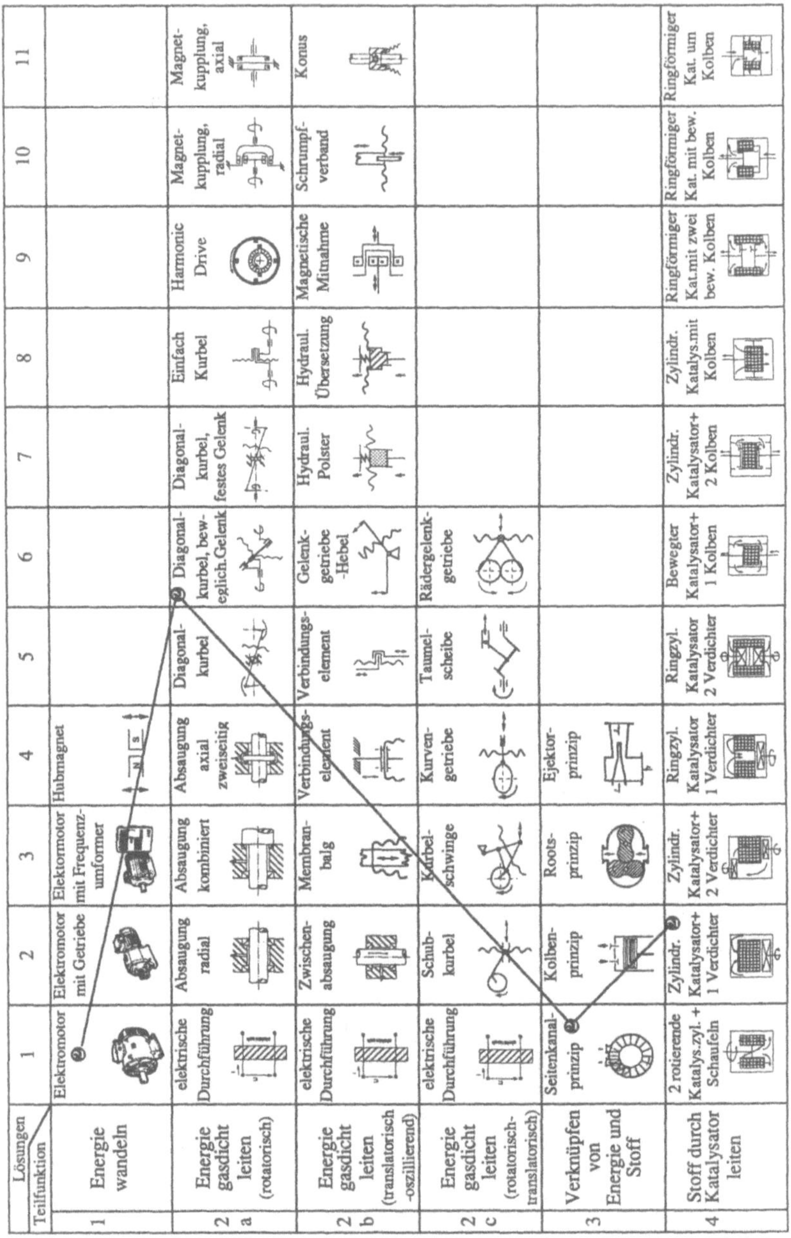

Teilfunktion / Lösungen	1	2	3	4	5	6	7	8	9	10	11
1 Energie wandeln	Elektromotor	Elektromotor mit Getriebe	Elektromotor mit Frequenzumformer	Hubmagnet							
2a Energie gasdicht leiten (rotatorisch)	elektrische Durchführung	Absaugung radial	Absaugung kombiniert	Absaugung axial zweiseitig	Diagonalkurbel	Diagonalkurbel, beweglich.Gelenk	Diagonalkurbel, festes Gelenk	Einfach Kurbel	Harmonic Drive	Magnetkupplung, radial	Magnetkupplung, axial
2b Energie gasdicht leiten (translatorisch-oszillierend)	elektrische Durchführung	Zwischenabsaugung	Membranbalg	Verbindungselement	Verbindungselement	Gelenkgetriebe-Hebel	Hydraul. Polster	Hydraul. Übersetzung	Magnetische Mitnahme	Schrumpfverband	Konus
2c Energie gasdicht leiten (rotatorisch-translatorisch)	elektrische Durchführung	Schubkurbel	Kurbelschwinge	Kurvengetriebe	Taumelscheibe	Rädergelenkgetriebe					
3 Verknüpfen von Energie und Stoff	Seitenkanalprinzip	Kolbenprinzip	Rootsprinzip	Ejektorprinzip							
4 Stoff durch Katalysator leiten	2 rotierende Katalys.zyl. + Schaufeln	Zylindr. Katalysator+ 1 Verdichter	Zylindr. Katalysator+ 2 Verdichter	Ringzyl. Katalysator 1 Verdichter	Ringzyl. Katalysator 2 Verdichter	Bewegter Katalysator+ 1 Kolben	Zylindr. Katalysator+ 2 Kolben	Zylindr. Katalys.mit Kolben	Ringförmiger Kat.mit zwei bew. Kolben	Ringförmiger Kat. mit bew. Kolben	Ringförmiger Kat. um Kolben

Abb. 14 Morphologischer Kasten der ausgewählten Lösungen für die Teilsysteme „Gasumwälzung" und „Gasrückführung"

4.3.6.3
Methodische Lösungsfindung für die Baureihenentwicklung

Während das Prinzip des Berty-Reaktors für Reaktoren im Labormaßstab hervorragend geeignet ist, hat sich bei der Konzeption des 10-Liter-Kreislaufreaktors als Berty-Reaktor und der parallel dazu durchgeführten Baureihenentwicklung von Kreislaufreaktoren abgezeichnet, dass das Prinzip des Berty-Reaktors mit innenliegendem Kreislauf als Grundlage für eine Baureihe von Reaktoren mit einem Katalysatorvolumen von 0,01 m^3 bis 1,0 m^3 als Ziel zunehmend ungeeigneter wird. Dies hat mehrere Gründe, einmal entstehen durch den innenliegenden Kreislauf und die dazu erforderliche innenliegende Umwälzeinrichtung bei Baugrößen oberhalb der 10 Liter-Grenze konstruktiv bedingt immer größere Toträume, die einen gradientenfreien Betrieb erschweren, zum anderen wird der Wärmehaushalt oberhalb der 10 Liter-Grenze zunehmend schwieriger zu beherrschen. Da bei dem Prinzip des Berty-Reaktors die Wärmetauscher außerhalb des Reaktionsraums liegen, wird das Regelverhalten der Temperatur mit zunehmender Baugröße immer träger. Auch ein eventueller Temperaturgradient über dem Schüttungsquerschnitt ist nicht mehr auszuschließen.

Der als Berty-Reaktor ausgelegte 10-Liter-Kreislaufreaktor ist durch seine Größe und sein Verhältnis von Katalysatorvolumen zu Wärmeverlusten als adiabater Reaktor anzusehen. Daher spielte bei diesem Reaktor die außenliegende Anordnung der Wärmetauscher eine untergeordnete Rolle. In den Arbeiten von Eckhardt (1992) und Gärtner (1992) wurde untersucht, ob sich das Berty-Konzept auch noch auf Reaktoren mit einem Katalysatorvolumen größer als 10 L anwenden lässt. Es zeigte sich jedoch, dass oberhalb dieser Baugröße aus den schon genannten Gründen ein anderes Konzept gefunden werden muss.

Deshalb wurde mit Hilfe der methodischen Lösungsfindung in Form von morphologischen Kästen die Entwicklung zweier geeigneterer Lösungskonzepte für Kreislaufreaktoren durchgeführt.

Zur Vermeidung von konstruktiven Begünstigungen zur Ausbildung von Temperatur-, Konzentrations- und/oder Geschwindigkeitsgradienten wurde eine Anordnung von Katalysatorschüttungen und Wärmetauschern in einem Druckraum entwickelt. Als Gasumwälzungsvorrichtung soll in diesem Fall kein rotierendes sondern ein oszillierendes System eingesetzt werden. Durch ihre bauartbedingt absolute Gasdichtheit bieten sich Membranpumpen für diesen Einsatz an. Da konventionelle Membranpumpen nicht dem Anforderungen wie großer Volumenstrom, geringer Druckdifferenz und Hochtemperaturfestigkeit in Verbindung mit Wasserstoffresistenz entsprechen, hätte hier eine spezielle Entwicklung einer solchen Membranpumpe durchgeführt werden müssen. Dies war in dem vorgegebenen Zeitrahmen jedoch nicht durchführbar.

Die Verbindung der Membranpumpe über kurze Rohrstücke mit dem Reaktionsraum ergibt einen geringeren Totraum, als die Integration der Gasumwälzung in den Reaktionsraum.

Günstig bewertet wurden Lösungen, bei denen im Betriebszustand eine konstante Temperatur und eine konstante Konzentration in der gesamten Katalysatorschüttung herrscht und Toträume vermieden werden. Weder in axialer noch in radialer Richtung sollte bei diesen Größen ein Gradient auftreten. Ein weiteres Kriterium war die Wärmeübertragungsfläche, sie sollte innerhalb des Reaktionsraums unter wärmetechnischen und strömungstechnischen Gesichtspunkten möglichst günstig angeordnet sein.

Mit Hilfe dieser Bewertungskriterien wurde in der Arbeit von Eckhardt (1992) aus den morphologischen Kästen als erste Lösung ein zylindrischer Reaktionsraum mit mehreren, quer zur Strömungsrichtung stehenden Spiralwärmetauschern, bestehend aus Ripprohren, ausgewählt. Spiralwärmetauscher und Katalysatorschüttungen sind über der Höhe des Reaktionsraums entsprechend einem Mehrschichtreaktor abwechselnd angeordnet. Da nach Beitz u. Küttner (1986) die Reaktion, und somit die Wärmeentwicklung am Eintritt des Frischgases in den Reaktor bei der Betriebsweise als Rohrreaktor am größten ist, wurden bei dem von unten nach oben durchströmten Druckraum die mit Katalysatorschüttungen ausgefüllten Abstände der Wärmetauscher im Eintrittsbereich geringer gehalten als die der restlichen Wärmetauscher. Durch diese Anordnung und die gleichmäßige Durchströmung des Reaktionsraums über den gesamten Querschnitt soll die Anforderung nach Gradientenfreiheit auch bei geringen Kreisgasverhältnissen erfüllt werden. Um die Wärmeaustauschfläche, wie gefordert, möglichst kompakt auszufahren, wurde die Anströmgeschwindigkeit des Gases erhöht. Dies soll durch sehr eng und genau gewickelte Ripprohre mit einer niedrigen Rippenhöhe erreicht werden.

Neben der Optimierung der Wärmeaustauschfläche war ein zweites Kriterium für einen leicht zu regelnden Temperaturhaushalt entscheidend. Die Massen der einzelnen Druckbehälter sollten möglichst gering gehalten werden, um somit auch die Wärmespeicherfähigkeit in Bauteilen wie Flanschblättern oder ähnlichem gering zu halten. Aus diesem Grund wurde auf die übliche Flanschverschraubung verzichtet, und das Flanschblatt nur so weit ausgeformt, dass es die an der Dichtung entstehenden Kräfte aufnehmen kann. Die Vorspannung, die im Allgemeinen durch die am Flanschumfang angeordneten Schrauben aufgebracht wird, wird in dieser Konstruktion durch einen Zuganker in Form eines innenliegenden Rohres, welches die beiden Böden miteinander verbindet, aufgebracht. Dadurch konnte die Flanschverbindung leichter gestaltet werden, was dem Bestreben nach Verringerung der Massen und damit der Verringerung der Wärmespeicherfähigkeit entgegenkommt. Das zentral angeordnete Befestigungsrohr dient gleichzeitig zur Führung der jeweiligen Zuleitung zu den einzelnen Wärmetauschern.

4.3.6.4
Nomogramm zur Ähnlichkeit

Nach der Klärung der prinzipiellen Gestaltung des Reaktionsraums wurden aus den physikalischen, chemischen und thermodynamischen Gesetzmäßigkeiten Ähnlichkeitsbeziehungen aufgestellt.

Mit Hilfe dieser Ähnlichkeitsbeziehungen wurden über das Aufstellen einiger Gleichungen die Maßstabsfaktoren in Form von Geraden bzw. Strecken der für den Reaktor relevanten Größen wie z.B. der freiwerdenden Reaktionswärme $Q_{Reaktion}$, dem Wärmedurchgangskoeffizienten k oder dem Wärmeübergangskoeffizienten α in einem Nomogramm eingetragen. Aus diesem Nomogramm können nach Veränderung der charakteristischen Größe alle anderen Größen abgelesen werden, mit denen eine ähnliche Konstruktion realisiert werden kann. In Abb. 15 ist das volumenbezogene Nomogramm für die Baureihenentwicklung der

Kreislaufreaktoren gezeigt. Als charakteristische Größe, deren Variationen den Maßstab liefern, wurde das Katalysatorvolumen gewählt. Die Stufung der Volumina beginnt bei 0,01 m^3 und endet bei 1,0 m^3. Als Stufung werden die Normzahlen der Reihe R5 nach Pahl u. Beitz (1977) gewählt.

4.3.6.5
Umsetzung des Nomogramms in eine schematische Baureihe

Die Linienverläufe der einzelnen Maßstabsfaktoren in dem Nomogramm haben in ihrem Verlauf mehrere Sprünge bzw. Unregelmäßigkeiten, was die Erstellung einer vollständig ähnlichen Baureihe ausschließt.

Unter den Gesichtspunkten der Kriterien der methodischen Lösungsfindung wurde es daher als zweckmäßig betrachtet, eine Baureihe zu entwickeln, die modular aufgebaut ist, d.h., es wurden die einzelnen Reaktorgrößen so konzipiert, dass in mehreren Reaktoren Teile gleicher Abmessungen verwendet werden können. Dazu wurden zwei oder drei vergleichbare Reaktoren herausgesucht. Für jede dieser so zusammengestellten Gruppen wird als gemeinsamer Reaktor-Durchmesser der größte der zu einer Gruppe gehörenden Reaktoren ausgewählt.

Nach der Festlegung des jeweiligen Außendurchmessers wurden für alle Reaktoren die Katalysatorhöhe, die erforderliche Wärmeaustauschfläche, die erforderliche Wärmetauscherlänge und die daraus resultierende Anzahl der Spiralen mit den Werten des größten Reaktors der jeweiligen Gruppe für Schüttungsquer-

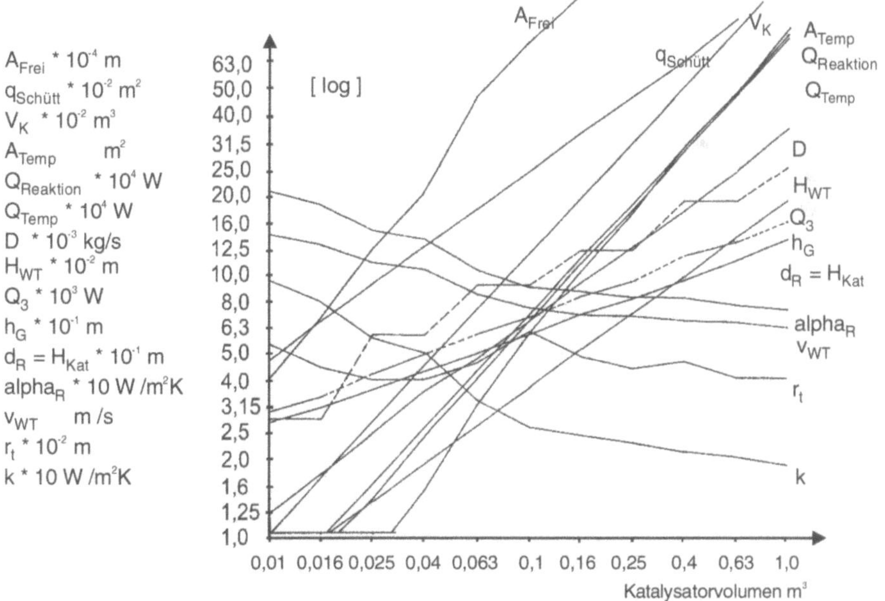

Abb. 15: Darstellung der Ähnlichkeitsbezichungen in einem Nomogramm

schnitt, Länge einer einfachen Spirale und Wärmedurchgangskoeffizient berechnet. In Abb. 16 sind die unterschiedlichen Baugrößen der Kreislaufreaktor-Baureihe schematisch dargestellt. Diese schematische Darstellung bezieht sich nur auf den Reaktionsraum ohne Gasumwälzung.

Aufbauend auf den Ergebnissen der methodischen Lösungsfindung in Kratsch (1991) hat die Baureihenentwicklung gezeigt, dass die Umwälzvorrichtung mit dem Seitenkanalverdichter eine sehr interessante Lösung gefunden hat. Parallel dazu hat sich jedoch gezeigt, dass es auch andere Verdichter und Gebläse wie z.B. den Membranverdichter oder den Ejektor gibt, die in ihrer Funktionsweise den Anforderungen des Kreislaufreaktors angepasst werden könnten.

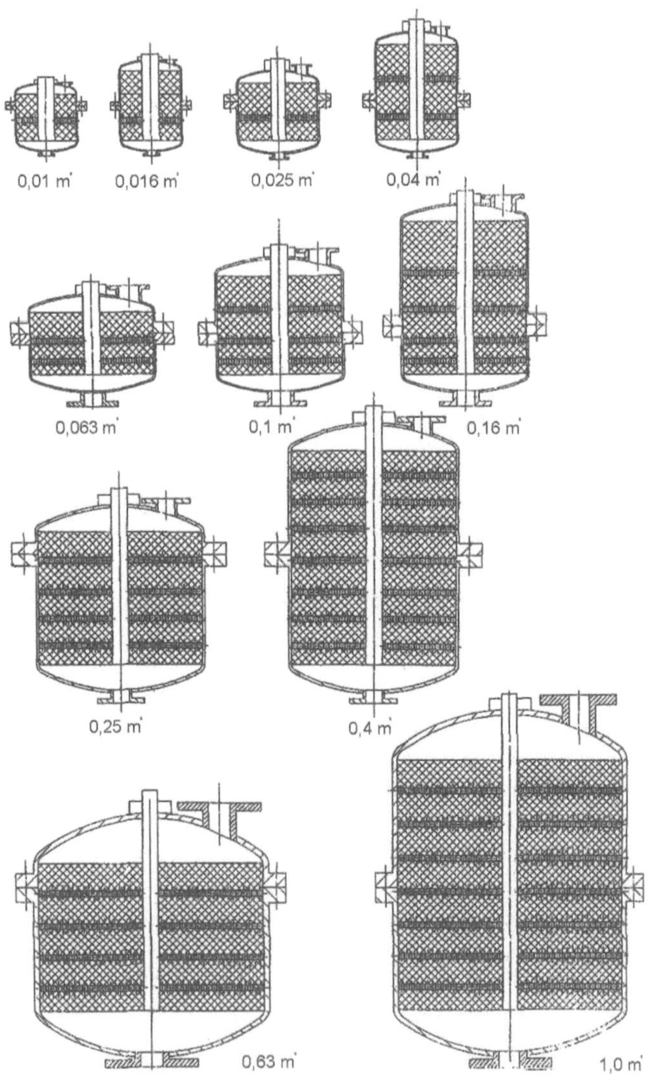

Abb. 16: Schematische Darstellung der Baureihe

In Abb. 16 sieht man deutlich die Zusammengehörigkeit mehrerer Reaktoren innerhalb einer Gruppe. Es wurden insgesamt fünf Gruppen gebildet, wobei die Unterteilung nach der Normzahlreihe R5 durchgeführt wurde. Die erste Gruppe der Reaktoren umfasst die Katalysatorvolumina von 0,01 m³ und 0,016 m³, die zweite 0,025 m³ und 0,04 m³. Die dritte Gruppe besteht aus drei verschieden großen Reaktoren mit einem Katalysatorvolumen von 0,063 m³, 0,1 m³ und 0, 16 m³. Die vierte und die fünfte Gruppe bestehen jeweils aus zwei Reaktoren, mit ihnen werden die Katalysatorvolumina von 0,25 m³, 0,4 m³, 0,63 m³ und 1,0 m³ abgedeckt. Die mit zunehmenden Katalysatorvolumina immer größer werdenden Abstufungen zwischen den einzelnen Reaktorgrößen macht die Verkleinerung der Anzahl der in einer Gruppe enthaltenen Reaktoren deutlich. Alle jeweils in einer Gruppe enthaltenen Reaktoren wurden im gleichen Durchmesser ausgeführt, was ein Verwenden der gleichen Größe der Klöpperböden an beiden Enden des Reaktionsraums erlaubt. Zwischen diesen Böden sind unterschiedlich lange zylindrische Schüsse angeordnet, um so auf die unterschiedliche Volumina der jeweiligen Reaktoren zu kommen. Bei der Aufteilung von Katalysatorschüttung und Wärmetauscheranordnung wurde darauf geachtet, das auch die Wärmetauscher innerhalb ihrer Gruppe austauschbar sind.

Bei den Reaktoren mit nur einem Wärmetauscher wurde dieser im unteren Bereich angeordnet, da die Reaktoren von unten durchströmt werden sollen. Diese Anordnung resultiert aus der größeren Wärmeentwicklung bei exothermen Reaktionen im Eintrittsbereich der Edukte. Bei mehreren Wämetauschern sind diese aus diesem Grund in unterschiedlichen, nach oben zunehmenden Abständen angeordnet. Gut zu erkennen sind auch die unterschiedlichen Abstände der Wärmetauschereinheiten.

Abschließend wurde ein Variantenprogramm entwickelt, das es dem Anwender ermöglicht, im Dialog mit dem Programm einen auf individuelle Anforderungen abgestimmten Kreislaufreaktor mit einem entsprechend der Normzahlreihe R5 gestuften Katalysatorvolumen zu konstruieren und eine Druckbehälterberechnung nach AD-Merkblätter (1989) durchzuführen.

4.3.7
Bau der Reaktoren

4.3.7.1
Liter-Reaktor

Nach einer ersten Anforderungsliste wurde ein 1-L-Versuchsreaktor zur Untersuchung des Materialeinflusses auf die ablaufende Reaktion entworfen und gebaut. Für diesen Reaktor wurden ausführliche systematische Betrachtungen zurückgestellt, um möglichst früh einen Versuchsaufbau zu erhalten. Die modular konstruierten Innenausbauten ermöglichen ein rasches Auswechseln der Einsätze. Als Umwälzvorrichtung wurde ein Trommellüfter gewählt, der für eine Emaillierung geeignet erschien. Gleichzeitig wurde wegen langer Lieferfristen ein permanentmagnetischer Antrieb bestellt. Mit diesen weitgehenden konstruktiven Festlegungen bestand selbstverständlich nicht mehr die Freizügigkeit einer Neukonstruktion. Ferner wurde eine ruhende Katalysatorschicht vereinbart und als Musterreaktion die Methanolsynthese als besonders anspruchsvolle Reaktion gewählt.

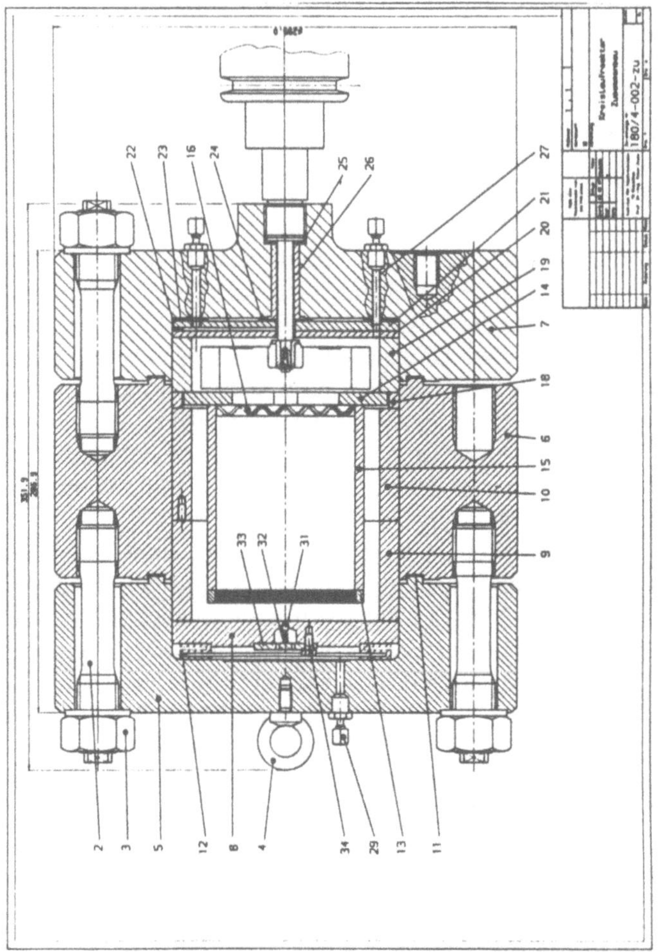

Abb. 17: 1-Liter-Versuchsreaktor

Abbildung 17 zeigt diesen Reaktor, der nach dem Bau Dichtigkeitstests unterzogen und anschließend für Reaktionsversuche genutzt wurde.

4.3.7.2
10-Liter-Reaktor

Die nach Abschn. 4.3.6.2 entwickelten kombinierten Konzeptvarianten wurden für die einen Reaktor mit 10 Liter Inhalt konkretisiert, bewertet und die beste Lösung zu einem maßstäblichen Entwurf ausgearbeitet. Für das Umwälzprinzip erwies sich nach der Nutzwertanalyse und Versuchen zum Förderverhalten (Abschn. 4.3.8) ein Seitenkanalgebläse als beste Lösung, dessen Konstruktion allerdings für die Integration in den Reaktor angepasst werden musste. Entwurf und Bau wurden vom TÜV abgenommen. Die Konstruktion ist in Abb. 18 wiedergegeben. Der

Reaktor besteht aus zwei Vorschweißflanschen und einem verbindendenden zylindrischen Schuß, dem ringförmigen Katalysatorkorb, der sich auf dem Stator des Seitenkanalventilators abstützt, Einbauten zur Minderung des Totraumvolumens und zur Strömungsführung sowie zur Abstützung des Seitenkanalstators. Um den Reaktormantel ist ein weiterer von einer Temperierflüssigkeit durchströmter Mantel angeordnet.

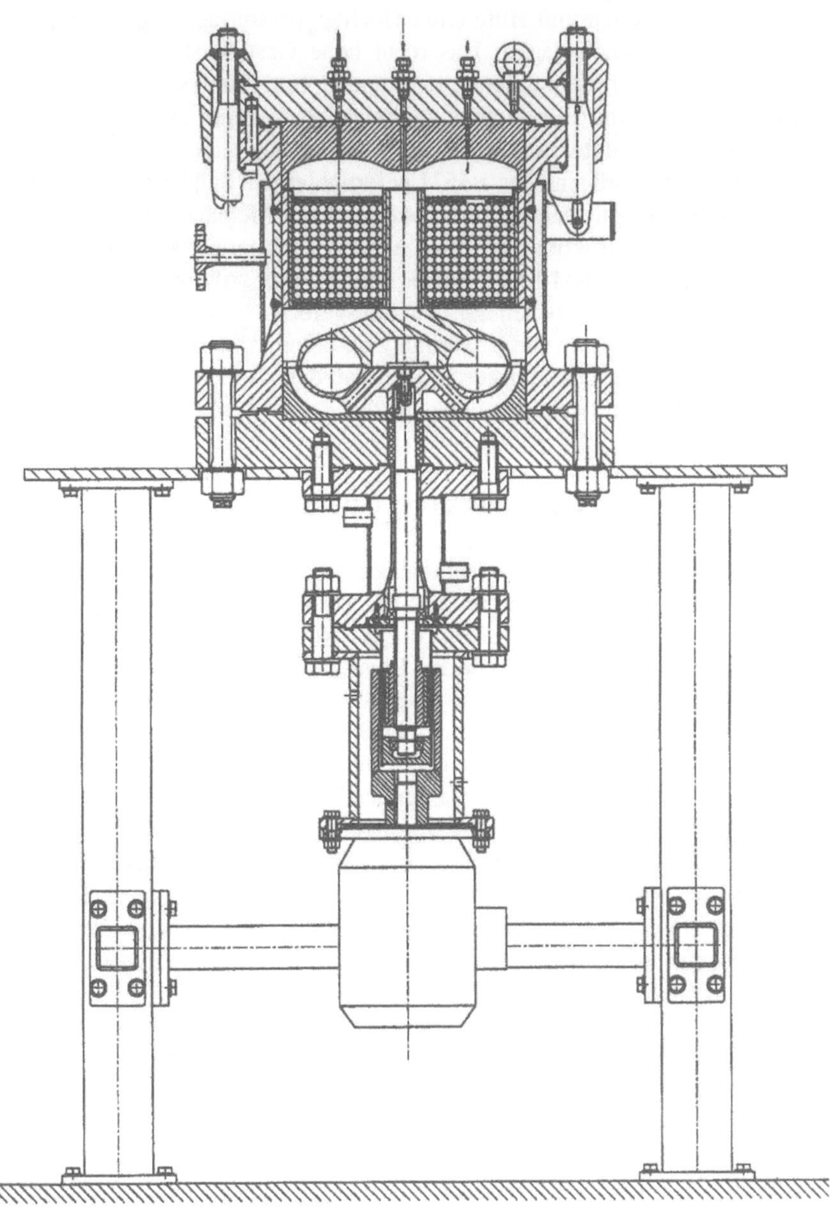

Abb. 18: Reaktor und Antriebsstrang im Gestell integriert

Der Antriebsstrang besteht aus dem Elektromotor, Magnetkupplung mit gasdichtem Spalttopf und einem gekühlten Distanzstück für eine ausreichende Temperaturabsenkung der Temperatur für die Kugellager der Magnetkupplung auf höchstens 70 °C, während die Auslegungstemperatur der Magnetkupplung 250 °C und die Betriebstemperatur des Reaktors 350 °C betragen. Um die Magnetkupplung ist ein Laternentopf angeordnet, der eine Luftkühlung der Magnetkupplung ermöglicht und zur Motorbefestigung dient. Ein Kühlmatel um das Führungsrohr unterhalb des Befestigungsflansches der Antriebsanheit an der Reaktorunterseite wird zur Lagerkühlung von einer Kühllflüssigkeit durchströmt. Das Seitenkanalrad ist im Reaktionsraum mit Hilfe eines Hochtemperaturlagers mit selbstschmiederendem Graphitkäfig gelagert. Das recht hohe Gestell ist notwendig,um den Antriebsstrang einfach demontieren zu können. Ein Katalysatorwechsel erfolgt durch Entfernen des mit Bügelschrauben befestigten oberen Deckelflansches und Herausnehmen des Katalysatorkorbes. Der Druckbehälter, die Innenauskleidungen und der Katalysatorkorb sind aus 1.4571 gefertigt, einem Stahl, der hochwarmfest, wasserstoffresistent und chemisch inert bezüglich der Methanolsynthese ist.

Während des Konstruktionsprozesses wurden umfangreiche Festigkeitsberechnungen mit Hilfe von FEM-Programmen durchgeführt. Als besonders aufwendig erwiesen sich dabei die Arbeiten zur dehnungsgerechten Gestaltung des Seitenkanalrades unter der Wirkung von Erwärmung und Fliehkraft, denn ein Anlauf Rad - Stator musste auf jeden Fall ausgeschlossen werden. Andererseits sind dort enge Spiele erforderlich, um Leckagen zu begrenzen.

4.3.8
Untersuchungen zur Gasumwälzung bei Raumtemperatur

Aus dem von Kratzsch (1991) erstellten bereits erwähnten Benutzerkatalog, der Nutzwertstruktur und Bewertungsmatrix für Gasumwälzeinrichtungen ergab die Bewertung für die Bedingungen eines 10-L-Reaktors das Roots-, Seitenkanal- und Ejektorprinzip als aussichtsreich für den Einsatz. Nach Diskussionen mit Ventilatorherstellern erschien es ratsam, Einzeluntersuchungen zu den Bauarten in einer Versuchsanordnung bei Umgebungstemperatur durchzuführen, da handelsübliche Produkte für die geforderten Betriebsbedingungen nicht verfügbar waren. Die Ergebnisse solcher Untersuchungen lassen sich auf die eigentlichen Reaktionsbedingungen mit Hilfe von Modellgesetzen übertragen. Eine sichere Aussage lässt sich aber nur unter effektiven Einsatzbedingungen gewinnen. (Das für den 1-Liter-Reaktor vor den systematischen Untersuchungen zur Auswahl geeigneter Umwälzeinrichtungen ausgewählte Trommelgebläse erwies sich zwar als geeignet, die Kernforderungen zu erfüllen. Die Volumenstrom-Druck-Kennlinie ist aber flach und die insgesamt erzielbare Druckerhöhung gering).

Abbildung 19 zeigt das Schema der Versuchsanlage. Der Versuchsventilator wird in einen Gaskreislauf eingebaut, dessen Widerstand stufenlos über ein Ventil verstellt werden kann (Simulation der Anlagenkennlinie). Der Ventilator wird über einen Motor angetrieben, dessen Drehzahl mittels Frequenzumformer stufenlos verstellt werden kann. Die Anlage wird mit Druckluft bis max. 2,8 bar betrieben.

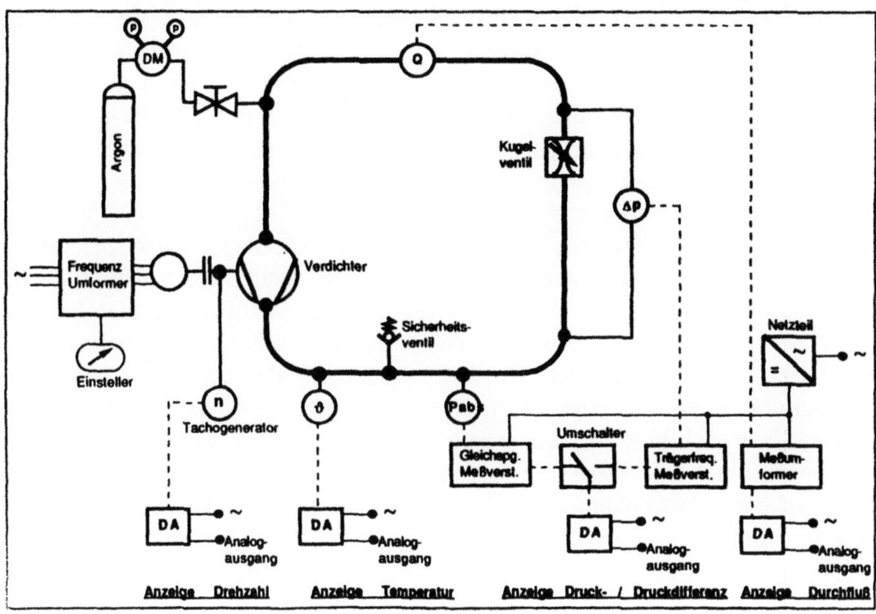

Abb. 19: Schema Versuchsstand zur Untersuchung des Förderverhaltens

Die folgende Tabelle zeigt, dass sich bei diesem Druck eine geringere Dichte als bei unterschiedlichen Gemischen H_2/CO bei 300 °C und 51 bar ergibt. Befüllt man die Anlage mit Argon, so ergibt sich bei p = 2,8 bar und Umgebungstemperatur t = 20 °C eine Dichte entsprechend der eines H_2/CO-Gemischs 10 : 1 unter Reaktionsbedingungen. Nun ist die erzielbare Druckerhöhung eines Ventilators zumindest annähernd proportional der Gasdichte, sodass erfolgreiche Förderung bei niedriger Dichte eine ebenfalls erfolgreiche Förderung bei höheren Dichten erwarten lässt. Die dynamische Viskosität dieses Gemischs ist ähnlich der von Argon und Luft bei Umgebungsbedingungen.

Tabelle 1: Thermodynamische Werte von Gasgemischen zur Methanolsynthese von Argon und Luft [1] nach Unterlagen Inst. für chemische Technologie, TU-BS, 17.11.1988, [2] VDI Wärmeatlas, 1984]

	Methanolsynthese [1]			Modell [2]		
Medium	H_2/CO	H_2/CO	H_2/CO	Argon	Luft	Luft
Gemischverhältnis	1:1	1:10	10:1	-	-	-
Temperatur [°C]	300	300	300	20	20	20
Druck (abs.) [bar]	51	51	51	2,8	2,8	1,0
Gaskonstante R [J /kg·K]	565	330,8	1937	208,2	287,04	287,04
Dyn. Viskosität η [Pa·s]	$28{,}74\cdot10^{-6}$	$29{,}87\cdot10^{-6}$	$21{,}12\cdot10^{-6}$	$22{,}10\cdot10^{-6}$	$18{,}55\cdot10^{-6}$	$18{,}55\cdot10^{-6}$
Dichte ρ [kg/m^3]	15,75	26,91	4,60	4,59	3,33	1,21

Zur Untersuchung der Ejektoren wurde die Saug- und Druckleitung des Ejektors an den Kreislauf angeschlossen. Der Treibstrahl (mit eigenem Volumenstrommesser) wurde vom Druckluftnetz aus versorgt. Man erkennt unmittelbar das Problem eines Ejektoreinsatzes für einen Kreislaufreaktor: die Treibstrahlenergie muss über eines der Edukte eingebracht werden, was die Regelung der Gasumwälzung erschwert. Die abschließende Bewertung nach den Prüfstandsversuchen ergab für den 10-Liter-Reaktor als günstigstes Konzept den Seitenkanal-Ventilator (Die gleichfalls untersuchten Injektoren wurden trotz ihres einfachen Aufbaus ohne bewegte Teile so abgewertet, dass sie nicht mehr berücksichtigt werden konnten, weil Treibstrahl und Frischgaszufuhr nicht entkoppelt werden können). Zwar hat das als Bauart konkurrierende Rootsgebläse als reiner Verdränger eine besonders steile Volumenstrom-Druck-Charakteristik, d.h. bei einem Anstieg des Gegendrucks nimmt der Volumenstrom nur wenig ab. Der Seitenkanal-Ventilator unterscheidet sich hier aber nur wenig. Er hat die steilste Kennlinie aller Strömungsmaschinen und keine Pumpgrenze, also ein ähnliches Verhalten wie Kolbenmaschinen. Dies dokumentiert sich auch durch ähnliche Werte für die spezifische Drehzahl

$$\sigma_M = \frac{n \cdot \sqrt{\dot{V}}}{|y|^{\frac{3}{4}}} \sqrt[4]{2\pi^2} < 0,1 \tag{3}$$

wie für Kolbenmaschinen. Der Bauaufwand ist deutlich kleiner als bei einem Rootsgebläse mit seiner aufwendigen Lemniskatenform der Läufer und dem unverzichtbaren Stirnradgetriebe zur berührungsfreien Führung der beiden Rotoren, das zwar außerhalb des eigentlichen Gasförderraums angeordnet wird. Schmierungsprobleme entstehen dort nicht nur in der Wellenlagerung sondern auch im Eingriff der Führungsräder. Der Beschichtungsaufwand wird für beide Bauformen ähnlich hoch bewertet. Nach Abschn. 4.3.5 zeigten die Versuche zur Methanolsynthese, dass der Einfluss des Werkstoffs gegenüber den ursprünglichen Annahmen gering ist, sodass auf Beschichtungen der Gasumwälzeinrichtungen verzichtet werden kann, wenn das Totraumvolumen ausreichend klein gehalten werden kann. Ein weiterer Vorzug des Seitenkanalventilators gegenüber dem Rootsgebläse ist darin zu sehen, dass er zusammen mit dem Saug- und Druckanschluss recht günstig in den Reaktor integriert werden kann. Ferner ist die Förderung pulsationsfrei, während Kolbenmaschinen wie das Rootsgebläse immer eine pulsierende Förderungen aufweisen.

4.3.9
Reaktionstechnische Bewertungen

4.3.9.1
Dichtigkeitsprüfungen

Nach einer ersten Prüfung auf grobe Leckagen mit Druckluft bei 6 bar wurde der Reaktor bei Raumtemperatur mit Helium bis zu einem Überdruck von 50 bar gefüllt und der Druckverlust über einen Zeitraum von 24 h registriert. Im Anschluss daran wurde der Deckel des Reaktors abgenommen und neu montiert. Eine dreimalige Durchführung dieses Tests ergab eine mit $8.2 \cdot 10^{-6}$ bar l/s geringfügig oberhalb der geforderten Grenze von $1 \cdot 10^{-6}$ bar l/s liegende Leckrate.

Es folgten drei Versuche mit Helium bei 400° C und 50 bar. Dazu wurde der Reaktor bei Raumtemperatur mit einem Druck von 15 bar belastet, auf 400° C aufgeheizt und der Differenzdruck zum Enddruck von 50 bar zugegeben. Über einen Zeitraum von 1 ½ h wurde der Reaktordruck aufgezeichnet. Nach Abschluss von jedem Versuch wurde der Reaktordeckel entfernt und wieder montiert. Die aus den gemessenen Druckverlusten errechneten Leckraten zeigten eine Steigerung von $7{,}6 \cdot 10^{-5}$ bar l/s beim ersten Versuch auf $5.8 \cdot 10^{-4}$ bar l/s beim dritten Versuch. Die gewünschte Obergrenze von $1 \cdot 10^{-5}$ bar l/s wurde dabei deutlich überschritten.

Die Lecksuche am Reaktor ergab eine fehlerhafte Dichtung an der Verbindungsstelle zwischen Rührerantrieb und Reaktorboden. Nach einem Wechsel dieser Sonderform-Dichtung zeigte sich keine merkliche Verbesserung. Bedingt durch das verwendete Dichtprinzip führte die Drehbewegung beim Montieren des Rührerantrieb zu einer Beschädigung der vernickelten Oberfläche der Dichtung. Bei einer thermischen Belastung lässt die Dichtwirkung aufgrund der Beschädigung nach, und es kommt zu der beobachteten Leckage. Zur Beseitigung dieser Undichtigkeit wurde ein neues Dichtprinzip entwickelt, welches durch die Verwendung einer Anzugsmutter mit Linksgewinde die Montage des Rührerantriebs ohne Radialbewegung der Dichtflächen ermöglicht. Im Anschluss daran durchgeführte Druckproben mit Helium bei 400° C und 50 bar ergaben eine Leckrate von $5.6 \cdot 10^{-5}$ bar l/s.

Nach dem erfolgreichen Abschluss der Dichtigkeitstests mit Helium folgte eine Druckprobe mit Wasserstoff bei 50 bar und Raumtemperatur über einen Zeitraum von 24 h. Die daraus errechnete Leckage von $1{,}8 \cdot 10^{-5}$ bar l/s liegt geringfügig oberhalb der entsprechenden für Helium.

Im Verlauf der Dichtigkeitstest konnte an der Verschraubung für das Sicherheitsventil am Reaktordeckel beobachtet werden, dass nach längerer Montagezeit ein Setzen der dort verwendeten Kupferdichtung auftritt. Die damit verbundene Undichtigkeit kann durch regelmäßiges Anziehen der Verschraubung beseitigt werden. Die Kupferdichtung stellt aber weiterhin eine Schwachstelle dar.

Bei allen Versuchen unter thermischer Belastung trat ein Kleben der Graphitdichtungen an den Dichtflächen zwischen Reaktormantel und -deckel bzw. -boden auf. Jede Demontage des Reaktordeckels führt zu einer Zerstörung und aufwendigen Entfernung der Spezial-Dichtungen.

4.3.9.2
Strömungsverhältnisse

Das wichtigste Bewertungskriterium für den Kreislaufreaktor ist die Leistungsfähigkeit der eingesetzten Gasumwälzung. Diese hat für den Typ des gradientenfreien Kreislaufreaktors mehrere Aufgaben gleichzeitig zu erfüllen. Einerseits muss sie die zugeführten Reaktionskomponenten mit dem im Kreislauf befindlichen Gas vermischen und dabei eine möglichst ideale Durchmischung im Reaktorraum erzielen. Sie muss weiterhin den gesamten Gaskreislauf im Reaktor aufrecht erhalten, d. h. den konvektiven Stofftransport des Reaktionsgemisches zum Katalysator durchführen und den bei Durchströmung des Katalysatorbettes entstehenden

Druckverlust ausgleichen. Dabei muss auch unter ungünstigen Bedingungen, z.B. bei hohem Strömungswiderstand in der Katalysatorschicht oder bei geringer Gasdichte, eine Mindestströmungsgeschwindigkeit bzw. eine Mindestförderleistung gewährleistet sein. Zusätzlich muss berücksichtigt werden, dass die Gasumwälzeinrichtung hohen thermischen und chemischen Belastungen ausgesetzt ist.

Um die Ergebnisse der Druckdifferenzmessungen bewerten zu können, wurden theoretische Berechnungen zum Druckverlust in Katalysatorschüttungen durchgeführt. Durch die Reaktionswärme entsteht im Katalysatorpartikel ein radialer Temperaturgradient. Hierbei kann nach Mears (1971) abgeschätzt werden, ob eine Wärmetransportlimitierung der Reaktion durch ungenügende Wärmeabfuhr vorliegt. Diese kann ausgeschlossen werden, wenn gilt:

$$\left| \frac{-\Delta_R H \cdot r \cdot r_P}{\alpha \cdot T} \right| < 0,15 \cdot \frac{R \cdot T}{E_A} \tag{4}$$

mit $\Delta_R H$:   Reaktionsenthalpie
           r: intensive Reaktionsgeschwindigkeit
           r_P: Radius der Katalysatorpartikel
           α: Wärmeübergangskoeffizient (Littman et. al. 1968)
           T: Fluidtemperatur
           R: Gaskonstante
           E_A: Aktivierungsenergie

Für die als Modellreaktion ausgewählte Methanolsynthese ergeben sich hierbei auch bei geringen Durchströmungsgeschwindigkeiten keine Behinderung der Reaktion durch einen mangelhaften Wärmetransport. Eine Querschnittsbelastung von 0,02 kg/m^{2}s ist hierbei ausreichend.

Messungen am offenen Reaktor. Um zu ersten Bewertungen der Gasumwälzung des 1-l-Reaktors zu kommen, wurden Messungen am geöffneten Reaktor durchgeführt. Zur Überprüfung der Strömungsverhältnisse wurde an verschiedenen Stellen Rauch über den geöffneten Reaktor geleitet und die Ablenkung und Verwirbelung des Rauchfadens fotografiert. Die Versuche wurden bei zwei verschiedenen Rührerdrehzahlen zunächst ohne Glasfritten, die den Glastubus abschließen, durchgeführt. Zusätzlich wurde der Einfluss von provisorischen, in den Ringspalt zwischen Glastubus und Reaktorinnenauskleidung eingesetzten Strömungsleitelementen untersucht.

Insgesamt konnten bei einer Steigerung der Rührerdrehzahl von 1000 auf 2000 min^{-1} keine deutlichen Veränderungen im Strömungsverhalten festgestellt werden. Es zeigte sich, dass schon bei nur einer eingebauten Glasfritte der Rührer nicht mehr in der Lage ist, eine ausreichende Strömung durch den Glastubus sicherzustellen. Die eingesetzten Strömungsleitelemente können bei ungünstigem Einbau sogar zu unerwünschten Effekten wie Rückströmungen führen. Bei Höchstdrehzahl konnte ein maximale Druckdifferenz von 0,55 mbar erreicht werden.

Verweilzeitverhalten. Zur Beurteilung der Leistungsfähigkeit des verwendeten Gebläses eignet sich die Messung des Verweilzeitverhaltens. Dieses entspricht bei vollständiger Vermischung des Gases im Reaktorinnern durch eine ausreichende Gasumwälzung dem eines idealen Rührkessels. Bei den ohne chemische Reaktion durchgeführten Untersuchungen wird der Reaktor stationär von einem inerten Gas durchströmt. Bei Beginn des Versuchs wird die Eingangskonzentration des Gases üblicherweise sprung- oder impulsförmig geändert. Am Reaktorausgang wird als Antwortfunktion wird als Antwortfunktion die Konzentration des ausströmenden Gases gemessen. Bei den Versuchen wurde am Reaktoreingang eine Sprungfunktion aufgegeben, da bei einer impulsförmigen Änderung der Eingangskonzentration die am Reaktorausgang zu messenden Konzentrationsänderungen nur gering sind (Kießling et al. 1993).

Durch Magnetventile wurde die zum Reaktor strömende Gassorte (Stickstoff bzw. Helium) verzögerungsfrei gewechselt und damit eine sprungförmige Änderung der Eingangskonzentration realisiert.

Ein Kreislaufreaktor kann als ideal durchmischt bezeichnet werden, wenn ein bestimmtes Verhältnis von zirkulierendem Gas zu einströmendem Gas nicht unterschritten wird. Dieses Kreislaufverhältnis verringert sich mit Zunahme des Gasdurchsatzes und bei Erhöhung des Strömungswiderstands der Katalysatorschicht. Aus diesen Gründen wurden Versuche bei verschiedenen Lüfterdrehzahlen, Gasdurchsätzen und Katalysatorfüllmengen durchgeführt. Als Katalysator wurden zylindrische Pellets mit einem Durchmesser d = 5 mm und einer Höhe h = 5 mm verwendet.

Die Beurteilung des gemessenen Verweilzeitverhaltens erfolgte durch einen Vergleich mit dem Verhalten eines idealen Rührkessels. Die dazu benötigte mittlere Verweilzeit errechnet sich aus dem freiem Reaktorinnenvolumen und dem Gasdurchsatz bei Versuch. In Abb. 20 sind beide Verweilzeitverteilungskurven für den Versuch bei einer Lüfterdrehzahl von 2000 U/min, einem Gasdurchsatz von 200 ml/min und einer Katalysatorfüllmenge von 400 g gegenübergestellt. Als Maß für die Abweichung der Messung vom idealen Rührkesselverhalten wurde eine Varianz errechnet. Dazu wurde das Quadrat der Differenz zwischen beiden Kurven über der Zeit integriert und auf die Gesamtzeit bezogen.

Bei den ersten Versuchen enthielt der Reaktor nur den Glastubus mit beiden Glasfritten. Die obere Fritte dient einer Vergleichmäßigung der Strömung, während die untere bei den anschließenden Versuchen die Schüttung der Katalysatorpellets trägt. In Abb. 21 sind die Varianzen der Verweilzeitmessungen mit Gasdurchsätzen von 200 und 300 ml/min in Abhängigkeit von der Lüfterdrehzahl aufgetragen.

Schon bei einem Gasdurchsatz von 200 ml/min ist eine geringe Varianz zu erkennen, die mit steigender Drehzahl leicht abnimmt. Diese Abweichungen verstärken sich bei einer Erhöhung des Durchsatzes auf 300 ml/min merklich. Daraus ist ersichtlich, dass die Gaszirkulation im Reaktorinnern bereits durch den Strömungswiderstand der Glasfritten stark behindert wird.

Messungen bei halb und vollständig gefülltem Katalysatorbett zeigen erwartungsgemäß eine weitere Verschlechterung der Durchmischung durch den zusätzlichen Strömungswiderstand der Schüttung. In Abb. 22 sind die Varianzen der Versuche mit einem Gasdurchsatz von 200 ml/min bei unterschiedlichen Katalysatoreinwaagen über der Lüfterdrehzahl aufgetragen.

Durch das halb gefüllte Katalysatorbett (400 g Katalysator) ist bei allen Drehzahlen eine merkliche Steigerung der Abweichung vom Idealverhalten im Ver-

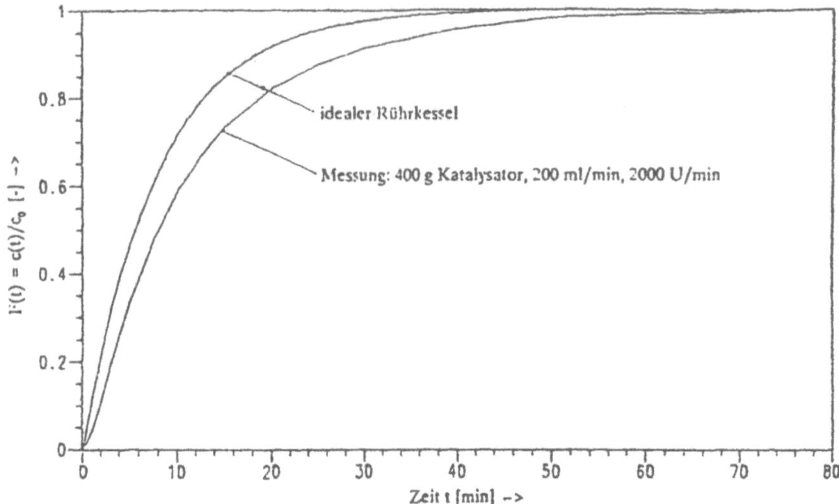

Abb. 20: Vergleich Verweilzeitmessung mit idealem Rührkesselverhalten

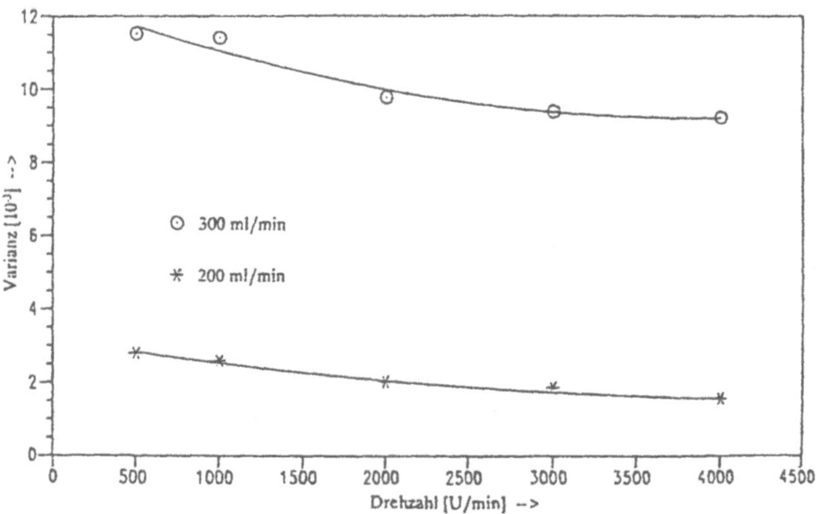

Abb. 21: Verweilzeitmessung ohne Katalysator bei verschiedenen Gasdurchsätzen

gleich zu den Messungen ohne Katalysator zu erkennen. Bei vollständiger Füllung (757 g Katalysator) ist die weitere Zunahme der Varianz nur noch gering.

Die Verweilzeitmessungen zeigen, dass eine vollständige Durchmischung im Reaktorinnern durch das zunächst verwendete Lüfterrad nicht sichergestellt ist.

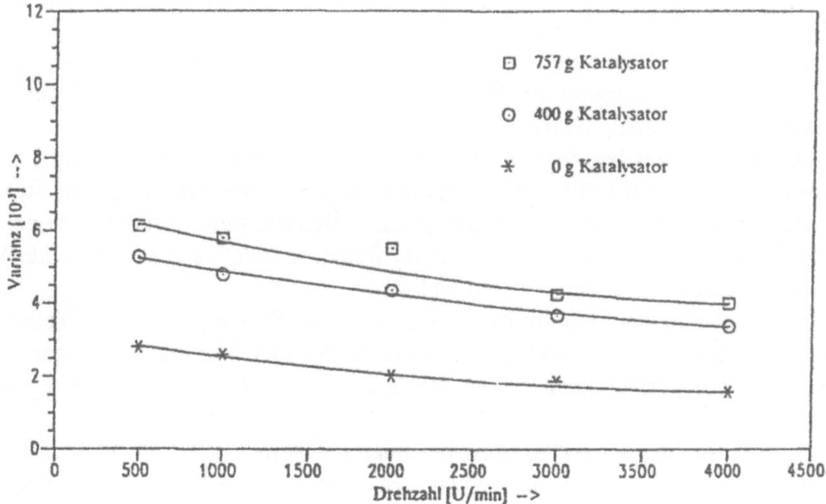

Abb. 22: Verweilzeitmessung bei Variation der Katalysatoreinwaage

Bereits bei niedrigen Gasdurchsätzen und geringen Strömungswiderständen ist bei den gemessenen Verweilzeitsummenkurve eine deutliche Abweichung zum Verhalten eines idealen Rührkessels zu beobachten. Dieses Verhalten verstärkt sich bei höheren Gasdurchsätzen und Strömungswiderständen.

4.3.9.3
Chemische Umsetzungen im 1L-Kreislaufreaktor

Im Anschluss an die Verweilzeitmessungen konnte der 1L-Reaktor für reaktionstechnische Untersuchungen an der als Modellreaktion ausgewählten Niederdruck-Methanolsynthese verwendet werden.

Versuchsdurchführung. Es wurde ein Versuchsplan festgelegt, bei dem die Einflüsse der Lüfterdrehzahl, der Reaktionstemperatur, des Reaktordrucks und des Wandmaterials von verschiedenen Einsatzzylindern untersucht werden soll. Alle Versuche wurden an einem industriellen, speziell für die Methanolsynthese entwickelten Katalysator mit Synthesegas der Zusammensetzung 49,5 vol % CO, 49,5 vol % H_2 und 1 vol % CO_2 durchgeführt. Mit 100 g Katalysatoreinwaage ist das Festbett nur zu ca. 1/8 gefüllt. Einerseits ist damit der Strömungswiderstand der Schüttung klein. Andererseits ist der Reaktions-Fortschritt durch die geringe Katalysatormenge langsam und besser zu beobachten.

Der inaktiv eingefüllte Katalysator muss vor Beginn der Versuche in einen definierten Aktivitätszustand gebracht werden. Dazu wird der Reaktor bei geringem Überdruck und verschiedenen Temperaturstufen von einem leicht reduzierenden Gas durchströmt. Die an den Katalysatorpellets entstehende Reaktionswärme muss durch eine ausreichende Durchströmung der Schüttung abgeführt werden, um lokale Überhitzungen und damit eine Verringerung der aktiven Katalysatoroberfläche durch Sintern zu verhindern. Aufgrund der Ergebnisse thermogravimetrischer Untersuchungen des verwendeten Katalysators wurde das Temperaturprogramm für die Aktivierung festgelegt. Der Reduktionsvorgang wird bei 180° C begonnen; durch langsame Erhöhung der Temperatur auf 240 °C erhält der Katalysator seine maximale Aktivität.

Das Reduziergas besteht aus einer Mischung von 95 vol % Argon und 5 vol % Wasserstoff und wird mit einem Volumenstrom von 500 ml/min in den Reaktor geleitet. Gegenüber einer atmosphärischen Betriebsweise erhöht der geringe Überdruck von 5 bar die Verweilzeit im Reaktor, sodass die reduzierende Wirkung des Gases besser genutzt werden kann.

Zur Kontrolle des Reduktionsvorgangs wird der Wassergehalt eines Teilstroms des den Reaktor verlassenden Gases in einem Wärmeleitfähigkeitsdetektor analysiert. Die Temperatur kann erhöht werden, sobald kein Wasser mehr registriert wird.

Nach Abschluss der Aktivierung bei einer Temperatur von 240 °C ist darauf zu achten, dass keine Luft an den reduzierten Katalysator gelangt. Eine Inertgasfüllung mit geringem Überdruck verhindert eine Inaktivierung durch Eindringen von Luft über Undichtigkeiten an Rohrleitungen und Reaktor. Die endgültige Aktivierung des Katalysators erfolgt während des Betriebs durch das Synthesegas.

Bei den ersten reaktionstechnischen Versuchen wurde der Reaktor diskontinuierlich betrieben. Durch gaschromatorgraphische Analysen wurde der zeitliche Konzentrationsverlauf des Produktgases ermittelt. Bedingt durch die Analysenzeit eines vollständigen Gaschromatogramms kann nur alle 35 min eine Probennahme erfolgen. Damit eine ausreichende Dichte an Messpunkten – insbesondere im Anfangsbereich des Versuchs – sichergestellt ist, muss jeder Versuch bei gleichen Prozessbedingungen mehrfach durchgeführt werden.

Bei der Methanolsynthese handelt es sich um nicht-molzahlbeständige Reaktionen, sodass mit steigendem Umsatz der Reaktordruck abnimmt. Diese Druckdifferenz wird durch neu zugeführtes Synthesegas ausgeglichen. Der in der Gszuleitung befindliche Flaschendruckminderer hält den Reaktordruck konstant.

Einfluss der Rührerdrehzahl. Alle Versuche wurden mit Rührerdrehzahlen von 2000 und 3500 U/min durchgeführt, um ergänzend zu den Messungen am offenen Reaktor und den Verweilzeitverteilungsmessungen eine Aussage über die Leistungsfähigkeit des verwendeten Lüfters zu erhalten.Stellvertretend für die durchgeführten Versuche soll im Folgenden die Synthese bei 320° C Prozesstemperatur, 24 bar Überdruck und einem Einsatzzylinder aus Stahl St-37 betrachtet werden. In Abb. 23 sind die zeitlichen Konzentrationsverläufe von Methanol und Ethanol für beide Drehzahlen dargestellt.

Ein Vergleich der Kurven zeigt vor allem im Anfangsbereich starke Unterschiede. 5 min nach Versuchsbeginn liegt die Methanol-Konzentration bei einer Drehzahl von 3500 min^{-1} nahe der Gleichgewichtskonzentration der Hauptreaktion (0.92 mol %). Bei 2000 min^{-1} und gleicher Versuchsdauer ist die Abweichung vom Gleichgewichtswert wesentlich größer. Daraus ist ersichtlich, dass bei der niedrigeren Rührerdrehzahl die Gasumwälzung nicht ausreicht. Der Stofftransport in der Katalysatorschüttung wird durch Diffusion behindert und es ergeben sich niedrigere Reaktionsgeschwindigkeiten.

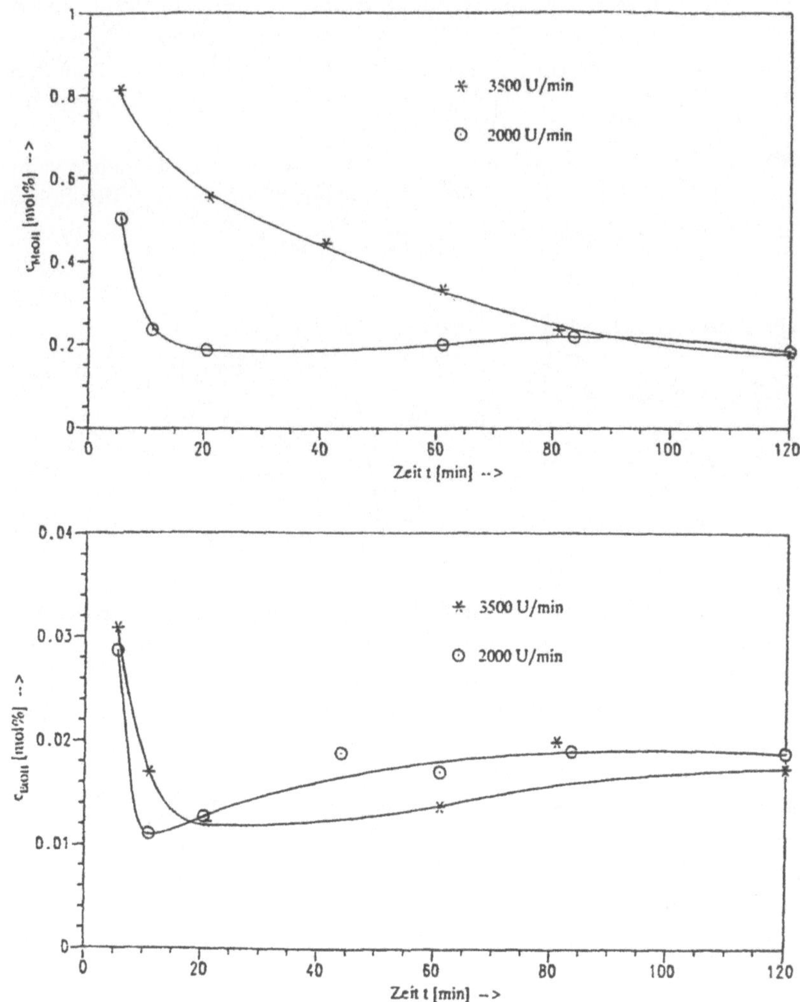

Abb. 23: Konzentrationsverläufe von Methanol und Ethanol, 24 bar, 320 °C, Einsatz St-37

Durch Folgereaktionen wird das über die Hauptreaktion gebildete Methanol wieder verbraucht. Bei beiden Drehzahlen fällt mit zunehmender Versuchsdauer die Methanolkonzentration auf einen konstanten Wert ab, der sich aus dem simultanen Gleichgewicht aller Reaktionen ergibt.

Die Konzentrationsverläufe von Ethanol zeigen einen ähnlichen Verlauf. Bei beiden Drehzahlen steigen die Kurven zu Versuchsbeginn steil an, um anschließend auf einen Grenzwert abzufallen. Der Einfluss der Rührerdrehzahl ist erwartungsgemäß nicht so stark wie beim Methanol, da es sich hier um eine Nebenreaktion handelt.

Die aus den Konzentrationsverläufen von Methanol abzuleitenden Reaktionsgeschwindigkeiten zeigen deutlich, dass bei einer Drehzahl von 2000 min^{-1} die Gaszirkulation auf keinen Fall ausreichend ist.

Einfluss der Reaktionstemperatur. Die Versuche wurden bei Prozesstemperaturen von 280° C und 320° C durchgeführt. Während eine Temperatur von 280° C im üblichen Parameter-Bereich technischer Methanolsynthesen liegt und durch Untersuchungen von Rickert (1986) als sinnvoll bestätigt wird, wird durch Versuche bei 320° C der Einfluss von hohen Temperaturen auf die Synthese und den Reaktor untersucht.

In Tabelle 2 sind die für die Hauptreaktion berechneten Gleichgewichtskonzentrationen von Methanol bei den untersuchten Temperaturen, Reaktordrücken und dem verwendeten Synthesegas aufgestellt:

Tabelle 2: Gleichgewichtskonzentrationen von Methanol in mol%

Methanolkonzentration [mol%]	Druck [bar]	
	24	28
Temperatur [° C]		
280	3,52	4,76
320	0,92	1,24

Es ist ein starker Temperatureinfluss auf das errechnete Gleichgewicht zu erkennen. Die maximal erreichbare Konzentration von Methanol reduziert sich durch die Temperaturerhöhung von 280° C auf 320° C bei konstantem Druck auf ca. ¼. Aus diesem Grund ist ein technischer Betrieb bei 320° C nicht sinnvoll; die Versuche bei dieser Temperatur dienen somit hauptsächlich der Untersuchung des Reaktorverhaltens unter thermischer Belastung.

Abbildung 24 zeigt die Konzentrationsverläufe von Methanol für Prozesstemperaturen von 280° C und 320° C bei 28 bar, einer Rührerdrehzahl von 3500 U/min unter Verwendung eines Einsatzzylinders aus Stahl St-37.

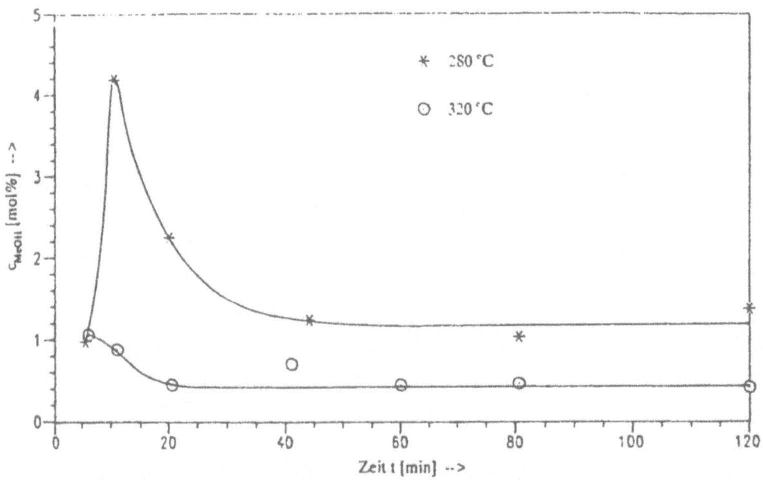

Abb. 24: Konzentrationsverläufe von Methanol bei 28 bar, 3500 U/min, Einsatz St-37

Bei einer Reaktortemperatur von 280° C steigt die Methanolkonzentration innerhalb der ersten 10 min bis knapp unter den in Tabelle 1 angegebenen Gleichgewichtswert steil an. Anschließend fällt die Konzentration durch Folgereaktionen schnell auf einen konstanten Wert ab, der druch das simultane Gleichgewicht aller Reaktionen bestimmt wird.

Bei einer Prozesstemperatur von 320° C ist die Reaktionsgeschwindigkeit wesentlich größer als bei 280° C. Aus diesem Grund wird die Gleichgewichtskonzentration der Hauptreaktion schneller erreicht. Bereits vor der ersten Probennahme wurde die Maximalkonzentration erreicht, und es kann nur noch eine Abnahme in Richtung des Simultangleichgewichts beobachtet werden.

Bei einer Temperatur von 280° C wurde eine maximale Reaktionsgeschwindigkeit von $1{,}33 \cdot 10^{-3}$ mol/kg $\cdot$ s erreicht. Messungen von Rickert (1986) bestätigen diesen Wert. Am gleichen Katalysator wurden Reaktionsgeschwindigkeiten zwischen 1.0 und $4.0 \cdot 10^{-3}$ mol/kg $\cdot$ s gemessen. Die große Reaktionsgeschwindigkeit bei 320° C bedeutet für eine technische Anwendung keinen Vorteil, da die maximal erreichbare Methanolkonzentration zu niedrig ist.

Einfluss des Reaktordrucks. Neben der Temperatur ist der Reaktordruck eine entscheidende Prozessgröße für die Methanolsynthese. Eine Druckerhöhung vergrößert die erreichbare Gleichgewichtskonzentration von Methanol, da bei der Hauptreaktion die Molzahl der Produkte niedriger als die der Edukte ist. Dieser Effekt ist in Tabelle 2 deutlich zu erkennen. Die Konzentrations-Zeit-Verläufe von Methanol bei Reaktor-Überdrücken von 24 und 28 bar zeigt Abb. 25. Die Versuche wurden mit einer Prozesstemperatur von 280° C und einer Gebläsedrehzahl von 3500 U/min durchgeführt, es wurde ein Einsatzzylinder aus Aluminium verwendet (vgl. Abschnitt 4.3.9.3).

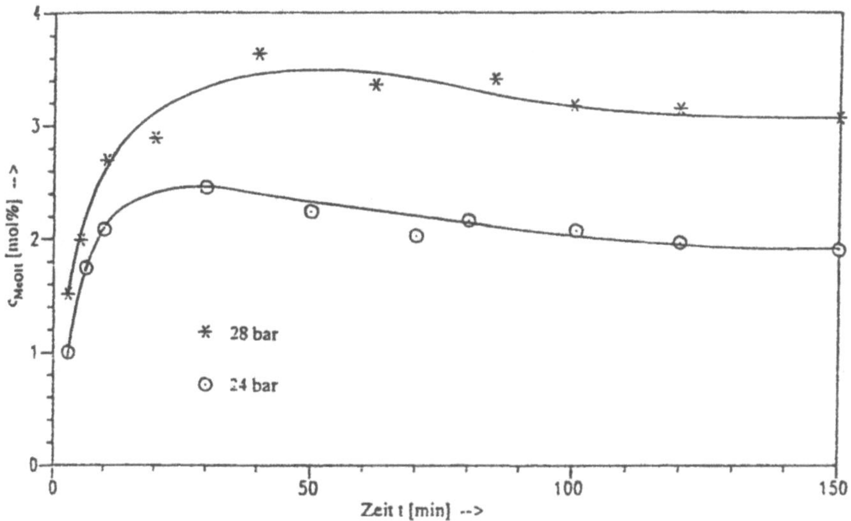

Abb. 25: Konzentrationsverläufe von Methanol bei 280 °C, 3500 U/min, Einsatz Aluminium

Beide Kurven zeigen nach Versuchsbeginn einen raschen Anstieg der Methanolkonzentration und erreichen zwischen 30 und 40 min ein Maximum unterhalb der Gleichgewichtskonzentration der Hauptreaktion. Im weiteren Verlauf wird der Einfluss von Folgereaktionen auf die Methanolkonzentration größer, die Konzentration nimmt wieder ab, und es stellt sich durch das simultane Gleichgewicht aller Reaktionen eine konstante Konzentration ein. Die Kurven bei 24 und 28 bar Überdruck zeigen den gleichen Verlauf, sie unterscheiden sich nur in der Höhe der Methanolkonzentrationen.

Einfluss verschiedener Wandmaterialien. Bei Versuchen mit Einsatzzylindern aus Kupfer, Stahl St-37 und Aluminium konnte kein merklicher Einfluss des Wandmaterials auf die Produktzusammensetzung der untersuchten Niederdruck-Methanolsynthese beobachtet werden. Dieses entspricht den Erwartungen, da die vom Reaktionsgas berührte Oberfläche des Einsatzzylinders klein gegenüber der aktiven Oberfläche des Katalysators ist. Bei einer Katalysatormenge von 100 g beträgt das Verhältnis ca. 1 : 100.000. Der Einfluss des Wandmaterials auf Parallelreaktionen, wie zum Beispiel der Fischer-Tropsch-Synthese von niedrigen Alkanen konnte mit dem verwendeten Gaschromatographen nicht untersucht werden.

Ergänzend zu den Synthese-Versuchen wurden Probenstücke von allen drei verwendeten Wandmaterialien längere Zeit mit flüssigem Methanol in Kontakt gebracht. Während Kupfer und Stahl St-37 keine Verändrung zeigten, wurde beim Aluminium die Oberfläche stark angegriffen. Es bildeten sich dunkle Stellen aus Aluminat, die sich mit der Zeit von der Oberfläche ablösten. Diese Veränderungen wurden nach den Syntheseversuchen in geringerem Umfang auch am Aluminium-Einsatzzylinder beobachtet. Aufgrund dieses Effekts scheidet Aluminium als Reaktorwandmaterial bei der Methanolsynthese aus.

Folgerungen für den Bau größerer Reaktoren. Aufgrund der großen Wärmekapazität des massiven Reaktorgehäuses ergeben sich Schwierigkeiten bei der Temperaturregelung des Reaktorinnenraums. Die große Trägheit verhindert einen schnellen Temperaturausgleich, z.B. beim Abführen der Reaktionswärme.

Die Voruntersuchungen und der Betrieb des 1L-Reaktors unter Reaktionsbedingungen lassen erkennen, dass die Sicherstellung einer ausreichenden Gaszirkulation verbunden mit einem funktionssicheren Gebläseantrieb das Hauptproblem darstellt. Die Verweilzeitmessungen zeigen, dass das verwendete Gebläse insbesondere bei höheren Gasdurchsätzen kein ausreichendes Kreislaufverhältnis erzeugt.

Nach Abschluss jeder Versuchsreihe wurde beim Öffnen des Reaktordeckels im Totraum zwischen Deckel und oberer Keramikauskleidung eine größere Menge von Ruß gefunden. Beim Versuchsbetrieb in diesen Totraum gelangte Reaktionsgase nehmen an der Zirkulation im Reaktorinnern nicht mehr teil. Die sehr große Verweilzeit dort begünstigt Zersetzungsreaktionen, bei denen Kohlenstoff und damit Ruß gebildet wird. Um diese unerwünschte Rußbildung zu verringern, muss der Totraum z.B. durch eingelegte Keramikstücke verkleinert werden.

Literatur zu Kapitel 4.3

AD-Merkblätter (1989) Taschenbuch-Ausgabe, Carl Heymanns Verlag, Köln

Arbeitsbericht 1988-1989-1990 des SFB 180 (1990), Technische Universität Clausthal

Asinger F (1986) Methanol Chemie- und Energierohstoff. Die Mobilisation der Kohle. Springer, Berlin, Heidelberg

Beitz W, Küttner H-J (1986) Dubbel Taschenbuch für den Maschinenbau. Springer-Verlag, Berlin, 15. Auflage

Berty J (1974) Reactor Vapor-Phrase Catalytic Studies. Chem. Eng. Prog. 70: 78-84

Carberry JC (1976) Chemical and Catalytic Reaction Engineering. McGraw-Hill, New York

Eckhardt C (1992) Baureihen-Baukastenentwicklung eines gradientenfreien Kreislaufreaktors mit einem Katalysatorvolumen von $0,01m^3$ bis $1,0m^3$. unveröffentlichte Studienarbeit, Institut für Maschinenwesen, Technische Universität Clausthal

Gärtner P (1992) Entwicklung und Konstruktion eines Wärmetauscherkonzepts für Kreislaufreaktoren. unveröffentlichte Studienarbeit, Institut für Maschinenwesen, TU Clausthal, 1992

Hertwig K (1987) Prozesskinetik. In: Weiß S (Hrsg) Verfahrenstechnische Berechnungsmethoden Teil 5 Chemische Reaktoren. VCH, Weinheim

Hoffmann U, Kunz U (1998) Skript zur Vorlesung Heterogenkatalytische Gas-Feststoffreaktionen. Druck Papierflieger, Clausthal-Zellerfeld

Kießling T (1993) Einsatz eines satzbetriebenen Kreislaufreaktors zur Untersuchung des Einflusses von Kohlendioxid auf die Methanolsynthese. Dissertation, Technische Universität Clausthal

Kießling T et al. (1993a) Einsatzmöglichkeiten von Kreislaufreaktoren mit größerem Volumen. Chem.-Ing.-Tech. 65: 190-192

Kratzsch A (1991) Ein Beitrag zur methodischen Konstruktion von Kreislaufreaktoren für heterogenkatalytische Gas-Feststoffumsetzungen und deren Gasumwälzeinrichtungen, Dissertation, Institut für Maschinenwesen, Technische Universität Clausthal

Küchen C (1991) Reaktionstechnische Untersuchungen zur simultanen Umsetzung von Kohlenmonoxid und Kohlendioxid mit Wasserstoff. Dissertation, Technische Universität Clausthal

Lee S (1990) Methanol Synthesis Technology. CRC Press, Boca Raton

Leuschner G (1967) Kleines Pumpenhandbuch für Chemie und Technik. Verlag Chemie, Weinheim/B.

Littman H et al. (1968) Gas-Particle Heat Transfer Coefficients in packed Beds at low Reynolds-Numbers. Ind. Eng. Chem. Fundamentals 7: 554-561

Mahony JA (1974) The Use of a Gradientless Reactor in Petroleum Reaction Engineering Studies. Journal of Catalysis 32:247-253

Mears DE (1971) Tests for Transport Limitations in Experimental Catalytic Reactors. Ind. Eng. Chem. Process Des. Develop. 10:541-547

Pahl G, Beitz W(1977) Konstruktionslehre. Springer-Verlag, Berlin

Rickert T (1986) Reaktionstechnische Untersuchungen von Synthesegasreaktionen an technischen Katalysatoren für die Methanolsynthese. Dissertation, Technische Universität Clausthal

Thomas JM, Thomas, WJ (1997) Principles of Heterogeneous Catalysis. VCH, Weinheim New York Basel Cambridge Tokyo

4.4
Polymermodifizierung in einer Schwingmühle

A. Frendel, G. Janke, G. Schmidt-Naake

4.4.1
Einleitung

Die gezielte Veränderung von Polymereigenschaften zur Erweiterung der Anwendungsmöglichkeiten ist eines der intensiv untersuchten Gebiete der Polymerforschung. Neben der Synthese neuer Polymere ist die Modifizierung von Standardpolymeren immer mehr in den Mittelpunkt des Interesses gerückt. Diese Modifizierungen können in Lösung oder in dispergierter Form durchgeführt werden. Nachteilig ist hierbei die geringe Polymerkonzentration (10 bis 40 Ma %) und somit die daraus resultierende geringe Reaktionsgeschwindigkeit sowie die anschließende notwendige Entfernung der Lösungsmittel und der zusätzlichen Hilfsstoffe.

Alternative Technologien zur lösungsmittelfreien Modifizierung von Polymeren und ihrer Blends sind die reaktive Extrusion und tribochemische Reaktionen. Unter reaktiver Extrusion versteht man Umsetzungen in der Schmelze, und mit tribochemischen Reaktionen werden Reaktionen am Festkörper, die durch Einwirkung mechanischer Energie hervorgerufen werden, bezeichnet. Es sind nur wenige systematische Untersuchungen über mechanochemisch induzierte Polymermodifizierungen am Feststoff und Feststoffpolymerisationen bekannt. Der vorliegende Beitrag soll diese Lücke etwas verkleinern. Hoher mechanischer Energieeintrag ermöglicht die homolytische Spaltung von C-C-Bindungen. Daraus ergeben sich mehrere Arbeitsbereiche:

- Untersuchung des Abbauverhaltens der Polymerketten
- Untersuchungen zur Feststoffpolymerisation
- Synthese von Block- und Pfropfcopolymeren

4.4.2
Reaktor

Als Reaktor steht eine vom Institut für Maschinenwesen der TU Clausthal entworfene und gebaute hochbeschleunigende Schwingmühle zur Verfügung. Abb. 1 zeigt die Prinzipskizze der Schwingmühle. Wie daraus erkennbar ist, wird die Unwuchtwelle vom Asynchronmotor über eine Gleichlaufgelenkwelle ohne Zwischenschaltung eines Getriebes direkt angetrieben. Der großzügig dimensionierte Umrichter ermöglicht Drehzahlen von 0 bis 6000 min^{-1}. Die Unwuchtwelle ist in zwei Lagersteinen mittels einstellbaren Schrägkugellagern gelagert. Diese Lagersteine sind von jeweils vier unter Vorspannung eingebauten Schraubendruckfedern gegen einen geschlossenen Stahlprofilrahmen abgestützt.

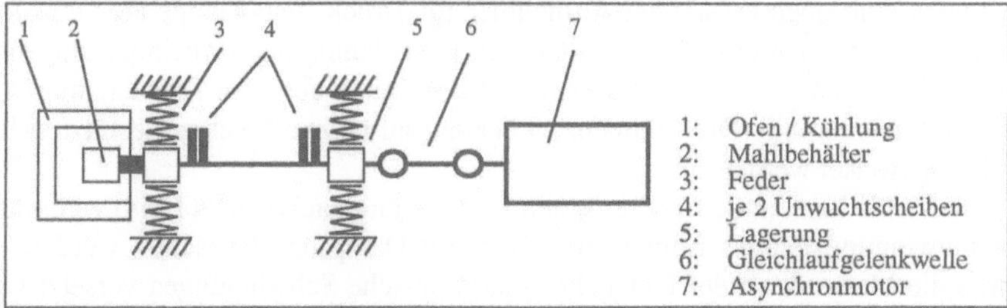

Abb. 1: Prinzipskizze der Polymermühle

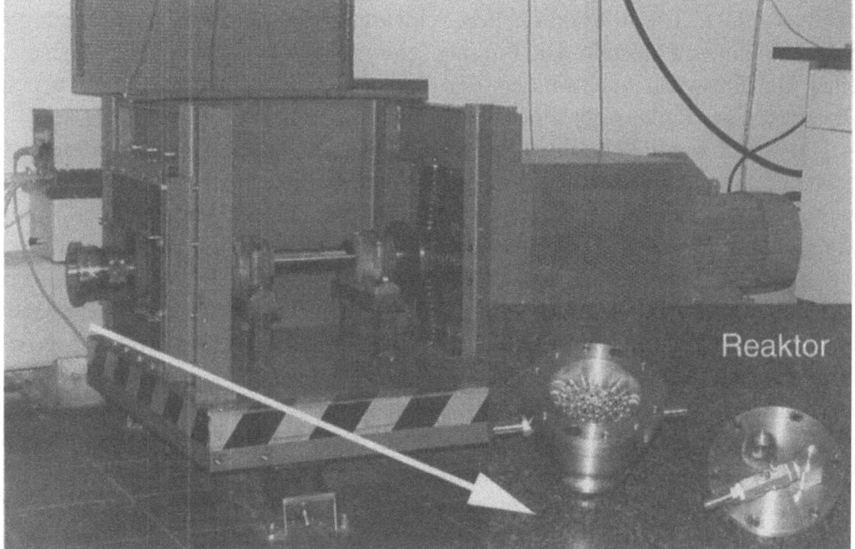

Abb. 2: Gesamtansicht der Mühle

Auf der Unwuchtwelle befinden sich neben den Lagerstellen jeweils zwei Un-wuchtscheiben. Die äußeren sind fest mit der Welle verschraubt, während sich die inneren Unwuchtscheiben in acht verschiedenen Stellungen zur Erzeugung unter-schiedlicher Unwuchtradien verstellen lassen. An dem dem Motor gegenüber gelegenen Lagerstein ist ein Halter angebaut, der den Mahlbehälter aufnimmt. Der Mahlbehälter ragt aus dem Bereich der Mühlenmechanik hervor, was den Aus- und Einbau einfach gestaltet.

Bei dem aus Edelstahl gefertigten Mahlbehälter handelt es sich um einen Doppelmantelreaktor mit Zwangsführung der Temperierflüssigkeit. Er stellt eine Weiterentwicklung gegenüber der Ersten, in der Abb. 2 erkennbaren Ausführung dar und ist im Hinblick auf eine leichte Reinigung und Auswechselbarkeit des Innenbehälters gestaltet. Im Deckel befindet sich eine Aufnahme für einen kombinierten Druck/Temperaturaufnehmer.

Neben dem oben erwähnten Aufnehmer für Druck- und Temperatur im Mahlraum ist im Bereich des Mahlbehälters ein Beschleunigungsaufnehmer eingebaut. Diese Messsignale können zusammen mit den Daten aus dem Frequenzumrichter der Motorsteuerung (Drehfrequenz, Leistungsaufnahme) rechnergestützt erfasst und ausgewertet werden.

Die Mühle kann in der theoretischen Betrachtung nach Höffl (1988) vereinfacht als schwingungsfähiges Einmassensystem mit Dämpfung betrachtet werden, das durch die Massenkraft der Unwucht in harmonische Schwingungen versetzt wird. Für den Reaktorbehälter ergibt sich eine Kreisschwingung. Zur Beschreibung der Bewegung der Kugelfüllung wurde von Bock (1998) ein neues Modell entwickelt. Das traditionelle von Bachmann (1940) publizierte Modell behandelt die Füllung als einen vollständig plastischen Körper, der sich in einer horizontalen Ebene befindet, die kreisförmig schwingt. Die Kugelfüllung prallt nur mit dem Behälterboden zusammen. Die in traditionellen Schwingmühlen beobachtete Bewegung der Kugelfüllung ist Folgende: Die Füllung schwingt und kreist langsam, wobei sie an einer Behälterwand hochwandert und die oberen Kugeln über die so geneigte Oberfläche der Füllung abrollen.

Hochgeschwindigkeitsfilmaufnahmen an der neu entwickelten hochbeschleunigenden Schwingmühle haben gezeigt, dass die Füllung bei jeder Schwingung ein wenig von der Behälterwand abgehoben wird und langsam entgegen der Mühlendrehrichtung rotiert. Die Füllung wird also periodisch von der Wandung abgeworfen und bewegt sich eine gewisse Zeit lang frei im Raum. Hierbei vergrößern sich die Mahlkörperabstände, die Füllung lockert sich. Beim nächsten Zusammentreffen mit der Wand verringern sich diese Abstände wieder, es tritt eine sog. Konsolidierung ein, dann werden die Mahlkörper wieder von der Wand abgeworfen. Durch dieses Wechselspiel von Aufweitung und Konsolidierung der Kugelfüllung wird eine effektive Mahlung herbeigeführt. Bei größeren Füllgraden und hohen Erregerfrequenzen kann die Mühlenfüllung auch den oberen Wandungsbereich treffen und wird von dort heruntergeschleudert. Die Kugelfüllung führt also pro Schwingung zwei Stöße mit der Behälterwand aus, Zerkleinerung und Durchmischung des Mahlgutes werden so sprunghaft erhöht. Bock (1998) konnte unter Benutzung verschiedener Annahmen die Bewegung der Mahlkörperfüllung dieser Mühle modellieren. In Tabelle 1 sind die wichtigsten Einflussgrößen der Schwingmahlung zusammengestellt.

Zur Charakterisierung der in dieser Arbeit benutzten Mühle werden die Amplitude und die Beschleunigung am Mahlbehälter als Funktion der (Motor-) Speisefrequenz und der Unwuchtstellung bestimmt. Die Amplitude wird direkt am Mahlbehälter optisch bestimmt. Wie aus Abb. 3 ersichtlich, ist die Amplitude in weiten Bereichen nahezu unabhängig von der Speisefrequenz. Bei geringer Drehzahl befindet sich das schwingende Feder-Masse-System in der Nähe seiner ersten Eigenresonanz, wodurch die wachsende Amplitude erklärt werden kann.

Die Messung der am Reaktor wirkenden Beschleunigung erfolgt mittels eines Quarzkristallbeschleunigungsaufnehmers. Der Aufnehmer befindet sich am reaktorseitigen Kugellagergehäuse im 45°-Winkel zu den Schraubendruckfedern der Wellenaufhängung. Da der Reaktor eine kreisförmige Schwingung ausführt, liefert

Tabelle 1: Parameter einer Schwingmahlung

Parameter	Möglichkeiten / Auswirkungen
geometr. Abmessungen	durch die Bauform festgelegt, wichtig: Mahlraumdurchmesser
Kugelgröße	größere Mahlkörper zerkleinern schneller
	kleinere Kugelgrößen erzeugen feinere Produkte
Kugelfüllgrad	Optimum zwischen freier Weglänge und ausreichender Mahlkörpermasse
Mahlgutfüllverhältnis	hohes Mahlgutfüllverhältnis führt zu gröberem Produkt
Amplitude	vorgegeben durch Unwucht und Schwingfrequenz
	hohe Amplituden bewirken bessere Zerkleinerung
Schwingfrequenz	höhere Schwingfrequenz bewirkt bessere Zerkleinerung
Schwingungsform	linear, kreisförmig oder elliptisch
Beschleunigung	ergibt sich aus Amplitude und Schwingfrequenz
	hohe Beschleunigung führt zu guten Zerkleinerungsergebnissen
Medium	zunehmende Dichte des Mediums erfordert höheren Energieeintrag; Flüssigkeiten verhindern eine Agglomeration und führen zu feinerem Produkt
Mahldauer, Verweilzeit	längere Mahldauer erzeugt feineres Produkt; nicht jede Feinheit ist über eine verlängerte Mahldauer erreichbar
Edukt	vorgegeben; evtl. Klassierung zum Erzeugen unterschiedlicher Partikelgrößenfraktionen sinnvoll
Temperatur	niedrige Temperaturen vorteilhaft, Abfuhr der z. T. erheblichen Wärmemengen notwendig

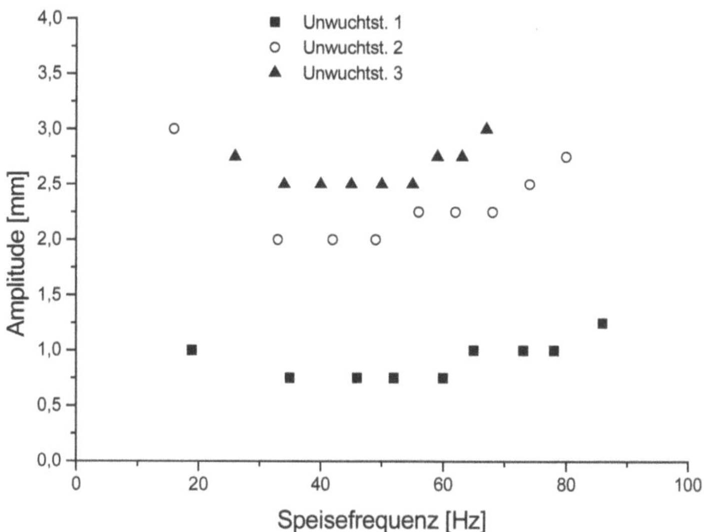

Abb. 3: Amplitude in Abhängigkeit von der Speisefrequenz und der Unwuchtstellung

der Beschleunigungsaufnehmer ein sinusförmiges Messsignal, aus dem die Beschleunigung und die tatsächliche Wellendrehzahl berechnet wird. Die Beschleunigung wird als Vielfaches der Erdbeschleunigung (g*) angegeben.

In Abb. 4 ist die Abhängigkeit der Beschleunigung am Reaktor von der Speisefrequenz und der Unwuchtstellung dargestellt. Bei Speisefrequenzen unter 15 Hz befindet sich das schwingende System in der Nähe seiner ersten Eigenresonanz, sodass eine Messung nicht möglich ist. Die Beschleunigung wächst mit der Speisefrequenz und der Unwuchtstellung und erreicht einen Maximalwert von 84-facher Erdbeschleunigung bei 97 Hz Speisefrequenz. Messungen bei größeren Unwuchtstellungen sind auf Grund von Resonanzschwingungen des Systems nicht möglich.

Es wurden Berechnungen zum theoretischen Amplitudengang und Beschleunigungsverlauf an einem vergleichbaren Mühlenmodell durchgeführt. Die Berechnungen lassen sich auf Grund der Symmetrie der Konstruktion auf die hier verwendete Mühle qualitativ übertragen. Beide Mühlen unterscheiden sich in der schwingenden Masse und den Federkennwerten, sodass eine Übertragung der absoluten Werte nicht möglich ist. Sowohl der Verlauf der Amplitude als auch der Beschleunigungsverlauf entsprechen qualitativ den Modellberechnungen eines Ein-Massen-Schwingers.

Die beim Mahlprozess durch die Mahlkörper in den Reaktor eingebrachte kinetische Energie wird nur zum Teil zur Zerkleinerung des Mahlgutes aufgewendet. Der Rest wird in Wärmeenergie umgewandelt, die abgeführt werden muss, soll die Temperatur des Reaktors und des Mahlgutes konstant gehalten werden.

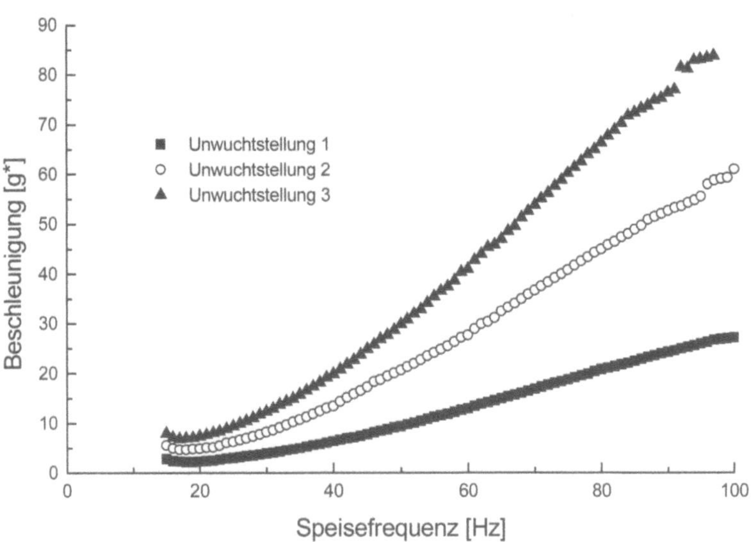

Abb. 4: Beschleunigung in Abhängigkeit der Speisefrequenz und der Unwuchtstellung

Zur Abschätzung des Energieeintrags in den Mahlraum bietet sich eine kalorimetrische Messung an. Der Reaktorbehälter wird isoliert und die Temperaturerhöhung während der Mahldauer mittels eines Ni/CrNi-Thermoelements gemessen und aufgezeichnet. Mit der Masse und der Wärmekapazität von Reaktorbehälter und Kugelfüllung ergibt sich die geflossene Wärmemenge bzw. die Wärmeleistung. Aus der Temperaturkurve bei Abkühlung des Reaktorbehälters wird eine mittlere Verlustleistung bestimmt und die gemessene Wärmeleistung entsprechend korrigiert. Der Energieeintrag in Abhängigkeit von der Beschleunigung (als Vielfaches der Erdbeschleunigung; Kugelfüllgrad 80 %, Kugeldurchmesser 5 mm) ist in Tabelle 2 dargestellt.

Die bestimmten Werte der Wärmeleistung können als untere Grenze für die tatsächlich eingetragene Energie gelten. Zusätzliche Energie, die bei Formänderung (Erzeugung neuer Oberfläche) und zur mechanochemischen Spaltung der Hauptkette benötigt wird, ist dabei nicht berücksichtigt.

Tabelle 2: Wärmeleistung in Abhängigkeit von der Beschleunigung

Beschleunigung [g*]	Wärmeleistung [W]
40	49
50	56
60	72

4.4.3
Mechanochemischer Polymerabbau

Durch gezielten Molmassenabbau können die Polymereigenschaften wesentlich modifiziert werden. Großer Vorteil des mechanochemischen Molmassenabbaus sind die Lösungsmittelfreiheit und hohe Umsätze von nahezu 100 %. Grundvoraussetzung ist das Vorliegen eines Festkörpers, der durch Bruchvorgänge zerkleinert werden kann. Gegenüber spröden anorganischen Modellsubstanzen, wie z.B. Quarz oder Kalkstein, ist die nötige Beanspruchungsintensität ungleich höher. Persson (1999) gibt an, dass für spröde anorganische Stoffe die Bruchenergie ungefähr mit der Zunahme der Oberflächenenergie korrespondiert, für spröde Polymere ist jedoch eine 1000-fach höhere Bruchenergie nötig. Im Bereich der Rissspitze werden die Polymerketten, abhängig von der Geschwindigkeit der Rissspitze und der Kettenlänge, entweder aus der umgebenden Matrix herausgezogen, oder es kommt zum Bruch der Hauptkette.

Für den Polymerabbau ergeben sich damit drei Forderungen:

- genügend hohe Energie der Mahlwerkzeuge,
- ausreichend feine Partikelgrößenverteilung des Edukts,
- gute Wärmeabfuhr.

Durch den Einsatz der hochbeschleunigenden Schwingmühle und die Variationsbreite der Beschleunigung können Versuchszeiten, die in herkömmlichen Schwingmühlen oft Tage betrugen, auf zwei Stunden reduziert werden. Nach den Parameterstudien konnte ein „Standardversuch" definiert werden, der gute Abbauergebnisse mit gleichzeitig großer Standzeit von Reaktorbehälter und Wellenlagern gewährleistet:

– Kugelfüllgrad: $\qquad \varphi_K = 80\ \%$, mit $\varphi_K = \dfrac{m_K}{(1-\varepsilon)\rho_K V_R}$

– Füllverhältnis: $\qquad \varphi_G = 0{,}5\ \%$, mit $\varphi_G = \dfrac{m_G}{m_K}$

– Reaktortemperatur: $\quad \vartheta = -8\ °C$
– Mahlkugeldurchmesser: $d_K = 7$ mm
– Beschleunigung: $\qquad a = 40$ g*, (als Vielfaches der Erdbeschleunigung; bei einer Drehzahl von 3820 min^{-1}, dies entspricht einer Speisefrequenz von $f = 64$ s^{-1} und einer Amplitude von $A = 2{,}8$ mm)

Durch die verschiedenen einstellbaren Parameter lässt sich ein Kunststoff gezielt zu definierten Molmassenverteilungen abbauen. Wichtigste experimentelle Information bei der Verfolgung des mechanochemischen Abbaus ist die Ermittlung von Molmassenverteilungskurven mittels Gelpermeationschromatographie (GPC).

Eine weitere Möglichkeit der Charakterisierung ist die dynamische Rheometrie in der Schmelze. Durch Messung des Betrages der komplexen Viskosität $|\eta^*|$, von Speicher- und Verlustmodul (G' und G'') sowie des Tangens des Verlustwinkel $tan(\delta)$ lassen sich Eigenschaftsveränderungen direkt verfolgen. Die Aussagen über den Polymerabbau sind jedoch nur qualitativ, eine kleinere Viskosität und ein größeres Verlustmodul belegen den Molmassenabbau, auch ohne Kenntnis der Molmassenverteilungen. Die experimentellen Details werden von Janke (2000) näher beschrieben.

4.4.3.1
Kontrollierter mechanischer Molmassenabbau

Der gezielte Molmassenabbau wurde für die Polymere Polystyrol (PS), Polymethylmethacrylat (PMMA), Polyethylen (PE), Polyvinylchlorid (PVC), Poly(styrol-*co*-acrylnitril) (S/AN), Poly(styrol-*co*-methylmethacrylat) (S/MMA) und Poly(styrol-*co*-maleinsäureanhydrid) (S/MSA) bei Variation der Parameter untersucht. Wichtige Ergebnisse sollen zunächst am Beispiel von PS dargestellt werden. Das als Granulat vorliegende PS wird zuerst in einer Schlagmühle zerkleinert, um Partikel unter 1 mm Durchmesser zu erzeugen. Eine direkte Zerkleinerung des Granulats in der Polymermühle ist nicht möglich, da die Granulatgröße im Bereich der verwendeten Kugelgrößen liegt.

Die optische Untersuchung der Proben im Auflichtmikroskop liefert zunächst einen Eindruck vom Zerkleinerungsverhalten in der Schwingmühle, dargestellt ist ein Standardversuch mit 120 min Mahldauer. Das Edukt (Abb. 5) zeigt grobe Partikel mit Bruchflächen, die vermutlich durch Sprödbruch entstanden sind.

Ein typisches Produkt nach 120 min Mahldauer ist in der Abb. 6 dargestellt. Die 200-fache Vergrößerung gibt einen guten Eindruck von der Struktur der Probe, teils sind Partikel einzeln erkennbar, zum großen Teil sind sie aber in Agglomeraten zusammengefasst. Dabei lässt sich nicht entscheiden, ob es sich um lose Aggregate handelt oder die Partikel teilweise miteinander durch Schmelzhaftung verbunden sind. Die kleinsten erkennbaren Einzelpartikel haben einen Durchmesser von 5 µm. Dabei lassen sich keine ausgeprägten Plättchenstrukturen ausmachen, die Partikel scheinen unregelmäßig bis ellipsoid geformt zu sein. Demnach scheint eine plastische Komponente bei der Zerkleinerung, anders als bei Metallpulvern, von untergeordneter Bedeutung zu sein. Die Kunststoffpartikel werden also nicht ausgewalzt, sondern zerfallen nach der Beanspruchung in ein oder mehrere diskrete Partikel. Dieses Verhalten zeigen alle untersuchten Polymere bis auf das Polyethylen.

Bevor auf die Molmassenverteilungen näher eingegangen wird, soll zunächst der Einfluss der Temperatur geklärt werden. Diese Betrachtung ist wichtig, um den mechanochemischen Abbau von einem eventuell stattfindenden thermischen Abbau abzugrenzen. Eine Temperaturmessung direkt im Reaktor, und hier speziell im Wandbereich, wo die stärkste Beanspruchung auftritt, ist nicht möglich. Durch den Wärmeeintrag könnten also Zonen entstehen, in denen die Temperatur für einen thermischer Abbau ausreicht. Mit steigender Reaktortemperatur sollte sich im Falle eines thermischen Abbaus ein insgesamt stärkerer Polymerabbau feststellen lassen.

Abb. 5: PS Edukt

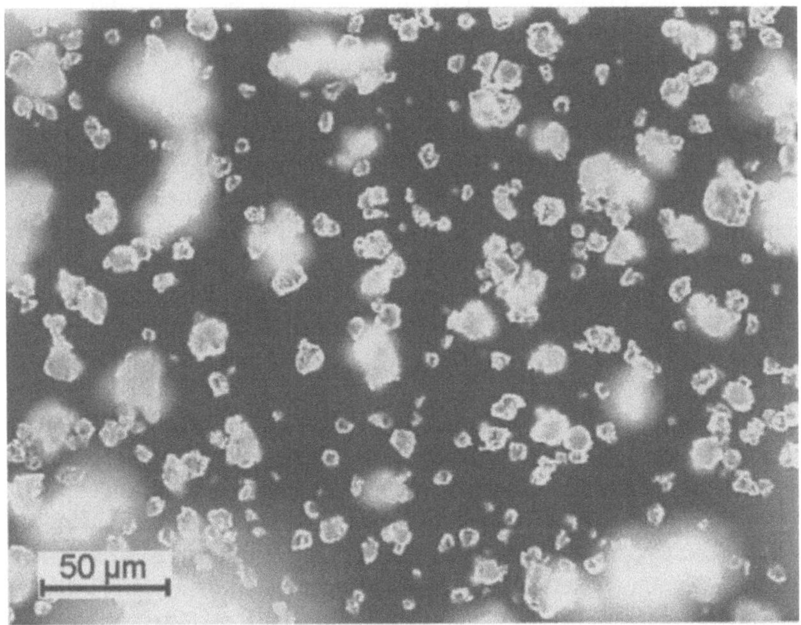

Abb. 6: PS nach 120 min Mahldauer

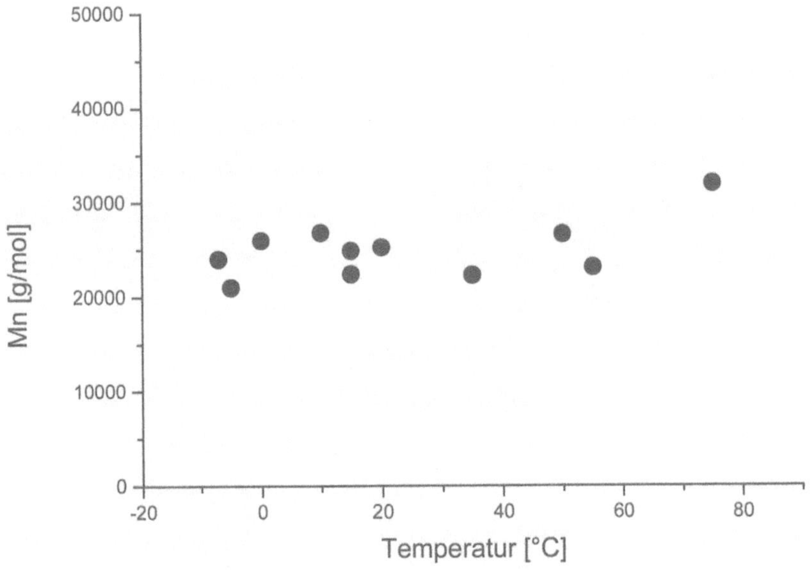

Abb. 7: Temperaturabhängigkeit des Polymerabbaus (PS), Standardversuchsbedingungen, t = 30 min

Für PS, wie in der Abb. 7 zu erkennen ist, lässt sich keine Temperaturabhängigkeit des Molmassenabbaus im Temperaturbereich -10 °C bis 60 °C feststellen. Oberhalb von 60 °C steigt Mn an. In der verwendeten Schwingmühle ist also der mechanochemische Polymerabbau in einem weiten Temperaturintervall dominat.

Die zahlenmittlere Molmasse M_n und die gewichtsmittlere Molmasse M_w werden aus der differentiellen Massenverteilungsfunktion H(M) der GPC-Messung mit der Normierung

$$H(M) \, dM = 1 \tag{1}$$

als charakteristische Mittelwerte einer Molmassenverteilung berechnet. Der Quotient M_w/M_n ergibt die Polydispersität Pd einer Verteilung. Die mittlere Anzahl Z von Kettenbrüchen einer Polymerkette zu einer bestimmten Mahldauer t lässt sich wie folgt ermitteln:

$$Z(t) = \frac{Mn\,(t=0)}{Mn\,(t)} - 1 \tag{2}$$

In Tabelle 3 sind diese Werte für Polystyrol eingetragen (Standardversuch; Parameter: φ_K = 80 %, φ_G = 0,5 %, ϑ = -8 °C, f = 64 s^{-1}, a = 40 g*). Die entsprechenden

Tabelle 3: Mechanochemischer Abbau von Polystyrol

t [min]	Mn [g/mol]	Mw [g/mol]	Pd [-]	Z [-]
0	91 900	199 000	2,2	0
10	51 000	111 300	2,2	0,8
20	34 200	66 700	1,9	1,7
30	26 600	44 200	1,7	2,5
60	16 800	23 000	1,4	4,5
120	12 200	16 600	1,4	6,5

Molmassenverteilungskurven sind in Abb. 8 gezeigt. Mit fortschreitender Mahldauer sinkt die Molmasse stark ab. Im Mittel wurde nach 120 min jede Kette sechs mal gebrochen. Dabei ändert sich auch die Form der Verteilungskurven, sie werden eng verteilter, die Polydispersität erniedrigt sich von 2,2 auf 1,4.

Unter der Bedingung, dass kein Monomer beim mechanochemischen Abbau entsteht, ändert sich die durch die GPC-Messung zeitabhängig erfasste Polymermasse nicht. Mit Hilfe der durchgeführten Normierung und unter Verwendung von äquidistanten Intervallen auf der log M-Achse ist eine Differenzbildung der Verteilungskurven möglich. Die Fläche unter der ermittelten Differenzverteilungskurve zeigt den Anteil der neu entstanden Molmassen. So kann, wie in Abb. 9 veranschaulicht, ein Umsatz (X) bezogen auf das Edukt definiert werden.

Für Polystyrol beträgt er nach 60 min Mahldauer unter Standardversuchsbedingungen bereits 81 %.

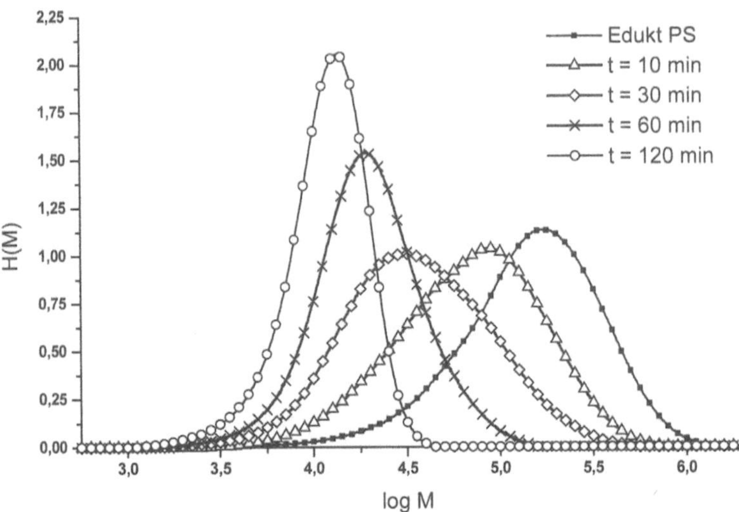

Abb. 8: Molmassenverteilungskurven von Polystyrol, Standardversuch

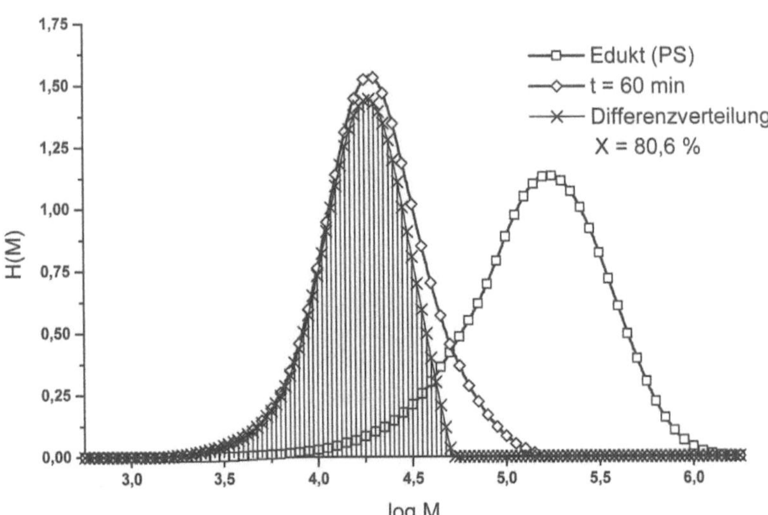

Abb. 9: Umsatzbestimmung aus Molmassenverteilungen am Beispiel PS

In Abb. 10 ist der Umsatz in Abhängigkeit von der Mahldauer dargestellt. Neben der Kurve für Polystyrol sind auch andere, jeweils bei Standardversuchsbedingungen untersuchte, Polymere eingetragen. In Tabelle 4 sind die nach 120 min Mahldauer erreichten Umsätze zusammengefasst.

Die Abbaugeschwindigkeit r wird schrittweise berechnet, d.h. durch Differenzbildung jeweils aufeinander folgender Molmassenverteilungen wird der Umsatz $X(\Delta t)$ im Zeitintervall Δt bestimmt. Aus dem Quotienten $X(\Delta t)/\Delta t$ ergibt sich r. In Abb. 11 ist r über der Mahldauer t beispielhaft für PS und PMMA dargestellt.

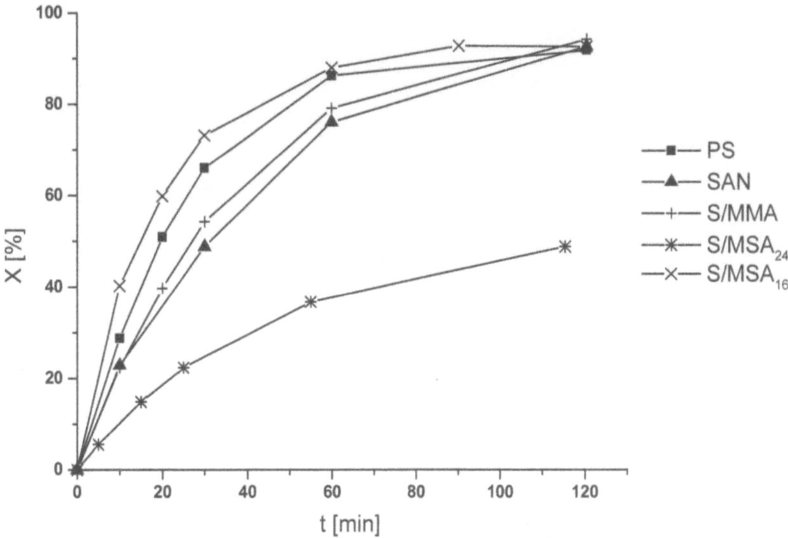

Abb. 10: Umsatz-Zeit-Verhalten von PS und Styrolcopolymeren bei Standardversuchsbedingungen

Tabelle 4: Umsatz nach 120 min Mahldauer, Standardversuchsbedingungen

Polymer	a [g*]	X [%]	Polymer	a [g*]	X [%]
PS	20	61,3	PMMA1	40	96,3
PS	40	91,2	PMMA1	50	97,8
PS	50	94,1	PMMA2	40	94,6
SAN	40	92,6	PMMA2	50	94,7
SAN	50	94,4	PMMA3	40	61,8
S/MMA	40	91,7	PVC	40	75,7
S/MMA	50	95,3	PVC	50	78,9
S/MSA$_{16}$	40	92,6	S/MSA$_{24}$	40	48,8

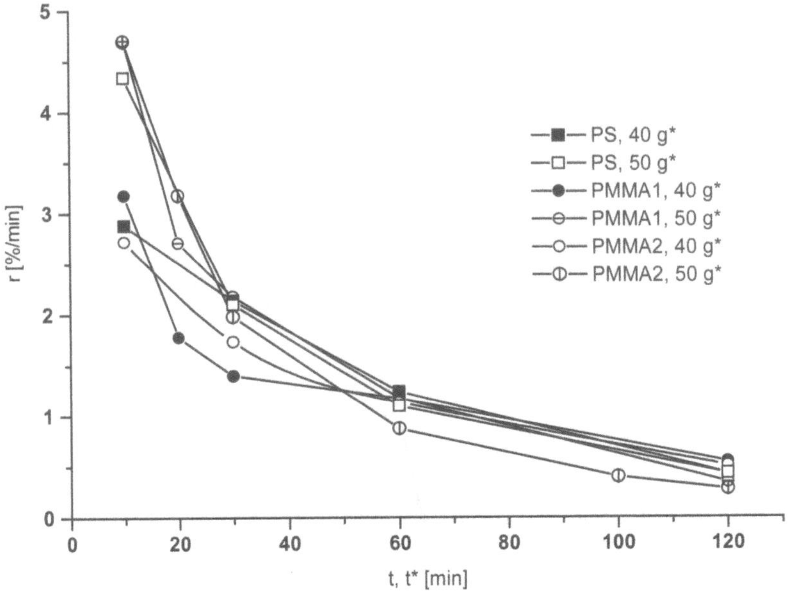

Abb.11: Zeitabhängigkeit der Abbaugeschwindigkeit, Standardversuchsbedingungen

Tabelle 5: Abbaugrenzwerte verschiedener Polymere

Polymer	a [g*]	$Mn_{lim, r}$ [g/mol]	Polymer	a [g*]	$Mn_{lim, r}$ [g/mol]
PS	20	8350	PMMA1	40	3550
PS	40	6400	PMMA1	50	2600
PS	50	5650	PMMA2	40	3200
SAN	40	2600	PMMA2	50	2550
SAN	50	2550	PMMA3	40	2600
S/MMA	40	13000	PVC	40	12500
S/MMA	50	3850	PVC	50	6150
S/MSA16	40	4500	S/MSA24	40	2600

In Abb. 12 ist für die Polymere PS, PMMA und SAN die zahlenmittlere Molmasse des neu gebildeten Anteils über der Abbaugeschwindigkeit aufgetragen. Aus den erhaltenen linearen Abhängigkeiten können durch Extrapolation auf $r = 0$ Abbaugrenzen ermittelt werden. In Tabelle 5 sind die extrapolierten Grenzwerte des Polymerabbaus $Mn_{lim,r}$ zusammengestellt. Für alle untersuchten Polymere sinkt die Abbaugrenze mit der Beschleunigung.

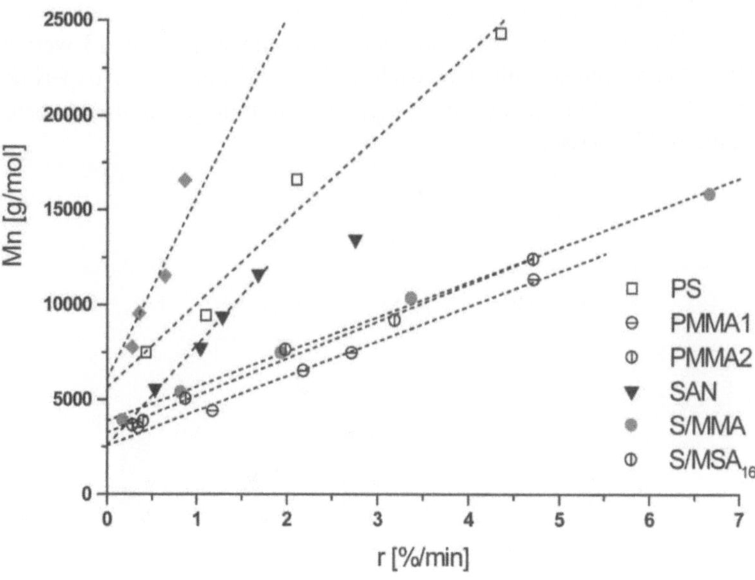

Abb. 12: Grenzwerte des Polymerabbaus, Standardversuchsbedingungen, 50 g*

Die Untersuchungen zeigen, dass durch Variation der Mahldauer und der Beschleunigung definierte mittlere Molmassen erhalten werden können. Die zeitabhängige Beschreibung des mechanochemischen Abbaus ist wichtig zur Ermittlung der Verweilzeit im Reaktor beim gezielten Molmassenabbau. Aus den Mittelwerten der Molmassenverteilung lassen sich mit den folgenden einfachen Zeitgesetzen:

$$\frac{d(Mw)}{dt} = k_M \, (Mw(t) - Mw_{lim}) \qquad (2)$$

$$\frac{dZ}{dt} = k_Z \, (Z_{lim} - Z(t)) \qquad (3)$$

$$\text{mit} \qquad Z = \frac{Mn(t=0)}{Mn\,(t)} - 1 \qquad (4)$$

die Abbruchkonstanten (k_M, k_Z), die Abbaugrenzen (Mw_{lim}, Mn_{lim}) und die Grenzzahl der möglichen Kettenbrüche (Z_{lim}) bei Variation der Reaktionsbedingungen und Polymere berechnen.

Die Zahl der Kettenbrüche (Z) in Abhängigkeit von der Zeit lässt sich für alle untersuchten Polymere mit einem empirischen Ansatz beschreiben:

$$Z = b + a_1 t + a_2 t^2 \qquad (5)$$

Verfolgt man den Abbauprozess über die Molmassenverteilung erhält man aus der Extrapolation der Abbaugeschwindigkeit eine Abbaugrenze $Mn_{lim,r}$ (vgl. Tabelle 5). Aus den Mittelwerten der Molmassenverteilung lässt sich mit den Gleichungen (4) und (3) der Grenzwert $Mn_{lim,z}$ berechnen. In Abb. 13 werden die ermittelten Abbaugrenzen mit dem nach 120 min Versuchdauer experimentell erhaltenen Zahlenmittel verglichen. $Mn_{lim,r}$ ist definitionsgemäß die kleinste erreichbare mittlere Molmasse.

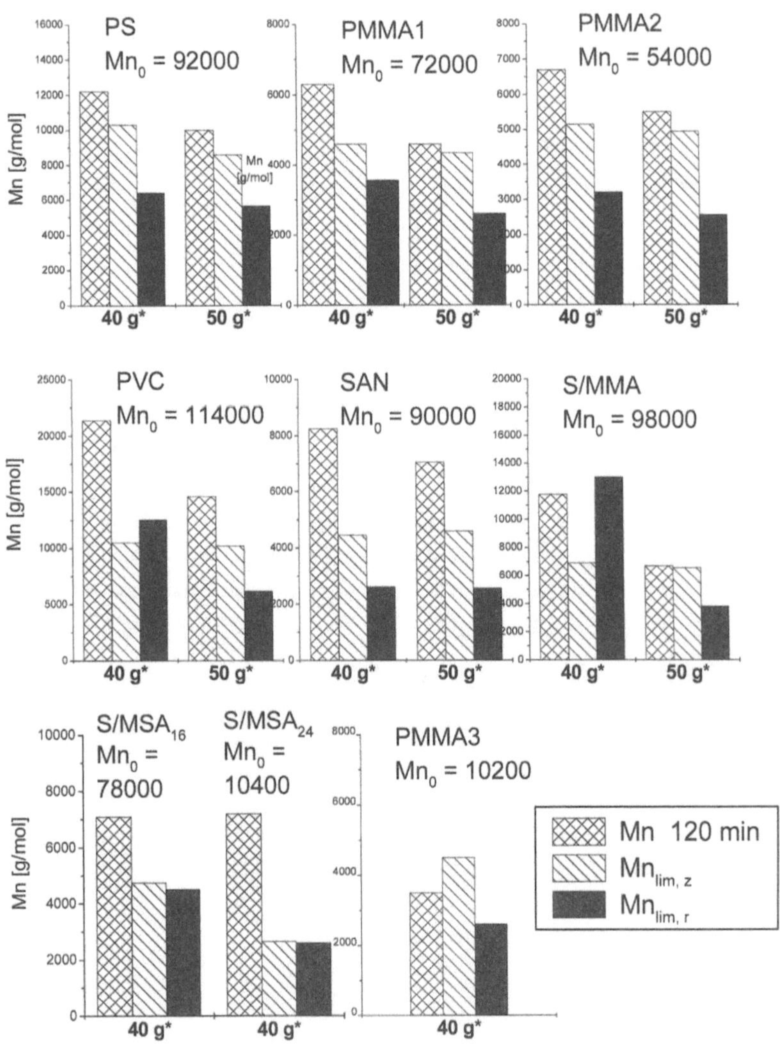

Abb. 13: Vergleich ermittelter Abbaugrenzen

Der mechanochemische Polymerabbau in der Polymermühle und unter Einwirkung von Ultraschall wurde von Frendel (2000) mit gleichen Auswertmethoden
verglichen. Umsatz und Abbaugeschwindigkeit sind in der Mühle größer. Die
maximale Zahl der Kettenbrüche Z_{lim} ist in der Mühle um den Faktor 10 (PMMA),
6 (SAN) und 3 (PS) größer.

In Abb. 14 ist dargestellt, mit welchen weiteren Parametern die Gestalt der
Molmassenverteilung beeinflusst werden kann. Dies ist wieder am Beispiel von
Polystyrol verdeutlicht. Die Kurve a) stellt die Ausgangsverteilung des Edukts dar.
Durch eine Nassmahlung, das heißt durch das Befüllen des Reaktors mit einem
flüssigen Medium, werden neue Möglichkeiten eröffnet. Während ein flüssiges
Medium bei vollständiger Befüllung des Reaktors die Mahlkugeln stark abbremst,
liefern Versuche, bei denen das Leervolumen des Reaktors nur teilweise befüllt
wird, hohe Umsätze. Als Maß für die Flüssigkeitsmenge wird der Trübegehalt φ_{TR}
wie folgt definiert:

$$\varphi_{Tr} = \frac{V_{Tr}}{V_R - (V_K + V_G)} \tag{6}$$

Bei einer Nassmahlung mit einem Trübegehalt von φ_{TR} = 20 % Methanol (Kurve b)) werden nach 120 min sehr niedrige Molmassen erzeugt, die unter den Molmassen des Standardversuchs liegen. Deutlich bimodale Kurven (d) entstehen bei
Zusatz von geringen Mengen Lösungsmittel, hier φ_{TR} = 1% Toluol nach einer
Mahldauer von 30 min.

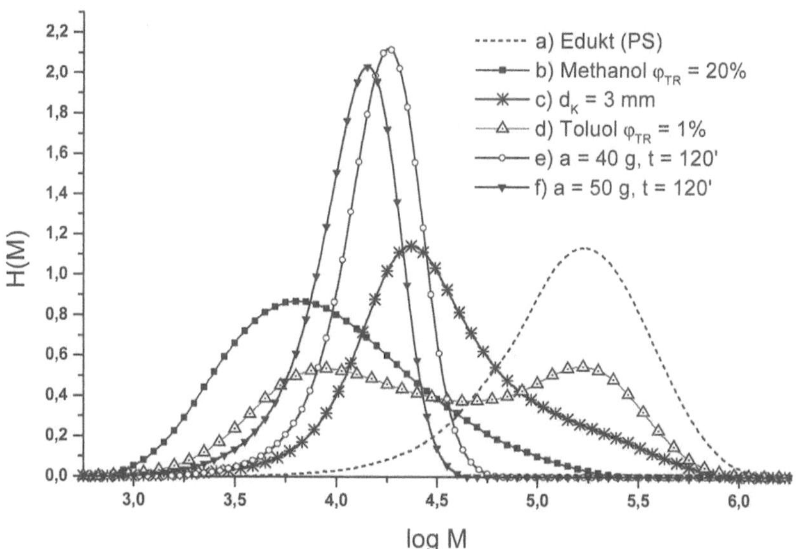

Abb. 14: Variation der Molmassenverteilungskurve PS

Bimodale Molmassenverteilungen können auch erhalten werden, wenn gezielt ein für die Zerkleinerung ungünstiges Verhältnis von Kugelgröße und Partikeldurchmesser des Eduktes gewählt wird, vgl. (c) mit kleinen Mahlkugeln ($d_K = 3$ mm). Eine Beschleunigung von $a = 50$ g* (Kurve f) erzeugt Verteilungen, die bei einer Polydispersität von ca. 1,3 niedrigere Molmassen als der vergleichbare Standardversuch (e) aufweisen.

4.4.3.2
Abbauversuche mit Polyethylen

Das Polyethylen nimmt unter den untersuchten Polymeren hinsichtlich des Zerkleinerungsmechanismus eine Sonderstellung ein. Die Mahlung dieses teilkristallinen Polymers erfolgt bei Temperaturen oberhalb der Glastemperatur. Infolge der schlechten Löslichkeit können keine Molmassenverteilungen ermittelt werden. Die Abb. 15 zeigt PE-Partikel nach einer Mahldauer von 120 min bei Standardversuchsbedingungen. Dabei wird deutlich, dass mit fortschreitender Mahlung plättchenförmige Partikel gebildet werden, in größeren Agglomeraten sind diese mit einander verschweißt. Zum Teil entstehen gestapelte Einzelpartikel. Die kleinsten auftretenden Partikelgrößen sind erheblich größer als beim Polystyrol.

Der mechanochemische Abbau lässt sich mit rheologischen Messungen verfolgen. Die Bestimmung der Nullscherviskositäten gibt Aufschluss über einen mögli-

Abb. 15: PE, 120 min Mahldauer, Standardversuch

chen Polymerabbau. Die Viskosität des Polyethylens wird im Temperaturbereich zwischen 120 °C und 180 °C durch die 120 min Mahlung um fast eine Größenordnung erniedrigt. Trotz der geringen Zerkleinerung des Edukts, führen die Verformungsvorgänge in den PE-Partikeln zu einem Bruch der Polymerhauptkette. In Tabelle 6 sind anhand einiger Beispiele die Nullscherviskositäten (η_0) von Edukten und Mahlprodukten zusammengestellt.

Tabelle 6: Nullscherviskositäten verschiedener Edukte und Mahlprodukte

Polymer	Messtemperatur ϑ [°C]	Nullscherviskosität η_0 [P]
PS (Edukt)	150	$1,45 \times 10^7$
PS (Produkt)	150	$2,61 \times 10^6$
SAN (Edukt)	145	$3,96 \times 10^7$
SAN (Produkt)	145	$1,27 \times 10^6$
PE (Edukt)	170	$3,22 \times 10^6$
PE (Produkt)	170	$1,83 \times 10^6$
S/MSA$_{49}$	190	$3,02 \times 10^7$
S/MSA$_{49}$	190	$8,98 \times 10^5$

4.4.4
Mechanochemische Polymersynthese

Eine interessante Möglichkeit zur Erzeugung von Polymeren mit neuen Eigenschaftsprofilen stellt die Synthese von Block- und Pfropfcopolymeren dar. Sie umgeht die Probleme von Mischbarkeit und Verträglichkeit von Polymeren und erlaubt die Kombination unterschiedlichster Eigenschaften in einem Material. Ein bekanntes Beispiel hierfür ist die Schlagzähmodifizierung von PS oder SAN durch Pfropfung von Polybutadien. Neben den verschiedenen, in der Literatur beschriebenen, Synthesemethoden bietet sich die Pfropf- und Blockcopolymerherstellung durch mechanochemische Synthese aufgrund ihrer Einfachheit an.

Die Modellvorstellung zur mechanochemischen Copolymersynthese geht davon aus, dass Polymere unter mechanischer Belastung Radikale bilden. Diese Radikale können alle radikaltypischen Reaktionen eingehen, wie Kombination, Disproportionierung, Umlagerung oder Start einer Radikalkettenreaktion. Wird ein Polymer in Anwesenheit eines Monomers vermahlen, so stellen die gebildeten Mechanoradikale die Initiatorradikale für eine radikalische Polymerisation dar (Abb. 16). Neben den auf diese Weise erzeugten Blockcopolymeren können durch Radikalübertragungs- oder Umlagerungsreaktionen auch Pfropfcopolymere oder Homopolymere entstehen.

Bei der mechanochemischen Synthese entsteht also immer ein Gemisch aus Blockcopolymeren, Pfropfcopolymeren und Homopolymeren. Wenn weder größere Mengen an ungesättigten Verbindungen noch an aktiven Gruppen vorhanden sind, werden hauptsächlich lineare Copolymere gebildet. Es entstehen auch Multi-

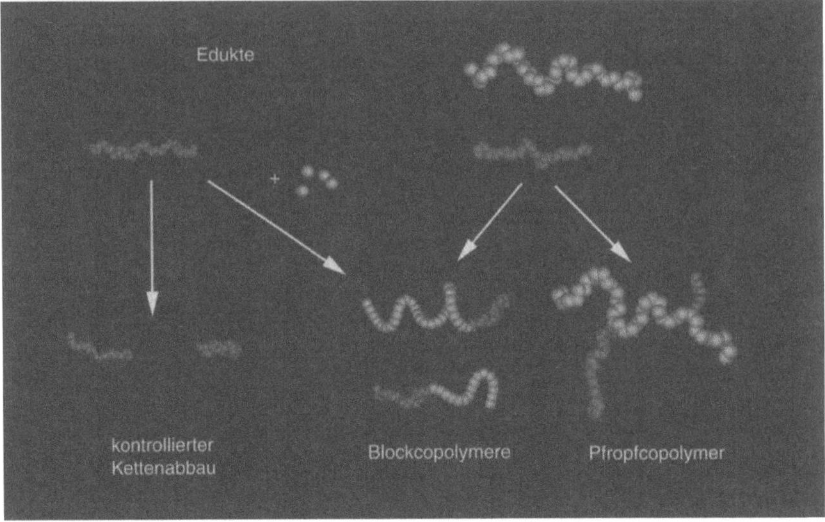

Abb. 16: Block- und Pfropfcopolymerbildung aus Polymer und Monomer

blockcopolymere durch den mechanischen Abbau der vorher entstandenen Reaktionsprodukte.

4.4.4.1
Pfropf- und Blockcopolymerbildung

Es wurde die Copolymerbildung von Polystyrol und Polyethylen mit Acrylsäure, Methacrylsäure und Acrylamid untersucht. Die Polymerisationsversuche werden im beschriebenen temperierbaren Edelstahldoppelmantelreaktor durchgeführt.Die experimentellen Einzelheiten sind bei Janke (2000) beschrieben. Am Beispiel des Systems Polystyrol-Acrylsäure (PS-AS) sollen die Ergebnisse ausführlicher erläutert werden.

Mittels FT-IR-Spektroskopie wurde qualitativ beurteilt, ob eine Reaktion stattgefunden hat oder nicht. Das in Abb. 17 dargestellte Spektrum eines Reaktionsproduktes der PS-AS-Umsetzung weist eine neue, starke Bande bei 1710 cm^{-1} und schwächere sich überlagernde Banden zwischen 1200 cm^{-1} und 1300 cm^{-1} auf. Die starke Bande ist typisch für die Carbonylfunktion, die breiteren können von C-O-Valenzschwingungen und OH-Deformationsschwingungen herrühren. Es hat also eine Copolymerbildung von Polystyrol und Polyacrylsäure durch Schwingmahlung stattgefunden.

Der Acrylsäuregehalt in den Mahlprodukten wurde quantitativ mit Hilfe der Elementaranalyse (Analyse des Sauerstoffgehaltes) bestimmt. Es zeigt sich eine deutliche Abhängigkeit des Acrylsäuregehaltes im Produkt von den gewählten Mahlparametern. Mit zunehmender Mahldauer und zunehmender Beschleunigung erhöht sich der Acrylsäuregehalt im Produkt bis auf ca. 50 %. In gleicher Weise wirkt eine Vergrößerung des Kugeldurchmessers (Abb. 18 u. 19).

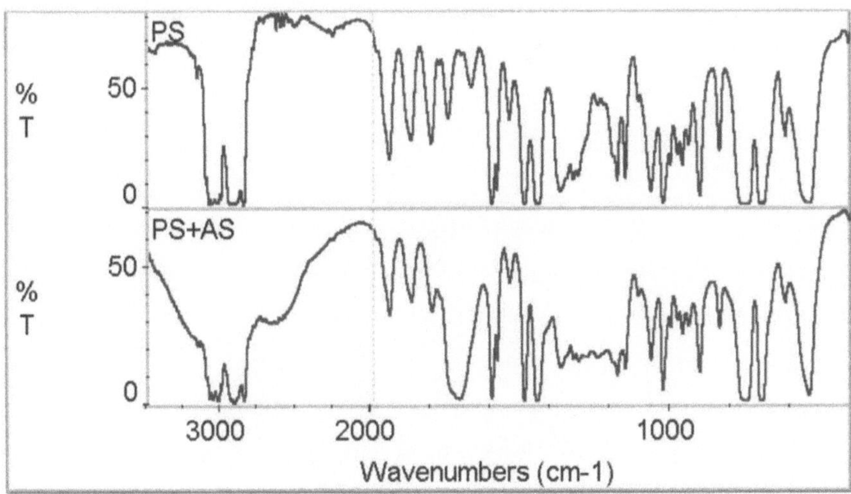

Abb. 17: FT-IR-Spektren von Polystyrol und Polystyrol-*co*-polyacrylsäure

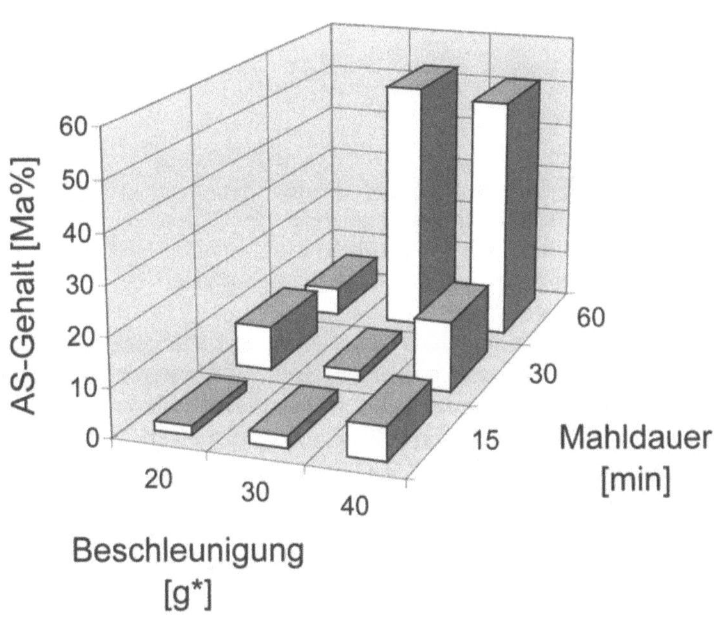

Abb. 18: Acrylsäuregehalt als Funktion von a und t, d_K = 7 mm

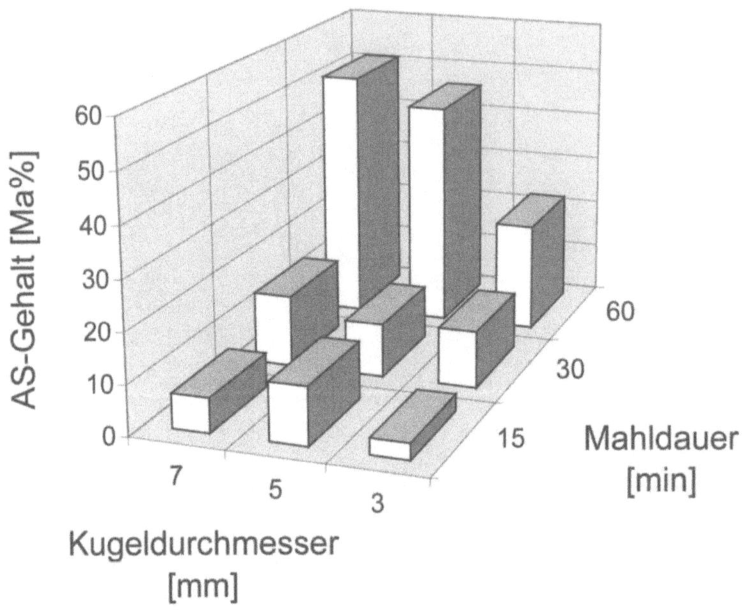

Abb. 19: Acrylsäuregehalt als Funktion von d_K und t, a = 40 g*

Betrachtet man im Vergleich zu diesem Ergebnis die Untersuchungen zum Molmassenabbau, so fällt auf, dass die gleichen Parameter größeren Molmassenabbau bewirken. Verstärkter Molmassenabbau am Polymeren bewirkt also verstärkte Copolymerbildung bei Anwesenheit von Comonomeren. Als Grund hierfür ist sicherlich die steigende Zahl von Mechanoradikalen bei verstärktem Molmassenabbau anzusehen.

Das Lösungsverhalten der durch Acrylsäure modifizierten Proben ändert sich im Vergleich zu dem des Basispolymeren. Das auf Polystyrol basierende Produkt ist bei Raumtemperatur weder in Toluol noch in DMF, Chloroform, Cyclohexan, Cyclohexanon, DMSO, 2-Methoxyethanol, Acetonitril, THF oder Dioxan löslich. Erst in kochendem THF, kochendem Dioxan oder heißem Cyclohexanon löst es sich nahezu vollständig.

Ähnliche Ergebnisse, wie die für das Basispolymer Polystyrol beschrieben, lassen sich mit Polyethylen erzielen. Wie im vorhergehenden Teil beschrieben, verhält sich Polyethylen beim Abbau in der Schwingmühle anders als Polystyrol, die Block- und Pfropfcopolymerbildung ist jedoch vergleichbar (Janke et al. (1999), Janke (2000)).

Als weitere Eigenschaft der mechanochemisch synthetisierten Block / Pfropfcopolymere wurde ihre Wasseraufnahme bestimmt, wobei Folien als Probekörper hergestellt wurden. Unabhängig vom Basispolymer steigt die Wasseraufnahme der Proben mit einem Acrylsäuregehalt von bis zu 20 % nahezu linear mit dem Acrylsäuregehalt an. Die Proben mit hohem AS-Gehalt zeigen überproportionale Wasseraufnahme. Die auf Polyethylen basierenden Proben weisen eine etwas geringere Wasseraufnahme auf als die auf Polystyrol basierenden (Abb. 20).

4.4.4.2
Rheologische Messungen

Für die PS-AS-Pfropfprodukte wurde der Verlauf des Speichermoduls, des Verlustmoduls und der komplexen Viskosität in Abhängigkeit von der Belastungsfrequenz (Masterkurven) bestimmt. Speicher- und Verlustmodul steigen mit steigender Frequenz, wobei bei niedrigen Frequenzen das Speichermodul über dem Verlustmodul liegt. Alle Proben weisen einen Crosspoint und strukturviskoses Verhalten auf, d.h. die Viskosität sinkt mit steigender Belastungsfrequenz. Bei niedrigen Frequenzen veringert sich die komplexe Viskosität nicht, sodass keine Nullscherviskositäten bestimmt werden konnten. Der prinzipielle Kurvenverlauf ist bei allen Proben identisch und wird durch das Beispiel in Abb. 21 dargestellt.

Die rheologischen Eigenschaften der Pfropf-/Blockcopolymere sind im Vergleich zu denen der Edukte und ihrer Mahlprodukte stark verändert. Bei den Pfropfprodukten liegen sowohl das Speichermodul, das Verlustmodul als auch die

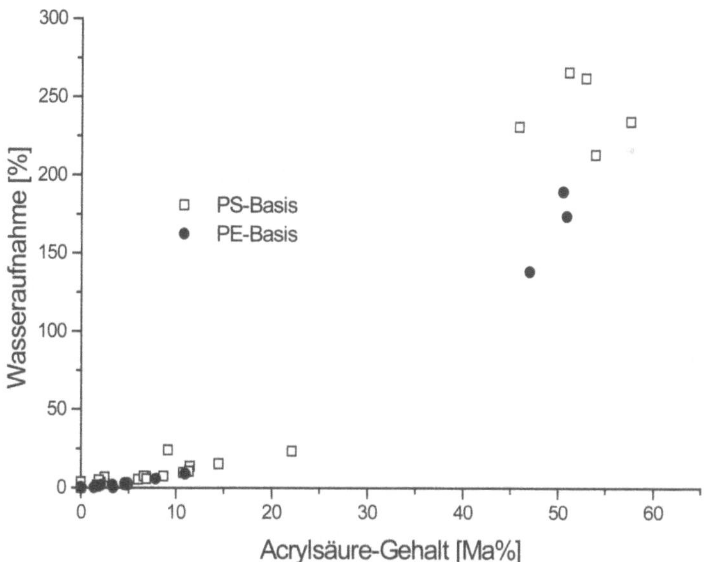

Abb. 20: Wasseraufnahme der Mahlprodukte

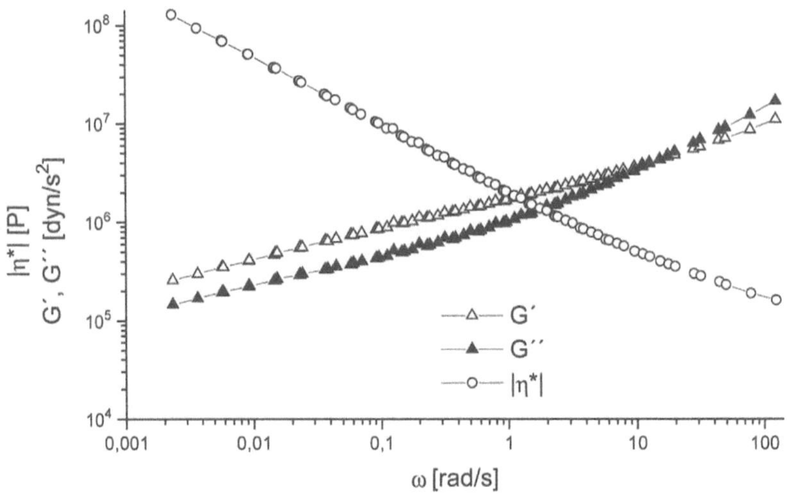

Abb. 21: Masterkurven eines Pfropfproduktes; PS+AS, 14,5 Ma% AS, 30 min Mahldauer

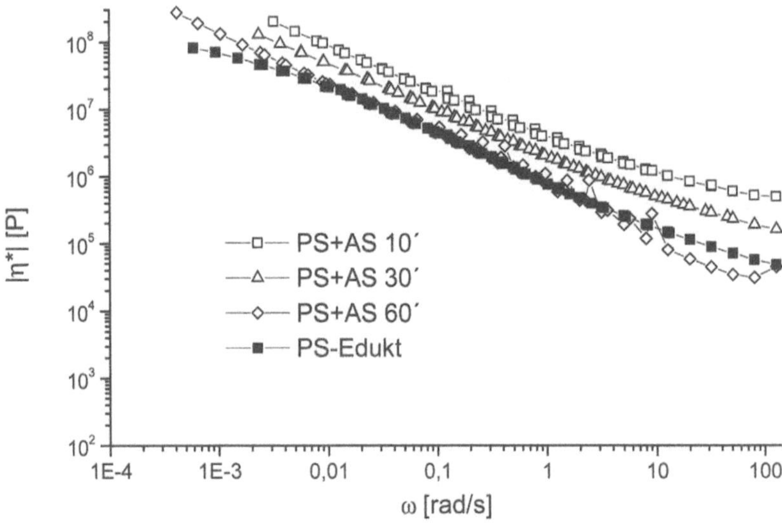

Abb. 22: Vergleich: Komplexe Viskosität verschiedener Pfropfprodukte und des Edukts

komplexe Viskosität immer höher als die vergleichbaren Werte des Polystyrol-Edukts. Bei den reinen Mahlproben liegen diese Größen bei niedrigen Frequenzen unterhalb der vergleichbaren Polystyrolwerte, bei höheren darüber. Außerdem weisen die reinen Mahlproben im Gegensatz zu den Pfropfprodukten keine Crosspoints auf. Es scheinen hier zwei gegenläufige Effekte zu wirken: durch die Reaktion mit Acrylsäure erhöhen sich die Molmassen und damit die Moduln und durch das Mahlen werden sie verringert.

4.4.5
Zusammenfassung

Es wurde eine speziell entwickelte hochbeschleunigende Schwingmühle in Betrieb genommen und durch Messung der Parameter Amplitude, Beschleunigung und Energieeintrag charakterisiert. Es werden Amplituden von 0,75 bis 3,0 mm bei Beschleunigungen bis zum 84-fachen der Erdbeschleunigung verwirklicht. Durch die Konstruktion dieser Mühle wird als völlig neuer Parameter die im Versuch wirkende Beschleunigung in die Betrachtung mechanochemischer Polymerreaktionen eingebracht.

Es wird gezeigt, das ein gezielter Molmassenabbau in einer Schwingmühle möglich ist. Dazu werden die Polymere Polystyrol, Polymethylmethacrylat, Polyvinylchlorid, Polyethylen, Poly(styrol-*co*-acrylnitril), Poly(styrol-*co*-methylmethacrylat) und Poly(styrol-*co*-maleinsäureanhydrid) unter Variation der Parameter dem Schwingmahlabbau unterworfen, wobei der Einfluss der Parameter auf die Form der Molmassenverteilungskurve und die erzielte Endmolmasse untersucht wird.

Weiterhin wird die Pfropf-/Blockcopolymerbildung in der Schwingmühle untersucht. Dazu werden die Monomere Acrylnitril, Acrylsäure, Methacrylsäure und Acrylamid jeweils mit verschiedenen Polymeren ohne weiteren Initiatorzusatz in Reaktionszeiten von bis zu einer Stunde umgesetzt. Es enstehen nachweisbar Pfropf- bzw. Blockcopolymere. Alle Reaktionsprodukte wurden durch IR-Spektroskopie, Elementaranalyse und z.T. durch Bestimmung der Wasseraufnahme charakterisiert.

Formelzeichen

a	[m/s²]	Beschleunigung in Vielfachen d. Erdbeschleunigung g*
A	[mm]	Amplitude, Schwingkreisradius des Reaktors
d	[mm]	Durchmesser
ε	[-]	Lückenanteil der Kugelfüllung
η*	[P]	komplexe Viskosität
f	[s^{-1}]	Frequenz
G'	[dyn/cm²]	Speichermodul
G''	[dyn/cm²]	Verlustmodul
H(M)	[-/-]	Massenverteilungsfunktion der Molmasse
M	[g/mol]	Molmasse
Mn	[g/mol]	zahlenmittlere Molmasse

Mw	[g/mol]	gewichtsmittlere Molmasse
m	[-/-], [g]	normierter Masseanteil, Masse
n	[-/-]	Kettenlänge, Anzahl der Monomereinheiten
Pd	[-/-]	Polydispersität
[Pn]	[-/-]	Konzentration der Kettenlänge n
φ	[-/-]	Füllgrad
r	[%/min]	Abbaugeschwindigkeit
t	[min]	Mahldauer
ϑ	[°C]	Temperatur
V	[ml]	Volumen
X	[-/-]	Umsatz

Indizes

G	Mahlgut
K	Kugel
n	number
R	Reaktor
Tr	Trübe
w	weight

Literatur zu Kapitel 4.4

Bachmann D (1940) Bewegungsvorgänge in Schwingmühlen mit trockener Mahlkörperfüllung. VDI-Beiheft Verfahrenstechnik 2:43

Bock U, Schönert K (1998) 9th European Symposium on Comminution. Preprints

Casale A, Porter RS (1978) Polymer Stress Reactions Vol. 1. Academic Press, New York

Frendel A (2000) Mechanochemischer Abbau von Homo- und Copolymeren. Dissertation, Technische Universität Clausthal

Höffl K (1988) Zerkleinerungs- und Klassiermaschinen. Schlütersche Verlagsanstalt, Hannover

Janke G, Frendel A, Schmidt-Naake G (1999) Polymermodifizierung in einer Schwingmühle. Chem. Ing. Tech. 5:496

Janke G (2000) Polymermodifizierung in einer Schwingmühle. Dissertation, Technische Universität Clausthal

Persson B (1999) J. Chem. Phys. Vol. 110 No. 19

Prasher CL (1987) Crushing and Grinding Process Handbook. 1. Aufl. John Wiley & Sons, Chichester

Tkácová K (1989) Mechanical Activation of Minerals, 1. Aufl.. Elsevier, Amsterdam

4.5
Trockene Entschwefelung von Abgasen im Niedertemperaturbereich

P. Dietz, R. Jeschar, G. Mittler, S. Bönig

4.5.1
Einleitung und Problemstellung

Die bei der Verbrennung fossiler Brennstoffe entstehenden Abgase enthalten je nach Brennstoffzusammensetzung unterschiedlich hohe Schadstoffbelastungen, wobei die Schwefeldioxidemissionen proportional zum Schwefelgehalt des Brennstoffes sind. Mehr als 90 % des Brennstoffschwefels werden als Schwefeldioxid emittiert, etwa 5 % - 10 % bei Kohlefeuerungen in die Asche eingebunden, und bis zu 2 % des Brennstoffschwefels können zu Schwefeltrioxid umgesetzt werden (vgl. Pankhurst u. Styles 1963).

Je nach Art und thermischer Leistung der Anlage gelten unterschiedliche gesetzliche Vorschriften bezüglich der zulässigen Schadstoffemissionen. Die „Technische Anleitung zur Reinhaltung der Luft" (TA Luft) von 1986 betrifft zum Beispiel Anlagen mit einer thermischen Leistung kleiner als 50 MW, die Großfeuerungsanlagenverordnung (13. BImSchV [GFAVO]) von 1983 gilt für Feuerungs-

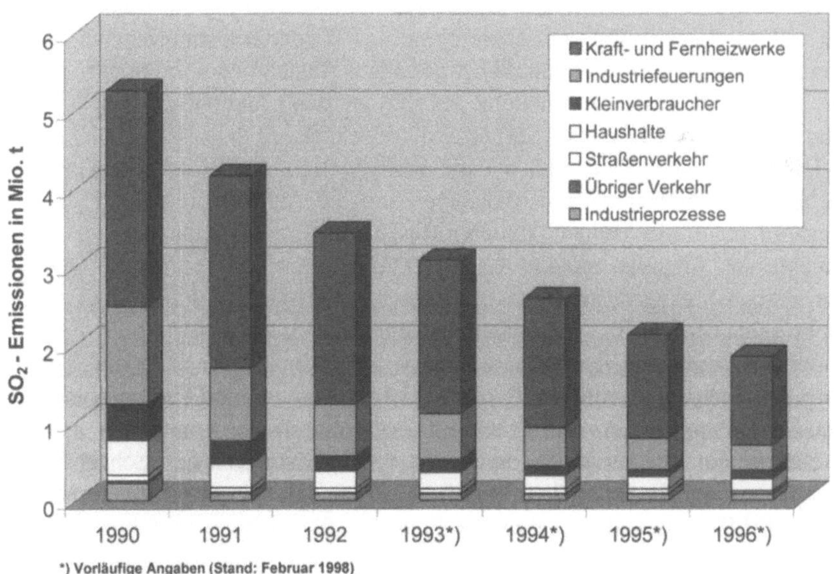

Abb. 1: Entwicklung der SO_2-Emissionen in der Bundesrepublik Deutschland

anlagen ab 50 MW Feuerungswärmeleistung, und auf Verbrennungsanlagen für Abfälle und ähnliche brennbare Stoffe bezieht sich die 17. BImSchV (1990). Abb. 1 zeigt die Entwicklung der SO_2-Emissionen in der Bundesrepublik Deutschland in den Jahren 1990 bis 1996 (vgl. Umweltbundesamt 1999).

Die Verringerung der SO_2-Emissionen in der Bundesrepublik Deutschland von 5,262 Mio. t im Jahre 1990 auf 1,851 Mio. t im Jahre 1996 ist im Wesentlichen auf eine Senkung der durch Kraft- und Fernheizkraftwerke sowie Industriefeuerungen verursachten Anteile zurückzuführen.

Für die Aus- bzw. Nachrüstung von kleinen Anlagen (thermische Leistung < 50 MW_{th}) mit Abgasentschwefelungseinrichtungen, bei denen der Einsatz üblicher Nassverfahren aus wirtschaftlichen Gründen (hohe Investitions- und Betriebskosten) sowie wegen des hohen Platzbedarfes nicht in Frage kommt, gewinnen die als Trockenverfahren bezeichneten Abgasreinigungstechniken an Bedeutung, wobei zur Einbindung der Abgasschadstoffe Schwefeldioxid, Chlorwasserstoff und Fluorwasserstoff als Sorptionsmittel hauptsächlich Sorbenzien auf Calciumbasis verwendet werden (vgl. Dennis u. Hayhurst 1993).

Der entscheidende Vorteil der Trockenverfahren besteht darin, dass die sich bildenden Reaktionsprodukte dem Abgas trocken entnommen werden können, sodass gegenüber den Nassverfahren unter anderem die aufwendige Abwasserbeseitigung bzw. -aufbereitung entfällt. Von Nachteil sind aber die geringeren SO_2-Abscheidegrade (50 % - 90 %), da die Sorbenspartikel nur im Randbereich mit dem SO_2 reagieren und sich um das Partikel eine Schale z.B. aus Calciumsulfit bildet, welche das weitere Eindringen von SO_2 in den chemisch noch aktiven Kern des Partikels verhindert, sowie die nur eingeschränkt mögliche Verwertung der entstehenden Produkte.

Bei dem hier untersuchten Verfahren handelt es sich um ein Reaktionsverfahren zur trockenen Abgasentschwefelung im Niedertemperaturbereich, d.h. bei Temperaturen < 100 °C in möglichst geringem Abstand zum Taupunkt des Abgases. Für die chemische Einbindung des SO_2 werden Calciumoxid (CaO) und Calciumhydroxid ($Ca(OH)_2$) als Sorbenzien verwendet.

Im Mittelpunkt steht zunächst die Konstruktion und der Aufbau einer Versuchsanlage halbtechnischen Maßstabes, um die Abhängigkeit des Entschwefelungsprozesses von seinen Haupteinflussparametern (Temperatur und relative Feuchte des Abgases, molares Ca:S-Verhältnis, Art und spezifische Oberfläche des Sorbens) experimentell zu bestimmen. Aufbauend auf den erzielten Versuchsergebnissen erfolgt die verfahrenstechnische Optimierung des Prozesses, u.a. durch die Ergänzung der Versuchsanlage um einen Sorbenskreislauf (Aufbereitung des noch nicht vollständig ausreagierten Sorbens und Rückführung in den Entschwefelungsprozess) zur Erhöhung der Calciumausnutzung.

Ziel ist die Integration der einzelnen verfahrenstechnischen Schritte in einer kompakten, multifunktionellen Maschine, in der z.B. Antriebe, verfahrenstechnische Wirkflächen und eingebrachte Energien für mehrere verfahrenstechnische Schritte gleichzeitig genutzt werden, sodass eine bessere Prozesssicherheit und eine ressourcenschonende Nutzung gewährleistet und somit die Grundlage für industrielle Anwendungen in der Aus- und Nachrüstung kleiner Anlagen gebildet wird.

4.5.2
Modellreaktion

Dem betrachteten Entschwefelungsprozess liegt ein dreistufiger Reaktionsmechanismus zugrunde, der im Folgenden für das Sorbens $Ca(OH)_2$ näher erläutert wird (vgl. Jeschar et al. 1996; Clauder 1997):

1. Sorption von Wasser und Schwefeldioxid aus dem Abgas an der Oberfläche des Sorbens und bei entsprechend hoher Feuchte Lösung des Schwefeldioxids in dem das Partikel umgebenden Wasserfilm. Diese Lösung von Schwefeldioxid in Wasser wird durch das Gleichgewicht

$$SO_2 + H_2O \rightleftharpoons H_2SO_3$$

   charakterisiert. Unter normalen Bedingungen liegt das chemische Gleichgewicht fast vollständig auf der linken Seite, d.h. es wird nur in geringem Maße schweflige Säure (H_2SO_3) gebildet.
2. Verschiebung des obigen Gleichgewichtes nach rechts durch Säure-Base-Reaktion der Hydroxidanionen mit der schwefligen Säure:

$$H_2SO_3 + OH^- \longrightarrow HSO^{3-} + H_2O,$$

$$HSO^{3-} + OH^- \longrightarrow SO_3^{2-} + H_2O.$$

3. Reaktion der unter 2. gebildeten Sulfitanionen mit den Calciumkationen zu Calciumsulfit und gegebenenfalls zu Calciumsulfat:

$$SO_3^{2-} + Ca^{2+} \longrightarrow CaSO_3.$$

Durch die Reaktionen in der 2. Stufe und durch das Abreagieren der schwefligen Säure zu Sulfit bzw. Sulfat in der 3. Stufe wird zur Aufrechterhaltung der chemischen Gleichgewichte schweflige Säure in der 1. Stufe ständig neu gebildet und damit gleichzeitig weiteres SO_2 im Wasser gelöst. Dies führt zu einer fortschreitenden Entschwefelung des Abgases und einer Einbindung des SO_2 als Calciumsulfit und Calciumsulfat in der letzten Reaktionsstufe. Damit ergibt sich für das Sorbens $Ca(OH)_2$ folgende Bruttoreaktionsgleichung:

$$Ca(OH)_2 + SO_2 \longrightarrow CaSO_3 + H_2O.$$

Beim Einsatz von Calciumoxid als Sorbens wird bei entsprechender Feuchte des Abgases über eine Vorstufe zunächst Calciumhydroxid gemäß der Reaktionsgleichung

$$CaO + H_2O \rightleftharpoons Ca(OH)_2$$

gebildet. Die Bruttoreaktionsgleichung für das Sorbens CaO lautet

$$CaO + SO_2 + H_2O \longrightarrow CaSO_3 + H_2O.$$

Inwieweit die mögliche Oxidation des Calciumsulfits zu -sulfat den Grad der Entschwefelung beeinflusst, kann in diesem Zusammenhang nicht beurteilt werden.

Entsprechend dem beschriebenen Reaktionsmechanismus sind die relative Feuchte und die Temperatur des Abgases von entscheidendem Einfluss auf den Entschwefelungsprozess. Je höher die relative Feuchte des Abgases ist, um so größer ist die an der Sorbensoberfläche sorbierte Wassermenge und um so mehr Schwefeldioxid kann aus dem Abgas im sorbierten Wasserfilm gelöst werden. Die Löslichkeit des Schwefeldioxids im Wasser nimmt dabei mit zunehmender Abgastemperatur ab.

4.5.3
Anlagenentwicklung

4.5.3.1
Systematik der Anlagenentwicklung

Grundgedanke bei der Entwicklung einer verfahrenstechnischen Anlage ist die Wirtschaftlichkeit, d.h. bei Anlagen zur Energieerzeugung die Höhe des Wirkungsgrades. Maschinen, Apparate und Geräte bilden dabei den verfahrenstechnischen Prozess, der nach Blaß (1997) in die drei Hauptschritte Stoffaufbereitung, Stoffumwandlung und Stoffnachbereitung unterteilt werden kann.

Bei der hier zu entwickelnden Anlage zur Niedertemperaturentschwefelung von Abgasen handelt es sich zum einen um die Entwicklung des Teilprozesses Stoffnachbereitung (Entschwefelung der Abgase), der sich wiederum in Teilsysteme untergliedern lässt (Abb. 2).

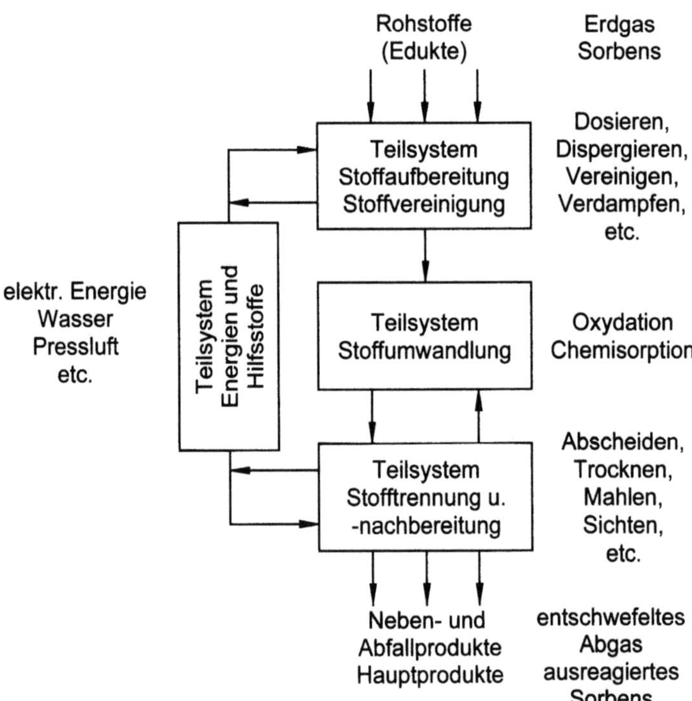

Abb. 2: Niedertemperaturentschwefelung von Abgasen, unterteilt in die drei Hauptschritte eines verfahrenstechnischen Prozesses (verändert nach Blaß (1997))

Zum anderen muss ein Prozess entwickelt werden, der schwefelhaltiges Abgas zunächst erzeugt, das in Menge und Zusammensetzung z.B. dem einer Braunkohlefeuerung entspricht und für einen Versuchsbetrieb geeignet ist. Es werden nicht nur hohe Entschwefelungs- und Calciumausnutzungsgrade angestrebt, sondern auch ein neuartiger Prozess (Sorbenskreisprozess), der neben der Anpassungskonstruktion zum Teil innovative Maschinenkonstruktionen erfordert, wenn die in der Planungsphase festgelegte Aufgabenstellung (unter Vernachlässigung der Wirtschaftlichkeit) streng verfolgt wird. Eine systematische Entwicklung unterstützt hierbei sowohl die innovative Prozess- als auch die Maschinenentwicklung, wobei der angestrebte Kreisprozess auch aufgrund der Feststoffeigenschaften einer besonderen sukzessiven und iterativen Behandlung mit einem hohen Versuchsanteil bedarf, der eine parallele Prozess- und Maschinenentwicklung zum Teil behindert.

4.5.3.2
Festlegung der Anforderungen an Anlagenkomponenten

In verfahrenstechnischen Anlagen besteht aufgrund der Wärme- und Stofftransportprozesse eine besondere Beziehung zwischen Konstruktionsgrößen der Maschinen, Apparate und Geräte, den reaktionstechnischen Auslegungsgrößen und den spezifischen Stoffeigenschaften.

Die den Prozess realisierenden Komponenten müssen hinsichtlich Wirkprinzip, Auslegung und Gestalt an die ein- und ausgehenden Stoff- und Energieströme angepasst werden. Zu diesem Zweck müssen in Abhängigkeit des Informationsgrades die Anforderungen erarbeitet und dokumentiert werden, um eine geeignete Lösung zu generieren.

Um an der geplanten Versuchsanlage halbtechnischen Maßstabes den Einfluss der Parameter Abgastemperatur und -feuchte, molares Ca:S-Verhältnis, Art und spezifische Oberfläche des Sorbens auf die trockene Entschwefelung von Abgasen im Niedertemperaturbereich experimentell untersuchen zu können, werden an diese folgende grundsätzliche Anforderungen gestellt (vgl. auch Romann u. Klemp 1996):

- Erzeugung eines SO_2-haltigen Abgases,
- Konditionierung des Abgases bezüglich seiner Temperatur und relativen Feuchte,
- Dosierung und Dispergierung der Sorbenzien in den Abgasstrom,
- Reaktionsraum für die Abgasentschwefelung,
- Abscheidung der Sorbenzien aus dem Abgasstrom,
- teilweise Aufbereitung der abgeschiedenen Sorbenzien,
- Rückführung der aufbereiteten Sorbenzien in den Entschwefelungsprozess unter Einhaltung des molaren Ca:S-Verhältnisses.

Die Anforderungen an die zu entwickelnden Komponenten des Teilsystems Stoffaufbereitung (Abscheiden, Aufbereiten, Rückführen) werden vor allem durch die chemische Reaktion geprägt. Da die Ausgangsgrößen des Reaktors zunächst nicht konkret definiert werden können, unterliegt die Anlagenentwicklung einem sukzessiven Voranschreiten. Insbesondere die Schnittstelle Abgas-Sorbens beeinflusst das Verhalten der gesamten Anlage (Abb. 3).

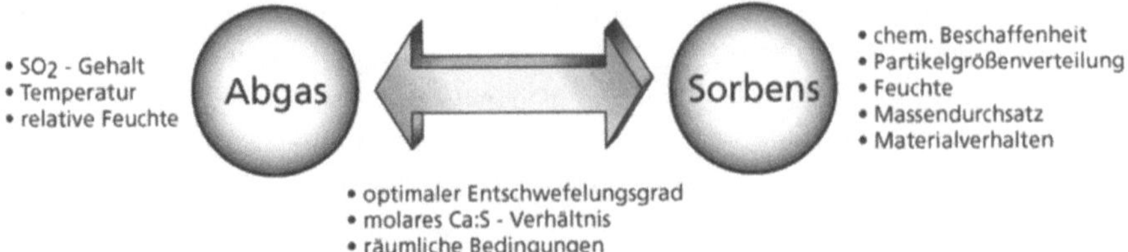

Abb. 3: Schnittstelle Abgas-Sorbens und deren Einflussfaktoren

Tabelle 1: Auszug aus einer vorläufigen Anforderungsliste des Feststoffabscheiders

Änderung, Datum		Anforderungsliste Abscheider	Seite: 1
		Anforderung	Verantw./ Bemerk.
	F	kontinuierliche Abscheidung der Partikel	
	F	hohe Abscheidegrade	
	F	der Abscheider soll den mechanischen, thermischen und chemischen Beanspruchungen standhalten	
	F	geringe oder keine Umlenkung des Abgasstromes	
	F	Verwendung des vorhandenen Saugzuggebläses zur Erzeugung der Strömung im Abscheider	
	F	kontinuierlicher oder quasikontinuierlicher Austrag der Partikel mit vorhandener Zellradschleuse	
	F	Einsatz korrosionsfester Werkstoffe	
	F	Berücksichtigung der Anschlussmaße und örtlicher Gegebenheiten am Aufstellungsort	
	F	kein Einbringen einer zusätzlichen flüssigen Phase	
	F	Minimierung des Kontaktes zwischen Sorbens und Einbauten	
	F	normgerechte und einfache Konstruktion und Aufbau	
	F	Automatisierung des Abscheiders	
	F	Vermeidung von Taupunktunterschreitung an sämtlichen Stellen, die das Abgas im Abscheider passiert	
	F	Vermeidung von Verschleißteilen	
	F	von dem Abscheider und seiner Peripherie soll keine Gefährdung oder Belästigung ausgehen.	
	F	stabiles Betriebsverhalten des Abscheiders	

Eine Veränderung der Prozessparameter des Abgases, wie SO$_2$-Gehalt, Temperatur oder relative Feuchte, bewirkt beispielsweise eine Änderung im Schwefelgehalt, in der Größenverteilung, im Feuchtegehalt und im Verhalten der Sorbensteilchen (Förderbarkeit, Haftbarkeit usw.). Bezüglich des Sorbens beeinflussen Abweichungen des Massenstromes, der Größenverteilung oder Art des Sorbens wiederum den Entschwefelungsgrad der Anlage sowie den Calciumausnutzungsgrad und damit die chemische Beschaffenheit des Sorbens.

Somit steht die Entwicklung einer leistungsfähigen und störungsfreien Dosier- und Dispergiereinheit zur Erhöhung der reaktionsfähigen Oberflächen im Reaktionsraum sowie eines geeigneten Abscheiders zur Trennung des Feststoffs aus der Gasströmung, um ihn für Analysezwecke und Aufbereitung zur Verfügung zu stellen, im Vordergrund der Entwicklungsarbeiten.

4.5.3.3
Konstruktionssystematik

Darstellung der Konstruktionssystematik am Beispiel eines Feststoffabscheiders. Am Beispiel der Konstruktion eines Feststoffsabscheiders soll das systematische Vorgehen bei der Entwicklung einer Anlagenkomponente aufgezeigt werden. Für die vier Entwicklungsstufen (Planen, Konzipieren, Entwerfen, Ausarbeiten) werden jeweils die wichtigsten Teilergebnisse erläutert, ohne dabei auf das iterative Voranschreiten oder auf Detailergebnisse einzugehen.

Zweck der zu entwickelnden Komponente ist es, das Sorbens nach der Reaktion von der Gasströmung vollständig zu trennen, um

1. es für unterschiedliche Analysezwecke zugänglich zu machen,
2. in der Versuchsanlage kontinuierlich Entschwefelungsversuche durchführen zu können,
3. die Entwicklung weiterer Kreisprozesskomponenten der Versuchsanlage kontinuierlich betreiben zu können.

Planungsphase

Um die vorläufige Anforderungsliste aufzustellen (Tabelle 1), die im Zuge der Entwicklung erweitert bzw. modifiziert werden soll, ist zunächst die Aufgabenstellung zu klären. Die Betriebsbedingungen der Gas-Feststoffströmung nach der Reaktion muss hierzu spezifiziert werden hinsichtlich:

– Abgasvolumenstrom,
– Temperatur,
– Druck,
– relative Feuchte,
– Zusammensetzung des Abgases,
– Zusammensetzung des Sorbens nach Reaktion,
– Partikelgrößenverteilung des Sorbens,
– Feststoffkonzentration im Abgas.

Auf die Darstellung des Stands der Technik von Feststoffabscheidern soll an dieser Stelle verzichtet werden und auf einschlägige Literatur, z.B. Löffler (1991), verwiesen werden.

Konzeptionsphase

Ziel der Konzeptionsphase ist die Erarbeitung der Wirkstrukturen des zu entwickelnden Systems und deren Darstellung in Gestalt des Grundfließbildes. Zuvor wird zum Erkennen von strukturellen und funktionalen Produkteigenschaften die Funktionsstruktur ermittelt, wie sie in Abb. 4 angegeben ist.

Es wird geklärt, welche Wirkprinzipien generell zur Lösung der Aufgabe in Frage kommen. Diese müssen dann hinsichtlich der Anforderungsliste bewertet und die bestmögliche Lösung weiterverfolgt werden (Tabelle 2) (vgl. auch Jeschar et al. 1998).

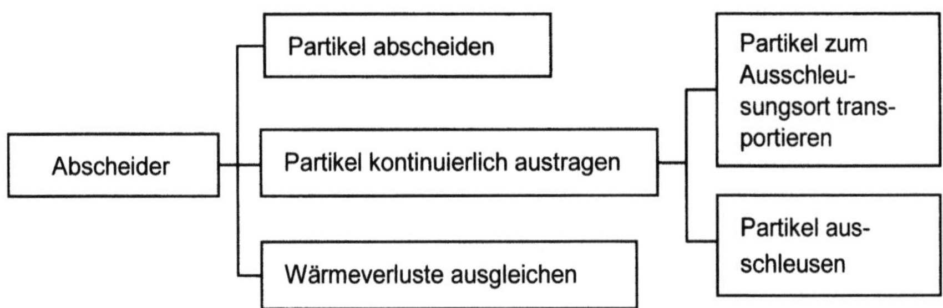

Abb. 4: Funktionsstruktur der verfahrenstechnischen Komponente

Tabelle 2: Ausschnitt aus der Bewertung der Lösungsmöglichkeiten für das Wirkprinzip "Partikel abscheiden"

Lösung	Bewertung
Massenkraftabscheiden	– die zur Trennung erforderlichen Geschwindigkeiten stehen nicht zur Verfügung – geringes Abscheidevermögen bei feinen Partikeln – Abmessungen sind zu groß – zu hoher Staubanteil im Reingas – Störungsanfälligkeit bei Partikeln hoher Feuchtigkeit (Verklebung) – selektive Abscheidung (Zyklone scheiden bevorzugt gröbere Partikel ab) – hohe Druckverluste erfordern große Gebläseleistung
Nassabscheiden	– wegen flüssiger Phase nicht geeignet
Elektroabscheiden	– geringer Gesamtabscheidegrad vor allem bei hoher Staubbeladung und Partikeln mit breiter Größenverteilung – feine, zur Agglomeration neigende Partikel lassen sich nicht durch mechanische Krafteinwirkung von der Niederschlagswand entfernen – hohe Investitions- und Betriebskosten
Filterndes Abscheiden	– Bei hoher Staubbeladung mit hohen, fast konstanten Abscheidegraden geeignet – Einsatz auch bei Rückgewinnung des Staubes – kontinuierlicher Einsatz z.T. auch bei feinen, feuchten und zur Agglomeration neigenden Partikeln

Entwurfsphase

Aus dem logischen Wirkzusammenhang wird nun eine Lösung generiert. Hierfür muss die geeignete Bauform festgelegt werden. Filternde Abscheider werden unterteilt in Taschenfilter, Patronenfilter, Filterkassetten und Schlauchfilter. Trotz gleichem Abscheideprinzip unterscheiden sie sich in ihrer Bauform (Form, Anordnung und Beschaffenheit des Filtermediums), in ihrer Abscheidegüte sowie vor allem in ihrer Abreinigbarkeit (Ablösevermögen des Filterkuchens), sodass eine individuelle Überprüfung ihres Einsatzes erforderlich wird. Die für den Filtrations- und Regenerationsprozess kennzeichnende Größe ist der zeitliche Druckverlustverlauf zwischen Roh- und Reingasseite des Abscheiders. Obwohl bei allen

Bauformen die Druckimpulsabreinigung möglich ist, besteht insbesondere bei Patronen- und Kassettenfiltern aufgrund des problematischen Feststoffes die Gefahr des Verklebens oder Verstopfens der Filterfalten.

Die Bewertung der Lösungsvarianten ergibt, dass es möglich ist, den Feststoff bei geeigneter Wahl des Filtermediums mit der Bauform Schlauchfilter, wobei der Filterschlauch von außen nach innen vom Trägergas durchströmt wird, am besten abgeschieden und abgereinigt werden kann. Die Eignung der Bauform "Schlauchfilter mit on-line Druckimpulsabreinigung" wird auch in Versuchen an einer Modellfilterkammer bei Variation der hier entscheidenen Einflussparameter (z.B. relative Feuchte, Temperatur, Feststoffbeladung, Art des Feststoffs, Ort der Feststoffzugabe, Art des Filtermediums, aber auch Häufigkeit der Abreinigung, Abreinigungsintensität, Ort der Druckwelleneinleitung, etc.) bestätigt.

Nach Berechnung der benötigten Filterfläche in Abhänigkeit der Anströmgeschwindigkeit und der Feststoffkonzentration im Abgas sind Anzahl und Länge der Filterschläuche festgelegt (sechs Filterschläuche 70 x 700 mm). Die Entwurfsphase endet mit der Erstellung des verfahrenstechnische Fließbildes (Abb. 5).

Ausarbeitungsphase

Die Konstruktion des Feststoffabscheiders endet mit der Ausarbeitungsphase. Hier werden Detaillösungen (Druckbehälterauslegung, elektrische Beheizung, Art der Dichtungen, Verbindungen, Festlegung sonstiger Werkstoffe, etc.) erarbeitet. Es werden die Fertigungszeichnungen angefertigt und Bestelllisten vervollständigt sowie Ablaufpläne zur Steuerung (Druckluftabreinigung) erarbeitet.

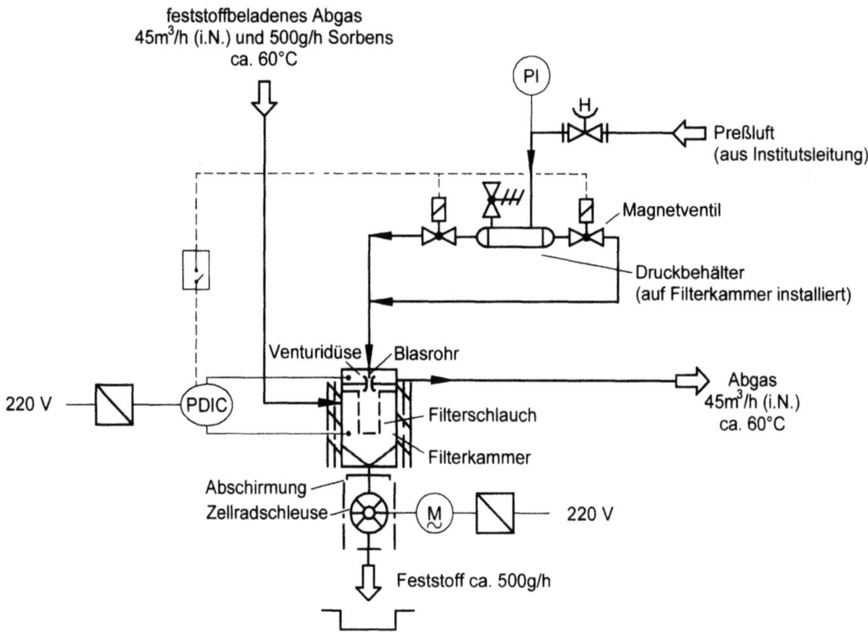

Abb. 5: Verfahrenstechnisches Fließbild des Feststoffabscheiders

4.5.4
Konstruktion

4.5.4.1
Beschreibung der Versuchsanlage

Unter Berücksichtigung der oben beschriebenen Anforderungen wurde zur experimentellen Untersuchung des Entschwefelungsprozesses eine Versuchsanlage im halbtechnischen Maßstab (maximale thermische Leistung 50 kW_{th}) aufgebaut, mit welcher durch die Verbrennung von Erdgas und entsprechende Konditionierungseinrichtungen ein Abgas erzeugt wird, das bezüglich seines O_2-, CO_2- und SO_2-Gehaltes dem einer Braunkohlefeuerung entspricht. Die Versuchsanlage wird anhand ihrer schematischen Darstellung in Abb. 6 im Folgenden näher erläutert.

Das in der erdgasbetriebenen Drallbrennkammer (1) erzeugte Abgas wird mittels eines ungeregelten Gas-Wasser-Wärmetauschers (2), einer Wärmetauscher /Bypass-Kombination (3), (4), einer elektrischen Zusatzheizung (6) und durch die Zugabe von Dampf und SO_2 hinsichtlich Temperatur, Feuchte und SO_2-Konzentration konditioniert. Hierbei ermöglicht die Aufteilung des Abgasstromes zwischen Bypass (4) und dem zweiten Gas-Wasser-Wärmetauscher (3) eine erste gezielte Beeinflussung von Temperatur und Feuchte des Abgases. Die Einstellung der Teilvolumenströme erfolgt durch Öffnen und Schließen der Ventile (5) im Bypass und im Wärmetauscher, die zueinander gegenläufig gekoppelt sind. Durch die Abhängigkeit der relativen Feuchte von der Temperatur des Abgases können mittels der Wärmetauscher/Bypass-Kombination nicht alle gewünschten Betriebszustände (z.B. hohe Temperatur bei niedriger relativer Feuchte) eingestellt werden, sodass dieser die elektrische Heizung (6) und die Dampfzugabe als weitere Möglichkeiten der Abgaskonditionierung nachgeschaltet sind. Nach der SO_2-Zugabe durchströmt das Abgas einen Strömungsgleichrichter (7) und gelangt in den Rohrreaktor (8) der Versuchsanlage. An dessen Anfang wird dem konditionierten Abgasstrom das Sorbens ($Ca(OH)_2$ oder CaO) durch den Druckluftinjektor, der über ein gravimetrisches Dosiersystem beschickt wird, zugeführt. Die Filtereinheit (9) mit differenzdruckgesteuerter pneumatischer Abreinigung und Zellradschleuse am Ende des Rohrreaktors dient zur kontinuierlichen Abscheidung des Feststoffes aus dem Abgas, das anschließend mit Hilfe eines Saugzuggebläses in den Kamin abgeleitet wird. Zur Gewährleistung isothermer Versuchsbedingungen sind alle Anlagenkomponenten hinter der Wärmetauscher/Bypass-Kombination thermisch isoliert, wobei der Rohrreaktor und die Filtereinheit zusätzlich von außen elektrisch beheizt sind.

4.5.4.2
Entwicklung des Injektors

Voraussetzung für einen hohen Stoffumsatz im Reaktor ist die optimale Dosierung und Dispergierung der Sorbenspartikel sowie die vollständige Vermischung des Sorbens mit dem Abgasstrom.

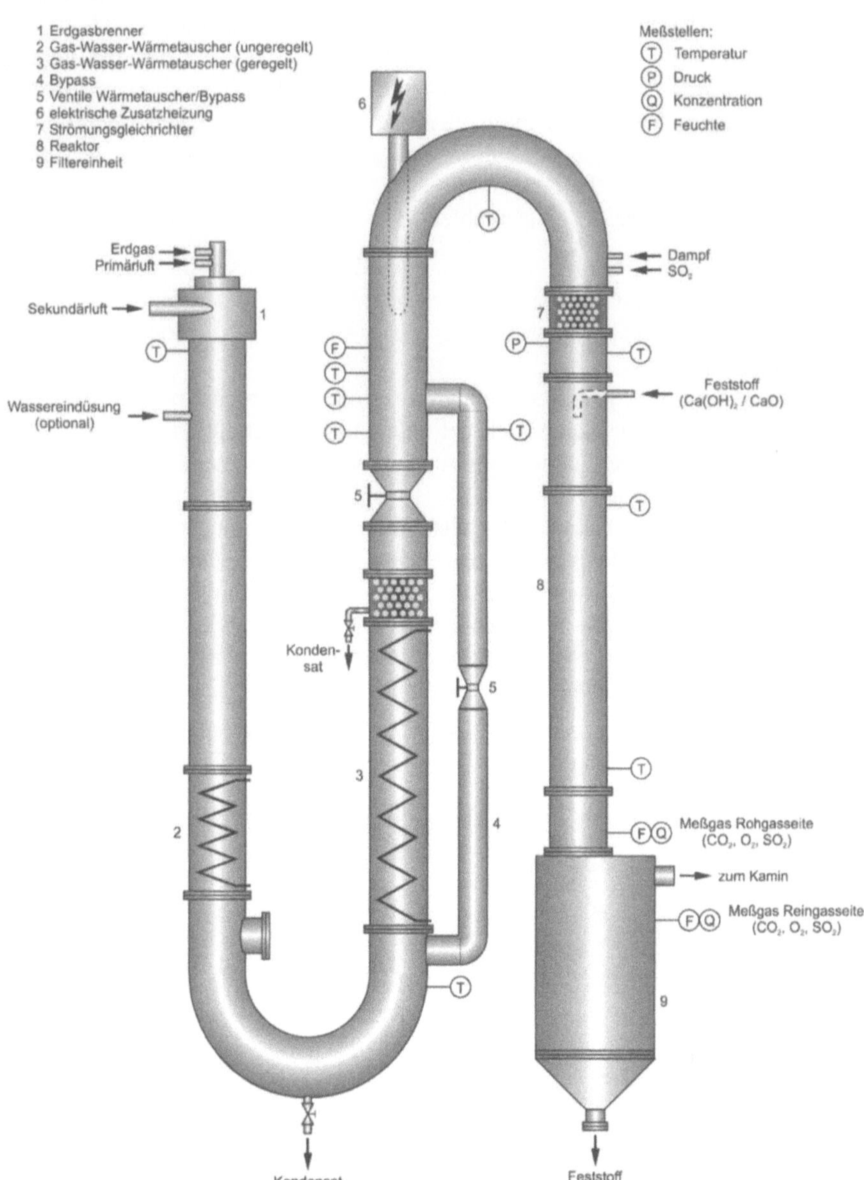

Abb. 6: Schematische Darstellung der Versuchsanlage

Dass die Güte der Dispergierung den Umsatzgrad der Gas-Feststoffreaktion zwischen Schwefeldioxid und den calciumhaltigen Sorbenzien positiv beeinflusst, zeigen Untersuchungen an der Technikumsanlage in Abhängigkeit der spezifischen Oberfläche (Abb. 26). Wichtig für die Konstruktion eines geeigneten Dispergierers ist demnach neben der Einsatzfähigkeit unter Betriebsbedingungen die gesicherte Kenntnis der Korngrößenverteilung des Ausgangsmaterials, sodass

Referenzmessungen eine Beurteilung der Dispergiergüte ermöglichen. Zunächst wurden Korngrößenanalysen von Calciumoxid und Calciumhydroxid mit dem Strahlinjektor Rodos[®] am Institut für Mechanische Verfahrenstechnik durchgeführt. Dazu wurde die Untersuchungssubstanz in der Düsenströmung des Rodos[®] dispergiert und als Freistrahl durch den Laser des Laserbeugungsspektrometers Helos[®] der Firma Sympatec geführt. Die Dichteverteilungskurven der beiden Sorbenzien sind in Abb. 7 zu erkennen.

Folgende Ergebnisse lassen sich ableiten:

- Die Korngrößenverteilung des Calciumhydroxids entspricht weitgehend den Herstellerangaben, das Calciumoxid erweist sich als viel feiner.
- Mit Hilfe des Strahlinjektorprinzips lassen sich die Sorbenzien grundsätzlich dispergieren.
- Für beide Feststoffe gilt, dass sie extrem zur Agglomeration neigen. Der Strahlinjektor (zur Analyse) kann auch bei einem maximalen Druckabfall an der Düse von max. 6 bar die vorhandenen Agglomerate nicht vollständig dispergieren.
- Für den Betrieb eines Dispergierers ist es demnach nicht sinnvoll, mit maximalen Treibstrahldrücken eine vollständige Dispergierung erzwingen zu wollen, da zum einen der hohe Energieaufwand nicht gerechtfertigt ist und zum anderen neben dem Partikelstrom zu viel trockene Nebenluft in den Reaktionsraum gelangt, wodurch Abgaskonzentration, Temperatur und Feuchte beeinflusst werden. Die gegensätzlichen Anforderungen Dispergierung und geringer Treibstrahlverbrauch sind zu optimieren.

Die grundsätzlichen Anforderungen an den Injektor für die Entschwefelungsanlage werden wie folgt zusammengefasst:

- Transport des Feststoffs von der Dosiereinrichtung (Rüttelrinne) in die Anlage,
- Dispergierung des Feststoffs in den Abgasstrom,

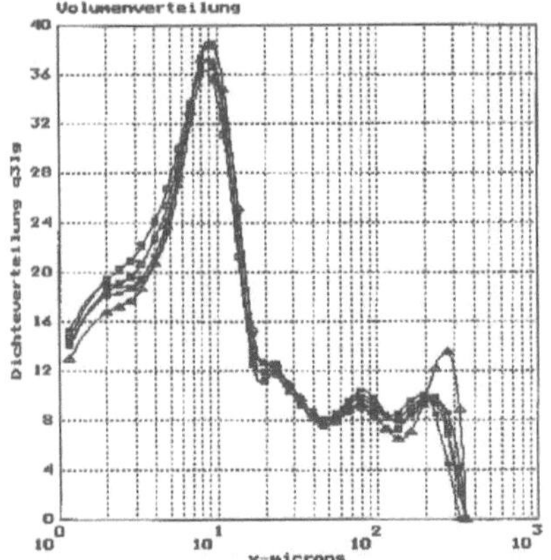
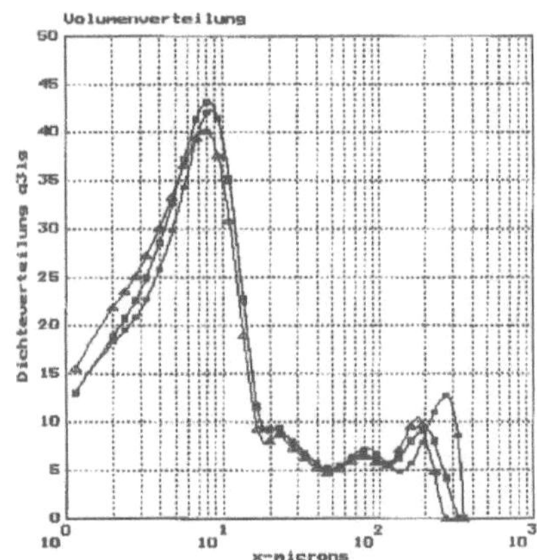

Abb. 7: Dichteverteilung von Calciumhydroxid (links) und Calciumoxid (rechts): Dispergierung mit Injektor Rodos[®] bei 5 bar Strahldruck mit eingesetzter Prallkaskade (Institut für Mechanische Verfahrenstechnik, TU Clausthal)

– minimaler Treibgasdurchsatz,
– trockener Transport bis zur Düse,
– Vermeidung von Rückströmungen und Partikelablagerungen oberhalb des Injektors durch übermäßige Verwirbelungen,
– geringe Baugröße,
– hohe Betriebssicherheit,
– einfacher Ein- und Ausbau des Injektors.

Nach dem problembehafteten Einsatz des Injektors Rodos® in der Versuchsanlage (Zusetzen) und anderer Konstruktionen (u.a. Feststofflanze, Treibstrahldüseninjektor mit 3 Düsen) wurde letztendlich ein Injektor nach dem Jet-Düsenprinzip entwickelt.

Beim Jetdüsenprinzip tritt die Pressluft ringförmig und im spitzen Winkel um das Förderrohr des Injektors aus. Im Förderrohr entsteht ein Unterdruck, sodass der Feststoff angesaugt und bei Kontakt mit der Pressluft noch einmal beschleunigt wird. In Abhängigkeit der gewählten Ringspaltgröße und der zugeführten Pressluft erfolgt die Güte der Dispergierung sowie die Größe des Feststoffmassenstromes.

Abbildung 8 zeigt den ausgeführten Injektor, der sich dadurch auszeichnet, dass die wirksame Dispergierzone auf einen kleinen Raum konzentriert ist und sich außerhalb des Injektors befindet. Bei relativ kleinen Treibgasvolumenströmen werden große Geschwindigkeitsdifferenzen erreicht. In Abb. 9 wird ersichtlich, wie der Druckluftstrom den Partikelstrom zunächst umgibt und einschnürt und erst einige Millimeter entfernt von der Injektormündung heftig verwirbelt.

Zum Auffinden des optimalen Betriebspunktes kann die Ringspaltgröße durch axiales Verschieben des Einsteckrohres in Abhängigkeit des angelegten Pressluftdruckes verändert werden (Optimum: 0,38 mm Spaltbreite, 3 bar). Die hohe Dispergiergüte dieses Injektors wurde durch eine Referenzmessung mit dem Trokkendispergierer Rodos® bestätigt (vgl. auch Abb. 10).

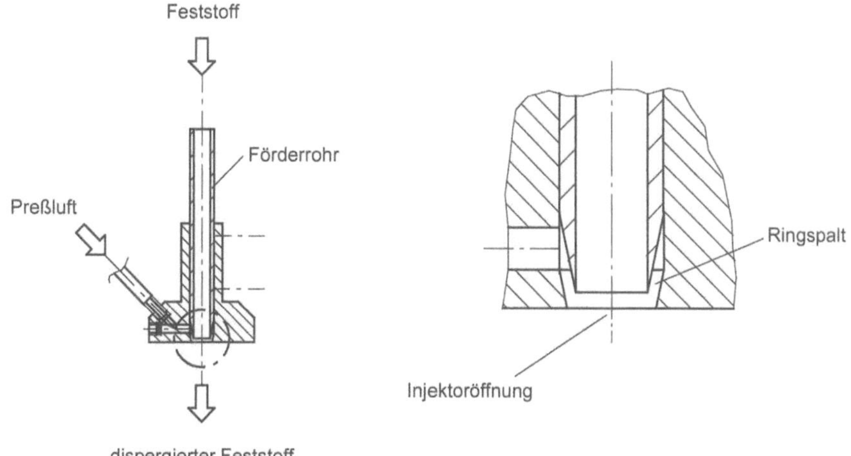

Abb. 8: Schnitt durch den Injektor (links), Ausschnitt (rechts)

Abb. 9: Partikelfreistrahl des Injektors

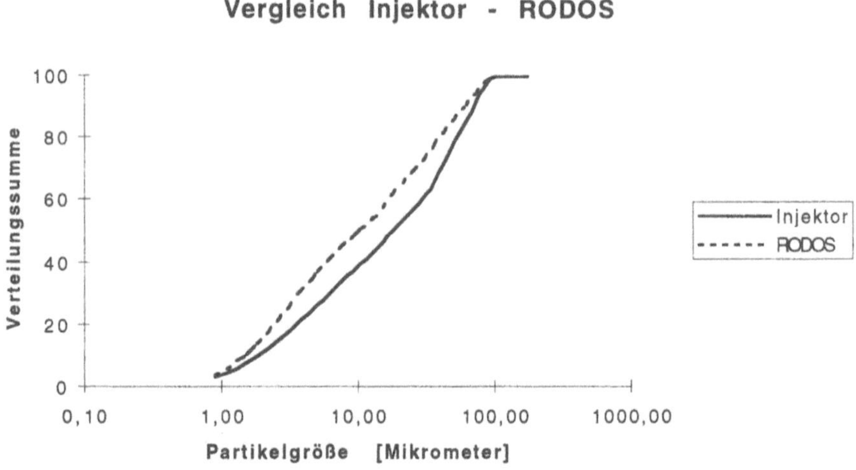

Abb. 10: Summenverteilung Q3, gemessen mit Laserbeugungsspektrometer Helos[®] im Partikel-freistrahl

Unter Umgebungsbedingungen ist ein kontinuierlicher Betrieb des Injektors ohne Einschränkungen möglich. Nach der Integration des Injektors in der Ent-schwefelungsanlage (mittig im Reaktionsraum in Gleichstromrichtung) kam es allerdings nach kurzer Zeit zur Verstopfung des Injektors.

Folgende Ursachen können für das Verstopfen des Injektors einzeln oder gemeinsam verantwortlich gemacht werden:

1. Bei Umströmung des Injektors gelangt durch Wirbelbildung feuchtes Abgas an seine Öffnung und verkleinert allmählich den Ringspalt durch Partikelablagerungen (Abb. 11 links).
2. Das feuchte und warme Abgas kondensiert an der Pressluftleitung. Das Kondensat wandert mit der Strömung in Richtung Injektoröffnung und befeuchtet den Feststoff (Abb. 11 rechts).
3. Die Injektorlage weicht von der angestrebten zentrierten Lage ab (nicht überprüfbar von außen). Dies führt zu erheblichen Partikelablagerungen an Reaktorwand (bei Reinigung erkennbar) und aufgrund von Reflexion des Partikelfreistrahls auch am Injektor selbst.

Da auf die Dispergierleistung dieses Injektors nicht verzichtet werden soll, ist dessen Einsatz für die in der Anlage herrschenden Betriebsbedingungen zu optimieren. Für den Versuchsbetrieb in der Entschwefelungsanlage wird in diesem Zeitraum eine Feststofflanze eingesetzt. Grundgedanke bei der Optimierung ist die Auslagerung des Injektors aus der feuchten Abgasströmung. Hierfür werden Versuche an einem Modell durchgeführt, dessen Aufbau in Abb. 15 zu erkennen ist.

Dem Reaktionsraum wird seitlich unter 30°-Neigung ein weiteres Rohr (Innendurchmesser 60 mm, Länge 180 mm) angebracht (Abb. 12). Die Platzierung des Injektors im Rohr wird bei relativen Feuchten von max. 98 % überprüft. Auf Grundlage der neuen Erkenntnisse wurde eine Injektorhalterung konstruiert, in die der Injektor fixiert werden kann und die bei Bedarf sowohl ein Abreinigen des Feststoffs im seitlichen Rohr während des Betriebes als auch unterschiedliche Injektorlagen (Abstand Injektor - untere Rohrkante) zur Optimierung an der Entschwefelungsanlage berücksichtigt. Neben der erhofften kontinuierlichen Betriebsweise ist es nun möglich, den Injektor auch während des Versuchsbetriebs ein- bzw. auszubauen. Die Gefahr, dass sich die gegenüberliegende Reaktorwand durch Ablagerungen zusetzt, konnte im Versuch nicht bestätigt werden. Ein weite-

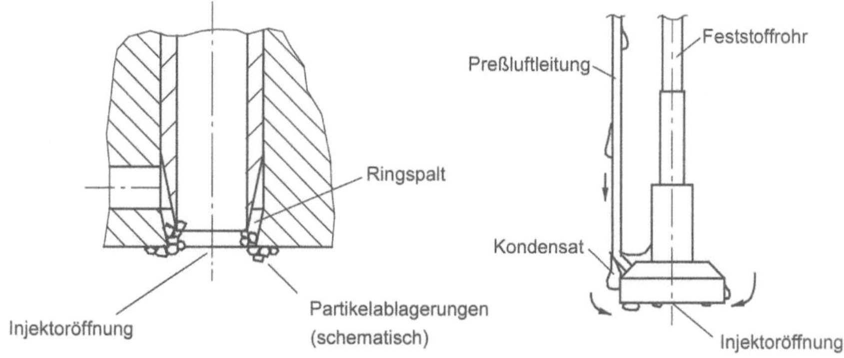

Abb. 11: Problematik beim Einsatz des Injektors in Entschwefelungsanlage. Ort der für Verstopfung verantwortlichen Partikelablagerungen (links), Kondensatbildung am Injektor (rechts)

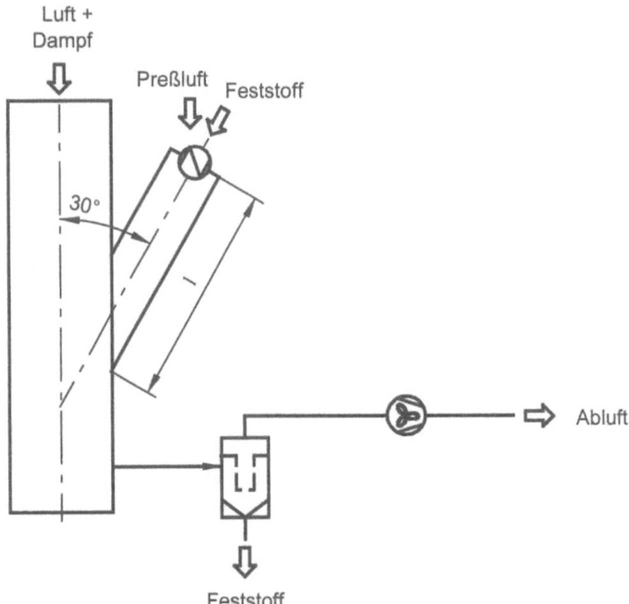

Abb. 12. Versuchsanordnung zur Optimierung des Ortes der Feststoffzugabe mit Injektor

rer Vorteil dieser Anordnung ist, dass der Partikelstrahl bei Eintritt in den Reaktionsraum bereits einen größeren Querschnitt bei kleineren Geschwindigkeiten aufweist als bei Platzierung des Injektors im Reaktor. Die für die Enschwefelung neben der zur Verfügung stehenden reaktionsfähigen Oberfläche maßgebliche Verweilzeit des Sorbens im Reaktionsraum wird durch diese Anordnung effektiv vergrößert.

4.5.4.3
Entwicklung des Gas-Feststoffabscheiders

Das im Abgas dispergierte schwefelhaltige Sorbens soll nach Verlassen der Reaktionsstufe vollständig und kontinuierlich von der gasförmigen Phase getrennt werden. Zur Trennung einer dispersen festen Phase vom Trägergas müssen Kräfte auf die Partikel einwirken, damit sich die Partikel auf anderen Bahnen bewegen als die Gasströmung und an geeigneter Stelle abgetrennt werden können. Grundsätzlich können zu diesem Zweck verschiedene Staubabscheider mit unterschiedlichem physikalischen Wirkprinzip eingesetzt werden. Nach Festlegung der Anforderungen und einer bewertenden Analyse wird zur Lösung der Trennaufgabe die Bauform: *Abreinigungsfilter mit einer on-line Druckluftimpulsabreinigung unter Verwendung von Filterschläuchen* gewählt.

Eingangsdaten des Abscheiders: Der Feststoff liegt in Form von $CaSO_3$, $CaSO_4$, CaO und $Ca(OH)_2$ in einer Partikelgrößenverteilung von 1 μm bis 300 μm vor.

Der Feststoffmassenstrom beträgt ca. 500 g/h. Die feuchten und ätzend wirkenden Partikel neigen stark zur Bildung von Agglomeraten.

Der Abgasvolumenstrom beträgt ca. 45 m^3/h (i.N.) und weist neben CO_2, O_2, und H_2O auch Restgehalte von SO_2 auf und hat demnach korrosive Eigenschaften. Die Temperaturen des Abgases liegen zur Zeit der Abscheidung zwischen 40 °C und 80 °C, die relative Feuchtigkeit nimmt Werte zwischen 60 % und 95 % an.

Der senkrechte Rohrreaktor endet mit einem Flansch, an den der Abscheider direkt befestigt werden soll. Zu zwei nebeneinander liegenden Seiten sind die Abmaße der Abscheiderkonstruktion begrenzt.

Bei Abreinigungsfiltern schließt sich an den Filtrationsprozess ein Abreinigungsprozess an (Regeneration), durch den die anfiltrierte Staubschicht vom Filtermedium entfernt wird.

Filtrationsprozess. Beim Filtrationsprozess werden die aus dem Rohgasstrom abzutrennenden Partikel auf dem Filtermedium in Form einer zusammenhängenden Schicht, dem sog. Filter- oder Staubkuchen, abgeschieden. In Abhängigkeit des ausgewählten Filtermediums übernimmt der Filterkuchen ganz oder auch nur teilweise die Filtrationsaufgabe. Bei Filtermedien von niedriger Dichtigkeit können Feststoffpartikel ein- bzw. durchdringen und mit dem Trägergasstrom ausgetragen werden. Erst durch den Aufbau des Filterkuchens, der nun den eigentlichen Filtrationsvorgang übernimmt, können die Staubemissionen bei Bedarf effektiv zurückgehalten werden. Spezielle Oberflächenbehandlungen des Filtermediums bewirken, dass auch zu Filtrationsbeginn gute Abscheidegrade erzielt werden. Der Druckverlust, der sich mit der Zeit über dem Filter und dem Filterkuchen aufbaut, ist bei konstanten Betriebsbedingungen linear. Die Steigung ist neben der abgeschiedenen Staubmenge von verschiedenen Stoff- und Prozessparametern abhängig, wie z.B. von der Filtrationsgeschwindigkeit, der Staubbeladung, den Trägergaseigenschaften, der Partikelgrößenverteilung, den Partikeleigenschaften wie chemische Zusammensetzung, Temperatur, Feuchtigkeit oder Aufladung (vgl. auch Löffler 1991).

Abreinigungsprozess. Durch die Abreinigung wird der durch die Filtration angestiegene Druckverlust wieder auf einen Restdruckverlust Δp_R abgesenkt, um die Standzeiten zu erhöhen und die Betriebskosten des Abscheiders zu reduzieren. Eingeleitet wird der Abreinigungprozess entweder bei Überschreiten einer vor und hinter dem Filter anliegenden definierten Druckdifferenz Δp_{max} (Regenerierungsdruckverlust) oder in bestimmten Zeitintervallen (Abb. 13).

Stellt sich nach der Abreinigung ein konstanter Restdruckverlust Δp_R ein, so herrschen stabile Betriebsbedingungen, da der jeweils neu anfiltrierte Anteil durch das Abreinigen wieder entfernt werden kann. Steigt allerdings der Restdruckverlust kontinuierlich an, spricht man von einem instabilen Betriebsverhalten, sodass der allmählich verstopfende Filter entweder öfter bzw. intensiver abgereinigt oder sogar in Kürze ausgetauscht werden muss.

Vorteile der Abreinigungsfilter sind die hohen Abscheidegrade (bis zu 99,9 %), wobei im Gegensatz zu Elektrofiltern sowohl die Investitions- als such die Betriebskosten in einem vertretbaren Rahmen liegen. Auch steht das nur unvollständig durchreagierte Sorbens nach der Abreinigung für die anschließende Prozess-

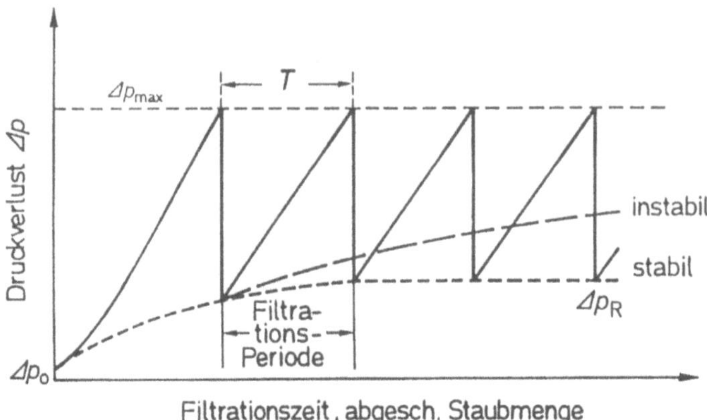

Abb. 13: Zeitlicher Druckverlustverlauf eines Abreinigungsfilters (Löffler 1991)

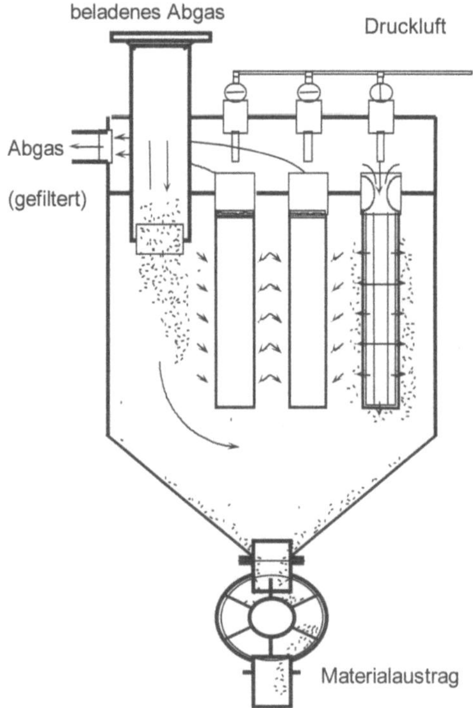

Abb. 14: Schema einer Filterkammer mit drei Filterschläuchen; on-line Abreinigung des rechten Filterschlauches

stufe „Aufbereitung" direkt und kontinuierlich zur Verfügung. Negative Auswirkungen auf die Eigenschaften der Sorbenspartikel sind nicht zu erwarten. Es besteht sogar an der Oberfläche des Filters die Möglichkeit einer Fortsetzung der

Entschwefelungsreaktion, denn das noch mit Rest-SO_2 beladene Abgas muss zwangsläufig die anfiltrierte Partikelschicht mit dem z.T. noch reaktionsfähigen Sorbens durchströmen.

In Abb. 14 ist beispielhaft eine Filterkammer mit drei Filterschläuchen dargestellt, die von außen nach innen durchströmt werden. Wird der Druckverlust über den Filterschläuchen aufgrund des anfiltrierten Feststoffs zu groß, wird dieser während des Filtrationsbetriebes (on-line) durch Aufgabe eines Druckluftimpulses abgereinigt (rechter Filterschlauch). Der Druckluftimpuls wird durch Einbau einer Venturidüse, die an den Stützkorb des Filterelementes integriert ist, zum einen vergleichmäßigt und zum anderen aufgrund der zusätzlich in den Filterschlauch einströmenden Sekundärluft verstärkt. Der abgereinigte Feststoff sedimentiert mit den groben Feststoffpartikeln und Agglomeraten, die der Abgasströmung im Abscheider nicht folgen können, in den Staubbunker und wird mit Hilfe einer Zellradschleuse ausgetragen.

Nach Rücksprache mit verschiedenen Filter- und Faserherstellern konnte ein geeignetes Filtermaterial ausgewählt werden, das selbst bei dem vorliegenden feuchten und stark zum Verkleben neigenden Sorbens ein Zusetzen des Filters verhindert und folgende Anforderungen erfüllt:

- Abscheidung von Partikeln zwischen 1 μm und 100 μm bei Abgastemperaturen bis maximal 100 °C und einer relativen Feuchte bis 95 %,
- Schutz gegenüber chemischen, thermischen und korrosiven Einflüssen des Trägergases und des Sorbens,
- Vermeidung des Partikeleindringens und damit des Verklebens des Filters,
- gutes Ablösevermögen des Staubkuchens,
- hohe Gasdurchlässigkeit des Filtermediums zur Verringerung des Druckverlustes,
- stabiles Betriebsverhalten,
- Standhalten der mechanischen Belastung beim Abreinigen des Filters mittels Druckimpuls,
- vertretbare Investitionskosten (vgl. auch Tabelle 3).

Da das Betriebsverhalten von Abreinigungsfiltern von unterschiedlichen und z.T. gegensätzlichen Einflussfaktoren (u.a. Filtermedium, Feststoff, Trägergas, apparativer Aufbau und Betriebsweise) abhängt, kann bei der Optimierung und Auslegung der Filterkammer auf Erfahrungswerte nicht verzichtet werden.

Zu diesem Zweck wurden in einer Modellfilterkammer (Abb. 15) Filtrations- und Abreinigungsversuche unter Berücksichtigung der in der Versuchsanlage herrschenden Betriebsbedingungen durchgeführt. Insbesondere wurden der Trägergasvolumenstrom, die Feststoffkonzentration und -eigenschaften sowie der Temperatur- und Feuchtigkeitseinfluss des Abgases berücksichtigt.

Tabelle 3: Für Versuchsanlage geeignete Filtermedien

Stützgewebe	Filterauflage	Weitere Behandlung
Polyacrylnitril Polypropylen Polyamid PTFE	Polyacrylnitril Polypropylen PTFE	Beschichtung oder Kalandrierung mit PTFE-Oberfläche

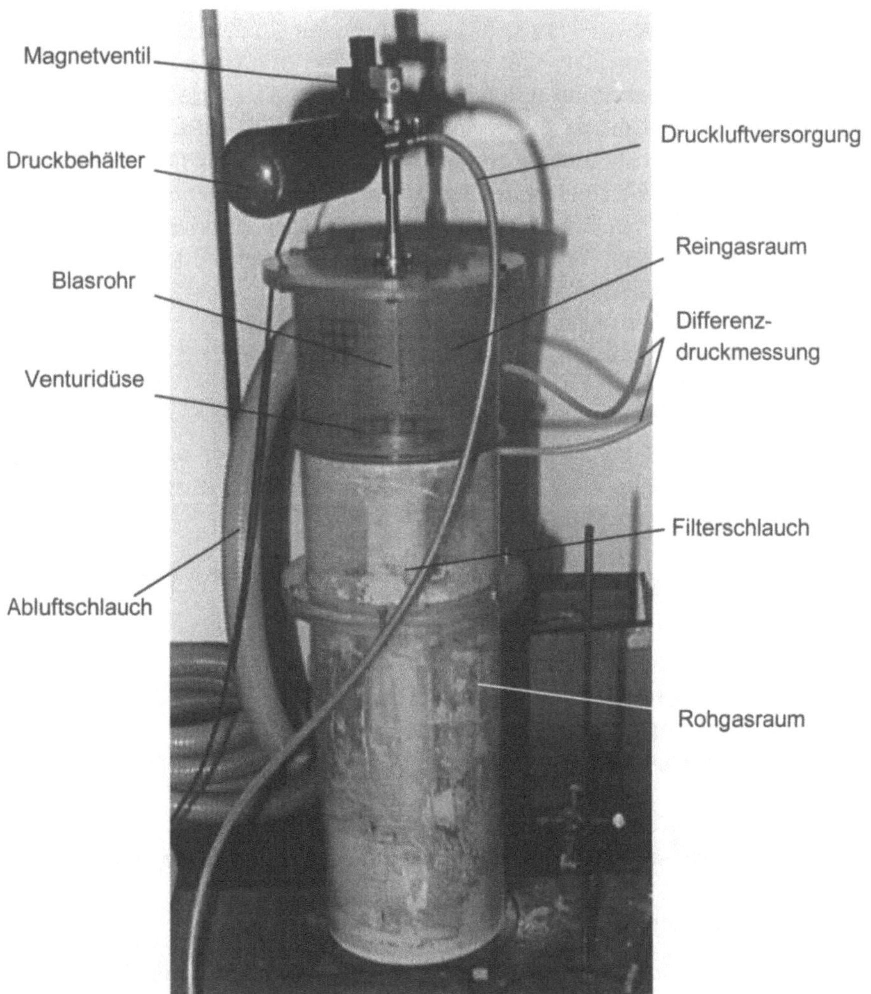

Abb. 15: Modellfilterkammer

Nach Auswertung der Versuche lassen sich folgende Schlüsse für die Auslegung und Konstruktion des Abscheiders ziehen:

1. Es wurden keine Partikelablagerungen im angrenzenden Abluftschlauch festgestellt, sodass mit allen getesteten Filtermedien ein vollständiges Abscheiden des Feststoffs (sowohl unreagiertes als auch reagiertes Sorbens) aus dem simulierten Abgas möglich ist. An den Befestigungsstellen Filterschlauch/ Stützkorb (mit Hilfe von Schlauchschellen) sowie Stützkorb/Zwischenboden besteht die Gefahr, dass Sekundärströmungen Partikel mit ins Reingas befördern, so dass auf eine sorgfältige und dichte Montage zu achten ist.

2. Temperaturschwankungen während des Versuchsbetriebes von max. 80 °C in der Entschwefelungsanlage beeinflussen nicht das Filtrations- und Regenerationsverhalten der untersuchten Filtermedien.

3. Die verwendeten Filterschläuche setzen sich nicht mit Partikeln voll und verstopfen nicht. Der anfiltrierte Feststoff (unreagiertes und reagiertes Sorbens) kann durch den Abreinigungsprozess vollständig entfernt werden.

4. Positiv auf den Filtrationsprozess wirkt sich die hohe relative Feuchte aus, wie in Versuchen mit der Modellfilterkammer bestätigt wurde.

5. Wie erwartet erreicht man bei einer Steigerung des Druckluftimpulses auch eine Verbesserung der Abreinigungsleistung. Aus wirtschaftlichen Gründen und um das Filtermedium nicht unnötig mechanisch zu beanspruchen, wird der Druckluftimpuls für die Versuchsanlage auf 3 bar festgelegt.

6. Ein eindeutiger Zusammenhang zwischen gewählter Druckimpulsdauer und Abreinigungswirkung ist aufgrund der durchgeführten Versuche nicht nachzuweisen. Für die Versuchsanlage kann eine Druckimpulsdauer von 120 ms gewählt werden.

7. Der Abstand zwischen Blasrohr und Venturidüse sollte ungefähr 30 mm bis 35 mm betragen, damit sich die Druckwelle optimal im Schlauch ausbreiten kann. Feststoffablagerungen werden durch den so einströmenden druckverstärkenden Sekundärluftanteil am Filter vermieden.

8. Die in der Modellfilterkammer verwendete Venturidüse plus Stützkorb soll auch in der Filterkammer zum Einsatz kommen.

9. Zur Unterstützung der Abreinigung ist der Abstand zwischen Filterschlauch und Kammerwand sowie die Größe des Filterkammerbodens und des Staubbunkers ausreichend zu dimensionieren.

10. Mit einer druckverlustgesteuerten Abreinigung können Änderungen der Betriebs- und Stoffparameter, insbesondere des Feststoffmassenstromes, berücksichtigt werden, ohne das Filtermedium durch zu häufiges Abreinigen frühzeitig zu verschleißen und Partikeldurchtritte zu verursachen (Vermeidung des Klopfeffektes). Eine kontinuierliche Druckverlustüberwachung ist erforderlich.

11. Eine reingasseitige Montage/Demontage der Filterschläuche mit Stützkörben erweist sich aufgrund der einfacheren Handhabbarkeit und Befestigungsmöglichkeit als sinnvoll.

12. Aufgrund der Temperaturdifferenz zwischen Abgas und Umgebungsluft von ca. 70 °C ist es zur Vermeidung von Taupunktunterschreitungen erforderlich, die Filterkammer zu beheizen und mit einer wärmeisolierenden Schicht zu versehen. Die am Filterkammerboden (Bunker) abgeschiedenen Partikel, die im feuchten und agglomerierten Zustand vorliegen, können auf diese Weise bei längerem Verbleiben in der Kammer getrocknet und damit leichter ausgetragen sowie verfahrenstechnisch weiterbehandelt werden.

13. Aufgrund der gewählten Abreinigungsart ist eine Einkammerkonstruktion des Abscheiders möglich.

Die für den Einsatz in der Versuchsanlage konstruierte Filterkammer ist in Abb. 16 mit geöffnetem Reingasraum und z.T. demontierten Stützkörben zu erkennen.

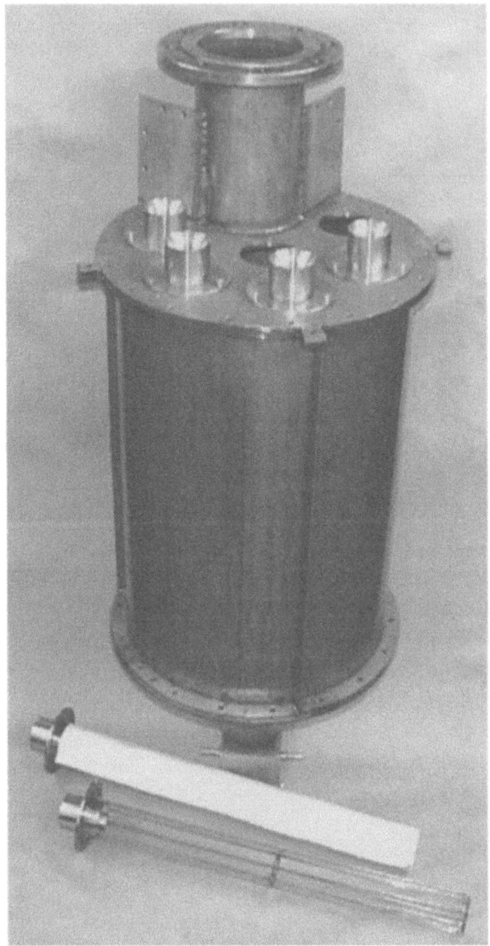

Abb. 16: Filterkammer, geöffnet, mit Stützkorb und Filterschlauch

4.5.4.4
Kreisprozessentwicklung

Das Ziel der Entwicklung des Sorbenskreisprozesses ist es, einen möglichst großen noch reaktionsfähigen Anteil des Sorbens nach Verlassen des Reaktors dem Abgas zur weiteren Entschwefelung zuzuführen, damit die laufenden Kosten dieses Trockenverfahrens durch Rohstoffeinsparung gesenkt werden können. Inwieweit der Feststoff nach Verlassen der Reaktionszone aufbereitet werden muss und kann (durch Freilegen der reaktionsfähigen Oberfäche) ist zum jetzigen Zeitpunkt noch nicht endgültig geklärt. Insbesondere die starke Agglomerationsneigung der feindispersen Additive erschweren die notwendigen Analysearbeiten und experimentellen Arbeiten. Erst wenn dieser Sachverhalt geklärt ist, können die aus-

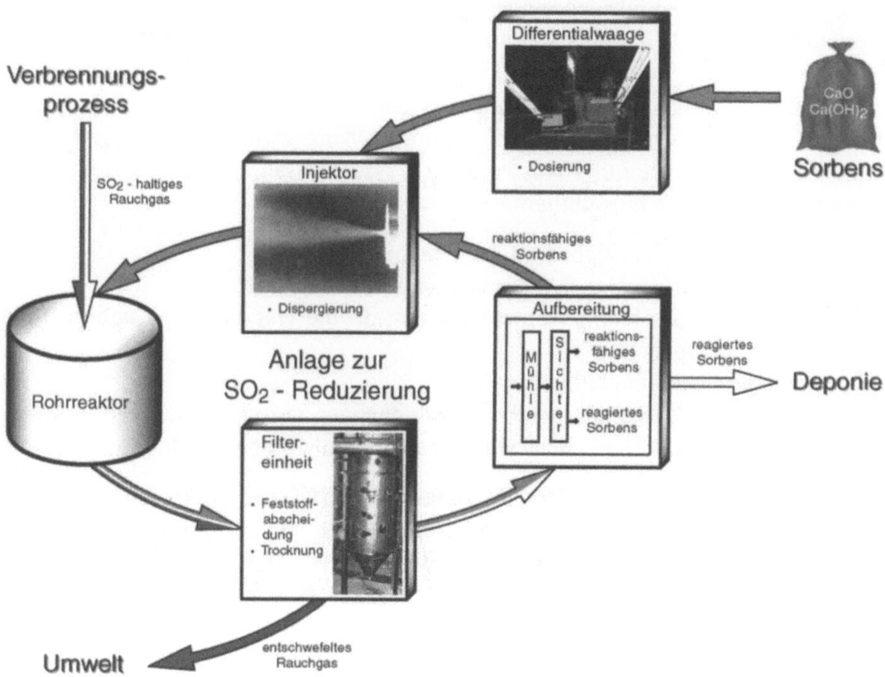

Abb: 17: Maschinentechnische Umsetzung des Feststoffkreisprozesses – Anlagenkomponenten und Anforderungen

schlaggebenden Anforderungen der zum Schließen des Kreisprozesses erforderlichen Aufbereitungseinheit konkretisiert werden, wie z.B. die Festlegung eines geeigneten Wirkprinzips, einer Trenngrenze oder der Feststoffmassenströme in der Anlage (Abb. 17).

4.5.4.5
Anwendung einer entwicklungsbegleitenden Sicherheitsanalyse

Während des Versuchsbetriebs der Niedertemperaturentschwefelungsanlage sind in der Vergangenheit immer wieder Störungen aufgetreten, die einen längeren kontinuierlichen Versuchsbetrieb verhinderten bzw. erschwerten.

Die Primärursachen dieser Störungen lagen z.B. in Komponentenausfällen aufgrund der starken Agglomerationsneigung des Sorbens, Materialverschleiß (z.B. Dichtungen), fehlerhafter Montage, organisatorischen Fehlern, aber auch in unzureichender Systemkenntnis bezüglich der Einflussfaktoren Temperatur, Druck und relative Feuchte im Reaktor.

Verzögerung des Versuchsbeginns, Versuchsabbruch, geringe Entschwefelungsleistung der Anlage aber auch hoher Aufwand beim Reinigen der Anlage (Entfernung von Feststoffanbackungen) sind Beispiele für Auswirkungen dieser Störungen. Dieses hatte letztendlich auch Auswirkungen auf den Entwicklungsprozess der dem Reaktor nachgeschalteten Komponenten, insbesondere der Aufbereitungs- und Rückführungseinheit. Ohne eine ausreichende und repräsentative Feststoffmenge der Reaktionsprodukte können Analysen zur Festlegung einer Trenngrenze und erforderlichen Wirkprinzips zur effektiven Aufbereitung der teilreagierten Partikel nicht durchgeführt werden.

Eine Sicherheitsanalyse, die den Zusammenhang zwischen potenziellen Störungen, deren Ursachen und Auswirkungen systematisch aufdeckt, soll wertvolle Informationen liefern hinsichtlich:

- der Erhöhung der Verfügbarkeit der Komponenten,
- des Verhaltens der Anlagenkomponenten im Versuchsbetrieb,
- Auswirkungen des Komponenteneinsatzes auf die Gesamtanlage und das Entschwefelungsergebnis,
- potenzieller Gefahrenquellen sowie
- Reaktionen der Gesamtanlage bei Abweichungen verschiedener Verfahrensparameter, bei Ausfall von einzelnen oder mehreren Komponenten.

Anhand der so gewonnenen Erkenntnisse sollen effektive Maßnahmen erarbeitet werden, die primär die Störungsursachen u.a. durch modifizierte Konstruktionen, Prozessparameter aber auch Betriebsanweisungen zur Beseitigung von Fehlfunktionen beheben und einen Beitrag zur entwicklungsbegleitenden Anforderungsermittlung der fehlenden Komponenten liefern.

Insbesondere die vom Institut für Maschinenwesen (IMW) entwickelten Komponenten Feststoffinjektor und Feststoffabscheider sollen systematisch untersucht werden.

Unterstützt werden die analytischen Betrachtungen durch den Einsatz der am IMW entwickelten KOMB-Analyse (Kombinierte Operabilitäts- Matrix- und Bewertungsanalyse), siehe dazu Abschn. 1.3.3.8.

Ergebnis der Analyse. In Zusammenarbeit mit den Anlagenbedienern werden Informationen über die Komponenten so weit wie möglich zusammengetragen, einschließlich Wartung und Bedienung beim An- und Abfahren der Anlage. (Zu diesem Zeitpunkt der Analyse ist bereits ein großes Informations- und Dokumentationsdefizit erkennbar).

Die Anlage wird in die Teilsysteme Erdgasverbrennung, Abgaskonditionierung, Dampfzufuhr, SO_2-Zufuhr, Sorbenszugabe, Abgasaufbereitung und -analyse, Feststoffabscheidung und Abgasaustrag unterteilt. Für die Teilsysteme wird jeweils das R&I - Fließbild angefertigt bzw. aktualisiert.

In Abb. 18 ist beispielsweise das Teilsystem „Sorbenszufuhr" mit seinen nummerierten Komponenten K zu erkennen.

Die Zusammenhänge zwischen Störungen, deren Ursachen und Auswirkungen werden mit den vorgeschlagenen Maßnahmen in einem Formblatt dokumentiert (Tabelle 4). Die erarbeiteten Maßnahmen, deren Umsetzung das Ziel der Analyse darstellt, differieren in Art, Aufwand, Durchführungszeitpunkt und Kosten. Beispiele der einzuleitenden Maßnahmen zur Gewährleistung eines kontinuierlichen Versuchsbetriebes und zum sicheren Anlagenbetrieb sind abschließend in Tabelle 5 aufgeführt (vgl. auch Bönig u. Heimmansfeld 1998).

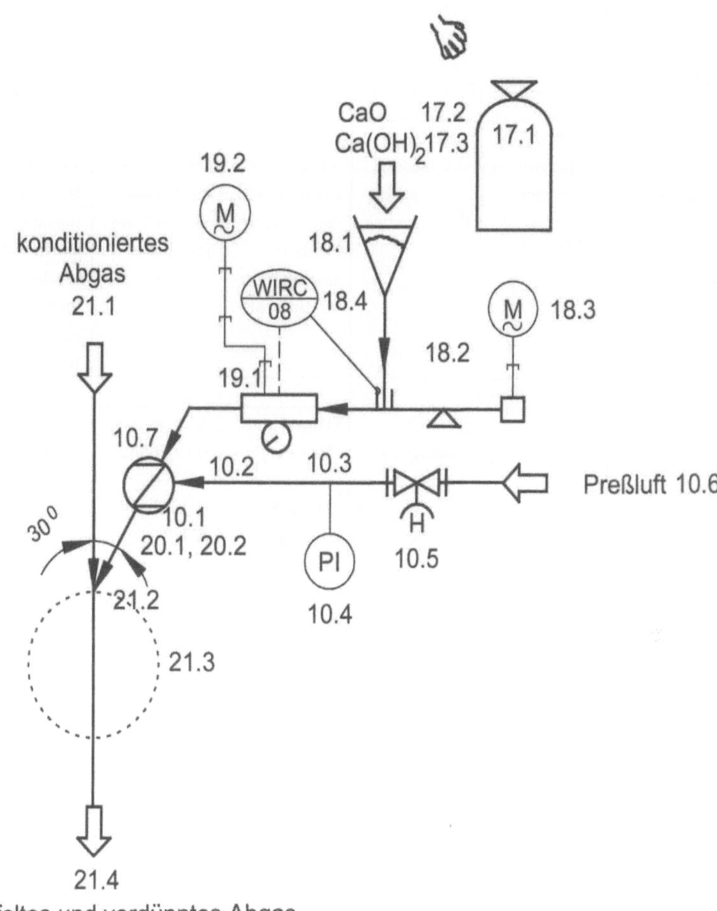

Abb. 18: Vereinfachtes Fließbild des Teilsystems „Sorbenszugabe"

4.5.5
Betrieb

Der Betrieb der Versuchsanlage dient zum einen der experimentellen Untersuchung des Entschwefelungsprozesses, zum anderen der Überprüfung und Optimierung der Funktionsfähigkeit einzelner Anlagenkomponenten insbesondere der Dosier- bzw. Dispergier- und der Filtereinheit. Abb.19 zeigt ein Foto der Versuchsanlage.

Tabelle 4: Auszug aus dem Formblatt 1 der durchgeführten Analyse

1 Komponente	2 Funktion	3 Störungen	4 Ursachen	5 Auswirkung	6 Maßnahmen	7 Störung beseitigt Ja/Nein
K 10.1 Feststoff-injektor	Gleichmäßige Dispergierung des Sorbens ins Abgas	S 10.1,1 vollständiges Aussetzen der Dispergierung	U 10.1,1 Verstopfung des Injektors durch feuchte Partikel-anlagerungen im Ringspalt	A 10.1;1 keine Redu-zierung des SO_2-Gehaltes im Abgas	M 10.1.13 nach Bemerken, SO_2-Zufuhr stoppen, Ursache prüfen und beheben, Ver-such wieder aufnehmen (A 10.1;1 TB)	NEIN
		…	…	…	…	
		S 10.1;2 Dispergierung unvollständig	U10.1;5 Einsteckrohr im Injektor verschoben, Ringspalt-breite verän-dert	A 10.1;1 keine Reduz. des SO_2-Gehaltes im Abgas A 10.1;3 Versuchsab-bruch A 10.1;5 Feststoffan-sammlung auf Schüttelrinne	M 10.1;5 Bear-beitung des Feststoffrohres, z.B. Bohrung für genaue, schnelle und sichere Montage u. Positionierung (U 10.1;5 VB)	
		…	…	…	…	
K 10.7 Feststoff-rohr	Verbindungs-rohr zur Feststoffbe-förderung zwischen Schüttelrinne und Injektor	S 10.7;2 Verbindungs-stelle Fest-stoffrohr-Injektorein-steckrohr undicht	U 10.7;4 undichtes Gewinde	A 10.7;2 Partikelaustritt an Verbin-dungsstelle	M 10.7;3 vor Einbau des Injektors, Über-prüfung der Dichtigkeit; evtl. Teflonband verwenden (U10.7;4 VB)	
		…	…	…	…	

4.5.5.1
Experimentelle Untersuchungen des Entschwefelungsprozesses

Im Rahmen der experimentellen Untersuchungen zur trockenen Entschwefelung von Abgasen im Niedertemperaturbereich wurde an der oben beschriebenen Ver-suchsanlage der Einfluss der Parameter:

- Temperatur des Abgases (30 °C – 80 °C),
- relative Feuchte des Abgases (30 % - 98 %),
- molares Ca:S-Verhältnis (1 - 5),
- Art des Sorbens (CaO und Ca(OH)$_2$) und
- spezifische Oberfläche des Sorbens (1,3 m^2/g - 3,5 m^2/g)

Tabelle 5: Maßnahmen zur Steigerung der Sicherheit beim Betrieb der Entschwefelungsanlage (Auszug ohne Bewertung)

Maßnahmenart	Beispiele
Konstruktive Änderungen von Komponenten	Umkonstruktion der Filterkammer: Nut für Dichtringe in Zwischenboden vorsehen
Zusatz von Komponenten (redundante Auslegung)	Fertigung und Einbau eines Ersatzinjektors Not-Aus für Anlage auf Empore
Wegfall von Komponenten	Abreinigung für Injektorhalterung ausbauen
Wechsel des Wirkortes von Komponenten	Thermoelement in Reaktor weiter nach oben versetzen
Isolierung von Komponenten	Staub- und stoßgeschütztes Gehäuse für Motor, Versorgungsleitungen führen
Überprüfung von Komponenten während Anlagenbetrieb	Kontrolle der Abreinigungswirkung der Filterkammer über Druckverlustverlauf
Hinweise, Vorschriften und Checklisten zum Bedienen und Warten von Komponenten	Betrieb der Zellradschleuse erst nach ausreichender Trockenzeit des Feststoffs im Bunker (Erfahrungswert)
Checklisten zur Ursachenfindung bei Störungseintritten	Nach Bemerken, SO_2-Zufuhr stoppen, Ursache prüfen und beheben, Versuch wieder aufnehmen
Maßnahmen zum Gewährleisten eines sicheren Anlagenbetriebes	Vor Injektorausbau Druckluft an Filterkammer abstellen, um Strömungsumkehr zu vermeiden
Maßnahmen zum Beheben von eingetretenen Störungen	Injektor mit Pressluft kurz durchpusten, Versuch wieder aufnehmen, erreicht Anlagendruck Umgebungsdruck, sofortige Unterbrechung der SO_2-Zufuhr und Feststoffzufuhr
Maßnahmen zur Begrenzung der Störungsauswirkungen	Bei Bemerken, sofort Dampfzufuhr unterbrechen u. evtl. bis zum Beheben der Störung Bypass vollständig öffnen zur Erhöhung der Abgastemp.
Maßnahmen zur Erhöhung der Arbeitssicherheit	Reinigung der mit Additiv verschmutzten Komponenten nur mit Schutzhandschuhen und Schutzbrille
Organisatorische Maßnahmen	Sämtliche Versuchsdaten für einen Versuchstag für Anlagenbediener schriftlich festhalten

auf den Entschwefelungsprozess in den jeweils angegebenen Bereichen untersucht. Alle Versuche wurden gemäß den Kriterien Entschwefelungsgrad und Calciumausnutzungsgrad ausgewertet.

Einfluss der relativen Feuchte und der Temperatur. Die relative Feuchte des Abgases wirkt sich auf die Menge des vom Partikel sorbierten Wasserdampfes und somit auf die Entschwefelungsreaktion aus. Inwieweit diese Sorption den Entschwefelungs- und Calciumausnutzungsgrad beeinflusst, wurde anhand der nachfolgend dargestellten Versuchsreihen untersucht. In Abb. 20 sind für drei verschiedene Abgastemperaturen die an der Versuchsanlage gemessenen Entschwefelungs- und Calciumausnutzungsgrade in Abhängigkeit von der relativen Feuchte des Abgases aufgetragen. Als Sorbens wurde CaO im molaren Ca:S-Verhältnis von 2,5 verwendet. In dieser Abbildung ist zu erkennen, dass die relative Feuchte einen wesentlichen Einfluss auf die Schwefeleinbindung hat. Bei einer

Abb. 19: Versuchsanlage am Institut für Energieverfahrenstechnik und Brennstofftechnik der Technischen Universität Clausthal

relativen Feuchte des Abgases von $\varphi \leq 60\,\%$ ist der erreichte Entschwefelungsgrad sehr gering. Sowohl Entschwefelungs- als auch Calciumausnutzungsgrad steigen mit zunehmender Feuchte deutlich an. Abb. 21 zeigt die Ergebnisse der Versuche mit $Ca(OH)_2$ als Sorbens. Auch beim Einsatz von Calciumhydroxid wird der Entschwefelungsprozess entscheidend durch die relative Feuchte des Abgases beeinflusst.

Die Versuchsergebnisse zeigen, dass bei hoher relativer Feuchte des Abgases eine stärkere Reaktion zwischen Sorbens und Schwefeldioxid stattfindet, welches darauf zurückzuführen ist, dass die vom Sorbens adsorbierte Wasserdampfmenge

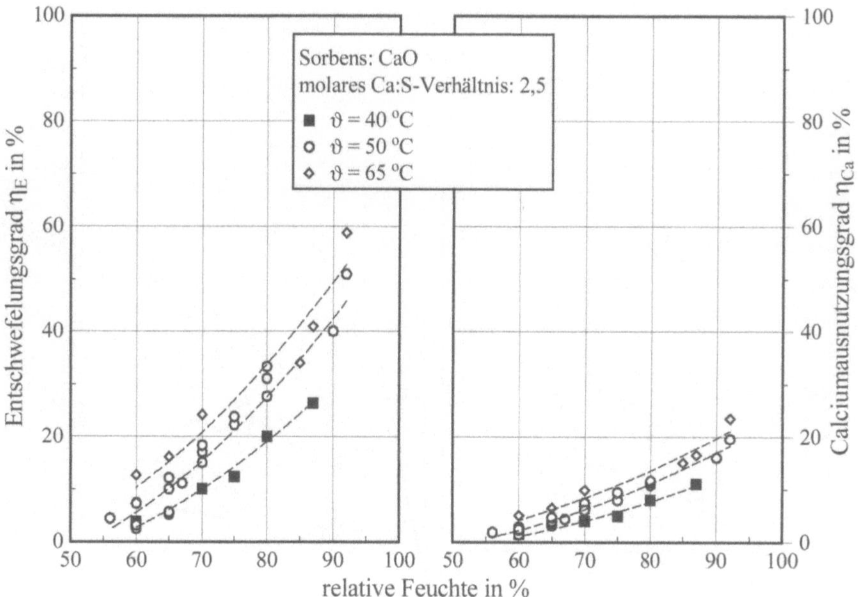

Abb. 20: Einfluss der relativen Feuchte auf den Entschwefelungs- und Calciumausnutzungsgrad für das Sorbens CaO

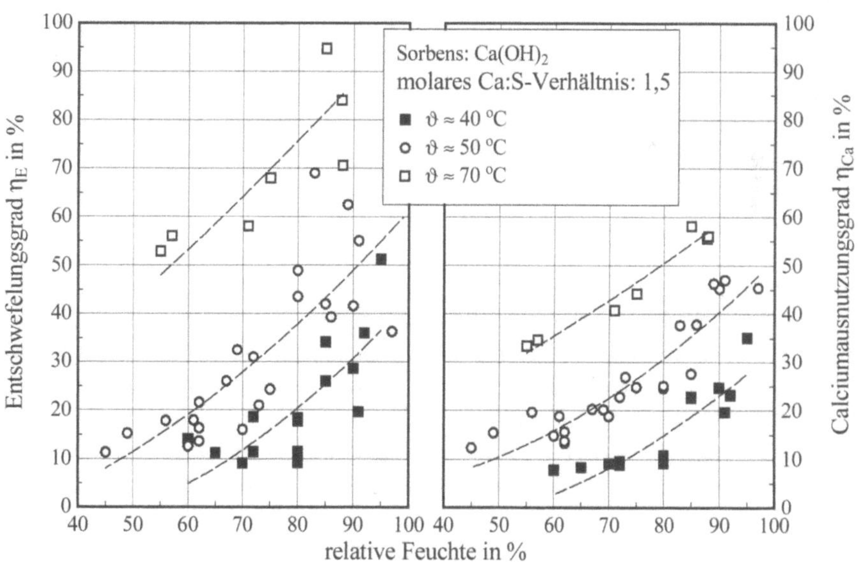

Abb. 21: Einfluss der relativen Feuchte auf den Entschwefelungs- und Calciumausnutzungsgrad für das Sorbens Ca(OH)₂

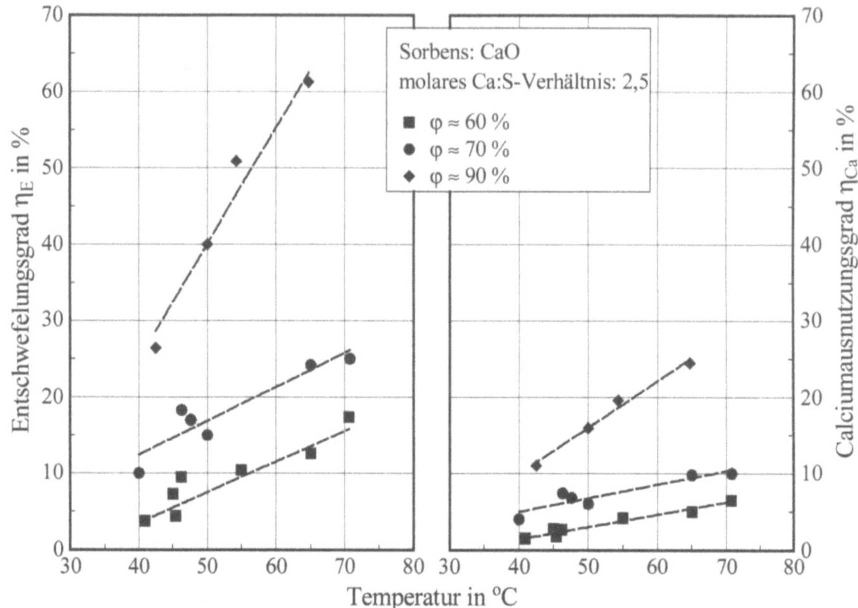

Abb. 22: Einfluss der Abgastemperatur auf den Entschwefelungs- und Calciumausnutzungsgrad für das Sorbens CaO

mit zunehmender relativer Feuchte größer wird. Eine Erhöhung der relativen Feuchte führt bei den Sorbenzien zu einer Steigerung des Calciumausnutzungsgrades, wobei die Calciumhydroxidumsetzung etwa drei- bis fünfmal so hoch ist wie die Calciumoxidumsetzung. Die Reaktion zwischen Calciumhydroxid und Schwefeldioxid setzt schon bei einer relativen Feuchte ein, bei der noch keine Reaktion des Calciumoxids festzustellen ist.

In Abb. 22 und Abb. 23 sind für Calciumoxid und -hydroxid der Entschwefelungs- und Calciumausnutzungsgrad in Abhängigkeit der Abgastemperatur dargestellt. Wie bereits in Abb. 20 und Abb. 21 zu erkennen war, bewirkt eine Erhöhung der Abgastemperatur eine Steigerung des Entschwefelungs- und Calciumausnutzungsgrades. Hierbei sind die Anstiege bei Verwendung von CaO umso größer, je höher die relative Feuchte des Abgases ist, weil die der Entschwefelungsreaktion vorangehende Bildung von Calciumhydroxid aus Calciumoxid und Wasser aufgrund der höheren Wasserdampfkonzentration schneller abläuft.

Bei Verwendung von Ca(OH)$_2$ steigen Entschwefelungs- und Calciumausnutzungsgrad in Abhängigkeit der Temperatur nahezu unabhängig von der Feuchte an.

Einfluss des molaren Ca:S-Verhältnisses. Für die Sorbenzien Calciumoxid und Calciumhydroxid wurde bei verschiedenen Betriebszuständen der Einfluss des molaren Ca:S-Verhältnisses auf den Entschwefelungs- und Calciumausnutzungsgrad untersucht. Die Ergebnisse dieser Versuche sind für CaO in Abb. 24 und für Ca(OH)$_2$ in Abb. 25 dargestellt. Abb. 24 zeigt, dass bei einer niedrigen relativen

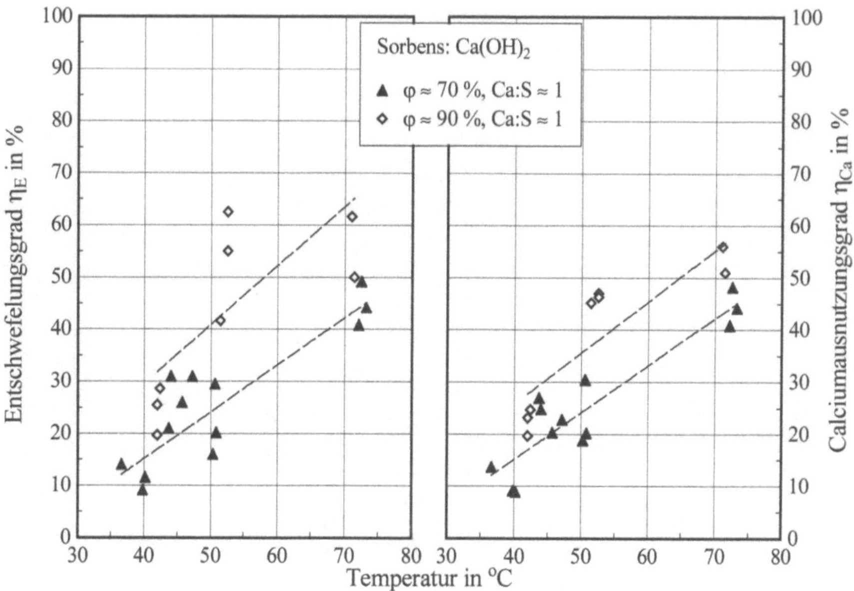

Abb. 23: Einfluss der Abgastemperatur auf den Entschwefelungs- und Calciumausnutzungsgrad für das Sorbens Ca(OH)$_2$

Feuchte des Abgases ($\varphi < 70\,\%$) der Entschwefelungs- und Calciumausnutzungsgrad nahezu unabhängig von der Sorbensmenge und der Abgastemperatur ist. Bei höherer Feuchte des Abgases ($\varphi \geq 80\,\%$) nimmt der Entschwefelungsgrad mit steigendem Ca:S-Verhältnis merklich zu, während der Calciumausnutzungsgrad erwartungsgemäß sinkt.

Beim Einsatz von Calciumhydroxid als Sorbens werden ebenso wie beim Calciumoxid der Entschwefelungs- und Calciumausnutzungsgrad je nach relativer Feuchte und Temperatur des Abgases unterschiedlich stark durch das molare Ca:S-Verhältnis beeinflusst. Bei den Versuchen mit einer Abgastemperatur von 40 °C und einer relativen Feuchte von 70 % liegt die Calciumausnutzung nahezu konstant bei $\eta_{Ca} \approx 10\,\%$, während bei einer Temperatur von 55 °C und einer relativen Feuchte von 85 % mit $\eta_{Ca} \approx 35\,\%$ eine deutlich höhere Calciumausnutzung erreicht wird. Insgesamt werden unter vergleichbaren Bedingungen mit Calciumhydroxid ein wesentlich höherer Entschwefelungs- und Calciumausnutzunggrad erzielt als mit Calciumoxid.

Einfluss der spezifischen Oberfläche. Der Einfluss der spezifischen Oberfläche wurde für das Material CaO untersucht, wobei das Calciumoxid in drei Fraktionen unterteilt wurde. In Abb. 26 ist der Entschwefelungsgrad für zwei verschiedene Versuchsreihen in Abhängigkeit von der spezifischen Oberfläche der Sorbenzien dargestellt.

Diese Abbildung macht deutlich, dass es sich bei der Entschwefelung um eine vorwiegend an der Oberfläche ablaufende Reaktion handelt. Mit Zunahme der spezifischen Oberfläche erhöht sich der Entschwefelungsgrad deutlich. Im Ver-

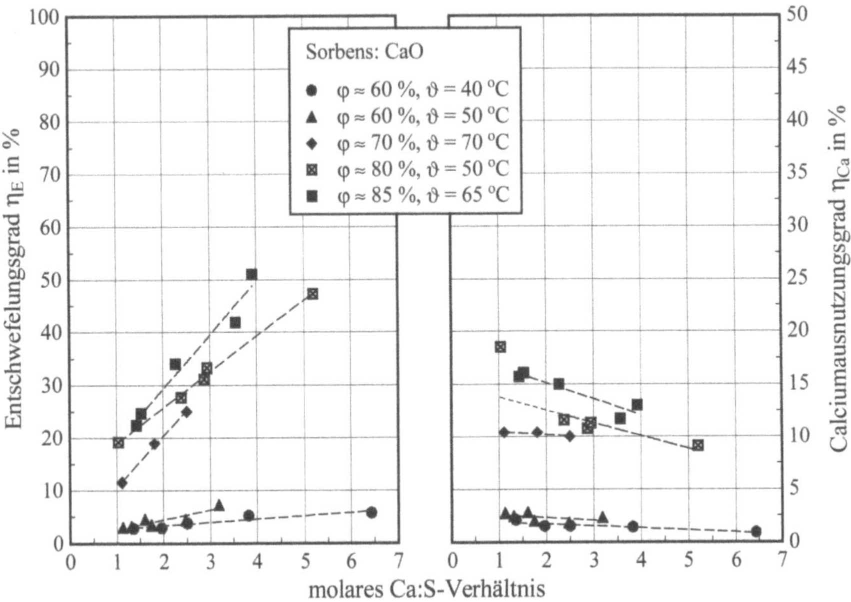

Abb. 24: Einfluss des molaren Ca:S-Verhältnis auf den Entschwefelungs- und Calciumausnutzungsgrad für das Sorbens CaO

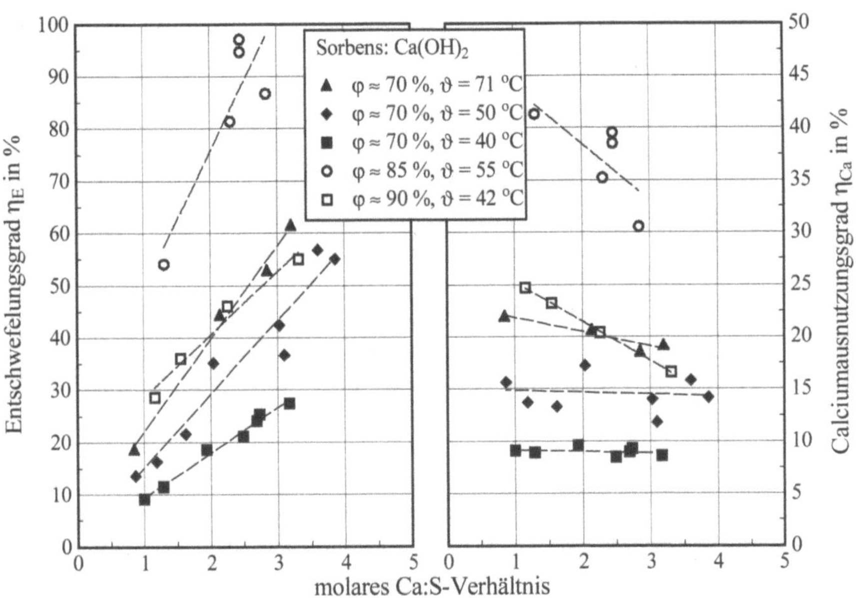

Abb. 25: Einfluss des molaren Ca:S-Verhältnis auf den Entschwefelungs- und Calciumausnutzungsgrad für das Sorbens Ca(OH)₂

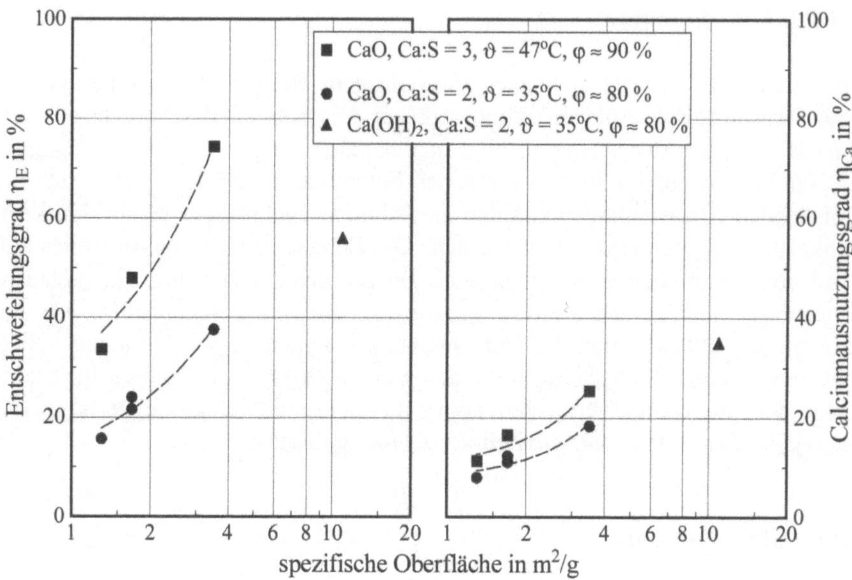

Abb. 26: Einfluss der spezifischen Oberfläche auf den Entschwefelungs- und Calciumausnutzungsgrad

gleich zu den mit Calciumoxid durchgeführten Versuchen ist in Abb. 26 zusätzlich der Entschwefelungsgrad für einen unter gleichen Bedingungen mit Kalkhydrat durchgeführten Versuch dargestellt. Der Vergleich zeigt, dass mit Kalkhydrat ein Entschwefelungsgrad von η_E = 57 % und mit Calciumoxid nur ein Entschwefelungsgrad von η_E = 38 % erreicht wurde. Die Calciumausnutzungsgrade verhalten sich analog. In dieser Abbildung erkennt man auch, dass der bei $\vartheta_{Reaktor}$ = 47 °C und 90 % relativer Feuchte durchgeführte Versuch die besseren Bedingungen für die Entschwefelung von Abgasen bot, da trotz des höheren Ca:S-Verhältnisses ein besserer Calciumausnutzungsgrad erreicht wurde.

4.5.5.2
Betrieb Injektor

Durch die Auslagerung des Injektors aus der feuchten Abgasströmung konnte die Kondensatbildung und somit die Ablagerung des Sorbens am Injektor vermieden werden, sodass eine wesentliche Voraussetzung für einen störungsfreien Dauerbetrieb geschaffen wurde. Die seitliche Eindüsung des Feststoffes unter einem Winkel von ca. 30° zur Abgasströmung beeinträchtigt dessen Verteilung über den Querschnitt des Rohrreaktors in vernachlässigbarem Maße. Die Dispergierwirkung des Injektors ist sehr gut. Weitere Voraussetzungen für einen störungsfreien Injektorbetrieb sind seine regelmäßige Reinigung (nach jedem Versuchstag) und die exakte Einstellung des Ringspaltes. Eine Verlängerung der Wartungssintervalle oder die Abweichung von der vorgegebenen Ringspaltbreite um lediglich einen zehntel Millimeter kann aber bereits nach wenigen Betriebsminuten zum Verstopfen und damit zum Versagen des Injektors führen.

4.5.5.3
Betrieb Filterkammer

Die Filtereinheit erweist sich nach zweijährigem Betrieb als zuverlässige und nahezu wartungsfreie Anlagenkomponente zur Abscheidung des Sorbens aus dem Abgasstrom. Der Abscheidegrad liegt unabhängig von den Betriebsbedingungen bei 100 %. Sowohl im Reingasraum der Filtereinheit als auch in den sich anschließenden Abgasleitungen konnten im Rahmen regelmäßiger Kontrollen keine Partikelablagerungen festgestellt werden. Die Filterschläuche weisen weder aufgrund der chemischen und thermischen Beanspruchung (feuchte, SO_2-beladene Atmosphäre) noch aufgrund ihrer mechanischen Belastung (regelmäßige Abreinigung mittels Druckluftimpuls) Verschleißerscheinungen auf. Durch die äußere Beheizung werden Anbackungen an den Innenwänden, insbesondere im Staubbunker der Filtereinheit vermieden, sodass ein kontinuierlicher und störungsfreier Austrag des Feststoffes über die Zellradschleuse gewährleistet ist.

4.5.6
Schlussfolgerungen

Die experimentellen Untersuchungen des Verfahrens haben gezeigt, dass ein ausreichend hoher Entschwefelungsgrad zur Unterschreitung der durch die TA Luft für Anlagen mit einer Leistung $< 50\,MW_{th}$ erreicht wird und die vorgegebenen Emissionsgrenzwerte unterschritten werden können, wobei die relative Feuchte und die Temperatur des Abgases entscheidenden Einfluss auf den Entschwefelungprozess haben. Je geringer der Abstand zum Taupunkt des Abgases ist, um so höher ist einerseits der erreichbare Entschwefelungs- bzw. Calciumausnutzungsgrad, um so schwieriger ist andererseits ein sicherer und störungsfreier Anlagenbetrieb.

Literatur zu Kap. 4.5

Blaß E (1997) Entwicklung verfahrenstechnischer Prozesse - Methode, Zielsuche, Lösungssuche, Lösungsauswahl. Springer, Berlin

Bönig S, Heimannsfeld K (1998) Die KOMB-Analyse am Beispiel einer Niedertemperaturentschwefelungsanlage. Mitteilungen aus dem Institut für Maschinenwesen der TU Clausthal Nr. 23, Clausthal

Clauder A (1997) Untersuchungen zur Niedertemperaturentschwefelung von Verbrennungsabgasen mit Calciumsorbenzien. Dissertation, Technische Universität Clausthal

Dennis J S, Hayhurst AN (1993) A Guide to Flue Gas Desulphurisation for the Industrial Plant Manager. ICHEME SYMPOSIUM SERIES NO. 131

Jeschar R, Dietz P, Clauder A, Mittler G, Romann M (1996) Ressourcensparende Entschwefelungsanlage auf Basis eines Kreisprozesses mit verfahrenstechnischen Maschinen. (2. Zwischenbericht des Teilprojektes B11 im SFB 180)

Jeschar R, Dietz P, Leschonski K, Mittler G, Bönig S (1998) Ressourcensparende Entschwefelungsanlage auf Basis eines Kreisprozesses mit verfahrenstechnischen Maschinen. (3. Zwischenbericht des Teilprojektes B11 im SFB 180)

Löffler F (1991) Staubabscheidung mit Schlauchfiltern und Taschenfiltern. Springer, Berlin

Pankhurst KS, Styles MC (1963) The kinetics of the formation of sulphur trioxide in combustion processes. BCURA Monthly Bulletin, November

Romann M, Klemp E (1996) Verfahrenstechnische Anforderungen und deren maschinenbauliche Umsetzung in einem Kreisprozess. Mitteilungen aus dem Institut für Maschinenwesen der TU Clausthal Nr. 21, Clausthal

Umweltbundesamt (1999) Informationsdienst des Umweltbundesamtes – Daten und Fakten. (http://www.umweltbundesamt.de)

4.6
Ultraschallreaktoren

U. Hoffmann, C. Horst

4.6.1
Verfahrenstechnische Aufgabenstellung

Der Einsatz von Feldern in der chemischen Verfahrenstechnik ist eine mittlerweile anerkannte Methode, um die klassischen Strategien zur Beeinflussung von chemischen Reaktionen wie Temperatur, Druck und Katalysator zu erweitern (Suslick 1995).

Am bekanntesten sind wohl Photoreaktoren, bei denen durch den Einsatz monochromatischen Lichts bestimmte Zustände in Molekülen angeregt werden. Auch andere Energieformen wie Magnetfelder, elektrische Felder oder wie im Folgenden näher ausgeführt, akustische Felder. Bei all diesen energetisch sehr anspruchsvollen Verfahren ist immer zu prüfen, ob der gewünschte Effekt den damit verbundenen Aufwand ausgleichen kann. Tabelle 1 skizziert einige der heute schon gebräuchlichen Anwendungsbereiche, in denen Ultraschall kommerziell eingesetzt wird (Mason u. Cordemans 1996; Hoffmann et al. 1999).

Tabelle 1: Beispiele für verfahrenstechnische Prozesse, bei denen Ultraschall zur Prozessintensifizierung eingesetzt wird

Heterogene Reaktionen	Aktivierung von Feststoffen, Zerkleinerung, Dispergieren, Agglomerieren, Katalysatorherstellung, Hydrierungen, Fluid-Feststoffumsetzungen
Homogene Reaktionen	Erzeugung von Radikalen, Oxidierung und Abbau von Schadstoffen in Wasser, Nanopartikelerzeugung
Polymerverarbeitung	Kontrollierter Abbau, Initiation von Radikalpolymerisationen, Copolymerisation, Mischen in Suspensionspolymerisationen
Elektrochemie	Vermeidung von Stofftransportlimitierungen, Elektrodenfouling, geändertes Produktspektrum
Reinigung	Reinigung von Teilen in wässrigen und nichtwässrigen Medien
Mischen	Dispersionen von Feststoffen, Partikelagglomeraten und Pigmenten, Emulgieren unmischbarer Flüssigkeiten
Kristallisation	Initiation von Keimen, kontrollierte Partikelgröße, maßgeschneiderte Produkteigenschaften
Extraktion	Schnelle und milde Extraktion von essentiellen Ölen anderen mikrobiologisch erzeugten Stoffen
Schweißen	Schweißen von Kunststoff und Metall
Schneiden	Schneiden von Keramik und Metall
Trennen	Verbesserte Filtration, Agglomeration und Trennung von Partikeln

Die bei klassischen Reaktoren anwendbaren Auslegungskriterien sind für Ultraschallreaktoren meist nur unzureichend, da das Verhalten des überlagerten Schallfeldes mit seiner stark lokalen Wirkung von vielen Parametern beeinflusst wird. Die Auslegung, der Bau und der Betrieb von Ultraschallreaktoren erfordert daher immer eine simultane Beschäftigung mit drei Themenfeldern: Reaktionstechnik, Schalltechnik und Prozesstechnik (Berlan u. Mason 1992).

4.6.1.1
Ultraschallausbreitung und Wirkung

Als Ultraschall werden Schallwellen mit Frequenzen oberhalb der menschlichen Hörschwelle bezeichnet (Rayleigh 1902; Young 1989). Der so genannte Leistungsultraschall wird in technischen Anwendungen mit einem Frequenzbereich zwischen 20 und etwa 100 kHz verwendet (Lorimer u. Mason 1987). Höhere Frequenzen bis in den Megahertzbereich werden für Spezialanwendungen genutzt oder in der Ultraschalldiagnose von Bauteilen und lebender Materie eingesetzt. Da der maximale Energieeintrag durch das verwendete Material limitiert ist, eignen sich tiefe Frequenzen für hohe Ultraschallleistungen und hohe Frequenzen für leistungsärmere Anwendungen.

Die Erzeugung von Ultraschall erfolgt zumeist in piezoelektrischen oder magnetostriktiven Wandlern, die eine angelegte elektrische Spannung in eine mechanische Bewegung umwandeln. Durch geeignete Führungsgeometrien wie Tonpilze oder andere Resonanzsysteme wird die am keramischen Wandler generierte Auslenkung verstärkt und an das angekoppelte Medium weitergeleitet.

Das Arbeitsmedium kann ein Gas sein. Für sonochemische Applikationen sind jedoch nahezu ausschließlich flüssige Stoffe geeignet, da nicht der Schall selbst, sondern der Sekundäreffekt der Kaviation genutzt wird (Noltking u. Neppiras 1951).

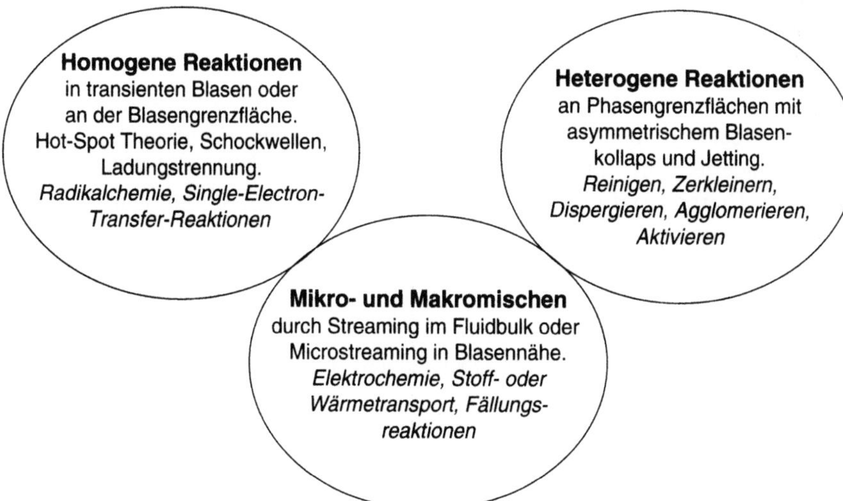

Abb. 1: Identifikation von Wirkmechanismen bei Ultraschallanwendungen

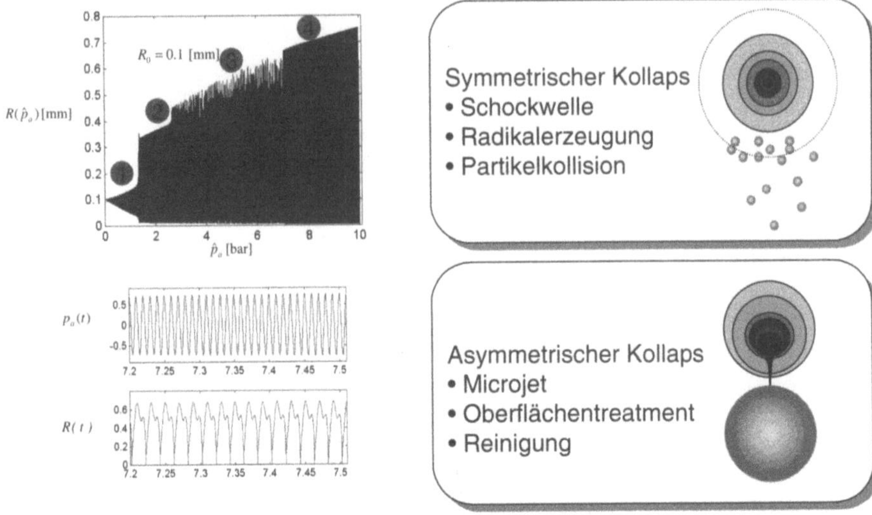

Abb. 2: Wirkungsmechanismen von Blasen. Oben links: Berechnetes Verhalten einer Einzelblase bei unterschiedlichen Schallwechseldrücken, maximale und minimale Radien; unten links: Nichtlineare Antwort einer schwingenden Blase auf einen sinusförmigen Schallwechseldruck; rechts: Verhalten einer kollabierenden Blase in der Umgebung kleiner Partikel (oben) und großer Partikel (unten)

Dazu wird dem statischen Druck ein sinusförmiger Schallwechseldruck überlagert, der zu Dichteschwankungen in der Flüssigkeit führt. Unterschreitet der Schallwechseldruck eine kritische Grenze, so werden an Verunreinigungen im Fluid und an anderen Keimbildungsstellen Blasen erzeugt. Dieses kalte Sieden einer Flüssigkeit kann z.B. zur Entgasung ausgenutzt werden. Die entstandenen Blasen oszillieren angesichts des sinusförmigen Schallwechseldrucks stark nichtlinear und können bei bestimmten Bedingungen kollabieren.

Die Abb. 1 zeigt die drei Hauptwirkungsmechanismen in Ultraschallfeldern. Hohe Temperaturen, Drücke und starke mechanische Kräfte sind die Ursache für die bekannte Reinigungswirkung, die Veränderung von reaktionskinetischen Daten einer Reaktion, die Initiierung von Radikalreaktionen (Contamine et al. 1994) oder veränderte Stoff- und Wärmeübergangsprozesse (Kubanskii 1962; Okada et al. 1972). Hierbei ist zwischen den meist mechanischen Wirkungen von tieffrequentem Leistungsschall und den auf radikalischen Mechanismen beruhenden Effekten durch höherfrequenten Schall zu unterscheiden. Im ersten Fall lassen sich Feststoffe besonders gut reinigen, zerkleinern oder mechanisch aktivieren. Diese mechanischen Eigenschaften können durch die Wahl der Ultraschallparameter optimiert werden und sollen zur Oberflächenveränderung an reaktiven Metallen wie Magnesium verwendet werden.

In der Abb. 2 werden die beiden Effekte von kollabierenden Blasen auf suspendierte Feststoffe gezeigt. Liegt der Feststoffpartikeldurchmesser bei sehr kleinen Werten im µm-Bereich, so werden diese Partikel in der beim Blasenkollaps freigesetzten Schockwellen beschleunigt und kollabieren (Doktycz u. Suslick 1990). Die beim Kontakt zweier Partikel auftretenden Temperaturen und Drücke reichen aus, um z.B. Metall miteinander zu verschmelzen oder um Hochtemperaturreaktionen an der Kontaktstelle ablaufen zu lassen. Liegt die Partikelgröße im Bereich des Blasendurchmessers oder darüber, so wird der symmetrische Kollaps der Blase gestört und sie wölbt sich in Richtung der Störung aus (vgl. auch Benjamin u. Ellis 1966). In einigen Fällen kann sich dann ein so genannter Microjet, ein Flüssigkeitsstrahl mit Geschwindigkeiten von einigen hundert Metern pro Sekunde ausbilden, der den Feststoff trifft. Der Druck, der beim Auftreffen des Microjets erzeugt wird, ist für eine plastische Verformung der meisten Materialien ausreichend und wird zur Reinigung fester oder flüssiger Deckschichten sowie für die Aktivierung von Feststoffen verwendet (Chahine u. Bovis 1983).

Das Verhalten eines Schallfeldes ist stark von der Reaktorgeometrie abhängig (Horst et al. 1997b). Diese, in der Reaktionstechnik nicht häufig anzutreffende Nebenbedingung beim Design eines Reaktionsraumes lässt sich durch geeignete Schallfeldsimulationen erfüllen. Die zumeist in der Ultraschalltechnik verwendeten Kennzahlen Intensität I (elektrische Leistung pro Flächeneinheit der schallabstrahlenden Fläche) oder volumetrischer Energieeintrag e (elektrische Leistung pro Reaktorvolumen) sind für eine aussagekräftige Einschätzung eines Ultraschallreaktors nicht geeignet. Erst die Identifikation und Klassifizierung lokaler Phänomene erlaubt quantitative Aussagen über die Eigenart eines solchen Reaktors (Bjerknes 1906). Das Problem der Schallfeldberechnung wird durch die Anwesenheit kavitierender Blasen erschwert. Ist im idealen Fall nur ein normales numerisches Problem, die Eulersche Differentialgleichung in der akustischen Näherung kleiner Auslenkungen, zu lösen, sind im Falle kavitierender Schallfelder die Konstanten in der beschreibenden Gleichung für den Schallwechseldruck p stark nichtlinear:

$$div \ grad \ \underline{p}(\vec{x}) + \underline{k}^2(\vec{x}) \cdot \underline{p}(\vec{x}) = 0. \tag{1}$$

Die Anwesenheit von Blasen stört die Kompressibilität der beschallten Flüssigkeit besonders stark (Commander u. Prosperetti 1989). Da die Schwingungen der Blasen meist nichtlinear sind, nicht in Phase mit dem Schallwechseldruck liegen und sekundäre Phänomene zu einer lokalen Verteilung der Blasengrößenverteilungen und der Gesamtblasenanzahl führen, ist die Berechnung der ortsabhängigen komplexen Wellenzahl k die wichtigste Voraussetzung für die Berechnung von kavitierenden Schallfeldern.

$$\underline{k} = \frac{\omega}{\underline{c}} = k' + ik'' \tag{2}$$

Die Wellenzahl k besteht im Falle eines mit Blasen durchsetzten Schallfeldes aus zwei Anteilen. Der erste, reale Anteil ist die effektive Schallgeschwindigkeit, die wesentlich kleiner sein kann als die der blasenfreien Flüssigkeit. So können geringe Prozentsätze an Blasen die Schallgeschwindigkeit von Wasser, c = 1500 m/s, auf Werte von etwa 40 m/s absenken. Mit dem Auftreten von Blasen ist eine starke Dämpfung verbunden. Diese beschreibt den zweiten, imaginären Anteil an der Wellenzahl (Dähnke u. Keil 1998). Die zur Berechnung realer Felder eingesetzten Routinen sind in der Abb. 3 gezeigt. Sie beinhalten im Kern vier Methoden

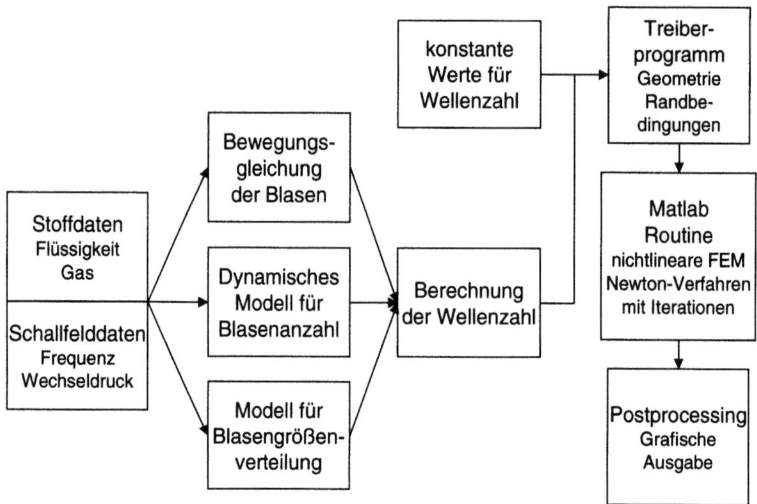

Abb. 3: Programmstruktur zur Berechnung von Schallfeldern in kavitierenden Flüssigkeiten

zur Berechnung: Die Simulation der Schwingung unterschiedlich großer Blasen bei einem aufgeprägten Schallwechseldruck, die Modellierung der Gesamtblasenzahl für jeden Ort des Reaktors mit einem dynamischen Modell zur Beschreibung von Blasenfragmentierung, Blasenkoaleszenz und konvektiven Anteilen sowie einer Methode zur Berechnung der Blasengrößenverteilung. Diese Module werden im abschließenden Modell zur Bestimmung der Wellenzahl herangezogen und in eine Finite Elemente Methode eingespeist.

Den Kern der Simulation bildet die Berechnung der komplexen Schallgeschwindigkeit $\underline{c}$ im Flüssigkeits-Blasengemisch („bubbly liquid"). Dazu wird der komplexe Modul $\underline{B}$ und die Dichte des Gemisches verwendet:

$$\underline{c}_m^{\,2} = \frac{\underline{B}_m}{\rho} \quad \text{mit} \quad \underline{B}_m = -V_m \frac{d\underline{p}}{dV_m}. \tag{3}$$

Das komplexe Modul B berechnet sich aus den Modulen der reinen Flüssigkeit und der der oszillierenden Blasen, die als Blasengrößenverteilung vorliegen. Da sich die Volumenänderungen der Blasen wesentlich stärker auswirken, als die der Flüssigkeit, ist die Linearkombination

$$\underline{B}_m = B_L + \underline{B}_B \tag{4}$$

mit einem rein realen Anteil B_L durch die Flüssigkeit erlaubt. Der Anteil der Blasen muss als zeitliches Mittel des Moduls $B_B(t)$der Volumenänderung der Blasengrößenverteilung berechnet werden:

$$\underline{B}_B(t) = -\frac{d\underline{p}(t)}{d\ln\left(\displaystyle\int_0^{\infty} n_B(R)V_B(R,t)dR\right)}. \tag{5}$$

Wie man in der Gleichung sieht, müssen zwei Informationen vorliegen. Diese sind die Blasengrößenverteilung, gekennzeichnet durch die Anzahl $n_B(R)$ von Blasen des Radius R, und das Blasenvolumen der oszillierenden Blase $V_B(R,t)$.

Der Radius R einer oszillierenden Blase mit dem Ruheradius R_0 kann aus

$$R\ddot{R}(1-M)+\frac{3}{2}\dot{R}^2\left(1-\frac{M}{3}\right)=(1+M)H-(1-M)\frac{R}{c}\frac{dH}{dt} \tag{6}$$

berechnet werden. Die in der Gleichung auftretenden Machzahlen M und die Enthalpie H, welche die Differenz der Enthalpie zwischen der Flüssigkeit am Blasenrand und der in weiter Entfernung vom Blasenrand beschreiben, unterscheiden sich durch unterschiedliche Modellierungstiefen (vgl. Tabelle 2). Die unterschiedlichen Modelle beruhen auf verschiedenen Forschergruppen, die diese entwickelt haben:

- Rayleigh-Plesset (RP)
- Rayleigh-Plesset-Noltingk-Neppiras-Poritsky (RPNNP)
- Noltking-Neppiras (NN)
- Herring-Flynn (HF)
- Kirkwood-Bethe-Gilmore (KBG).

Tabelle 2: Ansätze zur Beschreibung der Machzahl und der Enthalpie in der Bewegungsgleichung von Blasen

Theorie	Ansatz für H	Ansatz für M
RP	$H=\dfrac{1}{\rho_L}\{p_L(t)-p_\infty(t)\}$	$M=0$
RPNNP	$H=\dfrac{1}{\rho_L}\{p_L(t)-p_\infty(t)\}$	$M=0$
HF	$H=\dfrac{1}{\rho_L}\{p_L(t)-p_\infty(t)\}$	$M=\dfrac{\dot{R}}{c_0}$
KBG	$H=\dfrac{n}{n-1}\dfrac{A^{1/n}}{\rho_L}\left\{\left[\left(p_0+\dfrac{2\sigma}{R}-p_V\right)\left(\dfrac{R_0}{R}\right)^{3\kappa}+p_V-\dfrac{2\sigma}{R}-\dfrac{4\eta\dot{R}}{R}+B\right]^{(n-1)/n}-\left(p_0+p_a(t)+B\right)^{(n-1)/n}\right\}$	$M=\dfrac{\dot{R}}{c(\rho)}$

Der Druck in der Flüssigkeit an der Blasenoberfläche ist gleich

$$p_L=\left(p_0+\frac{2\sigma}{R_0}-p_V\right)\left(\frac{R_0}{R}\right)^{3\kappa}+p_V-\frac{2\sigma}{R}. \tag{7}$$

Der Druck in weiter Entfernung von der Blase

$$p_\infty=p_0+p_a(t). \tag{8}$$

Zur Berechnung der Blasenbewegung wird das Kirkwood-Bethe-Gilmore (KBG) Modell verwendet, da es neben einer variablen Machzahl auch die Kompressibilität der Flüssigkeit über eine Zustandsgleichung berücksichtigt und damit für kollabierende Blasen mit sehr hohen Kollapsgeschwindigkeiten geeignet ist. Die Abb. 4 und die Abb. 5 zeigen das unterschiedliche Verhalten bei stabiler und transienter Kavitation.

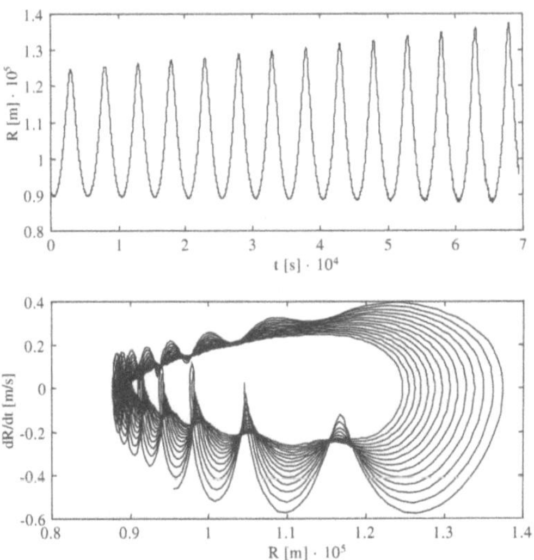

Abb. 4: Blasenradius R als Funktion der Zeit (oben) und Phasendiagramm (unten) für eine kleine Blase mit $R_0 = 0.01$ mm bei geringem Schallwechseldruck (stabile Kaviation)

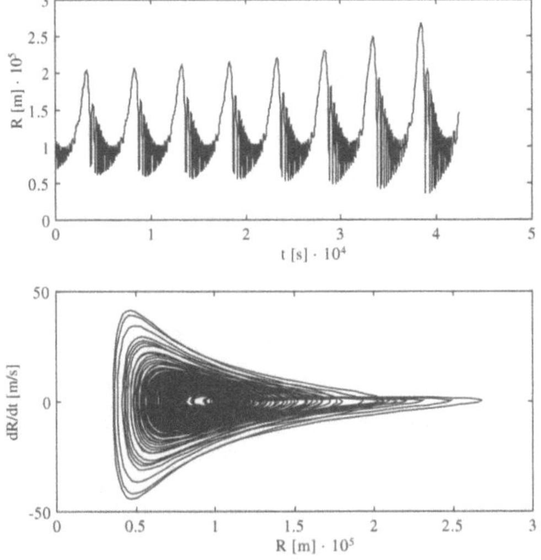

Abb. 5: Blasenradius R als Funktion der Zeit (oben) und Phasendiagramm (unten) für eine kleine Blase mit $R_0 = 0.01$ mm bei höherem Schallwechseldruck (transiente Kavitation)

Die Berechnung der Blasengrößenverteilung erfolgt über eine Gaußverteilung bzw. eine Exponentialverteilung zwischen den durch die Theorien zur Bewegungsgleichung abgeleiteten Grenzen, in denen Blasen verschiedenen Verhaltens existieren können (Leighton 1997). Neben stabiler und transienter Kavitation gibt es einen dritten Blasentyp. Dieser Bereich kennzeichnet sich durch Blasen aus, die sich unter dem Einfluss der Oberflächenspannung in der Flüssigkeit auflösen und in stationären Schallfeldern nicht existent sind.

Das Modell liefert Aussagen über die effektive Schallgeschwindigkeit und den Absorptionskoeffizienten, welche schlußendlich in die Berechnung der Schallfeldgleichung einfließen (vgl. Abb. 7).

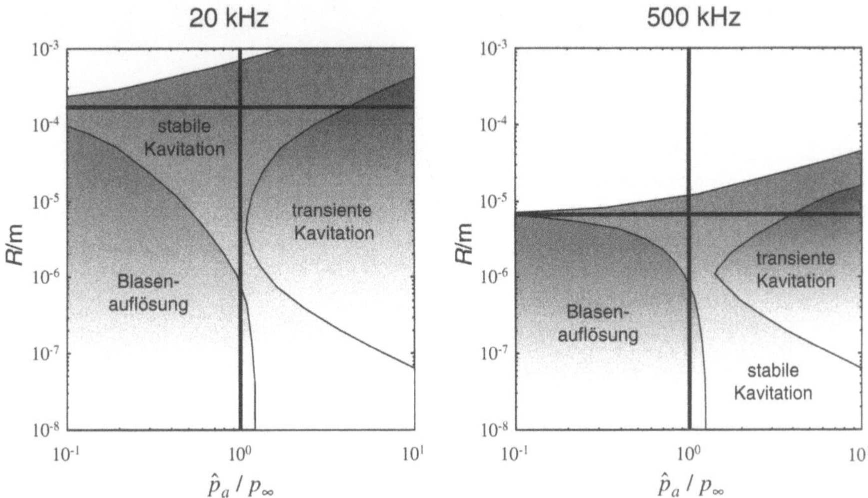

Abb. 6: Blasentypen bei 20 kHz (links) und 500 kHz (rechts) in Abhängigkeit vom Blasenradius und von Schallwechseldruck

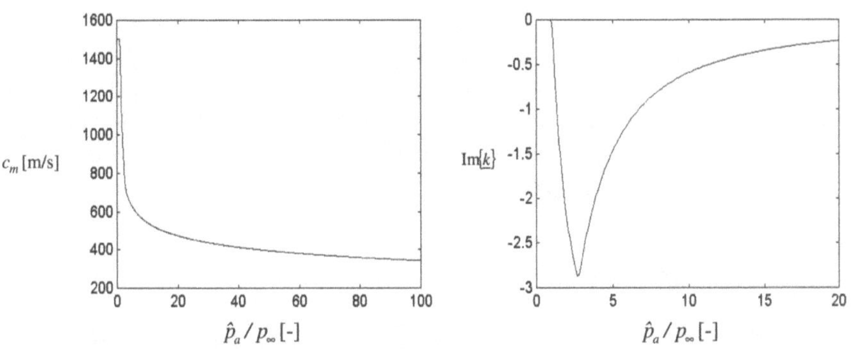

Abb. 7: Effektive Schallgeschwindigkeit (links) und Absorptionskoeffizient (rechts) in einer Wasser-Blasenmischung bei Schallwechseldrücken zwischen 0 und 100 bar

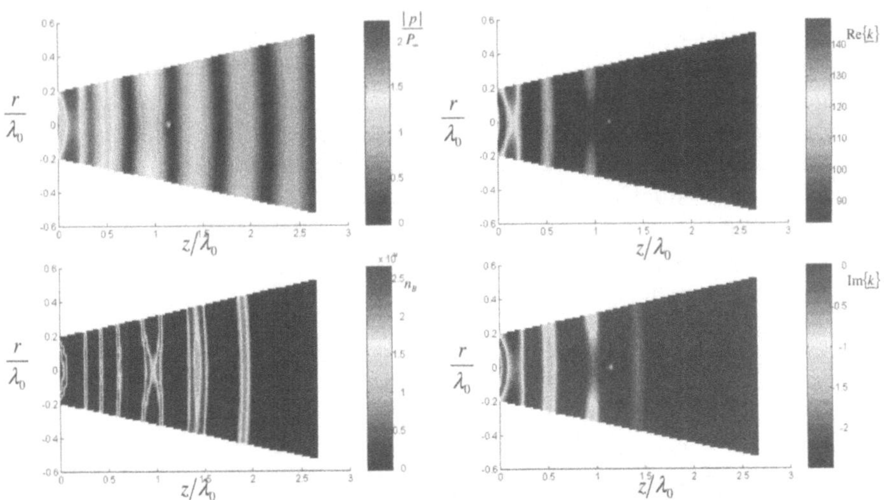

Abb. 8: Berechnete Schallfelder in einem konusförmigen Ultraschallreaktor mit einem Stufenhorn an der linken Stirnseite der Grafiken. Oben links: Schallwechseldruckfeld; unten links: Blasenanzahl; oben rechts: effektive Schallgeschwindigkeit; unten rechts: Dämpfungskoeffizient (Horst et al. 1997c; 1998b)

Als Ergebnisse der Simulationen kann man festhalten, dass die Wirkung des Ultraschalls lokal begrenzt ist. Neben einer relativ geringen Eindringtiefe bei hohen Leistungen sind stark lokalisierte, aktive Zonen zu erkennen. Die Abb. 8 zeigt berechnete Schallwechseldrücke, Blasenzahlen, effektive Schallgeschwindigkeiten und die Absorptionskoeffizienten in einem konusförmigen Reaktor. Experimentelle Untersuchungen mit Hydrophonen und Erosionsproben durch Löning et al. (1999b) wurden zur Identifikation der mechanisch aktiven Bereich im Reaktor verwendet. Die durch Ultraschall erzeugten Blasen zeigen sich besonders an Orten hohen Schallwechseldrucks. Dies sind auch die Orte hoher Schallabsorption, kleiner effektiver Schallgeschwindigkeit und besonders aktiver Erosion.

Die Vergrößerung der aktiven Zonen, die Vermeidung von nicht aktiven Zonen und die Entfernung hoher Erosionsaktivität von Reaktorwandungen und schallabstrahlenden Flächen lassen sich mit den Simulationen sehr gut durchführen. Untersuchungen zur Gestaltung eines optimierten Reaktionsraumes mit maximaler Wirkung auf die Flüssigkeit und minimierter Erosion an Bauteilen werden in einem der nachfolgenden Kapitel behandelt.

4.6.1.2
Technische Grignardreaktionen

Die nach ihrem Entdecker, Victor Grignard benannte Reaktion zwischen Alkyl- und Arylhalogeniden und festem Magnesium in polaren, aprotischen Lösungsmitteln wie Diethylether oder Tetrahydrofuran zu Organometallverbindungen ist eine der neben den analogen Umsetzungen mit lithiumorganischen Verbindungen am häufigsten verwendete Methode zur Darstellung von metallorganischen Reagenzien (Lindley u. Mason 1987). Die Bruttoreaktion lautet:

$$\overset{\delta+}{R}-\overset{\delta-}{X}(l) \; + \; Mg(s) \; \xrightarrow{\;LM\;} \; \overset{\delta-}{R}-\overset{\delta+}{Mg}-\overset{\delta-}{X}(solv) \qquad X = Cl, Br, I \quad (9)$$

Die Hauptnebenreaktion ist die in der flüssigen Phase ablaufende Dimerbildung durch Kopplung des Einsatzchlorids mit dem gebildeten Grignardreagenz, die auch als Wurtzkupplung bezeichnet wird.

$$\overset{\delta+}{R}-\overset{\delta-}{X} \; + \; \overset{\delta-}{R}-\overset{\delta+}{Mg}-\overset{\delta-}{X} \; \xrightarrow{\;LM\;} \; R-R \; + \; MgX_2(s) \qquad (10)$$

Die Beeinflussung der Grignardreaktion durch Ultraschall ist eine in der Literatur seit längerem bekannte Tatsache. Synthesen von verschiedenen Grignardreagenzien unter Ultraschall wurden von Einhorn et al. (1989) berichtet. Die Annahme, dass sich Ultraschall jedoch nur durch die Aufhebung von Stofftransportlimitierungen positiv äußert, wurden durch neue Arbeiten widerlegt. So bildet Magnesium bei Beschallung ein Radikalanion mit Naphthalin. Dadurch wird das Magnesium aktiviert und auch eher unübliche Grignardsynthesen lassen sich durchführen (Bönnemann et al. 1993). Auch in wasserhaltigen Lösungsmitteln kann die Synthese von Grignardverbindungen unter Ultraschall erfolgen. Die Induktionszeiten und die Reaktionszeiten werden stark verkürzt, die Ausbeute ändert sich nicht (Sprich u. Levandos 1983). Bei der so genannten Barbierreaktion wird ein in situ gebildetes Grignardreagenz mit einem weiteren Reagenz direkt in einer einstufigen Synthese umgesetzt. Durch die Beschallung können auch sehr reaktive Halogenide umgesetzt werden, ohne dass es zu starker Wurtzkupplung kommt. Durch die Verwendung von Lithium oder Magnesium konnte auch Souza-Barboza (1988) die verbesserte Synthese von Barbier-Reaktionsprodukten nachweisen.

Als Modellreaktionen zur Untersuchung der Kinetik der Grignardreaktion ohne Ultraschall wurden sowohl technisch interessante Verbindungen wie Phenyl-, Benzyl- und Vinylchlorid, als auch die in ihrer Reaktivität sehr unterschiedlichen Chlorbutanisomere, die sich für mechanistische Untersuchungen anbieten.

Alle Grignardreaktionen zeichnen sich durch drei Charakteristika aus:

1. Unkalkulierbare Induktionszeiten, die Reaktion springt trotz des Vorliegens aller Reaktionspartner nicht an
2. Langsame Reaktionsgeschwindigkeiten, die Reaktionstemperatur ist durch die Siedetemperatur des Lösungsmittels limitiert
3. Hohe Exothermie, die Reaktionsenthalpie liegt im Bereich von 300 kJ/mol

Für die Auslegung des Verfahrens und zur quantitativen Beurteilung des Ultraschalleinflusses wurden Voruntersuchungen zur Kinetik verschiedener Modellsysteme durchgeführt. Der kinetische Ansatz lässt sich in einem weiten Konzentrationsbereich von bis zu 2 mol Organometallverbindung pro Liter Lösungsmittel durch einen einfachen auf die Oberfläche des Magnesiums bezogenen Ansatz erster Ordnung beschreiben:

$$r' = k_0 \cdot \exp\left[\frac{-E_A}{RT}\right] \cdot c_{X,S} \qquad \left[\frac{mol}{m^2 s}\right] . \qquad (11)$$

Die kinetischen Parameter wurden in Glasapparaturen ermittelt, in Stahlreaktoren validiert und in regelmäßigen Abständen in den verwendeten Ultraschallreaktoren überprüft, um katalytische Einflüsse, veränderte Anströmbedingungen oder andere Störgrößen bei der Messung der kinetischen Daten auszuschließen.

Für die untersuchten Modellreaktionen ergaben sich folgende kinetische Konstanten (Tabelle 3):

Tabelle 3: Kinetische Konstanten der Grignardreaktion verschiedener organischer Chloride ohne Ultraschall (Horst et al. 1997a)

	Frequenzfaktor k_0 [m/s]	Aktivierungsenergie E_A [kJ/mol]
1-Chlorbutan	405	51,0
2-Chlorbutan	314	49,0
1-Chlor-2-Methyl-Propan	8808	53,0
Phenylchlorid	11	51,7
Vinylchlorid	1	42,4

Bei dem für die Versuche eingesetzten Magnesium handelt es sich um nahezu quadratische Plättchen der Siebfraktion von 1,5 bis 1,8 mm Maschenweite und einer Dicke von 0.15 mm. Dieses Magnesium ist mechanisch sehr stabil und lässt sich durch Ultraschall nicht zerkleinern. Die spezifische Oberfläche beträgt 8,94 m^2/kg. Um die Raum-Zeit-Ausbeute zu erhöhen, wurden Legierungen des Magnesiums untersucht, die bis zu 30 Gew.-% Calcium enthalten. Mit zunehmendem Calciumgehalt nimmt die mechanische Stabilität des Magnesiums ab und eine Zerkleinerung unter Ultraschall wird möglich.

Die kinetischen und mechanistischen Untersuchungen zeigen, dass das Magnesium zu Beginn der Reaktion mit einer passivierenden Schicht aus Magnesiumoxid und Magnesiumhydroxid überzogen ist. Die beobachtbaren Induktionszeiten werden wahrscheinlich durch stochastische Risse in dieser Deckschicht verursacht. Das organische Chlorid muss durch die passivierende Schicht diffundieren, um an das reaktive Magnesium zu gelangen. Hier findet die Reaktion zur Organometallverbindung statt. Es folgt eine weitere Reaktion der Grignardverbindung mit Wasser und eine Unterhöhlung der passivierenden Schicht. Das Ende der Induktionszeit und das Starten der Reaktion sind durch zwei Phänomene gekennzeichnet: Der Wassergehalt in der flüssigen Phase sinkt dramatisch ab und die passivierenden Schichten lösen sich vom Magnesiumkern vollständig ab. Während der Induktionsphase der Reaktion verläuft die Reaktion anscheinend autokatalytisch. Dieser Mechanismus erklärt auch die Wirkung des Ultraschalls auf die Induktionszeit der Grignardreaktion. Die bekannte reinigende Wirkung des Leistungsultraschalls entfernt große Teile der Deckschicht und ermöglicht einen wesentlich schnelleren Start der Reaktion.

Während der Reaktion steht die gesamte Magnesiumoberfläche der Reaktion zur Verfügung, sodass eine weitere Wirkung des Ultraschalls nach Literaturangaben nicht erwartet werden kann. Die bislang gängige Annahme, dass die Grignardreaktion nur dann schneller abläuft, wenn durch Ultraschall Stoffübergangslimitierungen überwunden werden, konnte widerlegt werden. Ein direkter Mechanismus zur Aktivierung von Metallen durch mechanische Kräfte liefert jedoch einen sehr guten Interpretationsansatz. Der bei der Synthese von Grignardverbindungen ablaufende kinetische Mechanismus lässt sich durch folgende Schritte beschreiben: Das organische Chlorid diffundiert an die Magnesiumoberfläche und wird adsorbiert (1). Ein Einzelelektronentransfer (SET) verschiebt ein Elektron vom Magnesium zum Chloratom (2) und bildet einen Oberflächenkomplex (3), der nach Umlagerung (4) von der Oberfläche desorbiert. Der letzte Schritt ist die Diffusion der Organometallverbindung in das Lösungsmittel, wo es solvatisiert und stabilisiert wird.

$$R\!-\!Cl \xrightarrow{\;1\;} R\!-\!Cl \xrightarrow{\;2\;} R\!-\!Cl^{-} \xrightarrow{\;3\;} R\cdots Cl \xrightarrow{\;4\;} R\!-\!Mg\!-\!Cl$$
$$Mg \qquad Mg \qquad Mg^{+} \qquad Mg^{+}$$

Im Bereich sehr hoher Organometallkonzentrationen nahe der Löslichkeitsgrenze (ca. 25 Gew.-% in THF) ist der Desorptionsschritt der geschwindigkeitsbestimmende Schritt. Im übrigen Konzentrationsbereich dominiert die Oberflächenreaktion die Kinetik, sodass der oben genannte kinetische Ansatz erster Ordnung gerechtfertigt und experimentell validiert ist. Ultraschall kann in diesem Fall nur auf den Einzelelektronentransferschritt wirken. Dieser wird maßgeblich von der Vorbehandlung des Metalls beeinflusst.

4.6.1.3
Mechanochemisch aktivierte Reaktionen

Die Aktivierung von Metallen in chemischen Reaktionen durch mechanische Kräfte ist ein Teilbereich der Reaktionstechnik, der als Mechanochemie oder enger, als Tribochemie bezeichnet wird (Heinicke 1984; McCormick u. Froes 1998). In diesen Teildisziplinen werden Reaktionen von Feststoffen in Mühlen, Schockwellen, Jetreaktoren und unter Ultraschall behandelt. Mechanochemische Reaktionen zeigen in der Regel ein anderes thermodynamisches und kinetisches Verhalten, als rein thermisch angeregte Reaktionen (Thiessen et al. 1967). Unterschiedliche Mechanismen führen zu unterschiedlichen Aktivierungszuständen an Feststoffen. Beim Kontakt mit hoch beschleunigten Partikeln können Plasmazustände an Feststoffoberflächen erzeugt werden. Geringere mechanische Kräfte führen zur Migration und zur Erzeugung von Fehlstellen im Feststoff. An spröden Stoffen treten Mikrorisse und Zerkleinerung in den Vordergrund. Während Plasmazustände keine bleibende Aktivierung des Feststoffes nach sich ziehen, sind die anderen Mechanismen über einen der Beobachtung zugänglichen Zeitraum stabil. Die bleibende Aktivierung drückt sind in verschiedenen Typen von Unterschieden zum idealen Kristall aus. Neben Fremdatomen und metastabilen Phasen treten amorphe Bereiche, Gitterfehlstellen (Versetzungen, Leerstellen) und innere Oberflächen an den Korngrenzen auf, die die Enthalpie des Feststoffes signifikant anheben (Heegn 1990).

Verschiedene Arten von Gitterfehlstellen führen zu unterschiedlichen Anteilen

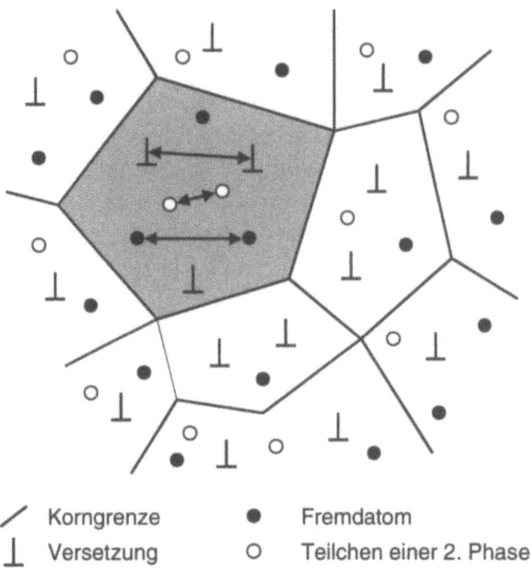

Abb. 9: Aufbau eines Feststoffes mit verschiedenen Fehlerklassen

an der Exzessenthalpie. Vergleicht man den aktivierten Feststoff mit einer beliebigen Referenz (z.B. unbehandelter Feststoff, idealer Kristall), so wird die Exzessenthalpie durch

$$\Delta H^E(T) = \left(H^{E*}(T) - H^E(T)\right) = \sum_i \left(\frac{N_i}{N_L}\right)\Delta H_i^E(T) \qquad (12)$$

mit N_i als Anzahl der Fehlstellen vom Typ i, $N_L = 6{,}0220*10^{26}$ kmol^{-1}, der Avogadrokonstanten und H_i^E als Enthalpie der Gitterfehlstelle vom Typ i beschrieben. Gleiche Beziehungen gelten für die freie Gibbsche Exzessenthalpie und die Exzessentropie.

Für geringe Temperaturen und kleine Defektkonzentrationen ist die Vereinfachung

$$\Delta G^E(T) \cong \Delta H^E(T)\,, \qquad (13)$$

gültig. In der Regel findet man folgende Exzessenthalpiebeiträge in mechanisch behandelten Feststoffen:

- ΔH_A : molare Oberflächenenthalpie (N_A Teile an Oberflächen),
- ΔH_K : molare Korngrenzenenthalpie (N_K Teile an Korngrenzen),
- ΔH_V : molare Fehlstellenenthalpie (N_V Teile in Gitterfehlstellen),
- ΔH_P : molare Umwandlungsenthalpie (N_P Teile in metastabilen Phasen und amorphen Bereichen).

Die Erhöhung der freien Gibbschen Enthalpie hat zum Teil dramatische Auswirkungen auf die Reaktivität von Feststoffen (vgl. Schöne 1969). Die Zufuhr mechanischer Energie in das Feststoffgitter substituiert einen hohen Anteil der Aktivierungsenergie, welche bei rein thermisch stimulierten Reaktionen aufgebracht werden muss. Zusammen mit dem Umstand, dass Feststoffe bei tiefen Temperaturen die aufgeprägten Ungleichgewichtszustände schlechter ausheilen können, ergibt sich in vielen Fällen eine kleinere scheinbare Aktivierungsenergie bei mechanisch aktivierter Reaktion, als bei thermisch aktivierter Reaktion. In Ausnahmefällen lassen sich sogar negative Aktivierungsenergien beobachten.

Als Erklärung für dieses Verhalten lässt sich die Theorie der Übergangszustände heranziehen. Für den Elementarprozess

$$v_A A + v_B B \rightarrow M^{\ddagger} \rightarrow \text{Produkte} \tag{14}$$

mit $M^{\ddagger}$ als aktiviertem Komplex, liefert diese Theorie die Gleichung für den temperaturabhängigen Frequenzfaktor:

$$k(T) = \frac{k_B T}{h} \cdot \exp\left[\frac{-\Delta G^{\ddagger}}{RT}\right] = \frac{k_B T}{h} \cdot \exp\left[\frac{\Delta S^{\ddagger}}{R}\right] \cdot \exp\left[\frac{-\Delta H^{\ddagger}}{RT}\right]. \tag{15}$$

Ein Vergleich mit dem klassischen Arrheniusansatz zeigt, dass die Aktivierungsenergie ungefähr gleich der Enthalpiedifferenz des aktivierten Komplexes ist:

$$E_A \cong \Delta H^{\ddagger}. \tag{16}$$

Betrachten wir nun eine thermisch und eine mechanisch aktivierte Reaktion, so zeigt sich der Unterschied in einem höheren Enthalpiewert des festen Reaktanden. Während für den unbehandelten Feststoff die kinetische Gleichung

$$r' = k_0 \cdot \exp\left[\frac{-E_A}{RT}\right] \cdot c_{X,S} \cong k_0 \cdot \exp\left[\frac{-\Delta H^{\ddagger}}{RT}\right] \cdot c_{X,S} \tag{17}$$

weiterhin verwendet wird, ist die Enthalpiedifferenz zwischen den Reaktanden und dem aktivierten Komplex durch die mechanische Bearbeitung kleiner. Damit wird auch die scheinbare Aktivierungsenergie kleiner, was sich durch einen Ansatz der Form

$$r' = k_0 \cdot \exp\left[\frac{-E_A^*}{RT}\right] \cdot c_{X,S} = k_0 \cdot \exp\left[\frac{-\left(E_A - \eta \cdot n_A^*\right)}{RT}\right] \cdot c_{X,S} \tag{18}$$

beschreiben lässt. Der Term $\eta \cdot n_A^*$ beschreibt hierbei die durch das Metall aufgenommene mechanische Energie.

Das einfachste Modell zur Charakterisierung eines mechanisch aktivierten, nicht porösen Metalls beinhaltet zwei unterschiedliche Zonen auf der Oberfläche: Ein Oberflächenbereich Θ, der keine mechanische Aktivierung erhalten hat, und ein Oberflächenbereich $1-\Theta$, der mit erhöhtem Energieinhalt in die Reaktion eingreift. Diese Zweizentrenkinetik lässt sich mit dem Ansatz

$$r' = k_0 \left\{ (1-\Theta) \cdot \exp\left[\frac{-E_A}{RT}\right] + \Theta \cdot \exp\left[\frac{-\left(E_A - \eta \cdot n_A*\right)}{RT}\right] \right\} \cdot c_{X,S} \qquad (19)$$

beschreiben. Die Aufteilung der Oberfläche in normale und aktivierte Zentren erfolgt über ein dynamisches Modell, das die Erzeugung aktivierter Zentren durch die mechanische Bearbeitung, ein chemisches und ein thermisches Ausheilen postuliert:

$$\frac{d\Theta}{dt} = -k^* \cdot \Theta \cdot c_{X,S} + k_{act} \cdot (1-\Theta) - k_{dec} \cdot \Theta . \qquad (20)$$

Behält man die kinetischen Konstanten der Reaktion bei und definiert einen Beschleunigungsfaktor E_{US} durch den Vergleich der Reaktionsgeschwindigkeitskonstanten mit und ohne Ultraschall, so folgt:

$$E_{US}(T) = \frac{k(()),T)}{k(T)} = (1-\Theta) + \Theta \cdot \exp\left[\Theta \cdot \Omega \cdot \gamma \frac{T_0}{T}\right] \qquad (21)$$

mit den drei Parametern

$$\Omega = \frac{\eta \cdot n_{A,0}}{E_A} \leq 1, \qquad \gamma = \frac{E_A}{RT_0} \quad \text{und} \quad \Theta = \frac{\tau_T}{\tau_{act}} \leq 1 \qquad (22)$$

mit Ω als Anteil der Aktivierungsenergie, die durch mechanische Bearbeitung aufgebracht wurde, γ als Arrheniuszahl bei einer Referenztemperatur T_0 und dem Aktivierungsgrad Θ, der als Quotient der Zeitkonstanten der Gesamtreaktion

$$\frac{1}{\tau_T} = \frac{1}{\tau_{act}} + \frac{1}{\tau_{dec}} + \frac{1}{\tau_{reac}} = k_{act} + k_{dec} + k^* c_{X,S} \qquad (23)$$

und der mechanischen Aktivierung definiert ist.

Die Abb. 10 zeigt eine Simulation des Ultraschallbeschleunigungsfaktors als Funktion von Θ und Ω.

Die experimentellen Untersuchungen zeigten, dass der Anteil der mechanischen Energie, der zur Absenkung der Aktivierungsenergie verwendet werden konnte, bei etwa 8 bis 12 % der Aktivierungsenergie ohne Ultraschall liegt. Damit ist der Wert von 4 bis 6 kJ/mol als Differenz zwischen dem unbehandelten und dem mechanisch bearbeiteten Magnesium bei der Grignardsynthese ausnutzbar. Er liegt im Bereich der Werte, die von Heinicke gefunden wurden (11 kJ/mol für Nickel und 6-7 kJ/mol für Kupfer).

In der Abb. 11 sind für Grignardsynthesen typische Werte der kinetischen Daten angegeben. Zum Vergleich wurden berechnete Reaktionsgeschwindigkeitskonstanten unter dem Einfluss von Ultraschall mit experimentell ermittelten Parametern und unter dem Einfluss von Stoffübergang zwischen der flüssigen Phase und der Feststoffoberfläche angegeben (Horst et al. 1999a). Interessant sind folgende Erkenntnisse:

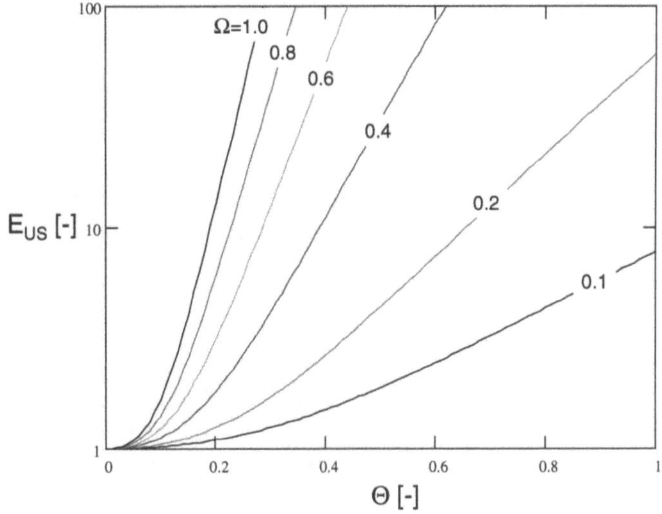

Abb. 10: Ultraschallbeschleunigungsfaktor E_{US} als Funktion des Aktivierungsgrades Θ. Der Parameter Ω beschreibt den Anteil der Aktivierungsenergie, die durch mechanische Bearbeitung aufgebracht wurde

1. Mit tieferer Temperatur nimmt der positive Effekt der mechanischen Bearbeitung zu. Bei tiefen Temperaturen nimmt der Einfluss der Kinetik ab und das Metall kann eine mechanische Aktivierung länger halten.
2. Langsame Grignardreaktionen lassen sich besonders gut durch mechanische Bearbeitung beschleunigen.
3. Sehr schnelle Grignardreaktionen zeigen bei höheren Temperaturen eine Limitierung der Reaktionsgeschwindigkeit durch Stoffübergangslimitierung. Diese kann durch Ultraschall und seine bekannten Mischwirkungen auf makroskopischer und mikroskopischer Ebene verbessert werden.
4. Zwischen den beiden Extremen, sehr langsame Reaktion unter mechanischer Beeinflussung und sehr schnelle Reaktionen unter Stoffübergangslimitierung gibt es eine Klasse von Reaktionen, die durch Ultraschall nicht beeinflusst werden kann.

4.6.2
Reaktor- und Verfahrensentwicklung

Die Betrachtungen der vorangegangenen Kapitel haben gezeigt, dass es sich bei der Beeinflussung der Grignardreaktion durch Ultraschall um eine mechanochemische Reaktion handelt. Der Eintrag von mechanischer Energie durch Blasen im Ultraschallfeld führt demnach zu einer Erhöhung der Reaktionsgeschwindigkeitskonstanten um den Faktor 20. Für die Verfahrensentwicklung wurde ein Reaktor entwickelt, der sowohl den verfahrenstechnischen, als auch den schalltechnischen Bedingungen entspricht.

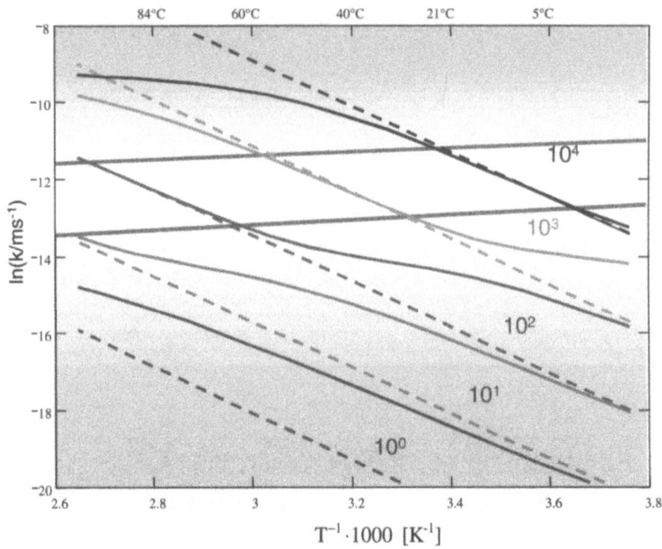

Abb. 11: Simuliertes Arrheniusdiagramm mit E_A = 50 kJ/mol, T_0 = 293 K, k_D = 10^{-4} m/s, Ω = 0.1, k_{act} = $5*10^{-7}$ s^{-1} Parameter: k_0 [m/s]. Die gestrichelten Linien repräsentieren die Grignardkinetik verschieden schneller Reaktionen ohne mechanische Behandlung, die durchgezogenen Linien die Kinetik mit mechanischer Behandlung und Stoffübergang von der Fluidphase an die Metalloberfläche. Der obere Bereich des Diagramms steht für sehr schnelle Grignardreaktionen unter Stoffübergangslimitierung, im unteren Bereich sind sehr langsame Reaktionen mit starken Verbesserungen durch mechanische Bearbeitung zu sehen, im mittleren Bereich zwischen ln(k) = -14 bis -11 ist kein Unterschied zwischen stiller und beschallter Reaktion zu sehen

4.6.2.1
Entwicklung der Anforderungsliste

Die Randbedingungen für den Ultraschallreaktor wurden vor der Erstellung der Anforderungsliste festgelegt: Das Einsatzgebiet des Reaktors sind nichtkatalytische Fluid-Feststoffreaktionen in Dreiphasensystemen bei Temperaturen von 0 bis 200 °C und statischen Drücke von 1 bis 16 bar. Das Reaktorvolumen im Versuchsstadium soll bei etwa 0,5 l, das des Gesamtsystems bei maximal 3 l liegen. Es wird mit hochentzündlichen und korrosiven Medien gearbeitet. Ein Batch- und Semibatchbetrieb mit einer Kreislaufführung der flüssigen Phase soll die Vermischung der Flüssigkeit mit zudosierten Gasen (Inertgas oder reaktives Gas) und eine Feststoffverwirbelung sicherstellen. Die festen Reaktanden sollen am Ort der größten Ultraschallintensität fixiert werden oder durch geeignete Fluidströmungen dorthin transportiert werden.

Die wichtigste Entscheidung über die Arbeitsfrequenz des Schallgebers wurde nach Vorversuchen in Reaktoren unterschiedlicher Frequenz getroffen. Als besonders erfolgreich haben sich dabei tiefe Frequenzen zwischen 20 und 40 kHz herausgestellt (vgl. Abb. 12). Zur Erzeugung dieser tiefen Frequenz bei hohen Leistungen lassen sich zwei Verfahren einsetzten: 1. Stufenhörner, die durch eine

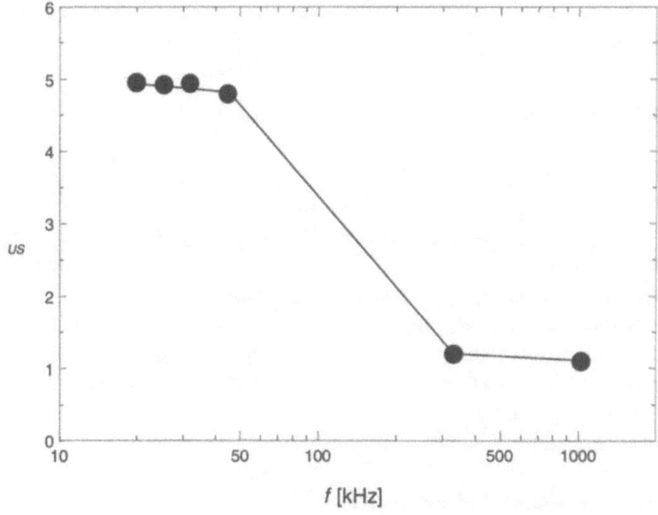

Abb. 12: Gemessene Beschleunigungsfaktoren der Reaktion von 1-Chlorbutan mit Magnesium bei 200 Watt elektrischer Leistung und unterschiedlichen Frequenzen

spezielle Geometrie die an der piezoelektrischen Keramik erzeugten Amplituden verstärken und 2. Tonpilze, die nur eine geringe Amplitudentransformation zeigen und daher geringere Intensitäten abgeben.

Da Stufenhörner hohe Leistungen in kleinen Volumina abgeben, wurde diese Bauform des Schallgebers im ersten Entwurf bevorzugt. Der Hauptnachteil von Stufenhörnern ist der schlechte Übertragungsgrad der Energie an das Fluid. In offenen Gefäßen geht ein wesentlicher Teil der Leistung in Blindleistung über, der nicht mehr zur Erzeugung von Schallwechseldruck verwendet werden kann. Die Optimierung der Ankopplung der schallabstrahlenden Fläche an die Flüssigkeit stand daher bei den Überlegungen zur Geometrie im Vordergrund. Als Lösung wurde eine Trichtergeometrie gewählt, da diese eine hohe Umwandlung der Energie in nutzbaren Schallwechseldruck erlaubt (Horst et al. 1997e).

Aus den Anforderungen an das Verfahren und den Reaktor wurde die in Tabelle 4 gezeigte Anforderungsliste aufgestellt und ein Lösungsansatz entwickelt (Horst et al. 1995; 1996).

Abb. 13 zeigt den entwickelten Ultraschallreaktor, Abb. 14 beschreibt die Einbindung des Ultraschallmoduls in die Versuchsanlage.

Das Ultraschallreaktormodul besteht aus einem 20 kHz Stufenhorn, welches von einem 200 Watt HF-Generator angesteuert wird. Das Stufenhorn beschallt von unten den konusförmigen Reaktionsraum, in dem sich der Feststoff in einer klassierenden Wirbelschicht befindet. Zur Aufrechterhaltung der Wirbelschicht wird der Reaktionsraum von unten durch einen Spalt zwischen Stufenhorn und Reaktorwand angeströmt. Am Reaktorkopf wird aus der hier nahezu feststofffreien Flüssigkeit das flüssige Medium abgezogen. Der Reaktionsraum ist mit einem Kühlmantel versehen, um einen Teil der Reaktionswärme und die durch das Stufenhorn eingetragene Energie abzuführen.

Tabelle 4: Anforderungsliste an die Reaktorkonstruktion und das Gesamtverfahren

Anforderung	Lösung
Schallfeld • hohe Kavitationsintensität • hohe Energiedichte • optimale elektrische Energieausbeute • optimale Schallabstrahlung • optimale Schallführung im Reaktor • variable Reflexionsbedingungen • variables Reaktorvolumen • schallharte Wandungen • einfache Feldgeometrie • großes beschalltes Volumen	• Leistungsschall • Schnelletransformatoren • Sonotroden • Beschallung von unten • Konusreaktor • variabler Füllstand
Verfahrens- und Reaktionstechnik • Drücke bis 16 bar • Temperatur bis 200 °C • guter Wärme- und Stoffübergang • Medium stark korrosiv und abrasiv • Dichten gegen H_2, THF, $SiCl_4$ • Batch,- Semibatchbetrieb • Kreislaufführung der fluiden Reaktanden • kleine reaktive Zone • Zufuhr der Edukte in reaktiver Zone • Einbindung in vorhandene Anlagen • Modulbauweise • Notfallabschaltung • Scale-up Fähigkeit	• Gegenstromführung, Kreislaufreaktor • Zufuhr der Fluide von unten • Vormischstrecke für Edukte und Kreislauf • variable Strömungsführung • Zufuhr des Feststoffs von oben • Kühlmantel • Standardflanschkonstruktion
Werkstofftechnik • korrosionsbeständig • kavitationsbeständig • wärmebeständig • druckstabil • chemisch inert • gute Wärmeleitfähigkeit • schallhartes Material	• Ganzmetallbauweise • Dichtungen aus PTFE • hochlegierte Stähle (1.4571) • Eigenfrequenzen dämpfen

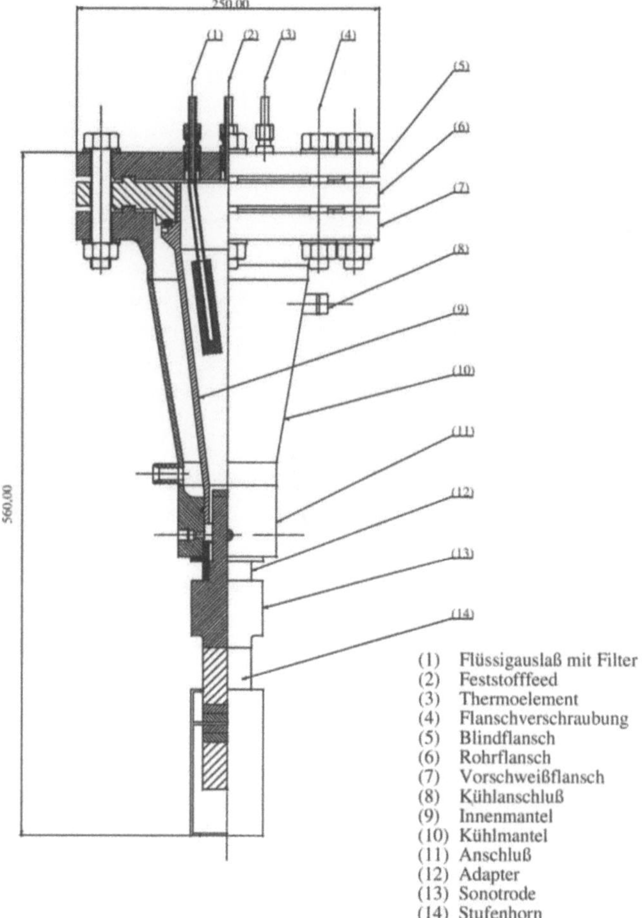

Abb. 13: Konusförmiges Reaktormodul mit Stufenhorn

Das Reaktormodul ist in einen Flüssigkeitskreislauf mit einer Förderpumpe und einem Ausgleichsbehälter integriert. Der angeschlossene Behälter dient zur Temperierung der Flüssigkeit und kann ein Rührkessel oder ein Hochleistungswärmetauscher sein. Anschlüsse für die kontinuierliche Dosierung flüssiger und gasförmiger Reaktanden sind in der Anlage vorhanden. Eine kontinuierliche Dosierung des Magnesiums ist durch eine gekapselte Rüttelrinne möglich, aber bei der Versuchsanlage nicht realisiert.

In diesem Reaktor wurden die Versuche zur Aktivierung von Magnesium durchgeführt. Dabei wurde eine definierte Siebfraktion von Magnesiumplättchen bzw. Magnesium-Calciumlegierung eingesetzt. Verweilzeitmessungen ergaben ein nahezu ideales Rührkesselverhalten. Die Bestimmung des Lockerungspunktes mit

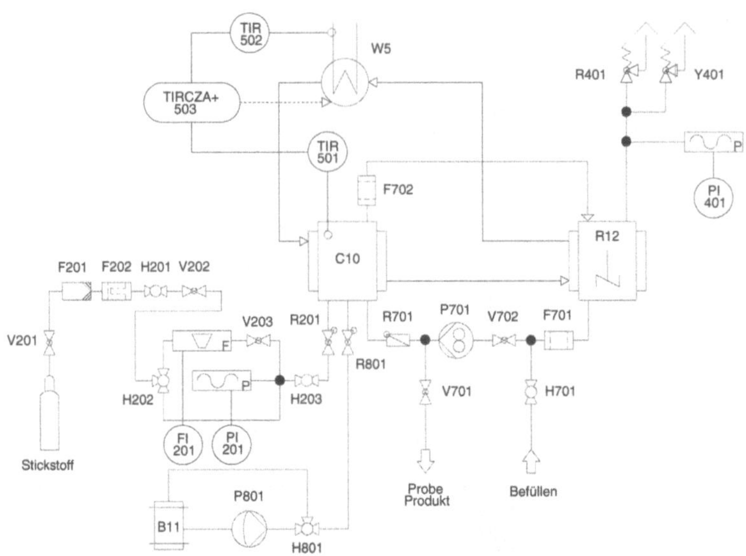

Abb. 14: RI-Fließbild der Versuchsanlage (C10 ist der Ultraschallreaktor, R12 der über die Kreislaufpumpe P701 angeschlossene Ausgleichsbehälter, Gasversorgung mit Stickstoff oder einem anderen Inertgas, Flüssigkeitsfeed aus dem Vorlagebehälter B11, Gasablass und Kühlmedienkreislauf sind skizziert)

und ohne Ultraschall ergab erstaunlicherweise, dass der Lockerungspunkt der auf dem Stufenhorn liegenden Magnesiumpartikel unter Ultraschall zu geringeren Anströmgeschwindigkeiten verschoben wurde und eine sehr gute Homogenisierung der Wirbelschicht festgestellt werden konnte. Dies macht die sonst üblichen konstruktiven Maßnahmen zur Vereinheitlichung der Anströmung überflüssig.

4.6.3
Werkstoffe für Ultraschallreaktoren

4.6.3.1
Akustische Kavitation und Kavitationswiderstand

Die akustische Kavitation, d.h. die Bildung, das Wachstum und die Implosion von Dampfblasen, ruft an Bauteiloberflächen, sofern die Blasen in deren unmittelbarer Nähe implodieren, Materialschäden hervor, die zeitlich aufsummiert zu erosivem Materialabtrag führen. Gleichzeitig ist dieser kavitativen Beanspruchung eine korrosive Beanspruchung durch die Reaktionsmedien überlagert, die durch die hohe lokale Energiedissipation stark beschleunigt werden kann.

Angesichts der beschriebenen Folgen der Kavitationsbelastung wurde in zahlreichen Untersuchungen versucht, das Kavitationsverhalten von Materialien und Kriterien für die Werkstoffauswahl zu ermitteln. Dabei konnte gezeigt werden, dass der Kavitationswiderstand kein Werkstoffkennwert, sondern vom Gefügezustand des Werkstoffs abhängig ist und damit durch geeignete metallurgische Maßnahmen beeinflussbar ist. Als Haupteinflussgröße für das Kavitationsverhalten von metallischen Werkstoffen wird deren Dauerfestigkeit angesehen. Als einfacher zu messender Kriterium für die Werkstoffestigkeit wird meist die Härte des Werkstoffs herangezogen. Eine Zunahme der Härte erhöht im Allgemeinen, allerdings nur in Verbindung mit anderen Gefügeeigenschaften, den Kavitationswiderstand. Positiven Einfluss auf den Kavitationswiderstand zeigen z.B. vorher in die Randschicht eingebrachte Druckeigenspannungen, während Zugeigenspannungen die Zeit bis zum Eintreten des ersten Werkstoffabtrags verkürzen können (Pohl 1995). Eine möglichst hohe Homogenität des Gefüges verhindert das bevorzugte Herausschlagen einer Phase (Feller u. Kharrazi 1981). Korngrenzen stellen erhöhten Verformungswiderstand dar. An ihnen erfolgt ein Materialaufstau, eine gleichmäßige plastische Verformung der Oberfläche wird verhindert. Ein feinkörniges Gefüge erhöht die Kavitationsresistenz eines Werkstoffs (Sitnik et al. 1984). Glatte Oberflächen verbessern den Kavitationswiderstand. Wegen der fehlenden Stützwirkung des umgebenden Materials sind Rauigkeitsspitzen Orte erhöhten Materialabtrags. Kavitationsresistenzerhöhend wirkt sich außerdem ein großes Verformungsvermögen des Werkstoffs aus.

Der Kavitationswiderstand eines Werkstoffs wird in Kavitationstests, die in der ASTM G-32-92 genormt sind, ermittelt. Als Messgröße wird das Gewicht bzw. die Änderung des Gewichts der Probe in Abhängigkeit von der Versuchsdauer ermittelt. Zur Darstellung der Ergebnisse wird diese zumeist durch Bezug auf die Probenfläche und die Materialdichte in eine ideelle, materialunabhängige Erosionstiefe e_m umgewandelt und über der Versuchszeit aufgetragen. Damit sind die Erosionstiefe-Zeit-Kurven verschiedener Werkstoffe vergleichbar.

4.6.3.2
Sonotrodenwerkstoffe

In Ultraschallreaktoren wird das für die Reaktion erforderliche Schallfeld mit Hilfe einer bzw. mehreren Sonotroden erzeugt, die harmonische Longitudinalschwingungen ausführt. Für diese hohe dynamische Belastung sind Sonotrodenwerkstoffe erforderlich, die eine hohe Zug-Druck-Wechselfestigkeit und ein günstiges Dämpfungsverhalten aufweisen und gleichzeitig gegenüber kavitationserosivem bzw. -korrosivem Verschleiß möglichst resistent sind. Da die Einsatzdauer des Reaktors maßgeblich durch die Standzeit der Sonotrode bestimmt ist, kommt einer Erhöhung der Kavitationsresistenz von Sonotrodenwerkstoffen eine besondere Bedeutung zu.

Die an die Sonotrodenwerkstoffe gestellten schwingungstechnischen Anforderungen begrenzen auf die Auswahl auf einige wenige in Frage kommende Werkstoffe, wie Aluminium oder Titan. In der konventionellen Ultraschalltechnologie ist die zweiphasige, aushärtbare Titanlegierung TiAl6V4 (3.7164) ein häufig verwendeter Sonotrodenwerkstoff und wurde z.B. auch in dem vom Institut für Chemische Verfahrenstechnik konstruierten Konusreaktor eingesetzt. Deshalb wurde diese Titanlegierung für die dargestellten Untersuchungen als Referenz- und Substratwerkstoff für Sonotroden ausgewählt.

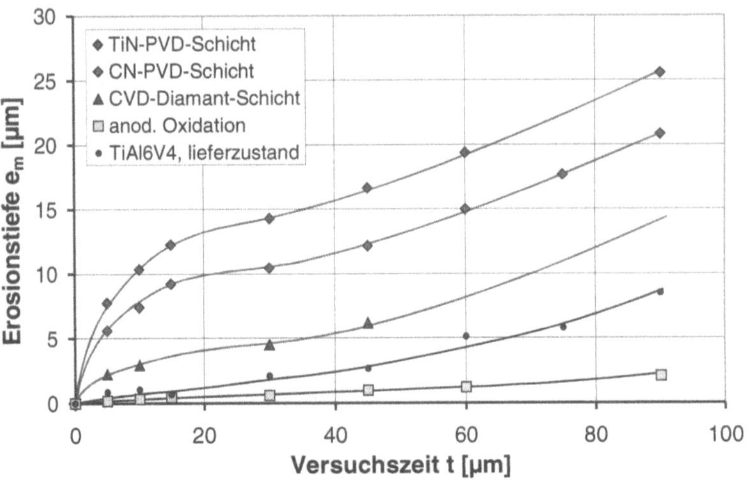

Abb. 15: Erosionstiefe e_m über der Versuchszeit t für beschichtete TiAl6V4-Proben bei direkter Kavitation

Um die Verschleißfestigkeit des Titans zu erhöhen, werden verschiedene Beschichtungs- und Randschichtbehandlungsverfahren eingesetzt. Einige dieser Verfahren wurden in ihrer Wirkung auf den Kavitationsverschleiß des TiAl6V4 getestet. Dabei erwiesen sich die untersuchten konventionellen Beschichtungen als nicht geeignet, den Kavitationswiderstand des Titans zu erhöhen. Sowohl die mit PVD-Verfahren auf die Sonotrodenstirnfläche aufgebrachten hochharten Titannitrid- und Carbonitrid-Schichten als auch eine CVD-Diamant-Beschichtung lösten sich infolge der für die unter Kavitation wirkenden Belastungen nicht hinreichenden Haftfestigkeit schon in den ersten Minuten großflächig vom Substrat (Abb. 15). Anders verhält sich dagegen eine durch anodische Oxidation erzeugte Beschichtung, die durch Umwandlung der Randschicht erzeugt wird und somit fest mit dem darunter liegenden Substratwerkstoff verbunden ist. Diese Schicht löste sich nicht und der Beginn des Materialabtrags wurde gegenüber dem des Substratwerkstoffs um das doppelte hinausgezögert.

Eine weitere deutliche Steigerung des Kavitationswiderstandes gegenüber den unbehandelten Proben wurden mit Laserrandschichtumwandlungen erzielt (Draugelates et al. 1997a; Draugelates et al. 1997b). Durch Laserumschmelzen wurde nach 10 h ein um 20-30 % geringerer Materialabtrag erreicht. Die Verminderung der Erosionsgeschwindigkeit liegt in der gleichen Größenordnung (Abb. 16). Das Lasernitrieren dagegen führte erst in der sog. Akkumulationsphase nach ca. 100 min zu einem geringeren Materialverlust als beim unbehandelten Werkstoff. Allerdings wurde der Materialverlust des lasernitrierten Werkstoffs deutlich gesenkt und damit die Abtragsgeschwindigkeit in dieser Phase gegenüber dem Substratwerkstoff halbiert. Eine Inkubationsphase ohne Materialabtrag ist nicht feststellbar. Die Hauptschädigungszonen durch Kavitation liegen in den Überlappungsbereichen der Laserbahnen. Diese werden zunehmend angegriffen, sodass die Wellenform der Laserbahnen verstärkt wird und sich mithin parallele Erosionsschluchten zwischen Materialplateaus ausbilden.

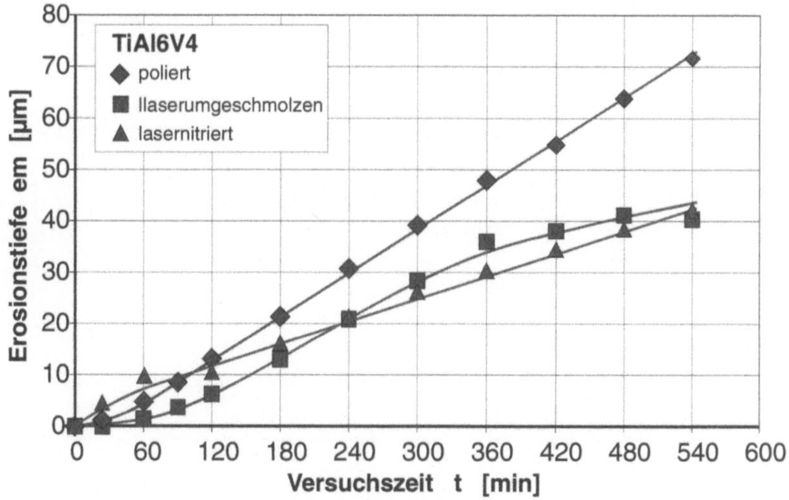

Abb. 16: Erosionstiefe e_m über der Versuchszeit t für laserbehandelte TiAl6V4-Proben bei direkter Kavitation

Bei Untersuchungen zum Elektronenstrahlschweißen von TiAl6V4 mit überlappenden Schweißraupen (Radhakrishna et al. 1996) wurde festgestellt, dass dabei durch den Vorheizeffekt der ersten Raupe Gefüge entstehen, die relativ weicher aber auch zäher sind, als die Gefüge von einlagigen Schweißraupen. Die dem Schweißprozess ähnliche Laserbehandlung erzeugt sowohl einmalig als auch doppelt aufgeschmolzene Gefügebereiche, sodass Gebiete mit unterschiedlichen Eigenschaften, also auch lokal unterschiedlichen Kavitationresistenzen gebildet werden.

4.6.3.3
Reaktorwandwerkstoffe

Reaktorwandwerkstoffe unterliegen einer geringeren Kavitationsbelastung als Sonotrodenwerkstoffe, da das Blasenfeld dort weniger dicht ist als direkt an der Sonotrodenspitze. Zudem ist ihre Auswahl nicht durch spezielle schwingungstechnische Anforderungen eingeschränkt. Daher können von vornherein Werkstoffe mit guten Verschleiß- und Korrosionseigenschaften, wie sie im z.B. im chemischen Anlagenbau üblich sind, in Betracht gezogen werden.

Da der Kavitationswiderstand eines Werkstoffs ein kompliziertes Zusammenspiel aller Gefügeeigenschaften darstellt, kann eine geringfügige Änderung in der Kombination dieser Eigenschaften zu einem anderen Kavitationsverhalten führen.

Die Erhöhung des Kavitationswiderstandes eines Werkstoffs ist vornehmlich durch eine Erhöhung der Festigkeit zu erreichen (Piltz 1966; Rieger 1977). Als Ausdruck der Festigkeitseigenschaften wird neben der Zugfestigkeit R_m vor allem die Werkstoffhärte als Vergleichsgröße herangezogen. Das härtere von zwei Materialien besitzt demnach auch den höheren Kavitationswiderstand. Dieser Zusam-

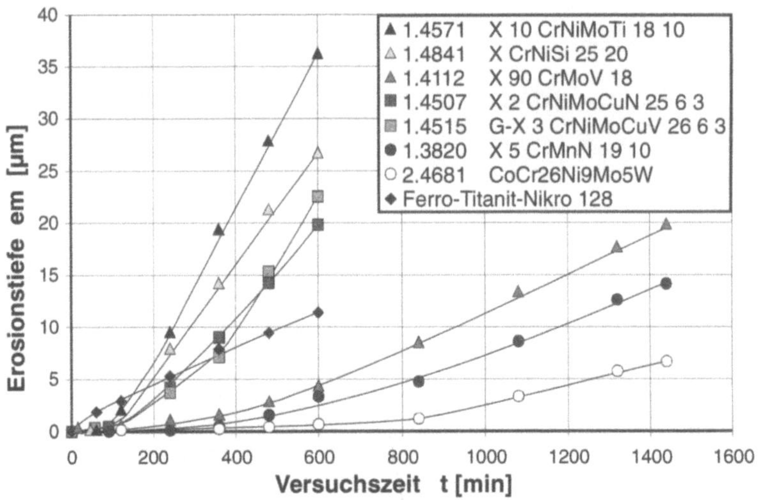

Abb. 17: Erosionstiefe e_m über der Versuchszeit t für hochverschleißfeste Werkstoffe bei indirekter Kavitation

menhang ist aus den Messwerten der untersuchten Werkstoffe nur bedingt ablesbar. Bei zunehmender Härte zeigt sich ein Trend zu niedrigeren Werten von Erosionstiefe und Erosionsgeschwindigkeit und längeren Inkubationszeiten. Allerdings sind auch deutliche Abweichungen von der genannten Tendenz zu erkennen. So weisen z.B. die Werkstoffe 1.4112 und Ferro-Titanit trotz höherer Härtewerte schlechtere Kavitationskennwerte auf als die Werkstoffe 1.3820 und 2.4681, deren Härte um 300 HV liegt. Werkstoffe mit nahezu gleichen Härtewerten (z.B. 1.4515 und 2.4681) zeigen zudem stark differierende Kavitationskennwerte (Draugelates et al. 1998). Die Härte eines Werkstoffs ist also nicht alleiniger bzw. dominanter Faktor für die Kavitationsbeständigkeit der Materialien. Dies deckt sich mit den Beobachtungen anderer Untersuchungen (Piltz 1966; Rieger 1977).

Als eine wichtige Einflussgröße auf den Kavitationswiderstand wird in den Untersuchungen von (Piltz 1966; Pohl 1995; Rieger 1977) die Korngröße eines Werkstoffs wird angesehen, da Korngrenzen, ebenso wie Zwillinge und Stapelfehler, Hindernisse für Versetzungsbewegungen darstellen. Ein feinkörniges Gefüge, d.h. ein gleichmäßiges feines Netz von Versetzungshindernissen, führt demnach zu höherer Festigkeit und einem höheren Kavitationswiderstand. Anhand der Versuchsergebnisse ist weder eine direkte Abhängigkeit der Inkubationszeit T_i, noch der Erosionstiefe e_m nach 10 h Kavitationsbelastung oder der konstanten Erosionsgeschwindigkeit $\dot{e}_m$ von der Korngröße bestimmbar (Draugelates et al. 1998).

Die Auswertung der Untersuchung zeigt, dass keine der betrachteten Gefügeeigenschaften bzw. Werkstoffkenngrößen allein für den Kavitationswiderstand eines Werkstoffs verantwortlich ist. Eine hohe Kavitationsresistenz resultiert aus dem Zusammenspiel vieler Eigenschaften und Größen, ohne dass quantitative Aussagen über optimale Kombinationen dieser Eigenschaften gemacht werden können.

Die Ergebnisse dieser und anderer Untersuchungen bedeuten, dass jeder Werkstoff ein für ihn spezifisches Kavitationsverhalten besitzt, abhängig von dem bei ihm vorrangig wirkenden Schädigungsmechanismus und seiner speziellen Kombination von Struktur und Gefüge. Das Kavitationsverhalten muss für jeden Werkstoff unter Beachtung des Aufbaus und der Eigenschaften der Materialien im Experiment untersucht werden.

4.6.4
Experimentelle Untersuchungen im Konusreaktor

Die Versuchsanlage wurde im Semibatchbetrieb gefahren. Magnesium und Magnesium-Calciumlegierungen wurden in definierter Menge vorgelegt; die Chlorkohlenwasserstoffe wurden kontinuierlich mit einer Membranpumpe zudosiert, während der gleiche Volumenstrom den Reaktor nach dem Ausgleichsbehälter verließ. Als analytische Methoden wurden gaschromatographische und nasschemische Untersuchungen eingesetzt. Die ohne Ultraschall ermittelte Kinetik mit

$$r' = k_0 \cdot \exp\left[\frac{-E_A}{RT}\right] \cdot c_{X,S} \qquad \left[\frac{mol}{m^2 s}\right] \tag{24}$$

wurde zur Beschreibung des Ultraschalleinflusses um den Ultraschallbeschleunigungsfaktor E_{US} erweitert:

$$r' = E_{US} \cdot k_0 \cdot \exp\left[\frac{-E_A}{RT}\right] \cdot c_{X,S} \qquad \left[\frac{mol}{m^2 s}\right]. \tag{25}$$

Um den Einfluss der Betriebsparameter auf die Wirkung des Ultraschalls zu untersuchen, wurde eine umfangreiche Parameterstudie durchgeführt. Die Parameter sind in der Tabelle 55 aufgeführt.

Tabelle 5: Untersuchte Betriebsparameter im Ultraschallreaktor (Horst 1997d)

Parameter	Einfluss	Effekt
Frequenz	Blasenverhalten	Optimale Frequenz
Intensität/Leistung	Kavitationszone Blasengröße	Optimale Leistung
Lösungsmittel	Dampfdruck Reaktion	Temperaturlimitierung
Temperatur	Dampfdruck Reaktion	Optimale Temperatur
Pulsation	Gasgehalt	Effektive Entgasung ist positiv auf Umsatz
Inertgas	Blasenkollaps	schlecht lösliche Gase sind zu bevorzugen
Beschallungsdauer	Memoryeffekt an Metallen	Beschallungspausen und Energieeinsparung

Die für die Aktivierung des Magnesiums im vorliegenden Reaktorsystem optimalen Parameter auf der schalltechnischen Seite sind eine möglichst tiefe Frequenz bei ausreichend hoher Leistung des Schallgenerators. In den Untersuchungen und den Schallfeldberechnungen zeigte es sich, dass eine optimale Umwandlung von elektrischer Energie in wirksame Kavitation bei einem mittleren Energieeintrag zu finden ist. Abb. 18 zeigt experimentell ermittelte Ultraschallbeschleunigungsfaktoren als Funktion der eingetragenen elektrischen Leistung. Mit steigender Leistung nimmt zwar die eingetragene Energiemenge zu, aber die Zone in der effektive Blasen zu finden sind, zieht sich immer weiter aus dem Reaktionsraum in Richtung der schallabstrahlenden Fläche zurück. Ab einem bestimmten Punkt erreicht diese Blasenfront die schallabstrahlende Fläche und verhindert das Eindringen des Schalls sehr effektiv durch Dämpfung.

Die notwendige Optimierung der Blasenanzahl und des Blasenverhaltens zeigt sich auch beim Einsatz unterschiedlicher Inertgase wie Stickstoff oder Argon und beim so genannten gepulsten Ultraschall, der sich durch kurze Beschallungspausen unter einer Sekunde Dauer auszeichnet. Durch den gepulsten Betrieb lässt sich die Flüssigkeit besser entgasen, Blasen, die eine Größe erreicht haben, die einen Kollaps behindert, werden aus dem Schallfeld durch Konvektion ausgetrieben. Ein schlecht lösliches Gas erzeugt Blasen, die mit wenig Gas gefüllt sind und so beim Kollaps größere Endgeschwindigkeiten erreichen. Dies Verhalten der Kavitation, bei geringen Gas- oder Dampfgehalten besonders effektiv zu sein, kann auch durch die Temperatur und somit durch den Dampfdruck des Lösungsmittels gesteuert werden. So wird meist ein größerer Effekt bei geringeren Temperaturen erzielt.

Eine Stoffeigenart des Magnesiums ist die Fähigkeit, die mechanische Aktivierung lange aufrecht zu erhalten. Lange Beschallungspausen sind bei langsamen Reaktionen möglich, ohne dass eine allzu schnelle Abnahme der erreichten Reaktionsgeschwindigkeit zu verzeichnen wäre.

Neben der Ultraschallfrequenz ist es vor allem die Temperatur, die den größten Einfluss auf die Grignardreaktion hat. Das verwendete Lösungsmittel Tetrahydrofuran siedet bei ca. 64 °C und limitiert daher die maximale Versuchstemperatur. Da bei hohen Dampfdrücken des Lösungsmittels die Wirkung des Ultraschalls stark abnimmt, steht der Beschleunigung der Reaktion durch Temperaturerhöhung eine abnehmende Aktivierung durch Ultraschall entgegen. Der Versuch, ein höhersiedendes Lösungsmittel einzusetzen, wurde durch die dadurch langsamere Kinetik der Reaktion verhindert. Lösungsmittelgemische mit Toluol-THF oder höhersiedende Ether wie Dibutylether oder Methyltetrahydrofuran zeigten zwar eine bessere Beschleunigung durch Ultraschall, die Reaktionsgeschwindigkeiten blieben jedoch hinter denen in THF weit zurück.

Der Unterschied zwischen der rein thermisch aktivierten Reaktion und der Reaktion unter Ultraschall ist in der Abb. 19 illustriert. Man erkennt drei verschiedene zeitliche Bereiche, in denen zunächst eine Reaktion ohne Ultraschall mit kleinen Reaktionsgeschwindigkeiten abläuft. Mit der Aufnahme der Beschallung steigt die Reaktionsgeschwindigkeit zunächst steil an, um dann in einen konstanten Wert einzuschwenken. Dieser Bereich wird in der Mechanochemie als Fahrreaktion bezeichnet. In der dritten Zeitzone ist die Abklingreaktion zu erkennen. Die durch die mechanische Aktivierung beobachtete Zunahme der Reaktivität sinkt langsam auf den ursprünglichen Wert ab.

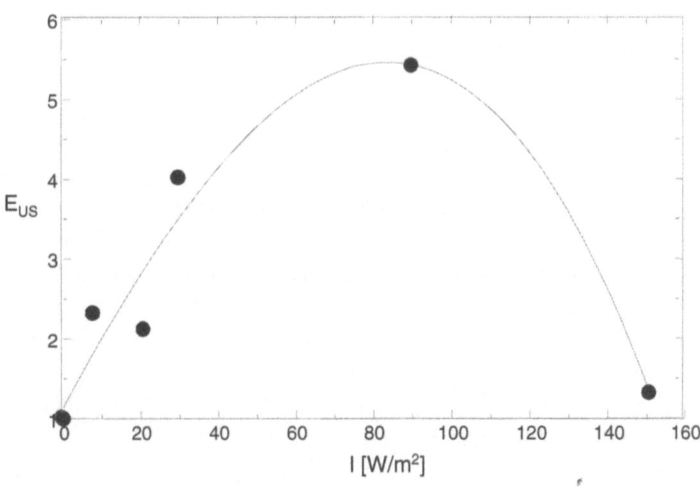

Abb. 18: Experimentell ermittelte Ultraschallbeschleunigungsfaktoren als Funktion der Intensität

Mit den ermittelten optimalen Prozessbedingungen wurden Versuche mit Magnesium und Magnesium-Calciumlegierungen durchgeführt. Im Vordergrund der Untersuchungen standen zwei Fragestellungen: Lässt sich das Magnesium als fester Reaktand durch Ultraschall ausreichend aktivieren, um bei Temperaturen unter dem Siedepunkt des Lösungsmittels ausreichend hohe Reaktionsgeschwindigkeiten zu erhalten? Lässt sich durch den Einsatz einer Magnesiumlegierung eine Oberflächenzunahme durch Zerkleinerung erreichen um die langsamen Reaktionsgeschwindigkeiten weiter zu erhöhen?

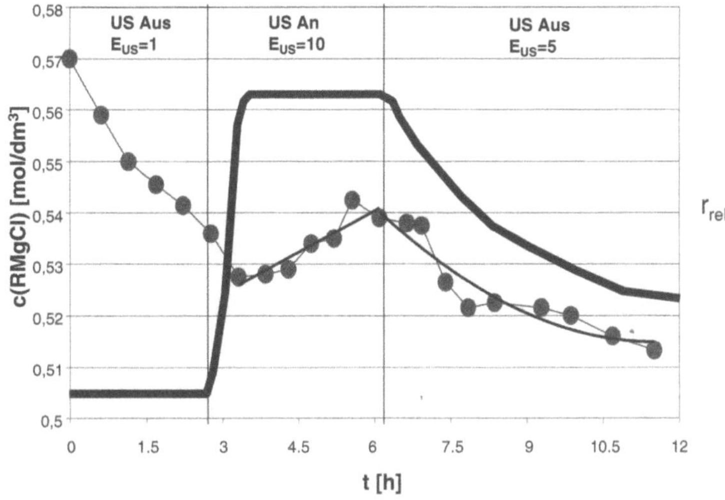

Abb. 19: Verlauf der Produktkonzentration und der relativen Reaktionsgeschwindigkeit in einem dynamischen Verdrängungsexperiment mit unterschiedlichen Bereichen mit und ohne Ultraschalleinfluss

4.6.4.1
Grignardreaktionen mit Magnesium

Magnesium lässt sich unter Ultraschall nicht zerkleinern. Andere Metalle, wie Natrium und Kalium bilden sehr schnell stabile Suspensionen; Aluminiumfolie wird durch Lochfraßbildung fragmentiert; andere weiche Metalle wie Lithium und Blei zeigen Einbuchtungen und Löcher in der Oberfläche. Aus diesem Grund werden in der technischen Grignardreaktion zumeist Späne oder per Desublimation hergestellte Granulate eingesetzt, die eine eher kleine spezifische Oberfläche besitzen. Durch den Einsatz von Ultraschall in der Reaktion sollen zwei Effekte erreicht werden: Erstens sollen die beim Transport des Metalls vom Hersteller zum Anwender aufgewachsenen passivierenden Schichten entfernt werden und zweitens soll das Metall reaktiver gemacht werden, um die gewünschte Reaktion am Feststoff schneller zu machen, als die unerwünschte Nebenreaktion im Flüssigkeitsbulk.

Beide Effekte konnten durch die Verwendung des Ultraschallreaktors erreicht werden. Die Induktionszeiten, die bei den Modellreaktionen zum Teil im Bereich von Stunden liegen, konnten durch die Beschallung auf weit unter 15 Minuten gesenkt werden. Die Verkürzung der Induktionszeit ist ein zweiteiliger Mechanismus, der aus einer mechanischen Reinigung und einer erhöhten Reaktionsgeschwindigkeit besteht, die für ein chemisches Abreinigen der Oberfläche sorgt.

Die Reaktionsgeschwindigkeiten steigen für langsame Grignardreaktionen wie beim Phenyl- oder Vinylchlorid zum Teil stark an. Ultraschallbeschleunigungsfaktoren von bis zu 20 sind möglich. Sehr schnelle Grignardreaktionen wie die Umsetzung von 2-Chlor-2-Methylpropan zeigen dagegen keine positive Wirkung des Ultraschalls.

Die Abb. 20 zeigt in einem Arrheniusdiagramm die Werte der Reaktionsgeschwindigkeitskonstaten für unterschiedliche Temperaturen mit und ohne Beschallung für die beiden langsamen Reaktionen von Phenylchlorid und 2-Chlorbutan mit Magnesium. Bei beiden Reaktionen ist unter Ultraschal eine merklich höhere Reaktionsgeschwindigkeitskonstante zu beobachten. Beim Phenylchlorid ist jedoch eine kleinere scheinbare Aktivierungsenergie zu erkennen, während diese beim 2-Chlorbutan nicht zu sehen ist. Diese Beobachtung deckt sich mit den Simulationen. Sehr langsame Grignardreaktionen lassen sich gut beschleunigen, während sehr schnelle Reaktionen unter Ultraschall nur eine Verbesserung erfahren, wenn Stofftransportlimitierungen beseitigt werden. Zwischen diesen beiden Extremen gibt es eine Klasse von Grignardreaktionen, die keinen Unterschied zwischen stiller und beschallter Reaktion zeigt.

Das unterschiedliche Verhalten unter Ultraschall hängt sowohl von den kinetischen Kennzahlen der Reaktion ohne Ultraschall, als auch von der Temperatur und der Konzentration der Reaktanden ab. Alle Versuche, die Reaktion auf klassische Weise zu beschleunigen (höhere Temperatur, höhere Konzentrationen des organischen Halogenids, reaktiveres Einsatzchlorid) führen zu einer Abnahme der Wirkung des Ultraschalls auf die Hauptreaktion. Abb. 21 zeigt einen Vergleich zwischen gemessenen und berechneten Ultraschallbeschleunigungsfaktoren für drei Modellreaktionen. Man erkennt deutlich, dass mit zunehmender Temperatur die Ultraschallwirkung abnimmt. Ebenso zeigen schnelle Reaktionen wie die

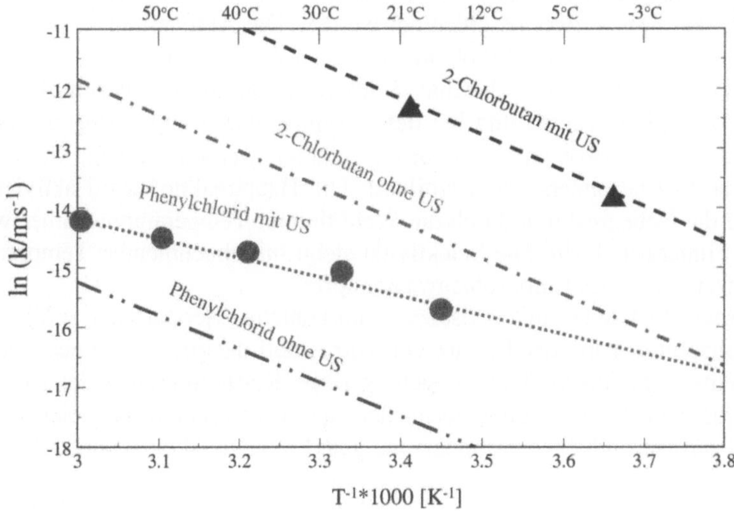

Abb. 20: Arrheniusdiagramm der Grignardreaktion von Phenylchlorid und 2-Chlorbutan mit und ohne Ultraschall

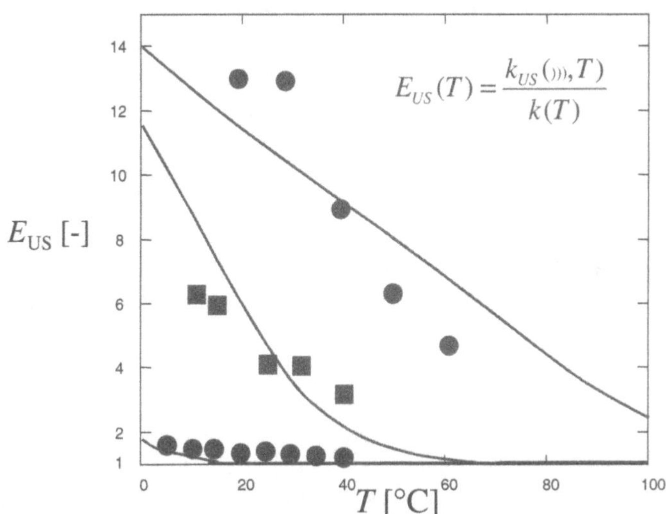

Abb. 21: Vergleich gemessener (Punkte) und berechneter (Linien) Ultraschallbeschleunigungsfaktoren für die Grignardreaktion von Phenylchlorid (oben), 2-Chlorbutan (Mitte) und 2-Chlor-2-Methylpropan (Horst et al. 1998a)

Synthese von 2-Chlor-2-Methylpropan nahezu keine Beschleunigung durch Ultraschall.

Die sinnvolle Anwendbarkeit von Ultraschall auf Grignardreaktionen mit Magnesium ist durch die selektive Beschleunigung der Hauptreaktion am festen Metalls auf zwei Bereiche beschränkt:

1. Sehr langsame Reaktionen können auch bei hohen Temperaturen um mindestens den Faktor zwei beschleunigt werden. Die Aktivierung des Magnesiums dient ausschließlich zur Erhöhung des Raum-Zeit-Umsatzes.
2. Reaktionen, die eine schlechte Selektivität durch die thermisch aktivierte Wurtzkupplung zeigen und bei tiefen Temperaturen und geringen Konzentrationen an Chlorkohlenwasserstoffen gefahren werden müssen, werden durch Ultraschall besonders gut beeinflusst. Die Hauptreaktion wird aktiviert, während die Nebenreaktion durch die Wahl tieferer Temperaturen immer weiter in den Hintergrund tritt. Die Selektivität steigt mit abnehmender Temperatur und Konzentration des Chlorkohlenwasserstoffes.
3. Werden Reaktionen mit toxischen Chlorkohlenwasserstoffen wie Vinylchlorid durchgeführt, kann der Einsatz von Ultraschall die am Ende eines Batchexperiments ungünstigen Bedingungen (geringe Konzentrationen der eingesetzten Reaktanden, kleine Metalloberflächen durch Verbrauch) ausgleichen und für sehr geringe Endkonzentrationen und gute Produktqualitäten sorgen.

4.6.4.2
Grignardreaktionen mit Magnesium-Calcium

Die beim reinen Magnesium beobachteten Nachteile der kleinen spezifischen Oberfläche wirken sich vor allem bei langsamen Reaktionen aus. Die eingesetzten Späne haben eine spezifische Oberfläche im Bereich von einigen m^2 pro kg. Eine Zerkleinerung des Magnesiums kann die Raum-Zeit-Umsätze wesentlich verbessern. Da sich reines Magnesium unter Ultraschall nicht zerkleinern lässt, wurden Legierungen untersucht, die ein spröderes Verhalten zeigen. Insbesondere Legierungen des Magnesiums mit Calcium haben sich als Erfolg versprechend herausgestellt. Mit Legierungsgehalten von bis zu 30 Massenprozent Calcium in Magnesium werden die Feststoffe sehr spröde und lassen sich unter Ultraschall sehr gut fragmentieren. Das Calcium tritt dabei als Inertmaterial auf und nimmt an keiner Organometallreaktion teil (denkbar wäre eine zum Grignardreagenz analoge Organocalciumverbindung). Die experimentellen Untersuchungen zeigen, dass sich das Calcium während der Reaktion als passivierende Schicht auf der Partikeloberfläche akkumuliert und permanent durch die mechanische Wirkung des Ultraschalls entfernt wird. Dies bestätigt auch die sehr kleine Partikelgröße des nach der Reaktion abfiltrierbaren Calciums.

Ohne Ultraschall ist die Legierung sehr unreaktiv. Die Deckschichtbildung verhindert, wie in Abb. 22 im Arrheniusdiagramm gezeigt, hohe Reaktionsgeschwindigkeitskonstanten. Mit Ultraschall tritt jedoch die Aktivierung des Metalls und die permanente Erzeugung neuer Oberflächen in den Vordergrund. Die Reaktionsgeschwindigkeitskonstanten unter Ultraschall mit der Magnesium-Calciumlegierung übertreffen die der ultraschallbeschleunigten Reaktion am Magnesium um ein Vielfaches.

Diese wesentlich höhere Reaktionsgeschwindigkeit manifestiert sich auch in einer sehr hohen Selektivität bei Grignardreaktionen mit Nebenproduktbildung. Die Tabelle 5 zeigt die Ausbeute an Benzylmagnesiumchlorid (BMC) bei stiller und beschallter Reaktion mit Magnesium. Die Hauptnebenreaktionen sind die Wurtzkupplung zum Dimer und eine Disproportionierungsreaktion zum Toluol.

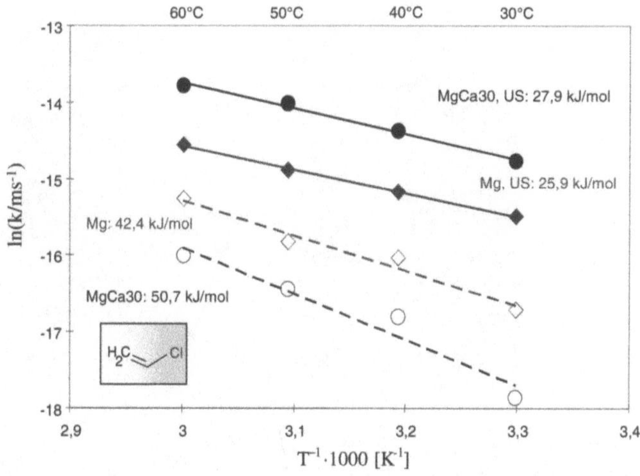

Abb. 22: Arrheniusdiagramm der Grignardreaktion von Vinylchlorid mit und ohne Ultraschall bei Verwendung von Magnesiumplättchen oder einer Magnesium-Calciumlegierungen (MgCa30)

Durch den Einsatz von Ultraschall kann die Produktausbeute von 61 auf 75 mol% verbessert werden. Vor allem die Dimerbildung wird durch die mechanische Bearbeitung im Vergleich zur Grignardverbindung maßgeblich zurückgedrängt. Der Einsatz von Magnesium-Calciumlegierung unter Ultraschall erhöht die spezifische Oberfläche des festen Reaktanden und seine Reaktivität so weit, dass auch die Disproportionierungsreaktion in der flüssigen Phase unterbunden wird und BMC-Ausbeuten von 95 % erzielt werden.

Tabelle 5: Ausbeute an Benzylmagnesiumchlorid (BMC) und Nebenprodukte bei der Reaktion von Benzylchlorid mit Magnesium bei 5 °C in Tetrahydrofuran (Rosenplänter et al. 1997)

	BMC-Ausbeute [mol%]	Dimer [mol%]	Toluol [mol%]
MgCa30 mit US	95	0.6	2.4
Mg mit US	75	2.8	12.4
Mg ohne US	61	10.2	16.8

Die permanent notwendige Entfernung der passivierenden Calciumschicht auf den Partikeln lässt sich zur Steuerung von Grignardsynthesen einsetzen. Die Abb. 23 zeigt zwei dynamische Experimente mit reinem Magnesium und einer Magnesium-Calciumlegierung. In drei Zeitzonen wurde Ultraschall eingesetzt, um die Fahrreaktion zu initiieren. Während beim reinen Magnesium der Memoryeffekt des Metalls für eine konstante Aktivität auch in den Beschallungspausen sorgt, kann man bei der Legierung eine starke Abnahme der Reaktionsgeschwindigkeit ohne Ultraschall feststellen.

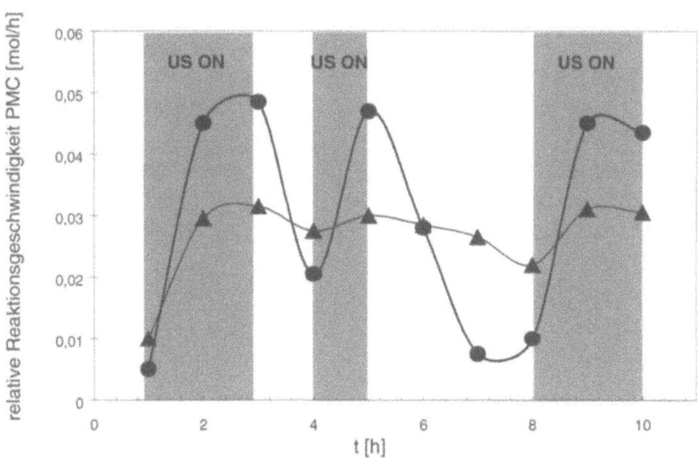

Abb. 23: Verlauf der relativen Reaktionsgeschwindigkeiten bei unterbrochener Beschallung bei Magnesiumplättchen (Dreiecke) oder einer Magnesium-Calciumlegierung, MgCa30 (Kreise)

Als Einsatzbereich für die Magnesium-Calciumlegierungen lassen sich die unter den Ergebnissen am reinen Magnesium genannten Bereiche nennen. Es wird jedoch eine wesentlich stärkere Wirkung auf langsame und zur Nebenreaktion neigende Grignardsynthesen durch die Kombination von Ultraschall und spröden Magnesiumlegierungen erreicht. Die Entsorgung des Calciumslurries ist im Rahmen einer metallurgischen Aufarbeitung oder einer direkten Anwendung des sehr einheitlichen Produktes möglich.

4.6.5
Scale-up und Ausblick

Die durchgeführten Untersuchungen zu den drei Themenbereichen Schalltechnik, Reaktionstechnik und Verfahrenstechnik am Beispiel der Grignardreaktion in neuentwickelten Ultraschallreaktoren zeigen ein sehr hohes technisches Anwendungspotential mechanochemischer Reaktionen zwischen Feststoffen und flüssigen Reaktanden. Zur Beschreibung der mechanisch aktivierten Reaktion lassen sich Modelle, die eine direkte Beeinflussung der Kinetik beinhalten, gut verwenden. Bei Kenntnis der kinetischen Konstanten lässt sich die Beschleunigung durch Ultraschalleinsatz quantitativ vorausberechnen und Anwendungsbereiche besser eingrenzen. Die Haupteinsatzbereiche von Ultraschall bei Grignardreaktionen sind zum Einen sehr langsame Reaktionen und zum Anderen künstlich verlangsamte Reaktionen, die in ihrer Selektivität verbessert werden sollen.

Die Auswahl oder die Auslegung eines geeigneten Reaktors stellt eine große Herausforderung dar. Mit den von uns entwickelten Methoden zur Berechnung von Schallfeldern in Reaktoren kann man die zur Aktivierung des Magnesiums notwendigen Zonen hoher Erosionsaktivität optimieren. Dazu kann man bei vorhandenen Reaktoren eine Abschätzung der Betriebsparameter (Frequenz, Leistungseintrag) durchführen oder neue verbesserte Reaktoren entwickeln. Der für die Untersuchungen verwendete Konusreaktor ist für die Aktivierung von Metallen sehr gut geeignet, durch die begrenzte Eindringtiefe lässt sich jedoch kein klassisches Scale-up durch Maßstabsvergrößerung durchführen. Das Volumen eines solchen Apparates bleibt bei den heutzutage kommerziell erhältlichen Stufenhörnern mit einigen Kilowatt Leistung auf wenige Liter Reaktorvolumen beschränkt. Ein technischer Einsatz ist daher nur durch eine entsprechende Modularisierung und ein Number-up zu realisieren. Die Ergebnisse der Untersuchungen haben jedoch auch gezeigt, dass man mit geringeren Schalleistungen pro Flächeneinheit eine hohe lokale Energiedichte in geeigneten Geometrien erzielen kann. Eine Weiterentwicklung der Reaktorgeometrie führte uns auf Spaltreaktoren, in denen mit speziellen Schwingersystemen eine homogene Sättigung des Reaktionsraums mit wirksamer Kavitation möglich ist (Löning et al. 1999a; Horst et al. 1999b, 1999c).

Die Erzeugung einer hohen lokalen Energiedichte bei geringen Intensitäten an der schallabstrahlenden Fläche ist kein einfaches Unterfangen hat aber den Vorteil, dass das Reaktormaterial vor Erosion geschützt wird, der Reaktionsraum aber mit maximaler Wirkung beschallt wird. Die Intensität ist durch die maximalen Amplituden an der schallabstrahlenden Fläche gegeben. Bei Stufenhörnern mit 20 kHz Arbeitsfrequenz liegen diese im Bereich von 70 µm, bei anderen, großflächigen Schwingersystemen bei etwas über 1 µm. Die Abb. 24 zeigt verschiedene Typen von Ultraschallreaktoren. Der Konusreaktor ist ein Reaktor, in dem bei hohen Intensitäten und hohen lokalen Energiedichten gearbeitet wird. Das Stufenhorn unterliegt einer starken Erosion, die die Standzeit des Apparates limitiert. Das zweite Extrem ist ein Ultraschallreinigungsbad mit geringen Intensitäten und Energiedichten, das zwar lange Standzeiten aufweist, aber nur geringe Wirkungen auf suspendierte Metalle zeigt. In der Mitte der Abbildung ist der Spaltreaktor skizziert, bei dem zwei ineinander geschachtelte Rohre als Schwingersystemen fungieren. Bei kleinen Amplituden lassen sich so sehr hohe Energiedichten verwirklichen und beide Randbedingungen (lange Standzeiten bei gleichzeitig hoher Wirksamkeit auf suspendierte Metalle) erfüllen.

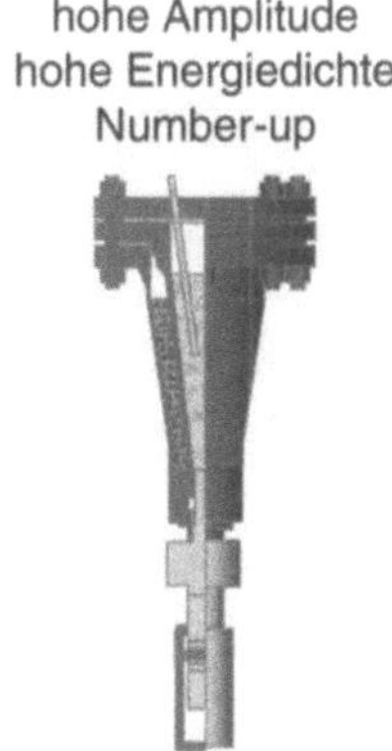

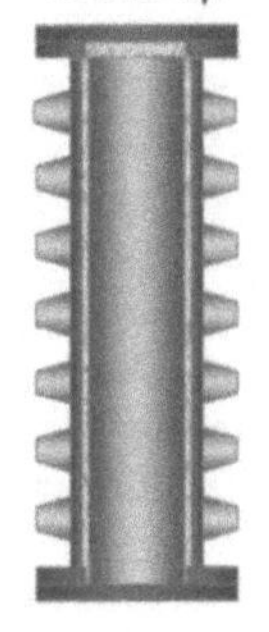

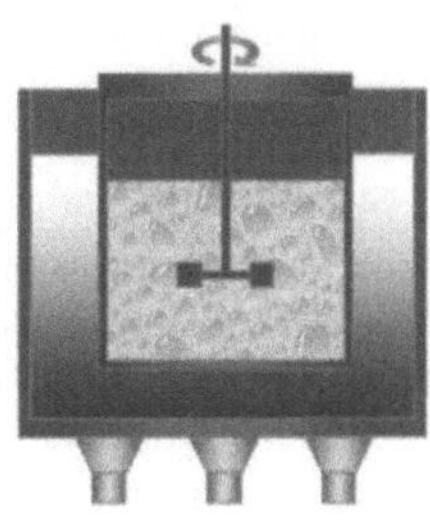

Abb. 24: Typisierung von Ultraschallapparaten anhand ihrer Kenndaten (Löning et al. 1999a)

Mit dem Spaltreaktor lässt sich bei nahezu gleicher Performance, wie im Konusreaktor, ein sehr einfaches Scale-up ermöglichen. Sowohl die Kopplung mehrerer Module zu einer Gesamtanlage, als auch die Verlängerung des Reaktors bis auf ein gewünschtes Reaktionsvolumen sind möglich. Die Bewertung dieses Prozesskonzeptes und die Überführung in ein industrielles Verfahren sind zurzeit Gegenstand weiterer Untersuchungen.

Literatur zu Kapitel 4.6

ASTM G 32-92 (1992) Standard Test Method for Cavitation Erosion Using Vibratory Apparatus.

Benjamin TB, Ellis AT (1966) The collapse of cavitation bubbles and the pressures thereby produced against solid boundaries. Phil. Trans. R. Soc. Lond. A260: 221-240

Berlan J, Mason TJ (1992) Sonochemistry: from research laboratories to industrial plants. Ultrasonics 30: 203-212

Bjerknes VFJ (1906) Fields of Force. Columbia University Press, New York (1906)

Bönnemann H, Boganovic B, Brinkmann R, Spliethoff B, He D-W (1993) The preparation of finely divided powders and transition metall complexes using „organically solvated" magnesium. J. Organom. Chem. 451: 23-31

Chahine GL, Bovis AG (1983) Pressure field generated by nonhemispherical bubble collapse. Trans. ASME, J. Fluids Engng. 105: 356-363

Commander KW, Prosperetti A (1989) Linear pressure waves in bubbly liquids: Comparison between theory and experiments. J.Acoust.Soc.Am 85: 732-746

Contamine F, Faid F, Wilhelm A.M, Berlan J, Delmas H (1994) Chemical reactions under ultrasound: discrimination of chemical and physical effects. Chem. Eng. Sci. 49: 5865-5873

Dähnke S, Keil F (1998) Modeling of sound fields in liquids with a nonhomogeneous distribution of cavitation bubbles as the basis for the design of sonochemical reactors. Chem. Eng. Technol. 21: 873-877

Doktycz SJ, Suslick KS (1990) Interparticle Collisions Driven by Ultrasound. Science 247: 1067-1069

Draugelates U, Reiter R, Groß M (1997a) Randschichtbehandelte Titanwerkstoffe für den Einsatz in sonochemischen Anlagen. In: Konstruktion verfahrenstechnischer Maschinen, SFB 180 Tagungsband 1997, Clausthal-Zellerfeld, S. 173-190

Draugelates U, Reiter R, Groß M (1997b) Randschichtbehandelte Titanwerkstoffe für den Einsatz in sonochemischen Anlagen. (Vortrag im Rahmen der ACHEMA 1997 vom 9.-14. Juni in Frankfurt a. Main)

Draugelates U, Reiter R, Groß M (1998) Construction Materials for Sonochemical Reactors.(Vortrag im Rahmen des 6th Meeting of the European Society of Sonochemistry vom 10.-14. Mai in Rostock Warnemünde)

Einhorn C, Einhorn J, Luche, J-L (1989) Sonochemistry - The Use of Ultrasonic Waves in Synthetic Organic Chemistry. Synthesis 1989: 787-813

Feller HG, Kharrazi Y (1981) Einige Bauprinzipien für kavitationskorrosionsbeständige Werkstoffe. Metallwissenschaft und Technik 6: 546- 549

Heegn H (1990) Mechanische Aktivierung von Festkörpern. Chem.Ing.Tech. 62: 458-464

Heinicke G (1984) Tribochemistry. Carl Hanser Verlag, München (1984)

Hoffmann U, Horst C, Wietelmann U, Bandelin S, Jung R (1999) Sonochemistry. Ullmann´s Encyclopedia of Industrial Chemistry, Sixth Edition, 1999 Electronic Release; WILEY-VCH, Weinheim

Horst C, Chen Y-S, Kunz U, Hoffmann U (1995) Design of a sonoreactor for heterogeneous reactions. Congress Proceedings „World Congress on Ultrasonics", Berlin, Vol. 2, S 695-698

Horst C, Chen Y-S, Kunz U, Hoffmann U (1996) Design, Modeling and Performance of a novel sonochemical reactor for heterogeneous reactions. Chem. Engng. Sci. 51:1837-1846

Horst C, Kunz U, Hoffmann U (1997a) Acceleration of heterogeneous Reactions by Ultrasound: Kinetics of the Grignard Reaction of Chlororbutane Isomers. Congress Proceedings „European Congress on Chemical Engineering", ECCE 1, Florenz, Vol. 1, S 2927-2930 (Reprint in AIDIC Conference Series, Vol. 2, 1997, S 419-425)

Horst C, Hoffmann U, Kunz U (1997b) Modelling of Sound Fields in Ultrasound Reactors as a first Step in the Scale-up of heterogeneous Reactions. Congress Proceedings „European Congress on Chemical Engineering", ECCE 1, Florenz, Vol. 1, S 73-76

Horst C, Hoffmann U, Kunz U, Rosenplänter A (1997c) Modellierung von kavitierenden Schallfeldern und deren Auswirkungen auf heterogene Reaktionen. International Meeting on Chemical Engineering, Environmental Protection and Biotechnology: Abstracts of the lecture groups: New Processes in Chemical Engineering; Symposium on Fuel Cells; Electrochemistry; Sonochemistry, ACHEMA 97, Frankfurt

Horst C (1997d) Ultraschallreaktoren zur Durchführung von heterogenen Flüssig-Feststoffreaktionen: Entwurf, Betrieb und Modellierung einer Versuchsanlage zur Darstellung von Grignardverbindungen. Dissertation, Clausthal-Zellerfeld

Horst C, Chen Y-S, Krüger J, Kunz U, Rosenplänter A, Hoffmann U (1997e) Design of Ultrasound Reactors: Choice of Working Conditions and Sound Fields for Precipitation, Particle Fracture and Organometal Reactions. Conference Proceedings "Applications of Power Ultrasound in Physical and Chemical Processing", Toulouse, S 119-124

Horst C, Hoffmann U (1998a) Heterogene Reaktionen in Ultraschallreaktoren: Ansätze zur reaktionstechnischen Modellierung tribochemischer Reaktionen in kavitierenden Flüssigkeiten. Vortrag bei der Sitzung des GVC-Fachausschusses Reaktionstechnik, Aachen, 2.-6. März 1998

Horst C, Hoffmann U (1998b) Entwurf und Betrieb von Ultraschallreaktoren. Chem. Ing. Tech. 70 : 1118

Horst C, Kunz U, Rosenplänter A, Hoffmann U (1999a) Activated Solid-Fluid Reactions in Ultrasound Reactors. Chem. Engng. Sci. 54: 2849-2858

Horst C, Hoffmann U (1999b) Verfahrenstechnische Anlagen für Ultraschallsynthesen von heterogenen reaktiven Systemen. Vortrag beim VDI-Workshop "Von der Kavitation zur Sonotechnologie", Düsseldorf, 26. Januar 1999

Horst C, Hoffmann U (1999c) Design, operation and characterization of ultrasound reactors. In: Tiehm A, Neis U (eds) Ultrasound in Environmental Engineering. TU Hamburg-Harburg Reports on Sanitary Engineering 25

Kubanskii PN (1962) Acceleration of convective heat exchange by acoustic streaming. Sov. Phys. Acoust. 8: 62-65

Lindley J, Mason TJ (1987) Sonochemistry, Part 2 - Synthetic Applications. Chem. Soc. Rev. 16: 275-311

Leighton, TG (1997) The ACOUSTIC BUBBLE. Academic Press

Löning J-M, Horst C, Hoffmann U (1999a) Sonochemical Reactors for Heterogeneous Solid-Liquid Reactions - A Chemical Engineering Approach. Conference Proceedings 2nd Conference on "Applications of Power Ultrasound in Physical and Chemical Processing", Toulouse, S 25-30

Löning J-M, Horst C, Hoffmann U (1999b) Investigations of the cavitation intensity distribution in sonoreactors. Vortrag bei ULTRASONICS INTERNATIONAL'99 & WCU99, Lyngby, Dänemark

Lorimer JP, Mason TJ (1987) Sonochemistry, Part 1 - The Physical Aspects. Chem. Soc. Rev. 16: 239-274

Mason TJ, Cordemans ED (1996) Ultrasonic Intensification of chemical processing and related operations: a review. Chem. Eng. Res. Des. 74: 511-516

McCormick PG, Froes FH (1998) The fundamentals of Mechanochemical Processing. JOM 1998: 61-65

Noltking BE, Neppiras EA (1951) Cavitation produced by Ultrasonics. Proc. Roy. Soc. 64B: 1032-1038

Okada K, Fuseya S, Nishimura Y, Matsubara M (1972) Effect of ultrasound on micromixing. Chem. Eng. Sci. 27: 529-535

Piltz H-H (1966) Werkstoffzerstörung durch Kavitation. VDI-Verlag, Düsseldorf

Pohl M (1995) Kavitationserosion. In: Prakt. Met. Sonderband 26

Radhakrishna C et al. (1996) Elektronenstrahlschweißen von TiAl6V4: Verfahren mit überlappenden Schweißraupen. Prakt. Metallographie 12: 618-628.

Rayleigh (1902) On the pressure of Vibrations. Philos. Mag. 3: 338-346

Rieger H (1977) Kavitation und Tropfenschlag. Werkstofftechnische Verlagsgesellschaft m.b.H, Karlsruhe

Rosenplänter A, Hoffmann U, Horst C, Kunz U (1997) Synthese von Organometallverbindungen in einem kontinuierlich betriebenen Ultraschallreaktor. International Meeting on Chemical Engineering, Environmental Protection and Biotechnology: Abstracts of the lecture groups: New Processes in Chemical Engineering; Symposium on Fuel Cells; Electrochemistry; Sonochemistry, ACHEMA 97, Frankfurt

Schöne R (1969) Steigerung der Aktivität von Kristalloberflächen durch Beschuss mit Feststoffkörnchen. Chemie-Ing.Tech. 41:282-288

Sitnik L, Berger J, Pohl M (1984) Beeinflussung der Kavitationserosion durch den Gefügezustand der Werkstoffe. HTM 2: 71-75

Souza-Barboza JC de, Petrier C, Luche JL (1988) Ultrasound in Organic Synthesis. 13. Some Fundamental Aspects of the Sonochemical Barbier Reaction. J. Org. Chem. 53: 1212-1218

Sprich JD, Lewandos GS (1983) Sonochemical Removal of Absorbed Water and Alkohol from Magnesium Surfaces. Inorganica Chimica Acta 76: 241-242

Suslick KS (1995) Die chemischen Wirkungen von Ultraschall. Spektrum der Wissenschaft, Digest: Moderne Chemie, S 116-122

Thiessen PA, Meyer K, Heinicke G (1967) Grundlagen der Tribochemie. Akademie-Verlag, Berlin (1967)

Young FR (1989) Cavitation. McGraw-Hill Book Company, Maidenhead

4.7
Reaktionsverdichter

U. Hoffmann, P. Dietz, U. Kunz

Massenkunststoffe wie Polyethylen, Polypropylen, Polystyrol oder Polyvinylchlorid fallen seit der Einführung des Dualen Systems in Deutschland in großen Mengen als unsortierte Abfälle an. Die bestehenden Verfahren zur Aufarbeitung dieser Gemische sind kompliziert und nur ein geringer Anteil der Polymere wird in den Produktkreislauf zurückgeführt. Die Intention der Konstruktion eines Reaktionsverdichters zum thermisch-chemischen Abbau von gemischten Kunststoffabfällen in überkritischem Wasser ist eine direkte Zurückführung der Degradationsprodukte in vorhandene petrochemische Verfahren wie Hydrotreating oder Hydrocracking. Im Rahmen der Arbeiten wurden Grundlagenuntersuchungen zur Abbaukinetik von Modellsubstanzen in überkritischem Wasser durchgeführt und diese als Basis für die Konstruktion und den Betrieb eines kontinuierlich betriebenen Reaktionsverdichters verwendet.

4.7.1
Verfahrenstechnische Aufgabenstellung, Kunststoffrecycling

Das Recycling von Kunststoffen stellt die Verfahrenstechnik vor relativ große Schwierigkeiten. Das Zusammenspiel von ökonomischen, ökologischen und gesellschaftlichen Faktoren erfordert ein radikales Umdenken in der Wiederverwertung von Rohstoffen und Produkten.

Tabelle 1: In 1998 von der Dualen System Deutschland AG verwertete Wertstoffmengen (DSD 1998)

Material	Menge in Mio. t
Glas	2,70
Papier, Pappe, Karton	1,42
Kunststoffe	0,60
Weißblech	0,375
Aluminium	0,043
Verbunde	0,345
Gesamtmenge:	**5,483**

Mit dem Inkrafttreten des Kreislaufwirtschafts- und Abfallgesetzes 1996, der Verpackungsverordnung 1991 und der zunehmenden Abfallmenge aus dem Dualen System Deutschland wird die Notwendigkeit eines stofflichen Recyclings von Kunststoffabfällen aus dem häuslichen und industriellen Bereich immer drängender (Wacker 1995). So wurden 1998 rund 5,62 Millionen Tonnen Wertstoffe durch das DSD erfasst und verwertet (DSD 1998). Die Verfahren lassen sich nach Menges et al. (1992) in drei Bereiche einteilen:

1. Materielles Recycling
2. Energetische Verwertung
3. Rohstoffliche Verwertung

Beim materiellen Recycling werden die Kunststoffe direkt in die Wertstoffrückgewinnung und in die Herstellungsprozesse eingebracht. Nach der Aufbereitung (Reinigen, Trennen, Zerkleinern) werden die Kunststoffe als Schmelze einer erneuten Formgebung zugeführt (Menges et. al. 1992; Brandrup 1978). Dies ist bei den üblicherweise eingesetzten gemischten Massenkunststoffen mit einem Verlust an Qualität verbunden. Die Produkte lassen sich nicht mehr in ihrem ursprünglichen Gebiet einsetzen sondern werden als Blumenkübel, Parkbänke oder Folien angewendet.

Die energetische Verwertung besteht in der Regel aus der Verfeuerung von Kunststoffen als Beimischung zu anderen Brennstoffen mit Luft oder reinem Sauerstoff. So werden Kunststoffe bei den Stahlwerken Bremen zur Reduktion im Hochofen als Ersatz für Schweröl eingesetzt.

Das rohstoffliche Recycling bedient sich verschiedener Verfahren zur Spaltung der Kunststoffe, um sie in der Synthese neuer, hochwertiger Polymere verwenden zu können. Dabei kommen thermische, chemische oder mehrstufige Verfahren zum Einsatz: Hydrolyse, Alkoholyse, Glycolyse, Hydrierung, Pyrolyse, degradative Extrusion, Synthesegaserzeugung oder Hochtemperaturkonversion.

Für die Behandlung von gemischten Kunststoffen haben sich drei Verfahren etabliert (Abb. 1):

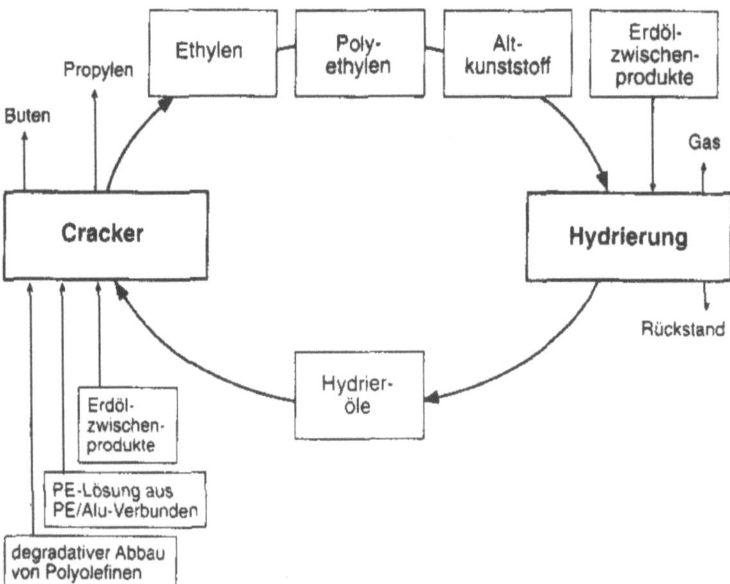

Abb. 1: Kunststoffkreislauf mit rohstofflicher Wiederverwertung von Altkunststoffen in petrochemischen Verfahren

Bei der Zerlegung zu Synthesegas werden Altkunststoffe bei Temperaturen von über 800 Grad Celsius unter Zugabe von Sauerstoff und Wasserdampf zu einem Gasgemisch umgesetzt. Das dabei gewonnene Rohgas, überwiegend Kohlenmonoxid (CO) und Wasserstoff (H_2), wird schockartig abgekühlt. Dadurch kann eine Bildung von Schadstoffen wie Dioxinen und Furanen verhindert werden. In einem weiteren Verfahrensschritt werden kondensierbare Bestandteile wie Teere und Feststoffe abgesondert.

Die Hydrierung von Altkunststoffen wird zum Beispiel in der Hydrieranlage Bottrop, VEBA Oel, als Sumpfphasenhydrierung durchgeführt. Es entsteht ein hochwertiges Syntheseöl, das qualitativ dem Rohöl ähnlich ist und in den Raffinerieprozess eingeschleust werden kann. So können erneut petrochemische Grundstoffe gewonnen werden. Beim PARAK-Verfahren (DSD 1998) wird der Kunststoff verflüssigt und anschließend bei 400 °C durch eine Kombination von thermischen Behandlungsstufen und Fraktionierungsprozessen in hochwertige Paraffine und Wachse sowie Öldestillate gespalten.

Die Pyrolyse von Kunststoffen unter Sauerstoffausschluss liefert feste, flüssige und gasförmige Produkte, die ebenfalls als Grundmaterialien in der Petrochemie verwendet werden können.

Bei allen rohstofflichen Wiederverwertungsverfahren stellt der Anteil an PVC, der einen Anteil von etwa 5 % im Abfall einnimmt, ein großes Problem dar, da Reaktorwerkstoffe korrodieren und Katalysatoren vergiftet werden. Auch andere Zuschlagstoffe wie Pigmente, Weichmacher, Farbstoffe, Antioxidantien oder Feststoffe führen zu einer schwierigen Handhabung gemischter Kunststoffabfälle in diesen Verfahren.

Ansätze für wirtschaftliche Verfahren zur Bereitstellung von petrochemischen Basismaterialien aus Altkunststoffen müssen daher folgende Punkte berücksichtigen:

1. Eine Vorbehandlung der Altkunststoffe wie Waschen, Sortieren oder Dehalogenieren muss verhindert werden.
2. Der Einsatz von Primärenergie sollte auf das Aufbrechen der Polymere in die gewünschten Gas- und Flüssigphase beschränkt sein.
3. Hilfsstoffe sollten umweltverträglich, kostengünstig und leicht vom Abbauprodukt trennbar sein.
4. Die Abbauprodukte müssen direkt in petrochemischen Verfahren einsetzbar sein.

Als Lösungsansatz wurde der Abbau von Altkunststoffen in sub- bzw. superkritischem Wasser untersucht. Im Vordergrund standen dabei Experimente im Batch- und Semibatchbetrieb, die zeigen sollten, ob mit dieser Methode förderfähige Produktölphasen aus Kunststoffen erzeugt werden können. Diese Erfahrungen sollten in die Gewinnung verfahrenstechnischer Auslegungs- und Betriebsparameter für ein kontinuierliches Verfahren mit Kreislaufführung der Reaktanden münden. Basierend auf diesen Daten wurde ein kontinuierlich betriebener Reaktionsverdichter entwickelt, gebaut und im Betrieb erprobt.

4.7.2
Abbau von Polymeren in überkritischem Wasser

Als überkritisch oder superkritisch bezeichnet man Wasser oberhalb von Temperaturen von 221 bar und 374 °C. Dieser Aggregatszustand unterscheidet sich fundamental von denen der Flüssigkeit und denen des Gases. Überkritisches Wasser zeichnet sich neben einem hohen Lösungsvermögen für unpolare Stoffe durch seine relativ hohe Dichte, einen hohen Diffusionskoeffizienten und eine hohe Wärmekapazität aus. Es vereint damit viele positive Eigenschaften des Gases und der Flüssigkeit. Untersuchungen zum Verhalten von Makromolekülen in überkritischem Wasser liegen in einigen Bereichen vor (vgl. Abb. 3). Die Hydrolyse von organischen Komponenten wird nach Balbuena et al. (1994), Li et al. (1993) oder Ding et al. (1995) durch eine veränderte Struktur der Wasserstoffbrückenbindungen sowie das mit der Dichte variierende Ionenprodukt des Wassers verursacht. In den dabei auflaufenden ionischen Reaktion werden Heteroatome vom Kohlenstoffskelett abgetrennt. Oxidationsreaktionen in sub- und superkritischem Wasser werden durch die Bildung von Hydroxylradikalen initiiert (Haber 1992; Meyer 1995). Diese überkritische Nassoxidation (supercritical water oxidation, SCWO) wird zur Beseitigung gefährlicher organischer Substanzen verwendet.

Für die Anwendung von überkritischem Wasser als Arbeitsmedium beim Abbau von Polymeren sprechen verschiedene Aspekte. Wasser ist ein umweltneutraler Hilfsstoff, der nach entsprechender Aufarbeitung unbedenklich ist. Im überkritischen Zustand wechselt die Dielektrizitätskonstante ihren Wert im Vergleich zum flüssigen Wasser sehr stark (von 78 auf 1,8) und erlaubt somit eine hohe Löslichkeit von Polymeren im Wasser. Gleichzeitig werden ionische Substanzen

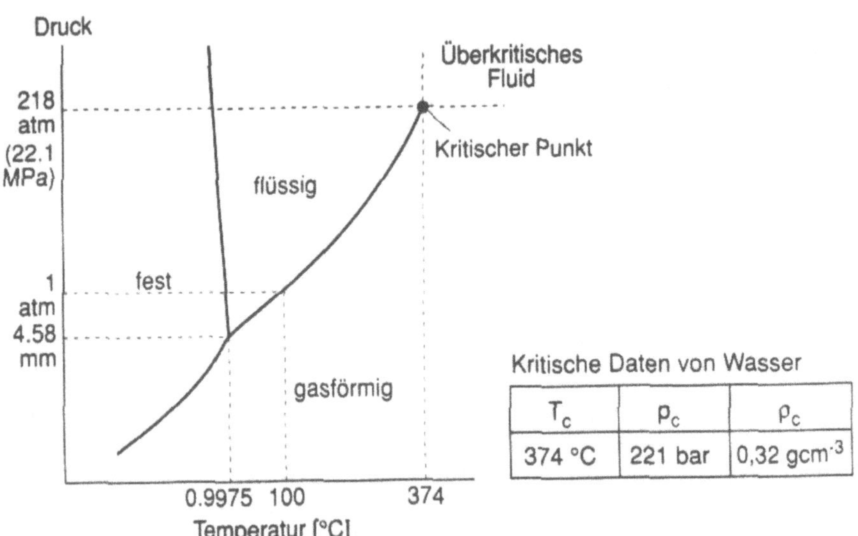

T_c	p_c	ρ_c
374 °C	221 bar	0,32 gcm⁻³

Abb. 2: Phasendiagramm von Wasser

wie Salze im überkritischen Zustand gefällt. Wasser ist als Wärmeträger im überkritischen Zustand besonders gut geeignet, da es eine hohe Wärmekapazität und eine relativ hohe Dichte mit geringer Viskosität und guten Stoff- und Wärmetransporteigenschaften besitzt. Thermische Abbaureaktionen über radikalische oder ionische Mechanismen profitieren von dieser Eigenschaft des Mediums. Neben der Funktion als Lösungsmittel und Wärmeträgerfluids kann das überkritische Wasser selbst als Oxidationsmittel wirken.

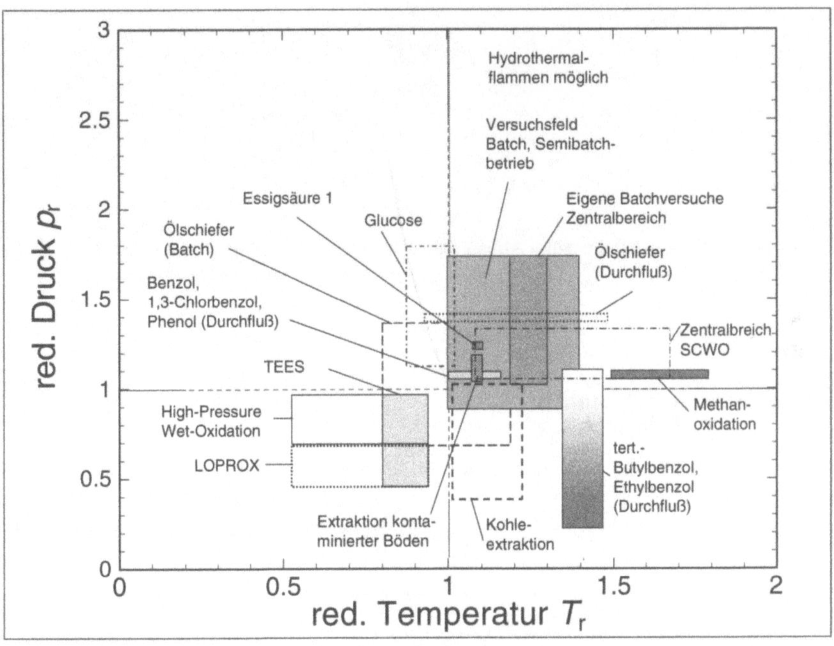

Abb. 3: Überblick über Arbeitsbereiche unterschiedlicher Verfahren und Studien im nahe- und superkritischen Fluidbereich des Wassers

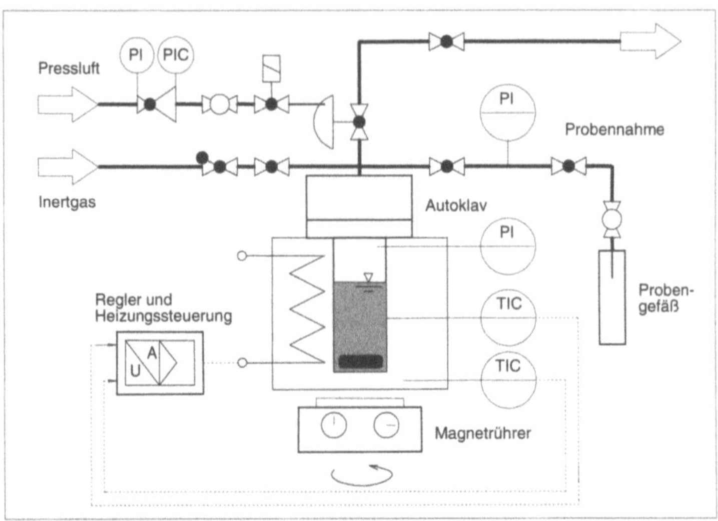

Abb. 4: Batchversuchsanlage zum Abbau von Polymeren in sub- und superkritischer Wasserphase

4.7.3
Versuche im Batchreaktor

Für die Batchversuche wurde ein handelsüblicher Hochdruckautoklav mit einem Innenvolumen von 140 ml verwendet (Gronwald et. al. 1998a). Die Abb. 4 zeigt den Aufbau des Reaktorsystems für Versuche mit sub- und superkritischem Wasser.

In dem Reaktor wurden Versuche an reinen und gemischten Kunststoffen nach dem Versuchsplan in Tabelle 2 durchgeführt.

Tabelle 2: Versuchsplan zur Degradation von Polymeren in überkritischem Wasser

Reaktor- temperatur [°C]:	370 - 390 - 410 - 430 - 450 - 470 - 490 Reaktorgrenztemperatur = 500			
Druckbereich [MPa]:	0,1 bis maximal 40			
Isotherme Haltephase [min]:	1, 5, 10, 20, 30, 35 maximal: 60			
Einsatzkunststoffe:	Polyethylen: Lupolen LDPE 1810 LDPE 2410 HDPE Vp.-material	Polystyrol: PS 158K Vp.-material	Polypropylen: Novolen 1100H Vp.-material	Polyvinylchlorid : Vinidur Vp.-material
Einwaage [g]:	2 / 4 / 8	0,75 / 1,5 / 3	0,75 / 1,5 /3	0,5 / 1 / 2
Einsatz- verhältnis Wasser / Polymer	1 / 1	2 / 1	4 / 1	5 / 1
Katalysator:	5 industrielle Feststoffkatalysatoren, Basische Flüssigphasekatalysatoren			

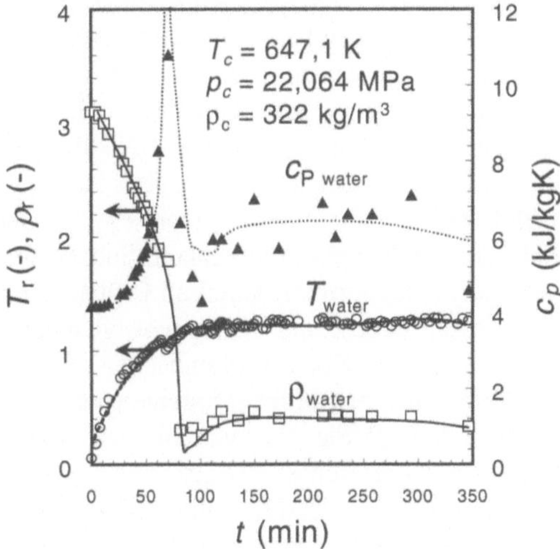

Abb. 5: Verlauf der reduzierten Größen Temperatur, Druck und Dichte sowie der Wärmekapazität als Funktion der Zeit beim Batchexperiment

Dabei wurden Versuchspunkte im überkritischen und subkritischen Temperatur-Druckbereich ausgewählt, um eine Differenzierung zwischen rein thermischen und durch das überkritische Wasser initiierten Reaktionen unterscheiden zu können (Gronwald 1999c). Im Versuchsbetrieb wurde der Reaktor aufgeheizt und anschließend isotherm im gewünschten Temperatur- und Druckbereich über maximal 60 Minuten gehalten. Der Verlauf der Temperatur, des Drucks, der Dichte und der Wärmekapazität als Funktion der Versuchsdauer sind beispielhaft in Abb. 5 angedeutet. Nach Beendigung des Versuchs konnten die im Reaktor vorliegenden Phasen (Gasphase, organische Ölphase, wässrige Phase, Wachsphase und Feststoff) abgezogen und einer Analyse unterzogen werden. Zur Bestimmung der Zusammensetzung wurden massenspektroskopische Methoden herangezogen um anschließende PONA (Paraffine/ Olefine/ Naphtene/ Aromaten) und PIANO (Paraffine/ iso-Paraffine/ Aromaten/ Naphtene/ Olefine) Auswertungen anwenden zu können. Die Molmassenverteilung ausgewählter Abbauprodukte konnte über Größenausschlusschromatographie und Laserstreulichtdetektion verfolgt werden. Für die Analyse der Viskosität der Produktölphase wurde ein Schwingungsviskosimeter eingesetzt.

Die erwünschten flüssigen Produktölphasen konnten nur in einem relativ engen Parameterbereich bei Drücken zwischen 20 und 40 MPa, Temperaturen zwischen 450 und 390 °C sowie isothermen Haltezeiten von 10 bis 30 Minuten in angemessener Menge erhalten werden. Bei Temperaturen unter 450 °C wurden die Polymere nur zu einem geringen Anteil abgebaut und langkettige, wachsartige Produkte waren dominant. Temperaturen oberhalb von 490 °C führten zu einem vermehrten pyrolytischen Abbau mit großen Anteilen an flüchtigen Gasen wie CO, CO_2 und H_2, kurzkettigen Alkanen und einer hohen Verkokungstendenz.

Im Zielbereich der Temperaturen zwischen 450 und 490 °C hängt die Produktzusammensetzung stark von den Verweilzeiten, dem eingesetzten Kunststoff und den Temperaturen ab. Werden reine Kunststoffe eingesetzt, so sind Produktspektren aus dem thermischen Abbau zu beobachten. Die thermisch initiierten Radikalreaktionen führen zur Fragmentierung der Polymerketten, zu Isomerisierungen und bei Wasserstoffunterschuss zu einer verstärkten Bildung von aromatischen Produkten. Ein ionischer Abbaumechanismus mit Alkoholen oder Säuren im Produkt konnte nicht verzeichnet werden. PVC ist als korrosive Komponente besonders zu beachten. Bei der Degradation von reinem PVC in überkritischem Wasser konnte ein sehr hoher Feststoffanteil an verkokten Substanzen festgestellt werden. Ein großer aromatischer, halogenfreier Anteil an Ölphase und das Vorhandensein von Salzsäure im Wasser deuten auf einen pyrolytischen Abbaumechanismus beim PVC hin. Der Abbau von Kunststoffgemischen zeigt ein Produktspektrum, dass sich nahezu additiv aus den Abbauprodukten der Einzelkomponenten zusammensetzt. Die Abb. 6 zeigt die unterschiedlichen Anteile an Produktphasen beim Abbau von reinen und gemischten Kunststoffen.

Die PONA-Zusammensetzung der Öl- und Wachsphasen bei der Degradation verschiebt sich mit zunehmender Temperatur und Verweilzeit zu den naphtenischen und aromatischen Komponenten. Dies ist durch den radikalischen, thermisch initiierten Polymerabbau zu erklären. Mit zunehmender Temperatur führen die Crackmechanismen zu einer höheren Anzahl an Radikalen, die auf Grund des Wasserstoffunterschusses zu ungesättigten, thermisch stabilen Aromaten, hauptsächlich Toluol. Xylol und Ethylbenzol weiterreagieren. Die Tabelle 3 zeigt einen Vergleich zwischen den Zusammensetzungen einiger Erdölfraktionen, Spaltprodukten aus der Petrochemie und den Abbauprodukten der Polymerdegradation in überkritischem Wasser. Der prinzipielle Einsatz der Öl- und der Wachsphase als Feedzugabe in anschließenden Prozessstufen ist möglich. Heteroatome, Salze und andere Begleitstoffe, die im Altpolymer vorhanden sind, werden durch die Reaktion im überkritischem Wasser mit der wässrigen Phase oder dem Feststoff entfernt.

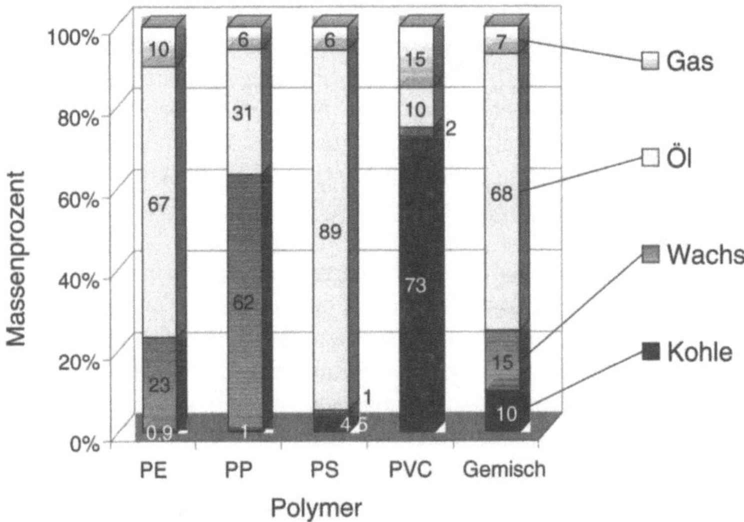

Abb. 6: Zusammensetzung der Produkte beim Abbau von Kunststoffen in überkritischem Wasser (470 °C; 30 MPa; Einsatzverhältnis Wasser/ Polymer = 5/ 1; Versuchszeit 30 min)

Tabelle 3: Zusammensetzung von Erdölfraktionen, Produkten aus petrochemischen Spaltprozessen und Abbauprodukten aus der Verflüssigung von Kunststoffen in überkritischem Wasser

Bezeichnung	Paraffine	Olefine	Naphtene	Aromaten
Zusammensetzung amerikanischer Erdölfraktionen:				
Alaska Naphta	39,7	-	39,6	20,5
Jet-Naphta	18,6	-	69,8	10,6
Aromatenreiches Naphta	-	16,9	-	83,1
niedrigsiedendes Naphta	59,3	-	30,6	9,9
hochsiedendes Naphta	59,3	-	30,8	9,9
Kerosin	30,9	-	64,3	4,8
Gasöl	38,8	-	41,5	17,2
Fuel Oil	29,8	-	45,3	22,4
Fraktionen aus 6 unterschiedlichen Spaltprozessen:				
Thermisches Cracken:				
Gemischte Phase (leichtes Gasöl)	40	39	14	7
Gemischte Phase (schweres Gasöl)	42	44	8	6
Dampfphase (De Florez)	10	49	25	16
Dampfphase (Gyro)	19	45	14	22
Katalytisches Cracken:				
(Houdry)	44	18	23	15
Destruktiv hydriertes Gasöl:	63	10	22	5
Abbauprodukte aus nichtkatalytischer Degradation in superkritischer Wasserphase:				
450 °C; < 30 Mpa	60,0	22,9	6,0	12,1
470 °C; < 30 Mpa	57,2	18,9	7,0	16,7
490 °C; ≤ 30 Mpa	44,0	10,4	8,1	37,5

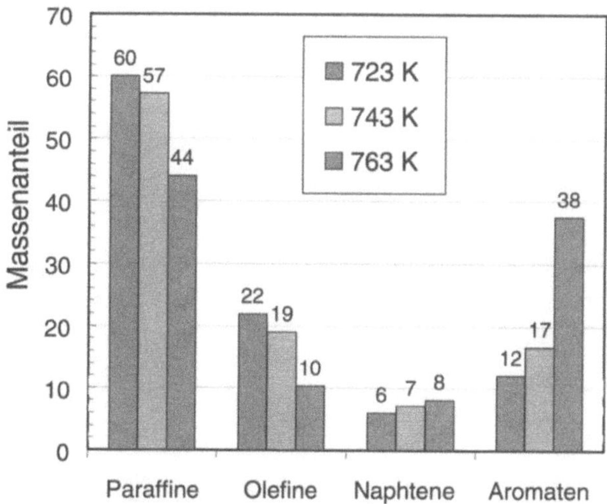

Abb. 7: PONA-Analyse der Abbauprodukte von Kunststoffgemischen in überkritischem Wasser nach 30 min bei 30 MPa und unterschiedlichen Temperaturen (PE = 4 g; PP = 1,5 g; PS = 1,5 g; PVC = 1 g)

Zur weiteren Untersuchung des Auflösungsverhaltens und zum thermischen Abbau der Polymere beim Übergang des Wassers vom unterkritischen in den überkritischen Bereich wurden weitere Versuche mit einer Semibatchapparatur durchgeführt.

4.7.4
Versuche im Semibatchreaktor

Kern der Versuchsanlage in Abb. 8 ist ein mit Polymer und Inertmaterial befüllter Rohrreaktor, der von außen mit einem Hochleistungsinfrarotstrahler auf Versuchstemperatur gebracht wird (Gronwald et al. 1998b). Wasser wird mit einer Hochdruckpumpe von unten in den Rohrreaktor eindosiert, erhitzt und in den überkritischen Bereich gebracht. Beim Batchreaktor wird der Übergang vom unterkritischen in den überkritischen Zustand über die Versuchsdauer geregelt. Dabei tritt während des Aufheizens eine beträchtliche Umsetzung durch thermische Spaltung ein. Im Gegensatz hierzu erfolgt der Umschlag in das überkritische Verhalten im Rohrreaktor an einer ausgezeichneten Stelle im Reaktor was eine schnelle Erhitzung des Stoffgemisches bei Vermeidung zu starker Abbaureaktionen im unterkritischen Bereich ermöglicht.

Das im Festbett fixierte Polymergranulat wird durch das Wasser aufgeschmolzen und im überkritischen Wasser weiter thermisch abgebaut. Am Reaktoraustritt wird das Gemisch durch eine Druckdrossel unterkritisch gemacht und in einem Phasentrenner in die entsprechenden Phasen aufgespalten. Durch die Variation der Verweilzeit im Reaktor können so sehr genaue Aussagen über die Abbaukinetik gemacht werden. Abb. 9 zeigt die Verläufe der Temperatur, der Dichte und der

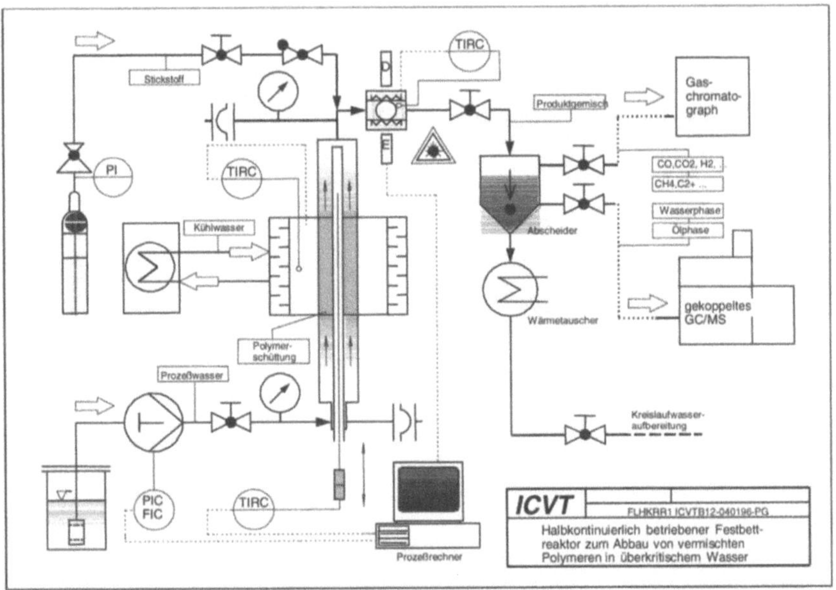

Abb. 8: Verfahrenstechnisches Fließbild des halbkontinuierlich betriebenen Rohrreaktors für den Abbau von Polymergemischen in überkritischer Wasserphase

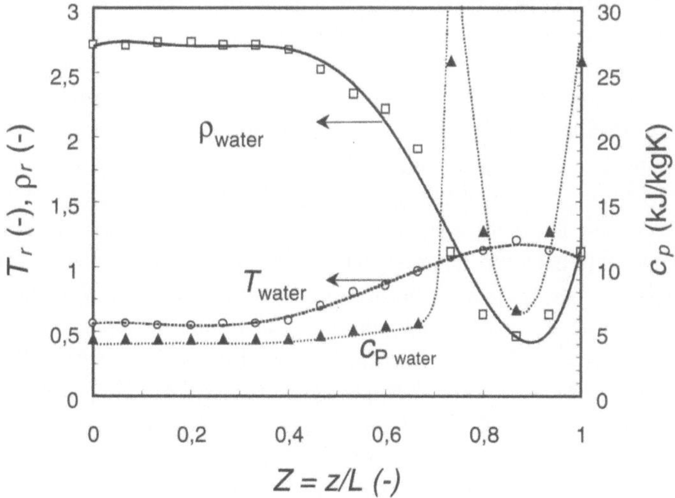

Abb. 9. Verlauf der reduzierten Größen Temperatur und Dichte sowie der Wärmekapazität als Funktion der Reaktorkoordinate im Ströhmungsrohr

Wärmekapazität als Funktion der Reaktorlänge. Der Übergang von sub- in den superkritischen Bereich ist bei der dimensionslosen Koordinate z/L=0,75 angesiedelt.

Die Untersuchungen im halbkontinuierlich durchströmten Rohr liefern wichtige Betriebs- und Auslegungsdaten für den kontinuierlichen Reaktionsverdichter: Das feste Polymer muss im Reaktionsverdichter aufgeschmolzen werden, damit ein förderfähiges Wasser-Polymergemisch entsteht. Mit zunehmender Annäherung an den kritischen Punkt des Wasser-Polymergemisches nimmt die Löslichkeit der Kunststoffe im Wasser zu. Das Wasser dient dann als Trägermedium und Lösungsmittel für das Polymer und als Wärmeübertragungsfluid mit guter Wärmekapazität und Wärmeleitfähigkeit. Die Verweilzeit ist so zu optimieren, dass möglichst wenig gelöstes aber nicht abgebautes Polymer mit dem Wasserstrom ausgeschleußt wird, andererseits aber die Pyrolyse zu CO, CO_2 und H_2 bei zu langen Verweilzeiten verhindert wird.

Zur Beantwortung der Frage nach der optimalen Verweilzeit wurden kinetische Daten für den Abbau der reinen Kunststoffe und des Kunststoffgemisches ermittelt Gronwald et. al. 1999). Dazu wurde eine Massenbilanz für die Molmassenverteilung w(x) mit x als Molmasse in g/mol in einem Rohrreaktor mit Rückführung aufgestellt:

$$\frac{\partial(V_R w(x))}{\partial t} = \dot{V}_0 \frac{w_0(x) + \varphi w(x)}{1 + \varphi} - \dot{V}_0 w(x) - V_R a(x) w(x) + V_R \int\limits_{x}^{x_{max}} a(x) b(x,y) w(y) dy \,.$$

$$(1)$$

Dabei bedeutet V_R das Reaktorvolumen, a(x) die Bruchgeschwindigkeit, b(x,y) die Bruchfunktion und φ das Kreislaufverhältnis. Für $\varphi = 0$ ergibt sich das ideale

Strömungsrohr, bei $\varphi = \infty$ erhält man als zweiten Grenzfall den idealen Rührkessel. Die Bruchfunktion entscheidet über den Mechanismus des Molekülbruches. Ist die Molmassenverteilung als Funktion der Reaktionszeit bekannt, so kann man über die Anpassung der Bruchparameter ermitteln, ob es sich beim Polymerabbau über einen zufälligen Angriff auf die Polymerkette (radikalischer Abbau) oder um einen gerichteten Abbau an ausgezeichneten Stellen im Polymerskelett handelt. Die Abb. 10 zeigt berechnete und gemessene Molmassenverteilungen beim Abbau von Polystyrol in überkritischem Wasser. Die Anpassung der Modellparameter aus experimentellen Daten beweist, dass das Polymer statistisch gespalten wird und ein radikalischer, thermisch initiierter Abbaumechanismus vorliegt.

Für den Einsatz im Reaktionsverdichter wurde aus diesen Experimenten eine Globalkinetik entwickelt, die die mittlere Molmasse des Abbauproduktes als Funktion der Temperatur beinhaltet. Die Abb. 11 zeigt ein Diagramm, das bei der von uns als optimal gefundenen Verweilzeit von 30 Minuten die mittlere Molmasse als Funktion der Abbautemperatur darstellt.

Aus den experimentellen Ergebnissen an Modellsubstanzen im Batchreaktor und im Semibatchreaktor wurde die Anforderungsliste aus verfahrenstechnischer Sicht entwickelt.

4.7.5
Verfahrenstechnische Anforderungen

Die grundlegenden Untersuchungen zum Abbauverhalten von gemischten Kunststofffraktionen in überkritischem Wasser haben ergeben, dass der zu entwickelnde Prozess und der Reaktionsverdichter folgenden Gesichtspunkten genügen muss:

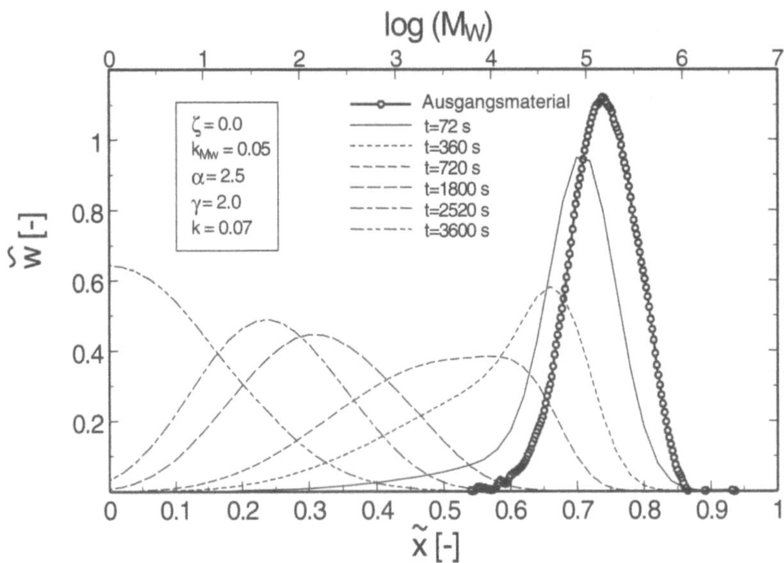

Abb. 10: Gemessene und berechnete Molmassenverteilungen von Polystyrol als Funktion der Degradationszeit in überkritischen Wasser

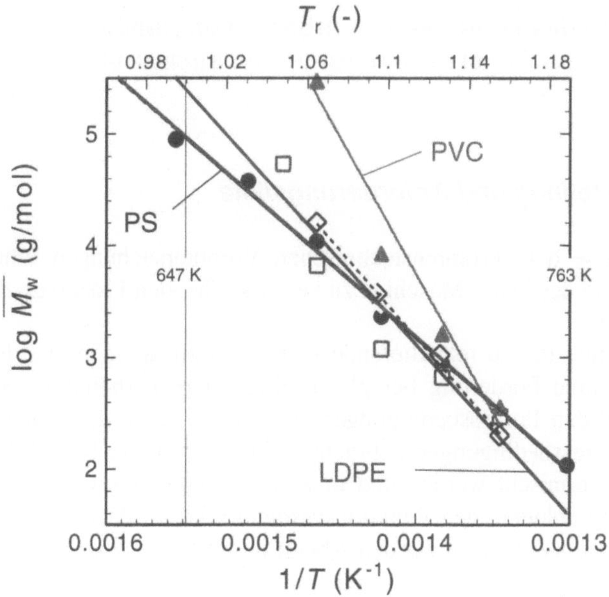

Abb. 11: Mittlere Molmasse von Polymerabbauprodukten als Funktion der Temperatur bei 30 MPa Systemdruck, einer Verweilzeit von 30 Minuten und einem anfänglichen Molmasse von $M_{W,0}$ = 96260 g/mol

1. Der Prozessdruck liegt zwischen 300 und 500 bar.
2. Die Prozesstemperatur liegt zwischen 450 und 500 °C.
3. Die notwendige Verweilzeit beträgt 30 Minuten.
4. Der Kunststoffdurchsatz durch den Reaktionsverdichter beträgt 1 dm³/h.
5. Das Einsatzverhältnis von Kunststoff zu Wasser liegt bei 1:5.
6. Der Kunststoff muss nahe am überkritischen Punkt vom Wasser aufgeschmolzen und anschließend gelöst werden.
7. Der Reaktionsverdichter muss mit folgenden Phasen arbeiten können: eine Gasphase, eine organische Öl- und Wachsphase, eine wässrige Phase und eine Feststoffphase.
8. Das Reaktormaterial muss beim Einsatz von PVC extrem korrosionsbeständig sein.

Mit diesen Einstellungen wird eine maximale Ausbeute an pumpbarer, flüssiger Ölfraktion geringer Viskosität erwartet. Diese Phase kann auf Grund ihrer Zusammensetzung direkt in angeschlossene petrochemische Anlagen weiterverwendet werden.

4.7.6
Entwicklung des kontinuierlich arbeitenden Reaktionsverdichters zum Abbau von Kunststoffen durch den Einsatz überkritischen Wassers

4.7.6.1
Aufgabenstellung und Anforderungsliste

Die Ergebnisse der verfahrenstechnischen Voruntersuchungen führen zu einem Grundfließbild des in der Maschine zu verwirklichenden Prozesses, das in Abb. 12 dargestellt ist.

Danach muss der zu rezyklierende Kunststoff zunächst in eine Form gebracht werden, die eine Förderung bei gleichzeitiger Druckerhöhung und Erwärmung entsprechend den Prozessbedingungen ermöglicht. Auch der Eduktstrom Wasser muss auf Prozessbedingungen gebracht werden, bevor die beiden Materialströme miteinander vermischt werden und in Reaktion kommen. Gleichzeitig lässt sich die Forderung ableiten, den Reaktionsverdichter konstruktiv so zu gestalten, dass die notwendige Verweilzeit für den Ablauf der Degradationsreaktionen der aufgegebenen Kunststoffe zu einer Öl- und einer Gasphase entsprechend den Wünschen an das zu erzeugende Produkt erreicht wird. Damit können die für die zu erarbeitende Maschine entscheidenden Prozessbedingungen beschrieben werden durch:

– Prozesstemperatur,
– Prozessdruck,
– Verweilzeit und
– Eduktverhältnis (Wasser:Kunststoff).

Die aus den Ergebnissen der vorangegangenen Batch-Versuche resultierenden Anforderungslisten an den zu entwickelnden, kontinuierlich arbeitenden Reaktionsverdichter sind in der in Tabelle 4 abgebildeten Anforderungsliste zusammengefasst.

Die Untersuchungen haben ergeben, dass der notwendige Prozessdruck zwischen 400 bar und 500 bar und die Reaktionstemperatur zwischen 450 °C und 500 °C liegen muss. Für die Verweilzeit, den Kunststoffvolumenstrom, dem Verhältnis Wasser:Kunststoff und dem Kreislaufverhältnis wurden Werte ausgearbeitet, die eine Ausgangsbasis für die im kontinuierlichen Betrieb des Reaktionsverdichters durchzuführenden Versuche bilden. Diese Ausgangsbasis liegt bei der Verweilzeit bei 30 min, bei dem Kunststoffvolumenstrom bei 1 l/h, bei dem Verhältnis Wasser:Kunststoff bei 5:1 und dem Kreislaufverhältnis bei 10:1 (Neumann 1996).

Wesentlicher Bestandteil der Anforderungsliste ist die Definition von Variationsparametern, die eine flexible Anpassung des Reaktionsverdichters an die noch in laufenden verfahrenstechnischen Untersuchungen zu ermittelnden optimalen Betriebsparameter in Abhängigkeit von den zu erzielenden Produkteigenschaften gestatten.

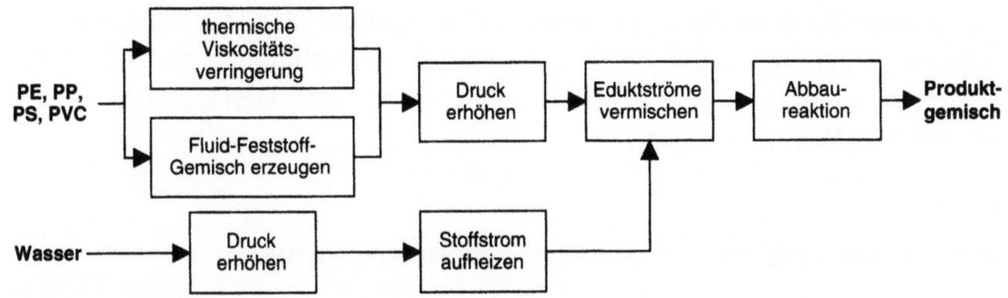

Abb. 12: Grundfließbild mit Grundinformationen des Reaktionsverdichters (Dietz u. Neumann 1996; Neumann 1996)

Tabelle 4: Auszug aus der Anforderungsliste für den Reaktionsverdichter

		Anforderungen an den Reaktionsverdichter	Blatt 1 von 1 Blatt
Änderung	(F) W	**Anforderungen**	Bemerkungen
		Sicherheitsanforderungen AD-Merkblätter berücksichtigen TÜV-Abnahme (falls erforderlich) DIN-gerechte Ausführung des Reaktionsverdichters Technische Regeln Druckbehälter berücksichtigen UVV berücksichtigen **Geometrieanforderungen** Kompakte Ausführung des Reaktionsverdichters Einfache geometrische Gestaltung seiner Bauteile Verweilzeit von 30 min realisieren Kunststoffvolumenstrom $\dot{V}_K = 1$ l/h realisieren **Werkstoffanforderungen** Einsatz korrosionsresistenter Werkstoffe **Prozessanforderungen** Rohstoffliches Recycling von PP, PE, PS und PVC Einsatz von überkritischem Wasser für die chemische Polymerdegradation Erzeugen einer auf Hochdruck pumpbaren Substanz aus den Kunststoffabfällen Erforderlicher Prozessdruck $p_{Prozess} > 400$ bar Erforderliche Prozesstemperatur $T_{Prozess} \approx 470°C$ Verhältnis Wasser:Edukt = 5:1 Produkte müssen in konventionellen petrochemischen Anlagen weiterverarbeitbar sein Niedrige Betriebskosten ...	

Die in den Vorversuchen gewonnenen Erkenntnisse über die reaktiven Eigenschaften von überkritischem Wasser besonders in Verbindung mit Chlor haben zudem zu der Anforderung nach dem Einsatz eines korrosionsresistenten Werkstoffs geführt (Neumann 1996).

4.7.6.2
Konstruktive Umsetzung der Prozessanforderungen

Ausarbeitung des Grundfließbildes mit Grund- und Zusatzinformationen. Ausgehend von den erarbeiteten Anforderungen erfolgte durch die konstruktionsmethodische Vorgehensweise nach VDI 2221 (1986) die Ausarbeitung eines Grundfließbildes mit Grund- und Zusatzinformationen der zu entwickelnden Maschine. In Abb. 13 ist dieses Fließbild dargestellt. Dabei sind sowohl die peripheren Installationen der Maschine als auch die eigentliche Maschine berücksichtigt worden (Neumann 1996).

Die den Reaktionsverdichter darstellenden Rechtecke (dick umrandet) sind als zusätzliche Information in einem gemeinsamen Rechteck, das die Ausführung des Reaktionsverdichters als eine Einheit kennzeichnet, zusammengefasst. Aufbauend auf den Ergebnissen der Ausarbeitung geeigneter Wirkprinzipien zu den Grundfunktionen des Reaktionsverdichters sind in ihnen Anlagenteile des Reaktionsverdichters beschrieben. Die zu entwickelnde verfahrenstechnische Maschine „Reaktionsverdichter" besteht im Wesentlichen aus der Maschinenkomponente Hochdruckpumpe, die den Einsatzstoff mit einem Volumenanteil von 1 l Kunststoff pro Stunde in die Reaktionszone fördert. In der Reaktionszone wird durch eine geeignete Umwälzpumpe ein definiertes Kreislaufverhältnis erzeugt. Gleichzeitig wird dieser Stoffstrom mittels einer Führung durch statische Mischer zwangsvermischt.

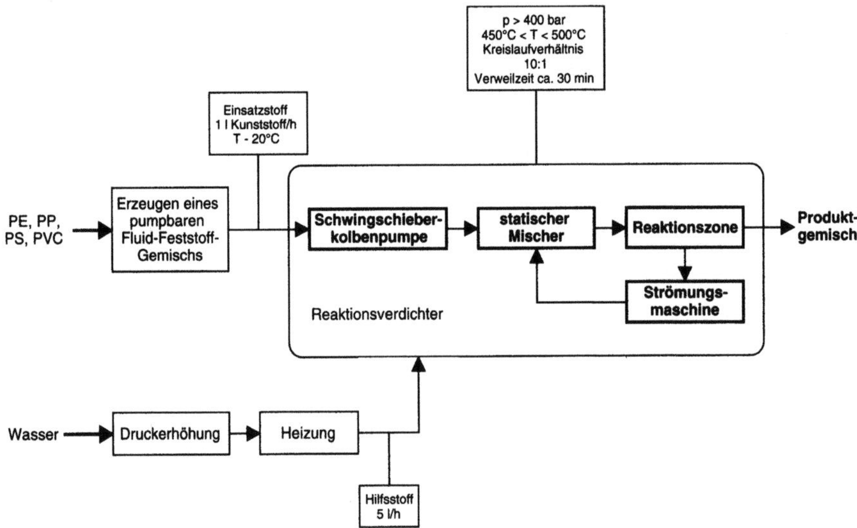

Abb. 13: Grundfließbild mit Grund- und Zusatzinformationen des zu entwickelnden Reaktionsverdichters (Neumann 1996)

Konstruktive Umsetzung der Grundfunktion „Hochdruck erzeugen". Betrachtet man das Grundfließbild (Abb. 12), so ist zu erkennen, dass die Gesamtfunktion des Reaktionsverdichters sich in mehrere Grundfunktionen unterteilt.

Eine wichtige Funktion für die erfolgreiche Degradation von Kunststoffabfällen stellt die Funktion „Hochdruck erzeugen" dar. Diese Grundfunktion beinhaltet das Pumpen des aus aufgemahlenen Kunststoffabfällen, wie sie z.B. im gelben Sack vorliegen, erzeugten Fluid-Feststoff-Gemisches auf das für den Polymerabbau durch den Einsatz von überkritischem Wasser erforderlichen Druckniveaus.

Ausgehend von den Anforderungen an den Prozessdruck (p > 400 bar) wurde systematisch nach der geeigneten Pumpenbauform gesucht. Dabei wurden vor allem Verdrängungspumpen mit Hilfe der Methoden nach Richtlinie VDI 2225 (1977) bewertet.

In Tabelle 5 sind die einzelnen Pumpenbauformen und die dazugehörigen Bewertungskriterien gegeneinander aufgetragen. In der sich so ergebenden Matrix sind die jeweiligen Bewertungen eingetragen.

Tabelle 5: Bewertung der einzelnen Bauarten von Verdrängerpumpen bezüglich ihrer Eignung für den Einsatz als Druckerhöhungsvorrichtung der zweiten Stufe des Reaktionsverdichters (Neumann 1996)

	geeigneter Werkstoff einsetzbar	max. erreichbare Viskosität	max. erreichbare Drücke	Verschleißverhalten	druckdichte Ausführung möglich	einfacher Aufbau /kompakt	Selbstansaugverhalten	Summe
Axialkolbenpumpen	3	2	3	2	3	2	2	17
Radialkolbenpumpen	3	2	3	2	3	2	2	17
Hubkolbenpumpen	3	3	4	3	3	3	2	21
Umlaufkolbenpumpen	2	4	1	2	2	3	2	16
Zahnradpumpen	2	2	2	2	3	2	2	15
Schneckenpumpen	0	4	1	1	2	3	3	14
Exzenterschneckenpumpen	0	4	1	1	1	3	2	12
Flügelpumpen	2	2	1	2	3	2	2	14
Schlauchpumpen	0	3	0	2	2	4	2	13

nach VDI 2225 (1977) entspricht 0-unbefriedigend, 1-gerade noch tragbar, 2-ausreichend, 3-gut, 4-sehr gut (ideal)

Die in Tabelle 5 dargestellte Bewertung der unterschiedlichen Pumpenbauformen bezüglich ihres Einsatzes als Druckerhöhungsvorrichtung macht deutlich, dass die Bauformen Schneckenpumpe, Exzenterschneckenpumpe und Schlauchpumpe ungeeignet sind. Alle drei Bauformen erfordern aufgrund ihres Wirkprinzips Bauteile aus elastischen Materialien wie Neopren, PVC, PTFE oder Kautschuk. Diese Werkstoffe sind unter den geforderten Prozessbedingungen als ungeeignet anzusehen.

Aus Tabelle 5 ist deutlich zu erkennen, dass die Hubkolbenpumpen am besten bewertet wurden. Zusammenfassend werden die Hubkolbenpumpen in Hinblick auf ihre Eignung zur Umsetzung der Grundfunktion „Hochdruck erzeugen" nochmals bewertet, Tabelle 6.

Tabelle 6: Bewertung von unterschiedlichen Bauformen von Hubkolbenpumpen in Hinblick auf ihre Anwendbarkeit zur Erfüllung der Grundfunktion „Hochdruck erzeugen" (Neumann 1996)

	konstrukt. Strömungswiderstände	Einfacher Aufbau der Steuerung	Drehmomenteneinkopplung	Verschleißverhalten	einfacher Aufbau der Pumpe	Summe
Plungerpumpen	1	1	3	3	3	11
Membranpumpen	1	1	3	3	2	10
Ventilkolbenpumpen	2	2	1	3	3	11
Drehschieberkolbenpumpen	3	2	2	2	2	11
Schwingschieberkolbenpumpen	3	3	3	3	3	**15**

Entsprechend der Bewertungskriterien „konstruktive Strömungswiderstände", „einfacher Aufbau der Steuerung", „Drehmomenteneinkopplung", „Verschleißverhalten" und „einfacher Aufbau der Pumpe" und der Werteskala nach Richtlinie VDI 2225 (1977) hat diese abschließende Bewertung zu dem Ergebnis geführt, dass das Wirkprinzip der Schwingschieberkolbenpumpe für die Umsetzung der Grundfunktion „Hochdruck erzeugen" konstruktiv bei der Entwicklung des Reaktionsverdichters umgesetzt wird (Neumann 1996).

Nachdem die konstruktive Gestaltung der Reaktionszone in Bezug auf die Anordnung von Umwälzpumpe, Reaktionsraum und Mischelemente ausgearbeitet und damit auch die für den Reaktionsverdichter baugrößenbestimmende Auslegung der Umwälzpumpe festgelegt wurde (Neumann 1996), stellte sich die Frage nach der Auslegung der Umwälzpumpe in ein- oder mehrzylindrischer Ausführung.

Bauartbedingt ist bei der Schwingschieberkolbenpumpe mit einem Hubverhältnis

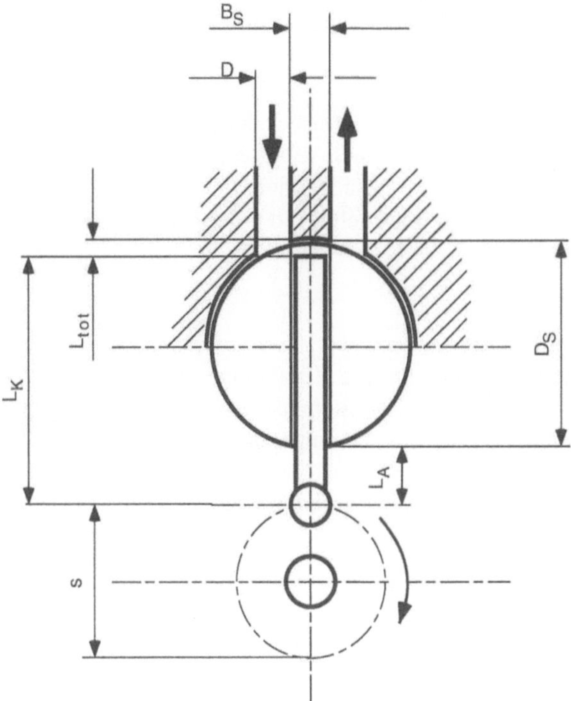

Abb. 14: Eintragung der Variablen für die unbekannten Geometrieabmessungen in die schematische Darstellung der Schwingschieberkolbenpumpe (Neumann 1996)

$$x_H = \frac{s}{D} \geq 3,5 \qquad ^{|} \tag{2}$$

zu rechnen, wobei der Betrag des Hubverhältnisses x_H direkt proportional zu dem Gegendruck ist, gegen den die Pumpe zu fördern hat (Berg 1926; Fuchslocher u. Schulz 1963; VDI 2221). Da bei der Umwälzpumpe innerhalb der Reaktionszone von einer im Vergleich zum Prozessdruck geringen Druckdifferenz ausgegangen werden kann, wird für die Umwälzpumpe als Berechnungsgrundlage ein Hubverhältnis $x_H = 3,5$ festgelegt.

Um die Fragestellung nach der Ausführung der Umwälzpumpe als ein- oder mehrzylindrige Pumpe lösen zu können, sind nachfolgend einige geometrische Abmessungen in Abhängigkeit von der Zylinderzahl berechnet. Zum besseren Verständnis sind die zu diesem Werten gehörigen Variablen in Abb. 14 in eine schematische Darstellung der Schwingschieberkolbenpumpe eingetragen.

Diese Variablen, wie der Durchmesser der Zylinderbohrung D, der Kolbenhub s, der Durchmesser des Schwingschiebers D_S, der Abstand L_A zwischen dem Mittelpunkt des unteren Pleuelauges im OT (Oberer Totpunkt) und der Unterkante der Schwingschieber, die Breite der Schwingschieber B_S, der Abstand L_{tot} zwischen der Oberkante des Kolbens im OT und der Schwingschieberoberkante sowie die

---

$^{|}$ Die Erläuterung der folgenden Variablen ist in Tabelle 7 aufgeführt.

Kolbenlänge L_K lassen sich über das Hubverhältnis x_H nach (Technisches Handbuch Pumpen 1984) in Zusammenhang mit der Drehzahl, der Zylinderzahl und dem vorgesehenen Förderstrom entsprechend den folgenden Gleichungen bestimmen.

Mit der Kenntnis der Betriebsdrehzahl, der gewünschten Fördervolumenströme und des Hubverhältnisses lässt sich der theoretische Durchmesser der Zylinderbohrung ermitteln. Um den tatsächlichen Durchmesser berechnen zu können, muss jedoch der zu erwartende Liefergrad λ der Pumpe berücksichtigt werden:

$$\lambda = \frac{\dot{V}}{\dot{V}_{th}} \ . \tag{3}$$

Der Liefergrad λ beschreibt das Verhältnis von tatsächlichem Fördervolumenstrom zu theoretischem Fördervolumenstrom und kann aufgrund der Schwingschieberkolbenpumpe als Umwälzpumpe nach (Fuchslocher u. Schulz 1963; Ritter 1953) mit

$$\lambda = 0{,}95 \tag{4}$$

angenommen werden.

Mit der Kenntnis des Liefergrades der Pumpe berechnet sich der jeweils erforderliche Durchmesser D der Zylinderbohrung nach

$$D = \sqrt[3]{\frac{\dot{V} \cdot 4}{i \cdot \lambda \cdot n \cdot \pi \cdot x_H}} \ . \tag{5}$$

Durch Umformen von (2) lässt sich der Kolbenhub s gemäß (6) berechnen:

$$s = x_H \cdot D. \tag{6}$$

Der Durchmesser des Schwingschiebers D_S ist eine Funktion des Durchmessers der Zylinderbohrung D und des Kolbenhubs s entsprechend nachfolgender Gleichung:

$$D_S = 2 \cdot s + D \cdot 1{,}5. \tag{7}$$

Die schematische Darstellung der Schwingschieberkolbenpumpe in Abb. 14 macht deutlich, dass das Erreichen der Kantendeckung von den Werten des Kolbenhubs, des Schwingschieberdurchmessers, des Durchmessers der Zylinderbohrung und dem Abstand L_A abhängig ist. Der Abstand L_A lässt sich wie folgt berechnen:

$$L_A = \frac{\dfrac{D_S}{2} \cdot \dfrac{s}{2}}{\dfrac{D_S}{2} \cdot tan\left[arcsin\left(\dfrac{2D}{D_S} \right) \right]} - \frac{s}{2} - \frac{D_S}{2} \ . \tag{8}$$

Die Breite des Schwingschiebers B_S wird zum Erreichen der notwendigen Dichtfläche mit

$$B_s = 2 \cdot D \tag{9}$$

definiert.

Das obere Kolbenende soll gerade gefertigt werden. Um bei dieser Bauart Kollisionen des Kolbens mit dem Gehäuse zu vermeiden, wird konstruktiv ein Totvolumen vorgesehen, welches durch das Maß L_{tot} beschrieben wird. Dieses Maß wird mit

$$L_{tot} = 0{,}15 \cdot B \tag{10}$$

definiert.

Aus diesen Angaben lässt sich für den Kolben eine Gesamtlänge L_K entsprechend

$$L_K = D_S + L_A - L_{tot} \tag{11}$$

berechnen.

In der folgenden Tabelle 7 sind die errechneten Zahlenwerte der Geometriedaten der vorgesehenen Schwingschieberkolbenpumpe in Abhängigkeit von der Anzahl der Zylinder zusammengefasst.

Tabelle 7: Zusammenfassung der Geometriedaten der Schwingschieberkolbenpumpe in Abhängigkeit von der Anzahl der Zylinder (Neumann 1996)

Beschreibung der Geometriedaten	Variable	Einheit	1 Zylinder	2 Zylinder	3 Zylinder
Gewünschter Volumenstrom		[cm³/h]	60.000	60.000	60.000
Anzahl der Zylinder	i	[-]	1	2	3
Hubverhältnis der Pumpe	x_H	[-]	3,5	3,5	3,5
Betriebsdrehzahl der Pumpe	n	[min^{-1}]	65,8	69,8	58,1
Durchmesser Zyl.-bohrung	D	[mm]	18	14	13
Kolbenhub	s	[mm]	63	49	45,5
Durchmesser Schw.-schieber	D_S	[mm]	153	119	110,5
Abstand	L_A	[mm]	22,12	17,2	15,97
Breite Schwingschieber	B_S	[mm]	36	28	26
Abst. o. Kolbenkante-Kante Schwingschieber	L_{tot}	[mm]	5,4	4,2	3,9
Kolbenlänge	L_K	[mm]	169,72	132	122,57
Theoretischer Volumenstrom	$\dot{V}_{th}$	[cm³/h]	63.282	63.170	63.165
Tatsächlicher Volumenstrom	$\dot{V}$	[cm³/h]	60.118	60.012	60.007

Die schematische Darstellung der Schwingschieberkolbenpumpe in Zusammenhang mit den eingetragenen Variablen für ihre geometrische Abmessungen in Abb. 14 macht deutlich, dass ein entscheidendes Maß für die Baugröße der Pumpe der Durchmesser des Schwingschiebers ist. Betrachtet man vor diesem Hintergrund die in Tabelle 7 zusammengefassten Maße der Schwingschieberkolbenpumpe in ihrer Ausführung als ein-, zwei- und dreizylindrige Pumpe, so wird deutlich, dass nur die zweizylindrige Ausführung der Pumpe der Forderung nach kompakter Ausführung des Reaktionsverdichters und damit auch der Reaktionszone entspricht. Gegenüber der Einzylinderpumpe wird dies durch einen um ca. 23 % geringeren Schwingschieberdurchmesser unterstrichen. Gegenüber der Dreizylinderpumpe liegt der Vorteil der Zweizylinderpumpe in einer um ein Drittel kürzer bauenden Kurbelwelle. Dieses Maß ist, wie auch der Durchmesser des Schwingschiebers, entscheidend für den Gesamtdurchmesser der aufgrund des herrschenden, hohen Prozessdrucks als zylindrisches Bauteil ausgeführten Reaktionszone.

Die Zusammenbauzeichnung des Reaktionsverdichters ist in Abb. 15 dargestellt, eine Beschreibung der konstruktionssystematischen Entwicklung und eine Funktionsbeschreibung des Verdichters enthält Abschn. 1.1.3.2. Die ausführlichen Beschreibungen der verwendeten Bauteile sind der Dissertation von Neumann (1996) zu entnehmen.

Ausarbeitung des Rohrleitungs- und Instrumentenfließbildes. Das Rohrleitungs- und Instrumentenfließbild (R&I-Fließbild) ist das Fließbild mit dem höchsten Detaillierungsgrad. Es umfasst nach DIN 28004 mindestens folgende Grundinformationen:

- Alle Apparate und Maschinen, einschl. Antriebsmaschinen, Rohrleitungen, bzw. Transportwege und Armaturen, einschl. installierter Reserve
- Nennweite, Druckstufe, Werkstoff und Ausführung der Rohrleitungen
- Angaben zur Wärmedämmung von Apparaten, Maschinen und Rohrleitungen
- Aufgabenstellung für Messen, Steuern, Regeln
- Kennzeichnende Größen von Apparaten und Maschinen (außer Antriebsmaschinen), ggf. in Form getrennter Listen
- Kennzeichnende Daten von Antriebsmaschinen, ggf. in Form getrennter Listen

Über die aufgeführten Grundinformationen hinaus kann das R&I-Fließbild auch noch Zusatzinformationen enthalten.

In Abb. 16 ist das R&I-Fließbild des entwickelten Reaktionsverdichters dargestellt. Neben den Grundinformationen (DIN 28004; Dietz u. Neumann 1996) beinhaltet dieses Fließbild noch die Zusatzinformation der Benennung der Mengen der Durchflüsse sowie die Angaben der Werkstoffe der Komponenten. Auf die Angabe der Höhenlage der einzelnen Komponenten wurde verzichtet, da es sich hierbei um eine klein bauende Laboranlage handelt.

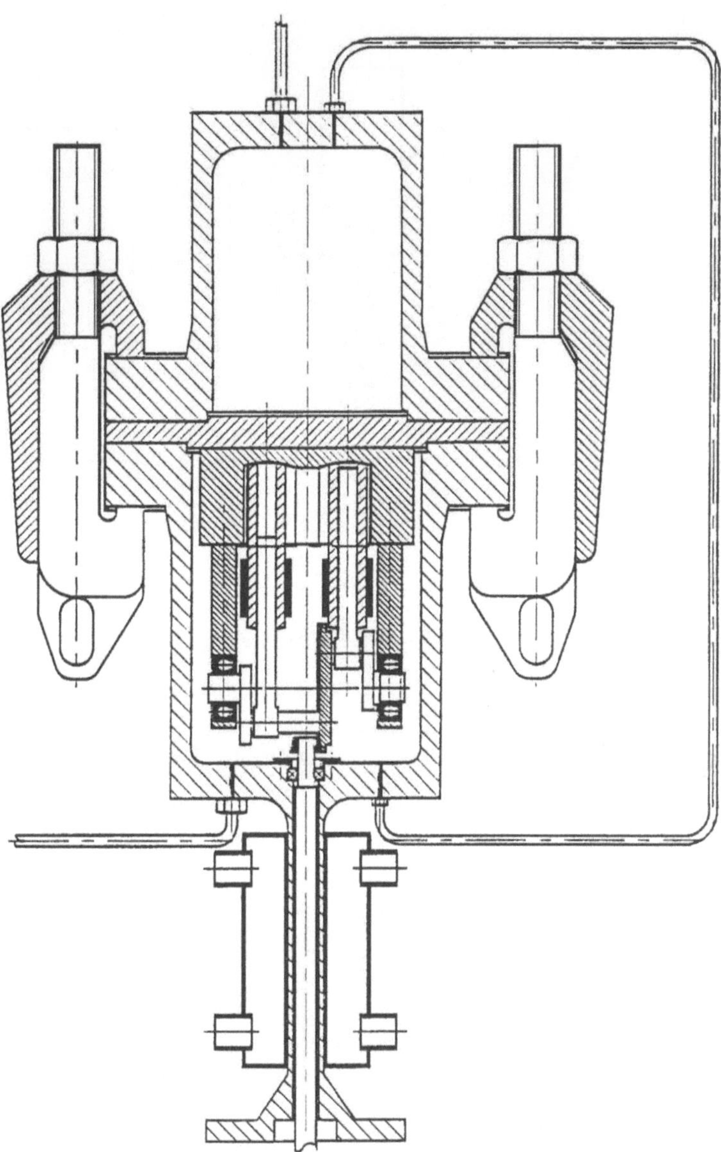

Abb. 15: Zusammenbauzeichnung des Reaktionsverdichters (Neumann 1996)

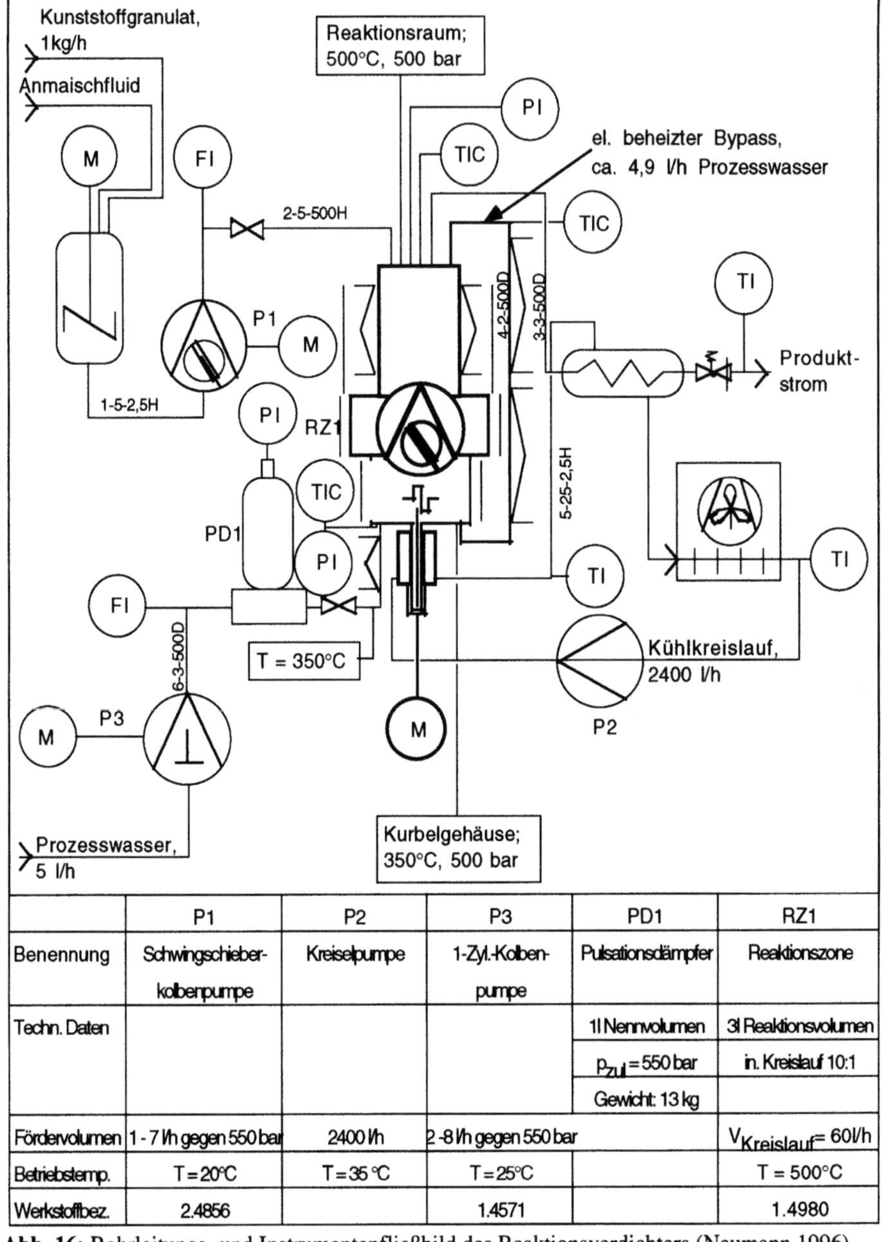

	P1	P2	P3	PD1	RZ1
Benennung	Schwingschieber-kolbenpumpe	Kreiselpumpe	1-Zyl.-Kolben-pumpe	Pulsationsdämpfer	Reaktionszone
Techn. Daten				1l Nennvolumen	3l Reaktionsvolumen
				p_{zul} = 550 bar	in. Kreislauf 10:1
				Gewicht: 13 kg	
Fördervolumen	1 - 7 l/h gegen 550 bar	2400 l/h	2 -8 l/h gegen 550 bar		$V_{Kreislauf}$ = 60 l/h
Betriebstemp.	T = 20°C	T = 35 °C	T = 25°C		T = 500°C
Werkstoffbez.	2.4856		1.4571		1.4980

Abb. 16: Rohrleitungs- und Instrumentenfließbild des Reaktionsverdichters (Neumann 1996)

Literatur zu Kapitel 4.7

Abraham MA, Klein MT (1987) Solvent Effects During the Reaction of Coal Model Compounds in Superkritical Fluids. ACS Symposium Series 329, Washington, DC, Ch.6

Antal MJ, Brittain A, DeAlmeida C, Ramayya S, Roy JC (1987) Heterolysis and Homolysis in Supercritical Fluids. ACS Symposium Series 329, Washington, DC, Ch.7

Allen GA, Kam LC, Zeman AJ (1996) Ind. Eng. Chem. Res. 35: 2709-2715

Berg H (1926) Die Kolbenpumpen. Julius Springer, Berlin

Boock LT, Klein M.T (1993) Ind. Eng. Chem. Res. 32: 2464-2473

Brandrup J (1992) Kunststoffe, Verwertung von Abfällen. Ullmanns Enzyklopädie der technischen Chemie, Bd. 15, VCH, Weinheim

Deshpande GV, Holder GD, Shah YT (1987) Effect of Solvent Density on Coal Liquefaction Kinetics in Supercritical Fluids. ACS Symposium Series 329, Washington, DC, Ch.20

Dietz P, Neumann U (1996) Auslegung eines Reaktionsverdichters für den kontinuierlichen Abbau von Kunststoffen. (Kolloquiumsband des SFB 180, TU Clausthal)

DIN 28004 (1977) Fließbilder verfahrenstechnischer Anlagen, Fließbilderarten, Informationsgehalt. DIN, Berlin

Ding ZY, Sudhir NVK, Abraham MA (1995) Catalytic Supercritical Water Oxidation. ACS Symposium Series 608, Washington, DC, Ch. 15

DSD (1998) Mengenstromnachweis 1998 der Duales System Deutschland AG

Elliot DC, Sealock LJ jr., Baker E.D (1993) Ind. Eng. Chem. Res. 32: 1542-1548

Elliot DC, Sealock LJ jr., Baker E.D (1994) Ind. Eng. Chem. Res. 33: 558-565

Elliot DC, Sealock LJ jr. (1996) Trans. IChemE 74 A: 563-566

Firus A, Brunner G (1996) Continuous Extraction of Contaminated Soil with Supercritical Water. In: Rohr R, Trepp C (eds.) High Pressure Chemical Engineering. Elsevier Science B.V., Amsterdam

Fuchslocher, Schulz H (1963) Die Pumpen. Springer, Berlin

Gronwald P, Kunz U, Hoffmann U (1998a) Grundlagenuntersuchungen zur Polymerdegradation in sub- und superkritischer Wasserphase. Vortrag GVC-Fachausschüsse 02.-06.03.1998, Aachen

Gronwald P, Chen Y-S, Kunz U, Hoffmann U (1998b) Polymerdegradation in sub- und superkritischer Wasserphase. Chemie-Ingenieur-Technik 70: 1030-1035

Gronwald P (1998c) Polymerdegradation in sub- und superkritischer Wasserphase - Ein Beitrag zum rohstofflichen Recycling von Kunststoffen. Dissertation TU Clausthal 1998

Gronwald P, Kunz U, Hoffmann U (1999) Polymer degradation in sub- and supercritical water phase. Vortrag 2nd European Congress of Chemical Engineerung (ECCE-2); 5.-7. Okt. 1999

Hirth T (1993) Hydrolyse und Oxidation von Kunststoffen und Additiven in unter- und überkritischem Wasser. In: Sutter H (Hrsg.) Erfassung und Verwertung von Kunststoffen. EF-Verlag für Energie- und Umwelttechnik GmbH

Kershaw JR, Bagnell LJ (1987) Extraction of Australian Coals with Supercritical Aqueous Solvents in Supercritical Fluids. ACS Symposium Series 329, Washington, DC, Ch.21

Kruse A (1994) Die Pyrolyse von tert.-Butylalkohol in überkritischem Wasser. KFK 5399, Nov. 1994, Karlsruhe

LaRoche HL, Weber M, Treoo C (1996) Design Rules for the Wallcooled Hydrothermal Burner (WHB). In: Rohr R, Trepp C (eds.) High Pressure Chemical Engineering. Elsevier Science B.V., Amsterdam

Menges G, Michaeli W, Bittner M (1992) Recycling von Kunststoffen. Hanser Verlag, München

Missal P (1988) Extraktion eines Colorado-Ölschiefers mit Wasser in unter- und überkritischer Wasserphase. VDI-Fortschrittsbericht Nr. 164, VDI-Verlag, Düsseldorf

Missal P, Hedden K (1990) Extraktion von Kohle und Ölschiefer in unter- und überkritscher Wasserphase. Erdöl Erdgas Kohle 2: 75-81

Modell M (1986) Gasification and Liquefication of Forest Products in Supercritical Water. In: Overend R.P, Milne T.A, Mudge L.K (eds.) Fundamentals of Thermochemical Biomass Conversion. Elsevier Science, Ch. 6

Neumann U (1996) Konstruktionsmethodische Vorgehensweise zur Entwicklung verfahrenstechnischer Maschinen und Anlagen am Beispiel eines „Reaktionsverdichters" für das Recycling von Kunststoffen durch den Einsatz von überkritischem Wasser. Dissertation, TU Clausthal

Pahl G, Beitz W (1986) Konstruktionslehre. Springer, Berlin

Ritter C (1953) Flüssigkeitspumpen. R. Oldenbourg, München

Technisches Handbuch Pumpen (1984) VEB Kombinat Pumpen und Verdichter, Halle, VEB Technik, Berlin

VDI 2221 (1986) Methodik zum Entwickeln und Konstruieren technischer Systeme und Produkte. VDI, Düsseldorf

VDI 2225 (1977) Konstruktionsmethodik; Technisch wirtschaftliches Konstruieren, Anleitung und Beispiele. VDI, Düsseldorf

Wacker M (1995) Grundsätzlich muss sich Recycling rechnen. Interview mit Wolfgang Brück, Vorsitzender der Geschäftsführung des Dualen Systems Deutschland GmbH, Chemische Rundschau Aug.: 2

Wu BC, Paspek St C, Klein MT, LaMarca C (1991) Reactions In And With Supercritical Fluids - A Review in Supercritical Fluid Technology. CRC-Press, Boca Raton, Ch. 15

Xu X, Matsumura Y,Stenberg J (1996) Ind. Eng. Chem. Res. 35: 2522-2530

4.8
Werkstofftechnik für Reaktionsverdichter

U. Draugelates, A. Schram

4.8.1
Werkstofftechnische Aufgabenstellung

Das Recyclen von Kunststoffabfällen stellt einen zukunftsorientierten Technologiebereich dar, der unter den derzeitigen politisch-wirtschaftlichen Rahmenbedingungen immer stärker an Bedeutung gewinnt. Zunehmende Abfallmengen bei gleichzeitiger Verknappung des Deponieraumes sowie die Begrenzung der zur Verfügung stehenden Rohstoffressourcen erfordern es, energie- und rohstoffreiche Abfälle in wiederverwertbare Produkte hoher Qualität zu überführen (Menges et al. 1997). Diese Zielrichtung lässt sich mit den heute realisierbaren Methoden des energetischen und materiellen Recyclens nicht erfüllen. Vielmehr ist die Entwicklung von Verfahren erforderlich, bei denen der Kunststoff in seine molekularen Bausteine zerlegt wird, um so die erneute Herstellung von Produkten (Öle, Wachse, Polymere) zu ermöglichen.

Das Verfahren der Hydrierung gestattet ein derartiges „Zerlegen" von Kunststoffen (Dohms 1994; Korff u. Keimer 1989; Kunze et al. 1992; König u. Marks 1993). Dabei werden die Polymermoleküle bei Drücken von 10 MPa bis 40 MPa und Temperaturen zwischen 300 °C und 500 °C unter Wasserstoffatmosphäre aufgespalten und die entstehenden flüssigen Kohlenwasserstoffverbindungen einer raffinierenden Weiterverarbeitung zugeführt.

Zum Abbau von Polymeren in überkritischem Wasser werden in Abschn. 4.7 reaktionstechnische Grundlagen und die Auslegung eines Reaktionsverdichters für das kontinuierliche Kunststoffrecycling durchgeführt. Ergänzend zu diesen Untersuchungen werden im in diesem Abschnitt Untersuchungen zur Werkstofftechnik für derartige Recyclinganlagen vorgenommen, in denen im Rahmen des chemischen Recyclings der Abbau von Massenkunststoffen, neben reinen Polyolefingemischen auch problematische Kunststoffe, insbesondere Polyvinylchlorid, in förderfähige Kohlenwasserstofffraktionen umgesetzt werden können. Im Rahmen der konstruktiven Gestaltung und Auslegung der Anlage müssen dabei vor allem die hohen thermischen und mechanischen Prozessbedingungen sowie die verschleißenden und korrosiven Einflüsse der Prozessmedien berücksichtigt werden. Dies bedeutet, dass die anlagentechnische Realisierung der verfahrenstechnischen Maschine zum Abbau von Kunststoffen und Kunststoffabfällen maßgeblich an eine beanspruchungsgerechte Werkstoffauswahl gebunden ist.

Ziel dieses Abschnitts ist es, eine den tribologischen Beanspruchungen angepasste Werkstofftechnik für einen Reaktionsverdichter zum Abbau von Kunststoffen und Kunststoffabfällen in überkritischem Wasser zu erarbeiten. Entsprechend dieser Zielrichtung wurde das Konzept für einen an die reaktionstechnischen Vorgänge angepassten Prüfstand entwickelt, in dem sich die Systemstruktur und das Beanspruchungskollektiv einer Kunststoffrecyclinganlage simuliert werden kann.

Darüber hinaus wurden Untersuchungen zum Werkstoffverhalten unter den Bedingungen des Abbauvorgangs durchgeführt.

4.8.2
Charakterisierung des Beanspruchungskollektivs der Modellreaktion

Aufgrund der verfahrenstechnischen Bedingungen handelt es sich bei dem Abbau der zu verarbeitenden Kunststoffmassen in überkritischem Wasser und insbesondere bei den Reaktionsprodukten um aggressive Medien, die an die jeweiligen Anlagenkomponenten extreme Anforderungen hinsichtlich ihrer Verschleiß- und Korrosionsbeständigkeit stellen. Die Werkstoffauswahl muss sowohl die mechanischen als auch die tribologischen Beanspruchungen berücksichtigen. Dabei lassen sich die tribologischen Eigenschaften eines Werkstoffs nicht mit seinen mechanischen Werkstoffkennwerten charakterisieren. Aus diesem Grund erfolgt die Werkstoffauswahl für derartig beanspruchte Bauteile im Allgemeinen auf der Basis von experimentell gewonnenen Erfahrungen (Ehrenspiel u. Kiewert 1990). Zur beanspruchungsgerechten Werkstoffauswahl für Anlagen zum chemischen Recycling von Kunststoffabfällen sind deshalb Modelluntersuchungen erforderlich, in denen Werkstoffproben unter angestrebten Prozesszuständen definiert beansprucht werden können. In der Eintragszone, in der das Kunststoffgranulat und die Zuschlagstoffe vermischt und zur Umwandlungszone transportiert werden, liegt der Produktstrom zunächst als rieselfähiges Material vor. Es erfolgt eine Kompaktierung des Feststoffgemisches bei Umgebungstemperatur und geringem hydrostatischen Druck. Da die Abstützung des Formmassenbettes jedoch lokal erfolgt, können beträchtliche Flächenpressungen zwischen Bauteiloberfläche und einzelnen Partikeln auftreten. Aufgrund der hohen Härte der Katalysatorpartikel ist dabei mit einem starken abrasivem Verschleiß in der Hochlage zu rechnen, der sowohl eine angepasste Werkstoffauswahl als auch die Einstellung geeigneter Prozessparameter erfordert. Der in der Eintragszone zu erwartende Abrasiv-Gleitverschleiß soll im zu realisierenden Prüfstand nicht untersucht werden. Vielmehr soll für die Werkstoffauswahl in diesem Anlagenbereich auf Forschungsergebnisse zurückgegriffen werden, die mit Verschleißtopfprüfständen oder mit dem Universal-Scheibentribometer erarbeitet werden können. Untersuchungen zu Verschleißvorgängen im Feststoffbereich von Plastifiziereinheiten führte beispielsweise Volz (1982) durch.

In der Umwandlungszone schmilzt das Kunststoffgranulat unter Zunahme des hydrostatischen Druckes und der Temperatur auf. Dabei gleicht sich die wirksame Flächenpressung zwischen Grund- und Gegenkörper dem hydrostatischen Druck an. Zunächst ist noch nicht mit Spaltreaktionen der Polymermoleküle zu rechnen, sodass lediglich Abrasivverschleiß vorliegt. Mit steigender Temperatur sind die Katalysatorpartikel weniger starr in der erweichenden Kunststoffmasse eingespannt. Dies hat zur Folge, dass der Anteil des Abrasivverschleißes in der Umwandlungszone stetig zurückgeht. Überschreitet die Temperatur das für die Zersetzung von PVC kritische Niveau von ca. 150 °C, ist mit dem Beginn von Zerfallsreaktionen der PVC-Moleküle zu rechnen. Mit fortschreitendem Temperaturanstieg spalten sich immer mehr Chloratome ab und werden durch den anwesenden Wasserstoff abgesättigt. In diesem Bereich der Umwandlungszone ist daher mit einem stetigen Anwachsen der tribochemischen Reaktionen zwischen

Bauteiloberflächen und Produktstrom zu rechnen. Sollen für den Umwandlungsbereich Verschleißuntersuchungen durchgeführt werden, so muss zwischen einem Temperaturbereich unterhalb 150 °C und dem Zerfallbereich des PVC's im Folgenden als Zerfallszone bezeichnet, unterschieden werden. Für den ersten Bereich können die Untersuchungen mit einem Universalscheibentribometer durchgeführt werden. Für die Zerfallszone existiert bisher kein praktikables Prüfverfahren. Es ist daher erforderlich, mit dem zu entwickelnden Prüfstand den Temperaturbereich zwischen 150 °C und 250 °C abzudecken, um Verschleißprüfungen für die Zerfallszone des Umwandlungsbereichs durchführen zu können.

Vorrangig müssen die in der Reaktionszone herrschenden Beanspruchungen im Prüfstand simuliert werden können. Dort liegt das Kunststoffgemisch als Schmelze vor, deren Temperatur von ca. 250 °C auf 500 °C ansteigt. Zwischen den Bauteiloberflächen und dem Produktgemisch bestimmt der hydrostatische Prozessdruck die Flächenpressung. Die kaum noch eingespannten Katalysatorpartikel weisen aufgrund der hohen Prozesstemperaturen eine beträchtliche Verschleißwirkung auf, da die Härte der meisten Werkstoffe mit steigender Temperatur abfällt. Darüber hinaus entstehen im Reaktionsbereich durch die Hydrierung der Heteroatome stark korrosive Gasgemische, die zu tribochemischem Verschleiß der Bauteiloberflächen führen. Eventuell vorhandene Passivierungsschichten werden durch Hydro-Abrasiv-Verschleiß zerstört, wenn ihre Verschleißfestigkeit zu gering ist. Die durch die abrasive Wirkung der Zuschlagstoffe freigelegten, blanken Werkstückoberflächen reagieren mit den Spaltgasen, und die Reaktionsprodukte schlagen sich auf den Oberflächen nieder oder werden abtransportiert. Außerdem können tribochemische Reaktionen an den Bauteiloberflächen den Verschleißwiderstand herabsetzen.

4.8.3
Anforderungen an einen Prüfstand

In dem zu entwickelnden Prüfstand müssen die Umgebungsbedingungen, die im Reaktionsbereich und in der Zerfallszone des Umwandlungsbereiches herrschen, simuliert werden. D.h. ein Gemisch aus Kunststoffgranulat, Katalysator und Fällungsmittel ist in Wasser aufzuschmelzen und bis zur angestrebten Prozesstemperatur, die zwischen 150 °C und 480 °C liegt, zu erhitzen. Parallel zum Aufheizen erhöht sich der Prozessdruck. In den so vorbereiteten Prüfraum ist eine Probe so zu positionieren, dass sie durch die Schmelze abrasiv und tribochemisch beansprucht wird. Hierzu soll das Target entweder zusammen mit einer zweiten Probe oder mit einer speziell ausgebildeten Gegenfläche einen Spalt bilden, durch den das Reaktionsgemisch strömt. Die Spaltweite soll im Bereich von 0,1 bis 4 mm variabel sein, damit einerseits Katalysatorpartikel in den Spalt eindringen können und andererseits enge Spalte, die z. B. im Dichtungsbereich auftreten, simulierbar sind. Die erforderliche Relativgeschwindigkeit zwischen Target und Gegenfläche, sowie zwischen Target und Schmelze beträgt ca. 150 mm/s. Dies entspricht einem charakteristischen Wert aus der Kunststoffverarbeitung.

Während des Verschleißversuchs muss die Abspaltung von Heteroatomen aus den Polymermolekülen und die Absättigung der dabei gebildeten, freien Valenzen erfolgen. Daher ist ein ständiges Durchmischen der Schmelze erforderlich, damit stets „frische" Polymermoleküle mit der Katalysatoroberfläche in Kontakt kommen. Um den Einfluss der dabei ablaufenden tribochemischen Reaktionen zu erfassen, müssen variable Beanspruchungszeiten vom Kurzzeitversuch bis zu mehrstündigen Beanspruchungen realisierbar sein. Durch das ständige Mischen wird außerdem dafür gesorgt, dass Fällungsreaktionen ablaufen und sich somit die Menge an korrosiv wirksamen Verbindungen verringert.

Am Versuchsende muss der Prüfstand, nachdem Gase aus dem Reaktionsgefäß abgelassen worden sind, mit einem Spülglas durchgespült werden, um auch Reste von gasförmigen Reaktionsprodukten zu entfernen. Anschließend ist der Prüfstand im drucklosen Zustand zu öffnen, sodass sich die Probe entnehmen und die flüssigen und festen Reaktionsprodukte entfernen lassen. Die Funktionsstruktur des Prüfstandes sowie der Stoff-, Energie- und Signalfluss sind in Abb. 1 dargestellt.

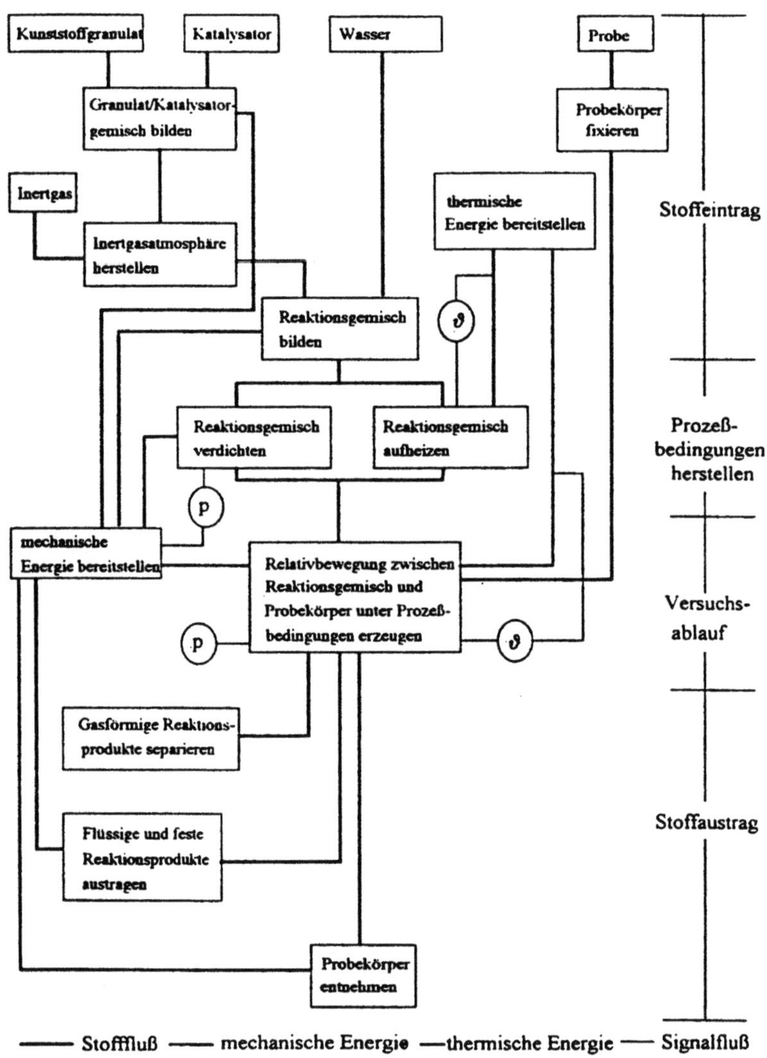

Abb. 1: Funktionsstruktur des Prüfstandes

4.8.4
Prüfstandkonzept

Aufbauend auf dem Anforderungsprofil für den Prüfstand wurden drei Lösungskonzepte aus einer Grobbewertung erarbeitet und daraus das zu realisierende Konzept abgeleitet.

4.8.4.1
Kolbenprüfstand

Im Kolbenprüfstand wird das Durchmischen der Reaktionspartner durch statische Mischer erzielt, die einzelne Fluidströme stark umlenken und so eine dauernde Umschichtung des gesamten Behälterinhalts bewirken (Abb. 2). Die Flüssigkeit aus dem Zylinderzentrum wird zur Zylinderwand gelenkt und umgekehrt. Das Reaktionsgemisch muss über den gesamten Behälterquerschnitt in Bewegung gesetzt werden. Dies wird durch zwei gekoppelte Kolben erreicht, zwischen denen sich das Fluid befindet. Bewegen sich die Kolben, so wird der Behälterinhalt durch die Mischer gedrückt.

Die Erzeugung des erforderlichen Reaktionsdrucks kann auf zwei Wegen erreicht werden. Zum einen können die Kolben bei gefülltem Behälter gegeneinander verschoben werden, sodass sich das eingespannte Volumen entsprechend dem geforderten Druck einstellen lässt; zum anderen kann bei starrer Kopplung der Kolben der Druck von außen durch Anlegen eines entsprechenden Gasdrucks aufgebracht werden.

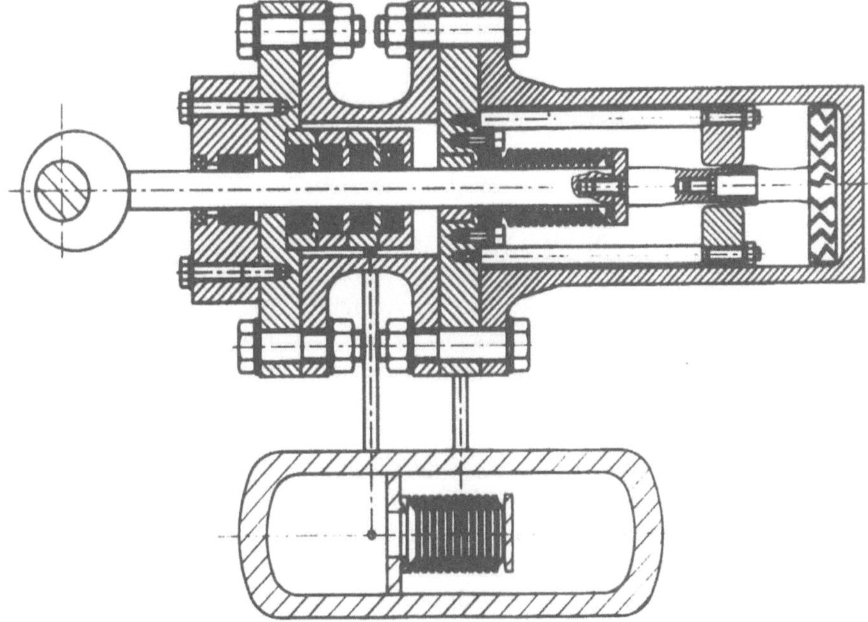

Abb. 2: Kolbenprüfstand

Den Anforderungen folgend bilden bei der Kolbenversion zwei Werkstoffproben einen Spalt, durch den das von den Kolben bewegte Reaktionsgemisch strömt. Die Konstruktion des Probenhalters sollte es bei konstanter Probengeometrie ermöglichen, die Spaltbreite mindestens in den Grenzen von 0,1 mm bis 4 mm zu variieren.

Der Reaktionsraum des Prüfstandes muss gegen die Umgebung hermetisch abgedichtet werden. Als primäre Dichtung werden Kolbenringe verwendet, die eine Austreten von großen Schmelzmengen und Feststoffen in den Bereich der Kolbenstangendichtung verhindern. Durch die relativ große Spaltbreite zwischen Zylinderwand und Kolbenring ist jedoch kein nennenswerter Druckabbau zu erwarten. Gase werden problemlos in den Raum zwischen Kolben und Stangendichtung eindringen. Die Abdichtung der Kolbenstange, die möglichst den gesamten Reaktionsdruck aufnehmen sollte, erfolgt entweder durch eine Stopfbuchspackung oder spezielle Kolbenstangendichtungen. Hinter der Kolbenstangendichtung ist zusätzlich ein Metallfaltenbalg angebracht. Dadurch wird die hermetische Dichtheit des Systems gewährleistet. Da der Weg des Kolbens lediglich 30 mm betragen soll, ist ein Faltenbalg ohne Probleme einsetzbar.

Der Antrieb der gekoppelten Kolben erfolgt entweder durch einen Kurbelbetrieb oder durch hydraulische bzw. pneumatische Linearantriebe. Aufgrund der großen erforderlichen Verstellkräfte bildet der Antrieb durch einen Hydraulikzylinder eine gute Lösung, erfordert jedoch eine Hochdruck-Hydraulikversorgung. Daher sollte entweder ein Pneumatikzylinder mit Kraftübersetzung oder ein Kurbelbetrieb mit Getriebemotor eingesetzt werden. Die vom Antrieb aufzubringende Kraft bzw. das Drehmoment hängt von den Reibungsverlusten der Kolben und von dem zur Überwindung der Strömungsverluste in den Mischern und dem Prüfspalt erforderlichen Druckverlust ab. Nimmt man für diese etwa 5000 N an, so wäre z.B. ein Elektromotor mit einem Antriebsmoment von mindestens 75 Nm erforderlich.

4.8.4.2
Stempelprüfstand

Bei dem Stempelprüfstand erfolgt der Mischvorgang durch ähnliche Elemente wie in der Kolbenversion (Abb. 3). Der Unterschied besteht darin, dass nicht das Reaktionsgemisch durch die Mischer gepresst wird, sondern sich die Mischer translatorisch durch das Fluid bewegen. In der Ausführung ist darauf zu achten, dass möglichst der gesamte Behälterinhalt erfasst wird, um Toträume, die nicht durchmischt werden, zu vermeiden. Die Translationsbewegung der Mischelemente wird gleichzeitig dazu benutzt, das Target durch das Reaktionsgemisch zu bewegen. Das Target wird über dem Mischerelement auf der Mischerachse angeordnet. Dies garantiert stets den Kontrakt zwischen dem Target und dem ausreichend durchmischten Fluid. Der Druck in dem Reaktionsgefäß wird durch ein vor Versuchsbeginn eingeleitetes Gas und die Volumenzunahme durch die Erwärmung des Reaktionsgemisches aufgebracht. Im Prüfstand wird das zylinderförmige Target in einer Kreisdüse bewegt. Es lassen sich Spaltbreiten wie im Kolbenprüfstand einstellen.

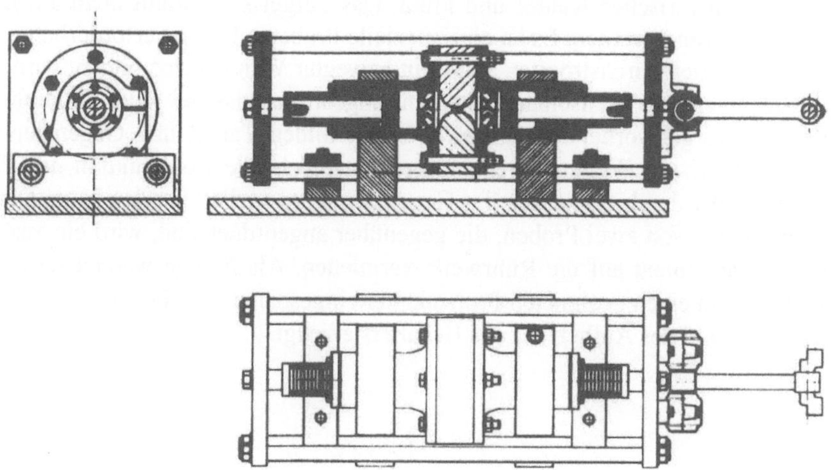

Abb. 3: Stempelprüfstand

Die Mischerachse wird nach oben aus dem Reaktionsgefäß herausgeführt. Es ist eine translatorische Wellendurchführung im Gasraum abzudichten. Eine normale Stopfbuchspackung bzw. eine Kolbenstangendichtung hat den Nachteil, nicht leckagefrei zu dichten. Um dennoch das System abzudichten, wird eine Faltenbalgdichtung benutzt, hinter die eine Kolbenstangendichtung gesetzt wird. Der Raum zwischen Metallfaltenbalg und Kolbenstangendichtung wird mit einem hochdruckbeständigen Öl gefüllt und ist mit einem Ausgleichsbehälter verbunden. Dieser Behälter übernimmt gleichzeitig die Funktion eines Druckübersetzers, um eine mechanische Überlastung des Metallfaltenbalges zu verhindern. Ein weiterer Ausgleichsbehälter hat die Aufgabe, das Behältervolumen zu vergrößern, um die Druckschwankungen so klein wie möglich zu halten.

Der Antrieb der Mischerachse muss stärker ausgelegt werden als bei der Kolbenversion, da keine geschlossene Krafteinleitung erfolgt. Die Mischerachse muss gegen den maximalen Behälterdruck bewegt werden. Der Antrieb ist als Nockenantrieb mit einem maximalen Hub von 30 mm ausgeführt. Dies entspricht einer Exzentrizität von 15 mm. Berücksichtigt man für die Überwindung der Druckverluste im Prüfstand zusätzlich 5000 N zu einer Haltekraft von 5900 N bei einem Maximaldruck von 12 MPa und einem Mischerachsendurchmesser von 25 mm, so benötigt man ein Antriebsmoment von mindestens 164 Nm.

4.8.4.3
Rührautoklave

Ein weiteres Prüfstandkonzept stellt der Rührautoklave dar (Abb. 4). Das Mischen der Reaktionspartner erfolgt durch einen rotatorischen Mischer, der an die Viskosität des Reaktionsgemisches angepasst sein muss. Geht man von einer hohen Viskosität des Reaktionsgemisches aus, hat das zur Folge, dass der Behälterinhalt während des Versuches in Rotation versetzt wird. Dadurch sinkt die Relativgeschwindigkeit zwischen Rührer und Fluid. Das Target kann somit nicht auf dem Rührer angeordnet werden. Es ist eine spezielle Probenaufnahme erforderlich.

Um u. a. einen durchströmten Spalt mit bewegter Wand nachzubilden, wird auf dem Rührer ein auswechselbares Element angeordnet, das bei jeder Umdrehung unter dem Target vorbei bewegt wird. Somit bilden Target und Gegenelement einen Spalt, dessen Weite entweder durch entsprechende Konstruktion des Probenhalters oder durch Austausch des Gegenelementes variiert werden kann. Durch das Einbringen von zwei Proben, die gegenüber angeordnet sind, wird ein zusätzliches Biegemoment auf die Rührwelle vermieden. Als Proben werden quadratische Proben in einen geeigneten Probenhalter eingespannt. Der Druck wird mittels eines Gases und des Aufheizens des Behälters erzeugt.

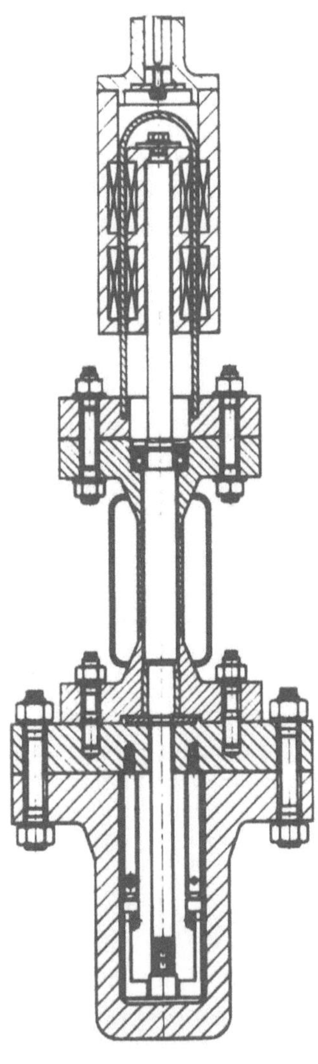

Abb. 4: Rührautoklave

Die Rührwelle wird nach oben aus dem Rührgefäß herausgeführt. Dies bedeutet, dass eine rotatorische Wellendurchführung in einem Gasraum gegen die Umgebung abzudichten ist. Zur Abdichtung dient ein Membransystem mit Magnetkupplung. Die Lagerung der Rührwelle muss aufgrund der Magnetkupplung im Gasraum des Reaktionsbehälters erfolgen. Als Loslager wird nahe des Behälterdeckels ein ungeschmiertes Gleitlager verwendet, dessen Lebensdauer voraussichtlich sehr begrenzt ist, oder es wird ein hochtemperaturfestes, trockengeschmiertes Wälzlager eingesetzt. In beiden Fällen ist es jedoch notwendig, die Rührwelle in dem Bereich zu kühlen, damit die Lebensdauer des Festlagers auch für Langzeitversuche ausreicht. Diese Lagerprobleme treten bei einer Wellenabdichtung mittels Gleitringdichtung nicht auf. Die Lagerung kann gekühlt außerhalb des Reaktionsraumes mit Hilfe eines herkömmlichen Wälzlagers realisiert werden. Dem entgegen steht die hohe Beanspruchung durch die druckbedingten Axialkräfte, die zu einer großen Dimensionierung des Lagers führen. Im Fall der Magnetkupplung wird die Rührwelle axial nahezu nicht beansprucht, sodass das Festlager keine hohen Kräfte aufnehmen muss.

Der Rührer wird mittels eines regelbaren Elektromotors angetrieben, der über Zahn- oder Keilriemen mit der Magnetkupplung verbunden ist. Alternativ kann der Motor koaxial zur Rührwelle angeordnet werden und über eine elastische Kupplung die Magnetkupplung antreiben. Die Wellendrehzahl sollte so an die Geometrie des Rührers angepasst sein, dass eine anforderungsbedingte Relativgeschwindigkeit zwischen Probe und Gegenelement eingestellt werden kann. Die Antriebsleistung und das Antriebsmoment sind von der Viskosität des Fluids und der Rührerform abhängig.

4.8.4.4
Bewertung der Lösungskonzepte

Entsprechend den Prozßanforderungen sind als wesentliche Beurteilungskriterien die beliebige Reaktionszeit, die Druckkonstanz, die gute Durchmischung und die Beheizbarkeit des Reaktionsgefäßes abzuleiten. Hinsichtlich der geometrischen Bedingungen ist ein besonderes Gewicht auf eine einfachen Probengeometrie und einen schnellen Probenwechsel zu legen. In den Werkstoffanforderungen tritt vor allem die Korrosions- und Verschleißbeständigkeit der medienberührenden Teile in den Vordergrund. Aus den Sicherheitsanforderungen kann besonders die Forderung nach einem möglichst geringen Aufwand für die absolute Gasdichtheit des Prüfstandes abgeleitet werden. Aber auch die Anzahl der Dichtflächen, die als potentielle Sicherheitsrisiken angesehen werden können, bilden Auswahlkriterien.

Die Bewertung der verschiedenen Lösungskonzepte nach den genannten Kriterien verdeutlicht, dass die Ausführung des Prüfstandes in Form eines Rührautoklaven die sinnvollste Lösung darstellt. Das beruht vor allem darauf, dass der Rührautoklave eine relativ einfache Abdichtung der Wellendurchführung, eine einfache Probenform und eine gute Konstanz der Prozessbedingungen über die Versuchsdauer bei einer genügenden Durchmischung der Reaktionspartner gewährleistet. In einer Detailentwicklung wurden für den Rührautoklaven die Randbedingungen der Rührwerksauslegung, der Werkstoffwahl, der Beheizung und der Probenhalterung festgelegt.

4.8.5
Versuchsbedingungen

Zur Werkstoffprüfung unter den Bedingungen des Abbaus von Polymeren in überkritischem Wasser wurden Untersuchungen an korrosions- und verschleißfesten Werkstoffen durchgeführt. Im Vordergrund der Untersuchungen stand dabei die Erfassung der Werkstoffreaktionen auf die in der korrosiven Umgebung ablaufenden Abbauvorgänge und die Bewertung der Werkstoffe auf ihren Korrosionswiderstand. Aufbauend auf diesen Ergebnissen sind für eine Werkstoffauswahl weiterführende Untersuchungen unter kombinierter Korrosions- und Verschleißbeanspruchung erforderlich.

Die Versuche wurden in einem gemeinsam mit dem Institut für Maschinenwesen der TU Clausthal entwickelten und aufgebauten Batch-Reaktor durchgeführt, mit dem nachgewiesen werden konnte, dass ein Abbau unter Bedingungen, bei denen überkritisches Wasser den für die Absättigung der freien Valenzen der Polymermolekülbruchstücke notwendigen Wasserstoff liefert, möglich ist. Darüber hinaus wurden weitere Batchversuche durch Einsetzen von Proben in den im Institut für Chemische Verfahrenstechnik aufgebauten Hochdruckautoklaven durchgeführt (vgl. Abschn 4.7).

Für die Untersuchungen wurden die Werkstoffe in Form von Zylindern, mit einem Durchmesser von 10 mm und einer Höhe von 10 mm, dem Polymer-Wassergemisch zugeführt. Aussagen über die Bewegungsform der Proben im Reaktor und die Relativgeschwindigkeit zum Polymer-Wassergemisch sind nicht möglich. Beispielhaft sind Prozessbedingungen in Tabelle 1 aufgeführt. Für das Auftreten erster korrosiver Angriffe sind unter Anwesenheit von PVC im Polymergemisch bereits Haltezeiten von 30 Minuten ausreichend. Der Einfluss der im Rahmen der Variation der Prozessbedingungen eingestellten unterschiedlichen Prozesstemperaturen auf den korrosiven Angriff konnte in den bisherigen Untersuchungen noch nicht eindeutig geklärt werden. In allen Versuchen wurde ohne Feststoffkatalysator gearbeitet. Das Beanspruchungskollektiv des wirkenden Tribosystems ist nicht vollständig zu beschreiben. Aussagen über die Erscheinungsformen möglicher Schädigungen sowie der Schädigungsmechanismen unter diesen komplexen tribochemischen Bedingungen sind ebenso wie die vergleichende Bewertung der Werkstoffe möglich.

Tabelle 1: Prozessbedingungen

Prozessbedingungen	Druck [bar]	Temperatur [°C]	Haltezeit [h]	Aufheizzeit [h]	Abkühlzeit [h]
	≈ 350	400 - 490	0,5 – 2,5	1,0 – 2,5	0,5
Reaktorfüllung	PE [g]	PP [g]	PS [g]	PVC [g]	Wasser [ccm]
	9,5 – 11,2	4,0 – 4,3	3,2 – 3,3	2,2	16,6 - 25

Die Proben wurden gravimetrisch, licht- und rasterelektronenmikroskopisch sowie metallographisch im Oberflächenbereich untersucht. Darüber hinaus wurde auch der Batchreaktor nach mehrmaligem Betrieb auf Korrosions- und Verschleißangriff überprüft.

Für die Versuche wurden handelsübliche Konstruktions- und Beschichtungswerkstoffe unterschiedlicher Werkstoffgruppen ausgewählt. Als Auswahlkriterium wurden die Korrosionsbeständigkeit, die Verschleißbeständigkeit und die Festigkeitseigenschaften bei erhöhten Temperaturen herangezogen.

- Gruppe 1: Beschichtungswerkstoffe
    2.4806, Stellit 6, Kobalt
- Gruppe 2: Hochlegierte Stähle
    1.4401, 1.4404, 1.4435
- Gruppe 3: Nickelbasis-Legierungen
    2.4668, 2.4816, 2.4819, 2.4856, 2.4869

Bei dem Werkstoff 2.4806 der Gruppe 1 handelt es sich um eine Auftragschweißlegierung auf Nickelbasis, die aufgrund ihrer Korrosionsbeständigkeit im chemischen Apparate- und Anlagenbau sowie in der Reaktortechnik eingesetzt wird. Die Hartlegierung Stellit 6, bei der es sich um einen Kobalt-Chrom-Mischkristall mit interdendritisch eingelagerten eutektischen Karbiden des Typs $(Cr, W, Co)_7Cr_3$ handelt, besitzt eine hohe Korrosions- und Verschleißbeständigkeit.

Die gravimetrischen Untersuchungen an diesen Werkstoffen verdeutlichen, dass bereits nach einer Versuchsdauer von 5,5 Stunden ein beträchtlicher Masseverlust aufgetreten ist (Abb. 6). Insbesondere der Werkstoff 2.4806 weist einen starken Masseverlust auf, der sich im Gefüge als lokaler Angriff widerspiegelt. Die Eindringtiefe beträgt im Mittel 28 μm. Der Angriff tritt großflächig auf der gesamten Probenoberfläche auf. Die sich auf der Oberfläche ausgebildete Deckschicht weist eine sehr unterschiedliche Dicke auf und ist porös. Ein ähnliches Verhalten ist bei Reinkobalt festzustellen. Die gesamte Probenoberfläche wird in einer Randzone von 5 bis 7 μm geschädigt, und es tritt Lochfraß auf, wobei die Eindringtiefe im Mittel 25 μm beträgt. Die Deckschicht ist porös und rissig. Im Gegensatz dazu ist in dem Stellit 6 kein lokaler Korrosionsangriff erkennbar. Aufgrund der dendritischen Gefügestruktur wird der Kobalt-Chrom-Mischkristall flächig angegriffen und die eutektischen Karbide ragen aus der Oberfläche hervor (Abb. 5). Das feinstrukturierte Gefüge verhindert einen lokalen Angriff. Aufgrund des flächigen Korrosionsangriffes wird der Stellit 6 hinsichtlich der Einsatzbewertung weiter berücksichtigt.

Bei den in der Gruppe 2 zusammengefassten Werkstoffen handelt es sich um legierte Edelstähle, die als nicht rostende Stähle hauptsächlich in der chemischen Industrie und im Apparatebau eingesetzt werden. Insbesondere der Werkstoff 1.4435 zeichnet sich durch seine hohe Lochfraßbeständigkeit aus.

Die gravimetrischen Messungen lassen auch bei diesen Werkstoffen nach den kurzen Versuchszeiten bereits einen deutlichen Masseverlust erkennen. Es bilden sich auf den Probenoberflächen Deckschichten aus, die aber aufgrund von Rissen und Poren nicht dicht sind. Unter den Deckschichten kommt es zum lokalen Korrosionsangriff, der in Verformungsrichtung am stärksten ist. Der Werkstoff 1.4401 weist mit einer maximalen Eindringtiefe von 200 μm die größte Schädigung auf.

Trotz des höheren Chrom-, Nickel- und Molybdängehaltes kommt es in dem Werkstoff 1.4435 zu tiefen Rissen insbesondere in Verformungsrichtung. Die Rissanzahl ist aber im Vergleich zu den beiden anderen Stählen wesentlich geringer. Für eine Eignungsbewertung ist aber vor allem die Tiefe der Schädigung entscheidend, sodass die untersuchten Stähle keine Eignung für den Einsatz in einem Reaktionsverdichter für den beschriebenen Prozessablauf besitzen.

Die ausgewählten Nickelbasislegierungen weisen entsprechend ihren Einsatzgebieten unterschiedliche Eigenschaftsprofile auf. Bei dem Werkstoff 2.4668 handelt es sich um eine hochwarmfeste, aushärtbare Nickel-Chrom-Kobalt-Molybdän-Legierung. Der hochwarmfeste Werkstoff 2.4816 zeichnet sich durch eine erhöhte Kriechbeständigkeit und eine Einsatztemperatur bis 600 °C aus. Die Nickel-Chrom-Molybdänlegierungen 2.4819 und 2.4856 weisen eine hohe Beständigkeit gegenüber Lochfraß, Spalt- und Spannungsrisskorrosion auf. Kennzeichnendes Merkmal des Werkstoffs 2.4869 ist seine gute Zunderbeständigkeit.

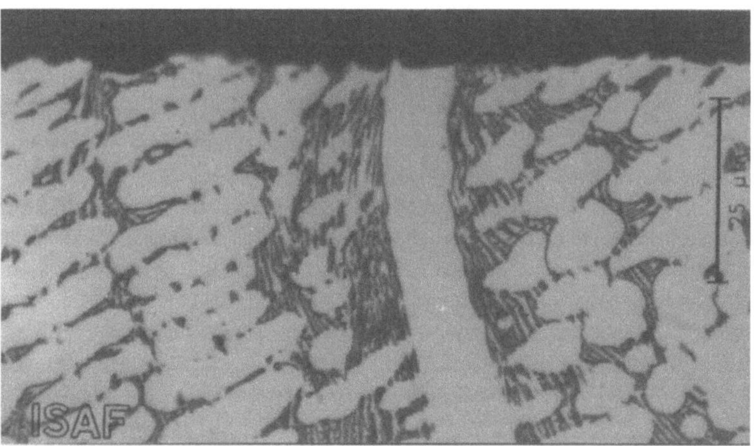

Abb. 5: Oberfläche des Stellit 6

Die Massenverluste der Nickelbasislegierungen sind mit Ausnahme des 2.4869 im Vergleich zu den Massenverlusten der beiden anderen Werkstoffgruppen deutlich geringer. Hervorzuheben ist hierbei besonders der Werkstoff 2.4856, der sich aufgrund der geringen kaum messbaren Deckschichtbildung von den anderen Nickelbasislegierungen unterscheidet. Der Werkstoff 2.4668 weist eine dichte, Rissfreie und festhaftende Deckschicht auf. Der Korrosionsangriff beschränkt sich auf wenige Bereiche, wobei es sich um interkristalline Korrosion handelt. Der Angriff ist ähnlich wie bei den Stählen in Verformungsrichtung leicht erhöht. Die Eindringtiefe beträgt mehrere Korndurchmesser (Abb. 7). Der Werkstoff 2.4816 bildet ebenfalls eine Deckschicht aus. Sie weist eine unterschiedliche Dicke auf und ist rissig sowie porös. Die schlechte Haftung der Deckschicht führt zu Ablösungen und zur interkristallinen Korrosion. Es werden teilweise ganze Körner aus der Oberfläche herausgelöst, was den hohen Massenverlust dieses Werkstoffs erklärt.

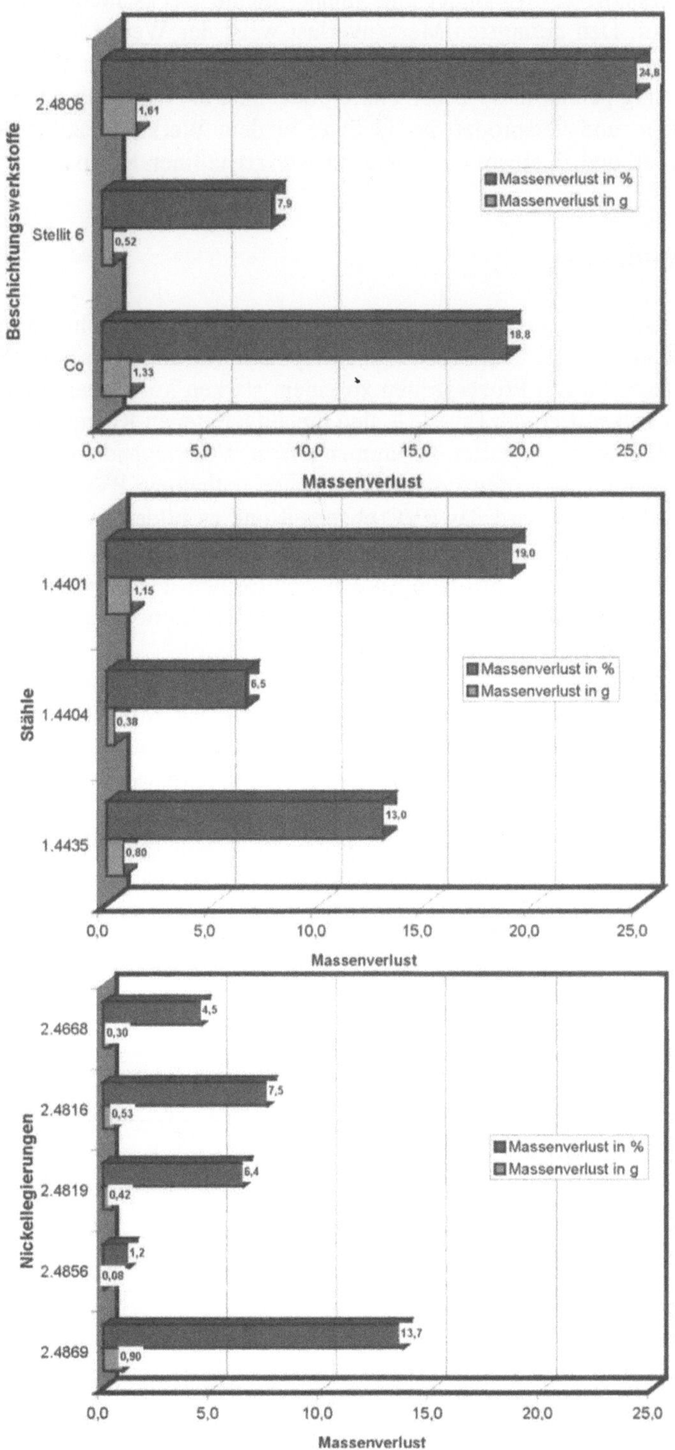

Abb. 6: Massenverluste der unterschiedlichen Werkstoffe

Der Werkstoff 2.4819 bildet eine dünne, dichte Deckschicht aus. Lokal tritt Lochfraß auf. Den geringsten Massenverlust weist der Werkstoff 2.4856 auf. Es entsteht nur vereinzelt ein selektiver Korrosionsangriff, der an Bereiche mit γ'-Phasenbildung geknüpft ist. Diese Phase bildet sich in Nickelbasislegierungen mit Niobzusätzen und versprödet das Gefüge. In dem Werkstoff 2.4869 kommt es zum Lochfraß und zu einem Übergang zur interkristallinen Korrosion.

4.8.6
Schlussfolgerung

Aufgrund hoher Prozesstemperaturen und -drücke sowie durch die aggressiven Medien kommt es bei dem Abbau von Polymeren in überkritischem Wasser bereits nach sehr kurzen Prozesszeiten zu einem starken korrosiven Angriff in metallischen Werkstoffen. In Tabelle 2 sind die aufgetretenen Korrosionsarten in den unterschiedlichen Werkstoffen zusammengefasst. Vorwiegend tritt Lochkorrosion auf. Dies ist auf das in den Polymergemischen enthaltene PVC zurückzuführen. Durch die Oxidation wird das PVC abgebaut und es bilden sich chlorierte Kohlenwasserstoffe und Salzsäure. Die hohen Prozesstemperaturen, die niedrigen PH-Werte und die geringen Strömungsgeschwindigkeiten des Mediums fördern den schnellen Korrosionsverlauf nicht nur in den Stählen, sondern auch in den passivierbaren Nickelbasislegierungen und im Kobalt.

Das Auftreten der selektiven Korrosion, insbesondere der interkristallinen Korrosion, ist auf die ausscheidungsbedingte Chrom- und Molybdänverarmung der Korngrenzenbereiche zurückzuführen. Insbesondere der aushärtbare 2.4668, der aufgrund seiner chemischen Zusammensetzung kohärente Ausscheidungen aufweist, neigt zu einer erhöhten interkristallinen Anfälligkeit.

Für weiterführende Entwicklungen weist der Beschichtungswerkstoff Stellit 6 aufgrund des flächigen ebenmäßigen Abtrags die beste Eignung auf.

Tabelle 2: Korrosionsarten in den Werkstoffen

Korrosionsart		2.4806	Kobalt	Stellit 6	1.4401	1.4404	1.4435	2.4668	2.4816	2.4819	2.4856	2.4869
ebenmäßig				●								
Lochkorrosion		●	●		●	●	●			●		●
interkristallin								●	●			
selektiv					●	●	●				●	
Spannungsriß-Korrosion	interkristallin	●	●									●
	transkristallin									●		
	gemischt (inter- / transkristallin)				●	●	●					

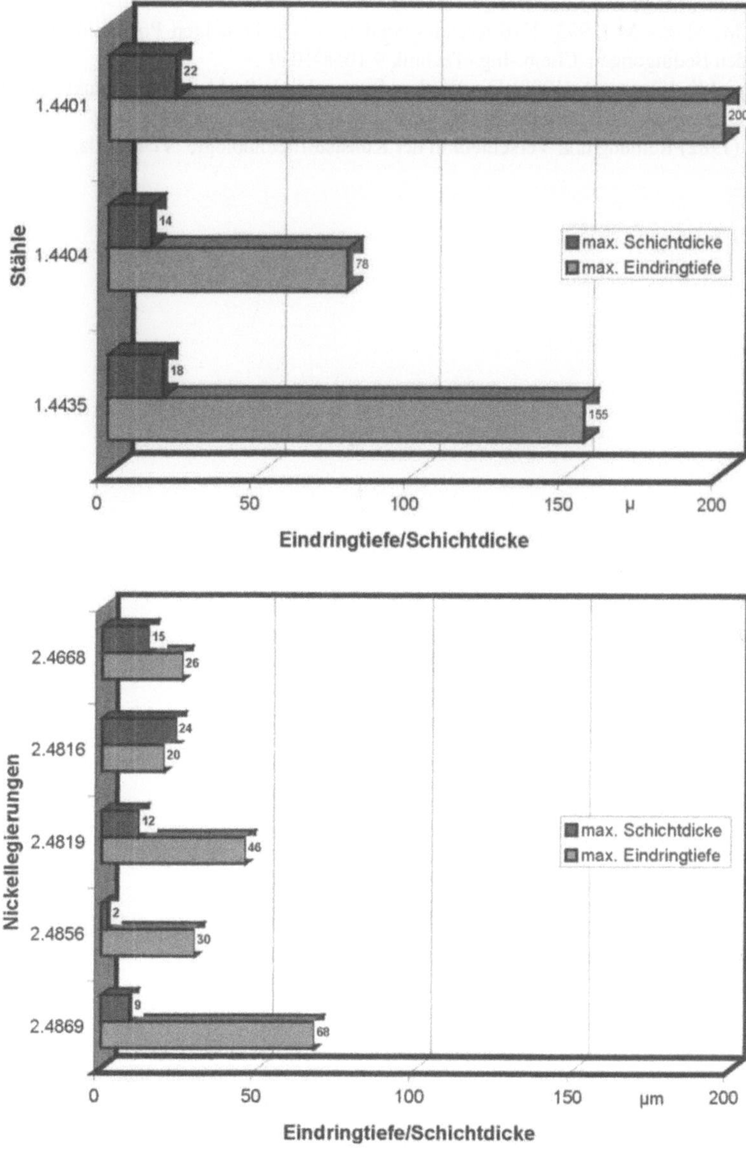

Abb. 7: Eindringtiefe des Korrosionsangriffs

Literatur zu Kapitel 4.8

Menges G, Michaeli W, Bittner M (1992) Recycling von Kunststoffen. Carl Hanser, München Wien

Dohms K (1994) Hydrierung von Kunststoffen: Stand der Technik, Wirtschaftlichkeit, Automobilrecycling. Springer, Berlin Heidelberg New York

Korff J, Keimer K-H (1989) Hydrierung von synthetischen organischen Abfällen. Erdöl, Erdgas, Kohle 5:223-226

Kunze P, Mothes J, Wolfram G (1992) Sumpfhydrierung von Kunststoffen, Teil 1: Autoklave-versuche. Plaste und Kautschuk 9:300-303

König M, Marks M (1993) Hydrierendes Spalten von gebrauchten Polyamidgemischen unter milden Bedingungen. Chem.-Ing.-Technik 9:1058-1059

Ehrenspiel K, Kiewert A (1990) Die Werkstoffauswahl als Problem der Produktentwicklung im Maschinenbau. VDI-Berichte 797:47-67

Volz P (1982) Reibung und Verschleiß in der Kunststofftechnologie. VDI-Verlag, Düsseldorf

5 Werkstoff- und Fertigungstechnik

U. Draugelates

Durch die Anwendung moderner Werkstoff-, Fertigungs- und Konstruktionstechniken wurden in den letzten Jahren im Bereich des Maschinenbaus und Verfahrenstechnik erhebliche Fortschritte erzielt. Eine der immer wichtiger werdenden Themenstellungen ist der Verschleißschutz, für den besonders im Hochtemperaturbereich (über 2000 °C) und unter hoher chemischer Aggressivität bisher keine befriedigenden Lösungen existieren. In solchen Maschinen setzen die hohen Temperaturen einerseits eine Anwendungsgrenze für die darin verwendeten Werkstoffe und stellen andererseits durch den chemischen Prozess an diese neue Anforderungen, wie absolute Inertheit oder Widerstandsfähigkeit gegen Gase bei hohen Temperaturen.

So wird die Beanspruchbarkeit der verwendeten Werkstoffe bei hohen Temperaturen durch das Auftreten thermischer Spannungen durch Ausdehnen stationärer und instationärer Art erreicht und die im Prozess verarbeiteten chemischen Reaktanden sorgen für erhöhte Beanspruchungen und verminderte Lebensdauer durch Korrosion, Spannungsrisskorrosion, chemischen Angriff und Umwandlung und anderes mehr. Aber auch die umgekehrte Wirkung, nämlich der chemische und elektrochemische Einfluss des in den Maschinen verwendeten Materials auf den Prozess ist zu beachten. Lösungsansätze für diese Problematiken liegen in der Anpassung bekannter Werkstoffe, der Verwendung neuartiger Werkstoffe sowie der Schaffung von Werkstoffverbunden.

Die in Abschn. 5 dargestellten werkstofftechnischen Untersuchungen befassen sich daher mit dem Verschleiß- und Korrosionsschutz insbesondere im Hochtemperaturbereich, aber auch mit der Qualifizierung neuartiger Techniken auf dem Gebiet der Herstellung, Eigenschaften und Verarbeitung von Industriekeramik. Hartbearbeitung und Fügetechniken für Keramik.

Abschnitt 5.1 *"Verschleißfeste Schutzschichten mit definierter Gefügemorphologie für verfahrenstechnische Maschinen, insbesondere mit gerichteter Hartstoffeinbettung"* stellt die Grundlagen, metallische Schutzschichten für die erhöhten Anforderungen verbesserter und neuartiger verfahrenstechnischer Prozesse herstellen und damit die Leistungsfähigkeit abrasiv beanspruchter verfahrenstechnischer Maschinen erhöhen zu können, dar. Die grundlegenden Untersuchungen zwischen Schichteigenschaften und -struktur eröffnen die Möglichkeit, sowohl in konventionellen Einsatzgebieten von Hartauftragschweissungen, z.B. bei Beanspruchungen von feststoffpartikelhaltigen Gasströmen wie im „Abweiseradsichter", als auch im Hochtemperaturbereich bei abrasiven und chemischen Beanspruchungen wie z.B. bei „Reaktionsmühle" oder „Heißgasgebläse", Verbesserungen im Verschleißverhalten zu erzielen.

Durch die Entwicklung neuartiger Hartplattierungen werden konstruktive Lösungen für verfahrenstechnische Maschinen bzw. Prozessentwicklungen bei höchstem chemischen und abrasiven Verschleiß erst realisierbar.

Grundlegende Richtlinien zur Fügetechnologie und zur Konstruktion von Metall-Keramik-Verbundbauteilen werden in Abschn. 5.2 *„Metall-Keramik-Verbindungen durch Diffusionsschweißen und Kleben für den Einsatz in verfahrenstechnischen Maschinen"* dargestellt. Da für Werkstoffwahl, Konstruktion und Fügetechnologie die prozessbedingten Anforderungen entscheidend sind, wurden die Prozessparameter bzw. die daraus resultierenden Beanspruchungen, z.B. aus den Projekten „Heißgasventilator", „Abweiseradsichter", „Reaktionsmühle" und „Kreislaufreaktor", als Anforderungen an die Metall Keramik-Verbunde berücksichtigt. Für den Einsatz von Metall-Keramik-Verbunden in den angegebenen Maschinen wurden Eigenschaftsbestimmungen, Gestaltungsrichtlinien und Angaben über spezifische Belastbarkeiten erarbeitet. Vor allem wurden Verbunde für die Verwendung in Maschinen mit überwiegend thermischer und chemischer Beanspruchung geschaffen.

Abschnitt 5.3 leistet mit der versuchstechnischen Ermittlung der Werkstoffermüdung von keramischen Werkstoffen durch Temperaturwechselbeanspruchung einen Beitrag zur Konstruktion und den Betrieb von hochtemperaturbeanspruchten Maschinen. Durch die grundlegenden Untersuchungen der Werkstoffschädigung bei thermischer Wechselbeanspruchung wird die Konstruktion und der Betrieb von Hochtemperaturanlagen, z.B. Heißgasumwälzanlagen, durch Vorgabe zulässiger Abkühlgeschwindigkeiten möglich.

Im Mittelpunkt von Abschn. 5.4 steht die Untersuchung der Ursachen für das Versagen von Oxidationsschichten auf metallischen und keramischen Hochtemperaturwerkstoffen. Auf der Basis dieser Untersuchungen wurden neuartige Konzepte zum Aufbau „selbstheilender" Schichtsysteme auf diesen Werkstoffen entwickelt bzw. bestehende Konzepte verbessert.

In den in Abschn. 5.5 dargestellten Arbeiten wurden die Grundlagen für eine werkstoff- und prozessbezogene Fertigung von keramischen Bauteilen für den Einsatz in verfahrentechnischen Maschinen und Anlagen erarbeitet. Mit der Weiterentwicklung des Verfahrens Ultraschallschwingläppen wurde die Realisierung völlig neuartiger höchstbeanspruchbare Präzisionsbauteile für verfahrenstechnische Prozesse ermöglicht. Durch die Untersuchung unterschiedlicher Verfahrensvarianten und die sichere Beherrschung dieser Prozesse für die Bauteilfertigung wird erreicht, dass das Anwendungsspektrum für ingenieurkeramische Werkstoffe für den Einsatz in verfahrenstechnischen Anlagen und Maschinen gesteigert werden kann.

5.1
Auftragschweißen von Verschleißschutzschichten mit definierter Gefügemorphologie

U. Draugelates, R. Reiter

5.1.1
Problemstellung und Einleitung

Mechanische, chemische und thermische Beanspruchungen von Bauteiloberflächen verfahrenstechnischer Maschinen und Anlagen stellen zunehmend höhere Anforderungen an die verwendeten Werkstoffe. Diese können nur durch Schichtverbundsysteme erfüllt werden, bei denen eine Oberflächenbeschichtung aus organischen, anorganisch-nichtmetallischen oder metallischen Werkstoffen die Funktion des Verschleiß-, Korrosions- und Oxidationsschutzes übernimmt. Im Bereich dicker Schichten werden bei den metallischen Schichtwerkstoffen zum Verschleißschutz hauptsächlich Hartlegierungen eingesetzt, die durch Spritz- oder Auftragschweißverfahren auf die zu schützende Bauteiloberfläche aufgebracht werden. Die Eigenschaften solcher Hartlegierungen sind von der Legierungszusammensetzung und den Erstarrungsbedingungen abhängig. Diese Einflussgrößen legen den die Werkstoffeigenschaften bestimmenden Gefügeaufbau sowie die Gefügebestandteile fest (Habig 1989; Habig u. Czinchos 1976; Zum Gahr 1983).

Hartlegierungen sind unabhängig vom verwendeten Basismetall – Eisen, Nickel oder Kobalt – ähnlich aufgebaut. So sind sehr harte Phasen – Karbide, Boride, Nitride oder Silizide – in eine vergleichsweise zähe Matrix eingebettet. Härte, Menge und Größe dieser Gefügebestandteile sowie deren Anbindung bestimmen primär den Verschleißwiderstand der Legierung, während unter Berücksichtigung der thermodynamischen Stabilität des Gefüges die Matrix die Korrosions- und Oxidationsresistenzeigenschaften übernimmt. Ein weiterer entscheidender Faktor für die Verschleißfestigkeit ist der strukturelle Gefügeaufbau. So zeigen Untersuchungen bei abrasiven Verschleißbedingungen, dass insbesondere durch eine ausgerichtete feindispersive Hartstoffeinlagerung mit kleinem Abstand wesentliche Verbesserungen im Verschleißverhalten erzielt werden können. Diese vorteilhafte Gefügemorphologie kann durch geeignete Legierungszusammensetzungen und eine Beeinflussung der Erstarrungsbedingungen erzielt werden.

5.1.2
Schichtverbundbauweise

Metallische Werkstoffe mit hohem Verschleißwiderstand sind in der Regel sehr hochlegiert, so dass die Gestehungskosten für verschleißgefährdete Bauteile sehr hoch werden können. Aufgrund ihrer hohen Härte und der damit meist verbundenen geringen Zähigkeit sind umformende oder spanende Fertigungsverfahren zur Bauteilherstellung nur bedingt anzuwenden. Geringe Bruchzähigkeit und niedrige Werte für die kritische Rissfortpflanzung schränken die Verwendung von Hartlegierungen in Hinblick auf dynamische mechanische Belastungen, denen die Bauteile unterliegen, als Konstruktionswerkstoff sehr ein. Die hohen Werkstoffkosten, die werkstoffbedingten Fertigungskosten sowie die eingeschränkten dynamischen Werkstoffkernwerte sind die Ursache dafür, dass verschleißbeanspruchte Bauteile als Schichtverbundsysteme gefertigt werden. Dabei werden im Rahmen einer Aufgabentrennung die Funktionen Verschleißschutz und Bauteilfestigkeit von zwei Werkstoffen übernommen. So gibt ein kostengünstiger Kernwerkstoff dem Bauteil die Gestalt und mechanische Festigkeit, während der Verschleißwiderstand der Randzonen durch einen aufgebrachten verschleißfesten Werkstoff erzielt wird. Neben den erheblichen Kosteneinsparungen durch solche Verbundlösungen ist auch die mechanische Beanspruchbarkeit solcher Konstruktionen um Größenordnungen besser als solcher, die ganz aus verschleißfesten Werkstoffen gefertigt sind.

5.1.3
Beschichtungsverfahren

Für die Hartlegierungsbeschichtung werden hauptsächlich die Verfahren der Schweißtechnik sowie der niederenergetischen Spritztechnik eingesetzt. Diese Verfahrensgruppen unterscheiden sich durch die wirksamen Haftmechanismen und die erzielbare Schichtdicke.

Zum Auftragschweißen von Verschleißschutzschichten kommen praktisch alle auch zum Verbindungsschweißen bekannten Schmelzschweißverfahren, wenn auch mit stark differierender Verwendungshäufigkeit, zum Einsatz. Neben dem Gasschweißen sind dies die Verfahren mit abschmelzender Elektrode wie das E-Hand-Verfahren, MIG-, MAG- und das Unterpulverschweißen, die Verfahren mit nichtabschmelzender Elektrode wie WIG-Schweißen mit Stab oder Draht, Plasma-, Pulver-, Plasma-Heissdraht- sowie das Elektro-SchlackeVerfahren. Verfahren mit energiereichen Strahlen, also Laser- und Elektronenstrahlschweißen, spielen zurzeit noch eine untergeordnete Rolle und werden nur für Sonderanwendungen verwendet (Behnisch 1981; Blume u. Kritschmann 1982; Blume u. Sahm 1981; Dilthey 1977; Hartung 1992; Kilian u. Killing 1979; Killing 1991; Knoch u. Dilthey 1974; Knotek u. Lugscheider 1973; Mazumder u. Kar 1987; Ruge 1980,1993; Semjonow u. Kalinin 1988).

Das Auftragschweißen zeichnet sich gegenüber anderen Verfahren durch die hohe Haftfestigkeit zwischen Schicht und Grundwerkstoff und die Porenfreiheit der Schutzschicht aus. Die metallurgische Bindung zwischen Schicht- und Substratwerkstoff bedingt allerdings eine Vermischung der beteiligen Werkstoffe. Durch diesen „Aufmischung" genannten Prozess wird die Zusammensetzung des Schweißgutes und dadurch auch die Werkstoff-, also Schutzeigenschaften, verändert. Die gewünschten Schichteigenschaften werden deshalb nur bei geringen prozentualen Aufmischungsraten bzw. durch Mehrlagentechnik erzielt.

5.1.4
Werkstoffe zum Hartauftragschweißen

Werkstoffe zum Hartauftragschweißen werden nach ihren Legierungsgehalten und Eigenschaften in Legierungsgruppen eingeteilt (Grosch 1973; Knotek u.

Luscheider 1975). Die Vielzahl dieser Werkstoffe kann in vier Hauptgruppen eingeteilt werden:

1. Eisenhaltige Werkstoffe mit niedrigen und mittleren Legierungsgehalten, deren Schweißgut ein vorwiegend martensitisches Gefüge aufweist;
2. Eisenhaltige Werkstoffe mit hohen Legierungsgehalten, die ein austenitisches Gefüge aufweisen und durch Kaltverfestigung der Oberfläche verschleißfest werden;
3. Eisenhaltige Werkstoffe mit hohen Legierungsgehalten, bei denen die Träger des Verschleißwiderstandes Karbide sind, die in eine zähharte Matrix eingebettet sind;
4. Eisenarme Werkstoffe auf Kobalt- bzw. Nickelbasis, deren Verschleißwiderstand ebenfalls durch eingelagerte Karbide, Boride, Nitride oder Silizide getragen wird. Weiterhin sind zu dieser Gruppe noch die Metall-Karbidlegierungen sowie Werkstoffe auf Kupferbasis zu zählen.

Beim Auftragschweißen von Verschleißschutzschichten für verfahrenstechnische Maschinen und Anlagen werden abhängig von den Einsatztemperaturen, den Korrosions- bzw. Oxidationsbedingungen hochlegierte Hartlegierungen auf Eisen-, Nickel- und Kobaltbasis verarbeitet. Diese Hartlegierungen sind im Prinzip unabhängig vom Legierungstyp ähnlich aufgebaut. So sind als Träger des Verschleißwiderstandes Hartphasen in eine im Vergleich zähe Grundmatrix eingebettet. Dabei übernimmt die Matrix weitgehend die Korrosions- und Oxidationsresistenzeigenschaften.

5.1.5
Gefügeaufbau und Werkstoffeigenschaften

Hartlegierungen, also auch die schweißtechnisch verarbeitbaren Hartauftraglegierungen, sind, soweit hochlegiert, mehrphasige, heterogen aufgebaute Werkstoffe. Die Eigenschaften und insbesondere der Widerstand gegenüber den unterschiedlichen Verschleißmechanismen werden im Wesentlichen durch Art, Menge, Kornform und Korngrößenverteilung der in der Grundmasse eingelagerten harten Kristallite, deren Anbindung an die Matrix, aber auch durch die Zusammensetzung der Matrix bestimmt. Bei den in realitas anzutreffenden Verschleißvorgängen treten neben dem mechanischen Abtragen von Teilchen aus der Werkstoffoberfläche fast immer auch - durch die Umgebungsbedingungen oder die hohe örtliche Energieumsetzung bedingt - chemische Reaktionen auf. Deshalb trägt die Matrix durch ihre mechanischen Eigenschaften und ihre Korrosionsbeständigkeit wesentlich zur Verschleißfestigkeit bei.

Die Werkstoffeigenschaften und somit auch die Verschleißfestigkeit sind also Verbundeigenschaften, die durch das Zusammenwirken von Hartstoffphasen und Grundmatrix sowie den charakterisierenden Größen eines mehrphasigen Werkstoffs beeinflusst werden.

Hartlegierungen im engeren Sinne werden durch Schmelzen dargestellt, die Hartstoffe entstehen also durch Reaktion der Legierungselemente aus dem Schmelzfluss. Bei den metallischen Hartstoffen handelt es sich insbesondere um binäre Verbindungen der Übergangsmetalle Titan, Vanadin, Tantal, Niob, Chrom,

Molybdän und Wolfram mit Kohlenstoff, Stickstoff, Bor und Silizium. Die Mikrohärte dieser Phasen liegt zwischen 850 und 3300 HV 0,05, wobei insbesondere die Härte komplexer Mischkarbide und -boride weit über der Härte natürlich vorkommender Minerale oder Feststoffe, die in fast allen Fällen die verschleißenden Gegenkörper darstellen, liegt (Berns 1981,1982; Golubets 1987).

Die Ausbildung der Hartphasen im Gefüge wird durch die Art der Hartstoffe und den Erstarrungsverlauf, der durch die Legierungszusammensetzung und damit durch die Lage der Hartlegierung im zugehörigen Konzentrations-Temperatur-Zustandsdiagramm gekennzeichnet ist, festgelegt. So werden bei Primärkristallisation der Hartphasen verhältnismäßig große nadelige oder blockige Kristallite ausgeschieden (Abb. 1). Bei Vorhandensein einer eutektischen Rinne oder eines eutektischen Punktes im Zustandsdiagramm können sie in Folge eutektischer Resterstarrung auch in feiner, disperser Verteilung vorliegen (Berns u. Fischer 1982). Bei primärer, meist dendritischer Erstarrung des einbettenden Mischkristalls der Grundmatrix bilden die Hartphasen hingegen ausgeprägte netzartige Strukturen (Abb. 2).

Verschleißfeste Werkstoffe sollten eine sehr hohe Härte aufweisen, die über der des angreifenden Materials liegt. Bei den heterogen aufgebauten Hartauftragslegierungen bedeutet dieses, dass ein großer Hartstoffanteil im Gefüge anzustreben ist. Auch sollten die Hartphasen eine sehr hohe Eigenhärte aufweisen. Dementsprechend ist die Entwicklung von Hartauftraglegierungen hauptsächlich in Richtung hochhartstoffhaltiger Werkstoffe ausgerichtet, wobei auch verstärkt versucht wird, durch legierungstechnische Maßnahmen höchstharte Hartphasen darzustellen. Der Weg die Mengenverhältnisse der das Gefüge bildenden Phasen bzw. die Eigenschaften der Phasen zu beeinflussen, ist allerdings nicht die einzige Möglichkeit, die Verbundeigenschaften heterogener Legierungen zu verändern.

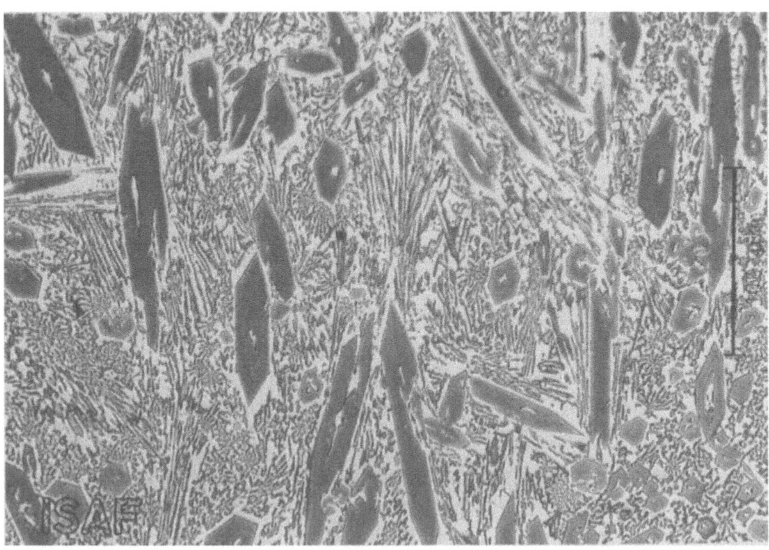

Abb. 1: Primärkarbide in eutektisch erstarrter Matrix einer Eisenhartlegierung

Neben diesen Einflussgrößen hat die statistische Verteilung der Hartstoffphasen nach Größe, Form und Anordnung einen wesentlichen Einfluss auf die Verbundeigenschaften, also auch auf die Verschleißfestigkeit der Hartlegierungen. So ist es bei Angriff körniger Materialien notwendig, dass der Zeilenabstand, d.h. die mittlere freie Weglänge zwischen den Hartphasen, geringer als der mittlere Durchmesser der Abrasivpartikel ist. Dadurch wird dem Abrasivkorn ein Eindringen in die weichere Grundmatrix, das Herauslösen derselben und ein „Entwurzeln" der die Verschleißfestigkeit tragenden Hartphasen verwehrt (Abb. 3).

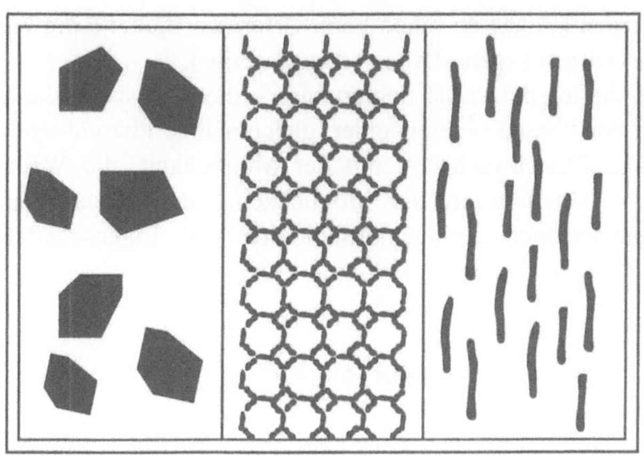

Abb. 2: Anordnung von Hartphasen in Hartlegierungen

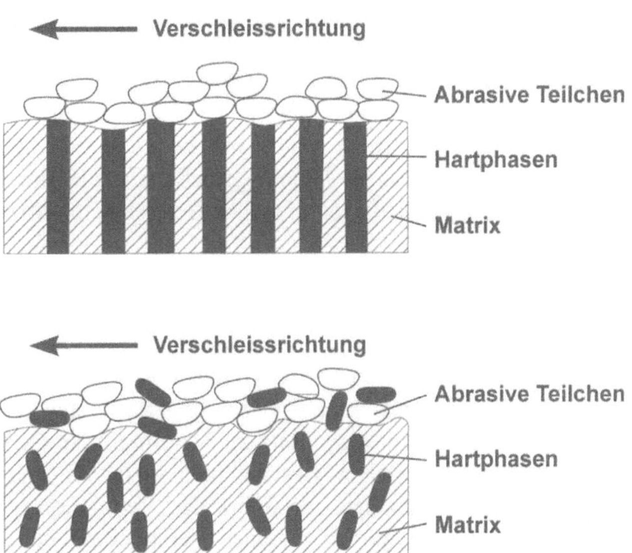

Abb. 3: Einfluss einer ausgerichteten Hartphasenausbildung auf die Verschleißfestigkeit

Im Hartauftragschichten müssen sich feindisperse Hartphasenverteilungen schon während der Erstarrung des Schweißgutes bilden. Das setzt eine geeignete Wärmeführung und eine Legierungszusammensetzung, die eine derartige Erstarrungsstruktur aufweist, voraus.

Gleichmäßige Phasenverteilungen bei kleinem Zeilenabstand und ausgerichteter Hartphasenanordnung können bei Legierungen, die eutektisch bei bevorzugter Abkühlungsrichtung und anisotropen Wachstumsverhaltens der Hartphase erstarren, erzeugt werden. Eutektische Werkstoffe werden auch als natürliche Verbundwerkstoffe oder In-Situ-Komposite bezeichnet. Wachsen die Phasen gemeinsam an der Erstarrungsfront, ist also das Wachstum gekoppelt, entstehen lamellen- oder faserförmige Gefügemorphologien. Durch Steuerung der Erstarrungsbedingungen können so schon beim Urformen Bauteile mit beanspruchungsgerechten anisotropen Eigenschaften erzeugt werden.

Die Eigenschaften derartiger Legierungen – thermodynamische Stabilität, hohe Haftfestigkeit der Phasen untereinander, gleichmäßige Phasenverteilung, faseriges oder lamellares Phasenwachstum mit der Möglichkeit, die Wachstumsrichtung aufzuprägen – bieten somit die Möglichkeit, auch Hartauftragschichten mit definierten, anisotropen Gefügemorphologien und Eigenschaften herzustellen (Golubets 1987; Kolesnichenko u. Polotai 1970).

5.1.6
Das System Kobalt-Chrom-Kohlenstoff

Für die Untersuchungen zur Herstellung von Hartauftragschichten mit ausgerichteter Hartstoffeinlagerung wurde als Legierungssystem das System Kobalt-Chrom-Kohlenstoff ausgewählt. Dieses System besitzt eine ausgeprägte eutektische Rinne mit einem monovarianten Eutektikum, dessen Schmelzpunkt bei 1303 °C liegt (Bunk u. Sahm 1981; Carpay 1978; Knotek u. Lugscheider 1975; Sahm 1972, 1980; Sahm u. Lorenz 1972; Thompson u. Lemkey 1970, 1974). Die Legierung dieser eutektischen Zusammensetzung, Bez. 73C, ist gut gerichtet erstarrbar, was in dem anisotropen Wachstumsverhalten der Karbide seine Hauptursache hat. Das Gefüge besteht aus ca. 30 Volumenprozent Karbidphasen der Form $Cr_{7-X}Co_XC_3$ in einer Co,Cr-Matrix mit ca. 31 % Cr-Anteil. Ein großer Vorteil dieser Legierung ist, dass sie legierungstechnisch, z.B. durch Substitution des Kobalts mit Aluminium und Nickel, in weiten Bereichen modifizierbar ist.

5.1.7
Untersuchungen eutektischer Kobaltbasishartlegierungen

Die Voraussetzungen für eine orientierte Gefügemorphologie bei eutektischen Hartlegierungen sind definierte Erstarrungsbedingungen und eine definierte Legierungszusammensetzung. Im Gegensatz zu Verfahren der Giesstechnik sind bei den schmelzschweißtechnischen Beschichtungsverfahren diese Rahmenbedingungen nur bedingt einzuhalten. So führt die verfahrensspezifisch unterschiedlich hohe Aufmischung immer zu einer Veränderung der Legierungszusammensetzung des Schweißgutes verglichen mit dem Schweißzusatz. Auch sind die Abkühlbedingungen nur in einem weitaus geringeren Masse beeinflussbar.

Daneben haben Turbulenzen und Fluktuationen des Schweißbades einen erheblichen Einfluss auf die Ausbildung der Erstarrungsfront.

Um den Einfluss von Änderungen der Legierungszusammensetzung durch die Aufmischung sowie den Einfluss unterschiedlicher Abkühlbedingungen auf die Gefügemorphologie zu ermitteln, wurden grundlegende metallurgische und werkstoffkundliche Untersuchungen an definiert modifizierten Legierungszusammensetzungen vom Basistyp der eutektischen Kobalthartlegierung 73C (Tabelle 1).

Tabelle 1: Zusammensetzung der eutektischen Co-Cr-C-Legierung 73 C

Co %	Cr %	C %
56,6	41	2,4

Untersucht wurden dabei die Auswirkungen unterschiedlicher Erstarrungsgeschwindigkeiten sowie unterschiedlicher Nickel- und Eisenanteile, (Tabelle 2 u. 3), auf die Erstarrungsmorphologie, um somit die Rahmenbedingungen für das Auftragschweißen von Auftragschichten mit gerichteter, feindisperser Hartstoffeinlagerung festzulegen.

Tabelle 2: Legierungszusammensetzung nickelmodifizierter ternärer Legierungen vom Typ Co-Cr-Ni-C

Legierung	Co %	Cr %	Ni %	C %
L1 73C(Ni)	51,6	41	5	2,4
L2 73C(Ni)	49,1	41	7,5	2,4
L3 73C(Ni)	46,6	41	10,0	2,4
L4 73C(Ni)	44,1	41	12,5	2,4
L5 73C(Ni)	41,6	41	15	2,4
L6 73C(Ni)	39,1	41	17,5	2,4
L7 73C(Ni)	36,6	41	20	2,4

Tabelle 3: Legierungszusammensetzung quaternärer Legierungen vom Typ Co-Cr-Ni-Fe-C

Legierung	Co %	Cr %	Ni %	Fe %	C %
L1	56,60	41,00			2,40
L2	46,60	41,00	10,00		2,40
L3 Fe	44,27	38,95	9,50	5,00	2,28
L4 Fe	41,94	36,90	9,00	10,00	2,16
L5 Fe	39,61	34,85	8,50	15,00	2,04
L6 Fe	37,28	32,80	8,00	20,00	1,92

Die Untersuchungen zeigen, dass die eutektische Kobalthartlegierung E_3 aus dem System Co-Cr-C bis zu Gehalten von 20 % mit Nickel modifiziert werden kann, ohne das eutektische Erstarrungsverhalten zu verlieren (Abb. 4). Diese nickelmodifizierten Varianten können in einem weiten Abkühlgradientenbereich mit ausgerichteter Hartphaseneinlagerung erstarrt werden (Abb. 5).

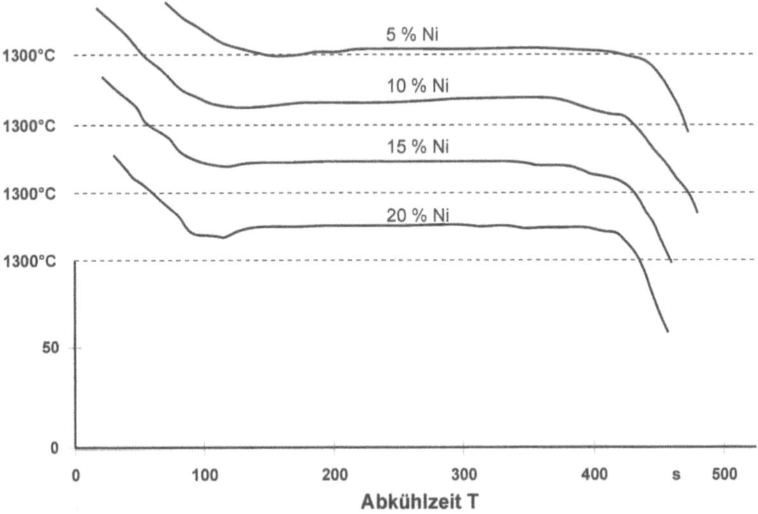

Abb. 4: Zeit-Temperatur-Verläufe ternärer Co-Cr-Ni-C-Legierungen bei der Erstarrung

Abb. 5: Gefüge der Legierung L6 73c(Ni)

Durch Nickel wird außerdem die allotrope Umwandlung des Kobalts unterdrückt (Abb. 6). Dieses ist besonders hinsichtlich des Einsatzes solcher Legierungen als Beschichtungswerkstoff vorteilhaft, da durch Unstetigkeiten im Ausdehnungsverhalten Fehler in der Auftragschicht auftreten können. Steigende Nickelgehalte bewirken allerdings eine Reduzierung der Werkstoffhärte (Abb. 7).

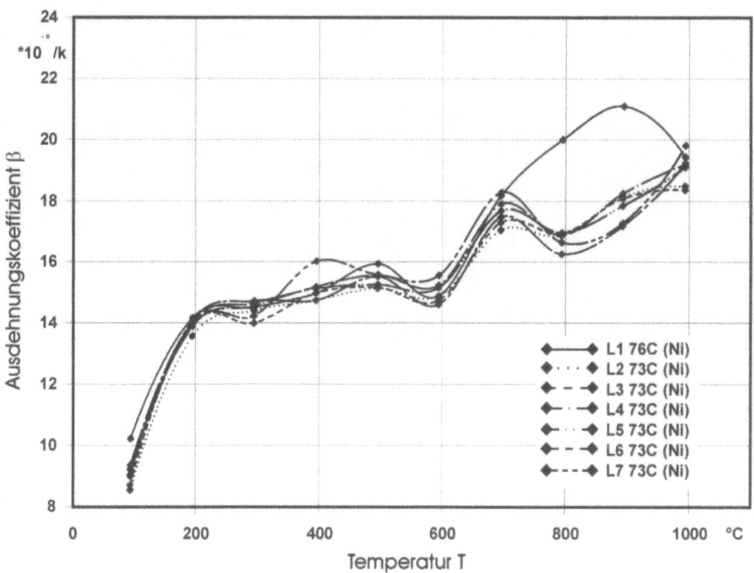

Abb. 6: Temperaturabhängiger Ausdehnungskoeffizient nickelmodifizierter Co-Cr-Ni-C-Legierungen vom Typ 73C

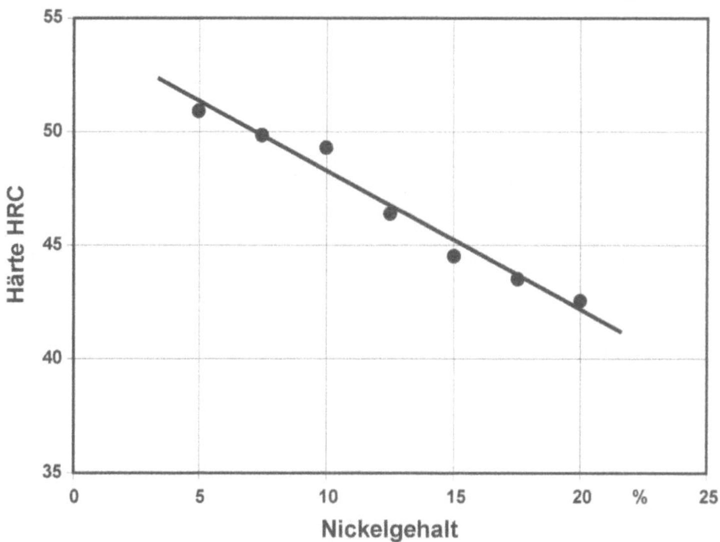

Abb. 7: Makrohärte ternärer Co-Cr-Ni-C-Legierungen

Eisenanteile in eutektischen Kobalthartlegierungen verändern die Werkstoffeigenschaften erheblich (Abb. 8). Neben deutlichen Härteverlusten (Abb. 9), treten große Veränderungen im Erstarrungsverhalten und der Erstarrungsmorphologie auf. Ab 9 bis 10 % Eisenanteil ist eine gerichtete Hartstoffeinlagerung nicht mehr möglich, die Erstarrung erfolgt dendritisch. Eisengehalte sind deshalb bei Hartauftragschweißlegierungen diese Types auf Anteile deutlich unter 10 % zu begrenzen.

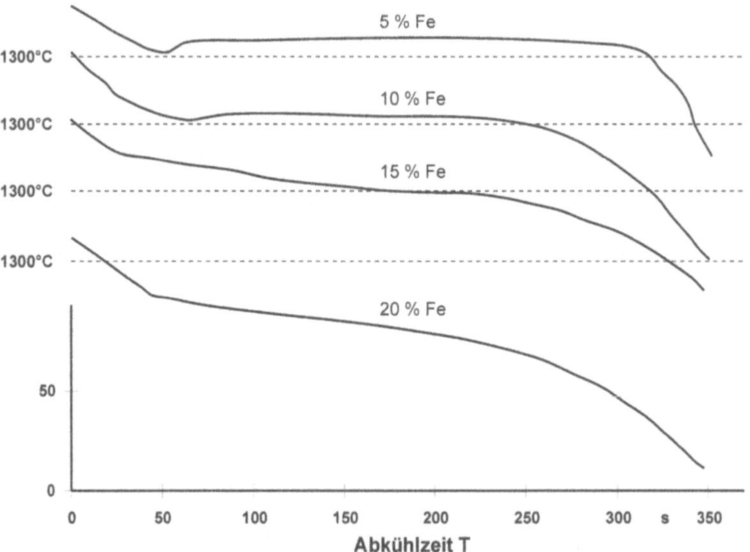

Abb. 8: Zeit-Temperatur-Verläufe Co-Cr-Fe-C-Legierungen bei der Erstarrung

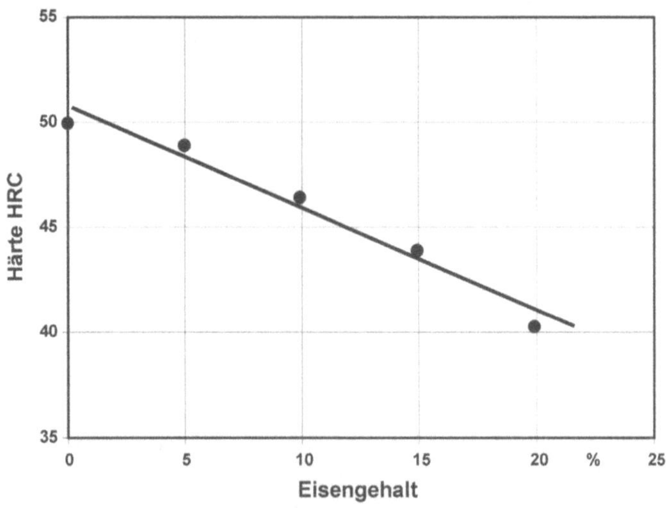

Abb 9: Makrohärte quaternärer Co-Cr-Fe-C-Legierungen

Die Untersuchungen zeigen, dass eine nickelmodifizierte Variante der Kobalt-basislegierung 73C als Schweißzusatz zum Hartauftragschweißen von Schichten mit ausgerichteter Hartphasenverteilung hinsichtlich metallurgischer Umempfindlichkeit die günstigsten Eigenschaften von allen untersuchten eutektischen Legierungen hat.

5.1.8
Auftragschweißen von Schutzschichten mit ausgerichteter Hartstoffeinlagerung

Gerichtet erstarrende eutektische Hartauftraglegierungen stellen aufgrund ihrer metallurgischen Rahmenbedingungen hinsichtlich der notwendigen Konstanz der Legierungszusammensetzung sowie der Erstarrungsbedingungen besondere Anforderungen an das Auftragschweißverfahren. Diese sind:

1. Sehr geringe, reproduzierbare und sicher zu gewährleistende Aufmischungsraten.
2. Neutrales metallurgisches Verhalten.
3. Steuerbare, gleichmäßige Wärmeeinbringung.
4. Definierter, spritzerfreier Werkstoffübergang und ein turbulenzarmes Schmelzbad.

Diese hohen Anforderungen, die die Gewährleistung aller massgebenden den Schweißprozess beeinflussenden Parameter voraussetzen, werden vom Plasma-Heissdraht-Verfahren am umfassendsten erfüllt.

Das Grundprinzip des Plasma-Heissdraht-Auftrag (PHA)-Schweißverfahrens ist die Trennung des Anschmelzens der Substratoberfläche als Grundbedingung der metallurgischen Bindung zwischen Substrat- und Schichtwerkstoff und des Aufheizens des Schweißzusatzes auf Liquidustemperatur. So erfolgt das Anschmelzen der Substratoberfläche durch den übertragenen Lichtbogen eines Plasmabrenners.

Der Schweißzusatz wird im Nachlauf des Plasmalichtbogens in Form zweier sich unter 30° kreuzender Drähte dem Schweißbad zugeführt. Diese Drähte werden im direkten Stromdurchgang durch $I^2 \cdot R$-Erwärmung in der freien Drahtlänge bis zum Schmelzpunkt erhitzt und im Hochtemperaturbereich des Lichtbogens niedergeschmolzen (Abb. 10).

Plasmabrenner und Heissdrähte befinden sich in einer Schutzkammer, in der abhängig vom eingesetzten Schweißzusatz ein inertes, aktives oder reduzierendes Schutzgas das Schmelzbad vor atmosphärischen Einflüssen schützt.

Dieser Verfahrensaufbau hat gegenüber anderen Auftragschweißverfahren folgende Vorteile:

1. Durch den Einsatz zweier voneinander unabhängiger Wärmequellen ist die Aufmischung in weiten Bereichen unabhängig von der Abschmelzleistung einstellbar. So können als Voraussetzung einer geringen Veränderung der Schweißgutzusammensetzung im Vergleich zum reinen Schweißzusatz sehr niedrige Aufmischungsraten erzielt werden, wobei der auf die beschichtete Fläche bezogene Gesamtenergieeintrag gering ist.

2. Durch das in weiten Grenzen voneinander unabhängig einstellbare Verhältnis von Plasma- zur Heissdrahtleistung ist der Wärmeeintrag gut steuerbar.

3. Das Schweißbad ist bedingt durch die geringe Flächenenenergie relativ kühl. Außerdem wird ihm durch die niederschmelzenden Drähte zusätzlich Wärme entzogen. Die Turbulenzen aufgrund von Überhitzung sind deshalb gering.

4. Die Schweißzusatzdrähte tauchen direkt ins Schmelzbad und werden diesem stetig zugeführt. Eine dynamische Anregung des Schweißbades durch tropfenförmigen Werkstoffübergang findet nicht statt. Dieses führt ebenfalls zu einem ruhigen, turbulenzarmen Schweißbad.

5. Das Verfahren ist metallurgisch neutral. Ungewollte Veränderungen der Legierungszusammensetzung durch Zu- und Abbrand einzelner Legierungskomponenten sind damit ausgeschlossen.

6. Der Prozess ist durch die hohe Stabilität der Wärmequellen gut steuerbar. Die Prozessstabilität und damit die Schichteigenschaften sind so reproduzierbar gewährleistet.

Zur Ermittlung der verfahrensspezifischen Randbedingungen des PHA-Verfahrens wurden Schweißuntersuchungen mit konventionellen Fülldrahtelektroden zum Hartauftragschweißen durchgeführt.

Diese zeigen:

1. Die prozessspezifischen Vorteile des PHA-Verfahrens kommen beim Hartauftragschweißen nur bei Fülldrahtelektroden mit einem Füllgrad < 40 % voll zum Tragen.

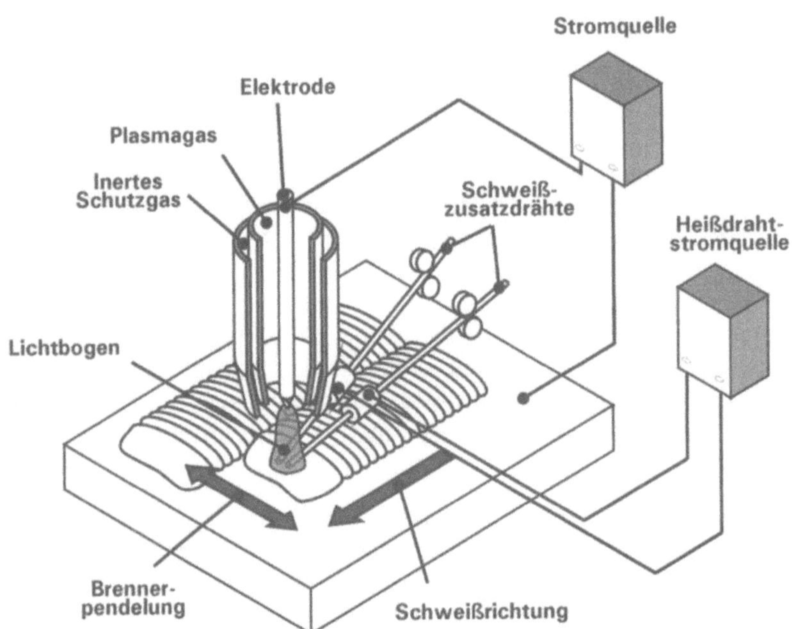

Abb. 10: Prinzip des PHA-Verfahrens

2. Die Veränderung des Wärmeeintrages durch die Schweißparameter hat nur einen geringen Einfluss auf die Gefügemorphologie des Schweißgutes. Bei gleichen Abkühlbedingungen ist die Aufmischung ausschlaggebend.

3. Die Abkühlbedingungen können durch Vorwärmung und Wärmeabfuhr aus dem Substrat entscheidend beeinflusst werden. Dadurch ist selbst bei Legierungen, die aufgrund ihrer Legierungszusammensetzung normalerweise keine ausgerichtete Gefügemorphologie ausbilden, eine partielle Hartphasenausrichtung erzwingbar.

Im Hinblick auf das Auftragschweißen eutektisch erstarrender CoCrNiC-Legierungen ergeben sich die Schlussfolgerungen:

1. Die durch die metallurgischen Untersuchungen ermittelten Rahmenbedingungen hinsichtlich der notwendigen Erstarrungsbedingungen sind beim PHA-Hartauftragschweißen erzielbar.

2. Die Aufmischungsraten sind bei Parameterkombinationen, mit denen mit Fülldrahtelektroden fehlerfreie Schichten erzeugt werden können, für die Verarbeitung eutektisch erstarrender Kobalthartlegierungen zu hoch. Unter der Berücksichtigung der verfügbaren Vormaterialien für die Schweißzusatzfertigung eutektischer Hartlegierungen vom Typ 73C müssten Fülldrähte mit weit über 50 % Füllgrad verarbeitet werden, um durch Überlegieren des Schweißzusatzes die aufmischungsbedingte Legierungsänderung des Schweißgutes auszugleichen. Darum ist es notwendig, die Schweißgutzusammensetzung durch gezielte zusätzliche Zuführung pulverförmiger Schweißzusätze aufzulegieren.

Das PHA-Verfahren wurde deshalb zum Plasma-Heissdraht-Pulver-(PHP)-Auftragschweißverfahren weiterentwickelt (Abb. 11), das alle Vorteile des PHA-Verfahrens mit der Variabilität der Pulverauftragschweißverfahren hinsichtlich der verarbeitbaren Schweißzusätze kombiniert.

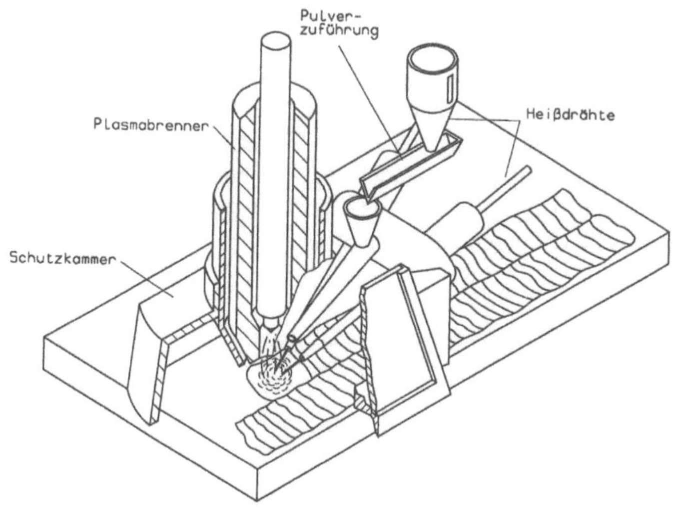

Abb. 11: Prinzip des PHP-Auftragschweißverfahrens

Mit dieser Verfahrensvariante ist es möglich, durch zusätzliche Einbringung von pulverförmigen Schweißzusätzen in das Schweißbad die Schweißgutzusammensetzung gezielt und definiert über die gesamte Schichtdicke von Auftragschweißungen einzustellen, bzw. auch mit unterlegierten Drahtelektroden höherlegierte Schutzschichten herzustellen.

5.1.9
PHP-Hartauftragschweißen einer eutektisch erstarrenden Kobalthartlegierung

Fülldrahtkonzept und Schichtaufbau zum PHP-Hartauftragschweißen eutektischer erstarrender Hartauftragschichten mit ausgerichteter Hartphaseneinlagerung wurden ausgehend von den Ergebnissen der metallurgischen Untersuchungen und den Verfahrensuntersuchungen zum PHA- und PHPA-Schweißen entwickelt. Um ein gutes Abschmelzen der Fülldrahtelektrode zu gewährleisten, wurde eine hinsichtlich der Legierung 73C unterlegierte Falzdrahtelektrode (Tabelle 4), mit einem Füllgrad von 35 %, Durchmesser 1,6 mm, gefertigt. Der Mantel besteht aus einem Kobaltband mit geringen Eisengehalten, die Füllung aus Chrompulver und feinstgemahlenem Graphit.

Tabelle 4: Zusammensetzung der Falzdrahtelektrode

Co %	Cr %	Ni %	Fe %	C %
bal	31,0	2	3,2	5,2

Da Nickel sich auf die Erstarrungsmorphologie wenig auswirkt, wurde eine Pufferschicht aus der Nickelbasislegierung Alloy 600, Wst.-Nr. 2.4806, durch PHA-Schweißen aufgetragen, um dadurch unzulässige Eisengehalte in der Auftragschicht zu vermeiden.

Ausgehend von der Schichtanalyse von mit der Kobalt-Chrom-Basiselektrode PHA-auftraggeschweißten Auftragschichten auf diese Pufferlage wurden unter Berücksichtigung der Aufmischung sowie der in PHP-Versuchsschweißungen ermittelten Pulvereinbringungsrate die Zusammensetzung eines zusätzlich zuzuführenden Schweißpulvers, Tabelle 5, – wobei der Kohlenstoff gebunden in Form des Karbides Cr_3C_2 vorlag – und die Menge, die dem Schweißprozess pro Zeiteinheit zugeführt werden muss, berechnet.

Tabelle 5: Zusammensetzung des Pulverschweißzusatzes

Co %	Cr %	C %
29	65,8	5,2

Die mit dieser Draht-Pulverkombination auftraggeschweißten Schichten weisen folgende Eigenschaften auf:

Die Gefügemorphologie ist durch eine gleichmäßige, feindisperse Hartphasenverteilung gekennzeichnet. Die Hartphasen sind faserig ausgebildet und stehen senkrecht zur Schmelzlinie, sind also parallel zur Wärmeabflussrichtung ausgerichtet (Abb. 12 und Abb. 13). Diese ausgerichtete feindisperse Hartphasenverteilung liegt über die gesamte Schichtdicke vor.

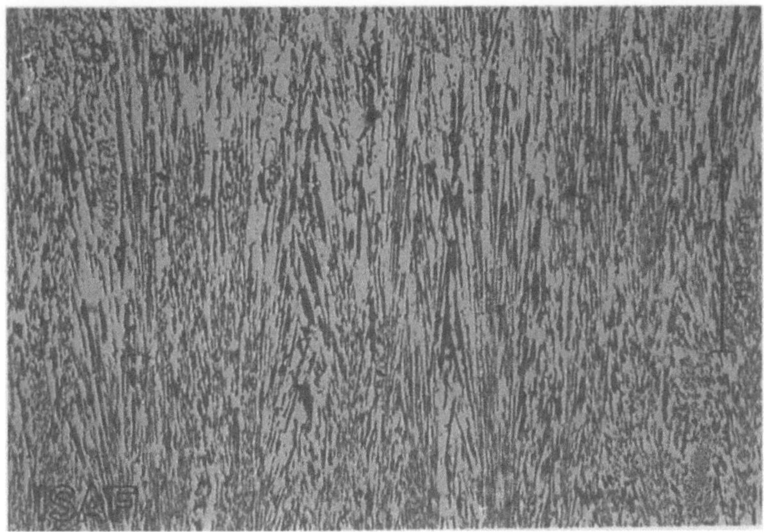

Abb. 12: Ausgerichtete Gefügemorphologie in der Hartauftragschicht

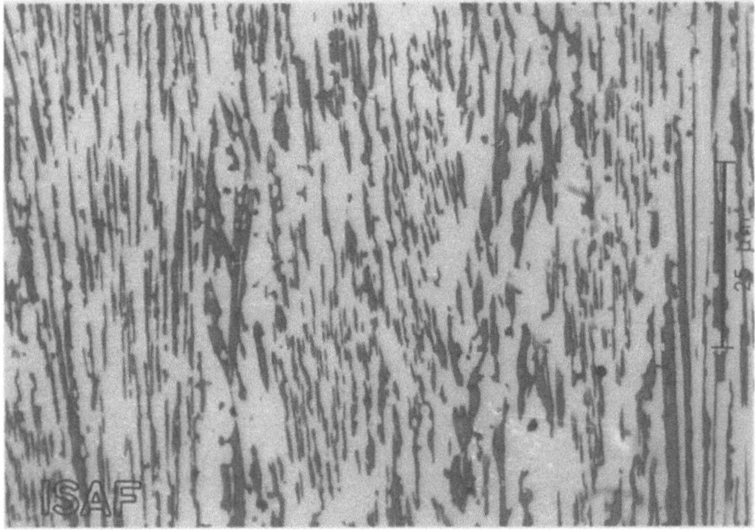

Abb. 13: Faserige, gerichtete Karbideinlagerung in der Auftragschicht

Der planimetrisch ermittelte Karbidgehalt beträgt 29,1 % und hat damit den gleichen Wert der im Rahmen der metallurgischen Untersuchungen bestimmten Gehalte der eutektisch erstarrenden nickelmodifizierten Kobalthartlegierungen.

Die Härte des Schweißgutes liegt bei durchschnittlich 500 HV 0,2 und verläuft gleichmäßig über die gesamte Schichtdicke (Abb. 14).

Unregelmäßigkeiten der Gefügeausbildung wurden nur vereinzelt gefunden. Diese sind entweder auf eine lokale Unterlegierung des Schweißgutes, die vereinzelt eine dendritische Primärkristallisation des Mischkristalls zur Folge hat, oder auf nicht aufgelöste Chromkarbidpartikel zurückzuführen.

Ersteres lässt sich durch genaueste Dosierung des pulverförmigen Schweiß-zusatzes vermeiden, und das Nichtauflösen von Pulverpartikeln sollte durch Verwendung von Pulvern mit enger spezifizierten Korngrößenverteilungen weitgehend vermieden werden können.

Die Legierungszusammensetzung der Hartauftragschichten wurde röntgenspek-tralanalytisch an geschliffenen Proben auf der Schichtoberseite bestimmt (Tabelle 6).

Tabelle 6: Analyse der PHP-geschweißten Auftragschichten

Co %	Cr %	C %	Ni %	Fe,Mo %
34,8	42,7	2,45	16,56	6,49

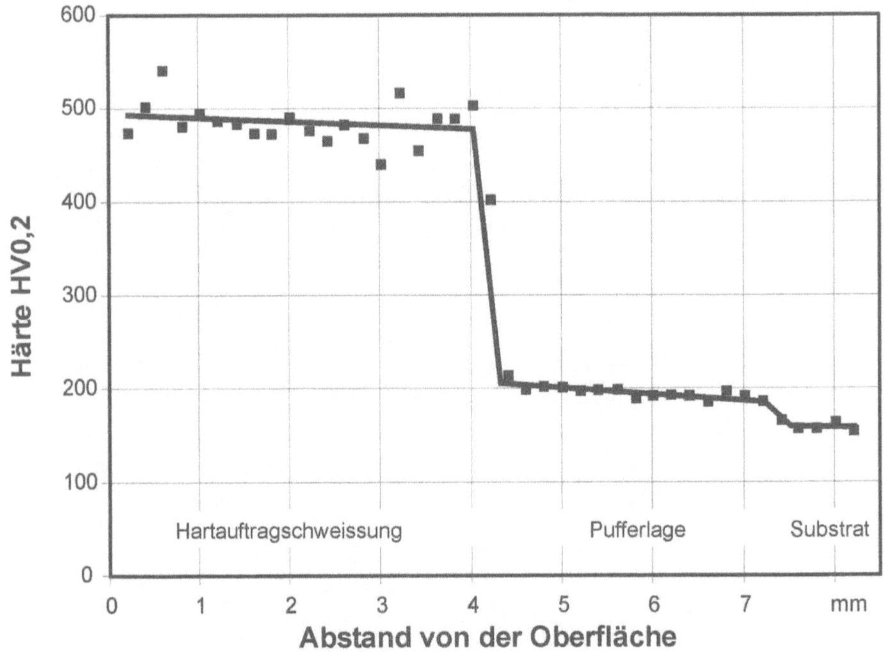

Abb. 14: Härtereihenmessung über den Schichtverbund

Die Analysen zeigen, dass die Zusammensetzung des Auftragschweißgutes innerhalb der Zusammensetzungsgrenzen liegt, die eine eutektische Erstarrung der untersuchten Kobalthartlegierung gewährleisten.

Zusammenfassend ist festzustellen, dass mit dem entwickelten Schichtkonzept und dem entwickelten Fülldraht bei definierter Zugabe von pulverförmigem Schweißzusatz zum Schweißbad einlagig eutektisch erstarrende Hartauftragschichten mit feindisperser, faseriger Hartstoffeinlagerung erzeugt werden können, die parallel zur Wärmeabflussrichtung ausgerichtet und damit senkrecht zur Substratoberfläche sind.

Literatur zu Kapitel 5.1

Behnisch H (1981) Manuelle und mechanische Auftragschweißverfahren zumVerschleißschutz. Werkstoffe und ihre Veredelung, Jahrg. 3, S 123ff.

Berns H (1981) Untersuchungen verschleißbeständiger Fülldrahtauftragschweißungen. Braunkohle 5: 133ff.

Berns H (1982) Gefüge und Verschleiß von Hartauftragschweißungen. Tagungsband 15. Koll. BEDO, S 239ff.

Berns H, Fischer A (1982) Verschleißwiderstand karbidreicher Hartauftragungen. HTM 37/3: 134ff.

Blume F, Kritschmann G (1982) Dünnschichtauftragschweißen - Möglichkeiten und Anwendung. Schweißtechnik 32/11:501ff.

Blume F, Rosert R (1988) Verschleißfeste Gestaltung von Oberflächen durch Auftragschweißen. Schweißtechnik 38/3:109ff.

Bunk W, Sahm PR (1981) „In-Situ"-Composites for Jet Propulsion and Stationary Gas Turbine Applications. Z. Werkstofftechnik 12:345ff.

Carpay FMA (1978) Growth of Composites by Eutectoid or other Solid-State Decomposits. Int. Metals Reviews 1: 1ff.

Dilthey U (1977) Leistungsfähig Schweißplattieren: UP-Band-Technik und Plasma-Heissdraht-Technik. Maschinenmarkt 83/48: 921ff.

Eschnauer HR (1980) Hartstoffe und Hartlegierungen für Oberflächen-Beschichtungsverfahren. Metall 34/3: 232ff.

Golubets VM et al. (1987) Effectiveness of Use of Eutectic Coatings for Increasing the Wear Resistance of Grinder Hammers. Soviet Mat. Sc., New York, 23.6, pp 621 pp

Grosch J (1973) Allgemeine Systematik für die Auswahl von Werkstoffenverschleiß-beanspruchter Bauteile. VDI-Ber. 194, S 69ff.

Habig KH (1980) Verschleiß und Härte von Werkstoffen. Carl-Hanser-Verlag München Wien

Habig KH, Czichos H (1976) Eine auf der Systemanalyse von Reibungs- und Verschleiß-vorgängen aufbauende Methodik zur Auswahl von tribotechnischen Werkstoffen. Z. f. Werkstofftechnik: S 247/51

Hartung F (1992) Verfahren des Auftragschweißens. In Steffens, HD (Hrsg.) Moderne Beschichtungsverfahren. W. Brandel DGM-Informationsgesellschaft Verlag

Kilian HJ, Killing R (1979) Auftragschweißen im Armaturenbau – Zusatzwerkstoffe, Prüfmethoden, Schweißverfahren. Schweißen u. Schneiden 31/9:397ff.

Killing R (1991) Handbuch der Schweißverfahren. DVS-Verlag GmbH, Düsseldorf

Knoch R, Dilthey U (1974) Schutzgasauftragschweißen – moderne Verfahrenstechnik und Anwendung. DVS-Ber. 30, S 95ff.

Knotek O, Lugscheider E (1975) Hartlegierungen zum Verschleißschutz. Verlag Stahleisen GmbH, Düsseldorf

Knotek O, Lugscheider E (1973) Das Auftragschweißen mit verschleißfesten Werkstoffen. VDI-Berlin 194, S 161ff.

Kolesnichenko LF, Polotai VV (1970) Directional Solidification of Alloys as a Means of Producing Structures Ensuring High Wear Resistance. Poroshkovaya Met. 91/7:62ff.

Kurz W, Sahm PR (1975) Gerichtet erstarrte eutektische Werkstoffe. Springer-Verlag Berlin-Heidelberg-New York

Mazumder J, Kar A (1987) Solid Solubility in Laser Cladding. J. of Metals 2:18ff

Ruge J (1993) Handbuch der Schweißtechnik Bd. I+II. Springer Verlag Berlin, Heidelberg, New York

Ruge J (1980) Handbuch der Schweißtechnik, Bd. II: Verfahren. Springer-Verlag, Berlin-Heidelberg-New York

Sahm PR (1972) Gerichtet erstarrte eutektische hochwarmfeste Legierungen. Gießereiforschung 24, 2

Sahm PR (1980) Gerichtete Erstarrung eutektischer Legierungen: Werkstofftechnologien für Gasturbinenschaufeln. Metall 34/4, S 328ff.

Sahm PR, Lorenz M (1972) Strongly Coupled Growth in Facetted-Nonfacetted Eutectics of the Monovariant Type. J. of Mat. Sc. 7:793ff.

Semjonow SA, Kalinin EV (1988) Anwendung des Laserauftragschweißens in der Automobilindustrie. Schweißtechnik 38/2:74ff.

Thompson ER, Lemkey FD (1974) Directionally Solidified Eutectic Superalloys. Composite Materials 4, Academic Press, New York:102ff.

Thompson ER, Lemkey FD (1970) Unidirectionaly Solidification of Co-Cr-C-Eutectic Alloys. Met. Transactions 1

Zum Gahr KH (1983) Reibung und Verschleiß. Deutsche Gesellschaft für Metallkunde e.V., Oberursel

5.2
Metall-Keramik-Verbindungen durch Diffusionsschweißen für den Einsatz in verfahrenstechnischen Maschinen

U. Draugelates, A. Schram

5.2.1
Einleitung

Die Bedeutung der keramischen Werkstoffe hat in den letzten Jahren aufgrund der gestiegenen Anforderungen an Konstruktionswerkstoffe in vielen Bereichen des Maschinen- und Anlagenbaus erheblich zugenommen. Vielversprechende Vorteile ergeben sich aus einer Reihe von Eigenschaften der Keramiken, wie ihre hohe Härte und die daraus resultierende Verschleißbeständigkeit, geringe elektrische Leitfähigkeit und geringe Wärmeleitfähigkeit sowie ihre hohe Beständigkeit gegenüber thermischer und korrosiver Belastung. Hinzu kommt, dass viele keramische Werkstoffe ein relativ geringes spezifisches Gewicht haben. Diese positiven Eigenschaften bzw. Eigenschaftskombinationen führen zu vielfältigen Einsatzgebieten in den Bereichen der Elektronik und Elektrotechnik, Optik, Medizin und Nukleartechnik. Besonders attraktiv sind keramische Werkstoffe auch für den Einsatz als thermisch hochbelastbare und korrosionsbeständige Konstruktionswerkstoffe für alle die Anwendungsfälle, für die metallische Werkstoffe die Grenzen ihrer Belastbarkeit erreichen (Krieggesmann 1990; Thuemmler u. Grathewohl 1988). Das Entwicklungspotenzial für keramische Werkstoffe und die Möglichkeiten der gezielten Eigenschaftsverbesserungen, die die notwendige Voraussetzung für ein breites Anwendungsspektrum darstellen, sind unübersehbar. Weltweit sind daher keramische Werkstoffe Gegenstand von vielfältigen Forschungs- und Entwicklungstätigkeiten (Sheppard 1989).

Die Ausnutzung des Anwendungspotenzials der Hochleistungskeramiken als Struktur- und Funktionsbauteile hängt entscheidend von der Entwicklung einer werkstoffgerechten Konstruktion und von der Bereitstellung belastungsfähiger Verbindungen ab. Eine Voraussetzung für die Realisierung neuer Konstruktionskonzepte ist daher die Entwicklung von stoffschlüssigen Fügetechniken zwischen keramischen und metallischen Werkstoffen.

5.2.2
Fügen von Metall-Keramik-Verbunden

In den vergangenen Jahren wurden daher eine Reihe verschiedener Fügetechnologien zur Herstellung von Metall/Keramik-Verbunden entwickelt. Das stoffschlüssige Verbinden von Keramiken nach dem keramischen Brand kann je nach Anwendungszweck und Anforderungsprofil durch Kleben, Löten und Schweißen erfolgen. Der Bindemechanismus beim Kleben ist auf die Oberflächenhaftung des Klebstoffs auf den Fügeflächen (Adhäsion) und auf die Eigenfestigkeit der Klebstoffbrücke (Kohäsion) zwischen den zu fügenden Teilen zurückzuführen. Der Vorteil der Klebverbindungen liegt in der universellen Anwendbarkeit, nachteilig sind die geringe Haftfestigkeit und die Begrenzung der Einsatztemperaturen auf unter 200 °C.

Für höhere Einsatztemperaturen eignet sich die Anwendung des Lötverfahrens, wobei die Bindung zwischen den Fügepartnern über das flüssige Lot erreicht wird. Hierbei hat sich besonders das Aktivlöten als ein vielseitiges Fügeverfahren erwiesen (Wieland et al. 1991). Aktivlote sind metallische Lote, denen grenzflächenaktive Zusatzstoffe wie z.B. Titan, Zirkon Hafnium oder Kupfer zugesetzt sind und die die Benetzung der Keramik während des Lötvorgangs bewirken. Die Löttemperaturen liegen im Allgemeinen zwischen 800 °C und 1100 °C und werden im Vakuum oder in inertem Schutzgas durchgeführt. Während der Einsatz von Aktivloten im Ag-Cu-System für mittlere Einsatztemperaturen geeignet ist und dem derzeitigen Stand der Technik entspricht, streben laufende Untersuchungen die Entwicklung von Aktivloten auf Edelmetallbasis an, deren Anwendungstemperaturbereich über 700 °C liegt und die insbesondere zum Fügen von nichtoxidischen Keramiken wie Si_3N_4 und SiC verwendet werden sollen (Lugscheider et al. 1991).

Als weitere stoffschlüssige Fügeverfahren zur Herstellung von Metall/Keramik-Verbindungen kommen das Reib- und das Diffusionsschweißen in Betracht. Beim Reibschweißen wird eines der zu fügenden Bauteile in Rotation versetzt, während das andere Bauteil stationär bleibt und auf das rotierende Bauteil gepresst wird. Durch die Reibung entsteht eine lokale Erhitzung der beiden Fügeflächen, wobei in der nachgeschalteten Brems- und Stauchphase die Schweißverbindung erzeugt wird. Ein wesentlicher Vorteil des Reibschweißens gegenüber anderen Fügeverfahren, insbesondere im Vergleich mit dem Diffusionsschweißen, liegt in der extrem kurzen Schweißzeit, die für den eigentlichen Schweißvorgang lediglich 5 bis 10 Sekunden beträgt. Mit dem Reibschweißverfahren wurden bislang Verbindungen zwischen den Werkstoffpaarungen Aluminium-Legierung/Zirkonoxid und Aluminium-Legierung/Aluminiumoxid erfolgreich hergestellt, wobei die erreichten Zugfestigkeiten denen der Keramik entsprechen (Grünauer et al. 1989). Die Anwendungen des Reibschweißens bleiben jedoch im Wesentlichen auf rotationssymmetrische Bauteile beschränkt.

Diffusionsgeschweißte Metall/Keramik-Verbunde eignen sich für Hochtemperaturanwendungen, da die Anwendungstemperatur des Verbundes im Vergleich zum Löten nicht durch die Schmelztemperatur des Lotes begrenzt wird. Beim Diffusionsschweißen werden die zu fügenden Bauteile im festen Zustand unter gleichzeitiger Anwendung von Druck und Temperatur miteinander verbunden. Es handelt sich hierbei um eine Festkörperreaktion, die in der Regel ohne Bildung einer schmelzflüssigen Phase abläuft. Der Druck bewirkt eine geringe plastische Verformung der metallischen Fügefläche, sodass sich Oberflächenrauigkeiten ausgleichen und die Diffusion der Atome über die Grenzfläche hinweg möglich wird.

Im Rahmen des Sonderforschungsbereiches wurde das Diffusionsschweißen von Metall-Keramik-Verbindungen im Hinblick auf die Prozesstechnologie, die Bindungsvorgänge und die Verbundeigenschaften für eine Vielzahl von Werkstoffkombinationen untersucht, um damit die Voraussetzung für die Nutzung von Verbundbauteilen für den Einsatz in verfahrenstechnischen Maschinen zu ermöglichen.

5.2.3
Diffusionsschweißen

Der Ablauf des Diffusionsschweißprozesses kann in drei Teilschritte gegliedert werden (Derby 1990). Hierzu muss als Erstes ein vollständiger Kontakt zwischen den geschliffenen und polierten Oberflächen der Keramik und dem im Vergleich dazu duktilen Metall erzeugt werden, der durch plastisches Fließen infolge des Anpressdrucks erreicht wird und durch den ein Schließen der „Lücken" zwischen den ersten Kontaktstellen erfolgt. In einem zweiten Schritt müssen zur Ausbildung einer Grenzfläche Adhäsionskräfte wirksam werden, die zu einer physikalischen Haftung führen. Der dritte Schritt besteht in der chemischen Reaktion zwischen dem Metall und der Keramik, die die Ausbildung neuer Phasen in der Grenzschicht zur Folge hat.

Die Herstellung diffusionsgeschweißter Bauteile kann entweder in einer Diffusionsschweißanlage oder in einer heißisostatischen Presse erfolgen. Das heißisostatische Pressen (HIP) ist ein Prozess, bei dem ein Gasdruck von 100 bis 200 MPa gleichzeitig mit hohen Temperaturen angewendet wird. Bei diesem, auch als Gasdruckdiffusionsschweißen bezeichneten Verfahren, kann im Gegensatz zum konventionellen Diffusionsschweißen der Druck isostatisch auf die zu fügenden Bauteile übertragen werden. Als Voraussetzung für die Anwendung der HIP-Technologie zum Diffusionsschweißen muss eine den jeweiligen Werkstoffkombinationen und Bauteilgeometrien angepasste Kapseltechnik zum Einsatz kommen (Nissel u. Seilstorfer 1984).

5.2.3.1
Schweißen mit einer Diffusionsschweißanlage

Bei einer Diffusionsschweißanlage befinden sich die zu fügenden Bauteile in einer Schutzgaskammer bzw. im Hochvakuum, wobei der Druck uniaxial über entsprechende Stempel auf die Werkstücke übertragen wird. Aufgrund dieser Anlagenkonstellation beschränkt sich der Einsatzbereich im Wesentlichen auf ebene Fügeflächen und einfache geometrische Bauteile. In Abhängigkeit des maximal aufzubringenden Drucks ergeben sich auch bezüglich der Größe der Fügefläche Grenzen für die Herstellung von größeren Bauteilen, da ein gleichmäßiger Anpressdruck nicht immer gewährleistet werden kann. Der wesentliche Vorteil gegenüber der HIP-Technologie ist, dass eine Kapselung der Schweißproben entfällt, was zu geringeren Zeiten und geringeren Kosten des Schweißprozesses im Vergleich zum Gasdruckdiffusionsschweißen führt.

Für die Untersuchungen wurde eine Diffusionsschweißanlage bestehend aus einer Druckeinrichtung mit Kraftmessdose und einem Rezipienten, der an eine Vakuumpumpe angeschlossen ist, aufgebaut. Im Inneren des Rezipienten befindet sich ein Strahlungsofen und die Stempel, die den Druck auf die Fügepartner übertragen (Abb. 1).

Der Probenaufbau (Pos. 2 und 3) wird senkrecht in den Ofen (Pos. 4) der Diffusionsschweißanlage auf einem Keramikstempel (Pos. 5) positioniert. Der Strahlungsofen, der zur Umgebung durch Bleche (Pos. 6) abgeschirmt ist, befindet sich im Inneren eines zu evakuierenden Rezipienten (Pos. 1) und hat einen Abstand

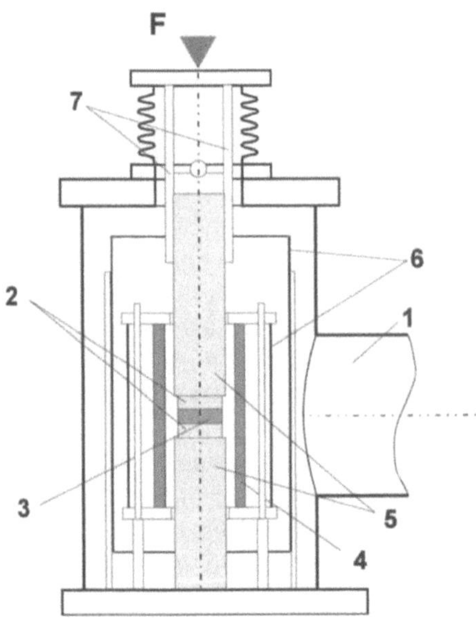

Abb. 1: Aufbau der Diffusionsschweißanlage

von etwa 2 mm zum Probenaufbau. Nachdem die drei Probenkomponenten (Metall-Keramik-Metall) in den Ofen eingebracht und übereinander justiert sind, wird ein zweiter Keramikstempel durch die Führung (Pos. 7) im Deckel auf die Proben abgesenkt. Ein weiterer Stahlstempel des gleichen Durchmessers ragt ca. 70 mm aus dem Abschlussflansch/Deckel heraus. Zwischen diesem Stahlstempel und dem darunter angeordneten Keramikstempel befindet sich eine Stahlscheibe mit einer zentralen Senkung zur Aufnahme einer Stahlkugel mit einem Durchmesser von $d = 2$ mm. Eine solche Senkung befindet sich ebenfalls in der Unterseite des Stahlstempels. Diese Kupplung soll gewährleisten, dass die von oben aufgebrachte Axialkraft senkrecht in den Probenaufbau weitergeleitet wird. Als letzte Komponente wird ein kleiner Flansch mit einem flexiblen metallischen Faltenbalg zum Verschließen des Rezipienten aufgesetzt und verschraubt. Somit ist auch an dieser Stelle gewährleistet, dass die Kraft senkrecht auf den Probenaufbau übertragen wird, da die Abschlussplatte des kleinen Flansches zu dem obersten Stahlstempel Kontakt hat.

Die Temperatur im Inneren des Ofens wird mit Hilfe von drei Thermoelementen gemessen, die unten, in der Mitte und am oberen Rand des Ofens angeordnet sind und somit eine Temperaturmessung über die gesamte Ofenhöhe zulassen. Das mittlere Thermoelement ist mit einer Eurotherm-Regelung verbunden, mit der definierte Aufheizraten, Spitzentemperaturen, Haltezeiten und Abkühlgeschwindigkeiten realisiert werden können. Aufgrund der Ofenkonstruktion im Inneren des Rezipienten kann eine Spitzentemperatur von 1240 °C im evakuierten Zustand eingestellt werden.

Nachdem die Probe eingebaut und der Rezipient evakuiert ist, wird die Temperatur gleichmäßig auf eine gewählte Maximaltemperatur T_{max} von ca. 0,8 T_S des niedriger schmelzenden metallischen Fügepartners mit einer Aufheizgeschwindigkeit von 5 °C/min erhöht. Nach Erreichen von T_{max} wird während der Haltezeit der axiale Druck auf den Probenaufbau aufgebracht. Mittels einer Kraftmessdose wird die aufgebrachte Kraft eingestellt, überwacht und gleichzeitig als Kraft-Zeitverlauf dokumentiert. Wenn es während des Schweißprozesses zum Absinken der Kraft kommt, erfolgt eine Nachregelung. Nach der Schweißzeit wird die Temperatur entsprechend der vorgegebenen Abkühlgeschwindigkeit bis auf Raumtemperatur abgesenkt.

Um Eigenspannungen in der Fügezone zu vermeiden, ist eine langsame Abkühlgeschwindigkeit besonders wichtig. Erst dann wird der Rezipient wieder belüftet, und der Probenausbau kann erfolgen.

5.2.3.2
Gasdruckdiffusionsschweißen

Prozessablauf. Die Anwendung der HIP-Technologie zum Diffusionsschweißen weist im Vergleich mit dem Schweißen in einer konventionellen Diffusionsschweißanlage eine Reihe von Vorteilen auf. Aufgrund des hohen Gasdrucks stellt sich ein über die gesamte Fügefläche konstanter Anpressdruck ein, wodurch Kanteneffekte vermieden werden. Daher können auch großflächige Bauteile mit komplexen Geometrien durch die Anfertigung entsprechender Kapseln verschweißt werden. Eine Kapselkonstruktion als "Negativ" der zu fügenden Bauteile ermöglicht es auch, gekrümmte Flächen zu verschweißen. Durch den isostatischen Druck kann eine hohe Schweißnahtgüte erzielt werden, da eine Porenbildung weitgehend verhindert wird. Ferner begünstigt der hohe Anpressdruck die Diffusionsvorgänge, indem er durch plastische Verformung der Oberflächen die Rauigkeitsspitzen der Fügeflächen einebnet. In Abhängigkeit von der Bauteilgröße und den Abmessungen des Arbeitsraumes der heißisostatischen Presse können mehrere Schweißungen gleichzeitig ausgeführt werden, wobei die in Laboranlagen ermittelten Parameter auch auf Großanlagen zu übertragen sind.

Zur Durchführung der Untersuchungen wurde eine Laboranlage vom Typ QIH-9 der Firma ABB eingesetzt, die mit einem Graphit-Heizofen und einem Hochdruck-Gassystem ausgerüstet ist. Der maximale Arbeitsdruck der Anlage beträgt 200 MPa. Der Hochtemperatur-Graphit-Ofen erreicht eine Spitzentemperatur von 2000 °C. Als Druckmedium wird Argon verwendet. Der Ofeninnenraum weist einen Durchmesser von 152 mm und eine Innenhöhe von 305 mm auf. Die Temperatur- und Druckregelung erfolgt über einen Mikroprozessor gesteuerten Prozessregler. Einen typischen Prozesszyklus zum Diffusionsschweißen in der heißisostatischen Presse zeigt Abb. 2, wobei der hier dargestellte Verlauf auch durch eine Wärmebehandlung, die einem Spannungsabbau während der Abkühlphase dient, erweitert werden kann.

Aus den oben genannten Vorteilen wird ersichtlich, dass sich durch die Anwendung der heißisostatischen Presstechnik zum Herstellen von metallkeramischen Werkstoffverbunden sowie durch die Weiterentwicklung der Kapseltechniken die Möglichkeit bietet, ein vielfältiges Anwendungspotenzial für den Einsatz von Verbundbauteilen zu erschließen.

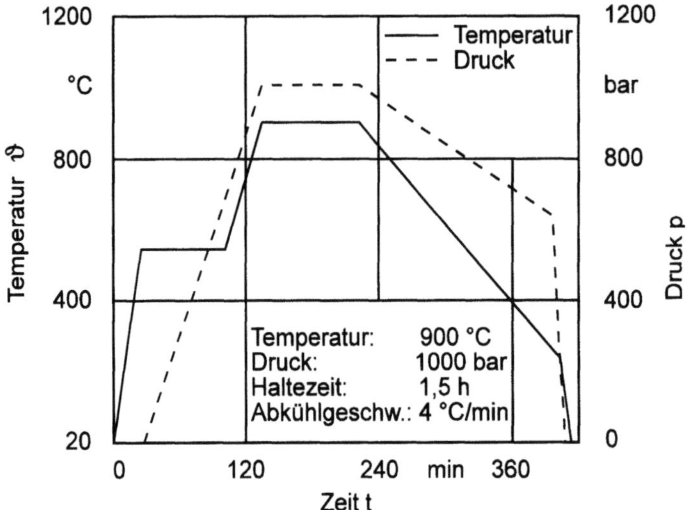

Abb. 2: Temperatur-Druck-Zeitzyklus eines HIP-Prozesses

Kapseltechnik. Als Voraussetzung für die Ausnutzung der Vorteile, die sich durch die Anwendung der HIP-Technologie zur Herstellung der Werkstoffverbunde ergeben, ist es unerlässlich, die Kapseln hinsichtlich Konstruktion, Geometrie und Werkstoffwahl auszulegen und der jeweiligen Fügeaufgabe anzupassen. Üblicherweise besteht das Kapselmaterial aus Stahl, der in der Form von Blechen, Rohren und Vierkantprofilen verschiedener Abmessungen zusammengesetzt und verschweißt wird, wobei alle Schweißnähte gasdicht sein müssen. Zur Gewährleistung der Druckübertragung müssen die Kapseln vor dem Einsetzen in den Rezipienten evakuiert werden.

Mit Hilfe einer methodischen Lösungsfindung wurden neue Konstruktionskonzepte entworfen und daraus eine anwendungsorientierte Kapseltechnik abgeleitet. Grundsätzlich kann zwischen der Krafteinleitung durch isostatischen Druck und der Möglichkeit, für spezielle Fügeaufgaben eine Kapselkonstruktion zu wählen, die den Anpressdruck vorwiegend einaxial und senkrecht zur Fügezone einleitet, unterschieden werden. Die Abb. 3 zeigt eine dünnwandige Kapsel vor dem Einbringen der Proben und nach dem Diffusionsschweißen mit der heißisostatischen Presse. Die Druckübertragung ist an der Verformung der Kaspel ersichtlich.

5.2.4
Werkstoffauswahl für die Diffusionsschweißversuche

Die Untersuchungen zur Herstellung von Diffusionsschweißverbindungen wurden mit verschiedenen metallischen und keramischen Grundwerkstoffen sowohl mit als auch ohne Zwischenschichten durchgeführt. Entsprechend der Zielsetzung, Werkstoffverbunde für den Einsatz unter extremen Bedingungen herzustellen, um dort die besonderen Eigenschaften der keramischen Werkstoffe nutzen zu können, erfolgte auch die Auswahl der metallischen Grundwerkstoffe nach den Kriterien Temperatur- und Korrosionsbeständigkeit.

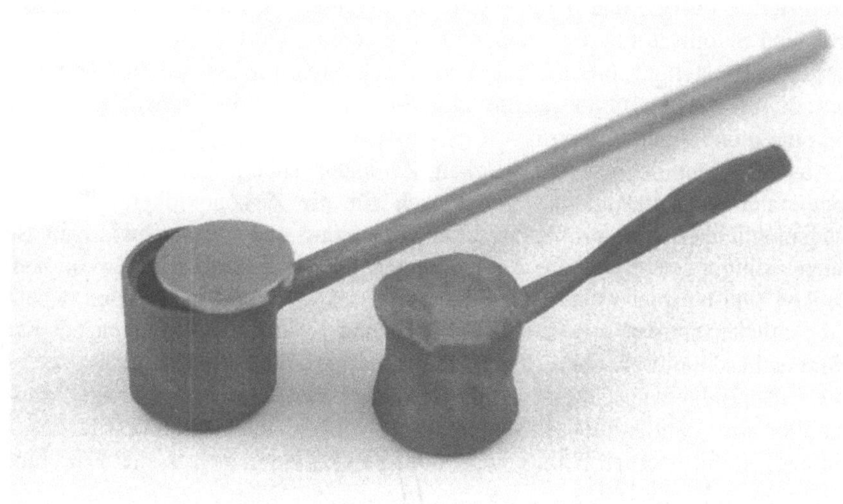

Abb. 3: Kapsel vor und nach dem HIP-Zyklus

5.2.4.1
Keramische Werkstoffe

Die strukturkeramischen Werkstoffe umfassen Oxide, Karbide und Nitride. Es wurden für die Untersuchungen Hochleistungskeramiken aus allen Gruppen verwendet.

Zirkonoxidkeramik. Neben den mittlerweile häufig eingesetzten Aluminiumoxidkeramiken, gewinnen die Zirkonoxidkeramiken zunehmend an Bedeutung. Die Ausgangsmaterialien zur Herstellung von Zirkonoxidkeramik sind Baddeleyit (ZrO_2) und Zirkon ($ZrSiO_4$). Während Baddeleyit aufbereitet mit einer Reinheit größer 99 Gew.-% ZrO_2 angeboten wird, müssen beim Zirkon ZrO_2 und SiO_2 in thermischen oder chemischen Prozessen getrennt werden. Reines Zirkoniumoxid (ZrO_2) wandelt sich bei ca. 1170 °C von einer tetragonalen in eine monokline Modifikation um, die mit einer Volumenexpansion von etwa 3% verbunden ist, sodass man aus reinem ZrO_2 keine größeren Bauteile herstellen kann, da während des Abkühlens stets eine spontane Rissbildung stattfindet.

Die Voraussetzungen für eine kommerzielle Anwendung der Zirkonoxidkeramiken wurden durch intensive Forschungs- und Entwicklungsarbeiten in den vergangenen Jahren geschaffen. Dies gilt unter anderem auch für die so genannten teilstabilisierten Zirkonoxidkeramiken (Partially Stabilized Zirconia, PSZ), bei dem die kubische Hochtemperaturphase des ZrO_2 durch verschiedene Oxide, wie MgO, CaO und Y_2O_3, stabilisiert wird. Grundsätzlich unterscheidet man zwischen der in-situ Stabilisierung während des Sinterprozesses, wobei der Stabilisator entweder in der Mischung als Pulver oder auf der Oberfläche des ZrO_2-Pulvers verteilt vorliegt, dem Sintern eines durch Calcinieren oder Elektroschmelzen vorstabilisierten Pulvers und dem Sintern eines Pulvers, das durch Ausscheiden von ZrO_2 und Stabilisatoroxid aus einer Lösung erzeugt wird. Je nach Zusammensetzung und Herstellungsprozess entwickeln sich entsprechend den Phasendiagrammen dieser binären Oxidsysteme eine Mischung aus kubischen, tetragonalen und/oder monoklinen Phasen.

Aus der Kombination von Festigkeit, Zähigkeit, chemischer Beständigkeit und Temperaturwechselfestigkeit ergeben sich für die Zirkonoxidkeramik Anwendungsmöglichkeiten in problematischer Umgebung und unter schwierigen Belastungsbedingungen. Bekannte Anwendungen für den Einsatz von Zirkonoxidkeramiken sind beispielsweise Schneidkeramiken, Dichtungen in Ventilen, Chemie- und Schlickerpumpen, sowie Kolbenböden und Kolbenauskleidungen bei Kraftfahrzeugdieselmotoren, bei denen die niedrige Wärmeleitfähigkeit der Zirkonoxidkeramiken ausgenutzt wird. Besonders verschleißbeanspruchte Maschinenteile, wie Ventilstößel, Exzenterrollen, Nocken, und Abgasventile aus Zirkonoxidkeramik werden bereits hergestellt und befinden sich in der Erprobungsphase (Qin u. Derby 1992).

Die Untersuchungen zum Diffusionsschweißen wurden mit einer handelsüblichen Y_2O_3-stabilisierten Zirkonoxidkeramik durchgeführt. Durch die Teilstabilisierung erhält man ein Gefüge, das bei Raumtemperatur neben dem kubischen ZrO_2 noch tetragonales ZrO_2 enthält. Dabei handelt es sich um eine Keramik mit spannungsinduzierter Umwandlungsverstärkung, da dieser Werkstoff bei mechanischer Belastung die herstellungsbedingt auftretenden Mikrorisse durch eine Umwandlung der tetragonalen Teilchen in ihre monokline Modifikation auffangen kann. Durch diese Art der Verstärkung wird sowohl die Festigkeit als auch der kritische Spannungsintensitätsfaktor verbessert.

Die folgende Tabelle 1 enthält die wesentlichen Eigenschaften der für die Untersuchungen verwendeten ZrO_2-Keramik.

Tabelle 1: Eigenschaften der keramischen Grundwerkstoffe

Eigenschaft	Einheit	ZrO_2 (MgO-PSZ)	SSiC	SiSiC	HPSN
Dichte	g/cm^3	5,7	3,1	3,1	3,2
Offene Porosität	%	0	0	0	0
Korngrößenschwerpunkt	μm	50	1	15	5
Druckfestigkeit	MPa	1800	2900	1200	3000
Biegebruchfestigkeit	MPa	500	420	320	740
Elastizitätsmodul	GPa	200	405	350	320
Weibull-Modul	m	20	10	12	18
Poisson-Zahl		0,23	0,17	0,22	0,26
Wärmeleitfähigkeit (100 °C)	W/mK	2	75	85	40
Ausdehnungskoeffizient (20 °C bis 1000 °C)	$10^{-6}/K$	10,5	4,1	4,5	3,2

Siliziumkarbidkeramik. Werkstoffe auf Basis von Siliziumcarbid (SiC) besitzen außergewöhnliche mechanische, physikalische, chemische und thermische Eigenschaften. Besonders hervorzuheben sind die hohe Härte, eine hohe Wärmeleitfähigkeit sowie eine weitgehende Resistenz gegenüber aggressiven basischen und sauren Medien und eine gute Temperaturwechselfestigkeit.

In Abhängigkeit des späteren Verwendungszwecks kommen zur Herstellung von Siliziumcarbidformkörpern verschiedene Bindungsarten in Frage. Da die Festigkeit eines Werkstoffs weitgehend von seiner Gefügebeschaffenheit bestimmt wird und für keramische Werkstoffe die Porosität ein wichtiges Gefügeelement darstellt, muss bei der Herstellung von hochfesten Keramiken ein möglichst hoher Verdichtungsgrad und damit eine hohe Verfestigung der Sinterkörper erreicht werden. Aufgrund der Tatsache, dass kovalente Stoffe reaktionsträge sind und daher eine sehr geringe Sinteraktivität aufweisen, ist das Erreichen eines hohen Verdichtungsgrads schwierig und es hat sich eine Vielzahl unterschiedlicher Herstellungsarten entwickelt. Dies gilt insbesondere für die Siliziumcarbidkeramiken .

Großtechnisch wird Siliziumcarbid nach dem Acheson-Prozess synthetisiert und das entstandene SiC mechanisch zu einem Submikronpulver zerkleinert. Dieses Pulver kann mittels keramischer Formgebungsverfahren wie Extrudieren, kaltisostatisches Pressen, Schlickerguss, axiales Stempelpressen, Spritzguss und andere, zu einem Grünling verarbeitet werden, der im anschließenden keramischen Brand gesintert wird.

In Abhängigkeit vom Herstellverfahren unterscheidet man dichtes, drucklos gesintertes Siliziumcarbid (SSiC), heißgepresstes (HPSiC), heißisostatisch gepresstes (HIPSiC), rekristallisiertes (RSiC) und siliziuminfiltriertes (SiSiC) Siliziumcarbid. Sie unterscheiden sich im Wesentlichen durch ihre Reinheit, ihre Porosität und ihre Sintertechnik, woraus verschiedene Eigenschaften resultieren, die für unterschiedliche Anforderungen geeignet sind. Am wirtschaftlichsten herzustellen sind die Werkstoffvarianten RSiC und SiSiC, die dementsprechend auch am häufigsten produziert werden, obwohl die anderen Varianten zum Teil günstigere Eigenschaften, insbesondere höhere Biegefestigkeiten aufweisen.

Bekannte Einsatzgebiete für Siliziumcarbidkeramiken finden sich in der Verfahrenstechnik, bei der Werkstoffbearbeitung, in der Hochtemperaturtechnik und im Motorenbau für Anwendungsfälle bei denen Korrosionsbeständigkeit, Verschleißfestigkeit, eine hohe Härte sowie Temperaturbeständigkeit gefordert werden. Während sich Siliziumcarbidbauteile wie Gleitringe, Kugellager Schleifwerkstoffe und Brennerrohre bereits in der Serienfertigung befinden, werden für Hubkolbenmotorteile wie Kolben und Kolbenboden derzeit Bauteilentwicklungen vorgenommen. Den Status der Prototypenfertigung haben Wärmetauscher in der Energietechnik und Brennkammern für Heißgasturbinen erreicht.

Die Untersuchungen erfolgten mit handelsüblichen Werkstoffen und wurden mit gesintertem (SSiC) Siliziumcarbid durchgeführt. Dichtes, drucklos gesintertes Siliziumcarbid weist eine geschlossene Porosität auf und kann bis 98 % der theoretischen Dichte erreichen. Für die Verdichtung sind geringe Mengen (ca. 1,5 Gew.-%) Sinteradditive notwendig. Im Gegensatz dazu handelt es sich bei dem siliziuminfiltrierten Siliziumcarbid um einen Verbundwerkstoff, der zwischen 8 und 12 Gew.-% freies Silizium enthält. Die Herstellung des SiSiC erfolgt durch Tränkung eines SiC-C-Grünkörpers mit flüssigem Silizium, wobei der im Grünkörper enthaltene Kohlenstoff zu "sekundärem" Siliziumcarbid reagiert. Da das flüssige Silizium alle Restporen ausfüllt, entsteht eine gasdichte Keramik ohne Porosität, deren Einsatztemperatur allerdings auf ca. 1400 °C wegen des Schmelzpunktes von Silizium beschränkt ist, und oberhalb von 1200 °C mit dem "Ausschwitzen" von metallischem Silizium gerechnet werden muss. Aufgrund der Unterschiede im Gefügeaufbau von SSiC und SiSiC ergeben sich grundsätzliche Unterschiede bezüglich des Bindungsmechanismus beim Diffusionsschweißen.

Die wesentlichen Eigenschaften der verwendeten SiC-Keramik enthält die Tabelle 2.

Siliziumnitridkeramik. Ebenso wie die Siliziumcarbidkeramiken gewinnen auch Werkstoffe auf der Basis von Siliziumnitrid (Si_3N_4) zunehmend an Bedeutung, da sie aufgrund ihrer besonderen mechanischen Eigenschaften bei hohen Temperaturen, ihres niedrigen Ausdehnungskoeffizienten und ihrer geringen Dichte als Hochleistungswerkstoffe dort eingesetzt werden können, wo metallische Werkstoffe an die Grenzen ihrer Leistungsfähigkeit gelangen. Ähnlich wie bei den Siliziumcarbidkeramiken, existieren auch für die Siliziumnitridkeramiken in Abhängigkeit vom Herstellprozess mehrere Werkstoffvarianten.

Eine Möglichkeit für die Herstellung von Bauteilen aus Siliziumnitrid besteht darin, aus Siliziumpulver durch eine der bekannten keramischen Formgebungsarten wie Trockenpressen, Strangpressen, isostatisches Pressen oder Schlickerguss Teile zu fertigen, die dann in einem Nitrierungsprozess bei Temperaturen zwischen 1200 °C und 1400 °C mit gasförmigem Stickstoff zu Si_3N_4 reagieren. Die durch diesen Vorgang entstehenden Fornteile bestehen aus reaktionsgebundenem Siliziumnitrid (RBSN), besitzen eine hohe Porosität und daraus resultieren vergleichsweise niedrige Festigkeitskennwerte.

Um eine dichte, drucklos gesinterte Siliziumnitridkeramik (SSN) zu erhalten, werden dem Si_3N_4-Ausgangspulver als Sinteradditive MgO oder Mischungen aus Y_2O_3 und Al_2O_3 zugegeben, die über einen Flüssigphasensintermechanismus oder eine Festkörperreaktion eine möglichst hohe Verdichtung während des Sinterns bewirken. Erfolgt der Sinterprozess unter Druck, lassen sich noch höhere Verdichtungsgrade und damit weiter verbesserte Festigkeitswerte erreichen. Die Herstellung dieser so genannten heißgepressten Siliziumnitridkeramik (HPSN) hat allerdings den Nachteil, dass sie in der Regel wirtschaftlich nicht vertretbar ist und mit der Heißpresstechnik lediglich einfache Geometrien erzeugt werden können.

Eine weitere Verbesserung der Festigkeit der Si_3N_4-Keramik lässt sich durch die Anwendung der heißisostatischen Presstechnik zum Sintern des Materials erzielen. Hierbei unterscheidet man zwischen heißisostatisch gepresstem Siliziumnitrid (HIPSN) und heißisostatisch nachverdichtetem, drucklos gesintertem Siliziumnitrid (HIPSSN). Der Unterschied besteht darin, dass das Siliziumpulver vor dem heißisostatischen Pressen gekapselt werden muss, während beim Nachverdichten der vorgesinterten Körper eine geschlossene Porosität besitzt und daher lediglich dichtgepresst wird.

Eines der bekanntesten Bauteile aus Siliziumnitrid ist das Turboladerrad im Hubkolbenmotor, das ebenso wie die Vorbrennkammer bereits im Serieneinsatz ist. Ein breites Anwendungsgebiet finden Si_3N_4-Schneidstoffe als Bearbeitungswerkzeuge. Heißgasturbinenteile wie Stator und Rotor aus Siliziumnitrid befinden sich derzeit in der Prototypenfertigung und Bauteile für den Ventiltrieb wie Ventilführung, Ventilfederteller und Ventilsitzring in der Bauteilentwicklung,.

Die Untersuchungen zur Diffusionsschweißbarkeit von Siliziumnitrid erfolgte mit handelsüblichem, heißgepresstem Siliziumnitrid, das als Sinteradditiv ca. 2,5 Gew. % MgO enthält. Die Eigenschaften sind in Tabelle 2 zusammengestellt.

5.2.4.2
Metallische Grundwerkstoffe

Es wurden verschiedene metallische Grundwerkstoffe auf ihre Eignung zur Herstellung von Metall-Keramik-Verbunde untersucht. Es handelte sich zum einen um austenitische Stähle und Nickelbasislegierungen zum anderen um die reinen Metalle Nickel und Kupfer. Die Stoffdaten sind in Tabelle 2 zusammengestellt.

Tabelle 2: Eigenschaften der metallischen Grundwerkstoffe

Eigenschaft	Einheit	1.4539	2.4819	2.4856	Nickel	Kupfer
Reinheit	%				99,95	99,9
Dichte	g/cm^3	8,0	8,9	8,4	8,9	8,96
Zugfestigkeit	MPa	720	700	750	450	250
Elastizitätsmodul	GPa	195	200	205		110
Ausdehnungs-koeffizient (20 °C bis 300 °C)	$10^{-6}/K$	17,5	14,1	13,6	13,3	17

5.2.4.3
Zwischenschichten und Zwischenschichtsysteme

Da die Ausdehnungskoeffizienten der metallischen und der keramischen Fügepartner erheblich voneinander abweichen, können zur Anpassung Zwischenschichten eingesetzt werden. Darüber hinaus wirken Zwischenschichten auch als Haftvermittler zwischen den unterschiedlichen Werkstoffen. Als Haftvermittlungsschichten werden hauptsächlich dünne Metallfolien aus Nickel, Kupfer, Zirkon, Hafnium und Molybdän verwendet. Nickel und Kupfer dienen gleichzeitig durch ihre gute Verformbarkeit dem Spannungsabbau im Schichtsystem. Eine weitere Möglichkeit zur Anpassung des Ausdehnungsverhaltens stellen gradierte Zwischenschichten dar. Hierzu wurden Metall-Matrix-Schichten mit unterschiedlichen Gehalten an keramischen Partikeln untersucht. Das Schichtsystem wurde durch Hochgeschwindigkeitsflammspritzen von Pulvern mit unterschiedlicher Zusammensetzung hergestellt. Durch das Übereinanderspritzen ließ sich eine gradierte Schicht erzielen. Die erzeugten Schichten zeichnen sich durch Porenarmut, Dichtigkeit und hohe Haftfestigkeit aus.

Die Spritzschichten wurden auf das metallische Substrat aufgebracht. Als Pulver diente ein Nickel-Wolframcarbid-Gemisch mit 70 Gew. %, 83 Gew. % und 92 Gew. % Wolframcarbid. Der Ausdehnungskoeffizient der Schicht kann näherungsweise über die Mischungsregel berechnet werden. Daraus ergibt sich ein

Gradient des Ausdehnungskoeffizenten in der Spritzschicht von $8{,}6 \cdot 10^{-6}$ K^{-1} bis $6{,}1 \cdot 10^{-6}$ K^{-1}.

5.2.5
Diffusionsschweißungen

Die Diffusionsschweißungen können unabhängig von der Wahl des Schweißprozesses in Direktschweißungen und Schweißungen mit Zwischenschicht unterteilt werden. Bei der Auswahl muss berücksichtigt werden, dass für das Zustandekommen des Verbundes zuerst die Grenzflächenreaktionen entscheidend sind. Die Beeinflussung der Spannungen im Verbund kann auch über die Schweißprozessparameter, insbesondere durch die Abkühlgeschwindigkeit von der Schweißtemperatur erfolgen. Für den Einsatz der Metall-Keramik-Verbunde bei erhöhten Betriebstemperaturen spielt vor allem unter Berücksichtigung von Anfahrprozessen die Anpassung der Ausdehnungskoeffizienten eine wesentliche Rolle.

5.2.5.1
Direktschweißungen zwischen Keramik und Metallen

Die Haupteinflussgrößen beim Diffusionsschweißen sind die Schweißtemperatur, die Schweißzeit und der Anpressdruck. Qualitativ ergibt sich aus dem Prozessablauf der Zusammenhang, dass bei einer konstanten Schweißtemperatur die Schweißzeit mit steigendem Anpressdruck sinkt, wobei der Druck unter der Fließgrenze des Werkstoffs bezogen auf den gesamten Stoßquerschnitt bleibt. Übersteigt der Druck die Fließgrenze wird der Fügeprozess hauptsächlich durch die Stauchverformung bestimmt. Es handelt sich dann um ein Pressschweißen.

Die Abhängigkeit der Verbindungsbildung von der Schweißtemperatur bei konstantem Anpressdruck wird durch den Verlauf der Verbundfestigkeit deutlich (Abb. 4).

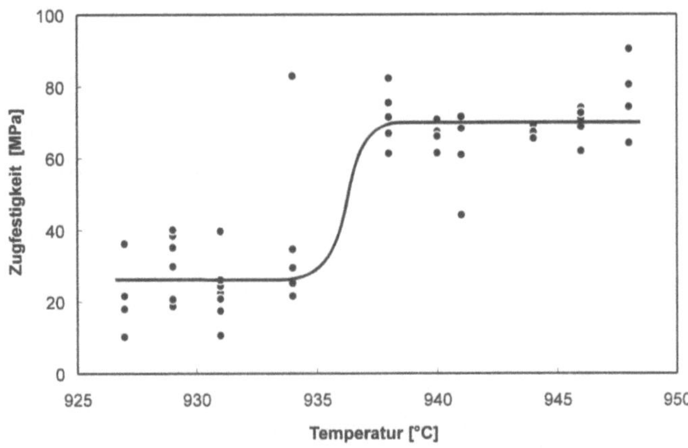

Abb. 4: Abhängigkeit der Zugfestigkeit von der Schweißtemperatur für einen ZrO_2-Kupferverbund

Am Beispiel einer Direktschweißung zwischen Zirkonoxid und Kupfer wird ersichtlich, dass sich die Festigkeit in Abhängigkeit von der Schweißtemperatur bei einem Anpressdruck von 100 MPa und einer Schweißzeit von 60 Minuten bis zu einer Grenztemperatur nur geringfügig verändert. Ab einer Schweißtemperatur von 936 °C bei der dargestellten Werkstoffkombination steigt die Verbundfestigkeit sprunghaft an. Das bedeutet, dass die Ausbildung einer vollständigen stoffschlüssigen Verbindung bei dem gewählten Anpressdruck von 100 MPa und bei einer Schweißtemperaturen über 935 °C nach 60 Minuten abgeschlossen ist. Eine weitere Verlängerung der Schweißzeit bis auf 300 Minuten führt zu keiner Erhöhung der Verbundfestigkeit. In Kombination mit Nickel als metallischen Grundwerkstoff steigt die Grenztemperatur für die stoffschlüssige Verbindung auf 1120 °C. Im Gegensatz zur Diffusionsschweißung zwischen Kupfer und Zirkonoxid nimmt die Festigkeit des ZrO_2-Ni-Verbundes mit steigender Schweißtemperatur ($T_s > 1120$ °C) ab. Für den SiC/Kupfer-Verbund ergab sich mit 1000 °C eine im Vergleich zum Schmelzpunkt des Metalls sehr hohe Grenztemperatur. Der Druck musste wegen der niedrigen Fließgrenze auf 90 MPa gesenkt und die Schweißzeit auf 150 Minuten erhöht werden.

Bindungsmechanismus. Um die unterschiedlichen Verbundfestigkeiten in Abhängigkeit von der Schweißtemperatur zu klären, wurden die Bruchoberflächen untersucht. Abb. 5 zeigt Kupfer-Bruchoberfläche bei einer 250-fachen Vergrößerung.

Der Verbund wurde bei einer Temperatur von 935 °C und einer Haltezeit von 60 Minuten hergestellt. Die Zugfestigkeit betrug 68 MPa. Über die gesamte Bruchoberfläche ist eine inhomogene Verteilung von Poren vorzufinden. Im Gegensatz dazu sind im Querschliff des unzerstörten Verbundes keine oder nur wenige Poren zu erkennen. Bei den hellen Bereichen der Kupfer-Bruchoberfläche

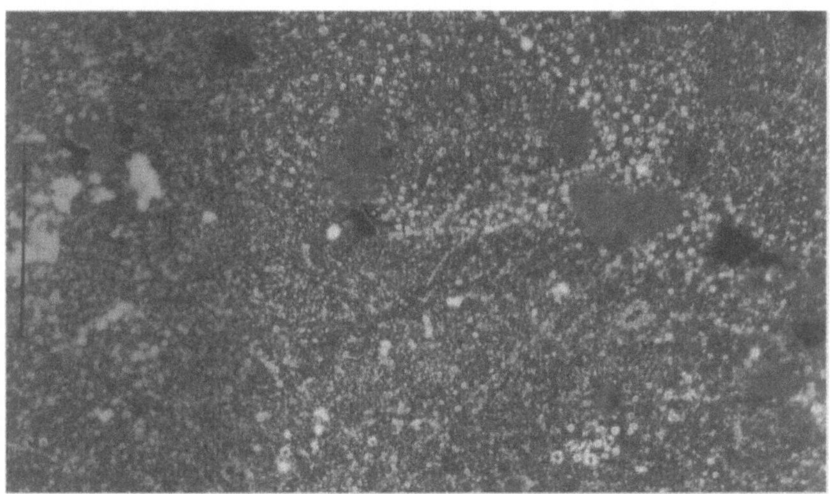

Abb. 5: Bruchoberfläche des Kupfers mit Keramikpartikeln

handelt es sich um herausgebrochene Keramikpartikel. Die dunklen Bereiche hingegen sind herausgelöste Kupferpartikel, die auf der Keramik-Bruchfläche haften. Die auf der Bruchoberfläche des Kupfers erkennbaren grauen Bereiche werden durch die Bildung von Cu_2O hervorgerufen. Mittels AES (Auger Electron Spectroscopy) wurde die chemische Zusammensetzung eines solchen Bereichs bestimmt, wobei sich eine Zusammensetzung von 65,9 at% Cu, 31,6 at% O und 2,5 at% C ergab. Im Vergleich dazu wurden auf der reinen Kupferoberfläche 91,3 at% Cu, 4,8 at% O und 3,9 at% C analysiert. Auffällig ist, dass die Cu_2O-Bereiche häufig an Keramikpartikeln oder an die Löcher der Kupferpartikel angrenzen. Auf der Bruchoberfläche der ZrO_2-Keramik sind deutlich die herausgelösten Kupferpartikel zu erkennen. Sowohl im AFM als auch in Oberflächenrauigkeits-Messungen wurde eine Dicke zwischen 0,3 µm und 0,5 µm bestimmt. Die durch AES Untersuchungen bestimmte Zusammensetzung ergab Gehalte von 63,3 at% Cu, 31,8 at% O und 4,6 at% C, was im Rahmen der Messgenauigkeit der Cu_2O-Zusammensetzung auf der Kupferoberfläche entspricht.

Der Zusammenhalt diffusionsgeschweißter Cu-ZrO_2-Verbunde basiert, wie sich aus der Gesamtbetrachtung der gewonnenen Ergebnisse vermuten lässt, auf zwei Arten von Bindungsmechanismen. Zum einen existieren adhäsiv gebundene, zum anderen chemisch gebundene Bereiche. Ein Hinweis auf die unterschiedliche Haftfestigkeit in der Bindeebene ist die starke reliefartige Struktur der Kupferoberfläche nach dem Versagen. Die Bereiche mit chemischer Bindung weisen im Vergleich zu den adhäsiv gebundenen Flächen einen höhere Haftfestigkeit auf, wodurch sich im Zugversuch die adhäsiv gebundenen angrenzenden Gebiete plastisch verformen und die Reliefstruktur hervorrufen.

Untersuchungen von Fischmeier et al. und theoretische Betrachtungen von Trumble an diffusionsgeschweißten Cu-Al_2O_3-Verbunden ergaben, dass die Haftung durch eine Spinellbildung Cu-Al_2O_3 in der Grenzschicht hervorgerufen wird. Die Ergebnisse der eigenen Untersuchungen deuten darauf hin, dass dieser Mechanismus auch auf das System Cu-ZrO_2 zu übertragen ist. Da eine Reaktionszone weder lichtmikroskopisch noch elektronenmikroskopisch nachweisbar war, kann eine Phase als Bindemechanismus ausgeschlossen werden.

Unterschiede in den Grenztemperaturen zwischen den Schweißungen in der Vakuumdiffusionsschweißanlage und in der heißisostatischen Presse bestätigen den Bindungsmechanismus über die Oxidphase auch bei Nickel und Nickellegierungen. Nickel lässt sich in der HIP ab einer Grenztemperatur von 900 °C diffusionsschweißen, während die Temperaturgrenze in der Vakuumanlage um 220 °C höher liegt. Das ist auf das größere Sauerstoffangebot in der evakuierten Kapsel zurückzuführen. Für die Nickelbasislegierungen steigt sie auf 1000 °C an, was sich mit der höheren Oxidationsbeständigkeit der Legierungen im Vergleich zum Reinnickel erklären lässt.

Der Bindungsmechanismus bei den SiC-Kupfer-Verbunden beruht auf einer Diffusion des Kupfers in die SiC-Keramik. Bei längeren Schweißzeiten kommt es zur Dissoziation der Keramik. Infolgedessen diffundiert das Silizium in das Kupfer. Der Kohlenstoff bleibt in der Reaktionszone, was zu einer Schwächung des Verbundes führt. Um die Breite der Reaktionszone zu begrenzen, ist die Schweißzeit nicht steigerbar.

5.2.5.2
Diffusionsschweißungen mit Zwischenschichten und -systemen

Bei der Direktschweißung zwischen Zirkonoxid und dem austenitischen Stahl teilweise auftretenden Probleme hinsichtlich der Reproduzierbarkeit des Schweißergebnisses konnten durch Einsatz von Reinnickel und Reinkupferfolien behoben werden. So war es möglich, ZrO_2 mit 1.4539 durch 300 bzw. 500 µm dicke Ni- und Cu-Folien in 60 Minuten prozesssicher zu verbinden. Die Grenzschweißtemperatur für die Nickelfolie lag in der HIP bei einem Anpressdruck von 100 MPa mit 900 °C um 100 K tiefer als bei den Nickelbasislegierungen der Direktschweißungen, was auf die höhere Oxidationsbeständigkeit dieser Legierungen zurückzuführen ist.

Für die SiC-Keramik haben sich als Zwischenschichten Nickelfolien mit einer Dicke von 300 µm erwiesen. Es konnten Verbindungen ab einer Grenztemperatur von 900 °C bei einem Anpressdruck von 100 MPa und einer Schweißzeit von 60 Minuten hergestellt werden. Die Mikrostruktur der Zwischenschicht ist durch einen schichtweisen Aufbau von Nickelsiliziden und Kohlenstoffausscheidungen gekennzeichnet. Aufgrund der Diffusion des Nickels in die Keramik findet eine Dissoziation des Siliziumkarbids statt und in der Grenzfläche bilden sich siliziumreiche Phasen, die nur eine sehr geringe Löslichkeit für Kohlenstoff besitzen. Da die Aktivität des Kohlenstoffs vergleichsweise hoch ist und seine Diffusionsgeschwindigkeit entlang der Korngrenzen und Genzflächen mit deren örtlicher Häufigkeit zunimmt, trägt der Kohlenstoff bei Erreichen eines Grenzwertes nicht mehr zum weiteren Wachstum der Ausscheidungen bei, sondern diffundiert über die Diffusionspfade von der Reaktionszone weg. Aufgrund der weiteren Dissoziation des Siliziumkarbids entsteht wiederum die zeilige Anordnung. Die Dicke der Reaktionsschicht wächst mit zunehmender Temperatur und Zeit. Das Wachstum folgt annähernd einem parabolischen Zeitgesetz. Da im System Nickel-Silizium intermetallische Phasen auftreten und die niedrigste Schmelztemperatur des Eutektikums zwischen NiSi und Ni_3Si_2 bei 964 °C liegt, ist bei höheren Schweißtemperaturen mit dem Auftreten einer schmelzflüssigen Phase zu rechnen.

Beim Diffusionsschweißen der SiSiC-Keramik kommt es aufgrund der hohen Aktivität des freien Siliziums sehr schnell zur Bildung von Siliziden, wobei Nickel aus der Zwischenschicht in die Keramik diffundiert und dort zur Auflösung der Karbidkörner führt. Bei einer Schweißtemperatur von 900 °C entsteht bereits nach einer Schweißzeit von 60 Minuten eine etwa 100 µm breite Reaktionszone, in der sich Querrisse über die gesamte Bindezone verteilen.

Das Fügen von Siliziumnitrid wird durch Stickstoff erschwert. Durch die hohen Drücke beim Diffusionsschweißen kann der Stickstoff nicht aus der Grenzfläche entweichen und sammelt sich zwischen den ersten Kontaktstelle der Fügelinie, sodass Poren in der Grenzschicht verbleiben. Hinzu kommt, dass bei Verwendung einer Nickelfolie die Zwischenschicht praktisch keine Löslichkeit für Stickstoff besitzt. Zur Vermeidung der Grenzflächenporen wurde die Keramikoberfläche mit Chrom beschichtet. Die PVD-Schicht wies eine Dicke von etwa 2 µm auf. Das Chrom reagiert beim Diffusionsschweißen mit dem Stickstoff, und es bildet sich Chromnitrid, wodurch die Poren in der Bindezone verhindert werden. Auf diese Weise konnten ab einer Grenztemperatur von 1100 °C und einer Schweißzeit von

90 Minuten bei einem Anpressdruck von 100 MPa porenfreie Diffusionsschweißungen mit Nickelzwischenschicht hergestellt werden.

Gradierte flammgespritzte Zwischenschichten ließen sich nicht ohne zusätzliche metallische Interlayer diffusionsschweißen. Aufgrund der rauen Oberflächenstruktur der zweiphasigen Schichten war eine ausreichende plastische Verformung in der Grenzfläche nicht zu erreichen. Es liefen keine für eine Bindung ausreichenden Diffusionsvorgänge ab. Zusätzlich zu den gradierten Schichten eingebrachte Nickelfolien führten zu einer guten Ausbildung der Fügezone und zu rissfreien Verbindungen zwischen der SiSiC- bzw. SiC-Keramik sowie zwischen der mit Chrom beschichteten Siliziumnitridkeramik und der Zwischenschicht. Als metallische Grundwerkstoffe wurden bei diesen Schweißungen sowohl der austenitische Stahl 1.4539 als auch die Nickelbasislegierung 2.4856 eingesetzt.

5.2.6
Mechanische Eigenschaften der Diffusionsschweißungen

Zur Eigenschaftsermittlung an den Diffusionsschweißungen wurden Zug-, Biege- und Scherversuche durchgeführt. Hierzu wurden aus den Schweißproben sowohl Kleinstproben herausgetrennt als auch die Gesamtproben geprüft. Abb. 6 zeigt die jeweilige Probenform.

Die höchsten Festigkeitswerte wurden in den Verbunden mit Zirkonoxid als Direktschweißungen und mit Zwischenschichten erreicht. Die Zugfestigkeit betrug mit Kupfer als metallischen Partner 55 bis 90 MPa und im Verbund mit Nickel 50 bis 128 MPa. In Direktschweißungen mit dem austenitischen Stahl wurden Festigkeiten bis 180 MPa erreicht.

Im Biegeversuch wurden Festigkeiten bis 240 MPa und im Scherversuch bis 1000 MPa erzielt. Aufgrund der keramikbedingten großen Streuung können die Eigenschaftskennwerte lediglich als Anhaltwerte dienen und bedürfen der weiteren statistischen Absicherung.

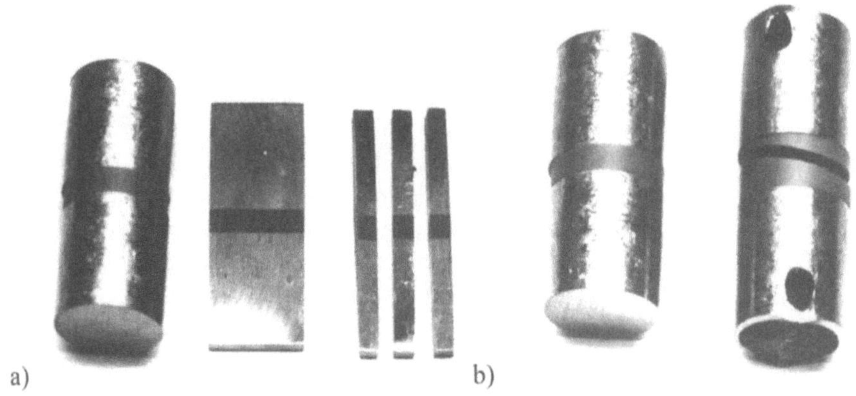

Abb. 6: Probenformen für die mechanische Prüfung; a) Kleinproben; b) Großprobe

5.2.7
Schlussfolgerung

Eine Voraussetzung für den verbreiteten Einsatz der Keramiken ist die Entwicklung von geeigneten Fügeverfahren zum stoffschlüssigen Verbinden von Keramikbauteilen mit Metallen. Ziel der Untersuchungen war es daher, ein Verfahren zu erarbeiten, welches die Herstellung von belastbaren Metall/Keramik-Verbunden unter praxisrelevanten Bedingungen ermöglicht.

Im Rahmen des Forschungsvorhabens wurde das Diffusionsschweißen zwischen den keramischen Werkstoffen Zirkonoxid (ZrO_2) und Siliziumcarbid (SiC) sowie Siliziumnitrid (Si_3N_4) mit den metallischen Werkstoffen Nickel, Nickellegierung, Kupfer austenitische Stähle unter Anwendung der heißisostatischen Presstechnik und des Diffusionsschweißens in einer Vakuum-Diffusionsschweißanlage im Hinblick auf verfahrenstechnische und mechanisch-technologische Aspekte untersucht. Hierzu erfolgten Diffusionsschweißversuche mit unterschiedlichen Materialpaarungen mit und ohne Zwischenschichten.

Ein wesentliches Problem beim stoffschlüssigen Fügen von Metallen mit Keramiken ist das unterschiedliche thermische Ausdehnungsverhalten der beiden Werkstoffgruppen, sodass es beim Abkühlen von der Schweißtemperatur auf Raumtemperatur häufig zu einem Versagen des Verbundes kommt. Eine weitere Problemstellung ergibt sich durch die atomaren Bindungsunterschiede von Metallen und Keramiken, wodurch die für das Zustandekommen der Bindung notwendigen Grenzflächenreaktionen komplexeren Bedingungen unterliegen als dies für artgleiche Diffusionsschweißverbindungen zwischen Metallen der Fall ist. Durch den Einsatz metallischer Zwischenschichten kann die Grenzflächenreaktion dahingehend beeinflusst werden, dass sich aufgrund chemischer Wechselwirkungen stabile thermodynamisch beständige Reaktionsschichten bilden.

Die mechanischen Eigenschaftskennwerte der Verbunde streuen stark und müssen in zukünftigen Untersuchungen statistisch abgesichert werden. Es zeigt sich aber, dass durch geeignete Prozessbedingungen und Zwischenschichten mit allen Werkstoffkombinationen Verbindungen herstellbar sind und die Verbindungseigenschaften beeinflusst werden können. Die vielfältigen Möglichkeiten der Eigenschaftseinstellung machen eine Anpassung an den jeweiligen Anwendungsfall und die daraus abzuleitenden Anforderungen an den Werkstoffverbund erforderlich.

Literatur zu Kapitel 5.2

Derby B (1990) Diffusion Bonding. In: Nicholas G: Joining of Ceramics. Cambridge: Institute of Ceramics

Grünauer H, Horn H, Weiß H (1989) Production of Metal/Ceramic Joints by Friction Welding. In: Kraft W: Joining Ceramics, Glass and Metal. Frankfurt: DGM Informationsgesellschaft

Krieggesmann J (1990) Übersicht über die Anwendung der technischen keramischen Werkstoffe. Werkstoffe und Innovation 3(3/4): 63-64

Lugscheider E, Boretius M, Tillmann W (1991) Entwicklung von hochfesten, aktivgelöteten Siliziumnitrid- und Siliziumkarbid-Verbindungen. Ber. DKG 38 (1/2): 14-22

Nissel C, Seilstorfer (1984) Werkstoffverbund durch heißisostatisches Pressen. Chem.-Ing.-Tech. 56(1):18-23

Qin CD, Derby B (1992) Diffusion Bonding of Nickel and Zirconia. Mechanical Properties and Interfacial Microstructures. Journal Mater. Res. 7(6), 1480-1488

Sheppard LM (1989) A Global Perspective of Advanced Ceramics. Am. Ceram. Soc. Bull. 68(9):1624-1633

Thuemmler F, Grathewohl G (1988) Fortschritte mit neuen Werkstoffen. Keramik für den Maschinenbau. Keram. Zeitschrift 40(3):157-164

Wielage B, Ashoff D, Möhwald K, Türpe M (1991) Fügen von Ingenieurkeramik – Möglichkeiten und Grenzen von Lötverfahren. In: VDI-Berichte 883, S 117-136

5.3
Untersuchungen der Temperaturwechselbeständigkeit insbesondere von keramischen Werkstoffen als Grundlage für den Hochtemperaturmaschinenbau („Temperaturwechselbeanspruchung")[1]

R. Jeschar

5.3.1
Einleitung und Problemstellung

Eine herausragende Eigenschaft keramischer Konstruktionswerkstoffe gegenüber metallischen Werkstoffen ist die nahezu konstante Festigkeit über ein sehr weites Temperaturspektrum. Abb. 1 zeigt hierzu vergleichend die 4-Punkt-Biegefestigkeit typischer dichtgesinterter keramischer Konstruktionswerkstoffe und die 10000 h-Zeitdehngrenze hitzebeständiger Stahllegierungen in Abhängigkeit von der Temperatur. Für die keramischen Werkstoffe Al_2O_3 und vollstabilisiertes ZrO_2 aus der Gruppe der Oxidkeramik, reaktionsgebundenes Siliziumnitrid (RBSN) und heißgebundenes Siliziumnitrid (HPSN) aus der Gruppe der Carbide ist die 4-Punkt-Biegefestigekeit nach German Standard angegeben. Die der Literatur entnommenen und von Honcamp (1992) zusammenfassend dargestellten Bruchspannungswerte wurden, wie nachfolgend erklärt wird, auf den German Standard umgerechnet. Zu beachten ist in Abb. 1, dass die angegebenen Festigkeiten der keramischen Werkstoffe nur für die angegebene Körpergeometrie und den angegebenen Belastungsfall gelten. Diese Festigkeiten weisen bei gleicher Zusammensetzung je nach Herstellungsprozess, Begleitelementen, Porosität etc. teilweise starke Abweichungen auf, sodass Abb. 1 einen qualitativen Charakter besitzt. Eindeutig ist jedoch eine starke Abnahme der Festigkeiten mit der Temperatur bei den hochtemperaturfesten Stahllegierungen Nimonic 90, einer CrNi-Basislegierung, und Inconel, einer Ni-Basislegierung, zu erkennen, wohingegen die keramischen Materialien bis weit über 1000 °C temperaturstabil sind. Die Substitution von Stahl durch Keramik erlaubt also wesentlich höhere Einsatztemperaturen von verfahrenstechnischen Maschinen und dies in Kombination mit einer besseren Korrosionsbeständigkeit der nichtmetallischen Werkstoffe.

Keramik hat jedoch zwei entscheidende Nachteile, die die Verwendung diese Materials als Konstruktionswerkstoff für Anlagen und Maschinen der Hochtemperaturverfahrenstechnik erschweren. Der erste entscheidende Nachteil der Keramik ist das spröde Verhalten dieser Werkstoffe. Von außen aufgebrachte oder thermoinduzierte Spannungen können kaum durch elastische Verformungen abgebaut werden, sondern führen bei Überschreiten der Bruchspannung zu einen katastrophalen Riss und damit zur spontanen Zerstörung eines Bauteiles. Kritisch sind hierbei insbesondere die auftretenden Zugspannungen.

---

[1] Erstveröffentlichung: Keramische Zeitschrift 46. Jahrgang Nr.12 und 47. Jahrgang Nr.1 (1995)

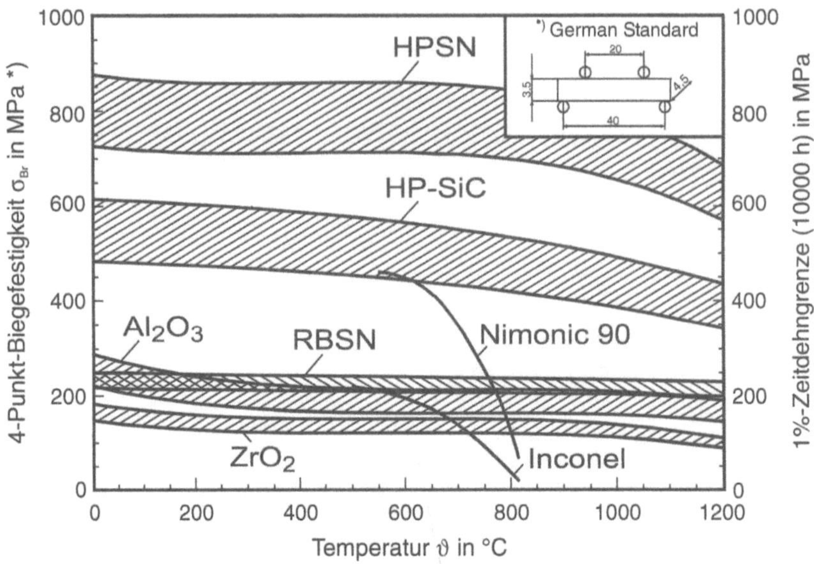

Abb. 1: Vier-Punkt-Biegefestigkeit keramischer Konstruktionswerkstoffe und 1%-Zeitdehngrenze für 10000 h von Stahllegierungen

Zweitens ist die Festigkeit keramischer Materialien abhängig vom unter Zugspannung stehenden Bauteilvolumen, vom Spannungsprofil und vom Spannungszustand (einaxial oder mehraxial). Aus diesen Gründen versagen bei keramischen Werkstoffen die konventionellen aus dem Stahlbau bekannten Festigkeitshypothesen, nach denen metallische Bauteile ausgelegt werden. Es können nicht die Bruchspannungswerte, die üblicherweise an kleinen, rechteckigen, international nicht genormten Biegebalken in 4-Punkt-Biegeversuchen ermittelt werden, für die Auslegung eines Bauteiles herangezogen werden, sondern es ist erforderlich, diese Festigkeitswerte auf den jeweils vorliegenden Belastungsfall zu transformieren. Um ein hochtemperaturbelastetes Bauteil auszulegen, müssen diese beiden Aspekte berücksichtigt werden. Für die geometrischen Grundkörper Platte, Zylinder und Kugel sind für einfache thermische Belastungsfälle (spontane und lineare Abkühlung der Körperoberfläche) analytische Lösungen der das Problem beschreibenden mechanischen Gleichungen von Szabo (1972) sowie von Timoshenko u. Goodier (1970) aufgestellt worden. Für temperaturabhängige Werkstoffwerte sind Lösungsgleichungen von Honcamp u. Jeschar (1990) sowie von Harste (1989) aufgestellt worden, die jedoch nur noch numerisch und iterativ lösbar sind. Zur Erfassung des Einflusses des Bauteilvolumens, des Spannungsprofils und des Spannungszustandes auf die Bruchspannung keramischer Bauteile existiert seit den vierziger Jahren die so genannte Weibullstatistik. Zahlreiche Autoren haben die Anwendbarkeit dieser Statistik in Bezug auf die oben genannten Faktoren (Bauteilvolumen, Spannungsprofil und -zustand) gleichzeitig und dies bei einem thermischen Belastungsfall untersucht. Theoretisch und experimentell konnten hierzu in der gesichteten Literatur keine Ergebnisse gefunden werden.

Die vorliegende Arbeit befasst sich mit dieser Problematik. In einer Veröffentlichung von Honcamp u. Jeschar (1990) wurden für den thermischen Belastungsfall der linearen Abkühlung der Mantelfläche eines Zylinders aus Aluminiumoxid (Al_2O_3) die Ergebnisgleichungen für die auftretenden Spannungen vorgestellt. Mit diesen Gleichungen wurde die so genannte kritische Abkühlgeschwindigkeit, die der Zylinder gerade noch ohne Versagen übersteht, berechnet und die Rechenergebnisse experimentell bestätigt. Die für die Berechnung notwendige Transformation der in 4-Punkt-Biegeversuchen aufgenommenen Bruchspannung auf die Bruchspannung der Zylinder bei dem genannten thermischen Belastungsfall wurde nur kurz erläutert. Diese Transformation soll hier ausführlicher beschrieben werden und des Weiteren die kritische Abkühlgeschwindigkeit von Al_2O_3 mit der anderer Konstruktionskeramiken wie ZrO_2, RBSN und SiC rechnerisch verglichen werden.

5.3.2
Theoretische Grundlagen zur Berechnung der thermoinduzierten Spannungen

Wird ein Körper von einer Temperatur ϑ_{max} aus abgekühlt, folgen alle Orte im Körper unterhalb der Oberfläche dieser Temperaturänderung mit einer gewissen Verzögerung. Diese Verzögerung ist abhängig von der Geometrie des Körpers, dem betrachteten Ort und den thermophysikalischen Werkstoffwerten des Materials wie Wärmeleitfähigkeit λ, spezifische Wärmekapazität c und Dichte p.

Bei der linearen Abkühlung der Mantelfläche eines Zylinders kommt es mit der Zeit zur Ausbildung eines parabelförmigen Temperaturprofils. Die unterschiedlichen Temperaturen an den einzelnen Stellen führen zu thermischen, den jeweils örtlichen Temperaturen proportionalen Wärmedehnungen und somit zu thermoinduzierten Spannungen. Für diesen beschriebenen Belastungsfall ist es möglich, aus den Grundgleichungen der Mechanik sowie der Wärmetechnik (Fouriersche Differentialgleichung) eine geschlossene analytische Lösung für die Spannungen an der Oberfläche eines unendlich langen Zylinders unter der Voraussetzung der eindimensionalen (radialen) Wärmeleitung und temperaturunabhängiger Stoffwerte herzuleiten. Die Gleichungen lauten:

$$\sigma_r(R) = 0 \tag{1}$$

$$\sigma_z(R) = -\frac{1}{8} \cdot \frac{E}{1-\upsilon} \cdot \beta \cdot \frac{R^2}{a} \cdot b \tag{2}$$

$$\sigma_r(R) = \sigma_\varphi(R) \tag{3}$$

Durch Umstellen nach der Abkühlgeschwindigkeit b kann bei bekannten Stoffwerten und Einführung der Bruchspannung σ_{Br} für $\sigma_{\varphi,z}$ eine rechnerische Abschätzung der kritischen Abkühlgeschwindigkeit b_{krit} vorgenommen werden.

Da während eines Abkühlvorgangs ein Temperaturbereich durchlaufen wird, in dem sich die Stoffwerte ändern können, erscheint es sinnvoll, diese Temperaturabhängigkeit der Stoffwerte bei der Herleitung zu berücksichtigen. Entsprechende Gleichungen, die nur noch numerisch und iterativ gelöst werden können, werden von Honcamp u. Jeschar (1990) vorgestellt. Sie werden hier aus Gründen der Übersichtlichkeit nicht aufgeführt. Vergleichende Rechnungen von Honcamp (1992) haben gezeigt, dass die Temperaturabhängigkeit der Stoffwerte bei der Herleitung der Spannungsgleichungen nicht zwingend notwendig berücksichtigt werden muss, sondern dass es unter dem Gesichtspunkt der Messtoleranzen bei den Werkstoffwerten und insbesondere der Streuung der Bruchspannung ausreichend ist, die kritische Abkühlgeschwindigkeit mit der Glg. (2) oder (3) zu bestimmen.

Für eine sinnvolle rechnerische Abschätzung der kritischen Abkühlgeschwindigkeit ist es jedoch notwendig, die Größenordnungen der einzelnen Stoffwerte zu kennen. Da diese Größenordnungen zum Teil maßgeblich von der Temperatur abhängen, ist eine detaillierte Werkstoffanalyse unumgänglich. Zur Berechnung der kritischen Abkühlgeschwindigkeit sind die in Glg. (2) aufgeführten Werkstoffwerte erforderlich, wobei sich der Temperaturleitkoeffizient a aus den drei Werkstoffgrößen λ, ρ und c zusammensetzt $(a = \lambda/(\rho \cdot c))$. Für jedes Material sind demnach sieben Werkstoffwerte erforderlich. Häufig können diese nicht unmittelbar am Material selbst bestimmt werden, da teilweise ein großer apparativer Aufwand speziell bei hohen Temperaturen benötigt wird. Aus diesem Grund muss auf Werte aus der Literatur zurückgegriffen werden. Hierbei ist darauf zu achten, dass insbesondere die Porosität, Dichte, Kristallgröße und Reinheit der in der Literatur aufgeführten Materialien mit dem jeweils vorliegenden Material identisch sind, da diese Eigenschaften das Werkstoffverhalten (speziell σ_{Br}, E und λ) wesentlich beeinflussen. Für Informationen bezüglich der thermophysikalischen und mechanischen Werkstoffwerte von Konstruktionskeramiken sei auf Honcamp (1992) verwiesen. Hier sind aus der Literatur die Mittelwerte der genannten sieben Werkstoffwerte für die jeweils dichtgesinterten Werkstoffe AI_2O_3, $FS\text{-}ZrO_2$, RBSN, HPSN und HP-SiC graphisch aufgetragen und durch geeignete Funktionen im Temperaturintervall von $\vartheta = 400\,°C$ bis $\vartheta = 1200\,°C$ angenähert worden.

Bezüglich der Bruchspannung ist bei keramischen Werkstoffen eine Besonderheit zu beachten. Aufgrund des spröden Verhaltens sowie der teilweise starken Streuung und Volumenabhängigkeit der Bruchspannung versagen bei keramischen Werkstoffen die klassischen Bruchspannungshypothesen für spröde Metalle, bei denen i.a. die drei Normalspannungen in geeigneter Weise kombiniert werden, um eine für den Bruch verantwortliche Vergleichsspannung aufzustellen. Keramische Werkstoffe weisen herstellungsbedingt Risse im Inneren und an der Oberfläche auf, von denen bei einer Belastung der Bruch ausgeht. Diese Risse sind stochastisch verteilt, sodass bei der Beschreibung der Bruchspannung wahrscheinlichkeitstheoretische Betrachtungen mit einbezogen werden müssen. Es kann nicht, wie bei dem Werkstoff Stahl, eine Zugspannung aus einem Tabellenwerk abgelesen, und für die Festigkeitsberechnung eines beliebigen Belastungsfalles an einem beliebigen Körper herangezogen werden, sondern es müssen bei Keramik jeweils individuell die Geometrie des Körpers, das unter Zugspannung stehende Volumen und der Belastungsfall in die Festigkeitsberechnung mit einbezogen werden. Aus diesem Grund ist in Abb. 1 die Festigkeit der keramischen Werkstoffe für eine Körpergeometrie (Biegebalken mit den angegebenen Abmessungen) und für einen Belastungsfall (4-Punkt-Biegeversuch) angegeben. In einer grundlegenden Arbeit stellte Weibull (1939) eine statistische Festigkeitstheorie auf, die sich bei der Berechnung der Bruchspannung keramischer Materialien bewährt hat. Sowohl der Einfluss des Körpervolumens und des Belastungsprofils, als auch des Spannungszustandes (einaxial-mehraxial) auf die Bruchspannung kann mit der aufgestellten Theorie berücksichtigt werden.

Die statistische Festigkeitstheorie geht von dem Konzept des schwächsten Kettengliedes aus, d.h. es werden alle Volumenelemente dV in einem belasteten Körper berücksichtigt, die durch den Spannungszustand am Ort dieses Volumenelementes eine eigene Bruchwahrscheinlichkeit S_n (n für das n-te Volumenelement) haben und damit einen Beitrag zur Gesamtbruchwahrscheinlichkeit liefern. Das Versagen eines Volumenelementes hat das Versagen des Gesamtsystems zur Folge, d.h. die Überlebenswahrscheinlichkeit des Gesamtsystems ist das Produkt der Überlebenswahrscheinlichkeiten $(1-S_n)$ der einzelnen Volumenelemente. Weibull führt den Begriff *Risk of Rupture* (Bruchrisiko) Rr ein

$$Rr = \frac{1}{\sigma_0^m} \cdot \int_V \sigma(V)^m \cdot dV \ . \tag{4}$$

Das Bruchrisiko ist als eine integrale Belastung eines Körpers zu verstehen. σ_0 und m sind Materialkonstanten, die experimentell bestimmt werden müssen. Mit diesem Bruchrisiko definiert Weibull die Bruchwahrscheinlichkeit S:

$$S := 1 - e^{-Rr} \ . \tag{5}$$

Nach dieser Definition ist die Bruchwahrscheinlichkeit eine Funktion des Bruchrisikos Rr, d.h. Körper mit gleichem Bruchrisiko haben die gleiche Ausfallwahrscheinlichkeit. Dies hat folgende Konsequenz: Rr kann in einer bestimmten Versuchsanordnung (Referenzversuch), beispielsweise in einem 4-Punkt-Biegeversuch, ermittelt werden. Für diese Ermittlung ist nach Glg. (4) die Spannungsverteilung $\sigma(V)$ in dem Körper über das Volumen zu integrieren. Entsprechend dieser Spannungsverteilung wird ein bestimmtes Bruchrisiko und damit nach Glg. (5) eine bestimmte Ausfallwahrscheinlichkeit festgelegt. Wird nun in einem beliebigen anderen Körper die Spannungsverteilung über das Volumen so abgestimmt, dass sich das gleiche Bruchrisiko wie das des Referenzversuches ergibt, hat dieser Körper die gleiche Ausfallwahrscheinlichkeit S.

Kommen wir zunächst zu der Bestimmung der Parameter σ_0 und m. Bei der Aufstellung der Festigkeitstheorie stellt Weibull (1939) eine Verteilungsfunktion (Weibullverteilung) vor. Mit $\sigma_u = 0$ (σ_u ist diejenige Spannung, unter der kein Versagen des Werkstoffs auftritt) lautet sie

$$S(\sigma) = 1 - e^{-\frac{\sigma^m}{\sigma_0}} \ . \tag{6}$$

Es handelt sich um eine zweiparametrige (σ_u, m) Verteilungsfunktion zur Beschreibung der Summenhäufigkeit der Bruchspannung.

Der Wert σ_0 gibt das Niveau der Bruchspannungen an (Abb. 2). Der Weibullmodul m ist ein Maß für die Streuung der Bruchspannung; kleine Weibullmodule bedeuten große Streuungen, hohe Weibullmodule geringe Streuungen (Abb. 2). Für keramische Werkstoffe liegen die Weibullmoduln i.A. im Bereich zwischen 5 und 25.

Aus den diskreten Messwerten, die in Bruchspannungsversuchen aufgenommen werden, ist eine stetige Summenfunktion S bzw. Dichtefunktion S_D zu bestimmen.

Eine Möglichkeit hierzu ist, die Messwerte der Größe ihrer Bruchspannung nach zu ordnen und jeder Bruchspannung eine Bruchwahrscheinlichkeit S_n nach

$$S_n = \frac{n}{N+1} \tag{7}$$

zuzuordnen. n ist dabei der n-te Messwert und N die Gesamtanzahl der Messwerte. Zu beachten ist, dass für eine hinreichend genaue Bestimmung der Summenfunktion ca. 30 Messwerte vorliegen sollten.

Die Bestimmung der Parameter σ_0 und m wird üblicherweise nach der *Methode der kleinsten Fehlerquadrate* (KQ) oder der *Maximum-Likelihood-Methode* (ML) vorgenommen. Bei der Methode der kleinsten Fehlerquadrate wird die Gleichung für die Summenfunktion (6) umgestellt und zweimal logarithmiert, sodass aus der dann erhaltenen Geradengleichung durch lineare Regression (Methode der kleinsten Fehlerquadrate) der Weibullmodul m (Steigung) und σ_0 aus dem Achsenabschnitt ermittelt werden kann

$$\ln\ln\frac{1}{1-S} = m \cdot \ln\sigma - m \cdot \ln\sigma_0 \ . \tag{8}$$

Diese Methode enthält keine wahrscheinlichkeitstheoretischen Elemente, sondern es wird lediglich eine Gerade durch logarithmierte Messwertpaare gelegt, deren Fehlerquadrate ein Minimum haben. Die Maximum-Likelihood-Methode benutzt als Abweichungsmaß zwischen Beobachtung und Modell Wahrscheinlichkeitsmaße und hat den geringsten Schätzfehler, wenn die Anzahl der Proben hoch ist. Kreyszig (1972) gibt eine Beschreibung der Maximum-Likelihood-Schätzfunktion, und führt Beispielrechnungen zur Bestimmung der Parameter verschiedener Verteilungsfunktionen vor. Analog der dort beschriebenen Vorgehensweise und mit der Substitution $\theta = \sigma_0^m$, gelangt man zu zwei Gleichungen für die Parameter σ_0 und m der Weibullverteilung

$$\frac{\sum\limits_{n=1}^{N}\sigma_n^m \cdot \ln\sigma_n}{\sum\limits_{n=1}^{N}\sigma_n^m} - \frac{1}{m} - \frac{1}{N}\cdot\sum\limits_{n=1}^{N}\ln\sigma_n = 0 \ X, \tag{9}$$

$$\sigma_0 = \left(\frac{1}{N}\sum\limits_{n=1}^{N}\sigma_n^m\right)^{1/m} . \tag{10}$$

Im Gegensatz zu anderen Verteilungsfunktionen (Poisson-, Binomial-, Gaußverteilung) liegen hier keine geschlossenen Lösungen für die Bestimmung der Parameter vor, sondern die Glg. (9) muss numerisch, beispielsweise mit dem Newton-Verfahren, gelöst werden.

Sind die diskreten Messwerte durch eine geeignete Summenfunktion beschrieben worden, müssen nun zur Bestimmung der kritischen Abkühlgeschwindigkeiten aus der Menge der vorliegenden Bruchspannungen geeignete Werte für die Rechnungen verwendet werden. Üblicherweise wird bei streuenden Messwerten der Mittelwert und bei vorhandenen Summen- oder Dichtefunktionen der Erwartungswert herangezogen und der Toleranzbereich durch die Standardabwei-

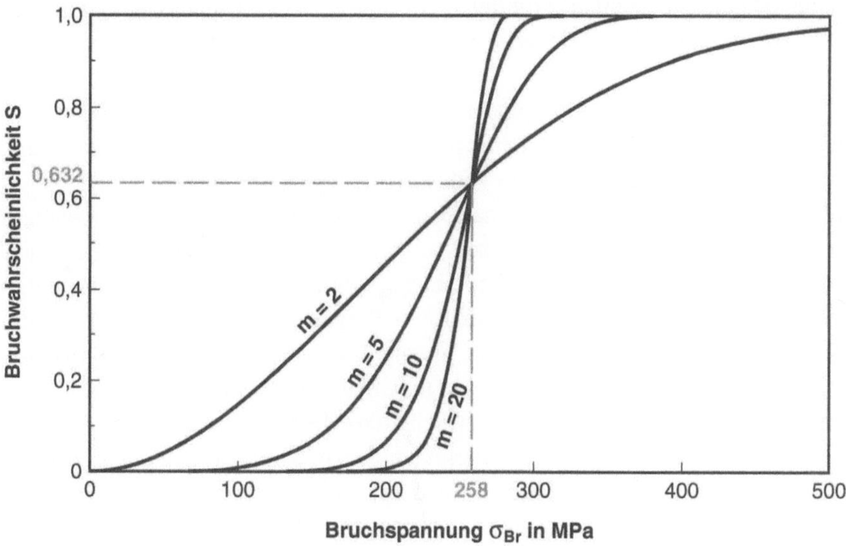

Abb. 2: Summenfunktion der Weibullverteilung: Bruchwahrscheinlichkeit S über de Bruchspannung (Parameter: Weibullmodul)

chung vom Mittelwert bzw. Erwartungswert festgelegt. Mit Einführung der Gammafunktion, die für y > 0 als zweites Eulersches Integral

$$\Gamma(y) = \int\limits_0^x x^{y-1} e^{-x} dx \tag{11}$$

definiert werden kann und sich auf Grund ihrer Eigenschaft

$$\Gamma(n+1) = n! \tag{12}$$

für natürliche Zahlen als Fortsetzung der Fakultätsfunktion beschreiben lässt, gelangt man zu folgenden Gleichungen für den Erwartungswert σ_b und die Standardabweichung S_ω

$$\sigma_b = \sigma_0 \cdot \Gamma\left(1 + \frac{1}{m}\right), \tag{13}$$

$$s_\omega = \left(\sigma_0^2 \cdot \Gamma\left(1 + \frac{2}{m}\right) - \sigma_b^2\right)^{1/2}. \tag{14}$$

Es sind somit alle für eine Festigkeitsberechnung an keramischen Bauteilen notwendigen Gleichungen aufgestellt worden, Glg. (4) für das Bruchrisiko zur Transformation der Bruchspannung auf andere Körpergeometrien, Belastungsfälle und Spannungszustände, Glg. (8) oder (9) und (10) zur Ermittlung der Parameter in Glg. (4) und die Glg.en (13) und (14) für die Bestimmung geeigneter Mittelwerte für die weiteren Rechnungen, und es muss nun ein Zusammenhang zwischen der Bruchspannung, die üblicherweise in 4-Punkt-Biegeversuchen an kleinen rechteckigen Biegebalken ermittelt wird, und der Bruchspannung des Zylinders bei dem eingangs beschriebenen thermischen Belastungsfall hergestellt werden.

Für einfache Körperstrukturen und Belastungsprofile, wie sie bei der hier vorgestellten Problematik vorliegen, ist es möglich, analytisch einen Zusammenhang zwischen den jeweils maximal auftretenden Spannungen herzustellen.

Die Transformation der Maximalspannung eines 4-Punkt-Biegeversuches $\sigma_{max,4b}$, die häufig in Nachschlagewerken aufgelistet ist, auf den Belastungsfall des Temperaturwechselversuches an Zylindern $\sigma_{max,th}$ wird mit dem Bruchrisiko (Glg. (4)) vorgenommen. Für die Körperstrukturen Biegebalken und Zylinder werden entsprechend den Belastungsfällen die Spannungsverteilungen als Funktion der Koordinatenrichtungen und der jeweils maximal auftretenden Spannung σ_{max} aufgestellt und das entsprechende Bruchrisiko berechnet. Gleichsetzen der Bruchrisiken liefert dann eine Abhängigkeit der maximalen Spannung in den Zylindern $\sigma_{max,th}$ von der im Biegebalken $\sigma_{max,4b}$. Da ein Bruch gewöhnlich von der Oberfläche eines Körpers ausgeht, werden hier nur die Spannungen an den jeweiligen Oberflächen zur Berechnung des Bruchrisikos herangezogen, d.h. in Glg. (4) wird $\sigma(A)$ über A integriert. Die Berechnung der Bruchrisiken mit Volumenspannungen verläuft analog, hierbei ist dann $\sigma(V)$ über V zu integrieren (Honcamp 1992).

Zunächst wird die Spannungsverteilung am 4-Punkt-Biegebalken analysiert. Abb. 3 zeigt hierzu die geometrischen Verhältnisse des Balkens, der Krafteinleitung sowie schematisch das Spannungsprofil. Bei diesem Belastungsfall tritt nur eine Spannung in x-Richtung auf, die nach den Gesetzen der Mechanik mit

$$\sigma_x(x,y) = \frac{M_{bz}}{I_z} \cdot y \tag{15}$$

beschrieben wird. Der Biegemomentenverlauf M_{bz}, lässt sich, wie in Abb. 3 gezeigt, in 3 Bereiche unterteilen und hat ein Maximum zwischen L_1 und L_1+L_2. Die maximal auftretende Spannung bei einem 4-Punkt-Biegebalken ist also

$$\sigma_{max} = \frac{F \cdot L_1 \cdot 3}{B \cdot H^2} \cdot y \tag{16}$$

und tritt in der x-z-Ebene bei $y = H/2$ zwischen L_1 und L_1+L_2 auf.

Die unter Zugspannung stehende Oberfläche ist die gesamte untere Fläche des Körpers ($B \cdot L$ bei $y = H/2$) sowie die beiden unteren Randflächen ($L\,H/2$ bei $z = \pm B/2$). Für die Integration wird der Balken in vier Bereiche unterteilt (Abb. 5). Für jeden Bereich I...IV wird ein entsprechendes Bereichsbruchrisiko $Rr_I...Rr_{IV}$ ermittelt. Das Gesamtbruchrisiko Rr_{4B} setzt sich dann additiv aus den einzelnen Bereichsbruchrisiken zusammen. Aufgrund der Symmetrie genügt es, bei den Bereichen I, III und IV jeweils nur über eine Fläche zu integrieren und dieses Bruchrisiko Rr^* mit der Anzahl der Flächen zu multiplizieren.
Exemplarisch für den Rechengang wird das Bruchrisiko für den Bereich III ermittelt.

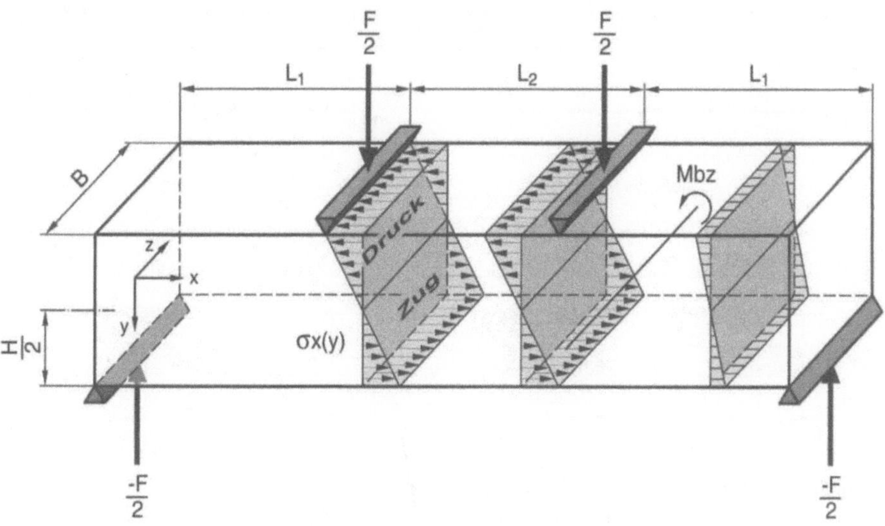

Abb. 3: Kräfte, Spannungs- und Biegemomentverlauf sowie geometrische Abmessungen eines 4-Punkt-Biegebalkens

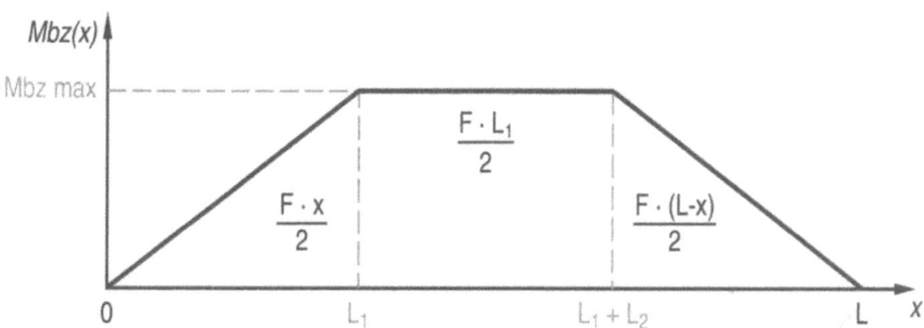

Abb. 4: Biegemomentverlauf

Mit $M_{BZ} = F/2\, x$, Glg. (15) und (16) ist der Spannungsverlauf in der x-y-Ebene

$$\sigma_x(x,y) = \sigma_{max.4B} \cdot \frac{x}{L_i} \cdot \frac{y}{H/2} \ . \tag{17}$$

Der Risk of Rupture berechnet sich somit zu

$$Rr^*_{III} = \frac{1}{\sigma_0^m}\left(\frac{\sigma_{max.4B}}{L_1 \cdot H/2}\right)^m \cdot \int_0^{L_1}\int_0^{H/2} x^m \cdot y^m \cdot dy \cdot dx \ . \tag{18}$$

Aufintegriert erhält man

$$Rr^*_{III} = \frac{1}{\sigma_0^m} \cdot \sigma_{max.4B}^{\ m} \cdot \frac{1}{(m+1)^2}\frac{H}{2} \cdot L_1 \tag{19}$$

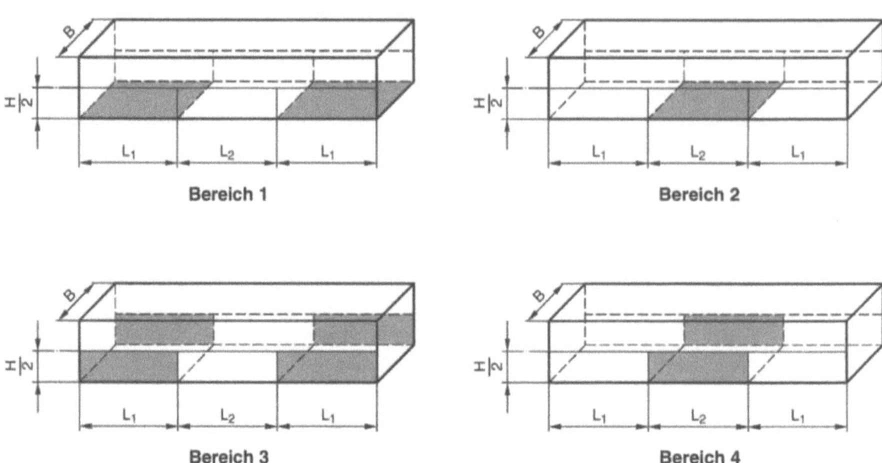

Abb. 5: Bereichseinteilung des 4-Punkt-Biegebalkens

und für das gesamte Bruchrisiko im Bereich III

$$Rr_{III} = 4 \cdot Rr^*_{III} = \frac{2}{\sigma_0^m} \cdot \sigma_{max.4B}{}^m \cdot \frac{H \cdot L_1}{(m+1)^2} \, . \tag{20}$$

Für das Gesamtbruchrisiko des 4-Punkt-Biegebalkens folgt bei analoger Vorgehensweise für die Bereiche I, II und IV

$$Rr_{B,4B} = \frac{1}{\sigma_0^m} \cdot \sigma_{max.4B}{}^m \left(\frac{2 \cdot L_1}{m+1} + L_2 \right) \cdot \left(B + \frac{H}{m+1} \right) . \tag{21}$$

Während eines Temperaturwechselversuches an einem Zylinder ist die Spannung über der Mantelfläche des Zylinders konstant. Randeffekte werden dabei vernachlässigt. Unter der weiteren Vernachlässigung des Beitrages der beiden Stirnflächen zum Bruchrisiko errechnet sich der Risk of Rupture des Zylinders somit nach

$$Rr_{z,th} = \frac{1}{\sigma_0^m} \cdot \sigma_{max.4B} \cdot R \cdot \int\limits_0^{2\pi} \int\limits_0^{L_z} dz \cdot d\varphi \tag{22}$$

Die Integration liefert

$$Rr_{z,th} = \frac{1}{\sigma_0^m} \cdot \sigma_{max.4B} \cdot 2 \cdot \pi \cdot R \cdot L_z \, . \tag{23}$$

Um gleiche Ausfallwahrscheinlichkeiten für beide Körper zu erhalten, werden die Bruchrisiken gleichgesetzt

$$Rr_{z,th} = Rr_{B,4B} \, . \tag{24}$$

Umgestellt nach $\sigma_{max,th}$ folgt aus Glg. (21), (23) und (24) der Zusammenhang zwischen der Bruchspannung bei einem Temperaturwechselversuch an einem Zylinder $\sigma_{max,th}$ und der Bruchspannung eines 4-Punkt-Biegebalkens $\sigma_{max,4R}$

$$\sigma_{max,th} = \sigma_{max.4B} \overbrace{\left[\frac{\left(\dfrac{2\cdot L_1}{m+1}+L_2\right)\cdot\left(B+\dfrac{H}{m+1}\right)}{2\cdot\pi\cdot R\cdot L_z}\right]^{1/m}}^{F_{Tr}} \tag{25}$$

Der zweite Term auf der rechten Seite der Gleichung wird als Transformationsfaktor bezeichnet. Neben den geometrischen Größenverhältnissen der beiden Körper ist der Transformationsfaktor F_{Tr}, vom Weibullmodul m abhängig.

Da der Radius im Nenner steht, wird F_{Tr}, mit zunehmendem Radius R geringer, d.h. die maximal zulässige Spannung bei Temperaturwechselversuchen wird umso stärker herabgesetzt, je größer der Zylinder ist. Der Einfluss des Zylinderradius verliert jedoch mit zunehmendem Weibullmodul m an Bedeutung (1/m im Exponenten).

Bei einer analogen Vorgehensweise lassen sich für beliebige Körpergeometrien und Belastungsfälle die Zusammenhänge zwischen den Bruchspannungen ermitteln. So lautet beispielsweise der Zusammenhang zwischen den Bruchspannungen von rechteckigen Biegebalken bei 3- und 4-Punkt-Biegeversuchen:

$$\sigma_{Br,4B,GS} = \sigma_{Br,3B,gem} \left[\frac{\left(\dfrac{L_{gem}}{m+1_2}\right)\cdot\left(B_{gem}+\dfrac{H_{gem}}{m+1}\right)}{\left(\dfrac{2\cdot L_{1.GS}}{m+1}+L_{2.GS}\right)\cdot\left(B_{GS}+\dfrac{H_{GS}}{m+1}\right)}\right]^{1/m} \tag{26}$$

(Die Abmessungen für den German Standard sind in Abb. 1 angegeben). Nach dieser Gleichung wurden die der Literatur entnommenen Bruchspannungswerte von 3-Punkt- Biegeversuchen auf den German Standard umgerechnet. Da bei 3- und 4-Punkt-Biegeversuchen jeweils die gleichen Spannungszustände vorliegen (einaxial), kann für diese Belastungsfälle bereits mit Glg. (26) die Transformation der Bruchspannung vorgenommen werden. Die geometrischen Längen können ausgemessen werden, der Weibullmodul wird durch die Glg. (8) oder (9) und (10) bestimmt, und mit den Glg. (13) und (14) wird der Mittelwert der Bruchspannungen mit der entsprechenden Standardabweichung ermittelt.

Im Falle der Transformation der Bruchspannung von 4-Punkt-Biegebalken auf die Bruchspannung von temperaturwechselbeanspruchten Zylindern sind noch die unterschiedlichen Spannungszustände zu berücksichtigen.

Wie die Glg. (3) zeigt, herrschen während eines Abkühlvorgangs an der Oberfläche eines Zylinders äquibiaxiale Spannungen. Die Beanspruchung bei einem 4-Punkt-Biegeversuch hat hingegen einaxiale Spannungen zur Folge. Experimentell konnte von Evans (1978), Stout u. Petrovic (1984), Sheffy et al. (1983), Kiyohiko et al. (1986) und Shur (1977) nachgewiesen werden, dass die Bruchspannung keramischer Werkstoffe im mehraxialen Fall niedriger liegt als im einaxialen, d.h. die Vergleichsspannungshypothese von Rankine, die von der größten Normalspannung als Ursache für den Bruch ausgeht und bei spröden Werkstoffen angewendet wird, ist hier nicht gültig, da sich aus dieser eine gleiche Bruchspannung für den ein- und zweiaxialen Belastungsfall berechnet.

Die unterschiedlichen Bruchspannungen, hervorgerufen durch unterschiedliche Spannungszustände, lassen sich ebenfalls mit der Weibullstatistik erfassen.

Ausgehend von der Überlegung, dass die Lage der Risse stochastisch verteilt ist, müssen sämtliche Normalspannungen, die durch eine angelegte Spannung σ_x, oder Spannungen σ_x und σ_y auftreten, berücksichtigt werden. Um den Unterschied zwischen dem einaxialen und zweiaxialen Fall herauszuarbeiten, werden die Bruchrisiken für beide Belastungen ermittelt und gegenübergestellt. Von Honcamp (1992) ist eine Herleitung hierfür angegeben.

Es zeigt sich, dass die unterschiedlichen Bruchspannungen im ein- und äquibiaxialen Fall durch den Faktor $1/\sigma^m_0$ in Glg. (4) berücksichtigt werden können. Bei bekanntem Weibullmodul m berechnet sich σ_0 für den äquibiaxialen Fall ($\sigma_{0,2ax}$) aus σ_0 für den einaxialen Fall ($\sigma_{0,1ax}$) nach

$$\sigma_{0,2ax} = \frac{1}{F(m,\Omega = 1)} \cdot \sigma_{0,1ax} \tag{27}$$

Der Term $1/F(m,\Omega = 1)$ wird als Äquibiaxialfaktor F_{2ax}, bezeichnet. Für $F(m,\Omega)$ existiert nach Quinn (1984) eine Reihenentwicklung (Abb. 6).

Im Gegensatz zum Transformationsfaktor F_{Tr} ist der Äquibiaxialfaktor nicht von den Körpergeometrien abhängig. F_{2ax} hat qualitativ den gleichen Verlauf über m wie der Transformationsfaktor F_{Tr}, und ist in Abb. 6 aufgetragen. Wie der Transformationsfaktor F_{Tr}, nähert er sich mit steigendem Weibullmodul m asymptotisch dem Wert 1.

Im Fall der Übertragung der Bruchspannung von 4-Punkt-Biegeversuchen auf Temperaturwechselversuche an Zylindern muss also die 4-Punkt-Biegebruchspannung mit dem Transformationsfaktor F_{Tr}, und dem Äquibiaxialfaktor F_{2ax}, multipliziert werden, um die Bruchspannung für Temperaturwechselversuche an Zylindern zu ermitteln. Welchen Einfluss diese beiden Faktoren auf die Bruchspannung haben, wird bei der Diskussion des Einflusses der Werkstoffwerte auf die maximal zulässige Temperaturänderungsgeschwindigkeit erläutert werden.

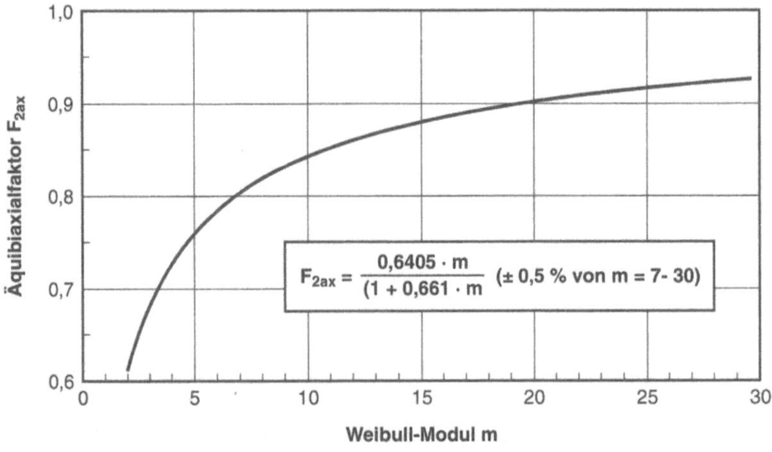

Abb. 6: Äquibiaxialfaktor als Funktion des Weibullmoduls

In diesem Abschnitt sind die theoretischen Grundlagen zur Berechnung der thermoinduzierten Spannungen bzw. der kritischen Abkühlgeschwindigkeit von Zylindern vorgestellt worden. Für den Werkstoff dichtgesintertes Aluminiumoxid sind diese theoretischen Ansätze experimentell überprüft worden, wobei eine gute Übereinstimmung zwischen Messung und Berechnung der kritischen Abkühlgeschwindigkeit von Al_2O_3-Zylindern verschiedener Durchmesser festgestellt wurde (Abb. 7). Bei den Versuchen wurden jeweils mehrere Zylinder von einer Starttemperatur ϑ_{max} aus mit bis zum Bruch gesteigerten linearen Abkühlgeschwindigkeiten belastet (Honcamp 1992). Hierbei wurde festgestellt, dass Messung und Rechnung besser übereinstimmen, wenn der Weibullmodul mit der Methode der kleinsten Fehlerquadrate ermittelt wird und die Transformation der Bruchspannung mit dem Bruchrisiko, welches die Oberflächenspannungen berücksichtigt, vorgenommen wird.

Mit den experimentellen Untersuchungen konnten auch die Spannungsgleichungen Glg. (1) bis (3) bestätigt werden. Erstens zeigen die Rissbilder der zerstörten Probekörper, dass die für den Bruch verantwortlichen (maximalen) Spannungen in tangentialer und axialer Richtung verlaufen, und zweitens wurde die quadratische Abhängigkeit der kritischen Abkühlgeschwindigkeit $b_{krit.}$ von Radius R der Zylinder ($b_{krit}\sim 1/R^2$) bestätigt. Bei der Auftragung der Messergebnisse $b_{krit}R^2$ über der Starttemperatur ϑ_{max} liegen alle Messpunkte im Rahmen der Messtoleranzen auf einer Kurve. Weiterhin konnten mit Hilfe der Schallemissionsanalyse während der Versuche der Bruchzeitpunkt ermittelt werden. Hier zeigte sich, dass die Bruchzeitpunkte mit den rechnerisch ermittelten Zeitpunkten der maximal auftretenden Spannungen (und damit der maximalen Bruchrisiken) zusammenfallen.

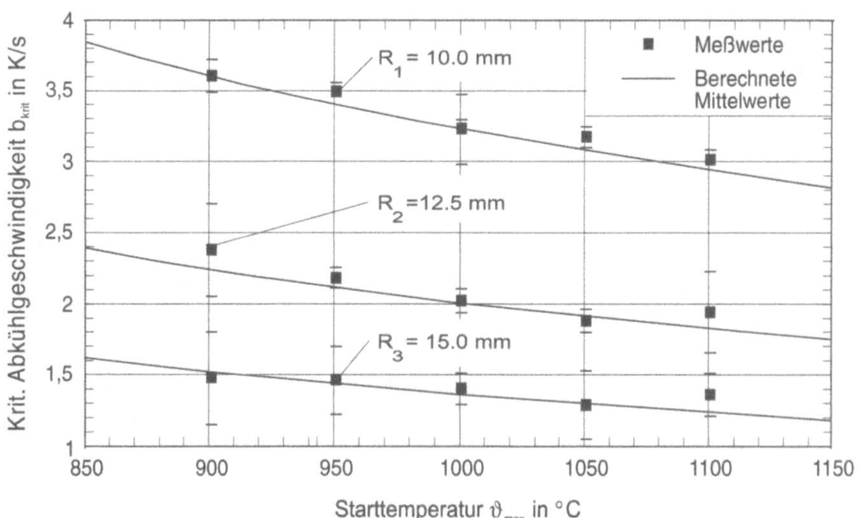

Abb. 7: Berechnete und gemessene (Mittelwert und Standardabweichung) kritische Abkühlgeschwindigkeit als Funktion der Starttemperatur für Al_2O_3-Zylinder mit drei verschiedenen Radien

Die theoretischen Grundlagen scheinen also experimentell hinreichend genau überprüft zu sein, und es soll nun gezeigt werden, inwieweit die Werkstoffwerte die kritische Abkühlgeschwindigkeit b_{krit} beeinflussen.

5.3.3
Einflussfaktoren auf die kritische Abkühlgeschwindigkeit

Wie analytisch hergeleitet (Glg. (2) und (3)) und experimentell bestätigt wurde, ist die Haupteinflussgröße der thermoinduzierten Spannungen die Körpergröße. Bei der Geometrie eines Zylinders ist dies der Fall der eindimensionalen, radialen Wärmeleitung der Radius R. Er geht als einzige Größe quadratisch in die Spannungsgleichung ein (Glg. (2)).

Weitere Einflussfaktoren sind die in Glg. (2) auftretenden Stoffwerte und deren Temperaturabhängigkeiten. Zur Diskussion dieser Parameter wird die kritische Abkühlgeschwindigkeit von Zylindern aus Al_2O_3 mit der anderer Materialien, die entsprechend andere Werkstoffeigenschaften besitzen, verglichen. Hierbei wird von der Annahme ausgegangen, dass die im vorangegangenen Abschnitt vorgestellten Berechnungsmodelle für die Ermittlung der kritischen Abkühlgeschwindigkeit und der Transformation der Bruchspannung auf diese Materialien anwendbar sind.

Die zu Vergleichszwecken herangezogenen Werkstoffe sind solche, die im Hochtemperaturmaschinenbau Anwendung finden sollen. Es sind im Einzelnen:

- Vollstabilisiertes Zirkonoxid (FS-ZrO_2)
- Reaktionsgebundenes Siliziumnitrid (RBSN)
- Heißgepresstes Siliziumnitrid (HPSN)
- Heißgepresstes Siliziumcarbid (HP-SiC)

Die Stoffwerte für die nahe der theoretischen Dichte hergestellten Materialien wurden von Honcamp (1992) dem Schrifttum entnommen. Um möglichst genaue Rechenergebnisse zu erhalten, wurden die kritischen Abkühlgeschwindigkeiten mit den Gleichungen berechnet, die die Temperaturabhängigkeiten der Stoffwerte beinhalten (Honcamp 1992; Honcamp u. Jeschar 1990).

Das Ergebnis der Rechnung ist in Abb. 8 aufgetragen. auf die Darstellung der kritischen Abkühlgeschwindigkeit von Zylindern aus HPSN und HP-SiC (NC 203) wurde der Übersichtlichkeit halber verzichtet, da ein Zylinder aus HPSN bereits bei einer Starttemperatur von $\vartheta_{max} = 1100$ °C eine mittlere kritische Abkühlgeschwindigkeit von $b_{krit} = -135$ K/s hat und ein Zylinder aus HP-SiC (NC 203) in der Größenordnung der RBSN liegt. Die schraffierten Bereiche ergeben sich durch die Standardabweichungen der Bruchfestigkeiten.

Es ist festzustellen, dass die kritische Abkühlgeschwindigkeit der Zylinder aus HP-SiC bzw. RBSN um ca. zwei Zehnerpotenzen höher liegen, sodass die Ordinate logarithmisch eingeteilt werden musste, um eine vernünftige Darstellung zu erhalten.

Zur Erklärung dieser erheblichen Unterschiede dient die analytische Lösung der Spannungsgleichung (2), umgestellt nach der kritischen Abkühlgeschwindigkeit b_{krit} und mit σ_{Br} für $\sigma_\varphi(R)$

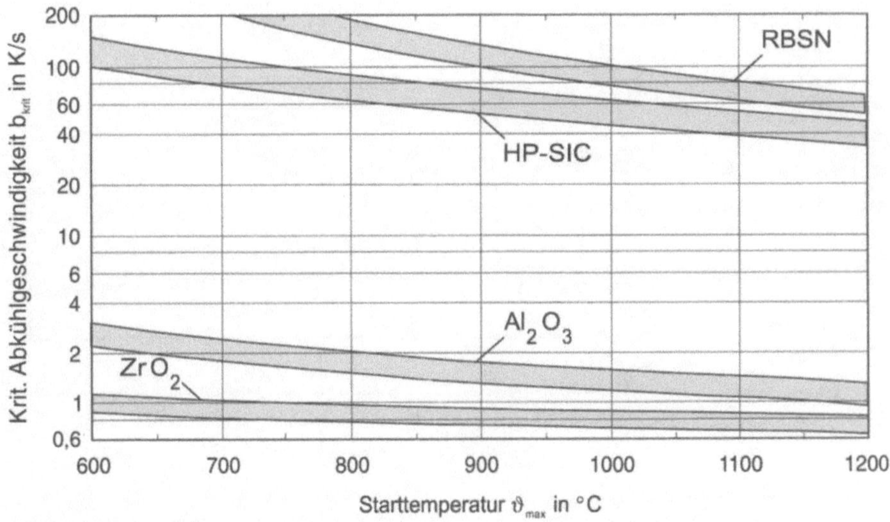

Abb. 8: Berechnete kritische Abkühlgeschwindigkeit als Funktion der Starttemperatur für Keramikzylinder mit einem Radius von R = 15 mm (Parameter: Werkstoffart)

$$b_{krit} = -8\frac{\sigma_{Br}}{E}\cdot\frac{a}{\beta}\cdot(1-\upsilon)\cdot\frac{1}{R^2}. \qquad (28)$$

In dieser Gleichung tritt zunächst das dimensionslose Verhältnis σ_{Br}/E auf, welches für die genannten Werkstoffe in Abb. 9 über der Temperatur aufgetragen ist. Hinsichtlich der Temperaturabhängigkeit hat dieses Verhältnis eine untergeordnete Bedeutung bei der Ermittlung der kritischen Abkühlgeschwindigkeit, da es für alle aufgeführten Werkstoffe über ein weites Temperaturspektrum einen nahezu konstanten Verlauf hat. Lediglich das Niveau des Verhältnisses σ_{Br}/E hat einen Einfluss. Hier liegen die Siliziumnitridwerkstoffe i.a. höher als die beiden Oxidkeramiken. Der Einfluss des Weibullmoduls auf die Bruchspannung und damit die kritische Abkühlgeschwindigkeit wird am Ende dieses Abschnittes erläutert. Der nahezu konstante Verlauf des Verhältnisses σ_{Br}/E über der Temperatur hat folgende Konsequenz für die Berechnung von kritischen Abkühlgeschwindigkeiten. Es ist außerordentlich aufwendig, akkurate Messungen dieser beiden Werkstoffwerte bei hohen Temperaturen vorzunehmen.

Aus diesem Grund finden sich dazu in der Literatur insbesondere bei den modernen Siliziumwerkstoffen wenig Angaben. Abb. 9 zeigt, dass die Bestimmung dieser Werkstoffwerte bei hohen Temperaturen nicht unbedingt erforderlich ist, da die Relation dieser beiden i.a. mit der Temperatur abnehmenden Größen über ein weites Temperaturspektrum konstant ist. Es ist also hinreichend, Bruchspannungsuntersuchungen zur Bestimmung von σ_{Br}, und beispielsweise Schallemissionsanalysen zur Ermittlung des E-Moduls bei Umgebungstemperatur durchzuführen und diese Werte für eine Berechnung der kritischen Abkühlgeschwindigkeit auch bei hohen Temperaturen zu verwenden.

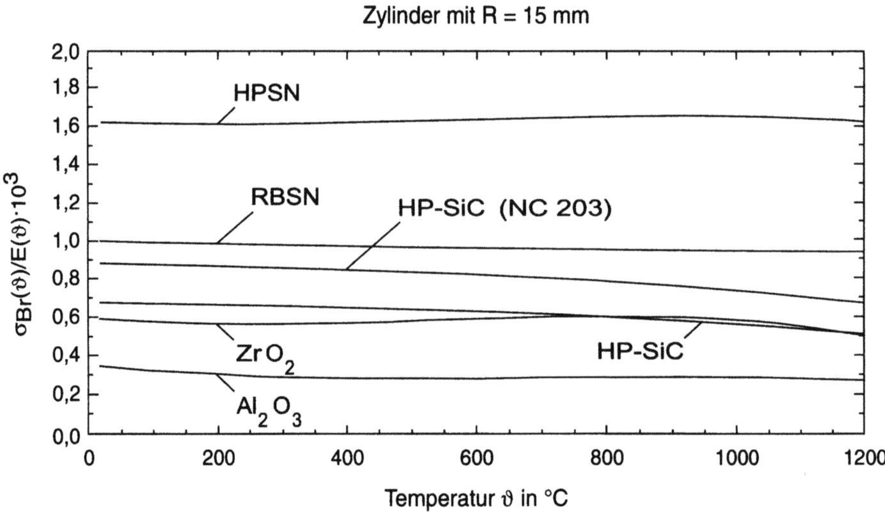

Abb. 9: Verhältnis der Bruchspannung für einen Zylinder mit dem Radius R=15 mm zum Elastizitätsmodul in Abhängigkeit von der Temperatur für verschiedene keramische Konstruktionswerkstoffe

Das Verhältnis σ_{Br}/E des Werkstoffes HP-SiC hat die gleiche Größenordnung wie das des Werkstoffes ZrO_3, hingegen liegt die kritische Abkühlgeschwindigkeit des genannten Zylinders aus HP-SiC um den Faktor 100 höher als bei dem Zylinder aus ZrO_2. Das Verhältnis σ_{Br}/E ist also nicht der entscheidende Einflussparameter für die thermoinduzierten Spannungen. Es ist vielmehr die Relation a/β in Glg. (28). Bei keramischen Werkstoffen nimmt der Temperaturleitkoeffizient a insbesondere wegen seiner Abhängigkeit vom Wärmeleitkoeffizienten λ üblicherweise mit steigender Temperatur ab, wie dies in Abb. 10 für die beschriebenen keramische Materialien aufgetragen ist. Aus dieser Abbildung ist bereits der Grund für die sehr hohe Abkühlgeschwindigkeit eines Zylinders aus HP-SiC zu erkennen. Beispielsweise bei einer Temperatur von $\vartheta = 1000$ °C hat das heißgepresste Siliziumcarbid einen 16-fach höheren Temperaturleitkoeffizienten als das vollstabilisierte Zirkonoxid.

Zur Verdeutlichung des Einflusses des Temperaturleitkoeffizienten bei instationären Wärmeleitvorgängen ist in Abb. 11 für die vier Werkstoffe das Temperaturprofil in einem Zylinder vom Radius R = 15 mm zum Zeitpunkt t = 104 s aufgetragen, wobei alle von der gleichen Starttemperatur $\vartheta = 1000$ °C mit derselben Abkühlgeschwindigkeit b = -1,4 K/s an der Mantelfläche abgekühlt wurden.

Der Zylinder aus dem Material Al_2O_3 würde nach den rechnerisch und experimentell ermittelten Ergebnissen bei diesem Belastungsfall zu diesem Zeitpunkt versagen. Das Abb. 11 zeigt graphisch die bekannte Tatsache, dass ein hoher Temperaturleitkoeffizient bzw. Wärmeleitkoeffizient (HP-SiC, RBSN) zu einer Vergleichmäßigung der Temperaturverteilung führt. Zwischen Kern und Oberfläche treten keine großen Temperaturdifferenzen auf, wodurch die entsprechend der örtlichen Temperatur proportionale Wärmedehnung ebenfalls nur geringe Unter-

schiede zwischen Kern und Oberfläche aufweist und somit der Körper spannungs-
arm ist.

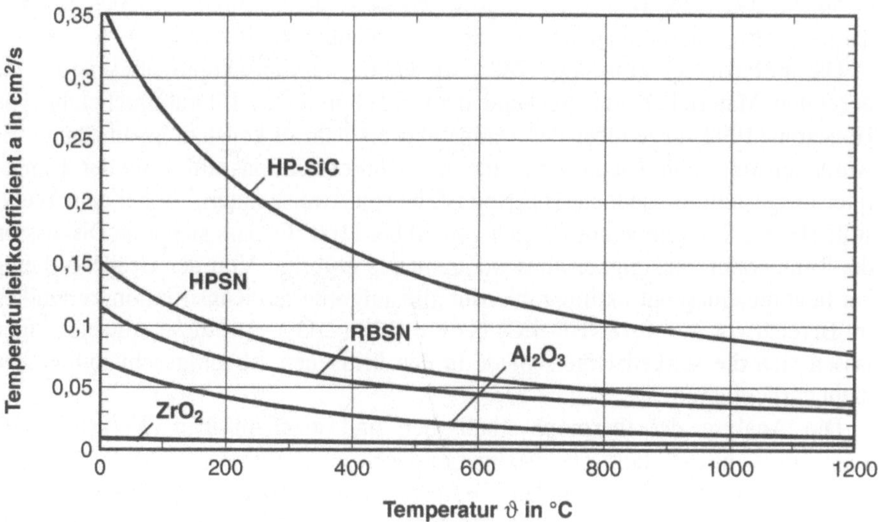

Abb. 10: Temperaturleitkoeffizient in Abhängigkeit von der Temperatur für verschiedene keramische Konstruktionswerkstoffe

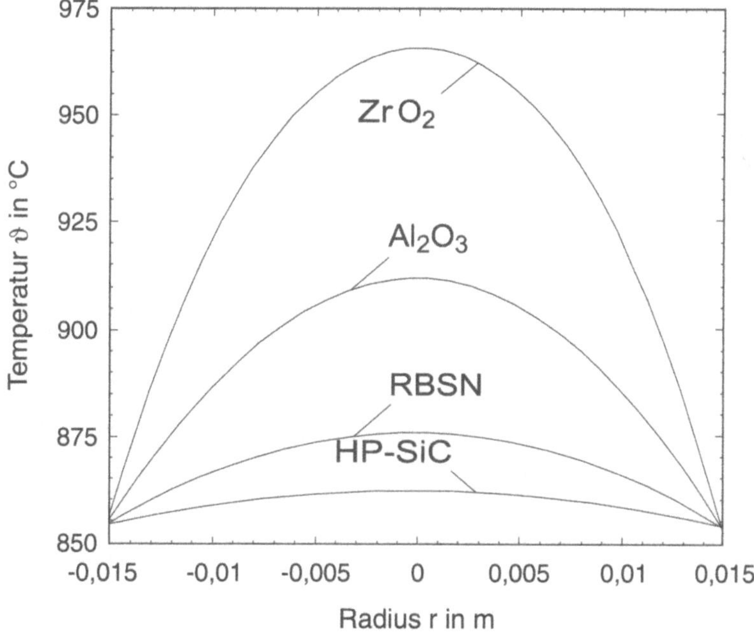

Abb. 11: Temperaturprofil in einem keramischen Zylinder nach t = 104 s bei linearer Abkühlung
der Körperoberfläche (Parameter: Werkstoffart)

Der thermische Ausdehnungskoeffizient β nimmt im Gegensatz zum Temperaturleitkoeffizienten mit steigender Temperatur zu, wie dies in Abb. 12 für die o.g. keramischen Werkstoffe dargestellt ist. Aus dieser Abbildung ist der Grund für die sehr hohe zulässige Abkühlgeschwindigkeit eines Zylinders aus Siliziumnitrid zu erkennen. Die Siliziumnitridwerkstoffe haben relativ zu den anderen dargestellten Materialien den geringsten Ausdehnungskoeffizienten.

Die im Faktor $(1-\nu)$ in Glg. (28) auftretende Querkontraktionszahl ν ist für die gezeigten Materialien entsprechend dem Ergebnis einer Literaturrecherche von Honcamp (1992) gegenüber der Temperatur als nahezu konstant anzunehmen. Es wurde teilweise eine leichte Zunahme der Querkontraktionszahl ν mit der Temperatur festgestellt, die jedoch so gering ist, beispielsweise unter 6 % bei dem Werkstoff HP-SiC im Temperaturbereich von 20 bis 1100 °C, dass sich eine Diskussion der Temperaturabhängigkeit dieses Parameters erübrigt. Von der Größenordnung her liegt die Querkontraktionszahl ν für alle aufgeführten Konstruktionskeramiken im Bereich von $\nu = 0{,}18$ (HP-SiC) bis $\nu = 0{,}29$ (ZrO$_2$). Auf diese Abweichungen lassen sich die starken Unterschiede in den kritischen Abkühlgeschwindigkeiten nicht zurückführen.

Die Analyse der thermophysikalischen und mechanischen Werkstoffwerte zeigt, dass hinsichtlich der Temperaturwechselbeständigkeit ein keramischer Werkstoff einen möglichst hohen Temperaturleitkoeffizienten (Wärmeleitkoeffizienten) besitzen sollte. Da jedoch keramische Materialien häufig zur thermischen Isolation von nachgeschalteten, meist tragenden Metallkonstruktionen eingesetzt werden, liegen hier zwei sich widersprechende Anforderungen an ein Material vor. Bei der Entwicklung von Konstruktionskeramiken ist daher in Bezug auf die Temperaturwechselbeständigkeit neben einer hohen Festigkeit das Hauptaugenmerk auf die Verringerung des thermischen Ausdehnungskoeffizienten zu legen.

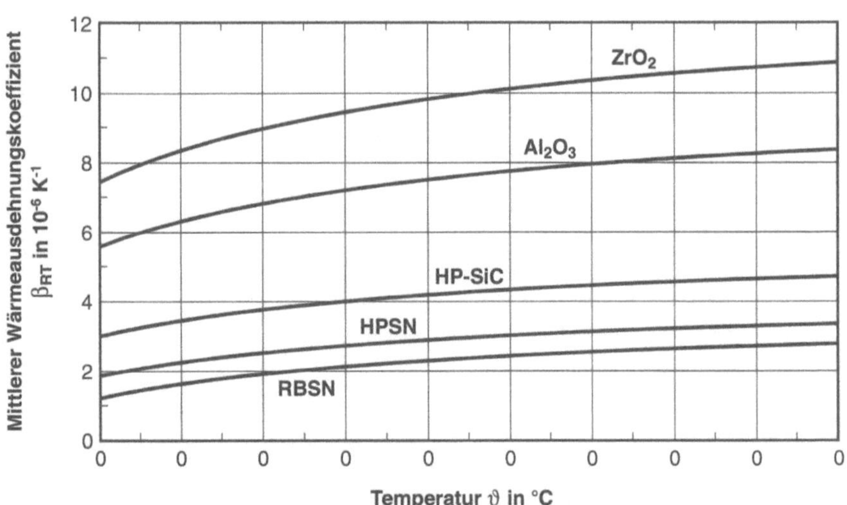

Abb. 12: Linearer Wärmeausdehnungskoeffizient zwischen Raumtemperatur und ϑ für verschiedene keramische Konstruktionswerkstoffe

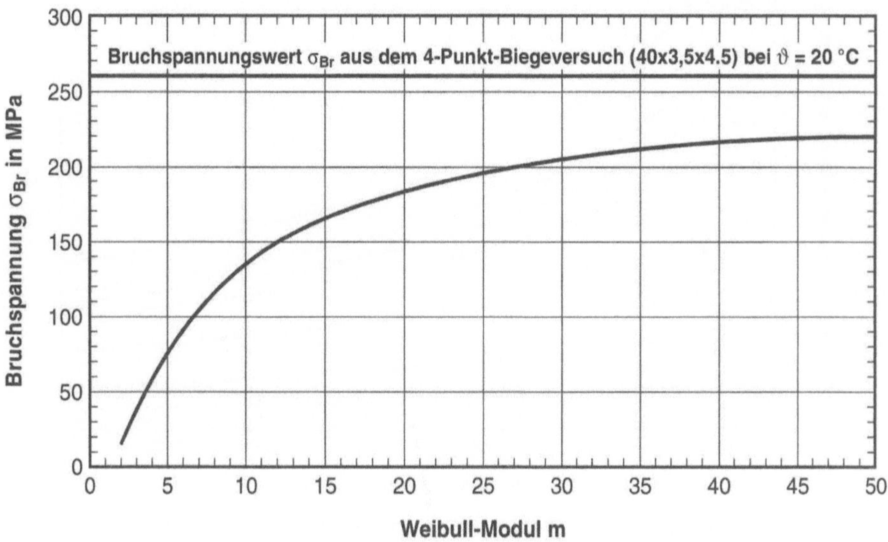

Abb. 13: Bruchspannung für den Fall der linearen Abkühlung der Mantelfläche eines Zylinders (R = 15 mm, H = 90 mm) in Abhängigkeit vom Weibullmodul (Annahme für diese Darstellung: $\sigma_{Br} \approx f(\vartheta)$, d.h. $\sigma_{Br}(m = \infty)_{Br,4B}(\vartheta = 20\ °C)$)

Eine weitere entscheidende und nicht nur in Bezug auf die kritische Abkühlge-schwindigkeit relevante Werkstoffgröße ist der Weibullmodul m. Dieser. Modul. bestimmt, wie im vorigen Abschnitt gezeigt, maßgeblich die Bruchfestigkeit eines Materials. Bezugnehmend auf die hier vorgestellte Problematik der kritischen Abkühlgeschwindigkeit eines Zylinders ist für den experimentell untersuchten Werkstoff Al_2O_3 in Abb. 13 die Bruchspannung eines 4-Punkt-Biegebalkens und die daraus mit dem Transformationsfaktor F_{Tr}, und Äquibiaxialfaktor F_{2ax} berech-nete Bruchspannung eines Zylinders mit den im Bild angegebenen Abmessungen über dem Weibullmodul m aufgetragen. Bei einem Weibullmodul $m = \infty$ würden beide Faktoren jeweils den Wert 1 annehmen, d.h. die im 4-Punkt-Biegeversuch ermittelten Bruchfestigkeitswerte könnten direkt auf den Zylinder und den Fall des Temperaturwechsels übertragen werden. Da sich jedoch die Weibullmoduln ke-ramischer Konstruktionswerkstoffe im Bereich von m = 5 bis 25 bewegen, sind die daraus resultierenden Herabsetzungen der Bruchspannungen in die Berech-nungen mit einzubeziehen. Abb. 14 zeigt hierzu die berechneten kritischen Ab-kühlgeschwindigkeiten des Al_2O_3-Zylinders mit R = 0,015 m aus Abb. 7 für ver-schiedene Weibullmodulen. Aus Abb. 13 und Abb. 14 ist ersichtlich, dass bei der Entwicklung keramischer Konstruktionswerkstoffe für den Hochtemperaturma-schinenbau nicht nur eine hohe Festigkeit und wie erwähnt, ein niedriger Wär-meausdehnungskoeffizient erreicht werden muss, sondern auch ein möglichst hoher Weibullmodul, d.h. eine geringe Streuung der Festigkeiten.

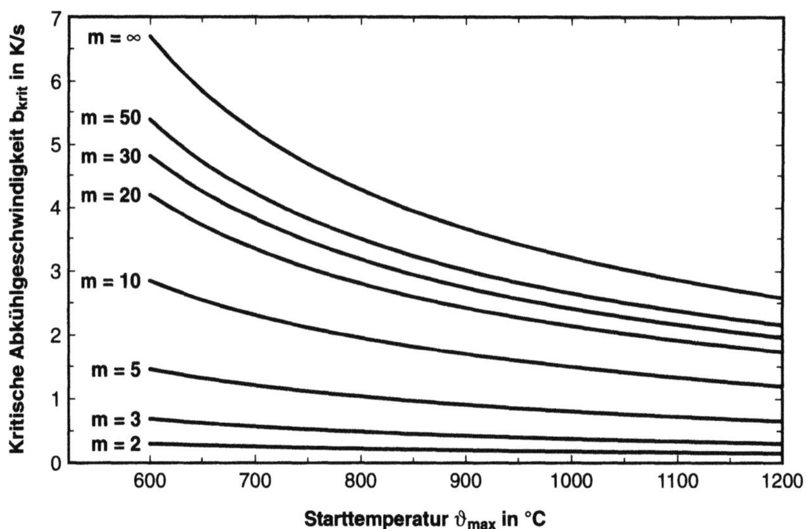

Abb. 14: Berechnete maximal zulässige Abkühlgeschwindigkeit eines Zylinders aus Al_2O_3 (R = 15 mm) in Abhängigkeit von de Starttemperatur (Parameter: Weibullmodul)

Formelzeichen und Indizes

Lateinische Buchstaben

A	Fläche $[m^2]$
a	Temperaturleitkoeffizient $[m^2s^{-1}]$
b	lineare Abkühlgeschwindigkeit an der Körperoberfläche $[Ks^{-1}]$
c	spez. Wärmekapazität $[J\,kg^{-1}K^{-1}]$
E	Elastizitätsmodul [Pa]
F	Kraft [N]
F_{Tr}	Transformationsfaktor für Bruchspannungen
F_{2ax}	Äquibiaxialfaktor
H	Höhe des Biegebalkens [m]
I_z	axiales Trägheitsmoment um z-Koordinate $[m^4]$
L	Länge [m]
M_b	Biegemoment um z-Koordinate [Nm]
n	Zähler
R	Radius [m]
Rr	Bruchrisiko
S	Bruchwahrscheinlichkeit (Summenfunktion)
S_ω	Standardabweichung

Griechische Buchstaben

linearer Wärmeausdehnungskoeffizient $[K^{-1}]$
Wärmeleitkoeffizient $[W\,m^{-1}K^{-1}]$
Querkontraktionszahl

Spannung [Pa]

σ_b Erwartungswert der Bruchspannung [Pa]

σ_0 Weibullparameter (Materialkonstante) [Pa]

$\sigma_{0,1ax}$ Weibullparameter für den einaxialen Belastungsfall (Materialkonstante) [Pa]

$\sigma_{0,2ax}$ Weibullparameter für den äquibiaxialen Belastungsfall (Materialkonstante) [Pa]

Indizes

Br   Bruch

GS   German Standard (für 4-Punkt-Biegeversuch)

gem   gemessen (für Biegeversuche, Abmaße)

krit   kritisch (maximal zulässig)

$r;\varphi;z$ in Zylinderkoordinatenrichtung r,φ,z

th   thermische Belastung bei den Zylindern

$x;y;z$ in Koordinatenrichtung x,y,z

3B;4B   3-Punkt-, 4-Punkt-Biegeversuch

$I;..;IV$ Für die Bereiche I,..,IV (Erklärung im Text)

Literatur zu Kapitel 5.3

Evans AG (1978) A General Approach for the Statistical Analysis of Multiaxial Fracture. J of the Americ. Ceram. Soc. 61

Harste K (1989) Untersuchungen zur Schrumpfung und zur Entstehung von mechanischen Spannungen während der Erstarrung und nachfolgender Abkühlung zylindrischer Blöcke aus FeC-Legierungen. Dissertation, Technische Universität Clausthal

Honcamp S (1992) Untersuchung von Wärmespannungen aufgrund instationärer Temperaturfelder in keramischen Bauteilen. Dissertation, Technische Universität Clausthal

Honcamp S, Jeschar R (1990) Investigations to determine the maximum permissible cooling velocity for ceramic components made of alumina. Steel Research 61:576-584

Kiyohiko Ikeda, Hisashi Igaki, Tokihiro Koroda (1986) Fracture Strength of Alumina Cermaics under Uniaxial and Triaxial Stress States. Ceram. Bulletin

Kreyszig E (1972) Statistische Methoden und ihre Anwendung. Vandenhoeg & Ruprecht, Göttingen:177-181

Quinn GD (1984) Properties Testing and Materials Evaluation. Ceramics engineering and science proceedings

Sheffy DK et.al. (1983) A Biaxial-Flexure Test for Evaluating Ceramic Strengths. J of the Americ. Ceram. Soc. 66

Shur DM (1977) Statistical Criterion of the Danger of Material Fracture in a Complex Stress State. Mashovidenia

Stange K (1970) Angewandte Statistik. Erster Teil: Eindimensionale Probleme. Springer, Berlin-Heidelberg-New York, S 86ff

Stout MG, Petrovic JJ (1984) Multiaxial Loading Fracture of Al_2O_3 Tubes. Part I, II. J of the Americ. Ceram. Soc. 67

Szabo I (1972) Höhere Technische Mechanik. Springer, Berlin-Heidelberg-New York, S 161ff

Timoshenko S, Goodier JN (1970) Theory of Elasticity 3rd edn. Mac Graw Hill Book Company, New York

Weibull W (1939) A Statistical Theory of the Strength of Materials. Proc. of the Royal Swedish Institute of Engin. Research, No. 151

5.4
Hochtemperaturoxidationsschutz von C/C-Werkstoffen auf Mullitbasis

G. Borchardt, A. Schnittker

5.4.1
Vorbemerkungen

Kohlenstoffaserverstärkter Kohlenstoff (C/C) eignet sich wegen der guten mechanischen Eigenschaften und der geringen Dichte hervorragend als Konstruktionswerkstoff bei hohen Temperaturen. Die unzureichende Oxidationsbeständigkeit ungeschützter C/C-Werkstoffe genügt jedoch den Anforderungen im praktischen Hochtemperaturbetrieb nicht. Bei den komplexen thermischen, chemischen und mechanischen Belastungen, wie sie in verfahrenstechnischen Maschinen und in der Luft- und Raumfahrt auftreten, ist nur die Verwendung beschichteter C/C-Werkstoffe denkbar. Die bisher eingesetzten Schutzschichten bestehen vor allem aus Siliziumkarbid (SiC) in Kombination mit Borkarbid (B_4C). Es bildet sich eine äußere SiO_2-Schicht mit einem hohen B_2O_3-Gehalt aus, welche die Risse in der SiC-Schicht schließen soll. In gleicher Weise werden Hf-, Zr- und/oder Ti-Karbide als Beschichtungsmaterialien verwendet, die ebenfalls zu oxidischen Schichten weiterreagieren. Auch die zusätzliche Beschichtung der Bauteile mit "Verglasungsschichten" (z.B. SiO_2- B_2O_3-Gläser) hat keine wesentlichen Verbesserungen ergeben. Probleme bereiteten hier jedoch der hohe Dampfdruck (B_2O_3), die Empfindlichkeit gegen H_2O (vor allem B_2O_3 und ZrO_2) sowie die mit Phasenumwandlungen einhergehenden Volumenänderungen (HfO_2, SiO_2, ZrO_2).

Bei der Beurteilung der Schutzwirkung einer Beschichtung auf einem gegebenen C/C-Substrat stößt man auf folgende Schwierigkeiten: Während die thermodynamischen Daten für die meisten Reaktionen bekannt sind, enthalten die Publikationen zur Reaktionskinetik für einen gegebenen Werkstoff sehr unterschiedliche Resultate, die in der Regel auch für nominell gleiches Material differieren. Die Ursachen hierfür können sowohl in den unterschiedlichen Gefügen von Schutzschicht (z.B. SiC) und Reaktionsprodukt (z.B. SiO_2) als auch in dem Einfluss der Dotierungen bzw. Verunreinigungen auf die Transporteigenschaften des Reaktionsproduktes liegen. Klare Aussagen über die Reaktionsmechanismen und damit über Maßnahmen zur Verbesserung des Oxidationsschutzes sind in der Regel nicht möglich, weil den jeweiligen Autoren nicht alle erforderlichen Methoden zur Verfügung standen.

Unsere Arbeit hatte die Verbesserung des Oxidationsschutzes von kohlenstofffaserverstärkten Verbundwerkstoffen mittels äußerer Mullitschichten zum Ziel. Für einen industriell hergestellten, mit Siliziumkarbid beschichteten kohlenstofffaserverstärkten Kohlenstoffverbundwerkstoff sollte ein effizienteres Schichtsystem geprüft werden. Mullit ($3\ Al_2O_3 \cdot 2\ SiO_2$) ist aufgrund seiner ausgezeichneten Eigenschaften im Hochtemperaturbereich als Schichtmaterial besonders geeignet. Der Mullit ($Al_2[Al_{2+2x}\ Si_{2-2x}]O_{10-x}$) ist die einzige unter Atmosphärendruck sta-

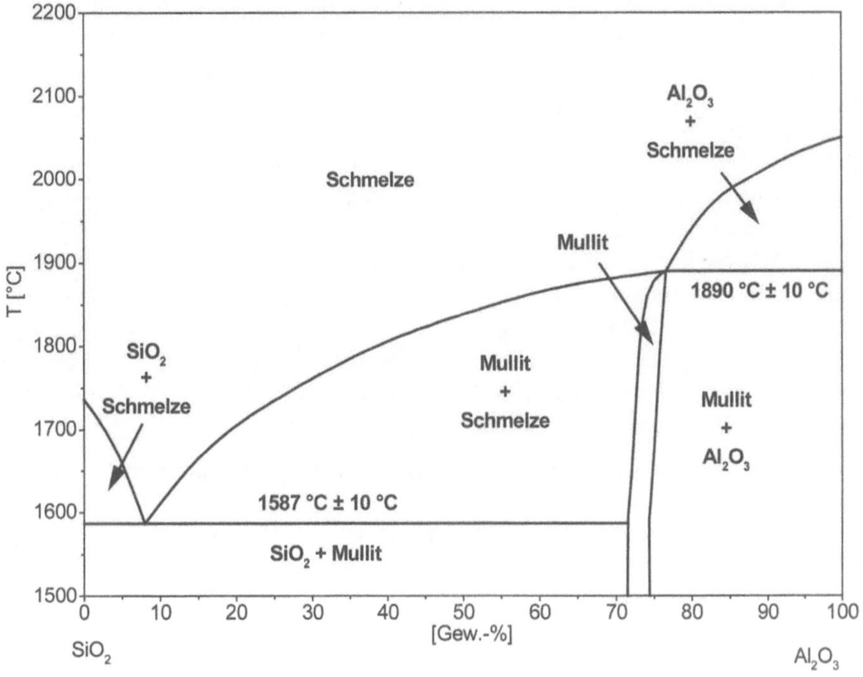

Abb. 1: Phasendiagramm SiO$_2$-Al$_2$O$_3$

bile Phase des quasibinären Al$_2$O$_3$-SiO$_2$-Systems. Der Konzentrationsbereich des Mullit liegt zwischen 71,8 und 77,3 Gew.-% Al$_2$O$_3$ bzw. zwischen 3:2-Mullit (3Al$_2$O$_3$ · 2SiO$_2$) und 2:1-Mullit (2Al$_2$O$_3$ · SiO$_2$).

Die Eigenschaften, die dazu geführt haben, dass dieses Material nicht nur als Hauptbestandteil von kommerziellen keramischen Produkten (Sanitärkeramik, Porzellan), sondern immer mehr als optisches, elektronisches oder Hochtemperaturmaterial Verwendung findet, werden von Schneider et al.(1994) detailliert beschrieben. Der Kürze halber wird die Bezeichnung „Mullit" im Folgenden auch dann verwendet, wenn die Zusammensetzung der Schicht aus dem Homogenitätsbereich dieser einzigen quasibinären Verbindung im System Al$_2$O$_3$ - SiO$_2$ herauswandert, was z.B. durch bewusste Zumischung eines der binären Ausgangsoxide oder durch SiO$_2$-Aufnahme bei der Oxidation der darunter liegenden SiC-Schicht geschieht.

Neben den notwendigen Bedingungen, wie

1. einer angepassten thermischen Ausdehnung,
2. einem geringen Sauerstofftransportkoeffizienten und
3. einer hohen Schmelztemperatur

bietet Mullit die Möglichkeit, Defekte zu versiegeln. Oberhalb von 1587 °C kann durch Zugabe von SiO$_2$ der Anteil der flüssigen Phase eingestellt werden. Weiterhin ist eine gute Anbindung an die SiO$_2$-bildende SiC-Schicht des Substrats gegeben.

Um praxisbezogene Anforderungskriterien an Oxidationsschutzsysteme und Konzepte zur Verbesserung der Oxidationsbeständigkeit von C/C-Materialien zu konkretisieren, wurden im ersten Schritt die wesentlichen Oxidationsmechanismen des für die Beschichtung vorgesehenen C/C-Materials ermittelt, welches auch als Referenzmaterial für die weiteren Untersuchungen diente. Mit Mullitschichten von einigen Mikrometern Dicke sind folgende Ziele realisierbar:

1. Im Hochtemperaturbereich ($T > 1050$ °C) können Risse in der SiC-Schicht des Substratmaterials, deren Breite im Nanometerbereich liegt, verschlossen werden. SiO_2-reicher Mullit stellt eine wirksame Sauerstoffdiffusionsbarriere dar.
2. Im mittleren Temperaturbereich ($T < 1050$ °C) können die vorgesehenen Mullitschichten das Oxidationsverhalten des Referenzmaterials nicht verbessern. Unterhalb von 1050 °C entstehen durch den CVD-Herstellungsprozess bedingte Risse in der primären SiC-Schicht des Substratmaterials von ca. 1 µm Breite, die von Mullitdünnschichten nicht abgedeckt werden.

Die Untersuchungen beschränkten sich daher auf den Temperaturbereich oberhalb von 1050 °C.

5.4.2
PLD-Schutzschichten

Die Herstellung der Mullitschichten erfolgte mit Hilfe der Hochratelaserpulsabscheidung (Pulsed Laser Deposition = PLD) am Fraunhofer Institut für Werkstoff- und Strahlforschung in Dresden. Das Verfahren erlaubt Abscheidegeschwindigkeiten von mehr als $500\ \mathrm{nm\ s^{-1}}$. Es werden gut haftende Schichten erzielt, deren Metallanteile aufgrund der Vorzüge dieses Verfahrens mit dem Targetmaterial übereinstimmen. Die starke Dropletbildung stellt keinen Nachteil dar. Sauerstoffdiffusionsexperimente zeigen, dass die Schichten keine offenen Poren aufweisen. Es ergibt sich weiterhin, dass die Diffusionskoeffizienten von Sauerstoff in Mullit um ein bis zwei Größenordnungen geringer sind als in SiO_2 an der inneren Grenzfläche Mullit/SiC. Da in der Literatur keine Daten zur Sauerstoffdiffusion in Mullit vorhanden waren, wurden entsprechende Experimente ausgeführt.

Mittels IR-Spektroskopie und Röntgenbeugungsanalysen konnte Mullit in getemperten PLD-Schichten nachgewiesen werden. Rohschichten zeigen aufgrund des nach der Beschichtung bestehenden Sauerstoffdefizites nicht die typischen Mullitpeaks.

Oxidationsexperimente (TGA) führen zur Bildung von amorphem SiO_2. Im untersuchten Temperatur- bzw. Zeitbereich wurde im Gegensatz zum Referenzmaterial keine Kristallisation des SiO_2 beobachtet.

Für die Bewertung des mullitbeschichteten Verbundwerkstoffes ist der Nachweis der Langzeiteinsatzfähigkeit im oberen Temperaturbereich von entscheidender Bedeutung. Nach Verbesserung der Probenpräparation, d. h. nach

1. Voroxidation der C/C-Si-SiC-Substrate und der Erhöhung der
2. Dicke der Mullitschichten auf 2,5 µm

wiesen alle Proben eine Massezunahme auf. Die Modellrechnungen zur Reaktionskinetik auf Grundlage der von uns gemessenen Sauerstoffdiffusion in Mullit

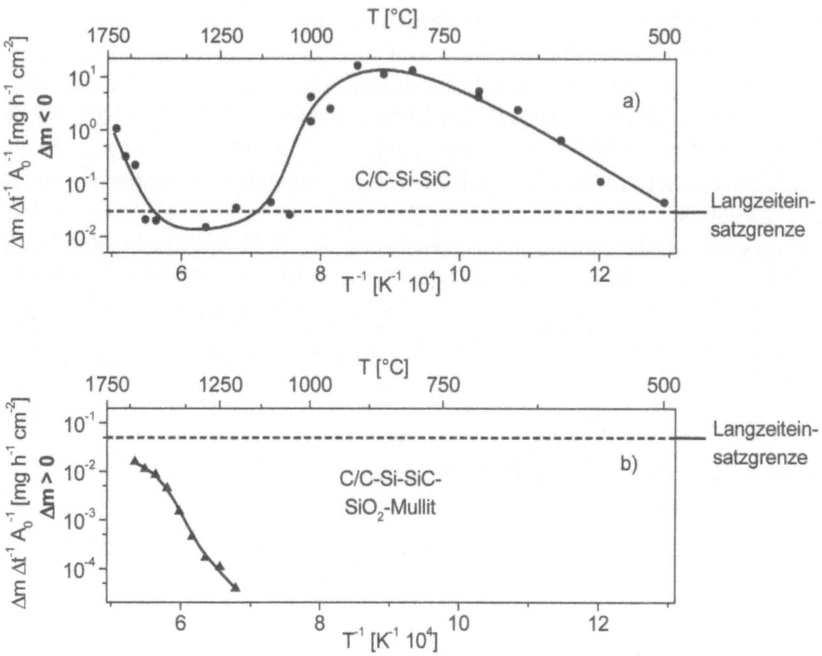

Abb. 2: Oxidationsgeschwindigkeit beschichteter C/C-Proben: a) Referenzmaterial (C/C-SiC): $\Delta m < 0$; b) verbessertes Schichtsystem (Mullit auf Referenzmaterial): $\Delta m > 0$

zeigen, dass eine Massenzunahme allein durch die Bildung von SiO_2 (und CO) bei Oxidation in Luft im Temperaturbereich von 1100 °C bis 1600 °C bei Oxidationszeiten bis 400 h erklärt werden kann. Es erfolgt also lediglich eine Oxidation der SiC-Schicht, das Substratmaterial wird hingegen nicht angegriffen.

Die thermogravimetrischen Experimente wurden in Luft im Temperaturbereich von 1100 °C bis 1600 °C bei Oxidationszeiten bis 400 h ausgeführt.

Abbildung 2 zeigt einen Vergleich der Temperaturabhängigkeit der Oxidationsgeschwindigkeiten des Referenzmaterials und des mullitbeschichteten Materials (nach 40 h). An dieser Stelle soll noch einmal darauf verwiesen werden, dass das *Referenzmaterial ohne Mullit* im gesamten Temperaturbereich eine *Masseabnahme* aufweist. Für die Teilabbildung b) wurde die Langzeiteinsatzgrenze analog zu der Definition von Luthra (1988) für a) aus der Reaktion SiC + 3/2 $O_2 \leftrightarrow SiO_2$ + CO in einen äquivalenten Kohlenstoffabbrand umgerechnet. Es soll jedoch nochmals betont werden, dass es sich im Falle a) um die Schädigung des C/C-Verbundwerkstoffes, im Falle b) lediglich um die durch die äußere Mullitschicht stark verlangsamte Oxidation der SiC-Schicht auf dem C/C-Verbundwerkstoff handelt.

In Übereinstimmung mit unseren Modellrechnungen zeigen die Experimente, dass zunächst die Sauerstoffdiffusion in der Mullitschicht der geschwindigkeitsbestimmende Schritt ist, wofür sich ein lineares Zeitgesetz für die Massezunahme $\Delta m \sim t$ ergibt. Erst nachdem die unter der Mullitschicht wachsende SiO_2-Schicht eine kritische Dicke erreicht hat, bewirkt die Sauerstoffdiffusion in der wachsenden SiO_2-Schicht ein parabolisches Zeitgesetz $\Delta m \sim t^{1/2}$.

Zyklische Oxidationsexperimente zeigen, dass selbst dünne Mullitschichten ($\leq 3\ \mu m$) bei allen Proben einen Sofortausfall verhindern. Da jedoch die Risse in der SiC-Schicht des Substrats (Referenzmaterial) letztlich bei $T < 1050\ °C$ für das Versagen verantwortlich sind, bietet auch die Mullitbeschichtung noch keinen ausreichenden Schutz für den zyklischen Belastungsfall bzw. isotherme Belastung bei $T < 1050\ °C$.

Insgesamt wurde damit die Schutzwirkung der PLD-Mullitschichten bei höheren Temperaturen unter Beweis gestellt (Fritze 1996; Fritze 1998). Tabelle 1 zeigt zusammenfassend den Stand der Forschungen zur Schutzwirkung von Mullitschichten auf SiC-C/C-Werkstoffen, wie er sich Mitte der neunziger Jahre darstellte.

Tabelle 1: Schutzwirkung von Mullitbeschichtungen

	Isotherme Oxidation	Isotherme Oxidation und Korrosionswirkung von Na_2SO_4 und Na_2CO_3	Thermozyklische Belastung	
Substrat	SiC(CVD)-C/C	SiC	SiC(CVD)-C/C	SiC
Beschichtungs-Technik	PLD	APS	PLD	APS
Schichtdicke	2,5 µm	ca. 300 µm	2,5 µm	ca. 300 µm
Temperatur	1200 °C–1600 °C	1000 °C	zwischen RT - 1100 °C–1500 °C	zwischen RT - 1100 °C–1500 °C
Atmosphäre	Luft	Luft	Luft	Luft
Versuchsdauer	> 100 h	40 h	Zyklusdauer: 2 h bis 30 Zyklen	Zyklusdauer: 2 h bzw. 20 h bis 550 Zyklen
Ergebnisse	erfüllt Langzeiteinsatzkriterium, verhindert Substratabbrand	Angriff der Salzschmelze wird auf die Oberfläche der Mullitschicht begrenzt, keine Substratkorrosion	kein Sofortausfall, Versagen wird durch die SiC-Schicht des Substratmaterials verursacht	gute Haftung der Schicht, geringe Rissentwicklung Senkung der Oxidationsrate gegenüber unbeschichtetem Material
Quelle	Fritze (1996)	Lee et al. (1994) Lee et al. (1995)	Fritze (1996)	Lee et al. (1994) Lee et al. (1995)

PLD Pulsed Laser Deposition
APS Air Plasma Spraying

5.4.3
Sol-Gel-Schutzschichten

In weiteren Arbeiten wurde die Wirkung von elektrophoretisch aus Mullit-suspensionen abgeschiedene Schichten sowie Schichten, die in einem Tauchver-fahren über eine Sol-Gel-Route (TEOS-Al-Alkoxid) hergestellt wurden, unter-sucht. Hierüber soll nachfolgend berichtet werden.

Beschichtungstechnik:
Als Substrate wurden Plättchen ($20 \times 20 \times 2$ mm^3) aus zweidimensional gewebtem C/C-Verbundwerkstoff verwendet (CFC 222, Fa. Schunk Kohlenstofftechnik, Gießen). Die Proben wurden kapillarsiliziert und anschließend CVD-SiC-beschichtet, was zu einer ≥ 50 µm dicken SiC-Schicht führte.

Der Sol-Gel-Prozess mit anschließendem Tauchen ist eine interessante Me-thode, um in einem Schritt Beschichtungsmaterialien herzustellen und diese in Form dünner Schichten aufzutragen (≥ 1 µm). Da das Beschichtungsmaterial im Prozess synthetisiert wird, eröffnen sich somit vielfältige Auswahlmöglichkeiten für das Beschichtungsmaterial (Lee et al.1995).

Der Mullitprecursor wurde als Kombination organischer Al- und Si-Verbindungen hergestellt. Als Ausgangsstoffe wurden TEOS ($C_8H_{20}O_4Si$) und Aluminium-tri-sek-butylat ($C_{12}H_{27}AlO_3$) ausgewählt. Die beiden Alkoxide sind bei Raumtemperatur flüssig, jedoch nicht mischbar. Als gemeinsames Lösungs-mittel wurde Isopropanol verwendet. Laut Hersteller beträgt der Wassergehalt des Alkohols höchstens 0,1 %.

Die Route zur Herstellung des Sols für die Tauchbeschichtung wurde auf Grundlage der Arbeiten von Yoldas und Partlow (1988) ausgewählt. Die Alkoxide werden jeweils in Isopropanol gelöst, sodass die Konzentration äquivalenter Oxide 10 Gew.-% beträgt. Bezugnehmend auf den Unterschied in der Reaktionsge-schwindigkeit der Al- und Si-Alkoxide wird die TEOS-Lösung vorhydrolisiert. Dazu wurde 0,5 Mol H_2O_{dest} pro 1 Mol TEOS zugegeben ($r = 0,5$). Theoretisch ist vierfach mehr Wasser ($r = 2$) für die vollständige Hydrolyse des Si-Alkoxides not-wendig. Nach 10 min wurde die Aluminium-tri-sek-butylat-Lösung dazugegeben. Die Menge der Alkoxide wurde so gewählt, dass das Al/Si Verhältnis dem des stöchiometrischen Mullit (3:2) entspricht.

Der Precursor wurde mittels eines Magnetrührers bis zur vollständigen Alk-oxidvermischung und der Bildung einer klaren Lösung gerührt (ca. 2 h). Durch die begrenzte Wasserzugabe ist die Alkoxidmischung in diesem Stadium nur teilweise hydrolysiert bzw. kondensiert. Die Vollendung dieser Reaktionen erfolgt nach der Beschichtung in Kontakt mit Luftfeuchtigkeit. Diese Lösung (genauer: dieses polymere Sol) kann mehrere Wochen lang zur Beschichtung benutzt werden. Längere Kontakte mit Luftfeuchtigkeit sollten vermieden werden, da dieses zur vorzeitigen Gelierung und damit zu einer verkürzten Lebensdauer der Lösung führt.

Die Gelierung der Schicht wird durch die Luftfeuchtigkeit unterstützt. Deswe-gen bleiben die Proben noch 24 h nach der Beschichtung in Kontakt mit der Luft-atmosphäre. Anschließend wurden sie thermisch behandelt. Ein Beschichtungs-zyklus besteht also aus Tauchbeschichtung (bzw. Infiltration) und thermischer Behandlung. Die Proben wurden nach jedem Zyklus gewogen. Die Masseänderung ergab eine durchschnittliche Massezunahme von $3,1 \cdot 10^{-4}$ g cm^{-2} pro Zyklus. Um eine bessere Bedeckung der Probe und eine dickere Schicht zu erreichen, wurden die Proben mehrmals beschichtet.

Da die Substrate eine glatte Oberfläche und keine offene Porosität aufweisen, wurden sie mittels einfachen Tauchens beschichtet.

Hierfür wurde ein Hebetisch benötigt. Die Proben wurden mit dem entsprechenden Halter (Edelstahlklammer) eingespannt und an dem Tisch befestigt. Mit Hilfe des Tisches wurden die Proben in das Sol eingetaucht und herausgezogen. Die Substratgeschwindigkeit beim Herausziehen betrug 5 mm/min. Die Beschichtung wurde bei Raumtemperatur und Luftatmosphäre durchgeführt. Die Proben wurden vor der thermischen Behandlung mindestens 24 h an Luft gehalten. Die durchschnittliche Massezunahme pro Beschichtungszyklus (Tauchen und thermische Behandlung) erreichte $1,44 \cdot 10^{-4}$ g cm^{-2}. Das entspricht ca. 0,5 µm Schichtdicke (Bei der Berechnung der Dicke wurde eine homogene und dichte Schicht angenommen). Dickere Schichten wurden durch mehrmaliges Beschichten erreicht.

In Anbetracht der Tatsache, dass Sol-Gel-Schichten ähnlicher Zusammensetzung von Okada u. Otsuka (1990) erfolgreich auf Glasoberflächen aufgetragen worden sind und dass sich eine C/C-SiO$_2$-Mullit-Schichtfolge bei Fritze (1996) als besonderes oxidationbeständig erwiesen hat, wurden die Substrate vor der Tauchbeschichtung voroxidiert (4 h, 1400 °C). Dadurch bildet sich eine SiO$_2$-Schicht. Sie sorgt für eine bessere chemische Bindung zwischen der Sol-Gel-Schicht und dem Substrat und zusätzlich für eine glattere Oberfläche. Die Dicke dieser Schichten wurde, bezugnehmend auf die von Ogbuji und Opila (1995) veröffentliche parabolische Reaktionskonstante, für die Oxidation von CVD-SiC berechnet. Unter den oben erwähnten Oxidationsbedingungen ergibt sich eine Dicke der SiO$_2$-Schicht von 0,48 µm.

Thermische Behandlung der Grünschichten:
Die thermische Behandlung ist ein bedeutender Schritt bei der Sol-Gel-Beschichtung, da hierdurch eine feste Bindung zwischen der Schicht und dem Substrat entsteht. Die Prozessbedingungen wurden der Schichtzusammensetzung und den Substrateigenschaften angepasst.

Bezugnehmend auf die Daten von Okada et al. (1990) und Voll (1995) über Phasentransformationen mittels Sol-Gel-Technik hergestellter Mullitprecursoren wurde als Behandlungstemperatur 1000 °C ausgewählt. Bei dieser Temperatur beginnt neben der Ausbildung einer chemischen Bindung zwischen Schicht und Substrat auch die Kristallisation der amorphen "Mullitschicht".

Die Proben wurden langsam (2 K/min) aufgeheizt und 2 h bei Behandlungstemperatur gehalten. Die Abkühlgeschwindigkeit betrug ebenfalls 2 K/min.

Der gesamte Prozess muss unter Schutzatmosphäre durchgeführt werden, da das Substratmaterials im Temperaturbereich von 400 °C - 1000 °C einen äußerst niedrigen Oxidationswiderstand zeigt. Als Schutzgas wurde Argon 4.6 eingesetzt (laut Hersteller max. 7,5 ppm O$_2$).

Zunächst wurden mehrere Vorversuche mit unbeschichteten Proben unternommen, um die Wirksamkeit der Schutzatmosphäre zu überprüfen. Das oben genannte Temperaturregime wurde eingehalten. Der benutzte Versuchsaufbau erlaubte leider keine In-situ-TG-Messungen.

Daher wurden die Probe vor und nach dem Versuch gewogen, um deren eventuellen Masseverlust durch die Substratoxidation festzustellen. Gleichzeitig wurde die Zusammensetzung der Ofenatmosphäre mittels quantitativer Massenspektrometrie verfolgt (Schnittker 1997).

Nachdem die Proben keinen Masseverlust aufwiesen und die Ofenatmosphäre der Zusammensetzung des Schutzgases entsprach, wurden alle beschichteten Proben unter ausgewählten Bedingungen (Temperaturregime und Schutzgasatmosphäre) thermisch behandelt.

Isotherme Oxidation:
Zunächst wurde die Oxidationsbeständigkeit von fünffach (ca. 2,5 µm Schichtdicke) und zehnfach (ca. 5 µm Schichtdicke) beschichteten Substraten unter isothermen Bedingungen getestet. Die Proben wurden im Temperaturbereich von 1200 °C bis 1600 °C an Luft oxidiert. Dabei wurde die Masseänderung kontinuierlich thermogravimetrisch verfolgt.

Die Versuchsdauer wurde abhängig von der Reaktionskinetik ausgewählt und betrug bis zu 100 h. Die Messergebnisse sind in Abb. 3 dargestellt.

Während der Oxidation weisen die tauchbeschichteten Substrate im Gegensatz zum nichtbeschichteten Substratmaterial eine deutliche Massezunahme auf. Das bedeutet, dass es auch hier zur passiven Oxidation der SiC-Schicht und zur Bildung von SiO_2 kam, was durch weitere Schichtanalysen bestätigt worden ist. Die Temperaturabhängigkeit der Oxidationsraten ist vergleichbar zu elektrophoretisch beschichteten Substraten.

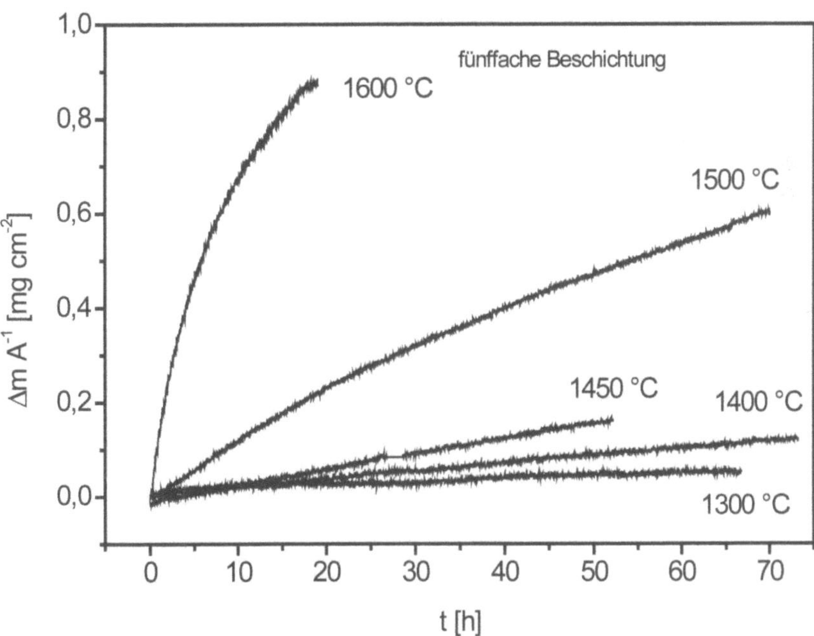

Abb. 3: Masseänderung der fünffach mit Mullit tauchbeschichteten Substrate während der isothermen Oxidation

Unter gegebenen Oxidationsbedingungen kam es zwischen 1500 °C und 1550 °C zu einem Wechsel der Oxidationskinetik von linear zu parabolisch.

Charakteristisch für Sol-Gel-tauchbeschichtete Substrate war auch die Veränderung der Probenoberfläche in Abhängigkeit von der Oxidationstemperatur. So waren diese Schichten nach der Oxidation bis 1300 °C kaum sichtbar. Nach Experimenten bei 1400 °C hat sich (wie bei der Oxidation nichtbeschichteter Substrate) eine durchsichtige, glänzende Schicht gebildet; bei 1600 °C zeigten die Schichten eine ausgeprägte Blasenentwicklung.

Schichtcharakterisierung:
Nach der isothermen Oxidation wurden die Sol-Gel-Schichten mittels WDX (Mikrosonde), IR-Spektroskopie und Röntgenbeugungsanalyse (XRD) analysiert.

Die gleichzeitige Analyse von Querschliffaufnahmen und Mikrosondenuntersuchungen hat sich bereits bei elektrophoretischen Schichten als sinnvoll erwiesen (Jojic 1999). Dazu sind entsprechende Ergebnisse in Form der zweiteiligen Abb. 4 gemeinsam dargestellt. Der linke Teil zeigt die mittels Mikrosonde (Linescan) gemessenen Konzentrationsprofile von Al, Si und O in der Schicht. Als Vergleich wurden die entsprechenden Konzentrationen in 3:2 Mullit dargestellt (waagerechte gestrichelte Linien). Da die Zusammensetzung des Precursors dem stöchiometrischen 3:2-Mullit entsprach, ist der Vergleich der Elementenkonzentration zwischen der Sol-Gel-Tauchschicht und Mullit gerechtfertigt. Im rechten Abbildungsteil ist die entsprechenden Querschliffaufnahme dargestellt.

Wie die Konzentrationsprofile zeigen, ist die Elementverteilung in der Schicht homogen. Jedoch zeigen die Schichten diesbezüglich untereinander und im Vergleich zu Mullit deutliche Abweichungen. Mit steigender Oxidationstemperatur kam es erfahrungsgemäß zu einer Erhöhung der Si-Konzentration in der Schicht. Entsprechend fällt die Al-Konzentration in der Schicht mit der Temperatur ab. Wie bereits erwähnt, kam es während der Oxidation bei 1600 °C zu ausgeprägter Blasenbildung in der äußeren Schicht. Bisher veröffentlichte Untersuchungen zeigen, dass die Ursache der Blasenentwicklung bei der Oxidation von

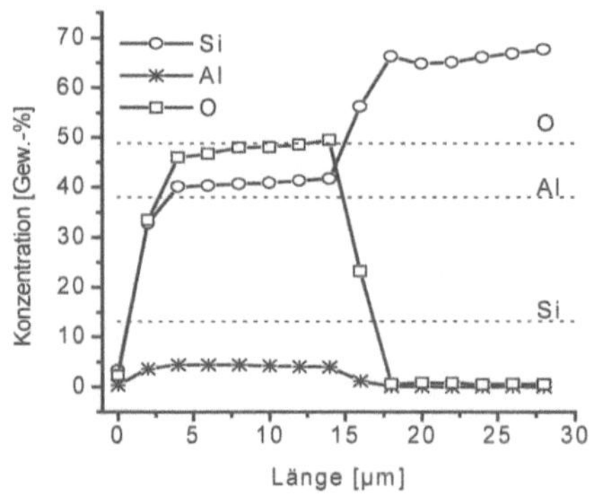

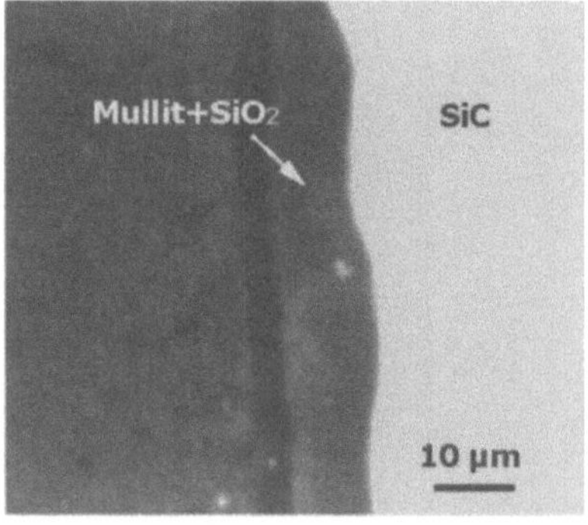

Abb. 4: Konzentrationsprofile (links) und Querschliff (rechts) der Sol-Gel-Mullitschicht nach der TG-Untersuchung bei 1600 °C

polykristallinem SiC die Verbrennung von Kohlenstoffeinschlüssen ist (bei der Oxidation von SiC-Monokristallen treten die Blasen nicht auf). Da die Blasen bei Sol-Gel-beschichteten Proben häufig oberhalb von Rissen in der SiC-Schicht auftreten (Abb. 5), ist anzunehmen, dass sie durch Kohlenstofffaserabbrand verursacht werden.

Während des Versuchs bei 1600 °C bildet sich auch die flüssige Phase zwischen Mullit und SiO_2. In Bezug auf das Phasendiagramm (Abb. 1) und die aus TG-Daten berechnete SiO_2-Konzentration betrug der Flüssigphasenanteil in der Schicht ca. 100 Vol.-%. Hierdurch wurde die Blasenentwicklung zusätzlich erleichtert.

Zyklische Oxidation:
Da sich die Sol-Gel-Beschichtungen auf Mullitbasis unter isothermen Bedingungen als erfolgreicher Oxidationsschutz erwiesen haben, wurden sie auch unter thermozyklischen Bedingungen untersucht. Wegen der begrenzten Anzahl der zur Verfügung stehenden Substrate wurden diese Untersuchungen nur im Temperaturbereich zwischen Raumtemperatur und 1300 °C bzw. 1400 °C durchgeführt.

Während eines Zyklus verbrachten die Proben zuerst 2 h bei der hohen Temperatur, dann wurden sie bis auf Raumtemperatur abgekühlt und 10 min auf dieser Temperatur gehalten, bevor sie wieder aufgeheizt wurden. Die nominelle Abkühlbzw. Aufheizgeschwindigkeit betrug 275 K/min.

Hierbei wurde die Masseänderung der Probe thermogravimetrisch verfolgt. Abb. 6 zeigt die Ergebnisse dieser Messungen. Das zusätzliche Fenster zeigt die Masseänderung während eines Zyklus bei 1400 °C.

Der Massegewinn der Probe ist dem bei isothermen Versuchen vergleichbar. Zum Masseverlust kam es während der Abkühl- bzw. Aufheizphase. Hierbei kam es zum Öffnen von Rissen in der SiC-Schicht unterhalb von 1100 °C, wodurch der Sauerstoff zu den Kohlenstoffasern durchgedrungen ist. Das führte zum Kohlenstofffaserabbrand.

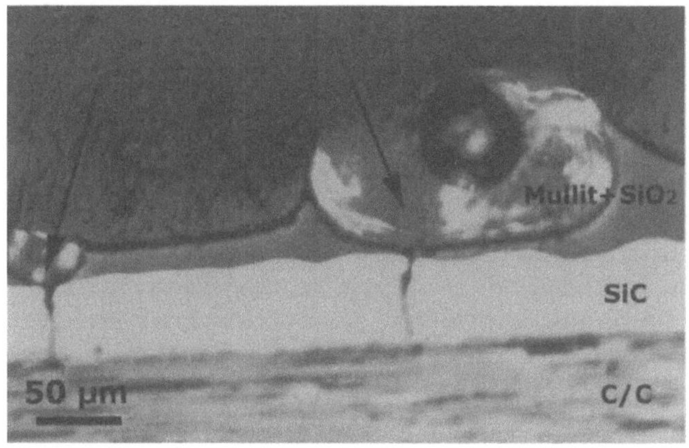

Abb. 5: Blasenentwicklung (Pfeile) oberhalb von Rissen während der Oxidation bei 1600 °C

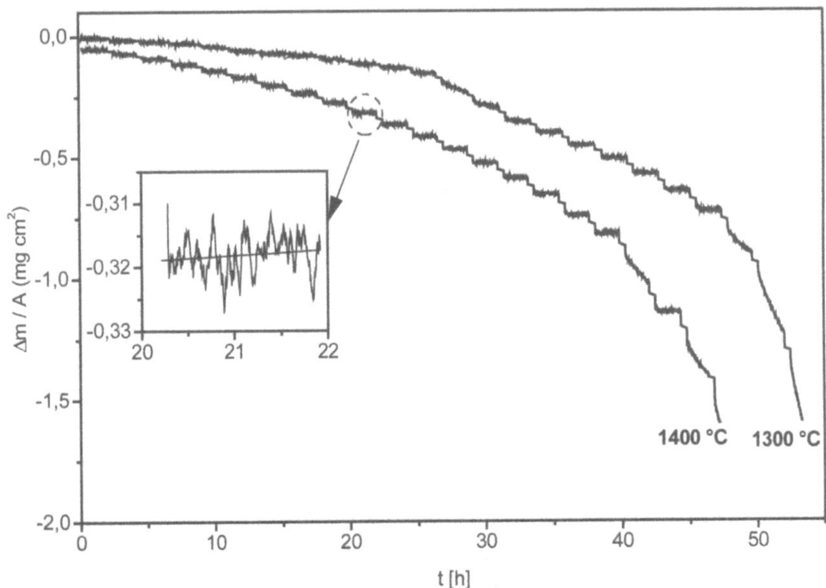

Abb. 6: Masseänderung der Sol-Gel-beschichteten Substrate während thermozyklischer Versuche bei gegebenen Temperaturen

Wie bei nichtbeschichtetem Material kam es hier nach ca. 20 Zyklen zu plötzlichem Versagen der Schutzschicht und zu schnellem Masseverlust der Proben. Bei allen Proben wurde die Zerstörung der SiC-Schichten festgestellt. Der Unterschied der thermischen Ausdehnungskoeffizienten von Mullit und SiC ist deutlich geringer als der Unterschied dieser Koeffizienten zwischen Kohlenstoffgewebe und SiC. Darüber hinaus ist die Mullitschicht wesentlich dünner als die SiC-Schicht. Deswegen war das Versagen des Schichtsystems durch das Abplatzen der SiC-Schicht zu erwarten.

5.4.4
Schlussfolgerungen

Eine wichtige Zielsetzung der Arbeit war die Herstellung von Schichten auf Mullitbasis mittels kostengünstiger und auf kompliziertere Geometrien anwendbarer Sol-Gel-Tauchverfahren, die bezüglich des Oxidationsschutzes vergleichbar mit PLD-Mullit-Schichten sein sollten. Als Substratmaterial wurde bei allen Beschichtungstechniken der gleiche SiC(CVD)-C/C-Werkstoff verwendet.

Die gemessenen Oxidationsraten sind in Abb. 7, zusammen mit den Oxidationsraten des unbeschichteten Substratmaterials, in Abhängigkeit von der Temperatur dargestellt. (Die TG-Daten für das PLD-beschichtete Material wurden aus Fritze (1996) übernommen). Die Abbildung zeigt zusätzlich auch das Langzeiteinsatzkriterium nach Luthra (1988) für C/C-Werkstoffe. Da die mullitbeschich-

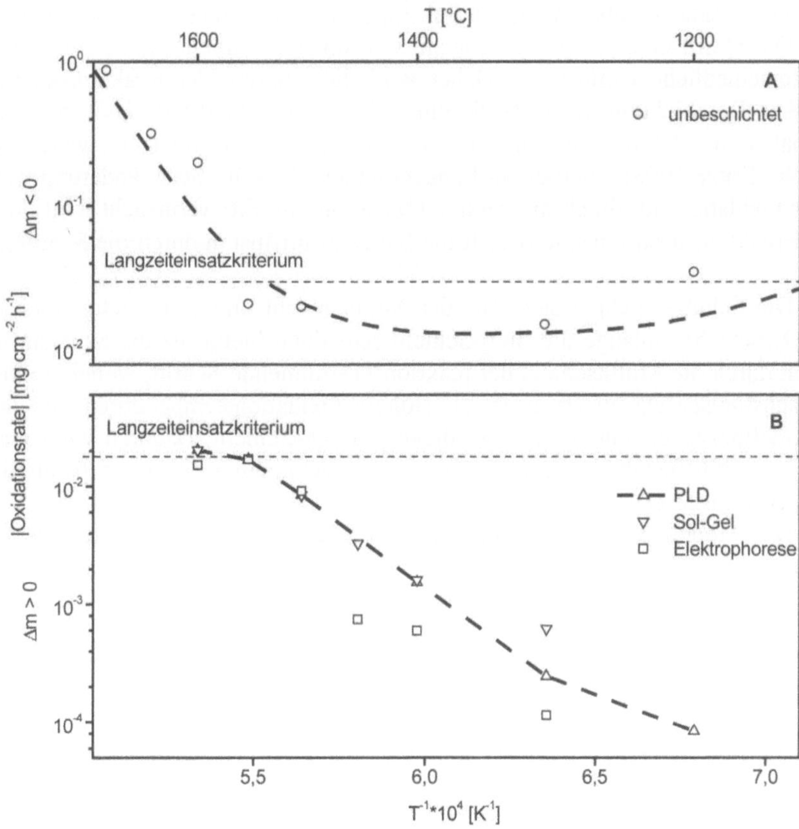

Abb. 7: Oxidationsraten von unbeschichteten (A) und von beschichteten (B) Substraten (s. Text)

teten Substrate einen Massegewinn aufweisen, wird das zunächst für reinen Kohlenstoffabbrand unterschiedlicher Proben definierte Kriterium hier entsprechend umgerechnet. Hierzu wird angenommen, dass die Masseänderung nur durch passive Oxidation von SiC verursacht wird. Der Vollständigkeit halber wurden hier auch unsere Ergebnisse an elektrophoretisch beschichteten Substraten mitaufgenommen (Jojic 1999). Die mit diesen beiden prinzipiell für den industriellen Einsatz geeigneten Verfahren erzielten Ergebnisse werden sodann mit der Schutzwirkung der nur im Labormaßstab auf ebenen Substraten herstellbaren PLD-Schichten verglichen (Fritze 1996).

Die Ergebnisse zeigen, dass das mit Mullit beschichtete (CVD)SiC-C/C-Material für Langzeitanwendungen im untersuchten Temperaturbereich sehr gut geeignet ist. Die Oxidationsrate liegt weit unterhalb des angestrebten Kriteriums. Darüber hinaus sind die Oxidationsschutzwirkungen der unterschiedlich hergestellten Mullitschichten von vergleichbarer Qualität.

Die elektrophoretisch und mittels Sol-Gel-Verfahren abgeschiedenen Schichten führen ebenso wie die PLD-Beschichtungen zu einem Massegewinn während der Oxidation. Die ausführliche Schichtanalyse nach der Oxidation weist die Bildung einer SiO_2-Schicht unterhalb der Mullitschicht auf. Darüber hinaus wird hierbei im Gegensatz zu unbeschichteten Substraten kein Substratabbrand beobachtet.

Die Mullitschichten weisen sowohl sehr unterschiedliche Dicken als auch sehr unterschiedliche Gefüge auf. Daher wird die Analyse der Reaktionskinetik bei diesen Beschichtungen mit Hilfe eines Modells durchgeführt, das bereits für die Analyse des Oxidationsverhaltens von PLD-Schichten entwickelt wurde (Fritze 1996, Fritze 1998). Hierbei wird angenommen, dass die Masseänderung während der Oxidation nur durch die passive Oxidation von SiC verursacht wird und dass der reaktionsbestimmende Schritt die Sauerstoffdiffusion durch die Schutzschicht ist.

Die Schutzschicht besteht aus der Mullitschicht und einer stetig wachsenden SiO_2-Schicht. Solange die SiO_2-Schicht sehr dünn bleibt, ist die Sauerstoffdiffusion durch die Mullitschicht der reaktionsbestimmende Schritt, wobei ein lineares Wachstumsgesetz zu erwarten ist. Höhere Oxidationstemperaturen und längere Oxidationszeiten führen zu einer dickeren SiO_2-Schicht. Dadurch wird auch der Sauerstoffdiffusionsweg immer länger, was schließlich zu einem parabolischen Wachstumsgesetz führt.

Das Modell ermöglicht zunächst die Berechnung des Zeitpunktes des Übergangs vom linearen zum parabolischen Wachstumsgesetz in Abhängig von der Temperatur und der Dicke der Mullitschicht. Die Berechnung der Oxidationsrate ist ebenfalls mit Hilfe dieses Modells möglich.

Die gute Übereinstimmung zwischen Rechnung und Experiment bestätigt Folgendes:

1. Die Masseänderung bei allen getesteten Proben wird nur durch passive Oxidation von SiC verursacht. Der Sauerstoffzutritt zum freien Kohlenstoff des Substrats und somit auch der Substratabbrand werden durch die Mullitschicht verhindert.
2. Der reaktionsbestimmende Schritt bei der Oxidation der mit Mullit beschichteten SiC(CVD)-C/C-Substrate ist, unabhängig von der Beschichtungstechnik, die Sauerstoffdiffusion durch die Schutzschicht.

Es wird nun ein äußerst ähnliches Oxidationsverhalten der PLD- und Sol-Gel-Schichten festgestellt. Da es sich hier um Schichten mit nominell gleicher Ausgangsdicke und ähnlicher Zusammensetzung handelt, können entsprechende Schutzwirkungen direkt verglichen werden. Dabei stimmen die gemessenen Oxidationsraten dieser zwei Schichttypen miteinander und mit der Modellrechnung (vgl. Abb. 8) überein. Daraus kann man schließen, dass der Reaktionsmechanismus und somit auch die Schutzwirkung dieser zwei Beschichtungen vergleichbar sind.

Wegen der größeren Dicke elektrophoretisch abgeschiedener Schichten weisen diese Proben niedrigere Oxidationsraten auf. Hierbei handelt es sich um Schichten, die andere Phasen und teilweise unterschiedliche Zusammensetzungen im Vergleich zu dünnen Sol-Gel- oder PLD-Schichten aufweisen. Zusätzlich enthalten diese Schichten eine geringe durch den Herstellungsprozess bedingte Restporosität. Diese wird bei der Wahl der Fitparameter (Konzentration des beweglichen Sauerstoffs an der Mullitoberfläche) für die Modellrechnung in Betracht gezogen.

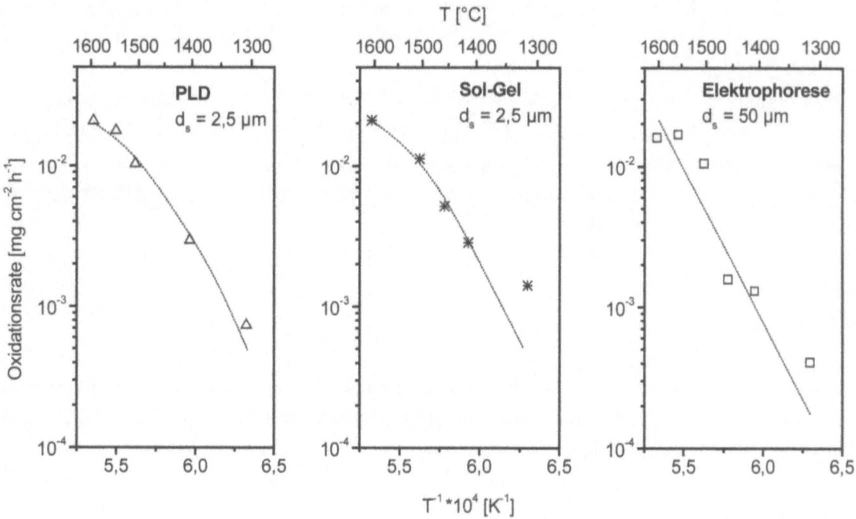

Abb. 8: Gemessene (Punkte) und berechnete (Linien) Oxidationsraten von PLD-, elektrophoretisch und Sol-Gel-beschichteten C/C-Werkstoffen nach 20 h Oxidation in Abhängigkeit von der Temperatur.

Auch bei elektrophoretischen Schichten ist eine gute Übereinstimmung zwischen gemessenen und berechneten (Abb. 8) Oxidationsraten feststellbar. Das deutet auf die vergleichbaren Oxidationsmechanismen bei dicken (elektrophoretischen) und dünnen (Sol-Gel-, PLD-) Mullitschichten hin.

Aus der Analyse der Oxidationsbeständigkeit der SiC(CVD)-C/C-Substrate, welche elektrophoretisch und mittels Sol-Gel-Tauchverfahren mit Mullit beschichtet wurden, ergibt sich zusammenfassend:

Das beschichtete Material ist für Langzeitanwendungen unter isothermen Bedingungen im Temperaturbereich von 1300 °C bis 1600 °C geeignet.

Der Substratabbrand wird durch die Verwendung der Mullitschichten verhindert.

Die elektrophoretisch und mittels Sol-Gel-Tauchverfahren abgeschiedenen Mullitschichten stellen einen ebenso guten Hochtemperaturoxidationsschutz wie die PLD-Beschichtungen dar.

Gleichzeitig sind diese beiden Beschichtungstechniken nicht nur kostengünstiger als PLD-Verfahren, sondern eignen sich auch für nichtplanare Geometrien.

Wie die Schichtanalyse zeigt, kommt es bei allen untersuchten Schichten zur Vermischung der Mullitschicht und der entstehenden SiO_2-Schicht. Bei höheren Oxidationstemperaturen bzw. längeren Zeiten bildet sich eine Schicht, die überwiegend aus amorphem SiO_2 besteht. Die dickeren elektrophoretischen Schichten ermöglichen die Erhaltung der Schichtzusammensetzung über längere Zeit, wobei auch hier ein Vermischungsprozess unvermeidbar bleibt.

Obwohl eine exakte Trennung der einzelnen Schichten des Schichtsystems mit der Zeit verloren geht, behalten solche Schichten ihre Schutzfunktion viel länger als reine SiO_2-Schichten, die bekanntlich durch Rekristallisation zu Cristobalit versagen.

Die Ursache hierfür ist das vorhandene Al_2O_3 in den „Mullitschichten". Die Al^{3+}-Kationen liegen sowohl als Netzwerkbildner als auch als Netzwerkwandler in der Glasstruktur vor (Scholze 1988).

Die Untersuchungen zur thermozyklische Oxidation zeigen, dass kein wesentlicher Unterschied bezüglich der Anzahl der benötigten Zyklen bis zur katastrophalen Oxidation bei unbeschichteten und bei beschichteten Substraten existiert. In jedem Fall stellen Risse in der SiC-Schicht und nicht in der Mullitschicht die Ursache des Versagens dar.

5.4.5
Danksagung

Wir danken der DFG für die finanzielle Unterstützung. Dr.-Ing. J. Jojic dankt ferner der TU Clausthal für die Gewährung eines Promotionsstipendiums nach dem Graduiertenförderungsgesetz.

Literatur zu Kapitel 5.4

Fritze H (1996) Oxidationsschutz von C/C-Werkstoffen im Temperaturbereich von 1200 °C bis 1600 °C mittels Laserpulsabscheidung von Mullit. Dissertation, Technische Universität Clausthal

Fritze H, Jojic J, Witke T, Rüscher C, Weber S, Scherrer S, Weiß R, Schultrich B, Borchardt G (1998) Mullite Based Oxidation Protection for SiC-C/C Composites in Air at Temperatures up to 1900 K. J. Eur. Ceram. Soc 18:2351-2364

Jojic J (1999) Elektrophoretisch und mittels Sol-Gel-Verfahren abgeschiedene Schichten auf Mullitbasis als Hochtemperaturoxidationsschutz von C/C-Werkstoffen. Dissertation, Technische Universität Clausthal

Lee K N, Jacobson N S, Miller R A (1994) Refractory Oxide Coatings on SiC Ceramics. MRS Bulletin:35-38

Lee K N, Miller R A, Jacobson N S (1995) New Generation of Plasma-Sprayed Mullite Coatings on Silicon Carbide. J. Am. Ceram. Soc. 78:705

Luthra K L (1988) Oxidation of Carbon/Carbon Composites – A Theoretical Analysis. Carbon 26:217

Ogbuji L, Opila E (1995) A Comparison of the Oxidation Kinetics of SiC and Si_3N_4. J. Electrochem. Soc. 142:925-930

Okada K, Otsuka N (1990) Preparation of Transparent Mullite Films by Dip-Coating Method. In: Mullite and Mullite Matrix Composites S 425-434

Schneider H, Okada K, Pask J A (1994) Mullite and Mullite Ceramics. John Wiley & Sons

Schnittker A (1997) Konstruktion einer Apparatur zur quantitativen massenspektrometrischen Messung von Reaktionsgasen. Diplomarbeit, Technische Universität Clausthal

Scholze H (1988) Glass. Springer, Berlin

Voll D (1995) Mullitprecursoren: Synthese, temperaturabhängige Entwicklung der strukturellen Ordnung und Kristallisationsverhalten. Dissertation, Universität Hannover

Yoldas B E, Partlow D P (1988) Formation of Mullite and Other Alumina-Based Ceramics via Hydrolytic Polycondensation of Alkoxides and Resultant Ultra- and Microstructural Effects. J. Mat. Sci. 23:1895-1900

5.5
Hartbearbeitung von Industriekeramik

U. Draugelates, R. Reiter

5.5.1
Einleitung

Im Herstellungsprozess keramischer Bauteile schließt sich die Hartbearbeitung an die Produktionsschritte Pulversynthese, Masseaufbereitung, Formen und Sintern an. Als Endbearbeitung gewährleistet dieser Produktionsschritt die an das Bauteil gestellten hohen Qualitätsanforderungen. Die keramiktypischen Eigenschaften wie hohe Härte, fehlende Duktilität, oftmals geringe Thermoschockbeständigkeit und hohe Schmelztemperaturen grenzen das Spektrum der zur Hartbearbeitung geeigneten Fertigungsverfahren ein. Es eignen sich die spanenden Verfahren Schleifen, Läppen und Ultraschallschwingläppen. Wesentliche Kriterien zur Auswahl von Hartbearbeitungsverfahren sind einerseits die erreichbaren Abtragsleistungen und andererseits die herstellbare geometrische Bauteilkomplexität im Hinblick auf die geforderte Maß- und Formgenauigkeit sowie die erzielbare Oberflächenqualität. Hinsichtlich der Zerspanleistung nimmt das Schleifen den höchsten Stellenwert ein. Funktionsflächen höchster Oberflächenqualität lassen sich durch Läppen fertigen. Diesen beiden Verfahren sind jedoch in Bezug auf die Komplexität der zu erzeugenden Konturen Grenzen gesetzt. Das Ultraschallschwingläppen ermöglicht mit seinen Verfahrensvarianten Profilsenken, Bahnerodieren und Planetärerodieren die dreidimensionale Bearbeitung keramischer Werkstoffe, sodass Bohrungen, Schlitze und komplexe räumliche Formen gefertigt werden können.

Die Erzeugung reproduzierbarer Bearbeitungsergebnisse beim Ultraschallschwingläppen von technischen Keramiken hinsichtlich Abtragsleistung, Form-, Maß-, Oberflächenqualität und -ausbildung setzt eine optimale, werkstoffangepasste Prozessführung voraus. Der vorliegende Beitrag gibt daher fertigungstechnische Informationen zum Ultraschallschwingläppen. Die Bearbeitungsmöglichkeiten des Ultraschallschwingläppens werden vorgestellt und von den Anwendungen anderer Hartbearbeitungsverfahren abgegrenzt. Darüber hinaus wird an einer ausgewählten Bearbeitungsaufgabe zum Profilsenken aufgezeigt, wie unterschiedliche Keramiken die realisierbaren Abtrennleistungen, die Oberflächenqualitäten und die bearbeitungsinduzierte Bauteilfestigkeit beeinflussen. Als Versuchswerkstoffe dienten typische handelsübliche Aluminiumoxide (Al_2O_3), teilstabilisiertes Aluminiumoxid (Al_2O_3/ZrO_2) und dispersionsverstärkte Zirkonoxide (ZrO_2). Diese Werkstoffe wurden ausgewählt, da bei diesen ein weites Spektrum von Zähigkeitseigenschaften vorliegt, sodass sich deren Einfluss gezielt darstellen lässt. Die Versuchsdurchführung erfolgte bei praxisrelevanten Bearbeitungsbedingungen mit den Verfahrensvarianten Profilsenken und Bahnerodieren.

5.5.2
Ultraschallschwingläppen

Das Ultraschallschwingläppen ist eine innovative Fertigungstechnik für die Keramikbearbeitung und wurde speziell für die dreidimensionale Bearbeitung sprödharter Werkstoffe entwickelt. Wie beim konventionellem Läppen ist ein in wässriger Suspension aufgeschlämmtes Läppmittelkorn das Wirkmedium. Während der Bearbeitung wird dieses dem Arbeitsspalt zwischen Formzeugstirnfläche und Werkstückoberfläche frei zugeführt. Gleichzeitig schwingt die Formzeugsonotrode in Längsrichtung mit einer Frequenz von ca. 20 kHz. Die Amplitude der Formzeugstirnfläche wird im Bereich der halben mittleren Läppkorngröße gewählt. Typische Werte hierfür sind 10 bis 30 µm. Durch die Formzeugbewegung werden die Läppmittelkörner, zumeist Borcarbid oder Siliziumcarbid, auf die Werkstückoberfläche gestoßen. Diese rufen dort eine Mikrozerspanung hervor, die den erosiven Materialabtrag zur Folge hat. In Schwingungsrichtung ist eine Vorschubbewegung überlagert, sodass sich die Negativkontur des Formzeuges exakt im Werkstück abbildet. Mit dieser Verfahrensvariante lassen sich komplexe Raumformen und Durchbrüche fertigen (Abb. 1) (Draugelates et al. 1997-b; EXERON).

Als Trennmechanismen werden die im Kontaktbereich zwischen Formzeug, Läppsuspension und Werkstückoberfläche auftretenden mechanischen und tribologischen Elementarprozesse bezeichnet, die zum Werkstoffabtrag führen.

Vorherrschender Mechanismus beim Profilsenken ist die Oberflächenzerrüttung, die im Wesentlichen durch direkt oder indirekt auf die zu bearbeitende Werkstückoberfläche gestoßene Läppkörner hervorgerufen wird (Draugelates et al. 1997-b; Gratwohl et al. 1998; EXERON; Tönshoff et al. 1992). Dabei unterliegt die Werkstückoberfläche einer Wechselbeanspruchung, die durch wiederholt auftreffende, unregelmäßig geformte Eindruckkörper unter zeitabhängiger Nor-

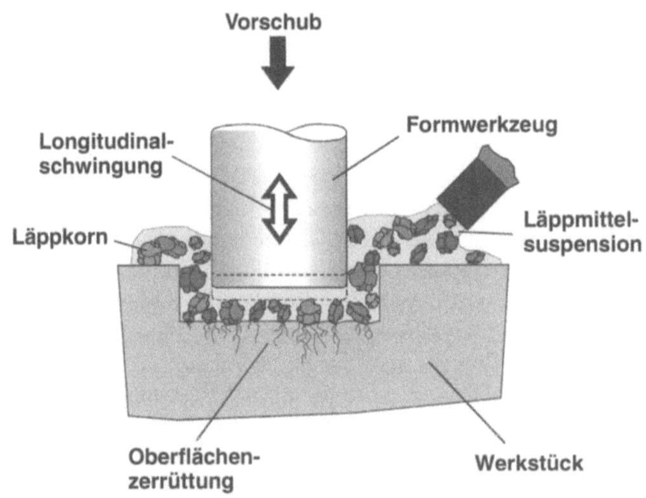

Abb. 1: Verfahrensprinzip des Profilsenkens (König 1990; EXERON)

malbelastung gekennzeichnet ist. Im Kontaktbereich treten durch Be- und Entlastungsphasen elastische und elastisch/plastische Verformungen auf, die zur Ausbildung von Eigenspannungszuständen und anschließender Mikrorissbildung führen. Läppkörner, die im Arbeitsspalt abrollen, können zur Mikrospanbildung beitragen. Darüber hinaus unterstützt Kavitation den Trennvorgang sowie den Suspensionsaustausch im Arbeitsspalt. Die Überlagerung dieser Mechanismen bewirkt zeitlich und räumlich aufsummiert den erosiven Materialabtrag.

Neben der Nachbearbeitung von Bauteilen bietet das Profilsenken die Möglichkeit, komplexe dreidimensionale Strukturen aus Halbzeugen zu fertigen. Darüber hinaus gestattet es die Herstellung von Bohrungen, wobei Durchmesser im Bereich von größer 0,5 mm mit scharfen Bohrungskanten und über große Bearbeitungstiefen realisierbar sind (Draugelates et al. 1997-a).

Die Formgebungsmöglichkeiten des Profilsenkens (Abb. 2 oben), werden noch durch die Verfahrensvarianten Profilbohren mit überlagerter Rotationsbewegung des Werkzeugs sowie Bahnerodieren und Planetärerodieren mit Rotation und translatorischer Bewegung des Werkzeugs erweitert (Abb. 2 unten). Durch die Werkzeugrotation wird dem Impulsaustausch der Läppkörner mit der Werkstückoberfläche ein zweites Wirkprinzip, die Abrollbewegung der Läppkörner auf derselben, überlagert. Hierbei wird die Werkstückoberfläche angeritzt und, sofern sich das Läppkorn in die Oberfläche eingräbt, Material durch Mikropflügen abgetrennt.

Angepasste Vorschubregelungen halten die Bearbeitungskräfte in engen Grenzen konstant, sodass Prozessführungen mit kraftgeregelter oder bahngesteuerter Vorschubbewegung möglich sind (Haas 1991). Unterschiedliche Spülvarianten wie Suspensionsabsaugung und Intervallspülung erhöhen die Prozesssicherheit, (Draugelates et al. 1997-b).

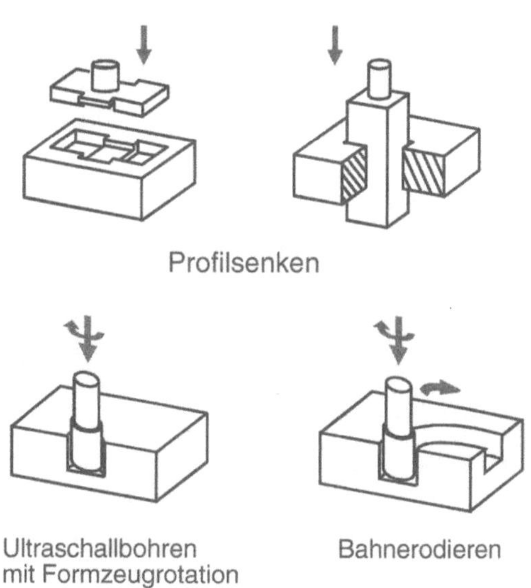

Abb. 2: Anwendungen des Profilsenkens, (Draugelates et al. 1997; Spur 1989).

5.5.3
Werkstoffe und Abtrennleistung

Das Ultraschallschwingläppen ermöglicht die formgebende Hartbearbeitung aller sprödharter Werkstoffe wie zum Beispiel Silicatkeramik, Oxidkeramik (Al_2O_3, ZrO_2), Nichtoxidkeramik (Si_3N_4, BN, SiC), Graphit, Glas- und Aramidfaserverbundwerkstoffe) (Haas 1991). Damit sind alle harten und weichen Lagerwerkstoffe bearbeitbar. Wichtigste Einflussgröße für die Abtrennleistung ist die Risszähigkeit des zu bearbeitenden Werkstoffes, (Grathwohl et al. 1988). Eine sehr gute Bearbeitbarkeit zeigen weiche Lagerwerkstoffe, wie Graphit oder Bornitrid. Sie haben eine nur geringe Risszähigkeit und lassen sich im Vergleich zu Al_2O_3-Keramiken mit einer drei bis vierfachen Bearbeitungsgeschwindigkeit zerspanen (Haas 1991). In der Gruppe der harten Gleit- und Lagerwerkstoffe besitzen spröde Al_2O_3-Keramiken (K_{Ic}-Wert ~ 3 $MPam^{0,5}$) ein günstiges Prozessverhalten. Dem entgegen sind zähe ZrO_2-Qualität (K_{Ic}-Wert ~ 8 $MPam^{0,5}$) bei großen Bearbeitungstiefen nur bedingt wirtschaftlich zu bearbeiten (Abb. 3).

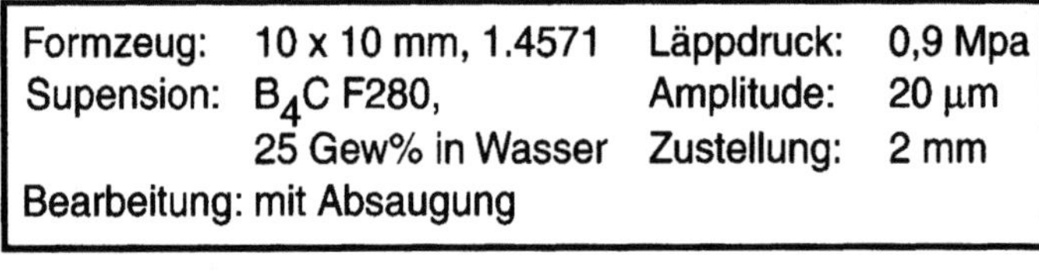

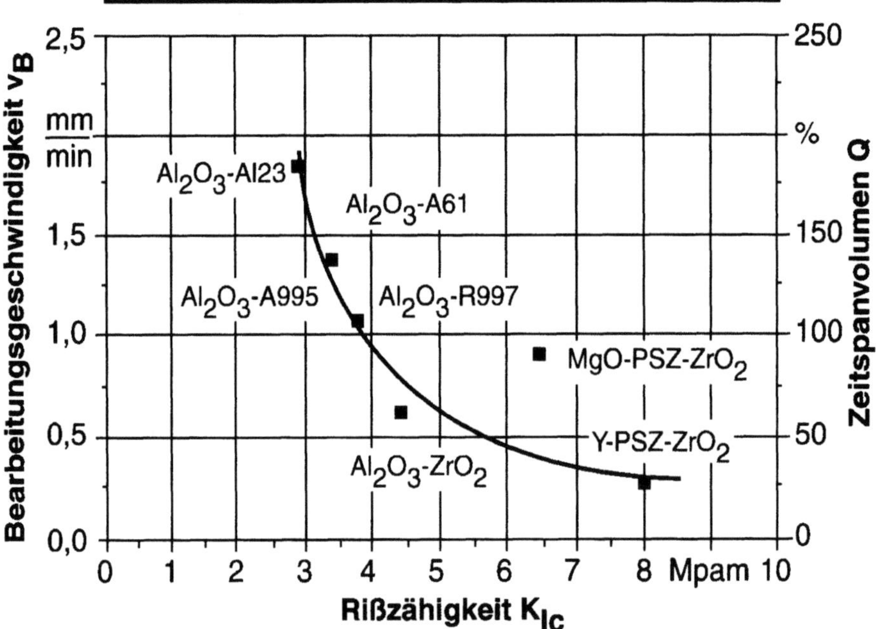

Abb. 3: Einfluss der Risszähigkeit oxidkeramischer Werkstoffe auf die Abtrennleistung beim Ultraschallschwingläppen

Die in Abb. 3 dargestellten Leistungsdaten sind auf eine Werkzeugwandstärke von 5,8 mm zu beziehen. Wird die Wandstärke verringert, so steigt die Bearbeitungsgeschwindigkeit im selben Maße an. Dies lässt sich zum Beispiel beim Durchgangsbohren gezielt ausnutzen, um hohe Abtrennleistungen zu erzielen.

Die Bearbeitungsgeschwindigkeit ergibt sich aus dem Quotienten von Bearbeitungstiefe und Bearbeitungszeit. Multiplikation mit der Formzeugstirnfläche ergibt das Zeitspanvolumen. Beide Größen sind ein direktes Maß für die Lestungsfähigkeit eines Prozesses. Sie wird bei gegebener Bearbeitungsaufgabe und optimaler Prozessauslegung maßgeblich vom zu bearbeitenden Werkstoff bestimmt.

Wichtigstes Optimierungsziel der Prozessgestaltung ist eine hohe Abtrennleistung. Voraussetzung hierfür sind hohe Vorschubgeschwindigkeiten. Moderne CNC-gesteuerte Bearbeitungsmaschinen ermöglichen zwei Vorschubvariaten, (Fa. Exeron Erodiertechnologie GmbH; Fa. Dama Optikmaschinen AG (EXERON, DAMA)), wobei die Führungsgröße für die jeweilige Steuerungsart aus den Beanspruchungsgrößen des Trennvorganges abgeleitet wird. Es sind dies die Bearbeitung mit konstanter Vorschubkraft und die Bearbeitung mit konstanter Vorschubgeschwindigkeit.

Bei der Bearbeitung mit konstanter Vorschubkraft stellt sich der Vorschub selbständig im Prozess ein. Der Vorschub ist im Allgemeinen nicht konstant. Die Abhängigkeit der Vorschubgeschwindigkeit vom Läppdruck kennzeichnet den Prozess. Hohe Vorschubgeschwindigkeiten sind erzielbar, wenn die Schwingungsamplitude auf die kleinste in der Läppmittelfraktion enthaltende Korngröße abgestimmt ist. Dies ist zum Beispiel bei B_4C-F280 und einer Amplitude von ca. 25 µm der Fall. Zusätzlich beeinflusst die Formzeuggeometrie und die Art des Suspensionsaustausches im Arbeitsspalt die Abtrennleistung. Dabei gilt, dass zunehmende Formzeugstirnflächen die Vorschubgeschwindigkeit verringern. Durchgangsbohrungen können mit rohrförmigen Formzeugen mit Wandstärken von ca. 1,5 mm günstig bearbeitet werden. Suspensionsabsaugung und Intervallspülung wirken sich positiv auf den Suspensionsaustausch aus.

Charakteristisches Merkmal der Bearbeitung mit konstanter Vorschubkraft ist, dass sich der Arbeitspunkt nur befriedigend reproduzieren lässt. Dies bedeutet, dass bei der Wiederholung der Bearbeitung mit denselben Bearbeitungsparametern oder bei der Bearbeitung von unterschiedlichen Werkstoffen derselben Werkstoffgruppe die Abtrennleistungen stark streuen (Catsburg 1993; Haas 1991; Nölke 1982; Pahlitsch u. Blanck 1960).

Bei der Bearbeitung mit konstanter Vorschubgeschwindigkeit ist eine von der Bearbeitungsmaschine vorgegebene Vorschubgeschwindigkeit die Führungsgröße der Steuerung. Die in Vorschubrichtung wirkende Kraft stellt sich im Prozess ein. Dabei nimmt sie geringe Werte an, sodass diese Steuerungsart vor allem bei kleinen, empfindlichen Werkzeugen zu empfehlen ist. Eine Maximalkraftbegrenzung verhindert ein übermäßiges Anwachsen der Vorschubkraft im Prozess und den damit verbundenen Zusammenbruch der Werkzeugschwingung oder des Arbeitsspaltes, (Fa. Exeron Erodiertechnologie GmbH). Systematische Untersuchungen zum Prozessverhalten dieser Steuerungsart sind Inhalt dieses Berichtes.

Abbildung 4 dokumentiert einen typischen Prozessverlauf der Ultraschallbearbeitung mit kraftgeregelter, kontinuierlicher Vorschubbewegung (Holzmüller 1998). Der Prozess gliedert sich in die Antast- (I) und Bearbeitungsphase (II). In der Bearbeitungsphase stellt sich als Folge der vertikal wirkenden Vorschubkraft F_v ein nicht konstanter Vorschub f ein. Aus den ermittelten Kraft-Zeit-Verläufen und Vorschub-Zeit-Verläufen lassen sich der Läppdruck p, die Vorschubgeschwindigkeit v_f und die mittlere Vorschubgeschwindigkeit v_{fm} ermitteln. Der Läppdruck p bestimmt sich aus dem Quotienten von Vorschubkraft F_z und dem wirksamen Formzeugquerschnitt A_C:

$$p = \frac{F_z}{A_c} \qquad (1)$$

Die (lokale) Vorschubgeschwindigkeit v_f lässt sich durch Ableiten der Vorschub-Zeit-Verläufe ermitteln.

$$v_{fm} = \frac{a_B}{t_B} \qquad (2)$$

Aus dem Quotienten von Zustellung a_B und der Bearbeitungszeit t_B bestimmt sich die mittlere Vorschubgeschwindigkeit v_{fm}.

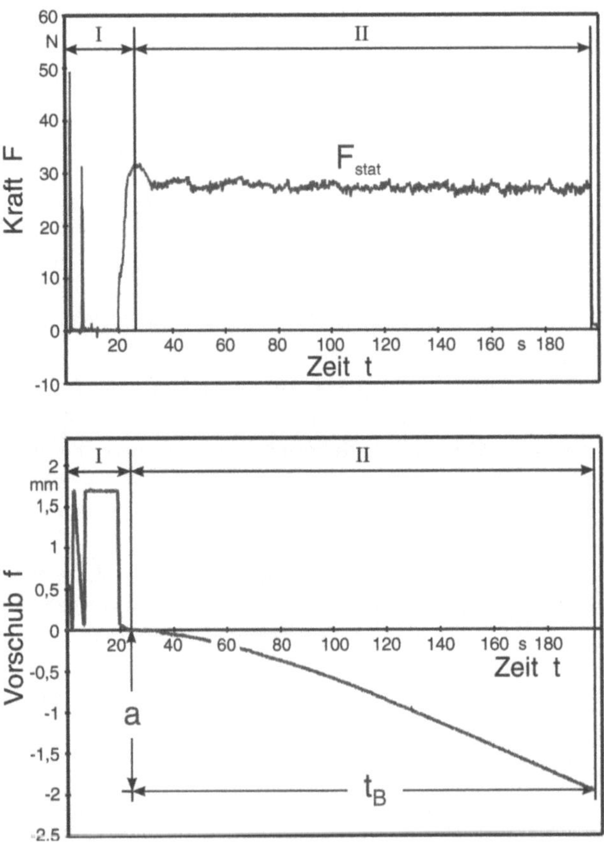

Abb. 4: Typische Prozessverläufe für die Bearbeitung mit konstanter Vorschubkraft Werkstoff: Al_2O_3 - Al23, Suspension: SiC F280 25 Gew.% Wasser, Zustellung a_B = 2 mm, Läppdruck p = 0,3 MPa, Amplitude u = 20 μm

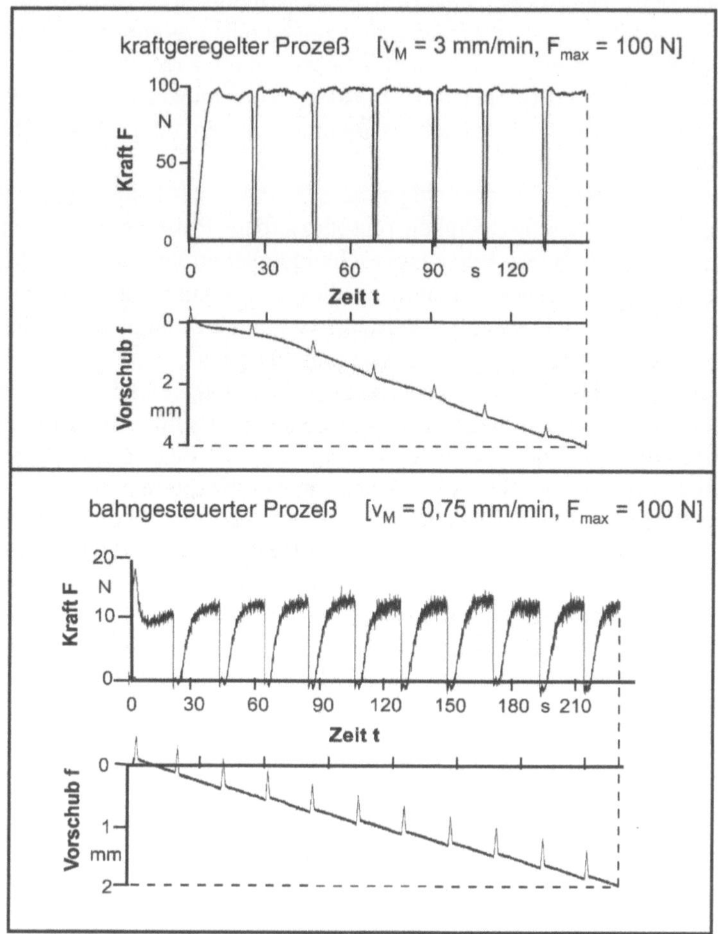

Abb. 5: Typische Prozessverläufe für die Bearbeitung mit Intervallspülung Werkstoff: Al_2O_3 Werkzeug: 10X10 mm 1.4571 mit Bohrung; Suspension: B_4C-F280 25 Gew.% in Wasser, Amplitude = 20 µm; t_z = 22,7 s, t_{ab} = 3 s, t_s = 20 s, h = 0,5 s (Holzmüller 1998)

Abbildung 5 zeigt zwei typische Bearbeitungsphasen für die Ultraschallbearbeitung mit Intervallspülung.

Die unterschiedlichen Prozesszustände wurden für eine vorgegebene Werkstück-Läppmittel-Werkzeugkombination bei einer Schwingungsamplitude von 20 µm aufgezeichnet. Im Abhebezyklus gewährleisten die vorgegebene Hubhöhe h und Abhebezeit t_{ab} eine vollständige statische Entlastung. Die maximal zulässige Vorschubkraft beträgt 100 N. Bei einem Maschinenvorschub von 3 mm/min ergibt sich ein kraftgeregelter Prozess. Die Vorschubkraft nimmt den maximal zulässigen Wert von 100 N an. Dieser stellt sich in jedem Zyklus konstant ein. Innerhalb der einzelnen Zyklen nimmt die Vorschubgeschwindigkeit Werte zwischen 0,8 und 2,3 mm/min an. Sie ist nicht konstant und ihr Betrag ist geringer als die vorgegebene Maschinenvorschubgeschwindigkeit. Dem entgegen ergibt sich bei einer Maschinenvorschubgeschwindigkeit von 0,75 mm/min ein bahngesteuerter Prozess. Die Kraftverläufe zeigen einen reproduzierbaren, degressiv ansteigenden Verlauf. Es stellt sich eine maximale Kraft von 13 N ein. Diese ist deutlich geringer als die maximal zulässige Vorschubkraft. Innerhalb der einzelnen Zyklen nimmt die Vorschubgeschwindigkeit den Wert der Maschinenvorschubgeschwindigkeit an.

Die durchgeführten Untersuchungen zeigen, dass sich beim Profilsenken mit definierter Vorschubgeschwindigkeit reproduzierbare Prozesse realisieren lassen. Diese sind durch konstante Vorschubgeschwindigkeiten und durch niedrige Vorschubkräfte gekennzeichnet. Dadurch ist diese Vorschubvariante bei empfindlichen Werkstücken und kleinen Werkzeugquerschnitten zu empfehlen. Gleichzeitig bildet sie die Grundlage für eine Prozessautomatisierung.

Bearbeitungen mit konstanter Vorschubgeschwindigkeit sind nur in einem eng begrenzten Arbeitsbereich möglich. Um Prozesse in diesem Arbeitsbereich sicher führen zu können, ist eine optimale Abstimmung der Beanspruchungsparameter erforderlich. Eine nur geringfügige Änderung der Korngröße oder der Schwingungsamplitude kann zum Beispiel dazu führen, dass der Prozess instabil wird. Dadurch ergeben sich hohe Ansprüche an die Vorauslegung und Überwachung der Prozesse. Für eine derartige Aufgabe bietet sich die hier angewandte Methode der statistischen Prozesskontrolle an, da sich mit dieser der Prozesszustand eindeutig identifizieren lässt. Darüber hinaus kann gezeigt werden, dass der Arbeitspunkt auf der Basis von Kennfunktionen, die das Übertragungsverhalten des Vorschubsystems charakterisieren, eingestellt werden kann.

Das Profilsenken mit konstanter Vorschubgeschwindigkeit wirkt sich positiv auf die Bauteilqualität aus. Reproduzierbare Prozesse vermindern den Werkzeugverschleiß, erhöhen die Stabilität des Arbeitsspaltes und verbessern die Maßtoleranz. Aus diesem Grunde sollte der Bearbeitungsprozess nicht auf den vorschuboptimalen Arbeitspunkt der Bearbeitung mit konstanter Vorschubkraft sondern auf die Grenzgeschwindigkeit der Bearbeitung mit konstanter Vorschubgeschwindigkeit ausgelegt und optimiert werden.

Bohrungen lassen sich auch mit rotierenden Formzeugen herstellen. Gegenüber dem konventionellen Profilsenken kann durch Ultraschallbohren mit rotierenden Werkzeugen eine erhebliche Verbesserung der Zerspanleistung erzielt werden (Draugelates et al. 1997-c). Merkmal des Ultraschallbohrens ist, dass aufgrund geringerer Formzeugwandstärken höhere Zerspanleistungen möglich sind als beim Profilsenken komplexer Geometrien. Zum Beispiel steigert sich bei vergleichbaren Zerspanbedingungen und einer von 10 mm auf 3 mm verringerten Wandstärke die Vorschubgeschwindigkeit v_{fm} von 1,5 auf 5,5 mm/min (Abb 6). Beim Ultraschallbohren mit rotierenden Formzeugen ist dem erosiven Zerspanmechanismus ein abrasiver Vorgang durch abrollende oder furchende Läppkörner überlagert. Der veränderte Zerspanmechanismus bewirkt, dass schon bei geringen Amplituden von 7 µm die Vorschubgeschwindigkeit durch Erhöhung der Drehzahl von 0 auf 2000 U/min um den Faktor sechs gesteigert wird.

Das Planetärerodieren erweitert die Senkbearbeitung mit Formzeugrotation um eine translatorische Bewegung. Dadurch muss die Kontur des Werkzeugs nicht mehr vollständig der zu erzeugenden Form entsprechen. Diese wird vielmehr aus

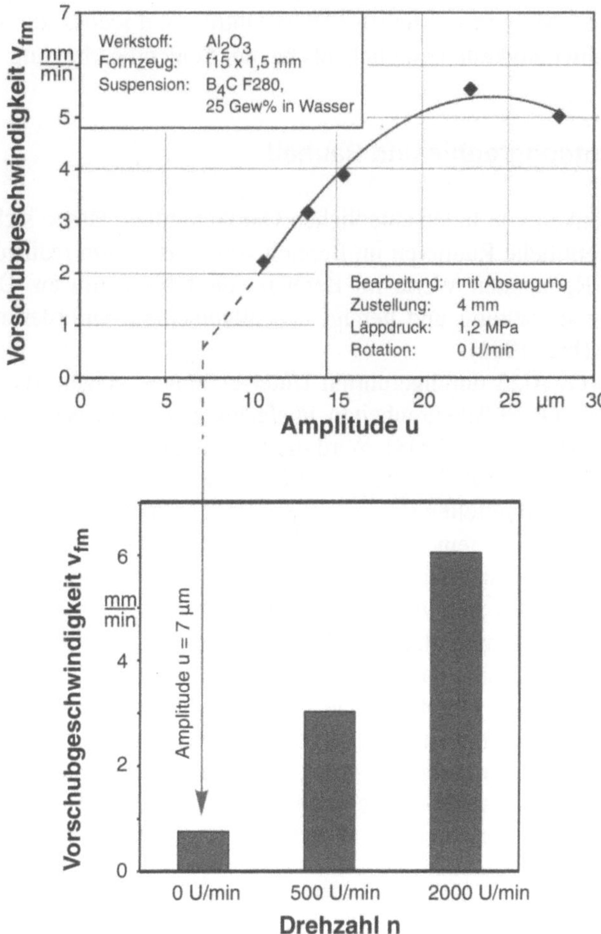

Abb. 6: Ultraschallbohren von Al₂O₃-Keramik durch konventionelles Profilsenken und durch Ultraschallbohren mit rotierenden Werkzeugen

mehreren horizontalen Bahnen zusammengesetzt, wobei axiale Vorschubbewegung nur noch für die Tiefenzustellung genutzt wird. Je nachdem, welche Teile des Werkzeugs, Stirn- und Mantelfläche, während des Quervorschubprozesses zum Materialabtrag beitragen, unterscheidet man zwischen den Varianten Schichtbearbeitung und Tiefenbearbeitung (Hilleke 1998). Bei der Schichtbearbeitung wird die Zustellung pro Überlauf auf die Schwingungsamplitude abgestimmt, sodass Materialabtrag nur vor der Werkzeugstirnfläche stattfindet. Aufgund des sich zwischen Werzeugstirnfläche und Werkzeugoberfläche einstellenden Arbeitsspaltes können bei entsprechender Zustelltiefe hohe Quervorschubgeschwindigkeiten erreicht werden. Bei der Tiefenbearbeitung sind auch Teile der Werkzeugmantelfläche im Eingriff. Hier wirken allerdings andere Abtragsmechanismen als unter der Werkzeugstirnfläche. Die Läppmittelkörner rollen hier am Werkstoff ab, ritzen diesen ein und werden durch den Quervorschub des Werkzeugs in die Oberfläche gedrückt. Mit dem seitlichen Materialabtrag sind jedoch nur kleinere Quervorschubgeschwindigkeiten möglich, als bei der Schichtbearbeitung.

5.5.4
Oberflächentopographie und Rauheit

Beim Profilsenken von unterschiedlichen Oxidkeramiken lassen sich im Bearbeitungsgrund gemittelte Rautiefen im Bereich von 6 bis 12 µm realisieren. Die MittenRauwerte R_a nehmen Werte im Bereich von 1 bis 2 µm an. Dies entspricht einer Schlichtbearbeitung und genügt den allgemeinen Anforderungen des Maschinenbaus (Haas 1991).

Die an Al_2O_3-Al23 durchgeführten Untersuchungen zeigen, dass die bearbeitungsbedingten Oberflächenrauheiten unabhängig vom gewählten Läppdruck p sind (Abb. 7) (Holzmüller 1998). Wird die Schwingungsamplitude von 25 µm auf 15 µm verringert, so hat dies beim Einsatz von B_4C-F280 als Läppmittel keine Verringerung der gemittelten Rautiefe R_z zur Folge. Ihr Wert liegt zwischen 9 und 10 µm. Gegenüber der feineren Fraktion B_4C-F280 bewirkt die gröbere Fraktion B_4C-F180 eine Erhöhung der gemittelten Rautiefe von 8 auf 11 µm. Für den Mittenrauwert R_a ergeben sich vergleichbare, aber absolut nicht so stark ausgeprägte Abhängigkeiten. R_a nimmt einen Wert von ca. 2 µm an.

Gleichzeitig zeigt sich, dass unabhängig vom gewählten Läppmittel vergleichbare mikrostrukturelle Oberflächenausbildungen vorliegen (Abb. 8). Die gleichmäßig zerrüttete Struktur ist durch Kornausbrüche und Kornfragmentierung gekennzeichnet. Der Kornausbruch ist der vorherrschende Mechanismus, wobei das Gefüge größtenteils sauber ausgebrochen wird. Gerichtete Bearbeitungsspuren sind aufgrund des ungerichteten stochastischen Korneingriffs nicht zu erkennen.

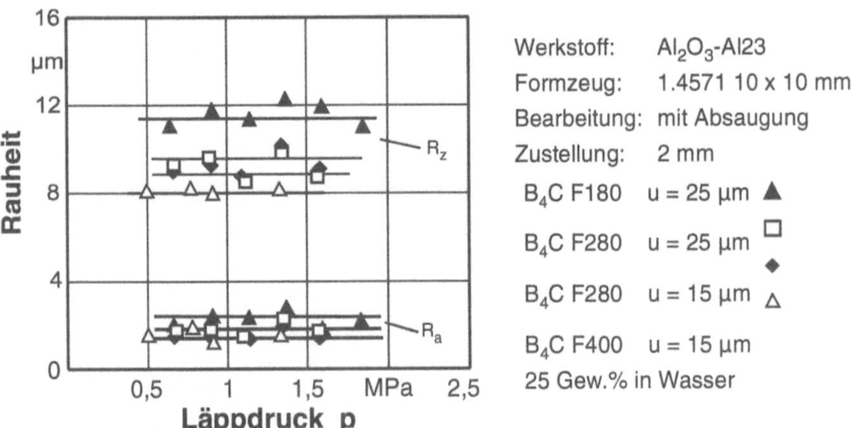

Abb. 7: Einfluss der Beanspruchungsbedingungen auf die gemittelte Rautiefe und den Mitten-Rauwert bei der Ultraschallbearbeitung von Al_2O_3-Al23

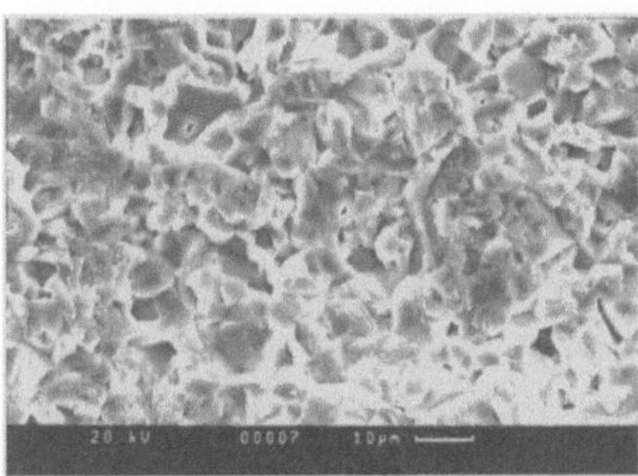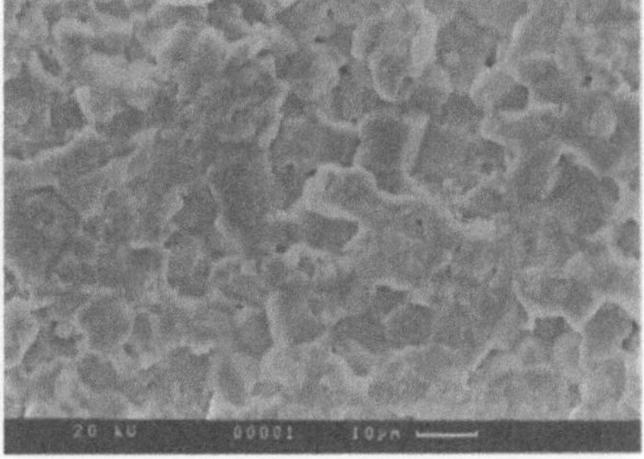

Abb. 8: Einfluss unterschiedlicher Läppmittelspezifikationen auf die Oberflächenausbildung nach einer Ultraschallbearbeitung von Al_2O_3-Al23 [B_4C-F180 u = 25µm] (vgl. links) und Al_2O_3-Al23 [B_4C-F400 u = 25µm] (vgl. rechts)

Für unterschiedliche Versuchswerkstoffe sind in Abb. 9 die Rauheitskennwerte in Abhängigkeit von der Risszähigkeit dargestellt. Es gilt tendenziell, dass feinkörnige Oxidkeramiken, die eine hohe Risszähigkeit haben, niedrigere gemittelte Rautiefen begünstigen. Sie liegen für Al_2O_3-Keramiken im Bereich von 6 bis 10 µm. Der höchste Rauheitswert tritt bei der grobkörnigen ZrO_2-Keramik Z450 mit $R_z = 11{,}5$ µm auf, während die feinkörnigen Dispersionskeramiken AC5 und Z700 die geringsten Rauheiten von $R_z \sim 6$ µm besitzen. Die Mittenrauwerte hängen nicht eindeutig von der Risszähigkeit ab. Sie nehmen Werte im Bereich vom 1 bis 2 µm an. Da die Untersuchungen bei konstanten Beanspruchungsbedingungen durchgeführt wurden, sind die verschiedenen Rauheitskennwerte auf unterschiedliche Werkstoffreaktionen beim Trennvorgang zurückzuführen.

Abb. 10 bis Abb. 13 dokumentieren typische Oberflächenstrukturen verschiedener Versuchswerkstoffe, die durch die Ultraschallbearbeitung hervorgerufen wurden. Im Vergleich dazu sind Bruchflächen, die im 4-Pkt. Biegeversuch erzeugt wurden dargestellt. Diese werden auch als Bruchgefüge bezeichnet. Die Gegenüberstellung ermöglicht es, den Mikrobruch des Trennvorganges mit dem makroskopischen, volumenbezogenen Bruch zu vergleichen.

Eine prinzipelle Übereinstimmung der Bruchflächenausbildung mit der Oberflächentopographie existiert nur bei den Al_2O_3-Keramiken. Das Bruchgefüge von Al_2O_3-Al23 weist einen überwiegend interkristallinen Kornausbruch auf. Kornausbrüche sind auch kennzeichnendes Merkmal der bearbeitungsbedingten Oberflächenausbildung. Zusätzlich treten auch Kornfragmentierungen und Spaltbrüche auf. Bei der feinkörnigen Al_2O_3-Keramik A61 bestimmt der interkristalline Kornausbruch sowohl das Bruchgefüge als auch die bearbeitete Oberfläche. Im Gegensatz dazu dominiert bei der ZTA-Keramik AC5 mikroplastische Deformation die ultraschallbearbeitete Oberfläche, während das Bruchgefüge interkristallinen Kornausbruch zeigt. Besonders deutlich sind bei Z700 lokale Verformungen und Materialaufwürfe auf der Oberfläche sichtbar, die durch den Eingriff eines Kornes hervorgerufen wurden. Dagegen hat das Bruchgefüge eine feinkörnige Struktur.

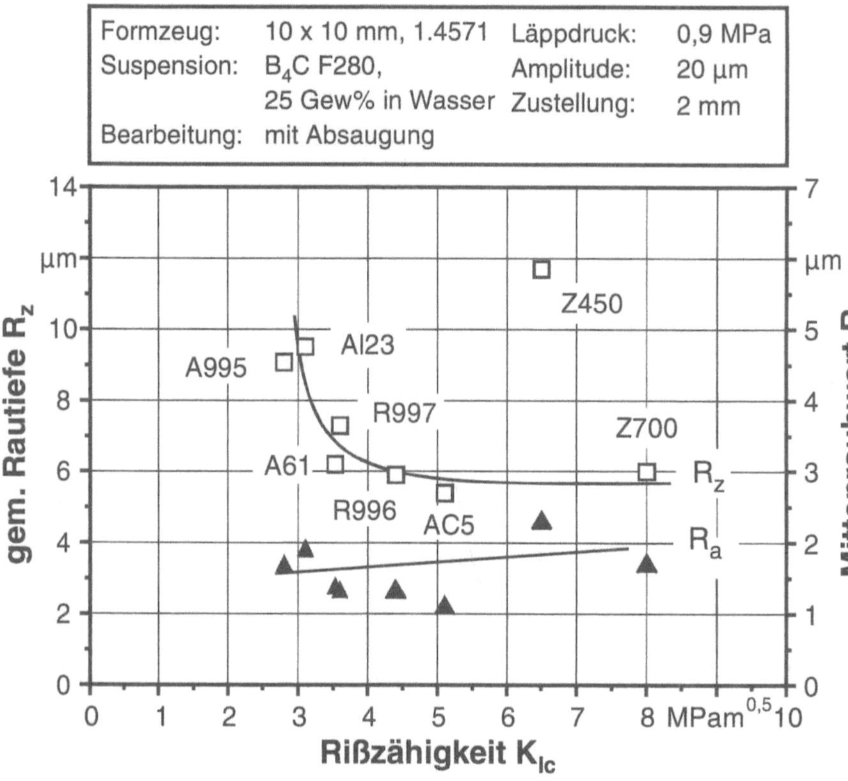

Abb. 9: Oberflächenrauheit beim Ultraschallschwingläppen unterschiedlicher Al_2O_3 und ZrO_2-Keramiken

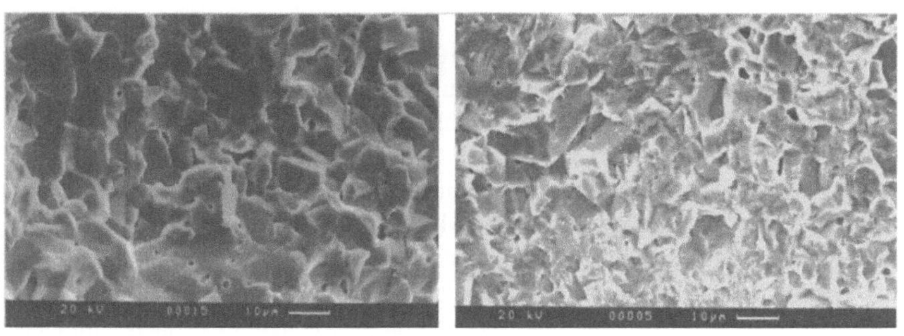

Abb. 10: Bruchgefüge (vgl. links) und ultraschallbearbeitete (vgl. rechts) Oberfläche von Al_2O_3-Al23

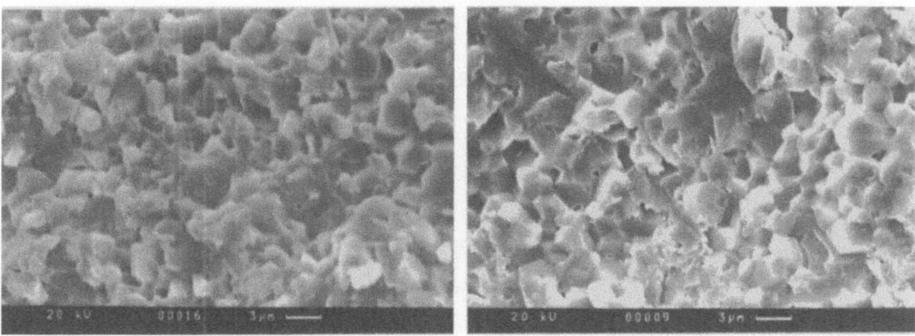

Abb. 11: Bruchgefüge (vgl. links) und ultraschallbearbeitete (vgl. rechts) Oberfläche von Al_2O_3-A61

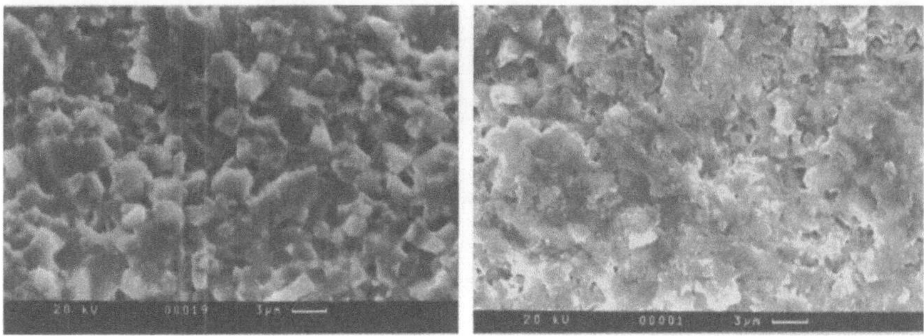

Abb. 12: Bruchgefüge (vgl. links) und ultraschallbearbeitete (vgl. rechts) Oberfläche von ZTA AC5

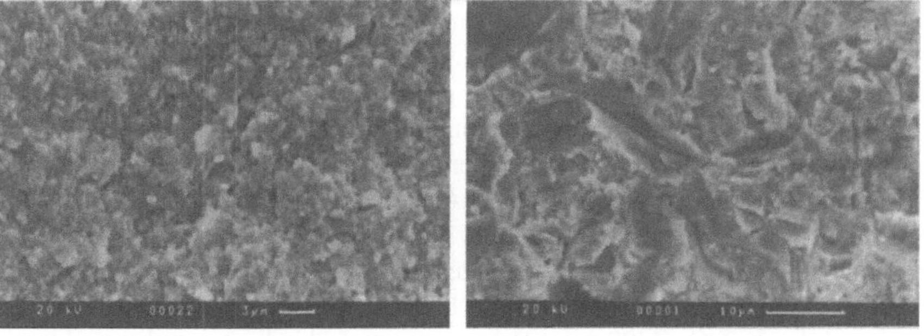

Abb. 13: Bruchgefüge (vgl. links) und ultraschallbearbeitete (vgl. rechts) Oberfläche von Y-PSZ Z700

Da bei den Al_2O_3-Keramiken der Materialabtrag häufig durch Kornausbruch erfolgt, sind in Abb. 14 die gemittelten Rautiefen R_Z in Abhängigkeit von der Korngröße d dargestellt.

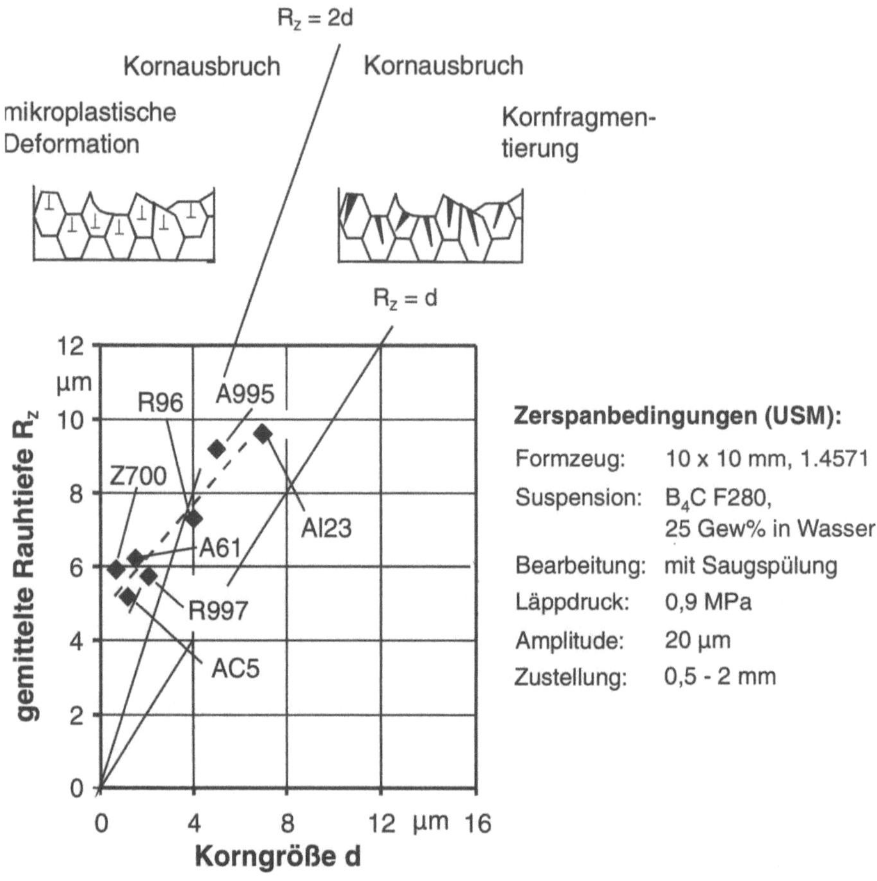

Abb. 14: Einfluss der mittleren Korngröße d auf Oberflächenstruktur und Rauheit

Für die Al_2O_3-Keramiken steigt die gemittelte Rautiefe R_z mit zunehmender Korngröße d an. Für die grobkörnigeren Qualitäten (d > 4µm) liegen die gemittelten Rautiefen im Bereich zwischen der doppelten und der einfachen Korngröße. Die Oberfläche ist sowohl durch den Ausbruch ganzer Körner als auch durch Spaltbrüche bzw. Kornfragmentierung gekennzeichnet. Bei den feinkörnigen Keramiken (d < 4µm) nimmt die gemittelte Rautiefe Werte an, die größer als die doppelte Korngröße sind. Der Vergleich mit der Al_2O_3 Qualität A61, der ZTA AC5 und der Y-ZrO_2 Z700 zeigt trotz einer unterschiedlichen mikrostrukturellen Oberflächenausbildung gemittelte Rautiefen derselben Größenordnung.

Bei der Bahnbearbeitung haben die Prozessstellgrößen nur geringen Einfluss auf die Oberflächenbeschaffenheit des Werkstücks. Eine Veränderung der Quervorschubgeschwindigkeit führt zu keiner signifikanten Änderung der Oberflächenausbildung. So ist zwar jeder Stoßvorgang mit dem Eindringen eines Läppmittelkorns in die Oberfläche verbunden, aber nicht jeder Stoß führt dort zur Bildung von lateralen Rissen, die letztendlich den Materialabtrag bewirken (Hilleke 1998). Die Oberfläche ist somit durch kleine Krater, durch Korneindrücke und große Krater infolge von durch Lateralrissen bedingten Materialausbrüchen gekennzeichnet. Eine Absenkung der Quervorschubgeschwindigkeit bedeutet eine Erhöhung der pro Flächeneinheit ausgeführten Stoßvorgänge und damit vermehrte laterale Risse, die zum Abtrag der bestehenden Oberfläche führen. Letztendlich bleibt aber die Anzahl der kleinen und großen Krater konstant. Auch die Höhe der Schwingungsamplitude oder der Zustelltiefe führen zu keiner nennenswerten Veränderung der Rauheitskennwerte.

Maßgeblichen Einfluss auf die Oberflächenbeschaffenheit hat allerdings der zu bearbeitende Werkstoff. Die sich bei der US-Bearbeitung einstellende Oberflächentopografie ist dabei von Werkstoffkennwerten wie E-Modul, Härte, Bruchzähigkeit, Korngröße und Korngrenzenfestigkeit der unterschiedlichen Werkstoffe abhängig, wobei der Zusammenhang der Rautiefen mit den genannten Werten noch nicht theoretisch erklärbar ist.

5.5.5
Bauteilfestigkeit

Der Trennvorgang hat bei der spanenden Hartbearbeitung eine Veränderung der Werkstückrandzone zur Folge, die sich in Eigenspannungen, Mikrorissen und in der bearbeitungsbedingten Oberflächenstruktur äußert. Gleichzeitig werden die mechanisch-technologischen Funktionseigenschaften beeinflusst. Die Kenntnis dieser Randzonenbeeinflussung ist Voraussetzung für eine werkstoffgerechte Prozessgestaltung und für die Funktionsprognose eines keramischen Bauteils (Tönshoff et al. 1992). Der Bruch keramischer Werkstoffe geht sowohl von Oberflächenfehlern als auch von Volumenfehlern aus. Die Streuung dieser Fehlergrößen bedingt eine Streuung der Festigkeit, die wesentlich größer ist als diejenige von metallischen Werkstoffen. Basierend auf der „Weakest Link Theory" wird das stochastische Versagen eines keramischen Bauteils üblicherweise mit Hilfe der Weibulstatistik beschrieben (Munz u. Fett 1989). Für die Wahrscheinlichkeitsverteilung $P(\sigma_c)$ der Bruchspannung σ_c gilt die Weibull-Verteilungsfunktion mit den Parametern Weibullmodul m und der charakteristischen Bruchspannung σ_c:

$$P(\sigma_c) \;=\; 1 - exp\left\{ -\left(\frac{\sigma_c}{\sigma_0} \right)^{m} \right\} \tag{3}$$

Die charakteristische Bruchspannung σ_0 bestimmt sich bei einer Versagenswahrscheinlichkeit von 63,2 %. Der Weibullmodul m ist ein Maß für die Breite der Festigkeitsverteilung. Diese Weibullparameter können nach der Maximum-Likelihood-Method berechnet werden.

Die durchgeführten Untersuchungen zeigen, dass sich das Ultraschallschwingläppen positiv auf die mechanischen Eigenschaften auswirkt (Holzmüller 1998). Gegenüber einem unbearbeiteten Zustand haben bearbeitete Dispersionskeramiken eine höhere Festigkeit und einen höheren Weibull-Modul. Für Al_2O_3-Keramiken wirkt sich die Bearbeitung vor allem auf die Reproduzierbarkeit des Festigkeitsverhaltens aus.

Die bearbeitungsinduzierte Festigkeit wird maßgeblich vom bearbeiteten Werkstoff beeinflusst. Werkstoffe, deren Oberflächenstruktur eine ausgeprägte mikroplastische Deformation aufweist und die eine hohe Risszähigkeit haben, lassen eine Festigkeitszunahme gegenüber dem unbearbeiteten Zustand erkennen.

Für die unverstärkte Al_2O_3-Keramik (K_{IC}-Wert~3 $MPam^{0,5}$) ergibt sich mit ca. 240 MPa eine charakteristische Biegespannung σ_0, die der des unbearbeiteten Zustandes entspricht (Abb. 15). Die Abweichung gegenüber dem gesinterten Zustand ist kleiner 5 %. Diese bedeutet, dass für diese Keramiken der Bruch überwiegend von Volumendefekten wie zum Beispiel Porositäten bestimmt wird. Die bearbeitungsbedingte Oberflächenausbildung hat keinen Einfluss. Der Weibull-Modul steigt von 14 auf 18. Dem entgegen hat die Ultraschallbearbeitung bei den Dispersionskeramiken MgO-PSZ-ZrO_2 (K_{IC}-Wert ~ 6,5 $MPam^{0,5}$)und Y_2O_3-PSZ-ZrO_2 (K_{IC}-Wert~ 8 $MPam^{0,5}$) eine Erhöhung der charakteristischen Bruchspannung σ_0 zur Folge (Abb. 18). Sie nimmt den Wert 487 MPa für MgO-PSZ-ZrO_2 und für Y_2O_3-PSZ-ZrO_2 den Wert 1040 MPa an. Gegenüber dem gesinterten Zustand beträgt die Festigkeitszunahme bei MgO-PSZ 11 % und bei Y_2O_3-PSZ 32 %. Dies bedeutet, dass mit zunehmender Risszähigkeit der Keramik die Festigkeitssteigerung anwächst. Es kann angenommen werden, dass dieses Verhalten ursächlich auf die Ausbildung einer hohen Druckspannung in der Randzone zurückzuführen ist. Die Weibull-Moduln steigen geringfügig von 8 auf 10 für Y_2O_3-PSZ-ZrO_2 und von 16 auf 18 für MgO-PSZ-ZrO_2.

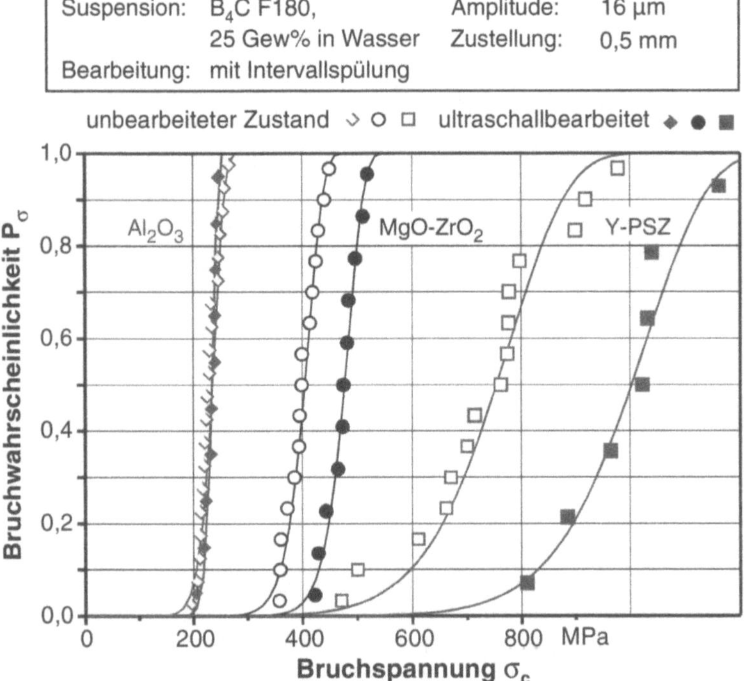

Abb. 15: Bearbeitungsinduzierte Festigkeiten beim Ultraschallschwingläppen oxidkeramischer Werkstoffe im Vergleich zum unbearbeiteten Zustand

In Abb. 16 sind Weibullverteilungsfunktionen für Al_2O_3-Al23 nach einer Bearbeitung mit unterschiedlichen Läppmittelspezifikationen dargestellt. Gegenüber den mit dem feineren Läppkorn B_4C-F400 bewirkt das gröbere Läppkorn B_4C-F180 eine geringfügige, nicht sifgnifikante Verringerung der Festigkeit von 248 MPa auf 238 MPa. Gleichzeitig steigt der Weibullmodul von 11 auf 27 an. Ursache hierfür ist, dass das bei feinerem Läppkorn geringere Verformungen und Druckeigenspannungen aufreten. Gleichzeitig weist die Oberfläche geringfügig bessere Rauheitskennwerte auf. Da die zu erwartenden Eigenspannungen gering sind, dürfte der Festigkeitsgewinn von 10 MPa einer verbesserten Oberfläche zuzuschreiben sein.

Für die beiden unverstärkten Al_2O_3-Keramiken ergeben sich charakteristische Bruchspannungen, die denen des unbearbeiteten Zustandes entsprechen. Für Al23 nimmt diese einen Wert von ca. 240 MPa und für A61 einen Wert von ca. 350 MPa an (Abb. 17 und Abb. 18). Die Abweichung gegenüber dem gesinterten Zustand ist kleiner 5 %. Diese bedeutet, dass für diese Keramiken der Bruch überwiegend von Volumendefekten wie zum Beispiel Porositäten bestimmt wird. Die bearbeitungsbedingte Oberflächenausbildung hat keinen Einfluss.

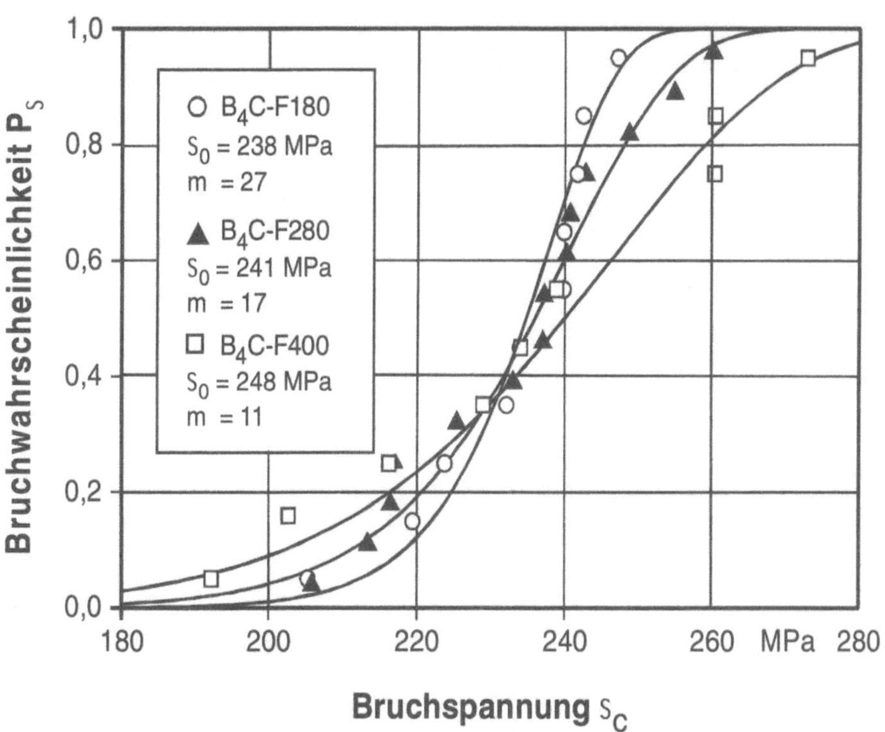

Abb. 16: Einfluss unterschiedlicher Läppmittelspezifikationen auf die Weibull-Verteilungsfunktionen für Al_2O_3-Al23

Dem entgegen hat die Ultraschallbearbeitung bei den Dispersionskeramiken AC5, Z450 und Z700 eine Erhöhung der charakteristischen Bruchspannung σ_0 zur Folge (Abb. 19 bis Abb. 21). Sie nimmt für AC5 den Wert 444 MPa an, für Z450 den Wert 487 MPa an und für Z700 den Wert 1040 MPa an. Gegenüber dem gesinterten Zustand beträgt die Festigkeitszunahme bei AC5 10 %, bei Z450 11 % und bei Z700 32 %. Dies bedeutet, dass mit zunehmender Risszähigkeit der Keramik die Festigkeitssteigerung anwächst. Es kann angenommen werden, dass dieses Verhalten ursächlich auf die tetragonal-monokline Umwandlung des ZrO_2 zurückzuführen ist, die eine hohe Druckeigenspannung in der Randzone zur Folge hat.

Auffällig ist, dass die Bearbeitung einen positiven Einfluss auf die Streuung und die Reproduzierbarkeit der Festigkeit ausübt. Der Weibull-Modul steigt gegenüber dem „as fired"-Zustand an.

5.5.6
Zusammenfassung

Das Ultraschallschwingläppen ist eine innovative Fertigungstechnik für die Hartbearbeitung keramischer Werkstoffe. Mit seinen Verfahrensvarianten Profilsenken, Bohren und Fräsen hat es eine sehr große Flexibilität in Hinblick auf die realisierbare Bauteilkomplexität. Neben der Endbearbeitung von Bauteilen lassen sich komplexe dreidimensionale Strukturen aus Halbzeugen fertigen.

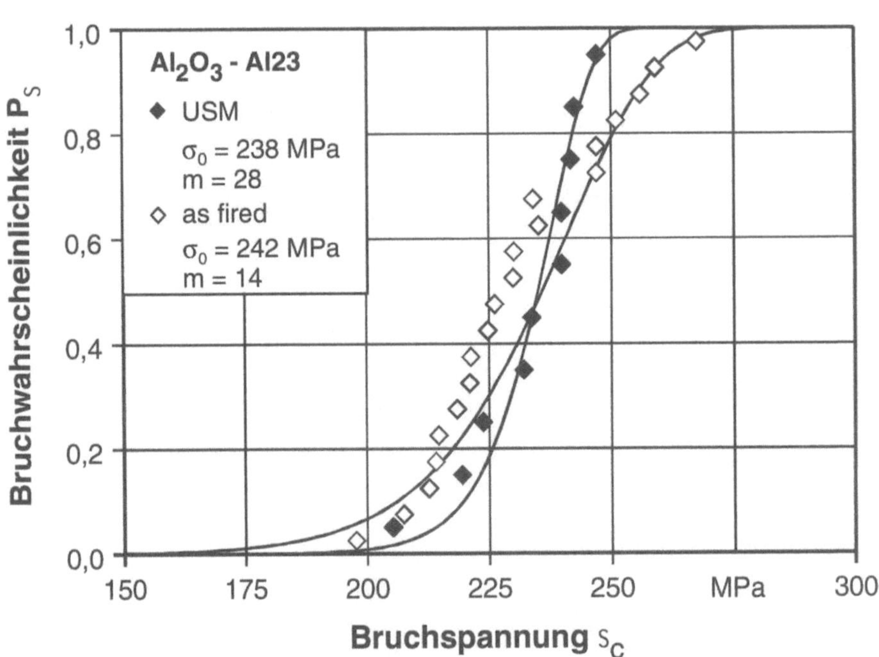

Abb. 17: Weibull-Verteilungsfunktionen für Al_2O_3-Al23

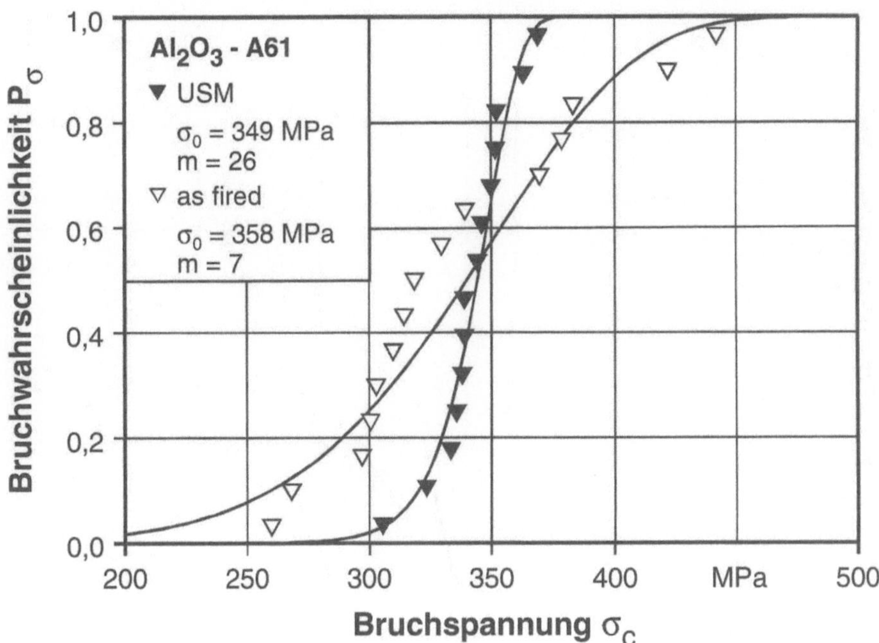

Abb. 18: Weibull-Verteilungsfunktionen für Al$_2$O$_3$-A61

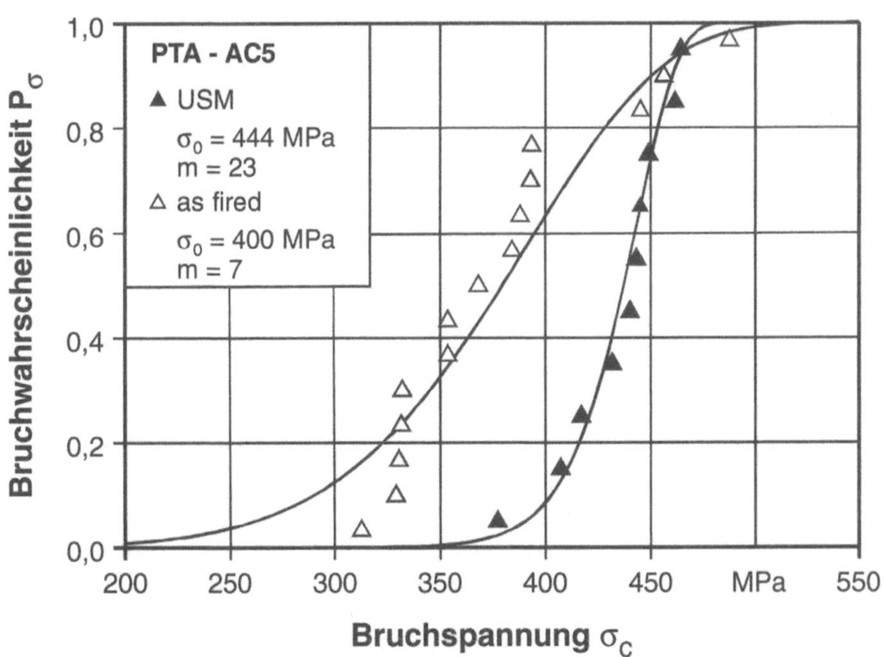

Abb. 19: Weibull-Verteilungsfunktionen für ZTA-AC5

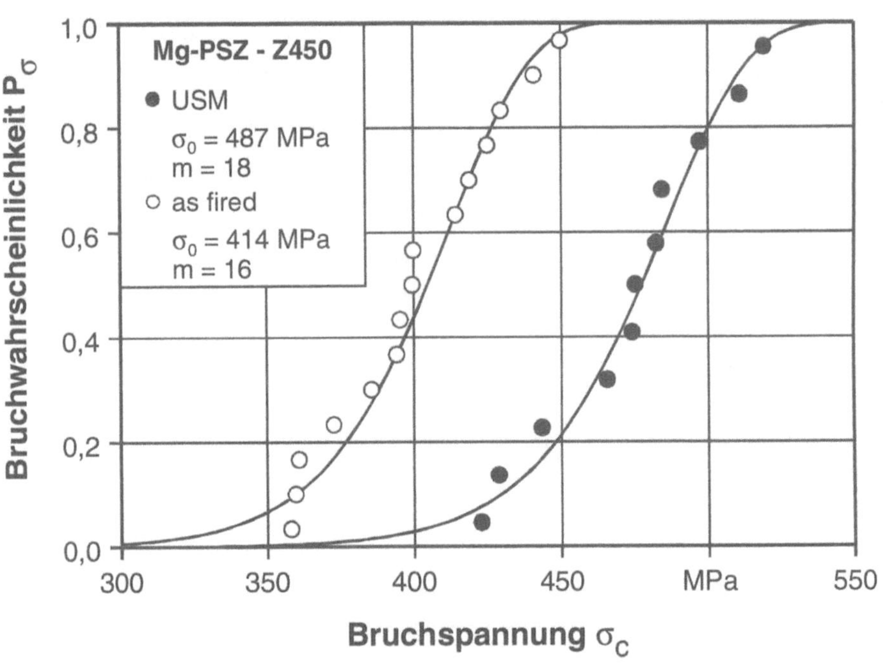

Abb. 20: Weibull-Verteilungsfunktion für Mg-PSZ Z450

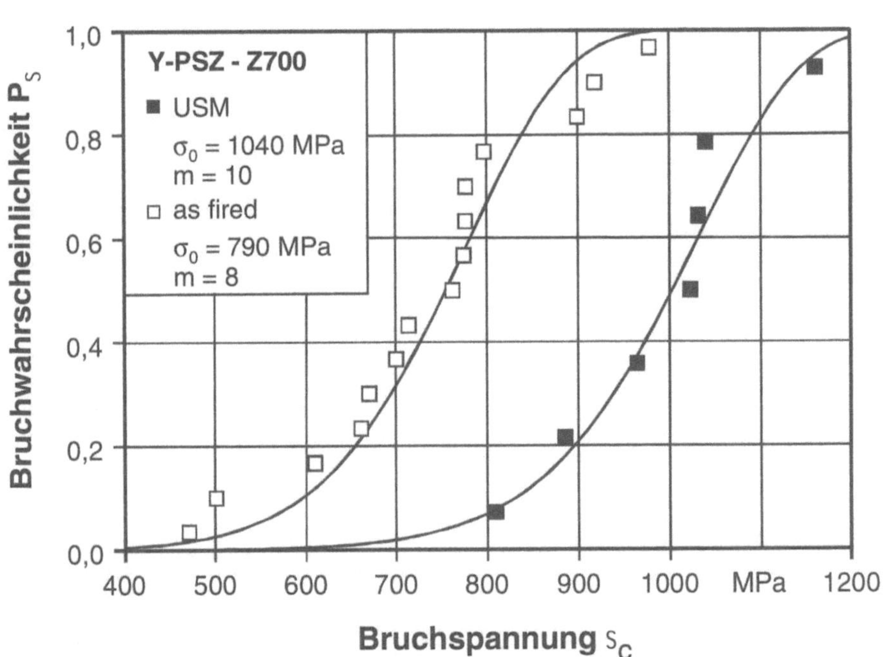

Abb. 21: Weibull-Verteilungsfunktion für Y-PSZ Z700

Grundlage für den industriellen Einsatz des Ultraschallschwingläppens sind Strategien für eine werkstoffgerechte Bearbeitung und reproduzierbare Prozesse. Am Beispiel der ultraschallerosiven Bearbeitung von Oxidkeramiken wurden solche Prozessstrategien dargestellt. Dabei charakterisierten die Kraft-Vorschub-Wechselwirkung des Bearbeitungsvorganges, die Maßtoleranz am Werkstück, der Längenverschleiß am Formzeug, die Oberflächentopographie im Bearbeitungsgrund sowie die bearbeitungsinduzierte Bauteilfestigkeit den Bearbeitungsprozess und das Arbeitsergebnis.

Voraussetzung für eine reproduzierbare Prozessführung sind Bearbeitungen mit konstanter Vorschubbewegung. Die Vorschubgeschwindigkeit ist hierbei definitionsgemäß konstant und ihr Einfluss auf die Vorschubkraft eindeutig funktional bestimmt. Im Gegensatz dazu streuen die Vorschubgeschwindigkeiten bei der Bearbeitung mit konstanter Vorschubkraft sehr stark. Ursache für diese Streuung sind ständig veränderliche Beanspruchungsbedingungen im Arbeitsspalt. Insbesondere bei geringen Zustellungen streut die Vorschubgeschwindigkeit nicht um einen festen Mittelwert. Eine große Bandbreite gleichwertig auftretender Vorschubraten und große Streubreiten sind die Folge. Dies bedeutet, dass Bearbeitungen mit konstanter Vorschubkraft nur innerhalb statistischer Grenzen beherrschbar sind.

Im Vergleich zur Bearbeitung mit konstanter Vorschubkraft treten bei der Bearbeitung mit konstanter Vorschubgeschwindigkeit wesentlich geringere Vorschubkräfte auf. Bezogen auf die wirksame Formzeugstirnfläche ergeben sich maximale Läppdrücke von 0,2 MPa, während bei der Bearbeitung mit konstanter Vorschubkraft maximale Vorschubgeschwindigkeiten bei einem Läppdruck von ca. 1 MPa realisiert werden. Dies unterstreicht, dass die Bearbeitung mit konstanter Vorschubgeschwindigkeit für die Bearbeitung feiner Konturen eingesetzt werden sollte.

Die Bearbeitung mit konstanter Vorschubgeschwindigkeit beeinflusst nicht nur die Reproduzierbarkeit des Prozesses sondern auch das Arbeitsergebnis positiv. Reproduzierbare Prozesse verbessern aufgrund einer geringeren Formzeugbeanspruchung und einer erhöhten Arbeitsspaltstabilität die Maßtoleranz.

Der Arbeitsbereich ist bei der Bearbeitung mit konstanter Vorschubgeschwindigkeit auf ein enges Parameterfeld begrenzt. Gleichzeitig fallen die Vorschubgeschwindigkeiten geringer aus als bei der Bearbeitung mit konstanter Vorschubkraft. Um Prozesse in diesem Arbeitsbereich sicher führen zu können, ist eine optimale Abstimmung der Beanspruchungsparameter Läppkorngröße und Schwingungsamplitude erforderlich. Dabei lässt sich eine Grenzgeschwindigkeit definieren, die der maximal mit konstanter Vorschubbewegung realisierbaren Vorschubgeschwindigkeit entspricht, und somit das Optimierungsziel für eine reproduzierbare Prozessführung mit konstanter Vorschubgeschwindigkeit darstellt.

Neben dem eingesetzten Vorschubkonzept bestimmt der Werkstückstoff die Leistungsfähigkeit eines Prozesses. Er beeinflusst maßgeblich die realisierbare Trenngeschwindigkeit. Ein günstiges Bearbeitungsverhalten haben spröde Al_2O_3 Keramiken (K_{Ic}-Wert ~ 3 $MPam^{0,5}$). Mit zunehmender Risszähigkeit sinkt die Abtrennleistung. Für die Bearbeitung mit konstanter Vorschubkraft bedeutet dies eine Verringerung der Vorschubgeschwindigkeit. Gleichzeitg nimmt der Formzeugverschleiß zu.

Die Oberflächenausbildung wird sowohl durch die Beanspruchungsparameter Läppkorngröße und Schwingungsamplitude als auch durch den bearbeiteten Werkstoff bestimmt. Der Läppdruck hat keinen Einfluss auf die Rauheitskennwerte. Beim Profilsenken von unterschiedlichen Oxidkeramiken werden gemittelte Rautiefen im Bereich von 6 bis 12 µm realisiert. Die MittenRauwerte nehmen Werte im Bereich von 1 bis 2 µm an. Dies entspricht den Qualitäten einer Schlichtbearbeitung und damit den allgemeinen Anforderungen des Maschinenbaus.

Wichtig für die Oberflächenausbildung ist vor allem der Werkstoffeinfluss, da der Trennvorgang durch die Wechselwirkung der Werkstoffmikrostruktur mit den Beanspruchungsgrößen entsteht. Beim Ultraschallschwingläppen von Oxidkeramiken lassen sich zwei prinzipielle Oberflächenveränderungen unterscheiden. Bei Al_2O_3-Keramiken überwiegt der spröde Ausbruch von Körnern oder die Kornfragmentierung. Mikroplastische Deformation charakterisiert die Oberflächenstruktur bei Dispersionskeramiken.

Die bearbeitungsinduzierte Festigkeit wird maßgeblich von der bearbeiteten Keramik bestimmt. Dabei zeigt sich bei keinem der untersuchten Werkstoffe gegenüber dem gesinterten Zustand eine Verschlechterung der Festigkeitswerte. Vielmehr erhöht eine Ultraschallbearbeitung den Weibull-Modul und verbessert so die Reproduzierbarkeit des Festigkeitsverhaltens. Mit zunehmender Risszähigkeit ist ein Festigkeitsgewinn bei den ultraschallbearbeiteten Werkstoffen festzustellen. Dieser fällt mit fast 40 % bei hochzähem ZrO_2 besonders signifikant aus, während die spröden Al_2O_3 Keramiken keinen Festigkeitsgewinn erfahren.

Literatur zu Kapitel 5.5

Cartsburg H (1993) Hartbearbeitung keramischer Verbundwerkstoffe. Carl Hanser Verlag, München Wien

DAMA Ultraschall-Bearbeitungsmaschine US 400 C Erosonic. Fa. Dama Optikmaschinen AG, Ch-Wetzikon

Draugelates U, Reiter R, Holzmüller B (1997-a) Ultraschallschwingläppen - Innovative Fertigungstechnik für die Keramikbearbeitung. In: Innovation für Gleitlager, Wälzlager, Dichtungen und Führungen. VDI-Verlag, Düsseldorf, S 335-339

Draugelates U, Reiter R, Holzmüller B (1997-b) Ultraschallschwingläppen von Ingenieurkeramik. wt Werkstatttechnik 87:381-385

Draugelates U, Reiter R, Holzmüller, B (1997-c) Hartbearbeitung von Ingenieurkeramik. In: Konstruktion verfahrenstechnischer Maschinen. Tagungsband 1997:91-116

EXERON CNC – Ultraschallbearbeitungszentrum US-exeron 303k. Fa. Exeron Erodiertechnologie GmbH, Fluorn-Winzeln

Grathwohl G, Iwanek H, Thümmler F (1988) Hartbearbeitung keramischer Werkstoffe. Mat.-wiss. u. Werkstofftech.:19:81-86

Haas R (1991) Technologie zur Leistungssteigerung beim Ultraschallschwingläppen. Dissertation, Technische Hochschule Aachen

Hilleke M (1998) Bahngesteuertes Ultraschallschwingläppen sprödharter Werkstoffe. Dissertation, Technische Hochschule Aachen

Holzmüller B (1998) Prozessführung und Werkstückqualität beim Ultraschallschwingläppen oxidkeramischer Werkstoffe. Dissertation, Technische Universität Clausthal

König W, Neder L , Bönsch C (1989) Ultraschallbearbeitung. In: DKG – Technische Keramische Werkstoffe. Verlagsgruppe Deutscher Wirtschaftsdienst, Köln

König W (1990) Fertigungsverfahren, Bd. 3 Abtragen. VDI Verlag, Düsseldorf

König W, Bönsch C (1992) Technologie der Ultraschallbearbeitung von Hochleistungskeramik. Fortschrittsberichte der Dt. Keram. Ges., Bd.7, S 181-190

Munz D, Fett T (1989) Mechanisches Verhalten keramischer Werkstoffe. Springer-Verlag, Berlin Heidelberg New York

Nölke H-H (1982) Ultraschall-Fräsen - eine erweiterte kinematische Verfahrensanordnung beim Ultraschall-Schwingläppen. Sprechsaal, Bd 115 Nr. 2

Pahlitsch G, Blanck D (1960) Fortschritte beim Stoßläppen mit Ultraschallfrequenz. Werkstatttechnik, 50. Heft 11:592-599

Spur G (1989) Keramikbearbeitung. Hanser Verlag, München Wien

Tönshoff HK, Brinksmeier E, Wobker H-G (1992) Randzonenanalyse zur keramikgerechten Prozessgestaltung. In: DKG-Symposium „Bearbeiten von Keramik", Bayreuth, S 65-74

Veröffentlichungen, Vorträge und Dissertationen des Sonderforschungsbereichs 180 ...

... zu Abschn. 1 „Konstruktion verfahrenstechnischer Maschinen"

Bönig S, Heimannsfeld K (1998) Die KOMB-Analyse am Beispiel einer Niedertemperatur-entschwefelungsanlage. Mitteilungen aus dem Institut für Maschinenwesen der TU Clausthal Nr. 23, Clausthal

Bugow R (1989) CAD-Normteile im Unternehmen. Mitteilungen aus dem Institut für Maschinenwesen der TU Clausthal Nr. 14, Clausthal

Bugow R (1995) Die Bereitstellung von Teilebibliotheken im rechnergestützten Konstruktionsprozeß. Dissertation, Technische Universität Clausthal (in DIN Normungskunde Bd. 35, Beuth, Berlin)

Deppermann G (1989) CIP für kreativen Freiraum. Prime Time 2, Wiesbaden

Dietz P (1991) Lehre und Forschung am Institut für Maschinenwesen. (Festvortrag am 25.10.91 anläßlich des 70-jährigen Bestehens des Vereins von Freunden der TU Clausthal, veröffentlicht im Mitteilungsblatt des Vereins von Freunden Heft 71, 1992, und in Mitteilungen aus dem Institut für Maschinenwesen der TU Clausthal Nr. 16, 1991, Clausthal)

Dietz P (1992) Konstruktionssystematische Überlegungen und beanspruchungsgerechtes Gestalten von Maschinen der Verfahrenstechnik. (Vortrag zum 18. Konstruktionssymposium der DECHEMA am 06./07.02.)

Dietz P (1993) Konstruktionssystematische Überlegungen und beanspruchungsgerechtes Gestalten von Maschinen der Verfahrenstechnik. Konstruktion Heft 1

Dietz P (1996) Konstruktion verfahrenstechnischer Maschinen – Eine Übersicht. Kolloquium am 15./16.02., Berichte zu Ergebnissen aus dem Sonderforschungsbereich 180, Clausthal

Dietz P (1997) Software und modernes Konstruieren bringen Deutschland an die Weltspitze. Industrieanzeiger Nr. 23:48-51 (von Monika Corban)

Dietz P, Hartmann D, Kruse PJ (1992) Rechnerunterstützte Konstruktion verfahrenstechnischer Maschinen. Kolloquium am 25.06., Fachgespräche über Verschleiß, Clausthal

Dietz P, Kruse PJ, Hartmann D (1993) Systematische Konstruktion verfahrenstechnischer Maschinen. Chemie Technik 8

Dietz P, Leschonski K, Teichert T (1996) Rechnergestützte Anforderungsermittlung und Funktionsanalyse verfahrenstechnischer Maschinen. Kolloquium am 15./16.02., Berichte zu Ergebnissen aus dem Sonderforschungsbereich 180, Clausthal

Dietz P, Müller N (1991) Rechnergestützte Konstruktion verfahrenstechnischer Maschinen am Beispiel von Zentrifugentrommeln. Internationales Treffen für chemische Technik und Biotechnologie, 23. Ausstellungstagung (ACHEMA), 09.-15.06, Frankfurt

Hartmann D (1989) Betriebsmittelmodell – Informationsbereitstellung für die ressourcengerechte Konstruktion und Fertigung. Mitteilungen aus dem Institut für Maschinenwesen der TU Clausthal Nr. 14, Clausthal

Hartmann D (1994) Modell zur qualitätsgerechten Konstruktion. Dissertation, Technische Universität Clausthal

Holland M (1994) Prozeßgerechte Toleranzfestlegung. Dissertation, Technische Universität Clausthal

Kruse PJ (1995) Anforderungen in der interdisziplinären Systementwicklung: Erfassung, Aufbereitung, Bereitstellung. Dissertation, Technische Universität Clausthal

Müller N (1990) Rechnergestützte Konstruktion verfahrenstechnischer Maschinen am Beispiel von Zentrifugentrommeln. Dissertation, Technische Universität Clausthal

Ort A (1998) Entwicklungsbegleitende Kalkulationen mit Teilebibliotheken. Dissertation, Technische Universität Clausthal

Piefke K (1992) Beitrag zum rechnerunterstützten Entwurf von Prallbrechern. Dissertation, Bergakademie Freiberg

Piefke K (1992) Beitrag zum rechnerunterstützten Entwurf von Prallbrechern. Neue Bergbautechnik 22 Nr. 6:227ff

Piefke K, Höffl K (1992) Untersuchungen zur Ermittlung von funktionellen Abhängigkeiten für den rechnerischen Entwurf von Prallbrechern am Beispiel der Rotorhauptmaße. Neue Bergbautechnik 22 Nr. 3/4:120-125

Prengemann U (1995) Fertigungsinformation im Konstruktionsprozeß. Dissertation, Technische Universität Clausthal

Schäfer S (1991) Zur Systematik und Konstruktionsmethodik von Aufbereitungsmaschinen unter Berücksichtigung der rechnerunterstützten Konstruktion. Dissertation, Bergakademie Freiberg

... zu Abschn. 2. „Belastungen, Dynamik, Akustik"

Barth HJ, Dietz P, Jeschke D, Schmidt A (1997) Berechnung von Terzspektren aus einer FFT-Analyse. Mitteilungen aus dem Institut für Maschinenwesen der TU Clausthal Nr. 22, Clausthal

Barth HJ, Jeschke D (1996) Konstruktive Maßnahmen zur Schallminderung an Hochleistungs-Prallzerkleinerungsmühlen und Windsichtern. Kolloquium am 15./16.02., Berichte zu Ergebnissen aus dem Sonderforschungsbereich 180, Clausthal

Barth HJ, Jeschke D (1997) Lärmsituation an schnellaufenden Prallzerkleinerungsmaschinen-Problematik und Lösungsansätze (Konstruktive Entwicklungen für den Apparatebau). Internationales Treffen für chemische Technik und Biotechnologie, 25. Ausstellungstagung (ACHEMA), 09.-14.06, Frankfurt

Barth HJ, Jeschke D (1997) Konstruktive Maßnahmen zur Schallminderung an Hochleistungs-Prallzerkleinerungsmühlen und -windsichtern. Kolloquium 09.-14.06., Berichte zu Ergebnissen aus dem Sonderforschungsbereich 180, Tagungsband

Beck HP, Sourkounis C (1996) Shredder – Lastminimierte energiesparende Shredderantriebe. Kolloquium am 15./16.02., Berichte zu Ergebnissen aus dem Sonderforschungsbereich 180, Clausthal

Brune M (1991) Erstellung eines Beanspruchungsstandards für Walzwerksantriebe und experimentelle Überprüfung der Lebensdauerabschätzungsmethoden. Dissertation, Technische Universität Clausthal

Brune M, Zenner H (1990) Verbesserung der Lebensdauerabschätzung für Antriebsbauteile in Walzwerksanlagen. Stahl und Eisen 110 Nr. 3:89-95

Brune M, Zenner H (1990) Verbesserung der Lebensdauerabschätzung für Bauteile in Walzwerksantrieben – Walzwerkstandard und Lebensdauerabschätzung. Bericht Nr. ABF 40.1, VDEh

Brune M, Zenner H (1990) Verbesserung der Lebensdauerabschätzung für Antriebsbauteile in Walzwerksanlagen. Bericht des VBFEh Nr. 40.1

Deppermann G (1991) Konstruktive Gestaltung von Hochgeschwindigkeitsrotoren in Feinprallmühlen. Dissertation, Technische Universität Clausthal

Dietz P, Ebert J (1990) Konstruktionssystematische Betrachtung zur Entwicklung verfahrenstechnischer Maschinen, dargestellt am Klassierprozeß. In: Festschrift Prof. Pahl, Juni 1990, Springer

Dietz P, Rübbelke L (1992) Konstruktion und Optimierung eines Abweiseradsichter in Verbundbauweise. Kolloquium am 25.06., Fachgespräche über Verschleiß, Clausthal

Dietz P, Rübbelke L (1992) Neue Werkstoffe und Verbundbauweise für Hochleistungsmaschinen der Verfahrenstechnik. Werkstofftechnik 23

Engel K, Jeschke D (1995) Konsequente Lärmminderung durch systematische Analyse der Schallentstehungskette. Mitteilungen aus dem Institut für Maschinenwesen der TU Clausthal Nr. 20, Clausthal

Esderts A (1995) Betriebsfestigkeit bei mehrachsiger Biege- und Torsionsbeanspruchung. Dissertation, Technische Universität Clausthal

Esderts A, Gehlken C, Zenner H (1993) Beanspruchungsanalyse und Lebensdauerabschätzung für Komponenten von Zerkleinerungsmaschinen. Arbeitsbericht 1991 – 1992 – 1993 des Sonderforschungsbereiches 180, 2. Zwischenbericht, Clausthal

Gehlken C (1990) Ermittlung von Beanspruchungskollektiven an Gutbett-Walzenmühlen. Fachtagung "Problems in Construction of Metallurgy and Ceramic Machines", Krakau

Gehlken C (1990) Ermittlung von Beanspruchungskollektiven an Gutbett-Walzenmühlen. Mechanika Tom 9/ Zeszyt 3, Krakau

Gehlken C (1992) Langzeitmessung der Betriebsbeanspruchung an verfahrenstechnischen Maschinen. Verfahrenstechnik

Gehlken C (1992) Analyse von Betriebsbeanspruchungen zur lebensdauerorientierten Auslegung verfahrenstechnischer Maschinen. Dissertation, Technische Universität Clausthal

Gehlken C (1993) Analyse von Betriebsbeanspruchungen zur lebensdauerorientierten Auslegung verfahrenstechnischer Maschinen. Dissertation, Technische Universität Clausthal

Gehlken C (1999) Operational Measurements Made on Roller Presses. 3. Internationale Rollenpressen-Tagung KHD Humboldt Wedag AG, Köln

Gehlken C, Fischer W, Zenner H (1993) Beanspruchungsmessungen an Antrieben verfahrenstechnischer Maschinen. Antriebstechnisches Kolloquium, Aachen

Gehlken C, Sitzmann G (1992) Ermittlung einer Lasteingangsfunktion – Mahlen am Beispiel der Gutbett-Walzenmühle. Chemie Ingenieur Technik

Gehlken C, Zenner H (1990) Erstellen von Bemessungskollektiven für die Auslegung von verfahrenstechnischen Maschinen. Arbeitsbericht 1988 – 1989 – 1990 des Sonderforschungsbereiches 180, 1. Zwischenbericht, Clausthal

Gehlken C, Zenner H (1991) Erfassen und Analysieren von Betriebsbeanspruchungen an verfahrenstechnischen Maschinen. Internationales Treffen für chemische Technik und Biotechnologie, 23. Ausstellungstagung (ACHEMA), 09.-15.06, Frankfurt

Gehlken C, Zenner H (1991) Mechanische Beanspruchung der Gutbett-Walzenmühlen. Zement-Kalk-Gips 44. Jahrgang 2:84-87

Gerhardy T (1993) Beitrag zur Auslegung von Keramik/Metall-Verbunden. Dissertation, Technische Universität Clausthal

Hoffmann U (1992) Zur Optimierung der Werkstoffdämpfung anisotroper polymerer Hochleistungs-Faserverbundstrukturen. Dissertation, Technische Universität Clausthal

Hufenbach W (1989) Leichtbau mit kohlfaserverstärkten Kunststoffen, Grundlagen zur analytischen und experimentellen Materialoptimierung von Verbundwerkstoffen. Technische Akademie, Esslingen

Hufenbach W (1991) Dimensionierung faserverstärkter Verbundstrukturen für Hochgeschwindigkeitsrotoren in der Verfahrenstechnik. Internationales Treffen für chemische Technik und Biotechnologie, 25. Ausstellungstagung (ACHEMA), 09.-14.06, Frankfurt

Hufenbach W (1992) Stress Concentration Analysis in Fibre Reinforced Ceramic Components. J. of the European Ceramic Society 10:195-203

Hufenbach W, Kroll L (1989) Werkstoffprüfung endlosfaserverstärkter Thermoplaste: GFK, CFK. Forschungsbericht, Institut für Technische Mechanik der Technischen Universität Clausthal

Hufenbach W, Kroll L (1989) Werkstoffanalyse von Unidirektional verstärkten Polyethersulfon-Laminaten. Forschungsbericht, Institut für Technische Mechanik der Technischen Universität Clausthal

Hufenbach W, Kroll L (1991) Der verschiedenartige Einfluß unterschiedlicher Kerbformen bei Faserverbundwerkstoffen. Tagung Composite Research in Solid Mechanics, Stuttgart

Hufenbach W, Kroll L (1991) Kerbspannungen anisotrop faserverstärkter Scheiben. GAMM Jahrestagung, Krakau

Hufenbach W, Kroll L (1992) Kerbspannungsanalyse anisotrop verstärkter Scheiben. Archive of Applied Mechanics 62 Nr. 4:272-290

Hufenbach W, Kroll L (1993) Hybride faserverstärkte Schalenstrukturen bei hygrothermischer Belastung. 17. Internationale Konferenz "Verstärkte Kunststoffe 93", Karlsbad

Hufenbach W, Müller C (1991) Hochgeschwindigkeitsrotoren in Faserverbundbauweise. Forschung und Entwicklung, Carl Hanser

Hufenbach W, Schäfer M, Hermann AS (1990) Photoelastische Dehnungsmessung und Spannungsermittlung an faserverstärkten Kunststoffbauteilen. Kunststoffe 80 Nr. 10

Jeschke D (1998) Integrierte Lärmminderungsmaßnahmen an Prallmühlen. Dissertation, Technische Universität Clausthal

Jung L, Esderts A, Zenner H (1993) Betriebsfeste Bemessung antriebstechnischer Maschinen. Antriebstechnisches Kolloquium, Aachen

Kirchner J, Schubert G (1997) Zerkleinerung der Schrotte und Metalle in Shreddern. Freiberger Forschungshefte A 840:122-133

Kirchner J, Schubert G (1997) Comminution of scrap and metals by shredders. In: Proceedings of the XX. IMPC, Vol. 2, Aachen, pp 37-47

Kirchner J, Timmel G, Schubert G (1998) Comminution of metals in shredders with horizontally and vertically mounted rotors – Microprocesses and parameters. In: 9th European Symposium on Comminution, Preprints Vol. 2, September 8-10, Albi, France, pp 475-484

Kroll L (1992) Zur Auslegung mehrschichtiger anisotroper Faserverbundstrukturen. Dissertation, Technische Universität Clausthal

Ludanek H (1991) Das dynamische Verhalten gekoppelter, elastisch gelagerter Rotoren mit je vier Freiheitsgraden unter Berücksichtigung von Wellenelastizität und nichtlinearen Auflagerungen. Dissertation, Technische Universität Clausthal

Ludanek H, Behr D (1991) Verbesserung des dynamischen Lauf- und Beanspruchungsverhaltens verfahrenstechnischer Rotoren, dargestellt an einer schnellaufenden Laborzentrifuge. Internationales Treffen für chemische Technik und Biotechnologie, 23. Ausstellungstagung (ACHEMA), 09.-15.06, Frankfurt

Ludanek H, Behr D (1991) Stabiles Laufverhalten einer Laborzentrifuge bei nichtlinearen Auflagerungen. In: Irretier H, Nordmann R, Springer H: Schwingungen in rotierenden Maschinen, Viehweg

Ludanek H, Behr D (1991) Einfluß nichtlinearer Auflagerungen bei schnellaufenden Rotorsystemen. Mechanik-Kolloquium Niedersachsen/Berlin/Hamburg, 29.06., Clausthal

NN (1991) Einfluß von Sonderereignissen auf die Lebensdauer. FVA-Forschungsbericht Nr. 131/2

Peter F, Zenner H (1996) Shredder – Belastungsanalyse und Lebensdauerberechnung. Kolloquium am 15./16.02., Berichte zu Ergebnissen aus dem Sonderforschungsbereich 180, Clausthal

Rübbelke L (1989) Erzielung höherer Umfangsgeschwindigkeiten bei verfahrenstechnischen Rotoren durch Verwendung faserverstärkter Kunststoffe. Mitteilungen aus dem Institut für Maschinenwesen der TU Clausthal Nr. 14, Clausthal

Rübbelke L (1992) Berechnung eines Hochgeschwindigkeitsrotors mit orthotrophen Werkstoffbedingungen. MARC-User-Tagung, München

Rübbelke L (1994) Konstruktive Lösungen und Auslegungsmethoden für Hochgeschwindigkeitsabweiseradsichter aus Leichtbauwerkstoffen in der Verfahrenstechnik. Dissertation, Technische Universität Clausthal

Rübbelke L (1995) Hochgeschwindigkeitsabweiseradsichter aus Leichtbauwerkstoffen in der Verfahrenstechnik. Aufbereitungs-Technik Heft 7

Rübbelke L, Schäfer G (1994) Einfluß der Welle-Nabe-Verbindung auf das dynamische Verhalten von Hochgeschwindigkeitsrotoren. Konstruktion

Sanetra C, Zenner H (1992) Betriebsfestigkeit bei mehrachsiger Beanspruchung unter Biegung und Torsion. Konstruktion 43:23-29

Schäfer H, Behr D (1993) Stabilität und Grenzzykel verschiedener Rotorsysteme. In: Irretier H, Nordmann R, Springer H: Schwingungen in rotierenden Maschinen, Vieweg Verlag

Schubert G, Kirchner J (1996) Shredder – Verbesserung des Prozesses. Kolloquium am 15./16.02., Berichte zu Ergebnissen aus dem Sonderforschungsbereich 180, Clausthal

Sitzmann G (1990) Ermittlung von Lasteingangsfunktionen durch dynamische Systemanalyse am Beispiel eines Walzgerüstes und einer Gutbettwalzenmühle. Dissertation Technische Universität Clausthal

Venghaus J (1991) Untersuchungen des Stabilitätsverhaltens parametrisch angeregter Rotorsysteme. Dissertation, Technische Universität Clausthal

Zenner H, Bukowski L (1988) Konstruierte Last- und Beanspruchungskollektive unter Berücksichtigung unterschiedlicher Belastungsereignisse. Materialprüfung 31 Heft 7-8:221-224

Zenner H, Gehlken C (1989) Erfassen und Analysieren der Betriebsbeanspruchungen an Gutbett-Walzenmühlen. Kolloquium, Berichte zu Ergebnissen aus dem Sonderforschungsbereich 180, Clausthal

Zenner H, Gehlken C (1991) Mechanische Beanspruchung der Gutbett-Walzenmühlen. Fachtagung "Zement-Verfahrenstechnik", Düsseldorf

Zenner H, Peter F (1995) Lastannahmen bei Maschinenanlagen am Beispiel des Shredders. Engineering Machines Problems, Warszawa

Zenner H, Peter F (1996) Shredder – Belastungsmessung und -analyse. Kolloquium am 15./16.02., Berichte zu Ergebnissen aus dem Sonderforschungsbereich 180, Clausthal

Zenner H, Schöne G (1989) Lastannahmen: Systematische Erstellung. Materialprüfung 31 Heft 1-2:17-20

... zu Abschn. 3 „Verfahrenstechnische Maschinen unter vorwiegend mechanischen Beanspruchungen"

Drögemeier R (1998) Feinstzerkleinerung von Kalkstein in einer neuartigen Rotorprallmühle für hohe Umfangsgeschwindigkeiten. Dissertation, Technische Universität Clausthal

Galk J (1995) Feinsttrennung in Abweiseradsichtern. Dissertation, Technische Universität Clausthal

Legenhausen K (1991) Untersuchung der Strömungsverhältnisse in einem Abweiseradsichter. Dissertation, Technische Universität Clausthal

Leschonski K (1990) Air Classification, Recent Developments and Results. In: Proceedings 2. World Congress "Particle Technology", Part III, Kyoto, pp 211-224

Leschonski K (1991) Die Sichtung in Spiral- und Abweiseradsichtern. Internationales Treffen für chemische Technik und Biotechnologie, 23. Ausstellungstagung (ACHEMA), 09.-15.06, Frankfurt

Leschonski K (1992) The Classification of Particles in the Micron and Submicron Range. In: Proceedings Partec 92, Plenary Session: Process and Product Requirements in Particle Technology, Nürnberg, pp 11-38.

Leschonski K (1993) Möglichkeiten zur Klassierung von Partikeln im Größenbereich um und unter 1 µm. In: BWG Jahrbuch 1992, Erich Goltze, Göttingen, S 43-58

Leschonski K, Galk J (1989) Die Feinsttrennung in Abweiseradsichtern und deren Anwendungsgrenzen. Kolloquium, Berichte zu Ergebnissen aus dem Sonderforschungsbereich 180, Clausthal

Leschonski K, Bauer U (1996) Die Feinsttrennung in Abweiseradsichtern und deren Anwendungsgrenzen. Kolloquium am 15./16.02., Berichte zu Ergebnissen aus dem Sonderforschungsbereich 180, Clausthal

Leschonski K, Drögemeier R (1992) Die Feinstmahlung in einer Prallmühle und deren Anwendungsgrenzen. Kolloquium am 25.06., Fachgespräche über Verschleiß, Clausthal

Leschonski K, Drögemeier R (1993) Feinstmahlung von Kalkstein in einer neuartigen Prallmühle. GVC-Fachausschuß "Zerkleinern", Goslar

Leschonski K, Drögemeier R (1993) Ultra Fine Grinding in a Impact Grinding Machine and its Limits of Application. In: XVIII. International Mineral Processing Congress, Sydney, pp 227-236

Leschonski K, Drögemeier R (1994) Feinstzerkleinerung von Kalkstein in einer zweistufigen Rotorprallmühle. Internationales Treffen für chemische Technik und Biotechnologie, 24. Ausstellungstagung (ACHEMA), 05.-11.06, Frankfurt

Leschonski K, Drögemeier R (1994) Ultrafine Grinding in a Two Stage Rotor Impact Mill. In: Preprints First International Particle Technology Forum, Part II, August 17-19, Denver, USA, pp 148-153

Leschonski K, Drögemeier R (1994) Ultra Fine Grinding in a Two Stage Rotor Impact Mill. In: Preprints 8th European Symposium on Comminution, Vol. II, Stockholm, pp 488-500

Leschonski K, Drögemeier R (1996) Ultra Fine Grinding in a Two Stage Rotor Impact Mill. Int. J. Miner. Process 44-45:485-495

Leschonski K, Drögemeier R (1996) Die Feinstmahlung in einer Prallmühle und deren Anwendungsgrenzen. Kolloquium am 15./16.02., Berichte zu Ergebnissen aus dem Sonderforschungsbereich 180, Clausthal

Leschonski K, Galk J (1994) Klassieren mittels Fliehkraft-Gegenstrom-Windsichter im Submikronbereich. Internationales Treffen für chemische Technik und Biotechnologie, 24. Ausstellungstagung (ACHEMA), 05.-11.06, Frankfurt

Leschonski K, Galk J, Legenhausen K (1994) Air Classification with a Centrifugal Counterflow Classifier. In: Ist International Particle Technology Forum, Part III, August 17-19, Denver, USA, pp 392-397

Leschonski K, Legenhausen K (1990) Flow Patterns in a Deflector Wheel Classifier. In: Proceedings 2. World Congress "Particle Technology", Part III, Kyoto, pp 198-205

Leschonski K, Legenhausen K (1992) Investigation of the Flow Field in Deflector Wheel Classifiers. Chemical Engineering and Processing 31:131-136

Leschonski K, Matsumura S, Mizoguchi C (1990) Basic Considerations for the Design of Impact Grinding Machines. In: Proceedings 2. World Congress "Particle Technology", Bd. 2, Kyoto, Japan, pp 572-582

Leschonski K, Pramann C (1989) Die Sichtung in Spiral- und Abweiseradsichtern. Kolloquium, Berichte zu Ergebnissen aus dem Sonderforschungsbereich 180, Clausthal

Leschonski K, Benker B, Bauer U (1995) Dry Mechanical Dispersion of Submicron Particle. In: Proceedings Partec 95, 6th European Symposium Particle Characterisation. March 21-23, Nürnberg, pp 247-256

... zu Abschn. 4 „Verfahrenstechnische Maschinen unter vorwiegend thermischen, chemischen und abrasiven Beanspruchungen"

Albers J (1991) Dynamische Spannungsanalyse mit optischen und numerischen Verfahren unter Einsatz der digitalen Bildverarbeitung am Beispiel prallbeanspruchter Partikelmodelle. Dissertation, Technische Universität Clausthal

Bade S (1995) Einsatz einer Reaktionsschwingmühle zur simultanen Zerkleinerung und chemischen Reaktion von Ferrosilizium mit Chlorwasserstoff. Dissertation, Technische Universität Clausthal

Bade S, Hoffmann U (1996) Development of a new reactor for combined comminution and chemical reaction. Chemical Engineering Communications 143:169-193

Bade S, Hoffmann U (1997) Modelling of the simultaneous comminution and chemical reaction in non-catalytic gas-solid reactions. Chemical Engineering Science 62 No. 16:2715-2728

Bade S, Hoffmann U, Schönert K (1994) Mechano-chemical reaction of metallurgical grade silicon with gaseous hydrogenchloride in a vibration mill. (Vortrag für Proceeding from the 8th European Symposium on Comminution, 17.-19.05, Stockholm, Schweden; Int. J. Miner. Process 44-45:167-179)

Barth HJ (1998) Entwicklung eines keramischen Heißgasventilators für Temperaturen bis 1300 °C. Fortschrittsberichte der DKG 13 (ISSN 0177-6983)

Barth HJ, Gür M, Jakel R, Kraushaar H, Scholz R (1992) Neue strömungstechnische Untersuchungen und konstruktive Lösungen für keramische Heißgasventilatoren bis 1250 °C. Kolloquium am 25.06., Fachgespräche über Verschleiß, Clausthal

Barth HJ, Gür M, Jakel R, Kraushaar H, Scholz R, (1996) Konstruktionsstrukturen von Umwälzaggregaten unter vornehmlich thermischer Belastung („Heißgasumwälzung"). Arbeitsbericht 1994 – 1995 – 1996 des Sonderforschungsbereiches 180, Abschlußbericht, Clausthal

Barth HJ, Gür M, Morgenroth S, Scholz R (1989) Konstruktive und betriebliche Probleme mit keramischen Werkstoffen beim Einsatz von Heißgasventilatoren. Kolloquium, Berichte zu Ergebnissen aus dem Sonderforschungsbereich 180, Clausthal

Barth HJ, Gür M, Morgenroth S, Scholz R (1990) Application of ceramics for hot gas radial fans for temperatures up to 1250 °C. In: Proceedings of Energy Conference: Ceramics in Energy Applications, Adam Hilger, Bristol and New York

Barth HJ, Gür M, Morgenroth S, Scholz R (1990) Konstruktive und betriebliche Probleme mit keramischen Werkstoffen beim Einsatz von Heißgasventilatoren („Heißgasumwälzung"). Arbeitsbericht 1988 – 1989 – 1990 des Sonderforschungsbereiches 180, 2. Zwischenbericht, Clausthal

Barth HJ, Gür M, Scholz R (1991) Zwischenergebnisse eines Heißgasventilators aus Keramik. Interim report on the development of ceramic hot gas fan. Ceramic forum international 67 1990, Heft 12; CFI/Ber. DKG 68, Heft 1/2:46-48

Barth HJ, Hoffmann U, Kießling T, Neumann U (1993) Konstruktionsstrukturen von Kreislaufreaktoren für heterogenkatalytische Gas-Feststoffumssetzungen bei erhöhten Druck-, Temperatur- und Korrosionsbeanspruchungen. Arbeitsbericht 1991 – 1992 – 1993 des Sonderforschungsbereiches 180, Abschlußbericht, Clausthal

Barth HJ, Jakel R (1993) Monolithischer keramischer Heißgasventilator bis 1300 °C mit neuentwickelter reibschlüssiger Welle-Nabe-Verbindung. In: VDI-Berichte Nr. 1036

Barth HJ, Jakel R (1993) Konstruktionsstrukturen von Umwälzaggregaten unter vornehmlich thermischer Belastung („Heißgasumwälzung"). Arbeitsbericht 1991 – 1992 – 1993 des Sonderforschungsbereiches 180, 3. Zwischenbericht, Clausthal

Barth HJ, Jakel R, Kraushaar H, Scholz R (1995) Vollkeramischer Radialventilator bis 1350°C für Industrieofenanlagen – Konstruktion, Förderverhalten und Betriebserfahrungen. Chemie Ingenieur Technik 67, Heft 9:1195ff.

Barth HJ, Jakel R, Kraushaar H, Scholz R (1996) Vollkeramischer SiSiC-Radialventilator bis 1350 °C für Industrieanlagen. In: VDI-Berichte Nr. 1249 „Ventilatoren im industriellen Einsatz III", Tagung 02/1996, Braunschweig

Barth HJ, Jakel R, Kraushaar H, Scholz R (1996) Konstruktive und betriebliche Probleme mit keramischen Werkstoffen beim Einsatz von Heißgasventilatoren („Heißgasumwälzung"). Arbeitsbericht 1994 – 1995 – 1996 des Sonderforschungsbereiches 180, Abschlußbericht, Clausthal

Barth HJ, Krüger S (1997) Konstruktionsstrukturen von Umwälzaggregaten unter vornehmlich thermischer Belastung. Kolloquium 09.-14.06., Berichte zu Ergebnissen aus dem Sonderforschungsbereich 180, Tagungsband

Barth HJ, Krüger S (1997) Multi-Axial Loading of Ceramics exemplified by a Radial Hot Gas Fan for Industrial Furnaces up to 1350 °C (Abstracts of the lecture group Materials Technology). Internationales Treffen für chemische Technik und Biotechnologie, 25. Ausstellungstagung (ACHEMA), 09.-14.06, Frankfurt

Barth HJ, Neumann U (1993) Antrieb einer Gasumwälzeinrichtung für einen Druckbehälter bei 400 °C. Antriebstechnik Nr. 2

Barth HJ, Scholz R (1991) Betriebsergebnisse mit einem neuen Heißgaslüfter in Keramik und Verbundkonstruktion. Internationales Treffen für chemische Technik und Biotechnologie, 23. Ausstellungstagung (ACHEMA), 09.-15.06, Frankfurt

Barth HJ, Scholz R (1991) Entwicklung von keramischen Heißgasventilatoren. DKG-Fachausschuß IV "Wärmetechnik", 22.11., Weimar

Barth HJ, Scholz R (1992) Entwicklung eines keramischen Heißgasventilators für industrielle Hochtemperaturprozesse. ENVICERAM 91 in Saarbrücken und Fortschrittsberichte der DKG7, Heft 2:89-128

Barth HJ, Scholz R, Jakel R (1995) Förderverhalten ungekühlter Radiallaufräder aus Keramik bis 1350 °C. Fachtreffen: Konstruktion, Werkstoffe und Korrosion

Barth HJ, Scholz R, Jakel R, Kraushaar H (1996) Vollkeramischer SiSiC-Radialventilator bis 1350 °C für Industrieofenanlagen – Konstruktion, FEM-Berechnungen, Strömungstechnik, Betriebserfahrungen. In: VDI-Berichte Nr. 1249 „Ventilatoren im industriellen Einsatz III", Tagung 02/1996, Braunschweig, S 453-468

Bock U (voraussichtlich Ende 2000) Leistungsaufnahme und Kinetik der Füllung in einer Schwingmühle bei großen Beschleunigungen. Dissertation, Technische Universität Clausthal

Chen YS, Horst C, Kunz U, Hoffmann U (1995) Method to determine the surface area change rate in heterogeneous reactions under the influence of ultrasound. In: Congress Proceedings „World Congress on Ultrasonics", Vol. 2, September 3-7, Berlin, pp 675-678 (ISBN 3-9805013-0-2)

Chen YS, Kunz U, Hoffmann U (1996) Modell zur Berechnung der Schalldämpfung in einem Ultraschallreaktor. Chemie Ingenieur Technik 68 Nr. 10:1287-1291

Chen YS, Kunz U, Hoffmann U (1996) Einfluß von Mikrojets auf Feststoffe in Ultraschallreaktoren. Chemie Ingenieur Technik 68 Nr. 11:1447-1452

Chen YS, Kunz U, Hoffmann U (eingereicht) Modell zur Berechnung der Schalldämpfung in einem Ultraschallreaktor. Eingereicht bei Chemie Ingenieur Technik

Clauder A (1997) Untersuchungen zur Niedertemperaturentschwefelung von Verbrennungsabgasen mit Calciumsorbenzien. Dissertation, Technische Universität Clausthal

Dietz P, Bock U (1995) Die Reaktionsmühle – Konstruktionsprinzip und verfahrenstechnische Erfahrungen. Fachtreffen: Konstruktion, Werkstoffe und Korrosion

Dietz P, Neumann U (1996) Auslegung eines Reaktionsverdichters für den kontinuierlichen Abbau von Kunststoffen. Kolloquium am 15./16.02., Berichte zu Ergebnissen aus dem Sonderforschungsbereich 180, Clausthal

Draugelates U, Reiter R, Groß M (1997) Randschichtbehandelte Titanwerkstoffe für den Einsatz in sonochemischen Anlagen. Kolloquium 09.-14.06., Berichte zu Ergebnissen aus dem Sonderforschungsbereich 180, Tagungsband, S 173-190

Draugelates U, Reiter R, Groß M (1998) Constructions Materials For Sonochemical Reactors. Tagungsband „Meeting Of the European Society of Sonochemmistry", May 10-14, Rostock

Draugelates U, Reiter R, Groß M (2000) Kavitationsverschleiß an Werkstoffen für Ultraschallreaktoren. Symposium „Reibung und Verschleiß" der DGM, 06./07.04., Bad Nauheim

Draugelates U, Reiter R, Holzmüller B (1996) Optimierung des Kavitationswiderstandes von Sonotroden für den Einsatz in sonochemischen Anlagen. DGM-Symposium „Reibung und Verschleiß", Tagungsband, S 197-202

Draugelates U, Reiter R, Holzmüller B (1996) Optimierung des kavitativen Verschleißwiderstandes von Sonotroden für den Einsatz von Ultraschallreaktoren. Kolloquium am 15./16.02., Berichte zu Ergebnissen aus dem Sonderforschungsbereich 180, Clausthal

Draugelates U, Reiter R, Holzmüller B (1997) Hartbearbeitung von Ingenieurkeramiken. Internationales Treffen für chemische Technik und Biotechnologie, 25. Ausstellungstagung (ACHEMA), 09.-14.06, Frankfurt (erschienen in der Frankfurter Allgemeinen Zeitung vom 18.6.97, Nr. 138:N3, Titel: „Ultraschall als Katalysator" von Hartmut Vennen)

Frendel A (in Vorbereitung) Dissertation, Technische Universität Clausthal

Frendel A, Janke G, Schmidt-Naake G (2000) Polymermodifizierung in einer Schwingmühle. (Poster „Tagung der GdCH-Fachgruppe Makromolekulare Chemie" vom 20.-21.3.2000 in Merseburg)

Frendel A, Schmidt-Naake G (eingereicht) Mechanochemische Modifizierung von Polystyrol und Polymethylmethacrylat. Chemie Ingenieur Technik

Frendel A, Schmidt-Naake, G (in Vorbereitung) Mechanochemischer Polymerabbau. Chemie Ingenieur Technik

Gronwald P (1998) Polymerdegradation in sub- und superkritischer Wasserphase – Ein Beitrag zum rohstofflichen Recycling von Kunststoffen. Dissertation, Technische Universität Clausthal

Gronwald P, Chen YS, Kunz U, Hoffmann U (1998) Polymerdegradation in sub- und superkritischer Wasserphase. Chemie Ingenieur Technik 70:1030-1035

Gronwald P, Kunz U, Hoffmann U (1998) Grundlagenuntersuchungen zur Polymerdegradation in sub- und superkritischer Wasserphase. (Vortrag GVC-Fachausschüsse vom 02.-06.03. in Aachen)

Gronwald P, Kunz U, Hoffmann U (1999) Polymer degradation in sub- and supercritical water phase. (Vortrag beim „2nd European Congress of Chemical Engineerung (ECCE-2)", October 5-7, Montpellier, Frankreich)

Gür M (1992) Experimentelle und theoretische Untersuchungen bei Ventilatoren mit offenen Radiallaufrädern für Temperaturen bis 1250 °C. Dissertation, Technische Universität Clausthal

Hoffmann U, Barth HJ, Kießling T, Neumann U (1992) Kreislaufreaktoren für Gas-Feststoffreaktionen. Kolloquium am 25.06., Fachgespräche über Verschleiß, Clausthal

Hoffmann U, Dietz P, Gronwald P, Heider G (1997) Chemical, Thermal and Mechanical Degradation of Polymers with Supercritical Water and Simultaneous Reactions for the Recycling of Thermoplastics in High-Pressure-Apparatus. Kolloquium 09.-14.06., Berichte zu Ergebnissen aus dem Sonderforschungsbereich 180, Tagungsband

Hoffmann U, Horst C, Wietelmann U, Bandelin S, Jung R (1999) Sonochemistry. Ullmann´s Encyclopedia of Industrial Chemistry, Sixth Edition, Electronic Release; WILEY-VCH, Weinheim

Hoffmann U, Kießling T, Kunz U (1993) Einsatzmöglichkeiten von Kreislaufreaktoren mit größerem Volumen. Chemie Ingenieur Technik 65 Nr. 2:190-192

Hoffmann U, Kunz U (1996) A novel sonoreactor for organo-metal reactions. Angenommen CHEMREACTOR 13, June 18-21, Novosibirsk

Hoffmann U, Kunz U, Chen YS (1996) Ultraschallreaktoren – Grundlagen für die Reaktionstechnik. Kolloquium am 15./16.02., Berichte zu Ergebnissen aus dem Sonderforschungsbereich 180, Clausthal

Hoffmann U, Kunz U, Draugelates U, Reiter R, Horst C, Chen YS, Holzmüller B, Groß M (1997) Grundlagen für die Reaktionstechnik, die Auslegung und den Bau von Ultraschallreaktoren. Kolloquium 09.-14.06., Berichte zu Ergebnissen aus dem Sonderforschungsbereich 180, Tagungsband

Hoffmann U, Kunz U, Gronwald P (1996) Reaktionstechnische Grundlagen zum Abbau von Polymeren in überkritischen Wasser. Kolloquium am 15./16.02., Berichte zu Ergebnissen aus dem Sonderforschungsbereich 180, Clausthal

Hoffmann U, Kunz U, Veit M, (1996) Verfahren zur Herstellung metallorganischer Substanzen unter Ausnutzung der mechanischen Aktivierung des Feststoffes. Kolloquium am 15./16.02., Berichte zu Ergebnissen aus dem Sonderforschungsbereich 180, Clausthal

Hoffmann U, Schönert K, Dietz P, Schröter M (1991) Entwicklung einer Reaktionsmühle für nichtkataytische Gas-Feststoffumsetzungen. Internationales Treffen für chemische Technik und Biotechnologie, 23. Ausstellungstagung (ACHEMA), 09.-15.06, Frankfurt

Hoffmann U, Schröter M, Kießling T (1989) Konstruktionssystematische und reaktionskinetische Untersuchungen an Kreislaufreaktoren. Kolloquium, Berichte zu Ergebnissen aus dem Sonderforschungsbereich 180, Clausthal

Horst C (1997) Ultraschallreaktoren zur Durchführung von heterogenen Flüssig-Feststoffreaktionen: Entwurf, Betrieb und Modellierung einer Versuchsanlage zur Darstellung von Grignardverbindungen. Dissertation, Technische Universität Clausthal (ISBN 3-932243-67-6)

Horst C, Chen YS, Hoffmann U (1996) Design, modelling and performance of a novel sonoreactor for heterogeneous reactions. Chem. Engng. Sci. 51:1837-1846

Horst C, Chen YS, Hoffmann U (1996) Design, modelling and performance of a novel sonoreactor for heterogeneous reactions. (Vortrag „ISCRE-14", 5-8 May in Brugge, Belgium)

Horst C, Chen YS, Krüger J, Kunz U, Rosenplänter A, Hoffmann U (1997) Design of Ultrasound Reactors: Choice of Working Conditions and Sound Fields for Precipitation, Particle Fracture and Organometal Reactions. In: Conference Proceedings "Applications of Power Ultrasound in Physical and Chemical Processing", November 18-19, Toulouse, S 119-124

Horst C, Chen YS, Kunz U (1995) Design of a sonoreactor for heterogeneous reactions. In: Congress Proceedings „World Congress on Ultrasonics", Vol. 2, September 3-7, Berlin, pp 695-698 (ISBN 3-9805013-0-2)

Horst C, Hoffmann U (1997) Moderne Ultraschallreaktoren für die industrielle Produktion. (Vortrag bei "Tage der Forschung" der Technischen Universität Clausthal)

Horst C, Hoffmann U (1998) Heterogene Reaktionen in Ultraschallreaktoren: Ansätze zur reaktionstechnischen Modellierung tribochemischer Reaktionen in kavitierenden Flüssigkeiten. (Vortrag bei der Sitzung des GVC-Fachausschusses Reaktionstechnik, 02.-06.03., Aachen)

Horst C, Hoffmann U (1998) Entwurf und Betrieb von Ultraschallreaktoren. (Vortrag bei der GVC Jahrestagung, vom 30.09.-02.10 in Freiburg; Chemie Ingenieur Technik 70:1118ff)

Horst C, Hoffmann U (1999) Verfahrenstechnische Anlagen für Ultraschallsynthesen von heterogenen reaktiven Systemen. (Vortrag beim VDI-Workshop "Von der Kavitation zur Sonotechnologie" am 26.01 1999 in Düsseldorf)

Horst C, Hoffmann U (1999) Entwurf, Betrieb und Charakterisierung von Ultraschallreaktoren. (Vortrag beim "Ultraschall-Workschop '99" der TU Hamburg-Harburg in Zusammenarbeit mit der DECHEMA e.V. vom 22.-23.03. in Hamburg)

Horst C, Hoffmann U (1999) Design, operation and characterization of ultrasound reactors. In: Tiehm, A.; Neis, U. (ed.) TU Hamburg-Harburg Reports on Sanitary Engineering 25, Ultrasound in Environmental Engineering (ISSN 0724-0783; ISBN 3-930400-23-5)

Horst C, Hoffmann U, Kunz U (1997) Acceleration of heterogeneous Reactions by Ultrasound: Kinetics of the Grignard Reaction of Chlororbutane Isomers. In: Congress Proceedings „European Congress on Chemical Engineering" ECCE 1, Vol. 1, May 4-7, Florenz, pp 2927-2930

Horst C, Hoffmann U, Kunz U (1997) Modelling of Sound Fields in Ultrasound Reactors as a first Step in the Scale-up of heterogeneous Reactions. In: Congress Proceedings „European Congress on Chemical Engineering" ECCE 1, Vol. 1, May 4-7, Florenz, pp 73-76

Horst C, Hoffmann U, Kunz U (1997) Acceleration of heterogeneous Reactions by Ultrasound: Kinetics of the Grignard Reaction of Chlororbutane Isomers. In: AIDIC Conference Series, Vol. 2, pp 419-425

Horst C, Hoffmann U, Kunz U, Rosenplänter A (1997) Modellierung von kavitierenden Schallfeldern und deren Auswirkungen auf heterogene Reaktionen (Abstracts of the lecture groups: New Processes in Chemical Engineering; Symposium on Fuel Cells; Electrochemistry; Sonochemistry) Internationales Treffen für chemische Technik und Biotechnologie, 25. Ausstellungstagung (ACHEMA), 09.-14.06, Frankfurt

Horst C, Kunz U, Rosenplänter A, Hoffmann U (1998) Activated Solid-Fluid Reactions in Ultrasound Reactors. ISCRE 15, Newport Beach, USA, September 13-16, Chem. Engng. Sci. 54:2849-2858

Jakel R (1993) Ein Vorschlag für ein globales Mehrachsigkeitskriterium für keramische Werkstoffe auf Basis gewichteter Verzerrungen. Mitteilungen aus dem Institut für Maschinenwesen der TU Clausthal Nr. 18, Clausthal

Jakel R (1996) Ein Beitrag zur Berechnung und konstruktiven Gestaltung keramischer Bauteile, dargestellt am Beispiel eines keramischen Heißgasventilators. Dissertation, Technische Universität Clausthal

Janke G (2000) Polymermodifizierung in einer Schwingmühle. Dissertation, Technische Universität Clausthal

Janke G, Frendel A, Schmidt-Naake G (1999) Polymermodification in a Vibratory Mill. Chem. Eng. Technol. 22:997ff

Janke G, Schmidt-Naake G (eingereicht) Mechanochemische Synthese von Block-und Pfropfcopolymeren. Chemie Ingenieur Technik

Jeschar R, Clauder A, Mittler G (1996) Trockene Entschwefelung von Abgasen bei niedrigen Temperaturen – Experimentelle Untersuchungen. Kolloquium am 15./16.02., Berichte zu Ergebnissen aus dem Sonderforschungsbereich 180, Clausthal

Jeschar R, Dietz P, Clauder A, Mittler G, Romann M (1996) Ressourcensparende Entschwefelungsanlage auf der Basis eines Kreisprozesses mit verfahrenstechnischen Maschinen. Arbeitsbericht 1994 – 1995 – 1996 des Sonderforschungsbereiches 180, 2. Zwischenbericht, Clausthal

Jeschar R, Dietz P, Clauder A, Romann M (1994) Ressourcensparende Entschwefelungsanlage auf der Basis eines Kreisprozesses mit verfahrenstechnischen Maschinen. 1. Zwischenbericht, Clausthal

Jeschar R, Mittler G, Romann M (1997) Trockene Niedertemperaturentschwefelung. Internationales Treffen für chemische Technik und Biotechnologie, 25. Ausstellungstagung (ACHEMA), 09.-14.06, Frankfurt (erschienen in der Zeitschrift Chemical and Biochemical Engineering Quarterly, Zagreb 3:157ff)

Kießling T (1993) Einsatz eines satzbetriebenen Kreislaufreaktors zur Untersuchung des Einflusses von Kohlendioxid auf die Methanolsynthese. Dissertation, Technische Universität Clausthal

Kratzsch A (1991) Ein Beitrag zur methodischen Konstruktion von Kreislaufreaktoren für heterogen-katalytische Gas-Feststoffumsetzung und deren Gasumwälzungsvorrichtungen. Dissertation, Technische Universität Clausthal

Krüger S, Jakel R, Rubio D, Barth HJ (1999) Berechnung keramischer Bauteile mit dem neuen statistischen Software-Prozessor „KerB". Konstruktion 51 Heft 3

Küchen C (1991) Reaktionstechnische Untersuchungen zur simultanen Umsetzung von Kohlenmonoxid und Kohlendioxid mit Wasserstoff. Dissertation, Technische Universität Clausthal

Meyn S, Schröter M, Hoffmann U (1989) Messung von Umsatz- und Temperaturverläufen bei der Hydrierung von Tetrachlorsilizium in einem Rohrreaktor. Chemie Ingenieur Technik 61:58-60

Morgenroth S (1990) Konstruktive Lösungen für form- und kraftschlüssige Verbindungen in der Hochtemperatur-Anwendung. Dissertation, Technische Universität Clausthal

Neumann U (1993) Antrieb einer Gasumwälzung für einen Druckbehälter bei 400 °C. Antriebstechnik Nr. 2, Vereinigte Fachverlage

Neumann U (1993) Ein Beitrag zum Thema Kunststoff-Recycling. Mitteilungen aus dem Institut für Maschinenwesen der TU Clausthal Nr. 18, Clausthal

Neumann U (1994) Untersuchungen zum Abbauverhalten von Kunststoffen durch den Einsatz von überkritischen Wasser als Reaktionsmedium im Batch-Betrieb. Mitteilungen aus dem Institut für Maschinenwesen der TU Clausthal Nr. 19, Clausthal

Neumann U (1995) Parameterbestimmung für den hydrothermalen Abbau von Kunststoffen durch überkritisches Wasser im kontinuierlichen Betrieb. Mitteilungen aus dem Institut für Maschinenwesen der TU Clausthal Nr. 20, Clausthal

Neumann U (1995) Abbau von Kunststoffabfällen durch überkritisches Wasser. Verfahrenstechnik Heft Nr. 3, Vereinigte Fachverlage

Neumann U (1996) Konstruktionsmethodische Vorgehensweise zur Entwicklung verfahrenstechnischer Maschinen und Anlagen am Beispiel eines "Reaktionsverdichters" für das Recycling von Kunststoffen durch den Einsatz von überkritischen Wasser. Dissertation, Technische Universität Clausthal

Rickert T (1986) Reaktionstechnische Untersuchungen von Synthesegasreaktionen an technischen Katalysatoren für die Methanolsynthese. Dissertation, Technische Universität Clausthal

Rosenplänter A (1999) Ultraschallreaktoren zur Verbesserung der Reaktionsführung bei der Synthese von metallorganischen Verbindungen. Dissertation, Technische Universität Clausthal

Rosenplänter A, Hoffmann U, Horst C, Kunz U (1997) Synthese von Organometallverbindungen in einem kontinuierlich betriebenen Ultraschallreaktor (Abstracts of the lecture groups: New Processes in Chemical Engineering; Symposium on Fuel Cells; Electrochemistry; Sonochemistry). Internationales Treffen für chemische Technik und Biotechnologie, 25. Ausstellungstagung (ACHEMA), 09.-14.06, Frankfurt

Schirmeister R, Hoffmann U (1992) Trichlorosilane Chlorination in a Multiphase Multicomponent Photoreactor. Chemical Engineering and Technology

Schmidt G, Janke G, Frendel A (1999) Polymermodifizierung in einer Schwingmühle. Chemie Ingenieur Technik 71 Nr. 5:496-500

Schmidt-Naake G (1996) Polymeranaloge Umsetzung an reaktiven Polymeren. Kolloquium am 15./16.02., Berichte zu Ergebnissen aus dem Sonderforschungsbereich 180, Clausthal

Schmidt-Naake G (1999) Polymermodifizierung in einer Schwingmühle. (Vortrag „DECHEMA-Workshop Tribochemie / Reaktives Mahlen" im Juli 1999 in Frankfurt)

Schmidt-Naake G (2000) Polymermodifizierung in einer Schwingmühle. Internationales Treffen für chemische Technik und Biotechnologie, 26. Ausstellungstagung (ACHEMA), 22.-27.05, Frankfurt

Schmidt-Naake G, Dietz P (1996) Herstellung und Umsetzung von Polymeren in der Seitenkette in einer geeigneten Reaktionsmühle. Arbeitsbericht 1994 – 1995 – 1996 des Sonderforschungsbereiches 180, 1. Zwischenbericht, Clausthal

Schmidt-Naake G, Janke G (1997) Polymermodifizierung in einer Schwingmühle. Kolloquium 09.-14.06., Berichte zu Ergebnissen aus dem Sonderforschungsbereich 180, Tagungsband

Scholz R (1990) Betriebsverhalten von keramischen Heißgasventilatoren. (Tagung des wiss. Beirates der Forschungsgemeinschaft Industrieofenbau im Dezember 1990 in Troisdorf)

Scholz R (1991) Hochtemperaturanlagenbau. (Tagung des wiss. Beirates der Forschungsgemeinschaft Industrieofenbau am 27.11.1991 in Bremen)

Schönert K, Hoffmann U, Dietz P, Bade S, Bock U (1992) Leistungseintrag und Vorausberechnung der Mahl- und Reaktionskinetik in einer Reaktionsmühle. Kolloquium am 25.06., Fachgespräche über Verschleiß, Clausthal

Schönert K, Hoffmann U, Dietz P, Schröter M, Holland M, Prengemann U (1989) Entwicklung einer Reaktionsmühle für nichtkatalytische Gas-Feststoffumsetzungen. Kolloquium, Berichte zu Ergebnissen aus dem Sonderforschungsbereich 180, Clausthal

Schröter K (1992) Reaktions- und zerkleinerungstechnische Untersuchungen zur Trichlorsilansynthese für die Entwicklung einer Reaktionsmühle. Dissertation, Technische Universität Clausthal

Uhde G, Hoffmann U (1996) Magnetschwebewaage mit Temperaturmessung in der Probe. Chemie Ingenieur Technik 68 Nr. 4:425-428

Uhde G, Hoffmann U (1997) Modeling of nonisothermal gas-solid reactions with a novel crackling core model. (Vortrag „The first European Congress on Chemical Engineering", May 4-7, Florence, Italy)

Uhde G, Hoffmann U (1997) Noncatalytic Gas-Solid Reaktions: Modelling of Simultaneous Reaction and Formation of Surface with a Nonisothermal Crackling Core Model. Chemical Engineering Science 52 No. 6:1045-1054

Uhde G, Sundmacher K, Hoffmann U (1996) Simultaneous Gas-Solid Reaction and Comminution: A Novel Multifunctional Reactor. (Vortrag „The 5th World Congress of Chemical Engineering", July 14-18, San Diego, California, USA)

Veit M, Hoffmann U (1996) Reaktionsmühle für Flüssig/Fest-Umsetzungen zu Grignardverbindungen. Chemie Ingenieur Technik 68 Nr. 10:1279-1282

Veit M, Hoffmann U (1997) Application of a new reaction mill for accelerated liquid-solid-reaction between magnesium and organic chlorides. (Vortrag „The first European Congress on Chemical Engineering", May 4-7, Florence, Italy)

Veit M, Kunz U, Hoffmann U (1996) Verfahren zur Herstellung metallorganischer Substanzen unter Ausnutzung der mechanischen Aktivierung des Feststoffes. Kolloquium am 15./16.02., Berichte zu Ergebnissen aus dem Sonderforschungsbereich 180, Clausthal

Wan G (1991) Hybride Meßverfahren zur Untersuchung dynamischer Spannungszustände. Dissertation, Technische Universität Clausthal

Veit M (1998) Einsatz einer Reaktionsmühle zur Verbesserung der Verfahrensführung nichtkatalytischer heterogenen Flüssig-Fest-Umsetzungen. Dissertation, Technische Universität Clausthal

Xu J, Hoffmann U (1990) Some Strategies for the Kinetic Study of Complex Heterogeneous Catalytic Reactions. Chemical Engineering and Technology 13:397-402

Xu J, Rickert T, Hoffmann U (1988) Model Discrimination and Parameter Estimation in the Kinetic Study of Methanol Synthesis. Chemical Engineering and Technology 11 Nr. 6:375-383

... zu Abschn. 5. „Werkstoff- und Fertigungstechnik"

Borchardt G, Fritze H, Jojic J (1996) Hochtemperaturkorrosionsschutz von Si- und C-Basiswerkstoffen sowie Metallen in verfahrenstechnischen Maschinen. Kolloquium am 15./16.02., Berichte zu Ergebnissen aus dem Sonderforschungsbereich 180, Clausthal

Bouaifi B, Grethe V, Draugelates U (1988) Gefügeausbildung an Plasma-Heißdraht-Auftragsschweißungen aus NI-Basislegierungen aus Kesselblech HII und GGG-40. Metallogr. 25:543-554

Dieckhoff S, Maus-Friedrichs W, Kempter V (1991) The change of the electronic structure of alkali halide films on W(110) under electron bombardment. Nuclear Instruments and Methods in Physics Research NIB418GH, North-Holland

Dieckhoff S, Maus-Friedrichs W, Kempter V (1992) Study of NaCl adlayers on W(110) with electron spectroscopies: AES, EELS, ion and metastable impact electron spectroscopy, and UPS. Physikalisches Institut der Technischen Universität Clausthal

Draugelates U, Bouaifi B (1988) Leistungssteigerung und Qualitätssicherung beim Plasma-Heißdraht-Auftrag-(PHA)-Schweißen. Materialwissenschaften und Werkstofftechnik 19:201-205

Draugelates U, Bouaifi B, Reiter R, Wernicke K (1989) Plasma-Heißdraht-Auftragsschweißen – Ein Verfahren für dünne Schutzschichten hoher Qualität. Schweißtechnik 9:134-136

Draugelates U, Holzmüller B (1996) Harbearbeitung ingenieurkeramischer Werkstoffe durch Ultraschwingläppen. Kolloquium am 15./16.02., Berichte zu Ergebnissen aus dem Sonderforschungsbereich 180, Clausthal

Draugelates U, Reiter R (1991) Verschleißschutzschichten mit definierter Gefügemorphologie. Internationales Treffen für chemische Technik und Biotechnologie, 23. Ausstellungstagung (ACHEMA), 09.-15.06, Frankfurt

Draugelates U, Reiter R, Brand O, Güldener BJ (1995) Verschleißschutz durch hochharte metallische und nichtmetallische Werkstoffe bei Strahlverschleißbeanspruchung und Abrasivverschleiß mit fl. Zwischenmedium. Dechema-Jahrestagung, Berichtsband, S 255-256

Draugelates U, Reiter R, Holzmüller B (1997) Hartbearbeitung von Ingenieurkeramik. Kolloquium 09.-14.06., Berichte zu Ergebnissen aus dem Sonderforschungsbereich 180, Tagungsband, S 91-115

Draugelates U, Reiter R, Holzmüller B (1997) Ultraschallschwingläppen – Innovative Fertigungstechnik für die Keramikbearbeitung. In: VDI-Berichte Nr. 1331 "Innovation für Gleitlager, Wälzlager, Dichtungen und Führungen", Düsseldorf, S 335-338

Draugelates U, Reiter R, Holzmüller B (1997) Ultraschallschwingläppen - Prozeßführung beim Profilsenken von Al_2O_3-Keramik. wt-produktion und management 87:381-385

Draugelates U, Reiter R, Holzmüller B (1997) Ultraschallschwingläppen von Al_2O_3-ZrO_2-Keramik. In: Friedrich K "Verbundwerkstoffe und Werkstoffverbunde" DGM Informationsgesellschaft, Frankfurt, S 289-295

Draugelates U, Reiter R, Holzmüller B (1998) Fertigungsinformationen für den konstruktiven Entwurf ultraschallbearbeiteter keramischer Bauteile. In: VDI-Berichte Nr. 1380 "Gleit- und Wälzlagerungen", Düsseldorf, S 383-393

Draugelates U, Schram A, Grethe V (1989) Diffusionsschweißen von Metallen und Keramik. In: VDI-Berichte Nr. 734, S 357ff

Draugelates U, Schram A, Grethe V (1991) Metall-Keramik-Verbundkonstruktionen für den Einsatz im chemischen Apparate-, Maschinen- und Anlagenbau. Internationales Treffen für chemische Technik und Biotechnologie, 23. Ausstellungstagung (ACHEMA), 09.-15.06, Frankfurt

Draugelates U, Schram A, Grethe V (1992) Voraussetzungen und Bedingungen für die Herstellung von Metall-Keramik-Verbundbauteilen. Materialwissenschaft und Werkstofftechnik 9:379-384

Draugelates U, Schram A, Grethe V (1992) Herstellung und Prüfung von diffusionsgeschweißten Metall-Keramik-Verbundbauteilen. Werkstoff und Innovation 8

Draugelates U, Schram A, Grethe V (1992) Herstellung und werkstofftechnologische Untersuchung von metall-keramischen Werkstoffverbunden. DGM-Symposium Verbundwerkstoffe und Werkstoffverbunde, 17.-19.06., Chemnitz

Draugelates U, Schram A, Grethe V (1992) Grundlagen der Herstellung und werkstofftechnologische Untersuchung von diffusionsgeschweißten metall-keramischen Werkstoffverbunden. 3. Intern. Kolloquium Hart- und Hochtemperaturlöten und Diffusionsschweißen, 24.-26.11., Aachen

Draugelates U, Schram A, Grethe V (1993) Metall-Keramik-Verbindungen für den Hochtemperatureinsatz. VDI-Berichte Nr. 1021, S 185-200

Draugelates U, Schram A, Grethe V (1995) Herstellung von metall-keramischen Werkstoffverbunden mit modifizierter Makrogeometrie der Fügefläche. In: DVS-Ber. Bd. 166, S 71-77

Fritze H (1996) Oxidationsschutz von C/C-Werkstoffen bis 1600 °C mittels Laserpulsabscheidung von Mullit. Dissertation, Technische Universität Clausthal

Fritze H, Jojic J, Witke T, Rüscher C, Weber S, Scherrer S, Weiß R, Schultrich B, Borchardt G (1998) Mullite Based Oxidation Protection for SiC-C/C Composites in Air at Temperatures Up to 1900 K. J. Eur. Ceram. Soc. 18:2351-2364

Glazkov A, Göbel M, Jedlinski J, Schimmelpfennig J, Borchardt G, Weber S, Scherrer S, Le Coze J (1995) On the Influence of Yttrium and Sulphur on the High Temperature Oxidation Behavior of Alumina-Forming High Purity FeCrAl Alloys. J. Phys. IV France C7:381-385

Göbel M, Borchardt G, Weber S, Scherrer S (1997) SNMS depth profiling in oxide scales on Fe-20Cr-5Al alloys. Fresenius J. Anal. Chem. 358:131-134

Grethe V (1994) Untersuchungen zur Herstellung metall-keramischer Werkstoffverbunde. Dissertation, Technische Universität Clausthal

Güldener BJ (1993) Mechanismen bei Strahlverschleiß von Ingenieurkeramiken. Dissertation, Technische Universität Clausthal

Hennicke † HW (1989) Silikatkeramische und oxidkeramische Werkstoffe. In: Techn. Keramik (Hrsg. Nosbusch IV, Mitchell Edit.), Elsevier Apl. Sience, London, pp 16-20

Hennicke † HW, Martens T (1988) Alumina as a raw material for high strenght porcelain bodies. In: Technical Ceramics, Elsevier Apl. Sience, London, pp 187-195

Hoffmann T, Draugelates U, Bouaifi B, Reiter R (1989) Hochleistungs-Auftragsschweißen – Untersuchungen am Beispiel der Legierung Ni-crofer S und B 6020 (Alloy 625). VDM Report 13:1-9

Holzmüller B (1998) Prozeßführung und Werkstückqualität beim Ultraschallschwingläppen oxidkeramischer Werkstoffe. Dissertation, Technische Universität Clausthal

Honcamp S (1990) Untersuchung der Temperaturwechselbeständigkeit insbesondere von keramischen Materialien als Grundlage für den Hochtemperaturmaschinenbau. Arbeitsbericht 1988 – 1989 – 1990 des Sonderforschungsbereiches 180, 2. Zwischenbericht, Clausthal

Honcamp S (1991) Untersuchungen zur Ermittlung der zulässigen Abkühlgeschwindigkeiten keramischer Bauteile aus Aluminiumoxid. (Vortragsveranstaltung an der Technischen Universität Gliwice am 15.10.1991)

Honcamp S (1991) Untersuchungen zur Ermittlung der zulässigen Abkühlgeschwindigkeiten keramischer Bauteile aus Aluminiumoxid. (Vortragsveranstaltung an der Universität Krakow am 17.10.1991)

Honcamp S (1992) Untersuchung von Wärmespannungen aufgrund instationärer Temperaturfelder in keramischen Bauteilen. Dissertation, Technische Universität Clausthal

Honcamp S, Gür M, Jeschar R, Scholz R (1991) Entwicklung eines keramischen Heißgasventilators für industrielle Hochtemperaturprozesse. In: Proceedings ENVICERAM 1991 DKG, March 12, Saarbrücken

Honcamp S, Gür M, Jeschar R, Scholz R (1992) Entwicklung eines keramischen Heißgasventilators für industrielle Hochtemperaturprozesse. In: Fortschrittsberichte der DKG Band 7 Heft 2, März, S 89-128

Honcamp S, Jeschar R (1990) Investigations to Determine the Maximum Permissible Cooling Velocity for Ceramic Components Made of Alumina. Steel Research 61 No. 11:576-583

Honcamp S, Jeschar R (1991) Untersuchungen zur Ermittlung der kritischen Abkühlgeschwindigkeit keramischer Bauteile. Internationales Treffen für chemische Technik und Biotechnologie, 23. Ausstellungstagung (ACHEMA), 09.-15.06, Frankfurt

Jedlinski J, Borchardt G, Bernasik A, Scherrer S, Ambos R, Rajchel B (1994) Redistribution of major and minor alloy components in scales formed during early stages of oxidation on Fe-CrAl alloys studied by means of SIMS and SNMS. In: Microscopy of Oxidation 1993 (Hrsg.: Bennett, M. J.; Newcomb, S. B.) The Institute of Materials, London, pp 445-454

Jedlinski J, Borchardt G, Cohat B (1994) The influence of yttrium on the oxidation behaviour of Fe19-Cr5-Al alloy at high temperatures: I. Oxidation resistance. High Temperature Materials and Processes 13:241-258

Jedlinski J, Borchardt G, Mrowec S (1992) On the transport properties of alumina scales on β-NiAl. Solid State Ionics 50:67-74

Jojic J (1999) Elektrophoretisch und mittels Sol-Gel-Verfahren abgeschiedene Schichten auf Mullitbasis als Hochtemperaturoxidationsschutz von C/C-Werkstoffen. Dissertation, Technische Universität Clausthal

Kempter V, Maus-Friedrichs W, Guo H (1996) Hochtemperaturkorrosionsschutz durch keramische Schichten. Kolloquium am 15./16.02., Berichte zu Ergebnissen aus dem Sonderforschungsbereich 180, Clausthal

Mishin Y, Borchardt G (1993) Theory of oxygen tracer diffusion along grain boundaries and in the bulk in two-stage oxidation experiments. Part I: Formulation of the model and analysis of Type A and C regimes. J. Phys. III France 3:863-881

Mishin Y, Borchardt G (1993) Theory of oxygen tracer diffusion along grain boundaries and in the bulk in two-stage oxidation experiments. Part II: Analysis of type B regime. J. Phys. III France 3:945-960

Mishin Y, Borchardt G (1994) Interpretation of oxygen tracer diffusion profiles in growing polycrystalline oxide films. In: D'Heurle F, Gas P, Martin G, Philibert J (ed) Reactive phase formation at interfaces and diffusion processes. Mat. Sci. Forum 155-156, pp 293-300

Mishin Y, Schimmelpfennig J, Borchardt G (1997) Theory of oxygen tracer diffusion along grain boundaries and in the bulk in two-stage oxidation experiments. Part III: Monte-Carlo Simulations. J. Phys. III France 7:1797-1811

Ohlendorf G, Koch W, Kempter V, Borchardt G (1991) Application of Environmental Electron Spectroscopy to AES of Bulk Ceramics. Surface and Interface Analysis 17:947-950

Reiners U, Jeschar R, Scholz R, Wärmeübertragung bei der Stranggußkühlung durch Spritzwasser. Steel Research 60 No. 10:442-450

Reiter R (1990) Metallurgische und fertigungstechnische Untersuchung zum Auftragsschweißen von Verschleißschutzschichten mit feindisperser Hartstoffverteilung. Dissertation, Technische Universität Clausthal

Scholz R, Jeschar R, Urlau U, Reichelt W, Voss-Spiker P (1988) Influence of cooling method on temperatures and solidification during the continuous casting of metal strip. Steel Research 59 No. 12:515-526

Schram A, Grethe V (1991) Werkstofftechnologische Vorgänge beim Verbinden von Metallen mit Keramik. Internationales Treffen für chemische Technik und Biotechnologie, 23. Ausstellungstagung (ACHEMA), 09.-15.06, Frankfurt

Schram A, Xia W, Hamel M (1997) New aspects for the production of metal/ceramic bonds by modification of the ceramic joining part. In: Proceedings Joining 5th Intern. Conference, Jena

Wegener W, Borchardt G (1994) Evaluation of growth mechanisms of protective oxide layers on metals by modelling ^{18}O-profiles in high temperature two-stage oxidation experiments. Surface Science 321:172-189

Sachverzeichnis

MIX
Papier aus verantwortungsvollen Quellen
Paper from responsible sources
FSC® C105338

If you have any concerns about our products,
you can contact us on
ProductSafety@springernature.com

In case Publisher is established outside the EU,
the EU authorized representative is:
Springer Nature Customer Service Center GmbH
Europaplatz 3, 69115 Heidelberg, Germany

Printed by Libri Plureos GmbH
in Hamburg, Germany